颜氏家训

全本全注全译

［南北朝］颜之推　著

邵逝夫　马克　译注

中国四大家训

上海古籍出版社

图书在版编目(CIP)数据

中国四大家训/(南北朝)颜之推等著. --上海:
上海古籍出版社,2022.7
ISBN 978-7-5732-0356-4

Ⅰ. ①中… Ⅱ. ①颜… Ⅲ. ①家庭道德-中国-古代
Ⅳ. ①B823.1

中国版本图书馆CIP数据核字(2022)第107218号

中国四大家训

[南北朝]颜之推 等著

上海古籍出版社出版发行
(上海市闵行区号景路159弄A座5F 邮政编码201101)
(1) 网址:www.guji.com.cn
(2) E-mail:guji1@guji.com.cn
(3) 易文网网址:www.ewen.co

印刷 上海惠敦印务科技有限公司
开本 890×1240 1/32
印张 44.125 插页16 字数1,072,000
版次 2022年7月第1版
2022年7月第1次印刷
ISBN 978-7-5732-0356-4/B·1267
定价:218.00元
如有质量问题,请与承印公司联系

目录

写在前面的话/刘海滨 001

导读 001

卷一 001

序致第一 003

教子第二 009

兄弟第三 024

后娶第四 034

治家第五 043

卷二 065

风操第六 067

慕贤第七 120

卷三 131

勉学第八 133

卷四 193

文章第九 195

名实第十 232

涉务第十一 245

卷五 253

省事第十二 255

止足第十三 271

诫兵第十四 276

养生第十五 281

归心第十六 288

卷六 311
书证第十七 313

卷七 379
音辞第十八 381
杂艺第十九 396
终制第二十 417

写在前面的话

一、今天我们为什么学家训

学习家训最直接的目的，自然是为了培养下一代。年青一代的父母，越来越认识到家庭教育的重要性，并且在当前的语境中，以传统文化为内容的家庭教育可以在很大程度上弥补学校教育的缺陷。这个问题由来已久，自从传统教育让位于西式学校教育（这个转变距今大约已有一百年）以来，很多有识之士认识到，以培养完满人格为目的、德育为核心的传统教育，被以知识技能教育为主的学校教育取代，因而不但在教育领域产生了诸多问题，并且是很多社会问题的根源。在呼吁改革学校教育的同时，很多文化精英选择了加强家庭教育来做弥补，比如被称为“史上最强老爸”的梁启超自己开展以传统德育为主的家庭教育配合西式学校，成就了“一门三院士，九子皆才俊”的佳话（可参阅上海古籍出版社《我们今天怎样做父亲：梁启超谈家庭教育》一书）。

其实，学习家训不单单是孩子的事，首先是父母提升自我，丰富家庭生活乃至改变人生的机会。中国文化是以修身为本的。所谓修身，就是通过自我修养身心，改变个人的生活方式、生命状态，体验更丰富美好的人生。以此为基础，营建家庭氛围，培养下一代，此之谓齐家。由此向外推扩，改变社会环境乃至人类生态，此之谓治国平天下。所谓修身为本，修身既是一切事业的基础和出发点，也是一切事业的最终目的，换言之，个人通过从家庭到天下，做各种事业来修养自身；传统文化就是以这样的逻辑架构，整体呈现，并代代相传。

文化的传承，通常是在精英和民众两个层面上进行，前者通过经典研学和师弟传习而薪火相传，后者沉淀为社会价值观念、化为乡风民俗而代代相承。这两个层面是如何发生联系的，上层是怎样向下层渗透的呢？中华文化悠久的家训传统，无疑在其中起到了重要作用。士子学人（文化精英）将经典的基本精神、个人习得的实践经验转化为家训家规教育家族子弟，而其中有些家训，由于家族的兴旺发达和名人代出，具有很好的示范效应，而得以向外传播，飞入寻常百姓家，进而为人们代代传诵，其本身也具有经典的意味了。得以传世的家训，其著作者本身就是文化精英的代表人物，这使得家训一方面融入了经典的精神，一方面为了使年幼或文化根基不厚的子弟能够理解，并在日常生活中实行，家训通常将经典的语言转化为日常话语，也更注重实践的方便易行。从这个意义上说，家训是经典的通俗版本，换言之，家训是我们重新亲近经典的桥梁。

对于从小接受现代教育（某种模式的西式教育）的国人，经典通常显得艰深和难以接近（其中的原因，下文再作分析），而从家训入手，就亲切得多。家训不仅理论话语较少，更通俗易懂，还常结合身边的或历史上的事例

启发劝导子弟，特别注重从培养良好的生活礼仪习惯做起，从身边的小事做起，这使得传统文化注重实践的本质凸显出来（当然经典也是在在处处都强调实践的，只是现代教育模式使得经典的实践本质很容易被遮蔽）。因此，现代人学习传统文化，从家训入手，不失为一个可靠而方便的途径。

本书即是基于以上需求，为有意尝试以传统文化为内容的家庭教育、希望与儿女共同学习成长的朋友量身定做的。为此精选了历史上最有代表性的四部家训，希望能提供切合实用的引导和帮助。

二、为什么是这四部家训

中国家训的历史源远流长，凡有读书人的家族，不论阶层高低，都有自己历代相沿的家训和家族文化。此前，我们从历代家训名著名篇中选编了一套“中华家训导读译注丛书”（上海古籍出版社 2019 至 2020 年出版，共 13 种），较为完整地呈现了传统家训的代表性著作。

考虑到普通家庭便捷学习的需要，又从这套书中择取了四部家训，堪称精华中的精华，冠以“中国四大家训”之名。选择的标准，一是作者亲撰，后人整理编纂而成的不收。二是自成系统，论说详明全面，用现在的话就是专著，而非单篇。三是在历史上具有重要地位，即有经典性。四是对现代生活的适用性强，即其精神保持高度的活力，形式方面做适度的转化就可应用于现代生活。综合以上因素，下面四部家训当之无愧。

第一部，是号称家训之祖的《颜氏家训》。《颜氏家训》为历代所尊崇，不仅因为成书早，还在于其有宗旨有系统，其写作方法为后来的家训所仿效，更重要的是书中凝聚作者颜之推一生的生命体验、价值理念和实践方法，为后世树立了家训的典范。

第二部，是北宋名臣司马光的《温公家范》。司马温公在今人眼里的形象是一位严正的儒者和著名历史学家，其家训也很好地体现了这两方面的特色：全书以儒家德教和礼制为宗旨和框架，同时广泛采择历史上的相关事例加以详细而生动的说明。这种写法，与《颜氏家训》相比，组织更严整，内容也相对集中，因此也多为后世家训所仿效。

第三部是《袁氏世范》，作者是南宋的袁采。袁采生活的年代大致与儒家集大成者朱熹同时，经过南北宋几代大儒的发展和整合，儒学迎来了第二个高峰，对后世产生极其深远的影响。《袁氏世范》可以看做是儒家精神和礼俗在家族教育领域的集中体现。

最后一部来到了明代晚期，选取的是民间知名度很高的袁了凡亲手编订的《训儿俗说》。袁了凡的声名主要来自一部广泛流传的《了凡四训》，《了凡四训》是后人根据袁了凡相关文章编辑而成，其“改造命运”的观念和方法，不仅得到曾国藩等大家赏识，近现代高僧如印光大师、弘一法师等人也颇为推崇。这种儒佛两界共尊的情况也反映了袁了凡修身工夫特点和明清以来三教合流的时代特征。如果说《颜氏家训》是规模阔大，兼采佛道，《训儿俗说》的特色就是融合儒佛，在不离儒家修身和礼教矩矱的同时，融入了少量佛教的事例和言语，在实践方面，如盐溶水，不仅将心性修养工夫与日常生活和礼仪融为一体（这正是王阳明心学的特色，而袁了凡恰是王阳明的再传弟子），也将儒佛修证体验融合无间。加之《训儿俗说》相对体量较小，列举的方面较为简明，时代上也距今更近，因而更贴近现代生活，便于现代人学习应用。

三、家训怎样读、怎么学

首先说说现代人读古书的障碍，概括说来，其难点有二：首先是由于文

言文接触太少，不熟悉繁体字等原因，造成语言文字方面的障碍。不过通过查字典、借助注释等办法，这个困难还是相对容易解决的。更大的障碍来自第二个难点，即由于文化的断层，教育目标、教育方式的重大转变，使得现代人对古典教育、对传统文化产生了根本性的隔阂，这种隔阂会反过来导致对语词的理解偏差或意义遮蔽。

试举一例。《论语》开篇第一章：

> 子曰：学而时习之，不亦说（“说”，通“悦”）乎？有朋自远方来，不亦乐乎？人不知而不愠，不亦君子乎？

字面意思很简单，翻译也不困难。但是，如何理解句子的真实含义，对于现代人却是一个考验。比如第一句，“学而时习之”，很容易想当然地把这里的“学”等同于现代教育的“学习知识”，那么“习”就成了“复习功课”的意思，全句就理解为学习了新知识、新课程，要经常复习它—— 一直到现在，中小学在教这篇课文时，基本还是这么解释的。但是这里有个疑问：我们每天复习功课，真的会很快乐吗？

对古典教育和传统文化有所理解的人，很容易看到，这里发生了根本性的理解偏差。古人学习的目的跟现代教育不一样，其根本目的是培养一个人的德行，成就一个人格完满、生命充盈的人，所以《论语》通篇都在讲“学”，却主要不是传授知识，而是在讲做人的道理、成就君子的方法。学习了这些道理和方法，不是为了记忆和考试，而是为了在生活实践中去运用、在运用时去体验，体验到了、内化为生命的一部分才是真正的获得，真正的“得”即生命的充盈，这样才能开显出智慧，才能在生活中运用无穷（所

以孟子说：学贵“自得”，自得才能“居之安”“资之深”，才能“取之左右逢其源”)。如此这般的“学习”，即是走出一条提升道德和生命境界的道路，到达一定生命境界高度的人就称之为君子、圣贤。养成这样的生命境界，是一切学问和事业的根本（因此《大学》说“自天子以至于庶人，壹是皆以修身为本”)，这样的修身之学也就是中国文化的根本。

所以，“学而时习之”的“习”，是实践、实习的意思，这句话是说，通过跟从老师或读经典，懂得了做人的道理、成为君子的方法，就要在生活实践中不断（时时）运用和体会，这样不断地实践就会使生命逐渐充实，由于生命的充实，自然会由内心生发喜悦，这种喜悦是生命本身产生的，不是外部给予的，因此说“不亦说乎”。

接下来，“有朋自远方来，不亦乐乎”，是指志同道合的朋友在一起共学，互相交流切磋，生命的喜悦会因生命间的互动和感应，得到加强并洋溢于外，称之为“乐”。

如果明白了学习是为了完满生命、自我成长，那么自然就明白了为什么会“人不知而不愠”。因为学习并不是为了获得好成绩、找到好工作，或者得到别人的夸奖；由生命本身生发的快乐既然不是外部给予的，当然也是别人夺不走的，那么别人不理解你、不知道你，不会影响到你的快乐，自然也就不会感到郁闷（“人不知而不愠”）了。

以上的这种理解并非新创。从南朝皇侃的《论语义疏》到宋朱熹的《论语集注》(朱熹《集注》一直到清朝都是最权威和最流行的注本)，这种解释一直占主流地位。那么问题来了，为什么当代那么多专家学者对此视而不见呢？程树德曾一语道破：“今人以求知识为学，古人则以修身为学。”(见程先生撰于1940年代的《论语集释》)之所以很多人会误解这三句话，是由于对古典教育、传统文化的根本宗旨不了解，或者不认同，导致在理解和解释的时候先入为主，自觉或不自觉地用了现代观念去“曲解”古人。因此，若使经典和传统文化在今天重新发挥作用，首先需要站在古人的角度理解经典本身的主旨，为此，在诠释经典时，就需要在经典本身的义理与现代观念之间，有一个对照的意识，站在读者的角度考虑哪些地方容易产生上述的理解偏差，有针对性地作出解释和引导。

基于以上认识，本书尝试从以下几个方面加以引导。首先，在每种书前冠以导读，对作者和成书背景做概括介绍，重点说明如何以实践为中心读这本书。

再者，在注释和白话翻译时尽量站在读者的立场，思考可能发生的遮蔽和误解，加以解释和引导。

第三，本书在形式上有一个新颖之处，在每个段落或章节下增设“实践要点”环节，它的作用有三：一是说明段落或章节的主旨。尽量避免读者仅作知识性的理解，引导读者往生活实践方面体会和领悟。

二是进一步扫除遮蔽和误解，防止偏差。观念上的遮蔽和误解，往往先入为主比较顽固，仅仅靠“简注”和“译文”还是容易被忽略，或许读者因此又产生了新的疑惑，需要进一步解释和消除。比如，对于家训中的主要内容——忠孝——现代人往往从“权利平等”的角度出发，想当然地认为提倡忠孝就是等级压迫。从经典的本义来说，忠、孝在各自的语境中都包含一对关系，即君臣关系（可以涵盖上下级关系），父子关系；并且对关系的双方都有要求，孔子说“君君、臣臣，父父、子子”，是说君要有君的样子，臣要有臣的样子，父要有父的样子，子要有子的样子，对双方都有要求，而不是仅仅对臣和子有要求。更重要的是，这个要求是“反求诸己”的，就是各

自要求自己，而不是要求对方，比如做君主的应该时时反观内省是不是做到了仁（爱民），做大臣的反观内省是不是做到了忠；做父亲的反观内省是不是做到了慈，做儿子的反观内省是不是做到了孝。(《礼记·礼运》："何谓人义？父慈、子孝，兄良、弟悌，夫义、妇听，长惠、幼顺，君仁、臣忠。") 如果只是要求对方做到，自己却不做，就完全背离了本义。如果我们不了解"一对关系"和"自我要求"这两点，就会发生误解。

再比如古人讲"夫妇有别"，现代人很容易理解成男女不平等。这里的"别"，是从男女的生理、心理差别出发，进而在社会分工和责任承担方面有所区别。不是从权利的角度说，更不是人格的不平等。古人以乾坤二卦象征男女，乾卦的特质是刚健有为，坤卦的特征是宁顺贞静，乾德主动，坤德顺乾德而动；二者又是互补的关系，乾坤和谐，天地交感，才能生成万物。对应到夫妇关系上，做丈夫需要有担当精神，把握方向，但须动之以义，做出符合正义、顺应道理的选择，这样妻子才能顺之而动（"夫义妇听"），如果丈夫行为不合正义，怎能要求妻子盲目顺从呢？同时，坤德不仅仅是柔顺，还有"直方"的特点(《易经·坤·象》："六二之动，直以方也。")，做妻子也有正直端方、勇于承担的一面。在传统家庭中，如果丈夫比较昏暗懦弱，妻子或母亲往往默默支撑起整个家庭。总之，夫妇有别，也需要把握住"一对关系"和"自我要求"两个要点来理解。

除了以上所说首先需要理解经典的本义，把握传统文化的根本精神，同时也需要看到，经典和文化的本义在具体的历史环境中可能发生偏离甚至扭曲。当一种文化或价值观转化为社会规范或民俗习惯，如果这期间缺少文化精英的引领和示范作用，社会规范和道德话语权很容易被权力所掌控，这时往往表现为，在一对关系中，强势的一方对自己缺少约束，而是单方面要求

另一方，这时就背离了经典和文化本义，相应的历史阶段就进入了文化衰敝期。比如在清末，文化精神衰落，礼教丧失了其内在的精神（孔子的感叹“礼云礼云，玉帛云乎哉？乐云乐云，钟鼓云乎哉？”就是强调礼乐有其内在的精神，这个才是根本），成为僵化和束缚人性的东西。五四时期的很大一部分人正是看到这种情况（比如鲁迅说“吃人的礼教”），而站到了批判传统的立场上。要知道，五四所批判的现象正是传统文化精神衰敝的结果，而非传统文化精神的正常表现；当代人如果不了解这一点，只是沿袭前代人一些有具体语境的话语，其结果必然是道听途说、以讹传讹。而我们现在要做的，首先是正本清源，了解经典的本义和文化的基本精神，在此基础上学习和运用其实践方法。

三是提示家训中的道理和方法如何在现代生活实践中应用。其中关键的地方是，由于古今社会条件发生了变化，如何在现代生活中保持家训的精神和原则，而在具体运用时加以调适。一个突出的例子是女子的自我修养，即所谓“女德”，随着一些有争议的社会事件的出现，现在这个词有点被污名化了。前面讲到，传统的道德讲究“反求诸己”，女德本来也是女子对道德修养的自我要求，并且与男子一方的自我要求（不妨称为“男德”）相配合，而不应是社会（或男方）强加给女子的束缚。在家训的解读时，首先需要依据上述经典和文化本义，对内容加以分析，如果家训本身存在僵化和偏差，应该予以辨明。其次随着社会环境的变化，具体实践的方式方法也会发生变化。比如现代女子走出家庭，大多数女性与男性一样承担社会职业，那么再完全照搬原来针对限于家庭角色的女子设置的条目，就不太适用了。具体如何调适，涉及具体内容时会有相应的解说和建议，但基本原则与“男德”是一样的，即把握“女德”和“女礼”的精神，调适德的运用和礼的条目。此

即古人一面说“天不变道亦不变”（董仲舒语），一面说礼应该随时“损益”（见《论语·为政》）的意思。当然，如何调适的问题比较重大，“实践要点”中也只能提出编注者的个人意见，或者提供一个思路供读者参考。

综上所述，本书的全部体例设置都围绕“实践”，有总括介绍、有具体分析，反复致意，不厌其详，其目的端在于针对根深蒂固的“现代习惯”，不断提醒，回到经典的本义和中华文化的根本。从这个意义上说，认真读懂本书并切实按照其中的内容和方法尝试去做，不仅是改善家庭教育的途径，设若读者诸君以此为入口，得入传统文化的门墙，实见“宗庙之美，百官之富”，则幸甚至哉！幸甚至哉！

刘海滨

2022年3月7日，壬寅年二月初五

导 读

一

约莫八九年前，读到日人大前研一的《低智商社会》，内心深感忧虑：大前所指出的低智商社会的种种表现，在我们的社会之中已然随处可见。例如，书中关于家庭教育状况的陈述："认为学校老师教给自己子女的东西都是时代所需要的，而作为父母的自己则把子女外包给了学校，从而主动放弃了教育子女的责任。"

作为父母，我们当然可以为自己找出各种现实的理由，来"主动放弃教育子女的责任"。然而，当我们的子女沦为无用、无知乃至无耻之人时，难道仅仅对学校教育进行义愤填膺的斥责和辱骂，就能够改变既定的事实了吗？学校教育固然重要，然而，对于人的一生而言，它所关注的终究只是一个阶段。相比而言，父母对子女的教育（家教）所关注的则更为长久。既然如此，我们又如何能够简单地将"教育子女的责任"全都划归给学校呢？今天的我们，对于子女教育，是否需要重新认识呢？

正是在这样的一种反思之下，我们的社会又逐渐关注起家教，关注起家风的形成。而家训则是家教最重要的呈现方式，于是，关于古人家训的研究成了一股新的风潮。这自然是好现象，纵然我们无法在短时间之内真正遵循古之家训施行家教，但最起码我们也已经意识到了自身应该承担起子女教育的责任。当然，也有少许负面的声音，比如：古之家训常常是以封建体制为背景的，自然少不了宣扬愚忠、愚孝等思想，如此一来，是否会重新塑造我们子女的奴性呢？这种思考自然不是多余的，恰恰相反，是应该引起我们正视的。但我以为对于这个问题的正确解决并不是拒绝古之家训，而是如何对古之家训进行批判的接受，这即是孔子所说的“择其善者而从之，其不善者而改之”(《论语·述而》)。孔子还曾经说过另外一句话：“生乎今之世，反（返）古之道，如此者，灾及其身者也。”(《中庸》) 可见孔子也不是提倡全面复古，而是对古时的遗教加以总结、批判、演化，最终成为适应于当世的教导。而我们在对《颜氏家训》作梳理时，所秉持的也正是这种态度。

作为流传至今的诸多家训之一,《颜氏家训》有着“古今家训之祖”的美誉。有人认为，荣获这样的美誉乃是因为其规模之大，然而，以我之见，则恐非如此。古之有家训遗留给后辈子孙的，数不胜数，然而切实对家风之形成、子孙之人格产生重大影响，并流传至今的家训却并不多见，而《颜氏家训》则为其中的佼佼者。自《颜氏家训》撰成而垂示后世起，颜氏子孙中，可谓人才辈出，其中尤为显明的，即有文冠一时之颜师古，忠烈感天之颜真卿、颜杲卿。家训之功，以至于此，诚为古今中外之所罕见者也。

不仅如此，颜氏后辈对《颜氏家训》的敬仰、遵从，又是其他家族的后辈们所无可比拟的，而一旦《家训》遗失，则千方百计笃意访求；一朝访得，又详加参互校订，以恢复其本来面貌，以遗后人。并将家族人才兴盛的缘由，全都归功于《家训》的教导；家族人才衰弱的原因，则归结于《家训》的失传。“是皆奕叶重光，联芳并美，颜氏于斯为盛。谓非《家训》所自，不可也。自是而后，历宋而元，仕籍虽不乏，而彰显不逮前，岂非《家训》失传之故欤?”而一旦《家训》重新寻得，则又以为“天将复兴颜氏乎!”(颜广烈《颜氏家训序》，见王利器先生《颜氏家训集解·附录》)故知《颜氏家训》之中，自有其大义在。且诚如颜氏后人颜嗣慎所言：“观者诚能择其善者，而各教于家，则训之为义，不特曰颜氏而已。”《颜氏家训》既然能够对颜氏后代产生重大的影响，自然也可以对其他家族、家庭产生影响，因此，如果我们能够从中选出优秀的部分，运用到自己的家庭之中，不也可以塑造我们的家教、家风吗?正因如此，在家教极其没落的今天，对于《颜氏家训》，我们应当进行深入细致的梳理，从中发掘出适合于当代社会的训示，灵活运用到家庭教育之中，以重塑我们的家风。

然而，当今之世，学者们常常会依据自身的关注点而否定经典本来的真价值，我在拜读王利器先生《颜氏家训集解》的叙录时，便深深感受到了这一点。毋庸置疑，王先生于《颜氏家训》的集解、点校之功，实为古今之最，不但前无古人可以与之媲美，此后恐怕也少有来者可以与之比肩。然而，因为他所特有的价值观，经过层层推进，王先生终而否决了《颜氏家训》在训家层面上的价值和意义，而将《颜氏家训》定义为“不失为祖国文化遗产中一部较为有用的历史资料”。于是，《颜氏家训》成了“研究南北诸史”“研究《汉书》”“研究《经典释文》”“研究《文心雕龙》”以及“治音韵学”“可供参考”的“历史数据”。我自然不能否定《颜氏家训》在以上领域的“历史数据”价值，然而，这样的研究是否有些本末倒置了呢?难道《颜氏家训》中真的充斥着“庸俗的处世秘诀”（引号中皆为王先生语）？当真没有值得我们学习和采纳的家教思想？依我愚见，我们实在不可以如此将《颜氏家训》中的家教思想一笔抹杀。然而，因为王先生《集解》的巨大影响，导致以后诸多学者在研究《颜氏家训》时，大多将之视为一份文献资料，纵然是讨论其中的家教思想，也只是视作一套旧有的模式，而不敢明确转化为实践指导。可是，如此一来，《颜氏家训》的真价值也就被忽略了。

此次，我们受上海古籍出版社刘海滨先生之嘱，顺应当下重塑家风的风潮，对《颜氏家训》再作一番新的解读，以期为今日家风的塑造作出些许微薄的贡献，因而对《颜氏家训》作了深入细致的研读。在研读之中，我发觉《颜氏家训》所述大多并非所谓的“庸俗的处世秘诀”，更非“庸人思想”，亦不是全然为封建粉饰太平的伪哲学。当然，鉴于作者的身份背景和生存环境，其中少许思想确实有其时代的局限性，应该加以辨析和转化。总而言之，以我愚见，《颜氏家训》的正面价值远远超过其负面影响，而作者为了光大门楣、训示子孙所付出的苦心思虑，实在是当今诸多父母所无法体味的。鉴于此，我们将于本书中努力挖掘出其中有益于当代家教的部分，以期为当世家风的重塑提供引导和借鉴。

二

《颜氏家训》，南北朝时期著名学者颜之推所撰。颜之推，字介，琅琊临沂人，生于梁武帝中大通三年（531），卒于隋文帝开皇十年（590），享年六十。据《终制》篇，之推自称“吾已六十余，故心坦然，不以残年为念”，则知《家训》是他晚年所作。相传之推是复圣颜子的后裔，然而，他在《家训》文中并未提及，这或许是后世之人的讹传。当然，说他是旧鲁国颜氏的后裔，应该是没有什么问题的。西晋末年，之推的九世祖颜含随着晋元帝南渡，是“中原冠带随晋渡江者百家”之一，自此以后，世居建康（今南京）。后来，之推的祖父颜见远又随着南康王萧宝融出镇荆州，于是，又举家迁居江陵（今属湖北）。他的父亲颜协曾为梁湘东王萧绎的镇西府咨议参军，根据之推的自述，父亲死于他九岁之时。之推出生于江陵，垂髫换齿之年，“便蒙诱诲”，可谓家教极早。十二岁时，适逢萧绎讲解《庄》《老》，他也曾列为门生。然而，因为生性不喜欢道家学说，他便自行精研《礼记》《左传》，并且博览群书。他为学精进，终日不倦，学识就此大增。之推所作的文章典雅清秀，加上他才华横溢，深受萧绎赏识，也为当时的士大夫们所称道。由此可以推见，之推的一生应当可以顺顺利利，飞黄腾达。可是，根据他的自述，却发现他一生坎坷，曾多次沦为俘囚，历经生死磨难，倘若不是因为治学严谨、才能出色，加之深通世法而明哲保身，恐怕早已葬身于战乱之中了。之推不得大用于世，是一件可惜亦可悲的事，所以，于慎行先生说：“然余窃又以悲其不遇焉。以彼其材，毋论得游圣人之门，藉令遭统一之主，深谋朝廷，矩范当世，即汉世诸儒，何多让焉。然而播越戎马，羁旅秦、吴，朝绾一绂，夕更一绶，其志何悲也！”（《颜氏家训后叙》）然而，这也是之推的时运如此，又如何可以强求？

之推十九岁时，便被任为梁湘东王国右常侍，加镇西墨曹参军。当年，侯景攻进建康，次年将梁武帝萧衍活活饿死，立萧纲为傀儡皇帝。之推二十岁时，随梁湘东王世子萧方诸出镇郢州，次年，侯景攻陷郢州，之推与萧方诸全都被俘虏到了建康，这是之推首次成为囚俘。到了 552 年，梁军收复建康，侯景战败，湘东王萧绎被拥立为帝，在江陵即位，是为孝元帝。之推得以回到江陵，并被封为散骑侍郎，过了两年平静生活。然而，554 年，西魏军又攻陷江陵，梁孝元帝被俘杀，之推再次沦为囚俘，被遣送至西魏。在西魏时，之推因为颇有文采，被大将军李穆赏识，还得到了一份代写书信的差事。然而，他一心想要南归，所以于556年举家冒险逃往北齐，准备借道北齐返回南梁，可是在北齐之时，他得知梁朝旧将陈霸先已废梁自立，顿时感到故国已然不复存在，于是断绝了南归的念头。此后，之推在北齐先后历时二十余年，这二十多年，是他一生相对安定的时期。因为他的才能，以及对世法的通达，先后担任过赵州功曹参军、通直散骑常侍、中书舍人、黄门郎等职。黄门郎一职当是之推一生"最为清显"者，所以，尽管《家训》完稿于晚年，那时他已经身入隋朝，被东宫太子杨勇召为学士，可他仍旧题署"北齐黄门侍郎颜之推撰"。之推在北齐官场也并非一帆风顺，其间时常被嫉妒、陷害，甚至有招致杀身之祸的危险，而北齐的皇帝如高洋、高湛等又是杀人如儿戏的暴君，之推能够平安度过，显然是凭借他有一套出色的明哲保身的哲学。他也将这套哲学写进了《家训》。于今看来，或许会显得有些过于自保，然而，对于身处重重危险之中的人而言，又何尝不是一种正确的指引呢！况且之推并没有鼓励他人去谄媚和迎奉，而是提倡为了忠孝、仁义，"丧身以全家，泯躯而济国，君子不咎也"。正因如此，颜氏后世，方才会出现忠烈若颜真卿、颜杲卿者。到了577年，北周灭了北齐，之推第三次沦为囚俘，被遣送至长安，当时他四十七岁。581年，杨广灭北周建立隋朝，入隋之后，之推又为太子杨勇召为学士。时至590年，之推为子孙们留下了一部《颜氏家训》而后逝世。

之推有三子，名为思鲁、慜楚、游秦。思鲁，表示思念祖籍琅琊临沂（临沂旧属鲁国）。慜楚，表示哀怜被灭掉的江陵（江陵原属楚地）。游秦，则表示出游于关中长安之意（长安旧属秦地）。由之推为诸子所取之名，亦可见他为人极重情义。

本部分对之推的生涯作了概略的陈述，用意自然不是为之作传，更不是为其粉饰，而是为了呈现他一生的境遇，进而指出他思想中明哲保身的部分（主要见于《省事》篇），实在是有着独特的背景和特殊的遭遇。后世多有因之推“一生而三化”（由梁转魏，一化；由魏转北齐，二化；由北齐转隋，三化）而诟病于他，动辄讥讽他为“世故”为“圆滑”，却忽略了南北朝时弱肉强食、穷兵黩武的现实，而那些身为帝主者，又大多视臣子为犬马、草芥，却反而要苛求为臣者死忠，这难道还不是愚忠吗？如果换位思考，用心去体味一下在之推所处的环境中谋求生存的难度，或许就不至于如此轻言了吧！试问一下：倘若是易时易地而处，又有几人能够做到像之推那样呢？以我之见，之推的过失，在于没有能够做到“无道则隐”，如孔子说：“邦无道，富且贵焉，耻也。”（《论语·泰伯》）当然，南北朝时，纷争不已，战火纷飞，百姓涂炭，纵然是想要隐身而谋取太平，又如何能够呢？之推的所作所为，实在是为了家族考虑而采取的权宜之计。在《终制》篇中，他表达了这一念想：“计吾兄弟，不当仕进，但以门衰，骨肉单弱，五服之内，傍无一人，播越他乡，无复资荫；使汝等沉沦厮役，以为先世之耻。故靦冒人间，不敢坠失。兼以北方政教严切，全无隐退者故也。”既然如此，又何必过于苛责他呢！

三

家风的形成，自然在于家教。家风一旦形成，那就可以延续多世，这期间一旦出现卓越之人，便能够光大门楣。倘若如此，那就是整个家族的幸事，这也是祖先们的期望。而家训则是家教传承的载体，而且最好是形成文本。没有成文而单凭口口相传的家训，非常容易失传，纵然能够侥幸传下来，在传续的过程之中，也会因为口授而出现诸多谬误。所以，古时为人先祖者，大多愿意撰写家训以遗教于后代。

然而，家教的成功，实非易事。家训的撰写，更是不易。盖为人父母者，己身不正，而欲教养子女使之成人，实在是少有可能的。而家训中所记所述，如果不是自身所依循并践行的，却要垂示后代，那么，后代势必会以之为欺，斥之为妄，如此一来，又如何会遵从呢？更遑论塑造良好的家风？

返顾当世的家教，为人父母者大多要求、责备于子女，却不知道反求诸己，口口声声要子女存好心做好人行好事，而自身的所作所为却是贪图小利、假公济私，乃至于勾心斗角、心怀不轨。子女看在眼里，记在心中，久而久之，自然会受到熏染，又如何还能够存好心做好人行好事呢？这就是上行下效。所以，应当知道家教的复兴、家风的养成，在乎父母，而不在于子女。

明白了这一点，自然也就明了之推的《家训》为何能够遗教于后代，且为颜氏世代奉为法度而不动摇了。实因之推所教给子孙的，全都是他自身所遵从的；之推所明示于《家训》中的，也全都是他自身所践行的。作为父亲，作为祖先，之推的一生，正是实践《家训》的最好榜样。要养成良好的家风，这或许是我们最应当深思的地方。

不但如此，之推在撰写《家训》时的用心也足以令人钦服。我们在研读《颜氏家训》时，深深叹服于之推的用心之密、用心之深、用心之良苦，也深深感受到他对颜氏家族的深情和对子孙后代的期望。经过反复思量、抉择，我想用七个字来表示《颜氏家训》的特征：广、细、精、慈、达、信、宜。

广，指《颜氏家训》所涵盖的范围极其广泛、全面，从入胎、出生、启蒙教育，直至临终，全都有着相应的指示，其中涉及教育子女、兄友、弟悌、治家、风仪、节操、慕贤、劝学、属文、养生等近二十个方面。单就其所涉面的广泛而言，足可以称得上是家训之最。

细，若单单是广，并不可取，然而《颜氏家训》在所涉的诸多方面又全都能够条理清晰，对于该深入的方面，又悉皆作了细致的陈说。例如《风操》篇中对于种种避讳的陈说，极其细密。

精，广而细，已是不易，之推又能够对家教进行高度的提炼，对最易塑造家风的部分作了精准的阐述，如治家、风操、劝学、知足等。正因为他的所述极其精深，方可知此中所述全都是他亲身实践的心得，也方才能够激发后代们遵而从之。

慈，家训之撰，乃是为了垂示后人，自然离不开循循善诱、谆谆教诲。然而，之推在《家训》中，则处处呈见他的一片慈心娓娓道来，令人读之倍感亲切。正因为他的慈心，对于他长篇累牍的教导，我们自然也就能够平心静气地接受。我想这也是颜氏子孙能够传续家风的重要原因之一。他们所感受到的是先祖的慈爱叮咛，而不是教训。

达，之于作文，《文章》篇中有甚多高见，足见之推乃是行家。然而，《家训》之文，却又不以词藻华丽为胜，而以辞达为准则。故而，之推行文，立论有理有据，所引典故、事例，悉皆为了准确传达主旨，绝不落空。孔子曰："辞达而已矣。"(《论语·卫灵公》) 之推之《家训》，诚如是哉！

信，信乃愿、行的根基，所以，纵然是佛典，也要求习者先起信。实因不能生信，则无从发愿、笃行。而家训的意义，在于垂示后代，若是不能够取信于子孙后代，则纵有家训，也是空言。之推之取信于后代，甚是简单、直截：以己身为例。例如，我初读《书证》篇时，颇觉行文繁杂，而且有些啰嗦。然而，读之日久，方知之推的用心其实在于：以己身治学的严谨、细致，来指引后世子孙。因为不如此就不足以取信于后代子孙。

宜，家训的垂示，务必要利于施行，这就是我所说的宜。观乎诸多家训，明言警句随处可见，可是大多行文空泛而无从转化为行动。《颜氏家训》则绝无此病，或许少了些名言警句，然而，其中所言全都非常平实，作出的指示也详尽可行。如《勉学》篇，之于治学，可谓面面俱到，习者但能深究一番，自可明了为学的要则和方法。

有人说："你这样说，是不是有些过于美化《颜氏家训》了呢?"我笑而答之："你如果能够放下成见，心平气和，每天取《家训》中的一两章细细品读，自然就会知道我所言不虚。"

四

之推的《家训》，现今的通行本分为七卷二十篇。卷一五篇：《序致》《教子》《兄弟》《后娶》《治家》；卷二二篇：《风操》《慕贤》；卷三一篇：《勉学》；卷四三篇：《文章》《名实》《涉务》；卷五五篇：《省事》《止足》《诫兵》《养生》《归心》；卷六一篇：《书证》；卷七三篇：《音辞》《杂艺》《终制》。今且概述各篇大要如下：

《序致》篇，序，序说；致，表达。顾名思义，序致即是以序说来表达目的。故知，之推在本篇中交代了撰著《家训》的目的。概言之，目的只有一个："整齐门内，提撕子孙。"为了让子孙后代体味他的良苦用心，之推还以自己无教的一生作为前车之鉴（之推启蒙教育极早，可惜九岁时父母双亡，其后便再也无有家教），可谓情真意切。

《教子》篇，之推讲述了教育子女的相关问题。首先，强调教育子女当尽早，有条件者，当从胎教开始。无条件者，也当从小儿“识人颜色，知人喜怒”时便加教诲。其次，强调教育子女应当严慈并举，当严时要严，不要吝惜“笞罚”（棍棒惩罚）；当慈时则慈，然而，虽然慈却不可以“简”（简慢而不拘礼节）。再次，强调对待子女应当平等，不可有所“偏宠”。最后，强调教育子女时，要注重子女的节操培养，切不可让他们沦为取悦、献媚于他人的人。

《兄弟》篇，讲述了兄弟相处之道。“兄弟者，分形连气之人也”，自“不能不相爱也”。可惜成年之后，“各妻其妻，各子其子”，常常会影响兄弟之情，所以，之推将妻子喻为风雨，不加预防则兄弟之情难以为继。兄弟不睦，则会有无穷后患，甚至于“行路皆踖其面而蹈其心”而无人救之。总之，本篇强调了兄友弟悌。其中述及娣姒（妯娌）多“疏薄”，且为“多争之地”，或有轻视女性之嫌，当有其时代原因，却也有一定的现实意义。女性朋友们似乎不必着急讨伐之，而是应当反观自身，是否对自己有借鉴作用。

《后娶》篇，所讨论的乃是妻子死后，是否要续弦再娶的问题。这在古时乃是大事，所以之推以专门的篇章作了明示。根据之推所言，他是不赞成续弦再娶的。

《治家》篇，讲述了治家之道。关于治家，总的纲领为：上行而下效，先行而后施。所以，“父不慈则子不孝，兄不友而弟不恭，夫不义而妇不顺”。分而言之，则所涉甚广：治家要赏罚分明；治家要节俭，但又不可以吝啬；治家要勤劳，自给自足；治家不宜过严，也不宜过宽，过严则遭人忿恨，过宽则遭人欺瞒；治家要能急他人之所急而不悭吝；女子不可参与家政；治家不要迷信；等等。其后，之推又指出世人重男轻女，甚至将所生女婴遗弃，这是不应当的。并指出“妇人之性，率宠子婿而虐儿妇”，所以导致了“落索阿姑餐”（意谓婆婆吃饭都没人陪，冷冷清清）。并强调婚姻应当门当户对，尤其不可将儿女婚姻大事作为交易，用来谋求钱财。而借人典籍，应当爱惜；读古圣贤之书，应当心怀恭敬。本篇所涉内容虽然广泛，却极其富有现实意义，为人父母者应当皆能从中受到诸多的启发。

《风操》篇，风者，风仪；操者，节操。风操的本由，在于《礼经》（即《礼记》），但是因为残缺不全，加之世事变迁，故而“学达君子，自为节度，相承行之，故世号士大夫风操”。由此可见，风操以礼仪为本，重在待人接物。首先，之推讲述了种种避讳的情况，指明避讳是必要的，但是也不可以太过拘泥。其次，讲述了于人于己的称谓，指出了古今的差异，强调不可取笑、轻贱他人。其中还指明了吊唁、待客之礼。再次，讲述了感慕先人所应秉持的方式和态度。复次，讲述了离别之仪。又次，讲述了对于亲属的称谓、名字的意义。又次，讲述了丧礼的相关事宜。最后，讲述了生日、为父求情、结义、待客等相关问题。由本篇可见，之推虽然关注细节，思维却绝不固执、僵化，常常能够将心比心、随时变易，诚智者也。

《慕贤》篇，慕贤即仰慕贤才。古时慕贤之风甚盛，今时之人则大多自以为是、目空一切，遑论仰慕贤才。然而，仰慕贤才便自然会亲近贤才，于此潜移默化之中成就自身。反之，倘若不能慕贤，则常与奉承之徒相处，久之则不知天高地厚，盲目自大。之推有言：“人在年少，神情未定，所与款狎，熏渍陶染，言笑举动，无心于学，潜移暗化，自然似之。”又言：“与善人居，如入芝兰之室，久而自芳也；与恶人居，如入鲍鱼之肆，久而自臭也。”这全都是潜移默化的功效。所以，“君子必慎交游”。然而，“世人多蔽，贵耳贱目，重遥轻近”，所以，常常有贤才在眼前却不能认识，故而旧有“鲁人谓孔子为东家丘”，而马祖道一大师感叹“得道莫还乡，还乡道不香”，全都因为如此。这也是实情，但在今天却更盛。所以，之推以亲身经历立言，指出为人应当知道敬重身边的贤才，勿要导致日后追悔莫及。最后，之推还指出慕贤还须任贤，贤才不得其用，或是身遭枉死，乃是家国的损失。以我愚见，慕贤之教，实为今世所亟需者。今世之人人相轻之风，实在是久矣！深矣！

《勉学》篇，顾名思义，此篇所讲旨在劝子孙后代学习。学习对于人的一生有塑造之功，所以，之推所述甚为详尽，所涉之面也颇为广泛。首先，之推讲述了勤学乃是自古以来的传统，而所学者则为《礼记》《左传》《诗经》《论语》等，而不学习者，大多终将自取其辱，纵然会因为父辈的庇护而拥有一时之富贵，可是一旦遭遇动乱，便会沦为无用之人。其次，之推指出“明《六经》之旨，涉百家之书，纵不能增益德行，敦厉风俗，犹为一艺，得以自资”，所以笃劝子孙后代读书。之推虽不像后世之人所执持的那样，认为“万般皆下品，唯有读书高”，但也将读书视为最为可贵的技艺，“伎之易习而可贵者，无过读书也”。再次，之推劝勉子孙后代要志存高远，向古人学习，而不应当向“亲戚有佳快者”学习。当然，之推也奉持孔子“三人行，必有我师焉”的教诲，指出学习应当学无常师，转学多方，乃至于对“农商工贾，厮役奴隶，钓鱼屠肉，饭牛牧羊”者，举凡有才能的，全都可以视为师表，向他们求学。复次，之推指出“读书学问，本欲开心明目，利于行耳”，所以，但凡有所学习，全都要能够转为内化，发为事业，而避免“但能言之，不能行之”的毛病。又次，之推重申了孔子“古之学者为己”的教导，指明“学者，所以求益耳”，“以补不足也”，“行道以利世也”，并且以种树比拟学习：“夫学者，犹种树也，春玩其华，秋登其实。讲论文章，春华也；修身利行，秋实也。”甚为形象。之推还对读了一点书“便自高大，凌忽长者，轻慢同列”的人进行了指责，认为“如此以学自损，不如无学也”。又次，之推指出学习当趁早，因少年时记忆颇佳，年长后则所记易忘。当然如果因为种种原因，不能少时从学，则“犹当晚学，不可自弃”。又次，之推指出了当时的诸多为学之病，如“以博涉为贵，不肯专儒”，又如“出身已后，便从文史，略无卒业者”（即很少坚持完成学业的），又如“相与专固，无所堪能”，又如“勤无益之事”以为能者，如对“仲尼居”三字，“即须两纸疏义”，又指出“俗间儒士，不涉群书，经纬之外，义疏而已”。与此同时，之推还指出“夫圣人之书，所以设教，但明练经文，粗通注义，常使言行有得，亦足以为人”，而对子孙后代作了如下指引：“当博览机要，以济功业；必能兼美（博览与专精两者兼得），吾无间焉。”其后，之推又表示自身对于道家学说的排斥，而不愿子孙后代有学道家学说的。又次，之推讲述了学的重要性（其曰“孝为百行之首，犹须学以修饰之，况余事乎？”正见学之重要），并指出应当勤学，而不要因为谋取生存而荒废学业。最后，之推教导了几种学习方式：一、“切磋相起明”而不“师心自用”；二、“谈说制文，援引古昔，必须眼学，勿信耳受”；三、要通字义，明训诂；四、“不可偏信”。《勉学》篇是《颜氏家训》中最长的篇章，涉及为学的方方面面，诸多指引对于我们今天为学仍然极为有益。

《文章》篇，讲述了为文的种种法度。之推的文学理论水平非常高超，对于各种文体的起源也如数家珍。而他对于文学的态度，则是“行有余力，则可习之”。这或许是因为他对于“自古文人，多陷轻薄”而大多无有善终的现象深有体味：“文章之体，标举兴会，发引性灵，使人矜伐，故忽于持操，果于进取。今世文士，此患弥切，一事惬当，一句清巧，神厉九霄，志凌千载，自吟自赏，不觉更有傍人。”（惜乎后世文人少有将之推这番话记在心中的，所以，文人相轻之习气至今未减。）同时，之推对文人如陈琳、扬雄等变节之举也甚为鄙视。其后，之推表达了他对文章的要求：“文章当以理致为心肾，气调为筋骨，事义为皮肤，华丽为冠冕。”而对于当时为文“趋末弃本，率多浮艳”的风气，他也表示了自身的不满，希望能够有“盛才重誉”者来“改革体裁”。之推对古今之文的优劣了如指掌。关于作文，他较为认同沈约的三易：“易见事，一也；易识字，二也；易读诵，三也。”他还谈到了文章的禁忌，以及代人为文、作挽歌辞等的法度。还强调了典故的运用需要慎重，涉及地理时也应当准确。最后，他还列举了一些他认为较为优秀的文人和诗句。我读了《文章》篇之后，深深感受到之推自身是全然遵循着此中的为文法度的。

《名实》篇，名实即名副其实的略写。在本篇中，之推指出为人切不可窃名，窃来的虚名终究会败坏，终而自取其辱。正因如此，他强调名实：“名之与实，犹形之与影也。德艺周厚，则名必善焉；容色姝丽，则影必美焉。”而反对“不修身而求令名于世者”，认为这种行为“犹貌甚恶而责妍影于镜也”。而一个人要立名，则应当为自己留有余地，若无余地，则“至诚之言，人未能信；至洁之行，物或致疑”。之推对于那些“清名登而金贝入，信誉显而然诺亏”（有了清廉的名声之后就开始聚敛财富，有了显耀的信誉之后就开始失信于人）的人，深为不屑，认为这就是窃名。至于为什么要强调“名教”，之推的答案是：“劝也，劝其立名，则获其实。”当然，之推也指出“上士忘名，中士立名，下士窃名”，可见，尽管他强调名要符其实，但是更希望自家的儿孙们能够成为“忘名”的上士。

《涉务》篇，涉务即致力于事务。自古以来，务虚之人多，而务实之人少。之推有感于此，故而希望自家的子孙能够成为务实之人。所以，他上来便说："士君子之处世，贵能有益于物耳，不徒高谈虚论，左琴右书，以费人君禄位也。" 同时举出六种人才：1. 朝廷之臣；2. 文史之臣；3. 军旅之臣；4. 藩屏之臣；5. 使命之臣；6. 兴造之臣。接下来，他指责了那些口若悬河而"多无堪用"之人。

《省事》篇，省事即毋多事，俗有云："多一事不如少一事。" 此篇大旨，同于此。在此篇中，之推建议人专心做好某一件事，并对那些上书陈事之人作出批评，认为他们"贾诚以求位，鬻言以干禄"（出卖忠心求取官位，出卖言论求取俸禄），纵使"幸而感悟人主，为时所纳，初获不赀之财，终陷不测之诛"。很多人抓住此点批评之推为圆滑世故，却忽略了他此后所说的"谏诤之徒，以正人君之失尔，必在得言之地，当尽匡赞之规，不容苟免偷安，垂头塞耳"。其后，之推又指出"君子当守道崇德，蓄价待时，爵禄不登，信由天命"，而切不可"须求趋竞"，更不可行"以财货托附外家，喧动女谒"（用财物贿赂依附于外戚权贵，通过宫中受宠的妃妾为自己谋求）的羞耻行为。对于"凡损于物"之事，"皆无与焉"；对于当行之正义之事，却又勇于担当。如此便是之推的省事，究其实，他的省事原则乃是"君子思不出其位"（《论语·宪问》）。

《止足》篇，止足即知止知足，而绝不贪得无厌。之推引《礼记》之言（"欲不可纵，志不可满"），指出"宇宙可臻其极，情性不知其穷，唯在少欲知足，为立涯限尔"。并明示子孙后代"谦虚冲损，可以免害"，而"人生衣趣以覆寒露，食趣以塞饥乏耳"，又何必汲汲于谋求财富呢？同时，指示做官当"处在中品"。在很多人看来，这是消极，然而，世间又何尝不是四处都充斥着求不得苦呢？

《诫兵》篇，因为颜氏自古以来“未有用兵以取达者”，所以，之推告诫子孙不要轻易习武带兵，而是把心思放在读书上。当然，之推也希望子孙中能够有“入帷幄之中，参庙堂之上”而“为主尽规以谋社稷”的君子，然而，若是无有这方面的才能，则不必强求。

《养生》篇，讲述了对待养生的态度。首先，之推明确表示他不愿意子孙后代学道以求长生。其次，他强调了“夫养生者先须虑祸，全身保性。有此生然后养之，勿徒养其无生也”，而避祸首要在于勿傲物、勿贪溺。最后，强调了“夫生不可不惜”，却也“不可苟惜”，若是“行诚孝而见贼，履仁义而得罪，丧身以全家，泯躯而济国”，则“君子不咎也”。正因如此，颜氏后人中才会出现忠烈如颜真卿、颜杲卿兄弟者。

《归心》篇，归心，即归心于佛。此篇中，之推讲述了颜氏世代归心于佛，并针对世俗对佛教的五种诽谤一一作了辩解。由于时代的原因，之推对于佛法并无究竟圆融的理解，不过他的目的是在于让子孙后代对佛教生信，作为家训的一部分，我个人认为无可厚非。然而，之推以佛法“非尧、舜、周、孔所及也”，却是我所不敢苟同的，大概是因为他对于儒家心性修养工夫仍有未能明了的地方。

《书证》篇，之推记录了他自身所作的种种训诂和考证，展现了他卓绝的才力和严谨的态度。以我之见，之推撰写此篇的目的有二：一、指出当时流行的一些误解，以免文士闹笑话；二、以身作则，传示治学应当秉持严谨的态度。

《音辞》篇，之推记录了音韵方面的一些内容，目的很简单：指示子孙掌握一定的音训常识，以免犯下一些低级的错误。

《杂艺》篇，之推谈了他对于种种艺术如书法、绘画、射箭、卜筮、算术、医方、琴瑟等的态度，概而言之，他认为这一切可以有所了解，用以“消愁释愦”，但不要专门从事其中的某一类。

《终制》篇，乍读此篇，甚似遗嘱，之推先是概要地自述了一生，又追悔未能安置好亡父亡母的葬事，终而对自己的葬事作了交待。再三阅读后，方知之推是在垂示后代毋要斤斤计较于葬事，而是应当“以传业扬名为务”，这是符合《孝经》教导的。由此亦可见之推对子孙后代的期望和慈爱。

《颜氏家训》二十篇，看似杂乱繁芜，其实一以贯之，皆以指引子孙后代立身扬名为本。其中虽看似有一些消极、退让之教，其实亦是以退为进，且绝不以人格的丧失作为代价。遵循之推的教诲，或不足以成为“修己以安人”的仁人、“修己以安百姓”的圣人，然而，成为一名“修己以敬”的贤人君子，应该是没有问题的。而经由贤人向上一转，则成仁入圣也并非没有可能。

五

时至今日，世风大变，我们又该如何运用《颜氏家训》来塑造家风呢？这才是最最现实和重要的问题。前面，我曾经提到“择其善者而从之”的大原则，此处，我想再提供一些更为具体的建议：

其一，应当剔除《颜氏家训》的家族意识，将之视为天下人教育子女的共通法则，概言之，这乃是天下人家所共有的家训。一旦能够这样来看待，就可以消除一种异姓的隔阂感。

其二，认识到作为父母，应该承担起“教育子女的责任”，担负起这一责任之后，自然会对《颜氏家训》中的诸多教导产生兴趣，而不再将之视为一本闲书。

其三，自身先行学习和履行《颜氏家训》的指导，这是最难的一点，也是最为关键的一点。家教的成功，取决于父母，唯有父母不断成长，才能更好地教导子女。

其四，从《颜氏家训》中选出最易施行的部分，一点一滴地开始施行于自己的家庭之中，施行的过程中务必注重身教和言教相结合。

其五，从《颜氏家训》中选出那些注重节操、人格塑造的部分，指引我们的孩子一步一步超越世俗，养成不凡的气质，终而成为独立不惧的君子。

当然，根据选题要求，在对《颜氏家训》的原文作出注释之后，我们还逐段提供了具体的实践要点，那些要点自然更加务实、具体，敬请天下的父母们阅读参考，也真心希望它们能够为天下的父母们提供一些帮助！

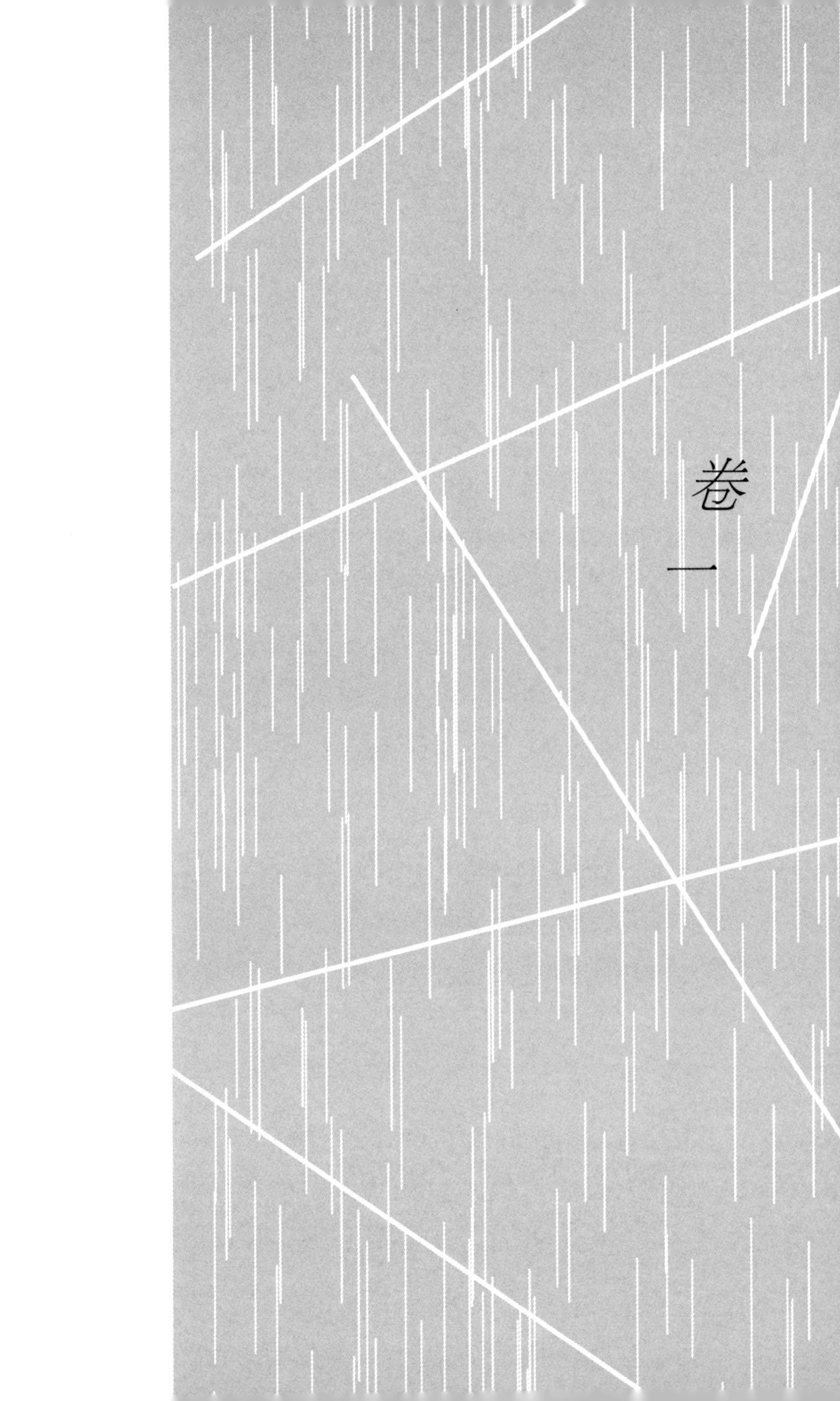

卷一

序致第一

1.1 夫圣贤之书，教人诚孝[①]，慎言检迹[②]，立身扬名[③]，亦已备矣。魏晋已来，所著诸子[④]，理重事复，递相模斆[⑤]，犹屋下架屋、床上施床[⑥]耳。吾今所以复为此者，非敢轨物范世[⑦]也，业[⑧]以整齐门内，提撕[⑨]子孙。夫同言而信，信其所亲；同命而行，行其所服。禁童子之暴谑[⑩]，则师友之诫不如傅婢[⑪]之指挥；止凡人之斗阋[⑫]，则尧舜之道不如寡妻[⑬]之诲谕。吾望此书为汝曹[⑭]之所信，犹贤于傅婢寡妻耳！

| 今译 |

古时圣贤的著作，教诲世人为人要忠诚孝悌，说话慎重，行为检点，立身于世，当履行道德建立功业，从而使得美名传播于后世，也已经说得很完备了。魏晋以来，诸多学者所撰写的著述，所讲的事、理完全重复古时圣贤的教诲，并且相互模仿，就像在房子里再建房子、床上再放床一样，毫无意义。我现在之所以又来写这本书，不敢用它来规范世人的言行法度，只是为了整顿家风，提醒子孙后代。关系亲近之人所说的话，容易让人相信；令人心服之人发出的指令，人们更愿意遵行。禁止孩子们的放肆，师友的劝诫还不如保姆的指导；阻止兄弟之间的争斗，尧舜的大道还不如妻子的引导规劝。我希望这本书能够取得你们的信服，那至少也能胜过保姆对于孩子、妻子对于丈夫的教导和规劝吧！

简注

① 诚孝：即忠孝。隋时人避文帝之父杨忠讳，而改“忠”为“诚”。

② 慎言检迹：即慎于言而约于行。检，约束。

③ 立身扬名：见于《孝经》：“立身行道，扬名于后世，以显父母，孝之终也。”

④ 诸子：指魏晋以来诸位学者的著述，如徐幹《中论》、王肃《正论》、杜恕《体论》等。

⑤ 教：同效，效仿。

⑥ 屋下架屋、床上施床：六朝时人的习惯用语，指毫无意义的重复。

⑦ 轨物范世：规范世人的言行法度。

⑧ 业：事。

⑨ 提撕：提醒。

⑩ 暴谑：即放肆。

⑪ 傅婢：保姆、侍女。

⑫ 斗阋：兄弟之间的争斗。

⑬ 寡妻：正妻。

⑭ 汝曹：你们。

实践要点

《颜氏家训》的根本目的只有一个：“整齐门内，提撕子孙。”这也应当是一切家教的根本。因此，在进行家教时，应当将重心放在自己的家庭，而不要随顺社会的风气。这里包含着两层含义：一、身为父母，应当承担起教育子女的责任；二、培养孩子，应当以人格、情操为本，而不要顺着世间的风气而转。

“同言而信，信其所亲；同命而行，行其所服。”可是，现今很多子女却不信父母之言，也不愿遵循父母之教而为。为什么？原因很简单，身为父母，我们自身的所作所为，已然不能够让孩子们信服。因此，要施行家教，形成良好的家风，首先应该从自己身上找原因、找差距。

1.2 吾家风教，素为整密。昔在龆龀[①]，便蒙诱诲。每从两兄，晓夕温清[②]，规行矩步，安定辞色[③]，锵锵翼翼[④]，若朝严君[⑤]焉。赐以优言，问所好尚，励短引长，莫不恳笃。年始九岁，便丁荼蓼[⑥]，家涂离散，百口索然。慈兄鞠养，苦辛备至，有仁无威，导示不切。虽读《礼》《传》，微爱属文[⑦]，颇为凡人之所陶染，肆欲轻言[⑧]，不修边幅[⑨]。年十八九，少知砥砺[⑩]，习若自然[⑪]，卒难洗荡。二十已后，大过稀焉，每常心共口敌[⑫]，性与情竞[⑬]，夜觉晓非，今悔昨失，自怜无教，以至于斯。追思平昔之指[⑭]，铭肌镂骨[⑮]，非徒古书之诫，经目过耳也。故留此二十篇，以为汝曹后车[⑯]耳。

| 今译 |

我们家的门风家教，向来是严谨细密的。早在孩童之时，我就受到了诱导教诲。当时，跟着两位兄长，早晚侍奉双亲，冬温夏凊，一举一动全都规规矩矩，说话得当，神态自如，举止恭敬有礼，如同在给父母请安一样。父母也时常以美言勉励于我，询问我的爱好和志向，鼓励我改正缺点，激发我的长处，无不恳切笃实。可是，在我刚刚九岁时，便遭遇了父母亡故，家道也就此衰败，家人纷纷离散、飘零。我蒙受慈兄抚养，慈兄历经辛苦，可是只有慈爱而没有威严，教导示诲也不够严厉。我虽然读了《礼记》《左传》等典籍，也有点喜欢写文章，却深受身边诸多世俗之人的熏染，常常随心所欲，信口开河，行为也非常随便，不拘小节。到了十八九岁，才略微懂得磨砺自己的操行，可是此时习惯已经成为自然，一时很难洗涤干净。如此磨砺，到了二十岁以后，大的过错也就很少犯了，可是还时常心中所想与口中所说不相一致，本性与情感相互斗争，到了夜晚便能够感觉到白天的过错，今天又追悔昨日的错失。我常常自我哀怜，少年时无有适当的教化，才导致了这种地步。回想平生所立的志向，这种感受当真是刻骨铭心，绝不是随便看看或听听古书上的告诫就能够感受得到的。所以，我留下这二十篇家训，作为你们的后车之戒。

简注

① 龆龀（tiáo chèn）：小儿换齿之时。

② 温凊（qìng）：冬温夏凊，《礼记·曲礼》：“凡为人子之礼，冬温而夏凊。”温，即温被使暖。凊，即扇席使凉。

③ 安定辞色：《礼记·曲礼》：“安定辞。”即言语得体、神色从容。

④ 锵锵翼翼：指举止恭敬谨慎。

⑤ 严君：即父母。

⑥ 丁：当，遭逢。荼蓼：荼之味苦，蓼之味辛，古人以苦辛喻丧失

父母。

⑦ 属文：王利器注：“联字造句，使之相属，成为文章，犹言作文也。”

⑧ 肆欲轻言：即随心所欲，信口开河。

⑨ 不修边幅：指行为随便，不拘小节。

⑩ 少：同稍，稍微。砥砺：磨练。

⑪ 习若自然：《大戴礼记·保傅》：“少成若天性，习贯之为常。”即习惯已然养成，如同自然而然。

⑫ 心共口敌：即心中所想与口中所说不相一致。

⑬ 性与情竞：即本性与情感相互斗争。情感发出来符合本性，即《中庸》所谓“发而皆中节，谓之和”，可是常人常常会因为某种功利目的而导致所发之情违背本性。之推虽然已经认识到了这一点，可是做不到“和”，而常常性与情竞。

⑭ 指：同旨，志意。

⑮ 铭肌镂骨：即刻骨铭心。

⑯ 后车：《汉书·贾谊传》：“前车覆，后车戒。”即之推以自身无教的经历，作为子孙后代的前车之鉴。

实践要点

之推回顾了自己少时的教育，深感于自己的“无教”，不希望自己的子孙后代也同样如此，所以撰写了《家训》二十篇。

依据此段，家教应当注意以下几点：

一、宜早不宜迟，如之推自身，在龆龀之时“便蒙诱诲”。

二、注重培养小儿的孝心。

三、对小儿的言行举止进行规正。

四、勉励子女，了解他们的志向和爱好，帮助他们改正缺点，发挥长处。

五、教育子女应当慈严并举，慈而不严，则小儿易放肆；严而不慈，则伤亲情。

而据之推所言，则《家训》二十篇全都是他“铭肌镂骨”的心得，是他对子孙后代的殷切指引，而以为后世子孙的“后车”，我们又岂能草草读过？

教子第二

2.1　上智不教而成，下愚虽教无益，中庸之人[①]不教不知也。古者圣王有胎教之法：怀子三月，出居别宫，目不邪视，耳不妄听[②]，音声滋味，以礼节之。书之玉版[③]，藏诸金匮[④]。生子咳提[⑤]，师保[⑥]固明孝仁礼义，导习之矣。凡庶[⑦]纵不能尔，当及婴稚，识人颜色，知人喜怒，便加教诲，使为则为，使止则止。比及数岁，可省笞罚[⑧]。父母威严而有慈，则子女畏慎而生孝矣。吾见世间，无教而有爱，每不能然。饮食运为[⑨]，恣其所欲，宜诫翻[⑩]奖，应诃反笑，至有识知，谓法当尔[⑪]。骄慢已习，方复制之，捶挞至死而无威，忿怒日隆而增怨，逮于成长，终为败德。孔子云"少成若天性，习惯如自然"是也。俗谚曰："教妇初来，教儿婴孩。"诚哉斯语！

| 今译 |

智力出众的人不需要教导也能够成才，智力低劣的人即使受到教育也没有用处，智力平平的人不教导就不能够明白事理。古时圣明的君王就有胎教的方法：女子怀孕三个月时，就出去居住在别的房子里，眼不看不该看的，耳不听不该听的，所听的音乐、日常的饮食，全都要受礼法约制。这种胎教的方法被刻在玉版上，收藏在金柜之中。婴儿出生到了幼儿时期，师保便会一再为他们讲明孝悌、仁爱、礼仪、正义之道，并引导他们践行。平民百姓纵然不能做到这样，也应当在婴儿能够明白大人脸色，知道大人喜怒之时，就加以引导教育，做到让他做什么就做什么，不让他做的就不去做。这样一来，等到孩子长到几岁后，就可以省去棍棒的惩罚了。父母对待子女威严而有慈爱，子女对父母就会敬畏谨慎而生发孝心。我看到世间很多父母，对待子女不加教育而一味溺爱，常常不能够认同。他们在饮食和行为方面，总是放任孩子让他们为所欲为，在应该训诫的时候反而奖励，应该呵责的时候反而一笑了之，等到孩子们长大懂事之后，就会认为事情理当如此。他们的骄横傲慢的习气已经养成，方才开始进行约制，即便是用棍棒将他们打死也无法树立起父母的威严了，父母的愤怒日益加深的同时，孩子对父母的怨恨也在日益增加，等到孩子长大成人，终究会成为道德败坏的人。孔子说“少年时养成习惯就像天生的一般，习惯一旦养成就会成为自然而然”，说的正是这个道理。俗话说：“教导媳妇要趁她刚刚嫁过来，教育孩子要从婴儿时期开始。”这话说得很有道理啊！

简注

① 中庸之人：指智力平平的人。

② 目不邪视，耳不妄听：即“非礼勿视，非礼勿听”（《论语·颜渊》），眼不看不该看的，耳不听不该听的。

③ 玉版：古时用来刻字的玉片。

④ 金匮：古时用来收藏珍贵文献和文物的铜制柜子。

⑤ 生子：王利器注：“各本都作‘子生’。”咳提：指小儿笑闹、啼哭。后多指幼儿时期。

⑥ 师保：古时教导皇族子弟的官员，有师有保，统称师保。

⑦ 凡庶：平民百姓。

⑧ 笞罚：即棍棒惩罚。

⑨ 运为：行为。

⑩ 翻：同反。

⑪ 谓法当尔：认为事情理当如此。

实践要点

本篇中，之推对如何教育子女作了陈述。本段带给我们的启发主要有三点：

一、教育子女要趁早。早到什么时候？如果有条件，应该早到“怀子三月”之时，也就是开展胎教。今天，胎教已经成为一种潮流，但是与传统胎教似乎差距甚远：传统胎教，重在于母亲以礼约束自身。现今的胎教，则是以实现母亲的安逸享受为目的，所听的音乐、日常的饮食，也是随心所欲，各从所好。甚至很多父母带着功利性的目的进行胎教，例如，有父母希望子女长大成人之后成为歌手，在怀孕时便天天让胎儿听流行音乐。这样的胎教对于孩子不但无益，还会不利于孩子的心理健康。如果没有条件，也要在孩子有觉知力时（即识人颜色，知人喜怒之时），便开展正确的教导。

二、以孝仁礼义教育子女。这一点很关键，现今很多父母也知道教育子女的重要性，可是不知道应该如何教育子女。甚或对于什么该做，什么不该做，自己尚且还不知道，又如何去教育子女呢？之推则为我们提供了答案：孝仁礼义。其实，孩子在儿时，大多有孝心、有仁心，诚如孟子所说：“孩提之童无不知爱其亲者。”此时只要加以引导，便可以养成孝仁礼义的品格。

当然，要注意“导习”——以身作则，引导他们去践行孝仁礼义，而不是单凭口说。

三、教育子女要严慈并具。现今，父母对待子女大多好慈不好严，往往过于溺爱。之推则明确指出：“父母威严而有慈，则子女畏慎而生孝矣。”而如果光慈不严，小儿就很容易养成诸多不良的习气，到了习惯养成的时候，再进行教育，通常就无效了。之推还对习气养成作了精确的分析：“饮食运为，恣其所欲，宜诫翻奖，应诃反笑，至有识知，谓法当尔。”由此可见，孩子坏习气的养成，责任不在孩子，而在于父母的纵容。

2.2　凡人不能教子女者，亦非欲陷其罪恶，但重于[①]诃怒伤其颜色，不忍楚挞[②]惨[③]其肌肤耳。当以疾病为喻，安得不用汤药针艾救之哉？又宜思勤督训者，可愿苛虐于骨肉乎？诚不得已也！

丨 今译 丨

那些不能够教育子女的人，也不是想要让自己的子女沦为罪恶的人，他们只是因为担心伤害孩子的脸色而难于诃责、发怒，不忍心施行棒打而让孩子遭受皮肉之苦。这就应当用疾病来打比方，一个人生病了，又怎么能够不用汤药、针灸、艾灸来挽救他呢？也应该想一想那些勤于督促教训子女的父母，他们难道愿意苛刻虐待自己的亲生骨肉吗？实在是逼不得已的啊！

简注

① 重于：难于。

② 楚：古时的刑杖。《礼记·学记》："夏楚二物，收其威也。"挞：鞭打。

③ 惨：疼痛。

实践要点

父母对孩子的教育，就像为人治病一般。一个人生病了，一定要及时医治，否则病情就会加重，最终无法治疗。同样，孩子有了不良的行为，也一定要及时纠正，否则就会养成习惯而无法纠正。

与此同时，当我们舍不得诃怒、楚挞子女时，也应该去想一想那些"勤督训者"，他们为什么愿意对子女进行苛刻的教育呢？还不是因为不希望让子女沦为罪恶之人吗？但能如此思量，恐怕也就不会再难于诃怒、不忍楚挞了吧！

2.3　王大司马①母魏夫人，性甚严正。王在湓城②时，为三千人将，年逾四十，少不如意，犹捶挞之，故能成其勋业。梁元帝③时，有一学士，聪敏有才，为父所宠，失于教义：一言之是，遍于行路，终年誉之；一行之非，掩藏文饰，冀其自改。年登婚宦④，暴慢日滋，竟以言语不择⑤，为周逖⑥抽肠衅鼓⑦云。

今译

大司马王僧辩的母亲魏夫人，品性甚是严厉端正。王僧辩在湓州时，已经是统领三千人的将领，年龄也已经超过四十，但是魏夫人稍有不如意的地方，还会用棍棒抽打他，所以能够成就他的功业。在梁元帝时，有一位学士，聪明而有才气，深受他的父亲宠爱，从而失去正当的管教：他有一句话说对了，他的父亲便四处宣扬，连过路的行人全都知道，并且一年到头夸奖他；他做错了一件事，他的父亲便想方设法为他掩藏、粉饰，希望他能够自行改正。后来，这位学生成年之后，暴躁骄慢的恶习日盛一日，最终竟然因为说话不慎重，被周逖抽出肠子，并用他的血去祭战鼓。

简注

① 王大司马：即王僧辩，梁朝名臣。

② 湓（pén）城：今属江西九江。

③ 梁元帝：即萧绎，梁武帝萧衍的第七子。

④ 婚宦：结婚和做官，此处指成年。

⑤ 不择：不加选择，即不慎。

⑥ 周逖：疑为周迪。周迪为人强暴而无信义，才会做如此恶劣之事。

⑦ 衅鼓：用血祭战鼓。

实践要点

之推举了两个例子，一个为严正之教，一个为溺爱之教，用以表达家教宁肯过于严厉，也不能过分溺爱的观点。这两个例子或许有些过于极端（一个四十多岁还遭捶挞，一个则最终死于非命），但足以发人深省，引人深思：溺爱其实便是在将自己的孩子推入火坑！

2.4　父子之严，不可以狎[①]；骨肉之爱，不可以简[②]。简则慈孝不接[③]，狎则怠慢生焉。由命士[④]以上，父子异宫，此不狎之道也；抑搔痒痛，悬衾箧枕[⑤]，此不简之教也。或问曰："陈亢喜闻君子之远其子[⑥]，何谓也？"对曰："有是也。盖君子之不亲教其子也，《诗》有讽刺之辞[⑦]，《礼》有嫌疑之诫[⑧]，《书》有悖乱之事[⑨]，《春秋》有邪僻之讥[⑩]，《易》有备物之象[⑪]。皆非父子之可通言，故不亲授耳。"

| 今译 |

父子之间应当保持严肃，不可以过分亲昵；骨肉之间的关爱，不可以过分简慢。过分简慢就不能够做到父慈子孝，过分亲昵就会产生怠慢之心。从有爵命的士人往上，父子全都是分室而居，这就是防止父子之间过分亲昵的方法；为父母按摩挠痒，父母起床后，子女整理好卧具，这就是防止骨肉之间过分简慢的方法。有人问道："陈亢听到孔子疏远自己的儿子感到很高兴，这是为什么呢？"我回答说："这是有道理的。这是说君子不亲自教育自己的儿子，《诗经》中有讽刺的言辞，《礼记》中有引发嫌疑的礼制告诫，《尚书》中有犯上作乱的事件，《春秋》中有讥讽邪恶的文辞，《易经》中有备物致用的意象。这一切全都不是父子之间可以直接谈论的，所以君子不亲自教授自己的儿子。"

简注

① 狎：亲近而不庄重。

② 简：简慢。

③ 不接：不相对应。

④ 命士：指受朝廷爵命的士。

⑤ 抑搔痒痛：即为长辈按摩挠痒。悬衾箧枕：把被子捆好挂起来，把枕头装进箱子里。

⑥ 陈亢：当为孔子弟子。陈亢喜闻君子之远其子：事见于《论语》季氏篇："陈亢问于伯鱼曰：'子亦有异闻乎？'对曰：'未也。尝独立，鲤趋而过庭，曰："学《诗》乎？"对曰："未也。""不学《诗》，无以言。"鲤退而学《诗》。他日，又独立，鲤趋而过庭，曰："学《礼》乎？"对曰："未也。""不学《礼》，无以立。"鲤退而学《礼》。闻斯二者。'陈亢退而喜曰：'问一得三，闻《诗》，闻《礼》，又闻君子之远其子也。'"后世据此事称家教为庭训。

⑦《诗》有讽刺之辞：《诗》即《诗经》，分为风、雅、颂三部分，其中风部有不少篇章讽刺了当时统治者的拙劣行径。

⑧《礼》有嫌疑之诫：《礼》即《礼记》，《礼记》中有诸多引发嫌疑的礼制之诫。

⑨《书》有悖乱之事：《书》即《尚书》，《尚书》中记载了少许犯上作乱之事。

⑩《春秋》有邪僻之讥：《春秋》微言大义，多有讥讽邪僻之辞。

⑪《易》有备物之象：《易》即《易经》，《易·系辞上》有云："备物致用，立成器以为天下利。"

实践要点

父母与子女之间的相处，是一门艺术：既要有亲情，又不能过分亲昵；既要严肃，又不能过分简慢。重要的是把握住一个适当的度。

现实是：很多父母与子女的关系不是过于亲昵，就是过于简慢。过于亲昵，父母自然就会失去威严，而子女则时常放肆；过于简慢，则子女对父母就会感情冷淡，失去应有的亲情。

之推还讲到了君子“不亲教其子”的原因：群经之中有着不适合父子之间直接交谈的内容。所以，古人提倡易子而教。关于君子“不亲教其子”，孟子也曾讲过一个原因，现摘录于此，以供参考：

公孙丑曰：“君子之不教子，何也？”孟子曰：“势不行也。教者必以正。以正不行，继之以怒。继之以怒，则反夷矣。‘夫子教我以正，夫子未出于正也。’则是父子相夷也。父子相夷，则恶矣。古者易子而教之，父子之间不责善，责善则离，离则不祥莫大焉。”（《孟子·离娄上》）

（译文：公孙丑问道：“君子不亲自教育儿子，为什么？”孟子答道：“在情势上行不通。教育一定要用正道。用正道没有得到履行，接着就会发怒。接着发怒，就会反过来伤害父子之间的感情了。儿子会说：‘父亲用正道来教育我，可是他自己却不按照正道而行。’如此一来，就成父子之间相互伤害了。父子之间相互伤害，那就糟糕了。古时候的人交换儿子进行教育，是因为父子之间不用善来相互责备，以善相互责备就会产生隔阂，父子之间有隔阂，那是一个家庭最不吉祥的事了。”）

2.5　齐武成帝子琅邪王[①]，太子母弟也，生而聪慧，帝及后并笃爱之，衣服饮食，与东宫[②]相准。帝每面称之曰："此黠[③]儿也，当有所成。"及太子即位，王居别宫，礼数优僭[④]，不与诸王等。太后犹谓不足，常以为言。年十许岁，骄恣无节，器服玩好，必拟乘舆[⑤]。尝朝南殿，见典御[⑥]进新冰，钩盾[⑦]献早李，还索不得，遂大怒，訽[⑧]曰："至尊已有，我何意无？"不知分齐[⑨]，率皆如此。识者多有叔段、州吁之讥[⑩]。后嫌宰相[⑪]，遂矫诏[⑫]斩之，又惧有救，乃勒[⑬]麾下军士防守殿门。既无反心，受劳而罢，后竟坐此幽薨[⑭]。

今译

齐武成帝高湛的第三子琅琊王高俨，是太子的同母亲弟，天生聪慧，武成帝和皇后都非常喜爱他，他的衣服、饮食，跟太子相等。武成帝时常当面称赞他说："这是个聪明的孩子，日后定当有所成就。"等到太子即位，琅琊王搬到其他宫殿居住，他所享受的待遇极其优厚，超出了常规，与其他诸王不相等。但是，太后还嫌不够，常常为此向皇帝诉说。等到琅琊王十多岁时，骄横放肆，毫无节制，各种器物、服装、赏玩之物，必定都要与皇帝相比。他曾经到南殿朝拜皇帝，见到典御进奉从冰窖中新取出来的冰块，钩盾进献早熟的李子，回府之后便派人索要，没有得到，于是大怒，骂道："皇帝已经有了，我为什么没有？"他根本不知道自己的本分所在，所作所为大多如此。有识之士大多指责他像春秋时期的叔段、州吁。后来，琅琊王讨厌宰相和士开，于是假传圣旨斩杀了他，又害怕有人前来营救，竟然勒令手下的军士守住皇帝所在的宫殿大门。他本来就没有造反之心，受到皇帝安抚之后便撤了兵，可是最终竟然还是因为这件事而被皇帝秘密处死了。

丨 简注 丨

① 琅邪王：高俨，齐武成帝高湛的第三子。

② 东宫：太子所居之处，常指太子。

③ 黠：聪明。

④ 礼数：古时按名位而分的礼仪等级制度。优僭：过于优厚而多有僭越。

⑤ 拟：比。乘舆：即皇帝所乘之车，常指皇帝。

⑥ 典御：古时主管帝王饮食的官员。

⑦ 钩盾：古时主管皇家园林的官员。

⑧ 訽：同诟，怒骂。

⑨ 分齐：本分限定。

⑩ 叔段、州吁之讥：叔段，春秋时郑庄公之弟，受母亲武姜的过分宠爱，飞扬跋扈，后在母亲的唆使下欲起兵造反，为庄公所败。州吁，春秋时期卫桓公的异母弟，是卫庄公的宠妾所生，深受庄公宠爱。卫桓公十六年，州吁弑兄即位，不久后，因为穷兵黩武，不得卫国人的拥戴，为臣下所杀。

⑪ 后嫌宰相：指琅琊王矫诏杀害和士开一事。和士开，曾任录尚书事，为人奢侈骄恣。

⑫ 矫诏：假托君命，发布诏书。

⑬ 勒：命令。

⑭ 坐：坐罪，即获罪。幽：隐秘。薨：古时王侯之死称作薨。

实践要点

之推讲述了琅琊王高俨死于非命的故事。究其根本，高俨并非死于皇帝之手，而是死于父母之手，若不是父母对他的过度宠爱，他又如何会养成飞扬跋扈、骄横恣意的恶习？所以，当孩子养成放肆、任性的习气时，请不要责备孩子，而是要反省自身。

之推的目的乃是为了告诉天下的父母们：过分宠爱只会让孩子养成恶习。

2.6　人之爱子，罕亦能均[①]，自古及今，此弊多矣。贤俊者自可赏爱，顽鲁者亦当矜怜。有偏宠者，虽欲以厚之，更所以祸之。共叔[②]之死，母实为之。赵王[③]之戮，父实使之。刘表之倾宗覆族[④]，袁绍之地裂兵亡[⑤]，可为灵龟明鉴[⑥]也！

今译

人疼爱自己的孩子，很少有能够做到一视同仁的，从古到今，这方面的弊端太多了。那些贤良俊秀的孩子自然应当得到赏识宠爱，可那些顽劣木讷的孩子也应当受到怜悯、关爱。一旦有所偏爱，虽然本意是想厚待孩子，反而会因此害了他。共叔段之死，实际上是他的母亲所造成的。赵王如意遭受杀戮，实际上是他的父亲所招致的。刘表的家族覆灭，袁绍的失地兵败，这样的事例都像灵龟、明镜一样可供我们借鉴啊！

| 简注 |

① 均：平均，公平。

② 共叔：即前文之叔段，其失败后逃亡至共国，所以又称之为共叔。

③ 赵王：即赵隐王如意，为汉高祖刘邦与宠妾戚姬所生。戚姬希望高祖废太子而立如意，未能如愿，高祖死后，吕后囚禁戚姬，并毒死了如意。

④ 刘表之倾宗覆族：刘表，字景升，曾为荆州牧，有二子，本应立长子刘琦为嗣，因听信后妻之言，终立少子刘琮为嗣。刘表死后，刘琮投降曹操，后被杀，刘琦则逃亡江南。

⑤ 袁绍之地裂兵亡：袁绍，字本初，曾任冀州牧，有三子：袁谭、袁熙、袁尚。袁绍偏爱少子袁尚，死后指定袁尚继承其业，可是袁谭、袁熙不服，最终兄弟三人互相残杀，遂为曹操趁势而灭。

⑥ 灵龟明鉴：古时以龟甲占卜，以铜镜照形，所以以此二者比拟可以借鉴。

| 实践要点 |

对待子女要一视同仁，若有偏爱，就会导致兄弟姐妹之间相互争斗，实在是为家族的倾覆埋下了种子。当然，今天因为独生子女较多，很少会出现这种状况。然而，也产生了另一种状态：将万千关爱全都集在子女身上，从而导致子女自小便养成了享受、自大、无礼等种种恶习。

今天也许少了偏宠的弊端，却又有了专宠的问题。偏宠与专宠的表现或许不一样，但最终所导致的结局常常类似：“虽欲以厚之，更所以祸之。”身为父母，实在是应该好好反省子女的教育了。

2.7　齐朝有一士大夫，尝谓吾曰：“我有一儿，年已十七，颇晓书疏[①]，教其鲜卑语及弹琵琶，稍欲通解，以此伏事[②]公卿，无不宠爱，亦要事也。”吾时俯而不答。异哉，此人之教子也！若由此业，自致卿相，亦不愿汝曹为之！

今译

齐朝有一位士大夫，曾经对我说：“我有一个儿子，已经十七岁了，通晓文书、信函等书写，教他说鲜卑语和弹琵琶，他也渐渐地快掌握了，用这些本领来服侍王公大臣，没有不宠爱他的，这也是重要的事啊。”我当时低头不语。这个人教育子女的方法，真是奇怪啊！凭借这样的本事去取媚于人，即使是能够做到公卿宰相，我也不愿意你们去做！

简注

① 书疏：文书、信函等书写。

② 伏事：即服侍。

实践要点

北齐时，显贵者多为鲜卑人。鲜卑人喜欢弹琵琶，所以，会说鲜卑语、会弹琵琶往往能够得到宠爱，甚至成为谋求做官的门路。正因如此，那位士大夫才会教自己的儿子学鲜卑语、弹琵琶。而这便是取媚于世的表现。

今天，这种现象更是突出：大多数父母教育子女都是随着社会的风气在转。社会崇尚金钱至上，便教育孩子去学商业；社会崇尚娱乐至上，便教育孩子去学唱歌、舞蹈；社会崇尚传统文化，便教育子女去读四书五经……

如果对这些现象略作分析，就会发现在这一切背后隐藏着的全都是功利性目的：为了让子女取得成功，所以让子女去掌握迎合当下社会所需的种种技能。可以想见，到了某一天，社会重新提倡道德建设，强调以德为本时，那些父母们也必定会教育子女成为有德行的人。然而，在他们心目中，德行也是取得成功的条件，而不是根本——德行也将沦落成为一种功利。如此一来，伪君子、伪道德，势必会随处可见。

那么，我们又应该如何跳出功利化教育的圈子呢？答案很简单：

尊重生命！既尊重我们自身的生命，也尊重子女的生命！

当我们尊重生命时，自然就会发觉生命的意义绝不仅仅只是为了取得一时一地的成功，而是塑造独立的人格和自由的精神。丧失了人格和精神，再大的成功也是虚妄的，这样的成功与失败并没有什么两样！这就是之推说出“若由此业，自致卿相，亦不愿汝曹为之”的原因。

可是，在很多父母看来，独立的人格和自由的精神又不能“当饭吃”，所以，在生存面前，生命的尊严总是会节节败退。然而，他们忽略了一点：当一个人真正具备了独立的人格和自由的精神之后，他（她）自然而然就会选择适合于自身的事业，并会全身心投入其中，进而取得常人所无法想象的成功。而这种成功绝不同于带着功利性目的的成功，而是一种自然而然的结局。当我们明白了这一点之后，也许会对子女教育有一个较为清晰与正确的认知。

兄弟第三

3.1　夫有人民而后有夫妇，有夫妇而后有父子，有父子而后有兄弟。一家之亲，此三而已矣。自兹以往，至于九族[①]，皆本于三亲焉，故于人伦为重者也，不可不笃。兄弟者，分形连气[②]之人也。方其幼也，父母左提右挈，前襟后裾[③]，食则同案，衣则传服[④]，学则连业[⑤]，游则共方[⑥]，虽有悖乱之人，不能不相爱也。及其壮也，各妻其妻，各子其子，虽有笃厚之人，不能不少衰也。娣姒[⑦]之比兄弟，则疏薄矣。今使疏薄之人，而节量[⑧]亲厚之恩，犹方底而圆盖，必不合矣。惟友悌深至，不为旁人之所移者，免夫！

| 今译 |

有了人类之后才有夫妻，有了夫妻之后才有父子，有了父子之后才有兄弟。一个家庭中的亲人，就是这三者而已。就此扩展开来，直到九族，全都是本源于这三种亲属关系，所以，这三种亲属关系是人伦关系中最重要的，不可以不加以重视。兄弟，是身形各异却气息相通的人。在他们年幼的时候，父母左手拉着一个，右手牵着一个，一个在前面抓着父母的衣襟，一个在后面拉着父母的衣摆，吃饭在同一张案子上，衣服是兄长穿过之后给弟弟穿，学习是兄长用过的经籍给弟弟用，出游则结伴而行，所以，兄弟之中即便是有悖礼乱来的人，也不能不互相关爱。等到兄弟都长大了，各自娶了妻子，各自有了孩子，即使是忠厚笃实的人，兄弟之间的感情也不能不渐渐减弱。妯娌之间的关系比起兄弟来，则是疏远和淡薄的。如今，要让关系疏远、淡薄的妯娌来限制兄弟之间亲密深厚的情感，那就像是给方形的底座配上圆形的盖子，一定会不合适的。只有那些遵循着兄道友、弟道悌而感情至深，不受别人影响的兄弟，才可以避免上述状况。

简注

① 九族：指本身及以上的父、祖、曾祖、高祖和以下的子、孙、曾孙、玄孙。

② 分形连气：身形各分，气息却相通。指同为父母血气所生。

③ 襟：衣服的前幅。裾：衣服的后摆。前襟后裾，一个抓着父母的前襟，一个拉着父母的后摆。

④ 衣则传服：指兄长穿过的衣服传给弟弟穿。

⑤ 业：古时书写经籍的大版。学则连业，学习是兄长用过的经籍，弟弟又接着用。

⑥ 游则共方：兄弟同游而共方。《论语·里仁》有云："父母在，不远游，游必有方。"

⑦ 娣姒（dì sì）：即妯娌。

⑧ 节量：节制限量。

实践要点

夫妻、父子、兄弟三者，乃是人伦关系的根本。然而，自古以来，兄弟相残的事件层出不穷。之推有感于此，所以作《兄弟》篇垂示子孙后代。

兄弟本为同根生，是“分形连气之人”，所以年少之时很少有彼此之分，大多尚能相互关爱。可是成年之后，“各妻其妻，各子其子”，有了彼此之分，加之妯娌之间关系疏薄，对兄弟之间的情感也会产生一定的影响，最终导致兄弟关系越来越淡薄，越来越疏远，甚至因此而兄弟相争、相残。

那么，如何才能避免这一状况呢？

之推的答案是：为兄者履行友道（友即关爱），为弟者履行悌道（悌即敬爱）。

3.2　二亲既殁①，兄弟相顾，当如形之与影，声之与响。爱先人之遗体②，惜己身之分气③，非兄弟何念哉？兄弟之际，异于他人，望深则易怨，地亲则易弭④。譬犹居室，一穴则塞之，一隙则涂之，则无颓毁之虑；如雀鼠之不恤⑤，风雨之不防，壁陷楹沦，无可救矣。仆妾之为雀鼠，妻子之为风雨，甚哉！

| 今译 |

双亲去世之后，兄弟之间更应该相互照顾，应当像形体和影子、声音和回响一样密切。爱护父母所留下来的身体，珍惜从父母那里分得来的血气，除了兄弟，还能顾念谁呢？兄弟之间的相处，与对待他人是不一样的，互相期望太高就容易生发怨恨，关系亲密也就很容易消除隔阂。就像居住的房屋，破了一个洞就立即堵住，裂了一条缝就及时补好，那就没有颓败倒塌的担忧；如果对麻雀、老鼠的破坏不放在心上，对风雨的侵蚀也不加以防范，等到墙壁塌陷屋柱衰败之时，也就无法补救了。奴仆、婢妾比之于麻雀和老鼠，妻儿比之于风雨，那是更加厉害啊！

丨 简注 丨

① 殁：死。

② 遗体：身体是由父母的血气所生，父母去世后，古人便称自己的身体为父母的遗体。

③ 分气：身体是父母血气所生，兄弟都是分得父母血气之人。

④ 弭：停止，消除。

⑤ 恤：忧虑，担忧。

丨 实践要点 丨

兄弟相处，要像形影、声响一样，不离不弃，生死与共。但是，兄弟之间的相处也要有智慧，否则就会产生隔阂，最终难以消除。那么，兄弟之间应该如何相处呢？之推提供了以下指点：

一、不要互相期望太高。兄弟之间期望太高，一旦对方没有实现，就会产生不满，进而引发怨恨。

二、保持亲密的关系。只要关系亲密，即便是产生误会、隔阂，也会很快消解。

三、产生误会、隔阂，要及时消除。有了误会和隔阂，倘若不能够及时消除，就会逐渐加深，最终导致兄弟的感情无从挽救。

四、不要因为妻儿、奴婢影响兄弟之间的情感。今天，奴婢已然不复存在，然而妻儿对于兄弟感情的影响确实不小。

3.3　兄弟不睦，则子侄不爱；子侄不爱，则群从[①]疏薄；群从疏薄，则僮仆为雠敌矣。如此，则行路皆踖[②]其面而蹈其心，谁救之哉？人或交天下之士，皆有欢爱，而失敬于兄者，何其能多而不能少也？人或将[③]数万之师，得其死力，而失恩于弟者，何其能疏而不能亲也？

| 今译 |

兄弟之间不和睦，子侄之间就不会友爱；子侄之间不友爱，家族子弟们的关系就会疏远、淡薄；家族子弟们的关系疏远、淡薄，僮仆之间就会互相仇视敌对了。如此一来，过路的陌生人都可以任意践踏他的脸、踩踏他的心，又会有谁来救助他呢？有的人能够结交全天下的士人，全都相处友好，却不能够敬重自己的兄长，为什么能够和那么多的人相处友好，却不能够与仅有的兄弟相处友好呢？有的人能够率领数万军士，让他们为自己拼死效力，却对自己的弟弟缺少恩情，为什么能够关爱那些关系疏远的人，却不能够关爱自己的亲弟弟呢？

| 简注 |

① 群从：指与子侄同辈的族中子弟。

② 踖：践踏。

③ 将：率领。

| 实践要点 |

兄弟之间应该和睦相处，否则就会导致“行路皆踖其面而蹈其心”而无人救之的结局。

之推又指出了两种不正常的现象：一、能与天下之士友好相处，却不能够敬重自己的兄长；二、能统领数万军士，让他们拼死效力，却不能够关爱自己的亲弟弟。为什么会出现如此异常的现象呢？

答案很简单：以功利为根本。因为兄长、弟弟不能够给自己带来利益，所以对待他们就薄情寡义。而他人或许可以为自己带来功名利禄，所以就能够友好相处、时时关爱。说到底，这两种异常现象的出现，乃是因为出于对利益的权衡。可是如此一来，也就违背了人伦，丧失了亲情。

3.4 娣姒者，多争之地也，使骨肉居之，亦不若各归[①]四海，感霜露而相思[②]，伫日月之相望[③]也。况以行路之人，处多争之地，能无间者，鲜矣！所以然者，以其当公务而执私情，处重责而怀薄义也。若能恕己而行，换子而抚，则此患不生矣。

| 今译 |

妯娌之间，非常容易引发纷争，即便是让同胞姐妹成为妯娌相处，也不如让她们远嫁四方，这样她们就会感念霜露的降临而相互思念，期待着相会的时日。更何况以形同陌路的陌生人，处于容易引发纷争的关系，能够做到没有隔阂，实在是很少见啊！之所以会这样，是因为她们在处理家庭中的公共事务时执着于自己的私心，肩负重要的职责时怀着一己的情义。如果能够以宽恕自己的态度去对待别人，将对方的子女视为自己的子女一样来抚养，也就不会产生这样的问题了。

简注

① 归：古时称女子出嫁为归。

② 感霜露而相思：《诗经·蒹葭》："蒹葭苍苍，白露为霜，所谓伊人，在水一方。"自此，霜露便成了感发相思之情的引子。

③ 伫日月之相望：李陵《与苏武诗》："安知非日月，弦望自有时。"伫日月之相望乃是抒发期待之情。伫，期望。

实践要点

因为妯娌是影响兄弟感情的重要因素，所以之推对妯娌的关系作了描述。在他的笔下，妯娌之间是极难相处的，因为"当公务而执私情，处重责而怀薄义"，从而导致了纵然是亲姐妹处于妯娌的关系中，也难免会产生纷争，更何况是原本形同陌路的陌生人了！

那么，应该如何解决妯娌之间相处难的问题呢？之推的答案虽然简单，却很有效，那就是：将心比心。

所谓"恕己而行，换子而抚"，其实就是将心比心。人与人相处时，若是能够将心比心，以对待自己的方式对待他人，以对待自己子女的方式对待他人的子女，自然也就不会产生纷争了。

3.5 人之事兄，不可同于事父，何怨爱弟不及爱子乎？是反照而不明也。沛国刘琎尝与兄瓛[①]连栋隔壁，瓛呼之数声不应，良久方答，瓛怪问之，乃曰："向来未着衣帽故也。"以此事兄，可以免矣。

| 今译 |

人们侍奉兄长，不肯像侍奉父亲一样，又为何要埋怨兄长不能像父亲关爱儿子一样来关爱自己呢？这种人如果能够反过来观照一下自己，就知道自己的不明智了。沛国的刘琎曾经与兄长刘瓛隔墙而居，有一次，刘瓛叫唤刘琎，叫了好几声，都没有人答应，过了好久才听到刘琎答应。刘瓛感到很奇怪，就问刘琎是什么原因，刘琎回答说："因为我刚才没有穿好衣服。"像这样来侍奉兄长，那就不用担心兄长关爱自己不像父亲关爱儿子一样了。

| 简注 |

① 沛国：今属安徽。刘琎：字子敬。刘瓛：字子圭。兄弟二人因德行出色而闻名于世。

| 实践要点 |

兄弟之间相处，应该反求诸己，而不是一味的要求对方。例如对待兄长，要反过来看看自己是否做到了事兄以悌，若是没有做到，又如何能够要求兄长待弟以友呢？

刘琎对待兄长，可谓恭敬有加了。未穿衣服，乃是一种不雅的状态，所以他不应答，这说明他内心之中对兄长充满了敬重，绝不会有半点简慢。

3.6　江陵[①]王玄绍，弟孝英、子敏，兄弟三人特相爱友，所得甘旨、新异，非共聚食，必不先尝。孜孜[②]色貌，相见如不足者。及西台[③]陷没，玄绍以形体魁梧，为兵所围，二弟争共抱持，各求代死，终不得解，遂并命尔。

今译

江陵的王玄绍，有两个弟弟——王孝英、王子敏，兄弟三人相处特别友爱，不论谁得到美味、新奇的食物，除非是聚在一起共享，绝不会有人先去品尝。兄弟之间勤勉的态度洋溢于表，每次相见总觉得相聚得还不够。到了江陵陷没的时候，王玄绍因为体形魁梧，被敌兵围住，两个弟弟争着抱住他，都请求代替哥哥去死，最终也没能解围，于是兄弟三人一并被杀害了。

简注

① 江陵：今属湖北。

② 孜孜：勤勉努力的样子。

③ 西台：即江陵，位于建康之西，故称西台。

丨 实践要点 丨

王氏三兄弟生死与共的事件，着实令人感动，也着实令人羡慕。今天，如此深重的兄弟之情，恐怕已经不可见了。

当然，我们更应该看到的是王氏兄弟那持之以恒的友爱之情。如果我们与兄弟相处也能够做到如此恒久不变的友爱，那么，在面对困难时，也一定会同进同退、生死与共的！

后娶第四

4.1 吉甫[①]，贤父也；伯奇[②]，孝子也。以贤父御孝子，合得终于天性，而后妻间之，伯奇遂放。曾参[③]妇死，谓其子曰："吾不及吉甫，汝不及伯奇。"王骏[④]丧妻，亦谓人曰："我不及曾参，子不如华、元[⑤]。"并终身不娶。此等足以为诫。其后，假继[⑥]惨虐孤遗，离间骨肉，伤心断肠者，何可胜数！慎之哉！慎之哉！

今译

尹吉甫是一位贤明的父亲，伯奇是一个孝顺的儿子。以贤明的父亲来教导孝顺的儿子，理当能够完全做到父慈子孝，尽享天伦，然而因为后妻的离间，伯奇还是被放逐了。曾参的妻子死后，对他的儿子说："我不如尹吉甫，你们不如伯奇。"王骏的妻子死后，也对人说："我不如曾参，我的儿子不如曾华和曾元。"曾参、王骏全都终身不再继娶。这些事足以让人引以为戒。从他们之后，继母残害虐待前妻的遗子，离间父子之间的关系，导致伤心断肠的事件，实在是数不胜数！所以，对于继娶这件事一定要慎之又慎啊！

简注

① 吉甫：即尹吉甫，周宣王时的贤臣。

② 伯奇：尹吉甫的长子。伯奇生母早死，后母欲立亲生儿子为尹吉甫的继承人，便诬陷伯奇非礼于她，尹吉甫一怒之下放逐了伯奇。后来，尹吉甫知道了真相，便射死后妻，召回了伯奇。

③ 曾参：字子舆，孔子弟子，以孝著称。传为《大学》《孝经》的作者，后世尊为宗圣。

④ 王骏：西汉大臣。

⑤ 华、元：即曾华、曾元，曾参的两个儿子。

⑥ 假继：即继母。

| 实践要点 |

妻子不幸去世后，丈夫继娶，这在世间乃是常事。可是，继母往往会偏爱亲生子女，而虐待前妻的子女。所以，对于继娶这样的事也就不能不慎重。之推以尹吉甫、曾参、王骏三人的故事，表达了自己不建议继娶的观点。

现今世间有很多离异之人，常以情感为由而继娶，最终的结局常常像之推所说的一般——“伤心断肠”，诚可哀哉！

4.2 江左不讳庶孽[①]，丧室之后，多以妾媵终家事[②]。疥癣蚊虻[③]，或未能免，限以大分，故稀斗阋[④]之耻。河北鄙于侧出[⑤]，不预人流[⑥]，是以必须重娶，至于三四，母年有少于子者。后母之弟，与前妇之兄，衣服饮食，爰及婚官，至于士庶贵贱之隔，俗以为常。身没之后，辞讼盈公门，谤辱彰道路，子诬母为妾，弟黜[⑦]兄为佣，播扬先人之辞迹[⑧]，暴露祖考之长短，以求直己者，往往而有。悲夫！自古奸臣佞妾，以一言陷人者，众矣！况夫妇之义，晓夕移之，婢仆求容，助相说引，积年累月，安有孝子乎？此不可不畏。

今译

江东一带不避讳妾所生的儿女，所以，正室亡故之后，大多会让妾接着来主管家务。家庭内部的种种小矛盾，或许不能够避免，但是限于大的名分，很少会发生兄弟争斗而有辱家门的事。黄河以北则鄙视侧室（妾）所生的子女，不给他们正当的名分，所以正室亡故之后必须再娶，有些人甚至会再娶三四次，导致后母的年龄有小于之前妾所生的儿子的。后母所生的弟弟，与之前妾所生的兄长，在衣服饮食，以至于婚配、做官方面，甚至有着士子与庶民、贵族与低贱人一般的分别，这在当地是习以为常的。等到父亲去世之后，家庭因为纠纷而投送的讼状充满了官府，互相之间的诽谤、侮辱连路人都能够听得到，前妻的儿子诬蔑后母为妾，后妻之子贬低兄长为佣仆，往往会有大肆宣扬亡父生前的言行，暴露祖先的是非长短，以证明自己有道理的。真是可悲啊！自古以来，因为奸臣佞妾的一句话而陷害别人的事，实在是太多了！更何况是后母凭借夫妻的情义，日夜在丈夫面前挑拨离间，加上奴婢、仆人为了求得容身之地，在一旁帮着劝说引诱，长年累月下来，又怎么会有孝子呢？这不能不让人感到畏惧啊。

简注

① 江左：即江东，指长江下游以南地区。讳：避讳。庶孽：妾所生的子女。

② 丧室：即正室亡故。媵（yìng）：古时从嫁的女子，常为正室的妹妹。终家事：接着管理家务之事。

③ 疥癣蚊虻：比喻家庭内部的小矛盾。

④ 斗阋（xì）：家庭内部兄弟之间的争斗。

⑤ 侧出：侧室（即妾）所生的子女。

⑥ 人流：有名分的行列。

⑦ 黜：贬低。

⑧ 辞迹：即言行。

实践要点

之推讲述了江左一带与黄河以北对待侧出的态度，以及最终引发的结局。相较而言，江左一带的结局可以算得上家门太平了。

而最后一段话（自“况夫妇之义”至“此不可不畏”），则进一步传达出之推反对继娶的观点。

4.3 凡庸之性，后夫多宠前夫之孤，后妻必虐前妻之子。非唯妇人怀嫉妒之情，丈夫有沉惑之僻[①]，亦事势使之然也。前夫之孤，不敢与我子争家，提携鞠养[②]，积习生爱，故宠之；前妻之子，每居己生之上，宦学婚嫁，莫不为防焉，故虐之。异姓[③]宠则父母被怨，继亲虐则兄弟为雠，家有此者，皆门户之祸也。

今译

一般人的禀性是，后夫大多宠爱前夫的孩子，后妻必定会虐待前妻的孩子。这不是说只有妇人才怀有嫉妒的性情，而男子多有沉迷后妻的邪僻，也是事势所导致的必然。前夫的孩子，不敢和亲生的孩子争夺家产，继父照顾抚养他们，日积月累自然就会产生爱心，所以宠爱他们；而前妻的孩子，常常自居亲生孩子之上，无论是做官、学习、婚嫁，没有一样不要提防的，所以继母会虐待他们。而宠爱前夫的孩子就会被亲生的孩子所埋怨，虐待前妻的孩子就会导致兄弟成为仇人，家中有了这样的事，那就是家门的灾祸啊。

简注

① 沉惑之僻：沉于迷惑的邪僻。

② 鞠养：抚养。

③ 异姓：指继父与前夫的孩子。孩子从父姓，所以继父与前夫的孩子常常会是异姓。

实践要点

后夫宠爱前夫之孤，后妻虐待前妻之子，这是世间常有的现象。然而，经过之推的描述，方知这背后原来有着“事势”之所然，是怀着目的的。

这就是人的禀性，人的禀性总是自私自利的。

而之推揭露人的禀性，乃是为了告诫子孙后代，在继娶之事上，切不可草率为之。

4.4 思鲁等从舅殷外臣[①]，博达之士也。有子基、谌，皆已成立，而再娶王氏。基每拜见后母，感慕[②]呜咽，不能自持，家人莫忍仰视。王亦凄怆[③]，不知所容，旬月求退，便以礼遣，此亦悔事也。

| 今译 |

思鲁兄弟三人的从舅殷外臣，是一个博雅通达的人。他有两个儿子——殷基、殷谌，全都已经长大成人，他在妻子去世后又迎娶了王氏。殷基每次拜见后母时，都因为感念思慕亲母而呜咽不已，无法控制自己的感情，家人都不忍心抬头来看他。后母王氏也倍感凄凉悲伤，不知道如何面对他，因此结婚不到半个月就请求退婚，殷外臣没有办法，就按照礼节将她送回娘家，这也是一件让人遗憾的事啊。

| 简注 |

① 思鲁等：指之推的三个儿子：颜思鲁、颜愍楚、颜游秦。从舅：母亲的叔伯兄弟。

② 感慕：感念思慕。

③ 凄怆：凄凉悲伤。

实践要点

之推讲述了殷外臣继娶的事件，并评价其为“悔事”。依据之推一贯的观点，这里的“悔事”，并不是指殷基破坏了父亲的婚事，而是指殷外臣继娶，因为此事对王氏与殷基来说都是伤害。

4.5 《后汉书》曰：“安帝时，汝南薛包孟尝，好学笃行，丧母，以至孝闻。及父娶后妻而憎包，分出之。包日夜号泣，不能去，至被殴杖。不得已，庐[①]于舍外，旦入而洒扫。父怒，又逐之，乃庐于里门[②]，昏晨不废[③]。积岁余，父母惭而还之。后行六年服，丧过乎哀。既而弟子求分财异居，包不能止，乃中分其财。奴婢引其老者，曰：‘与我共事久，若不能使也。’田庐取其荒顿者，曰：‘吾少时所理，意所恋也。’器物取其朽败者，曰：‘我素所服食，身口所安也。’弟子数破其产，还复赈给[④]。建光中，公车[⑤]特征，至拜侍中[⑥]。包性恬虚，称疾不起，以死自乞，有诏赐告归也。”

今译

《后汉书》中记载：“汉安帝时，汝南有一个名叫薛包字孟尝的人，勤奋好学，笃实躬行，母亲早亡，以特别孝顺闻名乡里。后来，薛包的父亲娶了后妻便开始讨厌他，将他分出家门另住。薛包日夜号啕哭泣，不愿离去，以至于被父亲用棍棒殴打。薛包逼不得已，便在房屋外搭建了一间草庐，每天早晨都回家清扫房屋。他的父亲十分恼怒，又一次将他赶走，于是他就在里门搭建了一间草庐，每天早晚还坚持给父母请安。过了一年多，父母感到惭愧，就让他回了家。父母去世之后，薛包守了六年的孝，超过了一般守孝三年的丧礼。不久，弟弟要求分家居住，薛包不能够制止，于是平分了家财。对于奴婢，他主动分取年老体弱的，说：‘他们与我共事的时间长，你使唤不动他们。’对于田地房屋，他主动分取荒废败坏的，说：‘这是我小时候所整治过的，我心中很留恋它们。’对于生活器具，他主动分取腐朽败坏的，说：‘这都是我向来所使用的，我已经习惯它们了。’他的弟弟后来多次破败家产，薛包一次又一次资助他。建光年间，朝廷特意征聘他，直到官拜侍中。可是，薛包性情恬淡自然，声称自己卧病在床，以快要死了乞求回家养病，皇帝只好下诏书让他保留官职回家了。”

简注

① 庐：搭建草棚。

② 里门：古时族人列里聚居，里有里门。

③ 昏晨不废：指早晨和傍晚坚持向父母请安。

④ 赈给：救济。

⑤ 公车：汉代官署名。

⑥ 侍中：古代官职。

实践要点

薛包真是个了不得的孝子！倘若换了别人，因为父亲继娶而被赶出家门，恐怕早就心怀怨恨，将来也必定会与后母所生的弟弟反目成仇。可是，薛包对父母依然笃行孝道，对弟弟也笃行友道。

之推引用薛包的故事，或许在于指引子孙后代，倘若父亲因为续娶而疏远了自己，也应当恪守孝道，与异母的弟妹们相处时仍应当恪守友道。

治家第五

5.1　夫风化[①]者，自上而行于下者也，自先而施于后者也。是以父不慈则子不孝，兄不友则弟不恭，夫不义则妇不顺矣。父慈而子逆，兄友而弟傲，夫义而妇陵[②]，则天之凶民，乃刑戮之所摄[③]，非训导之所移也。

| 今译 |

风化教育，是由上面而推行到下面的，是由先行者施行于后行者的。所以，父亲不慈爱子女就不孝顺，兄长不友爱弟弟就不恭敬，丈夫不仁义妻子就不顺从。父亲慈爱而子女忤逆，兄长友爱而弟弟傲慢无礼，丈夫仁义而妻子飞扬跋扈，那就是天生的恶人，是用刑法杀戮才能够慑服得住的，而不是教育引导所能够改变的。

| 简注 |

① 风化：教化。

② 陵：欺凌。

③ 摄：同慑，恐惧，害怕。

| 实践要点 |

要治理好家庭、处理好家庭关系，必须从“三亲”（夫妇、父子、兄弟）

着手，并且必须自己率先做到父慈、兄友、夫义，而不是一味地苛求对方。同样，如果我们身处于子女、弟弟、妻子的位置上，也应该履行孝、悌、顺，而不是一味地埋怨对方。

这就是“自上而行于下者也，自先而施于后者也”。自己倘若还没有做到，就要求别人做到，几乎是不可能的。

所以，当我们强调家教时，最重要的不是孩子做得怎么样，而是身为父母的我们做得怎么样。例如，当我们要求孩子孝敬长辈时，我们是否已经做到了呢？与此同时，我们对孩子是否又做到慈爱了呢？如果答案是否定的，又如何能以此来要求孩子呢？

所谓上行而下效，家教的根本在于父母对孩子的言传身教。光是言传，没有身教，家教是不会成功的。当然，没有言传，只有身教，孩子也无法真正理解做人的道理。唯有言传身教，两不偏废，才能够成就良好的家教。

当然，也有一些人是教化不好的，例如之推所说的“父慈而子逆，兄友而弟傲，夫义而妇陵”。对于这样的人，也许就要采取另类教育（刑戮也是一种教育）了。但是，这类人终归少见，大多数人还是可以教化的。

5.2　笞怒废于家，则竖子之过立见①。刑罚不中，则民无所措手足②。治家之宽猛③，亦犹国焉。

| 今译 |

家庭内部如果没有了棍棒惩罚和发怒训斥，孩子的过错立即就会出现。

刑罚如果不适当，人民就会无所适从。治理家庭的宽松和严厉，和治国是一样的。

简注

①“笞怒”一句：见于《吕氏春秋·荡兵》：“家无怒笞，则竖子婴儿之有过也立见。”竖子，未成年的孩童。见，同现。

②“刑罚”一句，见于《论语·子路》：“名不正则言不顺，言不顺则事不成，事不成则礼乐不兴，礼乐不兴则刑罚不中，刑罚不中则民无所措手足。”中，适中。

③ 猛：严厉。

实践要点

在教育孩子的过程之中，惩罚和怒斥是必不可少的。俗有云：“棍棒之下出孝子。”虽然不能一概而论，但是，对孩子严厉一点，一定会比放纵他们好。

今天，已经很少有父母能够狠下心来对孩子进行体罚和怒斥了，很多父母总是对孩子采取宽容和放纵的态度，就像之推所说的一般，“宜诫翻奖，应诃反笑”，最终，让孩子不识好歹、不分是非。

当然，对孩子的体罚、怒斥，也要掌握尺度，例如对于太小的孩子（一到两岁）不能打，也不能怒斥，以免他们产生不安全感。对于已经有自尊心（八岁以上）的孩子，也不能随便体罚、怒斥，以免伤害他们的自尊心。而对于三至六七岁之间的孩子则可以适当进行体罚，但主要是打屁股。尤其需要注意的是：体罚的目的是为了让孩子知道错误，而不是发泄自身的怒气。

很多父母往往会被愤怒冲昏了头脑，而将孩子视为发气包，这是要不得的。

总之，家教宜严不宜宽。

5.3　孔子曰：“奢则不孙，俭则固。与其不孙也，宁固。”①又云：“如有周公之才之美，使骄且吝，其余不足观也已。”②然则可俭而不可吝已。俭者，省约为礼之谓也；吝者，穷急不恤③之谓也。今有施则奢，俭则吝。如能施而不奢，俭而不吝，可矣。

丨 今译 丨

孔子说：“奢侈了就会缺乏恭敬心，节俭就会鄙陋。与其不恭敬，宁可鄙陋。”又说：“即使一个人有着周公那样的才华和美德，如果他骄傲和吝啬，其他的也就不值得一看了。”如此说来，可以节俭，却不可以吝啬。节俭，是合乎礼制的节省简约；吝啬，是不体恤处于穷困急难中的人。现今，施舍之人大多奢侈，节俭的人又大多吝啬。如果能够做到施舍而不奢侈，节俭而不吝啬，那就可以了。

丨 简注 丨

① 引言见于《论语·述而》。孙，同逊，谦逊，恭敬。固，鄙陋。

② 引言见于《论语·泰伯》。周公，文王之子，武王之弟，以才干、德行闻名于世，是圣贤的典范之一。

③ 恤：体恤，救济。

丨 实践要点 丨

节俭是一种美德，然而，过分节俭而丧失了济难救急的心，那就成了吝啬，则是要不得的。在别人遭遇困难和危急之时，帮助他们，那是仁心。违背了仁心的节俭，是自私，是吝啬。

如今，慈善事业成了一个新兴行业。许多人打着慈善的旗号，在作种种施舍，而观察一下他们的生活，又正如之推所说的一般：奢靡荒唐。在某种程度上，慈善成了他们追求名利的幌子。这也是一种极度不良的现象。

也许，我们应该过这样一种生活：对于自身与家庭的生活，应当保持节俭，而在他人需要帮助的时候，随顺仁心，尽力相助，而绝不吝惜！

5.4　生民之本，要当稼穑[①]而食，桑麻以衣。蔬果之畜，园场之所产；鸡豚[②]之善，埘圈[③]之所生。爰及栋宇器械，樵苏脂烛[④]，莫非种殖之物也。至能守其业者，闭门而为生之具以足，但家无盐井耳。今北土风俗，率能躬俭节用，以赡[⑤]衣食。江南奢侈，多不逮[⑥]焉。

丨 今译 丨

百姓生存的根本，应当种植庄稼来解决饮食问题，种植桑麻来解决衣着问题。蔬菜、瓜果的积蓄，由自家的果园菜场生产；鸡肉、猪肉等美味，由自家圈养而拥有。乃至建造房屋的材料、种种器具，以及柴火、油脂等等，无一不是种植的产物。至于那些能够守持家业的人，即便是关着门，所需要的生活用品也是能够自给自足的，只是家里没有盐井而已。现今北方的风俗，大多能够做到节俭省用，以保障日常的衣食所需。江南一带则生活奢侈，大多做不到这样。

| 简注 |

① 稼穑：种植和收割庄稼。

② 豚：小猪。

③ 埘圈：鸡窝和猪圈。

④ 樵苏：做燃料用的柴火。脂烛：照明用的油脂。

⑤ 赡：丰足，充裕。

⑥ 逮：及。

| 实践要点 |

之推所描述的乃是古时百姓的生活状况——自给自足。今天，随着城市化的过度发展，这样的生活已经很难想见了。纵然是在农村生活，也会因为分工的细化而难以做到。当然，之推的目的是为了强调生活应当保持节俭。

5.5 梁孝元世，有中书舍人①，治家失度而过严刻，妻妾遂共货②刺客，伺醉而杀之。

今译

梁孝元帝时期，有一位中书舍人，治家有违法度，过于严厉、苛刻，他的妻子和小妾便共同花钱买通一名刺客，趁他喝醉酒时把他杀了。

简注

① 中书舍人：古时官职。

② 货：花钱买通。

实践要点

之推以一位中书舍人死于非命的故事，告诉我们：治家固然要严，要节俭，但是切不可过于严厉、苛刻。过于严厉、苛刻的背后，往往正是悭吝。

5.6　世间名士，但务宽仁，至于饮食饷馈[①]，僮仆减损；施惠然诺[②]，妻子节量。狎侮宾客，侵耗乡党[③]，此亦为家之巨蠹[④]矣。

今译

世间的那些名士们，一味地追求宽容仁慈，以至于日常饮食和馈赠亲友的礼物，都会遭到僮仆的克扣而减量；施舍、惠赠和应允的财物，妻妾子女都会短斤少两。以至于轻忽、侮辱宾客，侵害乡里乡亲的事时有发生，这也是家族中的一大祸害啊。

简注

① 饷馈：馈赠的礼物。

② 施：施舍。惠：惠赐。然、诺：皆是应对之辞，指应允、承诺。

③ 乡党：即乡里。

④ 蠹：蛀虫。

实践要点

前面所讲的那个中书舍人因为治家过于严厉、苛刻而死于非命。而一些名士，为了沽名钓誉，而一味地追求宽容仁慈，以至于治家过宽，最终导致种种不良现象的出现。由此可见，治家应当宽严相济，当严则严，当宽则宽。当严不严，就会给家族成员钻空子的机会，甚至危害整个家族的声誉；当宽不宽，就会导致家人的怨恨，甚至引发灾祸。

5.7 齐吏部侍郎房文烈[①]，未尝嗔怒。经霖雨绝粮，遣婢籴米[②]，因尔逃窜，三四许日，方复擒之。房徐曰："举家无食，汝何处来？"竟无捶挞[③]。尝寄人宅，奴婢彻屋为薪略尽[④]，闻之颦蹙[⑤]，卒无一言。

今译

北齐吏部侍郎房文烈，从不曾对人发过火。一次，大雨连绵不绝，家中断粮，他派了一个婢女出去买米，不料那婢女竟然趁此机会逃跑了，过了三四天，方才抓捕回来。房文烈只是和缓地对她说："全家人都没有粮食吃，你从哪里回来的？"竟然没有惩罚她。房文烈曾经把房子借给别人住，奴婢们把房屋拆了当柴火烧，差不多快烧光了，房文烈听到之后，只是皱了皱眉头，始终没有说一句话。

简注

① 吏部侍郎：古时官职。房文烈：北齐大臣，史料记载他性情温柔，从不嗔怒。

② 籴（dí）米：买米。

③ 捶挞：捶打鞭挞。

④ 彻：同撤，拆除。略尽：差不多光了。

⑤ 颦蹙：皱皱眉头。

实践要点

房文烈可以算得上天下少有的好好先生了，相信很多人会为他点赞。可是，他只顾表现自身的宽容和仁慈，却忽略了因此所可能导致的问题：奴婢们会因此养成侥幸和对一切都无所谓的心理，一旦到了别的人家，恐怕大多会被捶挞至死。

而作为父母，我们则可以得到这样的启发：一旦我们对孩子过于宽容、放纵，最终，他们必然会随心所欲，为所欲为，一旦走上社会，自然会成为道德败坏之人，而遭受应有的惩罚。所以，如果你不愿意自己的子女在将来受到来自社会的重重惩罚，那么，从今天起，就应该对你的孩子严厉一些。

5.8 裴子野[①]有疏亲故属饥寒不能自济者，皆收养之。家素清贫，时逢水旱，二石米为薄粥，仅得遍焉，躬自同之，常无厌色。邺下[②]有一领军，贪积已甚，家童八百，誓满一千。朝夕每人肴膳，以十五钱为率[③]，遇有客旅，更无以兼。后坐事伏法，籍[④]其家产，麻鞋一屋，弊衣数库，其余财宝，不可胜言。南阳有人，为生奥博[⑤]，性殊俭吝，冬至后女婿谒之，乃设一铜瓯酒，数脔[⑥]獐肉，婿恨其单率[⑦]，一举尽之。主人愕然，俯仰命益，如此者再。退而责其女曰："某郎好酒，故汝常贫。"及其死后，诸子争财，兄遂杀弟。

今译

南朝的裴子野，举凡是远亲、旧部遭遇饥寒而无力自救的，都会尽力收养他们。裴子野的家境一向清贫，当时又遇上了水灾旱害，就用二石米熬成稀粥，只能勉强让大家都喝到，裴子野自己也和大家一样喝稀粥，从来没有厌烦的神色。邺城有一个领军，贪得无厌，积蓄丰盛，有八百个家童还不满足，发誓要增加到一千个。每天每人的饮食开支，以十五钱为标准，即使是有客人前来，也不另外增加。后来这个领军犯了事被处以死刑，没收他的家产时，发现他藏了整整一屋子的麻鞋，破旧的衣服有好几仓库，其余的财宝，数不胜数。南阳有一个人，善于经营，家中积蓄丰厚，可是生性悭吝，冬至之后，女婿前来拜见他，他只准备了一小铜壶的酒和獐肉，女婿恨他招待得太过简单草率，一下子就把酒肉吃光了。这个人惊呆了，只得应付着让人再添加一些酒肉，后来像这样又添加了一次。退席后，这个人责备自己的女儿说："你丈夫爱喝酒，所以你家才经常穷困。"等到他死后，他的儿子们争夺财产，哥哥竟然杀了弟弟。

简注

① 裴子野：字几原，南朝文学家、史学家，著有《雕虫论》等。

② 邺下：北齐首都邺城，今属河北。

③ 率：标准。

④ 籍：登记没收。

⑤ 奥博：积蓄丰厚。

⑥ 脔：切成小块的肉。

⑦ 单率：简单草率。

实践要点

之推讲述了三个事例，虽然看似有些极端，在古时却也并不罕见。

裴子野算得上是"俭而不吝"的人了，虽然自己家境清贫，可是在别人遭遇困难时，还是会尽力相助，实在是了不得。对于这样的人，我们当然应该学习。

至于那位领军和南阳的那个富人，则是贪得无厌而且悭吝小气的人。如此之人，纵然一时能够累积到财富，最终也只会带来灾祸。现今的很多人也是如此，只知道一味地敛财。唯利是图，却不知道提升自己的品德，最终常常是德不足以御财。既然如此，那些财富终究还是要流走的。所以，我们会看到很多人曾经风光一时，可是不到三五年，很快也就落魄不堪了。

5.9 妇主中馈①，惟事酒食衣服之礼耳。国不可使预政，家不可使干蛊②。如有聪明才智，识达古今，正当辅佐君子，助其不足，必无牝鸡③晨鸣，以致祸也。

丨 今译 丨

妇人在家中主持日常生活方面的事，只要办好酒食、衣服等方面的礼节就可以了。国家不可以让妇人干涉政事，家庭也不可以让妇人主持家事。如果某个妇人果真有聪明才智，通古晓今，正应当辅助自己的丈夫，弥补他的不足之处，这样就一定不会出现母鸡打鸣，而招致灾祸的现象。

丨 简注 丨

① 中馈：见于《易经·家人》："六二，无攸遂，在中馈。"指在家中主持饮食等日常生活方面的事。

② 干蛊：见于《易经·蛊》："干父之蛊。"指主持家事。

③ 牝鸡：母鸡。

丨 实践要点 丨

古时夫妇分工明确，妻子主内，丈夫主外，女性很少需要为事业打拼。随着"五四运动"之后女性得到"解放"，"女人也是半边天"，时至今日，女性几乎没有不外出工作的，而且事事争先，真可谓"巾帼不让须眉"。然而，也正因如此，现今的夫妻关系极难处理，家庭中时有冲突发生，矛盾急剧加重。在这样一种状态下，我们也许应该重新思考一下男女的分工。

我们固然应该给予女性尊重，给予女性平等，但是，尊重和平等，并不是要让女性从事与男性一般的工作，与男性一般去打拼。这只是表象的平等、浅薄的平等。真正的尊重和平等，是整个社会对女性的关爱和呵护，从这个角度来看，传统有着传统的好处。好在现在有一些女性已经认识到相夫教子也是一项很重要的事业，而甘愿从职场中走出来，来履行自己的天职。

也许有一些女性读到这段文字时，会感到很不舒服，然而，事实上，我们所希望的是真正的尊重和平等，是每一个家庭的和谐和幸福，而绝不是恢复到男尊女卑。

5.10　江东妇女，略无交游，其婚姻之家，或十数年间，未相识者，惟以信命赠遗[①]，致殷勤焉。邺下风俗，专以妇持门户，争讼曲直，造请逢迎，车乘填街衢[②]，绮罗[③]盈府寺，代子求官，为夫诉屈。此乃恒、代之遗风乎[④]？南间贫素，皆事外饰，车乘衣服，必贵整齐；家人妻子，不免饥寒。河北人事，多由内政，绮罗金翠，不可废阙，羸马悴奴[⑤]，仅充而已。倡和之礼，或尔汝之[⑥]。

| 今译 |

江东一带的妇女，对外很少有什么交游，就连儿女亲家，有的结亲十多年了，还不相识，只是派人传达音信，互相赠送礼物，用来表达情意。邺城的风俗，则专门让妇女主持家事，无论是争论是非曲直，还是造访请客，都由妇女负责。她们外出的车辆挤满了大街小巷，她们穿着绮罗挤在官府，代儿子求官，为丈夫申冤。这难道是北魏的遗风吗？江南一带，素来贫寒的人家，也都会注重外表的修饰，所乘的车、所穿的衣服，一定要讲究整齐；虽然家人、妻儿不能免于饥饿寒冷。黄河以北一带的交际活动，多由妇女主持，穿的绮罗绸缎、戴的金银珠宝，是必不可缺少的，至于病弱的老马、衰老的奴仆，那不过是充当门面而已。而原本夫妻之间的倡和之礼，或许被互相轻贱的称呼所取代了。

简注

① 信命：派人传达音信。赠遗：赠送礼物。

② 衢：四通八达的大道。

③ 绮罗：有花纹的丝织品，此处指代穿着绮罗的妇女。

④ 恒、代之遗风：北魏原本建都平城，在今山西大同，当时属恒州代郡管辖。所以，以恒、代之遗风指代北魏遗风。

⑤ 羸马：瘦弱的老马。悴奴：衰老的奴仆。

⑥ 倡和：夫唱妻和。尔汝：古时轻贱的称谓。

实践要点

当时，江南一带的妇女很少交游，也很少主持家事。河北一带则截然相反，“专以妇持门户”。然而，妇女主持门户的结果必然是：“倡和之礼，或尔汝之。”今天的情况更是如此。古时相敬如宾的夫妻，现今已经难得一见了。

5.11　河北妇人，织纴组紃[①]之事，黼黻[②]锦绣罗绮之工，大优于江东也。

今译

黄河以北一带的妇女，在纺织事务以及刺绣织锦的技能上，大大超过江东一带的妇女。

简注

① 纴（rèn）：缯帛。组紃（xún）：即丝带。织纴组紃，指纺织事务。

② 黼黻（fǔ fú）：古代礼服上所绣的纹饰。

实践要点

河北一带因为“专以妇持门户”而“绮罗金翠，不可废阙”，所以，妇女们在这方面有特长。

5.12　太公[①]曰：“养女太多，一费也。”陈蕃[②]曰：“盗不过五女之门。”女之为累，亦以深矣。然天生蒸[③]民，先人传体，其如之何？世人多不举[④]女，贼行骨肉，岂当如此而望福于天乎？吾有疏亲，家饶妓媵，诞育将及，便遣阍竖[⑤]守之。体有不安，窥窗倚户，若生女者，辄持将去。母随号泣，使人不忍闻也。

今译

太公说："抚养女孩太多，实在是一项耗费。"陈蕃说："连盗贼都不会光顾有五个女儿的人家。"由此可见，抚养女儿对家庭的拖累，也是十分深重的。然而，天生众民，有男有女，都是先人遗留下来的骨肉，又能够怎么样呢？世间的人大多不愿抚养女儿，甚至残害自己的骨肉，这样的人又如何还能够指望上天赐福呢？我有一位远亲，家境富饶，养了很多歌姬、小妾，每当她们快要生育时，就派看门人去守着。一旦孕妇临近生产，就通过窗子窥望，或是倚门看着，如果生的是女孩，就马上抱走丢弃。孩子的母亲嚎啕大哭，让人不忍心听下去。

简注

① 太公：即姜太公吕尚。

② 陈蕃：东汉人，字仲举，为人正直，崇尚气节。

③ 蒸：众。

④ 举：抚养。

⑤ 阍竖：守门的僮仆。

实践要点

古时女子出嫁要陪嫁妆，女儿越多，陪嫁的嫁妆就越多，所以，女儿多的人家往往很难富裕。时至今日，这种状况已不复存在了。

然而，之推所说的那位疏亲，竟然做出这样的事来，也实在是没有人性，禽兽不如了！

5.13　妇人之性，率宠子婿而虐儿妇。宠婿则兄弟之怨生焉，虐妇则姊妹之谗行焉。然则女之行留，皆得罪于其家者，母实为之。至有谚云："落索阿姑餐[①]。"此其相报也。家之常弊，可不诫哉！

今译

妇女的习性，大多宠爱女婿而虐待儿媳。宠爱女婿，自己的儿子就会心生埋怨；虐待儿媳，就会使得自己的女儿趁机进谗言。如此一来，女子不论是出嫁还是待嫁，都会得罪家人，这实在是母亲造成的啊。以至于有谚语说："婆婆吃饭都冷冷清清，无人陪伴。"这是宠爱女婿、虐待儿媳的报应。这是许多家庭常有的弊病，怎么能不引以为戒呢？

简注

① 落索：即冷落。阿姑：即婆婆。落索阿姑餐，指婆婆用餐都冷冷清清，无人陪伴。

实践要点

宠爱女婿、虐待儿媳的现象，今天在农村还时有发生。之推对这一现象作了分析，指出问题出在母亲身上。如果天下的母亲能够读到这段文字，想一想最终落到个"落索阿姑餐"的结局，或许便不会再有偏爱和虐待之事了吧！

5.14　婚姻素对[①]，靖侯[②]成规。近世嫁娶，遂有卖女纳财，买妇输绢，比量父祖，计较锱铢[3]，责多还少，市井无异。或猥婿在门，或傲妇擅室，贪荣求利，反招羞耻，可不慎欤！

今译

儿女婚事讲求清白的配偶，这是先祖靖侯立下的规矩。近来世人在嫁娶方面，竟然有利用婚嫁卖女儿赚取钱财，买媳妇而拿出彩礼，互相比较衡量对方的父辈和祖上，在微小的利益上斤斤计较，求得多付出得少的，与市井的小商小贩没有什么两样。结果有的招了个猥琐的女婿上门，有的娶回了凶悍的媳妇把持家事，本来想贪求荣华富贵，反而招来了种种羞耻，所以，在儿女婚嫁之事上，不可不慎重啊！

简注

① 素对：清白的配偶。

② 靖侯：即之推的九世祖颜含，谥号靖侯。

③ 锱铢：均为古时很小的计量单位，此处比拟微小的利益。

实践要点

之推所说的现象——将婚姻视为交易，在今天依然存在，甚至呈现出有过之而无不及的趋势。原因在于：在今天这个物欲横流、崇尚金钱的时代，金钱成了评价一个人成败的唯一标准。所以，不但父母希望子女找一个有钱人，即便是子女本身，也希望找一个有钱的对象。很多人正是这样把自己的幸福出卖了！

今天，“婚姻素对”依然是一个很好的指导，即寻找一生的伴侣，要注重对方的品德，以德为本，而不是以对方的能力和财富为本。

有人会说，能力也很重要。品德和能力，两者兼优，当然是最好的。可是，单单是能力出色而缺失品德的人，终究还是会出问题的。因此，无论何时，都应当以德为本。

5.15　借人典籍，皆须爱护，先有缺坏，就为补治，此亦士大夫百行①之一也。济阳江禄②，读书未竟，虽有急速，必待卷束③整齐，然后得起，故无损败，人不厌其求假焉。或有狼籍几案，分散部帙，多为童幼婢妾之所点污，风雨虫鼠之所毁伤，实为累德④。吾每读圣人之书，未尝不肃敬对之。其故纸有五经⑤词义，及贤达姓名，不敢秽用⑥也。

丨 今译 丨

向别人借阅典籍，全都需要加以爱护，如果书本原先就有缺损残破，就要替别人修补整理，这也是士大夫的百行之一。济阳的江禄，凡是书还没有读完，即使是有急着要办的事，也一定要等到把书卷整理好，然后才会起身，所以，他读的书从没有损坏的，别人也不厌烦他前来求借。有的人把书籍散乱地堆放在几案上，一片狼藉，同类的书分散得到处都是，大多还会被幼童、奴妾等弄脏，被风雨侵蚀、虫蛀鼠咬而损坏，这实在是缺德的事。我每次读圣人所撰著的书，从来都是心怀恭敬地面对。如果旧纸上有五经中的言词和教义，以及古时贤人的姓名，就绝不敢用在污秽肮脏的地方。

简注

① 士大夫百行：古时士大夫所定的百种立身行道的行为准则。

② 济阳：今属河南兰考。江禄：南朝人，字彦遐，生性笃学，擅作文。

③ 卷束：古时书籍抄在绢帛上，需要卷起来收藏，故为卷束。

④ 累德：败坏德行。

⑤ 五经：即孔子所编撰的群经，原有六经：《诗》《书》《礼》《乐》《易》《春秋》。后来《乐》亡佚，只剩下了五经。

⑥ 秽用：用在污秽的地方。

实践要点

读书要爱惜书籍，这是一个基本的准则。问题的根本或许不在表象，而在于本质：我们是否对往圣先贤以及他们的教诲怀有恭敬之心？如果答案是肯定的，就一定会爱惜记载着他们的教诲的典籍。

我曾多次强调，作为中国人，应该学习传统文化、研究国学。而研究国学必须具备三个条件，其中之一便是“对往圣先贤和他们的教诲抱以十分的恭敬之情”，因为不如此，你就不会深刻地去体悟往圣先贤们的教诲，也就不可能真正明了国学的教诲。

对于有文字的旧纸，古时采取的方法是集中起来焚烧，显示的是对文字和知识的尊重。今人则少有如此的，可见我们对文化的尊重意识已经很淡薄了。

5.16　吾家巫觋[1]祷请，绝于言议；符书章醮[2]，亦无祈焉，并汝曹所见也。勿为妖妄之费[3]。

今译

我们家从不曾谈到请巫师来作求神赐福消灾的事，也不会请道士来画符、祈祷神灵保佑，这是你们都见到的。不要为了这些妖异邪妄的事花费钱财。

简注

① 巫觋（xí）：男巫女巫的合称。女为巫，男为觋。

② 符书：指道士所画用以驱鬼招神、治病延年的符。章醮（jiào）：指道士设坛祈祷。

③ 妖妄之费：浪费在妖异邪妄的事上。

实践要点

为人应当修身俟命，为人处世时，恪守道德，尽心尽力。崇尚一分耕耘，一分收获，而不要作种种非分之想。

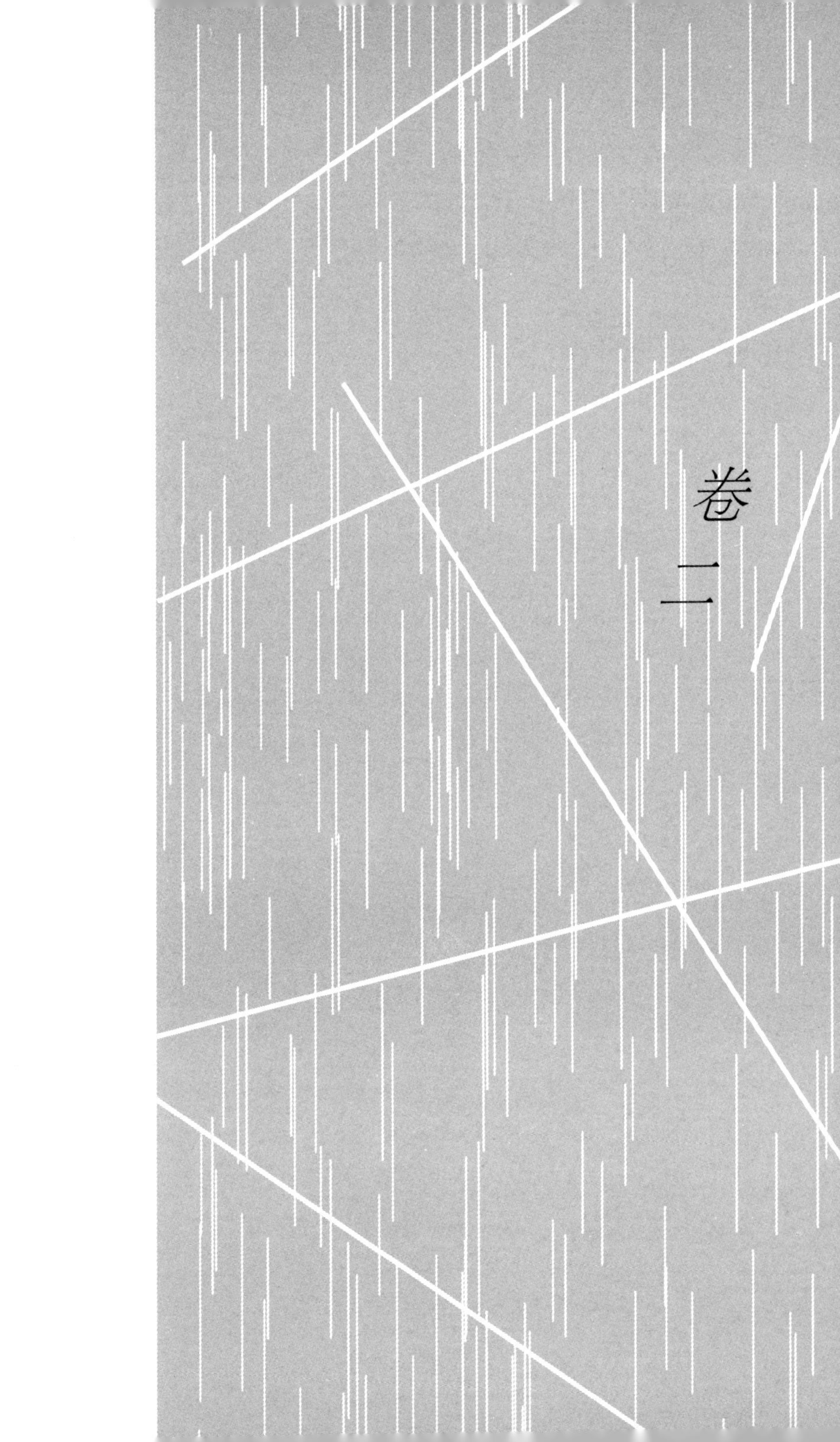

卷二

风操第六

6.1　吾观《礼经》[①]，圣人之教。箕帚匕箸，咳唾唯诺，执烛沃盥，皆有节文[②]，亦为至矣。但既残缺，非复全书。其有所不载，及世事变改者，学达君子，自为节度，相承行之，故世号士大夫风操[③]。而家门颇有不同，所见互称长短，然其阡陌[④]，亦自可知。昔在江南，目能视而见之，耳能听而闻之，蓬生麻中，不劳翰墨[⑤]。汝曹生于戎马[⑥]之间，视听之所不晓，故聊[⑦]记录，以传示子孙。

| 今译 |

我读了《礼记》，其中所载乃是圣人的教诲。对于洒扫、饮食、咳唾、应答、执烛、盥洗等等，全都有着明确的法度，可以说是很完备了。但是流传至今，已经残缺，所读到的已不是全本了。其中也有未能记载，以及随着世事的变迁而发生变化的，于是，学问通达的君子们就自行制定了一些法度，相互承袭并遵而行之，因此被称为士大夫风操。尽管各个家门的情况有些不同，所得的见解也各有长短，但是基本的路径却是可以知道的。过去我在江南的时候，对于种种法度，眼睛能够看到，耳朵能够听到，就像蓬草生在麻中，不需要扶就可以长直，所以根本不需要浪费笔墨记录下来。可是你们生长在战乱年代，看不到也听不到，所以我暂且将所见所闻记录下来，用以传示给子孙后代。

简注

①《礼经》：据下文可知为《礼记》。

② “箕帚”至“节文”：箕帚，粪箕和扫帚，指洒扫之事。匕箸，汤匙和筷子，指饮食之事。咳唾，咳嗽和吐唾沫。唯诺，应答。执烛，即持灯。沃盥，即洗澡。节文，即制定礼仪，使人行之有度。以上种种节文，皆见于《礼记》。《礼记·曲礼》曰：“凡为长者粪之礼，必加帚于箕上，以袂拘而退，其尘不及长者。”又曰：“饭黍毋以箸。”《礼记·内则》曰：“在父母舅姑之所……不敢哕噫、嚏咳、欠伸、跛倚、睇视，不敢唾洟。”《礼记·曲礼》曰：“抠衣趋隅，必慎唯诺”，“父召无诺，先生召无诺，唯而起。”《礼记·少仪》曰：“执烛，不让不辞不歌。”《礼记·内则》曰：“进盥，少者奉槃，长者奉水，请沃盥。盥卒，授巾，问所欲而敬进之。”《礼记·坊记》曰：“礼者，因人之情，而为之节文，以为民坊者也。”

③ 风操：风仪节操。

④ 阡陌：途径，路径。

⑤ 蓬生麻中：见于《荀子·劝学》：“蓬生麻中，不扶自直。”翰墨：笔墨。

⑥ 戎马：兵马，指战乱。

⑦ 聊：姑且，暂且。

实践要点

风操，风，风仪；操，节操。依据之推所说，风操的源头在于《礼记》。读了本篇的内容之后，我们会发觉其中涉及方方面面，可是大多集中在士人的风仪方面，少有涉及节操问题的。这是令人略为感到遗憾的地方。

士大夫风操的形成，最初缘于一些名门望族塑造家风的愿望，后来逐渐发展为共识。于此可见，一旦我们做好家教塑造好家风，就可以在社会中产生积极的引导和影响。而良好的家教，又取决于我们每一位父母。孟子说："天下之本在国，国之本在家，家之本在身。"(《孟子·离娄上》）天下是天下人的天下，国家是一国人的国家，当我们承担起自身的责任，做好人，治好家，那就是在为实现国家和谐、天下太平尽一己的责任。

6.2 《礼》云："见似目瞿，闻名心瞿。"[①]有所感触，恻怆心眼，若在从容平常之地，幸须申[②]其情耳。必不可避，亦当忍之，犹如叔伯兄弟，酷类先人，可得终身肠断，与之绝耶？又："临文不讳，庙中不讳，君所无私讳。"[③]益知闻名，须有消息[④]，不必期于颠沛而走也。梁世谢举[⑤]，甚有声誉，闻讳必哭，为世所讥。又有臧逢世[⑥]，臧严之子也，笃学修行，不坠门风。孝元经牧[⑦]江州，遣往建昌督事，郡县民庶竞修笺书，朝夕辐辏[⑧]，几案盈积。书有称"严寒"者，必对之流涕，不省取记，多废公事。物情怨骇[⑨]，竟以不办而退。此并过事也。

| 今译 |

《礼记》中说："见到与去世的亲人长得相像的人，眼神就会惊惧；听到与去世的亲人相同的名字，心中就会惊惧。"这是因为有所感触，而心目凄怆，如果是在平时较为从容的场合，就可以把感情宣发出来。遇到实在不可以回避的时候，也应当忍住自己的感情，就像家中的叔父、伯父、兄弟等长得酷似亡故的亲人，难道要一辈子伤心断肠，与他们断绝来往吗？《礼记》中又说：“写文章时不需要避讳，在宗庙祭祀时不需要避讳，在国君面前不需要避讳。”由此可以进一步知道，听到去世的亲人的名字时，必须要斟酌一下具体情况，所以不必一听到就慌慌张张地起身离开。梁朝的谢举，很有声誉，但他一听到去世的亲人的名字就会失声痛哭，所以被世人讥笑。又有一位臧逢世，是臧严的儿子，学习刻苦，品行端正，无损于家门风操。梁孝元帝担任江州刺史时，派他前往建昌督办公事，当地的老百姓纷纷写来书信，从早到晚地集中到官署来，几案都堆得满满的。这位臧逢世凡是读到书信中有“严寒”字样的，一定会对着书信流泪不已，以致不知道记取，经常耽误公事。人们对他怨声载道，最终竟然因为办事不力而被撤职。这都是过度了的事啊。

简注

①《礼》：即《礼记·杂记》。瞿：惊惧的样子。

② 申：表达，抒发。

③ 引文见于《礼记·曲礼》：“君所无私讳，大夫之所有公讳。诗书不讳，临文不讳，庙中不讳。”讳，避讳。

④ 消息：斟酌。

⑤ 谢举：南朝梁时人，字言扬，《梁书》有传。

⑥ 臧逢世：臧严之子，精于《汉书》。臧严，字彦威，以孝学闻名。

⑦ 经牧：统管。

⑧ 辐辏：指集中，聚集。

⑨ 物情：人情。骇：诧异。

| 实践要点 |

避讳在古时是一项要事。可是，避讳也要分场合，视不同的情况而定。若是过分讲求，那就成了造作，甚至还会因此耽误公事。文中所提到的谢举、臧逢世二人，便是过分了。

可是，今天人们在谈论自己亡故的亲人时，往往直呼其名，一丝恭敬之情也没有。像这样一点避讳也不讲究，似乎也有些过分了。无论如何，对于自己的先人保持适当的恭敬之情，也还是必要的。

6.3 近在扬都，有一士人讳审，而与沈氏交结周厚①。沈与其书，名而不姓，此非人情也。

| 今译 |

近来在扬州，有一个士人忌讳审字，他与一位姓沈的人交情深厚。那个姓沈的给他写信，只署上名而不写姓，这就不合人情了。

| 简注 |

① 周厚：交情深厚。

实践要点

按古时礼制，与人写信应当署上自己的姓。而那位姓沈的，因为对方忌讳审字，自己的姓又与审字同音，所以不署姓，却不知如此一来便违背了礼制。

6.4 凡避讳者，皆须得其同训[①]以代换之：桓公名白，博有五皓之称；厉王名长，琴有修短之目。不闻谓布帛为布皓，呼肾肠为肾修也。梁武[②]小名阿练，子孙皆呼练[③]为绢，乃谓销炼物为销绢物，恐乖其义。或有讳云者，呼纷纭为纷烟；有讳桐者，呼梧桐树为白铁树，便似戏笑耳。

今译

凡是要避讳的字，都必须找到与它意义相同的字来替换它：齐桓公名叫小白，博戏中的五白就被称为五皓，因为皓有白色的意思；西汉淮南厉王名叫长，所以琴有修短的说法，因为修有长的意思。但没有听说过谁把布帛称作布皓，称呼肾肠为肾修的。梁武帝小名叫阿练，他的子孙们都称练为绢，乃至于把销炼物称作销绢物，这恐怕就不合道理了。还有人忌讳云字，称纷纭为纷烟；又有忌讳桐字的，称梧桐树为白铁树，这就近似于开玩笑了。

简注

① 同训：同义词。

② 梁武：即梁武帝萧衍。

③ 练：白色熟绢。

实践要点

之推讲述了避讳替代字的原则：以“同训”替代。如皓替代白，修替代长。而不能“同训”的，则不可以随意替代，如皓与帛、肠与修、销炼的炼与绢、云与烟、铜与铁等。

避讳一事，古时很是重视，但是如果随意替代，就很容易闹笑话。例如把梧桐树称作白铁树，相信谁也弄不明白。

6.5 周公名子曰禽，孔子名儿曰鲤，止在其身，自可无禁。至若卫侯、魏公子[①]、楚太子，皆名虮虱；长卿[②]名犬子，王修名狗子，上有连及，理未为通。古之所行，今之所笑也。北土多有名儿为驴驹、豚子者，使其自称及兄弟所名，亦何忍哉？前汉有尹翁归，后汉有郑翁归，梁家亦有孔翁归，又有顾翁宠，晋代有许思妣、孟少孤[③]。如此名字，幸当避之。

今译

周公给儿子取名为伯禽，孔子给儿子取名为鲤，这样的名字只限于他们自身，自然可以不用忌讳。至于像卫侯、韩公子、楚太子，全都名叫虮虱；

司马相如的小名叫犬子，王修的小名叫狗子，这就牵连到他们的父辈，在道理上是说不通的。古人所做的这些，在今天是让人笑话的。北方有很多人都给儿子取名为驴狗、猪仔，让自己的儿子自称，也让兄弟们这样称呼他，又如何能受得了呢？前汉时有人叫尹翁归，后汉时有人叫郑翁归，梁朝又有人叫孔翁归，又有人叫顾翁宠，晋代有人叫许思妣、孟少孤。像这样的名字，还是应当避免。

简注

① 魏公子：当为韩公子。

② 长卿：即司马相如。司马相如，字长卿。

③ 妣：母亲去世后称先妣。少孤：指很小时便父母双亡的意思。

实践要点

之推讲述了取名字所应当避免的情况：

一、少给孩子取轻贱的名字。这对于孩子的成长很是不利，就像之推所说："使其自称及兄弟所名，亦何忍哉？"而在生活中，贱名往往会成为别人取笑的对象，很容易让孩子产生不良的情绪。

二、尽量减少重名。今天重名的状况尤其严重，很多时候，一个班级就会有重名重姓的孩子，这样也会带来诸多不便。

三、不要取一些有特殊意味的名字。例如许思妣、孟少孤一类的，很容易引发歧义。当然，有特别纪念性意义的，也还是可以用来取名的，例如孔子的儿子出生时，鲁王派人送来了一条鲤鱼，孔子便用鲤作为儿子的名。

6.6　今人避讳，更急于古。凡名子者，当为孙地[①]。吾亲识中有讳襄、讳友、讳同、讳清、讳和、讳禹，交疏造次，一座百犯，闻者辛苦，无憀赖[②]焉。

今译

现在人对于避讳，比古人更严格。所以，凡是为儿子取名字的人，应当为子孙后代留有余地。在我亲近熟识的人中，有讳襄字的、有讳友字的、有讳同字的、有讳清字的、有讳和字的、有讳禹字的，一起交谈时，交情疏远的人因为不太了解而时有造次，很容易触犯在座人的忌讳，听到的人则会感到伤心难过，一时无所适从。

简注

① 为孙地：为子孙后代留有余地。

② 无憀（liáo）赖：无所适从。

实践要点

取名字要给后世子孙留有余地，这在当时应该算得上是一条极其重要的教诲了。因为后世子孙要避讳，如果父辈的名是常见字，如友、同、清、和等，后世子孙往往就会避而不及，如此一来，既给自己增添麻烦，也会给别人带来不便。

6.7　昔司马长卿慕蔺相如[①]，故名相如；顾元叹慕蔡邕[2]，故名雍。而后汉有朱伥字孙卿[3]，许暹字颜回[4]，梁世有庾晏婴、祖孙登[5]。连古人姓为名字，亦鄙事也。

今译

过去，司马长卿因为仰慕蔺相如，所以改名为相如；顾元叹因为仰慕蔡邕，所以改名为雍。而东汉又有朱伥字孙卿的，许暹字颜回的，梁朝时又有名叫庾晏婴、祖孙登的。这些人连古人的姓都一并拿来作名和字，也算是很鄙俗了。

简注

① 蔺相如：战国时赵国大臣，是“完璧归赵”与“将相和”两个故事的主人翁。

② 顾元叹：顾雍，字符叹。蔡邕：字伯喈，东汉文学家、书法家。雍，同邕。

③ 朱伥：寿春人。孙卿：即荀子（荀卿），战国时儒学大家。汉朝避汉宣帝（刘询）讳，故以孙代荀。

④ 颜回：字子渊，孔子弟子，后世追奉为复圣。

⑤ 庾晏婴：南朝梁人。晏婴，字平仲，春秋时齐国大夫。祖孙登：南朝梁陈之际人，擅诗。孙登，三国时魏人，隐士，擅《易》。

实践要点

仰慕某个古人而取与他相同的名、字，这本是很正常的事。可是，像朱伥、许暹、庾晏婴、祖孙登这样，连古人的姓都一并拿来做名、字，这就过分了。

6.8 昔刘文饶不忍骂奴为畜产[①]，今世愚人遂以相戏，或有指名为豚犊者。有识傍观，犹欲掩耳，况当之者乎？

今译

过去，刘文饶不忍心辱骂奴仆为畜生，而现在一些愚蠢的人却以此来相互开玩笑，甚至有指名道姓称人家是猪仔、牛犊的。有识之士即便只是在一旁看到，也要把耳朵掩住而不忍听，更何况是那些被侮辱的人呢？

简注

① 刘文饶：即东汉刘宽，字文饶，《后汉书》有传。畜产：即畜生。

实践要点

无论何时，都千万不要以侮辱人的称呼去互相开玩笑。所谓说者无心，听者有意，最终往往会导致灾祸。生活中，有多少冲突、斗殴，正是因此而引发的。

6.9 近在议曹[①]，共平章百官秩禄[②]，有一显贵，当世名臣，意嫌所议过厚。齐朝有一两士族文学之人，谓此贵曰："今日天下大同，须为百代典式[③]，岂得尚作关中旧意[④]？明公定是陶朱公大儿[⑤]耳！"彼此欢笑，不以为嫌。

今译

最近，我在议曹，和大家一起商量确定百官的俸禄标准，有一位显达尊贵之人，乃是当代的名臣，嫌大家所议定的标准过于优厚。有一两个在北齐时为士族文学侍从的人，对这位显贵说："如今天下一统，应当为后世百代树立典范，怎么还能按照北齐旧朝的标准呢？明公你一定是陶朱公的大公子吧！"大家听了之后，只是欢笑而已，竟然不讨厌这样的戏谑。

简注

① 议曹：汉代郡守所辟属吏之称，掌言职。

② 平章：商量确定。秩禄：俸禄。

③ 百代典式：后世百代的典范。

④ 关中：古指函谷关以西一带。隋朝定都长安，也属关中。旧意：当指隋朝之前北齐的定制。因为隋替代了北齐，所以，北齐为旧朝，隋为新朝。

⑤ 明公：古时对对方的尊称。陶朱公：即春秋时辅助越王勾践称霸的范蠡。他在辅助越王之后，游居陶地，自称陶朱公。据《史记·越王勾践世家》，范蠡次子在楚国因为杀人被囚，范蠡的长子携带巨金前去搭救，最终却因吝啬钱财而导致弟弟被杀。

实践要点

陶朱公大儿因为吝啬而导致弟弟丧命，而那一两个士族文学之人竟然当面称对方是陶朱公大儿，这就相当于当面责骂对方为吝啬鬼。可是，大家居然还欢笑一堂，不以为嫌。

然而，这只是表象，背后隐藏着的或许是那位当世名臣的报复，也许在不久的将来，那一两个士族文学之人便会遭遇悲惨的命运。魏晋南北朝时，多少名士、文人因为侮辱、讽刺别人而遭遇陷害乃至被处死的命运。

在与人相处时，应当避免讥讽、刺激别人，以免给自己带来不必要的麻烦。

6.10　昔侯霸[①]之子孙，称其祖父曰家公；陈思王[②]称其父为家父，母为家母；潘尼[③]称其祖曰家祖。古人之所行，今人之所笑也。今南北风俗，言其祖及二亲，无云家者；田里猥人[④]，方有此言耳。凡与人言，言己世父，以次第称之，不云家者，以尊于父，不敢家也。凡言姑姊妹女子子，已嫁，则以夫氏称之；在室，则以次第称之。言礼成他族，不得云家也。子孙不得称家者，轻略之也。蔡邕书集，呼其姑姊为家姑家姊；班固[⑤]书集，亦云家孙。今并不行也。

丨 今译 丨

过去，侯霸的子孙，称他们的祖父为家公；曹植称他的父亲曹操为家父，称他的母亲为家母；潘尼称他的祖父为家祖。古人的所作所为，已经成为今人的笑话了。现在南方和北方的风俗，说到祖父和父母亲时，没有说家的；只有乡间粗俗之人，才会有这样的说法。凡是与人交谈，说到自己的伯父时，就按照他们的排行次序来称呼，而不说家，因为伯父尊贵于父亲，不敢称家。凡是说到姑姑、姊妹等女子时，已经出嫁的，就用丈夫的姓氏来称呼她；没有出嫁的，就按照她的排行次序称呼她。这是说女子出嫁之后就成为丈夫家的人了，所以不能够称家。对于子孙不能称家，是表示对晚辈的轻视忽略。蔡邕的书信集中，称他的姑姑、姊姊为家姑、家姊；班固的书信集中，也说家孙。现在，这样的说法都不通行了。

简注

① 侯霸：字君房，东汉人，笃志好学，官至大司徒。

② 陈思王：即曹植，字子建，曹操第三子。

③ 潘尼：晋朝人，潘岳侄。

④ 田里猥人：即乡间粗俗之人。

⑤ 班固：字孟坚，《汉书》作者。

实践要点

对亲人的称谓，在日常生活中是不可避免的。现在，我们所遵循的则与之推所说的略有不同：

对于伯父，仍是依据排行次序，称为大伯、二伯等，可是，对于姑姑、姊妹则不分已出嫁与未出嫁，全都按照排行次序，称为大姑、二姑等。这有着时代原因，今天男女平等，所以不再用丈夫的姓氏来称呼已经出嫁的女性了。

而对于家父、家母这些在今天颇为流行的称谓，竟然只是“田里猥人，方有此言"。由此看来，我们在很多方面都需要重新审视，以免闹出一些无谓的笑话。

6.11 凡与人言，称彼祖父母、世父母、父母及长姑[①]，皆加尊字，自叔父母已下，则加贤字，尊卑之差也。王羲之[②]书，称彼之母与自称己母同，不云尊字，今所非也。

今译

凡是与人交谈，称呼对方的祖父母、伯父母、父母以及长姑，全都应该加上尊字，从叔父母往下，则应当加上贤字，这是为了表示尊卑的差别。王羲之在书信中，称呼对方的母亲和称呼自己的母亲一样，不加尊字，在现在看来是不对的。

简注

① 长姑：比父亲年长的姑姑。

② 王羲之：字逸少，东晋时著名书法家，为天下第一行书《兰亭序》的作者。

实践要点

交谈时对对方亲人的称呼，应该加上表示尊重的尊字和贤字，这在今天也已经被忽视了。

6.12　南人冬至岁首[①]，不诣丧家。若不修书，则过节束带以申慰。北人至岁之日，重行吊礼，礼无明文，则吾不取。南人宾至不迎，相见捧手而不揖，送客下席而已。北人迎送并至门，相见则揖，皆古之道也，吾善其迎揖。

今译

南方人在冬至、岁首这两个节日，是不会到办丧事的人家去的。如果不写信表示致哀的话，就过了节之后再穿戴整齐前去表示慰问。北方人在冬至、岁首这两个节日，却特别重视吊唁的礼节，这在礼节上没有明文记载，我是不赞成的。南方人宾客来了不迎接，见面时也只是拱手而不躬身作揖，送客时也仅仅是离席而已。北方人迎送宾客则全都会到大门口，相见时会躬身作揖，这都是古时的礼节，我赞许他们的迎来送往和躬身作揖。

简注

① 岁首：即新年第一天。

实践要点

之推讲述了南北方的两类风俗：一、冬至、岁首对待丧事的礼节，南方人“不诣丧家”，北方人则“重行吊礼”；二、迎来送往的礼节，南方人很淡泊，北方人很热情。

与此同时，之推表达了自己的看法：关于前者赞成南方人的做法，对于后者则赞成北方人的做法。笔者认为之推的做法可取：据《易经》，冬至日不宜出门，而岁首乃是大庆之日，所以，在这两个节日应当“不诣丧家”。

而对待宾客，应当付以热情，若过于冷淡，是无法产生真正的友情的。

6.13　昔者，王侯自称孤、寡、不谷[①]，自兹以降，虽孔子圣师，与门人言皆称名也。后虽有臣仆之称，行者盖亦寡焉。江南轻重，各有谓号，具诸《书仪》[②]。北人多称名者，乃古之遗风，吾善其称名焉。

| 今译 |

过去，王侯们自称为孤、寡、不谷，从王侯以下，即使是至圣先师孔子，与弟子们交谈时也都是自称名字。后来虽然也有自称臣、仆的，但这样做的也很少。江南一带，不论地位高低，全都有称号，这都记载在《书仪》上。北方人则大多自称名字，这是古人的遗风，我赞许他们自称名字。

| 简注 |

① 不谷：即不善，古时王侯的谦称。

②《书仪》：古书名，今不存。

| 实践要点 |

江南人喜欢给自己起号，并以号自称，这固然很有雅致，然终不及北方人自称名字来得朴实。之推之所以赞许北方人自称名字，所取的应该就是这份朴实吧！

6.14　言及先人，理当感慕，古者之所易，今人之所难。江南人事不获已，须言阀阅，必以文翰[①]，罕有面论者。北人无何便尔话说，及相访问。如此之事，不可加于人也。人加诸己，则当避之。名位未高，如为勋贵所逼，隐忍方便，速报取了，勿使烦重，感辱祖父。若没，言须及者，则敛容肃坐，称大门中[②]，世父、叔父则称从兄弟门中，兄弟则称亡者子某门中，各以其尊卑轻重为容色之节，皆变于常。若与君言，虽变于色，犹云亡祖亡伯亡叔也。吾见名士，亦有呼其亡兄弟为兄子弟子门中者，亦未为安贴[③]也。北土风俗，都不行此。太山羊侃[④]，梁初入南。吾近至邺，其兄子肃访侃委曲[⑤]，吾答之云："卿从门中[⑥]在梁，如此如此。"肃曰："是我亲第七亡叔，非从也。"祖孝徵[⑦]在坐，先知江南风俗，乃谓之云："贤从弟门中，何故不解？"

| 今译 |

说到先人的名字，理当生发起感怀追慕之情，这在古人是很容易的，在今人却很难做到了。江南人逼不得已，必须要和他人谈到自己的家世时，也必定会以书信的方式，而很少有当面谈论的。北方人则没有什么缘由就会随便谈起来，随即还会到家中相访。像这样的事，不可以强加于别人。有人强加于自己，也应当尽力躲避开。如果是名声地位都不高，而被功臣权贵所逼迫，则要隐忍克制，迅速作出回答，而不要让这样的谈话烦琐重复，以免有辱于祖父、父亲。如果祖父、父亲已经亡故，必须谈到他们时，就应当表情严肃，端正坐姿，口称大门中；对于亡故的伯父、叔父，则口称从兄弟门中；对于亡故的兄弟，则口称从兄弟的儿子门中。并且要各各遵循他们的尊卑、轻重而把握自己的神情和脸色，但无论是谈到哪一位亡故的亲人，神情全都要改变。如果是与君王交谈，虽然表情有所变化，还是应当称亡祖、亡伯、亡叔等。我见到一些名士，也有当着君王的面称呼他们已经亡故的兄弟为从兄弟的儿子门中，这也是不够妥当的。北方的风俗，就完全不是这样。泰山的羊侃，是梁朝初年到南方来的。我最近到了邺城，他兄长的儿子羊肃向我询问羊侃的一些情况，我回答他说："你从门中在梁朝，情况是这样的。"羊肃对我说："他是我嫡亲的第七亡叔，不是堂叔。"当时，祖孝徵恰好在场，他早就知道江南的风俗，就对羊肃说："就是指你的从弟门中，你为什么不明白呢？"

简注

① 阀阅：即家世门第。文翰：即书信。

② 大门中：对别人称自己已故的祖父、父亲。

③ 安贴：妥当。

④ 太山：即泰山。羊侃：字祖忻，《梁书》有传。

⑤ 委曲：事情的原委、经过。

⑥ 从门中：即下文的"从弟门中"，指羊侃。之推不忍心直呼其名，便称其子门中来代替。

⑦ 祖孝徵：即祖珽，字孝徵，《北齐书》有传。

实践要点

对于祖父辈、父辈，尤其是亡故的长辈的名讳，能不谈及就不谈及。如果逼不得已，一定要谈及，就必须保持高度的恭敬之情，同时，要有正确的称谓。

6.15　古人皆呼伯父叔父，而今世多单呼伯叔。从父[①]兄弟姊妹已孤，而对其前，呼其母为伯叔母，此不可避者也。兄弟之子已孤，与他人言，对孤者前，呼为兄子弟子，颇为不忍，北土人多呼为侄。案：《尔雅》《丧服经》[②]《左传》，侄虽名通男女，并是对姑之称。晋世已来，始呼叔侄。今呼为侄，于理为胜也。

今译

古人全都称呼为伯父、叔父，而现在则大多单称为伯、叔。堂兄弟、堂姊妹的父亲去世后，在面对他们时，称他们的母亲为伯母、叔母，这是无法回避的。兄弟去世后，兄弟的子女们成了孤儿，在与他人谈话、面对他们时，称他们为兄弟的孩子，则有点不忍心，所以，北方人大多称他们为侄。按：《尔雅》《丧服经》《左传》中，侄这个称谓，虽然是男女通用的，但都是面对姑姑时的称谓。从晋代开始，才开始称叔侄。今天称呼为侄，在道理上更加恰当。

简注

① 从父：伯父、叔父的通称。

②《丧服经》：即《仪礼·丧服》篇。

实践要点

此段继续讲述称谓问题。其中对侄这一称谓的考据，很有意味。

6.16　别易会难，古人所重。江南饯送，下泣言离。有王子侯[①]，梁武帝弟，出为东郡，与武帝别，帝曰："我年已老，与汝分张，甚以恻怆。"数行泪下。侯遂密云[②]，赧然[③]而出。坐此被责，飘飖舟渚，一百许日，卒不得去。北间风俗，不屑此事，歧路言离，欢笑分首。然人性自有少涕泪者，肠虽欲绝，目犹烂然。如此之人，不可强责。

今译

离别容易相会很难，所以古人很重视离别。江南的风俗，在饯行送别时，谈到分离就会掉眼泪。有一个王子侯，是梁武帝的弟弟，将到东面的某个郡去任职，前来与梁武帝告别，梁武帝说："我已经年老了，现在与你分开，心中很是悲伤。"说着就流下了数行眼泪。而那个王子侯则装出悲伤的样子，却没有眼泪流下，只好含羞而去。他因此受到别人的指责，结果做船在江渚间漂荡了一百多天，最终未能离去。北方的风俗，对离别就不那么看重，在岔路口说到离别，都是欢笑着分手。当然也有人天生泪水就很少，虽然已经悲伤得肝肠寸断，目光依旧炯炯有神，没有一滴眼泪。对于这样的人，也不要勉强要求他。

简注

① 王子侯：皇室所封列侯。

② 密云：见于《易经·小畜·彖传》："密云不雨。"指乌云密布却没有下雨。此处指强作悲伤的样子，却没有流泪。

③ 赧然：因羞愧而脸红的样子。

实践要点

人生之中，相聚分离是不可避免的事。之推讲述了南北方对待分离的风俗：南方人认为分别之后相聚很难，所以分别时很感伤。北方人则认为分别是为了更好的相聚，所以欢笑着分手。

今天，对待分离，我们则应当采取辩证的方法：若是分别之后很难相聚，例如跟年岁已高或是相隔甚远的亲友分别，则应当悲伤。当然，这种悲伤应当是自然而然的，而不是伪装的。若是时常相聚的亲友，则不必要如此，大家欢聚一堂，而后欢笑而散。若是过于感伤，则会给人一种矫情之感。

6.17　凡亲属名称，皆须粉墨[①]，不可滥也。无风教者，其父已孤，呼外祖父母与祖父母同，使人为其不喜闻也。虽质于面，皆当加外以别之；父母之世叔父，皆当加其次第以别之；父母之世叔母，皆当加其姓以别之；父母之群从世叔父母及从祖父母，皆当加其爵位若姓以别之。河北士人，皆呼外祖父母为家公家母；江南田里间亦言之。以家代外，非吾所识。

今译

凡是亲属的称谓，都应当分辨清楚，不可胡乱混用。那些缺乏教养的人，在祖父祖母去世之后，称呼外祖父外祖母与祖父祖母一样，这就让人听了很不高兴。即使是当着外祖父外祖母的面，也都应当加上外字以作出分别；对于父母的伯父、叔父，都应当加上排行次序以作出分别；对于父母的伯母、叔母，都应当加上她们的姓氏以作出分别；对于父母众多的堂伯父、堂伯母、堂叔父、堂叔母以及堂祖父、堂祖母，都应当加上他们的爵位或姓氏以作出分别。河北一带的士人，全都称呼外祖父外祖母为家公家母；江南一带的乡下也这样称呼。以家来代替外，这就不是我所能理解的了。

简注

① 粉墨：粉为白，墨为黑，粉墨即使黑白分明、明确区分。

实践要点

对于亲属的称谓，应当明确加以区分，而不要引发误解和歧义。例如，如果自己的祖父母已经去世，而称呼外祖父母为祖父母，就会让外祖父母感到不高兴，因为这是在用已经去世的人的称谓称呼他们。诸如这样的小节，也许无伤大雅，却很让人心生不快，所以能够避免就尽量避免。

至于为什么会混淆称谓，乃是因为一些人想向别人示好，例如，现在独生子女较多，很多人便让自己的孩子也称外祖父外祖母为祖父祖母，以博取外祖父外祖母的欢心。其实，这是不应当的。

6.18　凡宗亲世数，有从父，有从祖，有族祖。江南风俗，自兹已往，高秩①者，通呼为尊，同昭穆②者，虽百世犹称兄弟；若对他人称之，皆云族人。河北士人，虽三二十世，犹呼为从伯从叔。梁武帝尝问一中土人曰：“卿北人，何故不知有族？”答云：“骨肉易疏，不忍言族耳。”当时虽为敏对，于礼未通。

今译

凡是同宗亲属的世系辈分，有从父，有从祖，有族祖。江南的风俗，自同辈往上，对于官职较高的，一律称为尊，而对于同宗同辈的人，即使是相隔百代之后，也还是称为兄弟；如果是跟别人谈起，则全都称作族人。河北一带的士人，虽然隔了二三十代，仍然称呼为堂伯父堂叔父。梁武帝曾经询问一个中土的士人：“你是北方人，为什么不知道有宗族这一回事呢？”那人回答道：“骨肉之亲容易疏远，所以不忍心用族来称呼。”这在当时虽然算得上是机智的回答，但在礼法上是说不通的。

简注

① 秩：官吏的俸禄，引申为官职的高低。

② 昭穆：古代的宗法制度，宗庙或墓地的辈次排列，以始祖居中。二世、四世、六世位于左方，三世、五世、七世位于右方，左方的称作昭，右方的称作穆。故知昭穆即同宗之意。

| 实践要点 |

这是讲同一宗族的称谓。

关于之推所讲到的事例，那个中土的士人应当是忽略了同宗族的人，所以梁武帝才会如此问他。他当时虽然作了机敏的应答，其实是违背礼法的。为什么？因为他以小家（骨肉之亲是小家）而忽略了宗族。后世宗族制度逐渐衰亡、家族概念日益淡薄，正是因为这样的人多了。这样的人，其实便是孔子所说的“巧言令色”之人。

6.19　吾尝问周弘让[①]曰：“父母中外姊妹[②]，何以称之？”周曰：“亦呼为丈人[③]。”自古未见丈人之称施于妇人也。吾亲表所行，若父属者，为某姓姑；母属者，为某姓姨。中外丈人之妇，猥俗呼为丈母，士大夫谓之王母、谢母云。而《陆机[④]集》有《与长沙顾母书》，乃其从叔母也，今所不行。

| 今译 |

我曾经问周弘让：“对于父母亲的中表姊妹，应当怎样称呼？”他回答说："也称呼她们为丈人。"自古以来，从没见过用丈人称呼妇人的。我家表亲所奉行的称呼是：如果是父亲的中表姊妹，就称呼为某姓姑；如果是母亲的中表姊妹，就称呼为某姓姨。父母中表兄弟的妻子，俚俗称呼为丈母，士大夫们则称呼为王母、谢母。而《陆机集》中有一篇《与长沙顾母书》，其中的顾母就是陆机的从叔母，今天不再采用这种称呼了。

简注

① 周弘让：周弘正之弟，生性简素，博学多闻。

② 中外：即内外。舅之子女为内表，姑之子女为外表。

③ 丈人：古时称父辈老人为丈人。

④ 陆机：字士衡，晋朝人，著名文人。

实践要点

此段讲述了对父母亲的中表姊妹的称谓，许多地区现在还通用。

6.20 齐朝士子，皆呼祖仆射[①]为祖公，全不嫌有所涉也，乃有对面以相戏者。

今译

齐朝的士子，全都称呼仆射祖珽为祖公，完全不忌讳这样会与自己的祖父混为一谈，甚至还有人面对面拿这个称谓相互开玩笑。

简注

① 祖仆射：即祖珽，北齐人，官至左仆射。仆射，古时官职。

实践要点

祖珽姓祖，士子们便尊称他为祖公，可是，这样一来就会引发歧义，仿佛祖珽成了他们的祖父。所以，尊称是必要的，但是特殊情况需要特殊对待，切不可引发歧义，甚至闹出笑话来。

6.21　古者，名以正体①，字以表德。名终则讳之，字乃可以为孙氏②。孔子弟子记事者，皆称仲尼③；吕后微时，尝字高祖为季④；至汉爰种，字其叔父曰丝⑤；王丹与侯霸子语，字霸为君房⑥。江南至今不讳字也。河北士人全不辨之，名亦呼为字，字固呼为字。尚书王元景⑦兄弟，皆号名人。其父名云，字罗汉，一皆讳之，其余不足怪也。

今译

古时候，名是用来表明自身的，字是用来表示德行的。名，在他亡故之后子孙要避讳，字则可以成为孙辈的氏。孔子的弟子在记录孔子的言行时，全都称呼他为仲尼；吕后在贫贱之时，也曾经称呼高祖的字——季；汉代的爰种，称呼他的叔父为丝；王丹与侯霸的儿子交谈时，称侯霸为君房。江南一带，至今对字不避讳。河北的士人则全都不加分辨，名也叫作字，字也叫作字。尚书王景元兄弟，都号称名人。他们的父亲名为云，字罗汉，他们对于父亲的字和名都一律避讳，所以，其他的人名、字不分也就不足以为怪了。

简注

① 正体：表明本身。

② 氏：古时之人，不但有姓，还有氏。姓是族号，氏是姓的分支。

③ 仲尼：孔子的字。

④ 吕后：即吕雉，汉高祖刘邦的妻子。季：刘邦的字。

⑤ 爰种：西汉名臣爰盎的侄子。丝为爰盎的字。

⑥ 王丹：字仲回，《后汉书》有传。君房为侯霸的字。

⑦ 王元景：即王昕，字符景，《北齐书》有传。

实践要点

古人有名有字，名的作用是正体，字的作用是表德。而避讳则避名不避字，因此，有名有字就有了很大的方便。

由此看来，我们今天名字合一，虽似更加简单，其实没有古时科学。

6.22《礼·间传》[①]云："斩缞[②]之哭，若往而不反；齐缞[③]之哭，若往而反；大功[④]之哭，三曲而偯[⑤]；小功、缌麻[⑥]，哀容可也，此哀之发于声音也。"《孝经》云："哭不偯。"皆论哭有轻重质文之声也。礼以哭有言者为号，然则哭亦有辞也。江南丧哭，时有哀诉之言耳；山东重丧，则唯呼苍天，期功以下，则唯呼痛深，便是号而不哭。

丨 今译 丨

《礼记·间传》篇中说："穿着斩缞孝服的人在哀哭时，要哭到哭不出下一声来，好像有去无回；穿着齐缞孝服的人在哀哭时，要哭得留有余地，好像有去也有回；穿着大功孝服的人在哀哭时，要一声三折余音悠长；穿着小功、缌麻孝服的人，只要有哀哭的表情就可以了，这就是哀伤在声音上的表现。"《孝经》中说："孝子哀哭没有余音。"全都是说哀哭也有着轻、重、质朴、婉转的声音之分。依据礼制，边哭边说称为号，由此可见，哀哭时也会有言辞。江南一带哭丧，就时时会有哀诉的言辞；河北一带遇到重丧，则只是呼叫苍天，一年以下的丧事活动，则只是呼叫悲痛深重，这就是哀号而不哭泣。

丨 简注 丨

①《礼·间传》：《礼记》中的一篇。记载了丧服的轻重所宜。

② 斩缞：古时五种丧服中最重的，以极粗生麻布制成，不缝下边，服三年。

③ 齐缞：五种丧服中仅次于斩缞，以熟麻布制成，缝下边，服一年。

④ 大功：五种丧服之一，以熟布制成，比齐缞细，比小功粗，服九个月。

⑤ 偯（yǐ）：哀哭的余音。

⑥ 小功：五种丧服之一，以熟布制成，比大功细，比缌麻粗，服五个月。缌麻：五种丧服中最轻的，以熟布制成，比小功更细，服三个月。

| 实践要点 |

之推引用《礼记·间传》中的记载，讲述了“哭有轻重质文之声”。《礼记》所记载的五种丧服的哀哭程度，今天在一些乡间还遵循着，比如盐城射阳一带。

6.23 江南凡遭重丧，若相知者，同在城邑，三日不吊则绝之；除丧，虽相遇则避之，怨其不己悯也。有故及道遥者，致书可也，无书亦如之。北俗则不尔。江南凡吊者，主人之外，不识者不执手；识轻服[①]而不识主人，则不于会所而吊，他日修名[②]诣其家。

| 今译 |

江南一带，凡是遭遇重丧的人家，如果是相互知心的朋友，又同住在一个城市内，三天之内不前来吊唁就与他绝交；除去丧服之后，即便是在路上相遇也会避开他，这是埋怨对方不怜悯自己。如果是有特殊原因或是路途遥远的，写书信表示慰问也就可以了，但是如果连慰问的书信也没有，那么对待他们也会像对待身在同城而不前来吊唁的人一样。北方的风俗则不是这样。江南一带，凡是吊唁的人，除了主人之外，是不会跟不认识的人握手的；如果仅仅认识穿着较轻丧服的人而不认识主人的，就不会到家中去吊唁，而是改天整备好名刺到丧家表示慰问。

简注

① 轻服：即五种丧服中较轻者，如大功、小功、缌麻。

② 名：名刺，类似于今天的名片。

实践要点

别人家遭遇重丧，作为亲近的友朋，一定要及时前去吊唁，这表达的乃是自己的恻隐之心。当然，如果关系平平，也就没有必要刻意为之。总之，凡是都要把握好一个尺度，无过无不及。

6.24 阴阳说云："辰为水墓，又为土墓，故不得哭。"王充[①]《论衡》云："辰日不哭，哭则重丧。"今无教者，辰日有丧，不问轻重，举家清谧[②]，不敢发声，以辞吊客。道书又曰："晦歌朔哭[③]，皆当有罪，天夺其算。"丧家朔望[④]，哀感弥深，宁当惜寿，又不哭也？亦不谕。

今译

阴阳家说："辰为水墓，又为土墓，所以辰日不能哀哭。"王充在《论衡》中说："辰日不能哭丧，哭了家中就会再有丧事。"现今那些没有教养的人，凡是辰日有丧事，不论轻丧重丧，全家都鸦雀无声，不敢发出声音，并谢绝前来吊丧的宾客。道家的书中又说：“晦日唱歌、朔日哀哭，全都是有罪的，上天会夺取他的寿命。”如此一来，丧家在朔日、望日哀痛至极，难道为了珍惜自己的寿命，就不哭了吗？这也是不明事理的人啊。

简注

① 王充：字仲任，东汉著名思想家，著有《论衡》等。

② 清谧：寂静无声。

③ 晦：阴历每月的最后一天。朔：阴历每月的初一。

④ 望：阴历的每月十五日。

实践要点

遭遇丧事，自当尽哀。如果因为种种计较而违背内心的哀伤，这便是违背天理了，违背天理才会招来灾祸。若是听信阴阳家所言，岂非顺应天理却会招来灾祸了？这是说不通的！正因如此，之推才会说那些“哀感弥深”而为了惜寿不哭的人是“不谕”的。

6.25　偏傍[①]之书，死有归杀[②]。子孙逃窜，莫肯在家；画瓦书符，作诸厌胜[③]；丧出之日，门前然火，户外列灰，祓[④]送家鬼，章断注连[⑤]。凡如此比，不近有情，乃儒雅之罪人，弹议[⑥]所当加也。

今译

旁门左道的书上说，人死后灵魂会回家一次。到了这一天，死者的子孙们全都逃避在外，没有人肯留在家里；又说画瓦、书符以及作种种法术可以镇邪；到了出殡的那一天，在门前燃火，屋外要铺上灰，以祈祷的形式送走家鬼，上书苍天祈求断绝死者殃祸家人。凡是提倡如此种种的，全都是不近人情的，乃是儒雅君子的罪人，应当对他们进行大力批评。

简注

① 偏傍：指旁门左道。

② 归杀：又称归煞，指人死之后在若干日内灵魂会回家一次，回家时会有凶煞之事发生。

③ 厌胜：古时的一种巫术，声称能以诅咒制服人或物。

④ 祓（fú）：除凶求福的仪式。

⑤ 章断注连：指上书苍天请求断绝死者的祸害，而不至于连及家人。

⑥ 弹议：批评、抨击。

实践要点

对于旁门左道的种种说法，应当采取抵制、批评的态度。总之，对待去世的亲人，应当顺应内心的哀伤之情而为，不要被旁门左道的种种说法所影响所左右。

6.26 已孤①，而履岁及长至之节②，无父，拜母、祖父母、世叔父母、姑、兄、姊，则皆泣；无母，拜父、外祖父母、舅、姨、兄、姊，亦如之。此人情也。

今译

父亲或母亲去世之后，每逢元旦和冬至两个节日，如果是父亲去世的，在拜见母亲、祖父母、伯父母、叔父母、姑姑、兄弟、姊妹时，都应当流泪；如果是母亲去世的，在拜见父亲、外祖父母、舅舅、姨母、兄弟、姊妹时，也应当如此。这是人之常情啊。

简注

① 孤：指亡父或亡母。

② 履岁：即新年之始，指元旦。长至：指冬至。

实践要点

古时，履岁、冬至这两个节日，是亲人相聚的时节，所以特别思念双亲。而双亲若有亡故的，又岂能不因为思怀而感伤流泪呢？

6.27　江左朝臣，子孙初释服，朝见二宫，皆当泣涕，二宫为之改容。颇有肤色充泽，无哀感者，梁武薄其为人，多被抑退。裴政①出服，问讯②武帝，贬瘦枯槁，涕泗滂沱，武帝目送之曰：“裴之礼不死也。”

今译

江南的大臣亡故之后，他们的子孙们刚刚除去丧服，去朝见皇帝和太子时，全都应当哭泣流泪，皇帝和太子会因为他们的伤悲而动容。也有一些在守丧之后，肤色丰润，泛着光泽，而没有一点伤感的人，梁武帝往往会看不起他们的为人，大多会被贬职或辞退。裴政丧满除服，以僧礼朝见梁武帝，当时他瘦骨嶙峋，涕泪俱下，梁武帝目送着他离去，说："裴之礼虽死犹生啊。"

简注

① 裴政：字德表，颇有政声。裴之礼之子。

② 问讯：指双手合十鞠躬致敬，为僧尼间的致敬仪式。梁武帝信佛，所以裴政如此行礼。

实践要点

孔子云："生，事之以礼；死，葬之以礼，祭之以礼。"这是说事死如事生。孟子曰："养生者不足以当大事，惟送死可以当大事。"如此则知事死有甚于事生。由此可见古人对于亲人之死的重视。

而守丧不哀，则不能尽乎礼。哀则势必如裴政一般"贬瘦枯槁"，又如何会"肤色充泽"呢？所以也就难怪梁武帝看不起他们了。

6.28 二亲既没，所居斋寝，子与妇弗忍入焉。北朝顿丘李构[①]，母刘氏，夫人亡后，所住之堂，终身锁闭，弗忍开入也。夫人，宋广州刺史纂之孙女，故构犹染江南风教。其父奖，为扬州刺史，镇寿春，遇害。构尝与王松年[②]、祖孝徵数人同集谈宴[③]。孝徵善画，遇有纸笔，图写为人。顷之，因割鹿尾，戏截画人以示构，而无他意。构怆然动色，便起就马而去。举坐惊骇，莫测其情。祖君寻悟，方深反侧，当时罕有能感此者。吴郡陆襄[④]，父闲被刑，襄终身布衣蔬饭，虽姜菜有切割，皆不忍食，居家惟以掐摘供厨。江宁姚子笃，母以烧死，终身不忍啖炙[⑤]。豫章熊康，父以醉而为奴所杀，终身不复尝酒。然礼缘人情，恩由义断，亲以噎死，亦当不可绝食也。

今译

双亲亡故之后，他们生前斋戒时居住的地方，儿子和儿媳是不忍心进去的。北朝顿丘郡的李构，母亲姓刘，刘夫人亡故之后，她生前所居住的房屋，李构终身都把门锁着，因为不忍心开门进去。刘夫人是南朝宋时广州刺史刘纂的孙女，所以李构还受到了江南风教的熏染。李构的父亲李奖，生前为扬州刺史，镇守寿春时，被人杀害。一次，李构与王松年、祖孝徵等人在一起宴会交谈。祖孝徵擅长绘画，见到有纸有笔，就画了一个人。过了一会儿，因为割取宴席上的鹿尾，祖孝徵就开玩笑把所画的人像也割成几段给李构看，当时并没有什么别的用意。李构看了之后，立即悲伤失色，起身骑马而去。当时在座的人全都感到很惊异，不知道发生了什么情况。祖孝徵随即就醒悟了，这才深感不安，当时却很少有人能够意识到这一点。吴郡的陆襄，父亲陆闲遭受刑戮，陆襄就终身穿布衣吃素斋，即便是生姜蔬菜，如果用刀切过都不忍心食用，家人只能以手掐摘蔬菜以供厨房使用。江宁的姚子笃，母亲被烧死，所以他终身不忍心吃烤肉。豫章的熊康，父亲因为喝醉酒而被奴仆杀害，所以他终身不再喝酒。然而，礼是因为人情而设计的，恩情也可以根据事理来决定，假如亲人是因为吃饭而噎死的，也不应当就此就绝食吧！

简注

① 李构：李奖之子，为人以雅道自居，颇有声誉。李奖，字遵穆，镇守寿春时，被叛军杀害，割下头颅送到洛阳。所以，祖孝徵将所画人像割成几段时，他才会怆然动色，骑马而去。

② 王松年：北齐名臣，《北齐书》有传。

③ 谈宴：即宴会交谈。

④ 陆襄：陆闲之子。陆闲为人颇有风概，不轻易苟同于人，后被误杀。

⑤ 啖：吃。炙：烤肉。

实践要点

对双亲的怀思，可以有特殊的避讳，如李构、陆襄、姚子笃、熊康等。然而，也不可以过度，就像之推所举的极端例子——“亲以噎死”，难道就不要吃饭了？至于李构、陆襄等，确有特别的因缘，方才如此的。

总之，“礼缘人情，恩由义断”。礼若是违背了人情，恩若是背离了道义，那也就没有必要去遵循了。

6.29 《礼经》[①]："父之遗书，母之杯圈，感其手口之泽[②]，不忍读用。"政为常所讲习，雠校缮写[③]，及偏加服用，有迹可思者耳。若寻常坟典[④]，为生什物，安可悉废之乎？既不读用，无容散逸，惟当缄保，以留后世耳。

今译

《礼经》中说："对于父亲遗留下来的书籍，母亲用过的口杯，因为能够感受到他们手和口的温泽，所以不忍心阅读和使用。"正是因为这些东西是他们生前经常用来讲习、校对、缮写，以及偏爱使用的，是留有痕迹可以引发思念的。但如果是平常所阅读的经典，或是生活中的各种器具，又怎么可以全都废弃不用呢？对于父母的遗物，既然不阅读不使用，就不要让它们散失亡佚，而是应当封存保护起来，以留给后世子孙。

简注

①《礼经》：当指《礼记·玉藻》篇，其中有云："父没而不能读父之书，手泽存焉尔；母没而杯圈不能饮焉，口泽之气存焉尔。"

② 手口之泽：手汗和口气的温泽。

③ 雠校：即校对。缮写：即抄写。

④ 坟典：即传说中三皇五帝所著的《三坟》《五典》，后泛指经典。

实践要点

应当慎重对待父母的遗物，如今很多人在父母亡故之后，将父母的遗物一并焚烧，最终连一点值得留念的对象也没留下，实在是不合情理。

6.30 思鲁等第四舅母，亲吴郡张建女也，有第五妹，三岁丧母。灵床上屏风，平生旧物，屋漏沾湿，出曝晒之，女子一见，伏床流涕。家人怪其不起，乃往抱持，荐席[①]淹渍，精神伤怛，不能饮食。将以问医，医诊脉云："肠断矣！"因尔便吐血，数日而亡。中外怜之，莫不悲叹。

今译

思鲁等兄弟的四舅母，是吴郡张建的女儿，她有个五妹，三岁时失去了母亲。当时，灵床上的屏风，是她母亲生前使用的遗物。一次，因为房屋漏雨，这屏风就被淋湿了，家人拿出来晾晒，那五妹一看到屏风，就趴在灵床上痛哭流涕。家人很奇怪她为什么一直不起来，于是就过去抱起她，发现垫席已经被泪水浸湿，而且精神哀伤悲切，不能饮食。家人请来医生，医生诊断之后说："她已经伤心得断肠了！"不久就开始吐血，几天之后就死了。家里家外的人都哀怜她，没有不悲伤叹息的。

简注

① 荐席：垫席。

实践要点

如此之女子，实在值得天下人为之哀怜，为之悲叹。

6.31 《礼》[①]云："忌日不乐。"正以感慕罔极，恻怆无聊，故不接外宾，不理众务耳。必能悲惨自居，何限于深藏也？世人或端坐奥室[②]，不妨言笑，盛营甘美，厚供斋食；迫有急卒，密戚至交，尽无相见之理。盖不知礼意乎！

今译

《礼记》中说："父母的忌日不可以宴饮作乐。"正是因为这一天对父母有着说不尽的感怀思慕之情，悲伤哀痛，闷闷不乐，所以不接待宾客，也不处理日常事务。如果确实能够做到安于悲伤，又何必要把自己深藏在家里呢？世间有些人虽然端坐在深宅之中，却并不妨碍他们谈天说笑，尽心地张罗种种美味，准备丰盛的斋食；可是遇到紧急的事情，或是至亲好友来了，却认为完全没有相见的理由。这种人大概是不懂得礼的意义吧！

简注

①《礼》：即《礼记·檀弓》篇。

② 奥室：深宅内室。

实践要点

在父母的忌日，因为怀念父母而不接待外宾、不办理众事，这本是应当的。但是，最重要的不是形式，而是内心的感怀。所以，之推说"必能悲惨自居，何限于深藏也"。由此可见，只要心中能够保持悲伤，接待突然来访的至亲好友、处理一些突发事件，也是没有问题的。

最可恶的是这样的一些人，他们对父母并无怀念，更无哀伤之情，而是把这一天当作躲在家中享乐的机会。之推对这些人的评价是："不知礼意。"

实在是客气了一点，在我们看来，这样的人简直就是忘恩负义的小人！

6.32　魏世王修①母以社日②亡，来岁社日，修感念哀甚，邻里闻之，为之罢社。今二亲丧亡，偶值伏腊分至之节③，及月小晦后④，忌之外，所经此日，犹应感慕，异于余辰，不预饮宴、闻声乐及行游也。

丨 今译 丨

曹魏时期的王修，母亲在社日去世。到了第二年的社日，因为感怀思念母亲，王修非常哀伤，邻居们听到后，就为他停止了社日的活动。现在，双亲去世的日子，如果恰好碰上伏祭、腊祭、春分、秋分、夏至、冬至这些节日，以及忌月晦日的那一天，除了忌日这一天外，凡是上述的这些日子里，仍然应该对父母感怀思念，而与别的日子不同，不应该参加宴饮、听音乐以及外出游玩等活动。

丨 简注 丨

① 魏世：三国时的魏国，为曹氏所统辖，所以又称为曹魏。

② 社日：祭祀社神的日子。

③ 伏：夏三伏中祭祀的一天。腊：年终祭祀百神的一天。分：春分、秋分。至：夏至、冬至。

④ 月小晦后：指忌月晦日的前后三天。月小，即小月。古人以父母死

亡日为忌日，死亡月为忌月。

| 实践要点 |

在上述的这些日子里，子女都应当对亡故的父母保持感慕之情。

6.33 刘緫、缓、绥，兄弟并为名器①，其父名昭②，一生不为照字，惟依《尔雅》火旁作召耳。然凡文与正讳③相犯，当自可避。其有同音异字，不可悉然。刘字之下，即有昭音④。吕尚⑤之儿，如不为上；赵壹⑥之子，傥不作一。便是下笔即妨，是书皆触也。

| 今译 |

刘緫、刘缓、刘绥三兄弟，同为当时的名人，他们的父亲名叫刘昭，所以他们便一生都不写照字，只是依据《尔雅》用火旁加上召来代替。然而，凡是文字与人的正名相同，当然可以避讳。但是，如果是同音而异字，就不必要全都避讳了。比如刘字的下部分，就有昭的音。吕尚的儿子，如果不写上字；赵壹的儿子，倘若不写一字。那就会一下笔就有障碍，一写字便会触犯避讳了。

| 简注 |

① 名器：即名人。

② 其父名昭：即指刘昭，字宣卿，南朝梁人。《梁书》有传，传中附有

其子刘縚、刘缓。

③ 正讳：即正名。

④ 刘字之下，即有昭音：指刘字的构成中有钊，钊、昭同音。

⑤ 吕尚：即姜太公。

⑥ 赵壹：字符叔，东汉人。

| 实践要点 |

避讳是必要的，但是不可过度。如果是与正名同音的常见字，其实不必刻意避讳。例如照乃是常见字，上、一也是常见字，如果全都要避讳的话，那就会导致“下笔即妨，是书皆触”了。

6.34　尝有甲设宴席，请乙为宾；而旦于公庭见乙之子，问之曰：“尊侯早晚顾宅？”乙子称其父已往。时以为笑。如此比例，触类慎之，不可陷于轻脱①。

| 今译 |

曾经有某甲安排宴席，邀请某乙为宾客；早晨某甲在朝堂见到了某乙的儿子，便问他：“令尊大人何时光顾寒舍？”某乙之子却说他的父亲已经去了。当时这件事被传为笑话。诸如此类的事情，一旦碰上了千万要慎重，不可以太过轻佻。

简注

① 轻脱：轻佻、草率。

实践要点

在正式场合中，应当用正式的语言来表述，而不可以日常生活中的俗语来表述。例如某乙之子所说的话，在日常生活中并无问题，可是在朝堂之上说出来便会引发歧义，并闹出笑话来。

现在很多人都不太注重这一点，不分场合，满口俚语，即便是在书信中也是如此，这是很不合礼节的。

6.35　江南风俗，儿生一期，为制新衣，盥浴装饰，男则用弓矢纸笔，女则刀尺针缕，并加饮食之物，及珍宝服玩，置之儿前，观其发意所取，以验贪廉愚智，名之为试儿。亲表聚集，致宴享焉。自兹已后，二亲若在，每至此日，尝有酒食之事耳。无教之徒，虽已孤露①，其日皆为供顿②，酣畅声乐，不知有所感伤。梁孝元年少之时，每八月六日载诞之辰③，常设斋讲④，自阮修容薨殁⑤之后，此事亦绝。

今译

江南一带的风俗，孩子出生一周岁，就为他们缝制新衣服，给他们梳洗打扮，男孩就用弓、箭、纸、笔，女孩就用剪刀、尺子、针线等，同时加上一些食物，以及珍宝、玩具等，放在孩子面前，观察他们想要抓取什么，用以检验孩子是贪婪还是清廉，是愚痴还是聪明，这种风俗称作“试儿”。这一天，亲戚们会聚集在一起，设宴享乐。从此以后，只要是双亲还在世，每到这一天，就要置办酒宴，邀请宾客。一些没有教养的人，即便是父母已经亡故，到了这一天还是设宴请客，尽兴畅饮，纵情声乐，而不知道应该有所感伤。梁孝元帝年轻的时候，每到八月初六生日这一天，常常会斋素讲学，自从他的母亲阮修容去世之后，这种事也停止了。

简注

① 孤露：孤单而无所庇护。常指父亡、母亡，或父母双亡。

② 供顿：设宴款待。

③ 载诞之辰：即生日。载，始。

④ 斋讲：斋素讲经。

⑤ 修容：三国时魏宫内女官名，南朝宋改为昭容，隋时仍置修容。阮修容是梁孝元帝的母亲。薨、殁：皆指死亡。

实践要点

之推讲述了南方“试儿”的风俗，并指出生日那一天应该设宴款待宾客。但是，如果是父母亡故的人，到了这一天则应当感怀父母，不可再设宴款待，酣畅声乐。

今天，南方的很多地方还保存着这种风俗。

6.36　人有忧疾，则呼天地父母，自古而然。今世讳避，触途急切[①]。而江东士庶，痛则称祢[②]。祢是父之庙号，父在无容称庙，父殁何容辄呼？《苍颉篇》[③]有倄字，《训诂》[④]云：“痛而呼也，音羽罪反[⑤]。”今北人痛则呼之。《声类》[⑥]音于耒反，今南人痛或呼之。此二音随其乡俗，并可行也。

今译

人有了忧患、疾病，就会呼喊天地父母，自古便是如此。如今世人更加讲求避讳，处处都比古人来得严格。而江东一带的士人百姓，悲痛时就会呼叫祢。祢是已故父亲的庙号，父亲在世的时候不允许叫庙号，父亲去世之后又怎么会允许动不动就叫庙号呢？《苍颉篇》中有倄字，《训诂》中解释说：“悲痛而呼喊，读音是羽罪反切。”现在北方人感到悲痛就呼叫这个字。《声类》中所标的读音是于耒反切，现在南方人悲痛时有人就按照这个发音呼喊这个字。这两个发音是随顺各地的习俗，可以并存。

简注

① 今世讳避，触途急切：卢文弨注：“言今世以呼天呼父母为触忌也，盖嫌于有怨恨祝诅之意，故不可也。”

② 祢：亡父在宗庙中立主之称。《春秋公羊传》何休注：“生称父，死称考，入庙称祢。”

③《苍颉篇》：古代字书，传为李斯所作。

④《训诂》：解释《苍颉篇》的书。

⑤ 反：反切。我国古代注音方式，取反切上字的声母和反切下字的韵

母，并且取上字的声调和下字的平仄，然后合起来成为另外一个字的注音。

⑥《声类》：音韵学著作，魏人李登作。

实践要点

今天悲痛时呼天喊地的情况，只有在农村才能够见到了。当然，之推的记载还是可以作为古时风俗研究的资料的。

6.37　梁世被系劾①者，子孙弟侄，皆诣阙②三日，露跣③陈谢；子孙有官，自陈解职。子则草屩粗衣④，蓬头垢面，周章⑤道路，要候执事⑥，叩头流血，申诉冤枉。若配徒隶，诸子并立草庵于所署门，不敢宁宅，动经旬日，官司驱遣，然后始退。江南诸宪司⑦弹人事，事虽不重，而以教义见辱者，或被轻系而身死狱户者，皆为怨雠，子孙三世不交通矣。到洽⑧为御史中丞，初欲弹刘孝绰⑨，其兄溉先与刘善，苦谏不得，乃诣刘涕泣告别而去。

今译

梁朝被拘系弹劾的人，他的子孙弟侄们，全都要前往朝廷三天，披头散发光着脚为他陈情请罪；子孙之中有做官的，则会主动请求解除官职。他的儿子们则穿着草鞋和粗布衣，蓬头垢面，惶恐不安地守在道路上，等待主管官员，叩得头破血流，为父亲申诉冤情。如果这个人被发配去服劳役，儿子们就一起在官署门前搭建草棚居住，不敢回家安居，一住就是十来天，直到官府派人驱逐，然后才退回去。江南的御史们弹劾他人，案情虽然不严重，但是如果是因为教义而让被弹劾者受到侮辱，或是因为草率拘系被弹劾者而导致他死在监狱之中，双方的家人就会成为冤家仇人，子孙三代都不再交往。到洽担任御史中丞时，最初想弹劾刘孝绰，他的兄长到溉此前即与刘孝绰关系很好，便苦苦的去劝他，但是未能成功，于是，到溉便前往刘孝绰家里，流着泪与刘孝绰告别，然后离去。

简注

① 系：拘系。劾：审理，判决。

② 诣：到。阙：指朝廷。

③ 露：不戴帽子露出发髻。跣：光着脚。

④ 草屩：草鞋。粗衣：粗布衣。

⑤ 周章：惶恐不安。

⑥ 要候：中途等候。执事：主持事务的官员。

⑦ 宪司：魏晋以来御史的别称。

⑧ 到洽：南朝梁人，曾为御史中丞，弹劾他人无所顾忌，以劲直著称，《梁书》有传。其兄到溉，字茂灌，《梁书》亦有传。

⑨ 刘孝绰：本名冉，小字阿士，七岁能文，号称神童。以文才为世所重，恃才傲物，也正因此而得罪到洽，受到弹劾。《梁书》有传。

实践要点

今天，诉讼成风，很多人动不动便将他人告上法庭，造成经济损失暂且不谈，还会给对方带来声誉损失，常常会因此而成为老死不相往来的仇人。事实上，这世上根本就没有化解不了的误会和矛盾，只要双方能够心平气和，坦诚相待，并在一些涉及利益的问题上各自退让三分，那么，一切问题就会得到顺利的解决。

6.38 兵凶战危，非安全之道。古者，天子丧服以临师，将军凿凶门①而出。父祖伯叔，若在军阵，贬损自居，不宜奏乐宴会及婚冠吉庆事也。若居围城之中，憔悴容色，除去饰玩，常为临深履薄之状焉。父母疾笃，医虽贱虽少，则涕泣而拜之，以求哀也。梁孝元在江州，尝有不豫②，世子方等③亲拜中兵参军李猷焉。

丨 今译 丨

兵器是凶险的，战争是危险的，不是安全之道。在古代，军队出征，天子要身穿丧服亲临慰问，将军则要凿开一道凶门而踏上征途。如果是父亲、祖父、伯父、叔父等在军中的人，应该贬抑约束自己，不再适宜参加演奏音乐、宴会，以及婚宴、加冠等吉庆之事了。如果是父辈们被敌军围困在某个城中，则应该面容憔悴，除去身上的饰品和玩赏之物，时时表现出如临深渊、如履薄冰的样子。如果是父母病重，即便是医生的地位低年龄小，也应该哭泣着向他下拜，以求得他的哀怜而尽力救治。梁孝元帝在江州时，曾经有病，世子萧方等就亲自拜求过中兵参军李猷。

简注

① 凿凶门：古时将军出征，凿一道凶门向北方出发，以表示必死之决心。

② 不豫：天子有病称不豫，指不能够办理朝政。

③ 方等：即梁元帝长子，字实相，《梁书》有传。

实践要点

此段讲述了亲人参与战事以及生病时，子女应当如何自处。

6.39 四海之人，结为兄弟，亦何容易！必有志均义敌，令终如始者，方可议之。一尔之后，命子拜伏，呼为丈人，申父友之敬；身事彼亲，亦宜加礼。比见北人，甚轻此节，行路相逢，便定昆季[①]，望年观貌，不择是非，至有结父为兄、托子为弟者。

今译

四海之内的人，要结为异姓兄弟，谈何容易！必须是志同道合、义气相投，并且能够始终如一的人，才可以考虑。一旦结为兄弟，就要让儿子前来拜见对方，称他为丈人，以表示对父亲至友的尊敬；自己在侍奉对方的亲人时，也应当像对待自己的亲人一般恭敬有礼。近来见到一些北方人，很是轻视这种结交方式，常常两个人陌路相逢，就随随便便定交结为兄弟，只是凭借外表，看看对方的年龄、相貌，而不论是非，以至于有把父辈当成兄长、把子侄辈当作弟弟的。

简注

① 昆季：即兄弟。长者为昆，幼者为季。

实践要点

四海之内皆兄弟，这是一个美好的理想。但是，在择友结交时，务必要慎重，要选择志同道合、义气相投之人，并且一旦定交，应当终身不渝。古人有云："人生得一知己，则无憾矣！"所以，至交不需多，但有一二知己足矣！

如今之人，交友极为草率，说起来朋友遍天下，可是大多只是利益之友、酒肉之友，一旦涉及利益时，常常毫无情谊可言，钩心斗角、尔虞我诈，甚至是落井下石。如此之友，倒还不如没有。

6.40　昔者，周公一沐三握发，一饭三吐餐[①]，以接白屋之士[②]，一日所见者七十余人。晋文公以沐辞竖头须，致有图反之诮[③]。门不停宾，古所贵也。失教之家，阍寺无礼，或以主君寝食嗔怒，拒客未通，江南深以为耻。黄门侍郎裴之礼，号善为士大夫，有如此辈，对宾杖之；其门生僮仆，接于他人，折旋俯仰，辞色应对，莫不肃敬，与主无别也。

| 今译 |

过去，周公洗一次头要三次停下来握住头发，吃一顿饭要三次吐出口中的食物，这是为了在第一时间接待来访的贫寒之士，他在一天之内所见的多达七十余人。而晋文公以正在洗头为由拒绝见下人头须，以致招来思维颠倒的讥讽。不让宾客滞留在门前，这是古时所看重的。那些没有教养的家庭，守门人蛮横无理，有的竟以主人正在睡觉、吃饭、发脾气为由，而拒绝宾客不为通报，江南一带的人家对此深感耻辱。黄门侍郎裴之礼，号称为士大夫的楷模，一旦有这样对待宾客的守门人，就会当着宾客的面杖打他们；所以，他家的守门人和僮仆，在接待他人时，进退礼仪，言行举止，以及应对宾客的表情，无有不恭敬的，与主人没有什么两样。

| 简注 |

①“周公”句：指周公忙于接待贤士，连头都来不及洗完，连饭都来不及咽下。

② 白屋之士：即贫寒之士。贫人所居住的房屋由白茅草覆盖，故称白屋。

③“晋文公”句：晋文公，即重耳。据《春秋左传》记载，重耳逃离晋国后，他的僮仆头须偷走了库中的财宝，并把这些财宝用在争取重耳回国的活动上。重耳回归后，继承王位，是为晋文公。头须求见，晋文公却以正在洗头为由拒绝见他。头须便说：“沐则心覆，心覆则图反，宜吾不得见也。”意思是：洗头时低头朝着水，心便颠倒了，心颠倒了，想法也就反常了，难怪不接见我。

实践要点

周公重视贤才，所以一沐三握发，一饭三吐餐。晋文公忘恩负义，所以以洗头为由拒绝见头须。裴之礼待客恭敬，所以治家严厉。

作为家教，裴之礼的事例最值得学习。我们在招待宾客时，也应当时时反省：自身是否对宾客保持着恭敬之情？

慕贤第七

7.1 古人云："千载一圣，犹旦暮也；五百年一贤，犹比髆[①]也。"言圣贤之难得，疏阔如此。傥遭不世明达君子，安可不攀附景仰之乎？吾生于乱世，长于戎马，流离播越，闻见已多，所值名贤，未尝不心醉魂迷向慕之也。人在年少，神情未定，所与款狎[②]，熏渍陶染，言笑举动，无心于学，潜移暗化，自然似之；何况操履艺能，较明易习者也？是以与善人居，如入芝兰之室，久而自芳也；与恶人居，如入鲍鱼之肆[③]，久而自臭也。墨子悲于染丝[④]，是之谓矣。君子必慎交游焉。孔子曰："无友不如己者。"[⑤]颜、闵[⑥]之徒，何可世得！但优于我，便足贵之。

丨 今译 丨

古人说："千年出一个圣人，就如同从早到晚那么快了；五百年出一个贤人，就像肩并肩一样密集了。"这是说圣贤稀少难得，竟然到了这种程度。倘若有幸遇到世间罕见的通达贤明的君子，又怎么能够不去接近他景仰他呢？我出生在乱世，成长于兵荒马乱的年代，颠沛流离，所闻所见已经很多了，但是只要遇到有名望的贤达君子，未曾不心醉神迷地向往他仰慕他。人在年少之时，思想性情尚未定型，和谁相处的关系亲密，就会受到谁的熏陶感染，在一言一笑一举一动之间，虽然并没有存心学习，却也会在潜移默化之中自然而然地和他相似；更何况是操守德性、技艺才能，这些较为明显且容易学习的东西呢？所以与善人相处，就像是进入长满香草兰花的房间，时间一久自己也会变得芬香起来；与恶人相处，就像是进入卖咸鱼的店铺，时间一久自己也会变得腥臭难闻。墨子看到人们染丝感到伤悲，正是这一层意思啊。所以，君子与人交往一定要慎重啊。孔子说："不要和不如自己的人交朋友。"颜子、闵子这样的贤人，哪里是每个时代都能够遇得到的呢！只要是比我优秀的，就足以让我去尊重了。

简注

① 髆（bó）：肩胛。比髆，即肩并肩，喻密集。

② 款狎：关系亲密。

③ 鲍鱼：咸鱼。肆：店铺。

④ 墨子悲于染丝：见于《墨子·所染》："子墨子见染丝者而叹曰：'染于苍则苍，染于黄则黄。所入者变，其色亦变。五入必，而已则为五色矣。故染不可不慎也。'"

⑤ 无友不如己者：见于《论语·学而》。

⑥ 颜：即颜回。闵：即闵子骞。二者皆为孔门德行科的高足。

实践要点

慕贤，即仰慕贤人。唯有慕贤，方能亲近贤人、学习贤人，而后成为贤人。所以，古时慕贤之风很盛。可是，到了今天，慕贤之风已经荡然无存。代之而起的则是嫉贤妒贤，诚可哀哉！而嫉贤妒贤，则必定会朝着两个极度不当的方向发展：一、自负自大；二、喜欢听阿谀奉承的话。一旦如此，便会永无长进。

以我之见，当今之世急需重塑慕贤之风。而慕贤之风能否重塑，又取决于两点：一、要有成圣成贤的志向。有了志向，便会亲近有道之人，自然而然便会慕贤。二、要保持内心的谦卑。唯有自己谦卑，方能看到他人身上的优点，从而敬慕对方，并向对方学习。

一旦发自内心地仰慕贤人，自然便会创造机会亲近贤人，也就会在潜移默化之中受到他们的影响。这种影响往往会比来自课堂或书本上的教育更深刻、更持久。

正因如此，之推引用了墨子悲丝的故事和孔子的话，强调交友务必慎重，因为“与善人居，如入芝兰之室，久而自芳也”，反之，“与恶人居，如入鲍鱼之肆，久而自臭也”。

那么，又应该结交什么样的朋友呢？孔子给了我们清晰的指导，他说朋友有六种。益友有三种：友直、友谅、友多闻；损友也有三种：友便辟、友善柔、友便佞。（见于《论语·季氏》）

朱熹解释说：“友直，则闻其过；友谅，则进于诚；友多闻，则进于明。便，习熟也。便辟，谓习于威仪而不直。善柔，谓工于媚悦而不谅。便佞，谓习于口语，而无闻见之实。三者损益，正相反也。”（《四书章句集注》）

7.2　世人多蔽，贵耳贱目，重遥轻近。少长周旋[①]，如有贤哲，每相狎侮，不加礼敬；他乡异县，微藉风声，延颈企踵，甚于饥渴。校其长短，核其精粗，或彼不能如此矣。所以鲁人谓孔子为东家丘②，昔虞国宫之奇，少长于君，君狎之，不纳其谏，以至亡国③，不可不留心也。

今译

世人大多见识短浅，往往注重耳朵听到的而轻忽眼睛看到的，重视远处的而轻视眼前的。从小到大一起长大的人中，如果有贤达君子，世人常常会轻慢侮弄他们，而缺乏应有的尊敬。如果是在异地他乡的人，凭借着风传的一点名声，人们就会伸长脖子、踮着脚跟，如饥似渴地盼望得以一见。其实，比较一下两者的长短，审查一下两者的优劣，很可能那个异乡的人还不如身边的人呢。所以，鲁国人称孔子为“东家丘”，而过去虞国的宫之奇，因为从小到大与国君一起，国君与他太亲近了，所以不采纳他的劝谏，以至于最终亡了国，这样的教训不可不留心啊。

简注

① 少长：指从小到大。周旋：交往。

② 东家丘：即东边邻居家的孔丘。鲁国人不知道孔子的巨大价值，把他看作是平常人，所以如此称呼他。

③ 宫之奇：春秋时虞国大夫，曾劝谏虞国国君不要借道给晋国攻打虢国，可是未能成功，最终晋国在攻打虢国之后，回来时顺道把虞国也灭了。

实践要点

很多时候，贤者就在身边，可是，我们却总是喜欢到别处去寻求，仿佛唯有别处的贤者才是真正的贤者。正因如此，我们常常会错过真正的贤者。

之推以孔子被称为“东家丘”和宫之奇劝谏失败的故事，告诉我们要善于发现并尊重身边的贤人。

7.3　用其言，弃其身，古人所耻。凡有一言一行取于人者，皆显称之，不可窃人之美，以为己力；虽轻虽贱者，必归功焉。窃人之财，刑辟[①]之所处；窃人之美，鬼神之所责。

今译

采纳一个人的意见，却又抛弃那个人，古人认为这是可耻的事。举凡一言一行，只要是采取别人的，全都应该公开说明，绝不可窃取别人的成果，作为自己的功劳；即使是地位低下的人，也必须要归功于他。窃取别人的财富，会受到刑法的处置；窃取别人的成果，会遭到鬼神的谴责。

简注

① 刑辟：刑法。

实践要点

无论是作文，还是处事，都不可窃取别人的成果而占为己有。这是一种不道德的行为，与盗取别人的财富并无不同。

7.4 梁孝元前在荆州，有丁觇[①]者，洪亭民耳，颇善属文，殊工草隶，孝元书记，一皆使之。军府轻贱，多未之重，耻令子弟以为楷法，时云："丁君十纸，不敌王褒[②]数字。"吾雅爱其手迹，常所宝持。孝元尝遣典签惠编送文章示萧祭酒[③]，祭酒问云："君王比赐书翰，及写诗笔，殊为佳手，姓名为谁？那得都无声问？"编以实答。子云叹曰："此人后生无比，遂不为世所称，亦是奇事。"于是闻者少复刮目。稍仕至尚书仪曹郎[④]，末为晋安王侍读[⑤]，随王东下。及西台陷殁，简牍湮散，丁亦寻卒于扬州；前所轻者，后思一纸，不可得矣。

今译

梁孝元帝过去在荆州时，有一位名叫丁觇的，乃是洪亭人氏，很会写文章，尤其擅长草书和隶书，孝元帝的文书抄写，全都交给他去完成。军府中的人大多轻视他，无人看重他，并耻于让自家的子弟向他学习书法，当时有句话说："丁觇写上十张纸，也不如王褒的几个字。"我非常喜欢丁觇的书法，常常当作宝贝一样珍藏着。孝元帝曾经派典签惠编送文章给祭酒萧子云看，萧祭酒问道："君王最近写给我的书信以及诗文，书法特别出色，是个高手，此人姓甚名谁？怎么会一点名声都没有呢？"惠编如实作了答复。萧子云感叹道："此人在后生之中无人可比，竟然不能够为世人所称赞，也算是一件怪事。"于是，听说了这件事的人才对丁觇稍稍有些刮目相看。丁觇后来渐渐做到了尚书仪曹郎的职位，最后担任晋安王的侍读，随着晋安王东下。等到江陵沦陷的时候，那些文书信札也一起散佚了，丁觇不久也在扬州去世；从前轻视他的人，后来想求得他的一张纸，也是不可得了。

简注

① 丁觇：梁朝书法家，与智永齐名，有丁真永草之说。

② 王褒：字子渊，南北朝时期著名文人，书法亦佳，《周书》有传。

③ 典签：掌管文书的官员。惠编：人名。祭酒：国子监的主管官员。萧祭酒，即萧子云，乃是王褒的姑父，亦擅书法。

④ 尚书仪曹郎：古代官名。

⑤ 晋安王：指梁简文帝萧纲，梁天监五年曾被封为晋安王。侍读：负责给诸王讲学的官员。

实践要点

现实中并不缺少像丁觇一般的人，在他们未成名之前，往往会受到他人的轻视。可是一旦他们成名之后，再想亲近、求学时，往往已经没有机会了。细细想来，错失他们，并非是他们的损失，而是我们的损失。那么，如何才能够避免这样的损失呢？答案是：我们应当培养自己的眼光。而要培养自己的眼光，就必须提升自己的学养，让自己具备识别的能力。当然更重要的是：一旦发现人才，就应当积极主动亲近他，并向他学习。

7.5 侯景[①]初入建业，台门[②]虽闭，公私草扰，各不自全。太子左卫率羊侃坐东掖门[③]，部分经略[④]，一宿皆办，遂得百余日抗拒凶逆。于时，城内四万许人，王公朝士，不下一百，便是恃侃一人安之，其相去如此。古人云："巢父、许由，让于天下⑤；市道小人，争一钱之利。"亦已悬矣。

今译

侯景刚刚攻入建业的时候，台城的城门虽然紧闭着，但城内的官员和百姓全都惊恐不安，人人自危。只有太子左卫率羊侃坐守东掖门，部署策划御敌的方略，仅仅一个晚上就安排好了，于是争取到一百多天时间来抵抗凶恶的叛军。在当时，城内一共有四万多人，其中王公大臣不下于百人，就全靠羊侃一个人来主持大局，他们之间的表现相差竟然如此之大。古人说："巢父、许由，连天下都可以相让；市井小人，却会为了一文钱而争执。"两者的差距太悬殊了。

简注

① 侯景：字万景，自东魏投降梁朝后，叛乱起兵攻占建业，囚禁了梁武帝。公元 551 年，他篡位自立，不久后被灭。

② 台门：禁城之门。

③ 太子左卫率：官名。东掖门：台城正南端门，其左右二门称为东掖门、西掖门。

④ 部分：部署。经略：策划，规划。

⑤ 巢父、许由：皆为尧时贤人，尧想天下让给这两人，两人都不接受。

一位贤才，常常可以抵得上一个城市的人。所以，对于贤才，又怎么能够不仰慕不亲近呢?

7.6　齐文宣帝[①]即位数年，便沉湎纵恣，略无纲纪；尚能委政尚书令杨遵彦[②]，内外清谧，朝野晏如[③]，各得其所，物无异议，终天保[④]之朝。遵彦后为孝昭[⑤]所戮，刑政于是衰矣。斛律明月，齐朝折冲[⑥]之臣，无罪被诛，将士解体[⑦]，周人始有吞齐之志，关中至今誉之。此人用兵，岂止万夫之望而已也！国之存亡，系其生死。

今译

齐文宣帝即位几年之后，便开始沉湎酒色，恣意行乐，毫无纲常法纪可言；但是尚且能够把政事委任给尚书令杨遵彦，所以，朝廷内外还能清净安宁，朝野上下也太平无恙，人人各得其所，大家也没有什么不同的议论，这样的状态一直维持到天保之朝结束。杨遵彦后来被孝昭帝所杀，而北齐的刑法和政令从此也就衰败了。斛律明月，是齐朝的一位骁勇善战的战将，最后却无罪被杀，将士们因此而人心涣散，北周人这才开始有了吞并北齐的想法，关中一带的人至今还对斛律明月赞不绝口。这个人用兵，又何止是众望所归而已啊！国家的生存和灭亡，都由他的生死决定着。

简注

① 齐文宣帝：即北齐开国皇帝高洋。

② 杨遵彦：即杨愔，字遵彦。

③ 晏如：安然。

④ 天保：北齐文宣帝高洋的年号，起于550年，止于559年。

⑤ 孝昭：即北齐孝昭帝高演，高洋的同胞弟弟。

⑥ 斛律明月：即北齐名将斛律光，字明月，被北周用离间计陷害而被杀。折冲：使敌人的战车后退，即战败敌人。冲，战车的一种。

⑦ 解体：指人心涣散。

实践要点

重用贤能之人可以保一国之太平，而失去贤能之人，则可能会导致国家灭亡。所以，不但要慕贤，还要懂得任用贤才。

7.7 张延隽之为晋州行台左丞，匡维[①]主将，镇抚疆埸[②]，储积器用，爱活黎民，隐[③]若敌国矣。群小不得行志，同力迁之；既代之后，公私扰乱，周师一举，此镇先平。齐亡之迹，启于是矣。

今译

张延隽任晋州行台左丞时，辅助主将，镇守安抚边疆，储藏积蓄了大量物资用品，并且爱护救助百姓，他威严庄重的样子足以与一国匹敌。可是，那些卑鄙的小人们因为不能够按照自己的意愿行事，就联合起来排挤他；他的职位被小人替代之后，晋州上下一片混乱，北周的军队一起兵，晋州就率先被扫平了。北齐的亡国历程，就是从这里开始的。

简注

① 匡：扶正。维：维系。

② 疆埸（yì）：边疆。

③ 隐：威严庄重的样子。

实践要点

张延雋“隐若敌国”，可惜遭到小人排挤，最终导致晋州率先被攻占，就此拉开了北齐亡国的历程。

从羊侃直到张延雋，之推讲述了几位可以安邦定国的贤才。由此可见，天下有贤才则太平、安宁，无贤才则混乱、衰败，贤才之于国家、天下实在是不可缺少的。

而对于我们而言，如果自身不能够成为贤才，则务必要仰慕贤才、亲近贤才，进而从他们身上学到一些才能，虽不足以安邦定国，却也可以济一时之危难。果真如此，何其幸哉！故而，为人不可不慕贤！

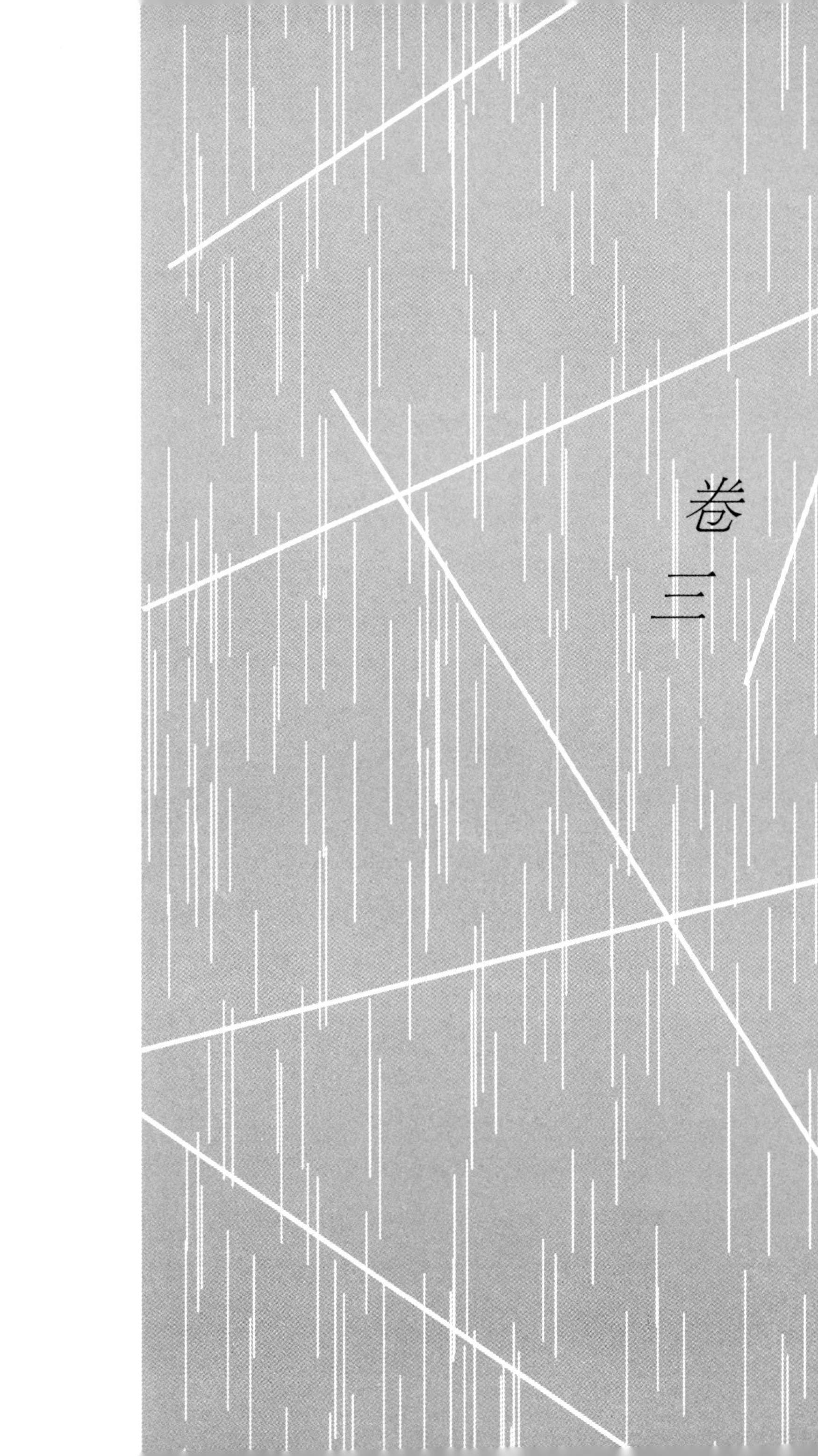

卷三

勉学第八

8.1　自古明王圣帝，犹须勤学，况凡庶乎！此事遍于经史，吾亦不能郑重[①]，聊举近世切要，以启寤[②]汝耳。士大夫子弟，数岁已上，莫不被教，多者或至《礼》《传》，少者不失《诗》《论》。及至冠婚，体性稍定，因此天机[③]，倍须训诱。有志尚者，遂能磨砺，以就素业；无履立[④]者，自兹堕慢，便为凡人。人生在世，会当有业：农民则计量耕稼，商贾则讨论货贿[⑤]，工巧则致精器用，伎艺则沉思法术，武夫则惯习弓马，文士则讲议经书。多见士大夫耻涉农商，差务工伎，射则不能穿札[⑥]，笔则才记姓名，饱食醉酒，忽忽[⑦]无事，以此销日，以此终年。或因家世余绪，得一阶半级，便自为足，全忘修学；及有吉凶大事，议论得失，蒙然[⑧]张口，如坐云雾；公私宴集，谈古赋诗，塞默低头，欠伸而已。有识旁观，代其入地。何惜数年勤学，长受一生愧辱哉！

| 今译 |

自古以来，那些圣明的帝王们尚且需要勤奋学习，更何况是普通百姓呢！这类事遍布于经书史籍之中，我也没有必要在此重复赘述，姑且举一些近世紧要的事例，用以启发你们。士大夫的子弟，几岁以后，没有不受教育的，多的能读到《礼记》《左传》，少的也至少读过《诗经》《论语》。等到行冠礼、成婚之时，体格和性情就会逐渐定型，趁着这时天资开发，尤其需要加倍进行训育教导。有志向的人，就能够经受磨炼，成就事业；没有操守的人，从此就会散漫懈怠起来，成为平庸之徒。人生在世，应当有各自的专业：农民就应当计算耕种收成，商贩就应当讨论财物，工匠就应该致力于制造精巧的用具，艺人就应该深入探究技能，武夫就应该熟悉骑马射箭，文人就应该讲论经典。常见到士大夫们耻于涉足农耕和商业，又缺乏工艺和技能，射箭不能穿透铠甲，提笔只能写出自己的名字，整天酒足饭饱，浑浑噩噩，无所事事，用来消磨时日，用来终了一生。有的因祖辈的余荫，混得一官半职，就自我满足，全然忘记修身学习，等到遭遇吉凶大事，需要议论得失成败之时，就茫然无知，张口结舌，如同堕入云雾之中；在公私宴会的种种场合，别人在谈古论今、吟诗唱和之时，他们却只能默然无语地低着头，不时打打哈欠罢了。有识之士在旁边看到，都替他们感到羞愧，恨不得代他们钻到地下去。又何必吝惜几年的勤奋学习，而让自己一辈子都含愧受辱呢！

简注

① 郑重：犹重复赘言。

② 启寤：启发觉悟。

③ 天机：天资。

④ 履立：犹操守。

⑤ 货贿：财物。金玉为货，布帛为贿。

⑥ 札：铠甲上的金属叶片。

⑦ 忽忽：恍惚。

⑧ 蒙然：无知的样子。

实践要点

勉学，即劝学。之推以古时明王圣帝尚须勤学，来劝诫子孙后代勤奋学习。根据之推之言，可知：

一、为学须趁早，几岁以上，就应当开始学习。

二、所学当为儒家经典，少则学《诗经》《论语》，多则学到《礼记》《左传》。

三、为人当确定志向，唯有确定志向的人，方能经受磨炼，成就事业。

四、人生在世，应当有自身的特长。

五、单靠祖辈余荫而一无所长的人，纵然能混个一官半职，最终也会沦为他人取笑的对象。所以，应当勤学。

本段文字，可以视为本篇的纲领。

8.2　梁朝全盛之时，贵游子弟，多无学术，至于谚云："上车不落则著作，体中何如则秘书①。"无不熏衣剃面，傅粉施朱，驾长檐车，跟高齿屐②，坐棋子方褥③，凭斑丝隐囊④，列器玩于左右，从容出入，望若神仙。明经求第，则顾⑤人答策；三九公宴，则假手赋诗。当尔之时，亦快士也。及离乱之后，朝市迁革，铨衡⑥选举，非复曩⑦者之亲；当路秉权，不见昔时之党。求诸身而无所得，施之世而无所用。被褐而丧珠，失皮而露质，兀若枯木，泊若穷流[⑧]，鹿独[⑨]戎马之间，转死沟壑之际。当尔之时，诚驽材也。有学艺者，触地而安。自荒乱已来，诸见俘虏，虽百世小人，知读《论语》《孝经》者，尚为人师；虽千载冠冕，不晓书记者，莫不耕田养马。以此观之，安可不自勉耶？若能常保数百卷书，千载终不为小人也。

今译

在梁朝全盛时期，那些贵族子弟们大多不学无术，以至于当时有一句谚语说："上车时不跌下来就可以当著作郎，会问候身体如何就可以当秘书郎。"没有一个不用香料熏衣、修剃脸面、涂脂抹粉的，乘着长檐的车，穿着高齿木屐，坐在方格的丝绸坐垫上，斜倚着彩色丝线织成的靠枕，身边摆放着种种赏玩器物，从容自在地进进出出，看上去就像神仙一般。到了研明经典求取功名的时候，就雇人代替自己去应答；出席三公九卿的宴会时，又假借别人的手来作诗。在那种时候，也算得上是潇洒人物。可是，等到动乱离散之后，朝代更替变迁，那些负责考察选举官员的人，不再是从前的那些亲友；在朝中当政掌权的人，也见不到从前的那些朋党。这时候，他们想依靠自身可是一无所长，想在社会上发挥作用可是又一无所用。所以只能穿着粗布衣，卖掉家中的珠宝，剥去华丽的外衣，而露出无能的本质，无知得就像光秃秃的树干，浅薄得就像即将干涸的河流，颠沛流离于战乱之间，辗转于荒沟野壑之中。在这种时候，他们完全就是蠢材。而那些学过技艺的人，则走到哪里都可以安居。自从兵荒马乱以来，我见到过不少俘虏，即便世代都是平民百姓，但是知道学习《论语》《孝经》的人，尚且可以给别人当老师；虽然世代都是贵族，却不懂得书写之事的人，也免不了去耕田养马。由此看来，又怎么能够不自我劝勉而努力学习呢？如果能够常常确保读书数百卷，就是再过一千年也终究不会沦为受人奴役的小人。

简注

① 上车不落：指上车能够登轼不掉下来。著作：即著作郎。体中何如：即问候近来起居如何的客套话。秘书：即秘书郎。

② 跟：脚穿。高齿屐：下面有高齿以防雨水和泥土的木屐。

③ 棋子方褥：有方格图案的纺织坐垫。

④ 凭：倚靠。隐囊：靠枕。

⑤ 顾：同雇。

⑥ 铨衡：即权衡。

⑦ 曩（nǎng）：过去。

⑧ 兀：茫然无知的样子。泊：浅，引申为浅薄。穷流：接近干涸的河流。

⑨ 鹿独：颠沛流离。

实践要点

之推讲述了那些不学无术的贵族子弟，在太平之世，或可出入从容、风流潇洒。可是，一旦遭遇变故，则会沦为一无所用的蠢材，尚且不如那些略微掌握一点技艺、读过一些书的平民百姓。这一忠告是很富有现实意义的。

今天，诸多的富二代、富三代，常常倚仗优越的家庭条件，游手好闲，不务学业，完全没有独立生存的能力。然而，当今是一个瞬息万变的时代，商界更是变幻莫测，很多所谓的成功人士也许会在一夜之间遭遇破产，一旦如此，他们不学无术的子女将会像之推所说的一般，“失皮而露质，兀若枯木，泊若穷流”，而成为十足的“驽材”！

因此，作为父母，我们应当培养孩子的危机意识和独立能力，让他们成为拥有自主能力和有益于世的人。而要做到这一点，首先就在于劝勉他们勤奋学习。

8.3　夫明六经之指[①]，涉百家之书，纵不能增益德行，敦厉风俗[②]，犹为一艺，得以自资。父兄不可常依，乡国不可常保，一旦流离，无人庇荫，当自求诸身耳。谚曰：“积财千万，不如薄伎在身。”伎之易习而可贵者，无过读书也。世人不问愚智，皆欲识人之多，见事之广，而不肯读书，是犹求饱而懒营馔[③]，欲暖而惰裁衣也。夫读书之人，自羲、农已来，宇宙之下，凡识几人，凡见几事，生民之成败好恶，固不足论，天地所不能藏，鬼神所不能隐也。

今译

通晓六经的要旨，涉猎百家的著述，纵然不能够增益个人的德行，劝勉世风习俗，也不失为一种才艺，能够用来自谋生计。父亲、兄长是不能够长期依靠的，家乡国家也不能够常保太平，一旦遭遇流离失所，没有人来庇护你时，就应当自己依靠自己了。谚语说得好："积累财富千千万万，不如有一小技在身。"而在种种技艺之中，容易学习并且值得尊贵的，没有比读书更好的了。世间的人不管是愚蠢还是聪明，全都希望认识的人多、见识的事广，却又不肯好好读书，这就像想吃饱饭却懒得做饭，想穿得暖却懒得裁衣一样。那些读书的人，从伏羲、神农以来，在这个宇宙之内，举凡是所识得的人，所见到的事，全都能够了如指掌。对于百姓的成功、失败、爱好、厌恶，自然不用多说，他们所知晓的，纵然是天地也不能够隐藏，鬼神也不能够隐瞒。

| 简注 |

① 六经：即《诗经》《尚书》《礼记》《乐经》《易经》《春秋》，后来《乐经》遗佚，成了五经。指：同旨，要旨。

② 敦厉：敦促劝勉。风俗：风气习俗。

③ 营馔（zhuàn）：准备食物。

| 实践要点 |

通晓儒家经典，学习诸子百家，最终目的在于增进德行，成就圣贤。在此，之推则指出，纵然是最终无以成就圣贤，也能够成为一项技能。

"伎之易习而可贵者，无过读书也。"由此可见，之推也是推崇"万般皆下品，唯有读书高"的。而读书的一个最重要的作用便是：增加见识。自生民以来，宇宙之下，所发生的一切，那些勤勉读书的人，全都能够觉知。可世间那些追求见闻广博的人，却又不肯读书，当真是愚蠢至极！

也就是说，读书，进一步可以成圣成贤，退一步也可以增加见闻，成为一项令人尊敬的技能。

8.4 有客难主人[①]曰："吾见强弩长戟，诛罪安民，以取公侯者有矣；文义习吏，匡时富国，以取卿相者有矣；学备古今，才兼文武，身无禄位，妻子饥寒者，不可胜数，安足贵学乎？"主人对曰："夫命之穷达，犹金玉木石也；修以学艺，犹磨莹[②]雕刻也。金玉之磨莹，自美其矿璞[③]；木石之段块，自丑其雕刻。安可言木石之雕刻，乃胜金玉之矿璞哉？不得以有学之贫贱，比于无学之富贵也。且负甲为兵，咋笔[④]为吏，身死名灭者如牛毛，角立[⑤]杰出者如芝草；握素披黄[⑥]，吟道咏德，苦辛无益者如日蚀，逸乐名利者如秋荼[⑦]，岂得同年而语矣。且又闻之：生而知之者上，学而知之者次。所以学者，欲其多知明达耳。必有天才，拔群出类，为将则暗与孙武、吴起同术[⑧]，执政则悬得管仲、子产之教[⑨]。虽未读书，吾亦谓之学矣。今子即不能然，不师古之踪迹，犹蒙被而卧耳。"

今译

有客人诘问我说："我见过有人手持强弓长戟，诛杀罪恶之人，安抚黎民百姓，而成为公侯的；也见过有人精研文义学习吏道，匡正时弊，富国安邦，而成为公卿丞相的；而学贯古今，文武双全，却身无半点俸禄、官职，妻子儿女跟着受冻挨饿的人，也是数不胜数，又怎么能够说明学习是可贵的呢？”我回答说：“一个人的命运是穷困还是显达，就好像金玉和木石；研修而学习技艺，就好像磨冶和雕刻。经过磨冶、雕刻的金玉，自然会比未经过磨冶、雕刻的矿石、璞玉美；未经过雕刻的木块石块，自然会比经过雕刻的木石丑。但是，又怎么能说经过雕刻的木石，胜过未经过磨冶的矿石、璞玉呢？所以，不能够拿有学问的贫贱之人，去和没有学问的富贵之人相比较。况且那些披甲上阵的士兵，捉笔为文的小吏，死后默默无闻的多如牛毛，出类拔萃的则少得如灵芝兰草；手持书卷勤奋读书，涵养道德，含辛茹苦而没有收益的人，就像日蚀一样少见，而安逸享乐、追逐名利而没有收益的人，就像秋天的荼花一样繁多，两者又怎么能够同日而语呢！况且我还听说：生来就明白事理的，是上等根性的人；通过学习而明白事理的，是次一等根性的人。人之所以要学习，是为了多掌握些知识而明达事理。如果必定有天才，出类拔萃，他们为将，就会暗合孙武、吴起的兵法；他们执政，就会遥契管仲、子产的政教。像这样的人，虽然没有读过书，我也会认为他们是学习了的。如今你既不能够这样，却又不愿意向古人学习，那就像是蒙着被子睡觉，什么都不知道了。”

| 简注 |

① 主人：之推自称。

② 磨莹：磨冶。

③ 矿：未经冶炼的矿石。璞：未经雕琢的玉石。

④ 咋笔：操笔。

⑤ 角立：像角一样挺立。

⑥ 素：素缃。黄：黄卷。握素披黄，即手持书卷勤奋读书。

⑦ 荼：即管茅类，开白花，秋时盛开，故称之为秋荼。

⑧ 孙武：春秋时著名军事家，著有《孙子兵法》。吴起：战国时军事家。

⑨ 悬：遥合。管仲：春秋时著名政治家，曾辅助齐桓公成为霸主。子产：亦春秋时著名政治家，曾辅助郑简公富强郑国。

实践要点

有人责难之推，声称读书无益。之推作出辩解，他用金玉、木石为喻，指出不学而侥幸取得富贵的人就像经过雕饰的木石，学而贫贱的人则就像未曾经过磨冶的矿璞一样，两者实在不可同日而语。当然，之推也承认有勤奋学习而无所收益的人，但是很少，少得就像日蚀一样。反之，贪图享乐、追名逐利而无所收益的人，却是很多的，多得就像秋荼一样。

当然，之推也承认有生而知之的天才，可是这样的人是很罕见的。而大多数人都是学而知之的中等根性之人，所以应当勤奋学习。

对于根性一般却不愿学习的人，之推的评价则是："蒙被而卧。"最终，也就什么都不会知道了。

8.5　人见邻里亲戚有佳快[①]者，使子弟慕而学之，不知使学古人，何其蔽也哉！世人但知跨马被甲，长矟强弓，便云我能为将；不知明乎天道，辩乎地利，比量逆顺，鉴达兴亡之妙也。但知承上接下，积财聚谷，便云我能为相；不知敬鬼事神，移风易俗，调节阴阳，荐举贤圣之至也。但知私财不入，公事夙[②]办，便云我能治民；不知诚己刑物[③]，执辔如组[④]，反风[⑤]灭火，化鸱为凤[⑥]之术也。但知抱令守律，早刑晚舍，便云我能平狱；不知同辕观罪[⑦]，分剑追财[⑧]，假言而奸露[⑨]，不问而情得[⑩]之察也。爰及农商工贾，厮役奴隶，钓鱼屠肉，饭牛牧羊，皆有先达，可为师表，博学求之，无不利于事也。

今译

人们见到乡邻亲戚中有优秀的人，就让子弟们仰慕他们，并向他们学习，而不知道让子弟们学习古人，这是多么的糊涂啊！世人只知道骑马披甲，手持长槊强弓，就说自己能够做将领，而不知道了解天时，辨别地利，权衡时势，明察兴盛败亡的种种微妙之处。只知道承应上司迎合下属，积累财物聚集粮食，就说自己能够做宰相，而不知道祭祀鬼神，移风易俗，调节阴阳，选贤举能等种种重要事务。只知道不聚敛私财，公事尽早办理，就说自己能够治理百姓，而不知道诚实待人，为世楷模，御民有方，止风灭火，化恶为善等种种方法。只知道执守法令刑律，及早判刑，迟缓赦免，就说自己能够秉公断案，而不知道同辕观罪，分剑追财，用假言而使得奸诈暴露，不用审问就可以弄清真相等种种洞察之方。推而广之，乃至于在农夫、商人、工匠、厮役、奴仆、渔夫、屠户、喂牛、放羊的人之中，也都会有贤达之士，可以作为学习的榜样，多多向他们学习，无有不利于成就事业的。

简注

① 佳快：即优秀。

② 夙：早晨。

③ 诚己：己身保持真诚。刑物：为万物树立典范。

④ 辔：马缰绳。组：用丝编织成的宽带。执辔如组：本指驾车技能高超，喻治理百姓有方。

⑤ 反：同返。返风，即止风。

⑥ 鸱：鸱鸮（chī xiāo），一种凶恶不祥的鸟。化鸱为凤，化不祥之鸟为吉祥之鸟，喻化恶民为善民。

⑦ 同辕观罪：把犯人拘系在同一车辕上，让他们明白自身的罪行。

⑧ 分剑追财：《太平御览》引《风俗通》曰："沛郡有富家公，赀二千余万。小妇子年裁数岁，顷失其母，又无亲近。其女不贤，公痛困思念，恐争其财，儿必不全，因呼族人为遗令书，悉以财属女。但遗一剑云：'儿年十五，以还付之。'其后，又不肯与。儿诣郡，自言求剑。时，何武为太守，得其辞，因录女及婿，省其手书，顾谓掾吏曰：'女性强梁，婿复贪鄙，畏贼害其儿，又计小儿正得此，则不能全护，故且俾与女，内实寄之耳。不当以剑与之乎？夫剑者，亦所以决断。限年十五，智力足以自居。度此女、婿必不复还其剑。当问县官，县官或能证察，得以见伸展。此凡庸何能用虑强远如是哉！'悉夺取财以与子，曰：'弊女恶婿，温饱十岁，亦以幸矣。'于是，论者乃服。"

⑨ 假言而奸露：《魏书·李崇传》："寿春人苟泰有子三岁，遇贼亡失，数年不知所在。后见在同县人赵奉伯家，泰以状告。各言己子，并有邻证，郡县不能断。崇曰：'此易知耳。'令二父与儿各在别处，禁经数旬，然后遣

人告之曰：‘君儿遇患，向已暴死，有教解禁，可出奔哀也。’苟泰闻即号咷，悲不自胜；奉伯咨嗟而已，殊无痛意。崇察知之，乃以儿还泰，诘奉伯诈状。”

⑩ 不问而情得：《晋书·陆云传》：“人有见杀者，主名不立，云录其妻，而无所问。十许日遣出，密令人随后，谓曰：‘其去不出十里，当有男子候之与语，便缚来。’既而果然，问之具服，云：‘与此妻通，共杀其夫，闻妻得出，欲与语，惮近县，故远相要候。’于是，一县称其神明。”

实践要点

依据本段，可以得到以下启示：

一、学习应当志存高远，向古时的圣贤学习，而不只是向邻里亲戚中的优秀人才学习。

二、绝不可学了一点皮毛，便自以为是，文中所举轻言“我能为将”“我能为相”“我能治民”的人便是如此。

三、志向要高远，但在学习过程之中，则要不问出处，只要是贤达之人，都应当向他们学习。

8.6　夫所以读书学问，本欲开心明目，利于行耳。未知养亲者，欲其观古人之先意承颜，怡声下气，不惮劬劳①，以致甘腝②，惕然惭惧，起而行之也；未知事君者，欲其观古人之守职无侵[3]，见危授命，不忘诚谏，以利社稷，恻然自念，思欲效之也；素骄奢者，欲其观古人之恭俭节用，卑以自牧[4]，礼为教本，敬者身基，瞿然[5]自失，敛容抑志也；素鄙吝者，欲其观古人之贵义轻财，少私寡欲，忌盈恶满，赒穷恤匮[6]，赧然悔耻，积而能散也；素暴悍者，欲其观古人之小心黜己[7]，齿弊舌存[8]，含垢藏疾，尊贤容众，苶然[9]沮丧，若不胜衣[10]也；素怯懦者，欲其观古人之达生委命[11]，强毅正直，立言必信，求福不回，勃然奋厉，不可恐慑也：历兹以往，百行皆然。纵不能淳，去泰去甚。学之所知，施无不达。世人读书者，但能言之，不能行之，忠孝无闻，仁义不足；加以断一条讼，不必得其理；宰千户县，不必理其民；问其造屋，不必知楣横而棁竖[12]也；问其为田，不必知稷早而黍迟也；吟啸谈谑，讽咏辞赋，事既优闲，材增迂诞[13]，军国经纶，略无施用。故为武人俗吏所共嗤诋[14]，良由是乎！

| 今译 |

人之所以要读书学习，本是为了开发心智、提升见地，从而有利于自身的行为。对于那些尚未知道如何侍奉父母的人，是想让他们看看古人是如何体察父母的心意，顺承父母的愿望，和颜悦色，轻声细语，不畏辛劳，让父母吃到甘甜可口的食物，就此得到警醒而心生惭愧、恐惧，进而效法古人；对于那些尚未知道如何侍奉君王的人，是想让他们看看古人是如何恪守职责而无所冒犯，在危急关头不惜牺牲，不忘忠心劝谏，以利于国家的安宁，从而受到触动而反省自身，进而想去效法古人；对于那些一向骄狂奢侈的人，是想让他们看看古人是如何恭敬、俭朴、节约，以谦卑自守，以礼让为教养的根本，以恭敬为立身的基础，就此警悟而知道自身的过失，进而收敛狂横之态，抑制骄奢的心意；对于那些一向浅薄吝啬的人，是想让他们看看古人是如何重义轻财，少私寡欲，忌恶盈满，体恤穷困之人，就此惭愧而感到后悔、羞耻，进而能够将所积累的财物施舍出去；对于那些一向凶悍残暴的人，是想让他们看看古人是如何小心谨慎自我约束，懂得齿亡舌存的道理，而忍辱含羞，不揭人短，尊重贤能，容纳众人，就此感到气馁沮丧，而变得谦恭退让；对于一向怯懦胆小的人，是想让他们看看古人是如何通达人生、听天由命，刚毅正直，言出必行，祈求福报而不违正道，就此奋然而起自强奋发，无所畏惧。依此类推，各方面的德行都可以如此来培养。纵使不能够抵达醇和之境，也会去掉过去那些过分的行为。学习所得来的知识，用到哪里都可以行得通。世间许多读书人，只能够口说，却不能够运用，忠孝说不上，仁义也很欠缺；让他们断决一桩官司，未必能够了解其中的道理；主管千户人家的小县城，未必能够治理好百姓；问他们怎样建造房屋，未必能够知道楣是横放的而棁是竖放的；问他们怎样种田，未必知道稷当早种而黍当迟种；整天只知道吟歌唱诵，高谈阔论，写诗作赋，优哉游哉，生活荒诞不经，可是，一旦遇到军国大事，就毫无用途。所以遭到武夫俗吏们的嗤笑辱骂，确实是由于这些情况啊！

简注

① 劬（qú）劳：辛劳。

② 胹（ér）：熟烂的肉。

③ 侵：冒犯，僭越。

④ 卑以自牧：以谦卑自守。

⑤ 瞿然：惊愕的样子。

⑥ 赒（zhōu）：周济。恤：体恤。匮：穷乏。

⑦ 黜己：自贬。

⑧ 齿弊舌存：牙齿坏掉而舌头尚存，喻柔能胜刚。

⑨ 苶（nié）然：疲惫的样子。

⑩ 不胜衣：喻谦恭退让的样子。

⑪ 达生：通达人生。委命：听天由命。

⑫ 楣：屋顶的横梁。棁（zhuō）：梁上的短柱。

⑬ 迂诞：荒诞。

⑭ 嗤诋：嗤笑嘲骂。

实践要点

本段讲述了以下几点：

一、学习的目的是为了“开心明目，利于行耳”。由此可见，之推所说的学乃是实学，乃是“施无不达”的学。

二、学习应当应病施药——根据不同的人提供不同的教育。之推列举了六类人，这六类人都可以从古人那里得到启迪而改变自身。扩而充之，则无论什么样的人，都可以经由学习而得以提升。

三、学习应当致用，单单口说而不能行，那就不是真学。所以，之推批评了那些只知道吟诗作赋，高谈阔论，一遇到事却一无所用的人。

8.7　夫学者所以求益耳。见人读数十卷书，便自高大，凌忽[①]长者，轻慢同列。人疾之如雠敌，恶之如鸱枭。如此以学自损，不如无学也。

今译

学习是为了对自身有益。可是，我却见到有的人读了几十卷书，就妄自尊大，轻视长者，怠慢同辈。人们憎恨这种人就像仇敌一样，讨厌这种人就像鸱枭一样。像这样用学习来损害自己，还不如不学呢。

简注

① 凌忽：轻视、忽视。

实践要点

学习是为了增益自身的德行，而不是为了塑造自我感。可是，很多人却拿学习来塑造自我，就此自以为是，妄自尊大，如此一来，学习不但无益，反而有害了。

8.8　古之学者为己，以补不足也；今之学者为人，但能说[①]之也。古之学者为人，行道以利世也；今之学者为己，修身以求进也。夫学者犹种树也，春玩其华，秋登[②]其实。讲论文章，春华也；修身利行，秋实也。

今译

古时的人为了自己而学习，是用以弥补自身的不足；现今的人为了别人而学习，只是追求能够取悦于他人。古时的人为了别人而学习，是希望能够履行正道而有利于世人；现今的人为了自己而学习，只是为了修身而走上仕途。学习就像种植果树一样，春天玩赏它的花，秋天收获它的果。讲习文章，就好比春天赏花；修身而利于事业，就好比秋天收果。

简注

① 说：同悦。

② 登：成熟。

实践要点

学习分为两个方面：为己和为人。

为己是为了弥补自身的不足，从而成就自身；为人是希望能够履行正道而利益世人。这就是儒家所强调的成己成物。

然而，在很多人那里，为己是为了满足一己的私欲，为人则是为了取悦于他人（背后仍是为了满足一己的私欲），如此一来，学习就沦为成就自我、满足私欲的工具。如今，这种自我主义的学习非常盛行，所以导致社会中人人自私自利，而缺失了应有的公德心，更不用谈拥有行道利世的志愿了。要改变这种状况，首先应当重新确立学习的正确目的，唯有如此，才能够抵制自我主义的学习。

8.9 人生小幼，精神专利，长成已后，思虑散逸，固须早教，勿失机也。吾七岁时，诵《灵光殿赋》[①]，至于今日，十年一理，犹不遗忘；二十之外，所诵经书，一月废置，便至荒芜矣。然人有坎壈[②]，失于盛年，犹当晚学，不可自弃。孔子云："五十以学《易》，可以无大过矣。"魏武、袁遗[③]，老而弥笃，此皆少学而至老不倦也。曾子七十乃学[④]，名闻天下；荀卿[⑤]五十始来游学，犹为硕儒；公孙弘[⑥]四十余方读《春秋》，以此遂登丞相；朱云[⑦]亦四十始学《易》《论语》，皇甫谧[⑧]二十始受《孝经》《论语》，皆终成大儒。此并早迷而晚寤[⑨]也。世人婚冠未学，便称迟暮，因循面墙，亦为愚耳。幼而学者，如日出之光；老而学者，如秉烛夜行，犹贤乎瞑目而无见者也。

今译

人在年幼时，精神专注敏锐，长大以后，思虑则容易分散，所以需要及早教育，不要错失良机。我在七岁时，读诵《鲁灵光殿赋》，时至今日，只是每隔十年温习一遍，仍然没有忘记；二十岁之后，所读诵的种种经典，只要有一个月没有温习，就近似于荒废了。然而，人生难免会遭遇困境，如果在青少年时失去求学的机会，也还是应当在晚年勤奋学习，绝不可以自暴自弃。孔子说："五十岁学习《易经》，就可以没有什么大的过错了。"曹操、袁遗，越老学习就越努力，这些全都是年少时开始学习而到了老年还勤学不倦的例子。曾子七十岁时才开始学习，最终名闻天下；荀子五十岁时才到齐国游学，最终还成了一代大儒；公孙弘四十多岁才开始研读《春秋》，后来因此成了丞相；朱云也是四十岁才开始学习《易经》《论语》，皇甫谧二十岁时才开始学习《孝经》《论语》，他们最终都成了大儒。这些全都是早年失学而后来醒悟的例子。世间的很多人在结婚或冠礼时还没有学习，就自称已经老了，而不愿再学习，宁愿因循守旧，就像面壁而立的人一样一无所知，也算是很愚昧了。幼年时开始学习的人，就像日出时的光芒；年老后才开始学习的人，就像手持蜡烛在夜间行走，那也比闭着眼睛什么都看不见的人强啊。

简注

①《灵光殿赋》：即《鲁灵光殿赋》，东汉王延寿作。

② 坎壈（lǎn）：困顿。

③ 魏武：即曹操。袁遗：字伯业，三国时人，袁绍堂兄。

④ 曾子：名参，字子舆，孔子弟子。七十乃学：误。七十疑为十七之误写。古人八岁开始入小学，十七岁也算是晚学了。

⑤ 荀卿：即荀子，战国时大儒。

⑥ 公孙弘：西汉人，汉武帝时任丞相。

⑦ 朱云：西汉人。

⑧ 皇甫谧：晋朝人，著名医学家，著有《针灸甲乙经》等。

⑨ 寤：同悟，醒悟。

实践要点

人在年幼之时，精神专注，记忆力强，所以应当尽早实行教育。当然，如果是因为特殊原因而不能够及时受到教育，也不应该就此自暴自弃，而是应当只争朝夕努力学习，若能如此，也还是有可能成为一代鸿儒的。退一步讲，纵然不能够学有所成，也可以有所明辨而不至于“因循面墙”。

8.10　学之兴废，随世轻重。汉时贤俊，皆以一经弘圣人之道，上明天时，下该[①]人事，用此致卿相者多矣。末俗[②]已来不复尔，空守章句[③]，但诵师言，施之世务，殆无一可。故士大夫子弟，皆以博涉为贵，不肯专儒。梁朝皇孙以下，总丱[④]之年，必先入学，观其志尚，出身[⑤]已后，便从文史，略无卒业者。冠冕为此者，则有何胤、刘瓛、明山宾、周舍、朱异、周弘正、贺琛、贺革、萧子政、刘縚等[⑥]，兼通文史，不徒讲说也。洛阳亦闻崔浩、张伟、刘芳[⑦]，邺下又见邢子才[⑧]：此四儒者，虽好经术，亦以才博擅名。如此诸贤，故为上品，以外率多田野闲人，音辞鄙陋，风操蚩[⑨]拙，相与专固，无所堪能，问一言辄酬数百，责其指归[⑩]，或无要会[⑪]。邺下谚云：“博士买驴，书券三纸，未有驴字。”使汝以此为师，令人气塞。孔子曰：“学也，禄在其中矣。”[⑫]今勤无益之事，恐非业也。夫圣人之书，所以设教，但明练经文，粗通注义，常使言行有得，亦足为人，何必“仲尼居”[⑬]即须两纸疏义？燕寝、讲堂，亦复何在？以此得胜，宁有益乎？光阴可惜，譬诸逝水。当博览机要，以济功业；必能兼美，吾无间[14]焉。

今译

学风的兴盛和衰弱，是随着社会对学习的重视和轻视而改变的。汉朝的贤达才俊们，都以精通一经来弘扬圣人之道，向上通达天时，向下涵盖人事，因此而位至卿相的人很多。到了汉末，习俗已经不再是这样了，读书人空守着章句之学，只知道读诵老师的言论，让他们去处理世间事务，恐怕没有一个能够胜任的。所以，那些士大夫子弟们，全都以广泛涉猎为贵，而不肯专心研习儒学。梁朝自皇孙以下的子弟，在年幼之时，一定会让他们先入学读书，观察他们的志向，出仕以后，就去做一名文官小吏，大概没有几个人能够坚持完成学业的。做了官还能坚持学业的，则有何胤、刘瓛、明山宾、周舍、朱异、周弘正、贺琛、贺革、萧子政、刘縚等人，他们兼通文史，不仅仅只是讲论经书而已。洛阳听说也有崔浩、张伟、刘芳，邺下还有一个邢子才：这四位儒生，虽然都喜好经术，却也以才识广博而闻名。以上诸位贤者，乃是学者中的上品，除此以外，大多数人就像乡下粗人，说话鄙俗粗陋，风仪全无，节操拙劣，相互之间固执己见，什么事都不能够胜任，问他一句就会答上数百句，追问他其中的要旨，却又不得要领。邺下有一句谚语说："博士去买驴，契约写了三张纸，还没有写到一个驴字。"让你们拜这种人为老师，一定会把你们气死。孔子说："学习吧，俸禄就在其中。"如今却在那些无益的事上花费功夫，这恐怕不是正业吧。圣人的书，是用来教化世人的，只要能够熟读经文，概略了解经文的大义，时常使得经义对于自身的言行有所帮助，也就足以为人处世了，又何必单单"仲尼居"三个字，就需要用两张纸来进行解说，对于闲居之处和讲堂，也要去探究一下现在到底在何处？纵然在这些方面能够胜过别人，又有什么用处呢？光阴可惜，就像那流水，转瞬即逝。应当广博阅览而把握其中的精要部分，以对自身的事业有所帮助；如果你们能够兼顾到博览和专精，那我也是无话可说的。

简注

① 该：具备，完备。引申为包括，涵盖。

② 末俗：末世的风俗。

③ 章句：章句之学，即剖析经文的章节和句子，涵盖经典注释等。

④ 丱（guàn）：儿童束发成两角的样子。总丱，指少儿之时。

⑤ 出身：出仕。

⑥ 何胤：字子季，南朝著名儒臣。明山宾：字孝若，《梁书》有传。周舍：字升逸，梁朝名臣，《梁书》有传。朱异：字彦和，梁朝名臣，《梁书》有传。周弘正：字思行，名儒，《陈书》有传。贺琛：字国宝，梁朝名儒，《梁书》有传。贺革：字文明，梁朝名儒。萧子政：梁朝学者。

⑦ 崔浩：字伯渊，北魏名臣，《魏书》有传。张伟：字仲业，北魏名儒。刘芳：字伯文，北魏名儒，《魏书》有传。

⑧ 邢子才：即邢邵，字子才，北齐著名文人，《北齐书》有传。

⑨ 蚩：无知的样子。

⑩ 指归：主旨，意旨。

⑪ 要会：要旨，要领。

⑫ 见于《论语·卫灵公》。

⑬ 仲尼居：为《孝经》起始。

⑭ 无间：无话可说，指没有任何意见。

实践要点

在这段文字中，之推指出了以下几点：

一、学风的兴衰，是与时代的导向相结合的。指明这一点非常重要，例如在物欲横流的时代，全民唯利是图、追名逐利，安心研习经典的人就很少，纵然是从事学术研究，也是以名闻利养为归宗的。

二、学以致用。沉湎于无用的章句之学中，自以为是在做学问，可是，一遇到世务就束手无策，这样的学习其实与未学一般。

三、学习应当博览而把握其中的精要部分，以对自身的事业有所帮助；这是常人读书所应采取的方法。

四、博览与专精两者兼备自然最好，但是，通常很少有人能够做到这一点。

8.11 俗间儒士，不涉群书，经纬①之外，义疏而已。吾初入邺，与博陵崔文彦交游，尝说《王粲②集》中难郑玄③《尚书》事。崔转为诸儒道之，始将发口，悬见排蹙④，云："文集只有诗赋铭诔⑤，岂当论经书事乎？且先儒之中，未闻有王粲也。"崔笑而退，竟不以《粲集》示之。魏收⑥之在议曹，与诸博士议宗庙事，引据《汉书》，博士笑曰："未闻《汉书》得证经术。"收便忿怒，都不复言，取

《韦玄成[7]传》，掷之而起。博士一夜共披寻之，达明，乃来谢曰："不谓玄成如此学也。"

今译

俗世中的儒生，不能够博览群书，除了研读经书和纬书之外，就是学学注疏而已。我刚到邺城时，与博陵的崔文彦交往，曾经谈起《王粲集》中关于王粲诘难郑玄注《尚书》的事。崔文彦转而和几位儒生谈起，可是刚刚一开口，就遭到了他们的责难，说："文集之中只有诗、赋、铭、诔，难道还应当有谈论经书的事吗？况且在先代鸿儒之中，从未听说过有叫王粲的。"崔文彦笑了笑就告退了，最终没有把《王粲集》给他们看。魏收为议曹时，与诸位博士议论宗庙方面的事，引用了《汉书》作为依据，众博士们笑着说："我们从未曾听说过《汉书》是可以论证经术的。"魏收很愤怒，便不再说话，取出《汉书》中的《韦玄成传》，扔给他们就起身离开了。众博士们在一起读了一夜，到天亮时，于是前来向魏收道歉，说："想不到韦玄成是这样研究学问的。"

简注

① 经纬：经书和纬书。经书即儒家经典。纬书则指汉代学者附和儒家经典的书，例如《易纬》《书纬》等。

② 王粲：三国时人，建安七子之一。

③ 郑玄：字康成，经学大家，曾遍注群经。

④ 排蹙：排挤，引申为责难。

⑤ 铭：铭文，多为称颂功德的韵文。诔：诔文，记述死者生平以表悼

念的韵文。

⑥ 魏收：字伯起，北朝著名文人，《北齐书》有传。

⑦ 韦玄成：字少翁，西汉人。

实践要点

读书应当博览全书，而切忌望文生义、自以为是。如之推所举的例子中，那些儒生便是执着于文集不会有谈论经学的内容，同样，那些博士们也是执着于《汉书》只是记载历史，而不会有论述经学的部分。这都是因为他们不学无术而自以为是所导致的。

8.12　夫老、庄之书，盖全真养性，不肯以物累己也。故藏名柱史，终蹈流沙[①]；匿迹漆园，卒辞楚相[②]，此任纵之徒耳。何晏、王弼[③]，祖述玄宗[④]，递相夸尚，景附草靡[⑤]，皆以农、黄[⑥]之化，在乎己身，周、孔之业，弃之度外。而平叔以党曹爽[⑦]见诛，触死权之网也；辅嗣以多笑人被疾，陷好胜之阱也；山巨源[⑧]以蓄积取讥，背多藏厚亡之文也；夏侯玄以才望被戮，无支离、拥肿之鉴也[⑨]；荀奉倩丧妻，神伤而卒，非鼓缶之情也[⑩]；王夷甫悼子，悲不自胜，异东门之达也[⑪]；嵇叔夜排俗取祸，岂和光同尘之流也[⑫]；郭子玄以倾动专势，宁后身外己之风也[⑬]；阮嗣宗沉酒荒迷，乖畏途相诫之譬也[⑭]；谢幼舆赃贿黜削，违弃其余鱼之旨也[15]。彼诸人者，并其领袖，玄宗所归。其余桎梏尘滓之中，颠仆名利之下者，岂可备言乎！直取其清谈雅论，剖玄析微，宾主往复，娱心悦耳，非济世成俗之要也。洎于梁世，兹风复阐，《庄》《老》《周易》，总谓《三玄》。武皇、简文，躬自讲论。周弘正奉赞大猷[16]，化行都邑，学徒千余，实为盛美。元帝在江、荆间，复所爱习，召置学生，亲为教授，废寝忘食，以夜继朝，至乃倦剧愁愤，辄以讲自释。吾时颇预末筵[17]，亲承音旨，性既顽鲁，亦所不好云。

今译

老子、庄子的书，讲的是如何保全本真修养性命，而不肯因为身外之物来牵累自己。所以，老子隐姓埋名做周柱下史，最终隐身于沙漠之中；庄子匿迹潜形在漆园做一名小吏，最后拒绝了楚王聘他为相的邀请，这全都是放任自由、无拘无束的人啊。何晏、王弼，尊崇阐述道家的玄理，他人也相继夸耀崇尚，像影子附着形体、草顺着风倒下一样，全都以传承神农、黄帝的教化自居，而将周公、孔子的儒家事业置之度外。然而，何晏因为党附于曹爽而遭受诛杀，是触犯了权力的罗网；王弼因为时常嘲笑别人而遭受嫉恨，身陷于争强好胜的陷阱中；山涛因为贪吝敛财而遭到讥讽，违背了藏得越多损失越大的古训；夏侯玄因为才能声望而遭受杀戮，是因为没有从支离、臃肿等寓言中吸取教训；荀粲因妻子亡故后，伤心过度而死，这就不是庄子亡妻之后鼓缶而歌的情怀了；王衍因为哀悼儿子而悲不自胜，与东门吴面对丧子之痛时的达观态度截然不同；嵇康因为排斥俗流而招致杀身之祸，又怎么可以算得上是和光同尘的人呢；郭象因为名动朝野而专权一时，还是甘居人后的风操吗；阮籍沉湎于饮酒，荒唐迷乱，违背了险途应当小心谨慎的训诫；谢鲲因为家僮私取官物而遭到贬职，违背了庄子丢弃多余之鱼的旨意。以上这些人，全都是推崇玄学的领袖人物，是那些崇尚玄学的人所归宗的。其余那些身处于红尘束缚之中，追名逐利的下劣之徒，更是数不胜数，又怎么说得完呢！这些人只不过择取老子、庄子书中的那些清谈雅论，剖析其中的玄妙、幽微之处，宾主之间就此相互问答，用以娱心悦耳罢了，不是有益社会化民成俗的要事。到了梁朝，这股风气再次流行，《庄子》《老子》《周易》，被合称为《三玄》。梁武帝、简文帝，全都亲自加以讲论。周弘正奉君王之命讲述治国大道，一时风气盛行于都城之间，学徒多达数千人，确实是盛况空前的事。梁孝元帝在江陵、荆州的时候，也十分喜爱研习道家之学，召集门徒，亲自为他们讲授，达到了废寝忘食夜以继日的程度，乃至于在他极度疲倦和忧愁烦闷的时候，也是用讲学来自我释放。我那时也常常参与听讲，亲身聆听他的教诲，只是我天生愚钝，而道家之学也不是我的所好。

简注

① 藏名柱史，终蹈流沙：是对老子的描述。老子曾为周朝的柱下史，后来骑青牛西出函谷关。

② 匿迹漆园，卒辞楚相：是对庄子的描述。庄子曾为漆园小吏，而楚威王闻其贤，欲聘之为相，庄子笑而拒之。

③ 何晏：字平叔，三国时曹魏名士，后被司马懿所杀。王弼：字辅嗣，亦曹魏名士，曾注《周易》《老子》。

④ 玄宗：道学。

⑤ 景附：如影随形，喻依附密切。草靡：草随风而倒，喻臣服。

⑥ 农、黄：神农和黄帝，道家追宗农、黄。

⑦ 曹爽：字昭伯，魏明帝时大将军，后为司马懿所杀。

⑧ 山巨源：即山涛，字巨源，竹林七贤之一。

⑨ 夏侯玄：字太初，曹魏名士，后被司马师所杀。支离：即支离疏，《庄子·人间世》所记之异人，因为残疾而保全天真，不为世所害。拥肿：即臃肿，《庄子·逍遥游》记惠施曾谈及一大树，因“拥肿而不中绳墨，其小枝卷曲而不中规矩”，而得以留存。

⑩ 荀奉倩：即荀粲，字奉倩，曹魏名士。缶：瓦盆。鼓缶，指庄子妻子死后，鼓缶而歌之事。

⑪ 王夷甫：即王衍，字夷甫，西晋名士，《晋书》有传。东门：即东门吴，战国时期秦人，为人乐天知命，儿子死了也很达观。

⑫ 嵇叔夜：即嵇康，字叔夜，竹林七贤之一。和光同尘：出于《老子》：“和其光，同其尘。”即遇光和光、遇尘同尘之意。

⑬ 郭子玄：即郭象，字子玄，注《庄子》，《晋书》有传。后身外己：见于《老子》：“圣人后其身而身先，外其身而身存。”

⑭ 阮嗣宗：即阮籍，字嗣宗，竹林七贤之一，《晋书》有传。畏途相诫：见于《庄子·达生》：“夫畏途者，十杀一人，则父子兄弟相戒也，必盛卒徒而后敢出焉，不亦知乎！”

⑮ 谢幼舆：即谢鲲，字幼舆，西晋名士，《晋书》有传。赃：盗窃来的财物。贿：财物，主要指布帛。弃其余鱼：见于《淮南子·齐俗训》：“惠子从车百乘，以过孟诸，庄子见之，弃其余鱼。”

⑯ 大猷：治国之道。

⑰ 末筵：即筵末，筵席之末，乃是古人谦虚的说法。

实践要点

本段主要对魏晋时期的玄学家们作了批评，指出他们虽然“祖述玄宗”，然而观乎他们的所作所为，实在是有悖于《老》《庄》。当然，之推对于道家之学本无喜好，所以也不建议自己的子孙后代修学道家之学。

8.13 齐孝昭帝侍娄太后[①]疾，容色憔悴，服膳减损。徐之才[②]为灸两穴，帝握拳代痛[③]，爪入掌心，血流满手。后既痊愈，帝寻疾崩，遗诏恨不见山陵之事[④]。其天性至孝如彼，不识忌讳如此，良由无学所为。若见古人之讥欲母早死而悲哭之，则不发此言也。孝为百行之首，犹须学以修饰之，况余事乎！

今译

齐孝昭帝侍奉患病的娄太后，以致面色憔悴，饮食大减。徐之才为娄太后针灸两个穴位时，孝昭帝握着她的拳头以缓解疼痛，结果娄太后的指甲刺入了他的掌心，以致血流满手。娄太后病愈后不久，孝昭帝便因为疾病而亡，他在遗诏中说最遗憾的事是不能够亲自为娄太后修建陵墓。孝昭帝的天性是如此至孝，却又如此不知讳忌，这完全是因为不学习所导致的。如果他在书中见到古人讥讽那些希望母亲早死而提早悲痛哭泣的人，就不会在遗诏中说出这样的话来了。孝是百行之首，仍然需要通过学习来修养完善，更何况是其余的事呢！

简注

① 齐孝昭帝：即北齐孝昭帝高演，字延安，高欢的第六子。娄太后：孝昭帝的生母。

② 徐之才：北齐名医。

③ 代痛：紧握着对方的手，以缓减对方的痛苦。

④ 山陵之事：即修建陵墓。

实践要点

《礼记·学记》有云："玉不琢，不成器；人不学，不知道。"齐孝昭帝生性至孝，然而，因为未曾学习，竟然犯下如此低级的错误，成了后世的笑谈。由此可见，学是何等的重要。

孔子之于学，有"六言六蔽"之说，更是表达了学的重要性：

> 子曰："由也，女闻六言六蔽矣乎？"对曰："未也。"
>
> "居！吾语女，好仁不好学，其蔽也愚；好知不好学，其蔽也荡；好信不好学，其蔽也贼；好直不好学，其蔽也绞；好勇不好学，其蔽也乱；好刚不好学，其蔽也狂。"(《论语·阳货》)

仁、知、信、直、勇、刚，皆为德性的体现，可是因为不学，全都会产生弊端。由此可见，生而为人，绝不可不学！

8.14　梁元帝尝为吾说："昔在会稽[①]，年始十二，便已

好学。时又患疥，手不得拳，膝不得屈。闲斋张葛帏避蝇独坐，银瓯贮山阴甜酒，时复进之，以自宽痛。率意[2]自读史书，一日二十卷，既未师受，或不识一字，或不解一语，要自重之，不知厌倦。”帝子之尊，童稚之逸，尚能如此，况其庶士冀以自达者哉？

今译

梁孝元帝曾经对我说：“当初我在会稽时，才十二岁，就已经很好学了。当时还患有疥疮，手不能握拳，膝不能弯曲。在闲居的房子中，张开葛布制成的围帐以避免蚊蝇，一个人独坐其中，用小银盆盛着山阴产的甜酒，时不时喝一口，用以缓解疼痛。当时我随意地读一些史书，一天二十卷，因为没有老师的教导，有时候会一个字不认识，有时候会一句话不理解，往往需要反复阅读，却从来也不知道厌倦。”身为帝王之子，是何等的尊贵，而梁孝元帝在贪图享逸的童年，尚且能够如此，又何况是希望通过学习来寻求通达的普通读书人呢？

简注

① 会稽：即今绍兴市。

② 率意：即随意。

实践要点

作为帝王之子，生活在荣华富贵之中，完全可以安逸享乐，可是，梁孝元帝却很早就养成了好学的习惯。这是令人尊重的。反观今日，诸多富二代富三代们，不学无术，整天沉湎于暴力的游戏和庸俗的娱乐之中，一旦遭遇问题，则束手无策，一无所用。如此之人，不但是社会中的废物，还起到了负面的影响。而究其根本，问题则出在教育，尤其是家教上。一个家庭，若是不能够正确教导子女，培养子女的学习愿望，又不能构建起一道有效的防护墙，那么，子女就会自然而然受到社会种种不良风气的影响，就此沦落。

8.15 古人勤学，有握锥投斧[①]，照雪聚萤[②]，锄则带经[③]，牧则编简[④]，亦为勤笃。梁世彭城[⑤]刘绮，交州刺史勃之孙，早孤家贫，灯烛难办，常买荻，尺寸折之，然明夜读。孝元初出会稽，精选寮寀[⑥]，绮以才华，为国常侍兼记室[⑦]，殊蒙礼遇，终于金紫光禄[⑧]。义阳朱詹，世居江陵，后出扬都，好学，家贫无资，累日不爨[⑨]，乃时吞纸以实腹。寒无毡被，抱犬而卧。犬亦饥虚，起行盗食，呼之不至，哀声动邻，犹不废业，卒成学士，官至镇南录事参军[⑩]，为孝元所礼。此乃不可为之事，亦是勤学之一人。东莞臧逢世，年二十余，欲读班固《汉书》，苦假借不久，乃就姊夫刘缓乞丐客刺[⑪]书翰纸末，手写一本，军府服其志尚，卒以《汉书》闻。

| 今译 |

古时勤奋学习的人很多，有以锥刺股、投斧远学的，有映雪读书、聚萤苦学的，有带着经书耕种、放羊时编简的，这些全都是勤奋笃学的人。梁朝时彭城的刘绮，是交州刺史刘勃的孙子，早年丧父，家境贫寒，无力购买灯烛，只好常常买回荻草，折成数段，点燃之后照明夜读。梁孝元帝刚刚到会稽任太守时，精心选拔官员，刘绮以其出色的才华，被任命为国常侍兼记室，颇受梁孝元帝器重，最终官至金紫光禄大夫。义阳的朱詹，世代居住在江陵，后来到了扬都，他十分好学，可是家境贫寒无资，常常连续几天都揭不开锅，便时常吞食废纸充饥。冬天寒冷，没有被褥，他便抱着狗取暖睡觉。狗也饿得受不了，就跑出去偷东西吃，朱詹大声呼唤也没有回来，他哀痛的呼声惊动了邻居，纵然如此，也没有荒废学业，最终成了学士，官至镇南录事参军，为梁孝元帝所尊重。这是常人所做不到的事，朱詹也算是勤奋好学的一个典型了。东莞的臧逢世，二十多岁时，想读班固的《汉书》，苦于借来的书不久就要还，就向姐夫刘缓讨来名片、书札的边幅纸头，亲手抄写了一本，军府中的人都很佩服他的志向，最终以精研《汉书》而闻名。

| 简注 |

① 握锥：指苏秦以锥刺股之事。《战国策》载："（苏秦）读书欲睡，引锥自刺其股，血流至足。"投斧：指文党投斧求学之事。《太平御览》载："文党，字翁仲，欲之学，时与人俱入丛木，谓侣人曰：'吾欲远学，先试投我斧高木上，斧当挂。'乃仰投之，斧果上挂。因之长安受经。"

② 照雪：指孙康映雪读书之事。《初学记》载："孙康家贫，常映雪读书，清淡，交游不杂。"聚萤：指车胤聚萤火虫之光读书的事。《晋书》载："车胤，字武子，南平人也。……家贫不常得油，夏月则练囊盛数十萤火以照书，以夜继日焉。"

③ 锄则带经：指兒宽之事。《汉书》载：“（兒宽）时行赁作，带经而锄，休息辄读诵，其精如此。”另三国时魏人常林也有此事。

④ 牧则编简：指路温舒之事。《汉书》载：“路温舒，字长君，巨鹿东里人也。父为里监门，使温舒牧羊，温舒取泽中蒲，截以为牒，编用写书。”

⑤ 彭城：即今江苏徐州。

⑥ 寮寀（cǎi）：本指官舍，后指代官吏。

⑦ 常侍：官名，王府所置。记室：官名，主管章表书记文檄。

⑧ 金紫光禄：散官名。

⑨ 爨（cuàn）：烧火煮饭。

⑩ 录事参军：官名，属于幕僚。

⑪ 乞丐，乞讨。客刺：名片。

实践要点

天下或许会有生而知之的天才，但绝大多数则是学而知之的人才，所以，要出人头地，成就一番事业，就应当勤奋笃学，而不为外界的环境所左右。苏秦、文党、孙康、车胤等，全都是如此。

今天是一个经济高度发展的时代，他们所遭遇的贫寒境地，对于大多数人来说，已经不会再遭遇。既然我们拥有着优越的生活条件和有利的学习环境，又有什么理由不去勤奋努力地学习呢？

8.16 齐有宦者内参[①]田鹏鸾，本蛮人也。年十四五，初为阍寺，便知好学，怀袖握书，晓夕讽诵。所居卑末，使役苦辛，时伺闲隙，周章询请[②]。每至文林馆[③]，气喘汗流，问书之外，不暇他语。及睹古人节义之事，未尝不感激沉吟久之。吾甚怜爱，倍加开奖。后被赏遇，赐名敬宣，位至侍中开府[④]。后主之奔青州，遣其西出，参伺动静，为周军所获。问齐主何在，绐[⑤]云："已去，计当出境。"疑其不信，欧[⑥]捶服之，每折一支，辞色愈厉，竟断四体而卒。蛮夷童丱，犹能以学成忠，齐之将相，比敬宣之奴不若也。

丨 今译 丨

北齐有一位名为田鹏鸾的太监，生于蛮夷之地。他在十四五岁时，刚开始做守门人，就知道好学，随身带著书，早晚读诵。他所处的地位十分卑微，差役也很辛苦，却时常利用空余时间，四处向人请教。每次到文林馆，都是气喘汗流，除了询问书中的问题之外，没有空闲讲其他的话。每当他看到古人重大节、讲义气的事件，就会情不自禁地激动，并且赞叹不已。我很是喜欢他，对他加倍地教导和劝勉。后来，他得到赏识，被赐名为敬宣，官至侍中开府。齐后主逃往青州的时候，派他到西边去侦查动静，结果被北周的军士抓获。周军问他齐后主在什么地方，他骗他们说："已经走了，现在应当已经出境了。"周军怀疑他的话不足信，就殴打他企图让他屈服，每打断一肢，他的声音和神色就越是严厉，最终竟然被打断四肢而死。一个蛮夷之地的孩子，尚且能通过学习成就忠义，相比之下，北齐的诸多将相，连敬宣这样一个奴才都不如啊。

简注

① 内参：即太监。

② 周章询请：四处请教。

③ 文林馆：官署名，主管著作和校理典籍。

④ 侍中：官名。开府：开建府署，自选僚属。

⑤ 绐（dài）：骗。

⑥ 欧：同殴。

实践要点

学习有一个重要的前提条件：切勿自暴自弃。一旦自暴自弃，必然会心生自卑，甚至拒绝学习。而导致一个人自暴自弃的原因有很多，比如出身、贫穷等。上节所讲到的苏秦、文党等人，全都是生活在贫寒之境，依然坚持学业的人。本节所讲的田鹏鸾，则是一个出身于蛮夷之地的孩子，最终也通过不懈的学习，成就了忠义。

由此可见，学习与外在的环境无关，重要的问题在于：你到底想不想学？如果你想学习的愿望足够强烈，自然就能够创造机会和条件来让自己展开学习，最终也就必然能够成就学业。

8.17　邺平之后，见徙入关。思鲁尝谓吾曰："朝无禄位，家无积财，当肆筋力，以申供养。每被课笃[①]，勤劳经史，未知为子，可得安乎？"吾命之曰："子当以养为心，父当以学为教。使汝弃学徇财，丰吾衣食，食之安得甘？衣之安得暖？若务先王之道，绍家世之业，藜羹缊褐[②]，我自欲之。”

今译

邺城被北周平定之后，我们被迫迁徙关内，当时，思鲁曾经对我说："我们在朝中没有禄位，家中也没有积累的财富，我应当尽力干活，以维持一家之用。可是，又常常被学习所迫，需要勤读经史，而不知道尽一个儿子的责任，又怎么能够让我安心呢？"我教导他说："做儿子的自然应当把供养双亲放在心上，做父亲的更应当注重教育孩子学习。让你放弃学业去赚取钱财，纵然是让我丰衣足食，我吃了之后又怎么能够感到香甜呢？穿了之后又怎么能够感到暖和呢？如果你致力于先王之道，传承我们颜家的读书事业，那么，即便是粗衣淡饭，我也十分乐意。"

简注

① 笃：督促。

② 藜羹：用嫩藜煮成的羹饭，指粗劣的食物。缊褐：指穷人所穿的粗陋的衣服。

实践要点

思鲁是之推的长子，在家境没落之时，愿意尽力干活，维持家用，可谓一片孝心。可是，之推却教导他应该把学业放在第一位，只要能够传承、发扬家业，纵然是粗衣淡饭也是乐事。

“子当以养为心，父当以学为教。使汝弃学徇财，丰吾衣食，食之安得甘？衣之安得暖？若务先王之道，绍家世之业，藜羹缊褐，我自欲之。”这段话值得当今所有的父母去体味。今天，很多父母也希望子女能够勤奋学习，出人头地，但是目的是让子女能够去谋取更多的利益、更大的功名，而不是为了让子女通过学习成就人伦道德。他们纵然不是为了让自己获得丰衣足食，却也是为了让子女获得丰衣足食。也就是说，在他们那里，学习仍然是功利的。这与之推所说的学习是有着本质区别的。

8.18 《书》曰：“好问则裕。”[①]《礼》云：“独学而无友，则孤陋而寡闻。”[②]盖须切磋相起[③]明也。见有闭门读书，师心自是[④]，稠人广坐，谬误差失者多矣。《穀梁传》称公子友与莒挐相搏，左右呼曰“孟劳”。“孟劳”者，鲁之宝刀名，亦见《广雅》。近在齐时，有姜仲岳谓：“‘孟劳’者，公子左右，姓孟名劳，多力之人，为国所宝。”与吾苦诤。时清河郡守邢峙[⑤]，当世硕儒，助吾证之，赧然而伏。又《三辅决录》[⑥]云：“灵帝殿柱题曰：‘堂堂乎张，京兆田郎。’”盖引《论语》，偶以四言，目京兆人田凤也。有一才士，乃言：“时张京兆及田郎二人皆堂堂耳。”闻吾此说，初大惊骇，其后寻愧悔焉。江南有一权贵，读误本《蜀都赋》[⑦]注，解“蹲鸱，芋也”乃为“羊”字，人馈羊肉，答书云：“损惠[⑧]蹲鸱。”举朝惊骇，不解事义，久后寻迹，方知如此。元氏[⑨]之世，在洛京时，有一才学重臣，新得《史记音》[⑩]，而颇纰缪，误反“颛顼”字，顼当为许录反，错作许缘反，遂谓朝士言：“从来谬音‘专旭’，当音‘专翾’耳。”此人先有高名，翕然信行；期年之后，更有硕儒，苦相究讨，方知误焉。《汉书·王莽赞》云：“紫色蠅声，余分闰位。”谓以伪乱真耳。昔吾尝共人谈书，言及王莽形状，有一俊士，自许史学，名价甚高，乃云：“王莽非直鸱目虎吻，亦紫色蛙声。”又《礼乐志》[⑪]云：“给太官挏马酒。”李奇注：“以马乳为酒也，揰挏[⑫]乃成。”二字并从手。揰挏，此谓撞捣挺挏之，今为酪酒亦然。向学士又以为种桐时，太官酿马酒乃熟。其孤陋遂至于此。太山羊肃，亦称学问，读潘岳赋“周文弱枝之枣”[⑬]，为杖策之杖；《世本》[⑭]“容成造历”，以历为碓磨之磨。

今译

《尚书》中说：“喜好提问学识就会充裕。”《礼记》中说：“独自学习而没有朋友相互切磋，就会孤陋寡闻。”这是说学习需要通过相互切磋而相互启发。我时常见到有人只知道闭门读书，自以为是，好为人师，而在大庭广众之下，又口出诸多的谬误错失。《穀梁传》中记载公子友与莒挐搏斗时，公子友手下的人大声喊着“孟劳”。所谓“孟劳”，是鲁国宝刀的名称，这个解释也见于《广雅》。而近来在齐国时，有一位名叫姜仲岳的人却说：“所谓‘孟劳’，是公子友手下一个姓孟名劳的人，他是个大力士，为一国人所器重。”并且与我苦苦争辩。当时，清河郡守邢峙也在场，他是当世鸿儒，帮我证实，那姜仲岳才红着脸认输。另外，《三辅决录》中说："灵帝在宫殿的柱子上题字：'堂堂乎张，京兆田郎。'"这是引用《论语》中的话，而对以四言，用来评价京兆人田凤的。有一位才学之士，却解释成："当时张京兆和田郎两人全都仪表堂堂。"他听了我此上的解说之后，刚开始大为惊诧，明白之后便感到惭愧后悔了。江南有一位权贵，读了错误百出的《蜀都赋》注本，其中注解"蹲鸱，芋也"的"芋"错作为"羊"字，因此，有人馈赠他羊肉时，他竟然回信说："谢谢您惠赐蹲鸱。"结果弄得满朝人士全都大为惊讶，不明白他所用的是什么典故，经过长久的探寻，才知道原来是这么一回事。北魏之时，我在京都洛阳，有一位极富才学的大臣，新近得到了一本《史记音》，其中有很多谬误，例如注错了"颛顼"的字音，"顼"字应当注为许录反，却误注为许缘反，于是，他就对朝中人士说："一直以来，我们都把'颛顼'误读成'专旭'，其实应当读为'专翾'。"因为此人久负盛名，于是，大家纷纷附和，相信并采用；过了一年之后，另外有一位鸿儒，对这个字的发音进行了苦苦研究，方才知道是错误的。《汉书·王莽赞》中说："紫色蠅声，余分闰位。"这是说王莽以假乱真。过去我曾经和人谈论读书，说起王莽的形状时，有一位才俊之士，自诩精通史学，名望和身价都很高，他说："王莽不但长着鸱眼虎唇，脸色也是紫色的，声音像蛙叫。"另外，《礼乐志》中说："给太官挏马酒。"李奇的注释是："以马乳为酒也，揰挏乃成。"揰挏两个字的偏旁都从手。所谓揰挏，这里是说用木棒把马奶上下捣击，现在制作奶酪酒也还是这样。刚刚提到的那位饱学之士又认为李奇注解的意思是：在种植桐树的时候，太官所酿造的马酒才会熟。他竟然孤陋寡闻到了这等地步。泰山的羊肃，也以学问著称，他在读潘岳赋中"周文弱枝之枣"一句时，把"枝"误读为"杖策"的"杖"字；在读《世本》中

"容成造历"一句时，又把"历"误认为"碓磨"的"磨"字。

简注

① 出于《尚书·仲虺之诰》："能自得师者王，谓人莫己若者亡。好问则裕，自用则小。"

② 出于《礼记·学记》。

③ 起：启发。

④ 师心自是：即自以为是，好为人师。

⑤ 邢峙：字士峻，精通《三礼》《春秋左传》，北齐著名儒者，《北齐书》有传。

⑥《三辅决录》：汉赵岐撰。

⑦《蜀都赋》：西晋左思撰。

⑧ 损惠：古时谢人馈赠之辞，即损其所有以加惠于我的意思。

⑨ 元氏：即拓跋氏。

⑩《史记音》：南北朝梁人邹诞生撰。

⑪《礼乐志》：《汉书》中的一篇。

⑫ 揰挏（chòng dòng）：即上下撞击。

⑬ 潘岳：晋朝著名文人，工于诗赋。"周文弱枝之枣"一句，见于其《闲居赋》。

⑭《世本》：古代书名。

实践要点

为学应当善于求问，并时常与友人们相互切磋，相互启发，唯有如此，才可以避免孤陋寡闻。可是，大多数人往往喜欢自以为是，师心自用，甚至好作异论，博取虚名。然而，如果为学不能够踏踏实实，勤奋努力，最终便只能闹出种种笑话，如之推所记录的这些事例中的主人翁。

8.19　谈说制文，援引古昔，必须眼学，勿信耳受。江南闾[①]里间，士大夫或不学问，羞为鄙朴，道听涂说，强事饰辞。呼征质为周、郑[②]，谓霍乱为博陆[③]，上荆州必称陕西[④]，下扬都言去海郡，言食则糊口，道钱则孔方[⑤]，问移则楚丘[⑥]，论婚则宴尔[⑦]，及王则无不仲宣[⑧]，语刘则无不公幹[⑨]。凡有一二百件，传相祖述，寻问莫知原由，施安时复失所。庄生有乘时鹊起[⑩]之说，故谢朓[⑪]诗曰："鹊起登吴台。"吾有一亲表，作《七夕》诗云："今夜吴台鹊，亦共往填河。"《罗浮山记》云："望平地树如荠。"故戴暠[⑫]诗云："长安树如荠。"又邺下有一人《咏树》诗云："遥望长安荠。"又尝见谓矜诞为夸毗[⑬]，呼高年为富有春秋[⑭]，皆耳学之过也。

| 今译 |

谈话写文章，在引经据典时，必须是自己亲眼所见的，不能轻信耳朵所听来的。江南的闾里之间，有一些士大夫不肯学习，却又羞于被认为是没有文化的粗俗之人，就拿一些道听途说来的东西来强行装点门面。例如，称交换人质为周、郑，把霍乱叫做博陆，去荆州一定要说成去陕西，去扬都则说成是去海郡，吃饭说成是糊口，钱则称作为孔方兄，称迁移之地为楚丘，谈论婚嫁便说宴尔，讲到姓王的无人不提仲宣，说到姓刘的则无人不提公幹。像这样的说法，大概有一两百种，前后相承，相互传述，如果向他们询问这些典故的缘由，却没有人知道，运用时也总是会不适当。庄子有乘时鹊起之说，所以，谢朓的诗中就说："鹊起登吴台。"我有一个表亲，他作了一首《七夕》，诗中说："今夜吴台鹊，亦共往填河。"又如《罗浮山记》中说："望平地树如荠。"所以，戴暠的诗中就说："长安树如荠。"又有一个邺城人作了一首《咏树》，诗中说："遥望长安荠。"另外，我还曾经见到过称矜诞为夸毗的，称呼高寿为富有春秋的，这全都是轻信耳朵听来的所导致的过错。

简注

① 闾：里巷的大门。

② 征质：交换人质。周、郑：指周王室与郑国交换人质之事，见于《春秋左传》。

③ 霍乱：病名。博陆：即霍光，霍光被封为博陆侯。

④ 上荆州必称陕西：周时周公治陕东，召公治陕西。东晋之后，扬州、荆州为江东两大重镇，俨然可与周时的陕东、陕西相比，所以人称荆州为陕西。

⑤ 道钱则孔方：鲁褒《钱神论》有云："亲爱如兄，字曰孔方。"

⑥ 问移则楚丘：据《春秋左传》，齐桓公曾迁邢于夷仪，封卫于楚丘，后人便以楚丘代表迁移。

⑦ 论婚则宴尔：《诗经 · 邶风 · 古风》有“宴尔新婚，如兄如弟”语，后世便以宴尔指代婚事。

⑧ 仲宣：王粲的字。

⑨ 公幹：建安七子之一刘桢的字。

⑩ 乘时鹊起：不见于今传之《庄子》,《艺文类聚》引《庄子》云：“鹊上高城，危而巢于高枝之巅，城坏巢折，凌风而起，故君子之居世也，得时则义行，失时则鹊起。”

⑪ 谢朓：字玄晖，南朝著名诗人，《南齐书》有传。

⑫ 戴暠：梁朝诗人，作品散见于《玉台新咏》等。

⑬ 矜诞：自负放肆。夸毗：谄媚卑屈。

⑭ 富有春秋：指年少。年少之人，春秋尚多，故说富有春秋。

实践要点

为学应当严谨，严谨最起码的表现之一便是：必须眼学，而不要轻信听闻。然而，人云亦云、以讹传讹的现象，在世间从未曾断绝过。究其根本，则在于大多数人不肯勤奋学习，缺乏求真求实的精神，而喜欢拿来就用。可是，道听途说而来的，往往缺乏可信性，纵然是可信的，如果不自行去作一番探究，也只能是知其然而不知其所以然。

眼见为实，耳听为虚，乃是我们为学所应遵循的一个重要原则。

8.20　夫文字者，坟籍[①]根本。世之学徒，多不晓字：

读《五经》者，是徐邈而非许慎[②]；习赋诵者，信褚诠而忽吕忱[③]；明《史记》者，专徐、邹而废篆籀[④]；学《汉书》者，悦应、苏而略《苍》《雅》[⑤]。不知书音是其枝叶，小学[⑥]乃其宗系。至见服虔、张揖[⑦]音义则贵之，得《通俗》《广雅》而不屑。一手之中，向背如此，况异代各人乎！

今译

文字乃是典籍的根本。世间求学之人，大多数不通字义：读《五经》的，肯定徐邈而非议许慎；学习词赋的，信奉褚诠而忽视吕忱；研读《史记》的，专读徐野民、邹诞生的作品而废弃对篆籀字义的研究；学习《汉书》的，喜欢应劭、苏林的注释而忽略《苍颉篇》和《尔雅》。他们不知道语音只是文字的枝叶，小学才是文字的根本。以至于有人见到服虔、张揖有关音义的著作就非常重视，而对《通俗文》《广雅》却不屑一顾。对于同出于一人之手的著作，都这样厚此薄彼，更何况是对待不同时代不同的人的著作了！

简注

① 坟籍：即典籍。传古书有三坟五典，为三皇五帝所作，后人便以坟籍指代典籍。

② 徐邈：晋代学者，著有《五经音训》。许慎：字叔重，东汉学者，著有《说文解字》《五经异义》等。

③ 褚诠：南朝人，在诗赋方面颇有声名。吕忱：西晋文字学家，著有《字林》。

④ 徐：指徐野民，著有《史记音义》。邹：指邹诞生，著有《史记音》。篆：为小篆。籀：为大篆。

⑤ 应：指应劭。苏：指苏林。二人均注释过《汉书》。《苍》：指《苍颉篇》。《雅》：指《尔雅》。

⑥ 小学：文字训诂学的专称，包含文字学、训诂学、音韵学。

⑦ 服虔：东汉经学家，著有《通俗文》《春秋左氏传解》。张揖：曹魏时博士，著有《广雅》。

实践要点

治学要从研究文字也就是从小学入手，最重要的是：自己能够掌握一套研究文字的学问，这样就可以避免盲从和附和了。之推所举的例子多为盲从。可是，到了今天，小学已经近乎绝迹，成了一种极少数人研究的学问。而对于古文，大多数人所采取的方式则是望文生义，或是不加选择地盲从别人的注释。在传统文化复兴方兴未艾之时，小学的复兴乃是一个重要的前提。

8.21　夫学者贵能博闻也。郡国山川，官位姓族，衣服饮食，器皿制度，皆欲根寻，得其原本；至于文字，忽不经怀[①]，己身姓名，或多乖舛，纵得不误，亦未知所由。近世有人为子制名：兄弟皆山傍立字，而有名峙[②]者；兄弟皆手傍立字，而有名机者；兄弟皆水傍立字，而有名凝者。名儒硕学，此例甚多。若有知吾钟之不调[③]，一何可笑。

今译

求学的人都以能够博学多闻为贵。举凡是郡国山川、官位姓族、衣服饮食、器皿制度，全都想要寻根问底，找到它们的根源；而对于文字，却漫不经心，连自己的姓名，也多有谬误，纵然不出差错，也不知道它们的由来。近世有人为孩子取名，弟兄们的名全都用山字旁的字，却会有名为峙的；兄弟们的名全都用手字旁的字，却会有名为机的；兄弟们的名全都用水字旁的字，却会有名为凝的。即使是在名儒硕学那里，这样的例子也很多。如果有人知道这与晋平公的乐工听不出乐音不协调是一回事的话，就会感到这是多么可笑的一件事。

简注

① 忽不经怀：忽视而漫不经心。

② 峙：当为峙。

③ 吾钟之不调：事出《淮南子·修务训》："昔晋平公令官为钟，钟成而示师旷，师旷曰：'钟音不调。'平公曰：'寡人以示工，工皆以为调，而以为不调，何也？'师旷曰：'使后世无知音者则已，若有知音者，必知钟之不调。'故师旷之欲善调钟也，以为后之有知音者也。"

实践要点

本节是对上节的延续，之推的意思也很明显：为学应当从根本上着手，而根本便是文字。

世间那些追求博学多闻的人，往往会将精力花费在一些毫无价值和意义的问题上，对于一些根本性的问题却漫不经心，这是非常可悲的事！可是，到了今天，这种现象更加严重，常常会见到一群人聚在一起，花费了大量的时间讨论一些无关痛痒的问题，最终对于自身的学业和生命全都毫无帮助。

8.22　吾尝从齐主幸[①]并州，自井陉关入上艾县，东数十里，有猎闾村。后百官受马粮在晋阳东百余里亢仇城侧。并不识二所本是何地，博求古今，皆未能晓。及检《字林》《韵集》[②]，乃知猎闾是旧䜌余聚，亢仇旧是禝䜣亭，悉属上艾。时太原王劭[③]欲撰乡邑记注，因此二名闻之，大喜。

今译

我曾经跟随齐文宣帝到并州去，从井陉关进入上艾县，在县东几十里处，有一个猎闾村。后来，百官们又在晋阳以东百余里的亢仇城旁接受马匹和粮食。当时，大家并不知道这两个地方原本是什么地方，查阅了古今文献，也都没有能够弄明白。直到我检阅《字林》《韵集》，才知道猎闾就是从前的䜌余聚，亢仇原来则是禝䜣亭，全都隶属于上艾县。当时，太原的王劭正想编撰乡邑记注，我就把这两个地名说给他听，他听了之后非常高兴。

简注

① 幸：特指皇帝到某处去。

②《韵集》：晋吕静著。

③ 王劭：北齐时人，博学多闻。

实践要点

很多时候，单纯依靠文献是无法解决问题的。可是，掌握了小学，就可以自行去探究，最终解决问题。例如之推运用训诂的方式，最终考证出了猎闾和亢仇这两个地名。

8.23　吾初读《庄子》“螝二首”[①]，《韩非子》[②]曰：“虫有螝者，一身两口，争食相龁[③]，遂相杀也。”茫然不识此字何音，逢人辄问，了无解者。案：《尔雅》诸书，蚕蛹名螝，又非二首两口贪害之物。后见《古今字诂》[④]，此亦古之虺[⑤]字，积年凝滞，豁然雾解[⑥]。

今译

我最初读《庄子》时，看到“螝二首”，《韩非子》中说：“有一种虫，名叫螝，长着一个身子两个嘴，常常因为争夺食物而相互撕咬，于是相互残杀而死。”当时，我茫然不知这个字应该读什么音，于是逢人就问，却也没有一个人能够解答。据考证：《尔雅》等书中说，蚕蛹称作为螝，可是又不是长着两个头两张嘴而贪食相害的动物。后来读《古今字诂》，才知道螝就是古时的虺字，多年来积滞在心中的疑团，一下子就消解了。

简注

① 螝二首：不见于今传之《庄子》。

②《韩非子》：记载韩非子学说的文集。

③ 龁（hé）：咬。

④《古今字诂》：三国时魏人张揖著。

⑤ 虺（huǐ）：毒蛇。

⑥ 雾散：像雾一样消散。

实践要点

之推用自身的事例告诉我们：

有问题时，首先应当积极询问，其次应当通过训诂等方法自行解决。如果一时解决不了，便将之放在心头，终有一日，问题会涣然冰释。

最怕的是不懂装懂，或是逃避问题，一旦如此，则问题永远都会是问题，而得不到解决。

8.24　尝游赵州，见柏人城北有一小水，土人亦不知名。后读城西门徐整[①]碑云："洦流东指。"众皆不识。吾案《说文》，此字古魄字也，洦，浅水貌。此水汉来本无名矣，直以浅貌目之，或当即以洦为名乎？

今译

我曾经游历赵州，在柏人城北见到了一条小河，连当地人都不知道它的名字。后来，读到城西门徐整碑的碑文，文中说："泪流东指。"其中的洦字，大家全都不认识。我查阅了《说文解字》，知道这个字就是古时候的魄字，洦，是指水浅的样子。大概是因为这条小河从汉代以来本就没有名字，只是以水很浅来看待它，所以就以洦为它命名了吧？

简注

① 徐整：字文操，三国时吴人。

实践要点

之推又以训诂方法解决了一个问题，由此看来，训诂不仅可以用来解决经典阅读中的问题，还可以用来考证山川河流之名。这就是活学活用。

8.25　世中书翰，多称勿勿，相承如此，不知所由，或有妄言此忽忽之残缺耳。案：《说文》："勿者，州里所建之旗也，象其柄及三斿①之形，所以趣②民事。故勿遽③者称为勿勿。"

今译

世人书信中，常常会有"勿勿"两个字，历来相承都是这样，却不知道它们的由来，有人则妄断它们是"忽忽"两个字的残缺。据考证：《说文解字》中说："勿，是州里竖起的旗帜，字形就像是一根旗杆和三条飘带的形状，是用来催促农民抓紧时间干农活的。所以，才把急促匆忙称作为‘匆匆’。”

简注

① 斿（yóu）：古代旌旗上的装饰飘带。

② 趣：催促。

③ 匆：急遽，匆促。遽：迅速，匆忙。

实践要点

运用训诂方法，之推又解决了一个常见却难以明了的问题。

8.26 吾在益州，与数人同坐，初晴日晃，见地上小光，问左右：“此是何物？”有一蜀竖就视，答云：“是豆逼耳。”相顾愕然，不知所谓。命取将来，乃小豆也。穷访蜀士，呼粒为逼，时莫之解。吾云：“《三苍》[①]《说文》，此字白下为匕，皆训粒，《通俗文》音方力反。”众皆欢悟。

今译

我在益州时，与几个人坐在一起聊天，当时天刚刚放晴，日光明晃，我看到地上有一个小光点，就问旁边的人：“这是什么东西？”有个蜀地的僮仆过来看了看，回答说：“这是豆逼。”大家惊讶地互相看着，不明白他说的是什么意思。我让他取过来一看，原来是一粒小豆。后来我遍访蜀地的文士，为何把粒称为逼，当时谁也不能解释其中的原因。我说：“在《三苍》和《说文解字》中，这个字就是白字下面加上匕字，都解释为粒，《通俗文》中的注音是方力反。”大家听了之后全都很高兴。

简注

①《三苍》：即《苍颉篇》《爰历篇》《博学篇》三部字书的合称。

实践要点

《说文解字》：“皀，一粒也。”蜀地人因皀、逼同音，所以称豆粒为豆逼。这种情况在诸多方言之中很常见，而掌握了训诂学之后，便可以辨明其原由。

8.27　愍楚友婿窦如同从河州来[①]，得一青鸟，驯养爱玩，举俗呼之为鹖。吾曰：“鹖出上党[②]，数曾见之，色并黄黑，无驳杂也。故陈思王[③]《鹖赋》云：‘扬玄黄之劲羽。’”试检《说文》：“鳻雀似鹖而青，出羌中。”《韵集》音介。此疑顿释。

今译

愍楚的连襟窦如同从河州回来，他在那里得到了一只青色的鸟，就驯养着赏玩，大家全都称它为鹖。我说：“鹖产于上党，我曾经见过几次，都是黄黑色的，没有其他的杂色。所以，曹植在《鹖赋》中说：'扬起了黑黄色的有力的翅膀。'"于是，检阅《说文解字》，其中说："鳻雀的形状类似于鹖，而羽毛是青色的，产于羌中。"《韵集》中对鳻这个字的注音为介。于是这个疑问顿时就消解了。

| 简注 |

① 愍楚：之推的次子。友婿：即连襟。河州：古西羌地，今甘肃临夏一带。

② 上党：今山西长治东南一带。

③ 陈思王：即曹植。

| 实践要点 |

之推将训诂学运用到生活中的方方面面，称得上是活学活用了。也唯有如此，才是真学问。学问的价值，正体现在解决生活中所遭遇的问题。倘若不能够解决问题，那便是死学问，学了与没学并无两样。

8.28 梁世有蔡朗者讳纯，既不涉学，遂呼莼为露葵①。面墙②之徒，递相仿效。承圣③中，遣一士大夫聘齐，齐主客郎④李恕问梁使曰："江南有露葵否？"答曰："露葵是莼，水乡所出。卿今食者绿葵菜耳。"李亦学问，但不测彼之深浅，乍闻无以核究⑤。

今译

梁朝有一个叫蔡朗的人避讳纯字，又没有涉究学问，于是就把莼菜称为露葵。那些没有见识的人，就争相效仿。承圣年间，朝廷派遣一位士大夫访问北齐，北齐的主客郎李恕问梁朝的使臣说："江南有露葵吗？"那位使臣回答说："露葵就是莼菜，是江南水乡所产的。您现在所吃的是绿葵菜。"李恕也是一个有学问的人，但是因为不了解对方学问的深浅，乍一听说也无法进行核实考究。

简注

① 莼：莼菜，多年生水草，嫩叶可食，太湖一带多食之。露葵：即绿葵，俗称滑菜。

② 面墙：面墙而立，一无所见的意思。出于《论语·阳货》："子谓伯鱼曰：'女为《周南》《召南》矣乎？人而不为《周南》《召南》，其犹正墙面而立也与！'"

③ 承圣：梁简文帝年号，即552年至555年。

④ 主客郎：官名，负责对外接待事宜。

⑤ 核究：核实，考究。

实践要点

不学无术的人常常会闹出种种笑话，例如这位蔡朗，因为避讳纯字，居然将莼菜称为露葵。他之所以如此，大概是因为莼菜和露葵全都很滑。可是，如此一来，露葵一名也就名存实亡了。正因如此，那位使臣才会称露葵为绿葵菜。

这样的错误不但令人失笑，还会混淆视听，导致沟通障碍。

8.29　思鲁等姨夫彭城刘灵，尝与吾坐，诸子侍焉。吾问儒行、敏行[①]曰："凡字与咨议[②]名同音者，其数多少，能尽识乎？"答曰："未之究也，请导示之。"吾曰："凡如此例，不预研检，忽见不识，误以问人，反为无赖所欺，不容易[③]也。"因为说之，得五十许字。诸刘叹曰："不意乃尔！"若遂不知，亦为异事。

今译

思鲁兄弟们的姨父是彭城的刘灵，曾经与我一起闲坐，他的儿子们在一旁陪着。我当时就问儒行、敏行："与你们父亲名字同音的字，一共有多少个，你们都能够认识吗？"他们回答说："没有深究过这个问题，就请您教导指示我们吧。"我说："凡是像这一类的字，如果不提前进行研究检阅，忽然遇到就会不认识，如果又问错了人，反而会被那些无赖之徒欺负，所以，不能够草率对待啊。"因此，就为他们一一列举，总共列出五十多个字来。刘灵的儿子们感叹道："没想到有这么多啊！"如果他们就这样一直不知道，那也算是一件怪事了。

简注

① 儒行、敏行：刘灵的两个儿子。

② 咨议：即刘灵。当时刘灵任咨议参军。

③ 易：草率。

实践要点

之所以要找出与父亲名字同音的字，是为了避讳。然而，如果不具备一定的小学功底，便不能够解决这一问题。这恐怕就是之推注重训诂的一个重要原因（本书中，之推还辟有专门的书证篇）。

8.30　校定书籍，亦何容易，自扬雄、刘向①，方称此职耳。观天下书未遍，不得妄下雌黄②。或彼以为非，此以为是；或本同末异；或两文皆欠，不可偏信一隅也。

今译

校勘核定书籍，谈何容易，唯有像扬雄、刘向这样的人，才算得上是称职的。如果还没有读遍天下的书籍，就不能够妄加修改。有时那个版本认为是错误的，这个版本却认为是正确的；有时又会根本上是相同的而末端上则是不同的；有时又会两个版本全都有所欠缺，不可以偏信一方所说。

简注

① 扬雄：字子云，西汉人，著有《太玄》等。刘向：字子政，也是西汉人，著有《新序》《说苑》等。

② 雌黄：矿物名，橙黄色。古人以黄纸写作，若有错误，便以雌黄涂改。

实践要点

校勘核定古籍，是一项很重要的工作，但是，这不是一项人人皆可为之的工作，需要庞大的阅读量，也需要有着出色的分辨能力。若是常人，则应当少去涉足，以免妄下雌黄，留下笑柄。由此可见，之推虽然希望子孙后代掌握一定的训诂能力，却并不是为了校勘核定古籍，而是为了应对生活中所遭遇的种种问题。正因为如此，他才讲述了诸多以训诂方法解答日常问题的事例。不过，如果能够精深到校勘核定古籍的地步，那当然很好。

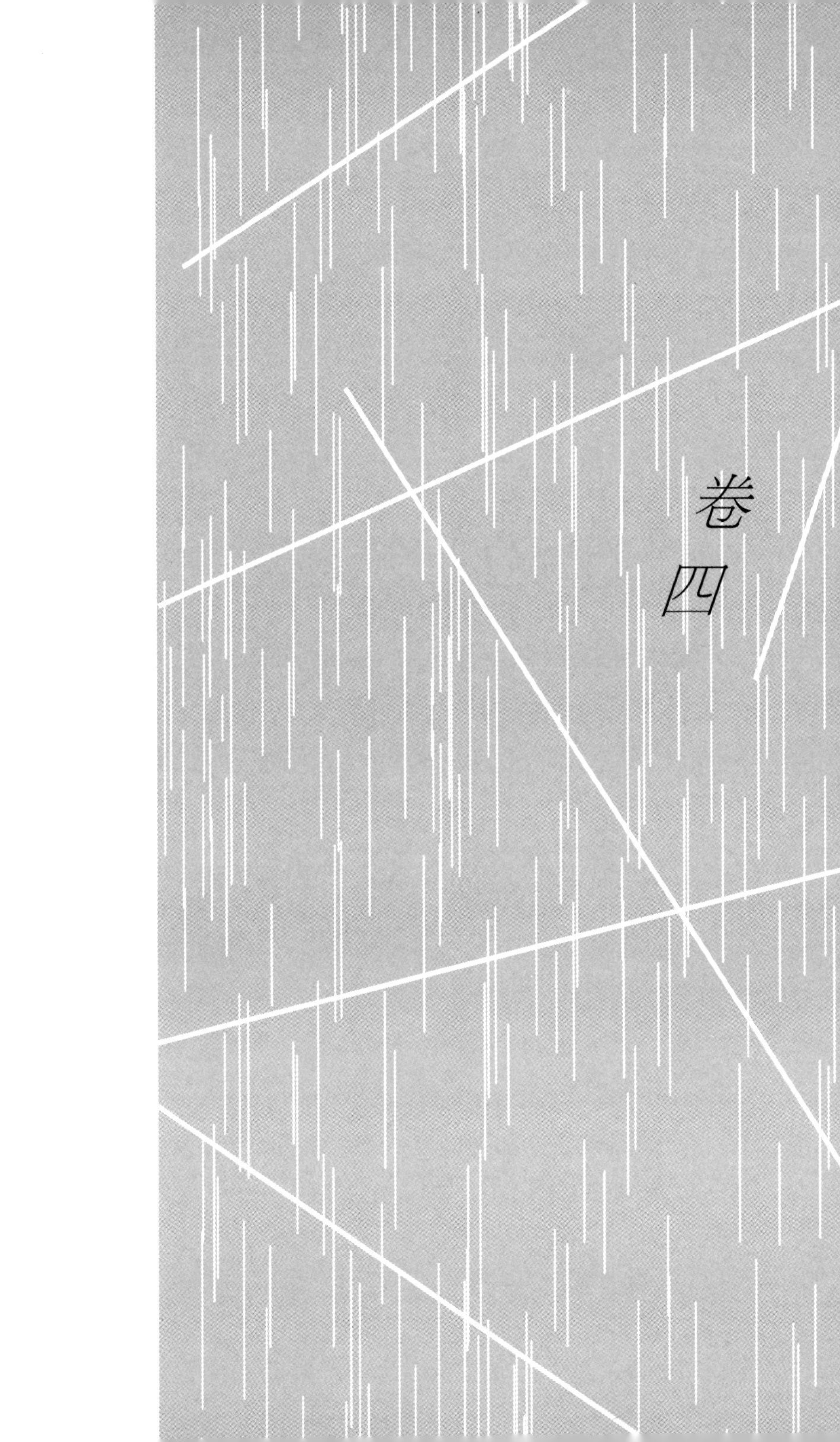

卷四

文章第九

9.1 夫文章者，原出《五经》：诏命策檄[1]，生于《书》者也；序述论议[2]，生于《易》者也；歌咏赋颂[3]，生于《诗》者也；祭祀哀诔[4]，生于《礼》者也；书奏箴铭[5]，生于《春秋》者也。朝廷宪章，军旅誓诰，敷显仁义，发明功德，牧民建国，施用多途。至于陶冶性灵，从容讽谏，入其滋味，亦乐事也。行有余力，则可习之。然而自古文人，多陷轻薄：屈原露才扬己，显暴君过[6]；宋玉体貌容冶，见遇俳优[7]；东方曼倩，滑稽不雅[8]；司马长卿，窃赀无操[9]；王褒过章《僮约》[10]；扬雄德败《美新》[11]；李陵降辱夷虏[12]；刘歆反复莽世[13]；傅毅党附权门[14]；班固盗窃父史[15]；赵元叔抗竦过度[16]；冯敬通浮华摈压[17]；马季长佞媚获诮[18]；蔡伯喈同恶受诛[19]；吴质诋忤乡里[20]；曹植悖慢犯法[21]；杜笃乞假无厌[22]；路粹隘狭已甚[23]；陈琳实号粗疏[24]；繁钦性无检格[25]；刘桢屈强输作[26]；王粲率躁见嫌[27]；孔融、祢衡，诞傲致殒[28]；杨修、丁廙，扇动取毙[29]；阮籍无礼败俗[30]；嵇康凌物凶终[31]；傅玄忿斗免官[32]；孙楚矜夸凌上[33]；陆机犯顺履险[34]；潘岳干没取危[35]；颜延年负气摧黜[36]；谢灵运空疏乱纪[37]；王元长凶贼自诒[38]；谢玄晖侮慢见及[39]。凡此诸人，皆其翘秀者，不能悉记，大较如此。至于帝王，亦或未免。自昔天子而有才华者，唯汉武、魏太祖、文帝、明帝、宋孝武帝㊵，皆负世议，非懿德之君也。自子游、子夏、荀况、孟轲、枚乘、贾谊、苏武、张衡、左思之俦㊶，有盛名而免过患者，时复闻之，但其损败居多耳。每尝思之，原其所积㊷，文章之体，标举兴会㊸，发引性灵，使人矜伐，故忽于持操，果于进取。今世文士，此患弥切，一事惬当，一句清巧，神厉九霄，志凌千载，自吟自赏，不觉更有傍人。加以砂砾所伤，惨于矛戟；讽刺之祸，速乎风尘，深宜防虑，以保元吉。

今译

文章本源自《五经》：诏、命、策、檄，源自《尚书》；序、述、论、议，源自《易经》；歌、咏、赋、颂，源自《诗经》；祭、祀、哀、诔，源自《礼经》；书、奏、箴、铭，源自《春秋》。朝廷的典章制度，军旅所用的誓、诰，彰显仁义，颂扬功德，治理人民，建设国家，文章有着多种用途。至于用文章陶冶性情，从容劝诫别人，或是深入其中滋味，也算是一件令人快乐的事。所以，在修身有余力的情况下，就可以学习作文。然而，自古以来，文人大多陷于轻薄：屈原显示才华，宣扬自我，而展现君王的过错；宋玉容貌出众，形态妖艳，被人视为俳优；东方朔言行滑稽，很不雅观；司马相如窃人钱财，无有操守；王褒的过错显现在《僮约》中；扬雄的品德败坏于《剧秦美新》；李陵投降匈奴，辱没人格；刘歆投靠王莽，背叛朝廷；傅毅依附于权贵；班固剽窃父亲所作的史书；赵壹为人过分恃才自傲；冯衍浮华不实，受人排挤；马融谄媚权贵，遭人讥讽；蔡邕结交恶人而受到诛杀；吴质横行霸道，触怒乡里；曹植傲慢不逊，触犯刑法；杜笃向人索借不知满足；路粹心胸非常狭隘；陈琳实在称得上是粗略疏忽；繁钦生性不知检点；刘桢性情倔强，被罚劳作；王粲轻率急躁，遭人厌恶；孔融、祢衡，荒诞傲慢，以致被杀；杨修、丁廙煽动生事，自取灭亡；阮籍不守礼法，伤风败俗；嵇康盛气凌人，不得善终；傅玄负气争斗，遭遇免官；孙楚自我夸耀，触犯上司；陆机犯上作乱，身临险境；潘岳侥幸谋利，自取危害；颜延年意气用事，遭受贬职；谢灵运空放粗疏，扰乱纲纪；王融被杀乃是咎由自取；谢玄晖因为轻侮怠慢被人所害。以上这些人，全都是出类拔萃的文人，其他的我也不能全都列举，但大体如此。至于帝王，也有不能够避免这些毛病的。自古以来，身为天子而富有才华的，唯有汉武帝、魏太祖、魏文帝、魏明帝、宋孝武帝，可他们全都遭到世人的非议，不是享有美德的君王。像子游、子夏、荀子、孟子、枚乘、贾谊、苏武、张衡、左思等一类的人物，享有盛名而又能免除过患的，虽然也能够时常听到，但毕竟遭受损伤败坏的还是大多数。每当我想到这些，探究其中的原因，大概是因为文章的本质，在于揭示一时的兴致体会，抒发性情，容易使人恃才自负，所以时常忽略操守，而勇于进取。当今之世，文人的这种毛病更加严重，一个典故用得恰到好处，一个句子写得清新巧妙，就会神采飞扬直达九霄，壮志凌云要超越千古，就此自吟自赏，旁若无人。又因为流言蜚语所造成的伤害，往往比矛戟的伤害更加惨重；讽刺别人所招来的祸患，比风沙来得更快，应该深加防范，以确保平平安安。

简注

① 诏、命、策、檄：古时文体。诏，向臣民发布的告书。命，常指发

布的公文。策，帝王对臣下的一种文书。檄，征召、晓谕或声讨的文书。

② 序、述、论、议：古时文体。序，序言。述，记述人物生平的文字。论，论说文。议，陈述意见的文字。

③ 歌、咏、赋、颂：古时文体。歌、咏，皆为诗歌体裁。赋，铺陈叙述的一种文体。颂，颂扬功绩的韵文。

④ 祭、祀、哀、诔：古时文体。祭，祭文。祀，郊庙祭祀时的歌辞。哀，哀悼之辞。诔，记述死者功德以表哀思的文章。

⑤ 书、奏、箴、铭：古时文体。书，一种议论为主的文体。奏，向帝王进言的一种文体。箴，规戒、劝告之文。铭，刻在器物上的文字，用以颂德和自我警醒。

⑥“屈原”句：屈原，名平，字原。楚国大夫，直谏遭贬，自沉汨罗江。班固等人批评屈原露才扬己，暴露楚王过错。

⑦ 宋玉：战国楚人，曾为大夫，是著名的美男子。俳优：古时以歌舞作谐戏的艺人。

⑧ 东方曼倩：即东方朔，字曼倩。汉武帝时大臣，为人滑稽不雅。

⑨ 司马长卿：即司马相如，字长卿，著名文人。司马相如挑卓文君私奔，分享卓王孙家财，所以，之推称他“窃赀无操”。

⑩ 王褒：西汉文学家，汉宣帝时为谏议大夫。《僮约》：王褒过寡妇之门所作之文，行文滑稽可笑。

⑪《美新》：即《剧秦美新》，扬雄所作。其中歌颂王莽新政，从而为人诟病。

⑫ 李陵：飞将军李广之孙。与匈奴作战时，战败投降。

⑬ 刘歆：著名经学大师，因变节投靠王莽而为人诟病。

⑭ 傅毅：东汉时著名文人。窦宪为大将军时，曾任其为司马，所以被指责为“党附权门”。

⑮ 班固：著名史学家，《汉书》作者。时人认为他的《汉书》是因袭其父班彪所作，所以，之推称他为“盗窃父史”。

⑯ 赵元叔：即赵壹，东汉文人。其为人恃才倨傲，时常遭罪，几近于死，多亏朋友相救，才得以免除。

⑰ 冯敬通：即冯衍，字敬通，东汉文人。因为文过其实而受到排挤。

⑱ 马季长：即马融，字季长，东汉著名经学家。因为屈服于梁翼的淫威，为世人所诟病。

⑲ 蔡伯喈：即蔡邕，字伯喈，东汉末著名文人，因同情董卓而遭到诛杀。

⑳ 吴质：字季重，三国时期文人。与曹丕交好，曾拜为北中郎将，与乡里相处不善。

㉑ 悖慢：违逆傲慢。

㉒ 杜笃：字季雅，东汉文学家。虽然博学，但不拘小节，为乡人所不敬。

㉓ 路粹：字文蔚，东汉末年文人。为曹操所宠幸。为人心胸狭隘。

㉔ 陈琳：字孔璋，建安七子之一。初随袁绍，后来归附曹操。

㉕ 繁钦：字休伯，东汉末年文人。其人生性不检点。

㉖ 刘桢：字公幹，东汉末年文人，建安七子之一。性格倔强。

㉗ 王粲：字仲宣，东汉末年文人，建安七子之一。生性轻率浮躁。

㉘ 孔融：字文举，东汉末年文人，建安七子之一。后为曹操所杀，《后汉书》有传。祢衡：字正平，东汉末年文人。恃才傲物，后为黄祖所杀。

㉙ 杨修：字德祖，东汉末年文人。为曹操所杀。丁廙：字敬礼，东汉末年文人。曾劝曹操立曹植为嗣，曹丕即位后被杀。

㉚ 阮籍：字嗣宗，竹林七贤之一。好饮酒作乐。

㉛ 嵇康：字叔夜，竹林七贤之一。为司马昭所杀。

㉜ 傅玄：字休奕，西晋文学家。因与人忿斗而遭到免官。

㉝ 孙楚：字子荆，西晋文人。富有才学，但为人恃才自傲。

㉞ 陆机：字士衡，少有才名，文章盖世。

㉟ 潘岳：字安仁，西晋文学家。谄事贾谧，后因他人谗言被杀。

㊱ 颜延年：即颜延之，字延年。因自负才气，与人相争，而遭到罢黜。

㊲ 谢灵运：谢玄之孙，著名诗人。后被朝廷以谋犯罪处死。

㊳ 王元长：即王融，字元长，南朝文学家，竟陵八友之一。最终被赐死，《南齐书》有传。

㊴ 谢玄晖：即谢朓，字玄晖，南朝文学家。后被诬陷下狱而死。

㊵ 汉武：即汉武帝刘彻。魏太祖：即曹操。文帝：即曹丕。明帝：即曹睿。宋孝武帝：即刘骏。

㊶ 子游：孔子弟子，姓言名偃。子夏：孔子弟子，姓卜名商。荀况：即荀子。孟轲：即孟子。枚乘：西汉文学家。贾谊：西汉文学家。苏武：字子卿，汉武帝时任中郎将。张衡：字平子，汉武帝时任太史令。左思：字太冲，西晋人，官至秘书郎。俦：同辈。

㊷ 积：累积思考。

㊸ 标举：揭示。兴会：感发。

实践要点

文人作文，本是乐事，而文章确实也有其广泛的用途。然而，为文当有为文的法度，这个法度用一句话来讲，便是文以载道。文不能载道，作文就会沦为追名逐利、塑造自我的手段。而要做到文以载道，就必须要求作文者修身养性、涵养德行。可是大多数文人常常不能够做到这一点，正因如此，才会出现之推所说的种种异常状况。平心而论，之推所提及的那些文人，实在可以算得上是文人中的翘楚了，可是因为未曾修养心性，所以常常恃才傲物、自我放大，最终遭受非人境遇，甚至死于非命。

至于文人为何会如此，之推也作了分析，非常透彻："文章之体，标举兴会，发引性灵，使人矜伐，故忽于持操，果于进取。"正因如此，自古文人相轻，甚或一言不合，大打出手，终身不相往来。时至今日，这种风气在文坛依然盛行。

当然，之推的意思并非不让子孙后代学文，而是应当正确地学文：

一、以修身为本，行有余力，则以学文。这也是孔子的教诲，子曰："弟子入则孝，出则悌，谨而信，泛爱众，而亲仁，行有余力，则以学文。"（《论语·学而》）

二、作文要以明道为根本，而不是将作文视为追名逐利的途径。

三、作文时有一事用得惬当、一句写得清巧，不要自以为是。要知道，作文的人偶尔写出一两个精妙的文句、一两篇好文章，那根本算不得什么。

四、千万不要用文字讽刺他人，一旦如此，必然会给自己带来不必要的伤害。

9.2　学问有利钝，文章有巧拙。钝学累功，不妨精熟；拙文研思，终归蚩鄙[①]。但成学士，自足为人。必乏天才，勿强操笔。吾见世人，至无才思，自谓清华，流布丑拙，亦以众矣，江南号为詅痴符[②]。近在并州，有一士族，好为可笑诗赋，誂撇邢、魏诸公[③]，众共嘲弄，虚相赞说，便击牛酾酒[④]，招延声誉。其妻，明鉴妇人也，泣而谏之。此人叹曰："才华不为妻子所容，何况行路！"至死不觉。自见之谓明，此诚难也。

今译

做学问有利根钝根之分，写文章也有精巧拙劣之别。钝根的人通过不懈努力，在学问上也可以达到精巧熟练；拙劣的人纵然是精研思索，文章终究还是会写得粗野鄙陋。只要成为饱学之士，就足以在世间立身处世。真的缺乏写文章的天赋，就不要勉强拿笔写作。我常常见到世间的人，明明没有一点才思，却自称文章写得清新华丽，把自己拙劣的文章四处散播，这样的人也算是很多了，这种人在江南被称为"詅痴符"。近来在并州，有一个士大夫，喜好写一些可笑的诗赋，还嘲弄邢劭、魏收等人，大家联合起来嘲弄他，假意称赞他的诗赋，他信以为真，于是杀牛备酒宴请大家，准备扩大自己的名声。他的妻子，是一个有眼光的妇人，哭着劝他别这样做。他感叹道："我的才华连妻子都不能够承认，更何况是陌生人呢！"到死也没有醒悟。一个人能够把自己看清楚才叫作明，这确实是很难做到的。

简注

① 蚩鄙：粗野拙劣。

② 詅（líng）痴符：方言，指没有才华却又喜欢夸耀的人。詅，叫卖。

③ 誂（tiǎo）擻：戏言嘲弄。邢、魏：即邢劭、魏收，都是一时著名文人。

④ 釃（shī）酒：倒酒，斟酒。

实践要点

本节中，之推指出了做学问和写文章的差别：

做学问，只要能够坚持不懈，最终也是可以取得成就的。写文章则要求有天赋，没有天赋，再怎么努力也是没有用的。

可是，世间总有一些人没有自知之明，附庸风雅，自以为是，自认为文章了不得，四处散播，以博取虚名。之推对这样的人深感不齿。

读了这段文字，我们首先应当反思一下：自己有没有作文的天赋？如果没有，就不要勉强自己去舞文弄墨，作诗写赋，以免贻笑大方。

9.3　学为文章，先谋亲友，得其评裁，知可施行，然后出手[①]；慎勿师心自任，取笑旁人也。自古执笔为文者，何可胜言。然至于宏丽精华，不过数十篇耳。但使不失体裁，辞意可观，便称才士；要须动俗盖世，亦俟河之清[②]乎！

今译

学习写文章，先找亲友们请教，得到他们的点评、裁决，知道文章是可行的，然后才能够脱稿；千万不要自以为是，而遭到他人的耻笑。自古以来，拿起笔来写文章的人，可以说是数不胜数。然而，能够称得上宏伟华丽的精品，也只不过几十篇罢了。只要文章不违背体例要求，文意值得欣赏，就可以称得上是才学之人了；要让自己的文章惊世骇俗，名冠天下，也就要等到黄河水变清的那一天了。

简注

① 出手：指文章写成脱稿。

② 俟河之清：等待黄河水由浊变清，喻不可能实现的事。

实践要点

根据之推的指导，写文章时应当注意以下三点：

一、写好的文章不要急于出手，而是先请亲友进行点评、裁决，觉得可行，然后再出手。

二、写文章千万不要师心自用，自以为是。

三、文章是为了有益于世，而不是为了博取声名。所以，只要符合体例、言之有物也就可以了，没有必要动不动便要写出一篇举世震惊的宏文。

9.4　不屈二姓，夷、齐[①]之节也；何事非君，伊、箕[②]之义也。自春秋已来，家有奔亡，国有吞灭，君臣固无常分矣；然而君子之交绝无恶声，一旦屈膝而事人，岂以存亡而改虑？陈孔璋居袁裁书，则呼操为豺狼；在魏制檄[③]，则目绍为蛇虺。在时君所命，不得自专，然亦文人之巨患也，当务从容消息之。

今译

不屈身于两个王朝，这是伯夷、叔齐的气节；任何君王都可以侍奉，这是伊尹、箕子的道义。自春秋时期以来，家族有奔走流亡的，国家有遭遇吞并而灭亡的，君臣之间固然没有永恒不变的名分；然而，君子之间即使是断绝交情也不会以恶言相加，一旦屈膝侍奉他人，又怎么可以因为得失存亡而改变立场呢？陈琳在袁绍手下时，撰写文章，称曹操为豺狼；在曹魏做官时，撰写檄文，又把袁绍视作为毒蛇。虽然在当时必须要听从君主的命令，而不能够自己做主，但这也是文人的一个大毛病，撰文时务必要从容斟酌一番啊。

简注

① 夷、齐：即伯夷、叔齐。二人曾劝阻武王伐纣，周朝建立之后，二人耻食周粟，后饿死在首阳山。

② 伊、箕：即伊尹、箕子。伊尹，一代名相，他曾说："何事非君？何使非民？"孟子评价他为"治亦进，乱亦进"(《孟子·公孙丑上》)。箕子，商纣王的叔父。纣王暴虐，箕子劝诫不听，就披发佯狂，为纣所囚。商亡后，箕子归周。

③ 制檄：撰写檄文。

实践要点

文人的毛病，往往在于非此即彼，正因如此，陈琳才会干出那样的事来。之推指出“家有奔亡，国有吞灭”的事实，说明君臣之分是常常难以永久的。然而，纵然不能像伯夷、叔齐一般，为旧主殉节，却也不可以对旧主肆意诋毁。一旦如此，那也就成了两面三刀的小人了。

之推一生，处于兵荒马乱的时代，三次沦为亡国之人，身列多个朝廷，然而却始终能做到公正言直，而不诋毁旧主，诚属不易。

9.5　或问扬雄曰：“吾子少而好赋？”雄曰：“然。童子雕虫篆刻，壮夫不为也。”余窃非之曰：虞舜歌《南风》之诗，周公作《鸱鸮》之咏，吉甫、史克《雅》《颂》之美者①，未闻皆在幼年、累德也。孔子曰：“不学《诗》，无以言。”“自卫返鲁，乐正，《雅》《颂》各得其所。”②大明孝道，引《诗》证之③。扬雄安敢忽之也？若论“诗人之赋④丽以则，辞人之赋丽以淫”，但知变之而已，又未知雄自为壮夫何如也？著《剧秦美新》，妄投于阁，周章怖慑，不达天命，童子之为耳。桓谭以胜老子，葛洪以方仲尼，使人叹息。此人直以晓算术，解阴阳，故著《太玄经》，数子为所惑耳；其遗言余行，孙卿、屈原之不及，安敢望大圣之清尘⑤？且《太玄》今竟何用乎？不啻覆酱瓿⑥而已。

今译

有人问扬雄：“您年少时是不是很喜欢作赋？”扬雄回答说：“是的。但作赋不过是小孩子们玩的雕虫篆刻，成年人是不会干这种事的。”我在私下里反驳他说：虞舜歌唱出《南风》一诗，周公创作出《鸱鸮》一诗，尹吉甫、史克作了收集在《雅》《颂》中的美好诗篇，未曾听说这些都是他们在年幼时所作，也未曾听说作诗影响了他们的品德。孔子说：“不学《诗经》，就不会说话。”又说：“自我从卫国回到鲁国之后，归正了乐，《雅》《颂》也各得其所。”而孔子彰明孝道时，也引用《诗经》中的句子来印证。扬雄又怎么敢轻忽诗赋呢？如果是说“诗人所作的赋华丽而能符合原则，辞人所作的赋华丽而不知节制”，那也只是知道赋的古今变化罢了，却不知道作为一个成年人，扬雄又是怎样的呢？他写了《剧秦美新》一文，赞颂王莽新政，又糊里糊涂地从天禄阁上往下跳，处事惊慌失措，不能通达天命，这正是小孩子的所作所为啊。桓谭认为他胜似老子，葛洪以他来比拟仲尼，这种见识着实令人叹息。这个人只不过是通晓术数，了解阴阳之变，所以撰著了《太玄经》，桓谭等人就被他所迷惑；其实，他所流传下来的言行，连荀子、屈原尚且不如，又怎么能够与老子、孔子这样的大圣人相提并论呢？况且《太玄》在今天又有什么用呢？只不过是用来盖酱缸罢了。

简注

① 吉甫：即尹吉甫，周宣王时大臣。史克：春秋时鲁国史官。《雅》《颂》：《诗经》分为《风》《雅》《颂》。

② 所引二语，分别见《论语》季氏、子罕二篇。

③ 指《孝经》，《孝经》中时有引用《诗》句。

④ 诗人之赋：即《诗经》。

⑤ 望大圣之清尘：指扬雄对于老子、孔子二位大圣人望尘莫及。

⑥ 不啻：不过。瓿（bù）：小瓮。

实践要点

虽然之推讨厌那些文不载道的文人，但是，他绝不反对写诗作赋。恰恰相反，当他听说扬雄将写诗作赋视为小孩子的把戏时，便作出了激烈的反驳。他以《诗经》中的诗句可以言明孝道、抒发无邪之情，来反驳扬雄。这个立场自然是正确的。可是，因为反驳，而认为扬雄所著的《太玄》只能拿来盖盖酱缸，似乎又有些过激了。

9.6 齐世有席毗者，清干[①]之士，官至行台尚书，嗤鄙文学，嘲刘逖[②]云："君辈辞藻，譬若荣华，须臾之玩，非宏才也；岂比吾徒千丈松树，常有风霜，不可凋悴矣！"刘应之曰："既有寒木，又发春华，何如也？"席笑曰："可哉！"

今译

北齐时有一个叫席毗的，是个清明干练的人，官至行台尚书，他极度鄙视文学，曾经嘲笑刘逖说："你们这些文人的华丽辞藻，就像是开放的花朵，只能供人赏玩片刻，算不得是栋梁之材；又怎么能比得上我们这些人，就像千丈高的松树，尽管时常遭遇风霜，也不会凋零！"刘逖回答说："如果既能够耐寒，又能够在春天开花，又怎么样呢？"席毗笑着说："那当然可以了！”

简注

① 清干：清明干练。

② 刘逖：字子长，北齐文人。

实践要点

刘逖的回答，符合之推心目中的文人理想：既能够成为国家的宏才，又能够写一手好文章。可是，这样的人常常举世难求，甚或百世方得一遇。

9.7 凡为文章，犹人乘骐骥①，虽有逸气，当以衔勒②制之，勿使流乱轨躅③，放意填坑岸也④。

今译

凡是写文章，就像是骑着一匹良马，虽然俊逸奔放，也应当用衔勒控制好它，不要让它胡乱奔驰，肆意跃入沟壑之中。

简注

① 骐骥：良马。

② 衔勒：马勒和辔头。

③ 轨躅：车辙，引申为规矩、法度。

④ 放意：肆意。填坑岸：指掉进深坑。

| 实践要点 |

很多人在写文章时，喜欢跟着感觉走，往往文辞汗漫，且不合法度。那么，怎样才能避免这种问题呢？之推用骑马的比喻，生动形象地告诉我们：写文章时，时时把握章法、遵循法度，一有流散，及时回转。

9.8 文章当以理致为心肾，气调为筋骨，事义为皮肤，华丽为冠冕。今世相承，趋末弃本，率多浮艳。辞与理竞，辞胜而理伏；事与才争，事繁而才损。放逸者流宕①而忘归，穿凿者补缀②而不足。时俗如此，安能独违？但务去泰去甚耳。必有盛才重誉，改革体裁者，实吾所希。

| 今译 |

文章应当以义理作为心肾，气韵调和作为筋骨，用典合理作为皮肤，文辞华丽作为冠冕。今世所承袭的，却都是舍本逐末，文章大多轻浮华丽。文辞与义理相争，最后文辞华丽而义理隐伏；用典与才情相争，最后用典繁杂而才情受损。放逸者的文章随意流散而忘记回到主旨，穿凿者的文章牵强附会而文采不足。时下的习俗就是如此，又怎么能够独自违背呢？只是要努力做得不太过分罢了。如果有一位才华横溢、声名显赫的人，能够改革目前的这种文风，那实在是我的希望。

简注

① 流宕：放荡，流散。

② 补缀：补缉连缀。

实践要点

之推讲述了好文章的四个标准：

一、以义理为根本，也就是文章要有明确的主旨。

二、行文的气韵要生动。决定文章气韵的，往往是才情。才情不足之人，为文再怎么努力，也难以做到气韵生动。

三、运用典故要合理。典故是为了更好地表达义理，一旦违背了这一点，用典就成了卖弄和附会。

四、文辞要华丽。文章要可观，文辞也是要注重的。若是文辞过于平实，往往就会读之无味。

这其中又分为本末：义理和气韵为本，用典和文辞为末。所以，评价一篇文章的好坏，当以义理和气韵为主。可是，后世的文章却舍本逐末，只注重文辞和用典，结果导致文辞华丽、用典繁杂。与此同时，却义理不明、气韵呆滞，这样的文章自然也就不值一观了。

9.9　古人之文，宏材逸气，体度风格，去今实远；但缉

缀疏朴，未为密致耳。今世音律谐靡[①]，章句偶对，讳避精详，贤于往昔多矣。宜以古之制裁[②]为本，今之辞调为末，并须两存，不可偏弃也。

今译

古人的文章，气势宏大，才华横溢，体式气度和行文风格，与今世的文章差别很大。只是古人在遣词造句方面还比较疏略质朴，没有达到周密细致的地步。今世的文章，音韵和谐华丽，词句对偶工整，避讳精确详实，实在是比过去强得多了。应当以古人的体式为本，今世的文辞音律为末，两者并存，而不可以偏废任何一方。

简注

① 谐靡：和谐靡丽。

② 制裁：体制，体式。

实践要点

一篇文章果真做到了融“古之制裁”与“今之辞调”为一体，也就符合上节所讲的好文章的准则了。

9.10　吾家世文章，甚为典正，不从流俗。梁孝元在蕃邸[①]时，撰《西府新文》，讫无一篇见录者，亦以不偶于世，无郑、卫之音[②]故也。有诗、赋、铭、诔、书、表、启、疏二十卷，吾兄弟始在草土[③]，并未得编次，便遭火荡尽，竟不传于世。衔酷茹恨[④]，彻于心髓！操行见于《梁史·文士传》及孝元《怀旧志》。

| 今译 |

先父的文章，十分典雅纯正，不跟从一时流行的习俗。梁孝元帝为东湘王时，曾编撰《西府新文》，先父的文章竟然没有一篇被收录的，也正是因为他的文章不合于时俗，没有郑、卫之音的缘故。先父撰有诗、赋、铭、诔、书、表、启、疏等各体文章共二十卷，我们兄弟当时还在居丧期间，没有来得及编辑整理，就遭遇火灾被全部烧毁，最终未能流传于世。对此我遗恨不已，刻骨铭心！先父的德行风操，见载于《梁史·文士传》和梁孝元帝的《怀旧志》中。

| 简注 |

① 蕃邸：诸王的府第。

② 郑、卫之音：指浮靡之音，此处指文风轻薄、浮艳。

③ 草土：居丧。古时居父母之丧时寝苫枕块，故称草土。

④ 酷：惨痛。茹：含。衔酷茹恨，即心含痛恨。

| 实践要点 |

颜勰（之推的父亲）的文章典雅纯正，不随世转，可是不合时宜，可以称得上是“独违”时俗了。正因如此，他的文章在当时很是不受待见。然而，文学即是人学，文章迎合世风而转，为人也必定是阿谀奉承之辈。颜勰的文章虽然不能被选入《西府新文》，然而由此正可见其人品中正，不媚不俗。只是很可惜，他的文章不能流传下来，以供我等后人拜读。

9.11　沈隐侯①曰："文章当从三易：易见事，一也；易识字，二也；易读诵，三也。"邢子才常曰："沈侯文章，用事不使人觉，若胸臆②语也。"深以此服之。祖孝徵亦尝谓吾曰："沈诗云：'崖倾护石髓③。'此岂似用事邪？"

今译

沈约说："写文章应当遵从三易法则：一、用典通俗易懂；二、文字容易认识；三、易于读诵。"邢子才常说："沈约的文章，引用典故让人觉察不到，就像发自内心的话一般。"因此而深深地佩服他。祖孝徵也曾经对我说："沈约的诗里说：'崖倾护石髓。'这哪里像是在运用典故啊？"

简注

① 沈隐侯：即沈约，字休文，南朝著名文学家，谥号隐侯，《梁书》有传。

② 胸臆：心中。

③ 此句中"石髓"：乃是用典，见于《晋书·嵇康传》："遇王烈，共入山，烈尝得石髓如饴，即自服半，余半与康，皆凝而为石。"

实践要点

沈约所说的关于写文章的三易法则，极其重要。可是，当世之人写文章，恰好走上了与此截然相反的路子：用典晦涩、文字难识、不易读诵。所以导致文章越来越脱离大众，成为少数人自娱自乐的游戏。这就违背了写文章的本来意义。

所以，我们若是写文章，务必要追求这三易法则：一、运用典故通俗易懂；二、避免运用生僻、难识之字；三、注重文章的韵律，利于诵读。

与此同时，运用典故要适合、要自然，切不可生搬硬套、牵强附会。很多人在写文章时，喜欢东拉西扯，一个故事接着一个故事，最终成了“故事会”。这种文章也是没有价值的。

9.12　邢子才、魏收俱有重名，时俗准的[①]，以为师匠。邢赏服沈约而轻任昉[②]，魏爱慕任昉而毁沈约，每于谈宴，辞色以之。邺下纷纭，各有朋党。祖孝徵尝谓吾曰：“任、沈之是非，乃邢、魏之优劣也。”

今译

邢子才、魏收都享有盛名，当时的人将他们视为榜样，尊奉他们为宗师。邢子才欣赏佩服沈约而轻视任昉，魏收爱慕任昉而诋毁沈约，每次他们在宴会上谈论时，常常会为此争论得面红耳赤。邺城的人对此也说法不一，两人各有各的朋党。祖孝徵曾经对我说：“任昉、沈约两人的是和非，就是邢子才、魏收两人的优和劣。”

简注

① 准的：标准。

② 任昉：字彦升，与沈约齐名，有“任笔沈诗”之说。

实践要点

俗语说：“萝卜青菜，各有所爱。”对于文人雅士而言，也是如此。所以，邢子才喜欢沈约、魏收喜欢任昉，并不是什么稀罕事。但是因为喜欢某个人而排斥其他人那就过了。再因此而每每争得面红耳赤、形同仇人一般，就更是不应当了。所以，应当采取兼容并蓄的态度，汲取各家的长处。

至于祖孝徵的评价，却也并不一定正确，因为任昉和沈约两人各有所长，又何来的是与非？

9.13 《吴均[①]集》有《破镜赋》。昔者，邑号朝歌，颜渊不舍；里名胜母，曾子敛襟：盖忌夫恶名之伤实也。破镜乃凶逆之兽，事见《汉书》，为文幸避此名也。比世往往见有和人诗者，题云敬同，《孝经》云：“资于事父以事君而敬同。”不可轻言也。梁世费旭诗云：“不知是耶非。”殷沄诗云：“飖飏云母舟。”简文曰：“旭既不识其父，沄又飖飏其母。”此虽悉古事，不可用也。世人或有文章引《诗》“伐鼓渊渊”者，《宋书》已有屡游之诮[②]；如此流比，幸须避之。北面事亲，别舅摛《渭阳》之咏[③]；堂上养老，送兄赋桓山之悲[④]，皆大失也。举此一隅，触涂宜慎。

今译

《吴均集》中有《破镜赋》一文。过去，有座城邑叫做朝歌，颜渊就不在那里居住；有一条里巷名叫胜母，曾子走到这里就赶紧整饬衣襟：大概是因为担心这些不好的名字会有损事物的本质吧。破镜乃是一种凶恶的野兽，在《汉书》中有记载，写文章时应当避开这一个名字。近来常常见到有人在与别人和诗时，会题上“敬同”二字，《孝经》中说：“资于事父以事君而敬同。”“敬同”二字也是不可以轻易说的啊。梁朝的费旭在诗中说：“不知是耶非。”殷沄在诗中说：“飙飏云母舟。”梁简文帝说：“费旭已经不认识他的父亲了，殷沄又让他的母亲四处飘荡。”这些虽然全都是古时的事，但不可以随便用。世人又有在写文章时引用《诗经》“伐鼓渊渊”一句的，《宋书》已经有过不懂反语的讥讽；以此类推，希望你们能够避免如此。有人母亲还健在，送别舅舅时却吟诵《渭阳》一诗；有人父亲还健在，送别兄长时却以“桓山之鸟”来表达自己的伤悲，这全都是严重的失误。我在这里仅仅举出这些例子，你们在写文章时，处处都要慎重。

简注

① 吴均：字叔庠，南朝文学家。

② 伐鼓渊渊：见于《诗经·小雅·采芑》。屡游之诮：六朝时兴反语，

反语即反音，指用反切法把一个双音词颠倒过来反切，使之成为一个新词，用以寓意。实在是文人无聊的文字游戏。可是，常常有不学无术的人会闹出笑话来。如“伐鼓”，正着切为腐字，倒着切成骨字，“伐鼓”就是“腐骨”的隐喻词了。

③ 摛：舒展，引申为传布。《渭阳》：见于《诗经·秦风》。《诗序》以为此诗乃秦康公送别舅舅晋文公时怀念已故的母亲所作，现在母亲还健在，送别舅舅时“摛《渭阳》之咏”，就不妥当了。

④ 桓山之悲：典故出于《孔子家语·颜回》篇，指父亲死后而卖子以葬之人的伤悲。如今父亲健在，却“赋桓山之悲”，这就不应当了。

实践要点

根据之推的这段话，应当注意以下几点：

一、写文章尽量不要涉及恶名，诸如《破镜赋》一类，务须避免。

二、对于一些有忌讳的词语，也需要注意避开，例如“敬同”二字往往会引发歧义。

三、在生活中应事时，也需要避免运用错误的乃至引人讥笑的典故，例如母尚健在，却咏《渭阳》之诗等。这种情况下，宁愿保持朴实，也不要强行舞文弄墨。

9.14　江南文制，欲人弹射[①]，知有病累，随即改之，陈王得之于丁廙也。山东风俗，不通击难。吾初入邺，遂尝以此忤人[②]，至今为悔。汝曹必无轻议也。

今译

江南一带的人写文章，希望得到他人的批评指正，一旦知道哪里有了毛病，随即进行改正，陈思王就是从丁廙那里学到了这一点。山东一带的风俗，却不喜欢互相批评指正。我刚刚到邺城时，就曾经因此而得罪于人，至今还后悔不已。你们一定不要轻率地议论别人的文章。

简注

① 弹射：指用语言指责。

② 忤人：得罪于人。

实践要点

批评指正别人的文章也要注意一时一地的风俗习惯，对于希望得到别人批评指正的人，应当及时给予批评指正；对于不喜欢别人批评指正的人，则应当保持沉默，或是含蓄地作出批评指正。

9.15　凡代人为文，皆作彼语，理宜然矣。至于哀伤凶祸之辞，不可辄代。蔡邕为胡金盈作《母灵表颂》曰："悲母氏之不永，然委我而夙丧。"又为胡颢作其父铭曰："葬我考议郎君。"《袁三公颂》曰："猗欤[①]我祖，出自有妫。"王粲为潘文则《思亲诗》云："躬此劳悴，鞠予小人；庶我显妣，克保遐年[②]。"而并载乎邕、粲之集，此例甚众。古人之所行，今世以为讳。陈思王《武帝诔》，遂深永蛰之思[③]；潘岳《悼亡赋》，乃怆手泽之遗[④]。是方父于虫，匹妇于考也。蔡邕《杨秉碑》云："统大麓之重。"潘尼《赠卢景宣诗》云："九五思龙飞。"孙楚《王骠骑诔》云："奄忽登遐。"陆机《父诔》云："亿兆宅心，敦叙百揆。"《姊诔》云："伣天之和。"今为此言，则朝廷之罪人也。王粲《赠杨德祖诗》云："我君饯之，其乐泄泄。"不可妄施人子，况储君乎？

今译

凡是为人代笔写文章，全都应当用对方的语气，道理上应该如此。至于表达哀伤、凶祸内容的文辞，却不可以随便为人代笔。蔡邕替胡金盈撰写的《母灵表颂》中说："悲痛母亲寿不能长久，就这样丢下我而早逝。"又替胡颢撰写父亲的铭文，其中说："安葬我的亡父议郎君。"又有《袁三公颂》中说："啊！我的祖先，出于有妫这一姓氏。"王粲替潘文则写的《思亲诗》中说："您操劳憔悴，抚养我成人；希望我的亡母，能保住灵魂永远安宁。"这些诗文全都收录在蔡邕、王粲的作品集中，像这样的例子很多。古人的一些做法，在今天看来是犯忌讳的。陈思王曹植在《武帝诔》中，以"永蛰"表示对父亲的深切思念；潘岳在《悼亡赋》中，以"手泽"抒发看见亡妻遗物的悲伤之情。这就是将父亲比作虫子，亡妻等同亡父了。蔡邕在《杨秉碑》中说："统摄天下的重大事务。"潘尼在《赠卢景宣诗》中说："九五思龙飞。"孙楚在《王骠骑诔》中说："迅速登遐。"陆机在《父诔》中说："百姓归心，百官和睦。”在《姊诔》中说：“她像天女一样。”如今写这样的句子，那就是朝廷的罪人了。王粲在《赠杨德祖诗》中说：“我君为他送行，心情真是畅快。”这样的话不能胡乱用在一般人的孩子身上，更何况是太子呢？

简注

① 猗欤：感叹词。

② 克：能。遐年：高年，长寿。

③ 蛰：指昆虫冬眠。曹植以昆虫冬眠喻曹操之死，所以受到之推的讥讽。

④ 手泽：手汗，通指先人或前辈的遗物。

实践要点

这段文字中，之推为我们指出了三点：

一、为人代笔作文，应当以对方的语气，但是如果涉及哀伤凶祸，则不可以随便代笔。

二、用典故、譬喻要恰当，不可像曹植一般以虫子喻父亲，像潘岳一样以亡父喻亡妻。

三、为文要注意时代背景，如蔡邕、潘尼等人所撰的文句，在南北朝时便是触犯朝廷的话。

9.16 挽歌辞者，或云古者《虞殡》之歌，或云出自田

横[①]之客，皆为生者悼往告哀之意。陆平原[②]多为死人自叹之言，诗格既无此例，又乖制作本意。

今译

挽歌之辞，有人说是源于古时的《虞殡》之歌，也有人说是出自田横的门客，都是生者用来悼念死者而表达哀伤之情的。陆机所作的挽歌大多是死者自我哀叹之辞，诗的体例没有这种例子，也违背了挽歌创作的本意。

简注

① 田横：齐王田荣之弟，后自刎而死，门下五百壮士全都自杀殉死。

② 陆平原：即陆机，曾为平原内史，故得名。

实践要点

挽歌自然是生者对死者的悼念，陆机居然以死者哀悼自身的角度来作挽歌，也算是一桩奇事了。

9.17　凡诗人之作，刺箴美颂，各有源流，未尝混杂，善恶同篇也。陆机为《齐讴篇》，前叙山川物产风教之盛，后章忽鄙山川之情，殊失厥[①]体。其为《吴趋行》，何不陈子光、夫差乎[②]？《京洛行》，胡不述赧王、灵帝乎[③]？

今译

凡是诗人的作品，无论是讽刺的、劝诫的、赞美的、歌颂的，各有各的源流，是不会混杂的，不会有赞美和讽刺出现在同一篇文章中的情况。陆机写《齐讴篇》，前面叙述山川、物产、教化的繁盛，后面却忽然抒发鄙视山川的情绪，大大违背了文章的体例。而他所作的《吴趋行》，为什么不陈述子光、夫差的事呢？他所作的《京洛行》，又为何不记述周赧王、汉灵帝的事呢？

简注

① 厥：其。

② 子光：即吴王阖闾。夫差：吴王，后为越王勾践所灭。

③ 赧王：即周赧王，周王朝最后一位君王。灵帝：即汉灵帝，汉王朝最后一位君王。两者都是亡国之君。

实践要点

写文章有一个要点：内容统一，观点一致。切不可前后不一、自相矛盾。按之推所说，则陆机作文极其随性，不能符合这一要求。

9.18　自古宏才博学，用事误者有矣；百家杂说，或有不同，书傥湮灭，后人不见，故未敢轻议之。今指知决纰缪[①]者，略举一两端以为诫。《诗》云："有鷕雉鸣。"又曰：

“雉鸣求其牡。”《毛传》亦曰：“鷕，雌雉声。”又云：“雉之朝雊，尚求其雌。”郑玄注《月令》亦云：“雊，雄雉鸣。”潘岳赋曰：“雉鷕鷕以朝雊。”是则混杂其雄雌矣。《诗》云：“孔怀兄弟。”孔，甚也；怀，思也，言甚可思也。陆机《与长沙顾母书》，述从祖弟士璜死，乃言：“痛心拔脑，有如孔怀。”心既痛矣，即为甚思，何故方言有如也？观其此意，当谓亲兄弟为孔怀。《诗》云：“父母孔迩[②]。”而呼二亲为孔迩，于义通乎？《异物志》云：“拥剑状如蟹，但一螯偏大尔。”何逊[③]诗云：“跃鱼如拥剑。”是不分鱼蟹也。《汉书》：“御史府中列柏树，常有野鸟数千，栖宿其上，晨去暮来，号朝夕鸟。”而文士往往误作乌鸢用之。《抱朴子》说项曼都诈称得仙，自云：“仙人以流霞[④]一杯与我饮之，辄不饥渴。”而简文诗云：“霞流抱朴碗。”亦犹郭象以惠施之辨为庄周言也[⑤]。《后汉书》：“囚司徒崔烈以锒铛锁。”锒铛，大锁也；世间多误作金银字。武烈太子[⑥]亦是数千卷学士，尝作诗云：“银锁三公脚，刀撞仆射头。”为俗所误。

| 今译 |

自古以来，那些宏才博学的人，用错典故的大有人在；诸子百家的种种学说，或许会有所不同，但他们的书倘若湮灭，后人就会读不到，所以我不敢随便评价他们。现在暂且就我所知道确定错误的，略微举出一两个例子给你们作为借鉴。《诗经·邶风·匏有苦叶》中说：“有鷕雉鸣。”又说：“雉鸣求其牡。”《毛传》里也说：“鷕，是雌雉的鸣叫声。”《诗经·小雅·小弁》中又说："雉之朝雊，尚求其雌。"郑玄注释《月令》时也说："雊，雄雉的鸣叫声。"潘岳的赋中说："雉鷕鷕以朝雊。"这就混淆雉的雄雌了。《诗经·小雅·常棣》中说："孔怀兄弟。"孔，是很的意思；怀，是思的意思，孔怀所说乃是很是思念的意思。陆机在《与长沙顾母书》中，叙述他的从祖弟陆士璜之死时，却说："痛心拔脑，有如孔怀。"心既然悲痛，那就已经很是思念了，为什么又才说有如呢？看他这句话的意思，应当是指亲兄弟为孔怀。《诗经·周南·汝坟》中说："父母孔迩。"按照陆机的意思，而把双亲称作孔迩，这在道理上讲得通吗？《异物志》中说："拥剑的形状像蟹，只是一只螯偏大而已。"何逊在诗里却说："跃鱼如拥剑。"这就是不分鱼和蟹了。《汉书》中说："御史府中长有柏树，常常会有几千只野鸟在树上栖息，早晨飞走傍晚归来，称作朝夕鸟。"而文士们往往把它们误作乌鸢来使用。《抱朴子》中说项曼都诈称自己遇到了仙人，他自说道："仙人拿了一杯流霞给我喝，我喝了之后，就不再饥渴了。"而梁简文帝在诗中则说："霞流抱朴碗。"这就好像郭象把惠施的辨说当成庄周的话一样了。《后汉书》中说："用银铛锁把司徒崔烈囚禁起来。"银铛，就是大铁链子锁；世人大多把银字误作为金银的银字。武烈太子也是一个饱读几千卷书的大学者了，曾经写过一首诗，其中说："银锁三公脚，刀撞仆射头。"这就是被世俗所误导了。

简注

① 纰缪：谬误，错误。

② 迩：近。

③ 何逊：字仲言，南朝诗人，《梁书》有传。

④ 流霞：仙酒。

⑤ 郭象：西晋玄学家。惠施：战国时哲学家，与庄子为友。庄周：即庄子。

⑥ 武烈太子：即萧方等，字实相，谥号武烈太子。

| 实践要点 |

之推举了几个写诗作文时用典错误的例子，他的意思很明显：告诫子孙后代在写诗作文时，用典务必要慎重，切不可不明就里，拿来就用。弄不好就会犯下很多贻笑大方的错误，例如何逊，竟然不分鱼蟹。

9.19　文章地理，必须惬当。梁简文《雁门太守行》乃云："鹅军攻日逐，燕骑荡康居，大宛归善马，小月送降书。"① 萧子晖《陇头水》云："天寒陇水急，散漫俱分泻，北注徂黄龙，东流会白马。"② 此亦明珠之颣③，美玉之瑕，宜慎之。

| 今译 |

文章中涉及地理的地方，一定要恰当准确。梁简文帝在《雁门太守行》中说："鹅军攻日逐，燕骑荡康居，大宛归善马，小月送降书。"萧子晖在《陇头水》中说："天寒陇水急，散漫俱分泻，北注徂黄龙，东流会白马。"这也算是明珠上的小缺点，美玉上的瑕疵，应该慎重对待。

简注

① 这首诗中所说的“鹅”，乃是古时的阵名。日逐、康居、大宛、小月：皆为西域部落名。“鹅军”“燕骑”与它们毫不相干。

② 萧子晖：字景光，梁朝文人。这首诗中所说的陇水在西北，黄龙在北，白马在西南，不可能“会白马”。

③ 纇：缺点，毛病。

实践要点

写诗作文，涉及地理时，务必要准确、恰当，不可以胡乱想象，《雁门太守行》与《陇头水》二诗，便是不够严谨的代表。

9.20 王籍[①]《入若耶溪》诗云：“蝉噪林逾静，鸟鸣山更幽。”江南以为文外断绝[②]，物无异议。简文吟咏，不能忘之。孝元讽味，以为不可复得，至《怀旧志》载于《籍传》。范阳卢询祖[③]，邺下才俊，乃言：“此不成语，何事于能？”魏收亦然其论。《诗》云：“萧萧马鸣，悠悠旆旌。”[④]《毛传》曰：“言不喧哗也。”吾每叹此解有情致，籍诗生于此耳。

今译

王籍在《入若耶溪》一诗中说：“蝉噪林逾静，鸟鸣山更幽。”江南文士以为这两句诗已经到了极致，没有人对此有异议。梁简文帝吟诵之后，便不能够忘记。梁孝元帝诵读之后，认为这样的诗句不可复得，以至于撰《怀旧志》时把这两句诗记载在《王籍传》中。范阳的卢询祖，是邺城的才俊，却说：“这都不成句子，怎么能说他（指王籍）有才能呢?”魏收也认同他的评论。《诗经·小雅·车攻》中说：“萧萧马鸣，悠悠旆旌。”《毛诗传》注：“意思是安静而不喧哗。”我每每赞叹这个解释颇有情致，王籍的诗句大概就是由此而产生的。

简注

① 王籍：字文海，南朝梁时文学家。

② 断绝：没有更绝妙的了。

③ 卢询祖：北齐文学家，《北齐书》有传。

④ 诗句意思为：马鸣声萧萧，旌旗轻轻飘扬。

实践要点

“蝉噪林逾静，鸟鸣山更幽”，运用了对比烘托的手法，传达了静和幽，实在是不可多得的诗句。后来，唐朝的大诗人王维尤其擅长运用这样的手法。卢询祖和魏收不喜欢这样的诗句，大概是因为他们习惯于直接描述，而不能够接受这其中的艺术手法。之推所引用的《诗经》中的诗句，也许是最早运用对比烘托手法的诗句，所以他说“籍诗生于此耳”。

9.21　兰陵萧悫[①]，梁室上黄侯之子，工于篇什。尝有

《秋诗》云："芙蓉露下落，杨柳月中疏。"时人未之赏也。吾爱其萧散，宛然在目。颍川荀仲举、琅邪诸葛汉[②]，亦以为尔。而卢思道[③]之徒，雅所不惬。

今译

兰陵的萧悫，是梁朝上黄侯的儿子，擅长作诗。曾经写过一首《秋诗》，其中说："芙蓉露下落，杨柳月中疏。"当时的人都不欣赏。我却喜爱这两句诗的萧散景致，仿佛就在眼前。颍川的荀仲举、琅琊的诸葛汉，也是这样认为。但是，卢思道一班人，却不太喜欢这两句诗。

简注

① 萧悫（què）：字仁祖，北齐文学家。

② 荀仲举：字士高，北齐文学家。诸葛汉：即诸葛颖，字汉，北朝与隋朝之际文人。

③ 卢思道：北朝与隋朝之际著名文人，《隋书》有传。

实践要点

萧悫的诗句确有萧散情致，只是取象平淡，所以当时的人都不欣赏，而卢思道等人也不太喜欢。然文学本来如此，自不必强求一句诗写出来，天下人都能够欣赏和认可。只要自己所写乃是出于真情实意，也就可以了。

9.22　何逊诗实为清巧，多形似之言；扬都论者，恨其每病苦辛，饶贫寒气，不及刘孝绰之雍容也。虽然，刘甚忌之，平生诵何诗，常云："'蘧车响北阙'，愮愮不道车。"①又撰《诗苑》，止取何两篇，时人讥其不广。刘孝绰当时既有重名，无所与让，唯服谢朓，常以谢诗置几案间，动静辄讽味。简文爱陶渊明文，亦复如此。江南语曰："梁有三何，子朗最多。"三何者，逊及思澄、子朗也。子朗信饶清巧。思澄游庐山，每有佳篇，亦为冠绝。

今译

何逊的诗确实是清新奇巧，多有生动形象的句子；但是，扬都的评论者们，都批评他太过深思苦虑，诗的意境又大多萧索清寒，不如刘孝绰那样雍容高雅。虽然如此，刘孝绰还是很忌妒何逊，平时诵读何逊的诗句，常常说："'蘧车响北阙'，不说车是违背道理的。"他又编撰有《诗苑》，其中只选取了何逊两首诗，当时的人就讥讽他心胸不够广阔。刘孝绰在当时享有盛名，对谁都不谦让，只是佩服谢朓一人，常常把谢朓的诗放在桌案上，起居作息之间都会读诵玩味一番。梁简文帝喜爱陶渊明的文章，也是这样。江南一带有句俗语说："梁朝有三何，子朗才最高。"三何，是指何逊和何思澄、何子朗。何子朗的诗确实写得清新奇巧。何思澄游玩庐山，每每写出佳作，也算是冠绝一时。

简注

① 蘧车：蘧伯玉的车。愮（huà）：乖离。按王利器先生《颜氏家训集解》，刘孝绰所记何逊诗句为"蘧居响北阙"，所以，他讥讽何逊用居而不用

车，是违背道理的。

丨 实践要点 丨

自古文人多相轻，刘孝绰之忌妒何逊尚属不错了，在编撰《诗苑》时，还能选用何逊的两首诗。换了今日之人，则视之为敌，就连一首诗也都不会选了。

名实第十

10.1　名之与实[①]，犹形之与影也。德艺周厚[②]，则名必善焉；容色姝[③]丽，则影必美焉。今不修身而求令[④]名于世者，犹貌甚恶而责妍影于镜也。上士忘名，中士立名，下士窃名。忘名者，体道合德，享鬼神之福佑，非所以求名也；立名者，修身慎行，惧荣观[⑤]之不显，非所以让名也；窃名者，厚貌深奸，干[⑥]浮华之虚称，非所以得名也。

| 今译 |

名声与实际的关系，就像形体和身影的关系一样。一个德才兼备的人，他的名声一定会很好；一个容貌秀丽端庄的人，她的身影也一定会很美。如今，那些不想修身却想求取美名于世间的人，就像相貌很是丑陋却责求镜子照出美丽身影一般。上等人忘却名声，中等人树立名声，下等人窃取名声。忘却名声的上等人，体悟了道而言行全都合乎于德，他们享有鬼神的赐福和护佑，他们并不是为了追求名声；树立名声的中等人，修养身心，慎言慎行，总是担心自己的荣誉不能够彰显，对于名声，他们是不会谦让的；窃取名声的下等人，则往往貌似厚道，却心怀奸诈，总是想谋取浮华的虚名，他们这样做是得不到名声的。

简注

① 名：名声。实：真实。

② 周：周备。厚：笃厚。

③ 姝（shū）：美好。

④ 令：善。

⑤ 荣观：荣名，荣誉。

⑥ 干：求取。

实践要点

人生在世，常常脱不开“名利”二字，所谓名缰利锁，实非虚言。古之人不反对谋利，只是提倡“见利思义”——符合道义的利，自然可以获取；同样，他们也不反对求名，只是强调要名副其实，而不是窃取虚名。本篇题为名实，强调的正是名副其实，否则即是虚名。虚名再好再大，也终究是虚的，是会破败的！唯有实名不会破败！之推运用“形之与影”的譬喻，生动形象地表达了有其实，才会有其名，而没有实，也就没有名可言。

至于上士、中士和下士，上士乃是体道之人，一言一行悉皆符合于德，如此者不求名而名自至；中士则是通过修身慎行去追求名声，但能笃实而行，最终也是可以树立起好名声的；下士则是想通过伪装来窃取名声，如此者，纵然在一时获得了虚名，最终也必然会丧失。

当今之世，下士居多，中士较少，上士则难得一见。然而，只要能够多些中士——修身慎行的人，我们的社会和国家也就会和谐安宁了。

10.2 人足所履，不过数寸，然而咫尺之途，必颠蹶[①]于崖岸，拱把之梁[②]，每沉溺于川谷者，何哉？为其旁无余地故也。君子之立己，抑亦如之。至诚之言，人未能信，至洁之行，物或致疑，皆由言行声名无余地也。吾每为人所毁，常以此自责。若能开方轨[③]之路，广造舟[④]之航，则仲由[⑤]之言信，重于登坛[⑥]之盟；赵熹之降城[⑦]，贤于折冲之将矣。

今译

人的双脚所站立的地方，不过几寸而已，但是，走在咫尺宽的山路上，一定会跌落到山崖下；走在独木桥上，往往会沉溺于河流中，这是什么原因呢？是因为脚旁没有多余的地方啊。君子立身行事，大概也是这个道理。最真诚的话，人们未必能够相信；最高洁的行为，往往会招来怀疑，这都是因为言行和名声太过完满而没有了余地的缘故。每当我遭到别人的诋毁时，就常常以此来自我反省。如果能够开辟宽广的大道，搭建起宽广的浮桥，那么，所说的话就能像子路一样，胜过诸侯登坛会盟的誓言；就能像赵熹劝敌投降一样，胜过冲锋陷阵的大将。

简注

① 颠蹶（jué）：倾翻，跌倒。

② 拱把之梁：两只手合围为拱，一只手握满为把。梁，桥。拱把之梁就是很窄的独木桥。

③ 方轨：两车并行。

④ 造舟：连船为桥。

⑤ 仲由：孔子弟子，字子路，以信守诺言著称。

⑥ 登坛：升登坛场。古时帝王在即位、祭祀、会盟、拜将之时，设立坛场，以举行隆重的仪式。

⑦ 赵熹：东汉人，以信义著称，曾经劝降舞阴城。事见《后汉书》。

| 实践要点 |

之推告诫子孙后代：一个人要走得稳，走得从容，就应该为自己留有余地，否则就会像走在咫尺之途、拱把之梁上，只会跌落到山崖下、沉溺于河流中。可是，现今的人，不但不给自己留有余地，还夸大、造假，所说的话通常令人难以相信，又如何会出现子路、赵熹这般一诺千金的人呢？

而要成为一诺千金的人，那就要拓宽脚下的路，为自己搭造一个坚实的平台，日积月累，成就信实的美名。

10.3　吾见世人，清名登而金贝[①]入，信誉显而然诺[②]亏，不知后之矛戟[③]，毁前之干橹[④]也。虙子贱[⑤]云："诚于此者形于彼。"人之虚实真伪在乎心，无不见乎迹，但察之未熟耳。一为察之所鉴，巧伪不如拙诚，承之以羞大矣。伯石让卿[⑥]，王莽辞政[⑦]，当于尔时，自以巧密；后人书之，留传万代，可为骨寒毛竖也。近有大贵，以孝著声，前后居丧，哀毁逾制[⑧]，亦足以高于人矣。而尝于苫块[⑨]之中，以巴豆涂脸，遂使成疮，表哭泣之过。左右童竖，不能掩之，益使外人谓其居处饮食，皆为不信。以一伪丧百诚者，乃贪名不已故也。

今译

我看到世间的人，有了清廉的名声之后就开始捞取钱财，有了显耀的信誉之后就开始言而无信了，他们不知道后来的行为，会毁掉前面辛苦得来的清名和信誉，就像矛和戟会毁掉盾牌一样。虙子贱说：“内心保持真诚，就会在外表显示出来。”一个人的虚伪和真实在于他的心，没有不表现在行为上的，只不过是别人观察得不够仔细罢了。一旦被别人观察清楚，巧妙虚伪的人也就不如笨拙真诚的人了，随之而来所承受的羞辱也会很大。伯石虚情假意地辞让卿位，王莽装模作样地辞谢政权，在当时，都自以为巧妙周密；后人把他们虚伪的真相写了出来，流传后世，使后人读了之后为之感到心惊胆战，毛骨悚然。近世有一个很显贵的人，以孝亲著称，先后为父母居丧期间，都哀伤过度，超过了礼制的要求，也足以超出一般人了。而他曾经在居丧期间，用巴豆涂脸，使得脸上长疮，以此来表示他哭得过于伤心。左右侍奉的僮仆，没有能够守住这件事，于是被传扬了出去，这就使得外人对他在居丧期间的居处、饮食全都产生了怀疑。因为一件虚伪的事毁掉了数百次的真诚，这都是因为无休无止贪求名声所导致的啊！

简注

① 金贝：金钱，货币。

② 然诺：许诺。

③ 矛、戟：古代的两种兵器。

④ 干、橹：盾牌，干是防御刀剑的小盾牌，橹是抵挡矛戟的大盾牌。

⑤ 虙（fú）子贱：孔子弟子，曾为单父宰。

⑥ 伯石让卿：伯石，春秋时期郑国大夫。《左传·襄公三十年》：“伯有既死，使大史命伯石为卿，辞。大史退，则请命焉。复命之，又辞。如是三，乃受策入拜。子产是以恶其为人也，使次己位。”

⑦ 王莽辞政：西汉末年，汉哀帝命大司马王莽执掌政权，王莽再三假意辞让，可是，后来他却篡夺了西汉政权。

⑧ 逾：超过。

⑨ 苫（shān）块：苫即草垫，块即土块。据古礼，居父母之丧时，孝子要以草垫为席，土块为枕。

实践要点

一个人之所以会“清名登而金贝入，信誉显而然诺亏”，乃是因为他的所作所为只是为了谋取名声，获取利益，最初的出发点便是错误的。说白了，“金贝入”“然诺亏”才是他们的真相。事实上，如果外人一开始就能够对他们进行细致的观察，自然就会知道他们是虚伪的，就像伯石让卿，子产便觉察到了他的虚伪。一旦如此，恐怕这些人连“清名登”“信誉显”的机会都没有了。

而且，纵然是因为外人的一时疏忽，使得他们获取了一时的虚名，可是，虚妄终究是虚妄，纸是包不住火的，所以，王莽的虚伪被后人记录了下来，那位显贵之人的虚假则被僮仆传扬出去，最终名声一落千丈。总而言之一句话：“巧伪不如拙诚。”所以，为人处事，宁愿守拙而保持真诚，切不可弄巧虚伪!

10.4 有一士族，读书不过二三百卷，天才钝拙，而家世殷厚，雅[①]自矜持，多以酒犊珍玩，交诸名士，甘其饵[②]者，递[③]共吹嘘。朝廷以为文华，亦尝出境聘[④]。东莱王韩晋明[⑤]笃好文学，疑彼制作，多非机杼[⑥]，遂设宴言，面相讨试。竟日[⑦]欢谐，辞人满席，属音赋韵，命笔为诗，彼造次[⑧]即成，了非向韵。众客各自沉吟，遂无觉者。韩退叹曰："果如所量!"韩又尝问曰："玉珽杼上终葵首[⑨]，当作何形?"乃答云："珽头曲圜，势如葵叶耳。"韩既有学，忍笑为吾说之。

今译

有一个士族，读书不到二三百卷，天资愚钝笨拙，但家境富裕，素来自负矜持，常常用酒肉珍玩结交名人雅士，那些甘愿受到他引诱的人，便争相为他吹嘘。以至于朝廷也认为他颇有才华，也曾经委派他作为使节出国访问。东莱王韩晋明是个酷爱文学的人，怀疑他的作品大多不是出自他本人的构思，于是设宴交谈，当面向他讨教试探。宴会从早到晚，非常欢乐和谐，文人墨客们汇聚一堂，大家依据声韵，挥笔赋诗，这个所谓的名士很快就写好了，但完全没有过去作品的神韵。大家都在各自沉思吟诵，没有人发现这一状况。韩晋明退席之后，感叹道："果真如我所料!"韩晋明还曾问过他：

“玉珽机杼上安装的终葵首，应当是什么样的？”他竟然回答说：“玉珽的头部弯曲圆转，就像葵叶。”韩晋明是个有学问的人，忍住笑为我说起这件事。

简注

① 雅：素来，向来。

② 甘：甘愿。饵：诱饵。

③ 递：轮流，依次。

④ 聘：聘问，指国与国之间的通问修好。

⑤ 韩晋明：北齐东莱王，名士，以侠气和好学著称。

⑥ 机杼：织布机的梳子，这里指诗文的构思和布局。

⑦ 竟日：从早到晚。

⑧ 造次：急忙，仓促。

⑨ 玉珽杼上终葵首：玉珽，即玉笏。古时朝臣上朝时所执的手版。杼，削薄。终葵，椎。

实践要点

这个士族，通过酒肉珍玩引诱一些所谓的文人雅士来吹捧自己，甚至让这些文人雅士来为自己代笔作诗。如此沽名钓誉之人，竟然能够蒙混朝廷，委以重任，也算是一桩怪事！然而，没有真才实学，总归还是要被他人觉察并识破的。即便是没有韩晋明，他也无法如此蒙混一生。依据前文，可知之推并不反对求取名声，然而，务必要通过正当的方式——修身慎行。如果是一位文人，那至少还得要具备一定的真才实学，才能够做到名副其实。否则，最终的结局必然是自取其辱。

10.5　治点子弟文章[1]，以为声价[2]，大弊事也。一则不可常继，终露其情；二则学者有凭，益不精励。

今译

为自家的子弟润色文章，以提高他们的名声和身价，是一件很坏的事情。一来不可能永远继续下去，终究是会露出马脚的；二来会让求学的子弟觉得有了依赖，更加不会勤奋用功了。

简注

① 治点：修改润色文章。

② 声价：声名和身价。

实践要点

为子弟治点文章，通常不是子弟的问题，而是长者的问题。他们希望自家的子弟早日成名，提高身价，自己好显得脸上有光。可是如此一来，只会给子弟带来糟糕的结局。说白了，这是一种牺牲子弟彰显自我的举动。

正确的做法是：指出子弟所作文章中的种种不足之处，为他们讲解优秀文章的特征，并提供良好的模板，让他们对作文产生正确的认知和兴趣。

10.6　邺下有一少年，出为襄国令，颇自勉笃。公事经怀，每加抚恤，以求声誉。凡遣兵役，握手送离，或赍[1]

梨枣饼饵，人人赠别，云：“上命相烦，情所不忍；道路饥渴，以此见思。”民庶称之，不容于口②。及迁为泗州别驾③，此费日广，不可常周，一有伪情，触涂难继，功绩遂损败矣。

今译

郫城有一个年轻人，出任襄国县令，做事很是勤勉笃实。办理公事尽心尽力，对下面的人也很关怀体贴，他以这样的方式来求取声誉。每到派遣兵役的时候，他都会跟服兵役的人握手送别，有时还会送给他们梨、枣和糕饼等，每个人都赠送告别一番，说：“这是奉上司的命令烦劳你们，我的心中实在是于情不忍啊；路途行走，饥渴难免，这些东西就算是我的一片心意吧。”百姓们都对他赞不绝口。等到他升迁为泗州别驾之后，这类费用就更多了，无法做到面面俱到，可见一旦有虚情假意，常常难以继续下去，原有的功绩也就因此而毁败了。

简注

① 赍（jī）：赠送东西给别人。

② 不容于口：不是口能够说得完的。

③ 别驾：州的行政长官为刺史，副职为别驾。

实践要点

本段的核心教诲在于最后一句：“一有伪情，触涂难继，功绩遂损败矣。”

无论是谁，只要有虚情假意而刻意去求名，最终就一定会败露，结局则是：以往通过巧伪所获取的名声，会在一夜之间消失殆尽。

由此可见，初心很重要。如果初心是求名逐利，那就必定离不得虚情假意；可是，如果初心是克己为公，自然就会兢兢业业，而名与实符。

10.7　或问曰："夫神灭形消，遗声余价[①]，亦犹蝉壳蛇皮，兽远[②]鸟迹耳，何预于死者，而圣人以为名教乎？"对曰："劝也，劝其立名，则获其实。且劝一伯夷[③]，而千万人立清风矣；劝一季札[④]，而千万人立仁风矣；劝一柳下惠[⑤]，而千万人立贞风矣；劝一史鱼[⑥]，而千万人立直风矣。故圣人欲其鱼鳞凤翼，杂沓参差[⑦]，不绝于世，岂不弘哉？四海悠悠，皆慕名者，盖因其情而致其善耳。抑又论之，祖考之嘉名美誉，亦子孙之冕服墙宇也，自古及今，获其庇荫者亦众矣。夫修善立名者，亦犹筑室树果，生则获其利，死则遗其泽。世之汲汲[⑧]者，不达此意，若其与魂爽俱升，松柏偕茂者，惑矣哉！"

| 今译 |

有人问道："人死之后神形俱消，留下来的名声和身价，也就像蝉壳、蛇皮、鸟兽经过所留下的痕迹一般，与死者又有什么关系呢？而圣人为什么要以名声来教化百姓呢？"我回答说："这是为了劝勉世人啊，劝勉世人树立名声，就能够做到名副其实。况且用一个伯夷来劝勉世人，就能够让千万人树立清正之风；用一个季札来劝勉世人，就能够让千万人树立仁爱之风；用一个柳下惠来劝勉世人，就能够让千万人树立贞洁之风；用一个史鱼来劝勉世人，就能够让千万人树立正直之风。所以，圣人希望世人不管天赋如何良莠不齐，都能够向伯夷、季札等人学习，代代不绝，如此一来，名教又怎么会得不到弘扬呢？四海之内，芸芸众生，全都仰慕美名，圣人正是依据他们的意愿来引导他们走向善的方向。从另一个方面来说，祖先的美好名誉，也就是子孙后代的冠冕和华堂，自古到今，得到祖先美好名誉庇护的人也是很多的。行善立名的人，就像建房子、种果树一样，生前能够获得利益，死后还能泽被后人。世间那些急功近利的人，不明白这个道理，如果拿他们同名声与魂魄一起升天、能够像松柏一般长青的人相比，他们真是太迷惑了！”

丨 简注 丨

① 遗声余价：留下来的名声和身价。

② 远（háng）：野兽的足迹。

③ 伯夷：商周之际的贤人。周灭商后，他宁可饿死也不吃周食，以清白著称。

④ 季札：即吴公子札，多次推让君位。事见《史记·吴太伯世家》。

⑤ 柳下惠：春秋时鲁国大夫。姓展，名获，字禽。传言其美色坐怀而不乱，以守贞著称。

⑥ 史鱼：春秋时卫国大夫。为人正直，敢于直谏。

⑦ 杂沓参差：表示众多纷杂的样子。

⑧ 汲汲：心情急切的样子。

实践要点

有人认为，一个人死后，名声就像“蝉壳蛇皮，兽迒鸟迹”，毫无意义，圣人设立名教，也是无有意义的。之推对此作出了解说，他认为圣人设立名教，乃是为了劝勉世人向善行善。一旦某个人真的向善行善，并树立了自己的名声，那就不但能够对自身有益，还能够遗泽后人。

所以，名教的根本不在于引导世人去求名，而是为了引导世人去行善积德。因为唯有行善积德，才能够取得名声。

涉务第十一

11.1　士君子之处世，贵能有益于物耳，不徒高谈虚论，左琴右书，以费人君禄位也。国之用材，大较[①]不过六事：一则朝廷之臣，取其鉴达治体，经纶[②]博雅；二则文史之臣，取其著述宪章，不忘前古；三则军旅之臣，取其断决有谋，强干习事；四则藩屏[③]之臣，取其明练风俗，清白爱民；五则使命之臣，取其识变从宜，不辱君命；六则兴造之臣，取其程功[④]节费，开略[⑤]有术。此则皆勤学守行者所能辨也。人性有长短，岂责具美于六涂哉？但当皆晓指趣[⑥]，能守一职，便无愧耳。

今译

士大夫立身处世，贵在能够做一些有益于世间的事，而不只是高谈阔论，弹琴写字，以此来消耗君主所提供的俸禄和官位。国家使用人才，大略不过六种：一是处理朝廷政务的大臣，需要他们明白治理国家的体制法度，经纶天地，博学文雅；二是掌管文史的大臣，需要他们撰写各种典章制度和法令，不忘前朝的经验教训；三是统领军队的大臣，需要他们勇于决断并富有谋略，精明强干，熟悉军务；四是驻守边疆的大臣，需要他们熟练当地的民风民俗，为政清廉，爱护百姓；五是出使外邦的大臣，需要他们随机应变，行事适宜，而能够不辜负君王的使命；六是负责兴造的大臣，需要他们筹划进展，节约费用，管理有方。以上这些都是勤学修身之人所能够做到的。但是，人的禀性各有长短，怎么能够要求一个人在六个方面全都完美呢？只要能够对六个方面通晓大意，并做好其中一个方面，也就可以无愧了。

简注

① 大较：大略，大概。

② 经纶：理出丝绪为经，编丝成绳为纶，引申为治理国政。

③ 藩屏：藩篱屏障。

④ 程功：衡量功绩，计算进度。

⑤ 开略：治理，管理。

⑥ 指趣：即旨趣，宗旨和大义。

实践要点

学习贵在致用。可是，无论是在过去，还是在当今，诸多为学之人论学时高谈阔论，头头是道，可是一旦面对实务，却又束手无策，一无所用。之推有感于此，特辟《涉务》一篇，以明为学应当涉及实务，切不可作空洞无用的学问。

本段中，之推交代了国家所应当运用的六种人才。这六种人才，各有各的要求，为学之人应当通晓六种人才的要求，并选择其中一种深入研习，从而成为于国有益的人才。

11.2　吾见世中文学之士，品藻[①]古今，若指诸掌，及有试用，多无所堪。居承平[②]之世，不知有丧乱之祸；处庙堂之下，不知有战陈[③]之急；保俸禄之资，不知有耕稼之苦；肆[④]吏民之上，不知有劳役之勤：故难可以应世经务也。晋朝南渡，优借[⑤]士族，故江南冠带[⑥]，有才干者，擢为令、仆已下，尚书郎、中书舍人已上，典掌[⑦]机要。其余文义之士，多迂诞浮华，不涉世务；纤微过失，又惜行捶楚[⑧]，所以处于清高，盖护其短也。至于台阁令史，主书监帅，诸王签省，并晓习吏用，济办时须。纵有小人之态，皆可鞭杖肃督，故多见委使，盖用其长也。人每不自量，举世怨梁武帝父子爱小人而疏士大夫，此亦眼不能见其睫耳。

今译

我见过世间很多文学之士，评古论今，就像指点掌中之物一般，等到真的让他们去做时，却又大多不能胜任。他们身处于太平之世，不知道有丧乱的灾祸；他们身处于朝廷之上，不知道有战争攻夺的急迫；他们享有安定的俸禄，不知道有耕种庄稼的辛苦；他们位于下吏百姓之上，不知道有劳役的勤苦：所以，他们很难应对时事和处理政务。晋朝南渡之后，朝廷优待士族，因此江南的士族中，但凡是有才干的，就能被提拔到尚书令、尚书仆射以下，尚书郎、中书舍人以上的职务，执掌国家机要。其余那些只懂一点文义的人，大多迂诞浮华，不涉世务；有了一点小过错，又吝惜于鞭打杖责，所以只好把他们放到名高职轻的位置上，来掩盖他们的短处。至于那些台阁令史、主书、监帅以及各王府的典签、省事等职务，都要求能够通晓时务、处理事务，与时俱进适应需要。纵使他们有粗鄙小人的毛病，也都是可以对他们实行鞭打杖责的严惩，所以，他们反而大多被委以重任，这是用其所长。可是，人往往没有自知之明，所以，世人都抱怨梁武帝父子喜欢粗鄙的小人而疏远士大夫们，这就像是眼睛看不到睫毛一样。

简注

① 品藻：评议并鉴定等级。

② 承平：累代相承的太平。

③ 战陈：战争。陈，即阵。

④ 肆：位于。

⑤ 优借：优待。

⑥ 冠带：士族缙绅们都爱戴冠束带，故以冠带统称之。

⑦ 典掌：掌管。

⑧ 捶楚：责罚。

实践要点

之推对那些评古论今头头是道的人作出了批评，指出了他们的劣根性：缺乏自知之明而自以为是。他们自身缺乏处理事务的能力，却还嫉妒那些有能力干事的人，看似文雅人士，实是龌龊小人。之推的意思很明显：希望子孙后代成为于社会、国家切实有用的人。

11.3　梁世士大夫，皆尚褒衣博带，大冠高履，出则车舆，入则扶侍，郊郭之内，无乘马者。周弘正为宣城王所爱，给一果下马[①]，常服御之，举朝以为放达。至乃尚书郎乘马，则纠劾之。及侯景之乱，肤脆骨柔，不堪行步，体羸气弱，不耐寒暑，坐死仓猝者，往往而然。建康令王复，性既儒雅，未尝乘骑，见马嘶喷陆梁[②]，莫不震慑，乃谓人曰："正是虎，何故名为马乎？"其风俗至此。

丨 今译 丨

梁朝的士大夫，都崇尚穿衣宽带阔的衣服，戴着大帽子，穿着厚底鞋，出门则以车代步，进门则有人扶侍，无论是城里还是郊外，都看不到骑马的士大夫。宣城王很喜欢周弘正，赏给他一匹果下马，他常常骑着这匹马，结果朝廷上下都认为他放达不羁。当时，乃至于尚书郎如果骑马，就会遭到弹劾。到了侯景之乱爆发的时候，士大夫们个个细皮嫩肉、骨骼脆弱，承受不了步行的辛苦，体虚气弱，耐不住寒暑的袭击，在仓促之中坐而待毙的，往往都是如此。建康令王复，性情温文儒雅，从未骑过马，每次看到马嘶鸣跳跃，都会感到震惊恐惧，对他人说："这明明是老虎，为什么叫作马呢？"当时的社会风气竟然到了这种地步。

丨 简注 丨

① 果下马：体格矮小，能在果树下行走的马。

② 嘶喷：嘶鸣。陆梁：跳跃。

实践要点

当我们在嘲笑那些梁朝的士大夫时，有没有想过，我们的子女正在成为与他们相似的人？随着经济的发展，家庭条件得以提升，孩子们娇生惯养，追求享受，不但养成了不劳而获的坏习惯，也伤害了身体。如今，少儿的整体健康状况着实令人担忧，诚如文中所说："肤脆骨柔，不堪行布；体羸气弱，不耐寒暑。"

作为家长，谁也不希望自己的孩子去劳苦、受难，然而，不经过磨炼，孩子就无法磨砺出杰出的人品和体格。我们必须在孩子的眼前安逸与长远成长之间作出选择。如果你的选择是前者，你就不是在教育孩子，而是在毁害他（她）!

11.4　古人欲知稼穑之艰难，斯盖贵谷务本[①]之道也。夫食为民天，民非食不生矣，三日不粒，父子不能相存。耕种之，茠锄[②]之，刈[③]获之，载积之，打拂[④]之，簸扬之，凡几涉手[⑤]，而入仓廪，安可轻农事而贵末业哉？江南朝士，因晋中兴，南渡江，卒为羁旅，至今八九世，未有力田，悉资俸禄而食耳。假令有者，皆信僮仆为之，未尝目观起一墢土[⑥]，耘一株苗；不知几月当下，几月当收，安识世间余务乎？故治官则不了，营家则不办，皆优闲之过也。

| 今译 |

古之人想知道耕种庄稼的艰辛，这是他们重视粮食、以农为本的思想。民以食为天，没有了食物，人民就无法生存，三天没饭吃，就算父子也不能再相互依存了。种植庄稼，要经过耕种、除草、收割、存储、舂打、扬场等多道工序，要经过多次手，才能够进入粮仓，怎么可以轻视农业而重视商业呢？江南的官员，因为晋朝中兴而南渡过江，客居在异乡，到现在也已经历了八九代，他们从来不种田，都是靠朝廷的俸禄吃饭。即使家里有田地的，也都由奴仆们去耕种，他们从未亲眼看过怎样挖一块土，怎样种一棵苗；不知道几月应当播种，几月应当收割，又怎么能够懂得世间的其他事务呢？所以，他们做官不明了为官之方，治家也不知道持家之道，这都是养尊处优和安逸享乐所带来的问题啊。

| 简注 |

① 贵谷务本：重视粮食、以农为本。

② 茠（hāo）：拔草。锄：锄草。

③ 刈（yì）：割。

④ 打拂：以连枷击打谷物，使之脱落。

⑤ 涉手：经手。

⑥ 一墢（fá）土：一犁土。

| 实践要点 |

无论何时，民都是以食为天的，所以，农业乃是人民生活安乐、国家和平稳定的基础。然而，今天因为商业的过度发展，使得农业遭到了忽视，大多数年轻人已经不知道如何种植庄稼，他们就像之推笔下的江南朝士一般，“未尝目观起一墢土，耘一株苗”。当然，之推所关注的并不是农业的兴衰，而是一个人太过悠闲而不涉务，最终必然会“治官则不了，营家则不办”，就此一事无成。

作为家长，读了之推的遗训之后，我们还会为孩子创造最大化的悠闲和安逸吗？

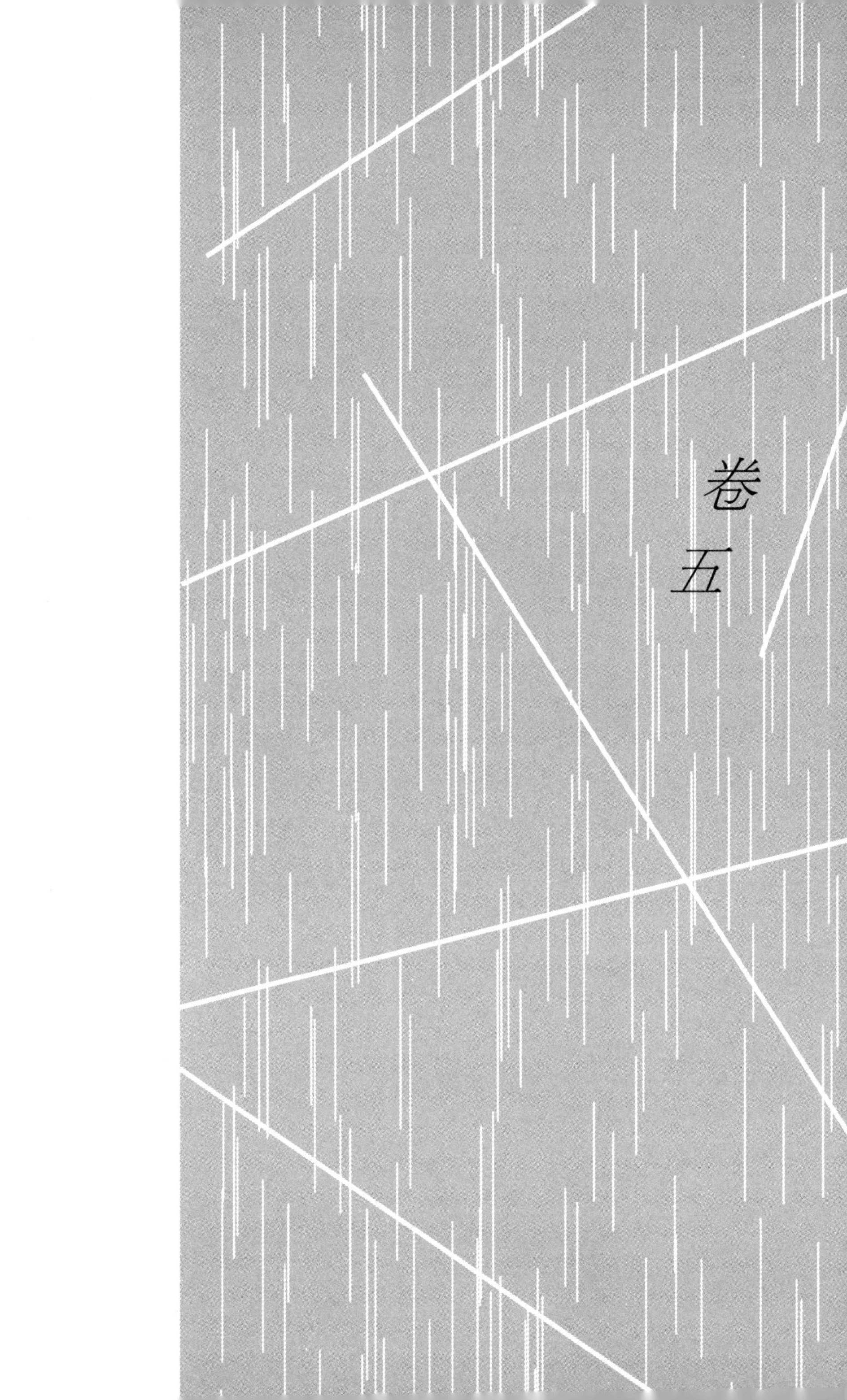

卷五

省事第十二

12.1　铭金人[①]云："无多言，多言多败；无多事，多事多患。"至哉斯戒也！能走者夺其翼，善飞者减其指，有角者无上齿，丰后者无前足，盖天道不使物有兼焉也。古人云："多为少善，不如执一；鼫鼠五能[②]，不成伎术。"近世有两人，朗悟[③]士也，性多营综[④]，略无成名。经不足以待问，史不足以讨论，文章无可传于集录，书迹未堪以留爱玩，卜筮射六得三，医药治十差五[⑤]，音乐在数十人下，弓矢在千百人中，天文、画绘、棋博、鲜卑语、胡书、煎胡桃油、炼锡为银，如此之类，略得梗概[⑥]，皆不通熟。惜乎，以彼神明，若省其异端，当精妙也。

| 今译 |

周朝太庙前铜人身上的铭文说："不要多说话，多说话就会多失败；不要多管事，多管事就会多祸患。"这一个告诫真是太对了！擅长奔跑的就不让它长翅膀，擅长飞翔的就不让它生前爪，长着角的就不让它长上齿，后肢发达的就让它不长前肢，这大概是天道不让万物兼具各种长处吧。古人说："做得多的很少有能够做得好的，不如专心致志做好一件事；鼫鼠有着五种技能，但没有一个成为绝技。"近代有两个人，既聪明又勤敏，生性喜欢多多涉猎、经营，但没有一样成名的。研习经书经不起别人的提问，学习历史不足以和别人探讨，撰写文章又不足以收录进任何文集，书法也不值得留存把玩，占卜六次仅有三次占中，开方治病十个只能治好五个，音乐水平在数十人之下，射箭技能又在千百人之中，天文、绘画、棋博、鲜卑语、胡书、煎胡桃油、炼锡为银，诸如此类，都能懂得个大概，可全都不精通。可惜啊，凭着他们两位的聪明才智，如果能够放弃那些驳杂的爱好而专攻一项，必定能够达到精妙的程度。

简注

① 铭金人：即刻有铭文的铜人。《说苑》中载："孔子之周，观于太庙，右陛之前有金人焉，三缄其口，而铭其背曰：'古之慎言人也，戒之哉！戒之哉！无多言，多言多败；无多事，多事多患。'"

② 鼫鼠：也叫石鼠、土鼠。五能：指五种技能，即能飞、能缘、能游、能穴、能走。鼫鼠有五种技能，可是全都非常平庸。《说文解字》中载："鼫，五技鼠也，能飞不能过屋，能缘不能穷木，能游不能渡谷，能穴不能掩身，能走不能先人。此之谓五技。"

③ 朗悟：聪敏。

④ 营综：经营综理。

⑤ 治十差（chài）五：治十位病人好了五位，指医术平庸。

⑥ 梗概：大概。

实践要点

本篇题为"省事"，所谓省事，即少事的意思。俗语说"多一事不如少一事"，正是省事之意。所以本卷讲述了很多不要积极主动去管事、多事，正因如此，之推遭到后世的诟病，被指责为太过圆滑。事实上，之推讲省事，更加接近于“君子思不出其位”，以及劝告世人集中精力，做好一两件真正擅长的事。放在今天，他的这些遗训依然有着一定的价值和意义。相信随着对本卷的解读，诸位会体味到之推的良苦用心。

本段以铭金人身上的铭文为始，指出应当省事。其后，话锋一转，开始探讨为何万物不能兼具各种长处，就此指出应当专心致志干好一两件事，并以两位聪明勤敏的人为例，讲述了兴趣广泛只会分散精力，最终一事无成。其中鼫鼠的譬喻甚是令人深思。可是，如今父母们提倡赢在起跑线上，让孩子们参加种种兴趣班，常常有一个孩子报了五六个兴趣班的情况，即使如此，父母还觉得不满足。其实，这样做不但让孩子们深感疲倦，还会导致孩子将来没有一项是真正精通的。正确的做法或许是：父母对孩子进行深入的观察和了解，发掘他们的优点和长处，就此进行正确的引导，让他们专心一致，发挥自己的优点和长处。一旦如此，他们将会成为某个领域的佼佼者。

12.2 上书陈事，起自战国，逮①于两汉，风流弥广。原其体度：攻人主之长短，谏诤②之徒也；讦③群臣之得失，讼诉之类也；陈国家之利害，对策之伍也；带私情之与夺，游说之俦④也。总此四涂，贾诚⑤以求位，鬻言⑥以干禄。或无丝毫之益，而有不省之困，幸而感悟人主，为时所纳，初获不赀⑦之赏，终陷不测之诛，则严助、朱买臣、吾丘寿王、主父偃之类甚众。良史所书，盖取其狂狷⑧

一介，论政得失耳，非士君子守法度者所为也。今世所睹，怀瑾瑜而握兰桂者[⑨]，悉耻为之。守门诣阙，献书言计，率多空薄，高自矜夸，无经略之大体，咸秕糠之微事，十条之中，一不足采，纵合时务，已漏先觉，非谓不知，但患知而不行耳。或被发奸私，面相酬证，事途回穴[⑩]，翻惧愆尤[⑪]；人主外护声教，脱加含养。此乃侥幸之徒，不足与比肩也。

今译

向君王上书陈述国事，这种风气起源于战国，到了两汉，流行更广。探求它的体制，有以下几类：指责君王的优点和缺点，这是直言规劝的一类；直言大臣们的得失成败，这是争辩是非的一类；指陈国家政策的利益和弊端，这是出言献策的一类；带着个人情感进行褒贬，这是游说的一类。总体来说这四种情况，全都属于出卖忠心以求取官位，出卖言论以谋取俸禄。这些人有的不但得不到丝毫的好处，反而会因为对方不理解而招来困厄，即便是侥幸打动君王，获得当世的采纳，最初获得不可估量的赏赐，但最终往往还是会陷入难以预料的杀身之祸，像严助、朱买臣、吾丘寿王、主父偃之类，这样的例子很多。优秀的史官之所以要把他们记载下来，所取的大概是因为这些人性情偏激耿直，敢于议论政治的得失成败罢了，但是这不是遵守法度的士大夫君子们的所作所为啊。今天我们会看到，凡是才华、德行像瑾、瑜、兰、桂一般的君子，全都耻于上书言事。那些守在门口或奔赴宫廷上书献计的人，大多是空洞浅薄、自以为是、夸夸其谈的人，他们上书所陈述的没有关于治国安邦的大谋略，全都是一些无足轻重的小事，十条建议之中，一条也不值得采纳，纵使有合乎时务的建议，也都是君王已经意识到的，不是说君王不知道，令人担忧的是知道了而不去实行啊。有人上书披露揭发别人的奸情和私谋，与人当面对质，由于事情往往复杂曲折，反而害怕自己会受到罪咎。君王对外为了维护朝廷的声誉和教化，也就对他们加以包容，这些乃是侥幸之徒，不足以与他们为伍。

| 简注 |

① 逮（dài）：及，至。

② 谏诤：直言规劝，止人之失。

③ 讦（jié）：直言不讳。

④ 俦（chóu）：同类。

⑤ 贾（gǔ）诚：贩卖忠心。

⑥ 鬻（yù）言：贩卖言辞。

⑦ 不赀（zī）：不可计量。

⑧ 狂狷：狂指狂傲自大，过于激进；狷指洁身自好，偏于保守。狂与狷各偏于一面，泛指偏失。

⑨ 瑾、瑜：美玉名。兰、桂：芳香异木。皆喻德才出众。

⑩ 回穴：曲折。

⑪ 愆（qiān）尤：过失、罪咎。

| 实践要点 |

本段中，之推对上书陈事进行了批评。首先，他罗列上书陈事的四类情况，认为这四类全都是“贾诚以求位，鬻言以干禄”。其次，他指出上书陈事的人，最终大多下场悲惨。再次，他强调遵循法度的士大夫是不会这样干的。最后，之推结合现状，批评很多人的上书其实毫无价值、毫无意义。

细细体味，我们会发现之推所反对的其实并非上书陈事。国家有难，或是政策出现问题，上书献计，解除灾难，解决问题，这有什么问题呢？可是，很多人上书陈事只是为了哗众取宠，出卖忠心和言词，甚至是诬陷他人，来为自己谋求私利。之推所厌恶的乃是这样的人。

12.3 谏诤之徒，以正人君之失尔，必在得言之地，当尽匡赞[①]之规，不容苟免偷安，垂头塞耳；至于就养[②]有方，思不出位，干非其任，斯则罪人。故《表记》云："事君，远而谏，则谄也；近而不谏，则尸利也。"《论语》曰："未信而谏，人以为谤己也。"

| 今译 |

处于谏诤之位的人，其职责是纠正君王的过失，必须在该说话的地方，竭尽其匡正辅佐的责任，不容许苟且偷安，低头塞耳装作不知；至于侍奉君王也有一定的方法，考虑问题不要超出自己的职责范围，如果做了不属于自己分内的事，就是朝廷的罪人。所以，《礼记·表记》中说："侍奉君王，与其关系疏远而进谏的，那就是谄媚；与其关系亲近却不进谏的，那就是尸位素餐，白吃俸禄。"《论语·子张》中说："没有得到对方的信任而进谏，对方会认为你是在毁谤他。"

简注

① 匡赞：匡正辅佐。

② 就养：侍奉。

实践要点

结合这段文字来看，立即可以明了之推绝不反对上书陈事，而是反对思出其位。如果本身担任的是谏诤之职，那么，纵然是遭遇灾祸也要直言劝谏，绝不可苟且偷安。之推还引用《礼记》和《论语》中的话来论述自己的观点，由此可见，后世之人指责之推圆滑，斥责《颜氏家训》是“庸人思想”，实在是没有真正理解之推的意图。

之推还指出什么样的人可以进谏，什么样的人不可以进谏。这在生活中也可以为我们带来启发：当孩子们犯下错误时，若是自家的子女，自然应当直言告诫；若是别人家的子女，则应当婉言相劝，以免产生不必要的冲突。

12.4　君子当守道崇德，蓄价待时，爵禄不登，信由天命。须求趋竞，不顾羞惭，比较材能，斟量功伐[①]，厉色扬声，东怨西怒。或有劫持宰相瑕疵，而获酬谢；或有喧聒[②]时人视听，求见发遣。以此得官，谓为才力，何异盗食致饱，窃衣取温哉！世见躁竞得官者，便谓“弗索何获”，不知时运之来，不求亦至也；见静退未遇者，便谓“弗为胡成”，不知风云不与，徒求无益也。凡不求而自得，求而不得者，焉可胜算乎！

今译

君子应当坚守正道，崇尚德行，蓄养身价，以待时机，就算是得不到高官厚禄，那也应遵循上天的安排。如果自己去奔走求索，不顾羞耻，与他人比较才能，比较功劳，说话时声色俱厉，整天怨天尤人。或是抓住宰相的一点小问题就加以要挟，以获得酬谢；有的在世人面前大吵大闹混淆视听，以求得升官发财。以这种方式得到官位，还自认为有能力，这与偷东西以吃饱、偷衣服以取暖又有什么区别啊！世人看到那些浮躁奔走竞争到官位的人，就说“不主动去求索，又怎么能够得到呢”，却不知道当时运来临时，不去求官位也是会得到的啊；世人看到恬静退让没有得到重用的人，就说“不主动去争取，又怎么能够成功呢”，却不知道当时运未到时，再怎么求也是没有用的啊。在这世间，那些不求而自得的，以及努力去求却得不到的人，是数不胜数的啊！

简注

① 功伐：功劳，功勋。

② 喧聒：喧嚣刺耳。

实践要点

守住尊严，是做人的底线。可是，很多人却为了所谓的成功不择手段，不顾羞耻，根本不知道尊严为何物，实在悲哀之极！之推对这些人作了生动的描写，并且毫不留情地指出他们与“盗食致饱，窃衣取温”的小偷没有什么两样。可是，世人却只关心表象，以成败得失为唯一的衡量标准，所以，当他们看到那些不顾羞耻四处奔走求取官位的人成功了，也就不去管他们运用了多么下贱的方式。反之，对于那些品德高尚安心等待时机而一时没有得到重用的君子，却不屑一顾，甚至作出批评。没办法，这就是世俗的眼光，不论到什么时候都是如此。然而，对于我们而言，则应当坚守正道、崇尚德行，而不必在意世人的评价。

12.5　齐之季世，多以财货托附外家，喧动女谒①。拜守宰者，印组②光华，车骑辉赫，荣兼九族，取贵一时。而为执政所患，随而伺察，既以利得，必以利殆，微染风尘，便乖肃正③。坑阱殊深，疮痏④未复，纵得免死，莫不破家，然后噬脐⑤，亦复何及！吾自南及北，未尝一言与时人论身分也，不能通达，亦无尤焉。

| 今译 |

齐朝末年，很多人用财物贿赂并依附于外戚权贵，讨好宫中受宠的嫔妃以谋求官位。一旦被授命为镇守一方的长官，身上的官印绥带光华闪耀，车马光亮显赫，荣耀遍及九族，富贵一时而得。而这样的人易于为执政者所忌患，随即对他们进行侦察调查，既然是通过钱财得到这一切，也必定会因为钱财而招致灾祸，只要稍微沾染世俗之事，就会背离端正之道。这其中的陷阱太深了，常常是旧的问题还没有处理好，新的问题又来了，最终纵然是能够免于一死，也没有不家庭破败的，到了这个时候再后悔，又有什么用呢！我从南朝到北朝，从不曾跟别人说起一句论及身份地位的话，虽然不能够富贵显达，也没有任何怨言。

简注

① 女谒（yè）：通过宫中受宠的女子谋求官职。

② 印组：印信和系印信的丝带。

③ 乖：背离，违背。肃正：端正。

④ 疮痏（wěi）：伤痕。

⑤ 噬（shì）脐：咬自己的肚脐，喻后悔莫及。

实践要点

“既以利得，必以利殆”，这八个字是何等的深刻！纵观历史，多少人正是如此。简单来说，这些人之所以会遭受灾难，那是他们自己花钱买来的！是他们咎由自取！当今社会依然如此，一些有钱有门道的父母，通过自己的社会关系，为孩子们提供超于常人的条件和平台，可是往往会因为自家的孩子无力胜任而导致糟糕的结局。所以，真正良好的教育不是给孩子提供多好的条件和平台，而是培养孩子的人格和才能。有了出众的人格和才能，在当今这个信息发达、公开透明的社会之中，就一定可以获得成功。

12.6　王子晋云：“佐饔得尝，佐斗得伤。”[①] 此言为善则预[2]，为恶则去，不欲党人非义之事也。凡损于物，皆无与焉。然而穷鸟入怀，仁人所悯，况死士[3]归我，当弃之乎？伍员之托渔舟[4]，季布之入广柳[5]，孔融之藏张俭[6]，孙嵩之匿赵岐[7]，前代之所贵，而吾之所行也，以此得罪，甘心瞑目。至如郭解之代人报仇[8]，灌夫之横怒求地[9]，游侠[10]之徒，非君子之所为也。如有逆乱之行，得罪于君亲者，又不足恤焉。亲友之迫危难也，家财己力，当无所吝；若横生图计，无理请谒，非吾教也。墨翟[11]之徒，世谓热腹；杨朱[12]之侣，世谓冷肠。肠不可冷，腹不可热，当以仁义为节文尔。

今译

王子晋说："协助别人做菜可以品尝美味，帮助别人打架则会受到伤害。"这是说别人做好事要参与，做坏事则要避开，不要和人结党去做不义之事。凡是有损于别人的事，全都不要参与。然而，无处可去的小鸟飞到怀里，仁慈的人都会怜悯它，又何况是敢死的勇士前来投奔我，难道应当舍弃他吗？伍子胥托身于渔夫而得以逃命，季布藏在运载灵柩的广柳车中得以逃生，孔融收留张俭，孙嵩藏匿赵岐，这些都是前人所崇尚的行为，也是我所奉行的，就算是因此而获罪，也会心甘情愿死而瞑目。至于像郭解那样代人报仇，灌夫怒骂田蚡向别人求地，这些都是游侠一类，又不是君子所当为的事了。若是因为谋逆叛乱的行为，而受到君王和长辈责罚的人，也是不值得同情的。但是，如果遇到亲戚朋友遭遇窘迫危难，对于自己的家财和能力，应当无所吝惜。如果有人图谋不轨，提出无理的请求，这不是我教你们应当怜悯的对象。对于墨翟这样的人，世人认为他们是热心肠的人；对于杨朱这样的人，世人认为他们是冷心肠的人。心肠不可以太冷，但也不能太热，而是应当以仁义来节制。

| 简注 |

① 王子晋：东周灵王太子。所引句见于《国语》："佐饔者尝焉，佐斗者伤焉。"佐：协助，辅助。饔（yōng）：熟食。

② 预：参与。

③ 死士：敢死的勇士。

④ 伍员之托渔舟：伍员，即伍子胥，春秋时楚国人。父兄皆为楚平王所杀，伍子胥出逃至吴国，后领兵打败楚国。他出逃时，曾经得到一位渔夫的帮助。事见《史记》。

⑤ 季布之入广柳：季布，楚国人，项羽手下大将。曾多次围困刘邦，刘邦灭项羽之后，以千金重赏追捕他。当时，有一周姓之人，将季布藏在广柳车中，与其家僮数十人，一并卖与一朱姓人家。朱家知道这就是季布，却并未上报，而是给了他一块地，让他隐藏下来。事见《史记》。广柳，古代运载灵柩的大车。

⑥ 孔融之藏张俭：孔融，字文举，建安七子之一。张俭，字符节。张俭曾投奔孔融的哥哥孔褒，恰巧孔褒不在家，孔融便自作主张收留了张俭。事见《后汉书》。

⑦ 孙嵩之匿赵岐：赵岐，字邠卿。赵岐因为得罪宦官，家属全都被杀，唯有他只身逃出，而后隐名埋姓，在北海卖饼。安丘人孙嵩见到他相貌不凡，便将他带回家中，藏在复壁中。事见《后汉书》。

⑧ 郭解之代人报仇：郭解，字翁伯，汉代游侠。重义气，常为朋友报仇，后被诛族。事见《史记》。

⑨ 灌夫之横怒求地：灌夫，字仲孺，西汉人。为人刚正不阿。武安侯田蚡为丞相，向魏其侯求取田地，灌夫忿忿不平，数次当众辱骂田蚡，后来为田蚡所害。

⑩ 游侠：指交游四方、勇于急人之难的人。

⑪ 墨翟：春秋、战国之际鲁国人，墨家学派的创始人，提倡兼爱、非攻等。

⑫ 杨朱：战国时魏国人，提倡利己主义，拔一毛以利天下而不为。

实践要点

本篇题为省事，可是读下来之后，我们会发觉之推并不提倡“多一事不如少一事”，而是提倡当做的事，哪怕是死也应当毫不犹豫地去做；反之，不当做的事，则绝不参与。之推的省事其实是遵循仁义，正因如此，在本段的最后，他才指出：“肠不可冷，腹不可热，当以仁义为节文尔。”

仁义实在是我们为人处事的原则，违背了仁义，人们往往好心办坏事，如之推所说的助人为恶，看上去是帮人，其实却是害人害己。由此可知，只有明白了仁义，方才明了什么当为什么不当为。帮助别人是仁，该不该帮则是义。有仁心，而不明道义，就会好心办坏事。可是，如果没有仁心，那就会在面对符合道义的事时却选择不为。之推反复讲述过往的事例，以及对待亲朋的方式，归根结蒂，只是为了表达仁义必须并举。有仁无义、有义无仁，都是有所缺憾的。

12.7 前在修文令曹[①]，有山东学士与关中太史竞历[②]，凡十余人，纷纭累岁，内史牒付议官平之。吾执论曰："大抵诸儒所争，四分并减分[③]两家尔。历象[④]之要，可以晷景[⑤]测之；今验其分至薄蚀[⑥]，则四分疏而减分密。疏者则称政令有宽猛，运行致盈缩，非算之失也；密者则云日月有迟速，以术求之，预知其度，无灾祥也。用疏则藏奸而不信，用密则任数而违经[⑦]。且议官所知，不能精于讼者，以浅裁深，安有肯服？既非格令[⑧]所司，幸[⑨]勿当也。"举曹贵贱，咸以为然。有一礼官，耻为此让，苦欲留连，强加考核。机杼既薄，无以测量，还复采访讼人，窥望长短。朝夕聚议，寒暑烦劳，背春涉冬，竟无予夺，怨诮[⑩]滋生，赧然而退，终为内史所迫。此好名之辱也。

| 今译 |

以前我在文林馆的时候，有山东学士和关中太史争论历法，参与争论的有十多人，他们长年争论不休，以至于内史下了公文并交付议官来平息争论。我提出自己的论点说："大体说来，诸位所争论的，只不过是四分历和减分历两种推算方式而已。观测天体运行的关键，可以通过晷影来测算。现在，根据春分、秋分、夏至、冬至以及日食、月食来验证，可见四分历太疏而减分历又太密。主张四分历的一方认为政令有宽猛之别，天体的运行也会有长有短，这不是历法计算的失误；主张减分历的一方则说日月运行有慢有快，运用准确的历算方法去推求，可以预先知道它们的运行节度，就能避免自然灾害。如此看来，采用比较粗疏的四分历就可能藏奸作伪而不真实，采用比较精密的减分历又会拘谨于天文数据而违背天经地义。况且议官们所掌握的天文知识，并不能比辩论双方精深，以浅薄的人去裁判资深的人，又怎么能够让人心悦诚服呢？这种争论既然不属于律令所掌管，希望不要让我们去评断。”整个文林馆上下，全都认为我说得有道理。但是，有一个礼官，耻于因此而退让，苦苦纠缠，想尽办法强加验证。可是他本身的学问底子就薄，没有办法进行测量，只好又去询问辩论的双方，暗中想窥出双方的长短。他们时常从早到晚聚在一起讨论，不分寒暑，不烦劳苦，从春天到冬天，可最终也无法裁定谁是谁非，结果受到双方的埋怨和讽刺，只好羞惭作罢，最后还受到了内史的斥责。这就是追求虚名所带来的耻辱啊。

简注

① 修文令曹：即文林馆。

② 竞历：争论历法。

③ 四分：即四分历，东汉章帝元和二年实施的历法。减分：即减分历，亦为历法的一种计算方式。

④ 历象：推算观测天体的运动。

⑤ 晷（guǐ）：古时测量日影以确定时刻的仪器。景：通影，日影。

⑥ 分：春分和秋分。至：夏至和冬至。薄蚀：即日食和月食。

⑦ 任数而违经：顺应天文数据而违背天经地义。

⑧ 格令：法令。

⑨ 幸：希望。

⑩ 诮（qiào）：责备。

| 实践要点 |

之推又讲述了一种省事：对于自己不懂的，不要去妄加评议。现实却是，很多人不懂装懂，或是凭借地位，对别人横加指责，可是结果除了暴露自己的无知之外，又能如何？

止足第十三

13.1 《礼》云："欲不可纵，志不可满。"宇宙可臻[1]其极，情性不知其穷[2]，唯在少欲知足，为立涯限[3]尔。先祖靖侯戒子侄曰："汝家书生门户，世无富贵；自今仕宦不可过二千石[4]，婚姻勿贪势家。"吾终身服膺[5]，以为名言也。

今译

《礼记·曲礼上》中说："欲望不可放纵，志向不可求满。"宇宙，可以抵达它的尽头；人的性情，却不知道尽头。只在于减少欲望，知道满足，给自己设立一个界限。先祖靖侯曾告诫子侄们说："你们家是读书人家，世世代代都没有大富大贵之人；从今以后，做官不可以做超过二千石俸禄的官职，缔结婚姻不要攀附有权势的人家。"这些话我终身铭记在心，并认为是至理名言。

简注

① 臻：抵达。

② 穷：穷尽。

③ 涯限：界限，限度。

④ 二千石：指每月的俸禄。二千石相当于郡守的俸禄。

⑤ 服膺：铭记于心。

实践要点

世人常言："知足常乐。"然而，真正能够做到知足而止的人却是凤毛麟角，大多数人在拥有了利益之后，常常不是知足，反而会去追求更大的利益。一旦如此，便永难满足。终有一天，会因为过度谋取利益而遭受失败。俗话说得好："鸟为食亡，人为财死。"果真是屡试不爽！

之推在本篇中提倡为人应当知止知足，不可过度追求欲望，更不要志高意满，而是为自己设立一个可行的限度，这样一来，便不会活在不断追求的焦虑之中。今天，提倡幸福生活，其中便有不要过于追求完满一条，之推可以说是深谙其道。

13.2　天地鬼神之道，皆恶满盈。谦虚冲[①]损，可以免害。人生衣趣[②]以覆寒露，食趣以塞饥乏耳。形骸之内，尚不得奢靡，己身之外，而欲穷骄泰邪？周穆王、秦始皇、汉武帝，富有四海，贵为天子，不知纪极[③]，犹自败累，况士庶乎？常以二十口家，奴婢盛多，不可出二十人，良田十顷，堂室才蔽风雨，车马仅代杖策，蓄财数万，以拟吉凶急速。不啻[④]此者，以义散之；不至此者，勿非道求之。

今译

天地鬼神之道，都是厌恶满盈的。谦虚淡薄、自我抑制，可以免于祸害。人生在世，衣服仅仅用来覆盖身体以避免寒冷袒露，食物仅仅用来填饱肚子以避免饥饿困乏。自身的躯体尚且不追求奢侈浪费，自身之外，难道还要追求穷奢极欲吗？周穆王、秦始皇、汉武帝，富有四海，贵为天子，但是因为不懂得适可而止，还是招来了伤败，更何况是普通人呢？我总认为，一个二十口的家庭，奴婢最多也不可以超过二十人，有良田十顷，房屋能够遮挡风雨，车马能够替代拄着拐杖步行，积蓄几万钱财，以应对突然发生的吉凶之事。超过了这个数量，就应当通过做正义的事来散发掉；没达到这个数量，也切不可用不正当的方法来求取。

简注

① 冲：淡泊，谦和。

② 趣：通取，仅仅。

③ 纪极：限度。

④ 不啻：不仅，不止。

实践要点

“欲不可纵”，纵欲者必败德，败德者势必自取其辱。这乃是天地鬼神之道。所以，纵然是周穆王、秦始皇、汉武帝，也无法躲避。

之推对居家提出了相关要求，其中“蓄财数万，以拟吉凶急速”，而多了则“以义散之”，着实是一条非常好的建议。人生在世，生存所需其实并不多，一旦有了生存基础，再利用多余的财力，行善积德，帮助世人，这是何其美好的生命啊！

13.3　仕宦称泰[①]，不过处在中品，前望五十人，后顾五十人，足以免耻辱，无倾危也。高此者，便当罢谢，偃仰[②]私庭。吾近为黄门郎，已可收退；当时羁旅，惧罹谤讟[③]，思为此计，仅未暇尔。自丧乱已来，见因托风云，徼倖富贵，旦执机权，夜填坑谷，朔欢卓、郑，晦泣颜、原者[④]，非十人五人也。慎之哉！慎之哉！

今译

做官能够称得上稳妥的，不过是处于中品的位置，向前看是五十人，向后看也是五十人，这样就足以免于耻辱，也不会有倾覆的危险。倘若官位高于中品，就应当告退谢绝，回家闲居。我不久前被任命为黄门侍郎，已经到了可以告退的地步；只是当时客居他乡，担心遭到别人的怨恨和诽谤，虽然心中有告退的想法，可是找不到适当的时机。自从丧乱发生以来，我见过很多乘机获得权势，侥幸求得富贵的人，早晨还手握大权，晚上就葬身荒野；月初还欢快地享受着卓、郑的富有，月底却悲伤于颜、原般的贫穷，这样的人不是十个五个啊。所以，你们要谨慎啊！要谨慎啊！

简注

① 泰：通达。

② 偃仰：安居，游乐。

③ 罹：遭受。谤讟（dú）：怨恨毁谤。

④ 朔：月初。卓、郑：古代的两个大富豪。晦：月末。颜、原：即孔子的学生颜回和原宪，都生活得很贫穷。

实践要点

如果断章取义地去读之推的这段文字，我们便会认为他这是明哲保身，不敢担当。但是，如果结合一下他所在的动荡不安的社会背景来看，也就能够理解他对子孙的良苦用心了。确实，在动荡不安的背景之下，“旦执机权，夜填坑谷，朔欢卓、郑，晦泣颜、原”的人时常可见。之推正是看多了这样的人间闹剧，才提出做官“不过处在中品”的建议。

当然，在今天这个太平安宁的时代，我们则应当积极承担起自身的责任，为社会为国家作出最大化的努力和贡献！

诫兵第十四

14.1　颜氏之先，本乎邹、鲁，或分入齐，世以儒雅为业，遍在书记。仲尼门徒，升堂[①]者七十有二，颜氏居八人焉。秦、汉、魏、晋，下逮齐、梁，未有用兵以取达者。春秋世，颜高、颜鸣、颜息、颜羽之徒，皆一斗夫耳。齐有颜涿聚，赵有颜冣，汉末有颜良，宋有颜延之，并处将军之任，竟以颠覆。汉郎颜驷，自称好武，更无事迹。颜忠以党楚王受诛，颜俊以据武威见杀，得姓已来，无清操者，唯此二人，皆罹祸败。顷世乱离，衣冠之士，虽无身手，或聚徒众，违弃素业，徼倖战功。吾既羸薄，仰惟前代，故寘[②]心于此，子孙志之。孔子力翘门关，不以力闻，此圣证也。吾见今世士大夫，才有气干，便倚赖之，不能被甲执兵，以卫社稷，但微行险服[③]，逞弄拳腕。大则陷危亡，小则贻耻辱，遂无免者。

今译

颜家的祖先，本居于邹国和鲁国，有的分支迁入了齐国，世代都以读书治学为业，这是在古书上明确记载的。孔子的学生中，学问精深的有七十二人，颜姓的就占了八人之多。上自秦、汉、魏、晋，下至齐、梁，颜氏家族中没有人是靠带兵打仗而取得通达显贵的。春秋时期，颜高、颜鸣、颜息、颜羽等人，都是一介武夫罢了。齐国的颜涿聚，赵国的颜冣，东汉末年的颜良，南朝宋的颜延之，都担任过将军之职，最终也都因此而颠覆败亡。汉朝的侍郎颜驷，自称喜好武功，却没做出什么功绩。颜忠因结党楚王而被杀，颜俊因占据武威谋反而被杀，自从颜氏得姓以来，没有清白节操的，就只有这两个人，他们都遭遇了祸患。近年来，社会动乱不定，有些士大夫们，虽然没什么武艺，却也聚集了一帮人，放弃一贯的读书事业，而想侥幸立下战功。我身体瘦弱单薄，又想起家族前人因好兵致祸的教训，所以仍把心思放在读书事业上，希望子孙们要牢记这一点。孔子之力足以举起城门，却不以大力闻名于世，这就是圣人留下的榜样。我看到今世的士大夫们，稍微有点力气和才干，就自以为了不起，不能穿上盔甲拿起武器，以保卫国家，却行踪隐秘，身穿奇装异服，卖弄拳脚。这些人严重的就身陷危亡，轻微的也会招致羞辱，从没有能够避免的。

| 简注 |

① 升堂：古人从师问学，有升堂入室之说。升堂代表已经精通老师所教的学问。入室，则代表不仅精通，而且已经体悟并践行老师所教的学问。《论语·先进》中记载："由也升堂矣，未入于室也。"即是此意。

② 寘（zhì）：止息。

③ 微行：指隐微的行动。险服：奇异的服饰。

| 实践要点 |

本篇名为诫兵，顾名思义，是告诫子孙后代勿要习武带兵，而是一门心思致力于读书之业。

本段中，之推从颜氏祖先说起，处处传达出重文轻武的思想。今天，对于之推的这段言论，应当辩证地去看待：对于家庭而言，习武带兵，争强好胜，自然会带来种种隐患；可是，对于国家和人民而言，习武带兵往往又能够挽一国之倾，救一国之民。所以，我们以为当以读书为主业，习武为副业，但是，不可将武力视为资本而自以为是，而是在国家、人民危难之时，以之为国报效、拯救民众。在这一点上，王阳明先生为我们作出了一个极佳的榜样。众所周知，阳明先生乃是一位大学问家，自然当以读书为业，然而在宁王朱宸濠发动叛乱时，阳明先生从容若定，指挥军士，不过数日便化解了叛乱，并且生擒了朱宸濠，立下赫赫世功。

14.2　国之兴亡，兵之胜败，博学所至，幸讨论之。入帷幄之中，参庙堂之上，不能为主尽规以谋社稷，君子所耻也。然而每见文士，颇读兵书，微有经略。若居承平之世，睥睨宫闱[①]，幸灾乐祸，首为逆乱，诖误[②]善良；如在兵革之时，构扇[③]反复，纵横说诱，不识存亡，强相扶戴。此皆陷身灭族之本也。诫之哉！诫之哉！

今译

国家的兴亡，战争的胜败，在学问足够渊博的时候，是可以参与讨论的。身在军队之中，列于朝廷之上，不能够为君王尽力规划以谋求国家的安宁，这是君子引以为耻的事。然而，我常常看见一些文人，读了几本兵书，略微懂得一点谋略。如果是生活在太平盛世，他们就窥视朝廷，一旦有事，就幸灾乐祸，甚至带头叛乱，连累贻害善良的人；如果是生活在兵乱时代，他们就挑拨煽动，反复无常，四处游说，拉拢诱骗，不明白生死存亡之道，相互之间竭力扶持拥戴。这些都是招致杀身灭族的祸根。你们一定要警戒啊！要警戒啊！

简注

① 睥睨（pì nì）：窥伺。阃（kǔn）：门槛，借指军事或政务。

② 诖（guà）误：连累。

③ 构扇：挑拨煽动。

实践要点

身为将领、位列朝廷，自然应该为国家的兴亡成败担当起应有的责任。可是，之推却描述了那些动辄意欲谋反，乃至于自立为王的野心家们的所作所为。确实，在之推所处的南北朝，如此之人层出不穷，然而，最终大多都无善终。正是在这样一种血的教训之下，之推才反复告诫子孙后代，切勿自负武力，而怀谋逆之心，否则，“陷身灭族”也就不远了！

14.3　习五兵[①]，便[②]乘骑，正可称武夫尔。今世士大夫，但不读书，即称武夫儿，乃饭囊酒瓮也。

今译

熟练各种兵器，擅长骑马驾车，这样才可以称得上是武夫。当今的士大夫，只要是不读书的，就自称是武夫，实际上只是酒囊饭袋罢了。

简注

① 五兵：泛指各种兵器。

② 便：熟习。

实践要点

武夫也得有个武夫的样子，可是有一些人却认为只要不读书，便是武夫，仿佛武夫是那么容易做的。可是，一旦到了战场上，往往一筹莫展，甚至命丧沙场，如此之人，实在是酒囊饭袋啊！

养生第十五

15.1 神仙之事，未可全诬[①]，但性命在天，或难钟值[②]。人生居世，触途牵絷[③]：幼少之日，既有供养之勤；成立之年，便增妻孥之累。衣食资须，公私驱役。而望遁迹山林，超然尘滓，千万不遇一尔。加以金玉之费，炉器所须，益非贫士所办。学如牛毛，成如麟角。华山之下，白骨如莽[④]，何有可遂之理？考之内教[⑤]，纵使得仙，终当有死，不能出世，不愿汝曹专精于此。若其爱养神明，调护气息，慎节起卧，均适寒暄，禁忌食饮，将饵药物，遂其所禀，不为夭折者，吾无间[⑥]然。诸药饵法，不废世务也。庾肩吾常服槐实，年七十余，目看细字，须发犹黑。邺中朝士，有单服杏仁、枸杞、黄精、术、车前，得益者甚多，不能一一说尔。吾尝患齿，摇动欲落，饮食热冷，皆苦疼痛。见《抱朴子》[⑦]牢齿之法，早朝叩齿三百下为良，行之数日，即便平愈，今恒持之。此辈小术，无损于事，亦可修也。凡欲饵药，陶隐居[⑧]《太清方》中总录甚备，但须精审，不可轻脱[⑨]。近有王爱州在邺学服松脂，不得节度，肠塞而死。为药所误者甚多。

| 今译 |

修道成仙的事，不能说全是假的，但是人的寿命长短取决于天，很难恰好遇上这种机会。人活在世间，处处都有牵累羁绊：小时候，有侍奉父母的辛劳；成年后，又增加了妻子儿女的拖累。既要解决衣食供给的需要，又要为公事私事劳累奔波，而有望能够隐居在山林之中，超然于尘世之外，千万人之中也难得遇到一人。加上炼丹所要耗费的黄金、宝玉，以及所需要的炼丹器具等，也不是一个贫士所能够办到的。所以，学道的人多如牛毛，成功的人却稀如麟角。华山脚下，白骨多如野草，哪里有轻易就能遂心如愿的道理呢？考诸佛教义理来看，纵使能够得道成仙，最后也还是会死的，不能超出人世间的束缚，所以，我不愿意你们将精力放在这件事上。如果是爱惜调养自己的精神，调息护气，起居遵循规律，适应冷暖变化，饮食有所禁忌，吃些补药滋养身体，随顺天意，不至于短命而死，我也就没什么可说的了。有种种服药的方法，并不会因此而荒废世间的事务。庾肩吾常常服用槐实，到了七十多岁，眼睛还能看清细小的字，胡须和头发依然乌黑。邺城的朝廷官员，有人单单服用杏仁、枸杞、黄精、白术、车前等，收益很多，在此不能一一列举。我曾经患过牙痛，牙齿动摇快要掉了，无论是吃热的还是冷的，都苦于疼痛。看到《抱朴子》中所说的坚固牙齿的方法，早晨起来叩齿三百次为优，我遵照做了几天之后，牙痛就好了，直到现在，我还在坚持早晨起来叩齿。像这样的小技法，对正事没什么损害，也可以去练一练。凡是想要服用养生药物，陶弘景所著的《太清方》中收录得很完备，但是必须静心审核，不能草率遵循。最近，有一个叫王爱州的人，在邺城学习别人服用松脂，不知节制，最后堵塞肠子而死。像这样由于服药不当而造成身亡的例子很多。

简注

① 诬：虚妄。

② 钟值：正好遇上。

③ 牵絷（zhí）：牵绊。

④ 莽：草丛。

⑤ 内教：佛教。

⑥ 无间：无话可说。

⑦《抱朴子》：晋朝葛洪所著的一部书。

⑧ 陶隐居：即陶弘景，被誉为山中宰相，也是著名医学家、炼丹家，著作有《太清草木集要》等。

⑨ 轻脱：轻率。

实践要点

本篇名为养生，但是，一读便知之推所谈的养生并非道家的养生。甚至可以说之推是反对像道家一般养生的。对于道家养生，他依据佛典，认为纵然最后能够得道成仙，也还是会死的，所以不值得去学习。

之推的养生之道，其实只是采取适当的方法，爱惜身体，守护精神，保持身心健康，而不至于夭折而亡。这样的养生实在是每一个人都必须知道的。

15.2　夫养生者，先须虑祸，全身保性，有此生然后养之，勿徒养其无生[①]也。单豹养于内而丧外，张毅养于外而丧内[②]，前贤所戒也。嵇康著《养生》之论，而以傲物受刑；石崇冀服饵之征，而以贪溺取祸。往世之所迷也。

今译

养生的人首先应该考虑如何避免祸患，保全身家性命，有了这个生命之后，才谈得上保养它，不要白费心思地去保养那子虚乌有的长生不老的命。单豹很注重保养身心，却忽略了外界的祸患，最后被老虎所食；张毅很重视对外界的防患，却忽略了内在的保养，最后患病而亡。这些都是前代贤人所引以为戒的。嵇康写了《养生论》，但因为恃才傲物而被处死；石崇希望通过服药来延年益寿，却因为贪财好色而招致杀身之祸。这些都是从前的糊涂人啊。

简注

① 无生：子虚乌有的长生之道。

② 单豹、张毅：皆见于《庄子·达生》篇，前者偏于身心保养，而忽略外部防范；后者偏于防范外部祸患，而忽略内部保养。

实践要点

养生的根本首先在于有生能养，若是无生，又谈何养生？所以，养生的前提是保养生命。而导致我们丧失生命的原因有很多，之推在这里列举了最为重要的四种：一、外在的患难；二、内在的病患；三、恃才傲物，得罪他人；四、贪财好色，不知节制。所以，我们要养生，就必须先做到以下几点：

一、重视对外在种种灾祸的防范。

二、保养自己的身心，保持身心健康。

三、为人谦和、礼让，与人为善。

四、减少欲望。

做到以上这一切，再去谈养生，才有一个坚实的基础，否则便是空谈。

15.3 夫生不可不惜，不可苟惜。涉险畏之途，干祸难之事，贪欲以伤生，谗慝[①]而致死，此君子之所惜哉；行诚孝而见贼，履仁义而得罪，丧身以全家，泯躯而济国，君子不咎[②]也。自乱离已来，吾见名臣贤士，临难求生，终为不救，徒取窘辱，令人愤懑。侯景之乱，王公将相，多被戮辱，妃主[③]姬妾，略无全者。唯吴郡太守张嵊，建义[④]不捷，为贼所害，辞色不挠；及鄱阳王世子谢夫人，登屋诟怒，见射而毙。夫人，谢遵女也。何贤智操行若此之难？婢妾引决[⑤]若此之易？悲夫！

今译

生命当然不可以不珍惜，但是也不可以苟且偷生。走上危险的路，干下招致祸难的事，贪求欲望而伤害生命，作奸作恶而导致死亡，这些都是君子所倍感惋惜的；行忠孝之举而被害，做仁义之事而获罪，舍一己之身而保全家族，捐一己之躯而救护国家，这样遭遇死亡，君子是不会以此为患的。自从梁朝动乱以来，我看到很多所谓的名臣贤士，在国难之际苟且偷生，最终不但救不了自己，还白白招取窘迫和侮辱，实在是令人气愤。在侯景叛乱时，朝廷的王公将相，大多遭到杀害侮辱，嫔妃、公主、姬妾，几乎没有幸免的。唯有吴郡太守张嵊，组建义军奋起反抗，遭遇失败之后被贼人杀害，临死时言辞和神色仍然不屈不挠；另外，鄱阳王世子的夫人谢氏，登上屋顶，怒骂逆贼，结果中箭而死。谢夫人，是谢遵的女儿。为什么那些贤达智者们坚守操行是如此的困难？而婢妾之辈毅然赴死却是如此的容易呢？真是悲哀啊！

简注

① 慝（tè）：邪恶，恶念。

② 咎：怪罪，责怪。

③ 主：公主。

④ 建义：兴建义军。

⑤ 引决：毅然赴死。

实践要点

司马迁说过一句千古名言：“人固有一死，或重于泰山，或轻于鸿毛。”“涉险畏之途，干祸难之事，贪欲以伤生，谗慝而致死”，便是轻于鸿毛，所以为“君子之所惜”；“行诚孝而见贼，履仁义而得罪，丧身以全家，泯躯而济国”，则是重于泰山，所以“君子不咎也”。

之推从养生突然谈到了死当死得其所，由此可见，之推所提倡的并非养生，而是当生则生，当死则死。若是当死时却苟且偷生，那便是生不如死！臧克家写过一首诗，其中说“有的人活着，他已经死了”，那些苟且偷生的人，正是如此！最后一句：“何贤智操行若此之难？婢妾引决若此之易？”着实令诸多所谓的贤达君子深感羞愧！难怪之推会情不自禁地感叹道：“悲夫！”

归心第十六

16.1　三世[①]之事，信而有征，家世归心[②]，勿轻慢也。其间妙旨，具诸经论，不复于此少能赞述，但惧汝曹犹未牢固，略重劝诱尔。

| 今译 |

佛教所说过去、现在、未来三世的事，是可信并且能够验证的，我们家世代皈依佛教，你们千万不要心生轻慢。佛法中的微妙意旨，在佛经中有详实的记载，我就不在这里再作赞美转述了，只是担心你们信佛之心尚未牢固，所以再略作劝勉和引导。

| 简注 |

① 三世：即过去、现在、未来三世。

② 归心：即一心皈依。

| 实践要点 |

归心，即归心于佛。本章乃是之推劝勉和引导子孙后代归心佛教的遗训，由此可见南北朝时佛教之盛行。当然，从中也可见当时对佛教的一些误解和反对意见。在之推看来，不作出一番辩论，便难以令子孙后代诚心信服于佛教。所以，他不惜笔墨，对这些反对意见作了辩驳，主要集中在五个方面。而之推在驳斥俗见，举扬佛教的同时，语气中对儒道二家略有贬低。

笔者在此的建议是：学佛的尽管去学佛，学儒的尽管去学儒，但是不要互相排斥，更不要轻易讨论谁高谁低，因为要知道谁高谁低，就必须对两者全都进行切实的修行，并达到一定的境界之后，才能够有所评论。

16.2　原夫四尘五荫[①]，剖析形有；六舟三驾[②]，运载群生。万行归空，千门入善，辩才智惠，岂徒《七经》[③]、百氏之博哉？明非尧、舜、周、孔所及也。内外[④]两教，本为一体，渐积为异，深浅不同。内典初门，设五种禁，外典仁义礼智信，皆与之符。仁者，不杀之禁也；义者，不盗之禁也；礼者，不邪之禁也；智者，不酒之禁也；信者，不妄之禁也。至如畋狩军旅，燕享刑罚，因民之性，不可卒除，就为之节，使不淫滥尔。归周、孔而背释宗，何其迷也！

今译

探原“四尘”和“五荫”的道理，剖析一切有形物质；运用“六舟”和“三驾”的修行方法，普度一切众生。佛教有万种方法让人归于空性，有千种法门引人入善，有高明的辩才和超凡的智慧，岂止是儒家《七经》和诸子百家所具有的广博？佛教的清晰明白，不是尧、舜、周公、孔子所能够企及的。佛教和儒学两种教育，本来是一体的，只是由于修道过程有所差异，所以导致境界的深浅不同。佛典的初学入门，设立五种禁戒，儒家经典所提倡的仁、义、礼、智、信五者，全都与之相符。仁，就是不杀生的禁戒；义，就是不偷盗的禁戒；礼，就是不邪淫的禁戒；智，就是不饮酒的禁戒；信，就是不妄语的禁戒。至于像狩猎、战争、宴请、刑罚之类，都是随顺人的禀性而有的，无法即刻去除，就对它们进行适当的节制，不至于过度泛滥。如果只是归顺于周公、孔子的教诲而背弃佛教的宗旨，是何等的迷惑啊！

简注

① 四尘：指色尘、声尘、香尘、味尘，分别对应眼、耳、鼻、舌。又有六尘之说，六尘即色、声、香、味、触、法，分别对应眼、耳、鼻、舌、身、意六根。五荫：即色、受、想、行、识，又称为五蕴。

② 六舟：佛法认为解脱就是抵达彼岸，所以有六度法门。六舟即是六度，即布施、持戒、忍辱、精进、禅定、般若。三驾：即三乘，三种乘载众生达到解脱的车，即羊车、鹿车、牛车，分别对应声闻乘、缘觉乘和菩萨乘。

③《七经》：指《易经》《诗经》《尚书》《仪礼》《春秋左传》《春秋公羊传》《论语》。

④ 内外：内指内典，外指外典。佛门中人将佛典称为内典，佛典以外的典籍则为外典。

16.3 俗之谤者，大抵有五：其一，以世界外事及神化无方为迂诞[①]也。其二，以吉凶祸福或未报应为欺诳也。其三，以僧尼行业多不精纯为奸慝[②]也。其四，以糜费金宝减耗课役为损国也。其五，以纵有因缘如报善恶，安能辛苦今日之甲，利益后世之乙乎？为异人也。今并释之于下云。

| 今译 |

世俗对于佛教的指责，大体说来有五种：其一，认为佛教所讲的现实世界以外的事以及神通变化无有极限，是荒诞不经的。其二，因为现实之中有些吉凶祸福没有得到及时相应的报应，而认为佛教所讲的因果报应是欺骗世人的说法。其三，因为出家人中有很多行为不够精纯者，而认为佛教是藏污纳垢的场所。其四，因为花费大量的金银财宝从事佛事，并对僧众减免税役，而认为是有损于国家的收益。其五，认为即使存在着善有善报恶有恶报的因缘，又怎么能够因为今世的甲辛苦勤劳而利益于后世的乙呢？因为甲乙是两个不同的人啊。现在，我对这种种指责一并作出解释。

| 简注 |

① 迂诞：迂阔荒诞，不合情理。

② 奸慝：奸佞邪恶。

16.4 释一曰：夫遥大之物，宁可度量？今人所知，莫若天地。天为积气，地为积块，日为阳精，月为阴精，星为万物之精，儒家所安也。星有坠落，乃为石矣；精若是石，不得有光，性又质重，何所系属？一星之径，大者百里，一宿[①]首尾，相去数万；百里之物，数万相连，阔狭从斜，常不盈缩。又星与日月，形色同尔，但以大小为其等差；然而日月又当石也？石既牢密，乌兔[②]焉容？石在气中，岂能独运？日月星辰，若皆是气，气体轻浮，当与天合，往来环转，不得错违，其间迟疾，理宜一等；何故日月五星二十八宿[③]，各有度数，移动不均？宁当气坠，忽变为石？地既滓浊，法应沉厚，凿土得泉，乃浮水上；积水之下，复有何物？江河百谷，从何处生？东流到海，何为不溢？归塘尾闾[④]，渫[⑤]何所到？沃焦[⑥]之石，何气所然？潮汐去还，谁所节度？天汉[⑦]悬指，那不散落？水性就下，何故上腾？天地初开，便有星宿；九州未划，列国未分，翦疆区野[⑧]，若为躔次[⑨]？封建已来，谁所制割？国有增减，星无进退，灾祥祸福，就中不差；乾象[⑩]之大，列星之夥，何为分野，止系中国？昴为旄头[⑪]，匈奴之次；西胡、东越、雕题、交址[⑫]，独弃之乎？以此而求，迄无了者，岂得以人事寻常，抑必宇宙外也？

| 今译 |

对于第一种指责的辩解如下：对于遥远广大的事物，又怎么可以度量呢？现在的人所知道的遥远广大的事物，没有什么比得上天地的。天由云气积聚而成，地由土块积聚而成，太阳是阳刚之气的精华，月亮是阴柔之气的精华，星辰是万物的精华，这是儒家所认同的说法。星星有坠落的，却成了陨石；气的精华如果是石头，就无法散发光亮，况且石头的质地沉重，又是靠什么悬挂在天空中的呢？一颗星球的直径，大的约有百里，一个星宿，首尾相隔几万里；直径百里的事物，在几万里的天空中绵延相连，它们之间的距离宽窄、纵横排列，保持着恒常的状态，而不产生扩充和收缩的变化。另外，星星和太阳、月亮，形状、颜色全都相同，只是因为体积大小而有等级差别；这样说来，太阳、月亮也应当是石头了？石头既然是牢固严密的，又怎么能够容纳得下三足乌和玉兔呢？石头在气体之中，又怎么能够独立运转呢？太阳、月亮和星星，如果全都是气体，气体是轻浮的，就应当与天空合在一起，它们来回循环运转，不可能相互交错，它们运行速度的快慢，按理来讲也应当是一致的；又是什么缘故导致太阳、月亮、二十八星宿各有各的方位，运行的速度也不一样呢？难道是气体坠落的时候，忽然变成了石头？大地既然由混浊的泥土构成，理当是沉重厚实的，可是深挖土地却能够挖出泉水，可见大地乃是浮在水面上的；那么，在积水的下面，又有着什么样的事物？长江、黄河以及众多的河流，又是发源于何处？它们全都东流进大海，大海又为何没有外溢出来呢？传说海水全都汇聚在归塘和尾闾，那么，其中的水又排泄到哪里去了？如果说海水都被沃焦山的石头烧干了，又是什么气体使得石头燃烧起来的？海水的潮汐涨落，又是谁在调节掌控？银河悬挂在天空，为什么不会散落下来？水的特性是向下流淌，又是什么缘故上升到天上去？天地初开的时候，就已经有了星宿；那时，九州还没有划分，列国也没有分封，大地上的疆界划分和区隔，又是如何对应天上的星宿的？封邦建国以来，又是谁在制定分割规则？国家有增加也有减少，星星却没有变化，与其对应的吉凶祸福照样发生，其中没有偏差；天象如此之大，星辰如此之多，为什么划分星野，却只限于中原？昴星为旄头，对应着匈奴的疆域；可西胡、东越、雕题、交趾等地区，就唯独应该被放弃不管吗？像这样来探求，就会始终没完没了，又怎么能够以人间事物的寻常道理去解释宇宙之外的事呢？

| 简注 |

① 宿：星宿，星座。

② 乌兔：传说太阳中有三足乌，月亮中有玉兔。

③ 五星：指水、木、火、金、土五大行星。二十八宿：指周天黄道（太阳和月亮所经天区）的恒星分成的二十八个星座。

④ 归塘：也叫归墟，传说中的海底之谷，是海水汇聚之处。尾闾：传说中排泄海水的地方。

⑤ 渫（xiè）：泄漏。

⑥ 沃焦：传说中东海南部的一座山，海水注入之后无不焦尽。

⑦ 天汉：即银河。

⑧ 翦疆：分割疆土。区野：分野，指区分与星次相应的地域。

⑨ 躔（chán）次：日月星辰运行的轨道。

⑩ 乾象：即天象。《易经》中以乾指代天。

⑪ 昴（mǎo）：二十八星宿之一。旄（máo）头：即昴星。

⑫ 西胡：葱岭内外西域各族的统称。东越：传为越王勾践的后裔，分布在浙江、福建一带。雕题：指南方雕额纹身的少数民族部落。交址：即交趾，泛指五岭以南。

16.5 凡人之信，唯耳与目；耳目之外，咸致疑焉。儒家说天，自有数义：或浑或盖，乍宣乍安[①]。斗极[②]所周，管维[③]所属，若所亲见，不容不同；若所测量，宁足依据？何故信凡人之臆说，迷大圣之妙旨，而欲必无恒沙[④]世界、微尘数劫也？而邹衍[⑤]亦有九州之谈。山中人不信有鱼大如木，海上人不信有木大如鱼；汉武不信弦胶[⑥]，魏文不信火布[⑦]；胡人见锦，不信有虫食树吐丝所成；昔在江南，不信有千人毡帐，及来河北，不信有二万斛船。皆实验也。

今译

一般人所相信的，只是亲身耳闻目睹到的；在耳闻目睹之外，他们便全都会加以怀疑。儒家学者谈论天，有好几种说法：有浑天说，有盖天说，有宣夜说，有安天说。北斗星围绕着北极星运转，是依靠斗枢为转轴，如果是亲眼看见，就不容许有不同的看法；如果是凭推测度量，又怎么能够依据呢？为何要相信一般人的臆测猜想，去怀疑佛祖的精妙教旨，而认为一定没有佛典中所说的恒河沙一般众多的世界、微尘一般多的劫呢？况且邹衍也曾提过中原之外还有九州的说法。生活在山里的人不相信有树木那么大的鱼，生活在海上的人不相信有鱼那么大的树木；汉武帝不相信世间有续弦胶，魏文帝不相信世间有火浣布；胡人看见锦缎，不相信那是由吃树叶的虫子吐丝而织成的；过去我在江南的时候，江南人不相信有可以容纳千人的毡帐，等到了黄河以北之后，这里的人又不相信有可以容纳两万斛粮食的大船。这些都是实有的事啊。

简注

① 浑：即浑天说，认为所有恒星全都散布于一个天球上，而日、月、五星则附丽在天球上运行。盖：即盖天说，认为天是圆形的，像一把大伞覆盖在大地上，而地是方形的，所以这一说又被称作天圆地方说。宣：即宣夜说，认为日月星辰都是自然浮在虚空之中，它们的运行和停止全都依靠于气。安：即安天说，是对宣夜说的补充和发展。

② 斗：北斗星。极：北极星。

③ 管维：即斗枢。

④ 恒沙：恒河之沙，佛经中常用来比喻数量之多。

⑤ 邹衍：战国时齐国人，事见《史记》。

⑥ 弦胶：即续弦胶，此胶能续弓弩已断的弦，连接刀剑断折之处。

⑦ 火布：即火浣布，因为具备不燃性，能在火中去除污垢，所以称为火浣布。

16.6 世有祝师及诸幻术，犹能履火蹈刃，种瓜移井，倏忽之间，十变五化。人力所为，尚能如此，何况神通感应，不可思量，千里宝幢[①]，百由旬[②]座，化成净土，踊出妙塔乎？

今译

世间有巫师和掌握着多种幻术的人，还能够踏火而过、蹈刃而行，使得刚种下的瓜子立即长为瓜果，可以移动水井，在瞬息之间生发种种变化。人力的所作所为，尚且能够如此，更何况佛祖神通广大感应交加，实在是不可思议，变现出高达千里的经幢，数千里的莲花宝座，化成庄严洁净的净土，涌现出奇妙的宝塔，又有何难呢？

简注

① 宝幢：即经幢，指刻有佛号或经咒的石柱。

② 由旬：印度的计量单位。一由旬，有八十里、六十里、四十里等说。

16.7　释二曰：夫信谤之征①，有如影响；耳闻目见，其事已多，或乃精诚不深，业缘②未感，时傥差阑③，终当获报耳。善恶之行，祸福所归。九流百氏④，皆同此论，岂独释典为虚妄乎？项橐、颜回⑤之短折，伯夷、原宪⑥之冻馁，盗跖、庄蹻⑦之福寿，齐景、桓魋⑧之富强，若引之先业，冀以后生，更为通耳。如以行善而偶钟⑨祸报，为恶而傥值福征，便生怨尤，即为欺诡；则亦尧、舜之云虚，周、孔之不实也，又欲安所依信而立身乎？

今译

对于第二种指责的辩解如下：我相信世俗所指责的因果报应，就像形体与影子、声音与回响一般会得到验证；关于这类事，耳闻目睹的已经有很多，有时是因为心意不够精诚，业缘还没有形成感应，报应的时间推迟了，但最终还是会获得报应的。一个人行善或是行恶，就会招致是福或祸的结局。这是九流百家全都认同的说法，难道只有佛典所说是虚妄不实的？项橐、颜回的短命夭折，伯夷、原宪的受冻挨饿，盗跖、庄蹻的得福长寿，齐景公、司马桓魋的富足强盛，如果引入佛典所说的前世业力在后世身上得到体现的说法，那就可以说得通了。如果因为行善而偶尔遭到灾祸，行恶而意外遭逢福报，就心生抱怨，认为佛典所说的因果报应是欺骗人的；那么，也就可以说尧、舜所说的是虚妄的，周公、孔子所说的是不实的，又要依靠什么信念来立身处世呢？

简注

① 征：应征。

② 业缘：佛教语，善因生善果，恶因生恶果，善因、恶因即是业。缘，则指能够促使因生果的外在条件。

③ 差阑：推迟。

④ 九流：即战国时儒、道、法、阴阳、名、墨、纵横、杂、农九个学术流派。百氏：即百家，对战国诸多学术流派的统称。

⑤ 项橐：春秋时神童，相传七岁时即为孔子师。颜回：孔子最得意的弟子，可惜早亡。

⑥ 伯夷：古时贤者，因义不食周粟，最终饿死在首阳山。原宪：孔子弟子。

⑦ 盗跖、庄蹻：两人皆为古时的大盗。

⑧ 桓魋：即司马桓魋，宋国大夫，曾拟杀害孔子。

⑨ 钟：遭遇。

16.8 释三曰：开辟已来，不善人多而善人少，何由悉责其精洁乎？见有名僧高行，弃而不说；若睹凡僧流俗，便生非毁。且学者之不勤，岂教者之为过？俗僧之学经律，何异世人之学《诗》《礼》？以《诗》《礼》之教，格朝廷之人，略无全行者；以经律之禁，格出家之辈，而独责无犯哉？且阙行[①]之臣，犹求禄位；毁禁之侣，何惭供养乎？其于戒行，自当有犯。一披法服，已堕僧数，岁中所计，斋讲诵持，比诸白衣[②]，犹不啻山海也。

| 今译 |

对于第三种指责的辩解如下：自从开天辟地以来，始终是不善的人多而善人少，又怎么能够要求出家人全都清白精纯呢？看到那些名僧的高尚行为，放弃不说；而看到凡僧流于世俗的行为，就进行指责毁谤。况且学习的人不勤奋，难道是教导者的过错吗？凡俗僧人学习佛典戒律，与世间人学《诗》学《礼》又有什么分别呢？用《诗》《礼》的教导，来衡量那些身立朝廷的人，恐怕没有完全合格的；用佛经戒律的教条，来衡量那些出家人，又怎么能够唯独要求他们不犯错呢？况且那些有过失的臣子，还在追求高官厚禄；那些违反了禁律的僧侣，又为什么不能接受供养呢？他们对于种种戒律，自然会有所触犯。（虽然如此，）出家人一旦披上僧衣，就已经加入了僧侣行列，一年中所做的事，也就是斋戒、讲经、诵经、持戒，相比于在家的世俗之人而言，修养的差距仍然无异于高山和深海。

简注

① 阙行：指德行上有过失。

② 白衣：指俗家人。

16.9　释四曰：内教多途，出家自是其一法耳。若能诚孝在心，仁惠为本，须达、流水[①]，不必剃落须发，岂令罄井田而起塔庙，穷编户以为僧尼也？皆由为政不能节之，遂使非法之寺妨民稼穑，无业之僧空国赋算，非大觉之本旨也。抑又论之：求道者，身计也；惜费者，国谋也。身计国谋，不可两遂。诚臣徇主而弃亲，孝子安家而忘国，各有行也。儒有不屈王侯高尚其事，隐有让王辞相避世山林，安可计其赋役以为罪人？若能偕化黔首[②]，悉入道场，如妙乐之世，穰佉[③]之国，则有自然稻米，无尽宝藏，安求田蚕之利乎？

今译

对于第四种指责的辩解如下：佛教修行的途径有多种，出家只是其中的一个方法。如果能够心怀忠诚、孝敬，以仁爱、慈惠为立身之本，就像须达、流水两位长者，不必剃掉须发出家为僧，又怎么会让所有的田地都用于建筑寺庙，让所有的百姓都出家为僧尼呢？这都是因为当政者不能够合理地节制规划，使得大量非法的寺院妨碍百姓的农事，没有道业的僧尼空享国家的赋税，这不是佛祖教导的本意。抑或又可以这样来讨论：信佛求道是为自身打算，节省费用是为国家谋划。为自身打算和为国家谋划，不可能两全其美。忠臣为君主殉身而放弃奉养亲人，孝子安定家庭而忽略为国尽职，各有不同的行为准则。儒家也有不屈身侍奉王侯而以高尚准则行事的人，隐士中有辞让王侯将相而避居山林之中的人，又怎么可以计算他们的赋税，而认为他们是逃避赋税的罪人？如果能够感化所有百姓全都信奉佛法，皈依佛门，去往极乐世界、转轮王治下之国，那就会有自然生长的稻米，用不尽的宝藏，哪里还要去追求种田养蚕的利益呢？

简注

① 须达、流水：皆为佛陀的在家弟子。

② 黔首：古时对平民的称谓。

③ 穰佉：梵语音译，即转轮法王。

16.10　释五曰：形体虽死，精神犹存。人生在世，望于后身[①]似不相属；及其殁后，则与前身似犹老少朝夕耳。世有魂神，示现梦想，或降童妾，或感妻孥，求索饮食，征须福佑[②]，亦为不少矣。今人贫贱疾苦，莫不怨尤前世不修功业；以此而论，安可不为之作地乎？夫有子孙，自是天地间一苍生耳，何预身事？而乃爱护，遗其基址，况于己之神爽，顿欲弃之哉？凡夫蒙蔽，不见未来，故言彼生与今非一体耳；若有天眼[③]，鉴其念念随灭，生生不断，岂可不怖畏邪？又君子处世，贵能克己复礼，济时益物。治家者欲一家之庆，治国者欲一国之良，仆妾臣民，与身竟何亲也，而为勤苦修德乎？亦是尧、舜、周、孔虚失愉乐耳。一人修道，济度几许苍生？免脱几身罪累？幸熟思之！汝曹若观俗计，树立门户，不弃妻子，未能出家，但当兼修戒行，留心诵读，以为来世津梁。人生难得，无虚过也。

| 今译 |

对于第五种指责的辩解如下：人的形体虽然死去，但是精神依然存在。人活在世上时，看待后世似乎是与自己毫不相干的事；等到死后，就会发现与前世的关系，就像年老和年少、早晨和傍晚一般。世上有死人的魂魄示现在生者的梦中，或是托梦给僮仆侍妾，或是托梦给妻子儿女，向他们索求饮食，乞求福德保佑，这类事也算是不少了。现在的人遭遇贫贱病苦，没有不埋怨前世不好好修功业的；以此而言，又怎么可以不为后世留下一片余地呢？人有子孙，子孙也只不过是天地间的一个苍生而已，与自身又有什么干系呢？可是却倍加爱护，把家业留给他们，难道对于自己的灵魂，反而要立刻舍弃不顾吗？凡夫俗子受到蒙蔽，不能够见到未来，所以说后世与今生不是一体的；如果有了能够洞察未来的天眼，就可以看到自己的念头随生随灭，生生死死连续不断，难道还可以不感到恐怖畏惧吗？再说君子立身处世，贵在能够克除私欲返归礼仪，就此济世觉民，有益于他人。治理家庭的人希望全家幸福美满，治理国家的人希望全国昌盛富强，其实仆人、婢妾、臣子、人民与自身又有什么亲密关系，却要为他们辛苦操劳和修养德行呢？（如果这样来看）这也是尧、舜、周公、孔子在白白为了别人而失去自己的快乐罢了。（与之相比较，）一个人修行求道，能够济度多少苍生？能够免除解脱多少人的罪孽？希望你们慎重考虑！你们如果从世俗的角度出发，想让家业兴旺，无法抛妻别子出家修行，也应当同时兼修戒律梵行，留心读诵佛经，以此作为来世走向极乐世界的桥梁。人生是极其难得的，希望你们不要虚度啊！

简注

① 后身：后世。

② 征须：求取，乞求。福佑：赐福保佑。

③ 天眼：佛教所说的五眼之一，能够透视六道（天、人、畜生、饿鬼、地狱、阿修罗）、三世（过去、现在和未来）。

16.11　儒家君子，尚离庖厨，见其生不忍其死，闻其声不食其肉①。高柴、折像②，未知内教，皆能不杀，此乃仁者自然用心。含生之徒，莫不爱命；去杀之事，必勉行之。好杀之人，临死报验，子孙殃祸。其数甚多，不能悉录耳，且示数条于末。

| 今译 |

儒家的君子，尚且还要远离厨房，因为看见禽兽活着时就不忍心看到它们被杀死，听到它们的叫声就不忍心再吃它们的肉。像高柴、折像二人，虽然未曾读过佛典，却也都能够不杀生，这就是仁爱之人自然而然的用心。一切生灵，没有不爱惜生命的；远离杀生之事，你们必须要勉力而为。喜好杀生的人，到了临死的时候，一定会有报应，还会殃及子孙后代。这样的例子有很多，我不能一一记录，在此姑且列举几条。

| 简注 |

① 见于《孟子·梁惠王上》："君子之于禽兽也，见其生不忍见其死，闻其声不忍食其肉，是以君子远庖厨也。"

② 高柴：孔子弟子。折像：东汉儒生。

16.12　梁世有人，常以鸡卵白[①]和沐，云使发光，每沐辄二三十枚。临死，发中但闻啾啾数千鸡雏声。

| 今译 |

梁朝时有一个人，常常用鸡蛋清来洗头，说是能够使头发有光泽，每次洗头动辄需要二三十枚鸡蛋。这个人临死时，听到头发中似乎有几千只小鸡发出的啾啾声。

简注

① 鸡卵白：即鸡蛋清。

实践要点

此后，之推讲述了几则因果报应的故事，以告诫世人切勿杀生。

16.13 江陵刘氏，以卖鳝羹为业。后生一儿头是鳝，自颈以下，方为人耳。

今译

江陵有个姓刘的，以贩卖鳝鱼羹为业。后来，他们家生了一个儿子，长着鳝头，从颈部以下，才是人形。

16.14 王克①为永嘉郡守，有人饷②羊，集宾欲宴。而羊绳解，来投一客，先跪两拜，便入衣中。此客竟不言之，固无救请。须臾，宰羊为羹，先行至客。一脔入口，便下皮内，周行遍体，痛楚号叫，方复说之，遂作羊鸣而死。

今译

王克在做永嘉郡守时，有人送给他一只羊，他便邀集了宾客准备宴饮。

当把捆羊的绳子解开时，那只羊投奔到一位宾客面前，先是跪下来向他拜了两拜，而后钻进了他的衣服。这位宾客竟然不说这件事，固然也没有为这只羊求情。过了一会儿，那只羊被杀掉做成了肉汤，首先端给了这位宾客。他吃了一块肉，那块肉就进入他的皮内，开始在全身运行，使得他痛苦嚎叫，这时才说出那只羊向他求救的事，随后就像羊一样鸣叫着死了。

简注

① 王克：梁朝人，官至尚书仆射。

② 饷：赠送。

16.15　梁孝元在江州时，有人为望蔡县令，经刘敬躬乱[①]，县廨[②]被焚，寄寺而住。民将牛酒作礼，县令以牛系刹柱，屏除形像，铺设床坐，于堂上接宾。未杀之顷，牛解，径来至阶而拜，县令大笑，命左右宰之。饮啖醉饱，便卧檐下。稍醒而觉体痒，爬搔隐疹，因尔成癞，十许年死。

今译

梁孝元帝在江州时，有个人担任望蔡县令，经过刘敬躬之乱后，县衙被烧毁了，这位县令就寄居在一座寺庙里。百姓们送来牛和酒作为礼物，这位县令把牛拴在庙前的幡杆上，搬走佛像，摆好坐具，在佛堂上接见宾客。在即将被杀的时候，牛被解开了，这头牛径直走到台阶前向他跪拜，这位县令哈哈大笑，命令手下人把它杀了。这位县令酒足饭饱之后，就在庙檐下休息，稍后醒来时，觉得身上发痒，抓挠之后出现了很多小疹子，因此得了癞疮，十多年后就死了。

简注

① 刘敬躬乱：指梁武帝大同八年，安城郡民刘敬躬造反之事。

② 廨（xiè）：官舍。

16.16　杨思达为西阳郡守，值侯景乱，时复旱俭[①]，饥民盗田中麦。思达遣一部曲守视，所得盗者，辄截手腕，凡戮十余人。部曲后生一男，自然无手。

今译

杨思达为西阳郡守时，正好逢上侯景之乱，加上当时又干旱歉收，饥饿的百姓就去偷官田中的麦子。杨思达派了一个部下去看守麦田，抓到偷麦子的人就截断他们的手腕，就这样截断了十多个人的手腕。这位部下后来生了一个儿子，生下来就没有手。

简注

① 旱俭：即旱灾。

16.17 齐有一奉朝请[①]，家甚豪侈，非手杀牛，啖之不美。年三十许，病笃，大见牛来，举体如被刀刺，叫呼而终。

| 今译 |

齐朝时有一位奉朝请，家中非常豪华奢侈，不是亲手宰杀的牛，吃起来就感觉到没味。到了三十多岁，这位奉朝请就得了重病，看到很多牛向他奔来，浑身就像被刀刺着，最后呼叫着死去。

| 简注 |

① 奉朝请：古时官名。

16.18 江陵高伟，随吾入齐，凡数年，向幽州淀中捕鱼。后病，每见群鱼啮之而死。

| 今译 |

江陵的高伟，跟随我一起到了齐国，几年之中，一直在幽州的湖中捕鱼。后来生了病，经常见到成群的鱼前来咬他，而后就死了。

16.19 世有痴人，不识仁义，不知富贵并由天命。为子娶妇，恨其生资[1]不足，倚作舅姑之尊，蛇虺其性，毒口加诬，不识忌讳，骂辱妇之父母，却成教妇不孝己身，不顾他恨。但怜己之子女，不爱己之儿妇。如此之人，阴纪其过，鬼夺其算[2]。慎不可与为邻，何况交结乎？避之哉！

丨 今译 丨

世间有一种愚痴的人，不懂得仁义道德，也不知道富贵都是由天命注定的。为自家的儿子娶媳妇，只嫌儿媳的嫁妆太少，倚仗做公婆的尊贵身份，以毒蛇一般的性情，对儿媳恶意辱骂，一点忌讳也不懂，甚至辱骂儿媳的父母，不知道这样反而会导致儿媳对自己的不孝，也不考虑儿媳妇对自己的怨恨。这样的父母只知道疼爱自己的子女，不知道疼爱自家的儿媳。像这样的人，阴司会记录他们的罪过，鬼神会减掉他们的寿命。你们千万不要与他们为邻，更何况是与他们结交了！一定要避开他们啊！

丨 简注 丨

① 生资：即嫁妆。

② 算：命。

丨 实践要点 丨

对待儿媳恶毒，就是在将儿媳推上不孝之路。所以，那些动不动就虐待儿媳、辱骂儿媳的人，真的是愚痴之极！

最后，之推告诫子孙后代，千万不要与这样的人结交，最好是远远避开他们。

卷六

书证第十七

17.1 《诗》云："参差荇菜[①]。"《尔雅》云："荇，接余也。"字或为"莕"。先儒解释皆云：水草，圆叶细茎，随水浅深。今是水悉有之，黄花似莼[②]，江南俗亦呼为猪莼，或呼为荇菜。刘芳[③]具有注释。而河北俗人多不识之，博士皆以参差者是苋菜，呼人苋[④]为人荇，亦可笑之甚。

今译

《诗经·周南·关雎》中说："参差荇菜。"《尔雅》中说："荇，即是接余。"这个字有时会写成"莕"。先儒们的解释全都是：一种水草，叶子是圆形的，茎很细，高低随着水的深浅而定。如今凡是有水的地方都有这种植物，开着黄色的花，好似莼菜，江南的俗称也叫作猪莼，也有叫作荇菜的。刘芳在他的《毛诗笺音义证》里有注释。而黄河以北地区的人大多不认识这种植物，博学之士都以为长短不齐的是苋菜，而称呼人苋为人荇，也是十分可笑的事了。

简注

① 参差：长短不齐的样子。荇菜：多年生水生草本植物，嫩时可食，初夏时开黄色小花。

② 莼：亦为多年生水生草本植物，浮于水面，可食。

③ 刘芳：北魏人，撰有《毛诗笺音义证》。

④ 人苋：苋菜的一种。

实践要点

本篇中，之推记录了自身对经、史、子、集、地理等所作的种种考证，共47条，从中可见之推的考据水平超乎常人。正因如此，有人以为本篇应当独立成书，而不应放置于家训之中。我们却以为之推之所以将本篇放在家训之中，实在是有着他的用心的：

一、以身作则，指引子孙后代治学要严谨，对于不懂的地方一定要去探究、去考证。

二、不要轻信流俗意见，而是要多方考据，得出正确的结论。

三、通过这些例子传授了训诂、考据的方法。

四、提醒子孙后代要博览群书，不要草率发表议论，以免闹出笑话。像河北博学之士将人苋称作人荇，不是十分可笑吗？

17.2 《诗》云："谁谓荼苦①？"《尔雅》《毛诗传》并以荼，苦菜也。又《礼》云："苦菜秀②。"案：《易统通卦验玄图》③曰："苦菜生于寒秋，更冬历春，得夏乃成。"今中原苦菜则如此也。一名游冬，叶似苦苣而细，摘断有白汁，花黄似菊。江南别有苦菜，叶似酸浆，其花或紫或白，子大如珠，熟时或赤或黑。此菜可以释劳。案：郭璞注《尔雅》，此乃藏，黄蒢也。今河北谓之龙葵。梁世讲《礼》者，以此当苦菜；既无宿根，至春方生耳，亦大误也。又高诱注《吕氏春秋》曰："荣④而不实曰英。"苦菜当言英，益知非龙葵也。

今译

《诗经·邶风·谷风》中说："谁谓荼苦?"《尔雅》和《毛诗传》都认为荼就是苦菜。另外,《礼记》中说："苦菜开花。"案:《易统通卦验玄图》中说："苦菜生长于深秋时节，经历过冬天和春天，到夏天才能长成。"现今中原地区的苦菜就是这样的。苦菜的另一个名字叫作游冬，叶子像苦苣但是比苦苣细，摘断之后有白汁，开的花是黄色的，像菊花一样。江南地区另外有一种苦菜，叶子像酸浆草，开的花有紫色的，也有白色的，果实像珠子一般大，成熟之后有红色的，也有黑色的。这种菜可以消除疲劳。案：郭璞在注《尔雅》时说，这种苦菜就是藏草，也就是黄蒢。现今黄河以北地区的人称之为龙葵。梁朝讲《礼记》的人，把它当作苦菜；但这种植物既没有来年的宿根，又要到春天才发芽，这也是个大错误。另外，高诱注的《吕氏春秋》中说："开花而不结果称为英。"苦菜应当称为英，由此更加知道它不是龙葵了。

简注

① 荼：苦菜。

② 秀：植物开花。

③《易统通卦验玄图》：见《隋书·经籍志》，撰者无传。

④ 荣：植物开花。

| 实践要点 |

河北将苦菜称作龙葵，又是一桩笑话。然而，只要略加用心，注意考证，就可以避免这个错误，由此亦可见，河北之士大多疏于考据。可能是时风如此。

17.3 《诗》云：“有杕之杜[①]。”江南本并木傍施大，《传》曰：“杕，独皃也。”徐仙民音徒计反。《说文》曰：“杕，树皃也。”在木部。《韵集》音次第之第，而河北本皆为夷狄之狄，读亦如字，此大误也。

| 今译 |

《诗经·唐风·杕杜》中说：“有杕之杜。”江南的版本中，“杕”全都是木旁加一个大，《毛诗传》中说：“杕，孤立的样子。”徐仙民所注的读音为徒计反。《说文解字》中说：“杕，树的样子。”分布在木部。《韵集》把它读作次第的第，而黄河以北地区的版本全都写作夷狄的狄，读音也是狄的本音，这是非常错误的。

| 简注 |

① 杕（dì）：树木孤立的样子。杜：杜梨，也叫棠梨。

杕，写成了狄，本已是错误，再把读音也读成狄的本音，那就是错上加错了。

17.4 《诗》云：“駉駉牡马[①]。”江南书皆作牝牡之牡，河北本悉为放牧之牧。邺下博士见难云：“《駉颂》既美僖公牧于坰野[②]之事，何限草骘[③]乎？”余答曰：“案：《毛传》云：‘駉駉，良马腹干肥张也。’其下又云：‘诸侯六闲[④]四种，有良马、戎马、田马、驽马。’若作牧放之意，通于牝牡，则不容限在良马独得駉駉之称。良马，天子以驾玉辂[⑤]，诸侯以充朝聘、郊祀，必无草也。《周礼·圉人[⑥]职》：‘良马，匹一人。驽马，丽一人。’圉人所养，亦非草也；颂人举其强骏者言之，于义为得也。《易》曰：‘良马逐逐。’《左传》云：‘以其良马二。’亦精骏之称，非通语也。今以《诗传》良马，通于牧草，恐失毛生[⑦]之意，且不见刘芳《义证》乎？”

今译

《诗经·鲁颂·駉》中说：“駉駉牡马。”江南的版本中，全都写作牝牡的牡，黄河以北地区的版本则全都写作放牧的牧。邺城的博学之士对此进行责难，说：“《駉颂》这首诗既然是赞美僖公在野外放牧的事，又何必要限定是母马还是公马呢?”我回答说:“据考证:《毛传》中说:‘駉駉,形容良马躯干肥壮。’下文又说:‘诸侯有六个马厩,养四种马,包括良马、战马、狩猎的马和劣马。’如果解释为放牧的意思,那就通指母马和公马了,也就不必要限定只有良马才能够得到駉駉的美誉了。良马,天子用它来驾车,诸侯用它来朝见天子、在郊外举行祭祀活动,那必定是没有母马的。《周礼·圉人职》里说:‘良马,每匹由一个人饲养。劣马,两匹由一个人饲养。’圉人饲养的马,也不会是母马;赞颂的人以良马的强骏来进行赞美,在意义上是得当的。《易经》中说:‘良马逐逐。’《左传》中说:‘以其良马二。’也是对精壮骏马的称呼,不是通称。现在认为《诗传》注释的良马,兼指公马和母马,恐怕有违毛生的本意,况且你们没有看到刘芳的《毛诗笺音义证》吗?”

简注

① 駉駉(jiōng):形容马肥壮的样子。牡马:公马。

② 僖公:指鲁僖公。坰(shǎng)野:远郊野外。

③ 草:母马。骘:公马。

④ 闲:马厩。

⑤ 玉辂:以玉装饰的大车,古时帝王所乘。

⑥ 圉人:养马的人。

⑦ 毛生:当指《毛诗传》的作者毛苌。生,古时对儒者的称谓。

实践要点

之推通过考证证实“駉駉牡马”的“牡”不当为“牧”,由此可见,只要略加用心，是可以避免许多低级错误的。问题的关键在于：不要盲从，乃至于为本已错误的部分寻找解释，以求说得通，就像邺城的那些博学之士一样。一旦如此，就只能永远的错下去了。

17.5 《月令》云："荔挺出。"郑玄注云："荔挺，马薤[①]也。"《说文》云："荔，似蒲而小，根可为刷。"《广雅》云："马薤，荔也。"《通俗文》亦云马蔺。《易统通卦验玄图》云："荔挺不出，则国多火灾。"蔡邕《月令章句》云："荔似挺。"高诱注《吕氏春秋》云："荔草挺出也。"然则《月令注》荔挺为草名，误矣。河北平泽率生之。江东颇有此物，人或种于阶庭，但呼为旱蒲，故不识马薤。讲《礼》者乃以为马苋；马苋堪食，亦名豚耳，俗名马齿。江陵尝有一僧，面形上广下狭。刘缓幼子民誉，年始数岁，俊晤善体物[②]，见此僧云："面似马苋。"其伯父縚因呼为荔挺法师。縚亲讲《礼》名儒，尚误如此。

| 今译 |

《礼记·月令》中说："荔挺出。"郑玄注解说："荔挺，就是马薤。"《说文解字》中说："荔，长得像蒲草而比蒲草小，根可以用来做刷子。"《广雅》中说："马薤，就是荔。"《通俗文》中也称它为马蔺。《易统通卦验玄图》中说："如果荔挺不长出来，国家就会多火灾。"蔡邕的《月令章句》中说："荔草长得像直立的一般。"高诱注《吕氏春秋》时说："荔草直立生长出来。"如此看来，郑玄的《月令注》将荔挺视为一种草名，是错误的。黄河以北地区的湖泊中都长有这种植物。江东也有很多这种东西，有人把它种植在台阶前的院子里，只是把它称作旱蒲，所以不知道它是马薤。讲授《礼记》的人就认为荔就是马苋；马苋可以吃，也叫作豚耳，俗名为马齿。江陵曾有一位僧人，脸形上面宽下面窄。刘缓的幼子民誉，年龄才几岁，聪明灵异，善于描绘事物，看到这位僧人时说："他的脸像马苋的叶子。"他的伯父刘縚因此称呼这位僧人为荔挺法师。刘縚本人乃是讲授《礼记》的名儒，尚且犯这样的错误。

简注

① 马薤（xiè）：一种植物，叶子像薤，但是比较长厚，长得像蒲草，三月会开花，五月结实，根可用来制刷。

② 体物：描绘事物。

实践要点

郑玄乃是一代经学大家，传说他家的婢女都精通群经。然而，这样一位大家，居然也会犯下一个低级错误：将"荔挺"视为一种草名。其实，"荔"是草名，"挺"则是形容这种草生长直立。同样，刘縚作为讲授《礼记》的名儒，也把"荔"（马薤）与马齿苋混为一谈。由此可见，智者千虑，必有一失。既然如此，我们在研读古文时，一不可盲从，二应当帮助前人纠正错误，就像之推一般。

17.6 《诗》云："将其来施施。"《毛传》云："施施，难进之意。"郑《笺》云："施施，舒行皃也。"《韩诗》[①]亦重为施施。河北《毛诗》皆云施施。江南旧本，悉单为施，俗遂是之，恐为少误。

今译

《诗经·王风·丘中有麻》中说："将其来施施。"《毛诗传》中说："施施，表示难以前进的意思。"郑玄《毛诗传笺》中说："施施，缓缓行走的样子。"《韩诗》中也是重叠为"施施"。黄河以北的《毛诗》中都是写作"施施"。江南的旧本，却全都是单独为一个施字，大家认为就是这样的，这恐怕是个小错误。

简注

①《韩诗》：西汉时韩婴所传的《诗经》，分内、外传，后来内传散佚，只剩下外传。

实践要点

这是从版本上进行对校从而发现问题。"施施"二字重叠使用，表示一种状态。"施"单独使用的时候，则很难令人想到是在表述一种状态。之推认为江南旧本只有单独的一个"施"字，是有点问题的，这种见解是正确的。

17.7 《诗》云："有渰[①]萋萋，兴云祁祁。"《毛传》云：

"湆，阴云皃。萋萋，云行皃。祁祁，徐皃也。"《笺》云："古者，阴阳和，风雨时，其来祁祁然，不暴疾也。"案：湆已是阴云，何劳复云"兴云祁祁"耶？"云"当为"雨"，俗写误耳。班固《灵台》诗云："三光[②]宣精，五行布序[③]，习习祥风，祁祁甘雨。"此其证也。

今译

《诗经·小雅·大田》中说："有湆萋萋，兴云祁祁。"《毛诗传》中说："湆，阴云的样子。萋萋，云朵移动的样子。祁祁，舒缓的样子。"郑玄《毛诗传笺》中说："古时候，阴阳调和，风雨按时而来，来的时候非常舒缓，不会很迅疾。"据考证："湆"已经是指阴云了，哪里还需要再说什么"兴云祁祁"呢？这里的"云"应当为"雨"，这是流行的写法写错了。班固的《灵台》诗中说："三光宣精，五行布序，习习祥风，祁祁甘雨。"就是一个例证。

简注

① 湆（yǎn）：阴云。

② 三光：日、月、星。

③ 五行：金、木、水、火、土。布序：依次展开。

实践要点

通过"湆"是云，之推指出"兴云祁祁"的"云"当作"雨"。班固的诗句——"祁祁甘雨"，是他的依据。其实，郑玄已经指出了这一点，只不过没有明说，他说“风雨时，其来祁祁然，不暴疾也”，“祁祁”自然是指风雨，而不是阴云。

之推这一考证，依据的是古文通常节约文辞，不会出现重复的表述。这是我们在点校典籍时应当注意的一个方面。

17.8 《礼》云：“定犹豫，决嫌疑[①]。”《离骚》曰：“心犹豫而狐疑。”先儒未有释者。案：《尸子》[②]曰：“五尺犬为犹。”《说文》云：“陇西谓犬子为犹。”吾以为人将犬行，犬好豫在人前，待人不得，又来迎候，如此往还，至于终日，斯乃豫之所以为未定也，故称犹豫。或以《尔雅》曰：“犹如麂[③]，善登木。”犹，兽名也，既闻人声，乃豫缘木，如此上下，故称犹豫。狐之为兽，又多猜疑，故听河冰无流水声，然后敢渡。今俗云：“狐疑，虎卜。”则其义也。

今译

《礼记·曲礼上》中说：“定犹豫，决嫌疑。”《离骚》中说：“心犹豫而狐疑。”前辈学者对此没有进行解释的。据考证：《尸子》中说：“五尺长的犬为犹。”《说文解字》中说：“陇西地区称犬的幼子为犹。”我认为，人带着犬行走，犬喜欢先跑到人的前面，等人等不到，又回过头来迎候，像这样来来去去，整天如此，这就是“豫”之所以表示不确定的原因，所以称为“犹豫”。有人依据《尔雅》说：“犹，形状像麂，善于爬树。”犹，是一种野兽的名字，一听到人的声音，就预先爬上树，如此上上下下，所以称为“犹豫”。狐作为一种野兽，生性多猜疑，所以过河时，会先趴在冰上听流水的声音，听不见声音时，才敢渡过。现在有句俗话：“狐狸生性多疑，老虎会占卜。”就是这个意思。

简注

① 定犹豫，决嫌疑：意为对犹豫的事情予以确定，对有嫌疑的地方作出判决，从此不再犹豫，也没有了嫌疑。

②《尸子》：尸佼著，共二十篇。

③ 麂（jǐ）：一种小型的鹿。

实践要点

之推对“犹豫”做了一番考据，其中“人将犬行”一段，甚是生动，也是日常生活中常见的景象。由此可见，考据也并不全都是枯燥无味的，也有生动活泼的地方。

“犹豫”而生“疑”，所以，讲“犹豫”时，以犬和犹为主体；讲“疑”时，则以狐为主体，因为狐生性多疑。两者结合，便可明了“犹豫”与“狐疑”的关系。

17.9 《左传》曰：“齐侯痎[①]，遂痁[②]。”《说文》云：“痎，二日一发之疟[③]。痁，有热疟也。”案：齐侯之病，本是间日一发，渐加重乎故，为诸侯忧也。今北方犹呼痎疟，音皆。而世间传本多以痎为疥[④]，杜征南[⑤]亦无解释，徐仙民音介，俗儒就为通云："病疥，令人恶寒，变而成疟。"此臆说也。疥癣小疾，何足可论，宁有患疥转作疟乎？

今译

《左传》中说："齐侯患了痎病，后来转成了痁病。"《说文解字》中说："痎，两天发作一次的疟疾。痁，是伴有热症的疟疾。"据考证：齐侯的病，本来是间隔一天发作一次，因为渐渐加重的缘故，才为诸侯们所担忧。现今北方地区仍然称作"痎疟"，读音作"皆"。然而，世间流传的版本，大多将"痎"写作"疥"，杜预对此也没有解释，徐仙民所注的读音为"介"，那些俗儒们就解释为："得了疥病，令人畏寒，进而转变成疟疾。"这完全是主观臆测。疥癣这样的小毛病，哪里值得一提，又怎么会有患了疥而转变成疟疾的呢？

简注

① 痎（jiē）：隔日发作的疟疾。

② 痁（shān）：伴随着发热症状的疟疾。

③ 疟：一种急性传染病。

④ 疥：一种皮肤病。

⑤ 杜征南：即杜预，喜读《左传》，自称有"左传癖"，有《春秋左传注》传于世。

实践要点

之推对世间流传的《左传》本进行点校，最终发现其中将“痎”写成“疥”，从而导致许多俗儒的臆解。其实，只要这些俗儒能够动动脑子，也许就会发现这个问题了。因为疥病实在不值一提，更不会转变为疟疾。由此可见，在读书时，应当多动脑子，如此一来，就会避免犯下一些低级的错误。

17.10 《尚书》曰：“惟影响[①]。”《周礼》云：“土圭测影，影朝影夕[②]。”《孟子》曰：“图影失形[③]。”《庄子》云：“罔两问影[④]。”如此等字，皆当为光景之景。凡阴景者，因光而生，故即谓为景。《淮南子》呼为景柱，《广雅》云：“晷柱[⑤]挂景。”并是也。至晋世葛洪[⑥]《字苑》，傍始加彡，音於景反。而世间辄改治《尚书》《周礼》《庄》《孟》从葛洪字，甚为失矣。

今译

《尚书·大禹谟》中说：“惟影响。”《周礼·地官·大司徒》中说：“土圭测影，影朝影夕。”《孟子外书》中说：“图影失形。”《庄子·齐物论》中说：“罔两问影。”这些地方的“影”字，全都应当为“光景”的“景”字。凡是阴影，都是因为光照而产生的，所以称为“景”。《淮南子》中称为“景柱”，《广雅》中说：“晷柱挂景。”全都是这样。到了晋朝葛洪撰《字苑》，才在“景”旁加上“彡”，读音为於景反。而世间的人就擅自改动《尚书》《周礼》《庄子》《孟子外书》等，而依从葛洪所说的“影”字，这是一个很严重的错误。

简注

① 影响：影子和回响，指报应迅速。

② 土圭测影，影朝影夕：用土圭测量日影，可以知道朝夕。土圭，古时用来测量日影，以正四时和测量土地的仪器。

③ 图影失形：画影违背了形体。

④ 罔两：影子边缘的淡影。

⑤ 晷（guǐ）柱：即晷表，日晷上测量日影的标杆。

⑥ 葛洪：东晋人，道教人士，也是中医大家，著有《抱朴子》《肘后备急方》等。

实践要点

“光景”，因光照产生的景象。影子便是因光照产生的，所以“影”当为“景”。后来，人们根据葛洪《字苑》将“景”改写为“影”，并且逐渐约定成俗，于是导致后世之人都不能明白“景”的意思了，这确实是一个很严重的错误。

17.11　太公《六韬》，有天陈[①]、地陈、人陈、云鸟之陈。《论语》曰：“卫灵公问陈于孔子。”《左传》：“为鱼丽之陈[②]。”俗本多作阜傍车乘之车。案：诸陈队，并作陈、郑之陈。夫行陈之义，取于陈列耳，此六书[3]为假借也。《苍》《雅》及近世字书，皆无别字；唯王羲之《小学章》，独阜傍作车，纵复俗行，不宜追改《六韬》《论语》《左传》也。

今译

姜太公撰的《六韬》中，有天陈、地陈、人陈、云鸟之陈。《论语·卫灵公》中说："卫灵公问陈于孔子。"《左传·桓公五年》中说："为鱼丽之陈。"一般的版本全都写成"阜"旁加上"车乘"的"车"。据考证：各种军队陈列队行，全都写作为"陈国、郑国"的"陈"。"行陈"的意思，乃是取义于陈列而来的，这在六书中属于假借法。《苍颉篇》《尔雅》以及近代的字书中，都没有写成别的字样的；唯有王羲之的《小学章》，单独将"陈"写成了"阜"字旁加上"车"，即使这种写法在世间通行，也不应当再去更改《六韬》《论语》《左传》中的"陈"字了。

简注

① 陈：即后世所谓的阵。

② 鱼丽之陈：古时战阵名。杜预注为："《司马法》：'车战二十五乘为偏。'以车居前，以伍次之，承偏之隙而弥缝阙漏也。五人为伍。此盖鱼丽陈法。"(《春秋左传注》)

③ 六书：象形、指事、会意、形声、转注、假借。

实践要点

"阵"古时为"陈"，取义于陈列。这固然没错，但是今天提到布阵，一定是“阵”，而不是“陈”，所以，不必改“阵”为“陈”，但是应当知道“阵”的本来乃是“陈”。当然，对于古书典籍中的“陈”字，自然是不要再去改动了，否则，将来人们连“阵”字的本来也会无从知晓了。

17.12 《诗》云：“黄鸟于飞，集于灌木。”《传》云：“灌木，丛木也。”此乃《尔雅》之文，故李巡[①]注曰：“木丛生曰灌。”《尔雅》末章又云：“木族生为灌。”族亦丛聚也。所以江南《诗》古本皆为丛聚之丛，而古丛字似冣[②]字，近世儒生因改为冣，解云：“木之冣高长者。”案：众家《尔雅》及解《诗》无言此者，唯周续之[③]《毛诗注》音为徂会反，刘昌宗[④]《诗注》音为在公反，又祖会反。皆为穿凿，失《尔雅》训也。

| 今译 |

《诗经·周南·葛覃》中说：“黄鸟于飞，集于灌木。”《毛诗传》中说：“灌木，就是丛生的树木。”这是《尔雅》中的话，所以，李巡注《尔雅》时说：“树木丛生称为灌。”《尔雅》中这一解释的最后又说：“树木族生称为灌。”族，也就是丛聚的意思。所以，江南一带的《诗经》古本全都写作“丛聚”的“丛”，而古时的“丛”字近似于“冣”字，近代的一些儒生们因此将“丛”字改写为“冣”字，并且解释说：“树木中长得最高的。”据考证：各家的《尔雅》批注和《诗经》解释都没有这样讲的，只有周续之的

《毛诗注》中把这个字的读音注为徂会反，刘昌宗的《诗注》中把这个字的读音注为在公反，也注为祖会反。这些全都是穿凿附会，违背了《尔雅》的训义。

简注

① 李巡：东汉汝南人，曾为《尔雅》作注。

② 冣：古最字。

③ 周续之：字道祖，雁门人，事见《宋书》。

④ 刘昌宗：晋人，著有《周礼音》《仪礼音》等。

实践要点

“丛”与“最”，古时字型相似，固然不错，然而意思却绝然不同。后世儒生居然能将“丛木”解为“树木中长得最高的”，这也算是望文生义的典型了。其实，只要他们略加思索，就不会犯这种低级错误了。

17.13 “也”是语已[①]及助句之辞，文籍备有之矣。河北经传，悉略此字，其间字有不可得无者，至如“伯也执殳”[②]，“于旅也语”[③]，“回也屡空”[④]，“风，风也，教也”，及《诗传》云：“不戢，戢也；不傩，傩也”，“不多，多也。”如斯之类，傥削此文，颇成废阙。《诗》言：“青青子衿。”《传》曰：“青衿，青领也，学子之服。”按：古者，斜领下连于衿，故谓领为衿。孙炎、郭璞注《尔雅》，曹大家[5]注《列女传》，并云：“衿，交领也。”邺下《诗》本，既无“也”字，群儒因谬说云：“青衿、青领，是衣两处之名，皆以青为饰。”用释“青青”二字，其失大矣！又有俗学，闻经传中时须也字，辄以意加之，每不得所，益成可笑。

今译

“也”字是在文中用作语末词和助语的词，文章典籍中都会用到它。黄河以北地区的经书和传记中，全都省略了这个字，而其中有些地方是不可以省略的，比如“伯也执殳”，“于旅也语”，“回也屡空”，“风，风也，教也”，以及《毛诗传》中所说的：“不戢，戢也；不傩，傩也”，“不多，多也。”诸如此类，倘若也省略了“也”字，文辞的意思就会残缺不全。《诗经·郑风·子衿》一诗中说：“青青子衿。”《毛诗传》中说：“青衿，即是青色的衣领，指学子们所穿的服装。”据考证：古时候，衣服领子斜着下来与衣襟连在一起，所以将衣领称作为衿。孙炎、郭璞注《尔雅》，曹大家注《列女传》，都说：“衿，就是衣服的交领。”邺城的《诗经》版本，因为没有“也”字，儒生们因此错误地解说成：“青衿、青领，是衣服上两个地方的名称，都用青色作为装饰。”用这样的说法来解释“青青”两个字，实在是莫大的错误！还有一些平庸的学人，听说经典传记之中时常需要“也”字，就根据自己的意思随意添加，常常添加得极不适当，更加可笑。

简注

① 语已：即语末。

② 伯也执殳：见于《诗经·卫风·伯兮》。殳，古时的一种兵器，多用作仪仗。

③ 于旅也语：见于《仪礼·乡射礼》。旅，次序。

④ 回也屡空：见于《论语·先进》。屡空，时常空乏，指贫穷。

⑤ 曹大家：即班昭，因嫁给曹世叔，人称曹大家。

丨 实践要点 丨

本段谈论了“也”字的用法，虽然只是语末词和助词，但是在很多地方，这个“也”字是不可缺少的，一旦缺少了，意思就会不完整。但是，如果盲目地去添加“也”字，也是不当的。要真正把握这个“也”字，必须对古时的语法有着深入的了解，否则就会徒增笑话。

17.14 《易》有蜀才注，江南学士遂不知是何人。王俭《四部目录》①，不言姓名，题云：“王弼②后人。”谢炅、夏侯该，并读数千卷书，皆疑是谯周③。而《李蜀书》一名《汉之书》，云：“姓范名长生，自称蜀才。”南方以晋家渡江后，北间传记，皆名为伪书，不贵省读，故不见也。

丨 今译 丨

《易经》有署名蜀才的注本，江南一带的学者都不知道蜀才是何许人。王俭在《四部目录》中没有标明他的姓名，只是题着：“是王弼的后人。”谢炅、夏侯该，都是读过数千卷书的饱学之士，都怀疑蜀才就是谯周。而《李蜀书》，又叫作《汉之书》，其中说："姓范，名长生，自称蜀才。"南方地区自从晋朝渡江之后，将北方地区流传的经传书籍全都视作伪书，而不重视阅读这些书，所以未能见到关于蜀才的记载。

简注

① 王俭：字仲宝，琅琊临沂人，著有《七志》等，《南齐书》有传。《四部目录》：全名《宋元徽元年四部书目》，分为甲乙丙丁四部，共计一万五千七百零四卷。

② 王弼：三国时魏人，撰有《老子注》《周易注》。

③ 谯周：字允南，三国时魏人。

实践要点

学人往往依据流俗意见，将一些书视为伪书而不去读，甚至还会极力排斥。却不知很多书不但不是伪书，还包含着大量有价值的信息，例如《孔子家语》便是这样的一部书。

17.15 《礼·王制》云："裸股肱[①]。"郑注云："谓擐衣[②]出其臂胫。"今书皆作擐[③]甲之擐。国子博士萧该[④]云："擐当作揎，音宣，擐是穿着之名，非出臂之义。"案《字林》[⑤]，萧读是，徐爰[⑥]音患，非也。

今译

《礼记·王制》中说：“裸股肱。”郑玄注释说：“是指捋起衣服露出胳膊和腿。”现在的版本中全都把“捋”写成了“擐甲”的“擐”。国子博士萧该说：“‘擐’应当为‘揎’，读作‘宣’，‘擐’是穿着的意思，不是露出手臂的意思。”依据《字林》，萧该的读法是正确的，而徐爰读作“患”，是不对的。

简注

① 裸：露出。股肱：大腿和胳膊。

② 揎（xuān）衣：捋起衣服。

③ 擐（huàn）：穿。

④ 萧该：精通《汉书》，撰有《汉书音义》等，事见《隋书》。

⑤《字林》：晋吕忱撰。

⑥ 徐爰：南朝宋人，著有《礼记音》。

实践要点

“捋”与“擐”，一个是捋起衣服，一个则是穿的意思，两者意思相差甚大，却也能够混淆。由此可见，在研读经典时，务须小心谨慎，切不可轻易附和。

17.16 《汉书》：“田肎贺上①。”江南本皆作“宵”字。沛国刘显[②]，博览经籍，偏精班《汉》，梁代谓之《汉》圣。显子臻，不坠家业。读班史，呼为田肎。梁元帝尝问之，答曰："此无义可求，但臣家旧本，以雌黄改'宵'为'肎'。"元帝无以难之。吾至江北，见本为"肎"。

今译

《汉书》中说："田肎贺上。"江南的版本全都把"肎"写作"宵"。沛国人刘显，博览经典文籍，尤其精于班固《汉书》，梁朝人称他为"《汉》圣"。刘显的儿子刘臻，继承了家传的学业。他在读班固的史书时，把"田宵"读成"田肎"。梁元帝曾经问他为什么这样读，他回答说："这没有什么意义可以探究，只是我家家传的版本中，用雌黄把'宵'改成了'肎'。"梁元帝也无法诘难他。我到了江北地区之后，见到这个字本来就写作为"肎"。

简注

① 肎：肯的古字。

② 刘显：字嗣芳，沛国相人，著有《汉书音》。

实践要点

因版本流传而产生文字错误，这在经典中颇为常见。如果没有传承，那就必须多多参考各种版本，多方权衡，最终确定正确的文本。

17.17《汉书·王莽赞》云："紫色蠅[①]声，余分闰位[②]。"盖谓非玄黄[③]之色，不中律吕[④]之音也。近有学士，名问[⑤]甚高，遂云："王莽非直鸢髆虎视，而复紫色蠅声。"亦为误矣。

今译

《汉书·王莽赞》中说："紫色蠅声，余分闰位。"大意是说紫色不是玄黄正色，蛙声不符合声律的标准。近来有一位学士，名声很大，居然说："王莽不仅像鸢鸟一样双肩高耸，像老虎一样雄视四方，而且还有紫色的皮肤、蛙叫一样的声音。"这也是错误的。

简注

① 蠅：古蛙字。

② 闰位：不正统的帝位。

③ 玄黄：即黑色和黄色，乃是正色。

④ 律吕：校正乐律的工具，指准则。

⑤ 名问：即名闻。

实践要点

"紫色蠅声"乃是隐喻，是对王莽篡权的讽刺。到了那位学士那里，却成了具体的描述，这就是望文生义。后人在读前人文章之时，最怕的就是这一毛病，所以，务必沉下心来，细细体味，正确理解古人的意思，而且不可草率下结论，否则，不但会误己，还会误人。

17.18　简策字，竹下施束，末代隶书，似杞、宋之宋，亦有竹下遂为夹者；犹如刺字之傍应为朿，今亦作夹。徐仙民《〈春秋〉〈礼〉音》，遂以筴为正字，以策为音，殊为颠倒。《史记》又作悉字，误而为述，作妬字，误而为姤，裴、徐、邹[①]皆以悉字音述，以妬字音姤。既尔，则亦可以亥为豕字音，以帝为虎字音乎？

今译

“简策”的“策”字，是在“竹”字下加一个“束”字，秦末的隶书，这个字写成了类似于“杞国、宋国”的“宋”字，也有写成在“竹”下加一个“夹”字的；就像“刺”字的偏旁应该是“朿”，现今也写成了“夹”。徐仙民著的《春秋左氏传音》和《礼记音》，全都以“筴”为“策”的本字，而以“策”为读音，实在是本末倒置。《史记》中又把“悉”字误写而成为“述”字，把“妬”字误写而成为“姤”字，裴骃、徐广、邹诞生注《史记》时全都以“悉”字为“述”注音，以“妬”字为“姤”注音。既然如此，那也就可以用“亥”字为“豕”注音，用“帝”字为“虎”注音了吗？

简注

① 裴：裴骃。徐：徐广。邹：邹诞生。三人都曾为《史记》作注，或注文意，或注字音。

实践要点

古人在传写经典时，偶尔出现笔误，是很正常的，尤其是像“策”和

“筴”、“姤”和“姤”之类。但是，一旦认识到这些错误，就应当及时纠正过来，而不是为古人讳。否则就会贻笑大方，更添古人的不是了。

17.19　张揖[①]云：“虙[②]，今伏羲氏也。”孟康[③]《汉书古文注》亦云：“虙，今伏。”而皇甫谧[④]云：“伏羲或谓之宓羲。”按诸经史纬候，遂无宓羲之号。虙字从虍，宓字从宀，下俱为必，末世传写，遂误以虙为宓，而《帝王世纪》因误更立名耳。何以验之？孔子弟子虙子贱为单父宰，即虙羲之后，俗字亦为宓，或复加山。今兖州永昌郡城，旧单父地也，东门有子贱碑，汉世所立，乃曰：“济南伏生[⑤]，即子贱之后。”是知虙之与伏，古来通字，误以为宓，较可知矣。

| 今译 |

张揖说：“虙，就是现今所说的伏羲氏。”孟康的《汉书古文注》中也说：“虙，就是现今的伏。”可是，皇甫谧却说：“伏羲，也有称作宓羲的。”考证各种经典史籍和纬书，都没有宓羲这一名号。“虙”字属于“虍”部，“宓”字属于“宀”部，两个字的下面都为“必”，后世之人在传抄誊写时，于是误把“虙”当作了“宓”，而皇甫谧著《帝王世纪》时就沿袭了这个错误，而另外确立了一个名字。怎么样才可以验证这个说法呢？孔子的弟子虙子贱做过单父的地方官，他就是虙羲的后人，他的姓——“虙”，俗写也可作“宓”，或是再加上“山”(即密)。今天的兖州永昌郡城，就是过去的单父地区，郡城的东门有子贱碑，是汉朝时所立的，碑文中说："济南的伏生，就是子贱的后人。"由此可知，"虙"之与"伏"，自古以来就是相互通用的字，"虙"被误为"宓"，也就可以知晓了。

简注

① 张揖：字稚让，清河人，一云河间人，魏太中博士。著有《广雅》《三苍训诂》《古文字训》等。

② 虙：通伏，姓。

③ 孟康：字公休，三国时魏人，曾注《汉书》。

④ 皇甫谧：字士安，西晋人，擅长医学，撰有《帝王世纪》《高士传》《列女传》等。

⑤ 伏生：汉代人，名胜，治《尚书》大家，西汉《尚书》学者大多出于他的门下。事见《汉书·儒林传》。

实践要点

因为形似，所以"虙"被传写成"宓"，这本无大碍。皇甫谧却因此为伏羲杜撰了另外一个名号——宓羲，这就是问题了。这是我们在读前人著述时需要注意到的。

17.20 《太史公记》[①]曰："宁为鸡口，无为牛后[②]。"此是删《战国策》耳。案：延笃《战国策音义》曰："尸，鸡中之王。从，牛子。”然则，“口”当为“尸”，“后”当为“从”，俗写误也。

今译

《太史公记》中说：“宁为鸡口，无为牛后。”这是删减《战国策》中的文句而来的。据考证：延笃的《战国策音义》中说：“尸，是鸡中的主宰。从，是初生的牛犊。”如此看来，《太史公记》中的“口”应当为“尸”，“后”应当为“从”，这是俗写写错了。

简注

①《太史公记》：即《史记》。古之人尊称司马迁为太史公，故称《史记》为《太史公记》。

② 这句话的意思是：宁居小者之首，也不为大者之后。类似于俗语“宁作鸡头，不作凤尾”。

实践要点

“尸”传写误为“口”，“后”传写误为“从”，都是因为字形相似所导致的（后的繁体字为後，从的繁体字为從，两者亦很相似）。从字形切入，是我们在点校典籍时的一个好方法。

17.21 应劭[①]《风俗通》云：“《太史公记》：‘高渐离[②]

变名易姓，为人庸保，匿作于宋子，久之作苦，闻其家堂上有客击筑，伎痒，不能无出言。’”案：伎痒者，怀其伎而腹痒也。是以潘岳《射雉赋》亦云：“徒心烦而伎痒。”今《史记》并作“徘徊”，或作“彷徨不能无出言”，是为俗传写误耳。

丨 今译 丨

应劭的《风俗通义》中说：“《太史公记》里记载：‘高渐离变名改姓，为别人家做杂役，隐匿在宋子县，日子久了感到很辛苦，听到主人家堂上有客人在击筑，情不自禁地技痒难耐，而不能不有所表达。’”据考证：所谓伎痒，就是身怀某种技能，因不能展示而心痒难耐。所以，潘岳的《射雉赋》中也说：“徒心烦而伎痒。”今本《史记》中都写成了“徘徊”，或是写成“彷徨不能无出言”，这是因为人们传抄誊写所造成的错误。

丨 简注 丨

① 应劭：字仲远，汉代汝南人，曾为泰山太守，撰有《风俗通义》。

② 高渐离：战国时燕国人，擅长击筑，与荆轲相善，曾在易水击筑，为荆轲送行。事见《史记·刺客列传》。

丨 实践要点 丨

“伎痒”成了“徘徊”，虽然在字形上略有相似，可是此类传写之误，实在是有些说不过去。如此一来，几乎无从明了其中本来的意义了，所以，遇到这种情况，务必要进行指正。

17.22　太史公论英布[①]曰：“祸之兴自爱姬，生于妒媢，以至灭国。”又《汉书·外戚传》亦云：“成结宠妾妒媢之诛。”此二“媢”并当作“媢”，媢亦妒也，义见《礼记》《三苍》[②]。且《五宗世家》亦云：“常山宪王后妒媢。”王充[③]《论衡》云：“妒夫媢妇生，则忿怒斗讼。”益知媢是妒之别名。原英布之诛为意贲赫[④]耳，不得言媢。

今译

太史公司马迁在评论英布时说：“他的灾祸是因为他的爱姬而起的，根源于妒媢之心，以至于邦国遭遇灭亡。”另外，《汉书·外戚传》中也说：“他的杀身之祸是由于宠妾妒媢所导致的。”这两个“媢”字都应当为“媢”字，“媢”也是嫉妒的意思，它的释义见于《礼记》和《三苍》。而且《五宗世家》中也说：“常山宪王的王后生性妒媢。”王充在《论衡》中说：“一旦有妒夫媢妇出现，就会产生忿怒争斗和诉讼。”据此更加可以明了“媢”就是“妒”的别名。推究英布被杀的原因，应该是指贲赫，所以不能说是“媢”。

简注

① 英布：因曾经犯法而被黥面，所以又称为黥布。秦末起义，先归附项羽，后归附刘邦。汉高祖十一年，起兵造反，失败后被长沙王诱杀。

②《三苍》：即李斯《苍颉篇》、赵高《爰历篇》、胡毋敬《博学篇》三部字书的合称。

③ 王充：字仲任，会稽上虞人，东汉著名学者，著有《论衡》，《后汉

书》有传。

④ 贲赫：初为淮南王中大夫，后来因为揭发英布谋反而被封为将军。事见《史记·黥布列传》。

丨 实践要点 丨

“生于妒媢”一句中的“媢”，因为与“娼”字字形相似，从而导致了传写错误。然而，只要能够细细体味文意，便会发现“娼”在此处是说不通的，此时再略加考证，便会发现这是一个传写错误。在进行考据时，对于不合文意的地方多多思量，往往会有诸多斩获。

17.23 《史记·始皇本纪》：“二十八年，丞相隗林、丞相王绾等，议于海上[①]。”诸本皆作山林之“林”。开皇二年五月，长安民掘得秦时铁称权，旁有铜涂镌铭二所。其一所曰：“廿六年，皇帝尽并兼天下诸侯，黔首大安，立号为皇帝，乃诏丞相状、绾，法度量则不壹、嫌疑者，皆明壹之。”凡四十字。其一所曰：“元年，制诏丞相斯、去疾，法度量，尽始皇帝为之，皆□刻辞焉。今袭号而刻辞不称始皇帝，其于久远也，如后嗣为之者，不称成功盛德，刻此诏□左，使毋疑。”凡五十八字，一字磨灭，见有五十七字，了了分明。其书兼为古隶。余被敕写读[②]之，与内史令李德林对，见此称权，今在官库。其“丞相状”字，乃为状貌之“状”，爿旁作犬，则知俗作“隗林”，非也，当为“隗状”耳。

丨 今译 丨

《史记·秦始皇本纪》中记载：“二十八年，丞相隗林、丞相王绾等人，在东海之滨议事。”所有的版本都为“山林”的“林”。隋文帝开皇二年五月，长安地区的百姓挖到秦朝的铁秤锤，边侧有两处镀铜镌刻的铭文。其中一处说：“廿六年，皇帝尽并兼天下诸侯，黔首大安，立号为皇帝，乃诏丞相状、绾，法度量则不壹、嫌疑者，皆明壹之。”共四十个字。另一处说：“元年，制诏丞相斯、去疾，法度量，尽始皇帝为之，皆□刻辞焉。今袭号而刻辞不称始皇帝，其于久远也，如后嗣为之者，不称成功盛德，刻此诏□左，使毋疑。”共五十八个字，其中有一个字已经磨损不可见，能见到的有五十七个字，全都了了分明。铭文的字体都是古隶书。我奉诏抄写、标点这些铭文，与内史令李德林核对，见到了这一个铁秤锤，现今还保存在官库里。它上面的“丞相状”几个字，乃是“状貌”的“状”，在“爿”旁加上“犬”字，由此可见俗写成“隗林”，是不对的，应当为“隗状”。

丨 简注 丨

① 海上：东海之滨。

② 读（dòu）：语句中的停顿。

丨 实践要点 丨

之推依据秦时铁秤锤上的铭文，从而判断出《史记》通本中所说的丞相隗林当为隗状。这种依据古物进行考据的手法已经为后世的学者们所掌握，确实颇有说服力。

17.24 《汉书》云："中外禔福[①]。"字当从示。禔，安也，音匙匕之匙，义见《苍》《雅》《方言》。河北学士皆云如此。而江南书本多误从手，属文者对耦，并为提挈之意，恐为误也。

丨 今译 丨

《汉书》中说："中外禔福。""禔"字应当属于"示"部。禔，就是安宁的意思，读作"匙匕"的"匙"，它的释义见于《苍颉篇》《尔雅》《方言》。黄河以北地区的学者全都这样认为。然而江南一带的抄本大多把"禔"错写成属于"手"部的"提"，写文章的人为了对偶，都把它理解为"提挈"的意思，这恐怕是错误的。

丨 简注 丨

① 禔（tí）福：安乐幸福。

丨 实践要点 丨

把"禔"误写成"提"，因为字形相近，情有可原，可是进一步将之解释为"提挈"，那就完全违背了"中外禔福"这句话的意思了。所以，当面对字形错误（如"禔福"写成了"提福"）从而导致文意完全说不通时，就应当进行考证，确定正字，而后再作出解析。

17.25　或问："《汉书注》：'为元后父名禁，故禁中为省中。'何故以'省'代'禁'？"答曰："案：《周礼·宫正》：'掌王宫之戒令纠[①]禁。'郑注云：'纠，犹割也，察也。'李登云：'省，察也。'张揖云：'省，今省督[②]也。'然则小井、所领二反，并得训察。其处既常有禁卫省察，故以'省'代'禁'。督，古察字也。"

今译

有人问我："《汉书注》中记载：'因为汉元帝皇后的父亲名叫禁，所以将禁中改称为省中。'为什么用'省'来代替'禁'呢？"我回答说："据考证：《周礼·宫正》中记载：'掌王宫之戒令纠禁。'郑玄注释说：'纠，相当割、察的意思。'李登说：'省，就是察的意思。'张揖说：'省，就是今天所说的省察。'如此一来，小井反和所领反两种读音的'省'，都可以解释为'察'。王宫之处既然常有禁卫军负责省察，所以用'省'字来代替'禁'字。'督'，是古时的'察'字。"

简注

① 纠：督察。

② 督（chá）：古察字。

实践要点

之推通过“禁”与“省”意思之间的关联，对用“省中”替代“禁中”的原因作了解说。

17.26 《汉·明帝纪》：“为四姓小侯立学。”按：桓帝加元服[①]，又赐四姓及梁、邓小侯帛，是知皆外戚也。明帝时，外戚有樊氏、郭氏、阴氏、马氏为四姓。谓之小侯者，或以年小获封，故须立学耳。或以侍祠猥朝[②]，侯非列侯[③]，故曰小侯。《礼》云：“庶方小侯。”则其义也。

今译

《后汉书·明帝纪》中记载：“为四姓小侯立学。”据考证：汉桓帝行冠礼时，又赏赐给四姓和梁、邓等小侯束帛，由此可知，这些人全都是外戚。汉明帝时，外戚中的樊氏、郭氏、阴氏、马氏被称作为四姓。称他们为小侯，可能是因为年纪很小就获得封号，所以需要为他们设立学校。也可能是因为他们是侍祠侯或猥朝侯，虽然是侯但不是高爵位的列侯，所以称为小侯。《礼记》中说：“四方的小侯。”就是这个意思。

简注

① 加元服：即行冠礼。

② 侍祠：侍祠侯，即陪从祭祀而没有朝位的小侯。猥朝：即猥朝侯，

汉代异姓侯的一种，多为分封在偏远小国的皇室至亲，如公主的子孙，有奉先侯坟墓居住在京师的，随时接受皇帝的会见，称作猥朝侯。

③ 列侯：汉代王子封为侯称诸侯，异姓大臣因为功绩封为侯称彻侯。列侯就是彻侯，因为避汉武帝刘彻的讳，改为列侯。

实践要点

小侯，有二义：一者，因年幼封侯，所以称作小侯。二者，因爵位较低，所以称作小侯。根据“为四姓小侯立学”，或当为前者。

17.27 《后汉书》云：“鹳雀衔三鳝鱼。”多假借为鳣鲔之鳣[①]；俗之学士，因谓之为鳣鱼。案：魏武《四时食制》：“鳣鱼大如五斗奁[②]，长一丈。”郭璞注《尔雅》：“鳣长二三丈。”安有鹳雀能胜一者，况三乎？鳣又纯灰色，无文章也。鳝鱼长者不过三尺，大者不过三指，黄地黑文，故都讲[③]云：“蛇鳝，卿大夫服之象也。”《续汉书》及《搜神记》亦说此事，皆作“鳝”字。孙卿云：“鱼鳖鳅鳣。”及《韩非》《说苑》皆曰：“鳣似蛇，蚕似蠋[④]。”并作“鳣”字。假“鳣”为“鳝”，其来久矣。

今译

《后汉书》中说：“鹳雀衔三鳝鱼。”“鳝”字大多假借为“鳣鲔”的

“鳣”；世间的学者们，因此说《后汉书》中所说的就是鳣鱼。据考证：魏武帝的《四时食制》里说：“鳣鱼大得像能盛五斗的盒子，身长达到一丈。”郭璞注的《尔雅》中说：“鳣鱼长达二三丈。”哪有鹳雀能够衔住一条这么大的鱼，更何况还是三条？另外，鳣鱼是纯灰色的，身上没有花纹。而鳝鱼长的也不会超过三尺，大的也只不过三指宽，身是黄色的，上面有黑色的花纹；所以，都讲说：“蛇鳝，是卿大夫官服上的装饰纹样。”《续汉书》和《搜神记》中也说到了这件事，全都写作为“鳝”字。荀子说：“鱼鳖鳅鳣。”而《韩非子》、《说苑》都说：“鳣的形状像蛇，蚕的形状像蠋。”都写作为“鳣”字。假借“鳣”字为“鳝”，这种用法由来已久了。

简注

① 鳣（zhān）：即鲟鳇鱼。鲔（wěi）：即鲟鳇鱼的古称。

② 奁：指盒子一类的盛物器具。

③ 都讲：学舍中的主讲者。

④ 蠋（zhú）：鳞翅目昆虫的幼虫，色青，大如手指，形状像蚕。

实践要点

将“鹳雀衔三鳝鱼”的“鳝鱼”当作“鳣鱼”，可见那些学者实在是人云亦云，不动脑子。其实，他们只要略作考证，便会发现这个说法是荒谬无理的。

17.28 《后汉书》：“酷吏[①]樊晔为天水郡守，凉州为之歌曰：‘宁见乳虎穴[②]，不入冀府寺。’”而江南书本“穴”皆误作“六”。学士因循，迷而不寤。夫虎豹穴居，事之较[③]者，所以班超云：“不探虎穴，安得虎子？”宁当论其六七耶？

今译

《后汉书》中记载：“酷吏樊晔在任天水郡太守时，凉州人给他编了一首歌谣，说：‘宁见乳虎穴，不入冀府寺。’”江南一带的版本中，“穴”全都被误写为“六”。一些学者沿袭遵循，受了错误的迷惑而不能觉察。虎豹住在洞穴中，这是很明显的事，所以班超说：“不探虎穴，安得虎子？”又怎么会去讨论乳虎是六个还是七个呢？

简注

① 酷吏：滥用刑法摧残百姓的官吏。

② 乳虎：育子的母虎。

③ 较：明显，显著。

实践要点

将“虎穴”的“穴”误写成“六”，这种错误已经很离谱了，再将之理解为乳虎有六只，那就是愚不可耐了！如此学者，实在是荒唐透顶。

17.29 《后汉书·杨由传》云：“风吹削肺。”此是削札牍之杮[1]耳。古者，书误则削之，故《左传》云“削而投之”是也。或即谓札为削，王褒《童约》曰：“书削代牍。”苏竟[2]书云：“昔以摩研编削之才。”皆其证也。《诗》云：“伐木浒浒[3]。”《毛传》云：“浒浒，杮貌也。”史家假借为肝肺字，俗本因是悉作脯腊之脯，或为反哺之哺。学士因解云：“削哺，是屏障之名。”既无证据，亦为妄矣！此是风角占候[4]耳。《风角书》曰：“庶人风[5]者，拂地扬尘转削。”若是屏障，何由可转也？

今译

《后汉书·杨由传》中说：“风吹削肺。”这里的“肺”是指削札牍时削下的小木片。古时候，字写在木札上，写错了就用刀把它削掉，所以，《左传》中说“削而投之”，正是这个意思。有人则说“札”即是“削”，王褒的《童约》中说：“书削代牍。”苏竟也写道：“昔以摩研编削之才。”都是这一说法的依据。《诗经·小雅·伐木》中说：“伐木浒浒。”《毛诗传》注为：“浒浒，就是削下的小木片的样子。”史家将“杮”字假借为“肝肺”的“肺”字，世间流行的版本因此都写成了“脯腊”的“脯”字，或是写成了“反哺”的“哺”字。学者因而解释说：“削哺，是屏风的名称。”这种解释既没有依据，也是很无知的！这是在说利用风角占验吉凶。《风角书》中说：“恶劣的风，吹拂地面，扬起尘土，吹转碎木片。”如果是屏风，又如何能够被吹转呢？

简注

① 札、牍：二者都是古时书写所用的木片。柹（fèi）：削下的小木片。

② 苏竟：字伯况，东汉扶风人。

③ 浒浒：伐木声。

④ 风角占候：风角，古时的一种占卜方法，根据风来测知吉凶。占候，根据天象变化预测灾异和天气变化。

⑤ 庶人风：指恶劣的风。

实践要点

“柹”传写为“肺”，进而又传写为“脯”和“哺”，已是不合情理。而那些学者们又将之理解为“屏风”，就更是不知所云了。无怪乎之推批评他们“既无证据，亦为妄矣”。

17.30 《三辅决录》①云：“前队大夫范仲公，盐豉蒜果共一筒。”“果”当作魏颗之“颗”。北土通呼物一块，改为一颗，蒜颗是俗间常语耳。故陈思王《鷂雀赋》曰：“头如果蒜，目似擘椒②。”又《道经》③云：“合口诵经声璅璅④，眼中泪出珠子碟⑤。”其字虽异，其音与义颇同。江南但呼为蒜符，不知谓为颗。学士相承，读为裹结之裹，言盐与蒜共一苞裹，内筒中耳。《正史削繁音义》又音蒜颗为苦戈反，皆失也。

今译

《三辅决录》中说："前队大夫范仲公，盐豉蒜果共一筒。"这里的"果"应当为"魏颗"的"颗"字。北方地区通常把一块物体改说成一颗，"蒜颗"是民间的常用语。所以，陈思王曹植在《鹞雀赋》中说："头如果蒜，目似擘椒。"另外，《道经》中也说："合口诵经声璅璅，眼中泪出珠子碟。""果""颗""碟"这三个字的字形虽有差异，它们的读音与意义却是相同的。江南一带只是称为"蒜符"，不知道称作"蒜颗"。学者们前后相承，将"果"读为"裹结"的"裹"，说是把盐与蒜包在一起，再装进筒里。《正史削繁音义》又给"蒜颗"的"颗"注音为苦戈反，全都错了。

简注

①《三辅决录》：汉赵岐著。

② 擘（bāi）：分开。

③《道经》：指《老子化胡经》。

④ 璅璅（suǒ）：指声音细碎。

⑤ 碟（kē）：同颗，颗粒。

实践要点

"蒜果""蒜颗""蒜碟"的"果""颗""碟"，都是"块"的意思，那些学者们不明就里，把"果"理解成"包裹"的"裹"，这就完全背离了原意。由此可见，不掌握一定的训诂能力，往往会犯下一些莫名其妙的错误。

17.31　有人访吾曰："《魏志》蒋济[①]上书云'弊攰[②]之民'，是何字也?"余应之曰："意为攰即是䲡[③]倦之䲡耳。张揖、吕忱并云：'支傍作刀剑之刀，亦是剞[④]字。'不知蒋氏自造支傍作筋力之力，或借剞字，终当音九伪反。"

今译

有人询问我说："《魏志》里记载蒋济上书中说'弊攰之民'，这个'攰'字是什么字啊?"我回答说："我想这个'攰'就是'䲡倦'的'䲡'吧。张揖和吕忱都说：'支字旁加上刀剑的刀字，也是剞字。'不知道是蒋济自己造了这个支字旁加上筋力的力字成了攰字，还是他假借了剞字，无论何种情况，都应当读成九伪反。"

简注

① 蒋济：字子通，三国时魏人，曾为护军将军。

② 攰（guì）：困乏，疲惫。

③ 䲡（guì）：疲弊。

④ 剞（jī）：雕刻的刀具。

实践要点

虽然之推也不能确定"攰"字的由来，但是，依据训诂的音训和义训，他可以确认两点：一、攰是困乏、疲惫的意思；二、攰的读音为九伪反。

17.32《晋中兴书》①："太山羊曼②，常颓纵任侠，饮酒诞节，兖州号为䵍伯③。"此字皆无音训。梁孝元帝常谓吾曰："由来不识。唯张简宪见教，呼为嚃羹④之嚃。自尔便遵承之，亦不知所出。"简宪是湘州刺史张缵谥也，江南号为硕学。案：法盛世代殊近，当是耆老相传；俗间又有䵍䵍语，盖无所不施，无所不容之意也。顾野王《玉篇》误为黑傍沓。顾虽博物，犹出简宪、孝元之下，而二人皆云重边。吾所见数本，并无作黑者。重沓是多饶积厚之意，从黑更无义旨。

今译

《晋中兴书》中说："泰山人羊曼，时常颓废放纵，行侠仗义，饮酒无度，兖州人称他为䵍伯。""䵍"这个字历来都没有注音和注释。梁孝元帝曾经对我说："向来不认识这个字。只有张简宪公曾经教过我，说这个字读作'嚃羹'的'嚃'。从此之后，就遵从着这个读法，也不知道这个读法是从何而来的。""简宪"是湘州刺史张缵的谥号，江南一带称他为大学问家。据考证：《晋中兴书》的作者何法盛生活的时代离当时很近，应当是听年老的人相传下来的；民间又有"䵍䵍"这个词，大概是没有什么不能施舍、没有什么不能包容的意思。顾野王在《玉篇》中误写成了"黑"字旁加上一个"沓"字。顾野王虽然博学广识，但还是在张简宪公、梁孝元帝之下，而他们两个人都说是"重"字旁。我所见到的几个版本，都没有写作"黑"字旁的。"重沓"是充裕富饶、储蓄丰厚的意思，属于"黑"部就反而没有意义了。

简注

①《晋中兴书》：南朝宋人何法盛撰。

② 太山：即泰山。羊曼：字祖延，晋代人。

③ 𩐐（tà）伯：即邋遢、放纵的人。

④ 嚃（tà）羹：吃羹时不加咀嚼便吞下去。

实践要点

之推对“𩐐”字做了一番考证，其实，依据“𩐐”字的构成——“重沓”，是考证这个字的最佳方式。

17.33 《古乐府》歌词[①]，先述三子，次及三妇，妇是对舅姑之称。其末章云：“丈人且安坐，调弦未遽央。”古者，子妇供事舅姑，旦夕在侧，与儿女无异，故有此言。丈人亦长老之目，今世俗犹呼其祖考为先亡丈人。又疑“丈”当作“大”，北间风俗，妇呼舅为大人公。“丈”之与“大”，易为误耳。近代文士，颇作《三妇诗》，乃为匹嫡[②]并耦己之群妻之意，又加郑、卫之辞[③]，大雅君子，何其谬乎？

今译

《古乐府》歌词中，先叙述三个儿子，再叙述三个儿媳妇，“妇”是对于公婆而言的称谓。歌词的最后一段说：“丈人且安坐，调弦未遽央。”古时候，儿媳妇侍奉公婆，早晚都陪在他们身边，和儿女没有差别，所以有这样的词句。“丈人”也是对老年人的称呼，现今民间还称呼他们死去的祖父为“先亡丈人”。又怀疑“丈”字当为“大”字，北方地区的风俗，儿媳妇称呼公公为“大人公”。“丈”字和“大”字，字形相似，很容易被误写。近代的一些文士，作了很多的《三妇诗》，都是把“妇”作为缔结婚姻并匹配自己的众多妻子的意思，又在其中加入了很多淫秽之辞，那些高雅的文人君子，怎么能够荒谬到这种地步？

简注

① 歌词：这首歌词当为《相逢行》。

② 匹嫡：缔结婚姻。

③ 郑、卫之辞：即淫秽之辞。

实践要点

“妇”是对应公婆而言的，这是人所尽知。可是，那些文士却刻意曲解，他们的用意也许正是为了借此机会抒写自己淫秽不堪的臆想。如此文人，何以能配“大雅”二字，简直就是龌龊小人。

17.34 《古乐府》歌百里奚[①]词曰：“百里奚，五羊皮。忆别时，烹伏雌，吹扊扅[②]；今日富贵忘我为！”“吹”当作炊煮之“炊”。案：蔡邕《月令章句》曰：“键，关牡也，所以止扉[3]，或谓之剡移。”然则当时贫困，并以门牡木作薪炊耳。《声类》作扊，又或作扂[4]。

今译

《古乐府》中有一首歌唱百里奚的词，其中说：“百里奚，五羊皮。忆别时，烹伏雌，吹扊扅；今日富贵忘我为！”“吹”应当为“炊煮”的“炊”字。据考证：蔡邕的《月令章句》中说：“键，就是门闩，是用来闩门的，也把它称为剡移。”如此看来，就是说当时很贫困，甚至把门闩一起当柴火烧了。《声类》中把这个写作“扊”，也有写成“扂”的。

简注

① 百里奚：春秋时秦国的贤相。

② 扊扅（yǎn yí）：门闩。

③ 扉：门板。

④ 扂（diàn）：门闩。

实践要点

“吹扊扅”的“吹”乃是“炊”，唯有如此，这句话的意思才能够说得通。

17.35 《通俗文》，世间题云“河南服虔字子慎造”。虔既是汉人，其叙乃引苏林、张揖；苏、张皆是魏人。且郑玄以前，全不解反语，《通俗》反音，甚会[①]近俗。阮孝绪又云“李虔所造”。河北此书，家藏一本，遂无作李虔者。《晋中经簿》及《七志》，并无其目，竟不得知谁制。然其文义允惬[②]，实是高才。殷仲堪《常用字训》，亦引服虔《俗说》，今复无此书，未知即是《通俗文》，为当有异？近代或更[③]有服虔乎？不能明也。

今译

《通俗文》这本书，世间都标作“河南服虔字子慎造”。服虔既然是汉朝人，可他在叙文中却引用了苏林、张揖等人的话；苏林、张揖都是三国时魏人。况且在郑玄以前，人们根本不懂反切注音法，《通俗文》中的反切注音，十分符合近世的习俗。阮孝绪又说《通俗文》是“李虔所造”。这本书在黄河以北地区，家家藏有一本，竟没有一本写成李虔著的。《晋中经簿》以及《七志》中，都没有关于这本书的条目，所以始终无法得知是谁写了这本书。然而，这本书的文义妥帖、得当，作者实在是一位才华出众的人。殷仲堪的《常用字训》，也引用过服虔所著的《俗说》，现今已经没有这本书了，不知道是不是就是《通俗文》，或者还是有所不同？又或者是近代另外还有叫服虔的人吧？真是弄不清楚。

简注

① 会：符合。

② 允惬：妥当、适当。

③ 更：另外。

| 实践要点 |

服虔是汉朝人，而《通俗文》的叙文中却引用了三国时魏人的话，就此可以推断《通俗文》不是由汉朝的那位服虔所著。又有人说此书是由一位叫作李虔的人所著，可是，流行的版本中又没有这样标注的。最终，之推对于《通俗文》的作者并没有得出一个确定的结论，这正是科学的态度：知之为知之，不知为不知。在不明就里的情况下，一定不要强行臆测。

17.36 或问："《山海经》，夏禹及益所记，而有长沙、零陵、桂阳、诸暨，如此郡县不少，以为何也？"答曰："史之阙文，为日久矣；加复秦人灭学[①]，董卓焚书[②]，典籍错乱，非止于此。譬犹《本草》神农所述，而有豫章、朱崖、赵国、常山、奉高、真定、临淄、冯翊等郡县名，出诸药物；《尔雅》周公所作，而云'张仲孝友'；仲尼修《春秋》，而《经》[③]书孔丘卒；《世本》左丘明所书，而有燕王喜、汉高祖；《汲冢琐语》，乃载《秦望碑》[④]；《苍颉篇》李斯所造，而云'汉兼天下，海内并厕，豨黥韩覆，畔讨灭残'；《列仙传》刘向所造，而《赞》云七十四人出佛经；《列女传》亦向所造，其子歆又作《颂》，终于赵悼后[⑤]，而传有更始韩夫人、明德马后及梁夫人嫕[⑥]。皆由后人所羼，非本文也。”

今译

有人问我：“《山海经》这本书，是夏禹和伯益所记录的，其中却有长沙、零陵、桂阳、诸暨等地名，像这样的郡县在其中提到不少，您认为这是什么原因呢?”我回答说：“史书的残缺不全，这种情况由来已久；再加上秦朝灭绝学术，董卓作乱焚书，导致经典书籍文辞错乱，远远不止于此。譬如《本草》这本书是神农所记述，而其中却有豫章、朱崖、赵国、常山、奉高、真定、临淄、冯翊等郡县名，出产各种药物；《尔雅》是周公所作，而其中却说‘西周人张仲孝敬父母，友爱兄弟’；孔子修定《春秋》，而《春秋左传》中却写到了孔子去世；《世本》是春秋时左丘明所著，而其中却有燕王喜和汉高祖刘邦；战国时成书的《汲冢琐语》，竟然还载有《秦望碑》；《苍颉篇》是秦人李斯所著，而其中竟然说‘汉朝兼并天下，四海之内归于统一，陈豨被黥，韩信覆灭，讨伐叛乱消灭残存’；《列仙传》是西汉人刘向所撰，而此书的《赞》中却说‘七十四人出自佛经’；《列女传》也是刘向所撰，他的儿子刘歆又为这本书写了《颂》的部分，书中的记载截止到战国时的赵悼后，而这本书的传本中却有汉朝更始帝的宠姬韩夫人、光武帝的马皇后以及东汉梁夫人嫕。以上所举全都是由后人掺入进去的，不是那些书的本文。”

简注

① 秦人灭学：指秦始皇时焚书坑儒之事。

② 董卓焚书：指东汉末年董卓作乱，烧毁观阁，毁坏经典之事。

③《经》：当指《春秋左传》。

④《秦望碑》：秦始皇东游秦望山时所立的碑。

⑤ 赵悼后：战国时期赵悼襄王赵偃之后。

⑥ 明德马后：东汉光武帝刘秀的皇后。梁夫人嫕：汉和帝的姨妹梁嫕。

| 实践要点 |

由于时间久远，加之焚书、动乱之劫，导致种种典籍残缺不全。于是，后人往往会依据经典原意添加内容，当然也有别有用心之人，妄加臆测，增添内容，于是导致许多看似不合理的情况出现。之推所举的例子全都是如此。我们在研读典籍时，应当注意到这种情况。

17.37 或问曰："《东宫旧事》何以呼鸱尾为祠尾？"答曰："张敞者，吴人，不甚稽古[①]，随宜记注，逐乡俗讹谬，造作书字耳。吴人呼祠祀为鸱祀，故以祠代鸱字；呼绀为禁，故以糸傍作禁代绀字；呼盏为竹简反，故以木傍作展代盏字；呼镬字为霍字，故以金傍作霍代镬字；又金傍作患为镮字，木傍作鬼为魁字，火傍作庶为炙字，既下作毛为髻字；金花则金傍作华，窗扇则木傍作扇。诸如此类，专辄[②]不少。"

| 今译 |

有人问我："《东宫旧事》中为什么称'鸱尾'为'祠尾'呢？"我回答

说："《东宫旧事》的作者张敞，是吴郡人，不注重考察古事，随意记录，顺着民间时俗的谬误讹说，自行造出文字。例如，吴郡人称呼'祠祀'为'鸱祀'，所以他就用'祠'代替'鸱'字；把'绀'读成'禁'，所以他就用'糸'旁加上'禁'来代替'绀'字；把'盏'读作竹简反，所以就以'木'旁加'展'来代替'盏'字；把'镬'字读成'霍'，所以以'金'旁加上'霍'来代替'镬'字；另外还有'金'旁加上'患'作'镮'字，'木'旁加上'鬼'作'魁'字，'火'旁加上'庶'作'炙'字，'既'下面加上'毛'作'髻'字，'金花'则在'金'旁加上'华'字，'窗扇'则为'木'旁加上'扇'。诸如此类，主观专断的实在不少。"

简注

① 稽古：考察古事。

② 专辄：主观专断。

实践要点

有一些人会根据自己的主观意愿，刻意造出诸多不合规矩的文字。这些文字一旦流传，就会导致后世之人阅读上的困难和障碍，所以，对于这些捏造的字，也还是要作适当的了解。

17.38　又问："《东宫旧事》'六色罽緵[①]'，是何等物？当作何音？"答曰："案：《说文》云：'莙[②]，牛藻也，读若威。'《音隐》：'坞瑰反。'即陆机所谓'聚藻，叶如蓬'者也。又郭璞注《三苍》亦云：'蕴，藻之类也，细叶蓬茸生。'然今水中有此物，一节长数寸，细茸如丝，圆绕可爱，长者二三十节，犹呼为莙。又寸断五色丝，横着线股间绳之，以象莙草，用以饰物，即名为莙；于时当绀③六色罽，作此莙以饰绲带④，张敞因造糸旁畏耳，宜作隈。"

今译

那人又问道："《东宫旧事》中说到的'六色罽緭'，是什么东西？又应当读作什么音？"我回道说："据考证：《说文解字》中说：'莙，就是牛藻，读音如威。'《音隐》中的注音是：'坞瑰反。'也就是陆机所说的'聚藻，叶子像蓬草一样'的那种植物。另外，郭璞所注的《三苍》中也说：'蕴，是藻类的一种，叶子细长，长着松散的茸毛。'现在的水中还有这种植物，一节枝茎长约数寸，细细的茸毛像丝一样，圆转绕曲令人喜爱，长的有二三十节，仍然称作'莙'。另外，把五色丝线寸寸截断，横着间杂在几股线中间编成绳子，做成莙草的样子，用来作为装饰物，这种装饰物也称作'莙'；在那时候应当是编织六色的丝毛，做成这种'莙'用以装饰束带，张敞因此就造了'糸'旁加上'畏'这个字，其实应当是'隈'字。"

简注

① 罽（jì）：一种毛毡类毛织物。緭（wēi）：用五色丝做成的节状装饰物。

② 莙（jūn）：一种水藻。

③ 绀（gàn）：拴。

④ 绲（gǔn）带：以色丝织成的束带。

实践要点

之推通过装饰的习惯，对“凵綅”做了考证，最终得出这是“绀六色凵”而为“君”的装饰物的结论，颇有见地。与此同时，他指出“綅”字应当作“隈”。

17.39 柏人城东北有一孤山，古书无载者。唯阚骃《十三州志》以为舜纳于大麓[①]，即谓此山，其上今犹有尧祠焉；世俗或呼为宣务山，或呼为虚无山，莫知所出。赵郡士族有李穆叔、季节兄弟、李普济，亦为学问，并不能定乡邑此山。余尝为赵州佐，共太原王邵读柏人城西门内碑。碑是汉桓帝时柏人县民为县令徐整所立，铭曰：“山有巏嵍[②]，王乔所仙。”方知此巏嵍山也。巏字遂无所出。嵍字依诸字书，即旄丘[③]之旄也；旄字，《字林》一音亡付反。今依附俗名，当音权务耳。入邺，为魏收说之，收大嘉叹。值其为《赵州庄严寺碑铭》，因云“权务之精”，即用此也。

今译

柏人城东北方向有一座孤山，古书中没有关于它的记载。只有阚骃的《十三州志》，认为尧曾经让舜进入大麓的大麓，说的就是这座山，山上至今还有祭拜尧的祠堂；民间百姓有的把它叫作“宣务山”，有的把它叫作“虚无山”，不知道这一称呼的由来。赵郡的士大夫中有李穆叔、季节兄弟，以及李普济，都是很有学问的人，却全都不能确定自己家乡这座山的名称和由来。我曾经担任赵郡的州佐，和太原人王邵一起读柏人城西门内的石碑。这块石碑是汉桓帝时柏人县百姓为县令徐整所立，铭文中说：“县内有座山叫作巏嵍，乃是王乔成仙的地方。”就此才知道这是巏嵍山。“巏”字，没有找到出处。“嵍”字，依据字书，也就是“旄丘”的“旄”字；“旄”字，《字林》中的注音为亡付反。现今顺从俗名，“巏嵍”应当读作“权务”。我到了邺城之后，向魏收说起了这件事，魏收大为赞叹。等到他撰写《赵州庄严寺碑铭》时，于是写下“权务之精”，就是用了这一考据。

简注

① 舜纳于大麓：事见《尚书》。

② 巏嵍（quán wù）：山名，即今河北尧山。

③ 旄丘：前高后低的山丘。

实践要点

如今，很多地方的山丘、河流都已不知名称，地理考证成了一项重要的工作。然而，这项工作又是极度艰难和繁杂的，像之推这样利用当地遗存的文物进行考证，实在是一个较为有效和可信的方法。

17.40　或问："一夜何故五更？更何所训？"答曰："汉、魏以来，谓为甲夜、乙夜、丙夜、丁夜、戊夜，又云鼓，一鼓、二鼓、三鼓、四鼓、五鼓，亦云一更、二更、三更、四更、五更，皆以五为节。《西都赋》亦云：'卫以严更[①]之署。'所以尔者，假令正月建寅[②]，斗柄夕则指寅，晓则指午矣；自寅至午，凡历五辰。冬夏之月，虽复长短参差，然辰间辽阔，盈不过六，缩不至四，进退常在五者之间。更，历也，经也，故曰五更尔。"

今译

有人问我："一夜为什么划分为五更？更是什么意思？"我回答说："自从汉、魏以来，称作甲夜、乙夜、丙夜、丁夜、戊夜，又称作鼓，一鼓、二鼓、三鼓、四鼓、五鼓，也称作一更、二更、三更、四更、五更，全都是以五为节数。《西都赋》中也说：'卫以严更之署。'之所以这样，是因为假令正月建寅，北斗星的斗柄傍晚时指向寅星，早晨就指向午星；从寅转到午，总共经历五个时辰。冬天和夏天，虽然经历的时间长短不一样，然而时辰之间的长短差别，长的不超过六个时辰，短的不少于四个时辰，或长或短总在五个时辰左右。更，就是历、经的意思，所以称作五更。"

简注

① 严更：督察巡夜的更鼓。

② 寅：即夏历正月。建寅，即确定夏历正月。

实践要点

此段讲述了五更的由来，颇有意思。

17.41 《尔雅》云："术，山蓟也[①]。"郭璞注云："今术似蓟而生山中。"案：术叶其体似蓟，近世文士，遂读蓟为筋肉之筋，以耦地骨[②]用之，恐失其义。

今译

《尔雅》中说："术，就是山蓟。"郭璞注释说："术长得像蓟草，而生在山中。"据考证：术的叶子，形状像蓟草，近世的文人，于是就把"蓟"读作"筋肉"的"筋"，用以与"地骨"对偶，这恐怕违背了它的本意。

简注

① 术（zhú）：多年生草本植物，有白术、苍术等，可入药。山蓟（jì）：术的别名。

② 耦：同偶，相对。地骨：即枸杞。

实践要点

为了与"地骨"相对，竟然将"山蓟"读作"山筋"，这些文人也实在是有些牵强附会！

17.42　或问：“俗名傀儡子为郭秃，有故实乎?”答曰：“《风俗通》云：‘诸郭皆讳秃。’当是前代人有姓郭而病秃者，滑稽戏调，故后人为其象，呼为郭秃，犹《文康》象庾亮[①]耳。”

丨 今译 丨

有人问我：“俗称‘傀儡戏’为‘郭秃’，这有什么典故吗?”我回答说：“《风俗通》中说：‘所有姓郭的全都避讳秃字。’应当是前代人中有姓郭的生了秃顶的病，言行滑稽，为人诙谐，所以，后人把木偶做成他的形象，称呼为‘郭秃’，就好像《文康》模仿庾亮一样。”

丨 简注 丨

①《文康》象庾亮：《文康》，舞乐名，舞者扮演晋代的文人庾亮，因为庾亮的谥号为文康，所以名为《文康》。事见《隋书·音乐志》。

丨 实践要点 丨

之推的这番考证很有意思，依据《风俗通》中的一句“诸郭皆讳秃”，而得出曾经有一位姓郭的人患过秃病的结论，这种推论是符合逻辑的。

适当地展开想象，也是作考证的一个好方法。当年笔者从学于朱季海先生时，朱先生常说：“文字训诂应当像放风筝，要有一定的想象空间，但又不能断线，断线就会汗漫。”也正是这个意思。

17.43　或问曰："何故名治狱参军为长流乎？"答曰："《帝王世纪》云：'帝少昊[①]崩，其神降于长流之山，于祀主秋。'案：《周礼·秋官》，司寇主刑罚、长流之职，汉、魏捕贼掾[②]耳。晋、宋以来，始为参军，上属司寇，故取秋帝所居为嘉名焉。"

今译

有人问我："为什么称'治狱参军'为'长流'呢？"我回答道："《帝王世纪》中说：'少昊帝死后，他的神灵降在长流山上，掌管秋天的祭祀。'据考证：《周礼·秋官》中记载，司寇掌管刑罚、长流等职务，也就相当于汉、魏时的捕贼掾。两晋、刘宋以来，才设有参军之职，向上属于司寇统管，所以用秋帝少昊所居的长流山作为它的美名吧。"

简注

① 少昊：传说中三皇五帝的五帝之一。

② 掾（yuàn）：辅助性官吏的通称。

实践要点

之推的这番考证有理有据，清晰易懂。

17.44　客有难主人曰："今之经典，子皆谓非，《说文》

所言，子皆云是，然则许慎胜孔子乎？”主人拊掌大笑[①]，应之曰：“今之经典，皆孔子手迹耶？”客曰：“今之《说文》，皆许慎手迹乎？”答曰：“许慎检以六文[②]，贯以部分，使不得误，误则觉之。孔子存其义而不论其文也。先儒尚得改文从意，何况书写流传耶？必如《左传》止戈为武、反正为乏、皿虫为蛊、亥有二首六身之类，后人自不得辄改也，安敢以《说文》校其是非哉？且余亦不专以《说文》为是也，其有援引经传，与今乖者，未之敢从。又相如《封禅书》曰：‘导一茎六穗于庖，牺双觡[③]共抵之兽。’此导训择，光武诏云：‘非从有豫养导择之劳’是也。而《说文》云：‘导是禾名。’引《封禅书》为证；无妨自当有禾名䆃，非相如所用也。‘禾一茎六穗于庖’，岂成文乎？纵使相如天才鄙拙，强为此语，则下句当云‘麟双觡共抵之兽’，不得云牺也。吾尝笑许纯儒，不达文章之体，如此之流，不足凭信。大抵服其为书，隐括[④]有条例，剖析穷根源，郑玄注书，往往引以为证；若不信其说，则冥冥[⑤]不知一点一画有何意焉。”

今译

有一位客人责难我说：“现今流传经典中的文字，你都说不对，《说文解字》中所说的，你都说正确，这样说来许慎比孔子还高明吗？”我拍手大笑，回答他说：“现今流传的经典，都是孔子亲手写的吗？”那客人反问道：“难道现今《说文解字》中的文字全都是许慎亲手所写的吗？”我回答说：“许慎依据六文来检验文字，用部首分类来贯穿全书，使得文字不得有误，一有错误就能够觉察得到。孔子保存了文句的意义而不讨论文字本身。先儒们尚且能够改动文字来顺从文意，更何况经过这么久的书写流传呢？一定要像《左传》中的‘止戈为武’‘反正为乏’‘皿虫为蛊’‘亥有二首六身’这一类明确交代文字构成的，后人自然不能擅自修改了，又怎么敢用《说文解字》来校正其中的是与非呢？况且我也不只是以《说文解字》为是非准则，《说文解字》中援引的经典传记，与现今经典传记相违背的地方，我也不敢遵从它。例如，司马相如的《封禅书》中说：‘导一茎六穗于庖，牺双觡共抵之兽。’这个‘导’应当解释为‘择’，汉光武帝的诏书中说‘非从有豫养导择之劳’，就是这个意思。而《说文解字》中却说：‘导是禾名。’并引《封禅书》作为证据；我们就不妨认为有一种禾叫作䆃，却一定不是司马相如所用的这个字。‘禾一茎六穗于庖’，难道能够成为正常的文句吗？纵使司马相如的天赋才能极度鄙陋拙劣，勉强写出这样的话语，那下一句也应当为‘麟双觡共抵之兽’，而不能够说是‘牺’。我曾经嘲笑许慎是一位纯儒，不能通达文章的体例，像这样的情况，是不足凭信的。总体说来，我信服许慎的书，是因为他对文字的分类有明确的条例，剖析文字能够穷尽根源，郑玄在注书时，往往会引用《说文解字》以为证据；如果不相信许慎所说的，那就会茫然不知一点一画有什么意义了。”

简注

① 拊掌大笑：即拍着手大笑。

② 六文：即六书。

③ 觡（gé）：骨角。

④ 隐括：用以矫正的器具，引申为准则、规范。

⑤ 冥冥：迷茫无知。

丨 实践要点 丨

通过对话，之推对《说文解字》的优点陈述了一番，具体说来，《说文解字》有三大优点：

一、依据六书来分析字形，解释文字。

二、用偏旁部首对文字进行分类。

三、分析文字能够追根溯源。

明白了《说文解字》的这三大优点之后，我们再去读它，就会觉得亲切许多，对文字的理解也会更深一层。

17.45　世间小学者，不通古今，必依小篆，是正书记；凡《尔雅》《三苍》《说文》，岂能悉得苍颉本指[①]哉？亦是随代损益，互有同异。西晋已往字书，何可全非？但令体例成就，不为专辄耳。考校是非，特须消息[②]。至如"仲尼居"，三字之中，两字非体，《三苍》"尼"旁益"丘"，《说文》"尸"下施"几"：如此之类，何由可从？古无二字[③]，又多假借，以中为仲，以说为悦，以召为邵，以閒为闲：如此之徒，亦不劳改。自有讹谬，过成鄙俗，"乱"旁为"舌"，"揖"下无"耳"，"鼋""鼍"从"龟"，"奮""奪"从"雚"，"席"中加"带"，"恶"上安“西”，“鼓”外设“皮”，“鑿”头生“毁”，“离”则配“禹”，“壑”乃施“豁”，“巫”混“经”旁，“皋”分“泽”片，“猎”化为“獦”，“宠”变成“寵”，“业”左益“片”，“靈”底着“器”，“率”字自有“律”音，强改为别；“单”字自有善音，辄析成异：如此之类，不可不治。吾昔初看《说文》，蚩薄[④]世字，从正则惧人不识，随俗则意嫌其非，略是不得下笔也。所见渐广，更知通变，救前之执，将欲半焉。若文章著述，犹择微相影响[⑤]者行之；官曹文书，世间尺牍，幸不违俗也。

今译

世间那些研究文字学的学者，不明白字体的古今演变法则，必定依据小篆，来校正现今书本中的文字；可是，《尔雅》《三苍》《说文》等书，又哪能尽得苍颉造字的本意呢？这些书也是随着时代的变迁而有所增减，相互之间有同有异。西晋以前的字书，怎么能够全部加以否定呢？只要它们的体例完备，就不能算是主观专断。考校文字的是非，尤其需要仔细斟酌。像“仲尼居”，三个字之中，就有两个字不合法度，《三苍》中的“尼”字旁边多了一个“丘”，《说文解字》中的“居”为“尸”下面加上“几”：像这样的情况，又如何可以盲目依从呢？古时候没有一个字两种字形的情况，又多运用假借，以“中”为仲，以“说”为“悦”，以“召”为“邵”，以“閒”为“闲”：像这类情况，也不必烦劳改正。自然也有谬误讹传的，最终错误成了恶劣的习俗，如把“乱”字的偏旁写成了“舌”，“揖”字下面竟然没有“耳”，将“鼋”“鼍”归于“龟”部，“奮”“奪”归于“雚”部，在“席”字中间加上“带”字，“恶”字上面安上“西”字，在“鼓”字外面加上“皮”字，“鑿”字的头部写成了“毁”，“离”字左半边成了“禹”，“壑”字上面加上了“豁”，“巫”字混为“经”字的偏旁，“皋”字写成了“泽”的半边，“猎”字变成了“獦”，“宠”字变成了“竉”，“业”字的左边加上了“片”，“靈”字底下成了“器”，“率”字本来就有读为“律”的音，却强行改为别的字；“单”字本来就有读为“善”的音，却专凭己意写成别的字：像这样的情况，又是不可不加以改正的。我过去初读《说文解字》时，曾嘲笑鄙薄这些流行的俗字，而按照正体来写又怕别人不认识，随顺俗字来写心里又嫌弃它不正确，不用这些字又没法下笔。后来，随着见识逐渐增广，进一步知道了权宜变通，纠正了从前的偏执，打算采取折中的方法。如果是撰写文章著作，就选择差别较小的字来写；如果是写官府文书，与别人往来的信件，也就不违背俗字了。

简注

① 本指：即本旨，指原意。

② 消息：斟酌。

③ 二字：即一个字有两种写法。

④ 蚩：嘲笑。薄：鄙薄。

⑤ 微相影响：稍微相似。

实践要点

研究文字，要把握文字古今演变的法则。若是拘泥于小篆，自然是有问题的。与此同时，如果不了解文字的俗写变化，面对着很多因传写形成的错字又不能够辨认，也就会无从纠偏了。当然，对于许多已经约定成俗的俗字，也不一定要强行再去改正它，但是应当标明它错误的由来，使得后人能够明了。

17.46　案：弥亘字从二间舟，《诗》云“亘之秬秠”[①]是也。今之隶书，转舟为日；而何法盛《中兴书》乃以舟在二间为舟航字，谬也。《春秋说》以人十四心为德，《诗说》以二在天下为酉，《汉书》以货泉为白水真人，《新论》以金昆为银，《国志》以天上有口为吴，《晋书》以黄头小人为恭，《宋书》以召刀为邵，《参同契》以人负告为造。如此之例，盖数术谬语，假借依附，杂以戏笑耳。如犹转贡字为项，以叱为七，安可用此定文字音读乎？潘、陆诸子《离合诗》《赋》《栻卜》[②]《破字[③]经》，及鲍昭《谜字》，皆取会流俗，不足以形声论之也。

今译

据考证：弥亘的“亘”字，即二字中间加“舟”字，《诗经·大雅·生民》里说的“亘之秬秠”的“亘”就是如此。现今的隶书，把中间的“舟”转变为“日”字；而何法盛的《中兴书》中居然认为“舟”字在“二”中间所组成的是舟航的“航”字，这是错误的。《春秋说》中以“人十四心”指代“德”字，《诗说》以“二”在“天”下指代“酉”字，《汉书》把“货泉”拆分为“白水真人”,《新论》以“金昆”指代“银”字,《三国志》以“天”上有“口”指代“吴”字,《晋书》以“黄头小人”指代“恭”字,《宋书》以“召刀”指代“邵”字,《参同契》以“人负告”指代“造”字。像这样的例子，全都是术数附会的荒谬说法，通过假借附会，混杂乱说用来游戏罢了。又如把“贡”字转化为“项”字，把“叱”字当作“七”字，怎么可以用这些来确定文字的读音呢？潘岳、陆机等人所写的《离合诗》《赋》《栻卜》《破字经》，以及鲍昭的《谜字》等，全都是迎合流俗的作品，不足以用字形字音的原理去评价它们。

简注

① 秬（jù）：黑黍。秠（pī）：黑黍中一壳二米者。

② 栻：古代占卜时日的工具，后来称为星盘。

③ 破字：即拆字。

实践要点

作为一种游戏，拆字无可厚非。但是，如果刻意地牵强附会，只会混淆视听，导致后世以讹传讹。所以，对待这样的事，务必要谨慎，最好杜绝。

17.47　河间邢芳语吾云：“《贾谊传》云：‘日中必熭[①]。’注：‘熭，暴也。’曾见人解云：‘此是暴疾之意，正言日中不须臾，卒然便昃[②]耳。’此释为当乎？”吾谓邢曰：“此语本出太公《六韬》，案字书，古者暴晒字与暴疾字相似，唯下少异，后人专辄加傍日耳。言日中时，必须暴晒，不尔者，失其时也。晋灼已有详释。”芳笑服而退。

今译

河间的邢芳对我说：“《贾谊传》里说：‘日中必熭。’注释为：‘熭，就是暴的意思。’我曾经见到有人这样解释道：‘这是暴疾的意思，就是说正午的时间很短暂，突然间太阳就西斜了。’这样的解释得当吗？”我对邢芳说：“这句话原本出自于姜太公的《六韬》，根据字书考证，古时候暴晒的暴字和暴疾的暴字字形很相似，只是下部略有些差异，后人就擅自给暴加了一个日字旁。是说正午时分，一定要暴晒物品，不这样的话，就会错过时间。对此，晋灼已经作过详细的解释。”邢芳心悦诚服地回去了。

简注

① 熭（wèi）：晒，烤。

② 昃（zè）：指太阳西斜。

实践要点

据之推所言，可知将“熭”理解为暴疾是错误的，因为“熭”是曝晒的意思。可是如果不具备一定的训诂能力，关于这个字就很容易理解错误。因此，熟读字书还是很重要的。

卷七

音辞第十八

18.1　夫九州[①]之人，言语不同，生民已来，固常然矣。自《春秋》标齐言之传[②]，《离骚》目楚词之经，此盖其较明之初也。后有扬雄著《方言》，其言大备。然皆考名物[③]之同异，不显声读之是非也。逮郑玄注《六经》，高诱解《吕览》《淮南》[④]，许慎造《说文》，刘熹制《释名》[⑤]，始有譬况、假借[⑥]以证音字耳。而古语与今殊别，其间轻重、清浊，犹未可晓；加以内言、外言、急言、徐言、读若[⑦]之类，益使人疑。孙叔言创《尔雅音义》[⑧]，是汉末人独知反语。至于魏世，此事大行。高贵乡公[⑨]不解反语，以为怪异。自兹厥后，音韵锋出，各有土风，递相非笑，指马[⑩]之谕，未知孰是。共以帝王都邑，参校方俗，考核古今，为之折衷。摧[⑪]而量之，独金陵与洛下耳。南方水土和柔，其音清举而切诣[⑫]，失在浮浅，其辞多鄙俗。北方山川深厚，其音沉浊而鈋钝[⑬]，得其质直，其辞多古语。然冠冕君子，南方为优；闾里小人，北方为愈。易服而与之谈，南方士庶，数言可辩；隔垣而听其语，北方朝野，终日难分。而南染吴、越，北杂夷虏，皆有深弊，不可具论。其谬失轻微者，则南人以钱为涎，以石为射，以贱为羡，以是为舐；北人以庶为戍，以如为儒，以紫为姊，以洽为狎。如此之例，两失甚多。至邺已来，唯见崔子约、崔瞻叔侄，李祖仁、李蔚兄弟，颇事言词，少为切正[14]。李季节[15]著《音韵决疑》，时有错失；阳休之[16]造《切韵》，殊为疏野。吾家儿女，虽在孩稚，便渐督正之；一言讹替，以为己罪矣。云为品物，未考书记者，不敢辄名，汝曹所知也。

今译

全国各地的人，语言各不相同，自从人类诞生以来，就一向如此。自从《春秋公羊传》列举齐国的方言，《离骚》被视为楚国言词的典范，这大概是研究各地语言差异的开始。后来，扬雄著述了《方言》一书，关于方言的论述已经大为完备。然而，这本书全都是考证各地事物名称的同异之处，而没有标明读音的对与错。直到郑玄注解《六经》，高诱注释《吕氏春秋》《淮南子》，许慎撰写《说文解字》，刘熹著述《释名》，才开始用譬况、假借的方法来为字注音。古代的语言与今天有着很大的差别，对于古今字音的轻重、清浊，尚且不能够轻易了解；再加上他们以内言、外言、急言、徐言、读若之类的注音方法，就更加让人疑惑不解了。孙叔言撰写了《尔雅音义》一书，他是汉朝末年唯一一个知道反切注音法的人。到了曹魏时期，反切注音法大行于世。高贵乡公曹髦因为不懂得反切注音法，被人们认为是一件奇怪的事。自此以后，关于音韵的著作纷纷出现，这些著作各有各地的方言风格，相互之间进行指责、嘲笑，就像指、马之类的争论，不知道到底谁是正确的。后来大家都用帝王所在的都城语音为基础，参考比较各地的方言习俗，考核古今的发音，从而来制定一个适中的准则。经过反复研讨商量，大家认定只有金陵和洛阳的发音足以分别南方和北方的语音。南方水土柔和，语音也清扬高昂而发音迅急，缺点在于发音浅浮，言辞又大多鄙陋粗俗。北方山高水深，语音低沉浑浊而迟缓，长处是质朴平实，言辞中保留了许多古语。然而，就士大夫的言谈而言，南方比北方出色；就闾里百姓的言谈而言，则北方又比南方出色。让南方人换了衣服而与他交谈，谁是士大夫谁是平民百姓，只要说几句话就可以辨别出来；而隔着墙听北方人讲话，谁是士大夫谁是平民百姓，往往听一天也很难分辨出来。然而，南方的语言沾染了吴音、越音的影响，北方的语言又夹杂了蛮夷外族的影响，两者都有很大的弊病，在这里不能够一一论述。其中有些谬误比较轻微，例如南方人把钱读成涎，把石读成射，把贱读成羡，把是读成舐；北方人则把庶读成戍，把如读成儒，把紫读成姊，把洽读成狎。像这样的例子，南方和北方失误的地方很多。我到了邺城以后，只见到崔子约、崔瞻叔侄，以及李祖仁、李蔚兄弟俩，对言语颇有研究，可以稍稍接近于正音。李季节所著的《音韵决疑》，时常出现错失之处；阳休之所作的《切韵》，又非常粗略草率。我们家的子女，虽然还在孩童时期，但也要开始逐步监督并纠正他们的发音；孩子们有一个字发音出现差错，那就认为是我自身的罪过。家中所置办的各种物品，没有经过书籍记录的核实，绝不敢随意取名，这是你们所知道的。

| 简注 |

① 九州：旧说中国有九州，据《尚书·禹贡》，九州为冀、兖、青、徐、扬、荆、豫、梁、雍。后人则以九州岛指代中国。

②《春秋》：当为《春秋公羊传》，何休在《春秋公羊解诂》中曾指出《公羊传》有用齐国方言的地方。

③ 名物：事物的名称、特征。

④ 高诱：东汉人。《吕览》：即《吕氏春秋》。《淮南》：即《淮南子》，又名《淮南鸿烈》。

⑤ 刘熹：即刘熙，字成国，东汉人。《释名》：训诂学著作。对于探求语源、辨正古音古义颇有帮助。

⑥ 譬况：用近似的字来比照指明某个字的读音。假借：借用同音、近音的字来指明某个字的读音。

⑦ 内言：发洪音。外言：发细音。急言：发音急促。徐言：发音迟缓。读若：指读成相同或相近的音。

⑧ 孙叔言：即孙炎，字叔言，东汉人，著有《尔雅音义》，今已亡佚。

⑨ 高贵乡公：即曹髦，曹丕之孙，曾被封为高贵乡公。

⑩ 指、马：战国时名家学者公孙龙子提出“物莫非指，而指非指”“白马非马”等命题，以讨论名实问题，后世便以指、马为争论是非的代名词。

⑪ 搉（què）：商讨。

⑫ 切诣：发音迅急。

⑬ 鈋（é）钝：浑厚，迟缓。

⑭ 切正：近于正音。

⑮ 李季节：即李概，字季节，北齐人，著有《音韵决疑》，今已亡佚。

⑯ 阳休之：字子烈，北齐人，著有《切韵》。

实践要点

本节中，之推讲述了各地方言发音差异的问题。这是不可避免的。但是，为了方便交流和沟通，根据之推的陈述，我们应当做到以下几点：

一、了解古时的种种注音方法，如反切、读若、譬况、假借等。

二、大概了解南方和北方发音的差别。

三、对于子女一些明显的发音错误，应当进行及时的纠正。

18.2　古今言语，时俗不同；著述之人，楚、夏[①]各异。《苍颉训诂》[②]，反稗为逋卖，反娃为于乖；《战国策》音刎为免，《穆天子传》音谏为间；《说文》音戛为棘，读皿为猛；《字林》音看为口甘反，音伸为辛；《韵集》以成、仍、宏、登合成两韵[③]，为、奇、益、石分作四章[④]；李登《声类》以系音羿，刘昌宗《周官音》读乘若承。此例甚广，必须考校。前世反语，又多不切，徐仙民《毛诗音》反骤为在遘，《左传音》切椽为徒缘，不可依信，亦为众矣。今之学士，语亦不正；古独何人，必应随其讹僻[⑤]乎？《通俗文》曰："入室求曰搜。"反为兄侯，然则兄当音所荣反。今北俗通行此音，亦古语之不可用者。玙璠[⑥]，鲁人宝玉，当音余烦，江南皆音藩屏之藩。岐山当音为奇，江南皆呼为神祇之祇。江陵陷没，此音被[⑦]于关中，不知二者何所承案。以吾浅学，未之前闻也。

今译

古今的语言，因为时俗的变化而有所不同；撰写语音学著作的人，也因为南楚北夏而各有差异。《苍颉训诂》中，“稗”字的注音为“逋卖反”，“娃”字的注音为“于乖反”；《战国策》中把“刎”读为“免”，《穆天子传》中把“谏”读为“间”；《说文解字》中，把“戛”注音为“棘”，把“皿”读为“猛”；《字林》中，“看”字的注音为“口甘反”，把“伸”注音为“辛”；《韵集》中，把“成”“仍”“宏”“登”合成两个韵，又把“为”“奇”“益”“石”分作四个韵部；李登的《声类》用“系”给“羿”字注音，刘昌宗的《周官音》将“乘”读若“承”。这样的例子很常见，必须对它们进行考定校正。前人的反切注音，又有很多是不确当的，徐仙民的《毛诗音》中“骤”字的注音为“在遘反”，《左传音》中“椽”字的注音为“徒缘切”，像这样不可信从的例子，也是很多的。如今的学者中，语音也有不正确的；古代人有什么特别的，后人一定要沿袭他们的错误吗？《通俗文》中说：“入室寻找叫作搜。”“搜”字的注音则为“兄侯反”，这样的话，“兄”字的读音就应当是“所荣反”了。现在北方习俗就通行着这个读音，这在古代语言中是不可以用的。“玙璠”，是鲁国的宝玉，应当读为“余烦”，江南的人却全都把“璠”读成了“藩屏”的“藩”。“岐山”的“岐”应当读为“奇”，江南的人却全都将它读为“神祇”的“祇”。江陵被攻陷之后，这两种音在关中普遍流行，不知道它们有什么依据。依据我的浅薄才学，过去是没有听说过的。

简注

① 楚：指南方。夏：华夏，旧时主要指中原。

②《苍颉训诂》：杜林撰。

③ 成、仍、宏、登，四字应当是不同韵，所以，不应该合成两韵。

④ 为、奇，二字同韵。益、石，二字也同韵。所以，为、奇、益、石四字，不应该分为四韵。

⑤ 讹僻：谬误，错误。

⑥ 玙璠（yú fán）：美玉。

⑦ 被：遍及。

实践要点

语音自然会有时代、区域的差异，但是，这不是问题。问题是：我们应当探求字的正确发音。可是，历代的诸多语音学大家往往也会犯一些低级错误，所以不能盲目听从，而是要有自己的判断。

“古独何人，必应随其讹僻乎？”之推的这句话对于盲从古人的人而言，无疑是一顿棒喝。

18.3　北人之音，多以举、莒为矩，唯李季节云：“齐桓公与管仲于台上谋伐莒，东郭牙望见桓公口开而不闭，故知所言者莒也。然则莒、矩必不同呼[①]。”此为知音矣。

今译

北方人的发音，都将“举”“莒”读为“矩”，唯有李季节说：“齐桓公与管仲在台上商量讨伐莒国，东郭牙远远望见齐桓公说话时口张开而不闭上，所以，知道齐桓公所说的是莒国。这样的话，‘莒’‘矩’两个字的发音一定不是同一个发音。”这算是懂得语音的人了。

简注

① 呼：音韵学名词。汉语音韵学家根据口唇的形态将韵母分为开口呼、齐齿呼、合口呼、撮口呼四类，合称四呼。

实践要点

真正理解语音学的人，根据说话人的嘴形就可以知道所发的音是什么。

18.4　夫物体自有精粗，精粗谓之好恶；人心有所去取，去取谓之好恶。此音见于葛洪、徐邈。而河北学士读《尚书》云好生恶杀。是为一论物体，一就人情，殊不通矣。

今译

物体本身有精粗之分，精粗也就是好和恶；人心对物体有所取舍，取舍也就是好和恶。后一个好恶的读音见于葛洪和徐邈的著作。可是，黄河以北地区的学士们读《尚书》时，却把“好生恶杀”的“恶”读成了前一个音。这两个读音，一个是评论物体的好坏，一个则是表达人情的，一向是不能通用的。

实践要点

“恶”有不同的发音，在表示恶劣时，读为è；在表示厌恶时，则读为wù。《尚书》中的“好生恶生”应当读为后一个音。之推以“恶”为例，讲述了字音应当仔细推敲，切不可草草了事，否则便会成为笑柄。

18.5　甫者，男子之美称，古书多假借为父字；北人遂无一人呼为甫者，亦所未喻。唯管仲、范增[①]之号，须依字读耳。

今译

“甫”字，是对男子的美称，古书中经常假借为“父”字；于是，北方的人没有一个读为“甫”的，这也是他们不明白“甫”“父”二者的假借关系。只有管仲和范增的号——仲父和亚父，应该依照“父”字的读音来读。

简注

① 管仲：春秋时期著名的政治家，号仲父。范增：被项羽尊称为亚父。

实践要点

因为不了解古书中的假借，所以，北方人将应当读为“甫”的“父”读成了“父”的本音。如此一来，便会引发歧义。这是应当注意避免的。

18.6　案：诸字书，焉者鸟名，或云语词，皆音于愆反。自葛洪《要用字苑》分焉字音训[①]：若训何训安，当音于愆反，“于焉逍遥”“于焉嘉客”“焉用佞”“焉得仁”之类是也；若送句[②]及助词，当音矣愆反，“故称龙焉”“故称血焉”“有民人焉”“有社稷焉”“托始焉尔”“晋、郑焉依”之类是也。江南至今行此分别，昭然易晓；而河北混同一音，虽依古读，不可行于今也。

今译

据考证：各种字书都认为“焉”是一种鸟的名称，也有说是语气词，读音都是“于愆反”。从葛洪的《要用字苑》起，开始区分“焉”字的读音和字义：如果解释为“何”和“安”时，读音应当为“于愆反”，如“于焉逍遥”“于焉嘉客”“焉用佞”“焉得仁”之类，都是如此；如果是作为句末的语气词或是助词，读音应当为“矣愆反”，如“故称龙焉”“故称血焉”“有民人焉”“有社稷焉”“托始焉尔”“晋、郑焉依”之类，都是如此。江南地区至今还按照这样进行区分，非常清晰明了，也易于理解；而黄河以北的地区则把两种读音混为一音，虽然是依照古时的读音，在今天却行不通了。

简注

① 训：明示字的意义。

② 送句：主要指句末的语气词。

实践要点

“焉”字，一字二音，各有其用，这在汉字中很常见。如果我们不能对它们有所了解，就会导致两个问题：一、不能真正明晓古文的涵义；二、增加沟通的困难。所以，作为一个中国人，我们应当对诸如此类的情况加以了解。

18.7　邪者，未定之词。《左传》曰：“不知天之弃鲁邪？抑鲁君有罪于鬼神邪？”《庄子》云：“天邪地邪？”《汉书》云：“是邪非邪？”之类是也。而北人即呼为也，亦为误矣。难者曰：“《系辞》云：‘乾坤，《易》之门户邪？’此又为未定辞乎？”答曰：“何为不尔！上先标问，下方列德以折[①]之耳。”

今译

“邪”，是表示疑问的语气词。《左传》中说：“不知天之弃鲁邪？抑鲁君有罪于鬼神邪？”《庄子》中说：“天邪地邪？”《汉书》中说：“是邪非邪？”诸如此类，都是如此。而北方人却直接读成了“也”，这也是错误的。诘难我的人说：“《系辞》中说：‘乾坤，《易》之门户邪？’这个‘邪’也是表示疑问的语气词吗？”我回答说：“为什么不是呢！上面先提出问题，下面再列举乾坤之德来加以裁决。”

| 简注 |

① 折：裁决，判断。

| 实践要点 |

“邪”，也是古文中常见的一个字，常常位于句末，表示疑问。同样，“也”也是古文中的常见字，通常也在句末，却表示肯定。北方人把“邪”读为“也”，正好弄反了意思。

18.8 江南学士读《左传》，口相传述，自为凡例[①]，军自败曰败，打破人军曰败。诸记传未见补败反，徐仙民读《左传》，唯一处有此音，又不言自败、败人之别，此为穿凿耳。

| 今译 |

江南地区的学士们读《左传》，是靠口头相互传述，自行制定了一套语音读法，军队自己溃败说是“败”，打败对方的军队也说是“败”。在各种传记中都没有见到过“补败反”这个注音，徐仙民在读《左传》时，只在一处注了这个读音，又没有交代自败和打败别人的分别，这就是牵强附会了。

| 简注 |

① 凡例：章法，体例。

实践要点

“自败”与“败人”之“败”，一为不及物动词，一为及物动词，之推以为读音也应当有所分别。据周祖谟先生考证，则“自败”“败人”的“败”字，读音不同，始于汉魏以后的经师，汉魏之前，则无有分别。

18.9　古人云：“膏粱难整。”[①]以其为骄奢自足，不能克励也。吾见王侯外戚，语多不正，亦由内染贱保傅，外无良师友故耳。梁世有一侯，尝对元帝饮谑，自陈“痴钝”，乃成“飔[②]段”。元帝答之云：“飔异凉风，段非干木。”谓“郢州”为“永州”。元帝启报简文，简文云：“庚辰吴入，遂成司隶。”[③]如此之类，举口皆然。元帝手教诸子侍读[④]，以此为诫。

今译

古人说：“富贵人家难以教正。”这是因为他们骄横奢侈，自我满足，不能够克制勉励自己。我见到很多王侯外戚，语音大多不正确，也是因为在家受到那些低贱保姆的熏染，在外又没有良师益友的缘故。梁朝时有一位王侯，曾经和梁孝元帝一起饮酒开玩笑，自称“痴钝”，却说成了“飔段”。孝元帝回答他说：“你说的这个‘飔’不是凉风，‘段’也不是段干木。”又把“郢州”说成了“永州”。孝元帝把这件事告诉了简文帝，简文帝说：“庚辰日吴人攻入郢州的郢，竟然成了后汉司隶校尉鲍永的永了。”诸如此类发音不准的例子，在王侯外戚那里张口便是。孝元帝亲自教导诸位皇子的侍读时，就拿这些事来告诫他们。

简注

① 膏粱：指富贵人家。难整：难以教正。

② 飔（sī）：凉风。

③ 庚辰吴入：见于《左传》："庚辰吴入郢。"司隶：指东汉司隶校尉鲍永。

④ 侍读：官名，职责为陪侍帝王或皇子读书讲学。

实践要点

发音不正确，时常会闹出笑话，成为笑柄，也会成为受人鄙视的原因。因此，对于字音，应当慎重，勤于学习。

18.10　河北切攻字为古琮，与工、公、功三字不同，殊为僻也。比世有人名暹，自称为纤；名琨，自称为衮；名洸，自称为汪；名敐，自称为獡。非唯音韵舛错[①]，亦使其儿孙避讳纷纭矣。

今译

黄河以北，把"攻"字注音为"古琮切"，与"工""公""功"三个字的读音不同，是尤为错误的。近世有人名“暹”，自己读成了“纤”；又有名为“琨”的，自己读成了“衮”；又有名为“洸”的，自己读成了“汪”；又有名为“䵹”的，自己读成了“獡”。这不仅在音韵上是错误的，也会使得子孙后代在避讳时变得混乱而无所适从。

简注

① 舛错：错误。

实践要点

这些人连自己的名字发音都不正确，实在是不应该。

杂艺第十九

19.1 真[①]草书迹，微须留意。江南谚云："尺牍[②]书疏，千里面目也。"承晋、宋余俗，相与事之，故无顿狼狈[③]者。吾幼承门业[④]，加性爱重，所见法书亦多，而玩习功夫颇至，遂不能佳者，良由无分[⑤]故也。然而此艺不须过精。夫巧者劳而智者忧，常为人所役使，更觉为累；韦仲将[⑥]遗戒，深有以[⑦]也。

今译

对于楷书、草书的书写技艺，应当稍加留意。江南有句谚语说："一封书信，就是在向千里之外的人传递你的面目。"现在的人继承了晋、宋以来的风气，都很用功学习书法，所以没有突然会感到为难窘迫的人。我从小继承家传的学业，加上生性喜爱书法，所见到的书帖也很多，而自己在玩味临帖方面也下了很大的功夫，但是未能达到很高的水平，大概是因为我没有天分吧。然而，对于这门技艺，也没有必要太过精深。巧者多劳，智者多忧，书艺太过精深，就会常常被别人使唤，反而会觉得为之所累；魏代书法家韦仲将为子孙后代留下了"不要学书法"的训诫，是很有道理的。

简注

① 真：真书，即楷书。

② 尺牍：书信。

③ 狼狈：为难窘迫。

④ 门业：世代相传的学业。

⑤ 无分：缺乏天分。

⑥ 韦仲将：曹魏时期书法家。

⑦ 深有以：很有道理。

实践要点

本篇以杂艺为名，讲述了对待种种技艺的态度和方式，概言之，之推认为，对于有益身心的诸多技艺，可以练习和参与，但不可沉湎其中。

对于书法，之推的建议是能够写一手好字就可以了，没有必要太过精深，否则反而会成为累赘。他还特别指出，“巧者劳而智者忧，常为人所役使”，事实确是如此，世间有太多的书画家，正活在这样的一种生活状态中。至于韦仲将告诫子孙不要学习书法，则又有些过度了。

19.2　王逸少[①]风流才士，萧散名人[②]，举世惟知其书，翻以能自蔽也。萧子云[③]每叹曰：“吾著《齐书》，勒成一典，文章弘义，自谓可观；唯以笔迹得名，亦异事也。”王褒地胄清华[④]，才学优敏，后虽入关，亦被礼遇。犹以书工，崎岖碑碣[⑤]之间，辛苦笔砚之役，尝悔恨曰：“假使吾不知书，可不至今日邪?”以此观之，慎勿以书自命。虽然，厮猥[⑥]之人，以能书拔擢者多矣。故道不同不相为谋也。

今译

王羲之是一个风流才子，也是潇洒自在的一代名士，世间的人只知道他的书法精妙，这反而遮蔽了他其他方面的才华。萧子云也常常感叹："我撰写了《齐书》，编定了一套要典，文章的恢弘大义，我自认为值得一看；最后却只是因为我的笔迹而获得了名声，也算是怪事一桩了。"王褒出身于高贵门第，才学优异，文思敏捷，后来虽然到了西魏，也依然受到礼遇。他因为擅长书法，时常奔波于碑碣之间，辛苦于笔砚之役，他曾经悔恨地说："假如我不精通书法，就不至于像今天这样了吧？"如此看来，千万不要因为精通书法而自命不凡。话虽如此，也有很多地位卑微的人，因为写得一手好字而得到提拔和重用。所以说，所走的路不相同的人，是不能在一起谋划的。

简注

① 王逸少：即王羲之。

② 萧散：潇洒闲散。

③ 萧子云：南朝梁人，善长草书和隶书，曾著《晋书》。《齐书》是他的兄长萧子显所著，当是之推误记。

④ 地胄清华：门第清高显贵。

⑤ 碑碣（jié）：方形石刻为碑，圆形石刻为碣。

⑥ 厮猥：地位卑微。

实践要点

对于王羲之、萧子云、王褒等人而言，书法本只是他们所拥有的一项特长而已，然而，因为擅长书法，最终却导致他们的其他才能被世人忽视，只能“崎岖碑碣之间，辛苦笔砚之役”。对于他们的人生而言，这不能不算是一种遗憾。

那么，到底应当如何面对书法这门技艺呢？我们的建议是：适当掌握书法技能，但是切不可将自己视为书法家，一旦如此，便会生出种种烦恼。

19.3　梁氏秘阁①散逸以来，吾见二王②真草多矣，家中尝得十卷；方知陶隐居、阮交州、萧祭酒③诸书，莫不得羲之之体，故是书之渊源。萧晚节所变，乃右军④年少时法也。

今译

梁朝宫中所珍藏的图书文籍散失之后，我见到过王羲之、王献之父子的很多楷书和草书作品，家里还曾经有过十多卷；仔细研究之后，才知道陶弘景、阮研、萧子云等人的书法，无一不是学习王羲之的字体，故知王羲之的字是书法的源头。萧子云晚年的书法有所变化，就是受王羲之年轻时书法的影响。

简注

① 秘阁：皇宫中珍藏图书文籍的地方。

② 二王：指王羲之、王献之父子，皆为著名的书法家。

③ 陶隐居：即陶弘景。阮交州：即阮研，南朝梁人，擅长书法。萧祭酒：即萧子云。

④ 右军：王羲之曾做过右军将军，所以又称为王右军。

实践要点

书法的源头在王羲之那里，所以，后世书家全都学习王羲之。今天的书法界依然如此，然而，因为缺乏足够的文化涵养，大多数人只能学得王羲之的形，却学不到王羲之的神。我们以为，一个优秀的书法家，首先应当是一名优秀的文化人，拥有出色的人格和才华，否则就只是一个书匠罢了。

19.4 晋、宋以来，多能书者。故其时俗，递相染尚，所有部帙[①]，楷正可观，不无俗字，非为大损。至梁天监之间，斯风未变；大同之末，讹替滋生。萧子云改易字体，邵陵王[②]颇行伪字，朝野翕然[③]，以为楷式，画虎不成，多所伤败。至为一字，唯见数点，或妄斟酌，逐便转移。尔后坟籍，略不可看。北朝丧乱之余，书迹鄙陋，加以专辄造字，猥拙甚于江南。乃以“百”“念”为“忧”，“言”“反”为“变”，“不”“用”为“罢”，“追”“来”为“归”，“更”“生”为“苏”，“先”“人”为“老”，如此非一，遍满经传。唯有姚元标工于楷隶，留心小学，后生师之者众。洎[④]于齐末，秘书缮写[⑤]，贤于往日多矣。

今译

晋、宋两朝以来，有很多精通书法的人，所以形成了一时的风气，人与人之间相互影响，所有的文献典籍，都以楷书工整地抄写，美观大方，虽然也有一些俗体字，但是无伤大雅。一直到梁朝的天监年间，这种风气也没有改变；到了大同末年，异体错讹之字开始多了起来。萧子云改变字形，邵陵王时常使用不规范的字，于是，朝野上下一致效仿，将他们奉为典范，结果画虎不成反类犬，对汉字造成了很大的伤害。以至于一个字只见到几个点，有的则妄加揣测，任意改变偏旁部首的位置。从那以后，文献典籍几乎都没法看了。北朝经历了兵荒马乱之后，书写字迹也鄙陋不堪，加以有些人擅自造字，拙劣程度比江南更加严重。以至于有人将“百”“念”二字合写为“忧”字，将“言”“反”二字合写为“变”字，将“不”“用”二字合写为“罢”字，将“追”“来”二字合写为“归”字，将“更”“生”二字合写为“苏”字，将“先”“人”二字合写为“老”字，这样的情况并非特例，而是遍布于经典传书之中。只有姚元标一人擅长楷书和隶书，留心于文字训诂，跟他学习的年轻人很多。到了北齐末年，秘阁书籍的抄写，就比往日好多了。

简注

① 部帙：书籍。

② 邵陵王：即梁武帝第六子萧纶，天监十三年封为邵陵王，事见《梁书》。

③ 翕然：一致。

④ 洎：至。

⑤ 缮写：誊写，编录。

实践要点

汉字有汉字的构造原理和规则，切不可擅自改变，更不可私意造字。可是，历来总是有一些人对汉字缺乏敬畏，妄自尊大，擅自造字。今天，依然存在着这样的现象，但是，历史已经告诉我们：擅自造字、改字，最终的结局只能是失败，并沦为笑柄。

19.5　江南闾里①间有《画书赋》，乃陶隐居弟子杜道士所为。其人未甚识字，轻为轨则②，托名贵师，世俗传信，后生颇为所误也。

今译

江南民间流传着一本《画书赋》，是陶弘景的弟子杜道士撰写的。这个人不怎么识字，却轻率地制订字体的规则，还假托出自名师之手，世俗之人则以讹传讹，信以为真，很多年轻的学子都被他误导了。

简注

① 闾里：民间。

② 轨则：规则。

实践要点

杜道士的所作所为着实令人厌恶，自己不了解字体，就不要胡乱制订规则。他不但胆大妄为，居然还“托名贵师”，迷惑青年学子。这样的弟子，也算是有辱师门的败类了。

19.6　画绘之工，亦为妙矣；自古名士，多或能之。吾家尝有梁元帝手画蝉雀白团扇及马图，亦难及也。武烈太子偏能写真[①]，坐上宾客，随宜[②]点染，即成数人，以问童孺，皆知姓名矣。萧贲、刘孝先、刘灵，并文学已外，复佳此法。玩阅古今，特可宝爱。若官未通显，每被公私使令，亦为猥[③]役。吴县顾士端出身[④]湘东王国侍郎，后为镇南府刑狱参军。有子曰庭，西朝中书舍人。父子并有琴书之艺，尤妙丹青[⑤]，常被元帝所使，每怀羞恨。彭城刘岳，橐之子也，仕为骠骑府管记、平氏县令，才学快士[⑥]，而画绝伦。后随武陵王入蜀，下牢之败，遂为陆护军画支江寺壁，与诸工巧杂处。向使三贤都不晓画，直运素业，岂见此耻乎？

今译

绘画这一技艺，也是很美妙的；自古以来的名士们，大多擅长绘画。我家曾存有梁元帝亲手画的蝉雀白团扇和马图，水平是旁人很难达到的。武烈太子尤其擅长人物写真，在座的宾客，他随手点染，就能画出几个人的样子，拿着画去问小孩，小孩都能说出画中人物的姓名。萧贲、刘孝先、刘灵等，除了擅长文学之外，画也画得很好。赏玩古今名画，确实可以让人像宝贝一样珍爱。但善于画画的人如果地位不高，就容易被公家或私人指使，这也是一份令人厌烦的差使。吴县的顾士端曾做过湘东王封国的侍郎，后来又被任命为镇南府的刑狱参军。他有个儿子名叫顾庭，也曾任梁元帝的中书舍人。父子俩都精通琴艺和书法，尤其精通绘画，所以经常被元帝使唤，为此他们常常感到羞耻悔恨。彭城的刘岳，是刘橐的儿子，曾做过骠骑府管记和平氏县令，既有才学又很豪爽，绘画功夫更是无与伦比。后来随武陵王进入蜀地，下牢关战败之后，就为陆护军画支江寺壁画，与众多工匠混杂在一起。如果上述三位贤士都不精通绘画，一直专心于儒家的清白事业，又怎么会遭受这样的耻辱呢？

简注

① 写真：摹画人物的肖像。

② 随宜：随便。

③ 猥：烦琐。

④ 出身：出任。

⑤ 丹青：红色和青色的颜料，指绘画。

⑥ 快士：性情爽快之人。

实践要点

绘画可以陶冶情操，提升人的审美修养，然而，一旦盛名在外，自然就免不了受人役使。之推是追求独立精神和人格的人，所以不提倡子孙后代成为专业的画家，以免遭人役使的命运。

那么，我们又应当如何对待书画艺术呢？答案很显然：适当掌握相关技能，偶尔技痒，可以挥毫一番，但是，不需要成为专家、名家。

19.7　弧矢[①]之利，以威天下，先王所以观德择贤，亦济身之急务也。江南谓世之常射，以为兵射，冠冕[②]儒生，多不习此；别有博射[③]，弱弓长箭，施于准的，揖让升降[④]，以行礼焉。防御寇难，了无所益。乱离之后，此术遂亡。河北文士，率晓兵射，非直葛洪一箭，已解追兵，三九宴集，常縻[⑤]荣赐。虽然，要[⑥]轻禽，截狡兽，不愿汝辈为之。

今译

弓箭的锋利，可以威震天下，所以古代的帝王以射箭来考察德行、选拔贤能，同时射箭也是保全自身的紧要事务。江南人将世间常见的射箭视为军事中的兵射，所以，士大夫和读书人都不肯学习射箭；他们另外学习一种博射，弓的力量很弱，箭身很长，设有箭靶，宾主揖让进退，以比赛来表达礼节。这种射箭对于防御敌寇来说，毫无用处。战乱之后，这种博射也就自然消失了。北方的文人，则全都懂得兵射，不仅能像葛洪那样一箭射退追兵，而且在三公九卿的宴会上，也常常会因为精于射箭而获得赏赐。尽管如此，用射箭去猎获飞禽走兽，我还是不愿意让你们去做。

简注

① 弧矢：弓箭。

② 冠冕：冠、冕都戴在头上，指受人尊敬或出人头地。

③ 博射：古时一种游戏性质的射箭。

④ 揖让升降：古代宾主相见的礼节。

⑤ 縻（mí）：得到。

⑥ 要：通邀，拦截、截留。

丨 实践要点 丨

射箭作为一项技能，无论是国家遭遇危难之时，还是自身处于危急之中，都能够发挥一定的作用，所以，之推还是希望子孙后代能够擅长射箭。当然，如果学习射箭只是为了射杀禽兽，那就是之推所不愿意的了。

今天，已经告别了冷兵器时代，掌握射箭这项技能早已失去了军事价值，然而，用射箭来强身健体还是有一定必要性的，一是可以自保，二是可以拥有一个强健的身体，以便为社会作出更多的贡献。

19.8 卜筮者，圣人之业也，但近世无复佳师，多不能中。古者，卜以决疑，今人生疑于卜。何者？守道信谋，欲行一事，卜得恶卦，反令恜恜①，此之谓乎！且十中六七，以为上手②，粗知大意，又不委曲③。凡射奇偶，自然半收，何足赖也？世传云：“解阴阳者，为鬼所嫉，坎壈④贫穷，多不称泰。”吾观近古以来，尤精妙者，唯京房、管辂、郭璞⑤耳，皆无官位，多或罹灾，此言令人益信。倘值世网严密，强负此名，便有诖误[⑥]，亦祸源也。及星文风气[⑦]，率不劳为之。吾尝学《六壬式》[⑧]，亦值世间好匠，聚得《龙首》《金匮》《玉軨变》《玉历》[⑨]十许种书，讨求无验，寻亦悔罢。凡阴阳之术，与天地俱生，亦吉凶德刑，不可不信；但去圣既远，世传术书，皆出流俗，言辞鄙浅，验少妄多。至如反支[⑩]不行，竟以遇害；归忌[⑪]寄宿，不免凶终。拘而多忌，亦无益也。

今译

卜筮，本是圣人的事务，但是近代再也没有高明的卜师了，大多数占卜都不灵验。古时候，占卜是用来解除疑惑的，今人却因为占卜而发生疑惑。这是为什么呢？遵守道义，相信谋划，打算去做一件事，却卜得了一个凶卦，反而让人心中忧惧不安，说的就是这个意思吧！况且，现在的人十次占卜，如果有六七次灵验，就认为是高手了，其实对于占卜只是略知大意而已，并不明白其中的原委。举凡是猜测奇偶正负，自然会有猜中一半的机会，这又有什么值得信赖呢？世人流传着这样一句话："能够解说阴阳变化的人，会被鬼神所嫉妒，一生就会坎坷、穷困，大多不能太平安泰。"我看近古以来特别擅长占卜的高手，也就是京房、管辂、郭璞三人而已，他们都没有官职，又多遭灾害，这句话也就更让人深信不疑了。如果再遇上世间法制严密，勉强背上善于占卜的名声，就会受到牵连，这也是灾祸的根源啊。至于以看天文星象、观风向气候来预测吉凶之类，一律都不要去做。我曾经学过《六壬式》，也曾遇到过世间出色的卜士，还收集了《龙首》《金匮》《玉軨变》《玉历》等十多种占卜用书，探究一番之后发现并不灵验，不久之后也就后悔而作罢了。阴阳之术，是与天地共生的，它所昭示的吉与凶、恩德与惩罚，是不能不信的；只是现在距离圣人的时代已经久远，世间流传的占卜书，都出自庸人之手，言词粗鄙浅陋，灵验的少，虚妄的多。以至于有人在反支日不敢出行，最后因此而遭到伤害；有人在归忌日寄居在外，还是难免于惨死。完全拘泥于占卜的结果而忌讳太多，也是没有什么益处的。

| 简注 |

① 忯忯（chì）：忧惧不安的样子。

② 上手：即高手。

③ 委曲：原委与底细。

④ 坎壈（lǎn）：困顿受阻而不得志。

⑤ 京房：西汉易学大师，京房易学的开创者，后因上疏弹劾显宦专权遭到诬害被处死。管辂：字公明，三国魏人，其自占四十八岁卒，后果然死于四十八岁。郭璞：晋朝人，曾注《尔雅》，后因阻止王敦叛乱被杀。

⑥ 诖（guà）误：牵累，连累。

⑦ 星文风气：根据天文星象、风向气候等预测吉凶的占卜方法，汉代时尤为流行。

⑧ 六壬式：用阴阳五行学说占卜吉凶的方法之一。

⑨《龙首》《金匮》《玉軨变》《玉历》：皆为占卜类书籍。

⑩ 反支：占卜中的反之日，即禁忌之日。

⑪ 归忌：不宜回家的禁忌之日。

实践要点

占卜在古时唯有圣人方可为之，后来，则多由江湖术士所为，其中鱼龙混杂，良莠不齐，再加上真正修养身心而达到与天一贯的人极其罕见，所以，后世的占卜大多不能灵验。根据之推之言，可知他是反对学习占卜的。他以自身为例指出，一般人是学不会的。纵然是学会乃至学精了，最终的命运也会很悲惨，如京房、管辂、郭璞等人便是如此。因为精通占卜本就是祸源之一。

19.9　算术[①]亦是六艺要事。自古儒士论天道、定律历者，皆学通之。然可以兼明，不可以专业。江南此学殊少，唯范阳祖暅[②]精之，位至南康太守。河北多晓此术。

今译

算术也是六艺中重要的一项。自古以来，儒士中谈论天道、制定律历的人，都必须精通算术。然而也只能兼着学，不可专门去学。江南通晓算术的人很少，只有范阳的祖暅很精通，他官至南康太守。北方人则大多都通晓这门学问。

简注

① 算术：即礼、乐、射、御、书、数六艺中的数。

② 祖暅（gèng）：即祖暅之，祖冲之的儿子，精通天文数理。

实践要点

六艺是古之君子必学的技艺，然而，君子却不专精其中某一项，因为一旦如此，就成了“器”——只有固定用途的人。所以之推强调，对于算术应当兼学，而不可专学。

19.10　医方[①]之事，取妙极难，不劝汝曹以自命也。微解药性，小小[②]和合[③]，居家得以救急，亦为胜事，皇甫谧、殷仲堪[④]则其人也。

今译

医术这件事，要达到精妙极为困难，我不鼓励你们以明医道而自命不凡。稍微懂得一些药性，能够简单配点药，在日常生活中用来救救急，也是很好的事情，皇甫谧和殷仲堪就是这样的人。

简注

① 医方：医术。

② 小小：稍稍。

③ 和合：调和，混合。

④ 皇甫谧：字士安，西晋人，曾撰《针灸甲乙经》。殷仲堪：东晋人，曾任荆州刺史。

实践要点

古时儒生为了孝亲，都会适当掌握一些中医药常识，甚至还能开些方子，治理常见病症。而如今，大多数人却只知道将亲人送进医院，任凭医生处置，自己却束手无策。

当然，学医之人都应当牢记住一句话："学医费人命。"倘若学医不精，却又自命不凡，那将会是一件很糟糕的事。因为医生所从事的乃是治病救人的事业，一不小心，错开药方，那就不是在救人，而是在害人了。"不劝汝曹以自命也"，之推的警告实在是非常有益的。

至于皇甫谧、殷仲堪，则远非之推所说，只是"微解药性，小小和合，居家得以救急"的人，他们可都是在中医学史上有着特殊贡献的人物，尤其是皇甫谧。

19.11 《礼》曰："君子无故不彻[①]琴瑟。"古来名士，多所爱好。洎于梁初，衣冠子孙，不知琴者，号有所阙；大同以末，斯风顿尽。然而此乐愔愔[②]雅致，有深味哉！今世曲解[③]，虽变于古，犹足以畅神情也。唯不可令有称誉，见役勋贵，处之下坐，以取残杯冷炙之辱。戴安道[④]犹遭之，况尔曹乎！

今译

《礼记》中说："君子是不会无故撤去琴瑟的。"自古以来，名士们大多爱好这一雅事。到了梁朝初期，贵族子弟如果不会弹琴，就会被认为是有缺陷的；但到了大同末年，这种风气就荡然无存了。然而，这种音乐是和谐、雅致的，余韵无穷，令人回味。今天，这种音乐虽然与古时有所变化，但是听了之后也还是足以让人神情舒畅。只是在这方面不可以有名声，否则就会被达官贵人使唤，坐在宴席下面，遭受残羹冷炙的屈辱。连戴安道都会遭遇这样的情景，更何况是你们了！

简注

① 彻：同撤，撤去。

② 愔愔（yīn）：和悦安舒。

③ 曲解：琴一曲为曲，一段为解。此处泛指乐曲。

④ 戴安道：即戴逵，字安道，善弹琴，《晋书》有传。

实践要点

古之人琴瑟和鸣，弹琴鼓瑟是为了增进情谊，促进和谐。当然，更重要的是通过它们来修心养性。所以，琴瑟大多摆置在书房中，用以自娱自乐，调节情致，而不是用来表演的。如今，古琴已经完全被扭曲了，弹琴者四处走穴，多方表演，甚至还有了考级制度，这就完全违背了古人弹琴鼓瑟的意义！

19.12 《家语》[①]曰："君子不博[②]，为其兼行恶道故也。"《论语》云："不有博弈者乎？为之，犹贤乎已。"然则圣人不用博弈为教；但以学者不可常精，有时疲倦，则傥为之，犹胜饱食昏睡，兀然[③]端坐耳。至如吴太子以为无益，命韦昭论之，王肃、葛洪、陶侃之徒，不许目观手执，此并勤笃之志也。能尔为佳。古为大博则六箸[④]，小博则二焭[⑤]，今无晓者。比[⑥]世所行，一焭，十二棋，数术浅短，不足可玩。围棋有手谈、坐隐[⑦]之目，颇为雅戏，但令人耽愦[⑧]，废丧实多，不可常也。

今译

《孔子家语》中说：“君子不参与博戏，因为它能让人走上邪道。”《论语·阳货》说：“不是还有博戏和围棋吗？干点这个，也总比什么都不干要强吧。”然而，圣人不以博戏和围棋作为教学内容；只是因为读书人不能始终专注于学习，有时候疲倦了，就可以偶尔玩玩，也总比吃饱了饭昏昏欲睡或是茫然呆坐着强吧。至于像吴太子那样认为博戏无益，命韦昭写文章议论这件事，王肃、葛洪、陶侃等人则不许看也不许参与，这都是他们勤奋笃定的心意。能够做到这样当然最好。古时候，大的博戏用六根竹筷，小的博戏则用两个骰子，现在已经无人知晓这些了。当今所流行的博戏，是用一个骰子和十二个棋子来玩，路数技巧浅薄乏味，不值得一玩。下围棋则有手谈、坐隐等名目，是一种颇为高雅的游戏；但是会令人沉迷其中，旷废正事，所以不可以经常玩。

简注

①《家语》：即《孔子家语》。

② 博：博戏，古代的一种赌博游戏。

③ 兀然：无知的样子。

④ 箸（zhù）：博戏时用的竹筷。

⑤ 茕（qióng）：骰子。

⑥ 比：等到。

⑦ 手谈、坐隐：都是下围棋的别称。手谈，即以手交流之意。坐隐，即坐着下棋是一种隐居方式。

⑧ 耽：沉迷。愦：混乱。

实践要点

博戏的弊端有二：一、令人产生争强好胜之心；二、容易走上赌博之路。所以，《孔子家语》中说“君子不博，为其兼行恶道故也”。对于《论语》中孔子不反对博弈之事，之推已经将原因交代得很清楚：“犹胜饱食昏睡，兀然端坐耳。”当然，如果一个人能够做到笃志勤奋学习，拒绝一切博弈游戏，那自然是很好的。所以，对于我们而言，最好能够专心于学业，倘若实在太过疲倦，则可以用博弈游戏来放松一下，而切不可以此为业，乃至沉湎其间。

19.13 投壶[①]之礼，近世愈精。古者，实以小豆，为其矢之跃也。今则唯欲其骁[②]，益多益喜，乃有倚竿、带剑、狼壶、豹尾、龙首之名。其尤妙者，有莲花骁。汝南周璝，弘正之子，会稽贺徽，贺革之子，并能一箭四十余骁。贺又尝为小障，置壶其外，隔障投之，无所失也。至邺以来，亦见广宁、兰陵诸王③，有此校具，举国遂无投得一骁者。弹棋亦近世雅戏，消愁释愤，时可为之。

丨 今译 丨

投壶这种游戏，到了近世越来越精妙。古时候，壶里面要装上小豆子，是怕箭从壶中弹出来。现在则只想让箭弹出来，弹出来的次数越多就越高兴，于是就有了倚竿、带剑、狼壶、豹尾、龙首之类的名目。其中最为精妙的，是莲花骁。汝南的周璝，是周弘正的儿子，会稽的贺徽，是贺革的儿子，他们两人都能用一支箭连续反弹出来四十多次。贺徽还曾经在壶的外面设置一种小屏障，然后隔着小屏障去投壶，从未失手。自从我到邺城以来，也见过广宁王、兰陵王等处有这种设备，但举国上下没有一个人能够投进去又使得箭反弹出来。弹棋也是近代的一种高雅游戏，能够用来消愁解闷，偶尔可以玩一玩。

丨 简注 丨

① 投壶：用箭投入壶中，以投中的多少评定胜负，是古代宴会上士大夫之间玩的一种游戏。

② 骁：投壶游戏的一种规则，即箭投入壶中后从壶中跳出，用手接住再次投入，屡投屡跳出，箭不落地，就称为“骁”。

③ 广宁、兰陵诸王：皆为北齐文襄皇帝高澄之子。

| 实践要点 |

游戏可以让人心情愉悦，消愁解闷，然而，要玩得出彩也并不容易，同样需要付出诸多的努力。可是，像周璜、贺徽一般，成为专业玩家，那也是没有必要的。总而言之，游戏只是让人放松的一种方式，在心情紧张的情况下，可以玩一玩，轻松一下，而不可沉湎其中，无法自拔。

终制第二十

20.1　死者，人之常分[①]，不可免也。吾年十九，值梁家丧乱，其间与白刃为伍者，亦常数辈[②]；幸承余福，得至于今。古人云："五十不为夭。"吾已六十余，故心坦然，不以残年为念。先有风气之疾，常疑奄然[③]，聊书素怀[④]，以为汝诫。

| 今译 |

死亡，是每个人命中注定的事情，不可避免。我十九岁时，正值梁朝覆灭，在这期间，出入刀光剑影之中，也有很多次；幸亏蒙受祖上的福佑，才得以活到今天。古人说："活到五十岁就不算夭折。"我已经六十多了，所以心中很坦然，对余生并不留恋。我以前患有风气病，常常怀疑自己会突然死去，这里姑且记下我平时的一些想法，作为对你们的告诫。

| 简注 |

① 常分：定分，指命中注定的事情。

② 数辈：数次。

③ 奄然：突然死去。

④ 素怀：平时的想法。

实践要点

人自然是有生有死的，死亡并不可怕，可怕的是恐惧死亡而活在死亡的阴影之下。所以，佛家教人了生脱死，进而超越生死。儒家则另有理路，认为人之所以会畏惧死亡，乃是因为尚未真正明了生的意义，所以提倡先弄明白生的意义。这就是子路问死时，孔子回答“未知生，焉知死”的原因。一个人倘若真的明白生的意义，自然而然就会超越死亡。只是很可惜，到了今天，已经很少有人再去关注自己的生命了，他们既不去探究生的意义，也不去追求超越生死，而是宁愿浑浑噩噩地活在世间，浪费时间，浪费生命……

本篇之推命名为终制，终，即临终；制，即制度。终制，乃是之推留给子孙的关于养老送终的遗嘱，从中可见，之推更希望颜氏的子孙后代以“传业扬名”为要，而“不可顾恋朽壤，以取堙没”。与此同时，之推还反对厚葬，而提倡薄葬。

20.2　先君先夫人皆未还建邺旧山①，旅葬②江陵东郭。承圣末，已启求扬都，欲营迁厝③。蒙诏赐银百两，已于扬州小郊北地烧砖，便值本朝沦没，流离如此，数十年间，绝于还望。今虽混一④，家道罄穷，何由办此奉营⑤资费？且扬都污毁，无复孑遗⑥，还被下湿，未为得计。自咎自责，贯心刻髓。计吾兄弟，不当仕进，但以门衰，骨肉单弱，五服之内，傍无一人，播越⑦他乡，无复资荫；使汝等沉沦厮役，以为先世之耻。故靦冒⑧人间，不敢坠失。兼以北方政教严切[⑨]，全无隐退者故也。

今译

我的亡父亡母的灵柩都没有运回建邺故土，而是客葬在江陵的东郊。承圣末年，我已启奏请求回扬州，准备迁葬。承蒙圣上下诏赐银百两，已在扬州近郊北面烧制墓砖，不料却遭遇梁朝灭亡，颠沛流离来到此地，几十年来，早已断绝了迁葬故土的期望。如今，天下虽然统一，但是家境困穷，哪有能力去筹集奉还营葬所需的费用呢？况且扬州已被毁坏，什么都没有存留下来，将亡父亡母的灵柩归葬在低洼潮湿之处，也不算得当。我常常责怪自己，悲痛之情刻骨铭心。想想我们兄弟几个，本来是不应该出来做官的，但是由于家道衰落，势单力薄，亲戚之中，又没有一个人可以依靠，再加上流落他乡，再也没有了先代的余荫；如果让你们沦落为受人驱使的奴仆，就会成为祖先的耻辱。所以我心怀惭愧地混迹于世间，不敢有任何过失。另一个原因则是北方的政治教化十分严厉，完全没有官员隐退这回事。

简注

① 先君先夫人：即亡父亡母。旧山：故乡。

② 旅葬：客葬，指葬在外乡。

③ 迁厝（cuò）：迁葬。

④ 混一：统一。

⑤ 奉营：奉祀营葬。

⑥ 孑遗：残存，剩余。

⑦ 播越：流亡。

⑧ 靦（miǎn）冒：惭愧冒昧。

⑨ 政教：政治与教化。

丨 实践要点 丨

本段其实讲述了两点：

一、之推表达了未能将亡父亡母归葬故土的遗憾和痛苦。无疑，之推的思想乃是落叶归根，但是，如果实在没有条件，或是因为外在的变故，那也是逼不得已的事，也就不必勉强了。

二、之推为自己为什么出来做官作了解释，从中展现了一位族人、一位父亲对家族、子孙的关爱之情。有一些学者完全忽略了之推的这种情感，而动辄诟病之推“一生而三化”，讽刺他世故、圆滑，实在是有失偏颇的。

20.3　今年老疾侵，傥然奄忽，岂求备礼乎？一日放臂①，沐浴而已，不劳复魄，殓②以常衣。先夫人弃背之时，属世荒馑，家涂空迫，兄弟幼弱，棺器率薄，藏③内无砖。吾当松棺二寸，衣帽已外，一不得自随，床上唯施七星板；至如蜡弩牙、玉豚、锡人之属，并须停省，粮罂明器④，故不得营，碑志旒旐⑤，弥在言外。载以鳖甲车⑥，衬土而下，平地无坟；若惧拜扫不知兆域⑦，当筑一堵低墙于左右前后，随为私记耳。灵筵勿设枕几，朔望祥禫⑧，唯下白粥清水干枣，不得有酒肉饼果之祭。亲友来餟酹⑨者，一皆拒之。汝曹若违吾心，有加先妣，则陷父不孝，在汝安乎？其内典功德，随力所至，勿刳[10]竭生资；使冻馁也。四时祭祀，周、孔所教，欲人勿死其亲，不忘孝道也。求诸内典，则无益焉。杀生为之，翻增罪累。若报罔极[11]之德，霜露之悲[12]，有时斋供，及七月半盂兰盆[13]，望于汝也。

今译

现在我已年老，而且疾病缠身，假如突然死了，难道还要求丧礼周备吗？等到我某一天撒手而去，只需为我沐浴净身，不用举行复魂的仪式，为我穿上日常衣服装殓即可。先母去世的时候，正值饥荒，家境空乏窘迫，我们兄弟又年幼孤弱，所以她的棺木很薄，墓穴里也没有用砖。因此，埋葬我的时候，应当用两寸厚的松木棺材，除了衣服和帽子之外，其他的一概不要放进去，棺材的底部只要放一块七星板；至于像蜡弩牙、玉豚、锡人之类，一并撤掉不用，盛粮的明器，自然不能准备，至于墓碑、碑文以及幡旗，就更不用说了。棺木用鳖甲车运送，贴着土埋下去就可以了，地面上也不要堆起坟头；要是担心以后祭拜扫墓时不知道界限，可以在墓的四周筑一堵低墙，随意做一些标记。灵床上不要放置枕几，朔日、望日、祥日、禫日祭奠的时候，只要放些白米粥、清水和干枣，不得有酒、肉、糕饼和鲜果等祭品。亲友们如果要前来祭奠，一律拒绝他们。你们如果违背我的心意，营葬的标准超过我的亡母，那就是陷你们的父亲于不孝，你们能够安心吗？至于诵经念佛这些功德之事，应当量力而行，不要因此耗尽家财，以致让你们受冻挨饿。至于一年四季的祭拜，是周公和孔子的教诲，目的是让人不要忘记死去的亲人，不要忘记孝道。若是按照佛经中的观点来看，则都是没有用的。要是宰杀生灵进行祭拜，反而会增加死者的罪孽。你们如果是想报答父亲无尽的养育之恩，表达你们的悲思之情，按时供奉斋品，以及在七月十五日盂兰盆会上诵经，就是我寄希望于你们的。

简注

① 放臂：即撒手，指人死亡。

② 殓：为死者穿衣入棺。

③ 藏（zàng）：墓穴。

④ 明器：冥器。

⑤ 旒旐（liú zhào）：出殡时在灵柩前的幡旗，下葬时放在棺材上。

⑥ 鳖甲车：运送灵柩的车。

⑦ 兆域：坟墓的界限。

⑧ 祥禫（dàn）：祭祀之名。父母死后一周年祭祀叫小祥，两周年祭祀叫大祥。大祥后一个月，除丧服之祭为禫。

⑨ 餟酹（chuò lèi）：以酒洒地表示祭祀。

⑩ 刳（kū）：挖空。

⑪ 罔极：无尽。

⑫ 霜露之悲：在天降霜露、万物肃杀的秋季，怀念死去的亲人。

⑬ 盂兰盆：佛教七月十五日有盂兰盆会，届时将百味五果放入盂兰盆中，请僧人前来诵经施食，帮助死去的父母免于饿鬼倒悬之苦，以尽孝心。

实践要点

本段中，之推对自己的后事作了非常细致的安排，整体而言，对于自己的葬事，他坚决提倡薄葬。至于他站在佛家的立场上否定周公、孔子所提倡的孝道，则是不应当的。事实上，他之所以提倡薄葬，正是因为出于一片孝心——他的母亲亡故时，采用了薄葬，作为儿子，自己的葬礼自然不能超过母亲的规格。所以，我们的建议是：葬礼应当量力而为，切不可铺张浪费。现实中，甚至有人利用父母的葬礼来敛财，这就更是无耻的小人之举了！

20.4 孔子之葬亲也，云："古者，墓而不坟。丘，东西南北之人也，不可以弗识[①]也。"于是封[②]之崇[③]四尺。然则君子应世行道，亦有不守坟墓之时，况为事际所逼也！吾今羁旅，身若浮云，竟未知何乡是吾葬地，唯当气绝便埋之耳。汝曹宜以传业扬名为务，不可顾恋朽壤[④]，以取埋没也。

今译

孔子安葬父母时，说："古时候，只建墓而不堆坟。我孔丘是一个四处漂泊的人，不能不留个标记。"于是，在墓上堆了个四尺高的坟。如此看来，君子应当济世行道，也有不能够守护在父母坟地的时候，更何况是被情势所逼呢！我现在羁旅他乡，就像浮云般漂泊不定，都不知道何处是我的葬身之地，在我气绝身亡之后就地埋葬即可。你们应该致力于继承家业，扬名后世，不可因为顾恋我的朽骨葬地，而埋没了自己的前程。

简注

① 识（zhì）：标记。

② 封：堆土。

③ 崇：高。

④ 朽壤：埋葬朽骨的土壤，即坟墓。

实践要点

最后，之推以孔子为例，交代子孙后代“以传业扬名为务”，以“应世行道”为己责，所以，没有必要墨守成规，守着父母的坟墓。而最后一句——“不可顾恋朽壤，以取堙没也”，已经将一位父亲对子孙的期待说尽了！

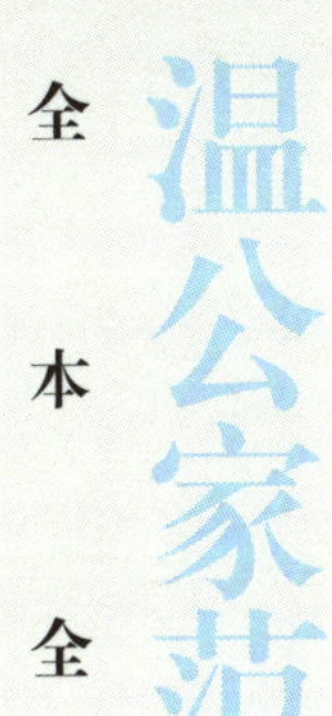

温公家范

全本全注全译

[北宋]司马光 著

郭海鹰 译注

中国四大家训

贰

上海古籍出版社

司马温公祠，山西省夏县城北鸣条冈

司马光墓碑楼，司马温公祠内

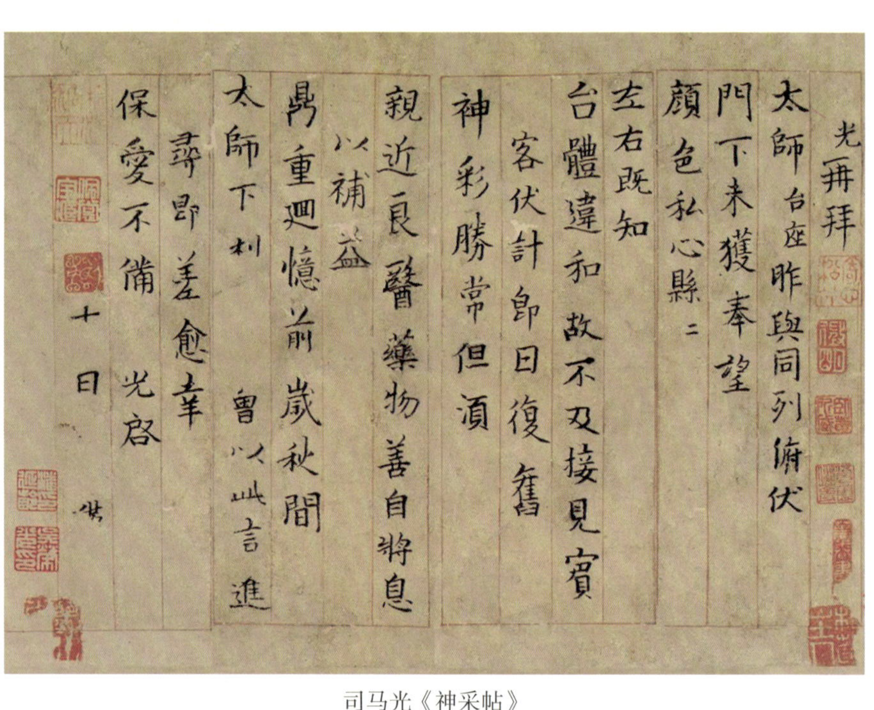

光再拜
太師台座昨與同列俯伏
門下未獲奉望
顏色私心懸懸
左右既知
台體違和故不及接見賓
客伏計即日復舊
神彩勝常但須
親近良醫藥物善自將息
以補益
爲重迴憶前歲秋間
太師下問　曾以此言進
壽即差愈幸
保愛不備　光啓
十日

司马光《神采帖》

司马光手迹《资治通鉴》残稿

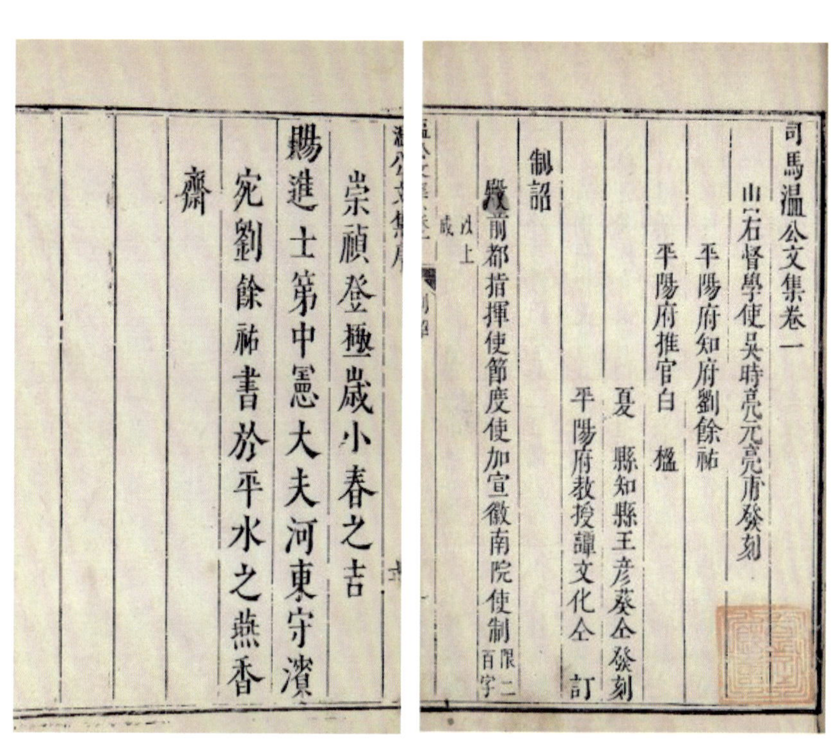

《司马温公文集》明崇祯元年吴时亮刻本

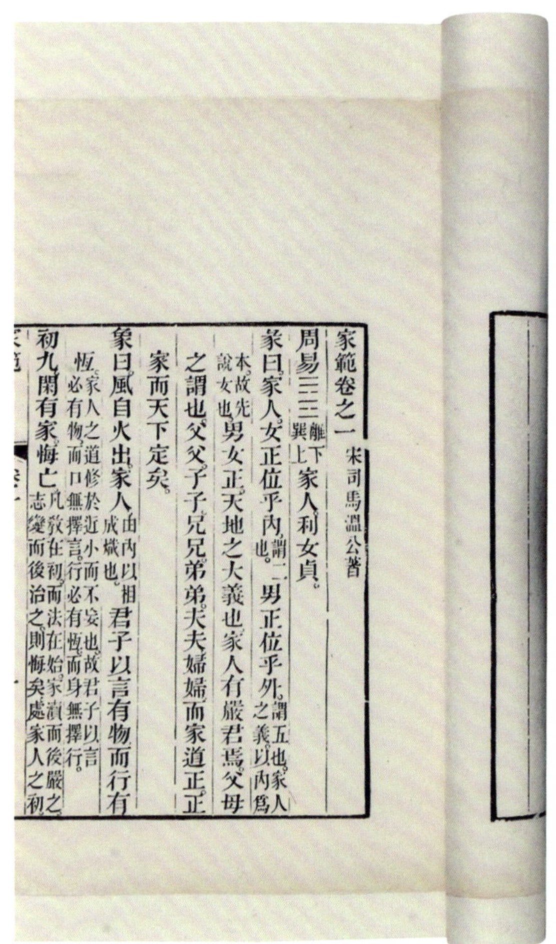

《温公家范》清代刻本

目录

写在前面的话／刘海滨 001
导读 001
卷一 引言 治家 001
卷二 祖 045
卷三 父 母 059
卷四 子上 115
卷五 子下 157

卷六 女 孙 伯叔父 侄 193
卷七 兄 弟 姑姊 夫 223
卷八 妻上 275
卷九 妻下 299
卷十 舅甥 舅姑 妇 妾 乳母 323

写在前面的话

一、今天我们为什么学家训

学习家训最直接的目的，自然是为了培养下一代。年青一代的父母，越来越认识到家庭教育的重要性，并且在当前的语境中，以传统文化为内容的家庭教育可以在很大程度上弥补学校教育的缺陷。这个问题由来已久，自从传统教育让位于西式学校教育（这个转变距今大约已有一百年）以来，很多有识之士认识到，以培养完满人格为目的、德育为核心的传统教育，被以知识技能教育为主的学校教育取代，因而不但在教育领域产生了诸多问题，并且是很多社会问题的根源。在呼吁改革学校教育的同时，很多文化精英选择了加强家庭教育来做弥补，比如被称为“史上最强老爸”的梁启超自己开展以传统德育为主的家庭教育配合西式学校，成就了“一门三院士，九子皆才俊”的佳话（可参阅上海古籍出版社《我们今天怎样做父亲：梁启超谈家庭教育》一书）。

其实，学习家训不单单是孩子的事，首先是父母提升自我，丰富家庭生活乃至改变人生的机会。中国文化是以修身为本的。所谓修身，就是通过自我修养身心，改变个人的生活方式、生命状态，体验更丰富美好的人生。以此为基础，营建家庭氛围，培养下一代，此之谓齐家。由此向外推扩，改变社会环境乃至人类生态，此之谓治国平天下。所谓修身为本，修身既是一切事业的基础和出发点，也是一切事业的最终目的，换言之，个人通过从家庭到天下，做各种事业来修养自身；传统文化就是以这样的逻辑架构，整体呈现，并代代相传。

文化的传承，通常是在精英和民众两个层面上进行，前者通过经典研学和师弟传习而薪火相传，后者沉淀为社会价值观念、化为乡风民俗而代代相承。这两个层面是如何发生联系的，上层是怎样向下层渗透的呢？中华文化悠久的家训传统，无疑在其中起到了重要作用。士子学人（文化精英）将经典的基本精神、个人习得的实践经验转化为家训家规教育家族子弟，而其中有些家训，由于家族的兴旺发达和名人代出，具有很好的示范效应，而得以向外传播，飞入寻常百姓家，进而为人们代代传诵，其本身也具有经典的意味了。得以传世的家训，其著作者本身就是文化精英的代表人物，这使得家训一方面融入了经典的精神，一方面为了使年幼或文化根基不厚的子弟能够理解，并在日常生活中实行，家训通常将经典的语言转化为日常话语，也更注重实践的方便易行。从这个意义上说，家训是经典的通俗版本，换言之，家训是我们重新亲近经典的桥梁。

对于从小接受现代教育（某种模式的西式教育）的国人，经典通常显得艰深和难以接近（其中的原因，下文再作分析），而从家训入手，就亲切得多。家训不仅理论话语较少，更通俗易懂，还常结合身边的或历史上的事例

启发劝导子弟，特别注重从培养良好的生活礼仪习惯做起，从身边的小事做起，这使得传统文化注重实践的本质凸显出来（当然经典也是在在处处都强调实践的，只是现代教育模式使得经典的实践本质很容易被遮蔽）。因此，现代人学习传统文化，从家训入手，不失为一个可靠而方便的途径。

本书即是基于以上需求，为有意尝试以传统文化为内容的家庭教育、希望与儿女共同学习成长的朋友量身定做的。为此精选了历史上最有代表性的四部家训，希望能提供切合实用的引导和帮助。

二、为什么是这四部家训

中国家训的历史源远流长，凡有读书人的家族，不论阶层高低，都有自己历代相沿的家训和家族文化。此前，我们从历代家训名著名篇中选编了一套“中华家训导读译注丛书”（上海古籍出版社 2019 至 2020 年出版，共 13 种），较为完整地呈现了传统家训的代表性著作。

考虑到普通家庭便捷学习的需要，又从这套书中择取了四部家训，堪称精华中的精华，冠以“中国四大家训”之名。选择的标准，一是作者亲撰，后人整理编纂而成的不收。二是自成系统，论说详明全面，用现在的话就是专著，而非单篇。三是在历史上具有重要地位，即有经典性。四是对现代生活的适用性强，即其精神保持高度的活力，形式方面做适度的转化就可应用于现代生活。综合以上因素，下面四部家训当之无愧。

第一部，是号称家训之祖的《颜氏家训》。《颜氏家训》为历代所尊崇，不仅因为成书早，还在于其有宗旨有系统，其写作方法为后来的家训所仿效，更重要的是书中凝聚作者颜之推一生的生命体验、价值理念和实践方法，为后世树立了家训的典范。

第二部，是北宋名臣司马光的《温公家范》。司马温公在今人眼里的形象是一位严正的儒者和著名历史学家，其家训也很好地体现了这两方面的特色：全书以儒家德教和礼制为宗旨和框架，同时广泛采择历史上的相关事例加以详细而生动的说明。这种写法，与《颜氏家训》相比，组织更严整，内容也相对集中，因此也多为后世家训所仿效。

第三部是《袁氏世范》，作者是南宋的袁采。袁采生活的年代大致与儒家集大成者朱熹同时，经过南北宋几代大儒的发展和整合，儒学迎来了第二个高峰，对后世产生极其深远的影响。《袁氏世范》可以看做是儒家精神和礼俗在家族教育领域的集中体现。

最后一部来到了明代晚期，选取的是民间知名度很高的袁了凡亲手编订的《训儿俗说》。袁了凡的声名主要来自一部广泛流传的《了凡四训》，《了凡四训》是后人根据袁了凡相关文章编辑而成，其"改造命运"的观念和方法，不仅得到曾国藩等大家赏识，近现代高僧如印光大师、弘一法师等人也颇为推崇。这种儒佛两界共尊的情况也反映了袁了凡修身工夫特点和明清以来三教合流的时代特征。如果说《颜氏家训》是规模阔大，兼采佛道，《训儿俗说》的特色就是融合儒佛，在不离儒家修身和礼教矩矱的同时，融入了少量佛教的事例和言语，在实践方面，如盐溶水，不仅将心性修养工夫与日常生活和礼仪融为一体（这正是王阳明心学的特色，而袁了凡恰是王阳明的再传弟子），也将儒佛修证体验融合无间。加之《训儿俗说》相对体量较小，列举的方面较为简明，时代上也距今更近，因而更贴近现代生活，便于现代人学习应用。

三、家训怎样读、怎么学

首先说说现代人读古书的障碍，概括说来，其难点有二：首先是由于文

言文接触太少，不熟悉繁体字等原因，造成语言文字方面的障碍。不过通过查字典、借助注释等办法，这个困难还是相对容易解决的。更大的障碍来自第二个难点，即由于文化的断层，教育目标、教育方式的重大转变，使得现代人对古典教育、对传统文化产生了根本性的隔阂，这种隔阂会反过来导致对语词的理解偏差或意义遮蔽。

试举一例。《论语》开篇第一章：

> 子曰：学而时习之，不亦说（“说”，通“悦”）乎？有朋自远方来，不亦乐乎？人不知而不愠，不亦君子乎？

字面意思很简单，翻译也不困难。但是，如何理解句子的真实含义，对于现代人却是一个考验。比如第一句，“学而时习之”，很容易想当然地把这里的“学”等同于现代教育的“学习知识”，那么“习”就成了“复习功课”的意思，全句就理解为学习了新知识、新课程，要经常复习它—— 一直到现在，中小学在教这篇课文时，基本还是这么解释的。但是这里有个疑问：我们每天复习功课，真的会很快乐吗？

对古典教育和传统文化有所理解的人，很容易看到，这里发生了根本性的理解偏差。古人学习的目的跟现代教育不一样，其根本目的是培养一个人的德行，成就一个人格完满、生命充盈的人，所以《论语》通篇都在讲“学”，却主要不是传授知识，而是在讲做人的道理、成就君子的方法。学习了这些道理和方法，不是为了记忆和考试，而是为了在生活实践中去运用、在运用时去体验，体验到了、内化为生命的一部分才是真正的获得，真正的“得”即生命的充盈，这样才能开显出智慧，才能在生活中运用无穷（所

以孟子说：学贵“自得”，自得才能“居之安”“资之深”，才能“取之左右逢其源”）。如此这般的“学习”，即是走出一条提升道德和生命境界的道路，到达一定生命境界高度的人就称之为君子、圣贤。养成这样的生命境界，是一切学问和事业的根本（因此《大学》说“自天子以至于庶人，壹是皆以修身为本”），这样的修身之学也就是中国文化的根本。

所以，“学而时习之”的“习”，是实践、实习的意思，这句话是说，通过跟从老师或读经典，懂得了做人的道理、成为君子的方法，就要在生活实践中不断（时时）运用和体会，这样不断地实践就会使生命逐渐充实，由于生命的充实，自然会由内心生发喜悦，这种喜悦是生命本身产生的，不是外部给予的，因此说“不亦说乎”。

接下来，“有朋自远方来，不亦乐乎”，是指志同道合的朋友在一起共学，互相交流切磋，生命的喜悦会因生命间的互动和感应，得到加强并洋溢于外，称之为“乐”。

如果明白了学习是为了完满生命、自我成长，那么自然就明白了为什么会“人不知而不愠”。因为学习并不是为了获得好成绩、找到好工作，或者得到别人的夸奖；由生命本身生发的快乐既然不是外部给予的，当然也是别人夺不走的，那么别人不理解你、不知道你，不会影响到你的快乐，自然也就不会感到郁闷（“人不知而不愠”）了。

以上的这种理解并非新创。从南朝皇侃的《论语义疏》到宋朱熹的《论语集注》（朱熹《集注》一直到清朝都是最权威和最流行的注本），这种解释一直占主流地位。那么问题来了，为什么当代那么多专家学者对此视而不见呢？程树德曾一语道破：“今人以求知识为学，古人则以修身为学。”（见程先生撰于1940年代的《论语集释》）之所以很多人会误解这三句话，是由于

对古典教育、传统文化的根本宗旨不了解，或者不认同，导致在理解和解释的时候先入为主，自觉或不自觉地用了现代观念去“曲解”古人。因此，若使经典和传统文化在今天重新发挥作用，首先需要站在古人的角度理解经典本身的主旨，为此，在诠释经典时，就需要在经典本身的义理与现代观念之间，有一个对照的意识，站在读者的角度考虑哪些地方容易产生上述的理解偏差，有针对性地作出解释和引导。

基于以上认识，本书尝试从以下几个方面加以引导。首先，在每种书前冠以导读，对作者和成书背景做概括介绍，重点说明如何以实践为中心读这本书。

再者，在注释和白话翻译时尽量站在读者的立场，思考可能发生的遮蔽和误解，加以解释和引导。

第三，本书在形式上有一个新颖之处，在每个段落或章节下增设“实践要点”环节，它的作用有三：一是说明段落或章节的主旨。尽量避免读者仅作知识性的理解，引导读者往生活实践方面体会和领悟。

二是进一步扫除遮蔽和误解，防止偏差。观念上的遮蔽和误解，往往先入为主比较顽固，仅仅靠“简注”和“译文”还是容易被忽略，或许读者因此又产生了新的疑惑，需要进一步解释和消除。比如，对于家训中的主要内容——忠孝——现代人往往从“权利平等”的角度出发，想当然地认为提倡忠孝就是等级压迫。从经典的本义来说，忠、孝在各自的语境中都包含一对关系，即君臣关系（可以涵盖上下级关系），父子关系；并且对关系的双方都有要求，孔子说“君君、臣臣，父父、子子”，是说君要有君的样子，臣要有臣的样子，父要有父的样子，子要有子的样子，对双方都有要求，而不是仅仅对臣和子有要求。更重要的是，这个要求是“反求诸己”的，就是各

自要求自己，而不是要求对方，比如做君主的应该时时反观内省是不是做到了仁（爱民），做大臣的反观内省是不是做到了忠；做父亲的反观内省是不是做到了慈，做儿子的反观内省是不是做到了孝。(《礼记·礼运》:“何谓人义？父慈、子孝，兄良、弟悌，夫义、妇听，长惠、幼顺，君仁、臣忠。”）如果只是要求对方做到，自己却不做，就完全背离了本义。如果我们不了解“一对关系”和“自我要求”这两点，就会发生误解。

再比如古人讲“夫妇有别”，现代人很容易理解成男女不平等。这里的“别”，是从男女的生理、心理差别出发，进而在社会分工和责任承担方面有所区别。不是从权利的角度说，更不是人格的不平等。古人以乾坤二卦象征男女，乾卦的特质是刚健有为，坤卦的特征是宁顺贞静，乾德主动，坤德顺乾德而动；二者又是互补的关系，乾坤和谐，天地交感，才能生成万物。对应到夫妇关系上，做丈夫需要有担当精神，把握方向，但须动之以义，做出符合正义、顺应道理的选择，这样妻子才能顺之而动（“夫义妇听”），如果丈夫行为不合正义，怎能要求妻子盲目顺从呢？同时，坤德不仅仅是柔顺，还有“直方”的特点(《易经·坤·象》:“六二之动，直以方也。”)，做妻子也有正直端方、勇于承担的一面。在传统家庭中，如果丈夫比较昏暗懦弱，妻子或母亲往往默默支撑起整个家庭。总之，夫妇有别，也需要把握住“一对关系”和“自我要求”两个要点来理解。

除了以上所说首先需要理解经典的本义，把握传统文化的根本精神，同时也需要看到，经典和文化的本义在具体的历史环境中可能发生偏离甚至扭曲。当一种文化或价值观转化为社会规范或民俗习惯，如果这期间缺少文化精英的引领和示范作用，社会规范和道德话语权很容易被权力所掌控，这时往往表现为，在一对关系中，强势的一方对自己缺少约束，而是单方面要求

另一方，这时就背离了经典和文化本义，相应的历史阶段就进入了文化衰敝期。比如在清末，文化精神衰落，礼教丧失了其内在的精神（孔子的感叹“礼云礼云，玉帛云乎哉？乐云乐云，钟鼓云乎哉？”就是强调礼乐有其内在的精神，这个才是根本），成为僵化和束缚人性的东西。五四时期的很大一部分人正是看到这种情况（比如鲁迅说“吃人的礼教”），而站到了批判传统的立场上。要知道，五四所批判的现象正是传统文化精神衰敝的结果，而非传统文化精神的正常表现；当代人如果不了解这一点，只是沿袭前代人一些有具体语境的话语，其结果必然是道听途说、以讹传讹。而我们现在要做的，首先是正本清源，了解经典的本义和文化的基本精神，在此基础上学习和运用其实践方法。

三是提示家训中的道理和方法如何在现代生活实践中应用。其中关键的地方是，由于古今社会条件发生了变化，如何在现代生活中保持家训的精神和原则，而在具体运用时加以调适。一个突出的例子是女子的自我修养，即所谓“女德”，随着一些有争议的社会事件的出现，现在这个词有点被污名化了。前面讲到，传统的道德讲究“反求诸己”，女德本来也是女子对道德修养的自我要求，并且与男子一方的自我要求（不妨称为“男德”）相配合，而不应是社会（或男方）强加给女子的束缚。在家训的解读时，首先需要依据上述经典和文化本义，对内容加以分析，如果家训本身存在僵化和偏差，应该予以辨明。其次随着社会环境的变化，具体实践的方式方法也会发生变化。比如现代女子走出家庭，大多数女性与男性一样承担社会职业，那么再完全照搬原来针对限于家庭角色的女子设置的条目，就不太适用了。具体如何调适，涉及具体内容时会有相应的解说和建议，但基本原则与“男德”是一样的，即把握“女德”和“女礼”的精神，调适德的运用和礼的条目。此

即古人一面说“天不变道亦不变”（董仲舒语），一面说礼应该随时“损益”（见《论语·为政》）的意思。当然，如何调适的问题比较重大，“实践要点”中也只能提出编注者的个人意见，或者提供一个思路供读者参考。

综上所述，本书的全部体例设置都围绕“实践”，有总括介绍、有具体分析，反复致意，不厌其详，其目的端在于针对根深蒂固的“现代习惯”，不断提醒，回到经典的本义和中华文化的根本。从这个意义上说，认真读懂本书并切实按照其中的内容和方法尝试去做，不仅是改善家庭教育的途径，设若读者诸君以此为入口，得入传统文化的门墙，实见“宗庙之美，百官之富”，则幸甚至哉！幸甚至哉！

刘海滨

2022年3月7日，壬寅年二月初五

导 读

司马光，北宋政治家、史学家、文学家，字君实，号迂叟，世称涑水先生。宋仁宗宝元元年进士及第，官至龙图阁直学士。宋神宗的时候，因为反对王安石变法，离开朝廷十五年，主持编纂了编年体通史《资治通鉴》。元祐元年去世，追赠太师、温国公，谥号文正。司马光生平著作甚多，主要有《温国文正司马公文集》《稽古录》《涑水记闻》《潜虚》等。今天要向大家介绍的这本《温公家范》，是司马光所编写的一本家训名著，作为治家的参考典范。

根据《宋史・司马光列传》记载：

光孝友忠信，恭俭正直，居处有法，动作有礼。在洛时，每往夏县展墓，必过其兄旦，旦年将八十，奉之如严父，保之如婴儿。自少至老，语未尝妄，自言："吾无过人者，但平生所为，未尝有不可对人言者耳。”诚心自然，天下敬信，陕、洛间皆化其德，有不善，曰：“君实得无知之乎？”光于物淡然无所好，于学无所不通，惟不喜释、老，曰：“其微言不能出吾书，其诞吾不信也。”洛中有田三顷，丧妻，卖田以葬，恶衣菲食以终其身。

从这里看到司马光为人孝友忠信，恭俭正直，闲居的时候有法度，做事情也符合礼节。他对待自己兄长就像对待自己父亲一样尊重他，也会像呵护婴儿一样保护他。从小到老，从来不妄言，始终保持一颗诚挚自然的心。司马光一生的人格得到当时人们的敬重，正是他一如既往对自己严格要求的结果。有他自身的垂范，他在《家范》中也对家族各成员特别是子孙辈提出了各方面的要求，并自觉将礼治、德教的思想融入家庭教育中。

司马光用“家范”进行命名，他的本意是要让这本书成为教家治家的典范、楷模。从《温公家范》的内容构成来看，有以下两个特点：第一，司马光节录了许多儒家经典，包括《周易》《论语》《孟子》《孝经》等内容，宣扬儒家主张的“圣人正家以正天下”的治家、修身理念；第二，司马光采辑了大量历史人物的典型事例，把历史上发生的各种故事作为家庭教育生动的案例基础，让学习者有学习的榜样和方向，能找到如何在家庭中做一个有德行的人的方法。

《家范》引言部分，首先引用《周易》《大学》《孝经》中的论述，主要是说明他撰写此书的目的是要管理家庭，而齐家是治国、平天下的开端与基础。在引言部分之后，司马光又列了“治家”“祖”“父”“母”“子”“女”“孙”“伯叔父”“侄”“兄”“弟”“姑姊”“夫”“妻”“舅甥”“舅姑”“妇”“妾”“乳母”，共10卷，计19篇。这本书可以说是当时一本系统总结家庭伦理关系的书籍，对当时政治伦理生活产生了重要的影响。

（一）重视亲亲之情

儒家立论的基础便是世间最普遍、最普通的情感，在《卷三·父》中一开始，他就引用《论语·季氏》篇中的内容：

> 陈亢问于伯鱼曰："子亦有异闻乎？"对曰："未也。尝独立，鲤趋而过庭。曰：'学诗乎？'对曰：'未也。''不学诗，无以言。'鲤退而学诗。他日又独立，鲤趋而过庭。曰：'学礼乎？'对曰：'未也。''不学礼，无以立。'鲤退而学礼。闻斯二者。"陈亢退而喜曰："问一得三，闻诗，闻礼，又闻君子之远其子也。"

孔子在这里讲了两个教育的主题，一个是礼仪，另一个是诗歌。礼仪部分我们下文再讲，这里讲诗歌。《诗经》是中国古代第一本诗歌总集，孔子当时的《诗经》并不像我们今天见到的只有文字的描述，它们实际上如同我们今天的歌曲一样是可以歌唱的。孔子告诉伯鱼"不学诗，无以言"，所以学习《诗经》实际上是为了能够恰如其分地表达自己的情感。"说话"是一种言辞，当然涉及表达时语辞的拿捏。因为说话涉及不同的言说对象，语辞的准确拿捏意味着你所有的表达都是针对言说对象来进行的，这样就不会说"错"话。人与人之间相处的关键在于沟通，沟通最主要的方式就是说话。言辞是外显看得见的东西，情感是内在看不见的东西，要让这两者恰如其分地发生关联，是需要在现实生活中不断重复训练的。言辞恰如其分的表达不是我们生下来就会的，它需要后天的操练。最基础性的情感表达当然是孝弟，首先是孝，比如司马光在《卷四·子上》中援引曾子和他的儿子曾元的故事：

> 孟子曰："曾子养曾皙，必有酒肉；将彻，必请所与。问有余，必曰：'有。'曾皙死，曾元养曾子，必有酒肉。将彻，不请所与，问有余，曰：'亡矣。'将以复进也。此所谓养口体者也。若曾子，则可谓养志也。事亲若曾子者，可也。"

其实，曾元已经是大孝之人，可是孟子认为他还未至孝，因为他不能完全顺从父亲的"志"，而这种不顺从是从"对话"或"说话"中表现出来的。

在情感教育中，司马光很赞同曾子的观点：

> 曾子曰："君子之于子，爱之而勿面，使之而勿貌，遵之以道而勿强言；心虽爱之不形于外，常以严庄莅之，不以辞色悦之也。不遵之以道，是弃之也。然强之，或伤恩，故以日月渐摩之也。"

儒家的教育重视身教，这是要求父母必须做好子女的榜样。儒家不是野蛮地要求子女对父母的绝对顺从，而是要求父母必须成为子女在德性生命成长过程中的导师。曾子的智慧，既保持家长的威严，又能慈爱子女们，关键还能让子女们对自己的教导感觉到快乐。曾子强调家长的教育不能"强迫"，这是"伤恩"，伤害家长与子女之间的感情，教育需要循序渐进地引导。

（二）重视礼仪教育

礼仪可以说是整本《温公家范》中从头到尾贯彻的内容，父子、夫妇、兄弟之间如何相处，处处充满礼仪，这是一种家庭空间的礼仪化。在引言一开始，他就引用《孝经》里面的内容：

《孝经》曰：闺门之内具礼矣乎！严父，严兄。妻子臣妾，犹百姓徒役也。

又在第一卷中援引春秋名臣晏婴的名言：

齐晏婴曰："君令臣共、父慈子孝、兄爱弟敬、夫和妻柔、姑慈妇听，礼也。君令而不违，臣共而不二，父慈而教，子孝而箴，兄爱而友，弟敬而顺，夫和而义，妻柔而正，姑慈而从，妇听而婉，礼之善物也。"

司马光把家庭中各种关系结构概括为一个"礼"字。礼仪是指人们在社会交往过程中由于受历史传统、风俗习惯、宗教信仰、时代潮流等因素的影响而形成的为人们所认同和遵守的各种行为准则和规范的总和。古代中国人将伦理生活的秩序感视为美好生活的核心构成，因为他们观感到整个天地万物的运行本身就是一个和谐的系统——各种事物各有层次，又秩序井然。所谓"礼者，天地之序也"，"天地之序"就是指天地之间基本的秩序结构，相应地，整个人类社会也有与之对应的基本秩序，这个基本秩序是建立在人伦关系的基础上。秩序的起点始于家庭。

治理家庭最好的办法是通过礼仪，规范家庭成员之间的关系与行为，使之符合一个礼仪化的家庭空间。礼是有内容和形式的，如果只看形式，则往往会僵化，我们应当秉持一种抽象继承、同情理解的态度，透过形式去看这些经典背后所隐藏的良苦用心、精神力量，而遇到那些已不适应时代需求的内容，我们应该摒弃，而去继承背后的精神。

在《卷八·妻上》中就有几个故事，讲妇女因为要守住自己清名而自残，或者为了守住作为形式的礼仪而致自己于险地，这就是一种形式主义，应当予以批判。“人而不仁如礼何，人而不仁如乐何？”没有内容、没有情感作为行动力支撑，礼如何能够真正在人心中扎根？

（三）重视角色教育

西方著名儿童教育心理学家皮亚杰有“儿童认知理论”，认为儿童在成长的过程中其认知建构所侧重调动的能力不同，从对图形的形象认知到算式思维再到理性的思考。其实，我们中国的儿童教育中也有这样的理论，在《卷三·父母》中，司马光援引《礼记·内则》中的内容：

> 子能食食，教以右手。能言，男唯女俞。男鞶革，女鞶丝。六年，教之数与方名；七年，男女不同席，不共食；八年，出入门户及即席饮食，必后长者，始教之让；九年，教之数日。十年，出就外傅，居宿于外，学书计。十有三年，学乐、诵诗、舞勺。成童，舞象、学射御。

在这里我们看到，《内则》对儿童不同阶段所应当学习的内容实际上已经有所规划、设计，这是古人通过教育经验所得到的教育课程设计。其二，这一套教学课程并不是针对所有儿童，而是男女有所区分。因为它并不是像皮亚杰一样，研究的是儿童建构知识的先天结构，而不去具体研究其所学内容。相反，它重视内容和知识的实用性。这种知识的内容是根据在家庭生活中的不同分工和角色期许所设计的，因此在男女之间从小就有不同的教育方向。其目的就在于帮助男子在今后的生活中成长为一个合格的儿子、丈夫、父亲，而女子则成长为一个合格的女儿、妻子、母亲。

（四）重视德性教育

重视德性教育是司马光家范中的核心教育内容。他反复劝诫为人家长者，要高度重视子弟家人的品德教育，以身作则，以良好的品行去影响后代。他在《卷二·祖》中说：

> 为人祖者，莫不思利其后世。然果能利之者，鲜矣。何以言之？今之为后世谋者，不过广营生计以遗之。田畴连阡陌，邸肆跨坊曲，粟麦盈囷仓，金帛充箧笥，慊慊然求之犹未足，施施然自以为子子孙孙累世用之莫能尽也。然不知以义方训其子，以礼法齐其家。自于数十年中勤身苦体以聚之，而子孙于时岁之间奢靡游荡以散之，反笑其祖考之愚，不知自娱，又怨其吝啬，无恩于我，而厉虐之也。始则欺绐攘窃，以充其欲；不足，则立券举债于人，俟其死而偿之。观其意，惟患其考之寿也。甚者至于有疾不疗，阴行鸩毒，亦有之矣。然则向之所以利后世者，适足以长子孙之恶而为身祸也。

每个为人长辈的都想为后世留下一点遗产，但是，司马光认为留下土地、房舍、粮食、金帛这些物质东西，并不能真正使得儿子有福报，能够守得住，因此更重要的应该是“以义方训其子，以礼法齐其家”。他举了一位曾做过大官的士大夫只知省吃俭用为子孙积累财富而不知以德教子，最终被争夺财产的子孙气死的典型例子，司马光评论说：“使其子孙果贤耶，岂蔬粝布褐不能自营，至死于道路乎？若其不贤耶，虽积玉满堂，奚益哉？多藏以遗子孙，吾见其愚之甚也。”进而，在留给后辈品德与财产孰轻孰重问题上，他极力主张像古代圣贤那样：“圣人遗子孙以德以礼，贤人遗子孙以廉以俭。”

综上而论，《温公家范》中司马光编列了很多故事，也有各种儒家经典理论作为支撑，但我们去理解《家范》中如此浩繁的内容，要同情地理解古人，抓住其中情感、德性、礼仪诸关键词，透过各种故事去体味其中的真精神。

《温公家范译注》以四库全书本为底本，并参考了一些已出整理本。全书分为“原文”“今译”“简注”“实践要点”四部分，其中原文与今译这两部分是固定的，而简注与实践要点则根据实际情况撰写。译文力求通畅达意，故有一些意译部分；注释力求简洁，遇有用典地方，则将之注出；实践要点结合今天的社会发展与时代精神，对原文所讲的内容进行延伸，以期对读者理解与运用《温公家范》中的教育实践内容有所帮助。

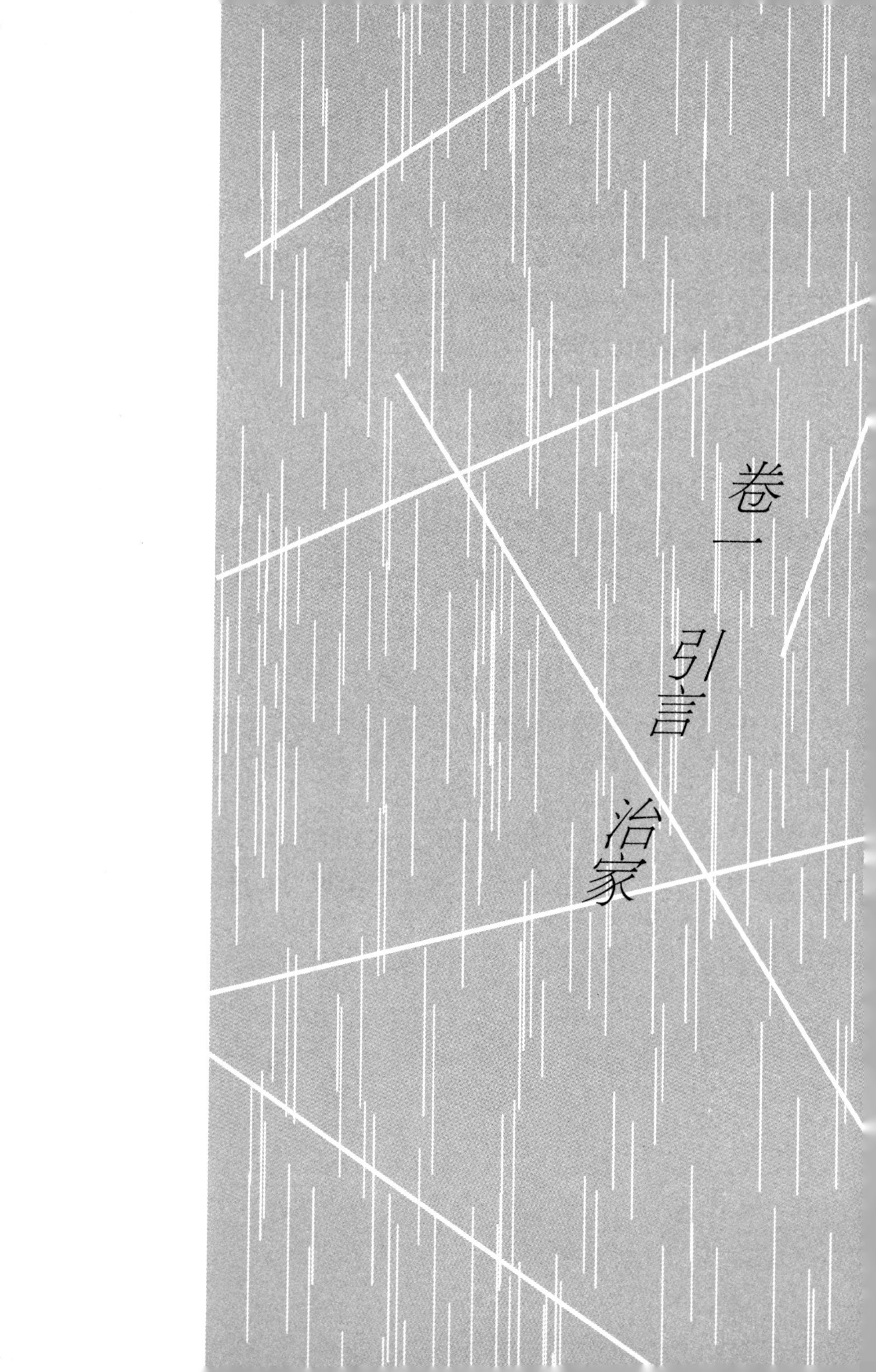
卷一
引言
治家

引　言[①]

【1】《周易》："家人：利女贞。

彖曰：家人，女正位乎内，男正位乎外，男女正，天地之大义也。家人有严君焉，父母之谓也。父父，子子，兄兄，弟弟，夫夫，妇妇，而家道正。正家而天下定矣。

象曰：风自火出，家人。君子以言有物而行有恒。

初九：闲有家，悔亡。

象曰：闲有家，志未变也。

六二：无攸遂，在中馈，贞吉。

象曰：六二之吉，顺以巽也。

九三：家人嗃嗃，悔厉吉。妇子嘻嘻，终吝。

象曰：家人嗃嗃，未失也。妇子嘻嘻，失家节也。

六四：富家，大吉。

象曰：富家大吉，顺在位也。

九五：王假有家，勿恤，吉。

象曰：王假有家，交相爱也。

上九：有孚威如，终吉。

象曰：威如之吉，反身之谓也。"

| 今译 |

《周易》:“家人卦：利于女子守正道。

象辞说：家人卦，女子（指六二）得位居中于内卦，男子（指九五）得位居中于外卦，男女的位置正确，这符合天地的礼义。家里面严肃的君长，便是父母。父亲像父亲，儿子像儿子，兄弟像兄弟，丈夫像丈夫，妻子像妻子，这样的治家之道才是中正的。这种治家之道可以使天下安定（即也是治国之道）。

象辞说：风从火中生出，这就是家人卦的卦象。君子从中受到启示，说话要有根据，做事要持之以恒。

初九：在家中做好防范，不会发生悔恨的事情。象辞说：在家中做好防范，对家的观念并没有改变。

六二：不自作主张，主持一家人的饮食，守正道吉祥。象辞说：六二之所以吉祥，是因为其位居中，符合常规，且温柔顺从。

九三：家里人被训斥，治家严厉吉祥；妇女、孩子嘻嘻哈哈，最终会有忧吝。象辞说：家里人被训斥，是没有失去家法；妇子、孩子嘻嘻哈哈，是失去了家的节制。

六四：家庭富裕，大吉大利。象辞说：家庭富裕大吉大利，是因为六四爻柔顺而得位。

九五：君王治国就像治家一样，不要忧愁，吉祥。象辞说：君王治国如治家，是让人们都像一家人一样相亲相爱。

上九：有诚信有威望，最终吉祥。象辞说：有威望的吉祥，说的便是能反身自律。”

简注

① 标题“引言”为本书编者所加。

实践要点

“利女贞”，这三个字说出了家庭中女人的重要作用。俗话说“妻贤夫祸少”，家庭和睦的关键是女人是否贤惠。家庭以主妇的角色为重。主妇正则全家正，主妇不正则全家不正。妇女在家有大权，家庭的平和与否通常受女人影响非常大，如婆媳、姑嫂之间的问题等。如果主妇固守自己的岗位，安慰丈夫，教养孩子，以家人为重，家庭便和睦安宁。治家之道，男子要严厉，女子要柔顺。古人认为，治家也应该有不同的分工。男子齐家的目的是治国平天下，所以对男子的要求是在家外居正当之位，这是齐家的需要，也是治国的需要。女主家内事，男主家外事，家庭问题就解决了。家道正才能治国，治国才能平天下，由此可见正家道是正天下之本。

【2】《大学》曰：“古之欲明明德于天下者，先治其国；欲治其国者，先齐其家；欲齐其家者，先修其身；欲修其身者，先正其心；欲正其心者，先诚其意；欲诚其意者，先致其知；致知在格物。物格而后知至，知至而后意诚，意诚而后心正，心正而后身修，身修而后家齐，家齐而后国治，国治而后天下平。自天子以至于庶人，一是皆以修身为本。其本乱而末治者否矣，其所厚者薄，而其所薄者厚，未之有

也！此谓知本，此谓知之至也。所谓治国必先齐其家者，其家不可教而能教人者，无之。故君子不出家而成教于国。孝者所以事君也，弟者所以事长也，慈爱者所以使众也。《诗》云：‘桃之夭夭，其叶蓁蓁。之子于归，宜其家人。’宜其家人，而后可以教国人。《诗》云：‘宜兄宜弟。’宜兄宜弟，而后可以教国人。《诗》云：‘其仪不忒，正是四国。’其为父子、兄弟足法，而后民法之也。此谓治国在齐其家。”

| 今译 |

《大学》说："古代那些想在天下彰明光明德行的人，必须先要治理好国家；想要治理好国家，必须先要管理好家政；想要管理好家政，必须先要修身；想要修身，必须先要端正自己的心；想要端正自己的心，必须先要诚恳自己的意志；想要诚恳自己的意志，必须先要获取知识；想要获取知识，必须先要去认识事物。通过认识事物就会获取知识，有了知识之后就会产生诚挚的意志，有了诚挚的意志就会端正自己的心，心端正之后我们的身心就得到修炼，身心得到修炼之后就能管理好自己的家政，家政管理好之后就能治理好国家，治理好国家之后就能平定整个天下。从天子到一般百姓，都将自己身心的修炼作为根本。根本乱了而枝叶得到治理是不可能的，把本来应该重视的东西反而视为次要，而把本来应该视为次要的东西反而加以重视，都是不可能的！这才是知道事物的根本，这才是最高的智慧。所谓想要治理好国家必须先管理好自己的家政，意思是说，连家人都教化不了的，却能够教化别人，这是不可能的。所以，君子不出门就能使整个国家的人得到教化。所以，一个孝顺父母的人一定能侍奉好君上，一个尊重自己兄长的人一定能够尊重长者，一个慈爱子弟的人一定能够管理好下属。《诗经》说：‘美丽的桃树啊，枝繁叶茂；美丽的女子出嫁到丈夫家，使家庭和顺。’让家人都处于一个合宜和谐的状态，然后才可以去教化国人。《诗经》说：‘宜兄宜弟。’让自己的兄弟处于一个合宜和谐的状态，然后才可以去教化国人。《诗经》说：‘容貌举止庄重严肃，成为四方国家的表率。’要在父子兄弟之间成为一个好的榜样，然后国民才能够效法他。这就是治理好国家要先管理好自己的家政的道理。”

| 实践要点 |

《大学》三纲是“明明德”“新民”“止于至善”，八目是“格物”“致知”“诚意”“正心”“修身”“齐家”“治国”“平天下”，这是《大学》一文的逻辑结构。古代中国是一个“家—国”同构的政治结构，治政的逻辑起点是从家庭的管理开始，而齐家的基础是家庭成员的德性修炼。《温公家范》中很多内容都是围绕“德性”二字进行展开的。

【3】《孝经》曰：“闺门之内具礼矣乎！严父，严兄。妻子臣妾，犹百姓徒役也。”

| 今译 |

《孝经》说：“家虽然小，但是天下的礼法在其中都能够得到体现。尊敬父兄，如侍奉君上之礼。对待妻子臣妾，就像对待百姓臣民一样，必须要有管理的方法，使得他们能够上下相安。”

【4】昔四岳荐舜于尧，曰：“瞽子，父顽、母嚚、象傲。克谐以孝，烝烝乂，不格奸。”帝曰：“我其试哉！女于时，观厥刑于二女。”厘降二女于妫汭，嫔于虞。帝曰：“钦哉！”

丨 今译 丨

以前，四方部落的首领向尧推荐舜为联盟领袖继承人时说：“他是乐官瞽瞍的儿子。他父亲心术不正，他的后母愚顽，他的弟弟象傲慢无礼。但是，舜能够和他们和谐相处，孝德厚美，不流于奸恶。”尧帝说：“让我试试他吧！我将两个女儿嫁给舜，来观察他治理家事的法度。”于是，尧帝将两个女儿下嫁到舜治理的部落，舜能够以义礼对待尧帝的两个女儿，让她们居住在妫水之滨，为有虞氏行妇人之道。尧帝知道后说：“我钦佩舜！”

【5】《诗》称文王之德曰：“刑于寡妻，至于兄弟，以御于家邦。”

此皆圣人正家以正天下者也。降及后世，爰自卿士以至匹夫，亦有家行隆美可为人法者，今采集以为《家范》。

今译

《诗经》称颂文王的德行说："周文王以身作则，用礼法给他的妻子做出了示范，也影响了他的兄弟，进而来教化全国百姓，治理国家。"

这些都是古代的圣人先治理好自己的家庭，然后再治理国家的典范。到了后世，上自士大夫阶层，下到一般平民百姓，也有许多家里德行厚美，又能够成为别人学习榜样的人和事，现在将这些典范事迹收集起来，编成这本《温公家范》。

治 家

【1】卫[①]石碏[②]曰："君义、臣行、父慈、子孝、兄爱、弟敬，所谓六顺也。"

今译

卫国石碏说："君上仁义，臣下有品行，父亲慈爱，儿子孝顺，兄长友爱，弟弟恭敬，这就是人们常常说的六顺。"

简注

① 卫：古国名。

② 石碏：春秋时卫国大夫。

实践要点

《温公家范》第一卷《治家》，它从整体上讲我们应该怎样合乎德性和礼仪地处理家庭事务。古代中国是一个宗法社会，是一种"家—国"同构的政治结构。《大学》中讲修身齐家治国，修身是治国的起点，国治是家齐的延伸，所以在这一卷里面，我们会看到很多讨论如何修身和遵礼的内容，也会看到很多讨论如何处理君臣关系的内容。

石碏，是春秋时期卫国的大夫。卫庄公有嬖妾所生子州吁，很小的时候就受到庄公的溺爱，尚武好斗。石碏曾经劝谏庄公，但是庄公不听。他的儿子石厚与州吁关系好，经常一起出游。卫桓公十六年，州吁弑杀桓公自立为君。石厚向他的父亲请教能够帮州吁安定君位、和顺民众的方法。石碏假意建议石厚跟随州吁去陈国，然后通过陈桓公的推荐朝觐周天子。但是，当他们二人到达陈国的时候，石碏便请求陈桓公拘留他们两个人，并派遣右宰相处死州吁，又派遣自己的家臣獳羊肩处死石厚。春秋时史学家左丘明称赞石碏，说他是："为大义而灭亲，真纯臣也！"

石碏所讲的"六顺"，界定了君臣、父子、兄弟之间的伦理关系，这些伦理关系并不是一种单向的君对臣、父对子、兄对弟的人格投射，而是一种双向的互动，它是两个活泼泼的生命个体通过具体的生活场景互相感应。君上对臣下有仁爱之心，那么臣下自然对君上也会报以忠诚；父亲对子女有慈爱之心，那么子女对父亲也自然会有孝爱之心；兄长对弟弟有友爱之心，那么弟弟也自然对哥哥有恭敬之心。在这个过程中，君臣、父子、兄弟之间那种真挚情感在彼此之间浸润、渗透，以情而感动彼此。真切体会"情"，是理解《温公家范》的一把钥匙，也是我们借助古代经典为我们今日的生活处境汲取可供借鉴的生命智慧的源头。

【2】齐[①]晏婴曰："君令臣共、父慈子孝、兄爱弟敬、夫和妻柔、姑慈妇听，礼也。君令而不违，臣共而不二，父慈而教，子孝而箴，兄爱而友，弟敬而顺，夫和而义，妻柔而正，姑慈而从，妇听而婉，礼之善物也。"

今译

齐国人晏婴说："君上德行厚美，臣下谦逊恭敬，父亲慈爱，儿子孝顺，兄长友爱，弟弟恭敬，丈夫谦和，妻子温顺，婆母慈爱，媳妇听话，这就是礼仪。君上德行厚美又不违背礼法，臣下就会谦逊恭敬而且忠心不二；父亲慈爱并且好好教育子女，子女就会孝顺并且能够告诫规劝父母的过错；兄长对弟弟爱护友善，弟弟就会对兄长恭敬顺从；丈夫对妻子谦和有情义，妻子就会温顺不偏倚；婆母对媳妇慈爱态度不急迫，媳妇就会听从态度温婉，这些都是礼法中最好的现象。"

简注

① 齐：古国名。

实践要点

晏婴，字仲，谥"平"，历史上被称"晏子"，是春秋时期齐国著名政治家、思想家、外交家。在政治思想上，晏子非常推崇管仲所讲的修政治国必须"始于爱民"。他坚持"意莫高于爱民，行莫厚于乐民"。这一思想主张受到当时许多诸侯国的赞誉。而在个人的政治操守上，他从政期间心胸坦荡，廉洁无私。晏子辅佐齐国三公，一直勤恳廉洁从政，清白公正做人，主张"廉者，政之本也，德之主也"，从不接受礼物，大到赏邑、住房，小到车马、衣服，都不收受。他管理国家秉公无私，亲友僚属求他办事，合法的事情他就去做，不合法的事情就拒绝，绝不徇私。不仅如此，晏子还时常把自己所享的俸禄送给亲戚朋友和劳苦百姓。晏子生活十分俭朴，粗茶淡饭，吃的是"脱粟之食""苔菜"，可谓"食菲薄"。

晏子讲的这一条承接上一条来讲，对这种人伦之间的情感互动描述得更加详细，可以作为第一条，乃至全卷的注脚。除了讲君臣、父子、兄弟的德性之外，这一条还重点讲了夫妇与婆媳之间的关系。在这些关系中君、父、兄、夫、婆处于主导的位置。这个主导不是一种等级阶层意义上，而是从两个德性生命互相感动、情感交流的发起点这个角度来讲。比如夫妇与婆媳关系，首先一定是丈夫对妻子谦和有情义，用自己的德性人格来感应妻子，而妻子在这种生命互动中自然而然地予以响应；至于婆媳关系，婆婆应当是慈爱的，对儿媳的态度温和，那么儿媳自然也会给予回应，对婆婆报以最大的尊重。即使在处理家庭日常事务中，难免出现摩擦、磕磕碰碰，但是在这种生命的感应与互动中，也会生发出处理这些问题的智慧。所以，丈夫对妻子、婆婆对儿媳的主导，一定不是科层关系中的那种“官高一级压死人”；这种主导，一定是一种在德性人格上面的主动引导，让两个生命个体的德性人格在处理家庭事务中都得到成长。这样的家庭何愁不能和睦，又何愁不能兴旺呢？

【3】夫治家莫如礼。男女之别，礼之大节也，故治家者必以为先。《礼》：男女不杂坐，不同椸枷，不同巾栉，不亲授受；嫂叔不通问，诸母不漱裳；外言不入于阃，内言不出于阃；女子许嫁，缨。非有大故不入其门。姑姊妹、女子子，已嫁而反，兄弟弗与同席而坐，弗与同器而食。男女非有行媒不相知名，非受币不交不亲，故日月以告君，斋戒以

告鬼神，为酒食以召乡党僚友，以厚其别也。

今译

治理家庭最重要的是家庭中的礼仪制度。而男女之别，是家庭礼仪中的核心部分。在这种意义上，治理家庭要首先重视男女之别的问题。《礼记》里面说：男女不能够坐在一起，不能够共用同一个衣架，不能够共用毛巾和梳子，不能够亲手互相递交东西。嫂子和小叔子不能互相往来问候，不能让庶母来洗自己的下身衣服。闺房外面的事情不能传到闺房里面，闺房里面的事情不能传到闺房外面。女子订婚后，必须佩戴香囊表示自己已经有归属了。没有发生大的事情，不能允许外人进入闺门。姑母、姐妹、自己的女儿，出嫁以后回到娘家，兄弟不可以和她们同席而坐，也不可以共用同样的器皿吃饭。男女之间，如果没有媒人，不能够互通姓名而交好；如果没有彩礼，就不能交往，不能结为姻亲。因此，男女双方的生辰八字要告诉双方的家长，举行婚礼的良辰吉日要斋戒禀告祖先，同时还要置办酒宴招待乡邻、同僚、朋友，如此郑重其事表示对男女之别的重视。

【4】又，男女非祭非丧，不相授器。其相授，则女受以篚。其无篚，则皆坐奠[①]之，而后取之。外内不共井，不共湢[②]浴，不通寝席，不通乞假。男子入内，不啸不指；夜行以烛，无烛则止。女子出门，必拥蔽[③]其面；夜行以烛，无烛则止。道路，男子由右，女子由左。

今译

又讲：男女之间，如果不是遇到祭礼和丧礼，不能互相传递用具。如果一定要互相传递，只能是男人把东西放进竹筐里面递给女人，然后女人再从竹筐里面拿出。如果实在没有竹筐，那么两个人都坐在地上，男人把东西放在地上，然后女子再从地上把东西拿起来。内室女眷不能和外面的人使用同一口井里的水，也不能使用同一个浴室，更不能睡在同一张席子上，不能互相借东西。男子进入内室，不能啸叫，也不能乱指东西，夜晚进入，一定要秉烛而行，没有蜡烛就不能乱走。女子出门，一定要用东西遮掩住自己的脸，晚上也要秉烛而行，没有蜡烛就不要乱走。另外，男子在路上走要靠右，女子行走要靠左。

简注

① 奠：安放。

② 湢：浴室。

③ 蔽：遮挡。

【5】又，子生七年，男女不同席，不共食。男子十年，出就外傅[①]，居宿于外。女子十年不出。

今译

又讲：小孩子到七岁的时候，男孩子和女孩子就不能在同一张席子上就寝了，也不能坐在一起吃饭了。男孩子十岁的时候，就要外出拜师学习，住在外面了，而女孩子则依然留在家里面。

| 简注 |

① 外傅：教学老师。

【6】又，妇人送迎不出门，见兄弟不逾阈[①]。

| 今译 |

又有：女子迎接送别客人都不能走出门外，即使是和自己的兄弟见面，也不能迈过门槛出去。

| 简注 |

① 阈：门槛。

| 实践要点 |

中国是一个礼仪之邦。礼仪是指人们在社会交往过程中由于受历史传统、风俗习惯、宗教信仰、时代潮流等因素的影响而形成的既为人们所认同，又为其所遵守的各种符合交往要求的行为准则和规范的总和。古代中国人将伦理生活的秩序感视为美好生活的核心构成，因为他们观感到整个天地万物的运行本身就是一个和谐的系统——各种事物各有层次，又秩序井然。

古人认为，人类生活中的“礼”是对天地万物和谐秩序的一种模仿，所谓“礼者，天地之序也”。“天地秩序”就是指天地之间基本的秩序结构，相应地，整个人类社会也有与之对应的基本秩序，这个基本秩序是建立在人伦关系的基础上。秩序的起点始于家庭。

治理家庭最好的办法是通过礼仪，规范家庭成员之间的关系与行为，使之符合一个礼仪化的家庭空间。上面这几条都是在讲男女之别。礼是有内容和形式的，如果只看形式，则往往会僵化，我们应当秉持一种抽象继承、同情理解的态度，透过形式去看这些经典背后所隐藏的良苦用心、精神力量。

如果单单看上文的文字，我们肯定会觉得古人怎么如此不可理喻，那些礼则简直就是荒唐。随着时代的发展，礼则的具体内容肯定会发生变化，可是它背后的精神未必过时。讲男女之别，是要我们内心明白男女之间的关系是有界限或底线的。这条界限不应以时代发展变化为借口而被涂抹掉，当然也不应以此为借口进行设防。饮食男女，人之大欲。这个欲是生理层面的，当它符合一定礼则时，它才不是一种单纯的动物性行为，而是上升到道德的层面。我们今天这个社会，恰恰不是男女之别强调得太多了，而是太不关注男女交往过程中的那条界限。一夜情、婚外情的事情屡见不鲜，权色、钱色交易的事情也不绝于耳。这就完全把男女之情变成了一种动物性纵欲而已，不讲天道，也不讲良知，贻害无穷！除了这些极端例子，充斥在我们生活中的还有关于小孩子的教育问题，现在的教育也逐渐将男女之间那种天然的差别有意无意忽视掉了，男人缺少一点担当和阳刚之气，女人缺少一点宽容和阴柔之心，这也是我们应当注意的现象。所以，《礼记》中也对男女之间不同的角色进行设准，而采取不同的教育方式与策略。

【7】又，国君夫人，父母在，则有归宁[①]。没[②]，则使卿宁。

今译

另外，对于国君的夫人来讲，如果父母亲还在世，那么可以定期回娘家省亲。如果父母亲去世了，那就委派下属代为回家省亲。

简注

① 归宁：出嫁的女子回娘家省亲。

② 没：通“殁”，死亡。

实践要点

这一条文字很少，但里面有两层关系，一个是君臣，一个是父女。从“位”上讲，国君夫人是“君上”，而父母亲、兄弟则是“臣下”。君上委身到臣下那里，是不合礼的。父母在的时候，对于父母亲来讲，国君夫人首先是女儿的身份，她对父母是一种“孝爱”的天然情感。而君臣的关系则是“义”，它是从“孝”里面延伸出来，从情感生发的次序来讲，“孝”是“义”的奠基。在这种意义上，父母亲在世的时候，需要定期去向他们请安，这不是以一种“君上”的身份，而是女儿的身份。当父母亲去世后，面对兄弟，这时候的情感是“悌”，敬爱，他们的情感联结是去世的父母亲，虽是天然的，但从某种意义上来说，是从属的。这时候它的原则是服从更大的“义”，也就是“君臣之义”，因此，派属下人前去探亲就可以了。

【8】鲁公[①]父文伯之母如季氏[②]，康子[③]在其朝，与之言，弗应；从之及寝门，弗应而入。康子辞于朝而入见，曰："肥[④]也不得闻命，无乃罪乎？"曰："寝门之内，妇人治其业焉，上下同之。夫外朝，子将业君之官职焉；内朝，子将庀季氏之政焉，皆非吾所敢言也，"

| 今译 |

鲁公父文伯的母亲，她是季康子的从祖叔母，去看季康子。季康子当时在朝上，向外拜望，跟她说话，她没有任何回应。季康子跟着她来到内堂的门口，她仍然没有搭理他，径直走进门里面。季康子觉得很奇怪，退朝后入内拜见说："我刚刚没听到您的吩咐，是不是我有什么地方做错了？"从祖叔母回答说："内堂里面的事情，是女子处理的，这对全国上下来讲都是一样的。在外朝，你要履行国君交付的职责，在内朝，你又要治理好季氏属地的政务。这些都不是我可以参与过问的。"

| 简注 |

① 鲁公：伯禽。

② 季氏：季孙氏，鲁桓公季友的后裔。

③ 康子：季康子，鲁桓公季友的后裔。

④ 肥：季康子的自称。

| 实践要点 |

门在很多典籍中都有不同的隐喻，比如教堂或寺庙的门，它把一个物理性的绵延的空间隔断为两个不同的空间，教堂内或寺庙内是宗教徒的生命世界，而外面则是一个世俗的世界。我们都有这样的体会，往往我们带着一颗烦躁不安的心，脚一踏进教堂或者寺庙，那颗烦躁不安的心就不见了，整个人都沉静下来了。这是一种神圣性的显现。其实，古人所理解的生活世界也是充满神圣性，只不过中国古人是用礼仪来让这个世界的神圣性显现出来。这里的门则是把家与国、私人与公共的空间区隔开来，不同的空间有不同的礼仪。季康子的从祖叔母这样做，是在守礼，她无时不刻不生活在一个礼仪化的世界中，所以季康子不理解她，当然我们也不理解她。我们想一想，当全民公祭，纪念抗战英雄时，全场肃静，但国歌响起的一瞬间，心中也难免为之一颤，这就是礼仪或仪式带给我们的神圣性的感受。这是公共性，它带有某种群体性的历史记忆，或者尝试将我们唤醒，把我们重新带回到那个熟悉又陌生的场景。当我们生日或结婚纪念日的时候，全家人为我们庆贺，或者爱人精心给我们准备了一个大大惊喜，当灯黑的一刹那，一个拥抱、一个亲吻，一缕温情涌上我们的心头。这是今天我们能体会到的生活中的仪式感给我们带来的那一丁点有别于俗世生活的他处。生活在别处，又不在别处，它就在这里。《温公家范》整部书就是要让我们去体贴这样一种礼，因对它的尊崇所生发出的那种敬畏之感，使我们感受到自己的有限与渺小，又渴望借助礼仪使我们得以超拔出来。古人的生活世界是一个礼仪化的生活世界。

【9】公父文伯之母，季康子之从祖叔母也。康子往焉，门而与之言，皆不逾阈。仲尼闻之，以为别于男女之礼矣。

| 今译 |

公父文伯的母亲，是季康子的从祖叔母。季康子去拜望她，她总是打开内堂之门和他说话，从来都不迈出门一步。孔夫子听说之后，认为他们是在认真遵行男女有别的礼仪。

【10】汉万石[①]君石奋[②]，无文学，恭谨，举无与比。奋长子建、次甲、次乙、次庆，皆以驯行孝谨，官至二千石。于是景帝曰："石君及四子皆二千石，人臣尊宠乃举集其门。"故号奋为万石君。孝景季年，万石君以上大夫禄归老于家，子孙为小吏，来归谒，万石君必朝服见之，不名。子孙有过失，不诮让，为便坐，对案不食。然后诸子相责，因长老肉袒固谢罪，改之，乃许。子孙胜冠者在侧，虽燕必冠，申申如也。僮仆䜣䜣如也，唯谨。其执丧，哀戚甚。子孙遵教，亦如之。万石君家以孝谨闻乎郡国，虽齐、鲁诸儒质行，皆自以为不及也。建元二年，郎中令王臧以文学获罪皇太后。太后以为儒者文多质少，今万石君家不言而躬行，乃以长子建为郎中令，少子庆为内史。建老，白首，万石君尚无恙。每五日洗沐归谒亲，入子舍，窃问侍者，取亲中裙厕牏，身自浣洒，复与侍者，不敢令万石君知之，以为常。万石君徙居陵里。内史庆醉归，入外门不下车。万石君闻之，不食。庆恐，肉袒谢罪，不许。举宗及兄建肉袒。万石

君让曰："内史贵人，入闾里，里中长老皆走匿，而内史坐车自如，固当！"乃谢罢庆。庆及诸子入里门，趋至家，万石君元朔五年卒。建哭泣哀思，杖乃能行。岁余，建亦死。诸子孙咸孝，然建最甚。

今译

汉代万石君石奋，没有什么文学才能，但是他为人谦恭谨慎，周围没有人能和他相提并论。石奋的大儿子石建、二儿子石甲、三儿子石乙、小儿子石庆，都是因为温顺孝悌、为人谨慎，而官拜两千石。于是汉景帝感叹说："石奋和他的四个儿子都官至两千石，身为人臣能得到的尊贵和恩宠，都集中到他一家门下。"也因此，石奋被人称呼为万石君。孝景末年，万石君以上大夫的身份告老还乡。他的子孙们都是小吏，回家拜望他的时候，石奋一定身着朝服，衣冠整齐地接见他们，也从来不直接称呼他们的名字。如果子孙们犯了过错，石奋也从来不责骂他们，而是不坐在正室里面，对着案几不吃饭。这样子孙们就互相反省责备对方，然后和家里的长辈一起前去谢罪，改正之后，石奋才原谅他们。那些已经成年的子孙们在石奋身边侍奉，即使是平时闲适的时候，也要佩戴帽子，表现出一种安详舒和的状态。家里面的童子、仆人也都是毕恭毕敬，欣然从命的样子。另外，他操办丧事的时候也非常的哀痛悲伤，而他的子孙们遵从他的教导，也和他一样。万石君家，因为孝顺恭谨闻名郡国，就连齐地、鲁地的儒者，也自认为自己的操行比不上他。建元二年，郎中令王臧，因为写文章而得罪了皇太后。皇太后认为当时的儒者知识文采很好，但是操行品质却很差。而万石君家里的人，却总是默默无言、身体力行遵守着礼法，于是把长子石建提拔为郎中令，幼子石庆提拔为内史。当时石建已经年老，头发花白，而万石君身体还非常好。石建每五天休假一次，回家拜望父亲，进入偏室，小声向仆人询问父亲的身体情况，还亲自为父亲清洗内裤和便盆，然后再交给仆人，不敢让自己的父亲知道，这样的事情已经成为石建日常的习惯了。后来，万石君搬到陵里居住，有一次内史石庆大醉回家，车已经到了外门，却不下车。万石君知道这件事之后，就不吃饭了。石庆知道后非常害怕，袒露胸背向父亲请罪，万石君仍然不原谅他。全宗族的人以及石庆的兄长石建，全都袒露胸背前来告罪，万石君责备石庆说："内史身份尊贵，坐车进入乡里，乡里年长的人全都躲避起来了，而内史却坐在车里面泰然自若，一点礼法也不懂，这难道是该做的事情吗！"石庆听后赶紧认错谢罪，万石君这才原谅石庆，不再责备他。从此以后，石庆以及石家的其他子弟，只要进到乡里，就一定下车，小步快行走回家。万石君在元朔五年去世。石建悲恸欲绝，拄着拐杖才能行走。过了一年多，石建也去世了。万石君的子孙们都非常孝顺，而石建是最孝顺的。

简注

① 石：重量单位，汉代的时候三十斤为一钧，四钧为一石。

② 石奋：汉时温国人。

实践要点

文中的石奋是一个德行很高的一家之主。我们能够体会到他为人处事的恭谨态度，无论是在朝，还是闲居在家。我们看他告老还乡的时候，家中子孙每次回家拜望他的时候，他总要身着朝服，衣冠整齐地接见他们，并且从来不直接称呼他们的名字。本来石奋大可不必如此，但是他还是以一颗侍奉君上的敬谨之心、恭敬之心来对待为君父分忧的子孙们。从不直呼他们的名字，背后的那种敬谨恭敬可见一斑。有如此的父祖，自然感动子孙，所以，我们看石奋的儿子石建侍奉父亲的故事。虽然石建的年岁已大，但是侍奉父亲的那一颗诚心却总是在那里，他还要沐浴更衣，亲自为父亲清洗内裤和便盆。这里有一个细节非常感人，就是他是瞒着父亲做这一切的，这个“瞒”不是欺骗，而是对父亲最深沉的爱，他怕父亲为自己担心，毕竟自己的年岁已经很大了。

【11】樊重[①]，字君云。世善农稼，好货殖[②]。重性温厚，有法度，三世共财，子孙朝夕礼敬，常若公家[③]。其营经产业，物无所弃；课役[④]童隶[⑤]，各得其宜。故能上下勠力，财利岁倍，乃至开广田土三百余顷。其所起庐舍，皆重堂高阁，陂[⑥]渠灌注。又池鱼牧畜，有求必给。尝欲作器物，先种梓漆，时人嗤[⑦]之。然积以岁月，皆得其用。向之笑者，咸求假焉。赀至巨万，而赈赡宗族，恩加乡闾。外孙何氏，兄弟争财，重耻之，以田二顷解其忿讼。县中称美，推为三老[⑧]。年八十余终，其素所假贷人间数百万，遗令焚削文契。债家闻者皆惭，争往偿之。诸子从敕，竟不肯受。

今译

樊重，字君云。他们家世世代代耕种庄稼，也喜欢做生意。樊重性情温和厚重，做事情讲究法度。他们家三世共住不分家，家族里面的财物共有，家里的子孙们时时刻刻都能做到互相遵礼恭敬，就像诸侯王国的家庭一样。樊重所经营的产业，都能物尽其用，而不会无端浪费；他役使仆人、役工，让他们都能最好地发挥自己的才能。因此，能够做到上下同心，家里的产业每年都能成倍增长，后来樊家所拥有的田地达到了三百多顷。樊家所建造的房舍，都是带有阁楼的高楼，四周有池塘水渠可以灌溉，然后又养鱼和牲畜，如果乡里有穷困急迫的人来求助，他都是有求必应帮助他们。樊重曾经想要制作器物，于是他就先种梓树和漆树，当时人们对他这个做法嗤之以鼻。但是，过了好几年之后，这些木材都派上了用场。原来那些嘲笑樊重的人，都反过来向他借制作器物的材料。樊重的财物积累到成千上万，却经常周济自己的本家同族，施惠乡间邻里。樊重的外孙何氏，兄弟之间争夺财产，樊重对他们的行为感到羞耻，于是送给他们二顷田地，来解决他们兄弟之间的愤怒和争讼。县里的人们都称颂他的品行，于是推举他为“三老”，掌管县里的教化。樊重八十多岁的时候去世了，他平时借给乡邻的钱物多达数百万，但他在遗嘱中嘱咐家人将那些有关借贷的文书契约全部烧掉。向他借贷的人听到这个消息，心里面非常惭愧，都争着去偿还财物。但是，樊重的孩子们都遵从父亲的遗嘱，一概不接受。

简注

① 樊重：东汉湖阳人。

② 货殖：经商。

③ 公家：公室，诸侯王国的家。

④ 课役：课纳税赋、分派劳役。

⑤ 童隶：仆役、奴隶。

⑥ 陂：池塘。

⑦ 嗤：嗤笑。

⑧ 三老：古代掌管教化的乡官。

| 实践要点 |

钱财是身外物，它只能为我们提供幸福生活的基础条件，但绝不是必备的或充分的条件，更不是充要条件。樊重是一个理财高手。可是，赚钱的目的是为了花钱，如何花好钱更加重要。樊重把自己赚到的钱财拿去帮助有需要的人，就像我们今天所讲的做公益慈善。中国古代讲士农工商，这是古代社会的阶层构成，商人重利，社会地位不高。然而，在我们今天的商业社会中，“商”的位置其实非常高，更要相应承担起必要的责任，引导社会往良性的方向去发展，而不是为商不仁。

【12】南阳冯良[①]，志行高洁，遇[②]妻子[③]如君臣。

| 今译 |

南阳的冯良，品行高洁，他对待自己的妻子和孩子，就像处理君臣关系一样讲究礼仪。

| 简注 |

① 冯良：东汉南阳人。

② 遇：对待。

③ 妻子：妻子与子女。

【13】宋侍中谢弘微[①]从叔混[②]以刘毅[③]党见诛，混妻晋阳公主改适琅邪王练[④]。公主虽执意不行，而诏与谢氏离绝。公主以混家委之弘微。混仍世宰相，一门两封[⑤]，田业十余处，童役千人，唯有二女，年并数岁。弘微经纪生业，事若在公。一钱、尺帛，出入皆有文薄。宋武[⑥]受命，晋阳公主降封东乡君，节义可嘉，听还谢氏。自混亡至是九年，而室宇修整，仓廪充盈，门徒不异平日。田畴垦辟有加于旧。东乡叹曰："仆射生平重此一子，可谓知人，仆射为不亡矣。"中外亲姻[⑦]、里党、故旧，见东乡之归者，入门莫不叹息，或为流涕，感弘微之义也。弘微性严正，举止必修礼度，婢仆之前不妄言笑，由是尊卑大小，敬之若神。及东乡君薨[⑧]，遗财千万，园宅十余所，及会稽、吴兴、琅邪诸处。太傅安、司空琰时事业奴僮犹数百人。公私或谓，室内资财，宜归二女；田宅僮仆应属弘微。弘微一物不取，自以私禄营葬。混女夫殷睿素好摴蒱[⑨]，闻弘微不取财物，乃滥夺其妻妹及伯母两姑之分，以还戏责[⑩]。内人[⑪]皆化弘微之让，一无所争。弘微舅子领军将军刘湛[⑫]谓弘微曰："天下事宜有裁衷，卿

此不问，何以居官？”弘微笑而不答。或有讥以“谢氏累世财产充殷，君一朝弃掷，譬弃物江海，以为廉耳”？弘微曰：“亲戚争财，为鄙之甚。今内人尚能无言，岂可道之使争！今分多共少不至有乏，身死之后，岂复见关！”

今译

南朝宋侍中谢弘微，他的从叔谢混因为与刘毅结党而受到诛杀。谢混的妻子晋阳公主奉诏改嫁琅琊人王练。公主虽然执意不肯去，但是有诏命令她与谢家断绝关系，她也只好把谢混的家事托付给弘微。谢混是当时的宰相，两次被封爵赐地，田产有十多处，童仆杂役有上千人。谢混还有两个女儿，年纪只有几岁。谢弘微经营谢混家的产业，就像给公家办事一样，即使是一分钱、一尺帛，收入和支出都有明细账目。宋武帝刘裕登基以后，晋阳公主受封为东乡君，因为她有气节大义，受到时人称许，因此朝廷允许她重新回到谢家。从谢混离世已经有九年时光，但是谢家的房子楼宇仍然修整一新，仓库里面的粮食也堆放得满满的，家里的仆人杂役仍像以前一样多，而且耕种开垦的田地比以前还要多。东乡君感叹说：“谢混一生很看重弘微，真的称得上是知人啊，谢混虽然不在了，但是他的香火不灭。”远近的亲戚、邻里、故交看到东乡君回来的情景，没有不叹息的，有的甚至被弘微的仁义，感动得痛哭流涕。弘微的性情严谨正直，他的行为举止都符合礼仪规范，在奴仆面前，从来不随便说笑，因此家里上上下下，都对他十分尊敬。东乡君去世之后，留下的财产有千万之巨，另有庄园、宅院十多所，遍及会稽、吴兴、琅琊等地。到了太傅安、司空琰的时候，谢混家经营的产业及奴仆仍然有数百人之多。当时很多人认为，谢混家的财产，内堂里面的财物应该归谢混两个女儿所有，但是田地、宅院以及奴仆应该归弘微所有。然而，弘微一件东西也没有拿，连给东乡君举行葬礼的花费都是用自己的俸禄支付的。谢混有一个女婿殷睿，平时喜欢赌博，听说弘微不要谢混家的财产，于是便大肆侵夺妻妹以及伯母两姑的份额，来偿还自己的赌债。家里人都学习弘微的忍让，并不费尽心机去争夺。弘微的妻弟领军将军刘湛对弘微说："天底下的事情都应该有一个正确的裁决，你连这件事情都不过问，那还怎么做官呢?"弘微只是笑而不答。当时有人就嘲讽弘微说"谢家祖祖辈辈留下来的财产那么多，但是你一下子就丢弃它，就像把东西扔到江海之中一样，竟然还以为是清廉"?弘微说："家里面亲戚之间争夺财产，是多么让人瞧不起，现在家里人都没什么怨言，我又怎么能够引导他们去争斗呢?现在财产分多分少，但还不至于没有，人死了之后，哪里还去管它!"

简注

① 谢弘微：南朝宋人。本名密，字弘微。

② 混：谢混，晋人。

③ 刘毅：东汉人，北海静王之子。

④ 王练：晋时人，字玄明。

⑤ 两封：两次被封爵赐地。

⑥ 宋武：南朝宋武帝刘裕。

⑦ 中外亲姻：母方的亲戚。

⑧ 薨：古时诸侯或有爵位的人去世时叫薨。

⑨ 摴蒱：古代的一种博戏，类似于今天的掷骰子，这里指赌博。

⑩ 戏责：责，通"债"。戏责，指赌博欠下的债务。

⑪ 内人：身边亲近的人。

⑫ 刘湛：字弘人，南朝宋涅阳人。

【14】刘君良[①]，瀛州乐寿人，累世同居，兄弟至四从[②]，皆如同气。尺布斗粟，相与共之。隋末，天下大饥，盗贼群起，君良妻欲其异居，乃密取庭树鸟雏交置巢中，于是群鸟大相与斗，举家怪之。妻乃说君良，曰："今天下大乱，争斗之秋，群鸟尚不能聚居，而况人乎？"君良以为然，遂相与析居[③]。月余，君良乃知其谋，夜揽妻发，骂曰："破家贼，乃汝耶！"悉召兄弟，哭而告之，立逐其妻，复聚居如初。乡里依之，以避盗贼，号曰义成堡。宅有六院，共一厨。子弟数十人，皆以礼法，贞观六年，诏旌表其门。

| 今译 |

刘君良，瀛州乐寿人。他们家几代人都居住在一起，从不分家，即使只是同一宗族但并非至亲的堂兄弟，也能像亲兄弟一样亲密无间。哪怕是一尺布，一斗米，大家都是共同享用。隋朝末年，天下爆发大的饥荒，当时盗贼非常多，刘君良的妻子想要从大家族里面分出来自己住，于是她想了一个办法，私下将庭院里一棵树上不同种类的小鸟交错放在鸟巢中，这样一来，群鸟就打斗起来了。家里人都觉得很奇怪，这时刘君良的妻子就劝说他："现在天下大乱，到处都在打仗，连鸟都不能在一起生活，何况人呢？"刘君良认为妻子说的是对的，就从大家族中搬离出来自己住。过了一个多月，他知道了妻子的计谋，晚上揪住妻子的头发大骂："破家贼，就是你!"于是他把所有的兄弟都叫到一起，哭着把事情的真相告诉他们，然后马上休了自己的妻子，大家又住在了一起。后来，乡里的人都依靠他们来抵抗盗贼，他们的大家族因此被称为"义成堡"。他们的宅子有六个院落，共享一个厨房，家里面的子侄辈有几十人，但是他们都能以礼相待。贞观六年，唐太宗也因此颁布昭令，表彰刘家。

简注

① 刘君良：唐朝时饶阳人，四世同居，贞观年间受到朝廷表彰。

② 四从：四代同一宗族而非至亲的堂房。

③ 析居：分居。

实践要点

这一条是讲兄弟之间团结互助的。以前的家族都是大家族，维持大家族之间和睦共处的是礼仪，守礼的家族自然能够团结一致，这里所讲的便是"兄弟同心，其利断金"的道理。

【15】张公艺[①]，郓州寿张人，九世同居，北齐、隋、唐，皆旌表其门。麟德中，高宗封泰山，过寿张，幸其宅，召见公艺，问所以能睦族之道。公艺请纸笔以对，乃书

“忍”字百余以进。其意以为宗族所以不协，由尊长衣食，或者不均；卑幼礼节，或有不备。更相责望②，遂成乖争。苟能相与忍之，则常睦雍③矣。

今译

张公艺是唐代郓州寿张人，他们家九代同居，北齐、隋朝、唐朝都曾经表彰过他们家族。麟德年间，唐高宗到泰山行封禅之礼，经过寿张的时候，驾临张公艺家，召见他询问让家族和睦共处的方法。张公艺请出纸笔，书写了一百多个“忍”字进呈给高宗皇帝。张公艺所要表达的意思是说：有的家族之所以不能和谐相处，或者是因为长辈分配衣食不公平，或者是因为小辈之间的礼节有疏漏不足的地方。这样，家族内部成员之间就会互相责备，产生怨恨，甚至形成矛盾和争斗。倘若家人之间能够互相忍让，那么家族成员之间就能和睦共处。

简注

① 张公艺：唐朝寿张人，唐高宗封泰山时临幸过他家。

② 责望：责备怨恨。

③ 睦雍：感情和睦，言语和谐。

实践要点

大家族同居共爨，难免磕磕碰碰，“忍”字其实是相处之道。“忍”字是在心上插上一把刀，怎么会不辛苦呢？“忍”就是要谦让，不要事事以自己的主张或想法为是，而是多考虑到别人，推己及人，多从别人的立场上来看。现代家庭虽然没有那么庞大，但是家庭生活也难免要用到“忍”的智慧，不仅如此，在职场，面对上下级关系，有时候忍一忍也在所难免。

【16】唐河东节度使柳公绰[①]，在公卿间最名。有家法，中门东有小斋[②]，自非朝谒之日，每平旦辄出，至小斋，诸子仲郢等皆束带，晨省于中门之北。公绰决公私事，接宾客，与弟公权及群从弟[③]再食[④]，自旦至暮，不离小斋。烛至，则以次命子弟一人执经史立烛前，躬读一过毕，乃讲议居官治家之法。或论文，或听琴，至人定[⑤]钟，然后归寝，诸子复昏定[⑥]于中门之北。凡二十余年，未尝一日变易。其遇饥岁，则诸子皆蔬食，曰：“昔吾兄弟侍先君为丹州刺史，以学业未成不听食肉，吾不敢忘也。”姑姊妹侄有孤嫠[⑦]者，虽疏远，必为择婿嫁之，皆用刻木妆奁[⑧]，缬文绢[⑨]为资装。常言，必待资装丰备，何如嫁不失时。及公绰卒，仲郢一遵其法。

今译

唐朝河东节度使柳公绰，在当时的公卿士大夫中名节最好。柳家的家法很严格。家里中门的东边有一个小书斋，只要不是朝拜皇帝的日子，他每天天亮的时候就出房门，到小书斋去，仲郢等子女都整装束带，站在中门的北面等着向他问早安。柳公绰不论是处理公务还是私事，接待宾客，与弟弟柳公权以及其他族弟们一起吃饭，从早晨到晚上，都不离开小书斋。掌灯之后，就依次叫家里的子弟们每人捧着经史之书，站在灯前，诵读一遍书中内容。子弟诵读完之后，就向大家讲论为官治家的道理。然后或是谈论文章、或是听琴，直到夜深了才回去休息。这时，子女们又站在中门的北面，向他问安。这样日复一日，坚持了二十多年，从来没有改变。如果遇到饥荒，子女们只能吃蔬菜，公绰就对他们说："以前我们兄弟侍奉父亲，他当时是丹州刺史，因为我们并未完成学业，不能吃肉，我至今也不敢忘记父亲的教导。"堂姐妹侄中那些丧父守寡的，即使关系很疏远，公绰也会为她们选择夫婿，准备木刻镜匣以及印有花饰的丝织品作为嫁妆。他经常说，一定等到嫁妆丰备，哪里比得上嫁人不失时呢。等到公绰去世后，仲郢全都遵照他的方法治家。

简注

① 柳公绰：唐代华原人。

② 斋：书房。

③ 从弟：堂弟。

④ 再食：每日两餐。

⑤ 人定：夜深人静时。

⑥ 昏定：晚上子女服侍父母就寝的一种礼节。

⑦ 孤嫠：幼而无父称孤；嫠为寡妇。

⑧ 妆奁：本意是梳妆用的镜匣，后来泛指嫁妆。

⑨ 缬文绢：缬，彩结；文绢，绣花的衣服。

实践要点

这一条讲柳公绰教育子女，他非常重视身教，自己无论处理公事、私事都从不离开书斋，由此来引导家里的孩子们刻苦求学。对于家里的每一个孩子，他的心从来没有一点偏向，不会对这一个厚一点，而对那一个薄一点。这就是一颗不偏不倚的心。甚至对于远房的堂姐妹们，也尽可能去关爱她们。正是由这样一颗不偏不倚的公心，柳家的家族才能如此和睦兴旺。

【17】国朝公卿能守先法久而不衰者，唯故李相昉[①]家。子孙数世二百余口，犹同居共爨[②]。田园邸舍所收及有官者俸禄，皆聚之一库，计口日给饼饭，婚姻丧葬所费皆有常数。分命子弟掌其事，其规模大抵出于翰林学士宗谔[③]所制也。

今译

当朝公卿，能够坚持遵守古代礼法的，只有太宗时的宰相李昉家。他们家几代人，子孙有两百多人，依然住在一起，一起吃饭。家里的田产和房产的收入，以及做官的人的薪俸，都交由家里统一管理。平日里都是按人口数来安排饭食，婚嫁丧葬的开支也都是有规定的。李家分别选派子弟来处理家里的这些事情，这些规矩基本上是由翰林学士宗谔制定的。

简注

① 李昉：字明远，深州饶阳人。

② 同居共爨：住在一起，一起吃饭。

③ 宗谔：李宗谔，李昉之子，字昌武。

【18】夫人爪之利，不及虎豹；膂力[①]之强，不及熊罴；奔走之疾，不及麋鹿；飞飏之高，不及燕雀。苟非群聚以御外患，则反为异类食矣。是故圣人教之以礼，使之知父子兄弟之亲。人知爱其父，则知爱其兄弟矣；爱其祖，则知爱其宗族矣。如枝叶之附于根干，手足之系于身首，不可离也。岂徒使其粲然条理以为荣观哉！乃实欲更相依庇，以捍外患也。吐谷浑阿豺[②]有子二十人，病且[③]死，谓曰："汝等各奉吾一支箭，将玩之。"俄而命母弟慕利延[④]曰："汝取一支箭折之。"慕利延折之。又曰："汝取十九支箭折之。"慕利延不能折。阿豺曰："汝曹[⑤]知否？单者易折，众者难摧。勠力一心，然后社稷可固。"言终而死。彼戎狄也，犹知宗族相保以为强，况华夏乎？圣人知一族不足以独立也，故又为之甥舅、婚媾、姻娅以辅之。犹惧其未也，故又爱养百姓以卫之。故爱亲者，所以爱其身也；爱民者，所以爱其亲也。如是则其身安若泰山，寿如箕翼，他人安得而侮之哉！故自古圣贤，未有不先亲其九族，然后能施及他人者也。彼愚者则不然，弃其九族，远其兄弟，欲以专利其身。殊不知身既孤，人斯戕之矣，于利何有哉？昔周厉王弃其九族，诗

人刺之曰："怀德惟宁，宗子惟城；毋俾城坏，毋独斯畏；苟为独居，斯可畏矣。"

今译

人的爪牙再锋利，也比不上虎豹；力量再强大，也比不上熊罴；奔跑再快，也比不上麋鹿；飞跳得再高，也比不上燕雀。如果不是靠大家群居的力量来抵御外敌，就会反过来被其他动物吞食。因此，圣人教给人们礼法，让人们知道父子、兄弟之间应该相亲相爱。人们知道爱自己的父亲，那么他就知道爱自己的兄弟；如果他爱自己的祖先，那么他就知道爱自己的宗族。人与自己家族之间的关系像枝叶依附树的根干，就像人的手脚依附于身体一样，不能够互相分离。这哪里只是为了表面上的壮盛和秩序所体现的荣耀而已呢？实际上是希望能够互相依靠庇护，抵御外敌。吐谷浑阿豺有二十个儿子，他患病快要死的时候，对儿子们说："你们各自拿一支箭，我们玩一个游戏。"不一会，他对弟弟慕利延说："你拿一支箭，然后折断它。"慕利延很容易就折断了。然后，他又对慕利延说："你拿另外十九支箭，然后一起折断它们。"慕利延这次不能折断。这时，阿豺对儿子们说："你们知道吗？一支箭很容易被折断，但众多的箭在一起，就很难被摧毁。只要你们团结在一起，勠力同心，那么我们的国家就一定能够稳定坚固。"说完就去世了。阿豺还是少数民族的人，尚且知道宗族要互相保护，才能强大，何况是我们华夏民族呢？圣人知道单独一族的力量不足以自立，因此又用甥舅关系、婚姻关系来作为辅助。但还是害怕有不足的地方，因此又爱护、教养百姓来作为护卫。这样看来，爱护自己的亲人，就是爱护自己，爱护天下的民众，就是爱护自己的亲人。如果能做到这一点，那么我们自己就会安稳如泰山，寿命如星宿一样长久，别人又怎么能够侮辱你呢？所以，自古以来，圣贤们从来没有不先亲睦自己的本族亲戚，却能去爱护其他人的。那些愚蠢的人就不一样了，他们抛弃自己的本族亲戚，疏远自己的兄弟，一心只想着自己的利益。却不知道，人一旦陷入孤立，别人就会总想着去伤害你，你最终又能得到什么样的利益呢？以前，周厉王抛弃自己的九族，当时的人写诗讽刺他说："君王仁德，国家才会安宁，宗族子弟才是王室的坚固护卫。不要毁掉自己坚固的护卫，不要只是放任自己的力量。如果什么事都自己独断专行，那就太可怕了！"

简注

① 膂力：体力，筋力。

② 阿豺：土谷浑之王，树洛干之弟。东晋安帝义熙年间至宋文帝元嘉初年在位。

③ 且：将，将要。

④ 慕利延：即慕延，继慕璝位，后来被称为河南王。

⑤ 汝曹：你辈，你们。

【19】宋昭公[①]将去群公子，乐豫[②]曰："不可。公族，公室之枝叶也。若去之则本根无所庇荫矣。葛藟犹能庇其根本，故君子以为比，况国君乎？此谚所谓庇焉，而纵寻[③]斧焉者也，必不可。君其图之，亲之以德，皆股肱[④]也。谁敢

携贰⑤！若之何去之？”昭公不听，果及于乱。华亥⑥欲代其兄合比为右师⑦，谮⑧于平公而逐之。左师曰：“汝亥也，必亡。汝丧而宗室，于人何有？人亦于汝何有？”既而，华亥果亡。

| 今译 |

宋昭公想要把宗室的公子都杀掉，乐豫劝他说：“不能够这样做，整个公族就是公室的枝叶，如果砍掉这些枝叶，那么公室这个树根就没有可以庇护的了。连葛藟这样的植物都能去庇护它的根本，因此君子拿来作比喻，何况是国君呢？这个谚语说的是要善用枝叶对树干的庇护，如果用斧头任意去砍伐枝叶，一定不可以的！您一定要好好谋划，用仁德来亲近他们，让他们都成为肱股之臣。这样，天下还有谁敢有贰心？为什么还要除掉他们呢？”昭公不听劝告，果然导致国家大乱。华亥想要取代他的兄长合比成为右师，便中伤合比，让平公把他赶走。左师说：“华亥啊，你必定要被杀死！你伤害自己的宗室兄弟，那你对待别人又会怎么样呢？别人又会对你怎么样呢？”过了不久，华亥果然就死了。

| 简注 |

① 宋昭公：春秋时宋成公少子，名杵臼。史载无道昏君。

② 乐豫：春秋时宋国人，宋昭公时担任司马。

③ 纵寻：纵情使用。

④ 股肱：股，大腿；肱，从肩到肘的部位。肱股，比喻帝王左右辅佐得力的臣子。

⑤ 携贰：叛离。

⑥ 华亥：春秋时宋国人，宋平公时进谮逐其兄华合比，后出逃到楚国。

⑦ 右师：官名，当时的执政官。

⑧ 谮：诬陷，中伤。

【20】孔子曰："不爱其亲而爱他人者，谓之悖德；不敬其亲而敬他人者，谓之悖礼。以顺则逆，民无则焉，不在于善，而皆在于凶。德虽得之，君子不贵也。故欲爱其身而弃其宗族，乌在其能爱身也？"

今译

孔子说："不爱自己的亲人却去爱他人，这是违背人伦道德的；不尊敬自己的亲人却去尊敬他人，这是违背礼法的。君王教导臣民要顺从这样的人伦礼法，而自己却去违背它，这样百姓就会无所适从。不在身行爱敬的善道上认真做，却在违背人伦礼法的恶道上任意胡为，即使短时间能够有所得，这也是君子不看重的。因此，想要爱自己一身却舍弃自己的宗族的人，又怎么能够真正做到爱护自己呢？"

实践要点

父母对我们有生养之恩，如果我们连自己的父母都不亲爱，那么这个人还有所谓的仁爱之心吗？这是不可能的！现在很多人，越是对关系亲近的人，越容易发脾气。我们对待陌生人，对待花花草草，可能会表现出一种所谓的爱心、怜悯之心，可是往往对自己的父母亲不耐烦，觉得父母对我们的好真的是理所当然一样。家总是我们遇到困难时的加油站和避风港，可是，我们不要等到走投无路的时候才想到父母亲才是那个无条件对我们好的人。如果我们连他们都不爱，我们能爱别人吗？能爱别物吗？那种所谓的爱也只是虚幻的而已，它并不真实。

【21】孔子曰："均无贫，和无寡，安无倾。"善为家者，尽其所有而均之，虽粝食[①]不饱，敝衣不完，人无怨矣。夫怨之所生，生于自私及有厚薄也。

今译

孔子说："家里的财产平均分配，就没有人贫穷，家里人能够和睦相处，力量就不会单薄了，一家人相安无事，就不会有倾覆的危险。"善于治理家事的人，一定会把所有的财产平均分配，这样，即使每天吃不饱穿不暖，家里人也不会有怨恨。怨恨的产生都是因为自私自利以及区别待人处事导致的。

简注

① 粝食：粗米。

实践要点

这是讲家庭财产的分配。孔子讲的原则是平均，这是告诫父母一定要秉持一颗不偏不倚的公正心，而不是以个人情感的喜恶来判定，不能够厚此薄彼，不然家庭的纷争就无休无止。

【22】汉世谚曰：“一尺布尚可缝，一斗粟尚可舂。”言尺布可缝而共衣，斗粟可舂而共食。讥文帝[①]以天下之富，不能容其弟也。

今译

汉代有一句谚语说：“即使只有一尺布还可以缝，即使只有一斗粟还可以舂。”这是说即使只剩下一尺布，还可以把它缝制成衣服，大家一起穿，即使只剩下一斗谷粟，还可以脱壳成米，大家一起吃。这句话是用来讽刺汉文帝虽然拥有整个天下，却容不下他的亲弟弟。

简注

① 文帝：汉文帝刘恒。

【23】梁中书侍郎裴子野[①]，家贫，妻子常苦饥寒。中

表②贫乏者，皆收养之。时逢水旱，以二石米为薄粥，仅得遍焉，躬自同之，曾无厌色。此得睦族之道者也。

今译

梁代中书侍郎裴子野，家里很穷，妻子子女经常受尽饥寒之苦，却把家族中贫困的表弟妹都收养在家。当时，正好碰上水旱灾害，裴子野用二石米熬成很稀的粥，家里每人只能分到一碗，他也和其他人一样喝，没有一点厌恶难受的表情。这是已经懂得了如何让家族和睦相处的道理了。

简注

① 裴子野：南朝梁史学家、文学家，字几原，河东闻喜人，著名史学家裴松之的长孙。

② 中表：古代称父亲的姐妹即姑母的儿子为外兄弟，称母亲的姐妹即姨母的儿子为内兄弟。外为表，内为中，所以称姑母、姨母、舅父的子女为中表。

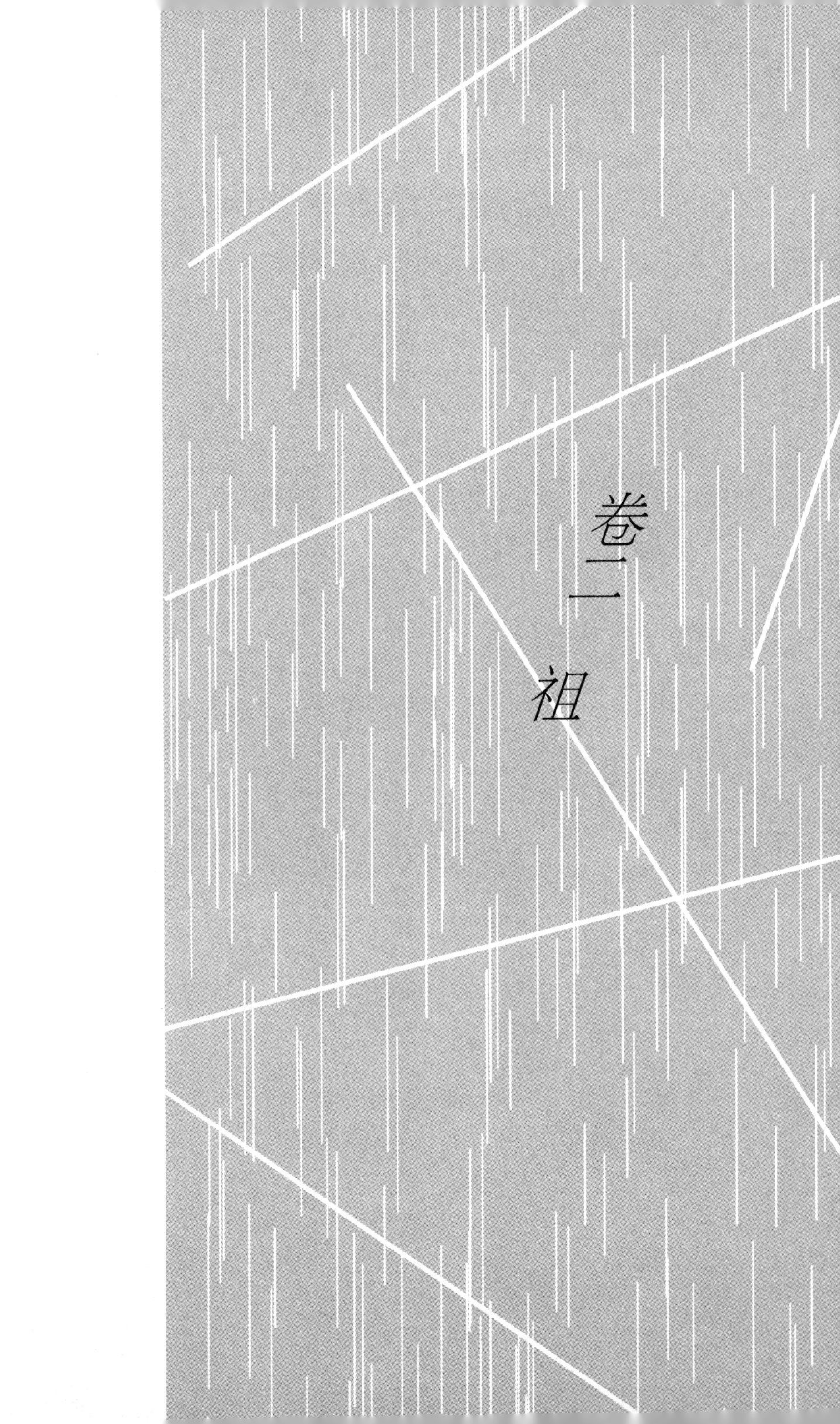

卷二 祖

【1】为人祖者，莫不思利其后世。然果能利之者，鲜矣。何以言之？今之为后世谋者，不过广营生计以遗之。田畴连阡陌，邸肆跨坊曲[①]，粟麦盈囷仓[②]，金帛充箧笥[③]，慊慊然[④]求之犹未足，施施然[⑤]自以为子子孙孙累世用之莫能尽也。然不知以义方[⑥]训其子，以礼法齐其家。自于数十年中勤身苦体以聚之，而子孙于时岁之间奢靡游荡以散之，反笑其祖考之愚，不知自娱，又怨其吝啬，无恩于我，而厉虐之也。始则欺绐攘窃，以充其欲；不足，则立券[⑦]举债于人，俟其死而偿之。观其意，惟患其考之寿也。甚者至于有疾不疗，阴行鸩毒，亦有之矣。然则向之所以利后世者，适足以长子孙之恶而为身祸也。顷尝有士大夫，其先亦国朝名臣也，家甚富而尤吝啬，斗升之粟、尺寸之帛，必身自出纳，锁而封之。昼而佩钥于身，夜则置钥于枕下，病甚，困绝不知人，子孙窃其钥，开藏室，发箧笥，取其财。其人后苏，即扪枕下，求钥不得，愤怒遂卒。其子孙不哭，相与争匿其财，遂致斗讼。其处女[⑧]蒙首执牒，自讦于府庭，以争嫁资，为乡党笑。盖由子孙自幼及长，惟知有利，不知有义故也。夫生生之资[⑨]，固人所不能无，然勿求多余，多余希不为累矣。使其子孙果贤耶，岂蔬粝布褐不能自营，至死于道路乎？若其不贤耶，虽积金满堂，奚益哉？多藏以遗子孙，吾见其愚之甚也。然则贤圣皆不顾子孙之匮乏邪？曰：何为其然也？昔者圣人遗子孙以德以礼，贤人遗子孙以廉以俭。舜自侧微积德至于为帝，子孙保之，享国百

世而不绝。周自后稷、公刘、太王、王季、文王，积德累功，至于武王而有天下。其《诗》曰："诒厥孙谋，以燕翼子。"言丰德泽，明礼法，以遗后世而安固之也。故能子孙承统八百余年，其支庶犹为天下之显，诸侯棋布于海内。其为利岂不大哉！

今译

作为祖辈，没有不希望能够造福后代子孙的。但是，能够真正造福子孙后代的，却很少。为什么这样说呢？因为今天那些为后代子孙谋求福利的人，只懂得多积累钱财留给他们。田地阡陌连绵，房产、商铺遍布街巷，粮食堆满了粮仓，金银首饰装满了箱子。即便这样还嫌不够，仍然在苦苦谋求，这样他们心里面才得意地以为子子孙孙世世代代都享用不尽。但是，他们却不知道更重要的是用做人的正道来教育子孙后代，用礼法来管理家庭。他们自己几十年辛苦积累下来的财富，却被子孙们在短时间内就挥霍殆尽，而且子孙们还反过头来嘲笑他们愚蠢，不知道享受，甚至还埋怨祖辈吝啬小气，对自己不好，就虐待他们。很多子孙都是从欺骗盗窃祖辈财物开始，来满足自己的私欲，不够的时候，再向他人立券借债，打算等到祖辈死后再来还债。仔细考察这些子孙们的心思，就发现他们只是害怕长辈长寿。更有甚者，长辈有病不但不给他治疗，反而暗中下毒。这样一来，那些原来想着为后辈谋求利益的长辈们，不但助长了子孙的恶行，也给自己招来了杀身之祸。先前有一个士大夫，他的先人也是本朝名臣，家里非常富有，但却非常吝啬，就连一斗米、一尺一寸的布，都要亲自经手，锁起来封存好。白天把钥匙带在身上，晚上把钥匙放在枕头下边。后来他得了重病，不省人事，他的子孙们趁机偷走他的钥匙，打开密室，找到存放财物的箱子，偷走里面的金银财宝。后来，他从昏迷中苏醒过来，马上就去摸枕头底下的钥匙，发现钥匙不见了，就愤怒地死去了。他的子孙们不但没有为他的死感到伤心，反而相互争夺、藏匿财物，甚至打斗、诉讼。就连没有嫁人的女孩子也蒙着头拿着状纸，在公堂上喊冤叫屈，为自己争夺嫁妆。这些事情都沦为乡里的笑柄。究其原因，大概是这些子孙从小到大，只知道有利益，而不知道有道义的存在。生活中所必需的钱财物资，当然是人所不能没有的，但是不要过分去贪求。过分贪求钱财，很少不成为累赘的。假如子孙们真的有贤能之才，难道他们连粗食布衣都不能求得，而要冻死饿死在路边吗？假如子孙没有贤能之才，即使金银财宝堆满屋子，又有什么用呢？因此，祖父们积累财富留给子孙们，是一件多么愚蠢的事情！难道古代的圣贤们都不关心他们的子孙是贫穷还是富有的吗？有人问："那他们又是怎么做的呢？"以前的圣人留给子孙后代的是德性和礼仪，贤人留给子孙后代的是清廉和俭朴。舜出身卑微，却能够努力修养积德，终于成为帝王，他的子孙们继承了他的高尚品德，统治国家历经百代而不灭亡。周朝从后稷、公刘、太王、王季、文王开始修德积功，到了周武王的时候，终于推翻殷商，夺取了天下。《诗经》里面说："周文王遗留下伟大的谋略，保护了子子孙孙。"这是说周文王积累了恩德，申明礼法，而且传给了子孙后代，使得国家安定稳固。因此，他的子孙后代能够统治国家八百余年，而那些旁支庶子，也被分封为显赫的诸侯，遍及海内。他们留给后代子孙的利益难道不大吗？

简注

① 坊曲：市街里巷的通称。

② 囷仓：储藏粮食的仓库。

③ 箧笥：这里指大小箱子。

④ 慊慊然：不满的样子。

⑤ 施施然：徐徐而行，得意的样子。

⑥ 义方：指做人的正道，后来指家教。

⑦ 券：契据。

⑧ 处女：未出嫁的女子。

⑨ 生生之资：生活必需品。

实践要点

作为家里的长辈要留给子孙后代什么呢？是丰厚的财富，还是温良敦厚的家风。这一则故事很明显告诉我们是后者。如果家长看重的是钱物，那么子孙也会受到影响，从小耳濡目染，就容易起一颗争利之心，甚至还要为了一点利益去谋害亲情。可是，钱也不是没有用处，特别是今天的商业社会中，财富有举足轻重的作用。《易经》讲"厚德载物"，没有好的德行，是守不住那些财富的。在这个意义上，留给子孙最好的财富就是优良的家风家教，他只要有好的品德，他就能创造财富，守住财富，用好财富。

【2】孙叔敖[①]为楚相，将死，戒其子曰："王数封我矣，吾不受也。我死，王则封汝，必无受利地。楚越之间有寝邱者，此其地不利而名甚恶，可长有者唯此也。"孙叔敖死，

王以美地封其子。其子辞，请寝邱，累世不失。

今译

孙叔敖担任楚国的宰相，他临终的时候告诫儿子说："楚王多次要给我封地，但我都不接受。我死了之后，楚王就会赐封土地给你们，你们千万不要接受肥沃的土地。楚越之间有一个地方叫寝邱的，那里的土地贫瘠而且地名也不好听，能够长期拥有的土地，只有它了。"孙叔敖去世后，楚王果然要把一块很好的地赐给他的儿子，他的儿子坚决不要，而向楚王请求赐封寝邱，结果好几代人都保有这一块封地，而没有被人侵夺。

简注

① 孙叔敖：春秋时楚国期思人。

实践要点

福兮祸所依，祸兮福所倚。孙叔敖有一颗洞察世事的心，这世上有时候看起来是一件吃亏的事情，但到最后却能转化为一种福报。所以，有时候我们在处理生活或工作中的事务时，当不涉及大的原则问题，有时候吃一点亏也不一定是件坏事。吃亏是福，不争是一种处世智慧。

【3】汉相国萧何，买田宅必居穷僻处，为家不治垣屋[①]，曰："令[②]后世贤，师吾俭；不贤，无为势家所夺。"

今译

汉代的宰相萧何购买田产房屋，一定会挑选位置偏僻的地方，而且他们家也从来不建造那些高宅大院。萧何说："假如我的子孙后代贤能，他们就会效仿我俭朴的作风；即便他们不贤能，田产房屋也不会被有势力的大家族夺取。"

简注

① 垣屋：有围墙的房屋，这里指高宅大院。

② 令：假如，如果。

【4】太子太傅疏广[①]乞骸骨归乡里，天子赐金二十斤，太子赠以五十斤。广日令家具设酒食，请族人、故旧、宾客，相与娱乐。数问其家金余尚有几何，趣[②]卖以共具[③]。居岁余，广子孙窃谓其昆弟[④]、老人、广所爱信者曰："子孙冀及君时颇立产业基址，今日饮食费且尽，宜从大人所劝，说君买田宅。"老人即以闲暇时为广言此计。广曰："吾岂老悖不念子孙哉！顾[⑤]自有旧田庐，令子孙勤力其中，足以共衣食，与凡人齐。今复增益之，以为赢余，但教子孙怠惰耳。贤而多财则损其志，愚而多财则益其过。且夫富者，众之怨也。吾既亡，以教化子孙，不欲益其过而生怨。"

今译

太子太傅疏广向朝廷请求告老还乡，皇帝赐给他二十斤黄金，太子又赐给他五十斤黄金。疏广让家里人摆酒设宴，请族人、朋友和宾客一起吃饭娱乐。他好几次询问家里人黄金还剩下多少，让家里人把黄金变卖掉来置办酒席。这样过了一年多，疏广的子孙们偷偷地跟他所敬重和信任的兄弟和家族中的老人说："子孙们都希望老人还在世的时候，家里面能够置办一些产业的基础。现在每天宴请花费那么多，家里的积累都快要花完了，他应该会听从你们的劝说，你们应该劝说他置办一些田产房宅。"家族中的长者就在闲暇的时候把子孙们的意见告诉疏广。疏广说："我难道老糊涂了，不懂得为子孙们打算吗？只是家里面本来已经有田产和房屋，只要他们能够勤俭持家，就足够他们的吃喝穿戴，生活上能和普通人一样。现在再给他们增添一些家产，好像是有赢余，但是这样就容易让子孙们懒惰懈怠。即便是贤能的人，财产多了也会让他们丧失奋发向上的志向；如果是愚蠢的人，财产多了只会因为放纵而增加他们的过失。况且，有钱的人，更容易招致别人的怨恨。我没什么可以再教化子孙的，只是不愿意再去增加他们的过失，也不愿意让他们成为别人怨恨的对象。"

简注

① 太子太傅疏广：太子太傅，东宫官职，职掌为以道德教化太子；疏广，字仲翁，西汉东海兰陵人。

② 趣：催促。

③ 共具：摆设酒食用具。

④ 昆弟：兄与弟，这里泛指同族兄弟一辈。

⑤ 顾：但是，只是。

实践要点

与其独乐乐，不如众乐乐，这是疏广对待金钱的态度，但是它背后是疏广对于金钱容易侵蚀人性的一种警惕，他怕自己的子孙会因为这些财富而变得懒惰懈怠，失去奋发上进的志向。他的用心不可谓不深切良苦呀！

【5】涿郡太守杨震，性公廉，子孙常蔬食步行。故旧[①]长者，或欲令为开产业。震不肯，曰："使后世称为清白吏子孙，以此遗之，不亦厚乎！"

今译

涿郡太守杨震，秉性公正清廉，子孙们经常是蔬食步行。杨震有些好友和同族长者，想要为他增添家里的产业，杨震始终不肯。他说："让我的儿孙后代被世人称为清廉官吏的子孙，将这样的美名留给子孙们，这不是更厚重的家产吗？"

简注

① 故旧：旧友。

【6】南唐德胜军节度使兼中书令周本，好施。或劝之曰："公春秋[①]高，宜少留余赀以遗子孙。"本曰："吾系草，事吴武王，位至将相，谁遗之乎？"

今译

南唐德胜将军节度使兼中书令周本，乐善好施。有人劝说他："您年纪已经这么大，应该多少给子孙们留下些财产。"周本回答说："我当年穿着草鞋跟随吴武王，后来官至将相，当年又有谁留下财产给我呢？"

简注

① 春秋：这里指年龄。

【7】近故张文节[①]公为宰相，所居堂室，不蔽风雨；服用饮膳，与始为河阳书记[②]时无异。其所亲或规之曰："公月入俸禄几何，而自奉俭薄如此。外人不以公清俭为美，反以为有公孙布被之诈。"文节叹曰："以吾今日之禄，虽侯服王食，何忧不足？然人情由俭入奢则易，由奢入俭则难。此禄安能常恃，一旦失之，家人既习于奢，不能顿俭，必至失所，曷若无失其常！吾虽违世，家人犹如今日乎！"闻者服其远虑。此皆以德业遗子孙者也，所得顾不多乎？

| 今译 |

最近去世的张文节公在担任宰相的时候，居住的房屋破旧不堪，无法遮蔽风雨，而穿衣吃饭，和他担任河阳书记的时候没有什么两样。他身边亲近的人就劝他说："您一个月的薪俸那么多，而自己生活却这么俭朴。外人不但不把您的清廉俭朴视为美德，反而以为你是像公孙弘那样的欺世盗名之徒。"文节感叹说："以我今天的俸禄，即使是想要王侯贵族一样的享用，又有什么难的呢？但是，我知道人从俭朴变成奢华是很容易的，但从奢华变成俭朴就很难了。我现在这样的俸禄又怎能一直持有呢？如果一旦失去了，家里人已经习惯了奢华的生活，不能习惯俭朴，那么最后必然会流离失所。何不就保持这样的生活习惯，即使我离开人世，家人们还是能够像今天一样生活。"听到他这番议论的人，心里面都非常佩服他的深谋远虑。这些都是将德业留给子孙们的做法，难道他们的子孙得到的财富不多吗？

| 简注 |

① 张文节：张知白，宋代清池人。

② 书记：在官府中主管文书的人员。

| 实践要点 |

居安乐而思困顿，这是张文节的处世智慧。快乐对于人来说是有不同层级的，在饥饿的时候有一餐饱饭会使我们快乐，在伤心失意时亲人的一个拥抱也会使我们欣慰快乐，在别人需要帮助的时候施以援手，也会使我们快乐，等等。享用珍馐美味，当然能够满足我们的口腹之欲，可是这种快乐是最低级别，当我们的生活有了一定保障，便不应当一味追求奢华，而是应该保有初心，去考虑做一些有意义的事情。况且，张文节讲得对，人们的生活从俭朴变成奢华是容易，而从奢华转变为俭朴却是困难的，何不一直保持当下的状态更为简单舒心呢？

【8】晋光禄大夫张澄[①]，当葬父，郭璞[②]为占墓地曰："葬某处，年过百岁，位至三司，而子孙不蕃；某处，年几减半，位裁乡校，而累世贵显。"澄乃葬其劣处，位止光禄，年六十四而亡。其子孙昌炽，公侯将相，至梁陈不绝，虽未必因葬地而然，足见其爱子孙厚于身矣。先公既登侍从，常曰："吾所得已多，当留以子孙。"处心如此，其顾念后世不亦深乎！

| 今译 |

晋朝的光禄大夫张澄要安葬自己的父亲。郭璞为他占卜墓地的时候说："你的父亲如果葬在这里，你可以活过百岁，官可至三司，但是子孙后代却不会兴旺，如果葬在另一个地方，你的寿命将减半，而且也只能担任乡学小官，但子孙后代却会成为显贵。"张澄选择将父亲安葬在第二个地方。果然，他只做到光禄大夫，活到六十四岁就去世了，但是他的子孙却兴旺发达，官至公侯将相的，直到梁朝、陈朝的时候都有。即使这些未必是墓地的原因，但是从中可以见到张澄爱子孙胜过爱自己。先父官至侍从的时候，常常说："我自己得到的东西已经足够多了，应该留一些福禄给子孙后代。"他考虑得这么长远，顾念后世之情不是很深厚吗！

简注

① 张澄：张惠绍之子，南朝梁时义阳人。

② 郭璞：字景纯，晋河东闻喜人。

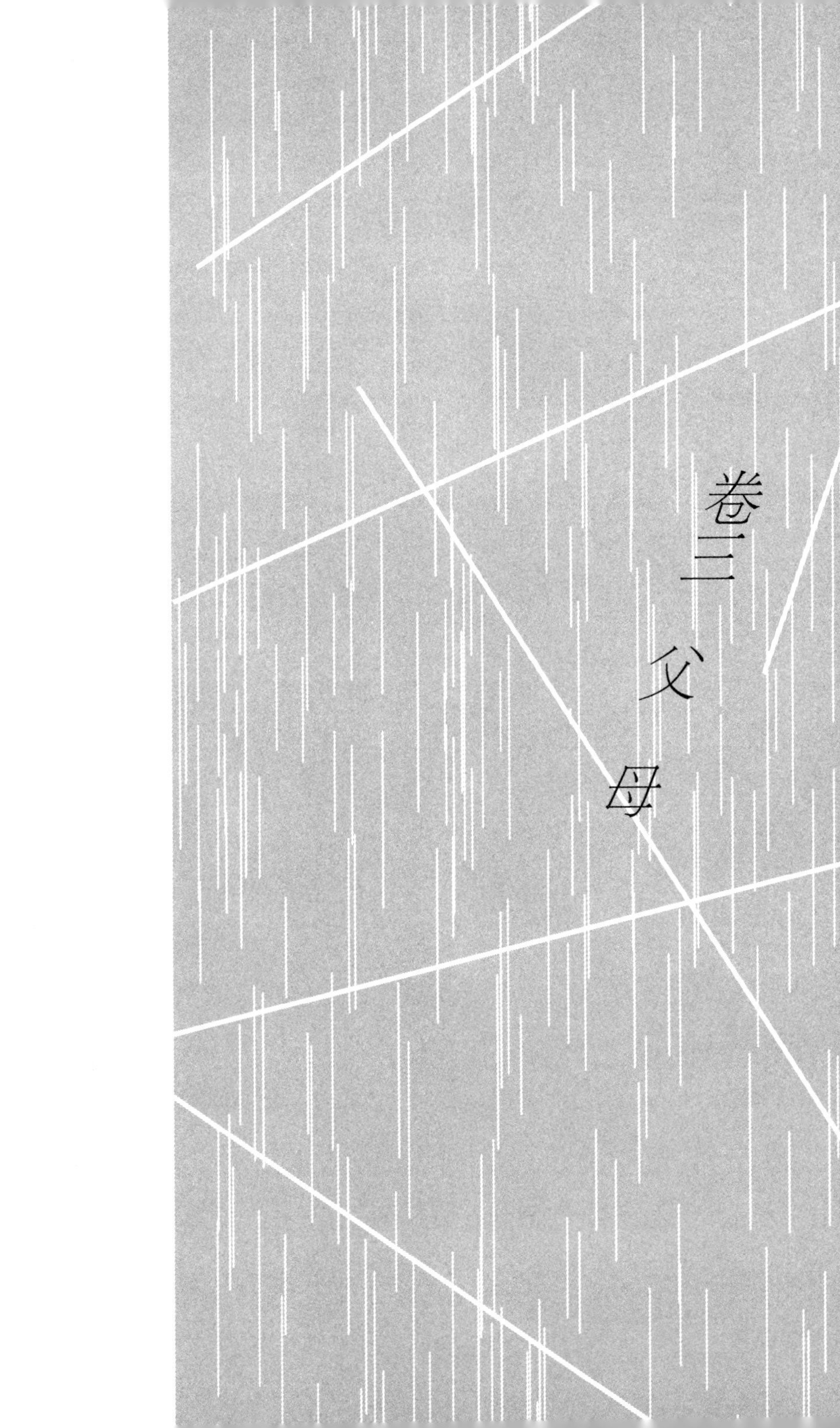
卷三
父母

【1】陈亢[①]问于伯鱼[②]曰："子亦有异闻乎？"对曰："未也。尝独立，鲤趋[③]而过庭。曰：'学诗乎？'对曰：'未也。''不学诗无以言。'鲤退而学诗。他日，又独立，鲤趋而过庭。曰：'学礼乎？'对曰：'未也。''不学礼无以立。'鲤退而学礼。"闻斯二者，陈亢退而喜曰："问一得三，闻诗，闻礼，又闻君子之远其子也。"

| 今译 |

陈亢向孔子的儿子伯鱼问道："夫子他老人家教导你和教导我们有没有什么不同？"伯鱼回答说："没有。他曾经一个人站立在中庭，我见到快步走过中庭。他问我说：'学习诗没有？'我回答说：'没有。'他说：'不学习诗就不懂得说话。'于是，我就退下去学诗。过了几天，他又一个人站立在中庭，我又快步走过，他问我说：'学礼了没有？'我回答说：'没有。'他说：'没有学习礼就不懂得在社会立足的根据。'于是，我又退下去学礼。我在父亲那里只听到这两个。"陈亢回去非常高兴："我问一件事，却知道了三件事。知道了要学诗，知道了要学礼，还知道了君子对待儿子应该要有的态度。"

| 简注 |

① 陈亢：字子元，一字子禽，孔子弟子，春秋陈国人。

② 伯鱼：孔鲤，孔子的儿子，春秋鲁国人。

③ 趋：小步快行，表示恭敬。

丨 实践要点 丨

首先，我们看到孔子那一颗不偏不倚的公心，不会因为对象是自己的儿子还是学生而有所保留。这里面有两个教育的主题，一个是礼仪，另一个是诗歌。礼仪在《温公家范》中表现非常多，我们在其他地方再另外讨论。但是，诗的教育非常重要，对我们今天的家庭教育来讲也是极具参考价值的。

《诗经》是中国古代第一本诗歌总集。在孔子之前《诗经》里面的内容已经存在，而我们今天见到的《诗经》是经过孔子本人的删减、编集而成。这说明孔子本人非常熟悉当时各种类型的诗歌，既有关于国家政治生活时使用的，也有普通民众在劳动和生活过程中歌咏的。孔子当时见到的《诗经》并不像我们今天见到的只有文字，它们实际上是有乐谱的，是可以歌唱、抒发胸臆的。孔子告诉伯鱼“不学诗，无以言”，如果一个人不学诗，他就不会说话了。“说话”是一种言辞，当然涉及表达时语辞的拿捏。因为说话涉及不同的言说对象，语辞的准确拿捏意味着你所有的表达都是针对言说对象来进行的，这样就不会说“错”话。人与人之间关系相处的关键在于沟通，沟通在于表达和倾听，而最主要的方式就是说话。

言辞是外显看得见的东西，情感是内在看不见的东西，要让这两者恰如其分地发生关联，是需要在现实生活不断重复训练的。言辞恰如其分的表达不是我们生下来就会的，它需要后天的操练。而诗歌的学习和歌咏是最好的方式。“歌以咏志，诗以传情”，歌诗是情志的表达。诗歌的创作大多是有感而发，或者是快乐的场景，或者是悲伤、忧郁的场景。但无论是哪一种情形，诗歌中都蕴藏着丰沛的情感，我们通过歌咏可以感受到这不同的情感，并且学习这种情感的表达。因为诗歌中不仅有情感，而且有言辞。这就是一种同感的能力，它的基础是我们每个人都拥有一种同感的想象力（empathic imagination）。这个词所要表达的是一种感同身受的能力，只要我们反思我们的生活经验，这一点想必都能够感受到。因此，诗歌的学习在我们每个人的人格成长过程中就显得非常重要，因为学会准确表达、恰如其分地说话是处理人际关系的起点，而诗歌的学习是最好的操练方法。因此，熟悉诗歌的孔子必然是一个情感表达的高手。另外，我们看《论语・乡党》篇中所描写的孔子生活中的种种细节，动作旋转、言辞运用无不自如得体，而且，我们不要忘记《论语》这本书的体裁就是语录体，整本书几乎都是孔子与弟子之间的对话。就此来看，孔子的的确确就是一个说话高手，他懂得怎么说话、表达情感。

儒家所讲的伦理关系其实就是情感的遍润与互动，如何传递情感是需要训练的，歌诗就是最好的训练。除了诗歌，一些可以培养人柔软之心的寓言、散文、小说等文学作品也是极好的，但是关键在于父母要抽出自己的时间来参与到自己孩子的生命中，一起去阅读，一起去讨论，一起去成长。而不是坐在沙发上看着手机，然后对小孩子指指划划，这是极糟糕的事情！

【2】曾子[①]曰："君子之于子，爱之而勿面，使之而勿貌，遵之以道而勿强言；心虽爱之不形于外，常以严庄莅之，不以辞色悦之也。不遵之以道，是弃之也。然强之，或伤恩，故以日月渐摩[②]之也。"

今译

曾子说："君子对待自己的子女，喜爱他们，却不表露在脸上；差使他们也不在容貌上露出声色；让他们遵从道理来做事情，而不勉强他们。心里面即使很喜爱他们，却不表露在外边，对待他们要严肃庄重，不要和颜悦色来讨他们喜欢。不教导子女遵从道理做事情，就是放弃了他们。但是，如果一味强迫他们做，又会损伤父子之间的情义，因此，对待子女要靠平时言传身教，慢慢去感化教导他们。"

简注

① 曾子：名参，字子舆，孔子的学生，春秋鲁国人。

② 渐摩：教育感化。

实践要点

这一条讲儒家教育中的身教。身教是要以自身的行动去教育感化别人，落实到家庭教育中，这是要求父母必须做好子女的榜样。儒家不是野蛮地要求子女对父母的绝对顺从，而是要求父母必须成为子女在德性生命成长过程中的导师。我们看到上面曾子所说到的智慧，既保持家长的威严，又能慈爱子女们，关键还能让子女们对自己的教导感觉到快乐。儒家的传统教育，是尽量避免与孩子有肢体接触，而对于爱意的表达也是羞涩的，所以，曾子这里说喜爱孩子不应当表露在自己的脸上，这其实是担心父子之间会产生一种简慢之心，儿子会对父亲有一种怠慢的态度。这当然不无道理。但是，让孩子们能够看到父母对他们的爱，对于增进亲子之间的感情也是很重要的。我们在学习古人的育子智慧时，可以有所调整，把我们对孩子的爱更好地表达出来，通过言语的鼓励、肢体的接触和拥抱，让他们感受到我们的爱是真真切切的。

【3】北齐黄门侍郎颜之推[①]《家训》曰："父子之严，不可以狎[②]；骨肉之爱，不可以简[③]。简则慈孝不接，狎则怠慢生焉。由命士以上，父子异宫，此不狎之道也；抑搔痒痛，悬衾箧枕，此不简之教也。"

今译

北齐黄门侍郎颜之推在他写的《家训》中说："父子之间应该有威严，不能够过分亲热，骨肉之间的感情不能够简慢。如果简慢，父子之间的慈爱与孝顺，就很难形成，如果过分亲热，儿子就容易对父亲生出怠慢之心。因此，古人规定做官的人家，父子应该分开居住，这是让父子之间不要过分亲昵的方法。而儿子为父亲按摩病痛，收拾被褥枕头，这些都是教育儿子不要对父亲生出简慢之心的办法。"

简注

① 颜之推：字介，北齐琅琊人，作《颜氏家训》。

② 狎：过分亲昵。

③ 简：简慢，怠慢。

【4】石碏谏卫庄公曰："臣闻爱子教之以义方，弗纳于邪。骄奢淫逸，所自邪也。四者之来，宠禄过也。"自古知爱子不知教，使至于危辱乱亡者，可胜数哉！夫爱之，当教之使成人。爱之而使陷于危辱乱亡，乌在其能爱子也？人之爱其子者多曰："儿幼，未有知耳，俟其长而教之。"是犹养恶木之萌芽，曰俟其合抱而伐之，其用力顾[①]不多哉？又如开笼放鸟而捕之，解缰放马而逐之，曷若勿纵勿解之为易也！

今译

石碏劝谏卫庄公说："臣下听说父亲疼爱子女是要教给他们做人的正道，不让他们走上邪路。骄横奢侈，荒淫放纵，就会走上邪路。骄奢淫逸这四种恶习，就是因为过分宠爱才会产生的。"自古以来，许多父亲都知道疼爱子女，却不知道要教育子女，以至于最后危害他人、自取灭亡的事情，真是不胜枚举！疼爱子女，就应该教育他们，培养他们真正成人。疼爱他们，却让他们陷入危辱乱亡之中，这怎么能算得上是真的疼爱他们呢？那些疼爱自己子女的人常说："孩子太小，还没有什么认知，等到长大以后再教他吧。"这就好像是养了一棵不好的树木，它已经萌芽了，但非得说要等到它长得粗壮之后再去砍伐它，那样花费的力气不是更多吗？这也像打开鸟笼，把鸟放飞，然后再去捕捉它；解开缰绳放走马，然后再去追回它。这哪有事先不要放纵他来得简单容易呢？

简注

① 顾：反而，难道。

实践要点

疼爱与溺爱是两个完全不同的概念。上面我们讲要通过言语的激励或者肢体的拥抱来表达对子女的爱，让亲子之间的爱能够更容易传递。这是指一种真诚而有分寸的爱，而不是溺爱，后者容易让子女产生骄横奢侈、荒诞放纵的心。如果带着这种心去工作生活，容易产生一种唯我独尊的精致的利己主义姿态，觉得整个世界应该围着自己转，他不懂得去尊重别人，从来不知道自己的过失和不足，因为在家庭生活中，父母亲从来没有教他，他也从来不知道去尊重自己的父母，更遑论其他人了。

【5】《曲礼》："幼子常视毋诳。立必正方，不倾听。长者与之提携①，则两手奉长者之手。负剑②辟咡③诏之，则掩口而对。"

今译

《曲礼》说："平时要教育小孩子不说谎话，站立要端正，不要做侧着头去听说话的样子。如果长辈想要搀扶的时候，一定要伸出两只手捧着长辈的手，表示尊重。如果长辈俯身从旁耳语，要用手遮口，然后回答。"

简注

① 提携：搀扶，扶持。

② 剑：怀抱小孩之状。

③ 辟咡：侧着头交谈。

实践要点

教育要从娃娃抓起，良好的生活习惯是潜移默化的，从视听言动出发，告诉孩子们什么事情应该做，什么事情不应该做，这是最简单的为人处世之道，也是最直截的。

【6】《内则》："子能食食，教以右手。能言，男唯女俞。男鞶革，女鞶丝。六年，教之数与方名；七年，男女不同席，不共食；八年，出入门户及即席饮食，必后长者，始教之让；九年，教之数日。十年，出就外傅，居宿于外，学书计。十有三年，学乐、诵诗、舞勺。成童[①]，舞象、学射御。"

今译

《礼记·内则》中讲："小孩子能吃饭的时候，就教他用右手取食。小孩子能说话的时候，就教给他们如何回答长辈的教导，男孩子要答'唯'，女孩子要答'俞'。身上的佩囊，男孩子用的是皮制的，女孩子用的是丝织的。孩子到了六岁的时候，就要教给他们数目和方位的名称。到了七岁的时候，男孩子女孩子就开始不同席共坐，不在一起吃饭。到了八岁的时候，就要教导他们出入门户和入席饮食的时候，必须要在长辈的后面，开始教他们谦恭礼让。到了九岁的时候，就要教给他们如何数日子，懂得初一十五、天干地支。男孩子到了十岁的时候，就要外出求学，在外面居住，跟老师学习文字和计算。到了十三岁的时候，开始学习音乐，诵读《诗经》，学习勺舞。到了十五岁成童的时候，开始学习象舞，学习射箭和驾驭马车。”

简注

① 成童：十五岁以上的儿童。

实践要点

这一条讲两个内容，一个是男女之别基础上的角色教育，另一个是教育的内容基于生命成长的不同历程而发生变化，后者有点类似于皮亚杰的儿童成长心理学理论。不过，它们都不是从知识技能，而是从德性伦理，即如何使生活更加美好的期许角度来进行教育的。

古人倡导对男女进行不同的角色教育。男孩子十岁以后就要外出去学习治家治国的知识，而女孩子则在家里学习女红，学习如何和顺家庭的知识。很多人要反驳：为什么必须是男主外女主内，而不能是男主内女主外呢？不要急。从家庭的构成来看，必须是有男女两种性别，所谓独阳不生，孤阴不长。当然，也不一定是实际意义上的男性与女性，而是一个家庭中必须要有阳刚的男性力量，主导家庭外部事务以及保护家庭安全；一个家庭中必须要有阴柔的女性力量，主导家庭内部事务的解决。即使今天的同性恋者组成的家庭，他们也要各自扮演丈夫与妻子、父亲与母亲的角色，他们也是有分工的。有分工意味着有不同的角色。我们对男女的角色定位可以随着时代的发展而变化，可是它总有某些内容是相对稳定的，这一部分取决于男性与女性生理意义上的自然天性的区别，另一部分则取决于社会的整体期待。搞清楚这一点，我们要对角色有更清晰的了解。

基本上，我们每个人有不同的身份，也就有不同的角色。你会发现这些身份其实不是固定的，这些角色总是在不同的生活场景中变换，可是，有一些身份是我们无法任意更改的。如果你选择成立家庭，那么一个男性作为丈夫、父亲、儿子，一个女性作为妻子、母亲、女儿的身份是无法任意更换的，它不像我们选择职业一样。只要我们生在世上，这些伦理角色就是我们无法逃遁于天地之间的。我们把这些角色称之为我们生命中的构成性角色，如果丢弃了这些角色，我们便已经不是我们了。在这个意义上，一个男人学习做一个丈夫、父亲、儿子，一个女人学习做一个妻子、母亲、女儿，难道不是我们须臾不可离开的事情吗？这就是古人讲的不同的角色教育。这些教育教授的不是一些具体的技能性的知识，它并不是我们谋生的工具，而是告诉你如何成为一个丈夫、父亲、儿子，如何成为一个妻子、母亲、女儿，所以，对女性所从事的职业，可以持一种开放的态度。可是，如果一个女人选择成立家庭，那么做一个称职的妻子、母亲、女儿一定是她的重要角色，同样的道理，男人也是一样的。当然，男人与女人在成年前所学的不同知识其实是根据他们在美好生活中的不同角色定位所进行设置的。

【7】曾子之妻出外，儿随而啼。妻曰："勿啼！吾归，为尔杀豕[①]。"妻归，以语曾子。曾子即烹豕以食儿，曰："毋教儿欺也。"

今译

曾子的妻子外出办事，儿子跟着她边走边哭。妻子说："别哭，等我回来杀猪给你吃。"妻子回来后，把这件事告诉曾子。曾子就杀猪煮肉给孩子吃，他说："我这样做是教育儿子做人不能骗人。"

简注

① 豕：猪。

实践要点

父母是小孩的第一任教师，对父母的模仿是小孩学习的开始，曾子深谙此理，所以，他通过实际行动来告诉孩子诚信是为人之本。

【8】贾谊[①]言："古之王者，太子始生，固举以礼，使士负之，过阙[②]则下，过庙则趋，孝子之道也。故自为赤子[③]，而教固已行矣。提孩有识，三公三少[④]，固明孝、仁、礼、义。以道习之，逐去邪人，不使见恶行。于是皆选天下之端士[⑤]、孝弟、博闻、有道术者，以卫翼[⑥]之。使与太子居处出入。故太子乃生而见正事，闻正言，行正道，左右前后皆正人也。夫习与正人居之，不能毋正。犹生长于齐，不能不齐言也；习与不正人居之，不能毋不正，犹生长于楚，不能不楚言也。"

今译

贾谊说："古代的帝王，在太子刚出生的时候，就用合乎礼法的行动来给他做示范，让人抱着他，经过宫阙的时候就要下来，经过庙堂的时候就要小步快走，这是要教导他做孝子的道理。因此，教育是从婴孩的时候就已经开始进行了。等到有智识的时候，就要请三公三少给太子讲明孝、仁、礼、义等道理，通过好的方法来让他习熟这些德行，把那些心术不正的小人赶走，不让他见到坏人恶行。然后聘选天下品行端正、孝悌而又学识渊博有道术的人，来辅佐太子，让他们与太子出入同行。这样，太子一生下来所看到的都是符合德行的事情，听到的都是符合德行的话，走的都是符合德行的路。因为他的周围都是品行端正的君子。这道理很简单，一个人每天都和正人君子生活在一起，那么他不可能不成长为一个品行端正的君子。这就好像从小生活在齐地，不可能不会说齐地的方言。如果每天都和品行不端正的人生活在一起，那么他也不可能成长为一个品行端正的人。这就像一个人生活在楚地，他不可能不会讲楚地的方言。"

简注

① 贾谊：西汉政论家、文学家。

② 阙：宫殿祠庙和陵墓前的高建筑物。

③ 赤子：这里指初生的婴儿。

④ 三公三少：指太师、太傅、太保和少师、少傅、少保。

⑤ 端士：端庄正直之士。

⑥ 卫翼：辅佐。

实践要点

近朱者赤近墨者黑，身边人的一言一行都对小孩子有莫大影响，因此，从小要慎重对待小孩所交往的朋友，《论语》中所谓“无友不如己者”是也。

【9】《颜氏家训》曰：“古者圣王，子生孩提，师保[①]固明仁孝礼义，道习之矣。凡庶纵不能尔，当及婴稚[②]，识人颜色，知人喜怒，便加教诲，使为则为，使止则止。比及数岁，可省笞[③]罚，父母威严而有慈，则子女畏慎而生孝矣。吾见世间，无教而有爱，每不能然。饮食运为[④]，恣其所欲，宜诫翻奖，应呵[⑤]反笑，至有识知，谓法当尔。骄慢已习，方乃制之，捶挞至死而无威，忿怒日隆而增怨。逮于长成，终为败德。孔子云‘少成若天性，习惯如自然’是也。谚云：‘教妇初来，教儿婴孩。’诚哉斯语！”

今译

《颜氏家训》说：“古代的圣王，在小孩子出生很小的时候，就会委派少师少保来负责教授仁孝礼义各种德性。普通百姓虽然不能和皇家一样，但也应该在小孩子能够察识人的脸色，了解人的喜怒的时候，就要对他进行教育，告诉他该做什么的时候就去做什么，不该做什么的时候就不要去做什么。这样等他再长大几岁的时候，就可以不用去责打他，这时父母亲既有威严又有慈爱，而子女也会因为对父母亲的敬畏谨慎而产生孝敬之心。但我看到这世上有许多人都做不到这些事情，只知道溺爱自己的小孩子而不懂得去教育他们。小孩子的饮食行为，都放任其随心所欲，本来做得不对应该训诫他的时候反而去夸奖他，应当诃责他的时候反而又一笑而过，等孩子长大懂事后，还以为理法就是这样的。这时候骄慢的习惯已经养成，家长们才想到要来管教他，但是就算打死他也不能树立家长的威信，孩子的愤怒情绪却一天天旺盛，反而增加了他的怨恨。这样等到孩子们长大成人了，他们的德行终究是不好的。孔子说：‘小时候形成的习惯就好像天性一样，习惯会成为自然。’讲得非常有道理！俗话说：‘教育媳妇要从她刚嫁来的时候开始，教育孩子要从他还是婴儿的时候开始。’这句话说得实在太好了！”

简注

① 师保：这里指三公三少。

② 婴稚：泛指婴儿及孩童。

③ 笞：用竹板、木杖、藤条责打。

④ 运为：运动作为。

⑤ 呵：怒责。

实践要点

这一条还是讲小朋友的教育要从小抓起，让他养成良好的习惯，所谓“习惯成自然”是也。这里面讲当时有些家长溺爱小孩，在小孩子的饮食行为上，放任其随心所欲，反观我们现在，这种情况难道不是司空见惯吗？小孩子喜欢吃的东西，就拼命放在他面前，他稍微不喜欢吃的东西从来不敢要求他吃，这很容易放纵他，让他无法无天、随心所欲，这样长大之后，依然是不会去尊重别人，因为他连吃饭都不守规矩。

【10】凡人不能教子女者，亦非欲陷其罪恶；但重于诃怒，伤其颜色，不忍楚挞惨其肌肤尔。当以疾病为喻，安得不用汤药针艾救之哉？又宜思勤督训者，岂愿苛虐于骨肉乎？诚不得已也。

王大司马①母魏夫人，性甚严正。王在湓城，为三千人将，年逾四十，少不如意，犹捶挞之，故能成其勋业。

今译

那些不能好好教育子女的人，也不是存心要把子女陷入罪恶之中；只不过是不愿意让子女因为自己的责骂而脸色不好看，不忍心责打子女，让他们皮肉受苦而已。我们用人生病来做个比喻，人生病的时候难道会不用汤药、针灸、艾灸来进行救治吗？我们反过来想想那些勤于督促训导孩子的人，难道他们愿意虐待自己的亲生骨肉吗？那实在是不得已才这样做的啊！

大司马王僧辩的母亲魏太夫人，她的品性很严正。王僧辩在湓城担任重要的军职，当时他已经四十多岁了，但是他稍微做的不对，魏太夫人还是要责打他，这样才帮助王僧辩最终建立起自己的功业。

简注

① 王大司马：即王僧辩。南朝梁祁人，孝元帝时任大都督，累功至太尉。

实践要点

常言道：慈母多败儿。魏老夫人则是严母的代表，这种严是基于她知书守礼的智慧，所以她的棍棒下面能成就儿子的一番伟业。

【11】梁元帝时，有一学士，聪敏有才，少为父所宠，失于教义。一言之是，遍于行路①，终年誉之；一行之非，掩藏文饰，冀其自改。年登婚宦，暴慢日滋，竟以语言不择，为周逖抽肠衅鼓云。然则爱而不教，适所以害之也。《传》称："鸤鸠②之养其子，朝从上下，暮从下上，平均如一。"至于人，或不能然。《记》曰："父之于子也，亲贤而下无能。"使其所亲果贤也，所下果无能也，则善矣。其溺于私爱者，往往亲其无能，而下其贤，则祸乱由此而兴矣。

今译

梁元帝的时候有一个士人，他从小就聪慧敏捷有才能，很受父亲宠爱，因此家里没有很好地教育他。他只要有一句话说得有点理，他父亲一年到头逢人就夸奖他；要是有一件事做错了，他父亲就百般为他掩饰，希望他自己慢慢改正。后来他长大结婚做官以后，待人的态度日益粗暴傲慢，最后竟然因为讲话太过随便，而被周逖开膛破肚作为祭鼓的牺牲了。这样看来，如果家长对子女一味溺爱，而不懂得去教育他，这恰恰是害了孩子的。《毛传》

说："鸤鸠鸟在喂养孩子的时候，早晨的时候从上往下，晚上的时候从下往上，始终做到平等对待。"但是人反倒不能这样。《礼记》说："父亲对于子女，一般都是偏爱那些有聪明才干的，而对于没有才能的就不太喜欢。"假如所偏爱的确实是德才兼备，不喜欢的确实是无能，那还没什么问题。然而，那些陷溺于狭隘的私爱中的父亲，往往会偏爱那些无能的子女，而疏远那些德才兼备的子女，那么家里的祸乱也就从这里开始了。

简注

① 行路：行路的人。

② 鸤鸠：布谷鸟。

实践要点

这个父亲以为自己很会教人。夸奖孩子，在今天看来是所谓的鼓励教育或赏识教育一类，这是鼓励父母在教育的过程中善于发现子女的闪光点。在某种意义上，这是有道理的。但它必须在一种"恩威并济"的状态下，并且这些"闪光点"是真正的闪光点。小孩子要去鼓励他，但是涉及一些做人做事的原则时又要给他立定规则，如果胡乱夸耀他，就会让他生出"矜"心，这是要不得的。单纯的棍棒出孝子，与单纯的鼓励出才子，都会有所偏颇，应该在两者之间取得一个平衡，当奖则奖，当罚则罚。

【12】《颜氏家训》曰："人之爱子，罕亦能均。自古及

今，此弊多矣。贤俊者自可赏爱，顽鲁[①]者亦当矜怜[②]。有偏宠者，虽欲以厚之，更所以祸之。”共叔之死，母实为之；赵王之戮，父实使之。刘表之倾宗覆族，袁绍之地裂兵亡，可谓灵龟明鉴。此通论也。

今译

《颜氏家训》说：“人们爱自己的子女，很少能做到没有偏爱。从古至今，这种偏爱所带来的弊端太多了。那些聪慧懂事的孩子自然讨人喜爱，但是那些调皮鲁钝的孩子也应该去怜爱他们。那些受偏爱的孩子，虽然父母是想让他们更好，但事实上却害了他。”共叔的死，实际上就是因为他母亲太过宠爱造成的；赵王的死，也是他父亲太过宠爱的结果；刘表和袁绍最终家破人亡，都可以作为前车之鉴。这都是具有普遍性的道理呀！

简注

① 顽鲁：愚顽鲁钝，愚蠢笨拙。

② 矜怜：怜悯爱惜。

实践要点

亲爱自己的子女，应当有一颗不偏不倚的公心。孩子的心是敏感的，他们很容易感受到父母爱的偏倚，尽管很多时候并不是父母有意为之。特别是国家放开二胎政策后，在决定怀二胎之前，最好能让现在的孩子参与到这个家庭决定中，对他的心理进行抚慰、按摩，得到孩子的支持。而对于那些已经有多个小孩的家庭来讲，年长的哥哥姐姐当然应该承担起照顾弟弟妹妹的责任。但这是对年长的子女来讲的，父母亲不能够因此而忽视年长的子女，相反，应该适时倾注多一些的关爱在他们身上。可是父母亲总是因为他们年长而认为他们不需要爱，这往往会给他们带来不好的心理感受，也容易造成家庭之间的不和睦。

【13】曾子出其妻，终身不取妻。其子元请焉，曾子告其子曰："高宗①以后妻杀孝己，尹吉甫②以后妻放伯奇。吾上不及高宗，中不比吉甫，庸③知其得免于非乎？"

| 今译 |

曾子休掉了他的妻子，终身没有再娶。他的儿子曾元请求自己的父亲再娶，曾子告诉他的儿子说："殷朝高宗武丁因为后妻的谗言，杀害自己的儿子孝己；周宣王时的贤臣尹吉甫也因为娶了后妻的缘故，放逐了自己的儿子伯奇。我既比不上殷高宗，也比不上尹吉甫，怎么能保证娶了后妻而不发生祸乱呢？"

| 简注 |

① 高宗：即武丁，商朝第二十三代国君，庙号"高宗"。

② 尹吉甫：周宣王时贤臣。

③ 庸：岂，怎么。

【14】后汉尚书令朱晖[①]，年五十失妻。昆弟欲为继室。晖叹曰："时俗希不以后妻败家者。"遂不娶。今之人年长而子孙具者，得不以先贤为鉴乎！

今译

后汉尚书令朱晖，他五十岁的时候妻子去世了。兄长想为他续弦，他叹息道："现在没因为娶后妻而败家的人太少了！"于是他不再续娶。如今那些年事已高且子孙满堂的人，难道不应该以先贤为榜样吗？

简注

① 朱晖：字文季，后汉时南宛人。

【15】《内则》曰："子妇未孝未敬，勿庸疾怨，姑[①]教之。若不可教，而后怒之。不可怒，子放妇出而不表礼[②]焉。"君子之所以治其子妇，尽于是而已矣。

今译

《礼记·内则》说："儿媳妇不孝顺不恭敬，不用去怨恨她，暂且耐心去教育。如果实在不听，然后再去责怒她。如果责怒了也不改正，就让儿子把媳妇休掉，但不向外人表明她违背了礼仪的过错。"君子对待儿媳妇的方法，只是这样而已。

| 简注 |

① 姑：姑且，暂且。

② 不表礼：表，明。不表明其违背礼仪的过错。

| 实践要点 |

不教而诛，实在不是君子的所为。在家庭中，父母应该获得最足够的尊重，因为他们为经营这个家庭而费尽自己的心血。子女或儿媳、女婿可能有做得不够的地方，父母不是要去发怒，这是德行不够的表现，而是要先去教。用自己的一颗诚心去感动他们，特别是儿媳和女婿，他们与自己没有血缘关系，缺少一份天然的亲近性。因此，对他们更加需要一颗不偏不倚的公正心，就事而论事，我们应当做到廓然大公、物来顺应，像镜子一样，该怒则怒，但又不可以迁移自己的怒气、怨气，这是为人父母应该了解的。你再看父母的心，是多么的柔软啊！即使把儿媳驱逐出家门，也不向外人透露她违背礼法的地方。这绝对不是什么家丑不可外扬的心理，而是父母担心他们在外面被人指手画脚、抬不起头，父母的心为我们如此考虑，作为子女，我们又怎么可以不去体贴父母这样一颗柔软和充满爱的心呢！

【16】今世俗之人，其柔懦者，子妇之过尚小，则不能教而嘿①藏之。及其稍著，又不能怒而心恨之。至于恶积罪大，不可禁遏，则喑呜②郁悒，至有成疾而终者。如此，有子不若无子之为愈也。其不仁者，则纵其情性，残忍暴戾，

或听后妻之谗，或用嬖宠[③]之计，捶扑过分，弃逐冻馁，必欲置之死地而后已。《康诰》称："子弗祗服厥父事，大伤厥考心；于父不能字厥子，乃疾厥子。"谓之元恶大憝，盖言不孝不慈，其罪均也。

今译

今天的世俗之人，那些柔弱怯懦的父母辈，在子女的过错还小的时候，不能及时教导他们，而是去掩藏这些过错。等到他们的过错越来越大的时候，父母又不去发怒责备他们。等到罪大恶极，不能遏制的时候，父母亲就忧愁苦闷，甚至积郁成疾而病故。如果是这样，有子女还不如没有子女的好。而那些没有仁爱之心的父亲，放纵自己的情性，残忍暴戾地对待自己的子女，有的听信后妻的谗言，有的则用嬖妾的计谋，过分捶打自己的子女，或者把子女赶出家门，让他们挨饿受冻，必欲置之死地才肯罢休。《康诰》说："子女不能孝顺父亲，就会大大伤害父亲的心；父亲不能够养育他的子女，这就是仇恨自己的子女。"这样的人可以称之为大恶人。这段话大概是说子女不孝顺和父亲不慈祥，他们的罪错同样大。

简注

① 嘿：通"默"。

② 喑呜：悲鸣，啼泣无声为喑，叹伤为呜。

③ 嬖宠：被宠爱的人。

【17】为人母者，不患不慈，患于知爱而不知教也。古人有言曰："慈母败子。"爱而不教，使沦于不肖，陷于大恶，入于刑辟，归于乱亡。非他人败之也，母败之也。自古及今，若是者多矣，不可悉数。

| 今译 |

作为母亲，不怕不慈爱，怕的是只知道疼爱子女而不懂得去教育他们。古人说过："慈母败子。"一个母亲溺爱子女却不能教育他们，让子女沦为品行不端之人，陷于大恶行中，最终受到刑罚，自取灭亡。这并不是别人陷害了他，而恰恰是自己的母亲害了他。从古到今，这样的例子太多了，数都数不过来。

【18】周大任①之娠②文王也，目不视恶色，耳不听淫声③，口不出敖言④。文王生而明圣，卒⑤为周宗。君子谓大任能胎教。古者妇人任子⑥，寝不侧，坐不边，立不跸⑦，不食邪味，割不正不食，席不正不坐，目不视邪色，耳不听淫声，夜则令瞽⑧诵诗，道正事。如此，则生子形容端正，才艺博通矣。彼其子尚未生也，固已教之，况已生乎！

| 今译 |

周文王的母亲怀周文王的时候，眼睛不看不好的颜色，耳朵不听不好的音乐，嘴里不说戏谑玩笑的话。因此，周文王生下来就是贤明圣人，最终成功开创了周王朝。有德的君子认为这是文王的母亲在怀孕的时候已经进行胎教的结果。古代的妇女在怀孕的时候，睡觉不侧卧，不在靠边的地方坐，从不一只脚站立，不吃乱七八糟的东西，食物切得不正不吃，席子铺得不正不坐，眼睛不看不好的颜色，耳朵不听不好的音乐，晚上让乐官吟诵诗歌，谈论正事。这样，生下的孩子相貌体形端正，才能出众。他们的孩子还没有出生，就已经开始教育了，就不用说出生以后了！

| 简注 |

① 周大任：即太任，周文王之母。

② 娠：怀孕，怀胎。

③ 淫声：古称郑、卫等国的俗乐为淫声，区别于传统的雅乐。后来泛指浮华的靡靡之音。

④ 敖言：嬉戏之言。

⑤ 卒：终于。

⑥ 任子：怀孕。

⑦ 跸：单足站立。

⑧ 瞽：眼瞎。古代以瞽者为乐官。

| 实践要点 |

这讲的是胎教，古人非常重视，并不是我们今天才有。不过，我们今天教的是一些技能性的东西，希望小孩子出生以后可以更好更快掌握一些知识，赢在起跑线上。可是，古人的胎教，所教的是礼。所谓“寝不侧，坐不边，立不跸，不食邪味，割不正不食，席不正不坐，目不视邪色，耳不听淫声，夜则令瞽诵诗”，是要让胎儿感受到天理正道。这真的是极大的区别，主要还是现代人和古代人对于美好生活核心构成要素的认定不同。厚德载物，没有德行，再好的技能、知识和财富即使你得到了，也守不住。

【19】孟轲之母，其舍近墓，孟子之少也，嬉戏为墓间之事，踊跃筑埋。孟母曰：“此非所以居之也。”乃去，舍市傍[①]，其嬉戏为衒卖[②]之事。孟母又曰：“此非所以居之也。”乃徙，舍学宫之傍，其嬉戏乃设俎豆[③]揖让进退。孟母曰：“此真可以居子矣！”遂居之。

孟子幼时问东家杀猪何为，母曰：“欲啖汝。”既而悔曰：“吾闻古有胎教，今适有知而欺之，是教之不信。”乃买猪肉食。既长就学，遂成大儒。彼其子尚幼也，固已慎其所习，况已长乎！

今译

孟轲的母亲，他们家靠近墓地，孟子小时候就经常玩些下葬哭丧的游戏，特别喜欢筑墓埋坟。孟子的母亲就说：“这里不适合居住。”于是将家搬走，迁居到集市旁边，于是孟子又以学习商贩吆喝叫卖为游戏。孟母又说：“这里也不适合居住。”于是又举家迁徙，搬到学校旁边，这个时候孟子就玩些祭祀、揖让、进退这方面的礼仪游戏。孟母高兴地说：“这里才是居住的好地方！”于是就在这里定居。

孟子小时候问母亲邻居为什么要杀猪，母亲回答说：“为了给你肉吃。”说完又后悔了，心想：“我听说古人就非常重视胎教，现在孩子刚懂事，我就欺骗他，这是教他不讲信用呀。”于是，孟母就买了猪肉给孟子吃。孟子长大后读书学习，终于成为博学多才的大学问家。这是因为孟母在孩子小的时候，就认真谨慎培养儿子的习惯，更何况在他长大以后呢？

简注

① 市傍：市场附近。

② 衒卖：兜售商品。

③ 俎豆：祭祀用的器具。

实践要点

母亲在家庭教育中所扮演的角色非常重要。这一点可以得到现代西方儿童心理学的确证，小孩子在认知这个世界的时候最先模仿的是自己的母亲，因为他最开始是通过接触母亲的毛发、身上的气味来建立起对这个世界的感受。这里两则故事，一则是孟母三迁，为的是培养孟子向学的志向。另一则是言传身教，教孟子诚信的德行。孟母对于孟子的成就所起到的作用真的是非常大，她也懂得教育的方法。

【20】汉丞相翟方进[①]继母随方进之[②]长安，织履，以

资方进游学。

今译

汉代的丞相翟方进求学的时候，他的继母跟随他到长安，靠编草鞋赚钱来资助方进拜师求学。

简注

① 翟方进：字子威，汉朝上蔡人。

② 之：动词，到……去。

实践要点

这条一个是讲继母对于子女的爱，虽然不是己出，也是竭力拉扯，人与人之间的爱并不只是一种动物性，也是一种后天的情感培养和感动；另外一个是讲对教育的重视，所谓“再苦不能苦孩子，再穷不能穷教育”是也。

【21】晋太尉陶侃[①]，早孤贫，为县吏番阳，孝廉范逵尝过[②]侃，时仓卒无以待宾。其母乃截发，得双髲[③]以易酒肴。逵荐侃于庐江太守，召为督邮，由此得仕进。

今译

晋代太尉陶侃，从小丧父，家里很穷，他担任番阳县吏的时候，孝廉范逵曾来家里探访。时间仓促，家里一时拿不出东西招待客人，他的母亲就剪掉头发，用头发换来酒肴招待客人。后来，范逵向庐江太守推荐陶侃，太守就任命陶侃为督邮，陶侃从这里开始仕途才得以进升。

简注

① 陶侃：东晋庐江浔阳人。

② 过：探访。

③ 髲：假发。

【22】后魏钜鹿魏缉母房氏，缉生未十旬，父溥卒。母鞠育[①]不嫁，训导有母仪[②]法度。缉所交游，有名胜[③]者，则身具酒馔。有不及己者，辄屏卧[④]不餐，须其悔谢乃食。

今译

后魏时候钜鹿魏缉的母亲房氏，魏缉出生不到百天，他的父亲魏溥就去世了。魏缉的母亲为了养育魏缉，不再改嫁，她教育孩子的时候表现出做母亲的礼仪典范。魏缉结交的朋友来家里做客，如果是名声好的，魏母就亲自准备酒食，款待客人；如果是品德修养差的，她就退避而卧，不出来吃饭，一定要儿子表示悔恨，向她谢罪，才肯吃饭。

简注

① 鞠育：抚养。

② 母仪：为母者的典范。

③ 名胜：这里指名流。

④ 屏卧：退避而卧。

实践要点

勿友不如己者，对于朋友的选择，父母要把关，但也不能替子女决定。把关的对象是德性，而不是家世、相貌、性别、年龄这些外在的东西。

【23】唐侍御史赵武孟，少好田猎，尝获肥鲜以遗母。母泣曰："汝不读书，而田猎如是，吾无望矣！"竟不食其膳。武孟感激勤学，遂博通经史，举进士，至美官。

今译

唐代侍御史赵武孟，少年的时候喜欢打猎，有一次他捕获了一些新鲜肥美的猎物，献给母亲。他的母亲不但没有高兴，反而哭着说："你不读书，却去无休止地打猎，我没有指望了！"于是不吃饭。武孟被母亲的教诲所激励，开始勤奋学习，终于博经通史，考中了进士，做了大官。

【24】天平节度使柳仲郢母韩氏，常粉苦参、黄连和以熊胆以授诸子，每夜读书使噙之，以止睡。

| 今译 |

天平节度使柳仲郢的母亲韩氏，常常把苦参、黄连的粉末和熊胆搅拌在一起，拿给几个儿子，儿子们每天晚上读书的时候，她就让他们把这些东西含在嘴里，防止打瞌睡。

【25】太子少保李景让①母郑氏，性严明，早寡家贫，亲教诸子。久雨，宅后古墙颓陷，得钱满缸。奴婢喜，走告郑。郑焚香祝之曰："天盖以先君②余庆，愍③妾母子孤贫，赐以此钱。然妾所愿者，诸子学业有成，他日受俸，此钱非所欲也。"亟命掩之。此唯患其子名不立也。

| 今译 |

太子少保李景让的母亲郑氏，她的性情严肃而公正，年轻的时候就守了寡，家里面也很贫穷，她就亲自教育子女。有一次下了很长时间的雨，房子后面的老墙倒塌，露出满满的一缸钱。奴婢们发现后非常高兴，连忙跑去告诉郑氏。郑氏烧香祈祷说："这大概是因为祖先积攒下来的阴德，上天怜悯我们母子孤寡贫穷，才赐给我们这些钱。但是，我所期盼的只是孩子们学业有成，将来能够担任官职，这些钱并不是我想要的。"祈祷完后，她立刻命令奴婢将钱掩埋。郑氏这样做就是担心子女将来不能够立名。

简注

① 李景让：字后己，唐朝襄平人。

② 先君：祖先。

③ 愍：哀怜。

实践要点

横财容易让人心生骄横，不如读书、辛苦工作来得实在。做人应该踏踏实实，不要总是想着一夜暴富、一夜成名，好好读书，好好工作。

【26】齐相田稷子受下吏金百镒，以遗其母。母曰："夫为人臣不忠，是为人子不孝也。不义之财，非吾有也。不孝之子，非吾子也。子起矣。"稷子遂惭而出，反其金而自归①于宣王，请就诛。宣王悦其母之义，遂赦稷子之罪，复其位，而以公金②赐母。

今译

战国时齐国的宰相田稷子接受部下送给他的一百镒金子，回家之后他把这些金子交给母亲。母亲说："为人臣子却不忠诚，这也是为人之子却不孝顺。你这些不义之财，我不要。你这个不孝之子，也不是我的儿子，你走吧！”田稷子非常羞愧地离开家，将那一百镒金子还给部下，自己到齐宣王那里请求治罪。宣王赞赏他母亲的深明大义，于是赦免了他的罪过，让他仍任原职，而且还从国库里拿出一些金子赏赐给他的母亲。

丨 简注 丨

① 自归：投案自首。

② 公金：公家的金银钱财。

丨 实践要点 丨

田稷子接受部下相赠的金子，从他后续的动作来看，他的初心应该是想让母亲生活过得好一点，这个初心是一颗孝顺心，它并不坏。但是，他不知道更大的道义。这是田稷子的母亲狠狠批评他的地方，做人做官太糊涂了！眼中只有小家小利，忘记道义的大端，忘记了自己身居的要位，也忘记了赏识自己的君上，这是不忠诚。尽管孝顺的初心是好的，但是以侵犯他人或以其他不义的行为来成就这颗孝顺之心，是要不得的！用贪污得来的东西去孝顺父母，这将致父母于何地？

【27】汉京兆尹隽不疑，每行县[①]录囚徒，还，其母辄[②]问不疑，有所平反，活几何人耶？不疑多有所平反，母喜，笑为饮食，言语异于它时。或亡所出，母怒，为不食。故不疑为吏严而不残。

今译

汉代京兆尹隽不疑，每次到县里面代行公事，省察记录囚徒罪状，回来的时候，母亲总要问隽不疑有没有平反的囚徒，救了几个被冤枉的人？如果隽不疑平反得多，母亲就高兴，有说有笑地吃饭，说起话来也与平时不一样。有时候不疑说没有囚徒得到平反，母亲就不高兴，拒绝用餐。正因为这样，隽不疑做官虽然严厉，但并不残酷。

简注

① 行县：到县里代行公事。

② 辄：总是。

实践要点

刑名官，责任非常重。他往往有一颗公正不阿，不近人情的心。然而，面对生命，即使是死囚的生命，那也是有独立的价值，不能够轻忽散漫。但是在刑狱之中，面对黑暗消沉的环境，人明辨是非的心往往更容易刚硬起来，缺乏一点恻隐的仁心，这让我们不易察觉隐藏在里面的冤屈。隽不疑的母亲用她的方法，让他时时谨记自己责任之重，在保持明辨是非的公正心的时候，也要怀着一颗柔软的仁心，尽量察觉冤屈，替有冤者辩白。

【28】吴司空孟仁尝为监鱼池官，自结网捕鱼作鲊①寄母。母还之曰：“汝为鱼官，以鲊寄母，非避嫌也！”

今译

三国时东吴的司空孟仁曾经担任监鱼池官，他自己结网捕鱼，将捕获的鱼制成腌鱼，然后寄给母亲。母亲退还给他说：“你身为鱼官，却把腌鱼寄给你的母亲，你没有做到躲避嫌疑！”

简注

① 鲊：经过加工的鱼类食品。

实践要点

监鱼池官虽然不大，几条腊鱼事小，但是如果有一天孟仁的官做大了，他会不会真的借职务的便利，获取更大的不当之利，而最终身赴监狱呢？这是孟母所担忧的，她爱着孟仁，得让他知道何事当为，何事不当为。

【29】晋陶侃为县吏，尝监鱼池，以一坩[①]鲊遗母。母封鲊责曰：“尔以官物遗我，不能益我，乃增吾忧耳。”

今译

晋代的陶侃担任县吏时，曾经监管鱼池，他把一锅腌鱼送给母亲，母亲非但不接受，还责备他说：“你将公家的东西送给我，不但对我没有好处，相反还会增加我的忧虑。”

简注

① 坩：盛物的陶器、瓦锅一类。

【30】隋大理寺卿郑善果母翟氏，夫郑诚讨尉迟迥战死。母年二十而寡，父欲夺其志。母抱善果曰："郑君虽死，幸有此儿。弃儿为不慈，背死夫为无礼。"遂不嫁。善果以父死王事，年数岁拜持节大将军，袭爵开封县公，年四十授沂州刺史，寻[①]为鲁郡太守。母性贤明，有节操，博涉书史，通晓政事。每善果出听事，母辄坐胡床[②]，于障后察之。闻其剖断合理，归则大悦，即赐之坐，相对谈笑；若行事不允[③]，或妄嗔怒，母乃还堂，蒙袂[④]而泣，终日不食。善果伏于床前不敢起。母方起，谓之曰："吾非怒汝，乃惭汝家耳。吾为汝家妇，获奉洒扫，知汝先君忠勤之士也，守官清恪[⑤]，未尝问私，以身殉国。继之以死，吾亦望汝副其此心。汝既年小而孤，吾寡耳，有慈爱无威，使汝不知礼训，何可负荷忠臣之业乎？汝自童稚袭茅土，汝今位至方岳[⑥]，岂汝身致之邪？不思此事而妄加嗔怒心缘骄乐，堕于公政，内则坠尔家风，或失亡官爵；外则亏天子之法，以取辜戾[⑦]。吾死日，何面目见汝先人于地下乎？"

母恒自纺绩，每至夜分而寝。善果曰："儿封侯开国，位居三品，秩俸幸足，母何自勤如此？"答曰："吁！汝年已长，吾谓汝知天下理，今闻此言，故犹未也。至于公事，何由济[8]乎？今此秩俸，乃天子报汝先人之殉命也，当散赡六姻，为先君之惠，奈何独擅其利，以为富贵乎？又丝枲纺绩，妇人之务，上自王后，下及大夫士妻，各有所制，若堕业者，是为骄逸。吾虽不知礼，其可自败名乎？”

自初寡，便不御脂粉，常服大练，性又节俭，非祭祀、宾客之事，酒肉不妄陈其前；静室端居，未尝辄出门阁。内外姻戚有吉凶事，但厚加赠遗，皆不诣其门。非自手作，及庄园禄赐所得，虽亲族礼遗，悉不许入门。善果历任州郡，内自出馔，于衙中食之，公廨所供皆不许受，悉用修理公宇及分僚佐。善果亦由此克己，号为清吏，考为天下最。

今译

隋朝大理寺卿郑善果的母亲翟氏，丈夫郑诚在征讨尉迟迥的时候战死。翟氏二十岁就守寡，她父亲想让她改嫁。翟氏抱着儿子善果说：“郑君虽然已经死了，但是幸亏还留有一个儿子。抛弃儿子就是不慈爱，背叛死去的丈夫就是不知礼节。”于是她不再嫁人。善果因为父亲为国而死，年仅几岁就被封为持节大将军，承袭开封县公的爵位，四十岁就担任沂州刺史，不久又成为鲁郡太守。善果的母亲秉性贤良，有节操，博览全书，对政事非常了解。每次善果出去处理公事，他的母亲就坐在胡床上，躲在屏风后暗中观察。听到儿子分析裁断合理，回家就非常高兴，让儿子坐在身旁，母子俩说说笑笑。如果儿子办事不公允，或者无端发怒，母亲回到屋里，就掩面哭泣，整天不吃饭。善果跪在母亲床前不敢起来，母亲这才起来，对他说：

“我不是对你发怒，只是为你们家感到羞愧。我是你们家的媳妇，洒扫侍奉，知道你父亲是个忠诚勤勉的人，为官清廉谨慎，从来没有徇私，最终以身殉国，我也期望你能继承你父亲的遗志。你年幼丧父，我则丧夫守寡，对你慈爱但不够威严，才让你不懂得礼教规矩，又怎么能胜任忠臣的事业？你从小就承袭封位，如今身居地方要职，这难道是你自己努力所获得的吗？你不去想这些事情，却要妄加发怒，心里想着怎么骄奢取乐，懈怠公务。你这种做法对家里面来讲是败坏家风，甚至会失去官位爵位；在公事上，则是违背天子的王法，自取罪责。我死后，有什么脸面去见你的父亲呀？”

善果的母亲经常纺纱织布，到半夜才睡觉。善果就对母亲说：“我封侯开国，官至三品，俸禄丰厚，母亲为何还要如此勤苦？”善果的母亲回答说：“哎！我以为你已经长大，知道天下的道理，但今天听了你的话，才知道你什么道理都不懂。你这样去办公事，又怎么能够成功呢？你现在的俸禄，只是天子抚恤你父亲为国捐躯才享有的，你应该用它去赡养父母兄弟妻子，又怎么能够独享其利，还认为自己非常富足呢？况且纺纱织布，这本来就是妇人的本职，上自王后，下至士大夫之妻，各有应该干的事。如果我不纺纱织布，就是贪图安逸。我虽然不懂得礼法，可是怎么能败坏郑家的名声呢？”

翟氏从守寡开始，就不再涂脂抹粉，经常穿粗布衣服。她非常节俭，除了祭祀或宴请宾客，吃饭一般不摆放酒肉，平时都待在家里面，未曾离开房门一步。内外亲戚有什么吉凶事情，她都要送厚礼，但从来不亲自登门。如果不是亲手做的东西，或是庄园出产及皇上赏赐的东西，即使是亲戚朋友赠送的礼品，她都一概不允许拿进家门。善果担任各地州郡长官，饮食都由自己家提供，然后拿到衙门里吃，官署所提供的一概都不接受，省下来的费用都用作修理官舍，或者分给下面的官员。善果也因此能够克己奉公，号为清吏，被考评为天下第一。

简注

① 寻：旋即，不久。

② 胡床：一种可以折叠的轻便坐具。

③ 允：公允。

④ 袂：衣袖。

⑤ 清恪：清廉谨慎。

⑥ 方岳：任职一方的重臣。

⑦ 辜戾：罪责。

⑧ 济：成功。

【31】唐中书令崔玄，初为库部员外郎，母卢氏尝戒之曰：“吾尝闻姨兄辛玄驭云：‘儿子从官于外，有人来言其贫窭不能自存，此吉语也；言其富足，车马轻肥，此恶语也。’吾尝重其言。比见中表仕宦者，多以金帛献遗其父母。父母但知忻悦，不问金帛所从来。若以非道得之，此乃为盗而未发者耳，安得不忧而更喜乎？汝今坐食俸禄，苟不能忠清，虽日杀三牲，吾犹食之不下咽也。”玄由是以廉谨著名。

| 今译 |

唐代中书令崔玄，最开始担任库部员外郎的时候，母亲卢氏经常告诫他说："我曾经听姨兄辛玄驭说：'儿子在外边做官，如果有人说他贫穷到维持自己的生活都成问题，这是好事儿；如果说他十分富裕，车马轻肥，那就是坏事了。'我很重视他讲的这些话。我近来见中表亲戚中做官的，拿很多金银布帛送给自己的父母。他们的父母只知道高兴，却不问金银布帛从哪里来。如果他们是通过不正当的途径得来，这就好比做了强盗还没有被发现一样，这怎么能叫人不发愁而反倒高兴呢？你现在拿着国家的俸禄，如果不能忠诚、清廉，即便天天杀猪宰羊给我吃，我也吃不下去啊！"崔玄在母亲的教育下，因为为官清廉谨慎而在当时很出名。

【32】李景让，官已达，发斑白，小有过，其母犹挞之。景让事之，终日常兢兢。及为浙西观察使，有左右都押牙忤景让意，景让杖之而毙。军中愤怒，将为变。母闻之。景让方视事，母出，坐厅事，立景让于庭下而责之曰："天子付汝以方面①，国家刑法，岂得以为汝喜怒之资，妄杀无罪之人乎？万一致一方不宁，岂惟上负朝廷，使垂老之母衔羞入地，何以见汝先人乎？"命左右褫②其衣坐之，将挞其背。将佐皆至，为之请。不许。将佐拜且泣，久乃释之。军中由是遂安。此惟恐其子之入于不善也。

今译

李景让的官职已非常高，头发花白，年纪也很大了，然而，只要他稍有过错，母亲仍旧要鞭挞他。景让侍奉母亲，整天战战兢兢。景让担任浙西观察使的时候，有个部下违背了他的意愿，就把他打死了。军中的士兵非常愤怒，眼看就要发生兵变。他的母亲听说了这件事后，在景让处理公务的时候，就走出来坐在厅堂之上，命令景让站在庭下，然后斥责他说："皇帝将一方的军政事务交给你，刑法是国家的重器，怎么能作为你随意发泄喜怒哀乐的资本而去枉杀无罪的人呢？万一引起一方的动乱，你何止是辜负朝廷对你的信任，而且也会让你的垂老之母含羞而死，我有何面目去见你的先人呢？"于是命令军士脱去他的衣服，摁倒在地，准备鞭打他。这时，军中的将领都来了，为他求情，但他的母亲不答应，将领们一边跪拜一边哭泣哀求，过了很久母亲才同意释放李景让。军中士兵也因此安定下来。李母这样做是担心儿子走上不仁不善的邪路。

简注

① 方面：一方军政要务。

② 褫：剥除。

实践要点

李景让的母亲做事确实分寸拿捏得当。带兵打仗的人性情往往容易暴躁，因为时时刻刻面对的是生死，在今天看来，那是心理必须承受极大的压力，有时候也很难控制。李母当着众人的面要打李景让，一则是教育儿子，二则是给暴怒的军士一个台阶，同时又能凝聚军心，她不仅是个教育高手，也是一个带兵的好手。

【33】汉汝南功曹范滂坐党人[①]被收，其母就[②]与诀曰："汝今得与李杜齐名，死亦何恨！既有令名，复求寿考[③]，可兼得乎？"滂跪受教，再拜而辞。

今译

汉代汝南功曹范滂因为朋党受到牵连被收押，他的母亲去跟他诀别说："你为正义而死，可以与李膺、杜密齐名，死又有什么遗憾的呢？你有了好的名声，还要追求长寿，这二者怎么可能都有呢？"范滂跪在地上聆听母亲的教诲，向母亲拜了两拜才离开了。

简注

① 坐党人：因为政治上结成朋党而获罪。

② 就：动词，到……去。

③ 寿考：长寿。

实践要点

生离死别，自然是苦痛的愁肠，然而，生命终有一死，有重于泰山，也有轻于鸿毛。君子有为了道义而舍生的，范滂即是如此之人。母亲的心虽然是苦痛的，但也是欣慰的。

【34】魏高贵乡公[1]将讨司马文王，以告侍中[2]王沈[3]、尚书王经[4]、散骑常侍王业[5]。沈、业出走告文王，经独不往。高贵乡公既薨，经被收。辞母，母颜色不变，笑而应曰："人谁不死，但恐不得死所，以此并命[6]，何恨之有？"

今译

魏高贵乡公曹髦准备征讨司马文王，他把这个计划告诉了侍中王沈、尚书王经、散骑常侍王业。王沈和王业出来后，就跑到司马文王那儿告了密，惟独王经没有去。后来，高贵乡公去世，王经被收押。王经去和母亲告别，母亲的脸色不变，笑着说："人哪有不死的，只是怕死得不值得而已，你为了道义而死，又有什么遗憾的呢？"

简注

① 魏高贵乡公：这里指三国时魏国皇帝曹髦，曹丕之孙，其初受封高贵乡公。

② 侍中：魏晋时品秩相当于宰相。

③ 王沈：晋人，字元逵，曾任荆州刺史，谥号"穆"。

④ 王经：三国时清河人，冀州名士。

⑤ 王业：曾事王莽为中黄门，后事魏、晋。

⑥ 并命：一起丧命。

【35】唐相李义府[①]专横，侍御史王义方[②]欲奏弹之，先白其母曰："义方为御史，视奸臣不纠则不忠，纠之则身危而忧及于亲，为不孝；二者不能自决，奈何？"母曰："昔王陵[③]之母杀身以成子之名，汝能尽忠以事君，吾死不恨。"此非不爱其子，惟恐其子为善之不终也。然则为人母者，非徒[④]鞠育其身使不罹水火，又当养其德使不入于邪恶，乃可谓之慈矣！

丨 今译 丨

唐朝宰相李义府专横跋扈，侍御史王义方想要弹劾他，他先跟母亲说："我身为御史，看见奸臣而不去弹劾，就是对皇上不忠，如果去弹劾他，自己又会陷入危险而使母亲担忧，这是对母亲不孝。这两者我无法做出决断，怎么办才好呢？"母亲说："以前汉代王陵的母亲用自杀来成全儿子的名声，你能以忠诚事君报国，我死而无憾。"这并不是不爱自己的儿子，而是担心他不能自始至终地做好事。为人母亲，她的责任并不只是抚养儿子长大，使他避免灾祸，还应当培养他的品德，让他不走邪路，这才称得上是真正的慈母！

丨 简注 丨

① 李义府：唐时饶阳人，唐太宗时为太子舍人，崇贤馆直学士，高宗时累迁至吏部尚书，时人称其为"笑中刀""人猫"，后以罪流放隽州而死。

② 王义方：唐时涟水人。

③ 王陵：汉时沛人，聚数千众与汉高祖刘邦起事，后因功受封"安

国侯”。

④ 徒：只是，仅仅。

丨 实践要点 丨

忠孝难两全。很多人为了国家民族的利益，或者天理道义，无法侍奉在父母身前，但是，他们为的是更大的孝与忠。比如我们今天的人民子弟兵，守卫前线，保家护土，社会应该给予更大的尊重。

【36】汉明德马皇后[①]无子，贾贵人生肃宗。显宗命后母养之，谓曰：“人未必当自生子，但患爱养不至耳。”后于是尽心抚育，劳瘁[②]过于所生。肃宗亦孝性淳笃，恩性天至，母子慈爱，始终无纤介[③]之间[④]。古今称之，以为美谈。

丨 今译 丨

后汉明德马皇后自己没生儿子，贾贵人生下了肃宗。显宗命令马皇后抚养肃宗并且说：“人不一定只有自己生的孩子才感情好，只是怕你爱护养育他的恩情不够啊！”马皇后于是尽心竭力地抚养肃宗，辛劳的程度超过了亲生子。肃宗对待马皇后也非常诚恳孝顺，恩情出于天性，他们母子慈爱，始终没有一点隔阂。这件事古今传诵，成为美谈。

简注

① 明德马皇后：后汉茂陵人，马援之女，汉明帝之后，德冠朝廷。及明帝崩，自撰《明帝起居注》。

② 劳瘁：劳累病苦。

③ 纤介：细微。

④ 间：空隙、缝隙，这里引申为嫌隙。

实践要点

人与人之间的感情，是超乎血缘关系的。它是在人与人之间具体生动的生命互动中培养起来的，浸润在彼此之间，流动于彼此之间。诚心相待，即使不是自己的亲生子女，将其视为己出，子女也会给与相等的回应。

【37】隋番州刺史陆让母冯氏，性仁爱，有母仪。让即其孽子①也，坐赃当死。将就刑，冯氏蓬头垢面诣朝堂，数让罪，于是流涕呜咽，亲持杯粥劝让食，既而上表求哀，词情甚切。上愍然为之改容，于是集京城士庶于朱雀门，遣舍人宣诏曰："冯氏以嫡母之德，足为世范，慈爱之道，义感人神。特宜矜免，用奖风俗。让可减死，除名②。"复下诏褒美之，赐物五百段，集命妇③与冯相识，以旌④宠异。

| 今译 |

隋朝番州刺史陆让的母亲冯氏，生性仁爱，有慈母的风范。陆让是她的庶子，因为犯了贪赃枉法的罪，应当被处死。即将受刑的时候，冯氏蓬头垢面来到朝堂，数落陆让的罪行，然后痛哭流涕，亲自捧着一碗粥让他吃下，紧接着上书皇上求情，言词悲哀，情真意切。皇上怜悯冯氏而为她改变态度，于是召集京城的士庶来到朱雀门，派人宣读诏书："冯氏以非亲生母亲的身份而如此善待庶子的品德，足以成为世人的典范，她的慈爱之道，可以感动天地人神。应当嘉奖勉励，以此净化风俗。陆让可以免去死罪，只是除去他原有的封号。"然后又下诏褒奖冯氏，赏赐她五百段布帛，还召集那些有身份的妇女与冯氏认识，以表示对她的特殊恩宠。

| 简注 |

① 孽子：庶子，由妾媵所生之子。

② 除名：除去名籍，取消原有的封号。

③ 命妇：有封号的妇女。

④ 旌：表彰。

【38】齐宣王时，有人斗死于道，吏讯[①]之。有兄弟二人，立其傍，吏问之。兄曰："我杀之。"弟曰："非兄也，乃我杀之。"期年[②]，吏不能决，言之于相。相不能决，言之于王。王曰："今皆舍之，是纵有罪也；皆杀之，是诛

无辜也。寡人度[③]其母能知善恶。试问其母，听其所欲杀活。”相受命，召其母问曰：“母之子杀人，兄弟欲相代死。吏不能决，言之于王。王有仁惠，故问母何所欲杀活。”其母泣而对曰：“杀其少者。”相受其言，因而问之曰：“夫少子者，人之所爱，今欲杀之，何也？”其母曰：“少者，妾之子也；长者，前妻之子也。其父疾且死之时属[④]于妾曰：‘善养视之。’妾曰：‘诺！’今既受人之托，许人以诺，岂可忘人之托而不信其诺耶？且杀兄活弟，是以私爱废公义也。背言忘信，是欺死者也。失言忘约，已诺不信，何以居于世哉？予虽痛子，独谓行何！”泣下沾襟。相入，言之于王。王美其义，高其行，皆赦。不杀其子，而尊其母，号曰“义母”。

今译

齐宣王的时候，有人打架斗殴，死在路上，官吏前来调查。有兄弟二人站在旁边，官吏询问他们。哥哥说：“人是我杀死的。”弟弟说：“不是哥哥，是我杀的。”时间过去整整一年，官吏不能决断，就把这件事告知宰相，宰相也无法决断，就禀报了齐宣王。宣王说：“如果放过他们，那就是放纵犯罪的人；如果都杀掉，就会妄杀无辜的人。我估计他们的母亲知道谁好谁坏，问问他们的母亲，听听她的意见。”于是宰相召见他们的母亲，说：“你的儿子杀了人，兄弟两人都想互相代替对方去死，官吏不能决断，告诉了宣王，宣王很仁义，让我来问问你想杀谁活谁？”母亲哭着说：“杀掉年纪小的。”宰相听后，反问说：“小儿子是父母最疼爱的，而你却想杀掉他，这是为什么呢？”母亲回答说：“年纪小的那个是我的亲生儿子，年纪大的是我丈夫和前妻的儿子，丈夫得病临死的时候把他托付给我说：‘好好养育他。’我说：‘好！’既然受人之托，许人以诺，又怎么能忘记别人的嘱托而失信于自己许下的诺言呢？再说杀兄活弟，是以我个人私爱去败坏公义道德，而背言失信，又是欺骗死去的丈夫。如果我失言忘约，不守信用，又怎能在社会上立身处世呢？我虽然疼爱自己的儿子，却怎么能不顾道义德行呢？”说完之后痛哭流涕。宰相回去之后把情况向齐宣王做了禀报。宣王赞赏这位母亲的德行，于是赦免了她的两个儿子。不但不杀她的儿子，还尊崇这位母亲为“义母”。

| 简注 |

① 讯：审讯。

② 期年：整整一年。

③ 度：估计，推测，猜度。

④ 属：通“嘱”，嘱咐。

| 实践要点 |

送自己的亲生儿子去死难道不心痛吗？当然心痛。儿子是自己身上掉下的肉，心有多痛，那就像是一刀一刀往自己身上割肉一样。但是这位母亲，她想的是更高的道义，因为答应了自己丈夫要照顾好他和前妻生的小孩。一诺千金，无法保全两个子女，便只能忍痛让自己的儿子赴死。这是一颗一体大公的仁心。当然，齐王也被这一颗一体大公的仁心所感动，母子三人才得以幸免于难。

【39】魏芒慈母者，孟杨氏之女，芒卯之后妻也，有三子。前妻之子有五人，皆不爱慈母。遇[①]之甚异，犹不爱慈母。乃令其三子不得与前妻之子齐衣服、饮食。进退、起居甚相远。前妻之子犹不爱。于是，前妻中子犯魏王令，当死。慈母忧戚悲哀，带围减尺。朝夕勤劳，以救其罪。人有谓慈母曰："子不爱母至甚矣，何为忧惧勤劳如此？"慈母曰："如妾亲子，虽不爱妾，妾犹救其祸而除其害。独假子而不为，何以异于凡人？且其父为其孤也，使妾而继母。继母如母，为人母而不能爱其子，可谓慈乎？亲其亲而偏其假，可谓义乎？不慈且无义，何以立于世？彼虽不爱妾，妾可以忘义乎？"遂讼之。魏安釐王闻之，高其义，曰："慈母如此，可不赦其子乎？"乃赦其子而复其家。自此之后，五子亲慈母雍雍[②]若一。慈母以礼义渐[③]之，率导八子，咸为魏大夫卿士。

丨 今译 丨

战国时候魏国的芒是一个慈母，她是孟杨氏的女儿，芒卯的第二任妻子，她与芒卯生了三个孩子。芒卯的前妻留下五个孩子，他们都不爱戴她。尽管她对那五个孩子非常好，但他们仍然不爱戴她。于是，她让自己的三个孩子不能与前妻的五子穿同样的衣服，吃同样的饭食，即便是起居、进退也是对前妻的五个孩子给予特殊的照顾。可是前妻的孩子仍然不爱她。正在这时，前妻的一个孩子违犯了魏王的命令，要被处死。慈母为此忧愁悲哀，消瘦了许多。她一天到晚奔波，想办法拯救这个孩子。有人对她说："这个孩子不爱你已经到了这个地步，你为什么还要这样为他忧愁勤劳呢？”她回答说：“如果是我的亲生孩子，即使他不爱我，我也肯定会救他免于危难。如果对不是亲生的孩子单单不能这样，那与不懂礼数的人有什么区别呢？况且他们的父亲因为他们孤弱，让我做继母，继母就是母亲，为人之母却不能爱自己的孩子，这能算得上是慈爱吗？亲爱自己的亲生子，而不去爱前妻的孩子，这能算是仁义吗？既没有了慈爱又不讲仁义，那还怎么立身于世上呢？尽管他们不喜爱我，而我又怎么能不顾道义呢？”于是，她为前妻之子诉讼辩罪。魏安釐王听说了这件事后，称赞了她的德行义举，并说：“有这样高义的母亲，怎么能不赦免她的孩子呢？”于是赦免那个犯事的孩子，让他们一家人团聚。从此之后，这五个孩子都非常亲善孝顺她，而她则用礼义来教育引导他们，最后这八个孩子都成了魏国的士大夫。

简注

① 遇：对待。

② 雍雍：和谐的样子。

③ 渐：一点一点慢慢浸染。

【40】汉安众令汉中程文矩妻李穆姜，有二男，而前妻四子以母非所生，憎毁日积。而穆姜慈爱温仁，抚字[①]益隆，衣食资供，皆兼倍所生。或谓母曰：“四子不孝甚矣，何不别居以远之？”对曰：“吾方以义相导，使其自迁善也。”

及前妻长子兴疾困笃，母恻隐，亲自为调药膳，恩情笃密。兴疾久乃瘳[②]，于是呼三弟谓曰："继母慈仁，出自天爱，吾兄弟不识恩养，禽兽其心。虽母道益隆，我曹[③]过恶亦已深矣！"遂将[④]三弟诣南郑狱，陈母之德，状己之过，乞就刑辟。县言之于郡。郡守表异其母，蠲除[⑤]家徭，遣散四子，许以修革[⑥]。自后训导愈明，并为良士。今之人，为人嫡母而疾其孽子，为人继母而疾其前妻之子者，闻此四母之风，亦可以少愧矣？

今译

汉代安众县县令汉中人程文矩的妻子李穆姜，生有两个儿子，而丈夫前妻的四个儿子因为李穆姜不是生身母亲，对她的怨恨越来越多。可是穆姜慈爱温和，尽心尽力抚养他们，给他们分配的衣食，总是比给她的亲生儿子多。有人劝她说："这四个孩子这么不孝顺，你为什么不迁居别处来远离他们呢？"穆姜说："我正在以仁义道德引导他们，让他们自己弃恶向善。"后来，丈夫前妻的长子兴得了重病，情况十分糟糕，穆姜生发了恻隐之心，亲自为他熬药调膳，恩情甚深。过了很久，兴康复之后，就叫来三个弟弟说："继母慈祥仁爱，出自天性，我们兄弟却不懂得她的恩养之情，像禽兽一样，虽然继母的仁爱日渐加深，我们的罪过却已经很深重了！"于是他带着三个弟弟来到南郑监狱，陈述继母的德行，以及自己的罪过，请求官府治罪。县令将这件事禀报郡守，郡守没有治他们的罪，还表彰他们的继母，免除他们的徭役，让他们兄弟回家，允许他们改过自新。自此之后，穆姜对儿子的教导愈加严明，后来他们都成了人们称道的良士。现在那些做人嫡母的，不善待不是自己亲生的孩子，那些做人继母的，不善待丈夫前妻生的孩子，听了以上四位母亲的事迹，难道一点羞愧也没有吗？

简注

① 抚字：爱护、养育。

② 瘳：病好了。

③ 我曹：我辈，我们。

④ 将：动词，带领。

⑤ 蠲除：免除。

⑥ 修革：改过自新，洗心革面。

【41】鲁师[①]春姜嫁其女，三往而三逐。春姜问其故。以轻侮其室人[②]也。春姜召其女而笞之，曰："夫妇人以顺从为务。贞悫[③]为首。今尔骄溢不逊以见逐，曾不悔前过。吾告汝数矣，而不吾用。尔非吾子也。"笞之百，而留之三年。乃复嫁之。女奉守节义，终知为人妇之道。今之为母者，女未嫁，不能诲也。既嫁，为之援，使挟己[④]以凌其婿家。及见弃逐，则与婿家斗讼。终不自责其女之不令[⑤]也。如师春姜者，岂非贤母乎？

今译

鲁国乐官春姜的女儿，三次出嫁，三次被婆家赶回了娘家。春姜询问婆家这么做的原因，婆家的人回答说：“因为你的女儿经常轻慢侮辱家里面跟她平辈的妇人。”于是，春姜把女儿叫来，一边鞭打，一边教训说：“作为人妇最大的美德就是要顺从，而且首先要忠贞诚实。现在你因为傲慢无礼被驱逐回家，已经几次了，都不能悔过。我已经和你讲过好几次了，你却不听我的话。既然这样，你就不是我女儿了。”鞭打女儿上百下，并留女儿在家住了三年。三年后再次出嫁，女儿恪守礼义，终于知道为人媳妇的道理了。现在做母亲的却往往做不到这些，女儿在未出嫁之前不去教导她，出嫁之后，又做女儿的后台，让女儿依仗娘家的势力去欺凌女婿家。等到女儿被婆家驱逐回娘家，则又兴师动众，与女婿家打斗或到公堂争讼，却从来不去责怪自己的女儿不守妇道。这样对比起来，春姜难道不是贤母吗？

简注

① 师：周代称乐官为师。

② 室人：这里指丈夫家中平辈的妇女。

③ 贞悫：坚贞不移。

④ 挟己：依仗自己的势力。

⑤ 不令：不好，不善。

实践要点

古人认为一个家庭中，女人扮演着和顺家庭的关键角色。男孩穷养，女孩富养，今日有此说法。富可不是财富物质上的供养，一个高贵的女子，她的言谈举止必须是有德性和合乎礼仪的，要教她为人才是最重要的，而不是从小惯着她，让其任性所为。

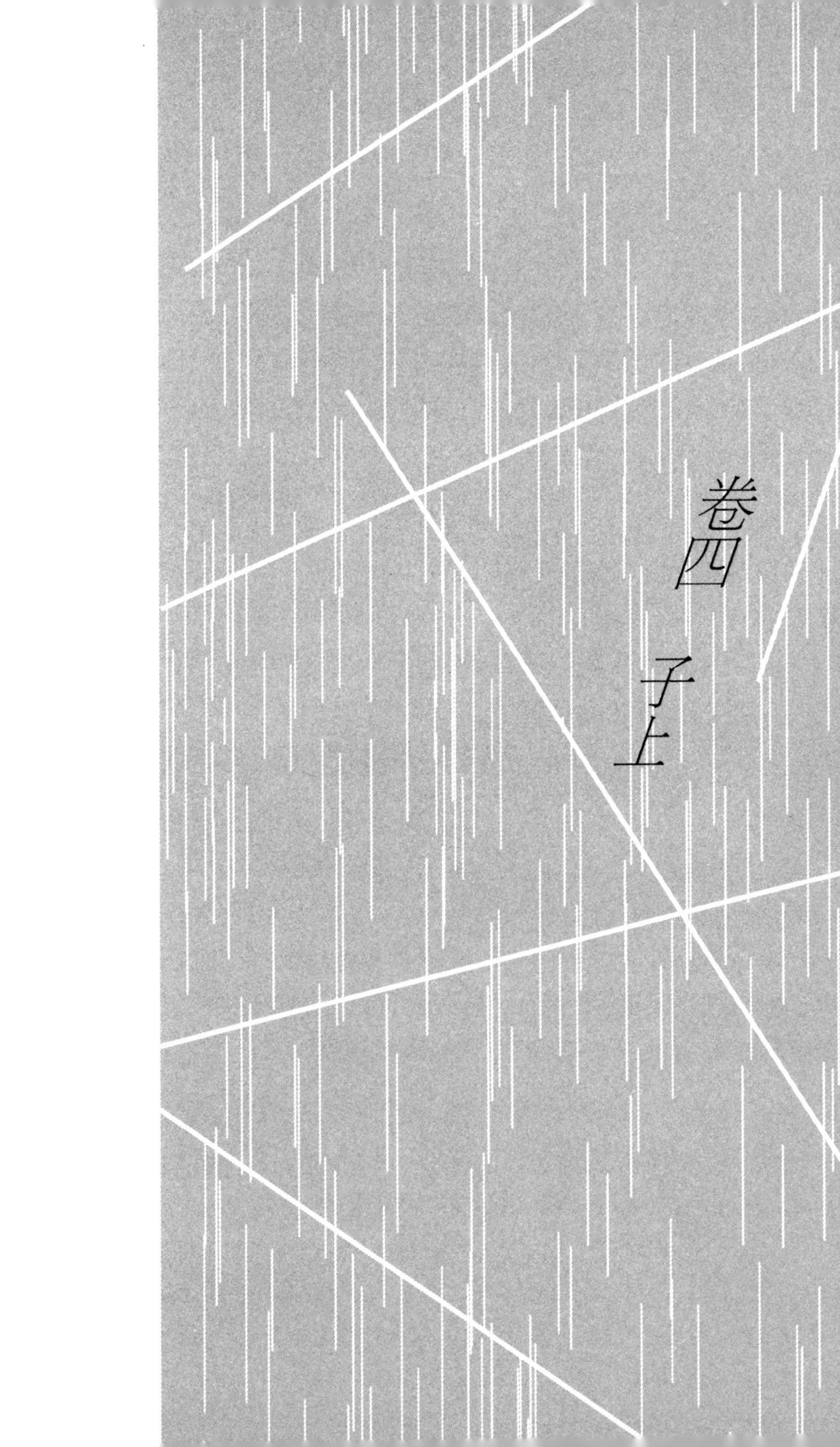
卷四
子上

【1】《孝经》曰："夫孝，天之经也，地之义也，民之行也。天地之经，而民是则之。"又曰："不爱其亲而爱他人者，谓之悖德；不敬其亲而敬他人者，谓之悖礼。以顺则逆，民无则焉。不在于善，而皆在于凶德。虽得之，君子不贵也。"又曰："五刑之属三千，而罪莫大于不孝。"

今译

《孝经》说："孝顺，就像天上的日月星辰运行一样是永恒的规律，也像地上的万物生长一样是不变的法则，更是天下民众的行为准则。天地间的规律法则，万民都要去遵循。"又说："不亲爱自己的父母却去爱他人，这是违背道德；不敬重自己的父母却敬重别人，这是违反礼法。君王教导万民要亲爱尊敬自己的父母，自己却违背道德和礼法，这样民众就会无从效仿。如果不能尽孝，违背道德礼法，就会招致灾难。这种人即使能得志，君子也不会看重他。"又说："五种刑罚的罪状有三千条，而其中罪恶最大的就是不孝。"

实践要点

对父母的亲切感情就是孝顺。传统儒家有各种各样的关于如何孝顺的礼仪、礼节的规定，有各种各样温凊定省的节目，这一卷中会有很多具体节目的讨论。这些当然非常重要，因为它们为我们的伦理生活提供可操作的做法。可是，这背后倘若没有对父亲、母亲出乎内心最深切的爱，那么这种孝顺也只是一种形式主义的做法而已。另外，"孝"是其他德性的基础，这个"本"不是一个逻辑学意义上的基础。不是说其他德性，如对朋友的信、对师长的恭敬、对君王的忠，甚或今天我们所讲的公共生活中的正义，是从

“孝”这种德性推导出来的。它的意思是说，每个人道德情感的获得和培养最开始是在与父母的交流互动中产生的，因为一个人呱呱坠地来到这个世界首先见到的是我们的父母，如果连自己的父母都不能够亲爱，那么他又怎么可能去亲爱其他人呢？所以，这并不意味着其他德性可以“不教而会”，它只是说通过家庭温情的滋养，我们也能够获得感受爱和学会爱的能力。

【2】孟子曰：“不孝有五：惰其四支，不顾父母之养，一不孝也；博[①]弈好饮酒，不顾父母之养，二不孝也；好货财，私妻子，不顾父母之养，三不孝也；从[②]耳目之欲，以为父母戮，四不孝也；好勇斗狠以危父母，五不孝也。”夫为人子，而事亲或亏，虽有他善累百，不能掩也，可不慎乎！

今译

孟子说：“不孝顺有五种情状：好吃懒做，不顾父母的养育之恩，这是第一种不孝；沉迷于赌博和酗酒，不顾父母的养育之恩，这是第二种不孝；贪图钱财，只顾自己的妻子儿女，不顾父母的养育之恩，这是第三种不孝；寻欢作乐，给父母带来耻辱，这是第四种不孝；喜欢打架斗殴，危及父母，这是第五种不孝。”为人子女，如果在侍奉父母方面做得不够，即便他在其他方面有再多的优点，也不能掩盖他的罪过，所以为人子女能不小心谨慎吗？

| 简注 |

① 博：古代的一种棋戏。

② 从：通“纵”，放纵。

【3】《经》曰：“君子之事亲也，居[①]则致其敬，养则致其乐，病则致其忧，丧则致其哀，祭则致其严。”

| 今译 |

《孝经》说：“君子侍奉父母亲，平日家居的时候要尽量做到恭敬，赡养父母要让父母感到快乐，父母生病了要为之深深忧虑，父母去世要竭尽哀思，祭祀父母时要非常严肃。”

| 简注 |

① 居：家居。

| 实践要点 |

恭敬、快乐、忧虑、哀恸、严肃，凡此种种，皆是人内心最深切的情感，没有这些情感在背后支撑，纯粹为了孝顺的义务来孝顺父母，这只是一种形式上的虚假孝敬而已。

【4】孔子曰："今之孝者，是谓能养。至于犬马，皆能有养。不敬，何以别乎？"

《礼》："子事父母，鸡初鸣，咸盥漱，盛容饰以适父母之所。父母之衣衾[①]、簟席、枕几不传，杖、屦祇敬之，勿敢近。敦、牟、卮、匜，非馂[②]莫敢用。在父母之所，有命之，应唯敬对，进退周旋慎齐。升降、出入揖逊。不敢哕噫[③]、嚏、咳、欠、伸、跛、倚、睇视，不敢唾洟。寒不敢袭[④]，痒不敢搔。不有敬事，不敢袒裼[⑤]。不涉不撅。为人子者，出必告，反[⑥]必面。所游必有常，所习必有业，恒言[⑦]不称老。"

又："为人子者，居不主奥[⑧]，坐不中席，行不中道，立不中门。食飨不为概[⑨]，祭祀不为尸[⑩]。听于无声，视于无形。不登高，不临深，不苟訾，不苟笑。孝子不服暗，不登危，惧辱亲也。"

今译

孔子说："今天那些所谓的孝子，仅仅称得上是能够赡养父母而已。然而，狗和马不也能够圈养吗？如果没有内心的恭敬，那么这与养狗养马又有什么区别呢？"

《礼记》说："子女侍奉父母，在鸡刚叫的时候就要起床洗漱，穿戴整齐去父母的房间拜见父母。父母所用的衣被、席子、枕头等，不能去随便移动，即便是对父母的拐杖和鞋子，也要恭恭敬敬，不能随便靠近。父母使用的食器、酒具，不是吃他们剩下的就不敢用。在父母的居所，如果父母有吩咐，应答时要恭恭敬敬的，进退应对也要谨慎庄重，举止行动要有礼而谦逊，不能随意打嗝、打喷嚏、咳嗽、打哈欠、伸懒腰、跛行、斜靠、斜眼看人看物，也不能随便吐唾沫、擤鼻涕。在父母面前，即便天气冷，也不能在衣服外边再加衣服；即便是痒，也不能去挠。如果不是父母的命令，不能随便脱掉外面的衣服。自己身上的衣服要穿戴齐整，不是涉水，不随便撩起来。为人子女，出门必须向父母告辞，回家必须向父母问安。出游必须有规矩，学习必须有所立业，平常说话不说‘老’字。”

《礼记》里又说：“为人子女，住房不能占据西南角尊长的位置，坐的时候不能坐在正中间，走路也不能走中间，站立不能站在门的中间，举行食礼或飨礼不敢做主人，祭祀时不能充当受祭者接受别人的拜礼。默默倾听别人的意见，不要多插嘴，善于察言观色。不能登高临深，冒险行事，不能胡乱骂人，不能随便说笑。孝子不潜伏暗处，不到危险的地方，怕的是因为自己的行为辱没了父母。”

简注

① 衾：被子。

② 馂：吃剩的饭菜酒馔一类。

③ 哕噫：打嗝和嘘气。

④ 袭：重衣，就是在衣服上再加一件衣服。

⑤ 袒裼：脱去上衣左袖，露出内衣。

⑥ 反：回家。

⑦ 恒言：日常说话。

⑧ 奥：室中的西南角。

⑨ 概：量米麦时刮平斗斛的器具。

⑩ 尸：代表死者接受祭祀的活人。

| 实践要点 |

这一条也是讲对父母孝顺应当要从内心深处生发出一种最深切的恭敬之心，也讲了很多日常生活可以借鉴的做法。例如在家时出门要向父母汇报，回家要向父母问安，这实在是非常切近的。《论语》讲“父母在，不远游”，是有道理的。父母嘴上不说，可是他们极担心我们呀！我们在外旅游、工作，父母时时记挂我们的处境、安全，我们难道忍心不向父母汇报我们的近况，在外学习、工作，不该定时打打电话？那得是一颗多硬的心肠啊！父母也需要我们的爱，尽管彼此的生活理念、方式或有不同，可是爱总是可以穿透这些壁垒吧。用爱同情理解我们的父母亲，就不会觉得他们总是要阻碍我们追求自由的天空。他们只是渴望你真诚的爱与回应。没有爱，谈不上孝顺。

【5】宋武帝即大位，春秋已高，每旦朝继母萧太后，未尝失时刻。彼为帝王尚如是，况士民乎！

| 今译 |

南朝宋武帝登基称帝的时候，年事已高，但是他每天清晨都要朝拜继母萧太后，而且从来没有错过时间。帝王尚且能够这般孝顺母亲，更何况一般的士人百姓呢？

【6】梁临川静惠王宏，兄懿为齐中书令，为东昏侯所杀，诸弟皆被收。僧慧思藏宏，得免。宏避难潜伏，与太妃异处，每遣使恭问起居。或谓："逃难须密，不宜往来。"宏衔泪答曰："乃可无我，此事不容暂废。"彼在危难尚如是，况平时乎！

| 今译 |

梁代临川静惠王萧宏，他的哥哥萧懿担任齐朝中书令，被东昏侯杀死了，而且几个弟弟都被收押。和尚慧思把萧宏藏匿起来，因此萧宏得以幸免。萧宏潜伏避难，与太妃居住在不同地方，但是他还经常派人问候太妃的起居生活。有人对他说："你正在逃难，必须保密，不应该和太妃来往。"萧宏流泪答道："宁可让我去死，也不能不行孝道。"他身处危难之中尚且能如此尽孝道，何况平时呢？

【7】为子者不敢自高贵，故在《礼》："三赐[①]不及车马。"不敢以富贵加于父兄。

今译

为人子女，不能在父母面前显示身份高贵，所以《礼记》中说："做到三命之官，受赏赐也不敢接受车马。"就是说，不敢在父兄面前表现自己的富有和尊贵。

简注

① 三赐：即三命。做官的人一命受爵，再命受衣服，三命受车马。

【8】国初，平章事王溥，父祚有宾客，溥常朝服侍立。客坐不安席。祚曰："豚犬，不足为之起。"此可谓居则致其敬矣。

今译

宋朝初年，宰相王溥的父亲王祚每当在家招待客人的时候，王溥就穿着上朝的衣服侍立一旁。客人坐着心里面感觉到不安。王祚就说："他是我的儿子，你不必因为他是宰相就起身。"这可以说是为人子女的平日家居时对父母表示出的恭敬。

实践要点

居家，首先是作为儿子的身份，然后才是宰相的身份，这是有次第的。无论你拥有多少财富，无论你身居何方要职，应该对父母和他的朋友抱着尊重之心。这是对长辈的一体恭敬之心。

【9】《礼》:“子事父母，鸡初鸣而起，左右佩服以适父母之所。及所，下气怡声[①]，问衣燠[②]寒，疾痛苛痒，而敬抑搔之。出入则或先或后，而敬扶持之。进盥[③]，少者奉槃，长者奉水，请沃盥，卒，授巾。问所欲而敬进之，柔色以温之。父母之命勿逆勿怠。若饮之食之，虽不嗜，必尝而待；加之衣服，虽不欲，必服而待。”

又:“子妇无私货，无私畜，无私器。不敢私假，不敢私与。”

又:“为人子之礼，冬温而夏清，昏定而晨省，在丑夷[④]不争。”

丨 今译 丨

《礼记》说:“子女侍奉父母，在鸡刚刚叫的时候就要起床，穿戴整齐到父母的居室。到了父母的居所，要和颜悦色，问父母衣服冷暖，是否有病痛或疮痒，然后恭敬地为他们按摩痛处或搔挠痒处。如果和父母一起出入，要么在前边引路，要么在后边侍奉，恭敬地去搀扶父母。进了洗漱间，年纪小的要赶紧端来脸盆，年纪大一点的给脸盆倒上水，请父母洗脸。洗完脸了，把毛巾递给父母。然后再问父母需要什么，及时送上去，和颜悦色，让父母亲感到温暖。对于父母的吩咐，不能违逆，也不能懈怠。如果父母让你吃东西，即使不合你的口味，你也要吃一点，然后听从父母的吩咐；如果是父母给你一件衣服，你即使不喜欢，也一定要先穿在身上，然后等待父母的命令。”

《礼记》又说：“儿媳妇不能私自积蓄家产，不能有自己的用具东西，也不能私自把东西借给别人，也不能私自将家里的东西送给别人。”

《礼记》还说：“为人子女应该奉行的礼数是，要让父母冬天感到温暖而夏天感到清凉，晚上要为父母铺好床铺，早晨要向父母问安，而且不能和兄弟姐妹们有所争执。”

简注

① 下气怡声：声色和悦。

② 燠：热、暖。

③ 盥：烧水洗手。

④ 丑夷：指同辈人。

实践要点

现代人已经不可能每日清晨亲自到父母亲的寓所问安省过，甚至《论语》中所讲“父母在，不远游”在今天也几无可能。但是，养儿一百岁长忧九十九，我们可以尽量做到让父母亲不要为我们操心。例如，不远游不可能，但是可以做到让父母知道自己所游之方向。再有，若是在同一乡村居住，距离不远，早晚去看看父母，总是可能的，也是应做的。居住在外地，打个电话问候总是可以做到的，即使没办法每日做到，也总是可以隔一段时间定期问候，唠唠家常，向父母报告自己的近况，关心一下父母亲的健康情况。即使工作再忙，也要常回家看看。时代变了，孝顺父母的要求会发生变化，可是那颗孝爱之心是不会变的，有了这颗心，做出来的事情也一定是对父母的孝。

【10】孟子曰："曾子养曾皙，必有酒肉；将彻，必请所与。问有余，必曰：'有。'曾皙死，曾元养曾子，必有酒肉。将彻，不请所与，问有余，曰：'亡矣。'将以复进也。此所谓养口体者也。若曾子，则可谓养志也。事亲若曾子者，可也。"

今译

孟子说："曾子奉养他的父亲曾皙，每顿饭一定有酒肉；快要撤席的时候一定要问，剩下的给谁。曾皙如果问还有没有剩饭，曾子一定回答有。曾皙死了，曾元奉养曾子，也一定有酒有肉。在往下撤席的时候，就不问剩下的给谁了；曾子如果问还有剩饭吗，他就说没有了。他是想留下预备下次进用，这个叫做口体之养。至于曾子对父亲，才是真正地顺从亲意的奉养。侍奉父母做到像曾子那样就可以了。"

实践要点

《论语》中讲侍养父母，如果只是物质上的侍养，那么动物也皆有养，跟人又有什么区别呢？孔子讲，区别在于是否存有一颗恭敬的心，也就是有没有情感的投射。从上文来看，曾子奉养父亲与曾子儿子奉养曾子最大的不同还是在做儿子的能否去体贴父亲的心，顺应父亲的意愿。春秋之际，生产力低下，饭菜的供给也有限。曾元从今天的角度来看，其实也蛮孝顺曾子，他把仅有的食物优先供奉给父亲，只不过他用了一颗“算”心，并不是彻头彻底的体贴，在孟子看来，此孝还是有所欠缺的。

【11】老莱子[①]孝奉二亲，行年七十，作婴儿戏，身服五采斑斓之衣。尝取水上堂，诈跌仆卧地，为小儿啼，弄雏[②]于亲侧，欲亲之喜。

| 今译 |

老莱子侍奉自己的父母非常孝顺，年纪快七十了，还玩婴儿的游戏，身着五彩斑斓的衣服。曾经把水端到堂上，装作跌仆卧倒在地，又假装小孩啼哭，在父母身边玩小孩子的游戏，目的是想让父母高兴。

| 简注 |

① 老莱子：周代楚国人。

② 弄雏：弄，玩耍，游戏；雏，这里指小朋友。

| 实践要点 |

老有所养，老有所乐。快乐才是更重要的。七十岁还做婴儿状，讨父母亲的欢喜，这无疑是幸福的，但也是时刻保有一颗爱父母的孝爱之心，保有童真，不因年龄增长而发生改变。

【12】汉谏议大夫江革，少失父，独与母居。遭天下乱，盗贼并起，革负母逃难，备经险阻，常采拾以为养，遂得俱全于难。革转客①下邳，贫穷裸跣②，行佣③以供母，便身之物，莫不毕给。建武末年，与母归乡里，每至岁时，县当案比④，革以老母不欲摇动，自在辕中挽车，不用牛马。由是乡里称之曰“江巨孝”。

| 今译 |

东汉谏议大夫江革，少年时丧父，与母亲居住在一起。当时正好天下大乱，到处都是盗贼，江革背着母亲逃难，历尽艰难险阻，常常靠采拾野菜来赡养母亲，因此母子才能幸免于难。江革辗转客居下邳，因为贫穷，没有衣服和鞋穿，他依靠给人打工来赡养母亲。母亲随身所用之物，都准备齐全。建武末年，他与母亲一起回到故乡。每年到年末的时候，县里要清理户口，江革因为老母亲害怕坐车摇晃颠簸，于是就自己驾辕拉车，不用牛马。因此乡里称他为“江巨孝”。

| 简注 |

① 转客：辗转客居。

② 裸跣：赤身裸体，脚上没穿鞋。

③ 行佣：受人雇佣。

④ 案比：清理户籍人口。

【13】晋西河人王延，事亲色养[①]，夏则扇枕席，冬则以身温被，隆冬盛寒，体无全衣，而亲极滋味。

今译

晋代西河人王延，侍奉父母很孝顺，夏天就在父母枕边扇凉风，冬天就用自己的身体为父母暖被。严寒的冬天，他自己没有一件完整的衣服，而父母亲却生活得很好。

简注

① 色养：愉悦地侍奉父母。

【14】宋[①]会稽何子平，为扬州从事吏，月俸得白米，辄货市[②]粟麦。人曰："所利无几，何足为烦？"子平曰："尊老在东，不办得米，何心独飡白粲[③]！"每有赠鲜肴者，若不可寄至家，则不肯受。后为海虞令，县禄唯供养母一

身，不以及妻子。人疑其俭薄。子平曰："希禄本在养亲，不在为己。"问者惭而退。

今译

宋代会稽人何子平，担任扬州从事吏，每月所得到的禄米，总要拿去卖掉然后买粟麦。有人说："卖了米再买粟麦获利并不多，何必要那么麻烦呢？"子平说："我母亲住在东边，不能享用到白米，我又怎么能独自享用呢？"每次有人送给他好吃的东西，如果不能寄到家里，他就不肯接受。后来他担任海虞县令，所得俸禄只能供养母亲一个人，他就完全不顾及自己的妻子儿女。有人怀疑他过于节俭小气。子平就说："我之所以出来做官，原本就是为了供养父母，而不是为了自己。"向他问话的人非常羞惭地离开了。

简注

① 宋：南朝宋。

② 货市：贸易。

③ 白粲：白米。

实践要点

自己有好吃好用的东西，但是父母未曾用过，就坚决不享用，因为不忍心，这真是一颗孝敬父母的诚心，现代很少能见到这种情况了。我们当然也不必做到事事如此，但我们确实要时刻把父母的处境记挂在心。

【15】同郡郭原平养亲，必以己力，佣赁以给供养。性甚巧，每为人佣作，止取散夫价。主人没食，原平自以家贫，父母不办有肴饭，唯餐盐饭而已。若家或无食，则虚中竟日，义不独饱，须日暮作毕，受直[①]归家，于里籴买，然后举爨[②]。

| 今译 |

同郡郭原平侍养父母，一定要靠自己的劳动所得来供养。他秉性灵巧，但是每次为人做工，只收取散夫零工的价钱。主人提供饭食，郭原平认为家中贫穷，父母吃不上荤菜，自己也就只吃盐饭。如果家中没有粮食，他就整天不吃饭，等到天黑收工，拿了工钱回家的时候，再出去买些粮食，然后再回家做饭。

| 简注 |

① 直：通“殖”，工资。

② 举爨：生火做饭。

【16】唐曹成王皋为衡州刺史，遭诬在治[①]，念太妃[②]老，将惊而戚，出则囚服就辟[③]，入则拥笏垂鱼，坦坦施施[④]，贬潮州刺史，以迁入贺。既而事得直[⑤]，复还衡州，然后跪谢告实。此可谓养则致其乐矣。

| 今译 |

唐代曹成王皋在担任衡州刺史时，受他人诬告将要被治罪，他想到自己的母亲年老，会为这件事惊慌愁苦。于是出了家门他就穿着囚徒的衣服准备受刑，而一回到家里就官服装束，装出一副坦然快乐的样子。后来他被贬为潮州刺史，就假装他要升迁调动，回家向母亲报喜。后来，他的冤案得到平反，他又回到衡州，才向自己的母亲跪禀实情。赡养父母就要想方设法让父母亲快乐。

| 简注 |

① 在治：接受处罚。

② 太妃：对皇帝遗留下来的妃子的称呼。

③ 辟：刑法。

④ 坦坦施施：泰然徐行的样子。

⑤ 直：辨明冤屈。

| 实践要点 |

报喜不报忧，这不是一种“欺瞒”，而是对母亲的爱，害怕她接受不了伤害到自己的身体，所以古人讲赡养父母，最重要的是让他们快乐起来，老有所乐。

【17】《礼》：“父母有疾，冠者[①]不栉[②]，行不翔[③]，言

不惰[④]，琴瑟不御。食肉不至变味，饮酒不至变貌，笑不至矧，怒不詈[⑤]，疾止复故。”

今译

《礼记》说：“父母生病的时候，成年子女不能梳头打扮，走路也不能像平日那样轻捷，不能说闲话，不能鼓琴弄瑟。吃肉不能讲究滋味，喝酒不能喝到醉醺醺，笑不露齿，怒不骂人，父母病愈后，子女才可以恢复常态。”

简注

① 冠者：年满二十岁。

② 栉：梳头。

③ 翔：像鸟飞翔一样张开双臂。

④ 惰：不正之言。

⑤ 詈：责骂。

实践要点

《礼记》的这些规定，现在看来当然有些过时，但是它要表明的是当父母生病时，子女内心那一股忧愁黯然生起。这些不是装出来的，《礼记》这样描写给人感觉是一种形式，但其实我们反观一下就知道，当父母亲病重的时候，吃不下睡不着的时候，我们难道还有心情去装扮自己，还有心情去吃香喝辣吗？如果真的是与父母有深厚感情的子女，断然不会如此，也会跟着忧愁、担心，尽心服侍。这不是外在的要求，而是从内由外自然而然就会这样去做。

【18】文王之为世子[①]，朝于王季，日三。鸡初鸣而衣服，至于寝门外，问内竖[②]之御者[③]曰："今日安否？何如？"内竖曰："安。"文王乃喜。及日中，又至。亦如之。及莫[④]又至，亦如之。其有不安节，则内竖以告文王。文王色忧，行不能正履。王季复膳，然后亦复初。武王帅而行之，不敢有加焉。文王有疾，武王不脱冠带而养。文王一饭亦一饭，文王再饭亦再饭。旬有二日，乃间[⑤]。

今译

周文王在做世子的时候，每天都要朝拜君父季历三次。鸡刚叫的时候他就穿好衣服，来到父亲的寝门外边，问掌管内外事务的人说："君父今天可好？"当值者说："很好。"周文王便喜形于色。到中午，周文王又来到父亲的寝门外，又像早晨一样问候。到傍晚的时候他又来问候。如果父亲有什么地方不舒服，当值者就告诉给文王，文王就会非常忧愁，连走路都是歪歪斜斜的。直到父亲重新开始吃饭，文王才能恢复如初。后来周武王完全遵循父亲文王的做事方法，不敢有一点改动。文王有病的时候，武王就衣冠不解地侍奉父亲。如果文王那天只吃一次饭，他也只吃一次饭；文王如果吃两次饭，他也吃两次饭。这样整整十二天，文王的病才痊愈。

简注

① 世子：天子、诸侯的嫡长子。

② 内竖：内外传递命令的小官。

③ 御者：当值者。

④ 莫：通“暮”，傍晚。

⑤ 间：病愈。

【19】汉文帝为代王时，薄太后常病。三年，文帝目不交睫，衣不解带，汤药非口所尝弗进。

今译

汉文帝在做代王的时候，薄太后经常生病。三年之中，汉文帝没有好好睡过觉，经常衣不解带，尽心竭力侍候太后。凡是薄太后要喝的药，文帝都要亲自尝过后才进献。

【20】晋范乔父粲，仕魏，为太宰中郎。齐王芳被废，粲遂称疾阖门不出，阳狂①不言，寝所乘车，足不履地。子孙常侍左右，候其颜色，以知其旨。如此三十六年，终于所寝之车。乔与二弟并弃学业，绝人事，侍疾家庭。至粲没，不出里邑。

今译

晋代范乔的父亲范粲，曾在魏国担任太宰中郎。因为齐王芳被废黜，范粲假装有病，闭门不出。他装疯不说话，终日睡在车上，脚也不沾地。他的子孙们经常侍奉左右，看他的脸色来判断他的需求。这样长达三十六年，直到他死在他睡的那个车子上。这期间，范乔和两个弟弟都放下学业，谢绝任何应酬，在家里侍候父亲。直到父亲去世，他们都没有离开乡里一步。

| 简注 |

① 阳狂：装疯卖傻。

【21】南齐庾黔娄为孱陵令，到县未旬，父易在家遘疾[①]，黔娄忽心惊，举身流汗。即日弃官归家，家人悉惊。其忽至时，易病始二日。医云："欲知差剧，但尝粪甜苦。"易泄利，黔娄辄取尝之。味转甜滑，心愈忧苦。至夕，每稽颡北辰，求以身代。俄闻空中有声，曰："徵君寿命尽，不可延，汝诚祷既至，改得至月末。"晦，而易亡。

| 今译 |

南齐的庾黔娄担任孱陵县令，上任不到十天，他的父亲就在家里得了病。黔娄忽然感到心惊肉跳，全身大汗淋漓。他当下就弃官回到家里，家里的人都非常惊奇。他赶到家里的时候，父亲患病仅两天，医生说："要想知道病的情况，只要尝一下他粪便的甜苦就可以了。"于是，父亲大便后，黔娄就取一些来品尝。粪便的味道转为甜滑，而黔娄的心却越来越忧愁苦闷。一到晚上，他就向北跪拜，乞求用自己的生命来延续父亲的生命。不一会儿，他听到空中有说话的声音："你父亲的寿命尽了，不能再延续，但因为你真诚的祷告，你父亲的死期可以改至月末。"月终，黔娄的父亲果真去世了。

简注

① 遘疾：遭遇疾病。

实践要点

这几条都是在讲如何处理父母亲生病时的情境和做法。父母生病，尝便、尝药、吮吸疮脓等等，在今天看来是不符合医学常识的，应该予以抛弃。但是对父母的那颗孝爱心却不能抛弃。当父母生病，其实最理性的方式，当然是寻找专业人士，延医就诊。

【22】后魏孝文帝幼有至性，年四岁时，献文患痈，帝亲自吮脓。

今译

后魏孝文帝从小就非常孝顺，他四岁的时候，父亲献文帝患了痈疮，孝文帝亲自为父亲吮吸疮脓。

【23】北齐孝昭帝，性至孝。太后不豫[①]，出居南宫。帝行不正履，容色贬悴，衣不解带，殆将旬。殿去南宫五百余步，鸡鸣而出，辰时方还；来去徒行，不乘舆辇。太后所苦小增，便即寝伏阁外，食饮药物，尽皆躬亲。太后惟常心痛，不自堪忍。帝立侍帷前，以爪[②]掐手心，血流出袖。此可谓病则致其忧矣。

今译

北齐孝昭帝，天性非常孝顺。太后不舒服，住在南宫。孝昭帝十分愁苦，走路都走不正，面容憔悴，衣不解带，这样的状态将近十天。宫殿距离南宫有五百多步，昭帝每天天亮鸡叫的时候就去南宫问候太后，到了辰时才回宫；来去都是步行，从来不乘车。太后的病稍微加剧，昭帝就睡在她的卧室门外，太后的饮食和药物，昭帝都要亲自服侍进献。太后常常心痛，不能忍受，昭帝就站在她的床前，以手指掐自己的手心，血从袖口流出来。这就是所谓的父母生病了，子女自己也会忧愁，感同身受。

简注

① 豫：舒服。

② 爪：指甲。

【24】《经》曰："孝子之丧亲也，哭不哀，礼无容，言

不文[①]，服美不安，闻乐不乐，食旨不甘，此哀戚之情也。三日而食，教民无以死伤生，毁不灭性，此圣人之政也。丧不过三年，示民有终也。为之棺椁衣衾而举之，陈其簠簋而哀戚之。擗踊哭泣，哀以送之，卜[②]其宅兆而安厝[③]之，为之宗庙[④]，以鬼享之。春秋祭祀，以时思之。生事爱敬，死事哀戚，生民之本尽矣，死生之义备矣，孝子之事亲终矣。君子之于亲丧，固所以自尽也，不可不勉。丧礼备在方册[⑤]，不可悉载。”

今译

《孝经》说：“孝子在父母去世以后，哭的时候声嘶力竭，以头触地，没有礼制仪容，说话也不讲究文采，穿漂亮的衣服会感到不安，听到美好的音乐也不会快乐，吃美味佳肴也不感到甘甜，这些都是哀伤悲痛的表现。父母去世后三天就应当吃饭了，这是教人不要因为哀悼死者而伤害到生者的身体，孝子应该悲伤憔悴，但不能危及自己的生命，这是圣人创设的政教方法。孝子守丧不超过三年，这是向人们表明丧亲的哀恸之情也要有一定的期限。子女要为离世的父母准备棺木和寿衣，举行入殓之礼；要摆设各种祭器表示哀悼；送葬的时候，要捶胸顿足，嚎啕大哭；安放棺木，要占卜吉凶，选择墓地；也要建造宗庙祭祀亡灵。一年四季，子女要祭祀父母，寄托自己对死去父母的哀思。父母在世的时候，子女要敬重他们，当父母去世之后就要好好哀悼他们，子女尽到了自己的责任，死生的大义，也完成了养老送终的义务。君子为父母治丧尽孝，原本就是履行自己的责任，不能不努力做好。关于治丧所应遵循的礼节，典籍里的记载已经很详细，在这里不能细说。”

简注

① 文：文饰。

② 卜：选择。

③ 安厝：这里指安葬。

④ 宗庙：帝王、诸侯、大夫或士祭祀祖先的处所。

⑤ 方册：典籍。

实践要点

《孝经》所讲的这些礼仪，在今天很难去按部就班地做，很多具体节目也要调整，其实有一颗哀恸的心才是真正的孝，搞那么多繁文缛节，对逝者也是折腾，对生者也是折磨。父母在生，多关心他们，多和他们吃饭、聊天，让他们快乐，比死了之后再尽孝更实在，那更多的是给在生的人看。

【25】孔子曰：“少连、大连[①]善居丧，三日不怠，三月不解，期悲哀，三年忧，东夷之子也。”高子皋执亲之丧也，泣血三年，未尝见齿[②]，君子以为难。

今译

孔子说：“少连和大连很会居丧，三日之内不惰怠，三个月之内不松懈，悲哀整整一年，而三年之内一直在忧愁。少连和大连都是东夷之子，尚且如此。”孔子的弟子子皋居丧，整整哀哭了三年，从来没有笑过，连那些很守礼法的君子都认为做到这样很难。

| 简注 |

① 少连、大连：古鲜卑族贤人。

② 见齿：大笑。

【26】颜丁善居丧，始死，皇皇①焉，如有求而弗得；及殡，望望②焉，如有从③而弗及；既葬，慨焉④，如不及其反而息。

| 今译 |

春秋时鲁国人颜丁很会居丧，在父母刚去世的时候，他就很彷徨，好像有什么东西想得到却没有得到一样；等到出殡的时候，他就望了又望，对父母亲恋恋不舍，好像急切地想要追随别人，但又没能够追上；在下葬之后，又感到很疲惫，好像再也盼不到亲人回家来歇息的样子。

| 简注 |

① 皇皇：彷徨的样子。

② 望望：望了又望，恋恋不舍的样子。

③ 从：追逐，追随。

④ 慨焉：疲惫的样子。

【27】唐太常少卿苏颋遭父丧，睿宗起复为工部侍郎，颋固辞。上使李日知谕旨，日知终坐不言而还，奏曰："臣见其哀毁，不忍发言，恐其殒绝[①]。"上乃听其终制[②]。

今译

唐代太常少卿苏颋父亲去世了，这个时候，唐睿宗准备要任命他为工部侍郎，他坚决不接受。皇上派李日知去宣读圣旨，李日知到了苏家，却坐在那里一言不发，他回去禀告皇上说："我见他哀伤过度，面容憔悴，不忍心再去说这些事，怕他听了会昏死过去。"于是皇上允许他服满三年的父丧。

简注

① 殒绝：昏厥。

② 终制：服满三年父丧。

【28】左庶子李涵为河北宣慰使，会[①]丁母忧，起复本

官而行。每州县邮驿公事之外，未尝启口。蔬饭[②]饮水，席地而息。使还，请罢官，终丧制。代宗以其毁瘠，许之。自余能尽哀竭力以丧其亲，孝感当时，名光后来者，世不乏人。此可谓丧则致其哀矣。

| 今译 |

左庶子李涵在担任河北宣慰使的时候，恰巧母亲去世，可是他这时正被任命为宣慰使在外地公干。于是他每到一个州县，除公事之外，没有再说过话。每天只吃些粗饭，喝口白开水，然后睡在地上。完成出使任务后，他就请求辞官，回去为母亲守丧。代宗因为他过度悲哀而损伤了身体，所以恩准了他。那些能够尽哀竭力为父母亲守丧，并因为孝顺而感动当时的人们，并且名留后代的，每朝每代都有很多。这可以说是在父母去世之后能竭尽悲哀之情的了。

| 简注 |

① 会：恰逢。

② 蔬饭：这里指的是粗食。

【29】古之祭礼详矣，不可遍举。孔子曰："祭如在。"君子事死如事生，事亡如事存。斋三日，乃见其所为斋者。祭之日，乐与哀半，飨之必乐，已至必哀。外尽物，内尽

志；入室，僾然必有见乎其位；周还[①]出户，肃然必有闻乎其容声；出户而听，忾然[②]必有闻乎其叹息之声。是故先王之孝也，色不忘乎目，声不绝乎耳，心志嗜欲不忘乎心。致爱则存，致悫则著，著存不忘乎心，夫安得不敬乎！齐齐乎[③]其敬也，愉愉乎[④]其忠也，勿勿[⑤]诸其欲其飨之也。《诗》曰："神之格思，不可度思，矧可斁思。"此其大略[⑥]也。

今译

古代的祭礼非常详细，不可能都列举到。孔子说："祭祀要做到就好像先人就在那里一样表现出尊敬态度。"君子祭祀死者就像他活着的时候侍奉他那样。要斋戒三天，然后再去拜见所要祭祀的亡灵。祭祀亡灵的时候，要喜忧参半，提供祭品给亡灵的时候必须高兴，想到父母来后（还得逝去）自己内心又必须要哀伤。在外是竭尽一切物品，内心是竭尽一切诚意。进入家庙之中，仿佛看见先人就坐在那里；祭拜之后，准备走出门的时候，心存敬畏，又好像听到他们在说话一样；出门之后，又好像听到他们的叹息之声。因此先王的孝要做到，去世的亲人形象总是在我的眼前出现，他们的声音也总是萦绕在我的耳畔，他们的喜好也总是在我心间留存。出于对先人的爱，他们永远活在我的心里；出于对先人的诚敬，他们的音容笑貌总是能够清晰浮现出来。这样先人就会在心中永存不忘，我们又怎么能不去尊敬他们呢？恭敬表现为庄重的动作，虔诚表现为和颜悦色的姿态，殷勤周到，只希望所祭祀的亡灵能享用到祭品。《诗经》说："神灵无处不在，不可测度，如果玩忽不敬就会遭到惩罚。"这就是它的大意。

简注

① 周还：周旋，旋转。

② 忾然：叹息的声音。

③ 齐齐乎：整整齐齐的样子。

④ 愉愉乎：愉愉快快的样子。

⑤ 勿勿：勤勉不息的样子。

⑥ 大略：大概。

实践要点

祭礼，这是追远。追远的意义是子孙后代对自己的根之追寻。对祖先的祭祀首先是对先祖的“继续奉养”，这一方面可以唤起对祖先的“孝敬之心”，另一方面，又可使祖先与后人情感相通。祭祀，是人们寻根问祖的好方式。今天的商业社会流动性很大，很多人工作、生活不定所，与自己的兄弟姐妹亦不在同一城市，平时联络情感的方式无非是电话与网络，感情难免淡薄，特别是小孩子之间的情感更没有建立的基础。年轻人参加祭礼活动，便能增进家人间的情感，又能在这种氛围下听听曾祖父母、祖父母们的事迹，这也对凝聚家族为一共同体有重要作用，从这个意义上看，祭礼便是“寻根”活动。知古可鉴今，一家如此，一国亦如此，否则便是不知前生后世了。故国家将清明设为国家法定假日，便有此意，让我们能在清明这日参加家族祭礼，慎终追远。先让我们知道自己一家从何而来，再由此知自己一国从何而来。孔子讲祭神如神在，家祭亦如此。“如”字，体现了“敬畏”的意思，只有敬畏，才可感通。

【30】孟蜀太子宾客李郸，年七十余，享祖考，犹亲涤器。人或代之，不从，以为无以达追慕之意。此可谓祭则致其严矣。

丨 今译 丨

孟蜀太子宾客李郸，年纪已经七十多岁了，他祭祀祖父的时候，还亲自洗涤祭器。有人想代替他去洗刷，他从来都不允许，认为那样无法寄托自己的思念之情。这就是说的祭祀时就要表现得庄严肃穆。

【31】《经》曰：身体发肤，受之父母，不敢毁伤，孝之始也。

丨 今译 丨

《孝经》说：人的身体、毛发、皮肤，都是从父母那里获得的，子女不能随意毁坏，这是孝顺父母的开始。

丨 实践要点 丨

身体发肤受之父母，这背后隐含的是儒家的生命教育。今天很多年轻人轻生自残，就是不知道这个道理。父母如此关心我们的健康和安全，我们难道不应该好好照顾自己吗?

【32】曾子有疾，召门弟子曰："启予足，启予手。《诗》云：'战战兢兢，如临深渊，如履薄冰。'而今而后吾知免夫小子①。"

今译

曾子生病了，他把门人弟子都召集来说："你们揭开我的被，我要看看我的手和脚。《诗经》说：'战战兢兢，如临深渊，如履薄冰。'从今之后我自己知道要免于患难了。"

简注

① 小子：对弟子们的称呼。

【33】乐正子春下堂而伤足，数月不出，犹有忧色。门弟子曰："夫子之足瘳矣，数月不出，犹有忧色，何也？"乐正子春曰："善，如尔之问也！善，如尔之问也！吾闻诸曾子，曾子闻诸夫子曰：'天之所生，地之所养，惟人为大。父母全而生之，子全而归之，可谓孝矣；不亏其体，不辱其身，可谓全矣。故君子顷步而弗敢忘孝也。'今予忘孝之道，予是以有忧色也。一举足而不敢忘父母，一出言而不敢忘父母。一举足而不敢忘父母，是故道而不径，舟而不游，不敢以先父母之遗体行殆；一出言而不敢忘父母，是故

恶言不出于口，忿言不反于身。不辱其身，不羞其亲，可谓孝矣。”

今译

乐正子春下堂的时候弄伤了脚，几个月都没有出门，但脸上还带有愁容。他的门人弟子们说：“老师您的脚早就痊愈了，您几个月都不出门，怎么脸上还那么忧愁？”乐正子春说：“你们问得好！你们问得好！我曾听曾子说，曾子听孔夫子说：‘天地之间，人最为尊贵。父母亲把你完整生下来，你就要好好爱惜自己，保护好自己，这就是孝；不要随便损伤自己的身体，这就是全。所以君子即使只迈半步，也不敢忘记孝道。’现在我忘记了孝道，弄伤了脚，所以我面有忧色啊！人在举足之间，都不能忘记父母，一开口说话也不能忘记父母。正因为举足之间不敢忘记父母，所以走路不敢走小路，过河要乘船，而不游泳，这就是不敢以父母受之于自己的身体涉险履危；因为一开口不敢忘记父母，所以不好听的话不说，那些愤恨难听的话也不会回击在自己身上。既不侮辱自己，也不让父母蒙羞，这就可以说是做到孝了。”

【34】或曰：“亲有危难则如之何？亦忧身而不救乎？”曰：“非谓其然也。孝子奉父母之遗体，平居一毫不敢伤也；及其徇仁蹈义，虽赴汤火无所辞，况救亲于危难乎！古以死徇其亲者多矣。”

今译

有人问："如果父母亲有危险，应该怎么办？子女也要担心自己的身体受到伤害而不去救父母亲吗？"回答说："并不是这样的。孝子对待父母给予的身体，平时连一丝一毫都不敢伤害；可是到了舍身求仁、杀身取义的时候，即便是赴汤蹈火也在所不辞，更何况是在危难之时拯救父母亲呢！自古以来为父母亲献身的人很多很多。"

【35】晋末乌程人潘综遭孙恩乱，攻破村邑。综与父骠共走避贼，骠年老行迟，贼转逼[①]。骠语综："我不能去，汝走可脱，幸勿俱死。"骠困乏坐地，综迎贼叩头曰："父年老，乞赐生命。"贼至，骠亦请贼曰："儿少自能走，今为老子不去。孝子不惜死，可活此儿。"贼因斫骠，综乃抱父于腹下。贼斫综头面，凡四创，综当时闷绝[②]。有一贼从傍来会[③]曰："卿举大事，此儿以死救父，云何可杀？杀孝子不祥。"贼乃止，父子并得免。

今译

晋末乌程人潘综正好赶上孙恩作乱，攻打进村镇里来。潘综和父亲潘骠一起逃跑躲避贼寇，但是潘骠年老行动迟缓，贼寇逐渐逼近。潘骠对儿子潘综说："我走不动了，你赶快跑可以脱身，我们不能都在这里等死。"这时潘骠已经因为困乏跑不动了，只好坐在地上，潘综迎着那些冲过来的贼叩头求道："我父亲已经年纪大了，请饶他一命。"等贼寇到了跟前，潘骠也向贼寇求道："我的儿子正年轻，他本来能跑掉，可是他为了我这个父亲才没有走，他是个以死救父的孝子，请你们饶了他吧。"贼寇用刀要去砍潘骠，潘综就将父亲抱在自己的身下。贼寇于是砍到了潘综的头部，一连四刀，潘综当场就昏死过去。这时有一个贼人从旁边跑了过来说："我们是要做大事的，这个人用死来救他的父亲，怎么可以杀他呢？杀孝子不吉利。"于是贼寇就不再砍杀潘综，这对父子一并幸免于难。

简注

① 转逼：转过方向来追赶、逼近。

② 闷绝：昏死，休克。

③ 会：会合。

【36】齐射声校尉庾道愍所生母漂流[①]交州，道愍尚在襁褓。及长，知之，求为广州绥宁府佐。至府，而去交州尚远，乃自负担，冒崄自达。及至州，寻求母，经年不获，日夜悲泣。尝入村，日暮雨骤，乃寄止一家。有妪负薪自外还，道愍心动，因访之，乃其母也。于是俯伏[②]号泣。远近赴之，莫不挥泪。

今译

南朝时齐朝射声校尉庾道愍的亲生母漂泊到交州的时候，庾道愍还是个襁褓中的婴儿。等到他长大，知道了这件事，于是他就请求担任广州绥宁府的府僚。他上任后，绥宁府离交州还很远，于是他就自己背着行囊，冒险去交州。等到了交州，他就寻找自己的亲生母亲，但整整一年也没有找到，于是他日夜哭泣。有一次，他走进一个村庄，天已经黑了，但雨下得很大，他就借宿在一个人家家里。这时，有一个老婆婆背着一些柴草从外边回来，道愍心里似乎有感应，于是向前询问，这个老婆婆果然就是他的亲生母亲。母子重逢，抱头痛哭。远近前来的人，没有不为之感动流泪的。

简注

① 漂流：漂泊。

② 俯伏：俯首伏地，表示恭敬。

【37】梁湘州主簿吉翂，父天监初为原乡令，为吏所诬，逮诣廷尉。翂年十五，号泣衢路①，祈请公卿。行人见者，皆为陨涕②。其父理虽清白，而耻为吏讯，乃虚自引咎，罪当大辟。翂乃挝登闻鼓，乞代父命。武帝嘉异之，尚以其童稚，疑受教于人，敕廷尉蔡法度严加胁诱，取其款实③。

法度乃还寺，盛陈徽纆④，厉色问曰："尔求代父死，敕已相许，便应伏法。然刀锯至剧，审⑤能死不。且尔童孺，志不及此，必人所教，姓名是谁？若有悔异，亦相听许。”对曰：“囚虽蒙弱，岂不知死可畏惮？顾诸弟幼藐[6]，唯囚为长，不忍见父极刑，自延视息。所以内断胸臆，上干万乘。今欲殉身不测，委骨泉壤。此非细故，奈何受人教耶？”法度知不可屈挠，乃更和颜诱，语之曰：“主上知尊侯无罪行，当释亮[7]。观君神仪明秀，足称佳童。今若转辞，幸父子同济。奚以此妙年，苦求汤镬[8]？”曰：“凡鲲鲕蝼蚁，尚惜其生，况在人！斯岂愿齑粉[9]。但父挂深劾，必正刑书。故思殒仆，冀延父命。”翂初见囚[10]，狱掾依法备加桎梏。法度矜之，命脱其二械，更令著一小者。翂弗听，曰：“翂求代父死，死囚岂可减乎？”竟不脱械。法度以闻，帝乃宥其父子。丹阳尹王志求其在廷尉故事并诸乡居，欲于岁首，举充纯孝。曰：“异哉王尹！何量翂之薄也。夫父辱子死，斯道固然，若有面目当其此举，则是因父买名，一何甚辱！”拒之而止。此其章章[11]尤著者也。

今译

南朝时梁朝湘州的主簿吉翂，他的父亲在天监初年的时候担任原乡令，被人诬陷，抓起来到廷尉那里接受审讯。当时，吉翂十五岁，他就在大街上嚎啕哭泣，在一些当官的面前为父亲说情。路上的行人看见了都为之落泪。他的父亲本来没有什么罪，但他耻于受狱吏审讯，于是故意承认有罪，而且还罪当斩首。吉翂于是去击打登闻鼓，请求代替父亲去受死。当时梁武帝颇为这个少年称奇，但是又认为他只是个孩子，怀疑背后有人在教他，于是命令廷尉蔡法度严加审问，弄清实际情况。

法度回到衙署，故意多放一些捆绑犯人的绳索，然后大声喝问："你请求代替你的父亲去死，皇上已经同意了，你这就要受刑伏法。但是刀斧无情，为了慎重，再核实一下你的情况。你是个孩子，还不懂得代父去死，一定是有人在背后教你，这人姓甚名谁？你如果后悔了，我们还可以重新考虑。"吉翂回答说："我虽然是个孩子，但是能不知道杀头是十分可怕的事情吗？只是家里几个弟弟都还幼小，只有我最大，我不忍心看着父亲身受极刑，而我自己却独自活在这个世上。所以我自己做主，求见天子，想代父而死，这难道不是实情，还需要让别人来教吗？"蔡法度知道用威吓的办法不能使他屈服，便换了一副温和的面孔，对他说："皇上其实已经知道你父亲是无罪的，应当释放，我看你聪明俊秀，是一个好孩子，你现在如果要改变代父而死的说法，或许你们父子俩都没有事。为什么要用如此好的年华，去白白送死呢？"吉翂回答说："连虫鱼都懂得珍惜自己的生命，何况人呢？我哪里是愿意去送死，只不过父亲被弹劾，必然要受到刑律的处罚，所以我才想着牺牲自己，来救父亲一命。"吉翂刚被拘押的时候，狱吏按规定给他上了枷锁。蔡法度对他有些怜悯，就下令给他摘掉两个刑具，并且让人给他换一个轻一点的刑具。吉翂竟不肯，他说："我请求代替父亲去死，我就是死囚，死囚怎么可以减去刑具呢？"吉翂竟然没有脱下那些刑具，蔡法度把这些事告诉了皇上，皇帝于是赦免了他们父子。后来，丹阳尹王志搜集吉翂在廷尉那里以身救父的事迹，以及他平时在乡里的善举，想在年初的时候推举他为孝顺父母的典范。吉翂说："奇怪啊，王尹！你怎么把我看得那么低下呢？父亲有难，儿子去以死相救，这是很一般的道理呀，如果我成为孝子的典范，那么我就是在用父亲为自己换名声，这是多么耻辱的事呀！"吉翂拒绝了这个建议。这些都是孝行昭著的例子。

简注

① 衢路：四通八达的道路。

② 陨涕：落泪。

③ 款实：真实详细的情形。

④ 徽纆：捆绑最烦的绳索。

⑤ 审：慎重考虑。

⑥ 幼藐：幼小。

⑦ 释亮：宽恕，释放。

⑧ 汤镬：把人扔进滚汤中煮死。

⑨ 齑粉：粉末，碎屑。

⑩ 见囚：被囚禁。

⑪ 章章：昭著的样子。

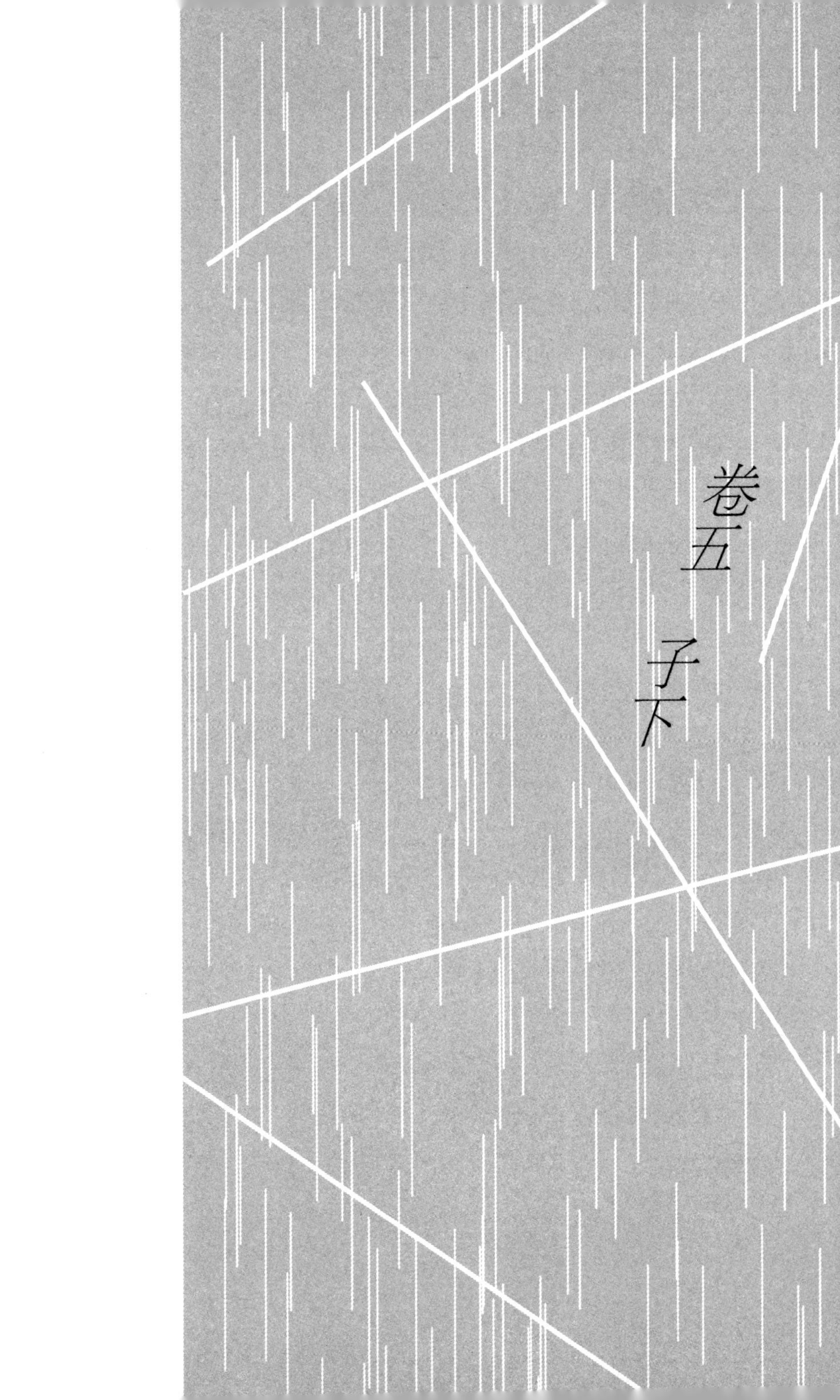

卷五 子下

【1】《书》称舜"烝烝乂，不格奸"，何谓也？曰：言能以至孝，和①顽嚚昏傲②，使进进以善自治，不至于大恶也。

今译

《尚书》里面说舜是"烝烝乂，不格奸"，这是什么意思呢？这是说舜非常孝顺，他能和心术不正的父亲、不忠诚的母亲以及傲慢的弟弟和睦相处，他用自己的孝行德性来感化他们，同时又加强自身的修养，不至于陷入邪恶之中。

简注

① 和：和谐，调和。

② 顽嚚昏傲：指舜父、舜母、舜弟。

实践要点

我们都知道舜的故事，他的后母挑拨离间，唆使他的父亲赶走他，甚至要谋害他，但是舜依然从自己做好，用自己的大孝去感化自己的父母、兄弟。这才是圣君，以德报怨。

【2】曾子耘瓜，误斩其根。皙怒，建大杖以击其臂。曾子仆地而不知人。久之乃苏，欣然而起，进于曾皙曰："向

也！参得罪于大人[①]，用力教参，得无疾乎？”退而就房，援琴而歌，欲令曾皙闻之，知其体康也。孔子闻之而怒，告门弟子曰：“参来，勿内[②]。”曾参自以为无罪，使人请[③]于孔子。孔子曰：“汝不闻乎，昔舜之事瞽瞍，欲使之，未尝不在于侧；索而杀之，未尝可得。小捶则待过，大杖则逃走，故瞽瞍不犯不父之罪，而舜不失烝烝之孝。今参事父，委身[④]以待暴怒，殪[⑤]而不避，身既死而陷父于不义，其不孝孰大焉？汝非天子之民乎？杀天子之民，其罪奚若？”曾参闻之，曰：“参，罪大矣！”遂造[⑥]孔子而谢过，此之谓也。

| 今译 |

曾子锄瓜，不小心斩断了瓜的根。父亲曾皙非常生气，举起一根大棍就向曾子的臂膀打过来，曾子摔倒在地，不省人事。过了很久才苏醒过来，曾子高兴地站起来，走到曾皙跟前说道：“刚才我得罪了父亲大人，您为教导我而用力打我，您有没有受伤？”曾子退下回到房里，一边弹琴一边唱歌，想让父亲听见，知道自己的身体早已恢复健康。孔子听说了这些情况非常生气，告诉弟子们说：“如果曾参来了，不要让他进门。”曾参认为自己没有罪过，就请人向孔子请教。孔子对来人说：“你没听说过以前舜侍奉父亲，父亲使唤他的时候，他总是在父亲身边；而父亲要杀他的时候，却找不到他。父亲轻轻责打他的时候，他就站在那里受罚，父亲用大棍打他的时候，他就逃跑，因此他的父亲没有背上不义之父的罪名，而舜自己也没有失去为人之子的孝心。现在曾参侍奉自己父亲，面对暴怒的父亲要打死他的时候，他也不回避。如果他真的死了，那么就会陷他的父亲于不义的境地，相比之下，哪种行为更为不孝呢？曾参你难道不是天子的臣民吗？他的父亲如果杀了天子的臣民，那会犯下多大的罪过呀！”曾参听后说：“我的罪过真的很大呀！”于是曾参拜见孔子向他谢罪。这件事说的就是这个道理。

简注

① 大人：这里是对父亲的尊称。

② 内：通“纳”，放进来。

③ 请：请教。

④ 委身：舍弃自己的身体。

⑤ 殪：死。

⑥ 造：造访。

实践要点

大杖走，小杖受。对父母恳切、恰当的惩罚，我们应该接受它，因为父母这是对我们好；如果父母失去理智，子女也不应该反抗，但是应该逃跑，报警。反抗或与之对打，是对自己内在孝心的伤害，再怎么说，父母生养我们。但这绝不意味着我们面对过度的惩罚坐以待毙，因为父母可能一时“火遮眼”，待到他们冷静下来，他们也会为他们所做的事情而懊恼、悔恨，我们不应该让这样的事情发生。甚至，还有可能违犯《未成年人保护法》，切不能让父母亲犯下这样的罪行，要遏制在萌芽的状态下，绝不能陷父母于不义的境地。

【3】或曰：孔子称色难。色难者，观父母之志趣，不待发言而后顺之者也。然则《经》何以贵于谏争乎？曰：谏者，为救过也。亲之命可从而不从，是悖戾也；不可从而从之，则陷亲于大恶。然而不谏是路人，故当不义则不可不争也。或曰：然则争之能无咈[①]亲之意乎？曰：所谓争者，顺而止之，志在必于从也。孔子曰："事父母几谏。见志不从，又敬不违，劳而不怨。"《礼》："父母有过，下气怡色，柔声以谏。谏若不入，起[②]敬起孝。说则复谏。不说，则与其得罪于乡党州闾，宁熟谏。父母怒，不说而挞之流血，不敢疾怨，起敬起孝。"又曰："事亲有隐而无犯。"又曰："父母有过，谏而不逆。"又曰："三谏而不听则号泣而随之，言穷无所之也。"或曰：谏则彰亲之过，奈何？曰：谏诸内，隐诸外者也，谏诸内则亲过不远[③]，隐诸外故人莫得而闻也。且孝子善则称[④]亲，过则归己。《凯风》曰："母氏圣善，我无令人。"其心如是，夫又何过之彰乎？

今译

有人说：孔子认为察言观色最难。察言观色之所以难，指的是子女要善于观察父母的兴趣爱好，不等他们开口就能顺应父母的需求。既然这样，《孝经》又为什么要以子女劝谏父母为难能可贵呢？回答是：对父母进行劝谏，是为了挽救父母的过失。当父母的吩咐正确要去遵从的时候，子女却不遵从，这样子女就犯了错误。当父母的吩咐不对，子女不应该服从却要去服从，这就会导致父母犯错。如果子女不劝谏父母，那就形同陌路之人，所以当父母有不义言行的时候，子女就不得不对父母进行劝谏。有人说劝谏父母那不是要违背父母的意愿了吗？这里所说的劝谏，是在顺从父母意愿的前提下，去阻止他们一些不对的做法，而且一定要做到让他们听从自己的意见。孔子说："侍奉父母，如果他们有什么过失，只能委婉地规劝他们，如果自己的意见没有被采纳，仍然要对父母恭敬，而不能有任何抵触情绪，为父母操劳而没有怨恨。"《礼记》说："父母有过错，子女要和颜悦色，柔声下气劝谏。如果父母不听，子女要更加恭敬，以孝心来感化他们，等到父母高兴的时候，子女就再次劝谏他们，父母要是不高兴，那么与其让父母得罪乡邻，不如多次向父母劝谏。父母如果生气了，把子女打得流血，子女也不能怨恨，仍然要孝敬父母。"又说："子女侍奉父母亲，可以为他们遮掩过错，却不能违忤他们。"又说："父母有过错，劝谏他们却不违忤他们。"又说："子女多次劝谏，父母还不接受，子女就要跟在父母的身边大声哭泣，这是已经到了毫无办法的时候了。"有人说：劝谏父母就会显示出他们的过错，这要怎么办呢？回答是：子女要在家里对父母进行劝谏，但当着外人的时候就要替父母隐瞒。在家里劝谏，父母的过错就不会在外张扬；在外隐瞒，别人就不会知道父母的过错。况且，孝子总是把善行归功于父母，而把过错归咎于自己。《凯风》里说："母亲圣善贤良，而我自己是个品德不好的人。"子女的孝心如果能这样，又怎么会显示出父母的过错呢？

简注

① 咈：违背。

② 起：更加。

③ 不远：不在外张扬。

④ 称：称赞。

实践要点

这一条讲在父母亲犯错的时候，如何去规劝父母。这里讲的是小的过错，而不是大的罪过或者犯罪的行为。父母犯错，我们一定要规劝，但不能颐指气使，把自己放在一个高高在上的位置，言辞上一定要婉转，这样既能让父母意味到错误，真心诚意改正，也要让父母脸面上过得去，不要伤了他们做父母的威严，所以，规劝父母要讲究策略和方法，需要智慧。

【4】或曰：子孝矣而父母不爱，如之何？曰：责己而已。昔舜父顽、母嚚、象傲，日以杀舜为事。舜往于田，日号泣于旻天。于父母负罪引慝①，只载见瞽瞍，夔夔斋栗，瞽瞍亦允。若诚之至也，如瞽瞍者犹信而顺之，况不至是者乎？

今译

有人说：如果子女很孝顺父母，但是父母没有慈爱之心，那该怎么办呢？回答是：如果有这样的情况，子女应该从自己那里寻找原因。从前舜的父亲凶狠而心术不正，母亲不忠诚，弟弟象非常傲慢，他们每天都想把舜杀死。舜最初在历山耕作的时候，就为父母所嫉恨，每天都朝天哭泣。但是，他对待父母，仍然克己自责，非常恭敬地侍奉父母。每次见父亲的时候，他都是恭敬而畏惧的样子，最后舜的父亲终于和他和睦相处。如果子女有一颗至诚的孝心，像瞽瞍那样凶悍的父亲都能够被感化，与他和睦相处，何况那些本来天性就不错的父母呢？

简注

① 慝：罪恶。

实践要点

儒家的伦理主张是从自己开始去反省自律的。其实，在日常生活中，我们也能体会得到，很多时候，我们只要叩问自己良知没有亏欠，靠自己的能力去影响周围的人就可以了，我们没有办法要求其他人去做什么。这样说起来似乎有一点悲观的情绪，但是，如果这个社会是良性的环境秩序，人与人之间确实是能够互相感应的。我们孝顺父母，父母自然能感应到，并予以我们回应；我们友爱自己的兄弟，兄弟也自然能够感应到，并予以我们回应；妻子、子女、同事，甚至陌生人亦如是。我们要做一个乐观的人，假如我们因着一些对人性的悲观情绪便不去迈出第一步，那这个世道还会变好吗？走出自己，迎接他人，或许我们会失望，但或许那是一片广阔的天空。

【5】曾子曰："父母爱之，喜而不忘；父母恶之，惧而弗怨。"汉侍中薛包，好学笃行。丧母，以至孝闻。及父娶后妻而憎包，分出之。包日夜号泣，不能去。至被殴杖，不

得已，庐于舍外，旦入而洒扫。父怒，又逐之。乃庐于里门，晨昏不废。积岁余，父母惭而还之。

| 今译 |

曾子说："父母喜爱子女，子女高兴而不忘记；父母讨厌子女，子女畏惧却不怨恨。"汉代的侍中薛包，勤奋好学，品德高尚。母亲去世的时候，他就以孝顺而远近闻名。后来，父亲娶了一个后妻，就开始厌恶薛包，于是把他赶出去居住。薛包日夜号哭，不愿离去。父母用木棍打他，他不得已就在父母住的地方外面建一个小草庐居住。每天早晨他都早早起来给父母洒扫庭院。父亲非常生气，又赶走他。于是他又在巷口建个小草庐居住，晨省昏定的礼节从来都没有缺失。过了一年多，父母终于感到惭愧，于是把他叫回了家。

【6】晋太保王祥至孝，早丧亲，继母朱氏不慈，数谮之，由是失爱于父，每使扫除牛下[①]，祥愈恭敬。父母有疾，衣不解带，汤药必亲尝。有丹柰结实，母命守之，每风雨，祥辄抱树而泣。其笃孝纯至如此。母终，居丧毁悴，杖而后起。

| 今译 |

晋代太保王祥非常孝顺，他自幼丧母，继母朱氏没有慈爱之心，几次在他父亲面前诬陷他，因此父亲也不再疼爱他，父母经常让他打扫牛棚，可他却对父母越来越恭谨。父母生病了，他衣不解带，小心侍候。给父母喂汤药之前，他一定要亲口尝一下汤药。家里有一棵丹柰树结了果实，继母叫他看护，每次刮风下雨的时候，王祥就抱着丹柰树哭泣。他就是如此的诚实孝顺纯厚真挚。继母死后，他在家守丧，因过度哀伤而导致身体损伤，要拄着拐杖才能站起来。

| 简注 |

① 牛下：牛的排泄物。

【7】西河人王延，九岁丧母，泣血三年，几至灭性[①]。每至忌月，则悲泣三旬。继母卜氏，遇之无道，恒以蒲穰及败麻头与延贮衣。其姑闻而问之，延知而不言，事母弥谨。卜氏尝盛冬思生鱼，敕延求而不获，杖之流血。延寻汾凌而哭，忽有一鱼长五尺，踊出冰上，延取以进母。卜氏心悟，抚延如己生。

| 今译 |

西河人王延，他九岁的时候母亲去世，他整整哀哭了三年，几乎要死去。此后，每一年母亲的忌月，他还要天天悲哭。他的继母卜氏，对他很不好，经常用乱草和破麻给王延做衣服。王延的姑姑听说后，就去问王延，王延却不把这些事告诉姑姑，而且更加谨慎地侍奉继母。有一次，继母卜氏在大冬天想吃活鱼，就让王延去寻鱼，王延没有弄来活鱼，继母就用木棒打他，打到他流血。这时，王延沿着汾河的积冰边走边哭，忽然有一条五尺多长的鱼跃出冰面，王延赶紧拿着去进献给继母。这时，卜氏心里有所悔悟，从此之后，她抚养王延就像抚养自己的孩子一样。

简注

① 灭性：毁灭生命。

【8】齐[①]始安王谘议刘沨父绍仕宋，位中书郎。沨母早亡，绍被敕纳路太后兄女为继室。沨年数岁，路氏不以为子，奴婢辈捶打之无期度[②]。沨母亡日，辄悲啼不食，弥为婢辈所苦。路氏生溓，沨怜爱之，不忍舍，常在床帐侧。辄被驱捶，终不肯去。路氏病，经年，沨昼夜不离左右。每有增加[③]，辄流涕不食。路氏病瘥，感其意，慈爱遂隆。路氏富盛，一旦为沨立斋宇，筵席不减侯王。

今译

南齐始安王的谘议参军刘沨的父亲刘绍，在宋做官，位至中书郎。刘沨的母亲很早就去世了，刘绍被皇上下令纳路太后哥哥的女儿为继室。这时刘沨才只有几岁，继母路氏不把他看作自己的孩子，连那些奴婢们都时不时地打他。每年刘沨生母忌日的时候，他就悲痛哭泣不能进食，这就更加被那些奴婢们所欺侮。后来，路氏生下一个孩子叫溓，刘沨非常喜爱他，不忍心和他分开，经常守在床帐边。尽管常常被驱赶捶打，但是刘沨还是不肯离开。后来，路氏生了大病，大概有一年的时间，刘沨认真侍候路氏，从白天到黑夜都不离开继母身边。路氏的病情一旦加重，他就痛哭流涕，吃不下饭。路氏的病好之后，被他的一片孝心所感动，于是对他非常慈爱。路氏非常富足，在给刘沨成家的时候，为他设宴席招待宾朋，婚宴的规模可以和当时的王侯媲美。

简注

① 齐：南齐。

② 期度：限度。

③ 增加：病情加重。

【9】唐宣歙观察使崔衍父伦为左丞，继母李氏不慈于衍。衍时为富平尉，伦使于吐蕃，久方归。李氏衣敝衣以见伦，伦问其故，李氏称伦使于蕃中，衍不给衣食。伦大怒，召衍责诟[①]，命仆隶拉于地，袒其背，将鞭之。衍泣涕终不自陈。伦弟殷闻之，趋往以身蔽衍，杖不得下，因大言[②]曰："衍每月俸钱皆送嫂处，殷所具知，何忍乃言衍不给衣食？"伦怒乃解。由是伦遂不听李氏之谮。及伦卒，衍事李氏益谨。李氏所生次子，每多取母钱[③]，使其主以书契[④]征

负[5]于衍，衍岁为偿之。故衍官至江州刺史而妻子衣食无所余。子诚孝而父母不爱，则孝益彰矣，何患乎？

今译

唐代宣州歙县观察使崔衍的父亲崔伦担任左丞，继母李氏对崔衍很不好。崔衍当时担任富平尉，父亲崔伦出使到了吐蕃，很长时间后才回来。李氏故意穿着破衣去见崔伦，崔伦问她为什么穿得这么破烂，李氏就谎称丈夫出使吐蕃期间，崔衍不给她饭吃，也不给她衣服穿。崔伦听了后非常生气，把崔衍叫来责骂，并命令仆人将崔衍摁倒在地，揭开后背，准备鞭打他。崔衍只是哭泣，但是不说明事情的原委。崔伦的弟弟崔殷知道这件事情后，赶快跑上前去，用身体遮挡住崔衍，让鞭杖打不到崔衍，于是大声说："崔衍每月的俸钱全部都送到了嫂子那里，我都知道，你怎么忍心说崔衍不赡养你呢？"崔伦的怒气这才消解。从此之后，崔伦不再听信李氏的诬告。等到崔伦死后，崔衍侍奉李氏更加谨慎。李氏生的孩子，经常向别人借钱，然后与债主订立契约，让崔衍来付债，崔衍每年都为他偿还债务。因此，崔衍虽然官至江州刺史，但他的妻子儿女仍然生活困难。子女非常孝顺而父母不慈爱，那么他孝顺的美名将更加远扬，这又有什么可担心的呢？

简注

① 责诟：责骂。

② 大言：大声说话。

③ 母钱：这里指借贷的本钱。

④ 书契：借据。

⑤ 征负：索取欠钱。

【10】或曰：妻子失亲之意则如之何？曰：《礼》：“子甚宜[①]其妻，父母不说，出。子不宜其妻，父母曰：‘是善事我。’子行夫妇之礼焉，没身不衰。”

今译

有的人说：儿媳妇如果失去了公婆的喜爱，那应该怎么办呢？《礼记》对这个问题作了回答：“儿子非常喜欢他的妻子，但父母亲不喜欢，儿子也只能把她休掉。儿子不喜欢他的妻子，但父母亲说：‘她很会侍奉我。’那么儿子就要和他的妻子过下去，白头到老。”

简注

① 宜：喜爱。

实践要点

妻子当然要尽儿媳该尽的职责，孝顺公婆，和顺家庭，但是娶妻不只是为了侍奉公婆，婚姻是两个人爱情结晶，水到渠成的结果。如果妻子真的是德性有问题，那么与她解除婚约当然可以。如果只是因为一些不涉及根本原则的磕磕碰碰，就要跟女方解除婚约，这是毫无道理可言的。另外，今天的父母除了真是品行操守的问题之外，也不应该去干涉子女的婚姻自由。

【11】汉司隶校尉鲍永，事后母至孝。妻尝于母前叱狗，永去之。

| 今译 |

汉代的司隶校尉鲍永，对继母非常孝顺。他的妻子有一次当着继母的面呵斥狗，鲍永就把她休掉了。

【12】齐征北司徒记室刘，母孔氏，甚严明。年四十余未有婚对，建元中，高帝与司徒褚彦回为娶王氏女。王氏穿壁挂履，土落孔氏床上，孔氏不悦，即出其妻。

| 今译 |

南齐征北司徒记室刘，母亲孔氏，治家非常严明。刘四十多岁的时候还没有娶上媳妇，建元年间，高帝和司徒褚彦回为他娶王氏女为妻子。有一次王氏在墙上钉钉子挂鞋，这时有些尘土掉落在孔氏的床上，孔氏有些不高兴，于是刘就把自己的妻子休掉了。

【13】唐凤阁舍人李迥秀，母氏庶贱，其妻崔氏尝叱媵婢[①]，母闻之不悦，迥秀即时出妻。或止之曰："贤室虽不

避嫌疑，然过非出状，何遽如此？”迥秀曰：“娶妻本以养亲，今违忤颜色，何敢留也！”竟不从。

今译

唐代凤阁舍人李迥秀，他的母亲出身低微，妻子有一次呵斥奴婢，母亲听后很不高兴，迥秀立刻就休掉了妻子。有人劝他说：“你妻子虽然不避嫌疑，伤害了你母亲，但她的过失还不至于如此，为什么这么急躁就要休掉她呢？”李迥秀回答说：“我娶妻子就是为了赡养母亲，现在妻子竟然让母亲不高兴，我怎么敢再留她在家里呢？”李迥秀最终还是没有听从劝告。

简注

① 媵婢：随嫁的婢女。

【14】后汉郭巨家贫，养老母，妻生一子三岁，母常减食与之。巨谓妻曰：“贫乏不能供给，共汝埋子。子可再有，母不可再得。”妻不敢违，巨遂掘坑二尺余，得黄金一釜。或曰：“郭巨非中道。”曰：“然以此教民，民犹厚于慈而薄于孝。”

今译

后汉郭巨家里很穷，奉养着老母亲。妻子生下一个孩子三岁了，郭巨的母亲常常自己少吃一点东西，省下来给小孙子吃。郭巨对妻子说：“咱家贫穷不能让全家人都吃饱，你与我一起把孩子埋掉吧。孩子我们还可以再生，但母亲不可能再有。”妻子不敢违背，郭巨于是挖了一个二尺深的坑，却意外地发现里边有一釜黄金。有人议论说：“郭巨虽然是个孝子，但他的做法不仁道。”回答说：“然而，用这样极端的事例来教化民众，民风仍然是厚于子女，而薄于孝道。”

| 实践要点 |

这是一个无奈的故事。主人公郭巨的家境非常贫寒，到了难以为继的地步，郭巨的母亲宁愿自己少吃，也要留些东西给小孙子吃，这是祖母对小孙子的怜爱。郭巨见到此景，心疼母亲，想要把小儿子活埋，这个想法的初衷是对母亲的孝顺，可是在今天看来却是残忍的。为什么要强调说是在今天看来呢？在古典世界里，无论中国，还是西方，孩童的生命几乎是没有价值的。如果看过《斯巴达三百勇士》这部影片，就会知道生下来身体比较羸弱或者有残疾的婴儿都被无情抛弃了。中国古代逢战乱之时，也出现过易子而食的残酷场景。因为在落后的生产力条件下，婴儿或孩童是很难有所贡献的。相反，在农业社会或游牧民族，老人对生产的经验则是非常宝贵的，所以，与现代社会相比，古代的老人其生命价值要比小孩高得多。《圣经》里面讲亚伯拉罕将自己的两个儿子献祭给上帝，郭巨是将自己的儿子献祭给对母亲的孝顺之道，在他们眼里，婴孩可能只是一件依附在自己身上的财产而已。

【15】或曰：五母①在礼，律皆同服。凡人事嫡、继、

慈、养之情，乌能比于所生。或者疑于伪与。曰：是何言之悖也？在《礼》：为人后者，斩衰[②]三年。传曰：何以三年也？受重者必以尊服服之。

何如而可为之后？

同宗[③]则可为之后。如何而可以为人后？支子[④]可也。为所后者之祖、父母、妻、妻之父母、昆弟、昆弟之子若子。继母如母。传曰：继母何以如母？继母之配父[⑤]与因母[⑥]同。故孝子不敢殊也。慈母如母。传曰：慈母者，何也？妾之无子者、妾子之无母者，父命妾曰："以为子。"命子曰："女以为母。"若是，则生养之，终其身如母，死则丧之三年如母，贵父之命也。况嫡母，子之君也，其尊至矣。

梁中军田曹行参军庾沙弥嫡母刘氏寝疾[⑦]。沙弥晨昏侍侧，衣不解带。或应针灸，辄以身先试。及母亡，水浆不入口累日[⑧]。初进大麦薄饮，经十旬，方为薄粥，终丧不食盐酱。冬日不衣绵纩，夏日不解衰绖，不出庐户，昼夜号恸，邻人不忍闻。所坐荐泪沾为烂。墓在新林，忽有旅松[⑨]百许株枝叶郁茂，有异常松。刘好啖甘蔗，沙弥遂不复食之。汉丞相翟方进，既富贵，后母犹在，进供养甚笃。太尉胡广年八十，继母在堂，朝夕赡省，旁无几杖[⑩]，言不称老。汉显宗命马皇后母养肃宗，肃宗孝性纯笃，母子慈爱，始终无纤介之间。帝既专以马氏为外家，故所生贾贵人不登极位。贾氏亲宗，无受宠荣者。及太后崩，乃策书加贵人王赤绶而已。古人有丁兰者，母早亡，不及养，乃刻木而事之。彼贤者，孝爱之心发于天性，失其亲而无所施，至于刻木，犹可事也，况嫡继慈养之存乎？圣人顺贤者之心而为之礼，岂有圣人而教人为伪者乎？

今译

有人说：对于亲生母亲、嫡母、继母、慈母和养母，法律规定为她们服丧时都要穿同样的丧服。人们对嫡母、继母、慈母和养母的感情，都无法与生身母亲相比，所以为嫡、继、慈、养四母服丧，那都是一种伪善行为。这种观点太违背常理了！《礼记》说：作为后代子孙，服丧时应该穿斩衰服三年。《传》的解释是这样的：为什么要穿斩衰服三年呢？这是因为一定要穿最能表示对亡者尊崇的丧服，才能表现出对逝者的最大尊重。

怎样才算是家族的后代呢？只要是同宗的就可以是后代子孙。怎样才算是一个人的后代呢？支子就可以。祖父、父母、妻子、妻子的父母、兄弟、兄弟的儿子和亲子是一样的。继母和亲生母亲一样的。《传》解释说：继母为什么和亲生母亲是一样的呢？因为继母和生母是同一个丈夫。所以孝子不敢区别对待。慈母和亲生母亲是一样的。《传》解释说：慈母是什么人？没有子女的妾和其他妾生的孩子而又失去生母的，父亲命令妾说：“你把他当作你的亲生子来抚养。”又对孩子说：“你把她当作你的亲生母亲来孝敬。”这样，慈母抚养你，你一生都要像亲生母亲一样对待慈母，慈母死后，要像生母一样为她服丧三年。这是因为尊重父命。至于嫡母，她是父亲的正妻，其尊贵是达到顶点的。

梁代中军田曹行的参军庾沙弥的嫡母刘氏患病卧床，沙弥每天从早到晚在她身边侍候，睡觉的时候都衣不解带，有时需要针灸，沙弥就先用自己的身体试验。等到嫡母去世，沙弥好几天一点东西都吃不下，后来才能开始吃一点大麦面糊，一百天后，他才能吃些稀饭，服丧期间他从来不吃盐酱。他冬天不穿棉衣服，夏天也不脱丧服，从不出家门，日夜痛哭，邻居都不忍心听到他的哭声。他坐的草垫被泪水浸湿腐烂。嫡母的墓葬在新林，忽然长出一百多株枝繁叶茂的旅松，不同于一般的松树。嫡母生前喜欢吃甘蔗，沙弥从此就再也不吃甘蔗了。汉代宰相翟方进发达之后，他的继母仍然健在，他奉养继母非常孝顺。太尉胡广八十岁的时候，继母仍然健在，他朝夕侍奉，晨省昏定，在继母面前从来不用拐杖，也不敢说自己年纪大。汉显宗让马皇后像生母一样抚养肃宗，而肃宗也非常孝顺，他们母子慈爱，始终都没有一点隔阂。肃宗把马氏一家当作自己的外戚，所以生他的贾贵人没有被立为太后，贾氏宗族的人，也没有一个得宠沾光的。等到太后马氏去世后，肃宗才下诏赐给生母贾贵人一个玉赤绶，如此而已。古代有一个叫丁兰的人，他的母亲死得早，他没有来得及奉养，他成人之后就用木头刻了一个母亲的雕像来侍奉。那些有德行的人，孝敬父母之心都出于自己的本性，父母去世之后不能侍奉了，还要刻牌位来继续供奉，何况嫡母、继母、慈母、养母还在世呢？古代的圣人依据那些有德行的人的心制定了礼则，哪里有圣人教人去做假的呢？

简注

① 五母：这里指嫡母、继母、慈母、养母和亲生母。

② 斩衰：丧服名，这是五种丧服中最能表示对逝者的敬重一种。

③ 同宗：同一家族。

④ 支子：除继承先祖的嫡长子以外的儿子，嫡妻的次子以下及妾子都

是支子。

⑤ 配父：作为父亲的配偶。

⑥ 因母：亲生母亲。

⑦ 寝疾：卧病。

⑧ 累日：连续数日。

⑨ 旅松：不种而自己生长出来的松树。

⑩ 几杖：坐几和手杖。

【16】葬者，人子之大事。死者以宅穸[①]为安宅，兆而未葬，犹行而未有归也。是以孝子虽爱亲，留之不敢久也。古者天子七月，诸侯五月，大夫三月，士逾月。诚由礼物有厚薄，奔赴有远近，不如是不能集也。国家诸令，王公以下皆三月而葬，盖以待同位外姻之会葬者适时之宜，更为中制[②]也，《礼》：未葬不变服，啜粥，居倚庐[③]，寝苫枕块，既虞而后有所变。盖孝子之心，以为亲未获所安，已不敢即安也。

今译

父母去世后安葬父母尸身，是为人子女的一件大事。去世的人把墓穴当作自己的房屋，为死者选好墓地却未能埋葬，就像活着的人远行而没有归家一样。因此孝子虽然爱戴自己的父母，但是也不敢留下他们的遗体太久。古代规定皇帝去世后七个月就要下葬，诸侯是五个月，大夫是三个月，一般士民则是一个多月。因为送葬的礼物有厚薄，来参加葬礼的亲朋路程也有远近之别，所以必须分别规定期限，那些参加葬礼的人和礼物才能够聚齐。国家法令规定，王公以下的人死后三个月都要安葬，大概是要等待亲戚朋友都会来齐，这样更合适。《礼记》说：父母去世了却没有安葬，子女不能更换丧服，只能吃点稀饭，住在临时搭盖的简陋的棚子里，睡在草席上面，用土块作为枕头。等到父母的尸身安葬拜祭以后，穿戴居处才能有所改变。这大概是因为孝子的内心觉得父母的尸身没有安葬好，自己也不敢有好的居所。

| 简注 |

① 窀穸：墓穴。

② 中制：符合制度。

③ 倚庐：用倚木做的房子。

【17】汉蜀郡太守廉范，王莽大司徒丹之孙也。父遭丧乱，客死于蜀汉，范遂流寓西州。西州平，归乡里。年五十，辞母西迎父丧。蜀都太守张穆，丹之故吏，重资送范。范无所受，与客步负丧归葭萌。载船触石破没，范抱持棺柩，遂俱沉溺。众伤[①]其义，钩求得之，疗救仅免于死，卒得归葬。

今译

后汉蜀郡太守廉范，是王莽的大司徒廉丹的孙子。父亲遭遇战乱，客死于蜀汉，于是廉范就寄居在西州。西州平定之后，他回到家乡。五十多岁的时候，他辞别母亲到西蜀去迁葬亡父。蜀都太守张穆是廉丹的部下，送给廉范很多钱财，廉范坚决不接受，和人一起护着亡父的棺柩步行回到葭萌县。当时，他们乘坐的船只触碰到礁石破裂沉没，廉范就抱着父亲的棺柩一起沉入水中。众人被他的孝心感动，将他和棺柩一起救起。经过抢救，廉范得以生还，终于回到家乡把父亲安葬好。

简注

① 伤：哀悼，忧思。

【18】宋会稽贾恩，母亡未葬，为邻火所逼，恩及妻柏氏号泣奔救。邻近赴助，棺榇得免，恩及柏氏俱烧死。有司奏，改其里为“孝义里”，蠲租布三世，追赠恩显亲左尉。

今译

南朝宋会稽的贾恩，母亲去世后还未来得及安葬，正好碰上邻居家失火，烧到了自己家的院子。贾恩和妻子柏氏一边哭泣，一边救火。邻近的人也都赶来帮助救火，贾母的棺柩最终保住了，但是贾恩和妻子却都被烧死了。地方官奏请皇上，将贾恩居住的里弄改名为“孝义里”，同时免除这里的人三代的赋税，并追封贾恩为显亲左尉。

【19】会稽郭原平，父亡，为茔圹[①]凶功[②]不欲假人，己虽巧而不解作墓，乃访邑中有茔墓者，助之运力[③]，经时展勤，久乃闲练。又自卖丁夫[④]以供众费。窀穸之事，俭而当礼，性无术学，因心自然。葬毕，诣所买主，执役无懈，与诸奴分务，让逸取劳，主人不忍使，每遣之。原平服勤，未尝暂替[⑤]。佣赁养母，有余聚以自赎。

今译

会稽的郭原平，父亲去世，他不愿意让别人来修造墓室，他自己虽然心灵手巧，却不会修造墓室，于是他寻找镇上专门营建墓室的匠人，帮他干活，经过一段时间的勤学苦练，他终于学会了。他又靠出卖自己的劳力，来解决为父亲下葬所需的费用。营造墓穴，应当既简单又符合礼仪，本来也没有什么学问，只要心诚合乎礼法就可以了。郭原平安葬父亲后，就去那些雇佣他劳动力的买主家，认真勤恳地干活。在分工的时候，他总是把轻松的活让给别人，自己选择脏活累活。主人不忍心差使他，常常让他回去，但原平毫不懈怠，从来不让别人替代他。他靠做佣人来养活母亲，如果生活有盈余，就省下来用来为自己赎身。

简注

① 茔圹：墓地。

② 凶功：丧事。

③ 运力：体力劳动。

④ 丁夫：这里指干苦活的役夫。

⑤ 替：衰落，松懈。

【20】海虞令何子平，母丧去官，哀毁[①]逾礼，每至哭踊，顿绝方苏。属大明末，东土饥荒，继以师旅，八年不得营葬。昼夜号哭，常如袒括[②]之日，冬不衣絮，暑不就清凉，一日以数合米为粥，不进盐菜。所居屋败，不蔽风日，兄子伯与欲为葺理，子平不肯，曰："我情事未伸，天地一罪人耳，屋何宜覆?"蔡兴宗为会稽太守，甚加矜赏，为营冢圹。

今译

海虞令何子平，母亲去世后，他辞官居丧。他哀悼自己的母亲超过了一般的礼节，每次哭丧的时候，他都昏死过去，好半天才苏醒过来。这时正是大明末，东部地区闹饥荒，接着又是战乱，他八年都无法安葬母亲。这期间，他昼夜号哭，就好像在服丧期间一样。他冬天不穿棉衣，夏天不乘凉，每天仅吃很少的一点粥，不吃咸盐和蔬菜。他所住的房屋破败不堪，不能遮蔽风雨，他的侄儿伯与想为他修房，何子平都不同意，他说："我安葬母亲的事还没有完成，是一个有罪的人，怎么能住好的房子呢?"当时，蔡兴宗担任会稽太守，对他大加表彰和奖赏，并为他的母亲修建了墓室。

| 简注 |

① 哀毁：因为过度悲哀而使容貌损坏。

② 袒括：指丧礼。

【21】新野庾震丧父母，居贫无以葬，赁书①以营事，至手掌穿，然后成葬事。贤者于葬，何如其汲汲②也。今世俗信术者妄言，以为葬不择地及岁月日时，则子孙不利，祸殃总至，乃至终丧除服，或十年，或二十年，或终身，或累世，犹不葬，至为水火所漂焚，他人所投弃，失亡尸柩，不知所之者，岂不哀哉！人所贵有子孙者，为死而形体有所付也。而既不葬，则与无子孙而死道路者奚以异乎？《诗》云："行有死人，尚或墐之。"况为人子孙，乃忍弃其亲而不葬哉！

| 今译 |

新野的庾震父母亲去世了，家里很贫穷无法安葬，他就靠为别人写字挣钱来安葬父母，写到手掌都破损了，才凑够钱安葬了父母。那些贤达之人安葬去世的父母，心情是如此急切。现在那些信奉巫术的人胡说八道，认为安葬亡父亡母如果不占卜选择风水宝地和吉利的时辰，就会对子孙不利，最后招惹各种祸事。以至于这些人三年服丧结束、脱掉孝服之后，有的十年，有的二十年，有的甚至终身、好几代，都不去安葬死去的父母。让父母的遗体被水毁火焚，或者被他人丢弃，连尸首都找不着。这难道不悲哀吗？人们希望有自己的子孙，就是为了在去世之后有人来安葬自己。既然不安葬，那么跟没有子孙而死在荒野之外无人收尸有什么区别呢？《诗经》说："路上如果碰到死去的人，还有人来掩埋他。"更何况是为人子孙，怎么能忍心抛弃自己的父母不去安葬呢？

简注

① 赁书：受雇为人写信。

② 汲汲：心情急切的样子。

【22】唐太常博士吕才《叙葬书》曰："《孝经》云：'卜其宅兆而安厝之'。盖以窀穸既终，永安体魄，而朝市迁变，泉石交侵，不可前知，故谋之龟筮。近代或选年月，或相墓田，以为一事失所，祸及死生。按《礼》，天子、诸侯、大夫葬，皆有月数，则是古人不择年月也。《春秋》：'九月丁巳葬宁公，雨，不克葬；戊午日中，乃克葬。'是不择日也。郑简公司墓之室当道，毁之则朝而窆，不毁则日中而窆，子产不毁。是不择时也。古之葬者，皆于国都之北，域有常处，是不择地也。今葬者，以为子孙富贵贫贱夭寿，皆因卜所致。夫子文为令尹而三已，柳下惠为士师而三黜，计其丘

垅，未尝改移。而野俗无识，妖巫妄言，遂于躄踊之际，择葬地而希官爵；荼毒之秋，选葬时而规财利。”斯言至矣。夫死生有命，富贵在天，固非葬所能移。就使能移，孝子何忍委其亲不葬而求利己哉？世又有用羌胡法，自焚其柩收烬骨而葬之者，人习为常，恬莫之怪。呜呼！讹俗悖戾，乃至此乎？或曰：旅宦远方，贫不能致其柩，不焚之何以致其就葬？曰：如廉范辈，岂其家富也？延陵季子有言：“骨肉归复于土，命也，魂气则无不之也。”舜为天子，巡狩至苍梧而殂，葬于其野。彼天子犹然，况士民乎！必也无力不能归其柩，即所亡之地而葬之，不犹愈于毁焚乎？或曰：生事之以礼，死葬之以礼，祭之以礼，具此数者，可以为大孝乎？曰：未也。天子以德教加于百姓，刑于四海为孝；诸侯以保社稷为孝；卿大夫以守其宗庙为孝；士以保其禄位为孝。皆谓能成其先人之志，不坠其业者也。

今译

唐朝的太常博士吕才写的《叙葬书》说：“《孝经》里讲：‘占卜葬地来安葬死者’。这大概是因为墓穴是终老之地，逝者的灵魂永远在这里安居，而世上的事常有变迁，引水动土经常会毁坏基地，人们当初在选择墓地的时候又无法预知这些，所以才借助占卜来确定墓址。现在的人有的挑选年月，有的占卜墓地，以为这件事如果做得不好，就会带来杀身之祸。按照《礼》的规定，天子、诸侯和大夫下葬，都有固定的月数，这说明古人是不选择下葬年月的。《春秋》记载：‘九月丁巳安葬宁公，正好下雨，不能安葬；戊午日中的时候，得以安葬。’这说明古人安葬父母也不挑选日子。郑简公下葬时，司墓大夫的房屋挡了出丧的路，毁掉它就早上入葬，不毁就中午入葬，但是子产选择不毁。这说明古人下葬是不挑选时间的。古代埋葬死者，都是在国都的北边，地方是固定的，这说明古人下葬是不选择地方的。现在的人安葬死者，以为子孙的富贵贫贱、寿命长短都是因为墓地的好坏导致的。子文担任令尹的时候，三次被解职，柳下惠做士师的时候，三次被罢免，但他们并没有改换自家的墓地。而那些野俗无知之人，听信妖巫胡说八道，在丧葬之时，挑选墓地而觊觎高官厚禄；哀痛之际，挑选下葬的良辰吉日来窥视财富。”这话说得太对了。这个世界上，死生有命，富贵在天，这本来就不是丧葬之事所能左右的。即使是能够左右，作为孝子又怎么能忍心放着父母不去安葬，而以此来谋划对自己有利的事呢？今天又有用羌、胡等少数民族安葬逝者的方法，把父母的灵柩焚烧之后收其骨灰来埋葬。人们已经习以为常，对这种做法不以为怪。可悲可叹啊！这种有悖于礼法的行为竟到了如此的地步！有人还说：如果在外地做官，而又贫穷，不能将灵柩运回故乡，像这种情况不烧成骨灰，怎么能运回故乡安葬呢？你看像廉范那些人，他们的家境难道很富有吗？延陵季子曾说过：“人死之后身体复归于大地，这表明他没有生命了，但他的灵魂还到处飘荡。”舜帝在位时，出巡狩猎到苍梧而驾崩，舜便葬在了那里。舜贵为天子尚且如此，何况我们一般人呢？如果确实没有能力将先人的灵柩运回故乡，那么就在去世的地方安葬，这不比焚烧掉好吗？还有人问：父母亲活着的时候，按礼法来侍奉，去世后按礼来安葬，按照礼法来祭祀，这几件事如果做好了，就可以算作是大孝子了吧？回答是：这还不够。天子将仁德教化布施于百姓，推扩到天下四海才是孝顺；诸侯以能够保存祖宗传下来的江山社稷为孝；卿大夫以能够守住宗庙光宗耀祖为孝；士官以能够保住自己的俸禄地位为孝。这都是说，能够继承先人的遗志，不使祖宗开创的事业毁在自己手上，这才是孝顺。

丨 实践要点 丨

以上几条都是父母去世后的安葬事。对待父母的生死，确是人子之大事，但今日之社会，所重者应该是父母在生时的奉养，以及临终时（特别是患有绝症重症）的关怀，通过心理辅导和精神按摩，减轻父母往生前的精神压力和痛苦。儒家对待生死的态度非常明确，人之生死犹如花开花落、潮涨潮落、昼夜更替星辰运转一般，活着的时候好好活，该死的时候就坦然接受。至于父母往生后的安葬事，一切从简，只是聊寄生者的哀思而已。当然，现在农村地区丧葬事有些还是非常繁杂，选墓地、下葬时辰、还有哭丧的、做法事的等等。我们看这一条，古代的《葬书》写得很清楚，这些卜选都是巫术，不可采信，这一点是可以借鉴的。另外，这里将对父母的孝顺提拔到一个更高的角度，那就是要去继承先人的志向，开创家族更高的基业，让祖宗的血脉香火流传得更远更广，这是真正的孝顺。这样看来，丧葬事与祭祀事虽然重要，但是那毕竟是寄托我们的哀思，把自己的生活过好，过踏实，才是真正的孝顺。

【23】晋庾衮父戒衮以酒，衮尝醉，自责曰："余废先人之戒，其何以训人？"乃于父墓前自杖三十。可谓能不忘训辞矣。

| 今译 |

晋代的庾衮，父亲让他戒掉酗酒的习惯，可是有一次庾衮喝得大醉，他非常自责地说："我违反了父亲的戒规，还怎么去教别人呢？"于是他到父亲的坟墓前，自己打了自己三十棍。这可以说是不忘父亲的遗训了。

【24】《诗》云："题彼脊令，载飞载鸣，我日斯迈，而月斯征。夙兴夜寐，无忝尔所生。"

| 今译 |

《诗经》说："那脊令鸟啊，又飞又叫。我已经渐渐地老了，可你的岁月还很长。要早起晚睡辛勤劳作，不要有愧于你的一生。"

| 实践要点 |

这一条用《诗经》来劝谏子孙们应该珍惜时光，辛勤劳作，切切不要荒废自己的光阴岁月。

【25】《经》曰："立身行道，扬名于后世，以显父母，孝之终也。"又曰："事亲者，居上不骄，为下不乱，在丑不争。居上而骄则亡，为下而乱则刑，在丑而争则兵。三者不

除，虽日用三牲之养，犹为不孝也。”

今译

《孝经》说：“子女立身守志，遵守道德，扬名于后代，光宗耀祖，这才是孝顺父母的最高表现。”又说：“子女孝顺父母，身居高位时不骄傲，身处下民时不作乱，在逆境之中不去争斗。身居高位而骄傲就会自取灭亡，身处下民而去作乱，就会受到惩处，身处逆境却要争斗，就会受到伤害。做不到这三件事情，即便你每天用牛、羊、猪肉供养父母，也还是不孝顺。”

实践要点

古人认为父母与子女是一体不容已的关系，因此，即使父母已经往生，但是他们的生命还通过子女的生命得以存续。这不仅是躯体的存续，更是志向、德行的存续。所以，立身守志、光宗耀祖被认为是最高的孝顺。从这里延伸下来，便有所谓的“一荣俱荣，一损俱损”的观念，故此，当子女在做每一项选择时要考虑到你的家人，我们不是一个孤零零的原子，而是被抛在五伦关系之中，而无所逃遁于天地之间的人。当我们要去争强斗狠或侵犯法律时，考虑一下嗷嗷待哺的子孙、头发苍白的高堂以及温柔贤淑的妻子，我们忍心让他们伤心难过，整日里在苦痛中煎熬度过吗？

【26】《内则》曰：“父母虽没①，将为善，思贻父母令②名，必果；将为不善，思贻父母羞辱，必不果。”

今译

《内则》说："父母虽然去世，子女要做好事的时候，想到这样会带给父母美名，就一定能做成；子女要做坏事的时候，想到这样会使父母蒙受羞辱，就会不去做。"

简注

① 没：去世。

② 令：美好的。

【27】公明仪问于曾子曰："夫子可以为孝乎?"曾子曰："是何言欤！是何言欤！君子之所谓孝者，先意承志，谕父母于道。参直养者也，安能为孝乎。"

今译

公明仪问曾子说："您算得上是孝子吗?"曾子说："这是什么话啊！这是什么话啊！古代的君子所说的孝子，父母没有发话就能知道父母的意思，而且能用道来引导父母，使父母明白更多的道理。我对父母，只是养老送终而已，怎么能称得上是孝子呢?"

实践要点

这一条对孝顺做了更高的升华。养老送终只是基础，能够察识父母的心志，并且用天道来导引父母，这才是更高层级的孝顺，因为它已经超拔出简单的生理层面，而上升到道义的层面。

【28】曾子曰："身也者，父母之遗体也。行父母之遗体，敢不敬乎？居处不庄非孝也，事君不忠非孝也，莅官不敬非孝也，朋友不信非孝也，战陈无勇非孝也。五者不备，灾及其亲，敢不敬乎？亨熟膻芗[①]，尝而荐之，非孝也。君子之所谓孝也，国人称愿然，曰：'幸哉，有子如此！'所谓孝也已。"为人子能如是，可谓之孝有终矣。

| 今译 |

曾子说："我们的身体是父母给与的。对于父母遗留下来的身体，子女敢不恭敬对待吗？所以子女居家处事不庄重，就是不孝顺；侍奉君主不忠诚，就是不孝顺；做官不奉公守法就是不孝顺；交友而不讲信用就是不孝顺；在战场上不勇敢就是不孝顺。如果不具备以上五种德行，那么灾祸将殃及父母，我们能不恭敬从事吗？将做好的食物品尝过后再献给父母，这算不上孝顺。君子所说的孝顺，指的是国人对父母称赞说：'你真幸福啊，有这样的子女！'这才是真正的孝顺。"为人子女能够做到这些，才可以称得上是尽善尽美、善始善终地孝顺父母。

简注

① 膻芗：同“羶芗”，烧煮牛羊肉的气味，亦泛指牛羊肉。

实践要点

死去的亲人，他们虽然已经离开了人世，可是他们依然以某种方式与我们发生关联。这种联系就是道德的生命。往生的父母，他们物理学上的躯体已经不在了，可是他们道德的身体还依然存在着。所以，你看到曾子这里讲的孝顺，都是通过其他人伦德性反过来进行规定，因为“我”的存在是父母的延续，父母通过“我”而重新在场，所以，当“我”做到对君主忠诚、做官奉公守法、对朋友讲信用等等，我在实现我的德性人格的同时也成就了父母的德性人格。这是中国古人的看法。

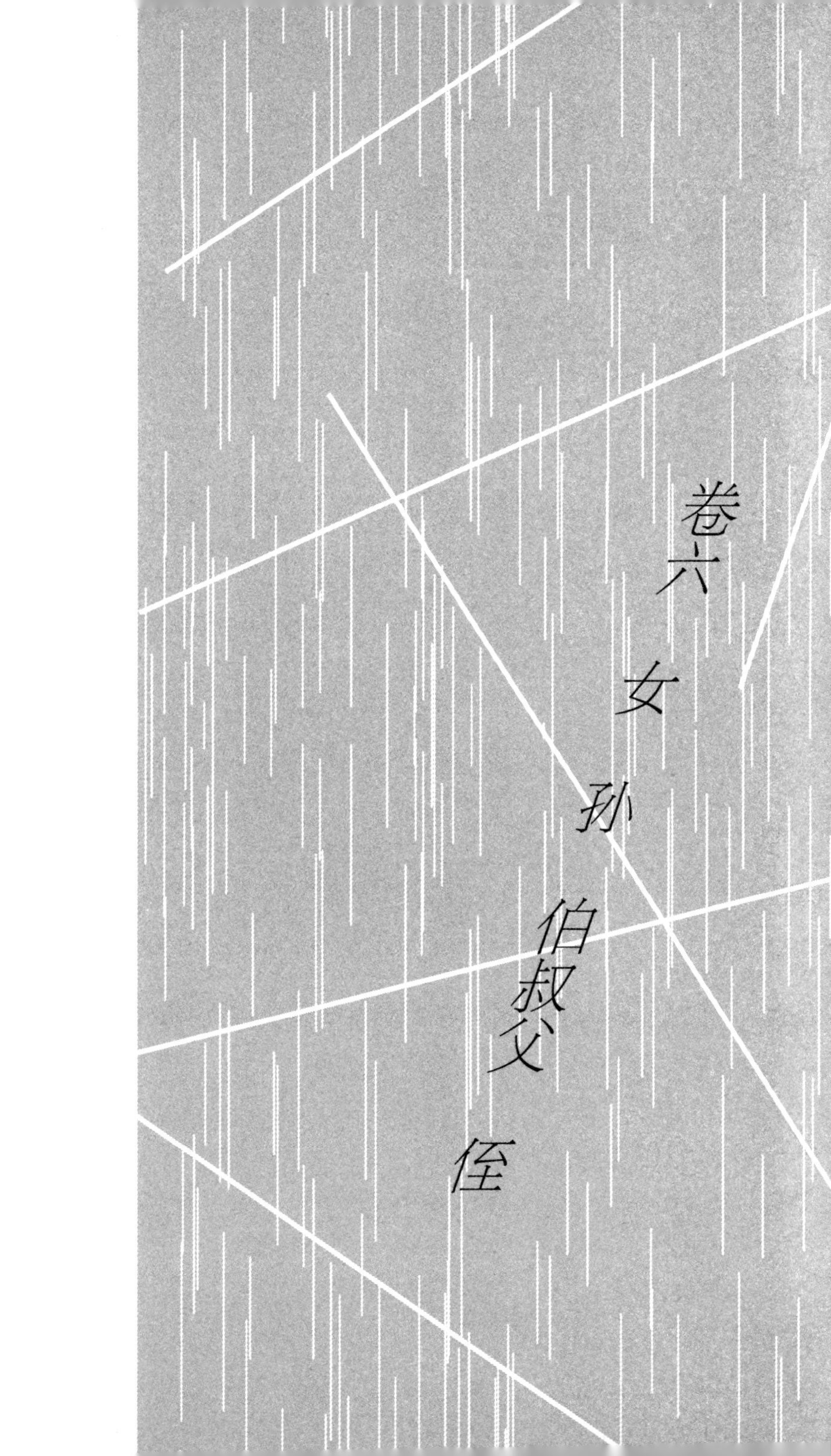
卷六
女孙
伯叔父
侄

【1】《礼》:“女子十年不出，姆[①]教婉娩听从，执麻枲[②]，治丝茧，织纴组紃，学女事[③]以共衣服。观于祭祀，纳酒浆笾豆菹醢，礼相助奠。十有五年而笄，二十而嫁。古者妇人先嫁三月，祖庙未毁，教于公宫；祖庙既毁，教于宗室。教以妇德、妇言、妇容、妇功，教成祭之，牲用鱼，芼之以藻，所以成妇顺也。”

今译

《礼记》说:“女子十岁不出闺门，在家里学习妇道；向女师学习仪容柔顺，听从长者的教诲，学习织麻纺绳纺纱织布，学习女红缝纫，以供给衣服。观察祭祀，学习捧入酒浆笾豆菹醢等祭品和祭器，按照祭礼的要求帮助大人放置祭品和祭器。女子十五岁插簪，举行成人之礼，二十岁出嫁。古时候，女子出嫁前三个月，如果祖庙没有被毁，就在公宫接受教导；祖庙毁掉之后，就在宗室接受教导。主要是学习妇德、妇言、妇容、妇功等，学成之后再用鱼祭祀，用藻菜做羹汤，这样才能成为一个符合妇德的女子。”

简注

① 姆：中国古代教育未出嫁女子的妇人。

② 麻枲：指麻的种植、纺织之事。

③ 女事：指女子所做的纺织、缝纫、刺绣等事。

实践要点

这一条讲古代女子的教育内容。关于女子在家庭中的角色问题，我们前面已经有所讨论。这里我们看到这些教育的内容，首先它不是纯粹谋生的工具，比如织布、缝纫，它将妇德、妇言、妇容、妇功作为女子学习的重要内容，学习仪容、礼仪、祭祀。这才是和顺家庭，和睦共处的重中之重。

【2】曹大家[①]《女戒》曰："今之君子徒知训其男，检其书传，殊不知夫主之不可不事，礼义之不可不存。但教男而不教女，不亦蔽于彼此之教乎?《礼》：八岁始教之书，十五而志于学矣！独不可依此以为教哉。夫云妇德，不必才明绝异也；妇言，不必辩口利辞也；妇容，不必颜色美丽也；妇功，不必工巧过人也。清闲、贞静、守节、整齐，行己有耻，动静有法，是谓妇德。择辞而说，不道恶语，时然后言，不厌于人，是谓妇言。盥浣尘秽，服饰鲜洁，沐浴以时，身不垢辱，是谓妇容。专心纺绩，不好戏笑，洁斋酒食，以奉宾客，是谓妇功。此四者，女之大德，而不可乏者也。然为之甚易，唯在存心耳。"凡人，不学则不知礼义。不知礼义，则善恶是非之所在皆莫之识也。于是乎有身为暴乱而不自知其非也，祸辱将及而不知其危也。然则为人，皆不可以不学，岂男女之有异哉？是故女子在家，不可以不读《孝经》《论语》及《诗》《礼》，略通大义。其女功，则不过桑麻织绩、制衣裳、为酒食而已。至于刺绣华巧，管弦歌诗，皆非女子所宜习也。古之贤女无不好学，左图右史，以自儆戒。

今译

曹大家的《女戒》说："今天的君子只知道教育儿子，让儿子读书学习，然而翻阅典籍，难道不知道对女子来说，丈夫不能不侍奉，礼义也不能不留存。只教育儿子却不教育女儿，不也忽视了男女之间的礼义教育吗?《礼记》说：八岁开始教孩子读书，十五岁就要立志向学。但决不能以此作为女子的教育方法，所谓有妇德，不必才华出众；妇人应有的言谈应对，不必逞口舌之辩；妇人应有的容貌，不必装扮得多么漂亮；妇人的才干，也不必工巧过人。清闲、贞静、守节、整齐，举止知廉耻，动静有章法，这就是妇德。说话懂得斟酌语句，不说坏话，适时而言，不让他人讨厌自己，这就是妇言。洗刷衣物尘垢，服饰整洁，按时沐浴，干净卫生，这就是妇容。专心纺织，不随便嬉笑戏闹，制备酒食佳肴，招待宾客，这就是妇功。这四件事情就是女子最大的德性，是一定不能缺少的。这些做起来非常容易，关键是要时时铭记在心。"一个人不学习就不知道礼义法则，不知道礼义法则，就不能辨别善恶是非。这样当自己违法作乱的时候却不知道自己的错误，祸辱临身了却不知道其中的危险。所以，人不能不学习，怎么能因为男女的差别就不去学习呢？因此女子居家，不可以不读《孝经》《论语》《诗经》《礼记》，最起码要知道它们的大意。至于女功，不过是桑麻织布、做衣裳、办酒食等等，至于刺绣管弦歌诗，都不适合女子学习。我们看古代贤德的女子没有不好学的，室内堆满图书，以此来提醒自己努力提高自己的修养。

简注

① 曹大家：指班昭。大家，即大姑，古代对女子的尊称。

实践要点

班昭所作《女戒》一书，是一部专门讲女性教育的典籍，它的意义首先是肯定女子也必须与男子一样获得受教育的权利，这是非常了不得的。而且，倡导女子读《孝经》《论语》《诗经》《礼记》等经典，读书识字明理。最后，对女子受教育的内容或科目，如妇德、妇言、妇容、妇功都有了详细的讨论和规定。

【3】汉和熹邓皇后，六岁能史书，十二通《诗》《论语》。诸兄每读经传，辄下意难问，志在典籍，不问居家之事。母常非①之，曰："汝不习女工，以供衣服，乃更务学，宁当举博士②耶？"后重违母言，昼修妇业，暮诵经典，家人号曰"诸生"。其余班婕妤、曹大家之徒，以学显当时，名垂后来者多矣。

今译

东汉和熹邓皇后，六岁就能读史书，十二岁通晓《诗经》《论语》。她的哥哥每次诵读经传的时候，她就虚心请教。她的志向爱好全在学习典籍，不喜欢过问居家生活等事。母亲经常告诫她说："你不学习女工，以备将来制作衣服，却去读书学习，难道要做博士吗？"邓皇后不违背母亲的教诲，于是她白天学习妇业，晚上诵读经书，家里人称她为"诸生"。其他像班婕妤、曹大家等人，以学问显扬于时，名垂后世的女子也有很多。

简注

① 非：批评。

② 博士：博学多闻，通达古今的人士。

【4】汉珠崖令女名初，年十三。珠崖多珠，继母连大珠以为系臂。及令死，当还葬。法，珠入于关者，死。继母弃其系臂珠，其男年九岁，好而取之，置母镜奁[①]中，皆莫之知。遂与家室奉丧归，至海关。海关候吏搜索，得珠十枚于镜奁中。吏曰："嘻！此值法，无可奈何，谁当坐[②]者？"初在左右，心恐继母去置奁中，乃曰："初坐之。"吏曰："其状如何？"初对曰："君子不幸，夫人解系臂去之。初心惜之，取置夫人镜奁中，夫人不知也。"吏将初劾之。继母意以为实，然怜之。因谓吏曰："愿且待，幸无劾儿。儿诚不知也。儿珠，妾系臂也。君不幸，妾解去之，心不忍弃，且置镜奁中。迫奉丧，忽然忘之。妾当坐之。"初固曰："实初取之。"继母又曰："儿但让耳，实妾取之。"因涕泣不能自禁。女亦曰："夫人哀初之孤，强名之以活，初身，夫人实不知也。"又因哭泣，泣下交颈。送丧者尽哭哀恸，傍人莫不为酸鼻挥涕。关吏执笔劾，不能就一字。关候垂泣，终日不忍决，乃曰："母子有义如此，吾宁生之，不忍加文。母子相让，安知孰是？"遂弃珠而遣之。既去，乃知男独

取之。

今译

西汉珠崖令有个女儿名字叫初，年纪十三岁。珠崖这个地方的宝珠很多，初的继母将一些大的宝珠串起来，系在手臂上作妆饰。后来珠崖令去世，家里人要将他的灵柩运回家乡安葬。当时的法令规定，有携带珠宝进入关内的，就要判死刑。初的继母只好丢弃了系在她胳臂上的那串珠子，初的弟弟年龄只有九岁，因为喜爱就把那串珠子捡回来，放在母亲的化妆盒里，谁也没有看见这一切。全家人扶柩来到城关，守吏在检查的时候，从化妆匣中找出十枚珠子。守吏说："你们触犯了法令，你们家谁出来承担这个罪责接受惩罚呢？"初在一旁心想，这恐怕是继母摘下来放在化妆盒里的，就说："由我来承担。"守吏问："你是怎么放进去的？"初回答说："我父亲不幸去世，我继母将系在胳臂上的珠子解下来扔掉，我觉得很可惜，就捡起来放在了继母的化妆盒里，继母并不知道这件事。"于是守门的官吏就要给初记录犯罪情实。初的继母以为真是这么回事，但是她对初心生怜悯，就对守门的官吏说："请等一下，这不是我女儿的罪过，其实她根本就不知情，这是她的珠子，但我系在了臂上。因夫君去世，需归家安葬，我便将珠子解下来，但不忍心丢弃，就暂且放在了化妆盒里。后来由于办理丧事很急迫，就忘了这件事。所以我应当承担责任。"但是初坚持说："确实是我捡起来放进的。"继母又说："你别再争执了，这真的是我放进去的。"说完她流泪哭泣，不能自已。初也说："继母看见我是个没有父母的孩子，可怜我，所以她才冒名顶替要救我，其实就是我亲身犯法，夫人确实不知道这件事。"她也哭起来，泪流满面。那些送丧的人也都非常悲痛地哭起来，身边没有人不掉泪的。守门的官吏竟因哭泣而不能写一个字。守门的官吏流着泪，始终不忍心对她们做出有罪的裁定，就说："这母子俩如此有情义，我宁愿放她们一条生路，不忍心记录和上报她们的罪责。而且，她们母子相互争执，怎么能知道谁是谁非呢？"于是便将那些珠子扔掉，把她们母子放走了。初和继母离去之后，才知道珠子是初的弟弟放进去的。

简注

① 奁：女子梳妆用的镜匣，泛指精巧的小匣子。

② 坐：获罪。

实践要点

情感之感动，上可动天，下可彻地。初与她的继母并没有血缘的关系，但是，她们之间那种真挚的情感使得她们在面对刑责，在情与法之间，并非想着为自己辩白，而是藏匿对方的过错，为对方承担过错。法建立的基础是世间情，法的秩序在于生发、维护人与人之间这种真挚的情感关系。情与法之间的关系，中间有一个"权"的问题，因为藏匿珍珠，虽然与礼法不合，但它并未损害到他人的利益，更未危及他人的生命。因此，守门的官吏为她们的情所感动，做了一个"权宜"的做法，把珍珠扔掉，让她们通行。

【5】宋会稽寒人陈氏，有女无男。祖父母年八九十，老无所知。父笃癃疾[①]，母不安其室。遇岁饥，三女相率于西

湖采菱莼，更日至市货卖，未尝亏怠[②]，乡里称为义门，多欲娶为妇。长女自伤茕独[③]，誓不肯行[④]。祖父母寻相继卒，三女自营殡葬，为庵舍居墓侧。

今译

宋会稽贫苦人陈氏，有女儿没有儿子。祖父和祖母年纪都八九十岁了，有些老糊涂了，什么事情都不知道。父亲身患重病，母亲不安于室。家里如此艰难，遇到饥荒年月，三个女儿就一起到西湖去采菱角和莼菜，第二天到集市上去卖，她们竟然能够很好地养活年老的祖父、祖母和重病的父亲，乡里称赞她们家为“义门”，周围的许多男子都想娶她们姊妹三人做媳妇。长女想到父亲膝下无子，非常孤独，便不愿出嫁。祖父祖母不久相继去世，三姐妹靠自己的能力将他们安葬，并在坟墓旁边结庐守墓。

简注

① 癃疾：衰弱疲病。

② 亏怠：亏损。

③ 茕独：孤独无依的样子。

④ 行：出嫁。

实践要点

谁说女子不如男，女人可以顶起半边天。女儿对父母亲的孝顺一点不比儿子差，甚至比儿子更加贴心。

【6】又诸暨东湾里屠氏女，父失明，母痼疾，亲戚相弃，乡里不容。女移父母，远住纻舍，昼采樵，夜纺绩，以供养。父母俱卒，亲营殡葬，负土成坟。乡里多欲娶之，女以无兄弟，誓守坟墓不嫁。

今译

还有诸暨东湾里屠氏家的女儿，她的父亲双目失明，母亲有很重的病，她家的亲戚和本乡近邻没有人肯帮助他们。屠氏的女儿把家搬迁到纻舍，她白天砍柴，晚上织布，来供养父母。父母先后去世，她亲自安葬他们，一个人靠担土为父母亲建造坟墓。乡里的人知道她很贤惠，很多人家都想娶她做媳妇，可她想到自己家里没有兄弟，便决定为父母守坟，不肯出嫁。

【7】唐孝女王和子者，徐州人，其父及兄为防狄卒，戍[①]泾州。元和中，吐蕃寇边，父兄战死，无子，母先亡。和子年十七，闻父兄殁于边，披发徒跣缞[②]裳，独往泾州，行丐，取父兄之丧归徐营葬，植松柏，剪发坏形，庐于墓所。节度使王智兴以状奏之，诏旌表门闾。此数女者，皆以单茕事其父母，生则能养，死则能葬，亦女子之英秀也。

今译

唐代的孝女王和子，徐州人，她的父亲和哥哥从军戍边，驻扎在泾州。

元和年间，吐蕃侵犯边疆，和子的父亲和哥哥战死，家里再没有儿子了，而且母亲早年就去世了。当时和子年仅十七岁，她听说父亲、哥哥死于边疆，就披麻戴孝，赤足步行，独自前往泾州。她沿途乞讨，终于来到泾州，找到父兄的遗体，并把他们的遗体带回徐州安葬。她在墓地旁边种植松柏，剪掉自己的头发，毁坏自己的容貌，在墓地旁边结庐而居。节度使王智兴将和子的这些情况呈奏皇上，皇上下诏表彰和子。以上这几个女子，都是以自己一个人的力量来侍奉父母，父母在世的时候，她们能够赡养父母；父母去世以后，她们能够安葬父母，这可以称得上是女中英杰了。

丨 简注 丨

① 戍：守卫边土。

② 缞：古代用粗麻布制成的丧服。

【8】唐奉天窦氏二女，虽生长草野，幼有志操。永泰中，群盗数千人剽掠其村落。二女皆有容色，长者年十九，幼者年十六，匿岩穴间。盗曳出之，驱逼以前。临壑谷，深数百尺，其姊先曰："吾宁就死，义不受辱！"即投崖下而死。盗方惊骇，其妹从之自投，折足败面，血流被体。盗乃舍之而去。京兆尹第五琦嘉其贞烈，奏之，诏旌表门闾，永蠲其家丁役。二女遇乱，守节不渝，视死如归，又难能也。

今译

唐代奉天有窦氏姐妹两个，她们虽然出生在寻常人家，但很小的时候就有志气节操。永泰年间，数千强盗来她们居住的村落劫掠。她们姐妹俩长得都很漂亮，姐姐十九岁，妹妹十六岁，藏匿在洞穴里。强盗们搜出她们，将她俩拉出来，然后骑着马逼着她们往前走。走到一处数百尺深的悬崖旁边，姐姐先说："我宁可去死也不受侮辱！"说完，跳崖而死。强盗们正在惊骇之中，妹妹也跟着跳了下去，摔断了脚，毁坏了容颜，血流满身。于是这群强盗离开了，不再理会她们。京兆尹第五琦赞赏她们能严守贞操，于是呈奏皇上。皇上下诏表彰她们，并永远免除她们家的丁役。这两个女子遭遇匪乱，尚能严守贞节，视死如归，实在是难能可贵啊！

【9】汉文帝时，有人上书，齐太仓令淳于意有罪，当刑，诏狱逮系长安。意有五女，随而泣。意怒，骂曰："生女不生男，缓急无可使者。"于是少女缇萦伤父之言，乃随父西，上书曰："妾父为吏，齐中称其廉平，今坐法当刑。妾切痛死者不可复生，而刑者不可复属，虽欲改过自新，其道莫由，终不可得。妾愿入身为官婢，以赎父刑罪，使得改行自新也。"书闻，上悲其意。此岁中亦除肉刑法。缇萦一言而善，天下蒙其泽，后世赖其福，所及远哉。

今译

汉文帝时，有人上书说齐太仓令淳于意犯了罪，应当受到惩处。文帝下诏将淳于意逮捕，关进长安的监狱。淳于意有五个女儿，她们跟在父亲后边哭泣。淳于意发怒，骂道："我只生了女儿，没生儿子，有了事情，没有人能够出来帮忙。"他的小女儿缇萦感伤父亲的话语，便跟随父亲西行至长安，上书文帝说："我父亲当官，齐地人都称赞他廉洁、公正。他如今犯罪，理当受刑，但我悲痛的是死者不能复生，受刑的人肢体不能再完好，即便他想改过自新，也没有机会。我愿自己进官府做奴婢，以此赎免父亲的罪行，使他能够改过自新。"汉文帝看了她的上书，悲悯她的孝心，就赦免了她父亲的罪。这一年，朝廷还废除了肉刑法。只因为缇萦的一句话，天下百姓都享受到恩泽，后人也受益于她的恩惠，她的恩泽所及太远了。

【10】后魏孝女王舜者，赵郸人也。父子春与从兄[①]长忻不协。齐亡之际，长忻与其妻同谋，杀子春。舜时年七岁。又二妹，粲年五岁，璠年二岁，并孤苦，寄食亲戚。舜抚育二妹，恩义甚笃。而舜阴[②]有复仇之心，长忻殊不备。姊妹俱长，亲戚欲嫁，辄拒不从。乃密谓二妹曰："我无兄弟，致使父仇不复，吾辈虽女子，何用生为？我欲共汝报复，何如？"二妹皆垂涕曰："唯姊所命。"夜中，姊妹各持刀逾墙入，手杀长忻夫妇，以告父墓。因诣县请罪，姊妹争为谋首，州县不能决。文帝闻而嘉叹，原罪。《礼》："父母之仇，不与共戴天。"舜以幼女，蕴志发愤，卒袖白刃以揕仇人之胸，岂可以壮男子反不如哉！

今译

后魏有一个孝女叫王舜，是赵邹人。她的父亲子春和从兄长忻不和。齐国灭亡的时候，长忻与他的妻子同谋，杀死了子春。这时王舜才七岁，还有两个妹妹，王粲五岁，王璠年仅两岁。她们姐妹三人孤苦无依，寄居在亲戚家里。王舜照顾两个妹妹，姊妹三人感情非常好。王舜心里一直有为父亲复仇的打算，长忻却没有一点防备。她们姐妹几个逐渐长大了，亲戚家张罗着为王舜寻找婆家，但王舜始终不肯出嫁。她悄悄对两个妹妹说："我没有兄弟，所以杀父之仇一直未报，我们虽然是女子，但活着难道就没有用？我想和你们俩一起为父报仇，怎么样？"两个妹妹都流泪说："我们听你的。"晚上，姐妹三人每人都手持一把刀，翻墙进了长忻的宅院，亲手杀死了长忻夫妇，并到父亲的墓前告慰父亲的灵魂。然后她们到县衙自首，请求治罪，姐妹三人争着承认自己是首犯，州官和县官都不能判决。孝文帝听说了这件事，并为她们姐妹三人的举动所感动，于是原谅了她们的罪责。《礼记》说："父母之仇，不共戴天。"王舜仅仅是个小女孩子，而能立志发愤，亲手杀死杀父仇人，为父报仇，那么作为男子，怎么能够连一个女子都不如呢？

简注

① 从兄：堂兄。

② 阴：背地里。

【11】《书》曰："辟不辟，忝厥祖。"《诗》云："无忘尔

祖，聿修厥德。”然则为人而怠于德，是忘其祖也，岂不重哉！

丨 今译 丨

《尚书》说：“人如果有罪过就会让他的祖上蒙羞。”《诗经·大雅·文王》说：“不要忘记你的祖先，要继承发扬先人的德业。”这样说来，做人如果不修德行，是忘记了他的祖宗。这难道不重要吗？

【12】晋李密，犍为人，父早亡，母何氏改醮[①]。密时年数岁，感恋弥至，烝烝之性[②]，遂以成疾。祖母刘氏躬自抚养。密奉事以孝谨闻，刘氏有疾则泣，侧息，未尝解衣。饮膳汤药，必先尝后进。仕蜀为郎，蜀平，泰始诏征为太子洗马。密以祖母年高，无人奉养，遂不应命。上疏曰：“臣无祖母，无以至今日。祖母无臣，无以终余年。母孙二人更相为命，是以私情区区[③]，不敢弃远。臣密今年四十有四，祖母刘氏今年九十有六，是臣尽节于陛下之日长，而报养刘氏之日短也。乌鸟私情，乞愿终养。”武帝矜而许之。

丨 今译 丨

西晋的李密，犍为人，父亲早死，母亲何氏改嫁。这时李密只有几岁，他性情淳厚，恋母情深，思念成疾。祖母刘氏亲自抚养他。李密侍奉祖母非常孝顺恭谨，闻名于时，祖母刘氏一有病，他就痛哭流涕，侍候祖母，都是衣不解带。他为祖母端饭菜、汤药，总要尝过之后才递给祖母。后来他在蜀汉做郎官，蜀中平定后，泰始初年，晋武帝委任他为太子洗马。李密因为祖母年高，无人奉养，就没有接受官职。他上书武帝说："我如果没有祖母，就不能达到今日的成就；祖母如果没有我，就不能安度晚年。我们祖孙二人相依为命，这是我的一点私情，我不能离开祖母远行。我今年四十四岁，祖母今年九十六岁，我为陛下效劳的时日还很长，可是我报答祖母养育之恩的日子却很短。这是我要报答祖母养育的恩情，请求皇上准许我为祖母养老送终。"武帝同情他，就同意了他的请求。

| 简注 |

① 改醮：改嫁。

② 烝烝之性：性情纯一宽厚。

③ 区区：微不足道。

【13】齐彭城郡丞刘，有至性[①]，祖母病疽[②]经年，手持膏药，溃指为烂。

| 今译 |

齐彭城郡丞刘，性情醇厚，祖母身患毒疮，经年不愈，他就手拿膏药，亲自为祖母敷药治疮，以至于手指都溃烂了。

| 简注 |

① 至性：诚挚纯厚的性情。

② 疽：毒疮。

【14】后魏张元，芮城人，世以纯至为乡里所推。元年六岁，其祖以其夏中热甚，欲将元就井浴，元固不肯。祖谓其贪戏，乃以杖击其头曰："汝何为不肯浴？"元对曰："衣以盖形，为覆其亵。元不能亵露其体于白日之下。"祖异而舍之。年十六，其祖丧明三年，元恒忧泣，昼夜读佛经礼拜，以祈福佑。每言："天人师乎？元为孙不孝，使祖丧明，今愿祖目见明，元求代暗。"夜梦见一老翁，以金镵[①]疗其祖目，元于梦中喜跃，遂即惊觉，乃遍告家人。三日，祖目果明。其后，祖卧疾再周，元恒随祖所食多少，衣冠不解，旦夕扶侍。及祖没，号踊，绝而复苏。复丧其父，水浆不入口三日。乡里咸叹异之。县博士杨辄等二百余人上其状，有诏表其门闾。此皆为孙能养者也。

| 今译 |

后魏时候的张元，芮城人，以性格纯厚被乡里所推崇。张元六岁的时候，他的祖父认为夏天的中午非常炎热，想把他带到水池边洗澡，可是张元坚决不肯。祖父以为他贪玩，就用手杖打他的头，问他："你为什么不愿意洗澡？”他回答说：“穿衣服是为了遮体避羞。我不能在大天白日袒露自己的身体。”祖父听了他的话觉得惊异，就放过了他。到他十六岁的时候，祖父已经失明三年，张元为此忧愁哭泣，日夜诵经拜佛，祈求神灵保佑。他常常这样说：“是天人的尊师吗？我做孙子不孝，让祖父失明，现在我愿意让祖父重见光明，让我来代替他失明。”这天夜晚，他梦见有个老头，用金镵治疗祖父的眼睛，张元在梦中高兴得跳起来，于是惊醒，他把这个梦告诉了家里的每一个人。过了三天，祖父的眼睛果然重见光明。此后，祖父卧病在床，持续了两周时间，张元一直侍候祖父的饮食，衣不解带，昼夜不离，一直到祖父病逝，他哭得死去活来。接着张元的父亲又去世了，他三天连一点水米都没有吃，乡里的人们都为之赞叹称奇。县博士杨辄等二百多人上书皇帝，称述张元的孝行，皇帝便下诏表彰。这些事例都是为人之孙能够奉养祖父的典范。

| 简注 |

① 金镵：古代治眼病的工具，形如箭头，用来刮眼膜。

【15】唐仆射李公，有居第在长安修行里，其密邻即故日南杨相也。丞相早岁与之有旧，及登庸，权倾天下。相君选妓数辈，以宰府不可外馆，栋宇无便事者，独书阁东邻乃李公冗舍也，意欲吞之。垂涎少俟，且迟迟于发言。忽一日，谨致一函，以为必遂。

及复札，大失所望。又逾月，召李公之吏得言者，欲以厚价购之。或曰水竹别墅交质。李公复不许。又逾月，乃授公之子弟官，冀其稍动初意，竟亡回命。有王处士者，知书善棋，加之敏辩，李公寅夕与之同处。丞相密召，以诚告之，托其讽谕。王生忻奉其旨，勇于展效。然以李公褊直，伺良便者久之。

一日，公遘病，生独侍前，公谓曰："筋衰骨虚，风气因得乘间而入，所谓空穴来风，枳枸来巢也。"生对曰："然，向聆西院，枭集树杪，某心忧之，果致微恙。空院之来妖禽，犹枳枸来巢矣。且知贵器换缗，未如鬻之，以赡医药。"李公下急，揣知其意，怒发上植，厉声曰："男子寒死，馁死，鹏窥而死，亦其命也。先人之敝庐，不忍为权贵优笑之地。"挥手而别。自是，王生及门，不复接矣。

| 今译 |

唐代仆射李公，他有一处上等宅第在长安修行里，紧挨着他的邻居，就是以前的南杨相。丞相早年与李公有来往，等到他被重用成为宰相，权倾天下。丞相从各地挑选来了许多歌妓舞女，他认为这些歌女不能居住在自己的府里，但是一时间也找不到合适的地方。只有东边邻居李公家有多余的房舍，他很想夺过来。丞相对李公的房子垂涎欲滴，只不过是在等待机会，但是他迟迟没敢张嘴。有一天，丞相很客气地给李公写了一封书信，他自己认为李公肯定不会拒绝。

然而，看到李公回信后，他大失所望。过了一个多月，丞相召见李公身边能说上话的手下，说想出大价钱购买李公的房子。还说，即使用丞相的水竹别墅作为抵押换取也可以。但是，李公再次拒绝。又过了一个多月，丞相提拔李公的子孙做官，希望他能改变初衷。然而，依旧没有回音。当地有一个王处士，读书很多，也很会下棋，能说会道，李公与他经常在一起。丞相悄悄把王处士叫去，把自己的想法告诉他，让他给想办法促成这件事。王处士很痛快地接受了这个请托，立刻积极地张罗这件事。然而，他知道李公不太好说话，他一直在寻找合适的时机。

有一天，李公病了，王处士独自陪着他。李公对他说："我身体虚弱，所以冷风寒气容易乘虚而入。这就像人们说的，空穴容易来风，有弯曲的枳树就容易有鸟来筑巢。"王处士答道："对呀，我先前听到你的西院里，有枭鸟齐集树梢的声音，我当时就非常忧心，不曾想到你真就病了。我认为空空的院落容易招来这些怪鸟，就好像弯曲的枳树会招来鸟筑巢一样。你现在拿家里的东西去换钱，不如将西院的房舍卖掉，用来为你治病。"不料，李公一下子急了眼，他揣摩王处士可能是为丞相做说客，因此大怒，以致头发都竖了起来。他厉声说："男子汉就是受冻受饿而死，鹏鸟带来厄运而死，那也听天由命吧！祖先留下来的房舍，我怎么忍心让它变成权贵的养歌妓舞女的地方呢?"于是他挥手与王处士告别。从此之后，王处士再来做客，他也不去接待。

| 实践要点 |

不屈从权贵，守住祖先留下来的产业是孝顺的表现。何况权贵是要征收自己的房屋去做不义的事情，更加不能顺从。如果是为了成就大义，尚有商量处。

【16】平庐节度使杨损，初为殿中侍御史，家新昌里，与路岩第接。岩方为相，欲易其厩以广第。损宗族仕者十余人议曰："家世盛衰，系权者喜怒，不可拒也。"损曰："今尺寸土，皆先人旧物，非吾等所有，安可奉权臣邪！穷达，命也。"卒不与。岩不悦，使损按狱黔中。年余还。彼室宅，尚以家世旧物，不忍弃失，况诸侯之于社稷，大夫之于宗庙乎？为人孙者，可不念哉！

今译

平庐节度使杨损，最开始担任殿中侍御史的时候，家里住在新昌里，与路岩的府邸相邻。当时，路岩刚刚担任宰相，想买下杨损家的马厩来扩充自己的庭院。杨损家族的十多个当官的子弟商议说："家世的盛衰，都取决于当权者的喜怒好乐，我们不能拒绝这件事。"杨损说："我们家的每一寸地方，都是祖先留给我们的遗产，并不是我们自己的，我们怎么能够把它双手奉送给权臣呢？穷困与发达，那都是命。"杨家最终还是没有把马厩卖给路岩。路岩不高兴，就派杨损到贵州去巡视监狱，一年后杨损才回来。他们连房屋住宅都认为是祖传的资产，不忍舍弃，更何况诸侯对于社稷、大夫对于宗庙呢？为人子孙后辈，行为处事能不念及祖宗吗？

【17】《礼》："服，兄弟之子，犹子也。"盖圣人缘情制礼，非引而进之也。

今译

《礼记》说："从血统上来讲，兄弟的子女，就像是自己的子女一样。"这是因为圣人也是根据人情来制定礼仪规范的，并不是要强制规定什么东西。

【18】汉第五伦性至公。或问伦曰："公有私乎？"对曰："吾兄子尝病，一夜十往，退而安寝。吾子有病，虽不省视，而竟夕不眠。若是者，岂可谓无私乎？"伯鱼贤者，岂肯厚其兄子不如其子哉？直以数往视之，故心安；终夕不视，故心不安耳。而伯鱼更以此语人，益所以见其公也。

今译

后汉第五伦做人非常公正。有人问他说："你有私心吗？"他回答说："有一次，我哥哥的孩子生病了，我一晚上虽然去看他十次，但回来后能睡得着。我的孩子有病，我虽然没怎么去看他，但却担心得整夜睡不着觉。这怎么能说我没有私心呢？"伯鱼是一个贤者，怎么可能对待自己兄长的孩子不如自己的孩子呢？只是因为他一晚上去看望侄子好几次，所以心能安；而自己的儿子一夜不去探视，所以心有所不安。但是，他又将这些细节告诉别人，这就更能看出他为人治家的公正了。

实践要点

其实，第五伦对待自己的儿子不如对待自己的兄长的儿子，儿子生病他一次都没有去看，倒不是他不疼爱自己的儿子，因为他整宿睡不着觉，他的心不安；兄长的儿子生病，他一夜起身去看十次，他看到小孩没事，因此心安能够睡着。第五伦的纠结在什么地方呢？他还是有点着名了，所以他把这个心安与心不安告诉别人，他怕别人说自己对兄长的儿子不好，对自己的儿子太好了。血浓于水，这两个小孩他都亲爱，不必在意别人的看法，儿子生病了，你的心不安，那就去看好了，让儿子知道你是爱着他的，这不是很好吗？

【19】宗正刘平，更始时天下乱，平弟仲为贼所杀。其后贼复忽然而至，平扶侍其母奔走逃难。仲遗腹女始一岁，平抱仲女而弃其子。母欲还取，平不听，曰："力不能两活，仲不可以绝类。"遂去而不顾。

| 今译 |

宗正刘平，王莽末年天下大乱，刘平的弟弟仲被贼杀死。后来，贼人又忽然到来，刘平搀扶他的母亲逃跑躲避。弟弟仲死的时候留下一个一岁的女孩，刘平抱起弟弟的女儿逃难，而将自己的儿子丢弃在家。他的母亲让他回去带自己的儿子走，刘平不听，说："我们没有能力把两个孩子都救活，但我必须救弟弟的孩子，他不能没有后人。"说完逃跑而去，竟然没有去救自己的孩子。

| 实践要点 |

这是一个道德上的两难选择，在无法保全两个小孩子的情况下，无论作何选择都有遗憾，很多时候，所做的选择只是当下的一念。这就好比人们经常诘问，如果你的妻子和母亲同时掉进水里，你会救哪一个？事实上，如果真的出现这种情形，很可能你救的人只是当时物理距离上离你最近的那个人，你不会先去做很多道德上的考量或决断。至于刘平，他的考虑是弟弟已经去世，只有一个遗孤留下，而他还可以再生。这是他做出道德决断的理由，这是一个功利主义的设想，当然，我相信他做这个选择时心是痛的。他不是一个铁石心肠的人，否则就不会救弟弟的女儿，而舍弃自己的儿子。

【20】侍中淳于恭兄崇卒，恭养孤幼，教诲学问，有不如法，辄反用杖自箠[①]以感悟之。儿渐而改过。

| 今译 |

后汉侍中淳于恭的哥哥淳于崇去世了，淳于恭抚养哥哥留下来的儿子，他教侄儿读书学习，如果侄子做错了事，他就用棍子打自己来感化侄儿。侄儿看了非常惭愧，就逐渐改正自己的错误。

| 简注 |

① 箠：鞭打。

【21】侍中薛包，弟子求分财异居，包不能止，乃中分其财。奴婢引其老者，曰：“与我共事久，若不能使也。”田庐取其荒顿者，曰：“吾少时所理，意所恋也。”器物取其朽败者，曰：“我素所服食，身口所安也。”弟子数破其产，辄复赈给。

今译

侍中薛包，他弟弟的儿子要和他分家，他不能阻止他，于是就和侄儿分财产。分奴婢的时候，他总是要一些老的，并说：“这些老的和我共事很长时间了，你不会使用他们。”分田地房舍时，他总是要那些荒芜颓败的，又说：“这些地和房子都是我小时候耕种过的和住过的，我和它们有感情。”分其他东西的时候，他总是要那些破旧的，说：“这些都是我平常用的，我已经用习惯了。”他的侄儿后来闹了几次破产，每次他都要送他一些东西来赈济他。

【22】晋右仆射邓攸，永嘉末，石勒过泗水，攸以牛马负妻子而逃。又遇贼，掠其牛马。步走，担其儿及其弟子绥。度不能两个都救活，乃谓其妻曰：“吾弟早亡，唯有一息，理不可绝，止应自弃我儿耳。幸而得存，我后当有子。”妻泣而从之。乃弃其子而去，卒以无嗣。时人义而哀之，为之语曰：“天道无知，使邓伯道无儿。”弟子绥服攸丧三年。

| 今译 |

西晋永嘉末年，天下大乱，石勒的军队经过泗水时，西晋右仆射邓攸用牛、马载着妻子、儿子和侄子逃难。路上遇见强盗，牛马被抢走了。他们只好步行，邓攸担着儿子和弟弟的孩子绥。后来考虑到实在救活不了两个孩子，他就对妻子说："我弟弟早死，只留下这一个儿子，我们不能让弟弟绝了后，只好丢掉自己的儿子。如果我们能存活下来，以后还可以有孩子。"妻子哭着听了他的话。于是邓攸就丢下自己亲生儿子走了。邓攸最终没能够再有儿子。当时的人感叹他的仁义，为他说："天道无知，让邓伯道没有儿子。"后来，他的侄子绥为伯父服丧三年。

【23】太尉郗鉴，少值永嘉乱，在乡里，甚穷馁。乡人以鉴名德，传共饭之。时兄子迈、外甥周翼并小，常携之就食。乡人曰："各自饥困，以君贤，欲共相济耳！恐不能兼有所存。"鉴于是独往，食讫，以饭着两颊边还，吐与二儿。后并得存，同过江。迈位至护军，翼为剡县令。鉴之薨也，翼追抚育之恩，解职而归，席苫心丧三年。世有杀其孤规财利者，独何心哉！

| 今译 |

东晋太尉郗鉴，他小的时候正好赶上西晋的永嘉之乱，家里穷得连饭都吃不上。因为郗鉴是个有德行的人，本乡的人轮流供养他。他哥哥的孩子迈与他的外甥周翼都非常小，他到别人家吃饭的时候，常常领着这两个孩子一起去。乡人对此很有意见，说：“大家都很穷困，因为你是个贤德之人，所以大家想一起来帮助你！但是恐怕不能将这两个孩子也一起救活。”后来，郄鉴就一个人去吃饭。但每次吃完饭，他又在嘴里含些饭回家，吐出来给两个孩子吃。他用这种办法竟然将两个孩子都救活了，并和他们一起过了长江。后来，侄儿官至护军，外甥则任剡县县令。郄鉴去世后，周翼不忘舅舅对他的抚育之恩，辞官回家，为舅舅诚心诚意服丧三年。世上有杀害别人的遗孤而觊觎钱财的，这些与上面的事例相比，那是一种什么居心啊！

【24】宋义兴人许昭先，叔父肇之坐[①]事系狱，七年不判。子侄二十许人，昭先家最贫薄，专独申诉，无日在家。饷馈肇之，莫非珍新。资产既尽，卖宅以充之。肇之诸子倦怠，惟昭先无有懈息，如是七载。尚书沈演之嘉其操行，肇之事由此得释。

| 今译 |

南朝宋义兴人许昭先的叔父许肇之，因为犯罪被关进监狱，在狱中关了七年仍未判决。肇之家的子侄共二十多人，昭先家最为贫穷，但是，昭先独自为叔父申诉，没有一天在家休息。他给叔父送最好吃的东西。家里的资产花光了，他就卖掉房子。肇之的几个儿子都有些厌倦了，只有昭先没有懈息，这样一直持续了七年。尚书沈演之嘉奖他的操守品行，并帮了他的忙，肇之的事情才最终得到了解决。

简注

① 坐：因为，由于。

【25】唐柳泌叙其父天平节度使仲郢行事云，事季父太保如事元公，非甚疾，见太保未尝不束带。任大京兆盐铁使，通衢遇太保，必下马端笏，候太保马过方登车。每暮束带迎太保马首，候起居。太保屡以为言，终不以官达稍改。太保常言于公卿同云："元公之子，事某如事严父。"古之贤者，事诸父如父，礼也。

今译

唐代柳泌叙述他的父亲天平节度使柳仲郢的事迹时说，仲郢侍奉叔父太保就像侍奉自己的父亲柳公绰一样，只要不是特别匆忙，他见叔父的时候总要整装束带，表示尊重。他担任大京兆盐铁使时，在大街上碰见叔父，一定要下马恭立，等到叔父的车马过去了才上车。他每天傍晚都要穿戴整齐迎接叔父的马车，问候侍奉他的起居生活。叔父多次让他免去那些礼仪，但他从不因为自己位居高官就改变对自己叔父的恭敬态度。他的叔父经常在官员中间说："元公的儿子侍奉我就像侍奉他父亲一样。"古代有贤德的人，侍奉他的伯叔父就像侍奉他的父亲一样，这是天礼人伦所应当有的表现。

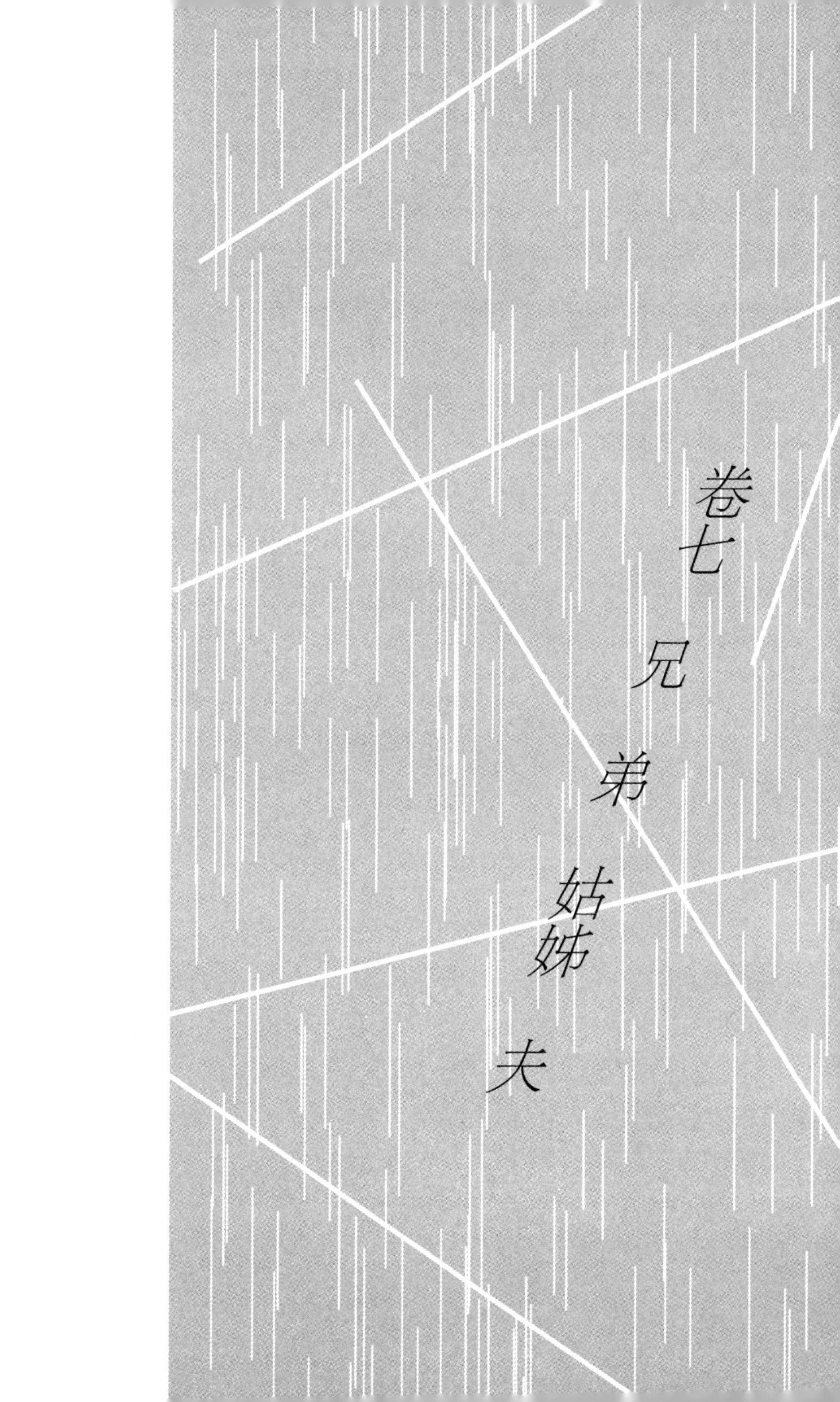

卷七 兄弟姑姊夫

【1】凡为人兄不友[①]其弟者，必曰：弟不恭于我。自古为弟而不恭者孰若象？万章问于孟子，曰："父母使舜完廪[②]，捐阶，瞽瞍焚廪；使浚井，出，从而掩之。象曰：'谟盖都君咸我绩。牛羊父母，仓廪父母。干戈朕、琴朕、弤朕、二嫂使治朕栖。'象往入舜宫，舜在床琴。象曰：'郁陶思君尔！'忸怩。舜曰：'惟兹臣庶，汝其于予治。'不识舜不知象之将杀己与？"曰："奚而不知也？象忧亦忧，象喜亦喜。"曰："然则舜伪喜者与！"曰："否！昔者有馈生鱼于郑子产。子产使校人畜之池。校人烹之，反命曰：'始舍之，圉圉焉，少则洋洋焉，攸然而逝。'子产曰：'得其所哉！得其所哉！'校人出，曰：'孰谓子产智？予既烹而食之，曰：得其所哉！得其所哉！'故君子可欺以其方，难罔以非其道。彼以爱兄之道来，故诚信而喜之，奚伪焉！"万章问曰："象日以杀舜为事，立为天子，则放之，何也？"孟子曰："封之也。或曰放焉。"万章曰："舜流共工于幽州，放欢兜于崇山，杀三苗于三危，殛鲧于羽山，四罪而天下咸服，诛不仁也。象至不仁，封之有庳。有庳之人奚罪焉？仁人固如是乎？在他人则诛之，在弟则封之。"曰："仁人之于弟也，不藏怒焉，不宿怨焉，亲爱之而已矣。亲之欲其贵也，爱之欲其富也。封之有庳，富贵之也。身为天子，弟为匹夫，可谓亲爱之乎？""敢问，或曰放者何谓也？"曰："象不得有为于其国，天子使吏治其国，而纳其贡赋焉，故谓之放，岂得暴彼民哉！虽然，欲常常而见之，故源源而来。不及贡，以政接于有庳。"

| 今译 |

一般来讲，不友爱自己弟弟的哥哥一定会说：弟弟对我不恭敬。可是，从古到今，弟弟对兄长不恭敬，谁又能比得上舜的弟弟象呢？万章问孟子说：“舜的父母让舜去修缮谷仓，等舜上了屋顶，他们就抽掉梯子，他父亲瞽瞍还放火焚烧那座谷仓，幸而舜设法逃了下来。于是又让舜去掏井，他不知道舜从旁边的洞穴出来了，还用土堵住井口。舜的兄弟象说：‘谋害舜都是我的功劳，牛羊分给父母，仓廪分给父母，干戈分给我，琴分给我，漆赤弓分给我，我要两位嫂嫂替我铺床叠被。’于是象向舜的房间走去，舜却坐在床边弹琴，象说：‘哎呀！我好想念您呀！’但神情之间很不好意思。舜说：‘我想念着我的臣下和百姓，你替我管理吧！’我不知道舜难道不知道象要杀他吗？”孟子答道：“为什么不知道呢？象忧愁，他也忧愁；象高兴，他也高兴。”万章说：“那么，舜的高兴是假装的吗？”孟子说：“不！从前有一个人送了条活鱼给郑国的子产，子产让管池塘的人把这条鱼养起来，那个人却把鱼煮着吃了，回报子产说：‘我刚刚把鱼放在池塘里的时候，它还半死不活的，一会儿，它摇摆着尾巴活动起来了，突然间远远地游去不知去向。’子产说：‘它到了好地方呀！到了好地方呀！’那个人出来后说：‘谁说子产聪明，我已经把那条鱼煮着吃了，他还说鱼到了好地方，鱼到了好地方。’所以对于君子，可以用合乎人情的方法来欺骗他，但却不能用违反道理的诡诈来欺骗他。象既然假装敬爱自己的兄长，舜也因此真诚地相信他，并感到高兴，这为什么是假装的呢？”万章问道：“象每天把谋杀舜的事情作为他的工作，但是舜做了天子以后，却仅仅流放他，这是什么道理呢？”孟子答道：“其实舜是封象为诸侯，不过有人说是流放他罢了。”万章说：“舜把共工流放到幽州，把欢兜发配到崇山，把三苗之君驱逐到三危，把鲧流放到羽山，惩处了这四个大罪犯，天下便都归服他了，这都是讨伐不仁的人。然而，象是最不仁的人，却把他分封到有庳之国。有庳国的百姓又有什么罪过呢？对别人就加以惩处，对自己弟弟就分封国土，难道仁人的做法竟是这样的吗？”孟子说：“仁人对于弟弟的愤怒不藏在心中，他的怨恨也不留在胸内，只是亲爱他而已。亲他，便要使他贵；爱他，便要使他富。把有庳国土封给他，正是使他又富又贵；他自己做了天子，弟弟却是一个老百姓，可以说是亲爱弟弟吗？”万章说：“我请问，为什么有人说是流放呢？”孟子说：“象不能在他的国土上为所欲为，因为天子派遣了官吏来给他治理国家，缴纳贡税，所以有人说这是流放。所以难道象能够暴虐地对待他的百姓吗？显然不能。即使如此，舜还是想常常看到象，象也不断地来和舜相见。古书上说：不用等到规定的朝贡的时间，平常也可以根据政治上的需要相见。”

简注

① 友：友爱。

② 廪：米仓。

实践要点

兄友弟恭，在这一组伦理关系中，主导者是兄长，弟弟比他小，相对来讲，他的生命成长自然而然要比兄长更慢一点，他的生命也没有兄长那么成熟、通透。因此，兄长理应去引导弟弟，用自己的爱去感动他。舜就是这样对他的弟弟的。只要他是一个有同感心的人，爱的倾注与浇灌一定会柔化那颗刚硬邪恶的心，这是舜对人性始终保持着的乐观。舜这一颗一体同仁之大心，值得我们深切体味。

【2】汉丞相陈平，少时家贫，好读书，有田三十亩，独与兄伯居。伯常耕田，纵平使游学。平为人长美色。人或谓陈平："贫何食而肥若是？"其嫂嫉平之不视家产，曰："亦食糠核耳。有叔如此，不如无有。"伯闻之，逐其妇而弃之。

| 今译 |

西汉的丞相陈平，小时候家里非常贫穷，但他喜欢读书。家里有三十亩田地，他自己单独与哥哥陈伯住在一起。哥哥经常一个人耕田，让他出去游学。陈平长得身高貌美。有人问他："你家里很穷，可你为什么吃得这么胖？"他的嫂子怨恨他不事生产，就说："也是吃糠秕而已。有这样的小叔子，还不如没有呢！"陈平的哥哥听到妻子说的话，就把妻子赶出了家门。

| 实践要点 |

住在同一个屋檐下，家庭中的琐事很多，磕磕碰碰也在所难免。陈伯的处理有点简单粗暴，或许他认为妻子可以再娶，而弟弟不能再有吧。在一家之中，谦让、隐忍颇为重要，调解的能力也必须到位。陈伯妻子对陈平的抱怨其实是对丈夫的疼惜，只是陈伯一人生产来养活一大家子，压力当然大。妻子抱怨的初心想必是好的，然而，他却没有利用好妻子这一点善心加以引导，而选择把她休了，赶出家门。

【3】御史大夫卜式，本以田畜为事。有少弟，弟壮，式

脱身出，独取畜羊百余，田宅财物尽与弟。式入山牧，十余年，羊致千余头，买田宅。而弟尽破其产，式辄复分与弟者数矣。

| 今译 |

御史大夫卜式，一直靠种田放牧为生。他有个小弟弟，弟弟长大后，卜式与弟弟分家另过，然而他只带走一百多头羊，家里的田地、房屋等财产都给了弟弟。卜式独自进山放羊，十多年后，他的羊繁育到千余头，他又买了田地、房子。可是弟弟却将家产挥霍一空，卜式又好几次分田宅家产给弟弟。

| 实践要点 |

卜式与他的弟弟在成家分开后，他自己分走了一小部分的财产，剩下的大部分财产都留给弟弟，但是他自己善于经营，经过十余年的苦心经营，家业变得越来越大，弟弟却不会经营而将财产挥霍一空。卜式对弟弟心生怜悯，多次把自己的财产分给他，以此来资助他。卜式友爱并帮助自己兄弟的发心很好，但是，他并没有从根本上帮助弟弟在德性、人格与营生能力上进行提高，而是简单的施与。然而，授人以鱼不如授人以渔，帮助自己的弟弟真正成长，而不是成为一个坐吃山空立地吃陷的人，这才是正确的做法。

【4】隋吏部尚书牛弘弟弼，好酒，酗。尝醉，射杀弘驾

车牛。弘还宅，其妻迎谓曰："叔射杀牛。"弘闻，无所怪问，直答曰："作脯。"坐定，其妻又曰："叔忽射杀牛，大是异事！"弘曰："已知。"颜色自若，读书不辍。

｜ 今译 ｜

隋朝吏部尚书牛弘的弟弟牛弼喜欢喝酒，而且经常喝醉，撒酒疯。牛弼有一次喝醉酒，就用箭把牛弘驾车的牛射死了。牛弘回家后，妻子对他说："小叔子射死了咱家的牛。"牛弘听了，并没有说责怪的话，只回答说："那就把牛拿去作干牛肉。"牛弘坐下后，妻子又说："小叔子平白无故射死了牛，这不是一件平常的事吧！"牛弘说："我知道了。"但是，他面不改色，继续读他的书。

｜ 实践要点 ｜

与陈伯相比，牛弘的处理方式就老到妥帖得多。他并没有因为妻子多次诉说叔叔的不是，而一愤之下将她赶出家门。然而，他对待弟弟这种酗酒行为太过宽纵。宽纵不是宽容，它是对错误行为的无视与放纵。当然，牛弘的做法是想效仿古圣先贤用德性去感化自己的弟弟，感化并不是无视，而是应该创造具体情境，让弟弟触"景"生情，能够反躬自省。

【5】唐朔方节度使李光进，弟河东节度使光颜先娶妇，母委以家事。及光进娶妇，母已亡。光颜妻籍家财，纳管钥

于光进妻。光进妻不受，曰：“娣妇逮事先姑，且受先姑之命，不可改也。”因相持而泣，卒令光颜妻主之矣。

| 今译 |

唐代朔方节度使李光进，他的弟弟河东节度使李光颜先娶了媳妇，母亲就让光颜的妻子来管理家事。等到李光进娶媳妇的时候，母亲已经去世了。光进结婚后，光颜的妻子就登记家里的财产，然后将家里的钥匙交给嫂嫂。光进的妻子不接受，说：“你侍奉过婆婆，你就接受婆婆的委托吧，这不能改变。”说到这里，她们竟哭了起来，最后还是让光颜的妻子来管理家务。

【6】平章事韩滉，有幼子，夫人柳氏所生也。弟湟戏于掌上，误坠阶而死。滉禁约夫人勿悲啼，恐伤叔郎意。为兄如此，岂妻妾他人所能间哉？

| 今译 |

平章事韩滉有个小儿子，是夫人柳氏所生。弟弟韩湟双手抱着他玩耍，不料小孩掉到台阶上摔死了。韩滉叫夫人不要伤心啼哭，以免让弟弟伤心。做哥哥的能这样对待弟弟，妻妾等人怎么能离间他们兄弟之间的感情呢？

【7】弟之事兄，主于敬爱。齐射声校尉刘琎，兄夜隔壁呼琎。琎不答，方下床着衣，立，然后应。怪其久。琎曰："向束带来竟。"

丨 今译 丨

弟弟侍奉兄长，主要是能敬爱他。齐射声校尉刘琎，他的哥哥夜里在隔壁喊他，他不答应，等下床穿好衣服，端端正正站好，然后才答应。哥哥怪他为什么那么久才答应，他说："刚才我还没有整齐地穿好衣服。"

【8】梁安成康王秀，于武帝布衣昆弟，及为君臣，小心畏敬，过于疏贱者。帝益以此贤之。若此，可谓能敬矣。

丨 今译 丨

梁代安成康王萧秀，和武帝是兄弟，等到武帝即位后，他们成了君臣关系，萧秀对武帝常怀敬畏之心，小心侍候，甚至超过了那些与武帝更疏远、低贱的人。武帝也因此更看重萧秀。像他们这样，可以说是兄弟之间能互相敬重了。

【9】后汉议郎郑均，兄为县吏，颇受礼遗，均数谏止，

不听，即脱身为佣。岁余，得钱帛归，以与兄，曰："物尽可复得。为吏坐赃，终身捐弃。"兄感其言，遂为廉洁。均好义笃实，养寡嫂孤儿，恩礼甚至。

| 今译 |

东汉议郎郑均，他的哥哥当县吏，经常接受礼品，郑均多次劝谏哥哥不要这样，哥哥不听，于是他就跑去当用人。过了一年多，他挣了些钱回来送给哥哥，并和哥哥说："钱没了我们可以再挣，但当官如果贪赃枉法，就会受到惩处，一辈子都完了。"哥哥听了他的话非常感动，于是为官清正廉洁。郑均为人忠厚老实，哥哥死后，他养活寡嫂和哥哥的孤儿，礼数非常到位。

【10】晋咸宁中疫颍川，庚衮二兄俱亡。次兄毗复危殆。疠气[①]方炽，父母诸弟皆出次于外，衮独留不去。诸父兄强[②]之，乃曰："衮性不畏病。"遂亲自扶持，昼夜不眠。其间复抚柩哀临不辍。如此十有余旬，疫势既歇，家人乃反。毗病得差，衮亦无恙。父老咸曰："异哉此子！守人所不能守，行人所不能行，岁寒然后知松柏之后凋，始知疫疠之不相染也。"

| 今译 |

西晋咸宁年间颍川发生瘟疫，庚衮的两个哥哥都死了，另外一个哥哥庚毗也生命垂危。此时正是瘟疫最厉害的时候，父母及几个弟弟都居住在外面，躲避瘟疫，只有庾衮独自留在家里，不肯离去。家里的人强迫他走，他说："我不怕染病。"于是，他在家昼夜不眠，亲自侍候哥哥庾毗。这期间，他还为两个已死的哥哥守灵，从未停止过祭祀。过了一百多天，瘟疫渐渐过去了，家人才返回来。这时庾毗的病也好了，庾衮也安然无恙。乡亲们都说："这个人真是不同寻常，能够坚守别人不能坚守的礼节，能做到别人不能做到的事情，天气寒冷才知道松柏比其他树耐寒，经历过瘟疫才知道瘟疫不会传染给好人。"

| 简注 |

① 疠气：能致疫病的恶气。

② 强：强迫。

| 实践要点 |

兄弟确实情深，在当时的医疗条件以及家庭经济条件下，庾衮忘我救兄的行为确实令人动容。今天在条件允许时，无论是家里哪位亲人染病，一定要寻找专业医疗人士，也避免自己被传染的风险。

【11】右光禄大夫颜含，兄畿，咸宁中得疾，就医自疗，遂死于医家。家人迎丧，旐每绕树而不可解，引丧者颠仆，称畿言曰："我寿命未死，但服药太多，伤我五脏耳，今当复活，慎无葬也。"其父祝之曰："若尔有命复生，其非骨

肉所愿，今但欲还家，不尔葬也。”乃解。及还，其妇梦之曰：“吾当复生，可急开棺。”妇颇说之。其夕，母及家人又梦之，即欲开棺，而父不听。含时尚少，乃慨然曰：“非常之事，古则有之。今灵异至此，开棺之痛，孰与不开相负?”父母从之，乃共发棺，有生验以手刮棺，指抓尽伤，气息甚微，存亡不分矣。饮哺将获，累月犹不能语。饮食所须，托之以梦。阖家营视，顿废生业，虽在母妻，不能无倦也。含乃绝弃人事，躬亲侍养，足不出户者，十有三年。石崇重含淳行，赠以甘旨，含谢而不受。或问其故，答曰：“病者绵昧，生理未全，既不能进噉，又未识人惠，若当谬留，岂施者之意也?”畿竟不起。含二亲既终，两兄既殁，次嫂樊氏因疾失明，含课励家人，尽心奉养。日自尝省药馔，察问息耗，必簪屦束带，以至病愈。

丨 今译 丨

右光禄大夫颜含的哥哥颜畿，在咸宁年间得了病，在就医治疗的时候，死在了医生的家里。家人扶着他灵柩回家安葬，路上引魂幡缠绕在树上，怎么也解不开。在前边引路的人突然跌倒在地上，自称他是颜畿说：“我的寿命还没有尽，只是因为吃药太多，伤了五脏而导致昏厥，现在我要活过来了，你们千万不要将我埋葬了。”他的父亲祷告说：“如果你真的能活过来，也是我们的共同愿望，现在我们只是回家，并不是要安葬你。”说罢，引魂幡果然就解开了。回到家，颜畿的媳妇晚上梦见颜畿对她说：“我就要复活了，你们马上打开棺材。”颜畿的媳妇醒来后非常高兴。这天晚上，颜畿的母亲和家里的其他人也做了同样的梦，大家想马上打开棺木看看，可是父亲不允许。颜含这时还很小，他大声说："怪异之事自古就有，现在如此异常，开棺还是比不开要好。"父母亲听从了他的意见，于是大家一起将棺材打开，果然看见有手指抓棺材的印痕，而且颜畿的手指都抓伤了。颜畿确实还有微弱的呼吸，但和死人没有什么两样。家里人侍候他饮食，但是他好几个月还不能说话。他如果想吃什么或需要什么，就给家人托梦。全家人都因为照顾他而荒废了家里的生产和其他事业。时间长了，即使是母亲和妻子也感到了倦怠，只有弟弟颜含放下所有的事情，亲自侍奉哥哥，十三年足不出户。当时石崇很钦佩颜含的所作所为，就特地赠送他们美味佳肴。但是，颜含对他的好意表示感谢，却不肯接受食物。有人问他为什么不接受，他回答说："现在我哥哥卧床不起，不省人事，他的生理机能也没有恢复，他不能吃这些东西，也不能亲自对别人的好意表示感谢，如果我随便就留下这些东西，这哪里是馈赠者的本意呢？"颜畿最终也没有能够恢复健康。后来，颜含的父母亲双双去世，两个哥哥也都死了，二嫂樊氏因病失明，颜含就带着家里人尽心奉养。他每天一定要穿戴整齐，保持礼节，亲自去察看嫂子吃的药和饭，以及她的身体状况，一直到嫂子的病痊愈。

【12】后魏正平太守陆凯兄琇，坐咸阳王禧谋反事，被收，卒于狱。凯痛兄之死，哭无时节，目几失明，诉冤不已，备尽人事。至正始初，世宗复琇官爵。凯大喜，置酒集诸亲曰："吾所以数年之中抱病忍死者，顾门户计尔。逝者

不追，今愿毕矣。”遂以其年卒。

丨 今译 丨

后魏正平太守陆凯的哥哥陆琇，受咸阳王禧谋反一事的牵连，被关押，最后死在监狱。陆凯对哥哥的死非常悲痛，经常痛哭，没有节制，他的眼睛都几乎要失明了。他反复为哥哥申诉冤屈，尽到了一个弟弟的责任。一直到正始初年，世宗才恢复了陆琇的官爵，陆凯非常高兴，置办酒食招待亲戚们说：“我这几年之所以能在病痛中坚持活下来，就是为了恢复我们陆家的声誉，现在我的愿望终于实现了。”他就在这一年去世了。

【13】唐英公李勣，贵为仆射，其姊病，必亲为燃火煮粥，火焚其须鬓。姊曰：“仆射妾多矣，何为自苦如是？”曰：“岂为无人耶？顾今姊年老，勣亦老，虽欲久为姊煮粥，复可得乎？”若此，可谓能爱矣！

丨 今译 丨

唐英公李勣，官至仆射，他的姐姐病了，他还亲自为她烧火煮粥，以致火苗烧了他的胡须和头发。姐姐劝他说：“你的奴婢那么多，为什么要这样辛苦？”李勣回答说：“难道真的没有人吗？我只是想姐姐现在年纪大了，我自己也老了，即使我想要每天都为姐姐烧火煮粥，那又怎么可能呢？”像这样的弟弟，可以说是能够敬爱姐姐了。

【14】夫兄弟至亲，一体而分，同气异息。《诗》云："凡今之人，莫如兄弟。"又云："兄弟阋于墙，外御其侮。"言兄弟同休戚，不可与他人议之也。若己之兄弟且不能爱，何况他人？己不爱人，人谁爱己？人皆莫之爱，而患难不至者，未之有也。《诗》云"毋独斯畏"，此之谓也。兄弟，手足也。今有人断其左足，以益右手，庸何利乎？虺一身两口，争食相龁，遂相杀也。争利而害，何异于虺乎？

今译

兄弟之间至亲至爱，就好像同出一体，同气异息。《诗经》说："现在的人，都不像兄弟那样亲密了。"又说："兄弟在家里虽然有矛盾，但在外边却能共同抵御敌人。"这说的是兄弟能够休戚与共，不能被外人任意议论。如果连自己的兄弟都不能去爱，又怎么能去爱他人呢？自己不爱他人，他人又怎么会爱你呢？人人都不喜爱你，你的生活没有祸患和灾难是不可能的。《诗经》说"怕的就是只有你一个人"，说的就是这个意思。兄弟就像手足一样。如果有人砍断他的左脚，来延长他的右手，这有什么好处呢？虺有两张嘴，为了争夺事物相互撕咬，于是互相残杀。如果兄弟之间为了各自的利益互相残害，这跟虺有什么区别呢？

【15】《颜氏家训》论兄弟曰："方其幼也，父母左提右挈，前襟后裾，食则同案，衣则传服，学则连业，游则

共方，虽有悖乱之人，不能不相爱也。及其壮也，各妻其妻，各子其子，虽有笃厚之人，不能不少衰也。娣姒之比兄弟，则疏薄矣。今使疏薄之人而节量亲厚之恩，犹方底而圆盖，必不合也。唯友悌深至，不为旁人之所移者，可免夫。兄弟之际，异于他人，望深虽易怨，比他亲则易弭。譬犹居室，一穴则塞之，一隙则涂之，无颓毁之虑。如雀鼠之不恤，风雨之不防，壁陷楹沦，无可救矣。仆妾之为雀鼠，妻子之为风雨，甚哉！兄弟不睦，则子侄不爱。子侄不爱，则群从疏薄。群从疏薄，则童仆为仇敌矣。如此，则行路皆踖其面而蹈其心，谁救之哉？人或交天下之士，皆有欢爱，而失敬于兄者，何其能多而不能少也？人或将数万之师，得其死力，而失恩于弟者，何其能疏而不能亲也？娣姒者，多争之地也。所以然者，以其当公务而就私情，处重责而怀薄义也。若能恕己而行，换子而抚，则此患不生矣。人之事兄不同于事父，何怨爱弟不如爱子乎？是反照而不明矣。"

今译

《颜氏家训》在讨论兄弟关系的时候说："当他们年纪还小的时候，总是一起在父母的身边，在同一张桌子上吃饭，哥哥穿过的衣服再给弟弟穿，一起读书，一起玩耍。这样一来，虽然是不懂礼法的人，也不能不相互爱护。等到成人之后，兄弟们各有了自己的家庭子女，这个时候即使是忠厚诚实的人，兄弟之间的情谊也总会稍微减退一点。妯娌之间的关系，是比不上兄弟关系那样亲密的。如果让关系疏薄的妯娌关系来制约兄弟之间的感情，这就好像给方形的容器配上圆形的盖子一样，两者一定不能严丝合缝。只有那些兄弟亲情深厚，不受外人影响的人家，才能幸免于这种情形。兄弟之间的关系不同于常人，相互之间求全责备虽然容易产生怨恨，但是手足情亲，这种怨恨也容易消弭。拿房子来做比喻，当我们发现有一个洞或有一条裂缝的时候，就想办法去修复它，那么房子就没有倒塌的危险，如果我们连鸟雀、老鼠、风雨的破坏都不去防护，那么墙壁门窗就有毁坏倒塌的危险。家里面的仆人妻妾对于兄弟情感的破坏，就像那些破坏最厉害的雀鼠风雨一样。兄弟之间不能和睦，就会导致各自的子女不相爱，而这种情形又会导致同族的小辈互相疏远淡薄，导致各家的僮仆互相敌视。这样，陌生人就会来欺负他们，还有谁能够来救助呢？有的人结交天下之士都很融洽，对自己的哥哥反而不去敬重；有的人可以统帅几万士兵，得到他们的拥戴，可是对自己的弟弟反而缺少恩爱，这种人为什么这样的不会处理兄弟关系呢？妯娌之间关系最容易挑起矛盾争斗，因为她们相处时各怀私心，薄情寡义。如果能够实行己所不欲勿施于人的原则，把兄弟的儿子当自己的儿子来疼爱，那么这种矛盾摩擦就不会出现了。如果一个人尊敬兄长不同于尊敬父亲，那又怎能怨恨哥哥对自己的爱及不上对儿子的爱呢？这样埋怨就是只苛求别人而不要求自己。”

【16】吴太伯及弟仲雍，皆周太王之子，而王季历之兄也。季历贤，而有圣子昌，太王欲立季历以及昌。于是太伯、仲雍二人乃奔荆蛮，文身断发，示不可用，以避季

历。季历果立，是为王季，而昌为文王。太伯之奔荆蛮，自号句吴。荆蛮义之，从而归之千余家，立为吴太伯。子曰："太伯，其可谓至德也已矣，三以天下让，民无得而称焉。"

今译

吴太伯和弟弟仲雍，都是周太王的儿子，王季历的哥哥。季历很贤能，而且有圣子姬昌，周太王想立季历与姬昌为王。因此太伯和仲雍两兄弟就奔赴荆蛮，文身截发，表示他们不能够为王了，他们用这样的方法来躲避弟弟季历。季历后来果然被立为王，称为王季，而姬昌就是周文王。太伯到了荆蛮之后，自号句吴。荆蛮百姓认为他很讲仁义道德，于是纷纷归附他，跟随他的人有一千多家，立他为吴太伯。孔子说："太伯，可以说是很有道德，多次让位给季历，百姓无不称赞他的美德。"

实践要点

季历是幼子，按照宗法制，应该由嫡长子吴太伯继承王位。但是季历和他的儿子姬昌有贤才，他们继承王位才对国家社稷最为有利。但是，如果父亲越过他们直接去立季历为王储，这让父亲为难，也有违犯祖宗之法的嫌疑。吴太伯和弟弟仲雍察识到父亲的心意，为了不让父亲和弟弟犯难，他们跑到蛮夷之地。蛮夷代表的是域外之所，也就是周朝的法令不能达到的地方，因此，父亲传位给弟弟季历也不存在法理上的问题。在天下苍生大义与自己的个人得失之间，吴太伯和弟弟仲雍选择了前者，无不让人钦佩。

【17】伯夷、叔齐，孤竹君之二子也。父欲立叔齐。及父卒，叔齐让伯夷。伯夷曰："父命也。"遂逃去。叔齐亦不肯立而逃之。国人立其中子。

| 今译 |

伯夷、叔齐，是商代孤竹君的两个儿子。父亲孤竹君打算立叔齐来继承王位。等到父亲死后，叔齐主动让位给伯夷。伯夷说："立你为继承人是父亲的遗命，怎么能随便更改呢？"于是他逃亡而去。叔齐也不愿当继承人，也逃跑了。后来国人拥立孤竹君的第二个儿子为王。

【18】宋宣公舍其子与夷而立穆公。穆公疾，复舍其子冯而立与夷。君子曰："宣公可谓知人矣！主穆公，其子飨之，命以义夫！"

| 今译 |

宋宣公没有立他的儿子与夷为继承人，而是把王位传给了穆公。穆公病重的时候，也没有立自己的儿子冯为继承人，而是把王位又传给了与夷。有德君子评论这件事时说："宣公可以称得上是知人了！他让穆公继承王位，他的儿子却仍然享受了君位，这是由于他的遗命出于道义吧！"

【19】吴王寿梦卒，有子四人，长曰诸樊，次曰余祭，次曰夷昧，次曰季札。季札贤，而寿梦欲立之。季札让，不可，于是乃立长子诸樊。诸樊卒，有命授弟余祭，欲传以次，必致国于季札而止。季札终逃去，不受。

丨 今译 丨

吴王寿梦去世，他有四个儿子，长子叫诸樊，次子叫余祭，三子叫夷昧，四子叫季札。其中四子季札最有才德，吴王临死时想立他为王。可是季札谦让不肯接受，于是就立了长子诸樊为王。诸樊死的时候留下遗嘱，要将王位传给二弟余祭，而且今后也是按顺序传给弟弟，一定要把国家交到四弟季札手里，才能终止。可是季札最终还是逃走了，不肯接受王位。

【20】汉扶阳侯韦贤病笃，长子太常丞弘坐宗庙事系狱，罪未决。室家问贤当为后者。贤恚恨，不肯言。于是贤门下生博士义倩等与室家计，共矫贤令，使家丞上书言大行，以大河都尉玄成为后。贤薨，玄成在官闻丧，又言当为嗣，玄成深知其非贤雅意，即阳为病狂，卧便利中，笑语昏乱。征至长安，既葬，当袭爵，以病狂不应召。大洪胪奏状，章下丞相御史案验，遂以玄成实不病劾奏之。有诏勿劾，引拜，玄成不得已受爵。宣帝高其节，时上欲淮阳宪王为嗣，然因太子起于细微，又早失母，故不忍也。久之，上欲感风宪

王，辅以礼让之臣，乃召拜玄成为淮阳中尉。

丨 今译 丨

汉扶阳侯韦贤病重，他的长子太常丞弘因宗庙事被捕入狱，还没有判决。家里的人询问韦贤谁可以成为他的继承人。韦贤感到很气愤，不肯回答。于是韦贤的弟子博士义情等人和他家里的人计议，假装是韦贤的命令，让家丞给皇上上书，要求立大河都尉玄成为继承人。韦贤死后，在外边做官的玄成听到了噩耗，又听说让他做扶阳侯继承人。但玄成深知这不是父亲的意思，于是就假装得了疯病，整天躺卧在垃圾之中，胡乱说笑。家人把他接到长安，在安葬好韦贤之后，就让他正式承袭爵位。他仍旧假装疯狂，不理他们。大洪胪将这些情况报告皇上，皇上便派丞相御史下去查验。经过调查，玄成确实在装病，于是向皇上弹劾他装病。但是，皇上下诏不追究他的罪责，只是让他赶紧承袭爵位。宣帝很佩服他这种高尚的节操。当时，宣帝正想改立淮阳宪王为太子，但因为当时的太子出身低贱，又早早地没了母亲，所以不忍心废除他。过了一段时间，宣帝想要教化宪王，就让那些懂得礼义谦让的大臣来辅助他，于是就把玄成拜为淮阳中尉。

【21】陵阳侯丁綝卒，子鸿当袭封，上书让国于弟成，不报。既葬，挂衰绖于冢庐而逃去。鸿与九江人鲍骏相友善，及鸿亡封，与骏遇于东海，阳狂不识骏。骏乃止而让之曰："春秋之义，不以家事废王事；今子以兄弟私恩而绝父不灭

之基，可谓智乎?”鸿感语垂涕，乃还就国。

| 今译 |

陵阳侯丁綝去世，他的儿子鸿应当承袭爵位。丁鸿给皇上上书请求将爵位让给弟弟成，但皇上没有批复。在安葬父亲之后，丁鸿把孝服挂在坟墓上就逃走了。鸿和九江人鲍骏关系非常好，鸿不接受封位出逃的时候，刚好和鲍骏在东海相遇。但是鸿假装不认识鲍骏。鲍骏拦住鸿对他说：“春秋时代所谓的义，是不能因为家事荒废国事，现在你们因为兄弟之间相互谦让而葬送父亲传下来的家业，这能算得上是聪明吗?”鸿被鲍骏的话所感动，痛哭流涕，于是回去接受了爵位。

【22】居巢侯刘般卒，子恺当袭爵，让于弟宪，遁逃避封。久之，章和中，有司奏请绝恺国。肃宗美其义，特优假之，恺犹不出。积十余岁，至永元十年，有司复奏之。侍中贾逵上书称：“恺有伯夷之节，宜蒙矜宥，全其先公，以增圣朝尚德之美。”和帝纳之，下诏曰：“王法崇善，成人之美，其听宪嗣爵。遭事之宜，后不得以为比。”乃征恺，拜为郎。

| 今译 |

居巢侯刘般去世，他的儿子刘恺应当承袭爵位，但是他要求将爵位让给弟弟刘宪，自己为了这件事情出逃。过了很长时间，到章和年间，有司衙门将这件事禀奏皇上，请求收回刘恺的封国。但是，肃宗很欣赏他们之间的礼让情义，就再请刘恺就位，可是刘恺还是不来。过了十多年，永元十年，有司衙门又一次向皇上奏请这件事。侍中贾逵上书说："刘恺有伯夷的节操，皇上应该保护和宽宥他，以保全他先人的基业，这也可以彰显陛下的圣德。"和帝采纳了贾逵的意见，下诏说："国家的律法惩恶扬善，成人之美。现准许刘宪承袭爵位。仅此一回，下不为例。"然后，又把刘恺召回朝廷，封他做了郎官。

【23】后魏高凉王孤，平文皇帝之第四子也，多才艺，有志略。烈帝元年，国有内难，昭成为质于后赵。烈帝临崩，顾命迎立昭成。及崩，群臣咸以新有大故，昭成来，未可果，宜立长君。次弟屈，刚猛多变，不如孤之宽和柔顺。于是大人梁盖等杀屈，共推孤为嗣。孤不肯，乃自诣邺奉迎，请身留为质。石季龙义而从之。昭成即王位，乃分国半部以与之。然兄弟之际，宜相与尽诚，若徒事形迹，则外虽友爱而内实乖离矣。

| 今译 |

后魏高凉王孤，是平文皇帝的第四个儿子，他多才多艺，很有志气谋略。烈帝元年，国家发生内乱，昭成到后赵做人质。烈帝临死的时候，遗诏迎立昭成为皇帝。烈帝死后，群臣都认为皇帝刚刚驾崩，迎立昭成不一定能成功，应该拥立新君。昭成的弟弟屈，刚猛多变，不如孤宽和柔顺。于是梁盖等杀死屈，一起拥立孤为皇帝。孤不同意即位，亲自到邺地去迎接哥哥昭成回来接任皇位，他愿意留做人质。石季龙深感他的大义，就答应了他的要求。昭成即皇帝位后，分给了孤一半江山。兄弟之间，就应该坦诚相待，如果光是讲究那些虚伪的礼仪，就会外表看上去团结友爱，实质上却是相互背离。

【24】宋祠部尚书蔡廓，奉兄轨如父，家事大小皆咨而后行。公禄赏赐，一皆入轨。有所资须，悉就典者请焉。从武帝在彭城，妻郗氏书求夏服。时轨为给事中，廓答书曰："知须夏服，计给事自应相供，无容别寄。"向使廓从妻言，乃乖离之渐也。

今译

南朝宋祠部尚书蔡廓，侍奉哥哥蔡轨就像侍奉父亲一样，家里的大小事情他都要先请示兄长，然后再做。他做官的俸禄和得到的赏赐，都要交给哥哥。如果需要钱物，他都要到管家那里领取。有一次，他跟随武帝到了彭城，妻子郗氏给他写信，要求置办夏天的衣服。当时蔡轨官至给事中，蔡廓给妻子回信说："我已经知道你需要夏天的衣服，但我估计哥哥自有安排，你不用再给我寄信了。"如果蔡廓听了妻子的话，出面向哥哥索要衣服，那么他们之间就要因相互不信任而渐渐产生矛盾了。

【25】梁安成康王秀与弟始兴王憺友爱尤笃，憺久为荆州刺史，常以所得中分秀。秀称心受之，不辞多也。若此，可谓能尽诚矣！

丨 今译 丨

梁朝安成康王萧秀与弟弟始兴王萧憺非常友爱，憺长时间担任荆州刺史，经常把他的俸禄分给哥哥，萧秀欣然接受，也不怎么推辞。兄弟之间如果能像这样，就可以说是以诚相待了。

【26】卫宣公恶其长子急子，使诸齐，使盗待诸莘，将杀之。弟寿子告之使行，不可，曰："弃父之命，恶用子矣！有无父之国则可也。"及行，饮以酒，寿子载其旌以先，盗杀之。急子至，曰："我之求也，此何罪，请杀我乎！"又杀之。

丨 今译 丨

卫宣公不喜欢他的长子急子，就让他出使齐国，然后指使强盗在莘这个地方埋伏，准备杀掉他。急子的弟弟寿子将这个秘密告诉了哥哥，并让哥哥赶快逃走。但急子认为这样做不对，他说："不听从父亲的命令，那还算什么儿子！如果我们是在一个不尊重父亲的国家，那就可以这样做。"等到急子出发的时候，弟弟寿子请他喝酒，把他灌醉，然后寿子自己打着急子的旗号走在前边，埋伏在那里的强盗误将寿子杀死。急子醒来后又赶到埋伏地点说："你们找的人是我，他有什么罪？请杀我吧！"这些人又把急子杀了。

实践要点

卫宣公实在不是一个好父亲，所谓虎毒不食子，而他竟然派人在中途杀害自己的长子。古人讲的父子关系是父慈子孝，它一定是一个双向的互动，对双方都有要求，父不慈则子不孝。故事中的父虽不慈，但是两个儿子确是孝、悌之人。急子认为逃跑违背了父亲的意愿，是不孝的行为，他认为应该以自己的实际行动来表明自己所生活的国家是一个尊重、孝顺父亲的国家，并希望臣民拥有这样的德性。他无疑从整个国家的治政角度来看待自己的生死问题。而自己的兄弟爱自己的兄长，既充分理解自己兄长的选择，同时又疼惜自己的兄长，所以决定代兄赴死。整个故事充满悲剧色彩，而其源头在于那个可恶的父亲卫宣公！

【27】王莽末，天下乱，人相食。沛国赵孝弟礼，为饿贼所得，孝闻之，即自缚诣贼曰："礼久饿羸瘦，不如孝肥。"饿贼大惊，并放之，谓曰："且可归，更持米来。"孝求不能

得，复往报贼，愿就烹。众异之，遂不害。乡党服其义。

今译

王莽末年，天下大乱，已经到了人吃人的境地。沛国赵孝的弟弟赵礼，被一群恶贼抓住了，他们正准备将赵礼煮了吃，赵孝听说了，就自己把自己绑起来去见那些贼寇说：“我弟弟有很长时间吃不饱饭，他不如我肥。”这群贼寇听了大惊，一起把他们兄弟俩放了，并对他们说：“你们回去吧，但要拿一些吃的东西来。”赵孝回去后想办法找粮食，但没有找到，他就又去告诉那些贼说：“我找不到粮食，你们煮了我吧。”这些贼寇对他的行动感到惊异，于是没有加害于他。乡里人都佩服他的仁义。

实践要点

贼寇虽然良知已经泯灭，竟然要抓人吃人，但是，人的本性却总是在黑暗中留存有一丝的光辉，它是善性的萌端，只要有合适的土壤和养分，它也能够成长。赵孝与赵礼两兄弟，情义笃深，互相要替对方去死，重义轻生，这与贼寇们那种重利轻义、尔虞我诈的价值观念不同。直接给贼寇当头棒喝。两兄弟之间敦厚的情感通天彻地，感动、柔化了那贼寇的蛇蝎之心，终于把他们都放了。

【28】北汉淳于恭兄崇将为盗所烹，恭请代，得俱免。又，齐国倪萌、梁郡车成二人，兄弟并见执于赤眉，将食

之。萌、成叩头，乞以身代，贼亦哀而两释焉。

丨 今译 丨

北汉淳于恭的哥哥淳于崇被贼寇抓住了，准备把他煮了，淳于恭请求代替弟弟去死，那些贼盗就都饶了他们。还有，齐国的倪萌、梁郡的车成，他们曾经都是兄弟两个一起被赤眉军抓住，并且要把他们煮了吃。倪萌和车成分别向贼人乞求以自己代替自己的兄弟，那些贼人也都为他们所感动，怜悯他们并把他们放了。

【29】宋大明五年，发三五丁，彭城孙棘弟萨应充行①，坐违期不至。棘诣郡辞列："棘为家长，令弟不行，罪应百死，乞以身代萨。"萨又辞列自引。太守张岱疑其不实，以棘、萨各置一处，报云："听其相代，颜色并悦，甘心赴死。"棘妻许，又寄语属棘："君当门户，岂可委罪小郎？且大家临亡，以小郎属君，竟未妻娶，家道不立，君已有二儿，死复何恨？"岱依事表上。孝武诏，特原罪，州加辟命，并赐帛二十匹。

丨 今译 丨

南朝宋大明五年，朝廷征发兵役，彭城孙棘的弟弟孙萨应当服兵役，但他没有按期到达，犯了罪。孙棘到郡守那里领罪说："我是一家之长，却没有让弟弟及时出发，罪该万死，我请求代替弟弟服罪。”孙萨自己也去认罪，说这事与哥哥无关。太守张岱怀疑他们是事先串通好的，就将孙棘和孙萨分别关押，试探虚实。手下回来报告说：“他们兄弟听说能够代替对方去死后，都非常高兴，他们都甘心去死。”孙棘的妻子认可他的做法，又捎话给丈夫：“你是一家之主，责任怎么能往弟弟的身上推呢？况且父母临死的时候，将弟弟托付给你，他还没有娶妻，没有成家立业，而你已经有两个儿子了，死又有什么遗憾的呢？”太守将这件事呈奏皇上，孝武皇帝下诏，赦免了他们的罪责，让州府任命他们官职，并赐给他们二十四帛。

简注

① 充行：入选军队。

【30】梁江陵王玄绍、孝英、子敏，兄弟三人，特相爱友。所得甘旨[①]新异[②]，非共聚食，必不先尝。孜孜色貌，相见如不足者。及西台陷没，玄绍以须面魁梧，为兵所围，二弟共抱，各求代死，解不可得，遂并命云。贤者之于兄弟，或以天下国邑让之，或争相为死；而愚者争锱铢之利，一朝之忿，或斗讼不已，或干戈相攻，至于破国灭家，为他人所有，乌在其能利也哉？正由智识褊浅，见近小而遗远大故耳，岂不哀哉！《诗》云：“彼令兄弟，绰绰有裕。不令兄弟，交相为愈。”其是之谓欤。子产曰：“直钧，幼贱有罪。”

然则兄弟而及于争，虽俱有罪，弟为甚矣！世之兄弟不睦者，多由异母或前后嫡庶更相憎嫉，母既殊情，子亦异党。

| 今译 |

梁江陵王玄绍、孝英、子敏，他们兄弟三人感情特别好。如果有好吃的东西，他们就一起吃，决不会一个人吃独食。他们亲密无间，经常在一起。后来战乱爆发，西台失陷。玄绍因为身材魁梧，被敌兵包围。他的两个弟弟抱住他，都请求代他去死。敌兵不能将他们分开，于是把他们一起放了。贤能的兄弟之间，或者以天下国家互相推让，或者争相代死；可是那些愚蠢的兄弟，却往往争夺锱铢小利，因为一时的忿恨，或者争吵不休，或者大动干戈，以至家灭国破，被他人所有，这样做又有什么好处呢？因为他们智识短浅，贪图小利，而因小失大，这难道不是很悲哀吗？《诗经》说："兄弟之间和睦相处，家产就会富足；兄弟之间不和，家里就会贫病交加。"说的就是这个道理。子产说："各有理由，年幼地位低的有罪。"这样说来，兄弟之间相互争斗，虽然都有过错，但是弟弟的责任更大。这个世上兄弟之间不和睦，大多是因为异母或前母、继母、嫡母、庶母之间互相憎恨嫉妒，母亲之间感情不好，孩子们自然不会团结一致。

| 简注 |

① 甘旨：美味的食物。

② 新异：新颖奇异的东西。

【31】晋太保王祥，继母朱氏遇[①]祥无道。朱子览，年数岁，见祥被楚挞[②]，辄涕泣抱持。至于成童，每谏其母，少止凶虐。朱屡以非理使祥，览辄与祥俱。又虐使祥妻，览妻亦趋而共之。朱患之，乃止。祥丧父之后，渐有时誉，朱深疾之，密使鸩[③]祥。览知之，径起取酒。祥疑其有毒，争而不与。朱遽夺，反之。自后，朱赐祥馔[④]，览先尝。朱辄惧览致毙，遂止。览孝友恭恪，名亚于祥，仕至光禄大夫。

丨 今译 丨

西晋太保王祥的继母朱氏对待王祥不讲人道。朱氏的亲儿子王览年龄只有几岁，看到王祥被母亲殴打，每次都抱着王祥痛哭。王览十五岁之后，常劝说母亲，让她不要对哥哥王祥凶残虐待。朱氏多次无理役使王祥，王览就与哥哥王祥一起。朱氏还虐待役使王祥的妻子，王览的妻子也跟着一起。朱氏没有办法，才停止了对王祥的虐待。王祥的父亲死了之后，王祥在当地的声誉渐高，朱氏很嫉恨，就暗中派人毒死王祥。王览知道后，连忙拿起毒酒。王祥怀疑酒中有毒药，就跟览争夺，不让他喝。朱氏立刻夺过毒酒，把他还给送酒的人。从此以后，朱氏拿给王祥的饭菜，王览总要先尝一下。朱氏害怕王览被毒死，才停止对王祥的暗害。王览孝顺父母，爱护兄弟，名声仅次于王祥，他最后官至光禄大夫。

丨 简注 丨

① 遇：对待。

② 楚挞：杖打。

③ 鸩：用毒酒毒害。

④ 馔：吃喝的东西。

【32】后魏仆射李冲，兄弟六人，四母所出，颇相忿阋。及冲之贵，封禄恩赐，皆与共之，内外辑睦。父亡后，同居二十余年，更相友爱，久无间然，皆冲之德也。

| 今译 |

后魏仆射李冲，有兄弟六人，这六兄弟由四个母亲所生，他们互相仇视争斗。李冲做官以后，他把自己的俸禄和得到的赏赐全都拿出来给兄弟们共用，从此兄弟们内外团结，和睦相处。父亲死后，他们兄弟几人在一起生活了二十多年，更加团结友爱，没有一点隔阂，这些都是因为李冲品德高尚才能这样。

【33】北齐南汾州刺史刘丰，八子俱非嫡妻所生。每一子所生丧，诸子皆为制服①三年。武平、仲所生丧，诸弟并请解官，朝廷义而不许。

| 今译 |

北齐南汾州刺史刘丰，他的八个儿子都不是嫡妻生的。每个儿子的生母

去世，其他几个儿子都要为她服丧三年。武平和仲的生母去世，其他几个兄弟都请求辞去官职守丧，朝廷表彰他们的节义，但不允许他们辞官。

简注

① 制服：在父母丧期中穿的丧服。

【34】唐中书令韦嗣立，黄门侍郎承庆异母弟也。母王氏遇承庆甚严，每有杖罚，嗣立必解衣请代，母不听，辄私自杖。母察知之，渐加恩贷[①]。兄弟苟能如此，奚异母之足患哉！

今译

唐代中书令韦嗣立是黄门侍郎承庆的异母弟弟。母亲王氏对待承庆非常严苛，每次王氏鞭打承庆的时候，嗣立就解开自己的衣服，请求代替哥哥受罚。母亲不允许，他就自己打自己一顿。母亲知道后，对承庆的态度渐渐好了起来。如果兄弟之间能够如此友爱，不是同一个生母又有什么妨碍呢？

简注

① 恩贷：施恩宽宥。

【35】齐攻鲁，至其郊，望见野妇人抱一儿、携一儿而行。军且[①]及之[②]，弃其所抱，抱其所携而走于山。儿随而啼，妇人疾行不顾。齐将问儿曰："走者尔母耶？"曰："是也。""母所抱者谁也？"曰："不知也。"齐将乃追之。军士引弓将射之，曰："止！不止，吾将射尔。"妇人乃还。齐将问之曰："所抱者谁也？所弃者谁也？"妇人对曰："所抱者，妾兄之子也；弃者，妾之子也。见军之至，将及于追，力不能两护，故弃妾之子。"齐将曰："子之于母，其亲爱也，痛甚于心，今释之而反抱兄之子，何也？"妇人曰："己之子，私爱也。兄之子，公义也。夫背公义而向私爱，亡兄子而存妾子，幸而得免，则鲁君不吾畜，大夫不吾养，庶民国人不吾与也。夫如是，则胁肩无所容，而累足无所履也。子虽痛乎，独谓义何？故忍弃子而行义。不能无义而视鲁国。"于是齐将案兵[③]而止，使人言于齐君曰："鲁未可伐。乃至于境，山泽之妇人耳，犹知持节行义，不以私害公，而况于朝臣士大夫乎？请还。"齐君许之。鲁君闻之，赐束帛百端，号曰"义姑姊"。

| 今译 |

齐国的军队攻打鲁国，到了鲁国郊外，看见一个农家妇女怀里抱着一个小孩，手里牵着一个小孩赶路。军队快追上去的时候，那妇女放下怀里抱着的孩子，抱起手里牵着的小孩逃到山里。那个被丢下的小孩在后边啼哭，可这个农妇飞快地行走，并不理会。齐军将领问那个哭泣的小孩："逃跑的人是你的母亲吗？”小孩回答说：“是的。”“你母亲抱的小孩是谁？”“不知道。”齐军将领就去追那个农妇，士兵引弓搭箭准备射她，并喊道：“站住！如果你不站住，就射死你。”农妇只好回来。齐国的将领问她：“你手里抱的小孩是谁？丢下的那个小孩又是谁？”妇女回答说：“我怀里抱的是我哥哥的儿子，丢下的是我自己的儿子。我看见军队快要追上来，我没有能力同时保护两个孩子，就舍弃了我自己的儿子。”齐国的将领说：“儿子对于母亲来说，那是最疼爱的，失去了会非常心痛，你现在却丢弃亲儿子，反而抱着哥哥的孩子逃跑，这是为什么呢？”这个农妇说：“疼爱自己的孩子是每个人的私人情感；但是，救兄长的孩子，这是一种公共道德。如果我违背公共道德而偏向自己的私人感情，丢弃兄长的孩子而救我自己的孩子，就算能幸免于难，鲁国的国君也不会再要我这样的子民，鲁国的大夫也不愿再接受我，国内的老百姓也会羞耻与我为伍。果真这样的话，我以后根本没有容身之所，也没有立锥之地。我虽然很疼爱儿子，可是我能置道义不顾吗？所以我忍心丢下自己的儿子来保全道义。如果我丢掉了道义就再也没有脸面回鲁国了。”听了这个妇人的话，齐国的将领竟然按兵不动，派人报告齐国的国君说：“我们现在不能征伐鲁国。我们来到鲁境，连一个山野妇人都懂得守节操行道义，不以私害公，何况他们的朝臣和士大夫呢？所以我们请求退兵。”齐国的国君同意了。后来，鲁国的国君听说了这件事，赐给这个妇女很多束帛，并赐给了她一个“义姑姊”的称号。

简注

① 且：即将。

② 及之：追上。

③ 案兵：放下武器。

实践要点

孟子讲仁者无敌。君王治政时以德性化民，君德为风，民德为草，风吹则草偃，君臣守义聚义，必能成仁义之师。山中村妇，便能识得大义，遇到危险，先救自己兄长的儿子，而舍弃自己的儿子。对于母亲来讲，这何尝不痛。然而，她所看重的是一个“义”字，孩子是自己身上掉下的肉，一体不容已，孩儿身死便是自己身死，面对生死与仁义之间的抉择，她义无反顾，选择了更大的正义。这一点触动到一线的将领，他将自己所见闻的报告给齐君，建议他不要攻打鲁国。因为连一个普通的村野妇人都能够舍生取义，轻视自己的生命而重视国家的道义，这样的国家是绝对打不赢的。

【36】梁节姑姊之室失火，兄子与己子在室中，欲取其兄子，辄得其子，独不得兄子。火盛，不得复入。妇人将自趣[①]火，其友止之曰：“子本欲取兄之子，惶恐卒误得尔子，中心谓何？何至自赴火？”妇人曰：“梁国岂可户告人晓也，被不义之名，何面目以见兄弟国人哉？吾欲复投吾子，为失母之恩。吾势不可生。”遂赴火而死。

今译

梁国有个有节操的女子，她家里失了火，哥哥的儿子与自己的儿子都在室内，她想救出哥哥的儿子，但每次找到的都是自己的儿子，唯独不见哥哥的儿子。火势旺盛，她不能再进去，于是她准备跳进火中，她的朋友阻拦她说：“你本来想救你哥哥的儿子，惊慌当中却救出了自己的儿子，你的本意是好的，为什么自己要跳进火中去死呢?”那个女子回答说：“梁国这么大的一个国家，我怎么可能向每一户人家都解释我的想法呢？我蒙受没有道义的名声，又有何脸面去见兄弟和国人呢？我想把我的儿子再投进火中，又怕失去了为人母亲的恩情和道义。但是，我的确无法苟活下去了。”于是就跳进火中烧死了。

简注

① 趣：同“趋”，赴。

实践要点

妇人确有德性，其发心最初是要救自己兄长的儿子，然而最后没有救出，自己要去赴死，确是为名所累！孟子在讲孺子入井典故的时候，讲到一个“正念”与“转念”的问题。为一个陌生孩童入于险境，而动恻隐之心，就那一刹那要去救他，这是善的萌端。这是正念。想救入井孩童，决不是因为要在村里博得一个好的名声，也不是要从小孩父母那里得到好处，也不是因为厌恶小孩子的哭声。因为考虑到这些问题，已经不是纯粹的为孩童生命的处境所感动，而是夹杂着很多功利的念头，在孟子看来，这些念头已经转了。妇人在遇火灾时，想救其兄长的儿子，想必也是受兄长儿子的处境所感动而动容，但是救人需要工具、条件，她数次进入火海都救不到兄长的儿子，最终想着以身殉义。她是因为怕别人说她只救自己的儿子，不救兄长的儿子，名声坏了。本来她还想把孩子重新扔到火海中，又怕损及做母亲的恩情，所幸她没有！可是，她最终自己还是跳进火海了，她怎么不想想自己的儿子和家人，孤苦无依，这便是转念了！仁义是德性，可是空空守着个名声，就是徒有形式，便是不能真切去了解仁义的本初含义了。

【37】汉郃阳任延寿妻季儿，有三子。季儿兄季宗与延寿争葬父事，延寿与其友田建阴杀季宗。建独坐死。延寿会赦，乃以告季儿。季儿曰："嘻！独今乃语我乎？"遂振衣欲去，问曰："所与共杀吾兄者，为谁？"曰："与田建。田建已死，独我当坐之，汝杀我而已。"季儿曰："杀夫不义，事兄之仇亦不义。"延寿曰："吾不敢留汝，愿以车马及家中财物尽以送汝，惟汝所之。"季儿曰："吾当安之？兄死而仇不报，与子同枕席而使杀吾兄，内不能和夫家，外又纵兄之仇，何面目以生而戴天履地乎？"延寿惭而去，不敢见季儿。季儿乃告其大女曰："汝父杀吾兄，义不可以留，又终不复嫁矣。吾去汝而死，汝善视汝两弟。"遂以繦自经而死。左冯翊王让闻之，大其义，令县复其三子而表其墓。

今译

汉代郃阳任延寿的妻子季儿，他们有三个孩子。季儿的哥哥季宗和任延寿为安葬父亲的事发生争斗，延寿与他的朋友田建暗杀了季宗。后来只有田建一人被判了死刑，延寿正巧碰上了大赦，没有死。他回去告诉季儿，季儿说："你为什么现在才告诉我？"于是她整整衣服准备离去："你和谁一起杀了我哥哥？"任延寿回答说："和田建。但田建现在已经死了，只有我来承担责任了，你杀了我吧。"季儿说："杀自己的丈夫是不义的行为，但是侍奉兄长的仇人也是不义的事情。"延寿说："我也不敢再留你做我的妻子了，我愿意将家里的车马和财物都送给你，你任意拿取。"季儿说："我应当去哪里呢？兄长被杀而不能为他报仇，我和你一起生活，却发生了你杀我兄长的事情，我在内不能调理好丈夫与别人的矛盾，在外又放过了兄长的仇人，我还有什么脸面活在世界上呢？"延寿羞惭地离开了，不敢再去见季儿。季儿对她的大女儿说："你的父亲杀了我的哥哥，我不能再留在这里了，但我也不能再改嫁他人了。我只好丢下你们去死，你一定要好好照看你的两个弟弟。"于是她便上吊自杀了。当时的左冯翊王让听说了这件事，赞赏季儿的节义，下令让县里免去她的三个孩子的徭役，并表彰季儿的节烈义举。

【38】唐冀州女子王阿足，早孤，无兄弟，唯姊一人。阿足初适同县李氏，未有子而亡，时年尚少，人多聘之。为姊年老孤寡，不能舍去，乃誓不嫁，以养其姊。每昼营田业，夜便纺绩，衣食所须，无非阿足出者，如此二十余年。及姊丧，葬送以礼。乡人莫不称其节行，竞令妻女求与相识。后数岁，竟终于家。

今译

唐代冀州女子王阿足，早年丧父，没有兄弟，只有一个姐姐。阿足起初嫁给本县的李氏，还没有生孩子，丈夫就死了，这时阿足还很年轻，很多人想娶她为妻。但是她想到姐姐年老又孤苦伶仃，不愿离开姐姐，就发誓不再嫁人，自己来养活姐姐。长达二十多年，她白天耕田种地，晚上纺纱织布，姐姐的衣食用品都是她提供的。等到姐姐去世，她依照礼法安葬了姐姐。乡里的百姓无不称赞她的品行，都让自己的妻子、女儿和她结识，向她学习。几年后，她老死在家中。

【39】夫妇之道，天地之大义，风化之本原也，可不重欤！《易》："艮下兑上，咸。彖曰：止而说，男下女，故取女吉也。巽下震上，恒。彖曰：刚上而柔下，雷风相与。"盖久常之道也。是故礼，婿冕而亲迎，御轮三周。所以下之也。既而婿乘车先行，妇车从之，反尊卑之正也。

《家人》："初九，闲有家，悔亡。"正家之道，靡不在初，初而骄之，至于狼，浸不可制，非一朝一夕之所致也。昔舜为匹夫，耕渔于田泽之中，妻天子之二女，使之行妇道于翁姑，非身率以礼义，能如是乎？

今译

夫妇之间的道义，是天地间很重要的道义，也是风俗教化的根本，能不重视吗！《周易》说："艮在下兑在上，是咸卦。彖辞说：男女交往既有节制又互相愉悦，男子谦卑地向女子求婚，这样娶妻才吉利。巽在下震在上，是恒卦。彖辞说：男子在上，女子在下，是雷和风的结合。"这是永恒不变的道理。因此礼法规定，新郎戴上礼帽，迎亲的时候要驾车绕行几圈，为的是向新娘表示谦恭。然后新郎的乘车走在前面，新娘的乘车跟在后面，又是为了表明男尊女卑。

《家人》卦说："在治理家庭时，要注意防止妻子的空闲无聊，那样才不会产生悔恨。"因此端正家风的办法，就是在娶回媳妇的时候就要严格管教她。如果一开始就娇惯妻子，就会让妻子放荡恣肆，不可遏制。这并不是一朝一夕就会出现的情形，而是从一开始就没有管教的结果。以前，舜身为平民的时候，自己在田里耕种，在河里养鱼。他娶了天子的两个女儿做妻子，但能让她们在公婆面前履行妇道，如果不是他自己躬行礼义，妻子能做到这些吗？

实践要点

这一条可以作为这一整卷的注脚。夫妇的结合，是男女的大端，也是家庭成立的首要条件。我们跟自己的父母兄弟姊妹，是有血缘的关系。但夫妻的结合，纯粹是因为感情，他们并没有血缘作为维系的基础，当然随着小孩的降生，他们有了共同的生命结晶。这一条中讲了很多男女之间交往，乃至结婚之后的种种礼仪、节目的要求。借用《周易》的"咸卦"，它讲了男女交往的两个原则：既要相互取悦，同时又要有所节制。这两条原则用在今天可以说毫不过时！两情相悦是基础，可是情又不能泛滥。另外，在求婚及迎娶新娘的时候，它强调的是男子的一种谦恭的态度，这一点应当注意。所谓男为主，或者一家之主，实在是从德性发端的角度来讲，要求男主人应该要有一个成熟的德性人格，躬身自行，这样才能积极影响自己的妻子、小孩，用自己的生命一步步引导家庭成员的德性生命得到互振、同感，从而营造一个有德性、有礼仪，拥有良好家风的家庭氛围。

【40】汉鲍宣妻桓氏，字少君。宣尝就[①]少君父学，父奇其清苦，故以女妻[②]之，装送资贿[③]甚盛。宣不悦，谓妻曰："少君生富骄，习美饰，而吾实贫贱，不敢当礼。"妻曰："大人以先生修德守约，故使贱妾侍执巾栉，既奉承君子，惟命是从。"宣笑曰："能如是，是吾志也。"妻乃悉归侍御服饰，更着短布裳，与宣共挽鹿车，归乡里，拜姑毕，提瓮出汲，修行妇道，乡邦称之。

| 今译 |

西汉鲍宣的妻子桓氏，字少君。鲍宣曾经跟随少君的父亲读书学习，少君的父亲欣赏他刻苦好学，就把女儿许配给他，少君出嫁时嫁妆非常丰厚。鲍宣心里不高兴，就对妻子说："你生在富贵人家，习惯穿漂亮的衣服，可是我非常贫穷，不敢和你结婚。"妻子说："我父亲是因为你品德高尚、俭朴简约，所以才让我嫁给你。既然做了你的妻子，我什么事情都听你的。"鲍宣笑着说："你真能这样，就符合我的心意了。"少君将那些陪嫁的衣服全都送回娘家，自己穿上了平民的衣服，和鲍宣一起拉着小车，回到家乡。她参拜完婆母，就提着水瓮出去打水，修习为妇之道，乡里的人对她非常称赞。

| 简注 |

① 就：跟随。

② 妻：以女嫁人。

③ 资贿：财货，这里指嫁妆。

【41】扶风梁鸿，家贫而介洁。势家慕其高节，多欲妻之，鸿并绝不许。同县孟氏有女，状肥丑而黑，力举石臼，择对不嫁，行年三十。父母问其故，女曰："欲得贤如梁伯鸾者。"鸿闻而聘之。女求作布衣麻履，织作筐缉绩之具。及嫁，始以装饰，入门七日，而鸿不答。妻乃跪床下请曰："窃闻夫子高义，简斥数妇，妾亦偃蹇[①]数夫矣。今而见择，敢不请罪？"鸿曰："吾欲裘褐之人，可与俱隐深山者尔。今乃衣绮缟，傅粉墨，岂鸿所愿哉！"妻曰："以观夫子之志尔。妾自有隐居之服。"乃更椎髻，着布衣，操作具而前。鸿大喜，曰："此真梁鸿之妻也！能奉我矣！"字之曰"德曜"，遂与偕隐。是皆能正其初者也。夫妇之际，以敬为美。

| 今译 |

东汉扶风人梁鸿，虽然家里十分贫穷，但他志向高洁。当地有权势的人家羡慕他的品行高尚，都愿意把女儿许配给他，可是他都回绝了。同县孟氏家有个女儿，长得肥胖而且又黑又丑，力气很大，能举起石臼。年近三十，家人为她选好了夫家，她却不肯出嫁。父母问她原因，她说："我想找个像梁鸿那样贤能的人。"梁鸿听说后就和她订婚。她让父母给她准备了布衣麻鞋以及筐篚、纺织用具等等。出嫁后，她每天都梳妆打扮，但进入梁家七天，梁鸿也没有搭理她。她跪在床下请罪说："我听说你志向高洁，拒绝了好几个求婚女子，我也不肯低就，回绝了几个求婚男子。如今嫁给你，但你却不理我，我做错什么了吗?"梁鸿回答说："我想娶的是穿粗陋衣服的女子，她能和我一起隐居深山之中。如今你却穿着绫罗绸缎，涂脂抹粉，哪里是我的愿望啊!"妻子说："我这样打扮，为的就是观察你的志向。我自有隐居的服装。"过了一会儿，她把头发绾成椎髻，身穿布衣短裳，手拿干活的工具，来到梁鸿跟前。梁鸿非常高兴地说："这才像我梁鸿的妻子！我们可以一起生活了。"他给妻子取字叫"德曜"，然后和她一起隐居。这样的夫妻，一开始就是丈夫把妻子引上了正路。夫妻之间，以相敬如宾为美德。

简注

① 偃蹇：骄横，傲慢。

实践要点

隐士是中国古代一类特殊的人群，他们对现实政治失望，只想保持自己的名节，隐居山林，独善其身，不争世事。伯夷叔齐、陶渊明是这样的人，梁鸿也是这样的人。隐士当然是甘于清贫的，梁鸿的妻子出身富门，并不嫌贫爱富，而是注重夫家的人格品行，这种择偶观在今天仍然具有推介的意义。太过注重物质，而忽视情感与德性的基础，俨然成为今天中国婚姻的共病，动不动闪婚、闪离，便是如此。

【42】晋臼季使，过冀，见冀缺耨，其妻馌之，敬，相待如宾。与之归，言诸文公曰："敬，德之聚也，能敬必有德，德以治民，君请用之。"文公从之，卒为晋名卿。

丨 今译 丨

晋国的臼季出使远方，路过冀地，看见冀缺在锄草，他的妻子给他送来了饭。妻子对丈夫非常恭敬，而冀缺对妻子也相敬如宾。臼季就把冀缺一起带回了晋国，并向晋文公推荐说："对别人恭敬是有德行的最大的表现，一个人如果能做到恭敬，他肯定有德行。而德行正是治理国家需要的东西，恳请君王重用这个人。"晋文公采纳了他的建议，冀缺最终成为晋国很出名的好官。

【43】汉梁鸿避地于吴，依[①]大家皋伯通，居庑下，为人赁舂[②]。每归，妻为具食，不敢于鸿前仰视，举案齐眉[③]。伯通察而异之，曰："彼佣，能使其妻敬之如此，非凡人也。"方舍之于家。

今译

东汉梁鸿到吴地避乱，投靠在大家世族皋伯通的门下，寄居他家廊屋，靠为人舂米为生。梁鸿每次舂米回来，妻子都为他做好了饭菜，却不敢仰视丈夫一眼，将盛饭菜的托盘高高举起来，送到丈夫面前。伯通发现后非常惊异，说："他是一个佣人，却能让他的妻子对他如此恭敬，他肯定不是平常人。"于是伯通就让梁鸿住进家里。

简注

① 依：投靠。

② 赁舂：受雇为人舂米。

③ 举案齐眉：典指后汉梁鸿之妻把食具抬举到眉眼那样的高度递给丈夫，后形容夫妻之间相互敬爱之至。

【44】晋太宰何曾，闺门整肃，自少及长，无声乐嬖幸[①]之好。年老之后，与妻相见，皆正衣冠，相待如宾，己南向，妻北面再拜，上酒，酬酢既毕，便出。一岁如此者，不过再三焉。若此，可谓能敬矣！

今译

西晋太宰何曾，他家的家规非常严格。全家人，从年轻的到成年的，没有一个人喜欢声色之乐。何曾在年老之后，每次与妻子会面，都要整衣束带，与妻子相敬如宾。他自己面南而坐，妻子向北给他拜两拜，然后端上酒来，互相敬酒之后，何曾才离开。夫妇之间这样互相行礼，一年之中不过两三次。像这样的夫妻，可以算是相敬如宾了。

简注

① 嬖幸：出身低贱但受宠爱的人，这里指歌姬。

【45】昔庄周妻死，鼓盆而歌。汉山阳太守薛勤，丧妻不哭，临殡曰："幸不为夭，夫何恨！"太尉王龚妻亡，与诸子并杖行服。时人两讥之。晋太尉刘实丧妻，为庐杖之制，终丧不御肉，轻薄笑之，实不以为意。彼庄、薛弃义，而王、刘循礼，其得失岂不殊哉？何讥笑焉！

今译

古时候庄周的妻子死了，庄周敲着盆子高歌。汉代山阳太守薛勤，妻子死了他却不哭，到了快殡殓的时候说："你不算是夭折而死，有什么遗憾的呢？"太尉王龚的妻子去世，王龚和几个儿子一起守丧。当时的人都讥讽他们。晋太尉刘实的妻子去世，他按礼制为妻子服丧，在治丧期间一点肉都不吃。当时那些轻薄的人讥笑他，很不以为然。庄周和薛勤丝毫不讲礼义，而王龚和刘实遵守礼法，他们谁对谁错难道还看得不明显吗？为什么要讥笑王龚和刘实呢？

实践要点

这一条主要讲面对妻丧的几种情形。庄子的妻子死了，他鼓盆而歌，并非他不爱自己的妻子，而是他认为人的生命从天地万化中开始，最终又将回归到宇宙万化之中。因此，他为自己的妻子感到开心。薛勤的妻子死了，他并不感到悲伤，认为生命如同花开花落、潮起潮落，自然有其规律，如四季交替、昼夜更替一般，自己的妻子并不是因为恶疾夭折而死，而是生命自然的规律。在生时好好爱自己的妻子，好好照顾自己的妻子，等她死去的时候便坦然面对，这没有什么遗憾。王龚和儿子们一起为妻子守孝，其实不符合儒家的礼制，因为守孝是儿女为父母，不是丈夫、妻子之间，今天在潮汕一些还保留传统丧葬礼制的地方依旧如此。刘实为妻服丧也是如此。但他们都出于对妻子深切、真挚的爱。在笔者看来，这几种情形虽然对妻子去世的处理有所不同，但是无一不是对妻子深沉的爱在背后支撑，纵然有的看起来桀骜不驯，有的看起来违背礼法，但情深意切，跃然纸上。

【46】《易》：“恒。六五，恒其德。贞，妇人吉。夫子凶。象曰：妇人贞吉，从一而终也。夫子制义，从妇凶也。”丈夫生而有四方之志，威令所施，大者天下，小者一官，而近不行于室家，为一妇人所制，不亦可羞哉！昔晋惠帝为贾后所制，废武悼杨太后于金墉，绝膳而终。囚愍怀太子于许昌，寻杀之。唐肃宗为张后所制，迁上皇于西内，以忧崩。建宁王倓以忠孝受诛。彼二君者，贵为天子，制于悍妻，上

不能保其亲，下不能庇其子，况于臣民！自古及今，以悍妻而乖离六亲、败乱其家者，可胜数哉？然则悍妻之为害大也。故凡娶妻，不可不慎择也。既娶而防之以礼，不可不在其初也。其或骄纵悍戾，训厉禁约而终不从，不可以不弃也。夫妇以义合，义绝则离之。今士大夫有出妻者，众则非之，以为无行，故士大夫难之。按礼有七出，顾所以出之，用何事耳！若妻实犯礼而出之，乃义也。昔孔氏三世出其妻，其余贤士以义出妻者众矣，奚亏于行哉？苟室有悍妻而不出，则家道何日而宁乎？

今译

《易经》讲："恒卦，六五，恒守其德行。占卜时如果妇人遇到了此爻则吉利，如果男人遇到了此爻则凶险。象辞说：爻辞讲妇人操守贞洁就会吉利，这是符合从夫以终其身的道理的。丈夫则因事制义，如果听从妻子的摆布，则必遭凶险。"男子生来志在四方，发号施令，大则谋国，小则为官。如果他的号令不能在家里畅行，被一个女子控制，这不是很可耻的事吗？晋惠帝受制于贾南风，废掉武悼杨太后，让她在金墉绝食而死，将愍怀太子囚禁在许昌，不久又杀死了他。唐肃宗受制于张后，把父皇迁到太极宫内，以至于玄宗忧郁而死，而建宁王李倓也因为忠孝被杀。这两个国君贵为天子，可一旦被凶悍的妻子控制，也是上不能保护自己的父亲，下不能庇护自己的儿子，更何况一般百姓呢？从古到今，因为家里有凶悍的妻子而六亲背离、家庭败坏的不可胜数。悍妻的为害太大了。所以男子娶妻，不能不慎重。娶妻之后要用礼仪对她进行训导，这一定要从新婚就开始施行。妻子骄纵悍戾，丈夫已经训导多时，却仍然不能顺从的，丈夫就不可不休掉她。夫妇之间有情义就在一起生活，没有情义就分手。现在有的士大夫休掉妻子，就会引来许多非议，以为他没有德行，所以士大夫要想休掉他的妻子也是一件很难的事。按照礼法，如果妻子违背七条妇德中的一条，就应该将她休掉。根据这七条妇德来决定是否休妻，还用费什么事呢？如果妻子确实违背了礼法，休妻就是一种义举。从前孔子的家族，三代都休过妻子，其他有才德的人按礼法休掉妻子的也有很多，但这些并没有影响他们的德行。相反，如果家里有凶悍而不讲礼的妻子，你不休掉她，家里什么时候才能获得安宁啊！

卷八 妻上

【1】太史公曰："夏之兴也以涂山[①]，而桀之放也以妺喜[②]；殷之兴也以有娀[③]，纣之杀也嬖[④]妲己；周之兴也以姜嫄[⑤]及大任[⑥]，而幽王之擒也，淫于褒姒。故《易》基乾坤，《诗》始关雎。夫妇之际，人道之大伦也。礼之用，唯婚姻为兢兢[⑦]。夫乐调而四时和，阴阳之变，万物之统也，可不慎欤？"为人妻者，其德有六：一曰柔顺，二曰清洁，三曰不妒，四曰俭约，五曰恭谨，六曰勤劳。夫天也，妻地也；夫日也，妻月也；夫阳也，妻阴也。天尊而处上，地卑而处下。日无盈亏，月有圆缺。阳唱而生物，阴和而成物。故妇人专以柔顺为德，不以强辩为美也。

汉曹大家作《女戒》，其首章曰："古者生女三日，卧之床下，明其卑弱，主下人也。谦让恭敬，先人后己，有善莫名，有恶莫辞，忍辱含垢，常若畏惧。"又曰："阴阳殊性，男女异行。阳以刚为德，阴以柔为用。男以强为贵，女以柔为美。故鄙谚有云：'生男如狼，犹恐其尪；生女如鼠，犹恐其虎。'然则修身莫若敬，避强莫若顺。故曰，敬顺之道，妇人之大礼也。"又曰："妇人之得意于夫主，由舅姑之爱己也。舅姑之爱己，由叔妹之誉己也。"由此言之，我臧否誉毁，一由叔妹。叔妹之心，诚不可失也。皆知叔妹之不可失，而不能和之以求亲，其蔽也哉！自非圣人，鲜能无过，虽以贤女之行、聪哲之性，其能备乎！是故室人和则谤掩，外内离则恶扬，此必然之势也。夫叔妹者，体敌而名尊，恩疏而义亲，若淑媛谦顺之人，则能依义以笃好，崇恩以结援，使徽美显章，而瑕过隐塞，舅姑矜善，而夫主嘉美，声誉曜于邑邻，休光延于父母。若夫蠢愚之人，于叔则托名以自高，于妹则因宠以骄盈。骄盈既施，何和之有？恩义既乖，何誉之臻？是以美隐而过宣，姑忿而夫愠，毁訾布于中外，耻辱集于厥身，进增父母之羞，退益君子之累，斯乃荣辱之本，而显否之基也，可不慎哉！然则求叔妹之心，固莫尚于谦顺矣。谦则德之柄，顺则妇之行；兼斯二者，足以和矣！若此，可谓能柔顺矣！妻者，齐也。一与之齐，终身不改。故忠臣不事二主，贞女不事二夫。

《易》曰："柔顺利贞，君子攸行。"又曰："用六，利永贞。"晏子曰："妻柔而正。"言妇人虽主于柔，而不可失正也。故后妃逾国，必乘安车辎軿；下堂，必从傅母保阿；进退则鸣玉环佩，内饰则结纫绸缪；野处则帷裳壅蔽，所以正心一意，自敛制也。《诗》云："自伯之东，首如飞蓬。岂无膏沐，谁适为容。"故妇人，夫不在，不为容饰，礼也。

今译

司马迁说："夏朝的兴盛，是因为有了涂山，而夏桀最终被流放，则是因为妹喜；商朝的兴起，是因为有了有娀，商纣王残暴杀戮朝臣，则是因为妲己；周代的兴起是因为有姜嫄及周大任，而周幽王最终被擒，则是因为有褒姒的荒淫。因此，《周易》以乾坤为基础，《诗经》以关雎为开始。夫妻之间的关系，是人世间最重要的伦理道德。婚姻中的礼法是要我们小心谨慎对待婚姻。音律和谐，四季就会和顺，阴阳的变化，是万物变化的根据，我们能不慎重吗？”为人妻子，其品德共有六种：一是柔顺，二是爱干净，三是不嫉妒，四是俭约，五是恭谨，六是勤劳。丈夫像天空，妻子像大地；丈夫像太阳，妻子像月亮；丈夫阳刚，妻子阴柔。天位尊而居上，地卑下而处下，太阳没有盈亏变化，月亮却有圆缺。阴阳唱和才能生成万物。所以妻子以柔顺为美德，而不以强词夺理为美。

汉代的曹大家作《女戒》，在第一章里说：“古代女孩子出生，三天之后就将她放在床下，意思是说女孩子天生卑微体弱，居于人下。女孩子长大后，应该处处谦让恭敬，先人后己，做了好事不要去张扬，做了错事不要推卸责任。女人要忍受屈辱，经常表现出战战兢兢的样子来。”《女戒》又说：“阴阳性质不同，男女行为上有区别。阳以刚强为德，阴以柔顺为用。男子以强健为贵，女子以柔顺为美。因此有句谚语说：‘生个男孩像豺狼，还害怕他软弱不刚；生个女孩像老鼠，仍害怕她成为老虎。’修养自身莫如恭敬，躲避强暴莫若温顺。所以说，恭敬柔顺之道，是为人妻子最重要的德性。”又说：“妻子受到丈夫的宠爱，是因为得到了公婆的喜爱。公婆喜欢自己，又是因为小叔小姑称赞自己。”可以看出，女子的荣辱誉毁，完全在于小叔小姑对你的评价。小叔小姑的爱，不可以失去。每个女子都知道不能失去小叔小姑的爱，但却不能温和对待他们，这难道不是大错特错吗？妻子并不是圣人，怎么能没有过错呢？即使有贤女的品行和聪慧，也难以成为没有缺点的完人。因此妻子只要得到家人的爱护，她的缺点过错就不会外传。倘若得不到家人的喜爱，她的过错就会传扬出去，这是必然的。小叔小姑对嫂子来说，本来就不好相处，但他们的名分又很尊贵；互相之间本来就没有什么恩情，但道义上必须得和睦相处。如果是贤淑、谦顺的妻子，能和小叔小姑和睦相处，使自己的美德得以远扬，错误得以遮掩，以至于公婆夸奖自己，丈夫赞扬自己，贤妇的声誉传播乡邻，进而给自己的父母带来荣耀。如果是愚蠢的妻子，在小叔子面前自高自大，在小姑面前骄横跋扈，又怎么能和他们和平相处呢？既然背恩弃义，又怎么能获取小姑小叔的赞誉呢？这时自己的美德被遮掩，过错被传播，最后公婆愤恨，丈夫恼怒，恶名传遍内外，而耻辱都集于一身，留在夫家就会增添父母的耻辱，回到娘家又会增加丈夫的忧虑。对待小叔小姑的态度是为人之妻荣辱穷通的关键，我们能不慎重对待吗？博得小叔小姑的好感，最好的办法就是谦恭温顺。谦恭是美好品德的根本，温顺是妻子应有的品行，二者兼备，就能和小叔小姑和睦相处。像这样的妻子，才能称得上柔顺。妻，就是齐的意思。妻子要对丈夫恭敬，一旦与丈夫结婚，就要终身不能改嫁。因此忠诚的大臣不能侍奉两个君主，贞节的女子不能侍奉两个丈夫。

《周易》说："妻子柔顺，有利于贞守妇道，丈夫才能远行。"又说："用六，才能永远恪守妇道。"晏婴说："妻子如果性情柔顺，作风就会正派。"说的是妻子以温柔为主，此外还要作风正派。因此皇帝的后妃要出行，必须乘坐有帷幕的车；离开殿堂的时候，要听从傅母和保姆的意见；进门出门都要佩带鸣玉，在家梳妆打扮，就要自结绸缪组纽；在野外居住要用帷幔遮蔽，为的是能够一心一意，做到自我约束。《诗经》说："自从君子远征东边，我在家里披头散发。难道是缺乏洗浴的东西吗？不是，可我又为谁打扮呢？"所以妻子在丈夫外出的时候不打扮自己，这是合乎礼法的。

简注

① 涂山：传说中禹会诸侯及娶妻之地方，这里指禹的妻子。

② 妹喜：夏桀的妃子。桀伐有施国，有施国以妹喜嫁之，貌美而无德

行，桀很宠幸她，凡事言听计从，昏乱失道，终于导致夏朝灭亡。

③ 有娀：古国名。殷契母简狄，即有娀氏女。

④ 嬖：溺爱。

⑤ 姜嫄：周人始祖后稷之母，帝喾之妻。传说她在郊野践巨人足迹怀孕生稷。

⑥ 大任：同太任，商朝时期西伯侯季历之正妃，周文王姬昌之母，历史上有记载的胎教先驱。

⑦ 兢兢：小心谨慎的样子。

实践要点

这一条亦是讲妻德，前已有所述。这里强调的一点是在整个家庭构建中，女主人的德性真的关乎一个家庭，甚至一个国家的命运，因为她实际上是能够影响到整个家庭的人才培养，也会影响到能做出决策的男主人的判断。所以，我们要尊重、重视女人在家风、家教中的位置，也要从小去培养她们相应的道德和操持家庭事务的能力。

【2】卫世子共伯早死，其妻姜氏守义。父母欲夺而嫁之，誓而不许，作《柏舟》之诗以见志。

今译

卫国太子共伯去世得早，他的妻子姜氏坚守为人妻子的礼义。姜氏的父母想让她改嫁，她发誓不再嫁人，还写了一首诗《柏舟》，以此来表达自己的心志。

【3】宋共公夫人伯姬，鲁人也。寡居三十五年。至景公时，伯姬之宫夜失火，左右曰："夫人少避火。"伯姬曰："妇人之义，保傅①不具，夜不下堂。待保傅之来也。"保母至矣，傅母未至也。左右又曰："夫人少避火。"伯姬不从，遂逮于火而死。

丨 今译 丨

宋共公的夫人伯姬是鲁国人，她守寡长达三十五年。到景公的时候，伯姬住的宫中夜里着火，身边侍奉她的仆人对她说："夫人您赶快出来避火。"伯姬说："妇人应该遵守礼义，保母和傅母如果不在身边，晚上就不能出来。我要等保母、傅母来。"一会儿，保母来了，但傅母还没来，身边的人又劝她说："夫人赶快出来避火吧。"伯姬不答应，于是被火烧死了。

丨 简注 丨

① 保傅：古代保育、教导太子等贵族子弟及未成年帝王、诸侯的男女官员，统称为保傅。

【4】楚昭夫人贞姜，齐女也。王出游，留夫人渐台之上而去。王闻江水大至，使使者迎夫人，忘持其符。使者至，请夫人出。夫人曰："王与宫人约令，召宫人必持符。今使者不持符，妾不敢从。"使曰："今水方大至，还而取符，则恐后矣！"夫人不从。于是使者反取符，未还，则水大至，台崩，夫人流而死。

今译

楚昭王的夫人贞姜，是齐国的女子。一次，楚昭王出游，将贞姜夫人留在了渐台上。走在半路，楚昭王突然听说江水暴涨，就立即派使者去渐台上接夫人。可是使者在匆忙之中忘了拿符令。使者赶到渐台，请夫人赶快走。夫人说："大王与宫中的人有约令，召宫人一定要有大王的符令。现在使者拿不出符令，我不敢离开。"使者说："可眼下洪水马上就要到来，等我回去取符令，恐怕就迟了！"夫人仍然不走。于是，使者只好返回去取符令，他还没有返回，洪水就来了，渐台被冲塌，贞姜夫人被洪水淹没而死。

实践要点

女子守义确实重要，伯姬和贞姜，将生死看得很淡，把礼节看得很重。然而，她们都不知道一个"权"字，变成了僵化、固守礼仪，徒有一个空空的形式，一个被火烧死，一个被水淹死。

【5】蔡人妻，宋人之女也。既嫁，而夫有恶疾，其母将

再嫁之。女曰："夫人之不幸也，奈何去之？适人之道，一与之醮[①]，终身不改，不幸遇恶疾，彼无大故，又不遣妾，何以得去？"终不听。

今译

有一个蔡人娶了宋人的女儿作妻子。宋女出嫁不久，丈夫便患了重病，她的母亲想让她改嫁。宋女说："丈夫遭遇了不幸，我怎能离开他？嫁给他人就要坚守道义，一旦与他结婚，就得厮守终身，不再改嫁。丈夫虽然不幸得了重病，但他并没有大的过错，而且他又没有赶我走，我为什么要离开他呢？"她最终没有听从母亲的话。

简注

① 醮：古代婚娶时用酒祭神的礼。

【6】梁寡妇高行，荣于色而美于行。早寡不嫁，梁贵人多争欲娶之者，不能得。梁王闻之，使相聘焉。高行曰："妾夫不幸早死，妾守养其幼孤，贵人多求妾者，幸而得免。今王又重之。妾闻妇人之义，一往而不改，以全贞信之节。今慕贵而忘贱，弃义而从利，无以为人。"乃援镜持刀以割其鼻，曰："妾已刑矣，所以不死者，不忍幼弱之重孤也。王之求妾，以其色也，今刑余之人，殆可释矣！"于是相以

报王。王大其义而高其行，乃复其身，尊其号曰“高行”。

今译

梁国有一个寡妇叫高行，她容貌漂亮，声名很好，但是很年轻就守寡，没有改嫁。梁国的达官显贵都争着想娶她为妻，但都没有成功。梁王听说后，便派丞相去礼聘。高行说：“我的夫君不幸早死，我抚育他的孩子，有许多达官显贵来提亲，我都拒绝了。现在大王又来礼聘。我听说妇人应该遵守的礼义是从一而终，以成全贞洁和守信的节操。如果我现在羡慕富贵，忘记贫贱之先夫，丢弃信义而去追逐利益，那我还有什么资格做人呢?”于是她照着镜子，用刀割下了自己的鼻子，然后说：“我的容貌已经毁了，我之所以没有去死，是因为丢不下幼弱的孩子。大王想要得到我，无非是为了我的美色，现在我已经是个毁了容的人了，请大王放过我吧！”丞相将这一情况报告给梁王，梁王嘉奖她的品行德义，免除她的徭役，并赐给她一个封号叫“高行”。

【7】汉陈孝妇，年十六而嫁，未有子。其夫当行戍，夫且行时，属孝妇曰：“我生死未可知，幸有老母，无他兄弟备养，吾不还，汝肯养吾母乎?”妇应曰：“诺。”夫果死不还。妇乃养姑不衰，慈爱愈固，纺绩织纴以为家业，终无嫁意。居丧三年，父母哀其年少无子而早寡也，将取而嫁之。孝妇曰：“夫行时属妾以其老母，妾既许诺之，夫养人老母而不能

卒，许人以诺而不能信，将何以立于世？”欲自杀。其父母惧而不敢嫁也，遂使养其姑二十八年。姑八十余，以天年终，尽卖其田宅财物以葬之，终奉祭祀。淮阳太守以闻，孝文皇帝使使者赐黄金四十斤，复之终身无所与，号曰“孝妇”。

| 今译 |

汉代陈孝妇，年仅十六岁就出嫁了，没有孩子。她的丈夫要去戍守边疆，临走的时候，嘱咐她说：“我这一走，生死未卜，家里还有老母亲，又没有其他弟兄能够赡养她，如果我回不来，你愿意赡养我的母亲吗？”孝妇回答说：“愿意。”丈夫后来死在战场上没有回来。孝妇就赡养婆婆，婆媳两个人相依为命，互相疼爱，孝妇靠纺纱织布来维持生活，始终没有改嫁的想法。她为丈夫居丧三年后，父母可怜她年轻守寡又没有孩子，就想让她改嫁。她说：“丈夫走的时候把他的老母托付给我，我既然许下诺言就应该守信用，赡养丈夫的老母不能坚持到最后，许诺于人却不能守信用，我还怎么能活在世界上呢？”她想用自杀的方法来反抗父母，她的父母害怕她寻死就不敢强迫她改嫁，让她继续赡养她婆婆。二十八年后，婆婆八十多岁，寿终正寝。孝妇将房屋、田地等家产全部卖掉来安葬婆婆，并为她守丧、祭祀。淮阳太守将她的事迹禀报给皇帝，孝文皇帝派遣使者赐给她四十斤黄金，免除她终身的赋役，并尊称她为“孝妇”。

【8】吴许升妻吕荣，郡遭寇贼，荣逾垣走。贼持刀追

之。贼曰："从我则生，不从我则死。"荣曰："义不以身受辱寇虏也。"遂杀之。是日疾风暴雨，雷电晦冥，贼惶恐，叩头谢罪，乃殡葬之。

今译

吴郡许升的妻子吕荣，为躲避贼寇追赶，跳墙而逃。贼寇持刀追她。贼寇大喊："跟我们走你就可以活命，不跟我们走就杀死你。"吕荣回答说："我决不受辱于贼寇！"于是自杀而死。这天疾风暴雨，电闪雷鸣，贼寇为自己做了伤天害理的事而感到恐惧，便叩头谢罪，并安葬了吕荣。

【9】沛刘长卿妻，五更桓荣之孙也。生男五岁而长卿卒。妻防远嫌疑，不肯归宁。儿年十五，晚又夭殁。妻虑不免，乃豫刑其耳以自誓。宗妇相与愍之，共谓曰："若家殊无他意，假令有之，犹可因姑姊妹以表其诚，何贵义轻身之甚哉！"对曰："昔我先君五更，学为儒宗，尊为帝师。五更以来，历代不替。男以忠孝显，女以贞顺称。《诗》云：'无忝尔祖，聿修厥德。'是以豫自刑剪，以明我情。"沛相王吉上奏高行，显其门闾，号曰"行义桓嫠"。县邑有祀必膰焉。

今译

沛国刘长卿的妻子是五更桓荣的孙女。他们结婚后生了一个男孩，但孩子五岁时刘长卿就死了。妻子怕娘家让她改嫁，便不回娘家。她的儿子长到十五岁的时候，又不幸夭折了。刘妻认为娘家早晚要让她改嫁，于是先割掉自己的耳朵，发誓不嫁。同宗族的女人们很怜悯她，对她说："其实你娘家并没有让你改嫁的意思，即便有，我们还可以替你说情，表明你的心意，你为什么贵义轻身到如此的地步呢？"她回答说："从前我的祖父五更桓荣，学问上乘，被尊为帝师。在他之后，历代不衰。男人以忠诚和孝顺求得显达，而女人以贞洁和温顺赢得好名声。《诗经》说：'不要辱没你的祖先，应当修养你的德行。'因此我自己毁容，向世人表明我的心志。"沛相王吉向皇上奏明她的高行义举，对她进行表彰，并称她为"行义桓嫠"。她去世之后，县里只要有祭祀活动，就肯定要祭拜她。

实践要点

汉代时对婚姻持较开放的态度，女子在丈夫去世后，三年丧期满后是可以改嫁的。前面几条都是对这一问题的讨论。这些女子均是对丈夫感情非常深厚，从一而终，不愿改嫁。有两例自残身体，表明心志。高行割鼻，是因为她要拒绝梁王对她的爱慕，又要照顾自己年幼的孩子而不得已做出的举动。然而，刘长卿的妻子，自残是要预防自己娘家让她改嫁。这就有点不可理喻。首先，家人想让她改嫁，也是为了她后半生能有一个更好的依靠，生活得好；其次，即使家人真的要让她改嫁，正如她的娘家姐妹们所说的，尚有可争取的余地。身体发肤受之父母，这种行为实在过于偏激，不能提倡。

【10】度辽将军皇甫规卒时，妻年犹盛而容色美。后董

卓为相国，闻其名，聘以軿辎百乘，马四十匹，奴婢钱帛充路。妻乃轻服诣卓门，跪自陈请，辞甚酸怆。卓使傅奴侍者，悉拔刀围之，而谓曰："孤之威教，欲令四海风靡，何有不行于一妇人乎？"妻知不免，乃立骂卓曰："君羌胡之种，毒害天下犹未足邪！妾之先人，清德奕世。皇甫氏文武上才，为汉忠臣，君亲非其趣使走吏乎！敢欲行非礼于尔君夫人耶？"卓乃引车庭中，以其头悬轭，鞭扑交下。妻谓持杖者曰："何不重乎？速尽为惠！"遂死车下。后人图画，号曰"礼宗"云。

今译

度辽将军皇甫规去世的时候，他的妻子还正值盛年，姿色犹存。后来，董卓当了相国，听说她很美丽，就以百辆豪华的车子、四十匹马和许多奴婢钱帛作为聘礼，想要娶她。皇甫规的妻子得知后，就亲自到董卓的门上，跪地陈说自己不愿再嫁，言辞诚恳动人。董卓命令手下手执利刃将她围住，并对她说："以我的威势，能让天下的人都听我的号令，我怎么能容忍一个妇人不听话呢！"皇甫的妻子心知不能免祸，便干脆站起来大骂董卓："你本来就是个羌人和胡人交配的野种，你祸害天下还没有够啊！我的先人，清明廉正，代代相传。我的先夫皇甫规文武全才，是汉室的忠臣，你那时只不过是他驱使的一个小小走卒！你敢对上官的夫人如此无礼吗？"董卓命人把一辆车拉进庭院中，将她的头套进轭里，然后鞭打她。皇甫妻对那些打她的人说："为什么不打得重一点呢？我只愿快点死。"她最终被打死在车下。后人为她画像，称她为"礼宗"。

【11】魏大将军曹爽从弟文叔妻，谯郡夏侯文宁之女，名令女。文叔早死，服阕，自以年少无子，恐家必嫁己，乃断发以为信。其后家果欲嫁之。令女闻，即复以刀截两耳。居止尝依爽。及爽被诛，曹氏尽死，令女叔父上书，与曹氏绝婚，强迎令女归。时文宁为梁相，怜其少执义，又曹氏无遗类，冀其意沮，乃微使人讽之。令女叹且泣曰："吾亦悔之，许之是也。"家以为信，防之少懈。令女于是窃入寝室，以刀断鼻，蒙被而卧。其母呼与语，不应。发被视之，流血满床席。举家惊惶，奔往视之，莫不酸鼻。或谓之曰："人生世间，如轻尘栖弱草耳，何至辛苦乃尔！且夫家夷灭已尽，守此欲谁为哉？"令女曰："闻仁者不以盛衰改节，义者不以存亡易心。曹氏前盛之时，尚欲保终，况今衰亡，何忍弃之？禽兽之行，吾岂为乎？"司马宣王闻而嘉之，听使乞子，养为曹氏后。

今译

魏大将军曹爽堂弟文叔的妻子，是谯郡夏侯文宁的女儿，她的名字叫令女。文叔很早就去世了，令女服丧期满后，认为自己年轻而且没有孩子，娘家肯定要让她改嫁，于是她剪断自己的头发，以示自己不再改嫁。后来，娘家果然想让她再嫁。令女听说后，又用刀子割下了自己的两个耳朵，并住在曹爽家里。等到曹爽被杀，曹氏家族被灭族，令女的叔父上书朝廷，声明他家与曹家断绝婚姻关系，而且硬将令女接回娘家。此时令女的父亲文宁担任梁相，可怜女儿还年轻，却固执于妇道，而且曹家已经没有后人了，因此他希望女儿能改变初衷，于是他派人去劝说女儿。令女假装叹气，哭着说："我也很后悔，我答应便是了。"家人信以为真，便不再防范她。于是，令女偷偷进入寝室，用刀子割断了自己的鼻子，然后用被子蒙住头睡在床上。她母亲叫她，与她说话，她都不答应。揭开被子一看，血流满床。全家人都很惊慌，跑去看她，都为她掉泪。有人对她说："人活在世上，就好像一点灰尘落在了小草上，为何要这么辛苦呢？况且你丈夫家已经被灭族，你这样做又为了谁呢？"令女回答说："我听说仁德的人不因为盛衰穷富而改变自己的节操；有义气的人不会因为存亡而变心。曹家在兴盛的时候，我还想保持名节，何况他家现在已经衰亡，我又怎么忍心背弃他们呢？像禽兽一样无情无义的事，我怎么能够做出来呢？"司马宣王听说了这件事，便赞扬她的德行，让她领养一个孩子来抚养，作为曹氏的后代。

【12】后魏钜鹿魏溥妻房氏者，慕容垂贵乡太守常山房湛女也。幼有烈操，年十六，而溥遇疾且卒，顾谓之曰："死不足恨，但痛母老家贫，赤子蒙眇，抱怨于黄垆耳。"房垂泣而对曰："幸承先人余训，出事君子，义在偕老。有志不从，盖其命也。今夫人在堂，弱子襁褓，顾当以身少相卫，永释长往之恨。"俄而溥卒。及将大敛，房氏操刀割左耳，投之棺中，仍曰："鬼神有知，相期泉壤。"流血滂然，丧者哀惧。姑刘氏辍哭而谓曰："新妇何至于此？"对曰："新妇少年，不幸早寡，实虑父母未量至情，觊持此自誓

耳。”闻知者莫不感怆。时子缉生未十旬，鞠育于后房之内，未曾出门。遂终身不听丝竹，不预坐席。缉年十二，房父母仍存，于是归宁。父兄尚有异议，缉窃闻之，以启其母。房命驾，绐云他行，因而遂归，其家弗知之也。行数十里方觉，兄弟来追，房哀叹而不反。其执意如此。

丨 今译 丨

后魏钜鹿人魏溥的妻子房氏，是慕容垂贵乡太守常山房湛的女儿。房氏自幼就颇有操守。她十六岁的时候，丈夫魏溥得病将死。临死的时候，丈夫对她说：“我死倒无所谓，只是我母亲已上年纪，家里贫穷，孩子又小，这些让我死不瞑目啊！”房氏哭着对他说：“我接受父母的教诲，有幸嫁给你，本来打算与你白头到老。现在不能实现这个愿望，这可能也是天意。现在上有高堂老母，下有襁褓幼子，只有我年轻力壮，我自当照料他们，请你放心好了。”夫妻俩说完这些话，魏溥就死了。入殓的时候，房氏用刀子将自己的左耳朵割下来，扔进棺材里，并说：“如果鬼神有知的话，请你在地下等我。”她血流不止，参加丧礼的人看了这一幕，既可怜她，又感到惊惧。婆婆刘氏哭着说：“媳妇你为什么要这样做呢？”房氏回答说：“我年纪还小，不幸早寡，我担心我的父母亲不考虑我们的夫妻感情，令我改嫁，所以我割耳发誓，不再改嫁。”听到这话的人无不感叹悲怆。当时，他们的孩子缉出生还不到一百天，房氏在家里抚养孩子，从不出门。她终身不听音乐，不和外边的人同坐。缉十二岁的时候，房氏的父母仍然健在，于是她回家去看望父母。此时她的父亲和哥哥还有让她改嫁的意思，缉偷偷地听见了这些议论，便告诉了他的母亲。于是，房氏让人备车，谎称要到其他的地方，但是却踏上了回夫家的路，而她娘家还不知道。走了数十里，娘家方才发觉，她的兄弟们追上来，房氏只是哀叹，却不再回娘家去。她严守贞洁，竟是这般固执。

【13】荥阳张洪祁妻刘氏者，年十七夫亡。遗腹生一子，二岁又没。其舅姑年老，朝夕养奉，率礼无违。兄矜其少寡，欲夺嫁之。刘自誓不许，以终其身。

| 今译 |

荥阳张洪祁的妻子刘氏，十七岁的时候丈夫就死了。留有遗腹子，但两岁又夭折了。她的公婆年纪很大，她就朝夕侍奉，一切按照礼法行事，从不违忤公婆。哥哥可怜她年轻守寡，想让她改嫁。可她发誓不再嫁人，以此而终老其身。

【14】陈留董景起妻张氏者，景起早亡，张时年十六，痛夫少丧，哀伤过礼，蔬食长斋。又无儿息，独守贞操，期以阖棺。乡曲高之，终见标异。

| 今译 |

陈留董景起的妻子张氏，丈夫去世的时候，张氏才十六岁。她哀痛丈夫早死，悲伤过度，只能长时间吃素食。她又没有儿子，自己独守贞操，等着死的那一天。乡里的人都称赞她，她最终成全了自己的好名声。

【15】隋大理卿郑善果母崔氏，周末，善果父诚讨尉迟迥，力战死于阵。母年二十而寡，父彦睦欲夺其志。母抱善果曰："妇人无再适男子之义。且郑君虽死，幸有此儿。弃儿为不慈，背夫为无礼，宁当割耳剪发，以明素心。违礼灭慈，非敢闻命。"遂不嫁，教养善果，至于成名。自初寡，便不御脂粉，常服大练，性又节俭，非祭祀宾客之事，酒肉不妄陈其前。静室端居，未尝辄出门阃。内外姻戚有吉凶事，但厚加赠遗，皆不请其家。

今译

隋朝大理卿郑善果的母亲崔氏，北周末年，善果的父亲郑诚征讨尉迟迥战死。他的母亲崔氏年仅二十岁就守了寡，父亲彦睦想让女儿改嫁，崔氏怀抱善果说："妇人没有嫁两次的道理，况且我丈夫虽然死了，但我还有这个孩子，丢弃儿子不慈爱，背叛丈夫则不讲礼义，我本来应当割耳剪发，以表明我誓死不再改嫁的决心。违背礼义，灭绝慈爱，这些事我做不到。"于是她不再改嫁，一心教育抚养儿子善果，终于使他长大扬名。自从守寡，她就不抹脂粉，常穿粗布衣服，她性情又节俭，如果不是祭祀和招待宾客，吃饭从不摆放酒肉。她每天在家静静地坐着，从没有出过门。娘家婆家的亲戚有红白喜事，她都多馈赠礼物，但从不亲自登门。

【16】韩觊妻于氏，父实，周大左辅。于氏年十四适于觊，虽生长膏腴，家门鼎贵，而动遵礼度，躬自俭约，宗党敬之。年十八，觊从军没，于氏哀毁骨立，恸感动路。每朝夕奠祭，皆手自捧持。及免丧，其父以其幼少无子，欲嫁之，誓不许。遂以夫孽子世隆为嗣，身自抚育，爱同己生，训导有方，卒能成立。自孀居以后，唯时或归宁。至于亲族之家，绝不往来。有尊亲就省谒者，送迎皆不出户庭。蔬食布衣，不听声乐，以此终身。隋文帝闻而嘉叹，下诏褒美，表其门闾，长安中号为“节妇闾”。

今译

韩觊的妻子于氏，她的父亲于实是北周大左辅。于氏十四岁的时候就嫁给了韩觊，她虽然生长在富贵人家，但却知礼识节，懂得约束自己的行为，宗族和乡里的人都很敬重她。她十八岁的时候，韩觊当兵而死，于氏悲伤过度，骨瘦如柴，她的哀痛足以让路人感动。朝夕祭奠丈夫的时候，她都是用手亲自捧着供品。服丧期满后，她父亲可怜她年轻没有孩子，想让她改嫁，但她坚决不答应。她将丈夫的庶子世隆当作自己的孩子来抚养，慈爱他如同自己亲生的一样，而且教育有方，最终把这个孩子培养成人。自从守寡之后，每逢过节，她才回娘家看看父母，至于其他亲戚，她一概不与他们往来。有长辈和亲戚来看望她，她迎客送客从来都不出大门。平时吃粗茶淡饭，穿粗布衣服，从不听声乐，一直到死。隋文帝听说后，对她非常赞叹，并下诏褒奖她，旌表在长安城中她所居住的里巷为“节妇闾”。

【17】周虢州司户王凝妻李氏，家青齐之间。凝卒于官，家素贫，一子尚幼。李氏携其子，负其遗骸以归。东过开封，止旅舍，主人见其妇人独携一子而疑之，不许其宿。李氏顾天已暮，不肯去。主人牵其臂而出之。李氏仰天恸曰：“我为妇人，不能守节，而此手为人执耶！不可以一手并污吾身。”即引斧自断其臂。路人见者，环聚而嗟之，或为之泣下。开封尹闻之，白其事于朝官，为赐药封疮，恤李氏而笞其主人。若此，可谓能清洁矣。

今译

后周虢州司户王凝的妻子李氏，家住在青齐一带。王凝在官署去世，家里很贫穷，有一个很小的孩子。李氏带着孩子，去收拾丈夫的遗骨回家。往东走路过开封的时候，她想找一个旅馆住下。店主人看见她独自一人领着一个孩子，有些怀疑她，不让她住宿。李氏看天已经黑了，就不肯离去。店主人抓住她的手臂将她拉了出去。李氏仰天痛哭道：“我作为妇人，却不能保守节操，竟然让这只手被别人抓过了，我不能再让这只手来玷污我的全身。”于是她用斧子砍断了自己的手臂。过路的人都围过来看，而且为之叹息，有的还流下了泪。开封府尹听说了这件事，便禀报了朝廷，并给李氏送来了药，为她包扎伤口，安抚李氏，鞭打旅馆主人。像她这样，可以说是能够保持清白和贞洁了。

| 实践要点 |

这种为了所谓的清名、名节，而残害自己的身体的做法，真的是贻害传统的中国妇女。若是大义，自当赴死，像这种被店家碰了手臂，就要砍掉自己的臂膀的行为，太过极端，况且还有幼儿在旁，不足取也。

卷九 妻下

【1】《礼》，自天子至于命士，媵妾皆有数，惟庶人无之，谓之匹夫匹妇。是故《关雎》美后妃，乐得淑女以配君子，慕窈窕，思贤才，而无伤淫之心。至于《樛木》《螽斯》《桃夭》《芣苢》《小星》，皆美其无妒忌之行。文母十子，众妾百斯男，此周之所以兴也。诗人美之。然则妇人之美，无如不妒矣。

| 今译 |

在《礼记》里，从天子到有官位和爵位的人，纳妾的多少都是有规定的，惟独平民百姓没有规定，称为匹夫匹妇。所以《诗经·关雎》里面赞美后妃之德，歌颂淑女许配有德君子，整篇诗篇讲的是爱慕窈窕女子，思念有才德的男子，一点没有淫荡的意思。至于《樛木》《螽斯》《桃夭》《芣苢》《小星》等篇，都是赞美有德女子没有嫉妒的行为。周文王的母亲生了十个儿子，而众妾所生的儿子大概有上百人之多，这正是周所以兴旺发达的原因，所以诗人赞美这件事。这样说来，妇人最大的美德就是不嫉妒。

【2】晋赵衰从晋文公在狄，取狄女叔隗，生盾。文公返国，以女赵姬妻衰，生原同、屏括、楼婴。赵姬请逆盾与其母。衰辞而不敢。姬曰："不可。得宠而忘旧，不义；好新而慢故，无恩；与人勤于隘阨，富贵而不顾，无礼。弃此三者，何以使人？必逆叔隗！"及盾来，姬以盾为才，固请于公，以

为嫡子，而使其三子下之；以叔隗为内子，而己下之。

丨 今译 丨

晋国的赵衰跟随晋文公逃亡到狄国，娶了狄国的女子叔隗为妻，生了赵盾。晋文公返回晋国后，就把自己的女儿赵姬嫁给了赵衰，并生了原同、屏括和楼婴。赵姬让赵衰把赵盾和他的母亲迎接到晋国来。赵衰没敢答应。赵姬说：“不把他们接回来是错误的。得新宠而忘旧人，不是仁义的行为；喜新而厌旧，没有恩情；与人共度艰难岁月，自己富贵之后就不去理她，不合礼法。忘记这三点，你还怎么去说服别人呢？所以你一定要将叔隗接过来。”等到赵盾来了，赵姬认为赵盾很有才华，就坚决要求赵衰将赵盾立为嫡子，而将自己的三个儿子排在赵盾的后面，并以叔隗为赵衰的正妻，自己排在她的后边。

【3】楚庄王夫人樊姬曰：“妾幸得备扫除，十有一年矣，未尝不捐衣食，遣人之郑卫求美人而进之于王也。妾所进者九人，今贤于妾者二人，与妾同列者七人。妾知妨妾之爱、夺妾之贵也。妾岂不欲擅王之爱、夺王之宠哉？不敢以私蔽公也！”

丨 今译 丨

楚庄王夫人樊姬说：“我有幸侍奉大王，已经十一年了，这期间我经常花费钱财派人到郑国和卫国搜求美人，进献给大王。我所进献的九人中，比我贤惠的有两个人，与我不相上下的有七人。我也知道这样做会夺走大王对我的宠爱和地位。我难道不想让大王只宠爱我一个人吗？我只不过是不敢以私废公罢了。”

【4】宋女宗者，鲍苏之妻也。既入，养姑甚谨。鲍苏去而仕于卫，三年而娶外妻焉。女宗之养姑愈谨，因往来者请问鲍苏不辍，赂遗外妻甚厚。女宗之姒谓女宗曰：“可以去矣。”女宗曰：“何故？”姒曰：“夫人既有所好，子何留乎？”女宗曰：“妇人之所宝，岂以专夫室之爱为善哉？若抗夫室之好，苟以自荣，则吾未知其善也。夫《礼》，天子妻妾十二，诸侯九，大夫三，士二。今吾夫固士也，其有二，不亦宜乎！且妇人有七去，七去之道，妒正为首。姒不教吾以居室之礼，而反使吾为见弃之行，将安用此？”遂不听，事姑愈谨。宋公闻而美之，表其闾，号曰“女宗”。

今译

宋国的女宗是鲍苏的妻子。结婚后，女宗侍奉婆婆非常谦恭谨慎。后来，鲍苏离开家到卫国去做官，三年之后他又在卫国娶了妻子。女宗得知后，不但没有嫉妒，反而更加小心地赡养婆婆，只要有顺路去卫国的人，女宗就委托他向鲍苏问好，而且还给鲍苏在卫国的妻子带去非常丰厚的礼物。

鲍苏的一个妾对女宗说："你应该离开鲍家了。"女宗问："为什么呢？"妾说："夫君既然另有新欢，你还留下干什么呢？"女宗说："对于一个妇人来说，她所最宝贵的难道就是独自拥有丈夫的爱吗？如果只知道独霸丈夫，反对丈夫另添房室，从而求取自己的荣耀，我没有看出这里面有什么高尚的事情。《礼记》规定，天子可以有十二个妻妾，诸侯可以有九个，大夫可以有三个，士两个。我的丈夫本来就是士，他有两个妻子，不也是应该的吗？而且，妇人有七种被休掉的情况，在这七种被休掉的过错中，嫉妒丈夫的正妻是最大的过错。你不教给我为人所应遵守的礼仪，反让我做那些有可能被丈夫休掉的事情。我怎么能听你的话呢？"于是她不听这些，对待婆婆更加谨慎小心。宋公听到这件事后，夸赞她的品行，旌表其门第，尊称她为"女宗"。

【5】汉明德马皇后，伏波将军援之女也。年十三选入太子宫，接待同列，先人后己，由此见宠。及帝即位，常以皇嗣未广，每怀忧叹，荐达左右，若恐不及。后宫有进见者，每加慰纳。若数所宠引，辄增隆遇，未几立为皇后。是知妇人不妒，则益为君子所贤。欲专宠自私，则愈疏矣！由其识虑有远近故也。

| 今译 |

汉代明德马皇后是伏波将军马援的女儿，她十三岁的时候就被选入太子宫，对待其他嫔妃，总是能够先人后己，因此得到了太子的宠爱。太子即位后，她常常为皇家子弟不多而发愁，于是她为皇帝引荐嫔妃，惟恐皇帝不喜欢她们。如果后宫嫔妃有要求主动觐见皇上的，她都为之引见。如果有谁被皇帝数次宠幸，她的恩遇就会增加很多。正因为这样，她不久就被立为皇后。由此知道如果女人没有妒忌心，就更能博得君子的好感。相反，越想独霸男人，越是容易被疏远。这跟她们有没有见识关系很大。

【6】后唐太祖正室刘氏，代北人也。其次妃曹氏，太原人也。太祖封晋王，刘氏封秦国夫人，无子，性贤，不妒忌，常为太祖言："曹氏相，当生贵子，宜善待之。"而曹氏亦自谦退，因相得甚欢。曹氏封晋国夫人，后生子，是谓庄宗。太祖奇之。及庄宗即位，册尊曹氏为皇太后，而以嫡母刘氏为皇太妃。太妃往谢太后，太后有惭色。太妃曰："愿吾儿享国无穷，使吾曹获没于地，以从先君，幸矣！他复何言?"庄宗灭梁入洛，使人迎太后归洛，居长寿宫。太妃恋陵庙，独留晋阳。太妃与太后甚相爱，其送太后往洛，涕泣而别，归而相思慕，遂成疾。太后闻之，欲驰至晋阳视疾；及其卒也，又欲自往葬之。庄宗泣谏，群臣交章请留，乃止。而太后自太妃卒，悲哀不饮食，逾月亦崩。庄宗以妾母加于嫡母，刘后犹不愠，况以妾事女君如礼者乎！若此，可谓能不妒矣。

| 今译 |

后唐太祖的正室刘氏，是代北人。太祖的次妃曹氏是太原人。太祖受封为晋王的时候，刘氏被封为秦国夫人，她虽然没有生孩子，但很贤惠，不嫉妒，而且经常对太祖说："我给曹氏相面，她一定会生下贵子的，你应该善待她。"然而，曹氏也常常谦让退避，所以她们俩相处得非常好。曹氏被封为晋国夫人，后来生了儿子，就是庄宗。太祖想起先前刘氏所说的话，感到这件事很神奇。等到庄宗即位的时候，册封曹氏为皇太后，而封嫡母刘氏为皇太妃。太妃去向太后道谢，太后觉得很惭愧。太妃说："愿我们的孩子永保江山，能够让我们平安老死，然后在地下与先君相会，这才是最大的幸运，我们还有什么可说的呢？"后来庄宗灭了梁，进入洛阳，便派人迎接太后回洛阳，居住在长寿宫。太妃由于留恋皇陵宗庙，独自留在了晋阳。太妃和太后感情非常好，太妃送太后去洛阳的时候，挥泪而别。回去后仍思念太后，竟郁闷成疾。太后得知后，很想亲自到晋阳去看她；太妃去世，太后又想亲自去安葬太妃。因为庄宗劝谏，大臣们一再挽留，太后才作罢。然而，自从太妃去世，太后也因悲痛不能吃饭，只过了一个多月，也随之去世了。庄宗将妾母排在嫡母的前面，刘后仍然不恼怒，何况妾侍奉正妻本来就是合乎礼法的呢！像刘氏这样的，可以称得上没有嫉妒之心。

【7】《葛覃》美后妃恭俭节用，服浣濯之衣。然则妇人固以俭约为美，不以侈丽为美也。

今译

《葛覃》赞扬后妃勤俭节约，说她们穿着已经洗过几次的衣服。妇人应该把勤俭节约作为美德，而不能以奢侈华丽为美。

【8】汉明德马皇后，常衣大练，裙不加缘。朔望，诸姬主朝请，望见后袍衣疏粗，反以为绮，就视乃笑。后辞曰："此缯特宜染色，故用之耳。"六宫莫不叹息。性不喜出入游观，未尝临御窗牖，又不好音乐。上时幸苑囿离宫，希尝从行。彼天子之后犹如是，况臣民之妻乎？

今译

东汉明德马皇后经常穿着粗帛衣服，裙子也不加边饰。每月初一和十五，举行朝谒之礼，有一次妃嫔们看见马皇后的衣服粗疏，还以为是上等的丝织品，走到跟前一看，她们不禁相视而笑。马皇后遮掩说："这种缯特别容易染色，所以我才穿它。"妃嫔们看见她如此朴素，无不感叹。马皇后不喜欢外出游玩观光，从来不到窗前观望外面，也不喜好音乐。皇上经常巡幸行宫苑囿，皇后很少随行。她身为皇后，还如此俭朴节约，何况一般平民百姓的妻子呢？

【9】汉鲍宣妻桓氏，归侍御服饰，着短布裳，挽鹿车。

梁鸿妻屏绮缟，著布衣、麻履，操缉绩之具。

| 今译 |

汉代鲍宣的妻子桓氏，将侍御妇人的服饰放起来，改穿布衣短服，亲自拉小车干活。梁鸿的妻子把丝绸衣服藏起来，穿布衣麻鞋，亲自纺纱织布。

【10】唐岐阳公主适殿中少监杜悰，谋曰："上所赐奴婢，卒不肯穷屈。"奏请纳之。上嘉叹，许可。因锡其直，悉自市寒贱可制指者。自是闭门，落然不闻人声。悰为澧州刺史，主后悰行。郡县闻主且至，杀牛羊犬马，数百人供具。主至，从者不过二十人、六七婢，乘驴阘茸，约所至不得肉食。驿吏立门外，舁饭食以返。不数日间，闻于京师，众哗说，以为异事。悰在澧州三年，主自始入后三年间，不识刺史厅屏。彼天子之女犹如是，况寒族乎？若此，可谓能节俭矣。

| 今译 |

唐代岐阳公主嫁给殿中少监杜悰为妻，公主和丈夫商量说："皇上赐给我们的奴婢，最终还是过不惯贫穷的生活。"于是他们奏请皇上不要奴婢。皇上大为赞叹，同意了公主的意见，赏赐给她一些银钱，公主用这些银钱买了些出身卑贱又容易差使的人做佣人。从此以后公主闭门不出，家里和和睦睦，安安静静。杜悰担任澧州刺史，公主跟随前往。郡、县官吏听说公主要来，杀牛、羊、狗、马，有数百人忙碌，准备招待公主。但公主到后，随从的人不过二十个，奴婢只有六七人，乘坐的驴子很瘦弱，公主还规定所到地方不得摆设酒宴肉食。驿站官吏站在门外，抬来一些简单的饭菜就回去了。没过几天，她的事迹传到京城，人们议论纷纷，都把这件事当作一件少有的奇事来传扬。杜悰在澧州任职三年，公主在这三年间从未到过他的官府，始终没见过刺史衙门里边是什么样子。她是皇帝的女儿尚且能如此俭朴简约，何况一般老百姓呢？像这样的妻子，可以算得上节俭了。

【11】古之贤妇未有不恭其夫者也，曹大家《女戒》曰："得意一人，是谓永毕；失意一人，是谓永讫。"由斯言之，夫不可不求其心。然所求者，亦非谓佞媚苟亲也。固莫若专心正色，礼义贞洁耳。耳无途听，目无邪视，出无冶容，入无废饰，无聚群辈，无看视门户，此则谓专心正色矣。若夫动静轻脱，视听陕输，入则乱发坏形，出则窈窕作态，说所不当道，观所不当视，此谓不能专心正色矣。是以冀缺之妻馌其夫，相待如宾；梁鸿之妻馈其夫，举案齐眉。若此，可谓能恭谨矣。

今译

古代的贤妇对待丈夫无不恭恭敬敬，曹大家的《女戒》说："得到丈夫的喜爱，妻子就可以终生有依靠；失去丈夫的喜爱，妻子就一切都完了。"

由此可见，为人妻子一定要得到丈夫的真心疼爱。然而要想得到丈夫的欢心，并不是去谄媚奉承，而是要专心正色，坚守礼义贞洁。不道听途说，目不邪视，外出打扮不妖艳，在家不懒于妆饰，不三五成群聚会闲聊，不到门口张望，能做到这些，就称得上是专心正色了。如果是举止轻佻、视听不定，在家披头散发，出门卖弄风骚，说不该说的话，看不该看的事，这就是不能专心正色了。所以冀缺的妻子到田间给丈夫送饭，能够相敬如宾；梁鸿的妻子给丈夫端上饭菜，能够举案齐眉。像这样的妻子，就算得上恭敬谨慎了。

【12】《易》："家人，六二，无攸遂，在中馈。"《诗·葛覃》美后妃，在父母家，志在女功，为絺绤[①]，服劳辱[②]之事。《采蘋》《采蘩》，美夫人能奉祭祀。彼后夫人犹如是，况臣民之妻，可以端居终日，自安逸乎？

今译

《周易》说："家人卦，所要表现的是妻子在家虽没有专断的权力，但是要管理好家务。"《诗经·葛覃》赞扬后妃，说她们在父母家里做女工，纺纱织布，还参加体力劳动。《采蘋》《采蘩》称赞夫人能进行祭祀活动。那些后妃、夫人尚且能如此勤劳，何况一般百姓的妻子呢？难道可以端坐终日、享受安逸吗？

简注

① 絺绤：葛布的统称。葛之细者曰絺，粗者曰绤，引申为葛服。

② 劳辱：指劳苦之事。

【13】鲁大夫公父文伯退朝，朝其母。其母方绩，文伯曰："以歜之家而主犹绩乎？惧干季孙之怒也，其以歜为不能事主乎！"母叹曰："鲁其亡乎！使僮子备官，而未之闻耶？王后亲织玄纨，公侯之夫人加之以纮綖。卿之内子为大带，命妇成祭服，列士之妻加之以朝衣，自庶士以下皆衣其夫。社而赋事，烝而献功，男女效绩，愆则有辟，古之制也。今我寡也，尔又在下位，朝夕处事，犹恐忘先人之业，况有怠惰，其何以避辟！吾冀而朝夕修我曰：'必无废先人。'尔今曰：'胡不自安？'以是承君之官，余惧穆伯之绝嗣也。"

今译

鲁国的大夫公父文伯退朝后，去拜见母亲。母亲正在织布，文伯说："像我公父歜这样的家庭，您还用得着亲自纺织吗？您这样做会让季孙不高兴的，人家会认为我不孝顺长辈！"母亲听了他的话，叹了口气说："鲁国难道要灭亡了吗？让你这样不懂事的孩子在朝为官，却连这个道理都没听过吗？王后都要亲自做帽子上的装饰物玄纨，公侯的夫人再为它加上纮綖。卿的妻子要制作缁带，大夫的妻子要做祭服，众士的妻子要制作朝服，从庶士到一般百姓，都要做衣服给丈夫穿。春天秋天祭祀土神的时候，人人都要忙碌，冬天祭祀的时候，也要有所贡献。不论男女，都要为国效劳，延误时间或做错事，都要受到处罚，这是古代就有的制度。现在我守了寡，你又仅是个大夫，我们兢兢业业，还怕不能承继先人之志，如果再懈怠懒惰，能靠什么躲避罪责呢！我希望你一早一晚提醒我说：‘一定不要废弃先人的业绩。’你现在却说为什么要这么辛苦，你以这样的认识和态度来担当国君任命的官职，我担心你父亲要断绝后代了。

【14】汉明德马皇后，自为衣袿，手皆裂。皇后犹尔，况他人乎？曹大家《女戒》曰："晚寝早作，勿惮夙夜，执务私事，不辞剧易。所作必成，手迹整理，是谓勤也。"若此，可谓能勤劳矣。

丨 今译 丨

汉代明德马皇后，自己制作衣服，手都冻裂了。皇后都能这样勤劳，何况一般人呢？曹大家《女戒》说："做人的妻子，晚睡早起，不分昼夜，处理家事，不挑拣难易。所做的事情都能成功，亲手整理家务，这就是辛勤。"像这样可以说是勤劳了。

【15】为人妻者，非徒备此六德而已。又当辅佐君子，

成其令名。是以《卷耳》求贤审官，《殷其雷》劝以义，《汝坟》勉之以正，《鸡鸣》警戒相成，此皆内助之功也，自涂山至于太姒，其徽风著于经典，无以尚之。周宣王姜后，齐女也。宣王尝晏起，后脱簪珥，待罪永巷，使其傅母通言于王曰："妾之淫心见矣，至使君王失礼而晏朝，以见君王乐色而忘德也，敢请婢子之罪。"王曰："寡人不德，实自生过，非后之罪也。"遂复姜后而勤于政事，早朝晏退，卒成中兴之名。故鸡鸣乐师击鼓以告旦，后夫人必鸣佩而去君所，礼也。

今译

为人之妻，并非只需要具备六种品德就可以了，妻子还应当辅佐丈夫，让他功成名就。所以《卷耳》劝谏丈夫访求贤能，审察官吏，《殷其雷》用义来劝戒丈夫，《汝坟》勉励丈夫做人要正直，《鸡鸣》警戒相成，这些都是贤内助的功劳。从涂山到太姒，她们的功绩载入史籍，无人能比。周宣王姜后是个齐国女子，宣王有一次起床晚了，姜后就取下金簪珥环，待罪于后宫，派她的保姆传话给宣王说："因为我显露淫心，使得君王失礼晚朝，出现了好色忘德的过失，请求君王惩罚我吧。"宣王说："寡人无德，是自己有错，并非皇后的过错。"宣王不治姜后的罪，自己从此勤于政事，早上朝晚退朝，终于成就了国家中兴的繁荣。所以鸡鸣时乐师击鼓来告诉人们天亮了，皇后必须佩戴鸣佩离开国君的住所，这是古礼。

【16】齐桓公好淫乐，卫姬为之不听。楚庄王初即位，狩猎毕戈，樊姬谏，不止，乃不食鸟兽之肉。三年，王勤于政事不倦。

| 今译 |

齐桓公喜好淫乐，卫姬为了纠正桓公的过失，坚决不听。楚庄王刚即位的时候，非常喜欢打猎，樊姬劝谏，他不听，于是樊姬就不再吃鸟兽的肉，用这种方法来劝谏。三年之后，楚庄王终于能够勤于政事，而且不知疲倦。

【17】晋文公避骊姬之难，适齐。齐桓公妻之，有马二十乘，公子安之。从者以为不可，将行，谋于桑下，蚕妾在其上，以告姜氏。姜氏杀之，而谓公子曰："子有四方之志？其闻之者，吾杀之矣！"公子曰："无之。"姜曰："行也，怀与安，实败名。公子不可。"姜与子犯谋，醉而遣之，卒成霸功。

| 今译 |

晋文公避骊姬之难，到了齐国。齐桓公把姜氏嫁给他为妻，并给他二十乘车马作为嫁妆。晋文公竟然安享富贵，不打算复国了。跟随他的人认为文公不能就这样消沉下去，暗暗打算要离开这里，他们在桑下密谋，养蚕女刚好在旁边听到了，就告诉了姜氏。姜氏杀掉养蚕女，然后对晋文公说："你

有远大的志向，将要离开这里吗？窃听到你们的机密的人，我已经把她杀死了。”晋文公说：“没有这回事。”姜氏说：“你还是赶快走吧，不能舍弃儿女私情，贪图安逸，会毁掉你的大事的。公子不能这样做。”晋文公还是不愿放弃安逸的生活，姜氏就与子犯合谋，用酒将他灌醉，然后把他扶上车子拉走。这样晋文公最后才得以回国即位，成就了一代霸主的功业。

【18】陶大夫答子治陶，名誉不兴，家富三倍。妻数谏之，答子不用。居五年，从车百乘归休，宗人击牛而贺之，其妻独抱儿而泣。姑怒而数[①]之曰：“吾子治陶五年，从车百乘归休，宗人击牛而贺之。妇独抱儿而泣，何其不祥也！”妇曰：“夫人能薄而官大，是谓婴害；无功而家昌，是谓积殃。昔令尹子文之治国也，家贫而国富，君敬之，民戴之，故福结于子孙，名垂于后世。今夫子则不然，贪富务大，不顾后害，逢祸必矣！愿与少子俱脱。”姑怒，遂弃之。处期年，答子之家果以盗诛，唯其母以老免，妇乃与少子归养姑，终卒天年。

今译

陶大夫答子治理陶地的时候，名声不好，但家里却非常富裕。妻子几次劝谏他，他都不听。过了五年，他带着车马百乘回家，本宗族的人杀牛为他庆贺。唯独他的妻子抱着孩儿在一边哭泣。婆婆愤怒地责备她说："我儿治理陶地五年，带着车马百乘归来，族中人杀牛为他庆贺。你却抱着孩子哭泣，多么不吉祥呀！"儿媳妇说："一个人没有能力却做了大官，就会招来灾祸；做官没有政绩而家里富裕，可以说是在积累祸患。先前令尹子文治理国家，家中贫穷，而国家富裕，皇帝敬重他，百姓爱戴他，因此福遗子孙，名留后世。如今我的丈夫却不是这样，贪求富贵喜好虚名，而不顾后患，必定要招来祸患。我愿与孩子一起离去。"婆婆大怒，将儿媳赶出家门。一年之后，因为答子贪污财物，全家人都被杀了，唯独答子的母亲因年老免于一死。这时，答子的妻子带着小孩回家赡养婆婆，为婆婆养老送终。

简注

① 数：数落、责备。

实践要点

答子的妻子是一个贤妻。为官当清廉，家风才会好，家道才会昌盛。她很早就看到答子治政的行为，必将给自己的家族带来杀身之祸。数次劝谏丈夫不听，婆婆又将她赶出了家门。后面果然应验了她的讲法，全家都招来了横祸，只有答子的母亲因为年迈逃过一死。答子的妻子竟也不计前嫌，带着小孩回来照顾婆婆，为婆婆养老送终。真乃德之大者，至纯至厚！

【19】楚王闻于陵子终贤，欲以为相。使使者持金百镒，

往聘迎之。于陵子终入谓其妻曰："楚王欲以我为相，我今日为相，明日结驷连骑，食方丈于前，子意可乎？"妻曰"夫子织屦以为食，业本辱而无忧者，何也？非与物无治乎，左琴右书，乐在其中矣！夫结驷连骑，所安不过容膝；食方丈于前，所饱不过一肉。以容膝之安、一肉之味而怀楚国之忧，其可乎？乱世多害，吾恐先生之不保命也。"于是，子终出谢使者而不许也。遂相与逃而为人灌园。

丨 今译 丨

楚王听说于陵子终很有才德，就想委任他为宰相。楚王派使者带着百镒黄金去聘请于陵子终。于陵子终回家对妻子说："楚王想让我担任宰相，我今天当了宰相，明天就坐着豪华的车子，前呼后拥，顿顿吃丰盛的宴席，你认为这样可以吗？"妻子说："你现在以编织鞋为生，工作虽然不怎么样，但是无忧无虑，这是为什么呢？就是因为你远离是非财货，读书弹琴，自得其乐。一个人即便拥有再多的车马，他也只不过需要很小的一块地方容身；宴席再丰盛，也只不过吃一点肉就饱了。你为得到一点安身之地和一顿饭的好处，竟要负担整个楚国的忧患和烦恼，值得吗？而且乱世多祸，你如果要接受任命，我害怕你连命都保不住。"于是，于陵子终出来谢绝了楚王的使者，没有接受聘任。他们一起出逃，以替别人种菜为生。

【20】汉明德马皇后，数规谏明帝，辞意款备。时楚狱

连年不断，囚相证引，坐系者甚众。后虑其多滥，乘间言及，帝恻然感悟，夜起彷徨，为思所纳，卒多有降宥。时诸将奏事及公卿较议难平者，帝数以试后。后辄分解趣理，各得其情。每于侍执之际，辄言及政事，多所毗补，而未尝以家私干。

今译

汉代明德马皇后，屡次规谏明帝，言辞恳切，考虑周到。当时，冤狱连年不断，囚犯们相互牵连，受到法律惩罚的人非常多。马皇后担心用刑过多过滥，便找机会向明帝提起这件事，皇上也感到这件事很重要，并对那些遭受冤狱的人动了恻隐之心。他晚上睡不着觉，起来散步，思考马皇后的建议并加以采纳，最终有许多被冤枉或犯罪较轻的人得到了赦免。当时，将领们所奏的事和公卿们的一些难以决断的议论，明帝就请马皇后来决断，以此来考察她处理事情的能力。马皇后每次都能合情合理地分析和处理。她常常利用侍奉明帝的机会，来谈她对国家大事的看法，对国事处理提出许多有用的意见。然而她从来没有因为家里的私事来向皇上请托。

【21】河南乐羊子尝行路，得遗金一饼，还，以与妻。妻曰：“妾闻志士不饮盗泉之水，廉者不受嗟来之食，况拾遗求利，不污其行乎？”羊子大惭，乃捐金于野，而远寻师学。一年来归，妻跪问其故。羊子曰：“久行怀思，无它异

也。”妻乃引刀趍机而言曰：“此织生自蚕茧，成于机杼，一丝而累，以至于寸，累寸不已，遂成丈匹。今若断斯织也，则绢失成功，稽废时月。夫子积学，当日知其所亡，以就懿德。若中道而归，何异断斯织乎？”羊子感其言，复还终业，遂七年不反。妻常躬勤养姑，又远馈羊子。

今译

河南乐羊子有一次在路上拾到一饼金子，回家把金子交给妻子。妻子说：“我听说有志气的人不喝盗泉的水，有骨气的人不吃嗟来之食，何况你靠拣东西求利，难道不怕玷污了你的品行吗？”羊子非常惭愧，就把金子扔到了野外。后来他到外地拜师求学，一年之后羊子回来，妻子跪着问他为什么要回来。羊子说：“我出去太久了，有点想家，没什么别的原因。”妻子就拿了把刀走到织机前，对羊子说：“蚕茧抽丝，机杼织布，用一根根丝线织成一寸一寸的布，慢慢积累才能成了一丈布、一匹布。如果现在把它砍断，不但这匹绢织没有了，而且还荒废时间。你去求学，也是在积累知识，应当每天了解你所不懂的新知识，努力修成懿德美行。如果中途辍学回家，这个结果与剪断这匹布有何不同呢？”羊子听了妻子的话非常感动，又回去继续学习，此后七年没有再回家。妻子在家辛勤劳动，赡养婆婆，还供给羊子求学所需的钱物。

【22】吴许升少为博徒，不治操行。妻吕荣尝躬勤家

业，以奉养其姑。数劝升修学，每有不善，辄流涕进规。荣父积忿疾升，乃呼荣，欲改嫁之。荣叹曰：“命之所遭，义无离二。”终不肯归。升感激自励，乃寻师远学，遂以成名。

| 今译 |

吴国许升年轻的时候是个赌徒，不注意节操品行。他的妻子吕荣辛勤操持家业，侍奉婆婆。妻子多次劝告许升读书学习，每当许升有不好的行为时，她就泪流满面进行劝告。吕荣的父亲非常痛恨许升，他要将吕荣叫回家，让她改嫁。吕荣叹息道：“命运既然给我安排了这样的丈夫，我必须忠贞如一，不再改嫁。”吕荣始终不肯回家改嫁。许升非常感激，从此奋发向上，外出拜师求学，后来一举成名。

【23】唐文德长孙皇后崩，太宗谓近臣曰：“后在宫中，每能规谏，今不复闻善言，内失一良佐，以此令人哀耳！”此皆以道辅佐君子者也。

| 今译 |

唐朝文德长孙皇后去世，太宗对近臣说：“皇后在宫中的时候，常常规劝我，现在我再也听不到她的良言，失去了一个很好的助手，这让我很觉悲哀。”这些事例都是为人之妻能够用道义来辅佐丈夫成就事业的典范。

【24】汉长安大昌里人妻，其夫有仇人，欲报其夫而无道径。闻其妻之孝有义，乃劫其妻之父，使要其女为中，谲父呼其女告之。女计念，不听之，则杀父，不孝；听之，则杀夫，不义。不孝不义，虽生不可以行于世。欲以身当之，乃且许诺曰："旦日在楼新沐，东首卧则是矣！妾请开牖户待之。"还其家，乃谲其夫，使卧他所。因自沐，居楼上东首，开牖户而卧。夜半，仇家果至，断头持去，明而视之，乃其妻首也。仇人哀痛之，以为有义，遂释，不杀其夫。

今译

汉朝长安大昌里某人的妻子，她的丈夫有个仇人，那个仇人想报复她的丈夫却没有办法。仇人听说她非常孝敬父母，就劫持了她的父亲，以此来要挟她共同谋害自己的丈夫，并且假托她父亲，要她说出丈夫的处所。她心里想，如果不听仇人的话，父亲就要被杀，这是不孝顺；如果顺从仇人，丈夫就会被杀，这是没有仁义。既不孝顺又不仁义，即使活着也没脸见他人了。最后她决定自己替丈夫去死，于是就许诺那个仇人说："我们明天在楼上沐浴，头朝东而睡的那个人就是我的丈夫，我打开窗户等你。"回到家，她就骗自己的丈夫，让他睡到别的地方。她自己洗了澡，在楼上头朝东而睡，而且打开了窗户。半夜，仇人果然来了，砍下她的头拿走，等到天亮一看，原来是仇人的妻子的头。仇人非常哀痛，认为这个女人很讲情义，就放过了她的丈夫。

【25】光启中，杨行密围秦彦、毕师铎，扬州城中食尽，人相食，军士掠人而卖其肉。有洪州商人周迪夫妇同在城中，迪馁且死，其妻曰："今饥穷势不两全，君有老母，不可以不归，愿鬻妾于屠肆，以济君行道之资。"遂诣屠肆自鬻，得白金十两以授迪，号泣而别。迪至城门，以其半赂守者，求去。守者诘之，迪以实对。守者不之信，与共诣屠肆验之，见其首已在案上。众聚观，莫不叹息，竟以金帛遗之。迪收其余骸，负之而归。古之节妇，有以死徇其夫者，况敢庸奴其夫乎？

今译

光启年间，杨行密围住了秦彦、毕师铎的军队，扬州城中食物殆尽，出现人吃人的情况，军士抢掠百姓而卖人肉。有洪州商人周迪夫妇同在城中，周迪快饿死了，他的妻子说："现在我们又饥又穷，两人不可能都活下来。你有老母，不可以不回去，希望把我卖到肉铺，用来资助你回家。"于是到肉铺把自己卖掉，得到白金十两交给周迪，哭泣离开。周迪到了城门，拿出一半金子贿赂看守，请求离开。看守诘问他，他把实情告诉看守。看守不信，和他一起到肉铺查验，看到周迪妻子的首级已在案上。众人聚集观看，莫不叹息，争先拿金帛给周迪。周迪收起了妻子余骸，背着回家了。古代的贞节妇人，有以死殉夫的，哪里敢鄙夷自己的丈夫呢？

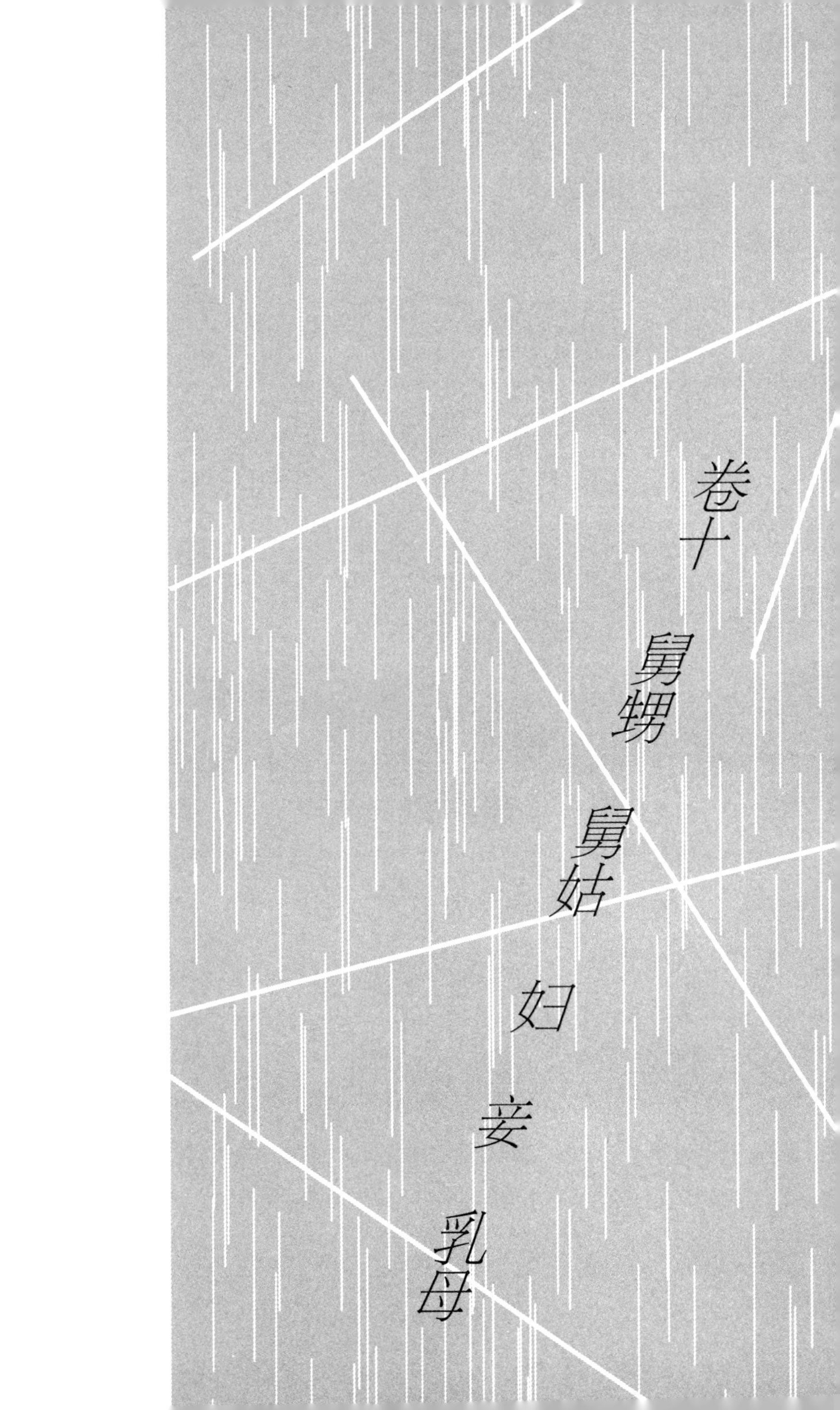
卷十
舅甥
舅姑
妇
妾
乳母

【1】秦康公之母，晋献公之女。文公遭骊姬之难，未反而秦姬卒。穆公纳文公。康公时为太子，赠送文公于渭之阳，念母之不见也，曰：“我见舅氏，如母存焉！”故作渭阳之诗。

丨 今译 丨

秦康公的母亲是晋献公的女儿。文公遭遇骊姬之难，还没有回国，秦姬就死了。穆公收留了文公。当时康公是太子，把舅舅文公送到渭阳，他想到母亲已经死了，就说：“我见到了舅舅，就好像看见了我的母亲一样。”因此写了渭阳之诗。

【2】汉魏郡霍谞，有人诬谞舅宋光于大将军梁商者，以为妄刊文章，坐系洛阳诏狱，掠考困极。谞时年十五，奏记于商，为光讼冤，辞理明切。商高谞才志，即为奏，原先罪，由是显名。

丨 今译 丨

东汉魏郡有个人叫霍谞。有人在大将军梁商那里诬告霍谞的舅舅宋光，宋光以乱写文章的罪，被关进洛阳监狱。严刑拷打之下，困苦不堪。当时霍谞只有十五岁，就上书梁商，为舅舅喊冤，言辞恳切、意思明白。梁商器重霍谞有才能、有志气，便向皇帝呈奏这件事情，皇帝宽恕了宋光的罪过，霍谓也因此出了名。

【3】晋司空郗鉴，频边贮饭以活外甥周翼。鉴薨，翼为剡令，解职而归，席苫心丧三年。此皆舅甥之有恩者也。

| 今译 |

晋司空郗鉴在饥荒年月，靠嘴里含一口饭来救活外甥周翼。郗鉴去世时，周翼正担任剡县县令，他辞官回家，为舅舅服丧三年。这些都是舅甥之间有恩情的典范。

【4】晏子称："姑慈而从，妇听而婉，礼之善物也。"

| 今译 |

晏子说："婆婆慈祥又宽容，媳妇听话又温婉，这是礼法中最好的表现。"

【5】《礼》："子妇有勤劳之事，虽甚爱之，姑纵之而宁

数休之。子妇未孝未敬，勿庸疾怨，姑教之。若不可教，而后怒之；不可怒，子放妇出而不表礼焉。”

| 今译 |

《礼记》说：“婆婆虽然疼爱儿媳，但还是要让她去辛勤劳作，不能舍不得不让她干活，实在不得已，可以让她在干活的时候多休息几次，不要累坏了身体。儿媳妇不孝敬公婆，公婆不要生气，也不要怨恨，先教育她。如果教育不听，然后再训斥她。训斥也不起作用，就让儿子休掉她，但不向外表明她有什么失礼的地方。”

【6】季康子问于公父文伯之母曰：“主亦有以语肥也?”对曰：“吾闻之先姑曰：‘君子能劳，后世有继。’”子夏闻之，曰：“善哉！商闻之曰：‘古之嫁者，不及舅姑，谓之不幸。’夫妇，学于舅姑者，礼也。”

| 今译 |

季康子问公父文伯的母亲：“您有什么话要告诉我吗?”回答说：“我听我婆婆说君子如果能任劳任怨，子孙后代就会兴旺发达。”子夏听后说：“对啊！商曾经听说古代女子出嫁，如果没有公婆，就是不幸。所以，儿媳妇必须向公婆学习做人的道理，这是礼法所规定的。”

【7】唐礼部尚书王珪子敬直，尚南平公主。礼有妇见舅姑之仪，自近代，公主出降，此礼皆废。珪曰：“今主上钦明，动循法制，吾受公主谒见，岂为身荣，所以成国家之美耳！”遂与其妻就席而坐，令公主亲执笲，行盥馈之道，礼成而退。是后，公主下降，有舅姑者，皆备妇礼，自珪始也。

| 今译 |

唐代礼部尚书王珪的儿子王敬直，娶南平公主为妻。礼法中本来有媳妇拜见公婆的仪式，可是到了后来，公主出嫁后拜见公婆的礼节就被废除了。王敬直与南平公主结婚时，王珪说：“如今皇上英明，所有的事都依据法律，我接受公主的拜谒，并不是为了自己的虚荣，而是要成全国家的美德。”于是王珪就和妻子坐着，让公主手拿着竹器，履行盥洗和献饭等拜见公婆的仪式，公主行礼完毕后才退下。此后，公主出嫁，只要公婆健在，还要行拜见公婆的礼仪，这个礼仪的施行始于王珪。

【8】《内则》：“妇事舅姑，与子事父母略同。舅没则姑老，冢妇[①]所祭祀宾客，每事必请于姑，介妇[②]请于冢妇。舅姑使冢妇，毋怠、不友、无礼于介妇。舅姑若使介妇，无敢敌耦于冢妇，不敢并行，不敢并命，不敢并坐。凡妇不命适私室，不敢退。妇将有事，大小必请于舅姑。子妇无私货，无私蓄，无私器，不敢私假，不敢私与。妇或赐之饮

食、衣服、布帛、佩帨、茝兰，则受而献诸舅姑。舅姑受之则喜，如新受赐。若反赐之，则辞。不得命，如更受赐，藏以待乏。妇若有私亲兄弟，将与之，则必复请其故，赐而后与之。”

今译

《礼记·内则》说：“媳妇侍奉公婆，跟儿子侍奉父母基本相同。公公去世，婆婆年纪大了之后，婆婆不再管理家事。接管家政的长子媳妇，不论是举行祭祀，还是招待宾客，大小事情都要向婆婆请示，介妇又要向长子媳妇请示。公婆教育长子媳妇不能怠慢介妇，不能对介妇无礼、不友好。公婆差使介妇，介妇更不能骄横，也不可以和长子媳妇相比，不能并排一起走，不能像她一样向别人发号施令，也不能和她坐在一起。婆婆没有叫媳妇回房，媳妇不能回房休息。媳妇如果有私事，不论大事小情，都要向公婆禀报。媳妇不能有自己的钱财、积蓄、器物，不能私下把东西借给人，也不能私自把家里的东西送给别人。有人送给媳妇饮食、衣服、布帛、佩帨、香草等东西，媳妇接受后就要交给公婆。公婆得到后很高兴，如同自己得到了馈赠一样。如果公婆把那些东西再送给媳妇，媳妇就要拒绝接受。实在推辞不掉，就要像重新接受公婆赐物一样，将它收藏起来，留待缺乏时再拿出来用。媳妇如果有亲戚、兄弟，想把这些礼物送给亲戚、兄弟，一定要重新请示公婆，公婆再次赏赐自己之后，才能送给他们。”

简注

① 家妇：嫡长子的正妻。

② 介妇：除长子外其他儿子的妻子。

【9】曹大家《女戒》曰："舅姑之意岂可失哉？固莫尚于曲从矣！姑云不尔而是，固宜从命；姑云尔而非，犹宜顺命。勿得违戾是非，争分曲直，此则所谓曲从矣。故《女宪》曰：'妇如影响，焉不可赏？'"

| 今译 |

曹大家《女戒》说："公婆的心怎么可以失去呢？所以最好的办法就是去顺从！婆婆说不要这样做，如果说对了，这本来就应该听从；婆婆说这样做，如果说错了，也应该听从。不要和公婆争辩是非曲直，只能一味地顺从，这就是所谓的曲从。所以《女宪》说：'媳妇如果能够顺从公婆，怎么不可以奖赏她呢？'"

【10】汉广汉姜诗妻，同郡庞盛之女也。诗事母至孝，妻奉顺尤笃，母好饮江水，去舍六七里，妻常泝流而汲。后值风，不时得还，母渴，诗责而遣之。妻乃寄止邻舍，昼夜纺绩，市珍羞，使邻母以意自遗其姑。如是者久之。姑怪问邻母，邻母具对。姑感惭呼还，恩养愈谨。其子后因远汲溺

死，妻恐姑哀伤，不敢言，而托以行学不在。

｜ 今译 ｜

东汉广汉人姜诗的妻子，是同郡庞盛的女儿。姜诗侍奉母亲非常孝顺，妻子侍奉婆婆尤其温顺。姜母喜欢喝江水，但那条江离家有六七里远，姜诗妻子常常去打江水。有一次姜妻去打水，遇到大风，没有按时回来。姜母口渴，姜诗责备妻子并将她赶出家门。姜妻便寄居在附近的一户人家家里，昼夜纺纱织布，用挣来的钱购买珍馐美味，让邻居老太太以她自己的名义送给婆婆。这样持续了很长时间，婆婆感到奇怪，就询问邻居老太太到底是怎么回事，邻居老太太如实相告。婆婆听后非常感动，而且觉得对不住她，就把姜妻接回了家。此后，姜妻赡养婆婆更加恭谨。后来姜诗因为到远处打水被水淹死，姜妻担心婆婆为此哀伤，就不敢说出真情，谎称他到外边求学去了。

【11】河南乐羊子，从学七年不反，妻常躬勤养姑。尝有它舍鸡谬入园中，姑盗杀而食之。妻对鸡不餐而泣。姑怪，问其故。妻曰："自伤居贫，使食它肉。"姑竟弃之。然则舅姑有过，妇亦可几谏也。

｜ 今译 ｜

河南乐羊子，到外边求学，七年不回家，妻子在家辛勤地赡养婆婆。有一次别人家的一只鸡误入她家的园中，婆婆悄悄把它杀掉炖了吃。乐羊子的妻子知道后不吃鸡肉，反而哭泣。婆婆感到奇怪，问她为什么这样。她说："我惭愧家里贫穷，让您要吃别人的鸡肉。"婆婆听后就将鸡丢弃了。其实公婆如果有过错，媳妇也是可以劝谏的。

【12】后魏乐部郎胡长命妻张氏，事姑王氏甚谨。太安中，京师禁酒，张以姑老且患，私为酝之，为有司所纠。王氏诣曹，自首由己私酿。张氏曰："姑老抱患，张主家事，姑不知酿。"主司不知所处。平原王陆丽以状奏，文成义而赦之。

| 今译 |

后魏乐部郎胡长命的妻子张氏，侍奉婆婆王氏非常恭谨。太安年间，京师规定不准卖酒。张氏因为婆婆上年纪了，而且有病，就悄悄在家里为婆婆酿酒，结果被官府抓获。婆婆王氏亲自到官府，说酒是她自己酿的，与媳妇没关系。可媳妇张氏却说："我婆婆年老有病，是我主持家事，婆婆根本就不知道这件事。"断案的人竟然不知该怎么处置。平原王陆丽将这件事写成奏章上奏，文成帝为她们婆媳之间的恩义之举所感动，就赦免了她们。

【13】唐郑义宗妻庐氏，略涉书史，事舅姑甚得妇道。

尝夜有强盗数十人，持杖鼓噪，逾垣而入。家人悉奔窜，唯有姑独在堂。庐冒白刃，往至姑侧，为贼捶击，几至于死。贼去后，家人问，何独不惧？庐氏曰："人所以异禽兽者，以其有仁义也。邻里有急，尚相赴救，况在于姑而可委弃？若万一危祸，岂宜独生！"其姑每云："古人称，岁寒然后知松柏之后凋也，吾今乃知庐新妇之心矣！"若庐氏者，可谓能知义矣。

今译

唐代郑义宗的妻子庐氏，略通书史，她侍奉公婆，很符合妇道。有一天黑夜，几十名强盗手持棍棒，喊叫着翻墙而入。家里人都逃走了，只有婆婆一人在厅堂。庐氏冒着强盗的刀剑，跑到婆婆身边，差点被贼寇打死。强盗退走，家人问庐氏为什么不怕？庐氏回答说："人之所以不同于禽兽，是因为人懂得仁义道德。邻居家如果有危急情况，我们尚且能够相救，况且这是自己的婆婆，怎么能丢下不管呢？如果她遭了什么祸患，我有什么脸面活下去呢？"她的婆婆常称赞说："古人说岁寒然后知松柏后凋，我现在知道媳妇庐氏对我的孝心了！"像庐氏这样的媳妇，可以称得上是知道礼义了。

【14】《诗》："何彼秾矣，美王姬也。虽则王姬，亦下嫁于诸侯，车服不系其夫，下王后一等，犹执妇道，以成肃雍之德。"

| 今译 |

《毛诗》说："《何彼秾矣》这首诗，是赞美周王的女儿王姬的品德。她虽然是王姬，却下嫁给诸侯。她的车子和衣服都不以尊贵来压她的夫家，而是比王后低一个等级。她是周王的女儿，仍然严守妇道，成全恭敬和顺的美德。"

【15】舜妻，尧之二女。行妇道于虞氏。

| 今译 |

舜的妻子是尧的两个女儿。她们侍奉舜的家人，严格遵守妇道。

【16】唐岐阳公主，宪宗之嫡女，穆宗之母妹，母懿安郭皇后，尚父子仪之孙也。适工部尚书杜悰，逮事舅姑。杜氏大族，其他宜为妇礼者，不翅数千人。主卑委怡烦，奉上抚下，终日惕惕，屏息拜起，一同家人礼。度二十余年，人未尝以丝发间指为贵骄。承奉大族，时岁献馈，吉凶赙助，必经亲手。姑凉国太夫人寝疾，比丧及葬，主奉养，蚤夜不解带，亲自尝药，粥饭不经心手，一不以进。既而哭泣哀号，感动它人。彼天子之女，犹不敢失妇道，奈何臣民之

女，乃敢恃其贵富以骄其舅姑？为妇若此，为夫者宜弃之，为有司者治其罪可也。

| 今译 |

唐代岐阳公主是唐宪宗的嫡长女，唐穆宗的同母妹妹。她的母亲懿安郭皇后，是郭子仪的孙女。岐阳公主嫁给工部尚书杜悰，就开始侍奉公婆。杜家是个大家族，除了公婆，媳妇应该对其他人行妇礼的还有几千人。公主谦卑怡顺，侍奉公婆，爱抚后代，整天忙忙碌碌，施行各种礼仪，与家里其他成员一样。她在杜家二十多年，人们没有指责过她一丝一毫的娇贵。她侍奉大家族，无论祭祀，还是操办红白喜事，都要亲自动手。婆婆凉国太夫人从卧病在床到去世，公主亲自侍奉，昼夜衣不解带，亲自为婆婆端汤送药。粥饭如果不经过她的手，就不能进奉。等到婆婆死后，她痛哭流涕，非常令人感动。公主是皇帝的女儿，尚且不敢不守为妇之道，何况臣民的女儿，怎么敢凭借富贵而怠慢公婆呢？为人媳妇如果这样不懂礼，丈夫就应该将她抛弃，让有关部门治她的罪。

【17】《内则》：“虽婢妾，衣服饮食必后长者。”

| 今译 |

《礼记 · 内则》说：“即使是奴婢和妾，也要遵守礼法，饮食起居都要先礼让长辈。”

【18】妾事女君，犹臣事君也。尊卑殊绝，礼节宜明。是以“绿衣黄裳”，诗人所刺；慎夫人与窦后同席，袁盎引而却之；董宏请尊丁傅，师丹劾奏其罪。皆所以防微杜渐，抑祸乱之原也。或者主母屈己以下之，犹当贬抑退避，谨守其分，况敢挟其主父与子之势，陵慢其女君乎？

今译

妾侍奉嫡妻，和臣下侍奉君主是一个道理。她们的尊卑不同，礼节也要区别分明。所以“绿衣黄裳”是诗人所要讽刺的；慎夫人与窦后同席而坐的时候，袁盎把慎夫人的座席向后拉退了一些；董宏请尊丁傅两族，师丹就向皇上弹劾他的罪责。这都是为了防微杜渐，不让祸乱在微小的地方萌生。即便有的嫡妻主母要主动降低自己的身份，也应当谦虚退让，谨守自己的本分。怎么能依仗主父和儿子的势力，欺凌和慢待正室呢？

【19】卫宗二顺者，卫宗室灵王之夫人及其傅妾也。秦灭卫君，乃封灵王世家，使奉其祀。灵王死，夫人无子而守寡，傅妾有子代后。傅妾事夫人，八年不衰，供养愈谨。夫人谓傅妾曰：“孺子养我甚谨，子奉祀而妾事我，我不愿也。且吾闻，主君之母不妾事人，今我无子，于礼斥绌之人也，而得留以尽节，是我幸也。今又烦孺子不改故节，我甚内惭！吾愿出居外，以时相见，我甚便之。”傅妾泣而对

曰："夫人欲使灵氏受三不祥耶？公不幸早终，是一不祥也；夫人无子而婢妾有子，是二不祥也；夫人欲居外，使婢妾居内，是三不祥也。妾闻忠臣事君，无时懈倦；孝子养亲，患无日也。妾岂敢以少贵之故，变妾之节哉？供养，固妾之职也，夫人又何勤乎？"夫人曰："无子之人，而辱主君之母，虽子欲尔，众人谓我不知礼也。吾终愿居外而已。"傅妾退而谓其子曰："吾闻君子处顺，奉上下之仪，修先古之礼，此顺道也。今夫人难我，将欲居外，使我处内，逆也。处逆而生，岂若守顺而死哉？"遂欲自杀。其子泣而守之，不听。夫人闻之，惧，遂许傅妾留，终年供养不衰。

今译

卫宗二顺是卫国宗室灵王的夫人和他的傅妾。秦国灭掉卫国国君后，封卫国宗室的灵王，让他继承卫君宗族的香火。灵王去世后，他的夫人守寡，又没有儿子，但他的傅妾有儿子，为灵王传宗接代。傅妾侍奉夫人整整八年毫不懈怠，而且供养更加谨慎。夫人对傅妾说："你侍奉我非常恭谨，你为灵王延续了香火，还要以妾的身份来侍奉我，我不愿意这样。现在你的儿子是我们家的主君，我听说主君的母亲不能以妾的身份去侍奉人，我没有给灵王留下子嗣，按照礼法是应当被冷落废黜的人，然而还能够留在卫家，已经是我的幸运了。现在又得让你遵守过去的礼节，我的心里很感惭愧！我愿意到外边居住，时间长了我们再互相见个面，我觉得这样我比较心安。"傅妾听后哭着说："夫人你莫非想让灵王家蒙上这三件不好的事情吗？灵王不幸早死，这是第一件不好的事；夫人没有子嗣而奴婢傅妾却有儿子，这是第二件不好的事；夫人想住在外边，反让奴婢傅妾住在家里，这是第三件不好的事。我听说忠臣侍奉君主没有懈怠和厌倦的时候；孝顺的子女供养父母亲，生怕父母亲太早离开人世。我又怎么敢因为身份稍微有点变化就改变节操呢？奉养夫人本来就是我的职责，您哪里用得着多心呢？”夫人说：“我是个没有子嗣的人，而有辱主君的母亲，虽然你一片好意，愿意这样侍奉我，但世人还以为我不懂得礼呢，我还是决定要搬到外边去居住。”傅妾出来对他的儿子说：“我听说君子应当处顺，行为都要符合礼义，这就叫作顺。现在夫人给我出了一道难题，她要到外边居住，让我住在家里，这是大逆不道。与其顶着大逆不道的罪名活着，还不如遵守礼法去死！”于是她想自杀。她的儿子哭着守在她身边，并规劝她，可是她不听。夫人听说之后，非常害怕，于是答应傅妾留下来。而傅妾还是像以往那样，长年恭谨地奉养夫人，一点也不懈怠。

【20】后唐庄宗不知礼，尊其所生为太后，而以嫡母为太妃。太妃不以愠，太后不敢自尊，二人相好，终始不衰，是亦近世所难。

今译

后唐的庄宗不懂礼法，将他的生母尊为太后，而封嫡母为太妃。但是太妃并没有因此而怀恨在心，太后也不敢妄自尊大。两个人自始至终和睦相处，这也是近世一件难能可贵的事。

【21】《内则》："异为孺子室于宫中，择于诸母与可者，必求其宽裕、慈惠、温良、恭敬、慎而寡言者，使为子师，其次为慈母，其次为保母。皆居于室，他人无事不往。"

今译

《礼记·内则》说："应当为嫡子在宫中另辟一室居住，挑选性情宽厚、仁慈贤惠、温顺贤良、谦恭礼敬、谨慎寡言的人来做嫡子的教师、慈母和保姆。他们和嫡子住在一起，负责嫡子的教育，照顾他的生活，其他人没有事情不能随意进出嫡子的房间。"

【22】鲁孝公义保臧氏。初，孝公父武公与其二子——长子括、中子戏——朝周宣王。宣王立戏为鲁太子。武公薨，戏立，是为懿公。孝公时号公子称，最少。义保与其子俱入宫养公子称。括之子曰伯御，与鲁人作乱，攻杀懿公而自立，求公子称于宫中，入杀之。义保闻伯御将杀称，衣其子以称之衣，卧于称之处，伯御杀之。义保遂抱称以出，遇称之舅鲁大夫于外。舅问："称死乎？"义保曰："不死，在此。"舅曰："何以得免？"义保曰："以吾子代之。"义保遂抱以逃。十一年，鲁大夫皆知称之在保，于是请周天子杀伯御，立称，为孝公。

今译

鲁孝公的义保臧氏。最初，孝公的父亲武公与他的两个儿子长子括、次子戏——朝见周宣王，周宣王立戏为鲁太子。武公死后，戏继位，这就是懿公。当时孝公号为公子称，年龄最小。义保带着儿子进入宫中抚养公子称。括的儿子名叫伯御，和鲁人发动叛乱，杀死懿公自立，又到宫中寻找公子称，想杀死他。义保听说伯御要杀公子称，就把称的衣服穿在自己儿子的身上，让儿子睡在公子称的床上，结果被伯御杀死。义保抱起称逃出宫，在宫外遇到称的舅舅鲁大夫，鲁大夫问："称死了吗？"义保说："称没有死，他在这里。"舅舅问："称是怎么免于一死的？"义保回答说："我用我自己的儿子代替了称。"于是义保抱着称逃了出去。十一年，鲁大夫都知道称在义保那里，就请求周天子杀掉伯御，立称为诸侯，是为孝公。

【23】秦攻魏，破之，杀魏王，诛诸公子，而一公子不得。令魏国曰："得公子者，赐金千镒；匿之者，罪至夷。"公子乳母与公子俱逃。魏之故臣见乳母，识之，曰："乳母固无恙乎？"乳母曰："嗟乎！吾奈公子何。"故臣曰："今公子安在？吾闻秦令曰，有能得公子者，赐金千镒；匿之者，罪至夷！乳母傥知其处乎？而言之，则可以得千金；知而不言，则昆弟无类矣！"乳母曰："吁！我不知公子之处。"故臣曰："我闻公子与乳母俱逃。"曰："吾虽知之，亦终不可以言。"故臣曰："今魏国已破亡，族已灭矣！子匿之，尚谁为乎？"母曰："吁！夫见利而反上者逆，畏死而弃义者，乱

也。今持逆乱而以求利，吾不为也。且夫凡为人养子者，务生之，非为杀之也，岂可以利赏畏诛之故，废正义而行逆节哉？妾不能生而令公子禽矣！”乳母遂抱公子逃于深泽之中。故臣以告秦军，追见，争射之。乳母以身为公子蔽矢，矢著身者数十，与公子俱死。秦君闻之，贵其能守忠死义，乃以卿礼葬之，祠以太牢，宠其兄为五大夫，赐金百镒。

今译

秦国攻破魏国，杀掉魏王，还杀掉了魏王的几个公子，但是有一个公子没有找到，于是秦国就在魏国传令：“有找到公子的人，赏赐一千镒金子；有隐藏公子的人，一经发现就要杀掉他的全族。”幸存的公子与乳母一起逃走了。魏国的一个旧臣看到乳母，认出了她，就说：“乳母别来无恙？”乳母说：“哎呀，应该怎么样救公子呀？”旧臣说：“公子现在在哪里？我听说秦国下了令，谁找到公子，赏赐一千镒金子；谁隐藏公子，就诛灭他全家。乳母知道公子的住处吗？如果说出来，可以得到千镒金子；如果你知道不说出来，你的兄弟就活不成了！”乳母说：“哎，我不知道公子在哪里。”旧臣说：“我听说公子是和你一起逃走的。”乳母说：“我即便知道，也不会说出来。”旧臣说：“现在魏国已经灭亡，魏王宗族也被消灭，你隐藏公子，为的是谁呢？”乳母说：“唉，见利眼开的人真的是大逆不道，怕死而弃义的人就是乱臣贼子。现在持逆作乱谋求利益，是我不愿意做的，况且替人抚养孩子，为的是让他生存下去，并不是为了杀死他，我怎么能因为求利怕死而抛弃正义呢？我不能为了自己活命就把公子告发出来。”于是，乳母抱着公子逃到深山里面。旧臣将公子的行踪报告给秦军，秦军追上去，争着用箭射死他们。

乳母用身体为公子挡箭，身上的箭多达几十支，最后她与公子一起被射死。秦君听说了这件事，非常欣赏乳母竭忠尽义的行为，就下令按照卿的规格埋葬她，而且用太牢祭祀她，还封她的哥哥为五大夫，并赏赐百镒金子。

【24】唐初，王世充之臣独孤武都谋叛归唐，事觉诛死。子师仁始三岁，世充怜其幼，不杀，命禁掌之。其乳母王兰英求自髡钳，入保养师仁，世充许之。兰英鞠育备至。时丧乱凶饥，人多饿死，兰英乞丐捃拾，每有所得，辄归哺师仁，自惟啖土饮水而已。久之，诈为捃拾，窃抱师仁奔长安。高祖嘉其义，下诏曰："师仁乳母王氏，慈惠有闻，抚育无倦，提携遗幼，背逆归朝，宜有褒隆，以锡其号，可封寿永郡君。"

今译

唐朝初年，王世充的大臣独孤武都密谋叛变，归顺唐朝，事情败露被杀。他的儿子师仁只有三岁，世充可怜他幼小，没有杀他，命令放在宫中抚养。师仁的乳母王兰英请求自己剃去头发，用铁圈束颈，自愿入宫抚养，王世充答应了她。兰英抚养师仁，无微不至。由于战乱和饥荒，很多人饿死了，兰英到处乞讨、捡拾，只要得到一点吃的，就拿回去给师仁吃，而她自己只是吃点土、喝点水而已。过了很长时间，她谎称去捡拾谷子，却偷偷抱着师仁跑到长安。唐高祖嘉奖她的仁义，下诏说："师仁的乳母王氏，以慈惠而闻名，抚育别人的遗孤，不知疲倦，而且怀抱遗孤背逆归朝，应该给以褒奖，赐以称号，特册封她为寿永郡君。”

【25】五代汉凤翔节度使侯益入朝，右卫大将军王景崇叛于凤翔，有怨于益，尽杀其家属七十余人。益孙延广尚襁褓，乳母刘氏以己子易之，拖延广而逃，乞食于路，以达大梁，归于益家。呜呼！人无贵贱，顾其为善何如耳！观此乳保，忘身殉义，字人之孤，名流后世，虽古烈士，何以过哉！

今译

五代后汉凤翔节度使侯益入朝谒见皇上，右卫大将军王景崇在凤翔反叛，他跟侯益有仇，就杀死侯益七十多个家人。侯益的孙子延广还在襁褓之中，乳母刘氏用自己的儿子替换了延广，抱着延广逃跑，沿路乞讨，终于到了大梁，回到侯益的家中。人没有贵贱之分，关键是看他有没有做好事。看这些乳母，舍身取义，替别人抚养孤儿，名传后世，即便是古代那些坚贞不屈的刚强之士，也未必能超过她们啊！

训儿俗说

全本全注全译

[明] 袁了凡 著

林志鹏 华国栋 译注

中国四大家训

肆

上海古籍出版社

天津宝坻袁黄（了凡）纪念馆袁了凡塑像

浙江嘉善了凡纪念园袁了凡塑像

嘉善袁了凡墓

刻了凡雜著序

了凡先生幼習禪觀已得定慧通明之學欲棄人間事從遊方外入終南山遇異人令其入塵修錬謂一切世法皆與實理不相違背遂渡歸家應舉四方從遊者甚衆隨緣接引人人各有所得如群飲于河各充其量熙如也先生又以

明刻本《了凡杂著》书影

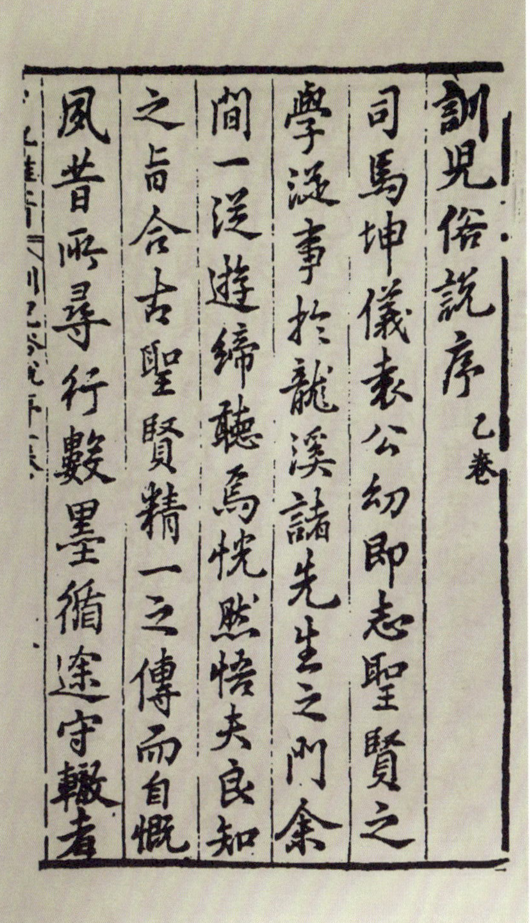

訓兒俗說序　乙卷

司馬坤儀袁公幼即志聖賢之學從事於龍溪諸先生之門余間一從遊締聽焉恍然悟夫良知之旨合古聖賢精一之傳而自慨夙昔所尋行數墨循途守轍者

《了凡杂著》收录的《训儿俗说》书影一

了凡雜著訓兒俗說一卷

趙田逸農袁黄著

男天啓梓行

立志第一

汝今十四歲明年十五正是志學之期須是立志求爲大人大人之學在明明德在親民在止于至善此不但是孔門正脉乃是從古學聖之規範只爲儒者謬說致使規程不顯正脉沉埋我在學問中初受龍溪先生之教始知端倪後參求七載僅有所省今爲

《了凡杂著》收录的《训儿俗说》书影二

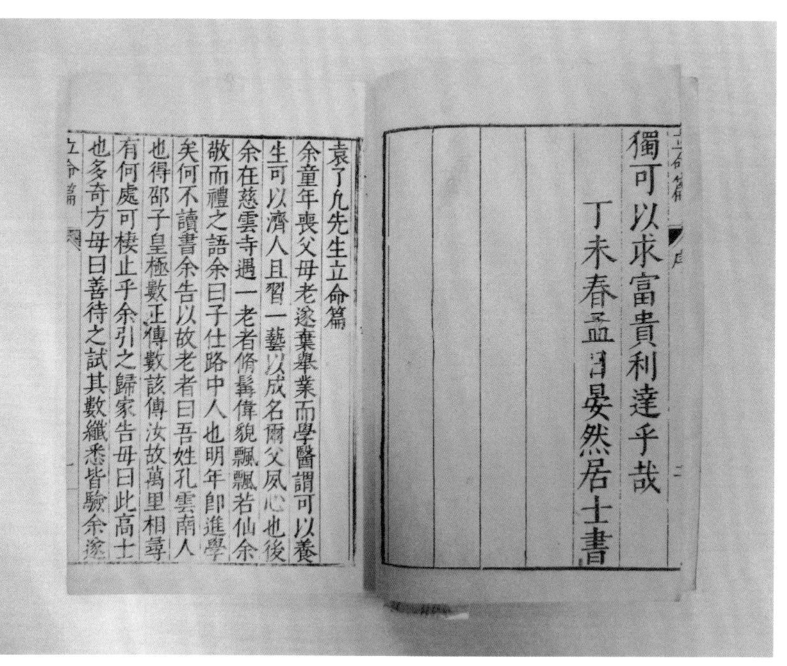
獨可以求富貴利達乎哉

丁未春孟月晏然居士書

袁了凡先生立命篇

余童年喪父母老遂棄舉業而學醫謂可以養生可以濟人且習一藝以成名爾父夙心也後余在慈雲寺遇一老者脩髯偉貌飄飄若仙余敬而禮之語余曰子仕路中人也明年卽進學矣何不讀書余告以故老者曰吾姓孔雲南人也得邵子皇極數正傳數該傳汝故萬里相尋有何處可棲止乎余引之歸家告母曰此高士也多奇方母曰善待之試其數纖悉皆驗余遂

日本内阁文库藏明版袁了凡《立命篇》书影

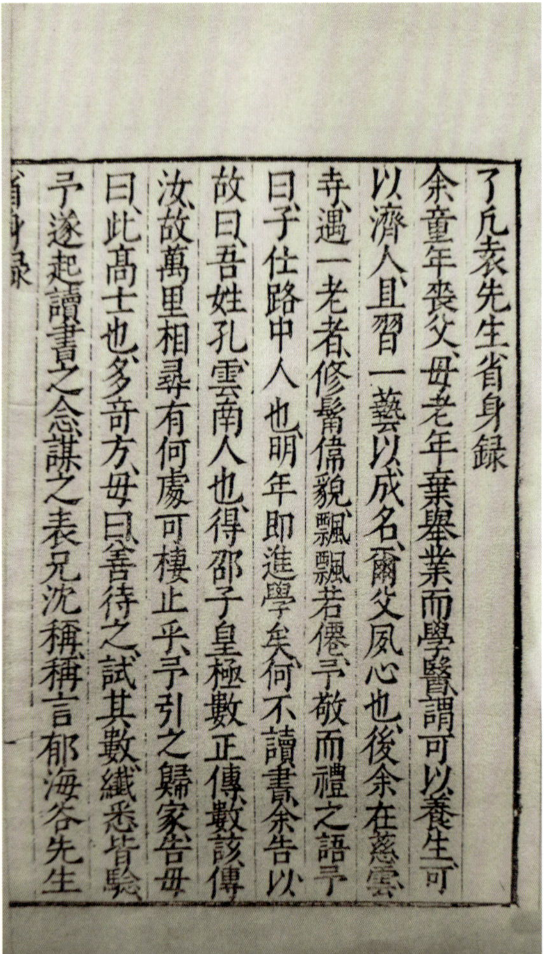

了凡袁先生省身錄

余童年喪父、母老年棄舉業而學醫、謂可以養生可
以濟人、且習一藝以成名、爾父夙心也、後余在慈雲
寺、遇一老者、修髯偉貌、飄飄若僊、予敬而禮之、語予
曰、子仕路中人也、明年即進學矣、何不讀書、余告以
故、曰吾姓孔、雲南人也、得邵子皇極數正傳、數該傳
汝、故萬里相尋、有何處可棲止乎、予引之歸家、告母
曰、此高士也、多奇方、母曰善待之、試其數、纖悉皆驗
予遂起讀書之念、謀之表兄沈稱、稱言郁海谷先生

省身錄　一

日本内阁文库藏明版袁了凡《省身录》书影

目录

写在前面的话/刘海滨 001

导读 001

训儿俗说 001

原序/沈大奎 003

立志第一 005

敦伦第二 019

事师第三 037

处众第四 044

修业第五 058

崇礼第六 071

报本第七 098

治家第八 107

附录一 了凡四训 117

立命之学 119

改过之法 124

积善之方 127

谦德之效 136

附录二 庭帏杂录 139

序 / 袁天启 141

上 卷 142

下 卷 151

跋 / 钱晓 162

附录三 袁了凡年表事略 163

写在前面的话

一、今天我们为什么学家训

学习家训最直接的目的，自然是为了培养下一代。年青一代的父母，越来越认识到家庭教育的重要性，并且在当前的语境中，以传统文化为内容的家庭教育可以在很大程度上弥补学校教育的缺陷。这个问题由来已久，自从传统教育让位于西式学校教育（这个转变距今大约已有一百年）以来，很多有识之士认识到，以培养完满人格为目的、德育为核心的传统教育，被以知识技能教育为主的学校教育取代，因而不但在教育领域产生了诸多问题，并且是很多社会问题的根源。在呼吁改革学校教育的同时，很多文化精英选择了加强家庭教育来做弥补，比如被称为“史上最强老爸”的梁启超自己开展以传统德育为主的家庭教育配合西式学校，成就了“一门三院士，九子皆才俊”的佳话（可参阅上海古籍出版社《我们今天怎样做父亲：梁启超谈家庭教育》一书）。

其实，学习家训不单单是孩子的事，首先是父母提升自我，丰富家庭生活乃至改变人生的机会。中国文化是以修身为本的。所谓修身，就是通过自我修养身心，改变个人的生活方式、生命状态，体验更丰富美好的人生。以此为基础，营建家庭氛围，培养下一代，此之谓齐家。由此向外推扩，改变社会环境乃至人类生态，此之谓治国平天下。所谓修身为本，修身既是一切事业的基础和出发点，也是一切事业的最终目的，换言之，个人通过从家庭到天下，做各种事业来修养自身；传统文化就是以这样的逻辑架构，整体呈现，并代代相传。

文化的传承，通常是在精英和民众两个层面上进行，前者通过经典研学和师弟传习而薪火相传，后者沉淀为社会价值观念、化为乡风民俗而代代相承。这两个层面是如何发生联系的，上层是怎样向下层渗透的呢？中华文化悠久的家训传统，无疑在其中起到了重要作用。士子学人（文化精英）将经典的基本精神、个人习得的实践经验转化为家训家规教育家族子弟，而其中有些家训，由于家族的兴旺发达和名人代出，具有很好的示范效应，而得以向外传播，飞入寻常百姓家，进而为人们代代传诵，其本身也具有经典的意味了。得以传世的家训，其著作者本身就是文化精英的代表人物，这使得家训一方面融入了经典的精神，一方面为了使年幼或文化根基不厚的子弟能够理解，并在日常生活中实行，家训通常将经典的语言转化为日常话语，也更注重实践的方便易行。从这个意义上说，家训是经典的通俗版本，换言之，家训是我们重新亲近经典的桥梁。

对于从小接受现代教育（某种模式的西式教育）的国人，经典通常显得艰深和难以接近（其中的原因，下文再作分析），而从家训入手，就亲切得多。家训不仅理论话语较少，更通俗易懂，还常结合身边的或历史上的事例

启发劝导子弟，特别注重从培养良好的生活礼仪习惯做起，从身边的小事做起，这使得传统文化注重实践的本质凸显出来（当然经典也是在在处处都强调实践的，只是现代教育模式使得经典的实践本质很容易被遮蔽）。因此，现代人学习传统文化，从家训入手，不失为一个可靠而方便的途径。

本书即是基于以上需求，为有意尝试以传统文化为内容的家庭教育、希望与儿女共同学习成长的朋友量身定做的。为此精选了历史上最有代表性的四部家训，希望能提供切合实用的引导和帮助。

二、为什么是这四部家训

中国家训的历史源远流长，凡有读书人的家族，不论阶层高低，都有自己历代相沿的家训和家族文化。此前，我们从历代家训名著名篇中选编了一套“中华家训导读译注丛书”（上海古籍出版社 2019 至 2020 年出版，共 13 种），较为完整地呈现了传统家训的代表性著作。

考虑到普通家庭便捷学习的需要，又从这套书中择取了四部家训，堪称精华中的精华，冠以“中国四大家训”之名。选择的标准，一是作者亲撰，后人整理编纂而成的不收。二是自成系统，论说详明全面，用现在的话就是专著，而非单篇。三是在历史上具有重要地位，即有经典性。四是对现代生活的适用性强，即其精神保持高度的活力，形式方面做适度的转化就可应用于现代生活。综合以上因素，下面四部家训当之无愧。

第一部，是号称家训之祖的《颜氏家训》。《颜氏家训》为历代所尊崇，不仅因为成书早，还在于其有宗旨有系统，其写作方法为后来的家训所仿效，更重要的是书中凝聚作者颜之推一生的生命体验、价值理念和实践方法，为后世树立了家训的典范。

第二部，是北宋名臣司马光的《温公家范》。司马温公在今人眼里的形象是一位严正的儒者和著名历史学家，其家训也很好地体现了这两方面的特色：全书以儒家德教和礼制为宗旨和框架，同时广泛采择历史上的相关事例加以详细而生动的说明。这种写法，与《颜氏家训》相比，组织更严整，内容也相对集中，因此也多为后世家训所仿效。

第三部是《袁氏世范》，作者是南宋的袁采。袁采生活的年代大致与儒家集大成者朱熹同时，经过南北宋几代大儒的发展和整合，儒学迎来了第二个高峰，对后世产生极其深远的影响。《袁氏世范》可以看做是儒家精神和礼俗在家族教育领域的集中体现。

最后一部来到了明代晚期，选取的是民间知名度很高的袁了凡亲手编订的《训儿俗说》。袁了凡的声名主要来自一部广泛流传的《了凡四训》，《了凡四训》是后人根据袁了凡相关文章编辑而成，其“改造命运”的观念和方法，不仅得到曾国藩等大家赏识，近现代高僧如印光大师、弘一法师等人也颇为推崇。这种儒佛两界共尊的情况也反映了袁了凡修身工夫特点和明清以来三教合流的时代特征。如果说《颜氏家训》是规模阔大，兼采佛道，《训儿俗说》的特色就是融合儒佛，在不离儒家修身和礼教矩矱的同时，融入了少量佛教的事例和言语，在实践方面，如盐溶水，不仅将心性修养工夫与日常生活和礼仪融为一体（这正是王阳明心学的特色，而袁了凡恰是王阳明的再传弟子），也将儒佛修证体验融合无间。加之《训儿俗说》相对体量较小，列举的方面较为简明，时代上也距今更近，因而更贴近现代生活，便于现代人学习应用。

三、家训怎样读、怎么学

首先说说现代人读古书的障碍，概括说来，其难点有二：首先是由于文

言文接触太少，不熟悉繁体字等原因，造成语言文字方面的障碍。不过通过查字典、借助注释等办法，这个困难还是相对容易解决的。更大的障碍来自第二个难点，即由于文化的断层，教育目标、教育方式的重大转变，使得现代人对古典教育、对传统文化产生了根本性的隔阂，这种隔阂会反过来导致对语词的理解偏差或意义遮蔽。

试举一例。《论语》开篇第一章：

> 子曰：学而时习之，不亦说（“说”，通“悦”）乎？有朋自远方来，不亦乐乎？人不知而不愠，不亦君子乎？

字面意思很简单，翻译也不困难。但是，如何理解句子的真实含义，对于现代人却是一个考验。比如第一句，“学而时习之”，很容易想当然地把这里的“学”等同于现代教育的“学习知识”，那么“习”就成了“复习功课”的意思，全句就理解为学习了新知识、新课程，要经常复习它——一直到现在，中小学在教这篇课文时，基本还是这么解释的。但是这里有个疑问：我们每天复习功课，真的会很快乐吗？

对古典教育和传统文化有所理解的人，很容易看到，这里发生了根本性的理解偏差。古人学习的目的跟现代教育不一样，其根本目的是培养一个人的德行，成就一个人格完满、生命充盈的人，所以《论语》通篇都在讲“学”，却主要不是传授知识，而是在讲做人的道理、成就君子的方法。学习了这些道理和方法，不是为了记忆和考试，而是为了在生活实践中去运用、在运用时去体验，体验到了、内化为生命的一部分才是真正的获得，真正的“得”即生命的充盈，这样才能开显出智慧，才能在生活中运用无穷（所

以孟子说：学贵“自得”，自得才能“居之安”“资之深”，才能“取之左右逢其源”）。如此这般的“学习”，即是走出一条提升道德和生命境界的道路，到达一定生命境界高度的人就称之为君子、圣贤。养成这样的生命境界，是一切学问和事业的根本（因此《大学》说“自天子以至于庶人，壹是皆以修身为本”），这样的修身之学也就是中国文化的根本。

所以，“学而时习之”的“习”，是实践、实习的意思，这句话是说，通过跟从老师或读经典，懂得了做人的道理、成为君子的方法，就要在生活实践中不断（时时）运用和体会，这样不断地实践就会使生命逐渐充实，由于生命的充实，自然会由内心生发喜悦，这种喜悦是生命本身产生的，不是外部给予的，因此说“不亦说乎”。

接下来，“有朋自远方来，不亦乐乎”，是指志同道合的朋友在一起共学，互相交流切磋，生命的喜悦会因生命间的互动和感应，得到加强并洋溢于外，称之为“乐”。

如果明白了学习是为了完满生命、自我成长，那么自然就明白了为什么会“人不知而不愠”。因为学习并不是为了获得好成绩、找到好工作，或者得到别人的夸奖；由生命本身生发的快乐既然不是外部给予的，当然也是别人夺不走的，那么别人不理解你、不知道你，不会影响到你的快乐，自然也就不会感到郁闷（“人不知而不愠”）了。

以上的这种理解并非新创。从南朝皇侃的《论语义疏》到宋朱熹的《论语集注》（朱熹《集注》一直到清朝都是最权威和最流行的注本），这种解释一直占主流地位。那么问题来了，为什么当代那么多专家学者对此视而不见呢？程树德曾一语道破：“今人以求知识为学，古人则以修身为学。”（见程先生撰于1940年代的《论语集释》）之所以很多人会误解这三句话，是由于

对古典教育、传统文化的根本宗旨不了解，或者不认同，导致在理解和解释的时候先入为主，自觉或不自觉地用了现代观念去“曲解”古人。因此，若使经典和传统文化在今天重新发挥作用，首先需要站在古人的角度理解经典本身的主旨，为此，在诠释经典时，就需要在经典本身的义理与现代观念之间，有一个对照的意识，站在读者的角度考虑哪些地方容易产生上述的理解偏差，有针对性地作出解释和引导。

基于以上认识，本书尝试从以下几个方面加以引导。首先，在每种书前冠以导读，对作者和成书背景做概括介绍，重点说明如何以实践为中心读这本书。

再者，在注释和白话翻译时尽量站在读者的立场，思考可能发生的遮蔽和误解，加以解释和引导。

第三，本书在形式上有一个新颖之处，在每个段落或章节下增设“实践要点”环节，它的作用有三：一是说明段落或章节的主旨。尽量避免读者仅作知识性的理解，引导读者往生活实践方面体会和领悟。

二是进一步扫除遮蔽和误解，防止偏差。观念上的遮蔽和误解，往往先入为主比较顽固，仅仅靠“简注”和“译文”还是容易被忽略，或许读者因此又产生了新的疑惑，需要进一步解释和消除。比如，对于家训中的主要内容——忠孝——现代人往往从“权利平等”的角度出发，想当然地认为提倡忠孝就是等级压迫。从经典的本义来说，忠、孝在各自的语境中都包含一对关系，即君臣关系（可以涵盖上下级关系），父子关系；并且对关系的双方都有要求，孔子说“君君、臣臣，父父、子子”，是说君要有君的样子，臣要有臣的样子，父要有父的样子，子要有子的样子，对双方都有要求，而不是仅仅对臣和子有要求。更重要的是，这个要求是“反求诸己”的，就是各

自要求自己，而不是要求对方，比如做君主的应该时时反观内省是不是做到了仁（爱民），做大臣的反观内省是不是做到了忠；做父亲的反观内省是不是做到了慈，做儿子的反观内省是不是做到了孝。(《礼记·礼运》:“何谓人义？父慈、子孝，兄良、弟悌，夫义、妇听，长惠、幼顺，君仁、臣忠。”)如果只是要求对方做到，自己却不做，就完全背离了本义。如果我们不了解“一对关系”和“自我要求”这两点，就会发生误解。

再比如古人讲“夫妇有别”，现代人很容易理解成男女不平等。这里的“别”，是从男女的生理、心理差别出发，进而在社会分工和责任承担方面有所区别。不是从权利的角度说，更不是人格的不平等。古人以乾坤二卦象征男女，乾卦的特质是刚健有为，坤卦的特征是宁顺贞静，乾德主动，坤德顺乾德而动；二者又是互补的关系，乾坤和谐，天地交感，才能生成万物。对应到夫妇关系上，做丈夫需要有担当精神，把握方向，但须动之以义，做出符合正义、顺应道理的选择，这样妻子才能顺之而动（“夫义妇听”），如果丈夫行为不合正义，怎能要求妻子盲目顺从呢？同时，坤德不仅仅是柔顺，还有“直方”的特点(《易经·坤·象》:“六二之动，直以方也。”)，做妻子也有正直端方、勇于承担的一面。在传统家庭中，如果丈夫比较昏暗懦弱，妻子或母亲往往默默支撑起整个家庭。总之，夫妇有别，也需要把握住“一对关系”和“自我要求”两个要点来理解。

除了以上所说首先需要理解经典的本义，把握传统文化的根本精神，同时也需要看到，经典和文化的本义在具体的历史环境中可能发生偏离甚至扭曲。当一种文化或价值观转化为社会规范或民俗习惯，如果这期间缺少文化精英的引领和示范作用，社会规范和道德话语权很容易被权力所掌控，这时往往表现为，在一对关系中，强势的一方对自己缺少约束，而是单方面要求

另一方，这时就背离了经典和文化本义，相应的历史阶段就进入了文化衰敝期。比如在清末，文化精神衰落，礼教丧失了其内在的精神（孔子的感叹“礼云礼云，玉帛云乎哉？乐云乐云，钟鼓云乎哉？”就是强调礼乐有其内在的精神，这个才是根本），成为僵化和束缚人性的东西。五四时期的很大一部分人正是看到这种情况（比如鲁迅说“吃人的礼教”），而站到了批判传统的立场上。要知道，五四所批判的现象正是传统文化精神衰敝的结果，而非传统文化精神的正常表现；当代人如果不了解这一点，只是沿袭前代人一些有具体语境的话语，其结果必然是道听途说、以讹传讹。而我们现在要做的，首先是正本清源，了解经典的本义和文化的基本精神，在此基础上学习和运用其实践方法。

三是提示家训中的道理和方法如何在现代生活实践中应用。其中关键的地方是，由于古今社会条件发生了变化，如何在现代生活中保持家训的精神和原则，而在具体运用时加以调适。一个突出的例子是女子的自我修养，即所谓“女德”，随着一些有争议的社会事件的出现，现在这个词有点被污名化了。前面讲到，传统的道德讲究“反求诸已”，女德本来也是女子对道德修养的自我要求，并且与男子一方的自我要求（不妨称为“男德”）相配合，而不应是社会（或男方）强加给女子的束缚。在家训的解读时，首先需要依据上述经典和文化本义，对内容加以分析，如果家训本身存在僵化和偏差，应该予以辨明。其次随着社会环境的变化，具体实践的方式方法也会发生变化。比如现代女子走出家庭，大多数女性与男性一样承担社会职业，那么再完全照搬原来针对限于家庭角色的女子设置的条目，就不太适用了。具体如何调适，涉及具体内容时会有相应的解说和建议，但基本原则与“男德”是一样的，即把握“女德”和“女礼”的精神，调适德的运用和礼的条目。此即古人一面说“天不变道亦不变”（董仲舒语），一面说礼应该随时“损益”（见《论语·为政》）的意思。当然，如何调适的问题比较重大，“实践要点”中也只能提出编注者的个人意见，或者提供一个思路供读者参考。

综上所述，本书的全部体例设置都围绕“实践”，有总括介绍、有具体分析，反复致意，不厌其详，其目的端在于针对根深蒂固的“现代习惯”，不断提醒，回到经典的本义和中华文化的根本。从这个意义上说，认真读懂本书并切实按照其中的内容和方法尝试去做，不仅是改善家庭教育的途径，设若读者诸君以此为入口，得入传统文化的门墙，实见“宗庙之美，百官之富”，则幸甚至哉！幸甚至哉！

刘海滨

2022年3月7日，壬寅年二月初五

导 读

林志鹏

一

有明一代之思想学术，阳明心学的勃兴实乃一“大事因缘”。明宪宗成化年间（1465—1487），江门陈献章（世称白沙先生，1428—1500）倡“自得”之学于岭南，主张学宗自然、静养心体，一改程朱官学之旧习，启发明代学术“渐入精微”的新风气。姚江王阳明（1472—1529）继之而起，揭“致良知”之教，直称“圣人之学，心学也”(《王阳明全集》)，自此“心学”大明，风靡大江南北。一方面，这场发端于陈白沙、大成于王白沙的“道学革新运动”（嵇文甫语）极大地撼动了明代官方意识形态，加深了儒学与佛道二教之间的渗透与融摄，进一步推动了“三教汇通”的思潮，深刻地改变了明代中后期的思想格局。阳明心学因获得官方认同而俨然成为中晚明的主流思想，风行草偃般地传播开来。另一方面，心学内部尤其是王阳明门下也与很多门派传承一样，“学焉各得其性之所近，源远而末益分”，虽然门人弟子共同标榜圣学，但宗旨迭出，异说纷呈，塑造出斑驳陆离、五彩缤纷的晚明思想史面貌。“照耀着这时代的，不是一轮赫然当空的太阳，而是许多道光彩纷披的明霞”（嵇文甫《晚明思想史论》）。在这些“光彩纷披的明霞”中，有一道特别引人瞩目，就是作为阳明后学而又汇通三教的袁了凡。

袁了凡（1533—1606）初名袁表，后改名袁黄，字坤仪，初号学海，因“悟立命之说，而不欲落凡夫窠臼”，故改号了凡，世称了凡先生。明世宗嘉靖十二年（1533）生于浙江嘉善魏塘，神宗万历十四年（1586）进士，万历十六年（1588）至万历二十年（1592）任河北宝坻知县，后升任兵部职方司主事。时值朝鲜“壬辰倭乱”，年届花甲的了凡以“军前赞画”身份入朝抗倭。因与都督李如松意见不合，不逾年即遭削籍，返乡后定居吴江赵田。了凡晚年主要从事著述及教子，并致力于慈善活动，于万历三十四年（1606）去世。明熹宗天启元年（1621），吏部尚书赵南星“追叙征倭功”，被追赠为“尚宝司少卿”。

了凡出身于诗礼相传的“文献世家”，其曾祖袁颢、祖父袁祥、父亲袁仁三代都有诠释解析儒家“五经”的论著传世，他本人更延续了家学传统，撰有《袁氏易传》《毛诗袁笺》《尚书大旨》《春秋义例全书》《四书疏意》《四书删正》等阐释儒家经典的著作。据史料记载，了凡自幼聪颖，“好奇尚博，四方游学，学书于文衡山，学文于唐荆川、薛方山，学道于王龙溪、罗近溪”，于“河洛、象纬、律吕、水利、河渠、韬钤、赋役、屯田、马政及太乙、岐黄、奇门、六壬、勾股、堪舆、星命之学，靡不洞悉原委”，足见其博采精择、学无常师。他的一生，历经了“六应秋试（乡试）”又“六上春官（会试）”的漫长举业生涯，走的是一条由“儒生”而“儒士”、由“儒士”而“儒吏”、由“儒吏”而“乡绅”的典型儒家士大夫道路。

在时人殷迈（1512—1577）的眼中，了凡是一位“博洽淹贯之儒”(《袁了凡文集》)；晚明刘宗周（1578—1645）亦云，“了凡，学儒者也”(《刘子全书》)；在明末清初的朱鹤龄（1606—1683）看来，他是汇通三教的“通儒”(《愚庵小集》)；而在成书于清乾隆四十年（1775）的《居士传》中，在具有居士身份的彭绍升（1740—1796）笔下，了凡俨然成为一位“真诚恳挚”“以祸福因果导人”的虔诚佛教居士。诚然，由于家庭氛围的影响以及个人学术兴趣，了凡身上带有较为浓厚的儒释道三教汇通色彩，其晚年居家修持，亦确有“了凡居士”之名；但是倘若认真考察他的生命轨迹，了解他“六应秋试”又“六上春官”的科举生涯，知晓他曾以“兵部职方司主事”身份“调护诸军”出征朝鲜，并“以亲兵千余破倭将清正于咸境，三战斩馘二百二十五级，俘其先锋将叶实”的历史，就会感知到民间社会习以为常的了凡形象并不全面，甚至可以说有失偏颇。居士仅是了凡的面相之一，他同时更是深得儒家“内圣外王”之学真传的士大夫，是“上马杀贼、下马著书”的豪杰之士。

二

提起了凡之名，大多数人便会很自然地想到《了凡四训》一书。该书作为中国传统善书经典，借助于佛教寺庙、居士团体等民间组织的力量，在中国社会各阶层得以广泛流传，影响巨大。不可否认，《了凡四训》一书弥漫着浓重的佛教气息（当然亦蕴含儒、道二家思想元素），因果报应的思想尤其显著。随着此书的盛行，了凡的历史形象在数百年之间也经历了一个由“儒者”到“佛教居士”的变迁过程。

四百多年来，《了凡四训》的盛行，使很多人误以为该书是了凡所作家训，乃至冠以“袁了凡训子书”或“袁了凡先生家庭四训”之名。事实上，了凡生前并无所谓《了凡四训》行世，该书也不是了凡家训，了凡写给其子袁天启（袁俨）的真正训子书乃是《训儿俗说》。

据考证，现存《了凡四训》四篇文字（“立命之学”“改过之法”“积善之方”“谦德之效”）的确出自了凡手笔，但最初仅仅是散落于作者刊刻的《祈嗣真诠》《游艺塾文规》等著作中的文章片段，并未攒集成书，更无所谓“了凡四训”之名。首篇“立命之学”作于万历二十九年（1601）了凡69岁时，收录于了凡所著《游艺塾文规》中。该书于万历三十年（1602）前后刊行，在从事举业的士子群体内畅销一时。事实上，了凡晚年声名卓著，“立命之学”并不仅仅通过《游艺塾文规》流行，这一3000余字的文本甫一问世便受到关注，并以“立命文”“立命篇”“省身录”“阴骘录”等名目单独刻行。

周汝登（1547—1629）《东越证学录》卷七“立命文序”云：

> 万历辛丑之岁，腊尽雪深，客有持文一首过余者，乃槜李了凡袁公所自述其生平行善，因之超越数量，得增寿胤，揭之家庭以训厥子者。客曰：是宜梓行否耶？余曰：兹文于人大有利益，宜亟以行。……公于接引人，固有缘也，兹文之行，利益必广。

“万历辛丑之岁”，即“立命之学”所作当年——万历二十九年（1601）。这是迄今为止发现的最早关于“立命之学”刊刻的史料记载。它同时透露了两层信息：其一，在“立命之学”写成的当年年末，就有人企图刊刻流通这一文本，可见其受欢迎的程度；其二，作为当时著名儒者又是阳明后学的周汝登，对刊刻该文表示明确支持。

此外尚有其他佐证。钱希言，生卒年不详，主要活动于万历年间，有诗名，袁中郎盛赞其才，称“吴中后来俊才，名不及诸公，而才无出其右者”。其所作《狯园》成书时间有待考证，但其自序作于该书刊刻之时，署为“癸丑冬”（万历四十一年，1613）。该书第三卷“仙幻”载有“孔道人神算会禅师立命”一则，即是了凡所述“立命之学”的故事。该篇末尾云，“袁因著《省身录》示其家儿，竟以寿终于家”（《狯园》），由此可知，在了凡去世七年之后的1613年，“立命之学”以“省身录”之名已经广泛流传。

无论是“立命文”抑或“省身录”，以及“立命篇”“阴骘录”等诸版本，其内容大致相同，都是“立命之学”这一3000余字的文本，亦即后来《了凡四训》四篇中的首篇。既然如此，那《了凡四训》最早成书于何时？该书另外三篇（“改过之法”“积善之方”“谦德之效”）的情况又是怎样？

据日本学者酒井忠夫考证，“了凡四训”之名始见于清初的《丹桂籍》。也就是说，直至了凡殁后，才有人将其编辑并以“了凡四训”之名刊行。四篇文字题目，除首篇“立命之学”外皆出自后人之手。《丹桂籍》版《袁了凡先生四训》第一篇“立命之学”在四篇文字中的写作时间最迟（万历二十九年，1601）；第二篇“积善之方”与第三篇“改过之法”写作的具体时间已难考证，但与万历十八年（1590，了凡58岁）夏付梓的了凡所著《祈嗣真诠》中的“改过第一”“积善第二”二篇内容基本一样（必须指出，无论“积善之方”抑或“积善第二”皆未载“古德十人”之例证）；第四篇“谦德之效”与“立命之学”一同于万历三十年（1602）刊行在《游艺塾文规》中，当时名为“谦虚利中”，所谓“利中”，即“有利于科举中试”之意，可见该篇原本是为修习举业的士子所作，这从篇末“今之习举业者……吾于举业亦云”(《袁了凡文集》) 的表述亦可看出端倪。

也就是说，《了凡四训》是一部后人辑录了凡文字并刊刻流通的善书作品，在广泛流传后被以讹传讹地当成了凡家训。虽然这并不算是太大的问题，但并不符合历史的真实。那么，了凡到底有没有真正意义上的家训？答案是肯定的。据曾为了凡之子袁天启（袁俨）主持冠礼的沈大奎记载：

> 公（了凡）志不大酬，而还以其学教于家，训诸其子天启。……十月之吉，为其子行古冠礼，速余为宾。……既冠，峨然一丈夫子也。……厥明公（了凡）出《训儿俗说》相示，谛阅之……自古家庭之训，见于记籍者，未有若是之详且晰也。是岂公一家之训，将为天下后世教家之模范！

作为“通家之好”，沈氏受邀主持了凡之子的“冠礼”仪式，得以见到《训儿俗说》这一真正的“家庭之训”。沈氏阅过之后，认为其博雅大方，巨细不遗，既详实又明晰。从了凡的角度而言，在其子“成人礼”的重要场合，将凝聚个人教子心血、伴随其子成长的家训展示出来显然是十分适宜的。

了凡所作《训儿俗说》共有八篇，分别为：“立志第一”“敦伦第二”“事师第三”“处众第四”“修业第五”“崇礼第六”“报本第七”“治家第八”。在沈氏看来：

> 首曰立志，植其根也；曰敦伦，曰崇礼，善其则也；曰报本，厚其

所始也；曰尊师，曰处众，慎其所兴也；曰修业，曰治家，习其所有事业也。外而起居食息言语动静之常，内而性情志念好恶喜怒之则；上自祭祀宴享之仪，下自洒扫应对进退之节；大而贤士大夫之交际，小而仆从管库之使；令至于行立坐卧之繁，涕唾便溺之细，事无不言，言无不彻。

八篇文字前后衔接，首尾贯通，一气呵成，既“详”且“晰”，其逻辑性和系统性都很强。在书中，了凡以一位父亲的口吻训示其子，谆谆教导，循循善诱，既严肃而又亲切，既庄重而又和蔼，读之宛然如在目前，不愧为中国家训中的精品佳作，沈大奎称赞说“将为天下后世教家之模范”，确非虚誉。

至于了凡家训的成效，从其子袁天启（袁俨）的人生历程中可略窥一二。据记载：

袁俨，字若思，号素水，袁黄子。少承家学，博极群书，尤留心经济。性坦直，与人交谦和自下。天启五年（1625）成进士，授高要知县。七年（1627）夏西潦骤涨，城中水深三尺，死者无数，入秋淫雨不止。俨复勘亲赈，以劳瘁呕血卒于官，归梓时宦囊萧然。著有《抱膝斋漫笔》。

袁天启短短47年的生命历程中，其父了凡在其26岁去世，留给他的是一部《训儿俗说》。他取得了明朝科举道路的最高等级——“进士及第”，出任广东高要知县。最终，他因为救灾而过于劳累，死在任上。史料中有关他的行状虽然仅有寥寥数百字，但字里行间描绘的是一位呕心沥血、廉洁奉公的好官。即使以当今价值观来看，袁天启也不愧为一位忠于国家、奉献人民的清官廉吏。另据记载，袁天启有五个儿子，后世家族人才兴旺，绵延昌盛。

三

《训儿俗说》既然是了凡的训子之书，必然贯穿了凡家族一脉相承的家风、家教。要谈了凡的家风、家教，就不能离开袁氏家族的传统。据史料记载，了凡父母之道德风范颇为时人推重，时人称“参坡（了凡之父袁仁）博学淳行，世罕其俦；李氏贤淑有识，磊磊有丈夫气”(《庭帏杂录》)。《庭帏杂录》一书是袁氏兄弟五人——袁衷、袁襄、袁裳、袁表（了凡）、袁衮——对其父母日常言行的记述，由袁衷的表弟钱晓删定而成。结合当时的时代背景、社会思潮及了凡家世，深入分析这一文献，其父母的思想倾向、家风家教便会清晰细致地呈现出来。

（一）以儒为宗与兼收并蓄

袁仁在追溯其家学时说：“吾祖生吾父歧嶷秀颖，吾父生吾亦不愚，然皆不习举业而授以五经义古义。”由此可知，尽管“不习举业”，但袁家有着一以贯之的学术传承，即儒家经典——“五经”义理。这说明，在学术倾向上，袁家仍然是以儒家教义为基础的。据包筠雅的研究，袁氏家学具有更倾向于“五经或六经而不是四书（《论语》《孟子》《大学》《中庸》）的特点”（包筠雅：《功过格——明清社会的道德秩序》），事实的确如此。袁家四代（袁颢、袁祥、袁仁、袁黄）都有关于儒家“五经”的著述就是一个明证。

在当时的社会氛围中，以儒家学说作为家学的士绅家庭并不鲜见，但受自宋以降的科举文化影响，对于儒家经典的关注焦点早已由“五经”转移到“四书”上来。袁家重“五经”而不重“四书”的家学传统，当与数代饱读诗书，修习儒家经典，却又遵从“不事举业”的祖训，长期游离于科举文化之外的情况有关。就此而论，一方面，“重五经”的为学倾向由其“隐居不仕”的家族传统所导致；另一方面，这一倾向又在某种程度上促使袁家不为“四书”所代表的官学（官方意识形态）窠臼所限，反而推动了袁氏家学向广博性和兼容性发展。袁仁的为学特色，便是一个很好的例证。据《嘉善县志》载：

> 袁仁，字良贵，父祥、祖颢皆有经济学。仁于天文、地理、历律、书数、兵法、水利之属，靡不谙习。……颢尝作《春秋传》三十卷，祥作《春秋或问》八卷以发其旨，仁作《针胡编》以阐之。

袁颢作《春秋传》，其子袁祥作“《春秋或问》八卷以发其旨”，其孙袁仁又“作《针胡编》以阐之”，反映出袁氏家族注重儒家“五经”的学风一脉相承。另外，“经济学”（经世济用之学）无疑是指儒家经典之外的实际学问，说明袁氏家学不囿于经典文本，而带有实用色彩。这一特色体现在袁仁身上，便如王畿所说，袁仁“天文、地理、历律、书数、兵刑、水利之属，靡不涉其津涯，而姑寓情于医”(《王畿集》)。袁仁以儒为宗，同时悉心经济实学，对佛、道二教乃至九流各派都能广泛融摄，说明其学问根基在民间，学术倾向呈现兼收并蓄的特色。

需要指出的是，袁家所在的嘉善，地处浙江与江苏边界，这一地区本是阳明心学勃兴之地，当时心学的传播已经呈现如火如荼的态势。作为饱读诗书的社会贤达，了凡之父袁仁与王艮、王畿等阳明门人都有深入交往，也曾在王艮的引荐下，登门向王阳明问学。在王阳明去世后，袁仁“不远千里，迎丧于途，哭甚哀”(《王畿集》)，由此推断，他在学术思想上是倾向阳明心学的，或谓其为王门弟子也不为过。

（二）道德主义与积德行善

从某种意义上讲，儒学学说可以用“内圣外王”四字进行简单概括。《大学》中所列“八条目”即是“内圣外王”之学由内而外的层层展开。其中，“格物”“致知”“诚意”“正心”“修身”属于内圣之学，而“内圣”之学集中体现于“修身”，侧重于强调个人修养与道德提升。袁仁思想以儒家学说为主体，其道德主义色彩尤为强烈。作为医者，他主张养德（养心）重于养身。据《袁氏丛书》卷十《重梓参坡先生一螺集》载：

> 昆山魏校疾，招仁。使者三至，弗往。谢曰：“君以心疾招，当咀嚼仁义、炮制礼乐，以畅君之精神。不然，十至无益也。”

可见，袁仁并非一介悬壶济世的普通医者，更俱以“仁义”教人的儒者之风。儒家一贯强调“义在利先”，在道德与功名、富贵的关系问题上，尤能看出袁仁的道德取向。他说：

> 士之品有三：志于道德者为上，志于功名者次之，志于富贵者为下。近世人家生子禀赋稍异，父母师友即以富贵期之，其子幸而有成，富贵之外不复知功名为何物，况道德乎？……伊周勋业，孔孟文章，皆男子当事，位之得不得在天，德之修不修在我。毋弃其在我者，毋强其

在天者。(《庭帷杂录》)

此为袁仁训子之言。一方面，他指出“伊周勋业，孔孟文章，皆男子当事”，不排斥事功与富贵闻达；另一方面，强调“志于道德者为上”，主张“修德”为第一要事，对其子“非徒以富贵望”，同时秉承孔门“富贵在天”的教诲。

值得注意的是，袁仁相信积德可以获福，他曾说：

人有言：畸人硕士，身不容于时，名不显于世，郁其积而不得施，终于沦落而万分一不获自见者，岂天遗之乎？时已过矣，世已易矣，乃一旦其后之人勃兴焉，此必然之理，屡屡有征者也。吾家积德不试者，数世矣，子孙其有兴焉者乎？(《庭帷杂录》)

“积善之家必有余庆，积不善之家必有余殃”源于儒家“五经”之首《易经》，后经佛道二教对报应的宣扬而进一步强化，在明代三教融合的社会氛围下，这一理念早已深入人心。“吾家积德不试者数世矣，子孙其有兴焉者乎”，即是袁仁对其子的期许与勉励，同时又是“积善余庆”思想的一种自然流露。在这一观念下，了凡父母注重实践善举，逐渐形成积德行善之家风。据载：

远亲旧戚每来相访，吾母（李氏）必殷勤接纳，去则周之。贫者必程其所送之礼加数倍相酬，远者给以舟行路费，委曲周济，惟恐不逮。有胡氏、徐氏二姑，乃陶庄远亲，久已无服，其来尤数，待之尤厚，久留不厌也。刘光浦先生尝语四兄及余曰：众人皆趋势，汝家独怜贫。吾与汝父相交四十余年，每遇佳节则穷亲满座，此至美之风俗也。（《庭帏杂录》）

又载：

九月将寒，四嫂欲买棉，为纯帛之服以御寒。母（李氏）曰："不可。三斤棉用银一两五钱，莫若止以银五钱买棉一斤，汝夫及汝冬衣皆以枲为骨，以棉覆之，足以御冬。余银一两买旧碎之衣浣濯补缀便可给贫者数人之用。恤穷济众是第一件好事，恨无力不能广施，但随事节省，尽可行仁。"（《庭帏杂录》）

（三）民间信仰与出世情怀

明朝政府尊奉程朱理学为官方哲学，但也重视正统宗教"阴翊王度"的作用，并对佛道二教加以保护和提倡。明代中期以后，佛道二教进一步世俗化、民间化，成为民间信仰的重要组成部分。袁家世代以医为业，而道教养生术本与医学密切相关，近代著名道教学者陈撄宁曾指出："医道与仙道，关系至为密切，凡学仙者，皆当知医。"（陈撄宁《道教与养生》）袁仁虽然以儒家经典为依归，但同时"雅彻玄禅之妙"，在思想上主张儒释道三教共存，坚决反对某些儒者以儒家本位的立场批判、排斥佛教的言论与行为。他说：

吾目中见毁佛辟教及拆僧房、僭寺基者，其子孙皆不振或有奇祸。

> 碌碌者姑不论。昆山魏祭酒崇儒辟释，其居官毁六祖衣钵，居乡又拆寺兴书院，毕竟绝嗣。继之者亦绝。聂双江为苏州太守，以兴儒教、辟异端为己任，劝僧蓄发归农，一时诸名公如陆粲、顾存仁辈皆佃寺基。闻聂公无嗣，即有嗣当亦不振也。吾友沈一之孝弟忠信、古貌古心，醇然儒者也，然亦辟佛，近又拆庵为家庙。闻陆秀卿在岳州亦专毁淫祠而间及寺宇。论沈陆之醇肠硕行，虽百世子孙保之可也。论其毁法轻教，宁能无报乎？尔曹诚识之，吾不及见也。(《庭帷杂录》)

袁仁历数的辟佛人物，都是以儒者自居之士，且多为名公巨卿，如魏校（1483—1543）、聂豹（1487—1563）之流。他以这些人物为例，向其子灌输“毁法轻教，宁无报乎”的道理，表明他笃信佛教，深信因果报应之说。他又说：

> 六朝颜之推家法最正，相传最远，作《颜氏家训》，谆谆欲子孙崇正教，尊学问。宋吕蒙正晨起辄拜天祝曰：愿敬信三宝者生于吾家。不特其子公著为贤宰相，历代诸孙如居仁、祖谦辈皆闻人贤士。此所当法也。(《庭帷杂录》)

此处，袁仁又从因果报应的角度，举出颜之推、吕蒙正等前贤的案例，说明“敬信三宝”的功用。这一看法在当时的民间社会应当是习以为常的，也可以说，因果报应思想是明代民间信仰的一种基本形态。了凡之母李氏也笃信佛教，作为一位居家主妇，她更勤于念佛修持。据载：

母（李氏）平日念佛，行住坐卧皆不辍。问其故，曰：“吾以收心也。尝闻汝父有言，人心如火，火必丽木，心必丽事。故日必有事焉。一提佛号，万妄俱息，终日持之，终日心常敛也。”（《庭帏杂录》）

佛教是明代民间社会的重要信仰，尤其是在江浙一带，一个不识字的家庭妇女坚持念佛，原非奇事。袁母应当对佛学并无深入研究，但相较于中国社会世俗佛教信仰中强烈的功利趋向，以“收心”为目的念佛，显得更加纯粹，明显受到了凡之父袁仁的影响。

此外，受佛道二教影响，袁仁家庭之中时常显露出一种出世情怀。《庭帏杂录》载有了凡记述袁仁夫妻的一则对话：

癸卯除夕家宴，母问父曰：“今夜者今岁尽日也。人生世间，万事皆有尽日。每思及此，辄有凄然遗世之想。”父曰：“诚然。禅家以身没之日为腊月三十日，亦喻其有尽也。须未至腊月三十日而预为整顿，庶免临期忙乱耳。”母问：“如何整顿？”父曰：“始乎收心，终乎见性。”予（了凡）初讲《孟子》，起对曰：“是学问之道也。”父颔之。（《庭帏杂录》）

了凡之母在年终岁末感慨人生有限、万事有尽。其父袁仁认同这一观念，并以“禅家以身没之日为腊月三十日”加以解释。而他对“如何整顿”的回答则是“始乎收心，终乎见性”，带有很强的禅学色彩。年方十一岁的了凡，则以孟子“学问之道无他，求其放心而已”附会之，亦颇见其家学特色。

袁仁临终诗云：

附赘乾坤七十年，飘然今喜谢尘缘。
须知灵运终成佛，焉识王乔不是仙？
身外幸无轩冕累，世间漫有性真传。
云山千古成长往，那管儿孙俗与贤。(《庭帷杂录》)

读此诗句，不难体会到作者洒落的胸怀和超然物外的人生境界，以及对佛道二教出世理想的追求。

四

本书以《训儿俗说》为主体。如前所述，与由后人整理成书的《了凡四训》不同，《训儿俗说》是了凡训子之作，属于真正意义上的家训。该书体系完备，内容详实，时人赞叹其“事无不言，言无不彻”，“将为天下后世教家之模范”。无论从形式抑或内容上看，都能感知这部家训的别具一格之处，它是了凡人生智慧的结晶，更是了凡训儿教子的心血之作，堪称中国历代家训中为数不多的精品典范，具有超越时空的价值，值得现代人悉心研读并认真借鉴。明代著名的刻书世家“建阳余氏”于“万历乙巳”(1605)前后刊刻的《了凡杂著》中收入的《训儿俗说》，为现今所见最早的版本，本书《训儿俗说》即以此为底本整理标点，并加译注和“实践要点”。

为完整体现了凡家训的全貌及渊源，将《了凡四训》《庭帏杂录》标点整理，作为附录。

此外，为见证了凡一生行迹及其积德行善、改造命运的过程，又将本人整理的《袁了凡年表事略》附于后，以飨读者。

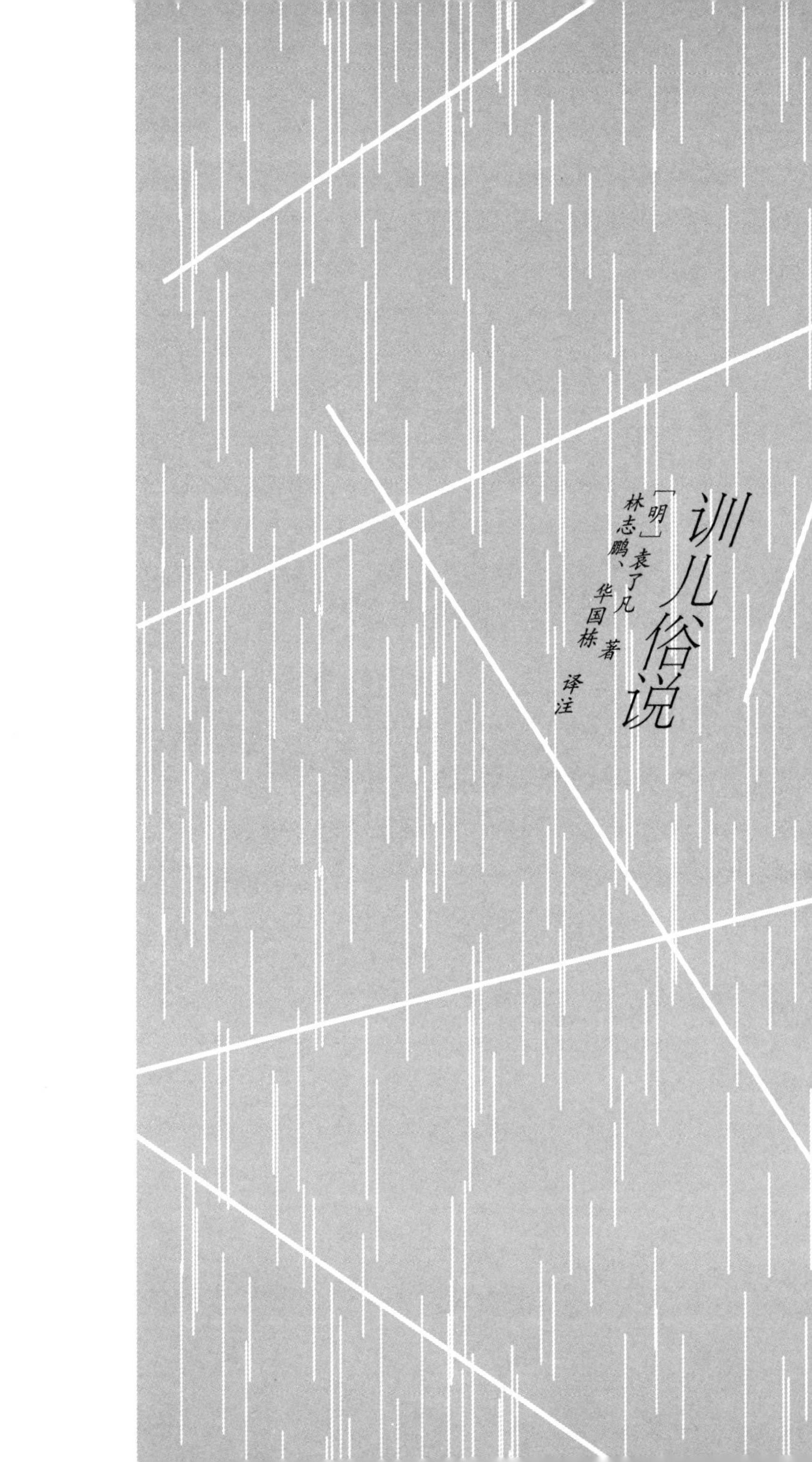

训儿俗说

〔明〕袁了凡 著

林志鹏、华国栋 译注

原 序

司马坤仪袁公，幼即志圣贤之学，从事于龙溪诸先生之门。余间一从游谛听焉，恍然悟夫良知之旨，合古圣贤精一之传，而自慨夙昔寻行数墨、循途守辙者，支离而琐屑也。后袁公既仕，以其学施于用，为邑宰则惠泽在邑，擢郎署则谋猷在郎署，参军事则功绩在边陲。而余染指一官，归而泉石，仅为老学究而已。公志不大酬，而还以其学教于家，训诸其子天启。子复俊嶷，足传家学。岁丁酉，子入泮，即应试浙闱。时方十七，将理婚冠之事。十月之吉，为其子行古冠礼，速余为宾。余老聩杜门，素不闲礼节，念此礼世俗不行也久，追昔先君子为儿行冠礼之日，从祖平斋先生尚在，思之心冲冲焉，阅今五十年矣。今睹旷典之复，曷敢以不闲辞！

既冠，峨然一丈夫子也。余不胜喜，字曰“若思”，公意也。盖取思启之意，而实寓主敬之义云。厥明公出《训儿俗说》相示，谛阅之，其目有八：首曰立志，植其根也；曰敦伦，曰崇礼，善其则也；曰报本，厚其所始也；曰尊师，曰处众，慎其所兴也；曰修业，曰治家，习其所有事业也。外而起居食息言语动静之常，内而性情志念好恶喜怒之则；上自祭祀宴享之仪，下自洒扫应对进退之节；大而贤士大夫之交际，小而仆从管库之使；令至于行立坐卧之繁，涕唾便溺之细，事无不言，言无不彻。自古家庭之训，见于记籍者，未有若是之详且晰也。是岂公一家之训，将为天下后世教家之模范！即至愚鲁之子，闻且见焉，靡有不感发而兴起者，况公之子素称警颖者乎？

昔公壮时，尝患艰于嗣息，以为厄于命也。后闻会禅师豪杰不为命限之说，广修善业，厚积庆源，因而得嗣。允哉，天所启也！缘冥感之说，作《真诠》一书以示来者，乃今复有是编以垂教云。

夫未得也，积功行以浚其源，则钟毓也深；既生而长也，复端轨范以善其诲，则贻谋也远。且来也必有自，出也必有为，余于公之子卜之矣。吾祈公之子，率公之教，不堕乎天之所启，为厚望云。

万历丁酉一阳月通家弟沈大奎顿首拜撰。

立志第一

汝[①]今十四岁，明年十五，正是志学之期。须是立志求为大人[②]。大人之学，“在明明德，在亲民，在止于至善”。[③]此不但是孔门正脉，乃是从古学圣之规范。只为儒者谬说，致使规程不显，正脉沉埋。我在学问中，初受龙溪先生[④]之教，始知端倪[⑤]，后参求七载，仅有所省。

丨 今译 丨

你现在十四岁，明年十五岁，正是立志向学的时候。一定要立志成为“大人”。大人之学，在于彰显本自具足、光明完美的德性，将这一德性发挥、推广，惠及万民，最终臻于至善的境界。这不但是孔子之学的真正学脉，更是从古至今学做圣贤的规程与范式。但是，由于后世某些儒者的错误阐述，使得大人之学的规程无法显现，而儒学的真正学脉也因此沉沦埋没了。我在探寻学问的过程中，最初得到龙溪先生的教诲，才知道一些头绪，后来我又参悟探求了七年之久，总算有所省悟。

丨 简注 丨

① 汝：指了凡之子袁俨（袁天启）。

② 大人：指了悟人生大道，志在圣贤，而能躬行实践、德行高尚的人。《周易·乾》云：“夫大人者，与天地合其德。”《孟子》曰：“大人者，不失

其赤子之心也。”在了凡先生看来，《大学》即是大人之学。

③ 在明明德，在亲民，在止于至善：语出《大学》，意谓圣贤君子所讲习的学问，在于彰显人心本自具足、光明完美的德性，将这一德性发挥、推广，惠及万民，并最终臻于自性光明的至善境界。

④ 龙溪先生：王畿（1498—1583），字汝中，号龙溪，浙江山阴人，王阳明高第弟子，嘉靖十一年（1532）进士，历官南京兵部职方郎中等职，有《王龙溪先生全集》行世。了凡先生为其及门弟子。

⑤ 端倪：头绪。

今为汝说破——明德[①]不是别物，只是虚灵不昧[②]之心体[③]。此心体，在圣不增，在凡不减，扩之不能大，拘之不能小。从有生以来，不曾生，不曾灭，不曾秽，不曾净，不曾开，不曾蔽，故曰“明德”。乃气禀不能拘，物欲不能蔽，万古所长明者。汝今为童子，自谓与圣人相远，汝心中有知是知非[④]处，便是汝之“明德”。

今译

现在为你点明说破——明德不是别的什么东西，而是指虚灵不昧、本自具足的心体。这个心体，在圣人也没有增加一分，在凡人也没有减少一分，想要扩充让它大也扩充不了，想要拘制让它小也拘制不住。自从天地生人以来，它不曾生，不曾灭，不曾污秽，不曾洁净，不曾展露，不曾蔽塞，所以称为“明德”。是气质禀赋不能拘束，物欲人心不能蔽塞，万古长明的。你如今是个小孩子，自己觉得与圣人的境界相去甚远，你内心中有知是知非之处，就是你“明德”。

| 简注 |

① 明德：指人心之中本自具足的光明德性。

② 虚灵不昧：一种对心之本体亦即“良知”的状态描述。源自朱熹对《大学》中“明德”一词阐释——“明德者，人之所得乎天，而虚灵不昧，以具众理而应万事者也”。王阳明云：“虚灵不昧，众理具而万事出，心外无理，心外无事。”

③ 心体：心之本体。

④ 知是知非：能够自然感知行为、意念的是与非。王阳明云：“尔那一点良知，是尔自家底准则，尔意念着处，他是便知是，非便知非，更瞒他一些不得。”

但[①]不昧[②]了此心，便是明明德[③]。针眼之空，与太虚[④]之空原无二样。吾人一念之明，与圣人全体之明亦无二体。若观圣人作清虚皎洁之相，观己及凡人作暗昧昏垢之相，便是着相[⑤]。今立志求道，如不识此本体，更于心上生心[⑥]，向外求道，着相用功，愈求愈远。此德本明，汝因而明之，无毫发可加，亦无修可证[⑦]，是谓明明德。

今译

只要不瞒昧了这个心体，就是明明德。就像是针眼大小的虚空，与整个宇宙大小的虚空，在本质上是一样的。同样，我们的一念灵明，与圣人全体透彻的灵明，在本体上也没有区别。如果把圣人看作清虚皎洁的状态，把自己或凡人看作暗昧昏垢的状态，便是着相了。你如今立志求道，如果不先识这个心之本体，而是在心上生心，向外求道，着相用功，那就越是求道反而离道越远了。这个明德本来是自性光明的，你让它的自性光明展现出来就好了，没有一丝一毫可以附加的，无修而修，无证而证，这就是明明德。

简注

① 但：只要。

② 昧：掩蔽、隐藏。

③ 明明德：彰显人们天赋的光明完美的德性。明，显示。

④ 太虚：天空。

⑤ 着相：禅宗术语，指执着于某一事物的表相。

⑥ 心上生心：是指在本自具足的心体之外再生求道之心。黄檗希运禅师云："如今学道人，不悟此心体，便于心上生心，向外求佛，着相修行，皆是恶法，非菩提道。"

⑦ 无修可证：佛教中的圆教认为，众生本来即佛，由于无明而变成众生，明此理就是最好的修。其实，圆教讲悟后进修，并不是不修，而是即悟即修即证。

然明德不是一人之私，乃与万民同得者，故又在亲民。以万物为一体则亲，以中国为一家则亲。百姓走到吾面前，视他与自家儿子一般，故曰“如保赤子”①。此是亲民真景象。汝今未做官，无百姓可管，但见有人相接②，便要视他如骨肉则亲，敬他如父母则亲。倘有不善，须生恻然怜悯之心，可训导则多方训导，不可训导则负罪引慝③以感动之。即未必有实益及人，立志④须当如此。

今译

然而明德不是一个人的私事，而是与天下万民相处中共同达到的一种境界，所以又在亲民。以天地万物为一体，就是亲；以中国为一家，就是亲。老百姓走到我的面前，看待他就像是自己的亲生儿子一样，所以说“如保赤子”。这才是亲民境界的真实景象。你现在没做官，没有百姓可以管理，只要与人接触，就要看待他像看待自己的亲生骨肉，这才叫做亲，尊敬他像尊敬自己的父母长辈，这才叫做亲。如果遇到存心不良的人，也要以一种哀伤怜悯的心态对他，可以训教引导的就多方训教引导，不能训教引导的就反躬自省、引咎自责以感动他。即便不一定对人有实际的利益，但发心应该如此。

简注

①“如保赤子”：爱民如子。赤子，婴儿。语出《尚书·康诰》：“若保赤子，唯民其康。”

② 相接：交接，相来往。

③ 负罪引慝：引咎自责。慝，罪过。语出《尚书·大禹谟》："帝初于历山往于田，日号泣于旻天，于父母，负罪引慝。"

④ 立志：此处指发心。

然明德亲民不可苟且[①]，故又在止至善[②]。如人在外，不行路，不能到家。若守路而不舍，终无入门之日。如人觅渡，不登舟，不能过河。若守舟而不舍，岂有登岸之期？今立志求道，不学则不能入道。若守学而不舍，岂有得道之理？故既知学，须知止。止者，无作[③]之谓。道理本是现成，岂烦做作？岂烦修造[④]？但能无心，便是究竟。《易》曰："继之者善。"[⑤]善是性中之理，至善乃是极则尽头之理。如人行路，若到极处，便无可那移[⑥]，无可趋向，自然要止矣。故止非至善，何由得止？至善非止，何以见至善？

| 今译 |

但是明德、亲民不可以因循满足，所以又在止至善。比如有人在外旅行，不走路，就不能回到家里。要是停留在路途上不离开，最终没有进入家门的时候。又比如有人寻觅渡口，不上渡船，就不能过河。要是停留在渡船上不离开，哪里会有上岸的时候？你如今立志求道，不通过学习就不能入道。如果仅仅停留于学习过程当中而不舍离，哪里会有得道的道理呢？所以既然明白学的道理，必须明白止的道理。所谓止，说的就是不要造作。道理本来就是自然现成的，哪里用得着故意做作？哪里用得着修饰营造？只要达到无心的状态，就是究竟法门。《易经》说：承继天道之阴阳，接续地道之刚柔，效法乾元刚健之德，效法坤元柔顺之德，可称之为善。善是自性具足的法则，至善乃是宇宙至高无上的最终法则。好比有人走路，一旦走到路的尽头，就没有空间继续挪动，没有目标继续趋向，自然要停下来了。所以不是到达了至善的境界，又怎么能停止呢？如果不停下来，又如何知道这就是至善呢？

| 简注 |

① 苟且：敷衍、马虎，得过且过。

② 止至善：止于至善的境界。

③ 无作：无有造作，作而无作，亦即虽行一切善，而心中无一善可得，谓之至善。至善即是无作。

④ 修造：修饰营造。

⑤ 继之者善：意思是说，人能遵循阴阳变化之理，称性起修，便是善。《易经·系辞上》：“一阴一阳之谓道。继之者善也，成之者性也。”

⑥ 那移：挪移。“那”通“挪”。

此德明朗，犹如虚空。举心动念，即乖本体。我亲万民，博济[①]功德，本自具足，不假修添[②]。遇缘即施，缘息即寂[3]。若不决定信此是道，而欲起心作事，以求功用，皆是梦中妄为。明德、亲民、止至善，只是一件事。当我明明德时，便不欲明明德于一身，而欲明明德于天下。盖古大圣大贤，皆因民物[4]而起恻隐[5]，因恻隐而证[6]明德。故至诚尽性[7]时，便合天地民物一齐都尽了。当明德亲民时，便不欲着相驰求，专欲求个无求无着[8]。

今译

这个明德本来明朗，就像是天空一样。一旦举心动念，就与心的本体乖离了。我亲近万民，博施济众，积功累德，应当出于本自具足的真心，不需要借助于任何的修饰添加。遇到合适的机缘就要布施功德，缘分没有了也就自然停下来。如果不是确定相信这就是道，而是以造作之心想要干成什么事情，希求现实的功用，都是梦中胡乱作为。明德、亲民、止至善，三者只是一件事。当我扩充明德本性的时候，不仅是想要彰显在自己身上，而是要将光明德性扩充于整个天下。古代的大圣大贤，都是由于民胞物与之情进而生发恻隐同情之心，由于恻隐同情之心进而践行明德自性。所以当达到至诚境界、充分发挥天性的时候，就与天地民物融为一体，整个天性都发挥出来了。当从事明德、亲民的时候，不是想要执着于相、向外追求，而是要达到不贪求、不执着的状态。

简注

① 博济：广泛救助。《三国志・魏志》：“始自三皇，爰暨唐、虞，咸以博济加于天下。”

② 修添：修饰添加。

③ 寂：寂灭。

④ 民物：民为同胞，物为同类。泛指爱人和一切物类。张载《西铭》：“民，吾同胞；物，吾与也。”

⑤ 恻隐：恻，悲伤；隐，伤痛。见到遭受灾祸不幸产生同情之心。《孟子·告子上》：“恻隐之心，人皆有之。”

⑥ 证：亲身践行、体验。

⑦ 至诚尽性：达到至诚境界，充分发挥天性。《中庸》：“唯天下至诚，为能尽其性。能尽其性，则能尽人之性；能尽人之性，则能尽物之性；能尽物之性，则可以赞天地之化育；可以赞天地之化育，则可以与天地参矣。”

⑧ 无求无着：没有贪求，没有执着。

故先欲知止①，先知此止，然后依②止修行。依止而修，是即无修。修而依止，是以无修为修。无修为修，是全性起修。修即无修，是全修在性。大率圣门入道，只有性教二途。真心不昧，触处洞然③，不思而得、不勉而中④者，性也。先明乎善，而后实造乎理者，教也。今人认工夫为有作⑤，而欲千修万炼、勤苦求成者，此是执教。认本体为现成⑥，而谓放任平怀为极则⑦者，此是执性。二者皆非中道⑧也。须先识性体，然后依性起教，方才不错。

今译

所以先要懂得止，首先懂得这个止，然后凭借这个止来修行。凭借止来修行，这就是不修。修行必须依循止，这就是把不修当成修行。以不修作为修行，这叫全性起修。修行就是不修，这叫全修在性。大体上讲，圣门入道的方法，只有性、教二条道路。良知本心不容瞒昧，随时随地通明透彻，不必思考就能拥有，不必勉强就能做到，这就是性。首先明白至善本体，然后通过实修体悟它的道理，这就是教。现在的人认为工夫必须有所造作，想通过反复修炼、勤恳刻苦求得修行圆满，这是执着于教。将良知本体当作现成已有，认为放任自然、无修无证就是最高准则，这是执着于性。这两种（修行方法）都不是中庸之道。必须先认识良知本体，然后依循本体导向加以实修体证，才是正确的。

简注

① 知止：懂得适可而止，知足。《道德经》："知足不辱，知止不殆，可以长久。"《大学》："知止而后有定，定而后能静，静而后能安，安而后能虑，虑而后能得。"

② 依：依循，凭借。

③ 洞然：通透明白。

④ 不思而得、不勉而中：不必思考就能拥有，不必勉强就能做到。《中庸》："诚者，不勉而中，不思而得，从容中道，圣人也。"

⑤ 有作：有所造作。

⑥ 现成：本来已有，已经成就。

⑦ 极则：最高准则。

⑧ 中道：中庸之道。

实践要点

立志，是《训儿俗说》八篇之首，也是了凡对儿子袁天启（袁俨）所讲的第一堂人生课。

古人无论做人还是做学问，都以立志为先。一代大儒、心学宗师王阳明多次向晚辈、学生强调立志的重要性，他说："志不立，天下无可成之事。"又说："夫学，莫先于立志。志之不立，犹不种其根而徒事培拥灌溉，劳苦无成矣。世之所以因循苟且，随俗习非，而卒归于污下者，凡以志之弗立也。"意思是说，求学问首先在于立志。如果不先立志，就好比种树不深埋其根，只是从事培土灌溉，徒费辛苦，终究无所成就。世上有一种人，庸碌无为、随波逐流，最后归于下流，这都是不立志造成的。王阳明的弟子王龙溪也说："志者，心之所之也，之燕而燕，之越而越，跬步毫厘，南北千里，不可不慎也。"也就是说，立志好比选择人生的航向，决定一个人的发展方向，必须慎重。应该说，王阳明之所以能够成为"立德、立功、立言"三不朽的圣贤，王龙溪之所以能够成为学问大家、"三教宗盟"，与他们从小就志向远大是有直接关联的。

了凡作为王龙溪的及门弟子，深得阳明心学真传，也将立志当成儿子袁天启（袁俨）的第一堂人生课。在这堂课，了凡谆谆善诱、娓娓道来，不仅讲清了做人的方向问题，而且讲明了做学问的方法问题。在他看来，做人立志，应该"立志求为大人"；而做学问（这里讲的是人生大学问），也就是"学道"，必须走"先识性体、依性起修"的正确道路。

常言道："立志当立天下志。"也就是说，立志必须广大，这与佛教所谓

“发大誓愿”有异曲同工之妙，又类似于俗语所说的“心有多大舞台就有多大”。比如近代著名思想家、儒学大师梁漱溟先生的诗句——“我生有涯愿无尽，心期填海力移山”，讲的就是一代哲人的大誓愿、大志向。那么，了凡到底要求儿子树立何种志向呢？简单来说，就是“立志求为大人”。“大人”一词最早见于《诗经·小雅·斯干》“大人占之”。这里所谓“大人”指的是太卜，是周代执掌占卜的官员。《易经》乾卦爻辞有云“九二，见龙在田，利见大人”，此处“大人”已不是具体官职，而是指品德和智慧之杰出者。到了战国时期，孟子从心性上指示何以为“大人”，他说：“先立乎其大者，则其小者不能夺也，此为大人而已矣。”要想成为“大人”，首先要“立乎其大者”，这个“大”其实指的就是大胸襟、大格局、大志向。王阳明在《大学问》中开宗明义地指出，“大人者，以天地万物为一体者也，其视天下犹一家，中国犹一人焉。若夫间形骸而分尔我者，小人矣”。“以天地万物为一体”，本是儒家强调的圣贤与仁者的境界，在王阳明看来，只有达到这一境界，才能称为“大人”。与王阳明的见解一致，了凡此篇也基本上是在儒家《大学》“三纲领”（明德、亲民、止至善）、“八条目”（格物、致知、诚意、正心、修身、齐家、治国、平天下）的体系框架内，阐释如何做“大人”的。在他看来，所谓《大学》，无非就是“大人之学”，不但是“孔门正脉”，也是“从古学圣之规范”。既然如此，立志必然要立“大人之志”，为学必然要为“大人之学”。

立志必须广大，但不能虚无。了凡先从认识心体入手，逐步指示“明德—亲民—止至善”的奥义。他认为，《大学》中的“明德”不是虚无缥缈的，而是实实在在的，指的就是“虚灵不昧之心体”，也就是阳明心学所谓的“良知”本体。讲立志引出“求为大人之志”，讲“求为大人之志”，引出“大人之心”，进而直接拈出“明德”（亦即良知）。直至“明德不是别物，只是虚灵不昧之心体。此心体在圣不增，在凡不减，扩之不能大，拘之不能小，从有生以来，不曾生，不曾灭，不曾秽，不曾净，不曾开，不曾蔽，故曰明德”，与王阳明“良知人人本具”“万古长明”的说法如出一辙，把什么是“明德”、什么是“心体”讲精了、讲深了、讲通了、讲透了。义理层层递进，文气如决江河，指点迷津，拨云见日，真有石破天惊之妙。

关于做学问的方法，是本篇精华所在。了凡指出，儒家入道方法有二种：一是由“性”入手；二是由“教”入手。这个观点，有阳明心学的背景和渊源。王阳明有著名的所谓“四句教”——

> 无善无恶心之体，有善有恶意之动；
> 知善知恶是良知，为善去恶是格物。

学者一般将其视为王阳明对其学修方法的概括性论述。但王龙溪并不完全赞成“王门四句教”，认为那“纯系权法，未可执定”，他进一步提出“四无”说，认为心意知物只是一事，“若悟得心是无善无恶之心，意即是无善无恶之意，知即是无善无恶之知，物即是无善无恶之物”。因此，他认为在心意知物四者之中，“心”是根本，因此主张学问要在心体上立根，并认为这是先天之学，诚意功夫在动意后用功，则是后天之学。

可以看出，了凡在教法方面受到王龙溪的深刻影响，特别强调当从事明德、亲民的时候，不是想要执着于相、向外追求，而是要达到一个不贪求、不执着的状态。如果希望通过反复修炼、勤恳刻苦求得修行圆满，这是执着于教；如果将良知本体当作现成已有，以为不用修证就是最高境界，这是执着于性。这两种学习方法都不是中庸之道。只有“先识性体、依性起修”，才是修身入道的一条正确路径。

敦伦第二

《中庸》以五伦[①]为达道[②]，乃天下古今之所通行，终身所不可离者。明此是大学问，修此是大经纶[③]。五伦之中，造端[④]乎夫妇。《易》首乾坤，《诗》始《关雎》。王化之原，实基于衽席[⑤]。且道无可修，只莫染污。闺门[⑥]之间，情欲易肆，能节而不流[⑦]，则去道不远矣。夫妇之道，惟是有别，故禁邪淫[⑧]为最。可以养德，可以养福。切宜戒之。

今译

《中庸》将父子、兄弟、夫妇、君臣、朋友五种人伦作为公认的准则，乃是天下古今通行的道理，每一个人都应当终身遵守而不偏离。若能明了彻悟这一准则，那便是人世间的大学问；若能实践修行这一准则，那便是宏大的抱负与才干。五伦关系之内，首要的是夫妇之道。《易经》六十四卦，开篇就是“乾”与“坤”二卦；《诗经》三百篇，起始就是《关雎》篇。这是因为，王道教化的源头，正是以男女繁育作为基础。事实上，真正的大道本来就不是修习而成的，只要不要人为干扰、污染就好了。家庭夫妇之间，男女情欲很容易纵逸，只有做到常常节制而不放纵，那就离大道的原则不远了。夫妇之道，只是要做到“有别”，故而禁止、杜绝不正当的男女之事最为重要。做到这一点，才可以涵养德性，也能够保全天福。切记要秉持戒心啊！

简注

① 五伦：指父子、兄弟、夫妇、君臣、朋友五种人伦关系。

② 达道：公认的准则。

③ 经纶：借指抱负与才干。

④ 造端：开头、发端。

⑤ 衽席：床褥与卧席，喻指男女之事。

⑥ 闺门：内室的门，喻指家庭。

⑦ 节而不流：节制而不放纵。

⑧ 邪淫：邪恶纵逸、不合正理的男女之事。

有夫妇然后有父子，爱敬父母，正是童子急务。汝幼有至性[①]，颇竭孝思[②]，第须要之于道[③]。倘此志不同，此学各别，即称纯孝，终是血肉父子[④]。今当以父母为严君[⑤]，养吾真敬，使慢易[⑥]之私不形；求父母之顺豫[⑦]，养吾真爱，使乐易[⑧]之容可掬[⑨]。常敬常爱，即是礼乐不斯须去身[⑩]，即是致中和[⑪]之实际。以此事君，则为忠臣；以此事长，则为悌弟。无时无处而不爱敬，则随在感格[⑫]，可通神明。

今译

先有了夫妇关系然后才会有父子关系，爱敬父母，正是小孩子首先应该做到的。你从小就有天赋卓异的品性，对父母能够竭尽所能地孝敬，但必须把这种孝敬提升至“道”的标准才行。如果不能以父亲的志趣为趋向，以父亲的学问为追求，那就算被别人称为“纯孝”，也不过是世俗人情意义上的父子关系。应当以父母为严君，涵养我内心真正的敬意，而从来不出现怠慢轻视的情形；要以父母的遂意和安适作为追求，涵养我内心真正的爱意，而时常在父母面前表现出和乐平易的神态。对父母常存敬爱，就是《礼记》中说的礼乐片刻不离身，就是《中庸》所讲的“致中和”的真实作用。以这种修养来侍奉君主，就是忠臣；以这种修养来侍奉长辈，就是孝悌。每时每处都呈现出对人和事物的真爱真敬，以至诚之心感化一切，就可以通达神明。

简注

① 至性：天赋卓绝的品性。

② 孝思：孝亲之思。《诗·大雅·下武》：“永言孝思，孝思维则。”

③ 要之于道：纳入“道”的标准要求。

④ 血肉父子：指世俗人情意义上的父子关系。

⑤ 严君：父母之称。《易·家人》：“家人有严君焉，父母之谓也”。

⑥ 慢易：怠慢轻视。

⑦ 顺豫：如意安适。

⑧ 乐易：和乐平易。

⑨ 可掬：可以用手捧住，形容情状明显。

⑩ 礼乐不斯须去身：出自《礼记》。原文曰：“礼乐不可斯须去身。致乐以治心，则易直子谅之心油然生矣。……致礼以治躬则庄敬，庄敬则严威。”意谓以礼乐从身心两方面时刻加以修养。斯须：片刻，一会儿。

⑪ 致中和：指人的道德修养达到不偏不倚、十分和谐的境界，也就是符合儒家提倡的“中庸之道”。《中庸》：“致中和，天地位焉，万物育焉。”

⑫ 感格：感之于此而达之于彼，也可理解为感动、感化的意思。李纲《应诏条陈七事奏状》：“然臣闻应天以实不以文，天人一道，初无殊致，唯以至诚可相感格。”

昔杨慈湖[①]游[②]象山[③]之门，未得契理[④]，归而事父。一日父呼其名，恍然大悟。作诗寄象山云：“呼承父命急趋前，不觉不知造深奥。”即承欢奉养[⑤]，可以了悟真诠[⑥]。故洒扫应对[⑦]，可以精象入神[⑧]，乃是实事。有父子然后有兄弟，吾生汝一人，原无兄弟。然合族[⑨]之人，长者是兄，幼者是弟，皆祖宗一体而分。即天祐、天与，吾既收养，便是汝之亲弟兄。

今译

昔日杨简拜入陆九渊之门求学，未能契入真理，之后回家侍奉父亲。一天杨简父亲喊他的名字，他恍然大悟，作诗寄给陆九渊说：“呼承父命急趋前，不觉不知造深奥。”就是说侍奉父母，可以参悟真理。因此洒水扫地、待人接物这些日常事务，可以由此深入表象，参悟神理，乃是实实在在的事。有父子然后有兄弟，我只生了你一人，你本无兄弟。然而整个家族的人，同辈之中年长的就是你兄长，年幼的就是你弟弟，都是同一祖宗开枝散叶而来的。就是天祐、天与，我既然收养了他们，他们便是你的亲兄弟。

简注

① 杨慈湖：杨简（1141—1226），字敬仲，号慈湖（世称慈湖先生），浙江慈溪人，南宋时期学者，师从陆九渊，有《慈湖遗书》《慈湖诗传》《慈湖易传》《五诰解》等传世。

② 游：交游，交往。这里指入陆九渊之门问学。

③ 象山：陆九渊（1139—1193），字子静，抚州金溪人，因讲学于象山书院，世称象山先生。陆氏与当时著名理学家朱熹齐名，是宋明“心学”的代表人物之一，对后世影响深远，有《象山先生全集》传世。

④ 契理：契合道理。宋明儒者所谓“理”，是指万物的本体，与“道”属同一层次。

⑤ 承欢奉养：指顺从父母之意来侍奉父母。

⑥ 真诠：真谛、真理。

⑦ 洒扫应对：洒水扫地，待人接物。这是日常生活的基本内容，也是传统儒家教育起步的地方。《论语·子张》：“子夏之门人小子，当洒扫应对进退，则可矣，抑末也。”宋·朱熹《〈大学章句〉序》：“人生八岁，则自王公以下，至于庶人之子弟，皆入小学，而教之以洒扫应对进退之节，礼乐射御书数之文。”

⑧ 精象入神：深入表象，参悟神理。

⑨ 合族：整个家族。

昔浦江[①]郑氏，其初兄弟二人，犹在从堂[②]之列，因一人有死亡之祸，一人极力救之获免。遂不忍分居，盖因患难真情感激[③]，共爨[④]数百年。累朝旌[⑤]其门，为天下第一家，前辈[⑥]称其有过于王侯之福。

| 今译 |

昔日浦江郑氏一族，最初只有兄弟二人，尚且是叔伯兄弟。因为其中一人有危及生命的祸患，另一人竭力挽救使他避免了祸患。二人于是不忍分居，大概是因为患难真情互相感动激发的缘故，郑氏一族共灶居住数百年。接连几个朝廷都表扬他们家族，是天下第一家族，前人称他们有超过王侯之家的福分。

| 简注 |

① 浦江：浙江浦江县。浙江浦江郑氏家族是当地著姓，以孝义治家，被明太祖朱元璋称为“江南第一家”。

② 从堂：从兄弟与堂兄弟。从兄弟指父亲亲弟兄的儿子，即同祖父的伯叔兄弟。俗称堂兄弟。清·赵翼《陔余丛考·堂兄弟》：“俗以同祖之兄弟为堂兄弟。按《礼经》曰从兄弟，无堂兄弟之称也。其称盖起于晋时。”

③ 感激：感动激发。

④ 共爨：共用一个灶烧火煮饭，指不分家居住在一起。

⑤ 旌：本指旗子，这里指表扬。

⑥ 前辈：前人。

吾家族属不多，自吾罢宧[①]归田，卜居[②]于此，族人皆依而环止[③]。今拟岁中各节，遍会[④]族人。正月初一外，十五为灯节[⑤]，三月清明，五月端午，六月六日，七月七日，八月中秋，九月重阳，十月初一，十一月冬至。远者亦遣人呼之，来不来唯命。此会非饮酒食肉，一则恐彼此间隔，情意疏而不通；二则有善相告，有过相规[⑥]。即平日有间言[⑦]，亦可从容劝谕[⑧]，使相忘于杯酒间。汝当遵行毋殆[⑨]。

今译

我们家族人不多，自从我罢官回到家乡，在此居住，族人都依附着我住在周围。现在我打算每年各个节日，与族人举行聚会。除正月初一外，还有十五灯节，三月清明节，五月端午节，六月六日，七月七日，八月中秋节，九月重阳节，十月初一，十一月冬至。离得较远的也派人去喊他们，来不来遵从他们的意愿。这种聚会不是为了喝酒吃肉，其目的一来是怕彼此之间隔得太远，情义疏远而不相来往；二来是彼此有善念、善行可以互相告知，有过错可以互相规劝。就是平日里有离间彼此关系的言论，也可以从容劝说，让彼此之间的误会消失于杯酒之中。你要遵守执行不要懈怠。

简注

① 罢宧：罢官。

② 卜居：古人凡建宅居住有占卜的习惯，此处指选择居住的地方。

③ 环止：像圆环一样围绕着居住。

④ 遍会：一一相会。这里指与族人举行聚会。

⑤ 灯节：元宵节，古人有元宵观灯的习惯，因此又称灯节。

⑥ 规：规劝。

⑦ 间言：离间之言。

⑧ 劝谕：劝勉晓谕，即劝说勉励使之明白道理。

⑨ 毋殆：不要懈怠。

五服[①]之制，先王称情[②]而立，大凡伯叔期功[③]之服，皆不可废，庶成礼义之家。兄弟相疏，皆起于妇人之言，凡稍有丈夫气者，初时亦必不听，久久浸润[④]，积羽沉舟[⑤]，非至明者不能察也。切须戒之。

今译

五服的制度，是先王根据人情而设立的，凡是叔伯期、功的服制，都不可以废弃，这样差不多就是礼义之家了。兄弟之间相互疏远，都是因妇人之言而起，凡是稍有大丈夫气概的人，起初也一定不会听，但是长久浸染熏陶也会受到影响，就像羽毛累积多了也可以将船压沉一样，不是非常明白的人是不能洞察其中道理的。一定要引以为戒。

简注

① 五服："五服"有多种含义：一、五等丧服。分别为斩衰、齐衰、大

功、小功、缌麻五种，以亲疏远近为差等。二、古代王城外围，每五百里为一区画，共分侯、甸、绥、要、荒五等，称为“五服”。三、天子、诸侯、卿、大夫、士的礼服的合称。四、五代。高祖、曾祖、祖父、父亲、自己五代为五服。从上下文看，这里指的是五等丧服。

② 称情：根据人情。

③ 期功：古代丧服的名称。期，服丧一年。功，又分为大功、小功。大功服丧九个月，小功服丧五个月。

④ 浸润：浸染熏陶。

⑤ 积羽沉舟：指羽毛虽轻，累积多了也会把船压沉。比喻坏事虽小，积累起来，也会产生严重的后果。

语云：“君臣之义，无所逃于天地之间。”① 不论仕与隐，皆当以尊君报国为主。凡我辈今日得饱食暖衣、悠优田里②者，皆吾皇之赐也，岂可不知感激。他日出仕，须要以勿欺为本。勿欺，所谓忠也。上疏陈言，世俗所谓气节，然须实有益于社稷生民则言之；若昭君过，以博虚名，切不可蹈此敝辙③。孔子宁从讽谏④，其意最深。

今译

有句话说：“君臣之间的关系和责任，普天之下任何地方都无法逃避。”不论做官还是隐居，都应当以尊奉君主、报效国家为主。大凡我们这些人今日能够吃得饱、穿得暖，安居乐业，都是我们皇上的恩赐，哪里可以不知感恩呢！日后做官，必须要以不欺瞒君主为根本。不欺瞒，就是“忠”。向皇帝上奏疏，发表意见，这是世俗人所称的气节，然而一定要有益于国家和百姓的才去说；以昭显君主的过失来博取个人的虚名，这样的错误千万不能再犯。孔子宁愿以委婉的方式劝谏君王，他的用意是很深的。

| 简注 |

① 君臣之义，无所逃于天地之间：《庄子·人间世》：“天下有大戒二：其一命也，其一义也。子之爱亲，命也，不可解于心；臣之君，义也，无适而非君也，无所逃于天地之间。”指君王主宰臣子，臣子效忠君王的道义，不能够逃离于天地之间。

② 悠优田里：悠优，亦作“优游”，悠闲自得。田里，田地和庐舍。悠优田里，指安居乐业。

③ 蹈此敝辙：蹈，践履，指走；辙，车轮压出的痕迹。意思是重新走上以前车辆走过的老路，比喻不能吸取教训而再犯同一类的错误。成语有“重蹈覆辙”。《后汉书·窦武传》：“今不虑前事之失，复循覆车之轨。”

④ 讽谏：委婉地劝谏君王。

至于朋友之交，切宜慎择。苟得其人，可以研精性命[①]，可以讲究[②]文墨，可以排难解纷，须要虚己求之，委心[③]待之，勿谓末俗风微[④]，世鲜良友，取人以身[⑤]，乃是格论[⑥]。门内有君子，门外君子至。只如馆中看文[⑦]，我先以直施[⑧]，彼必以直报[⑨]。日常相与，我先以厚施，彼必以厚报。常愧先施之未能，勿患哲人[⑩]之难遇。又交友之道，以信为主，出言必吐肝胆，谋事必尽忠诚。宁人负我，毋我负人。纵遇恶交相侮，亦当自反自责，勿向人轻谈其短。至嘱[⑪]。

今译

至于朋友之间的交往，一定要谨慎选择。假如能够交到一个合适的朋友，可以一起深入研究性命之学，可以一起切磋文章，可以互相排解难处、解决纠纷。这样的朋友一定要虚心去寻求，全心对待他，不要说世风衰微，世上少有良友，选择朋友以修身为原则，才是至理名言。门里面住着君子，门外的君子也就来了。就好像在私塾中讨论文章，我先以直言相告，他一定也以坦诚来回报我。在日常生活中的相互交往，我对待他人厚道，他人一定也以厚道来报答我。要常常以没能先施予而愧疚，不要担心难以遇到贤明的人。另外，交友之道以诚信为主，朋友间的交谈要吐露胸中真意，与朋友谋划事情一定要竭尽忠诚。宁愿别人亏欠于我，我不亏欠别人。纵使遇到恶友相欺侮，也要自我反省，自我责备，不要向人轻易谈论他的短处。这是紧要的嘱咐。

简注

① 性命：万物的天性禀赋。这里指“性命”之学。

② 讲究：讲讨研究。

③ 委心：全心，诚心。

④ 末俗风微：末世风俗、风化衰微。

⑤ 取人以身：《中庸》："故为政在人，取人以身，修身以道，修道以仁。"指选择人的原则在于品德，取决于其修身如何。

⑥ 格论：至理名言。

⑦ 馆中看文：在私塾中讨论文章。馆，私塾。

⑧ 以直施：以正直对待。此处指直言相告，坦率地指出对方的问题。

⑨ 以直报：以正直报答。此处指对方也以直言相告。

⑩ 哲人：贤明之人。

⑪ 至嘱：紧要的嘱咐。

五伦[①]本自天秩[②]，凡相处间，不可参一毫机智[③]，须纯肠[④]实意，盎然[⑤]天生[⑥]，斯谓之敦。《中庸》"修道以仁"，亦是此意。昔有人以忠孝自负[⑦]者，有禅师语之曰："即五伦克[⑧]尽，无纤毫欠缺，自孔子言之，正是民可使由之[⑨]，非豪杰究竟[⑩]事也。"今忠臣孝子，世或有之，然不闻道，终是行之而不著，习矣而不察[⑪]，是故以立志求道为先。

今译

君臣、父子、夫妇、兄弟、朋友这五伦本是上天规定的礼法制度，但凡彼此相处之时，不可掺杂一毫的机心与智巧，一定要真心实意，情谊充盈就像是自然生成一样，这就叫敦伦。《中庸》说“修道以仁”，也就是这个意思。从前有一个以忠孝自我标榜的人，有位禅师对他说：“即使五伦能够都做到（父子有亲，君臣有义，夫妇有别，长幼有序，朋友有信），没有丝毫的欠缺，按照孔子的话来讲，这正是‘民可使由之’的意思，但不是豪杰之人的最终事业。”忠臣孝子，当今世上或许有，然而不闻道，最终是盲目遵行它而不能弄明白它，实践它而对其中的道理没有觉察，所以“敦伦”之前应当先立志求道。

| 简注 |

① 五伦：指五种人伦关系，即君臣、父子、夫妇、兄弟、朋友五种关系和言行准则，是狭义的“人伦”。《孟子·滕文公上》：“使契为司徒，教以人伦：父子有亲，君臣有义，夫妇有别，长幼有序，朋友有信。”

② 天秩：上天规定的品秩等级，这里指礼法制度。

③ 机智：机心与智巧。

④ 纯肠：淳厚的心肠。这里指出自真心。

⑤ 盎然：充满、充盈的样子。

⑥ 天生：自然生成、与生俱来。

⑦ 自负：自以为是、自命不凡。

⑧ 克：能够。

⑨ 民可使由之：老百姓可以让他们按照规范去做。《论语·泰伯》：“民可使由之，不可使知之。”这里的意思是只按照五伦的标准去为人处世，但是并不能知其所以然，仍然不够。

⑩ 究竟：最根本的、最后的。

⑪ 行之而不著，习矣而不察：出自《孟子·尽心上》："行之而不著焉，习矣而不察焉，终身由之而不知其道者，众也。"著，明白地知晓。习，实习、实践。察，觉察。

孟宗之笋[①]，王祥之鱼[②]，皆从真心感召[③]。宋[④]谢述[⑤]随兄纯在江陵，纯遇害，述奉丧[⑥]还都。中途遇暴风，纯丧舫[⑦]漂流，不知所在，述乘小舟寻求。嫂谓曰："小郎[⑧]去必无返。宁可存亡[⑨]俱尽耶？"述号泣曰："若安全至岸，尚须营理[⑩]。如其变出意外，述亦无心独存。"因冒浪而进，见纯丧几没。述号泣呼天，幸而获免，咸以为精诚[⑪]所致。此所谓笃行也。学不到此，终是假在[⑫]，即修饰礼貌，向外周旋，徒[⑬]令人作伪耳。

| 今译 |

孟宗哭竹所得的笋、王祥卧冰所得的鱼，都是从真心感应而得来。南朝刘宋时有个叫谢述的人跟随他的兄长谢纯在湖北江陵，谢纯遇害而死，谢述带着谢纯的尸体返回都城（南京）。在途中遇到暴风，载着谢纯尸体的船随江漂流，不知飘向了哪里，谢述乘着小船去寻找。谢述的嫂子对谢述说："你这一去一定不能回来，难道宁愿与你的兄长一起死掉吗？"谢述哭着说："哥哥的尸体如果能安全到达岸边，尚且需要料理后事。如果出现变故而发生意想不到的事情（指找不到谢纯的尸体），我也不想独自活在世上。”谢述于是冒着风浪前进，看到谢纯尸体快要沉没。谢述呼天大哭，谢纯的尸体因此幸免沉没，大家都认为这是因为真心诚意所获得。这就是所谓的品行敦厚。学习不到此种境界，终究是虚假的，即使修饰自己的礼节和容貌，对外客套应酬，也只不过让人变得虚伪罢了。

简注

① 孟宗之笋：（唐）欧阳询《艺文类聚》引《楚国先贤传》曰：“孟宗母嗜笋，及母亡，冬节将至，笋尚未生，宗入竹哀叹而笋为之出，得以供祭，至孝之感也。”

② 王祥之鱼：（晋）干宝《搜神记》载：“王祥字休征，琅邪人。性至孝。早丧亲，继母朱氏不慈，数谮之。由是失爱于父，每使扫除牛下。父母有疾，衣不解带。母常欲生鱼，时天寒冰冻，祥解衣，将剖冰求之。冰忽自解，双鲤跃出，持之而归。母又思黄雀炙，复有黄雀数十入其幕，复以供母。乡里惊叹，以为孝感所致焉。”

③ 感召：即感应，指神明对人事的反响。

④ 宋：指南朝时期刘裕所建立的宋朝（公元420—479年），后世称为“刘宋”。

⑤ 谢述：字景先，南朝刘宋时人。谢述、谢纯的事迹见梁沈约《宋书·谢景仁传》。

⑥ 奉丧：指举行丧礼或守孝。

⑦ 丧舫：装着尸体的船。

⑧ 小郎：古代女子对丈夫之弟的称呼。

⑨ 存亡：生者和死者，这里分别指谢述、谢纯。

⑩ 营理：料理。

⑪ 精诚：真心实意。

⑫ 假在：虚假的存在。

⑬ 徒：只不过。

实践要点

儒家以“五伦”为施治纲领，以“民胞物与”之“仁”为济世襟怀，以“中庸之道”为方法准则，以“礼”为行为规范，以“大同”为最终的社会理想。本篇之中，了凡围绕“五伦”，也就是夫妇、父子、兄弟、君臣、朋友这五种最具典型性的人际关系，对儿子袁天启（袁俨）进行系统开导和训示。

关于夫妇关系，了凡强调“有别”二字，以及“节而不流”“禁邪淫为最”。孟子讲“父子有亲，君臣有义，夫妇有别，长幼有叙，朋友有信”，为何单讲“夫妇有别”，这个“有别”到底是何意？在儒家看来，夫妇关系在人伦道德中处于非常重要的地位。由于男女在生理、心理上存在很大差异，因此婚姻关系中必须相互尊重对方的特质。比如男子相对理性，那么家事决定权一般由男子承担，而女子更感性，那么营造温馨的家庭氛围则是女子的强项；战争时期，男子要冲锋陷阵，女子则应该留在后方照顾伤员。之所以有这些分工，其实就是尽男女之性，尽男女之性，则自然生别。反之，强行抹煞男女的本性差异，无视男女特质的不同，则看似公平而实际违背男女之性。前贤用一个“别”字来说明这种差异，提醒夫妇双方都认可差异、相互尊重，是非常简明扼要的。此外，禁邪淫也是维持良好夫妇关系的必要条件。有关资料表明，近几年婚外情的发生有逐步攀升趋势，这是造成夫妻关系破裂的重要原因。导致婚外情的因素较多，人的本性如果不加约束，也会产生“过失性”的婚外关系。由此可见，了凡主张禁邪淫，也很有积极的现实意义。

在父子关系中，了凡讲的并不是孝顺父母的繁文缛节，而是提倡“养吾真敬”“养吾真爱”，主张把对父母的爱（也就是孝）推而广之，强调“以此事君则为忠臣，以此事长则为悌弟”。在横向上，真正的孝子能够做到“无时无处而不爱敬”；在纵向上，真正的孝思可以“通神明”“悟真诠”。孔子之所以重视孝，是因为将其视为“仁”的出发点和生长点。《论语》载：“有子曰：其为人也孝弟（同‘悌’），而好犯上者鲜矣；不好犯上而好作乱者，未之有也。君子务本，本立而道生。孝悌也者，其为仁之本欤。”王阳明也说，“只从孝弟为尧舜，莫把辞章学柳韩。”了凡在此举出杨慈湖侍奉父亲的故事，表明他也已经把孝升华为一种人生大学问的高度。

在兄弟一伦中，了凡强调了家族和睦的意义。他主张在兄弟之外，亲族也要根据时节，例如正月初一、正月十五、三月清明、五月端午、六月六日、七月七日、八月中秋、九月重阳、十月初一、十一月冬至等，经常组织聚会，聚在一起不是为了吃吃喝喝，其主要目的有二：一是融洽情感（“恐彼此间隔，情意疏而不通”）；二是沟通意见（“有善相告，有过相规，即平日有间言，亦可从容劝谕，使相望于杯酒间”）。此外，了凡指出兄弟关系的疏离，往往由于“妇人之言”，身为男子，必须有所警戒。

在君臣一伦，了凡提倡“忠君报国”，针对明代特有的一种不良风气，就是某些士人通过激进的上书陈言，以邀取个人声誉的做法，他特别指出，倘若谏君，“须实有益于社稷生民”“昭君之过以博虚名”的做法绝不可取！

在朋友一伦，了凡倡导的朋友相处之道，包括择友必须慎重，对朋友秉持“取人以身”的原则，“宁人负我、毋我负人”等等，对于提升个人修养都有积极教育意义。

长期以来，“父子有亲、君臣有义、夫妇有别、长幼有序、朋友有信”的“五伦”教育对中国人的道德观念和为人处世的风格产生了极其深远的影响。在社会主义核心价值观视角下，深入研究汲取了凡此篇的有益思想，既可以涵养身心、提升人格，同时对建设和谐社会也大有裨益。

事师第三

子生十年，则就外傅[①]，礼也。事师有常仪[②]，不可不习。

一者每朝当早起。古人鸡初鸣，则盥漱[③]，趋父母之侧。汝从来娇养，不能与鸡俱兴，然亦不可太晏[④]，致使师起而不出。

二者诣[⑤]师户外，必微咳一声，勿卒暴[⑥]而入。

三者早入当问安。

四者师有所须，当如教办给。

五者粥饭茶汤，当嘱家童应时供送，迟则催之，遇见则亲阅而亲馈[⑦]之。

今译

小孩到十岁，就要外出跟从老师学习，这是古代的礼制。侍奉老师有固定的礼节规范，不可以不学习。

一是每天早晨应当早起。古人在鸡刚刚打鸣的时候，就去洗脸漱口，小步快走到父母近前。你自出生以来有些娇生惯养，即使不能在鸡鸣时起身，也不可以太晚，使得老师起床了你还没出来。

二是从门外入室拜见老师，必须先轻声咳嗽一声，不要突然急促地进入。

三是早晨进入房间应当问候老师安好。

四是老师有什么需要的，应当按照老师的吩咐置办供给。

五是粥、饭、茶、汤，应当叮嘱家仆在适合的时候供给传送，晚了便要催促，如果碰到童仆送茶饭就要亲自察看并自己奉进食物给老师。

简注

① 外傅：古代贵族子弟至一定年龄，出外就学，所从之师称外傅，与内傅相对。《礼记·内则》：“十年，出就外傅，居宿于外，学书记。”郑玄注：“外傅，教学之师也。”

② 常仪：通常的礼仪。

③ 盥漱：洗脸漱口。

④ 晏：迟。《吕氏春秋》：“早朝晏退。”

⑤ 诣：指到尊长那里去。

⑥ 卒暴：急促，紧迫。《汉书》：“诏书比下，变动政事，卒暴无渐。”

⑦ 亲馈：亲自奉进食物。《礼记》：“侍食于长者，主人亲馈，则拜而食。”

六者师有所谈，当虚怀听教，讲书则字字详察，讲课则舍己从人[①]，勿执己见而轻慢[②]师长。

七者远见师来则起，师至则拱手[③]侍立，须起敬心。出而随行，勿践[④]其影。

八者师或无礼相责，必默然顺受，不可出声相辨[⑤]。

九者勿见师过，人或来告，必解说而掩覆[⑥]之。

十者夜间呼童预整卧具，或亲视之。师眠，当周旋掩覆[⑦]之。昔林子仁[⑧]登科后，事王心斋[⑨]为师，亲提夜壶，服役尽礼。近日冯开之[⑩]，亦命其子提壶事师。此皆前辈懿行，可以为法。

今译

六是老师有所谈论，应当虚心听受，讲授经书时，要字字详细考察，讲授义理时，要放弃个人的意见首先听从老师的主张，不要执着自己的见解而轻慢师长。

七是远远地看到老师来，便要起身，等老师到了便要拱手恭立，应该生起恭敬心。跟随老师外出，走在老师后面，不要踩踏他的影子。

八是老师偶尔没有礼貌地责备自己，也要沉默顺从地接受，不可以争辩。

九是不要检点老师的过失，如果有人告知老师的过失，一定要进行解释并加以掩饰。

十是夜间呼唤家童预先为老师整理床铺，并且亲自察看整理情况。老师睡觉的时候，应该在旁照料。以前林子仁考上进士后，拜王心斋为师，亲自提夜壶，尽心尽力服侍老师。最近冯开之也命令他的儿子提夜壶侍奉老师。这些都是前辈们的美好品行，可以加以效法。

简注

① 舍己从人：放弃自己的意见，服从他人的主张。《尚书》：“稽于

众，舍己从人。”《孟子》：“大舜有大焉，善与人同，舍己从人，乐取于人以为善。”

② 轻慢：轻视怠慢。

③ 拱手：两手相合以示敬意。《礼记》：“遭先生于道，趋而进，正立拱手。”

④ 践：践踏。

⑤ 辨：通“辩”，辩解。

⑥ 掩覆：掩盖，掩饰。《三国志》：“其微过细故，当掩覆之。”

⑦ 周旋掩覆：指尊长睡觉时在旁照料，掖盖被褥等。

⑧ 林子仁：林春（1498—1541），字子仁，初号方城，后改东城，江苏泰州人，嘉靖十一年（1532 年）会试第一名（会元），授户部广西司主事，后历任吏部文选司主事、验封司员外郎等职。

⑨ 王心斋：王艮（1483—1541），字汝止，号心斋，江苏泰州人，王阳明的弟子，创立传承阳明心学的泰州学派。

⑩ 冯开之：冯梦祯（1548—1606），字开之，号具区，又号真实居士，浙江秀水人，万历五年（1577 年）进士。

事师之道，全在虚心求益。倘能随处求益，则三人同行，必有我师；若执己自是[①]，则圣人与居，亦不能益我[②]。

舜好问，好察迩言[③]。当时之人，岂复有睿哲文明[④]过于舜者？惟问不遗刍荛⑤，则人人皆可师；惟察不遗迩言，则言言皆至教。

汝能有而若无，实而若虚，能受一切世人之益，能使一切世人皆可为师，方是大人家法⑥。

今译

侍奉老师的方法，完全在于虚心求益。倘若能随处求益，就如孔子所说的，三个以上的人在一起，其中一定有我的老师；假如坚持己见，自以为是，即使跟圣人住在一起，也不能使我受益。

舜勤于向人请教，善于分析浅近的话。当时的人，难道还有聪明睿智、文化卓越超过舜的人？只要请教问询的时候不遗漏平民百姓，那么每个人都可以成为老师；只要观照体察的时候不遗漏常人浅白的建议，那么每句话都是最好的教育。

你能有却如同没有，充实却如同空虚，能接受一切世人的益处，能使一切世人都可作你的老师，这才是我们家祖父相传的家规礼法。

简注

① 执己自是：执着自己的意见，自以为是。

② 益我：有益于我。

③ 好察迩言：善于体察常人的建议和浅显的话语。《中庸》："舜好问而好察迩言，隐恶而扬善，执其两端，而用其中于民。"

④ 睿哲文明：智慧圣明而又具有文化。《尚书》："睿哲文明，温恭允塞。"

⑤ 刍荛：割草砍柴的人。《诗经》："先民有言，询于刍荛。"

⑥ 大人家法：祖父相传的家规。大人，可有两种理解：一、作者对其父的敬称；二、德行高尚、志趣高远的人。如取后一解，则"大人家法"相当于君子家法。

实践要点

中国向有尊师重教的传统。生我者父母，成我者老师。尊重老师，是每一个人都应该做到的事情。这一篇中，了凡要求儿子对老师极尽恭敬之能事，诸如早起事师、供送茶饭、勿执已见、勿践师影、勿见师过、预整卧具、提壶事师等事师礼仪，林林总总，细致入微，彰显了尊师敬事之心。

中国自古来被称为"衣冠上国，礼仪之邦"，礼仪文明作为中国传统文化的重要组成部分，影响中国社会长达两千多年，塑造了中国人的独特品格和民族精神。从某种意义上说，礼仪既是个人修身养性的起点，又是社会安定有序的根基。往小处说，礼仪可以修身齐家；往大处说，礼仪可以治国平天下。立于礼是为人之善，即以礼为做人的基础；行于礼是处事之善，即以礼为做事的准则；让于礼是交往之善，即以礼为交往的准则。应该说，了凡在此篇中强调的事师礼仪，大部分属于明代的"常仪"。所谓"常仪"，也就是在庶民大众认同、遵守的基础上确立起来的日常通行的礼仪规范。"常仪"源于古礼，是古礼一种与时俱进的表现形式。如果深究，这些礼仪都是人们价值观念的反映，每一个简单礼节的背后都有丰富的文化内涵。

西谚有云："吾爱我师，吾更爱真理。"这是从尊重知识、尊重理性的角度，强调不要因为对老师的尊敬和爱戴，就不敢质疑老师的观点，而是要以客观、理性、严谨的态度去追求真理。这个观念并没有错，而倡导"当仁不让于师”的中国传统文化也是向来支持这一观念的。但了凡此处讲究事师礼仪，并不涉及老师、真理二者的讨论，了凡要儿子尊敬老师，并不是主张儿子认同老师的每一句话，而是强调秉持恭敬之心对待老师，秉持谦虚之心对待道理知识。因为对于任何一个孩子而言，没有什么比从老师那里学习道理、汲取智慧更加重要。

而向老师学习，尊敬老师是前提。一分恭敬，一分收获；十分恭敬，十分收获。必须指出的是，尊敬老师并不等同于否定批判精神，更不是阻碍创新思维，恰恰相反，善于继承是为了更好创新。

以现代眼光来看，了凡提倡的某些具体的事师礼仪未免显得繁琐。有些礼仪，如早起事师、供送茶饭、预整卧具、提壶事师等等，也已经不适于当今时代发展，对此我们必须坚持古为今用、以古鉴今的原则。那么，如何看待了凡提出的具体事师礼仪？一言以蔽之——师其“意”而不袭其“迹”。这些事师礼仪的背后深意是尊重与谦虚，现代人只要努力克服傲慢轻浮的心态，保持谦虚恭敬之心，随时都可以学习，随处都是提升自我的机会，所谓“三人行，必有我师”。这是简单的道理，可惜很多人却视而不见。通过明了古人的事师仪轨，深入理解古人尊师重教的深层原因，这是本篇的可贵之处。

当今社会，教育领域出现很多问题，学生家长与老师的冲突屡屡见诸报端，其表现形式固然多种多样，但在这场没有硝烟的战争中，最终受害者到底是谁？无疑是学生自己。从另一个角度来看，一个不尊重老师的学生，又能从老师那里获得什么呢？值得深思。

处众第四

弟子之职[①]，不独亲仁[②]，亦当爱众[③]。盖亲民[④]原是吾儒实学[⑤]，故一切众人，皆当爱敬。孟子曰："仁者爱人，有礼者敬人。"所谓爱人者，非拣好人而爱之也，仁者无不爱。善人固爱，恶人亦爱，如水之流，不择净秽，周遍沦洽[⑥]，故曰"泛爱"。

| 今译 |

弟子的天职，不仅应亲近有仁德的人，也要博爱大众。因为亲民本是儒学中切实有用的学问。所以对一切人，都应当持亲爱恭敬之心。孟子说："以仁存心之人爱人；以礼存心之人敬人。"爱人的意思，不是挑选出善良的人来友爱，而有仁心的人友爱所有人。善良的人本当敬爱，恶人也要以爱心待之。如同奔流之水，不管干净或是污秽，泽及一切地方。所以叫做"泛爱"。

| 简注 |

① 弟子之职：弟子，为人弟者与为人子者，泛指年幼的人。职，职分，分内应做的事。

② 亲仁：亲近有仁德的人。

③ 爱众：博爱大众。出自《论语·学而》："泛爱众，而亲仁"。

④ 亲民：亲近民众和顺应民心。亲，亲近、仁爱。

⑤ 实学：切实有用的学问。

⑥ 周遍沦洽：遍及一切。周遍，普及周全；沦洽，广博周遍。

问：既如此，何故说仁者能恶[①]人？曰：民，吾同胞[②]。君子本心，只有好[③]无恶，惟其间有伤人害物，戕[④]吾一体之怀者，故恶之。是为千万人而恶，非私恶也。去一人而使千万人安，吾如何不去？杀一人而使千万人惧，吾如何不杀？故放流诛戮，纯是一段恻隐[⑤]之心流注[⑥]，总是爱人，此惟仁者能之，而他人不与[⑦]也。识得此意，纵遇恶人相侮，自无纤毫相碍。

丨 今译 丨

问：既然这样，为什么说仁者可以厌恶他人呢？答：所有的人都是我的同胞。君子的内心天性，只有喜爱而无憎恶，而其中有恶人伤人害物，损害我仁爱全体之人的心志，所以君子厌恶他。这是为了千万人而憎恶，不是出于私欲的憎恶。驱逐一人而使千万人得到安宁，我为何不驱逐他呢？诛杀一人而使千万人敬畏刑法，我为何不诛杀他呢？所以无论是放逐还是诛杀，全是一片同情悲悯之心在发用流行，都是仁爱他人。这只有仁者能做到，而不以仁存心之人无法做到。懂得此意，即使遇到恶人侮辱，自然不会丝毫妨碍我的心志。

简注

① 恶：厌恶。

② 民吾同胞：所有的人都是我的同胞。同胞，同一父母所生的兄弟姐妹。出自张载《西铭》："民，吾同胞；物，吾与也"。张载（1020—1077），字子厚，凤翔郿县（今陕西眉县横渠镇）人。北宋思想家、教育家、理学创始人之一。

③ 好：喜爱，友爱。

④ 戕：残害。

⑤ 恻隐：同情怜悯。

⑥ 流注：贯注。

⑦ 与：参与。

孟子三自反之说[①]，最当深玩。吾肯真心自反，即处人十分停当[②]，岂肯自以为仁，自以为礼，自以为忠？彼愈横逆[③]，吾愈修省[④]。不求减轻，不求效验[⑤]，所谓终身之忧[⑥]也。一可磨练吾未平之气，使冲融[⑦]而茹纳[⑧]。二可修省吾不见之过，使砥砺而晶莹。三可感激上天玉成[⑨]之意，使灾消而福长。

今译

孟子仁、礼、忠三自反的说法，最当深刻玩味。我遇事能真心反躬自问，则与人相处十分妥帖，岂会自以为已仁，自以为有礼，自以为尽忠？对方愈是横暴，我愈要修身反省。不求他人之横暴有所减轻，不求己身之反省有所成效，这就是古人所说的“君子有终身之忧”的意思。一可磨炼我容易愤慨的气性，使之冲和而包容。二可以修正反省我不易察觉的过失，通过磨炼使之纯净。三可感激上天成全之意，使灾难消解，福慧增长。

简注

① 三自反之说：从仁、礼、忠三个方面反躬自问。出自《孟子·离娄下》：“孟子曰：‘有人于此，其待我以横逆，则君子必自反也：我必不仁也，必无礼也，此物奚宜至哉？其自反而仁矣，自反而有礼矣。其横逆由是也，君子必自反也：我必不忠。自反而忠矣，其横逆由是也，君子曰：此亦妄人也已矣，如此则与禽兽奚择哉？于禽兽又何难焉？’”

② 停当：妥帖，妥当。

③ 横逆：强暴不顺礼。

④ 修省：修正反省。

⑤ 效验：成效。

⑥ 所谓终身之忧：语出《孟子·离娄下》：“君子有终身之忧，无一朝之患。”意谓君子的人生目标是修身进德，所以终身担忧自己的德行不长进，而不会为外在的得失忧虑。

⑦ 冲融：冲和，恬适。

⑧ 茹纳：容忍、包容。

⑨ 玉成：意谓助之使成。参见张载《西铭》：“富贵福泽，将厚吾之生也；贫贱忧戚，庸玉女于成也”。

汝今后与人相处，遇好人，敬之如师保[①]，一言之善，一节之长，皆记录而服膺[②]之，思与之齐[③]而后已。遇恶人，切莫厌恶，辄默然自反："如此过言，如此过动，吾安保其必无？"又要知世道衰微，民散[④]已久，过言过动，是众人之常事，不惟不可形之于口，亦不可存之于怀，汝但持正，则恶人自远，善人自亲。汝父德薄，然能包容，人有犯者，不相较量，亦不复记忆。汝当学之。

今译

你今后与人相处，遇到品行端正的人，应当如同对待老师般尊敬他。他的一句善言，一点长处，都记录下来并铭记于心，一心想要向他看齐。遇到恶人，务必不要生出厌恶之心，而是静默自省："这样的错误言论，这样的错误行为，我能保证一定不会做出来吗？"又要理解社会道德沦落，人民涣散放逸已久，错误的言论和行为是众人常有的事情。厌恶之情不仅不必用语言表现出来，也不能存在心里。你只要持守公正，则恶人自然远离，善人自然来亲近你。你的父亲德性浅薄，然而能包容百事，他人有冒犯我的，我不去计较，也不再存于心中。你应当学习这种品行。

简注

① 师保：古时任辅弼帝王和教导王室子弟的官，有师有保，统称"师保"。这里泛指老师。

② 服膺：铭记在心，衷心信奉。出自《中庸》："得一善，则拳拳服膺而弗失之矣。"

③ 思与之齐：想要向他看齐。语出《论语·里仁》：“见贤思齐焉，见不贤而内自省也。”

④ 散：涣散，放逸。

《周易》曰：“地势坤，君子以厚德载物。”夫持之而不使倾，捧之而不使坠，任其践蹈[①]而不为动，斯谓之载。今之人至亲骨肉，稍稍相拂[②]，便至动心[③]，安能载物哉？《中庸》亦云：“博厚所以载物也，高明所以覆物也。”人只患德不博厚、不高明耳。须要宽我肚皮，廓吾德量[④]。如闻过而动气，见恶而难容，此只是隘。有言不能忍，有技不能藏，此只是浅。勉强[⑤]学博，勉强学厚。天下之人，皆吾一体，皆吾所当负荷[⑥]而成就之者。尽万物而载之，亦吾分内[⑦]。不局于物则高，不蔽于私则明。吾苟高明，自能容之而不拒，被[⑧]之而不遗。此皆是吾人本分之事，不为奇特。汝待遇一切人，皆思载之覆之，胸中勿存一毫怠忽之心，勿起一毫计较之心，自然日进于博厚高明矣。

今译

《周易》说：“大地的特点是厚实和顺，君子也要以宽厚的美德包容承载万物。”持守而不使它倾斜，捧举而不使它坠落，任凭践踏而不为所动，这就叫做包容承载。但如今骨肉亲人之间，意欲稍微相违背，便会产生感情波动，如何能容载世间万物呢?《中庸》也说：“广博深厚所以能承载万物，崇高明睿所以能覆庇万物。”

人只需担忧德行不够广博深厚、品性不够崇高明睿，而应当拓宽气量，廓张涵养和胸襟，如果听见别人指出自己的过失就生气，看见恶人就难以容忍，这只是狭隘罢了。有话不能忍住不说，有技能不能藏住不显露，这只是浅陋。需要尽力修学广博，尽力修学深厚，天下之人与我都是一个整体，都是我所应当承担责任而使其成全德性的人。尽万物之性而包载万物，也是我本分之事。不被一物所局限则崇高，不被私欲所遮蔽则明睿。我如果达致崇高明睿，自然能容纳万物而不排斥，覆庇万物而无不尽。这都是我本分之事，没有什么神奇特别的。你对待一切人，都要想到包载、覆庇他，胸中不要存有一点怠惰玩忽之心，不要生出一点计较得失之意，自然每日增进博厚高明的修养。

| 简注 |

① 践蹈：踩踏，蹂践。

② 相拂：相违背。

③ 动心：谓思想、感情引起波动。

④ 德量：道德涵养和气量。

⑤ 勉强：尽力而为。

⑥ 负荷：担负、承担。

⑦ 分内：本分之内。

⑧ 被：盖覆。

《易》曰："君子能通天下之志。"昔子张问达[①]，正欲通天下之志也。夫子告之曰："质直而好义，察言而观色，虑以下人。"大凡与人相处，文则易忌，质则易平，曲则起疑，直则起信。故以质直为主，坦坦平平，率真务实，而又好行义事[②]，人谁不悦？

然但能发己自尽[③]，而不能狥物[④]无违。人将拒我而不知，自以为是而不耻，奚可哉？故又须察人之言，观人之色，常恐我得罪于人，而虑以下之，只此便是实学。亲民之道，全要舍己从人，全要与人为等，全要通其志而浸灌[⑤]之。使彼心肝骨髓，皆从我变易。此等处，岂可草草读过。

今译

《周易》说："只有君子才能通达天下人的意志"。古时子张问"怎样才称得上达"，正是想要通达天下人的意志。孔夫子回答他说："内心平实正直，好行正义之事，又能察人言语，观人容色，存心谦退，总使自己处在别人下面。"大抵与人相处，文采华盛则容易招致嫉妒，质实朴素则易与人相处；婉曲不直则容易引起怀疑，正直坦率则令人信服。所以品行以质朴正直为主，坦荡平正，率真务实，而又喜欢行正义之事，谁会不喜欢这样的人呢？

然而只能凡事竭尽自己的力量，而不可以去迎合物议曲意奉承。如果他人不接受我而我又不知，自以为是而不感到羞耻，这怎么可以呢？所以我又必须审察他人言论，观察他人脸色，常担忧我会冒犯于人，而总好把自己处在他人之下。只要这样就是切实有用的学问。亲近民众的原则，全在于舍弃对自我的执著、顺应他人的需要，全在于与人平等相处，且理解他人的意趣志向而以正道熏陶他们。使民众身心气质都从我的熏养中变化。这等关键之处，岂能草率读过。

简注

① 子张问达：出自《论语·颜渊篇》："子张问：'士何如斯可谓之达矣？'子曰：'何哉，尔所谓达者？'子张对曰：'在邦必闻，在家必闻。'子曰：'是闻也，非达也。夫达也者，质直而好义，察言而观色，虑以下人。在邦必达，在家必达。夫闻也者，色取仁而行违，居之不疑。在邦必闻，在家必闻。'"

② 义事：正义的事情。

③ 自尽：尽自己的才力。

④ 徇物：迎合物议、迎合他人。

⑤ 浸灌：浸渍，熏陶。

处众之道，持己只是谦，待人只是恕，这便终身可行。凡与二人同处，切不可向一人谈一人之短，人有短，当面谈，又须养得十分诚意，始可说二三分言语。若诚意未孚[①]，且退而自反。即平常说话，凡对甲言乙，必使乙亦可闻，方始言之，不然，便犯两舌[②]之戒矣。

今译

与民众相处的原则，持守己身只要谦恭反省，待人接物只要即切近之情而体谅他人，这便可以终身行之。凡是与二人相处，切不可向其中一人谈论另一人的短处，人有短处，应当面提点，又必须自己心中充满十分的诚意，才可以说两三分提醒对方的话。如果诚意未到，就要退下反躬自省。即使平时说话，凡是对甲方谈论乙方，所说的话必须让乙方也能听见，这样才能说，不然就犯了挑拨是非的戒条。

简注

① 孚：达到，符合。

② 两舌：佛教中因语言所犯的四种恶业：恶口、两舌、妄语、绮语。两舌，指在人与人之间传播是非、制造矛盾。

老者安，朋友信，少者怀。① 天下只有此三种人，凡长于汝者，皆所谓老者也。《曲礼》曰："年长以倍，则父事之；十年以长，则兄事之；五年以长，则肩随②之。"又曰："见父之执③，不谓之进不敢进；不谓之退，不敢退；不问，不敢对。"又曰："父之齿④随行。任轻⑤则并之，任重则分之。"谦卑逊顺，求所以安其心，而不使之动念⑥；服劳奉养，求所以安其身，而不使之倦勤。皆当曲体⑦而力行者也。同辈即朋友，有亲疏善恶不齐，皆当待之以诚。下于汝者，即少者也，常怀之以恩。御僮仆、接下人，偶有过误，不得动色相加，秽言相辱，须从容以礼谕之。谕之不改，执而杖之，必使我无客气[⑧]、彼受实益，方为刑不虚用。《书》曰：“毋忿嫉于顽[⑨]。”彼诚顽矣，我有一毫忿心，则其失在我，何以服人？故未暇治人之顽，先当平己之忿，此皆是怀少之道。切须记取。

| 今译 |

我愿对老者，能使他安定。对朋友，能待之以诚信。对少年，能给予他们关怀。天下只有老者、朋友、少者这三种人。凡是年长于我的，都可以叫做老者。《曲礼》说：“年纪比我大一倍的，应如侍奉父母一样对待他；年纪比我大十岁的，应如侍奉兄长一样对待他；年纪比我大五岁的，则可并肩而行，又须稍微在后。”又说：“见到父亲的执友，不使我上前则不敢上前，不使我退下则不敢退下。”又说：“遇见父亲的同辈则跟随其后而行。与长辈都挑着轻担子，应把长辈的轻担并到自己肩上；都挑着重担子，应把长辈的重担分过来一些。”谦虚恭顺，用来安宁长者之心，而不使其动心劳神；服事奉养，用来安闲长者之身，而不使他疲倦奔劳。这些都应当深入体察而努力实践。同辈即是朋友，有亲疏善恶的不同，都应当以真诚相待。年纪比你小的，即是少者，要常关怀他们施予恩情。管理仆役，对待下人，即使他们偶然有过失，也不要改变脸色，脏言辱骂，应当态度平和，不失礼节地教导他。教导仍不改，责打惩罚他时，一定要不带情绪，使他实在地得到教益，这样才能使刑罚不会白白施行。《尚书》说：“不要对愚妄无知者愤怒憎恶”。他的确愚妄无知，而我如果有一点愤怒之心，则过错在我，用什么来令人信服呢？所以在惩戒他人的愚妄之前，应当先行平治自己的怨怒，这都是感怀少者的原则，切须谨记。

简注

① 老者安，朋友信，少者怀：老者使其安定，朋友待之以诚信，少年给予他们关怀。出自《论语·公冶长》："子曰：'老者安之，朋友信之，少者怀之。'"

② 肩随：古时年幼者事年长者之礼，并行时斜出其左右而稍后。

③ 执：执友。志同道合的朋友。

④ 齿：同辈。

⑤ 任轻：任，负担。负担轻的东西。

⑥ 动念：犹动心。思想、情感引起波动。

⑦ 曲体：深入体察。

⑧ 客气：意气、情绪。

⑨ 顽：愚妄无知的人。

实践要点

如何同他人相处，如何保持个人与社会的和谐发展，是一个古老而又现实的问题。讲究"处众"之道，实现人与人之间在日常交往中的和谐是儒家伦理思想的重要方面。在本篇中，了凡主要讲解人与人和谐相处的问题。

了凡认为，与人相处在于秉持一颗包容之心，致力于《易经》所提倡的"厚德载物"境界。他认为要做到"载物"，必须在心量上下功夫。所谓"载"，就是"持之而不使倾，捧之而不使坠，任其践蹈而不为动"。应该说，真正做到这一点需要极高的涵养，并不容易。话说清朝康熙年间，张英在朝廷任文华殿大学士、礼部尚书。在张英的老家安徽，其家人与邻居吴家在宅基问题上发生争执，因两家宅地都是祖上基业，时间久远，对于宅界谁都不肯相让。双方将官司打到县衙，因双方都是权势显赫的名门望族，县官也不敢轻易了断。于是张家人千里传书到京城求救。张英收到家书之后，批诗一首寄回老家——“千里来书只为墙，让他三尺又何妨？万里长城今犹在，不见当年秦始皇”。家人阅罢，明白其中意思，主动让出三尺地。吴家见状，深受感动，也出动让地三尺，这样就形成了一个六尺的巷子，这就是现在位于桐城市西南隅的“六尺巷”。

谚云：“谦卦六爻皆吉，恕字终身可行。”了凡同样强调，“处众”的关键在于“谦”“恕”二字。对自己，要秉持一个“谦”字；对他人，要秉持一个“恕”字。这是中国传统文化在待人接物方面最为推崇的两个方面。

南怀瑾曾说：“在《易经》是一个卦名，叫做‘地山谦’。它的画像，是高山峻岭，伏藏在地的下面，也可以说，在万仞高山的绝顶之处，呈现一片平原，满目晴空，白云万里，反而觉得平淡无奇，毫无险峻的感觉。八八六十四卦，没有一卦是大吉大利的，都是半凶半吉，或者全凶，或是小吉。只有谦卦，才是平平吉吉。古人有一副对联：‘海到无边天作岸，山登绝顶我为峰。’看来是多么的气派，多么的狂妄。但你仔细一想，实际上，它又是多么的平实，多么的轻盈，它是描述由极其绚烂、繁华、崇高、伟大，而终归于平淡的写照。如果人们的学养，能够到达如古人经验所得的结论，‘学问深时意气平’，这便是诚意、自谦的境界了。”

此外，孔子首创的恕道，尤其是“己所不欲勿施于人”的原则，是中国传统伦理宝库的精华所在，也是被全世界所认同的伦理准则，在当今和谐社会建设进程中应予大力弘扬。儒家的恕道，既是中国人应对公共生活的一种准则，又是一门艺术。它意味着人与人之间不再是明争暗斗、貌合神离，而是肝胆相照、精诚合作；它意味着社会能容忍不同声音，而不用担心迫害和压制；它意味着政府行为不再喜怒无常、变幻不定，而是更富有人性和温情，与民众保持良好的互动关系。凡此种种，臻于极致，便是儒家追求的“仁”的境界。

在与人相处过程中，了凡特别强调“两舌之戒”，用他的话说，“即平常说话，凡对甲言乙，必使乙亦可闻，方始言之”。以佛教的观点来看，“两舌”属于十恶业之一，即搬弄是非，离间他人，例如，向甲说乙，向乙说甲，用挑拨中伤的言语，破坏密切友好的关系。“两舌之人难相处，翻手作云覆手雨”。现代人要建立和谐美满的人际关系，营造与人为善的良好氛围，也必须力戒“两舌”，从细微处入手端正自己的言行，这是了凡所讲“处众”之道的深意所在。

修业第五

进德修业，原非两事。士人有举业[①]，做官有职业，家有家业，农有农业，随处有业。乃修德日行，见之行者。善修之，则治生产业，皆与实理不相违背；不善修，则处处相妨[②]矣。汝今在馆[③]，以读书作文为业。

修业有十要：一者要无欲。使胸中洒落[④]，不染一尘，真有必为圣贤之志，方可复读圣贤之书，方可发挥圣贤之旨。

二者要静。静有数端：身好游走，或无事间行，是足不静；好博奕[⑤]呼胪[⑥]，是手不静；心情放逸，恣肆攀缘，是意不静。切宜戒之。

今译

提升道德和修行事业，本来就不是互不相关的两件事。读书人有科举之事业，做官者有职场之事务，居家有家庭劳务，务农有农业生产，无论在哪里都会有事业可为，所谓事业，只是把修养道德的日常功夫表现在行为上。如果善于修养，那么开展各种生产事业，都不会与道德有所冲突；如果不善于修养，则道德、事业可能处处忤逆。你现在在学馆，就应该把读书和作文作为自己的事业。

增进事业有十个要点：第一是要管得住欲望。使得内心自由畅达，一尘不染，真正怀有成为圣贤的心志，才能反复习读圣贤的著作，才能真正理解圣贤的要旨。

第二是要心神平静。平静有多种情况：有事没事喜欢走来走去，这是脚上不安静；喜欢赌博下棋还吵吵嚷嚷，是手上不安静；恣情放逸、任性使气、心不专注，是意念不安静。这些都应该戒除。

简注

① 举业：科举考试。古代士人主要通过科举考试来进入仕途。

② 相妨：互相妨碍、抵触。

③ 馆：学馆。

④ 洒落：飘逸，豁达。

⑤ 博奕：即“博弈”。博，赌博。弈，下棋。

⑥ 呼胪：胪传，呼告。

三者要信。圣贤经传[①]，皆为教人而设，须要信其言言可法、句句可行。中间多有拖泥带水、有为着相[②]之语，皆为种种病人[③]而发。人若无病，法皆可舍，不可疑之。入道之门，信为第一。若疑自己不能作圣[④]，甘自退屈，或疑圣言不实，未肯遵行，纵修业，无益也。

四者要专。读书须立定课程，孳孳汲汲[⑤]，专求实益。作文须凝神注意，勿杂他缘。种种外务，尽情抹杀[⑥]。勿好小技，使精神⑦漏泄。勿观杂书，使精神常分。

| 今译 |

第三是要相信。古代圣贤的经文典籍和注解文字，都是为了教育民众而作，因此要相信它们字字句句都是可以效法和实行的。其中那些反反复复拖泥带水的、落入事物表相的文字，都不过是针对各种有障碍的人写的。一个人如果没有障碍，实际上连各种法门都不再需要，这一点不要怀疑。进入道的门径，相信是第一步。如果怀疑自己不能达到圣人的境界，自甘平庸，或者怀疑经典没有切实的作用，不愿意遵照执行，即便修行事业，也不会有所长进。

第四是要专心。读书要设定课程范围，勤勉不懈，务求获得真才实学。写文章的时候要聚精会神，不要间杂其他事务。杜绝心思向外攀援。不要偏好那些雕虫小技，以防精力流失。不要看那些闲散的书，以防精神分散。

| 简注 |

① 经传：经典和解释经典的著作。

② 有为着相：佛教用语。有为和无为相对，指有作为，或有所待。着相和离相相对，指执著事相，不达本质。

③ 病人：指道德修养上有缺点和障碍的人。

④ 作圣：达到圣人的境界。

⑤ 孳孳汲汲：形容心情急切、勤勉不懈的样子。孳音 zī，汲音 jí。

⑥ 种种外务，尽情抹杀：外务，指注意力被其他事务牵引，精神向外奔驰。尽情抹杀，指一概杜绝。

⑦ 精神：精力，精气神。

五者要勤。自强不息[①]，天道之常。人须法[②]天，勿使惰慢之气设于身体。昼则淬砺[③]精神，使一日千里；夜则减省眠睡，使志气常清。周公贵无逸[④]，大禹惜寸阴[⑤]，吾辈何人，可以自懈[⑥]？

六者要恒。今人修业，勤者常有，恒者不常有。勤而不恒，犹不勤也。涓涓之流，可以达海，方寸之芽，可以参天，惟其不息耳。汝能有恒，何高不可造[⑦]，何坚不可破哉！

今译

第五是要勤劳。自强不息是天道运行的常态。人应该效法上天，不要让懒散轻慢的气息进入身体。白天要磨炼精神，畅达无碍，一日千里；夜晚要减少睡眠，使神志保持清明。周公告诫不要贪图安逸享受，大禹操劳公务，三过家门而不入。我们是什么样的人（远远不如他们），又怎么能够自我松懈？

第六是要有恒心。现在的人修习事业，勤劳的人有很多，但很少有能够持久的人。勤劳但不持久，仍然还是不勤劳。涓涓细流可以到达大海，方寸小芽可以长成参天大树，都是坚持而不停止的缘故。你只要有恒心，再高的地方也可以到达，再坚固的东西也可以击破了！

简注

① 自强不息：出自《周易·乾》："天行健，君子以自强不息。"（天道运行刚健，君子因此也要不断更新自强。）

② 法：效法，以之为规则。

③ 淬砺：淬火和磨砺以使刀剑坚利，比喻刻苦磨炼。

④ 周公贵无逸：出自《尚书·无逸》，周公曰："君子所其无逸。"（在位的君子，不应该贪图安逸享受。）

⑤ 大禹惜寸阴：大禹为治水奔忙，三过家门而不入。

⑥ 自懈：自我松懈。

⑦ 造：至，到达。

七者要日新。凡人修业，日日要见工程[①]。如今日读此书，觉有许多义理，明日读之，义理又觉不同，方为有益。今日作此文，自谓已善，明日视之，觉种种未工，方有进长。如蘧伯玉[②]二十岁知非改过，至二十一岁回视昔之所改，又觉未尽；直至行年[③]五十，犹知四十九年之非，乃真是寡过的君子。盖读书作文与处世修行，道理原无穷尽，精进原无止法。昔人喻检书[④]如扫尘，扫一层，又有一层，又谓"一翻拈动一翻新"[⑤]，皆实话也。

今译

第七是要每天有所进步。凡是一个人修习事业，每天都要做功课。如果是今天看这本书，觉得体会到一些道理，第二天再看，又觉得别有所得，这样才是真正得益。今天写文章，觉得已经很好了，但是第二天再看，又会觉得很多地方还不够到位，这样才能有所长进。就像善于改过自新的蘧伯玉一样，二十岁的时候认识自己的不足而加以改进，但是到了二十一岁的时候再回头看以前所作的改正，又觉得还不到位。一直到了五十岁的时候，也还会知道四十九岁时候的过错，他真称得上不断减少错误的君子。读书作文和为人处世的道理，本来就无穷无尽，所以只有精进而无法停步。从前的人把校正书中的错误比喻为扫地，不断扫，不断有落尘，又说“一翻拈动一翻新”（每一次拿起来都有不一样的体会），这些都是实实在在的道理。

简注

① 工程：功课的日程。

② 蘧伯玉：蘧瑗（qú yuàn），字伯玉，谥成子，春秋时期卫国大夫。《淮南子·原道训》：“蘧伯玉年五十而知四十九年非。”此典化用于《庄子·则阳》：“蘧伯玉行年六十而六十化，未尝不始于是之而卒诎之以非也。未知今之所谓是之非五十九非也。”（蘧伯玉六十年来不断改变自己，没有不是开始认为正确而后来认为是错误的。不知道他现在所肯定的是否就是五十九岁时所否定的。）《论语·宪问》中记录了孔子向蘧伯玉的使者问候他的情况，使者告诉孔子说蘧伯玉只是希望减少自己的过失，这一点令孔子大为赞赏。这个典故多次被袁了凡提起，另见于《了凡四训》等书，可谓凡有著作即谈改过，凡谈改过即用此典，可见了凡先生受此启发之深。

③ 行年：经历的年岁，指当时年龄。

④ 检书：校书，校正书中的错误。

⑤ 一翻拈动一翻新：出自明代大儒陈献章（白沙）诗《静轩次韵庄定山》。原诗作：“无极老翁无欲教，一番拈动一番新。”

八者要逼真[①]。读书俨然如圣贤在上，觌面[②]相承，问处如自家问，答处如圣贤教我，句句消归自己，不作空谈。作文亦身体[③]而口陈[④]之，如自家屋里人谈自家屋里事，方亲切有味。

九者要精。管子[⑤]曰："思之，思之，又重思之。思之不通，鬼神将通之。非鬼神之力，精神之极也。"[⑥]《吕氏春秋》载："孔丘、墨翟昼日讽诵习业，夜亲见文王、周公旦而问焉，用志如此其精也。"[⑦]《唐史》[⑧]载赵璧[⑨]弹五弦[⑩]，人问其术，璧云："吾之于五弦也，始则心驱之，中则神遇之，终则天随之。吾方浩然，眼如耳，耳如鼻，不知五弦之为璧，璧之为五弦也。"学者必如此，乃可语精矣。

今译

第八是要真诚。读书就好像圣贤在上，自己当面受教，书里面提问，就像是你自己在问；书里面的回答，也就像圣贤当面回答你。字字句句都要切身体会，而不能只是空谈。写文章也是要有切身体会而把它写下来，就像是在自己家里谈论自己家的事情，这样才亲切有味。

第九是要专精。管子说："思虑了又考虑，还要再思虑。如果还是想不明白，鬼神也将帮你想通。其实这不是鬼神的力量，而是精神的最高作用。"《吕氏春秋》上面记录了孔子、墨子白天诵读学习，晚上就能够梦到文王、周公，向他们请教，这就是心志专精的作用。《唐史》上面记录赵璧善于弹奏五弦琵琶，人们询问他弹琴的技术，他回答说："我弹琵琶的时候，刚开始是用心去弹，随后就是精神与琴声相会合，最后就是自然而然，随从天意。到了这个时候，我觉得自己浩大而安然，所看到的、听到的、闻到的，都混同在一起，不分彼此，也不知道琵琶是我，还是我是琵琶。”学习的人一定要这样，才可以称得上专精。

简注

① 逼真：真切。

② 觌面：当面。觌音 dí。

③ 身体：切身体验、体会。

④ 陈：陈说，口述。

⑤ 管子：管仲（约公元前 723 年—公元前 645 年），姬姓，管氏，名夷吾，字仲，谥敬，颍上（今安徽境内）人。齐僖公三十三年（公元前 698 年），管仲开始辅助公子纠。齐桓公元年（公元前 685 年），管仲任齐相，使齐国成为春秋时期第一个霸主。

⑥ 管子曰……精神之极也：见于《管子・内业》。

⑦《吕氏春秋》……用志如此其精也：见于《吕氏春秋・博志》。

⑧《唐史》：即《唐国史补》，又称《国史补》，为中唐人李肇所撰，记载唐代开元至长庆之间一百年事，涉及当时的社会风气、朝野轶事及典章制度等方面。

⑨ 赵璧：唐贞元年间著名琵琶手。白居易《五弦弹》：“自叹今朝初得闻，始知孤负平生耳。唯忧赵璧白发生，老死人间无此声。”（今天听到赵璧的琵琶，才知道以往是白白辜负人生岁月了。只担心赵璧自己也老了，等到他去世就再也听不到这么美好的乐音了。）

⑩ 五弦：五弦琵琶，是古代北方少数民族弹拨弦鸣乐器，简称“五

弦”。盛唐时期曾流行于广大中原地区。

十者要悟。“志道”“据德”“依仁”可以已矣，而又曰“游于艺”，[①]何哉？艺一也，溺之而不悟，徒敝精神。游之而悟，则超然于象数[②]之表，而与道德性命为一矣。昔孔子学琴于师襄，五日而不进。师襄曰：“可以益矣。”孔子曰：“丘得其声矣，未得其数也。”又五日，曰：“丘得其数矣，未得其理也。”又五日，曰：“丘得其理矣，未得其人也。”又五日，曰：“丘知其人矣。其人颀然而长，黝然而黑，眼如望羊，有四国之志者，其文王乎？”师襄避席而拜曰：“此文王之操也。”[③]夫琴，小物也，孔子因而知其人，与文王觌面相逢于千载之上，此悟境也。今诵其诗，读其书，不知其人，可乎？[④]到此田地，方知游艺有益，方知器数[⑤]无妨于性命。

今译

第十是要开悟。《论语》上说到“志于道，据于德，依于仁”就可以了，而又说要“游于艺”，为什么呢？同样是艺术，如果沉溺其中而不醒悟，白白浪费精神。悠游在艺术之上并获得感悟，就会超越事物的表象，从而与道德和生命之道融为一体。当年孔子向师襄学琴，五天都不更新曲目。师襄说：“可以练习更多的内容了。”孔子回答说：“我只是掌握了它的声音，还没有掌握它的规律。”这样又过了五天，孔子说：“我掌握了它的音律，但是还不明白其中的道理。”这样又过了五天，孔子说：“我理解了其中的道理，但是还不能了解作者其人。”这样又过了五天，孔子说：“我终于可以通过琴声了解到作者本人了——他个头比较高，肤色黝黑，目光深邃，怀有天下之志，这个人不就是文王吗？”师襄离开座席，向他施礼参拜说：“这就是文王所作的琴曲啊！”琴其实不过是小物件，孔子却能够凭借它来了解作曲者，跨越千年间隔，与文王对面交流，这就是参悟所能达到的境界。而今我们诵读古人的诗、阅读古人的书，却不了解他们的为人，怎么可以呢？到了这个境界，才会明白悠游于艺术的好处，也才知道玩物未必丧志，器物、象数也并不妨害对生命之道的体认。

| 简注 |

① “志道”“据德”“依仁”“游于艺”：语出《论语·述而》：志于道，据于德，依于仁，游于艺。（立志于道，据守于德，依立于仁，优游于艺。）

② 象数：易学术语。在《周易》中“象”指卦象、爻象，即卦爻所象之事物及其时位关系；“数”指阴阳数、爻数，是占筮求卦的基础。此处泛指事物的表象和操作技术等。

③ 昔孔子学琴于师襄……此文王之操也：事见《孔子家语·辨乐》。师襄，春秋时鲁国的乐官，擅击磬，也称击磬襄。孔子曾向他学习弹琴。

④ 诵其诗……可乎：语出《孟子·万章下》：“以友天下之善士为未足，又尚论古之人。颂其诗，读其书，不知其人，可乎？”（和当今之世的贤才交往还觉得不够，又进而求取古代的贤才。吟诵他们传下来的诗，阅读他们的书，如果不知道他们的为人，能行吗？）

⑤ 器数：器物和象数。

实践要点

关于事业，今人讲效率，讲成功，亦讲团队，讲管理，而古人多讲做人、修身，讲志趣、心法，两者的差别殊甚。

今人流行之学，多为商务、工作目标以创造财富，如马云的成功学、德鲁克的管理学、谷歌团队管理法和华为运营理念等等，虽然偶有涉及心理或个人，比如柯维的《高效能人士的七个习惯》，也未把个人放置在考察的中心位置。而在《训儿俗说》中，则把事业的基础归结为个人的身心修为，把提升自身的道德修为作为最大的事业，因此个人修为既是人生的起点，也是终点。而在作为人生真传的文字中，了凡先生仅把修业排列到第五的位置，可见修业并不是他优先考虑的内容，而且注重的不是生存技艺，而是生活理念，对自我的探知和完成。这一点在我们的学习和实践中应特别予以注意。

本章开宗明义“进德修业，原非两事”，即言明修为与事业之间的关系，而所罗列的十个要点（无欲、静、信、专、勤、恒、日新、逼真、精、悟），多为心念、心法。因此可知其将对心体道德的认识与追求作为修业的核心内容，与其说是“以业为业”，修业为业，倒不妨说是“以修为业”，业在修中，把两者深入地融合在一起。而我们结合了凡先生的人生阅历和生活现状，可以窥见其成事立功之心法，也可以见其安身立命之心迹。

在《了凡四训》的“立命之学”一篇中，了凡先生记述了自己格心改命的经历。了凡早年相信命数，云谷禅师开导他“命由我作，福自己求”，又进一步引用六祖慧能大师的话说，“一切福田，不离方寸，从心而觅，感无不通”，让他不仅要从自身做起求取人生幸福，而且自身要从内心做起。了凡受教后，痛改前过，坚持为善，终于突破了命数，不仅科举成功，而且育有一子，并且活到了 74 岁，做到了进官、得子、长寿，用心改命，终于以自己不懈的努力打破了算命先生的宿命预言。然而，当袁了凡也像他所景仰的王阳明一样，力求在其参与的明军赴朝鲜对日本军队作战过程中立下战功，却因他人的猜忌而无法施展抱负，仕途也戛然而止，他不得不归守田园，著书立说。其诸多文字，皆出于其归园田居之时。

也许是这种人生的大起大落，事功的可遇不可求，使他更深刻地体验到道德和心灵的根本作用，并以此作为教导儿子的重要课程——人生事业可求亦不可求，可求者，修为；不可求者，所谓“成功”。惟有将自身的道德圆满作为追求的目标，也许才是真实的目标，而滚滚红尘中的功名利禄，着实不过是梦幻泡影，渺不可寻。因此，他诉诸于文字，流传给亲子的“事业观”，恰是“命由我作，福自己求”的“唯心主义”。对他而言，一切功业不过是自我的呈现，与其说是实现了“功业”，不如说是完成了自己。

综上，希望读者能够深刻体会本章内涵，于实践中落实三点：

一、认识清楚人生的终极任务，不过是自我的实现，不以外在的事功为目标，而应以自我的道德修为为旨归。事功不过是个人修为的途径和副产品，可遇而不可求，惟有把握好内心，以自我实现为核心目标，才能获得自身的幸福。此为认识之根。

二、要保持心灵的超然和自由，以之应对纷扰的现实生活。一般而言，现实生活使心灵易受纷扰，能够“出淤泥而不染，濯清涟而不妖”，着实不易。然而现实也往往是心灵的映射，只有守住内心的宁静，以超然的心态来面世，也才能于尘世安然自得，实现自我。本章修业十要，辐辏归一，以此为根。此为行动之法。

三、勇猛精进，虚心改过。米开朗基罗说其雕塑大卫的完成，不过是“去掉多余的部分”，孟子教导我们“不失其赤子之心”(《孟子·离娄下》)，因此人生之实现，亦是自我改过之过程。要如了凡先生在《了凡四训》之“改过篇”中所言，发三心（耻心、畏心、勇心）以改过，如是，日常修业则有大动力，亦可有真进步。此为日行之要。

崇礼第六

礼仪三百，威仪三千[①]，皆是儒家实事。儒教久衰，礼仪尽废，程伯子[②]见释徒[③]会食[④]井井有法，叹曰："三代威仪，尽在于此。"[⑤]吾晚年得汝，爱养慈惜，不以规绳相督。今汝当成人之日，宜以礼自闲[⑥]。礼之大者，如冠婚丧祭之属，有《仪礼》[⑦]一书及先儒修辑《家礼》[⑧]等书，可斟酌行之。且以日用要节画为数条，切宜谨守：一曰视，二曰听，三曰行，四曰立，五曰坐，六曰卧，七曰言，八曰笑，九曰洒扫，十曰应对，十一曰揖拜，十二曰授受，十三曰饮食，十四曰涕唾，十五曰登厕。

今译

根本性的条目性礼仪有很多，那些具体的细致的礼仪就更多了，这都是儒家实际发生过的事情。儒教慢慢衰微，它的礼仪也都荒废殆尽。程伯子见僧侣在一起吃饭井井有条，于是感慨说："上古三代的威仪，都在这里了啊。"我到了老年才有了你，慈爱有加，不用规矩和打骂来矫正你。现在你到了成人的年龄，要用礼法来自我约束。礼节当中比较重要的，比如成人礼、婚礼、丧礼和祭礼等等，有《仪礼》和先儒朱熹编纂的《家礼》等书籍，可供你参考。现在我把常用礼节总结为以下数条，你一定要谨慎严格地遵守：一是视，二是听，三是行，四是立，五是坐，六是卧，七是言说，八是笑，九是洒扫家务，十是谈话应对，十一是揖拜之礼，十二是给予和接受之礼，十三是饮食，十四是擤涕唾痰，十五是上厕所。

| 简注 |

① 礼仪三百，威仪三千：语出《礼记·中庸》，意思是“礼”的总纲有三百条之多，细目有三千多条。形容礼仪的项目很多，内容非常全面和细致。威仪指古代祭享等典礼中的动作仪节及待人接物的礼仪。另，《礼器》中也有“经礼三百，曲礼三千”的说法，据《朱子语类》的解释，“经礼三百”指根本的大的礼节，“曲礼三千”是指具体的细小的礼节。三百和三千都是极言其多，而非确数。

② 程伯子：指程颢，字伯淳，学者称其“明道先生”。北宋大儒，理学的奠基者，“洛学”代表人物。

③ 释徒：释迦牟尼之徒，即僧侣。

④ 会食：聚餐，一起进食。

⑤ 三代威仪，尽在于此：事见宋吴曾《能改斋漫录·记事一》：“明道先生尝至天宁寺，方饭，见趋进揖逊之盛。叹曰：‘三代威仪，尽在是矣。’”（理学家程颢先生曾到天宁寺，遇见寺里吃饭，看到里面每个人在行进揖让都非常注意礼节，因此感叹道：“夏、商、周三代的礼仪，都在这里了。”）

⑥ 自闲：自我约束、防范。

⑦《仪礼》：中国最早的关于礼的文献，本名《礼》，又称《士礼》，与《周礼》《礼记》并称“三礼”。

⑧《家礼》：指《朱子家礼》，宋代理学家朱熹所著。全书分五卷，分别为通礼、冠礼、婚礼、丧礼和祭礼，从祠堂、丧服、土葬、忌日、入殓等仪

式体现孝道主张。

孔子教颜回“四勿”①，以视为先。孟子见人，先观眸子②。故视不可忽。邪视者奸，故视不可邪；直视者愚，故视不可直；高视者傲，故视不可高；下视者深，故视不可下。《礼经》③教人，尊者则视其带，卑者则视其胸，皆有定式。遇女色，不得辄视④。见人私书⑤，不得窥视。凡一应非礼之事，皆不可辄视。

今译

孔子教导颜回“四勿”，首先就是“视”。孟子观察一个人，首先要看他的眼睛。所以视的礼节很重要。斜眼看的人一定奸猾，所以目光不能斜视；眼光直直地看的人愚笨，所以眼睛不能直视；向上翻白眼的人显得高傲，所以不能翻白眼；眼睛向下看的人往往深藏不露，所以也不能总是向下看。《礼经》教导我们，面对尊长者的时候，看他的衣带，面对卑下者的时候，看他的胸口，这些都有一定的范式。遇见女性，不要直勾勾地看。看到私人的书信，不能随意翻阅。凡是遇到那些不合礼法的事情，都不应该毫不避讳地去看。

简注

①“四勿”：出自《论语·颜渊》。颜渊向孔子请教礼的具体条

目，孔子回答说："非礼勿视，非礼勿听，非礼勿言，非礼勿动。"（凡属非礼的便不看，凡属非礼的便不听，凡属非礼的便不说，凡属非礼的便不行。）

② 孟子见人，先观眸子：《孟子·离娄上》："存乎人者，莫良于眸子，眸子不能掩其恶。胸中正，则眸子瞭焉；胸中不正，则眸子眊焉。听其言也，观其眸子，人焉廋哉？"（能够反映一个人的内心世界，没有比眼睛更直接的了，因为眼睛不能掩藏内心的险恶。如果内心正直，这个人的眼睛就明亮；如果不正直，这个人的眼睛就昏暗无光。听一个人说话，再看他的眼神，他哪里能够隐藏自己呢？）

③《礼经》：一般指《仪礼》，也可能是泛指。《礼记·曲礼下》："天子视，不上于袷，不下于带；国君绥视；大夫衡视；士视五步。凡视，上于面则敖，下于带则忧，倾则奸。"（看天子，视线上不高于交叠的衣领，下不低于腰带；看国君，视线稍低于脸部以下；看大夫，可以平视脸部；看士，视线可以看到五步之内。凡是看人，视线高于对方脸部就显得傲慢，低于对方腰带就显得心不在焉，视线旁顾就显得奸邪。）

④ 辄视：毫不避讳地直视。辄，音 zhé，就，直接。

⑤ 私书：隐秘不公开的书信。

凡听人说话，宜详其意，不可草率。《语》[①]云"听思聪"[②]。如听先生讲书，或论道理，各从人浅深而得之。浅者得其粗，深者得其精，安可不思聪哉？今人听说话，有彼说未终而辄申[3]己见者，此粗率之极也。听不可倾头侧耳，亦不可覆壁倚门。凡二三人共语，不可窃听是非。

今译

凡是听别人讲话，应该仔细听明白人家的意图，而不能草率粗略。《论语·季氏》上说“听思聪”。如果是听老师讲课，或是谈论道理，每个人所得到的深浅各不相同。领会浅显的人，只是得到了一个大概的印象，而领会深刻的人，就会得到内在的精要，所以说怎么能够不听明白呢？现在有人听别人说话，别人还没有说完就马上打断并发表自己的看法，这是非常粗率的行为。听别人说话不能伸头侧目，也不能靠墙倚门。如果两三个人一起说话，不应当偷听别人的错事纠纷。

简注

①《语》：指《论语》。

② 听思聪：出自《论语·季氏》：“孔子曰：‘君子有九思：视思明，听思聪，色思温，貌思恭，言思忠，事思敬，疑思问，忿思难，见得思义。’”（孔子说：“君子有九种思虑：看的时候要想想看清楚了没有，听的时候要想想听明白了没有，侍人的脸色要想想是否温和，对人的态度要想想是否恭敬，说话要想想是否忠诚，做事要想想是否认真，有了疑问要想想怎样向人请教，遇事发怒时要想想后果，有利可得时要想想是否正当。”）

③ 申：表达，表明。

凡行，须要端详次第。举足行路，步步与心相应，不可太急，亦不可太缓。不得猖狂驰行，不得两手摇摆而行，不得跳跃而行，不得蹈门阈[①]，不得共人挨肩行，不得口中啮[②]食行，不得前后左右顾影而行，不得与醉人狂人前后互随行。当防迅车驰马，取次[③]而行。若遇老者、病者、瞽者[④]、负重者、乘骑者，即避道傍，让路而行。若遇亲戚长者，即避立下肩，或先意行礼。

今译

凡是走路，须要认真考虑前后左右的次序。抬脚走路，每一步都要与内心相照应，不能太急促，也不能过于缓慢。不要疾步奔走，不要两手摇摆地走路，不要边走边跳，不要踩门槛，不要和别人紧挨着走路，不要吃着东西走路，不要左顾右盼心不在焉，不要在喝醉的人或癫狂的人前后走路。要回避快速的车子和奔驰的马匹，按照次序来走。如果遇到老人、病人、盲人、搬运重物的人、骑马的人，就马上避让到路边。如果遇到亲戚中的长辈，要马上避让，在路旁垂肩而立，或先行施礼。

简注

① 蹈门阈：蹈，踩。门阈：门槛。

② 啮：音 niè，咬。

③ 次：依照顺序，次第。

④ 瞽者：眼睛失明的人。瞽音 gǔ。

凡立次须要端正。古人谓“立如斋”①，欲前后襜如②，左右斩如③，无倾侧也。不得当门中立，不得共人牵手当道立，不得以手叉腰立，不得侧倚④而立。

凡坐欲恭而直，欲如奠石⑤，欲如槁木⑥，古人谓“坐如尸”⑦是也。不得攲坐⑧，不得箕坐⑨，不得跷足坐，不得摇膝，不得交胫⑩，不得动身。

今译

凡是站立，一定要端正。古人说“立如斋”（站立就要像斋戒时那样恭敬地肃立），前后衣襟要整齐，左右像被刀切过一样，没有任何倾斜。不要在门口当中站着，不要和人一起手拉手挡在路上，不要叉腰站立，也不要靠墙侧立。

凡是坐下，就要保持恭敬的态度，直身而坐，就要像奠基石一样端正庄重，像枯木那样纹丝不动，这就是古人所谓的“坐如尸”（就要像受祭的尸那样庄重地端坐）。不要斜着身子坐，不要两腿张开像一面簸箕那样坐着，不要翘起二郎腿坐着，不要摇晃腿膝，不要小腿交叠，也不要移动身体。

简注

① 立如斋：语出《礼记 · 曲礼上》：“若夫坐如尸，立如齐”。（如果坐着，就要像受祭的尸那样庄重地端坐；站着，就要像斋戒时那样恭敬地肃立。）齐，通“斋”。尸，古代祭祀时代替神鬼受祭的人。

② 襜如：整齐的样子。襜音 chān。

③ 斩如：平齐。

④ 侧倚：侧靠。

⑤ 奠石：奠基石。

⑥ 槁木：干枯的木头。

⑦ 坐如尸：见“立如斋”。

⑧ 攲坐：斜着坐。攲音 qī，倾斜。

⑨ 箕坐：犹箕踞，两腿张开坐着，形如簸箕。

⑩ 交胫：胫，小腿。交胫，交叠小腿。

凡卧，未闭目，先净心，扫除群念，惺然[①]而息，则夜梦恬愉[②]，不致暗中放逸。须封唇以固其气，须调息以潜其神。不得常舒两足卧，不得仰面卧，所谓“寝不尸”[③]也。亦不得覆身卧。古人多右胁[④]着席，曲膝而卧。

今译

凡是躺卧，没有闭上眼睛之前，要先净化心灵，扫除各种念头，内心明静而安然休息，那么睡觉就会恬然愉快，不会在暗中流失精气。要闭上嘴唇以稳固心气，要调节气息以沉静心神。不要像挺尸那样伸着两条腿，仰面而卧，这就是所谓的“寝不尸”。也不要趴着睡。古人一般都是躬身右侧而睡。

简注

① 惺然：不动感官而内心明静的状态。

② 恬愉：快乐。

③ 寝不尸：语出《论语·乡党》："寝不尸，居不客。"（睡觉不像死尸一样挺着，平日家居也不像作客或接待客人时那样庄重严肃。）

④ 右胁：右肋。

宋儒[①]有云："凡高声说一句话，便是罪过。"凡人言语，要常如在父母之侧，下气柔声。又须任缘而发，虚己而应，当言则言，当默则默。言必存诚，所谓"谨而信"[②]也。当开心见诚，不得含糊，令人不解。不得恶口，不得两舌，不得妄语，不得绮语。[③]切须戒之。

今译

宋儒谢良佐先生说："凡是大声说一句话，就是罪过。"凡是一个人说话，就要像在父母身边那样，放平气息、声音柔和。又要根据具体情况，虚心应答，当说则说，不当说则止。说话一定要诚恳，就是《论语》里所说的"谨而信"。说话一定要以坦诚相见，不能含糊其辞，让人不知所云。不能说粗口谩骂，不能搬弄是非，不能妄言无忌，不能花言巧语。这些都是切切要戒除的。

简注

① 宋儒：指北宋儒者谢良佐（1050—1103），字显道，蔡州上蔡人，人称上蔡先生。师从程颢、程颐。

② 谨而信：语出《论语·学而》：“子曰：‘弟子入则孝，出则弟，谨而信，泛爱众而亲仁，行有余力，则以学文。’”（孔子说：“年幼的子弟在家孝顺父母，出门敬爱师长，谨慎而守信，泛爱众人而亲近仁者。做到这些还有余力，就用来学习技艺。”）

③ 恶口、两舌、妄语、绮语：佛教中指语言的四种恶业。第一是妄语。《正法念处经》：“若人妄语说，口中有毒蛇。”所以说话都要真实、诚恳。第二是离间语，即两舌，指在人与人之间传播是非、制造矛盾。《正法念处经》：“何人两舌说，善人所不赞。”第三是恶口，就是粗言粗语和骂人的话。《正法念处经》：“若人恶口说，彼人舌如毒。”第四是绮语，即花言巧语，或说轻浮无礼不正经的话。《阿毗昙心论经》：“不善语、无益语、非法语，是名绮语。”另据《中阿含经》：“绮语，彼非时说，不真实说，无义说，非法说，不止息说；又复称叹不止息事，违背于时而不善教，亦不善诃。”指说话不切时机，当说不说，当止不止。

一颦[①]一笑，皆当慎重。不得大声狂笑，不得无缘冷笑，不得掀喉露齿。凡呵欠大笑，必以手掩其口。

洒扫原是弟子之职，有十事须知：一者先卷门帘，如有圣像[②]，先下厨幔；二者洒水要均，不得厚薄；三者不得污溅四壁；四者不得足蹈湿土；五者运帚要轻；六者扫地当顺行；七者扫令遍净；八者扱时当以箕口自向[③]；九者不得存聚，当分择弃除；十者净拭几案。

今译

一皱眉一微笑，都要慎重。不要大声狂笑，不要无故冷笑，不要张大喉咙漏出牙齿。凡是打呵欠或张嘴大笑，一定要用手遮掩嘴巴。

洒扫庭院本就是后生晚辈应该承担的家务，有十个注意事项：一是要卷起门帘，如果家中有孔圣人的画像，就要先用帷幔遮住；二是洒水要均匀，不能过多或者过少；三是不能弄脏墙壁；四是脚不要踩到湿土上；五是使用扫帚要轻快；六是扫地要顺着地面的纹理；七是要清扫周遍干净；八是收取垃圾的时候簸箕口要对着自己；九是不要积存太多东西，应当择取丢弃；十是擦干净几案。

简注

① 颦：音 pín，皱眉。

② 圣像：指孔子的画像。

③ 扱时当以箕口自向：出自《礼记·曲礼》："凡为长者粪之礼，必加帚于箕上，以袂拘而退，其尘不及长者，以箕自乡而扱之。"（给尊长扫地，先把扫帚放在簸箕之上。扫的时候要举起衣袖遮挡灰尘。边扫边退，不要让扬起的灰尘污及尊长。簸箕口要朝向自己将垃圾扫进去。）扱，音 xī，收取。乡，通"向"。

应对之节，要心平气和，不得闻呼不应，不得高呼低应，不得惊呼怪应，不得违情怒应，不得隔屋咤声呼应。凡拜见尊长，问及来历，或正问，或泛问，或相试，当识知问意，或宜应，或不宜应。昔王述素有痴名，王导辟之为掾[①]。一见，但问江东米价，述张目不答。导语人曰：“王郎不痴。”[②]此不宜答而不答也。或问及先辈，切不可辄称名号。如马永卿[③]见司马温公[④]，问：“刘某安否？”马应云：“刘学士安。”[⑤]温公极喜之，谓：“后生不称前辈表德[⑥]，最为得体。”此等处，皆应对之所当知者也。

今译

应对别人的礼节，要心平气和，不能听到喊你的声音却不回应，不能别人呼喊的声音大你回应的声音却很小，不能用古怪的腔调回应，不能因为不情愿而愤怒地回应，不能隔着墙壁大吼着回应。凡是拜见尊长，当他们问你的来历，有的是直接问，有的只是泛泛地问，有的则是有意考察你的反应，所以要知道他们所问的意图，有的适合直接回答，有的则要适度回避。当年王述平时有愚痴的名声，王导召他为副官。一见面，王导就问王述江东大米的价格，王述只是瞪大了眼睛却不回答。王导告诉别人说：“王述并不愚痴。”这就是不适合回答就不回答。如果有人问到先辈，切切不可随便称呼他们的名号。就像马永卿拜见司马温公的时候，温公问他：“刘某人是否安好？”马永卿回答说：“刘学士安好。”司马温公非常高兴，说：“后生晚辈不直称前辈的名字，这样说话是非常得体的。”这些地方，都是应对时所应当知道的。

简注

① 昔王述素有痴名，王导辟之为掾：事见《晋书·王述传》。王导

（276—339），字茂弘，琅玡临沂（今山东省临沂市）人，出身于魏晋名门“琅邪王氏”，在晋成帝朝任丞相，是东晋政权的奠基人之一。他褒尚清谈，推崇玄学，但以儒家纲常名教为修身治国之本。王述（303—368），字怀祖，太原晋阳（今山西太原市）人，东晋官员，东海太守王承之子。王述年少丧父，承袭父爵蓝田侯。以孝侍奉母亲，安贫守约，不求闻名显达，故三十岁仍未知名，更有人说他痴愚。后司徒王导以其门第缘故任用他为中兵属。

② 王郎不痴：王导征召王述，当时只是为了显示自己作为国相对宗亲王姓之人的照顾，而并无真正重用的意思。而王述当时是被任命为军官，王导却问他农业方面的事，显然是一种试探。王述明了他的意图，故而不作应答。王导从这个一问一默的过程中了解了王述的为人，所以说“王郎不痴”。

③ 马永卿：两宋之间的著名学者，北宋大观三年（1109）进士，高邮人。任永城主簿时，恰好刘安世寓居永城，马永卿前往求教，因著有《元城语录》三卷、《嬾真子》五卷，多述刘安世言辞。

④ 司马温公：司马光（1019—1086），字君实，号迂叟，陕州夏县（今山西夏县）人，世称涑水先生。历仕仁宗、英宗、神宗、哲宗四朝，官至尚书左仆射兼门下侍郎。卒赠太师、温国公，谥文正。主持编纂了中国历史上第一部编年体通史《资治通鉴》。

⑤ 事见马永卿《元城语录》。刘某、刘学士指刘安世（1048—1125），字器之，号元城、读《易》老人，魏县人，北宋后期大臣。曾师从司马光。其人忠孝正直，立身行事均效法司马光。

⑥ 表德：北齐颜之推《颜氏家训·风操》：“古者，名以正体，字以表德。”后因以“表德”指人之表字或别号。司马光是师长，所以称刘安世直

呼其名（此处写作“刘某”，是为避讳），并以此来考察马永卿。马永卿回答“刘学士安”，遵守礼节避开尊长名讳，故司马光称赞他“得体”。

凡揖拜须先两足并齐，两手相叉当心[①]，然后相让而揖。不可太深，不可太浅。揖则不得回头相顾。拜则先屈左足，次屈右足。起则先右足，以两手枕于膝上而起。古礼有九拜[②]之仪，今不悉也。凡遇长者，不得自己在高处向下作礼。见长者用食未辍[③]，不得作礼。如长者传命特免，不得强为作礼。如遇逼窄[④]之地，长者不便回礼，须从容取便作礼。

今译

凡是揖拜，行礼的时候首先要两足并齐，两手于胸前交叉，然后作揖礼让。作揖时身体不能下弯太深，也不能太浅。既然作揖，就不可扭头旁顾。跪拜就要先跪左膝，然后是右膝。起身则是要右脚先站，用两手扶在膝盖上起来。古代有九拜的礼仪，现在人们都已经不熟悉了。凡是遇到长辈，不能让自己居高临下地行礼。如果是长辈还在饮食，不能马上行礼。如果长辈要求免于行礼，也不要勉强。如果在非常狭小的空间，长辈不方便回礼，那么也要就地从简行礼。

简注

① 当心：护在胸前。

② 九拜：中国古代特有的向对方表示崇高敬意的跪拜礼，按照不同身份、不同等级，在不同场合所使用，具体指稽首、顿首、空首、振动、吉拜、凶拜、奇拜、褒拜、肃拜等九种形式。《周礼》对此有详细记录。

③ 辍：停止。

④ 逼窄：狭窄。

凡授物与人，向背有体。如授刀剑，则以刃自向。授笔墨，则以执处向人。《曲礼》[①]中“献鸟者佛其首[②]，献车马者执策绥[③]，献甲者执胄，献杖者执末，献民虏者操右袂，献粟[④]执右美[⑤]，献米者操量鼓[⑥]，献孰食者操酱齐[⑦]，献田宅者操书致[⑧]。凡遗[⑨]人弓者，张弓尚筋，弛弓尚角，[⑩]右手执箫[⑪]，左手承弣[⑫]，尊卑垂帨[⑬]。若主人拜，则客还辟辟拜。主人自受，由客之左接下承弣，乡[⑭]与客并，然后受。进剑者左首[⑮]。进戈者前其鐏[⑯]，后其刃。进矛戟者，前其镦[⑰]。进几杖[⑱]者，拂之。效[⑲]马效羊者，右牵[⑳]之。效犬者，左牵之。执禽者左首[㉑]，饰羔雁者以缋[㉒]。受珠玉者以掬，受弓剑者以袂，饮玉爵者弗挥。凡以弓剑苞苴[㉓]、箪笥[㉔]、问人[㉕]者，操以受命，如使之容。”此段可记也。受人之物，最宜慎重，执虚如执盈，执轻如执重，不可忽也。

| 今译 |

凡是拿东西给别人，都要注意物体的面向。如果给人刀剑，一定要让锋刃对着自己。如果给人笔墨，一定要把好拿的部分对着别人。《礼记·曲礼》中说："献野鸟的时候应把鸟首罩住（以防野鸟凶猛而攻击人），献车马这样的大物件的时候，（不要直接把车马引进庙堂）只拿着马鞭、拉手这样的物件来表示进献就可以了；献铠甲的时候要拿着头盔给对方就可以了；献手杖要手拿手杖末段交给对方；献俘虏的时要抓住俘虏的右衣袖；献谷子的时候不要直接拿着谷子而是手持契券的右侧；献稻米的时候只拿着量米的器具来表示就可以了；献熟食的时候只拿着酱料以表示就可以了；献田地、房屋的时候只要献上田契房契就可以了。凡是赠送给人弓，弓是挂了弦的，就以弦向着对方。没有挂弦就以弓背向着对方。右手执末梢处，左手托中间把手处。不论尊卑，授受时都要相互行礼，使佩巾着地。如果主人行拜受礼，客就要后退以避让。主人亲自接受所赠的弓，要由客人的左边，挨着客人的手的位置接下，与客人并排而立，然后接受。进献剑器时，要使剑柄向左。进献戈的时候，要把戈柄末段对着对方，而使它的锋刃在后面。进献矛和戟的时候，也是如此。进献坐几和手杖，一定要当面擦拭（以示礼敬）。赠送马羊的时候，要用右手牵着（这样才牢靠）。赠送犬的时候，要用左手牵着（右手做好防护的准备，以防不测）。手持禽鸟晋见的时候，要把禽鸟拿在左边。赠送羊或雁，要覆盖绘有云气图案的布饰。接受别人赠送珠玉的时候，要用两手捧住（防其掉落）。接受长者赠送弓、剑的时候，不露手来拿，而是捧起衣襟托住（以示尊敬）。使用玉酒杯的时候，不要随意挥动（以免脱手摔碎）。以剑弓、鱼肉、饭食等为礼赠送别人的时候，先要拿着这些东西接受主人的吩咐，神态要像奉命出使一样庄重。"这段话应该记背下来。接受别人的东西的时候，一定要慎重，拿着空的东西就像是满满的，拿着轻的东西就像是重的，不能轻忽草率。

| 简注 |

①《曲礼》:《礼记》的第一部分，分为上下两篇。曲，细微；曲礼，具体细小的礼仪规范。下文录自《礼记·曲礼上》，与原文略有出入。

② 佛其首：佛，通“拂”，扭转。佛其首，扭转鸟头以防伤人。一说，用小竹笼将鸟头罩住。

③ 策绥：策，马鞭。绥音 suí，登车拉手的绳索。

④ 粟：谷子。

⑤ 右美:《礼记》原文作“右契”，契券的右侧，以示尊重。

⑥ 量鼓：古量器名。孔颖达疏：“量是知斗斛之数，鼓是量器名也……东海乐浪人呼容十二斛者为鼓以量米，故云量鼓。”

⑦ 酱齐：指酱类食品和酱醋拌的小菜。齐，通“齏”(齑)，音 jī，捣碎的菜或肉。孔颖达疏：“酱齐为食之主，执主来则食可知，若见芥酱，必知献鱼脍之属也。”

⑧ 书致：一种契约凭证文书，标注有田宅大小数据。

⑨ 遗：音 wèi，赠与，赠送。

⑩ 张弓尚筋，弛弓尚角：张弓，绷紧了弦的弓。弛弓，松了弦的弓。“尚”通“上”。筋，弓弦。角，弓背，弓把。

⑪ 箫：弓的一头。

⑫ 弣：音 fǔ，弓中部把手处。

⑬ 尊卑垂帨：授受双方如果尊卑地位匹敌，就要互相鞠躬，使佩戴的

丝巾垂到地面上。帨音 shuì，佩巾。

⑭ 乡：通“向”。

⑮ 进剑者左首：首，剑柄上的环。进献时剑柄末端的环指向左方，以便受赠者右手方便持握剑柄。

⑯ 鐏：音 zūn，戈柄下端的圆锥形金属套。

⑰ 镦：音 duì，矛戟柄下端的平底金属套。

⑱ 几杖：坐几和手杖，皆老者所用，古常用为敬老者之物，后亦用以借指老人。

⑲ 效：献出。

⑳ 右牵：孔颖达疏：“马羊多力，人右手亦有力，故用右手牵掣之也。”后以“右牵”指进献马、羊之礼。

㉑ 执禽者左首：执禽即“禽贽”之礼。贽音 zhì，本意是指初次求见人时所送的礼物，引申义是持物以求见，赠送。古代“禽贽”之礼为“若卿执羔，大夫执雁，士执雉，庶人执鹜，工商执鸡”。

㉒ 缋，音 huì，画。

㉓ 苞苴：音 bāo jū，指包装鱼肉等用的草袋，也指馈赠的礼物。

㉔ 箪笥：音 dān sì，是指竹或苇制的圆形和方形容器，箪为圆形，盛饭食用，笥为方形，装衣物用。

㉕ 问人：问同“遗”(音 wèi)，赠与。

如沐时以巾授[1]尊长，亦有五事须知：一者须当抖擞[2]

之；二者当两手托巾两头；三者不得太近太远，相离二尺许；四者冬则两手展巾，近炉烘暖；五者尊长用毕，仍置常处。其余诸类，皆当据此推之。

今译

如果在尊长沐浴的时候呈递浴巾给他们，也要有五个方面要注意：一是要先抖动一下；二是要用双手托住浴巾的两头；三是不能太近或者太远，距离二尺左右；四是在冬天的时候，就要先用双手展开浴巾，靠近炉火烘暖再给；五是尊长用完浴巾之后，要放回原位。其他各类事务，都可以据此类推。

简注

① 授：给，呈递。

② 抖擞：都懂。擞，音 sǒu，振作。

饮食乃日用之需，不可拣择美恶、肥浓、甘脆[①]，或至伐胃。箪瓢[②]蔬食，可以怡神，须当存节食之意。不得仰面食，不得曲身食。与人同食，不可自拣精者。客未食，不敢先食。食毕，不敢后。不得急喉食，不得频食，不得遗粒狼藉，不得怒食，不得缩鼻食[③]，不得嚼食有声，不得向人语话。将口就食失之贪，将食就口失之倨[④]，皆宜戒之。食毕漱口，不得大向[⑤]，令人动念。

今译

饮食是日常所需，不能挑肥拣瘦，偏好美味，以致损伤肠胃。简单饮食，却可以怡养心神，所以要心存节食的意识。不要躺着仰面向上饮食，不要弯曲身体饮食。和别人一起饮食，不能专捡好的吃。客人没有开始吃，不要先吃。也不要在客人吃完了之后，自己还在吃。不要急于吞咽，不要满口食物，不要散落饭粒一片狼藉，不要一边生气一边吃东西，不要面露不屑地吃东西，不要发出咀嚼东西的声音，不要边吃边说话。伸出嘴去吃食物，就会被认为是贪心；把食物拿到嘴边吃，就显得十分傲慢。这些都应该戒除。吃完漱口，声音不能太大，以免让人心烦。

简注

① 美恶、肥浓、甘脆：美恶，偏指美味。肥浓，肥美的肉食和浓郁的酒。甘脆，指味甜、松脆可口的食物。

② 箪瓢：即“一箪食，一瓢饮”，形容极其简单的生活。出自《论语·雍也》：“子曰：‘贤哉回也！一箪食，一瓢饮，在陋巷，人不堪其忧，回也不改其乐。贤哉回也！’”（孔子说：“颜回多么有修养呀，一篓饭，一瓢水，住在简陋的巷子里，别人都不堪承受那种窘困之忧，颜回却不改变他自有的快乐。颜回是多么有修养呀！”）

③ 缩鼻：嗤视、厌恶的样子。

④ 倨：倨傲，傲慢不逊。

⑤ 大向：太响。大通“太”，向通“响”。

涕唾[①]理不可忍，亦不可数[②]，但不得已，必酌其宜。不得对客涕唾，不得于正厅涕唾，不得向人家静室[③]内涕唾，不得于房壁上涕唾，不得当道净地上涕唾，不得于生花草上涕唾，不得于溪泉流水涕唾，当于隐僻处方便[④]行之，勿触人目。

丨 今译 丨

擤涕吐痰是生理的自然反应，不能强忍着，也不能太多次，只是不得已时才为之，所以要考虑怎么做才合适。不能对着客人擤涕吐痰，不能在客厅擤涕吐痰，不能对着别人家斋戒用的静室擤涕吐痰，不能对着墙壁擤涕吐痰，不能在干净的道路上擤涕吐痰，不能在活着的花草上擤涕吐痰，不能在溪泉流水里擤涕吐痰，应该在隐蔽便宜的地方进行，不要被人看见。

丨 简注 丨

① 涕唾：鼻涕和唾液。此处用作动词。

② 数：音 shuò，屡次，多次。

③ 静室：古代家中用于斋戒的房间。

④ 方便：随机乘便。

登厕亦有十事：一者，当行即行，不得急迫，左右顾视；二者，厕上有人，当少待，不得故作声迫促之；三者，当高举衣而入；四者，入厕当微咳一声；五者，厕上不得共人语笑；六者，不可涕唾于厕中；七者，不得于地上壁上划字；八者，不得频低头返视；九者，不得遗秽于厕椽[①]上；十者，毕当濯手[②]，方持物。

今译

去厕所也有十个注意事项：一是需要时就去，不要急急忙忙，或者左顾右盼；二是厕所里有人的时候，就要稍微耐心等待，不能故作声响来催促人家；三是要把衣襟拉起来进去（以免弄脏）；四是进入厕所的时候要轻声咳嗽一下（以示有人进入）；五是不要在厕所里与人言语玩笑；六是不能在厕所里擤涕吐痰；七是不能在厕所的地面或墙壁上乱写乱画；八是不要频频低头回看排泄物；九是不能弄脏厕所的房椽；十是便后洗手才拿东西。

简注

① 椽：音 chuán，用以支持屋顶面板和瓦的条木。

② 濯手：濯音 zhuó，洗。

以上数条，特其大概。汝真有志，三千之仪，皆可据此推广。智及仁守，大本已正。然必临之以庄，动之以礼，方为尽善。[①]故礼虽至卑，崇之可以发育万物，峻极于天，[②]勿视为末节而忽之也。

今译

以上数条礼节，只是个大概。你如果真的用心于此，三千条礼仪，都可以根据这些来推论。懂得了道理，又能以仁德来保持它，根本就已经确立了，然而还需要用严肃的态度来对待，所言所行无不依照礼节，这样才算是尽善尽美了。这些礼节虽然低微琐碎，只要不断地扩充发扬它，就可以到达发育万物、上极于天道的地位，所以不要认为这是礼的细枝末节而忽视它。

简注

① 智及仁守……方为尽善：语出《论语·卫灵公》："子曰：'知及之，仁不能守之，虽得之，必失之。知及之，仁能守之，不庄以莅之，则民不敬。知及之，仁能守之，庄以莅之，动之不以礼，未善也。'"（孔子说："一个在上位者，他的智慧足以知道此道了，若其心之仁不足以守，则虽知得了，必然还会失去。知得了，其心之仁也足以守之不失了，但不能庄敬以临莅其民，则其民仍将慢其上而不敬。知得了，其心之仁又足以守，又能庄敬以临其民，但鼓动兴作，运使其民时，若不合乎礼，仍是未善。"）

② 发育万物，峻极于天：出自《礼记·中庸》："大哉圣人之道！洋洋乎发育万物，峻极于天。"（伟大啊圣人之道！广大美好以化育万物，这种道德真的是可以与天比高了。）

实践要点

今人谈礼，多失其古义，要么鄙薄其繁琐形式，要么只注重公共商务礼仪，皆未能从根源上理解礼之要义。故笔者不揣鄙陋，简略总结礼之要义如下，共有四点：

一、古礼演化，展示民族文化的基因密码和发展线索，掌握之，则能体悟中国文化之要义。

古者祭礼为重，而祭礼本为祭祀神灵，而后转变为祭祀鬼神、上天。孔子曰“祭如在，祭神如神在”(《论语·八佾》)，即是谓此。“鬼”为逝去之祖先，“神”则是指日月、山川等的自然神灵，在鬼神之上，还有“天”。

> “祭如在”显然是敬鬼神……但“如在”却又不是鬼神本身之自在，而是献祭者的主体状态，所以它与自在的鬼神拉开了距离，是对鬼神本身的“远之”。换句话说，“祭如在”反映出的是儒家的精神人文主义，是既根植于古代宗教又超出了古代宗教；既与“洋洋乎如在其上，如在其左右”的鬼神之德相接，又能够与鬼神本身保持距离，不倚赖于鬼神，从自身中开发出精神性的生活方式。……一方面，人与鬼神的外在关系变成了人本身与他的精神状态的内在关系，于是人人可以成为鬼神之德的主体；另一方面，通过将原先主要指祭礼的礼拓展到日常生活的各个方面去，于是事事可以是礼的实践。(倪培民《儒学的精神性人文主义之模式：如在主义》，载于《南国学术》2016年第3期)

周朝取代商朝，在礼制上进行了巨大的变革，即从敬畏和祭祀各种自然神灵，改为敬畏和祭祀上天和祖先，而相应的礼的内在精神的巨大转变，则是如上所述的“人的在场”，而非“非人”的在场。我们常常所谓中华民族文化传统之精神核心“天人合一”，即是从此等意义上转化而建立的。天人合一，则是人的主体精神的张扬，而礼是“天人合一”精神的具体实践。明了这一点，就会知道礼的传统与我们中华民族文化的深切相关性。所谓“百姓日用而不知”(《周易·系辞》)，即说明礼对于民众日常教化的重要功用。我们生在“礼仪之邦”，如果能够对“礼”之内涵有所理解，且保持一些内心的敬畏之情，则会相应地赋予我们以文化的自信和精神的力量。

二、礼具有文化传承和心理塑型作用，有助于民生安定与社会和谐。

> 子曰：“道之以政，齐之以刑，民免而无耻；道之以德，齐之以礼，有耻且格。”(《论语·为政》)

夫子说：“用政法来引导他们，使用刑罚来整顿他们，人民只是暂时地免于罪过，却没有廉耻之心。如果用道德来引导他们，使用礼教来整顿他们，人民不但有廉耻之心，而且人心归服。”司马迁将其简化为：“夫礼禁未然之前，法施已然之后。”(《史记·太史公自序》)这说明礼在社会中不仅起到文化传承的作用，而且这种传承对民众有很好的教化作用，形成一种预防机制，对于社会和谐具有重要意义。

三、日常之礼具有自我规约的实践价值和文化意义。

《礼记·玉藻》中有一段文字特别值得推荐：

> 古之君子必佩玉，右徵角，左宫羽，趋以《采齐》，行以《肆夏》，周还中规，折还中矩，进则揖之，远则扬之，然后锵鸣也。故君子在车，则闻鸾和之声，行则鸣佩玉，是以非辟之心无自入也。

君子出入、进退、俯仰之间，身上的佩玉只有在不快不慢、节奏匀称的步伐下，才会发出韵律和谐、悦耳动听的声音，随时都给人以警醒和启示，这样邪僻的念头就无从进入君子的心中。原来，我们文化传统中崇尚佩戴玉器，所谓“君子无故，玉不去身”，其真正涵义是用玉来提醒我们保持良好的操守和仪态，不仅具有审美意义，而且更具有道德规约作用。这或许是现代商业所不能理解的，但是，如果习学了古礼的精神内涵后，我们却可以很好地践履其文化意义。

四、礼是传情达意、自我实现的合理方式和有效途径。

《诗经·大雅·抑》中记述了一段劝勉依礼言行的事例：

> 辟尔为德，俾臧俾嘉。淑慎尔止，不愆于仪。不僭不贼，鲜不为则。投我以桃，报之以李。彼童而角，实虹小子。

“修明德行养情操，使它高尚更美好。举止谨慎行为美，仪容端正有礼貌。不犯过错不害人，很少不被人仿效。人家送我一篮桃，我把李子来相报。胡说秃羊头生角，实是乱你周王朝。”（程俊英译，摘自上海古籍出版社《诗经译注》）作者劝谏年轻的周王，投桃报李，依礼而动，禁止轻狂，在符合礼仪的范围内举动言语。因此礼又是君臣、父子、夫妻等伦理关系中合理传递情感的通道。

孔子告诫颜回“四勿”（非礼勿视，非礼勿听，非礼勿言，非礼勿动），似乎把礼绝对化了，不能越雷池一步，然而这是对于低层次人格境界者而言，而如果能够达到较高的修为层次，则会把礼当作修身成人的路径，有助于梳理内心的情感和欲望，因此会更加自觉遵守礼的规约，从而使精神层次和人格修养自然上升到一个更高的层次。因此“四勿”不是约束，而恰恰是自我实现的有效途径。

基于以上四点总结，我们来看本章内容，其深得《礼记》《仪礼》诸书之精髓，而披沙拣金，化繁为简，既便于掌握又准确地呈现了古礼的精神。它们本就为具体可行的日常规范，具有非常强的实践价值。当然，今人不必泥于古礼，亦不必像律师记诵法律条文一样，把这里列具的每一点都记下来，而应体会其出发点，理解并掌握其要义精髓，深刻认识礼的价值与功用，充分尊重并认真学习古人智慧。一是要领会其精神要旨，不轻易否定古礼之质；二是在现实中躬身力行，以尊人自尊，助人自助；三是要融会贯通，活学活用，不至僵化，而能够崇文兴礼，振兴文明，以文化担当来自我加持。

如是，则礼仪大兴，人得而为人，物则得而成物，性命各有所安，传统文化体系之意义得以呈现。人在礼中，亦可如鱼得水，欣飨安宁与幸福。

报本第七

伊川先生[①]云："豺獭皆知报本[②]，士大夫乃忽此，厚于奉养而薄于先祖，奚可哉？"[③]甘泉先生[④]曰："祭，继养[⑤]也。祖父母亡而子孙继养不逮，故为春秋忌祭以继其养。然祖考[⑥]之神，尤有甚于祖考之存时。故七日戒、三日斋，方望其来格[⑦]。不然，虽丰牲不享也。"[⑧]观二先生之言如此，祭其可忽哉？古礼久不行，今自我复之。每遇祭，前十日，即迁坐静所，不饮酒茹荤，为散斋[⑨]七日。又夙夜丕显[⑩]，不言不笑，专精聚神，为致斋[⑪]三日。有客至门，仆辈以诚告之。族人愿行此者，相与共为此追远[⑫]之诚，亦养德之要。吾儿务遵行之，传之世世，勿视为迂也。祭之日，尤须竭诚尽慎，事事如礼，勿盱视，忽怠荒[⑬]。我在宝坻[⑭]，每祭必尽诚，祷无不验。天人相与之际[⑮]，亦微矣哉！

今译

伊川先生说："像豺獭这样的小动物都知道祭祀以报答生命的本源，而士大夫却忽视这一点，只注重奉养家人，而在祭祀祖先方面做得很不够，这怎么可以呢？"湛若水先生说："祭，就是继亲之志，养亲之体。祖父母去世而子孙们无法继续孝养，所以在春秋之际通过祭祀来继承他们的遗志，完成对他们的孝养。对待祖辈的神灵，甚至要比他们活着的时候还要钦敬。所以在祭祀之前要严格地进行七日之戒和三日之斋，这样才有望他们神灵的到来。不然的话，即便有丰厚的牺牲祭品，也不会来享用的。”两位先生的话都是如此，所以怎么可以轻视祭祀呢？古代的礼仪已经很久没有实行了，现在从我辈开始恢复。每到祭祀，十天前就开始到僻静的房间打坐，不喝酒吃荤，进行七天的散斋。接着日夜修养德业，不言谈玩笑，聚精会神，正式斋戒三天。如果有客人登门，仆从们都以实情相告。如果族人中有愿意如此祭祀的，那么就一起来体验慎终追远的至诚之心，这也是修养道德的关键。我的孩子一定要照此遵守执行，并世世代代传递下去，不要把这当做迂腐的事情。祭祀之日，尤其需要竭尽真诚和谨慎之事，每一件事都要依礼而行，不能张目直视对方，也不要表现出懒懒散散的样子。我在宝坻任职的时候，每次祭祀都是竭尽真诚，所祈祷的愿望没有不实现的。天人感应之事，真是微妙难言啊！

| 简注 |

① 伊川先生：北宋大儒程颐（1033—1107），字正叔，河南府伊川县（今嵩县田湖镇程村）人，故世称“伊川先生”。与其兄程颢同学于周敦颐，共创“洛学”，为理学奠定了基础，世称“二程”。

② 豺獭皆知报本：豺祭和獭（音 tǎ）祭。豺在深秋时杀兽以备冬粮，陈于四周，有似人之陈物而祭，故称。《吕氏春秋·季秋》：“菊有黄华，豺则祭兽戮禽。”高诱注：“（豺）于是月杀兽，四围陈之，世所谓祭兽。”獭祭，又叫作獭祭鱼。《礼记·月令》：“东风解冻，蛰虫始振，鱼上冰，獭祭鱼。”獭是一种两栖动物，经常将所捕到的鱼排列在岸上，在古人看来，这

情形很像是陈列祭祀的供品。所以就称之为獭祭鱼或獭祭。宋代诗人林同《禽兽昆虫之孝十首·豺獭》:“曾闻豺祭兽，还见獭陈鱼。人苟不知祭，能如豺獭乎。”

③ 豺獭皆知报本……奚可哉：引自《二程遗书·伊川先生语四》。原文作:“且如豺獭皆知报本，今士大夫家多忽此，厚于奉养而薄于祖先，甚不可也。”

④ 甘泉先生：明代儒者湛若水（1466～1560），字元明，号甘泉，增城（今广州市增城区）人。

⑤ 继养：继亲之志，养亲之体，谓尽孝道。班固《白虎通·爵》:“《王制》曰：葬从死者，祭从生者，所以追孝继养也。”（葬礼要顺从死者的意愿，祭祀要顺应生者的便利，这样才利于慎终追远，孝亲继养。）

⑥ 祖考：祖辈。

⑦ 来格：来临，到来。

⑧ 祭，继养也……虽丰牲不享也：见于《甘泉湛氏家训·明祭礼章第十六》:“古人谓祭，继养也。盖祖父母、父母已逝而子孙之养不逮，故为春秋忌祭以继其养。然祖考之神不可亵，尤有甚于祖考之存时，而子孙孝敬之心，尤宜切于祖考之存时，故七日戒、三日斋，乃见其所为。斋者，起孝起敬，如此方望祖考来格，不然则虽有丰牲之祭，神不飨矣。”此处较原文俭省。

⑨ 散斋：周制，凡行祭祀礼前，王亲戒百官及族人，散斋七日，即七日内不御、不乐、不吊。

⑩ 夙夜丕显：早晚都思考如何光大自己的德业，形容勤劳辛苦。夙（音 sù）夜，早晚，朝夕。《诗经·召南·采蘩》:“被之僮僮，夙夜在公。”

丕，音 pī，大。显，显扬，光大。《尚书·太甲》："先王昧爽丕显，坐以待旦。"

⑪ 致斋：行斋戒之礼。

⑫ 追远：出自《论语·学而》："曾子曰：'慎终追远，民德归厚矣。'"（曾子说："谨慎送终，追念祖德，民众的德行就归于淳厚了。"）

⑬ 勿盱视，忽怠荒：盱（音 xū）视，张目直视。怠荒，懒惰放荡。《礼记·曲礼上》："毋侧听，毋噭应，毋淫视，毋怠荒。"孔颖达疏："毋淫视者，淫谓流移也。目当直瞻视，不得流动邪眄也。"郑玄注："怠荒，放散身体也。"孔颖达疏："谓身体放纵，不自拘敛也。"

⑭ 我在宝坻：宝坻（音 dǐ），今天津市宝坻区。袁了凡在宝坻做过县令。

⑮ 天人相与之际：即中国传统文化的"天人合一""天人感应"之说。汉武帝元光元年（前 134 年），董仲舒在《举贤良对策》中系统地表述了"天人感应"学说，认为，"道之大原出于天"，"观天人相与之际，甚可畏也。国家将有失道之败，而天乃先出灾害以谴告之；不知自省，又出怪异以警惧之；尚不知变，而伤败乃至。以此见天心之仁爱人君而欲止其乱也"，自然、人事都受制于天命，因此应该做到天人和谐。

每岁春秋二祭，皆用仲月[①]，卜日行事。祭之日，夙兴[②]，具衣冠[③]，谒祠[④]祝[⑤]过，遂以次奉神主[⑥]于正寝[⑦]。其仪一遵朱子《家礼》[⑧]。始祖南向，二昭西向，二穆东向，每世一席。附位列于后，食品半之。上昭穆[9]相向，不正相对。下昭穆各稍后，两向，亦不正对。易世但以上下为尊卑，不以尊卑为昭穆。俗节各就家庙行之。时物虽微必献，未献，子孙不得先尝。

今译

每年春秋两次祭祀，都是每季的第二个月，即农历的二月和八月，占卜择定日子举行。祭祀当日，早早起来，将衣冠穿戴整齐，到宗祠告神祈福后，于是按照次序将先辈的牌位摆放在正屋。这个仪式全部遵照朱子《家礼》。始祖的牌位面向正南摆放，二世祖、四世祖牌位面向西摆放，三世祖、五世祖牌位面向东摆放，每世一席。其余附加的位置列在后面，祭品减半。居上的昭穆牌位相向摆放，但不能完全正对着。居下的昭穆牌位要稍微向后摆放，也是向着两个方向，不能完全相对。不同的世代的牌位，只以上下为尊卑，不以尊卑为昭穆。一般的节日各自在家庙举行就可以了。应时的新鲜食物虽然微不足道，也必须先献祭，在献祭之前，子孙不能先行品尝。

简注

① 仲月：每个季度的第二个月。

② 夙兴：早起。

③ 具衣冠：将衣冠穿戴整齐。

④ 谒祠：谒音 yè，到，拜见。到宗祠参拜。

⑤ 祝：祷告，向鬼神求福。

⑥ 神主：古时为已死的君主诸侯做的牌位，用木或石制成。后世民间

也立神主以祭祀死者，用木制成，当中写死者名讳，旁题主祀者的姓名。

⑦ 正寝：指房屋的正厅或正屋。

⑧ 其仪一遵朱子《家礼》：参见朱熹《家礼》卷五“祭礼”。

⑨ 昭穆：指一种区分亲疏贵贱的宗庙制度。庙制规定，天子立七庙，诸侯立五庙，大夫立三庙，士立一庙，庶人无庙。延伸到民间，祠堂神主牌的摆放次序也就是昭穆制度，如：始祖居中，左昭右穆。父居左为昭，子居右为穆。一世为昭，二世为穆；三世为昭，四世为穆；五世为昭，六世为穆。单数世为昭，双数世为穆；先世为昭，后世为穆；长为昭，幼为穆；嫡为昭，庶为穆。

丨 实践要点 丨

“祭者，所以追养继孝也。”(《礼记·祭统》)，本章所谓的“报本”，表现为对祭祀的重视，实际是一种孝行的表现，因而也可以将“报本”延展到其他的尽孝的行为。

“国之大事，在祀与戎”(《左传·成公十三年》)，“礼有五经，莫重于祭”(《礼记·祭统》)，在中国古代，祭礼无疑是诸礼之中最为重要的一种。天子祭天，百姓祭祖，所谓“敬天法祖”的祭礼，其根本目的在于“报本反始”。因而，祭祀的作用和意义，大致有三：其一是身份认同（即“报本反始”)，通过一定的礼仪形式来追根溯源，慎终追远，在向先祖致敬的同时，也对自身的身份进行确认，从而对个人的责任和使命有更深层次的认同和驱动；其二是祈福禳灾，通过祈告上天和先祖来获取庇佑，并禳除灾祸；其三是传承教化，通过祭祀礼仪中诚敬的态度和严谨的形式，来感召和激励族人，从而起到传承和教化的作用。

祭祀的实质是与先祖在精神层面的沟通，因而诚敬是贯穿祭礼的主线，不徒具形式而又非常注重细节。本章所述内容较为简略，但仍以俭省的文字展现了祭祀的实质。同时，我们也可以看到，古代的礼仪制度虽然十分繁复，但于当前已经大量流失，其主要原因或正在于礼仪形式应因时而变，因势而变。因此在实践过程中，应辩证地看待残存的礼仪形式，而又能切实地掌握祭祀的内核，具体做到以下几点：

一、祭祀是一个完整的过程，其前期的准备也同样重要。本章所依古礼进行的“七日戒”“三日斋”，实际上正是古人为祭祀所作的准备，在此预备过程中，要对日常世俗的生活行为和环境进行隔离，而逐渐进入一种诚敬的状态，实则是完整的祭祀礼仪中的一个重要组成部分，不可或缺，因而应该足够重视。

二、祭祀主敬，致祭时，要至敬至爱，全身心投入，才能感格祖先神明，正所谓“致爱则存，致悫则著”。《礼记·祭义》云：

> 祭之日，入室，僾然必有见乎其位；周还出户，肃然必有闻乎其容声；出户而听，忾然必有闻乎其叹息之声。是故先王之孝也，色不忘乎目，声不绝乎耳，心志嗜欲不忘乎心。致爱则存，致悫则著。著存不忘乎心，夫安得不敬乎？

到了祭祀那天，进入庙堂就仿佛看到了去世的亲人在神位上；祭祀结束转身出门，肃然起敬地听到了亲人的动静；出门倾听，又哀愁地听到了亲人的叹息之声。所以先王对先祖的孝就是，先祖的容貌总在眼前不会忘记，先祖的声音总在耳边不会断绝，先祖的志愿喜好也会铭记在心。因为至爱而心怀他们的音容笑貌，因为至诚而感到他们如在眼前。存于心而见于前，念念不忘，这哪里还有不尊敬的呢？

只有全身心地投入，“忾闻”而“僾见”，才算是达到祭祀的目的，亦即再现与先祖的精神联系，并使自身从中受到感召和激励。

三、遵从必要的礼节形式，以承载礼的核心内涵。礼仪形式是礼制依存的基础，尽管我们已经无从理解其具体内涵，或者与当前生活严重脱节，但是仍然要有所保留，并予以遵从。《论语·八佾》记录了这样一个故事：

> 子贡欲去告朔之饩羊。子曰：“赐也！尔爱其羊，我爱其礼。”

古时候，天子在十二月份颁布来年的历书给诸侯，诸侯接受历书后，将其珍藏于祖庙。每月初一，都要用杀一只活羊来祭告祖庙，请示上天并按照历书行事。鲁国自从鲁文公开始就不举行告朔之礼，但是专事祭祀的官员还是按照惯例进献活羊，所以子贡认为这种礼节徒具形式而建议免除。孔子就告诉他：告朔之礼虽然遭到了废弃，但是进行活羊祭献的形式尚且存在。这个形式存在，而根据它来进行求证，仍然可以有希望恢复古礼；但如果连这只羊也不要了，那么告朔之礼就彻底消亡，再也看不见了，而其代表的敬天祭祖的精神也可能会归于湮灭。

因此，一定的礼仪形式对于礼仪的核心意义具有载体的作用，尽管不能完全理解，也应当以一种诚敬的心理予以适度地保留。

四、化用日常，行切身之孝。孝是切身实行的行为，并不依赖于外物，其最终指向是生者自身，而自身也是孝行的一部分，报本的“硬指标”。《礼记·祭义》云：“父母全而生之，子全而归之，可谓孝矣。不亏其体，不辱其身，可谓全矣。”《孝经·开宗明义》云：“身体发肤，受之父母，不敢毁伤，孝之始也。立身行道，扬名于后世，以显父母，孝之终也。”人的身体四肢、毛发皮肤，都是来自父母，不敢有所损伤，保全身体以归还父母，才能称得上孝道，才是孝的开始。修养自身，推行道义，有所建树，显扬名声于后世，以彰显父母的养育之恩，这是孝的归宿。

治家第八

治家之事，道德为先。道德无端[①]，起于日用。一日作之，日日继之，毋怠惰而常新焉，如是而已。吾为汝试言其概。如行一事，必思于道无妨，于德无损，即行之。如出一言，必思于道无妨，于德无损，即出之。拟之而后言，议之而后动，[②]凡一视一听、一出一入[③]，皆不可苟。又要处处圆融，尘尘方便。凡遇拂逆，当闭门思过，反躬自责，则闺门[④]之内，不威而肃矣。古人谓齐家以修身为本[⑤]，岂虚哉？

| 今译 |

治理家庭这件事，要以道德为首要。道德无始无尽，源于日常生活。一天依从道德，要天天坚持，不要懒惰而应天天有所进步，只是如此而已。我试着给你说个大概。你每做一件事，都要想想是否对道德有所损伤，如果没有，就去做。你每说一句话，都要想想是否对道德有所损伤，如果没有，就去说。要考虑好了再说，想清楚了再做，凡是耳闻目见、言谈举止，都不可马虎草率。同时又要注意处处破除偏执，圆满融通，随机行事。凡遇到不顺心的事，就要闭门思过，自我反省，那么家门之内，不用发威就可以使人肃敬了。古人说治家以修身为本，岂是一句空话？

简注

① 道德无端：出自《管子·幼官》："始乎无端，卒乎无穷；始乎无端，道也，卒乎无穷，德也。"

② 拟之而后言，议之而后动：语出《易·系辞上》："言天下之至赜而不可恶也。言天下之至动而不可乱也。拟之而后言，议之而后动，拟议以成其变化。"

③ 一出一入：出入，出门和进门，代指日常言谈举止。

④ 闺门：古代称内室的门。也指家门、城门。

⑤ 齐家以修身为本：《礼记·大学》云"欲齐其家者，先修其身"，又云"自天子以至于庶人，壹是皆以修身为本"。

修身要矣，御人[①]急焉。群仆中择一老成忠厚者管家，推心[②]任之，厚廪[③]养之。其余诸仆，亦不可使无事而食，量才器使，人有专业，田园仓库、舟车器用各有所司，立定规矩，时为省试，因其勤惰而赏罚之，则事省而功倍矣。至顽至蠢，婢仆之常，须反复晓谕[④]，不可过求。纵有不善，亦宜以隐恶扬善之道[⑤]宽厚处之，一念伤慈，甚非大体。我性不喜责人，故家庭之内，鞭朴[⑥]常弛，僮仆多懒。汝宜稍加振作。

今译

修身当然重要，管理仆人也是急务。你可从众多的仆人中挑选一位老实稳重、忠诚厚道的人当管家，以诚心对待他，信任他，给他以丰厚的薪酬。其余仆人，也不可让他们无所事事，要量才使用，按照每个人的特长划定职责范围，使田园仓库、舟车器用各方面都有负责的人，立定规矩，经常检查，根据他们的勤惰情况而施行赏罚，这样就可以收到事半功倍的效果。十分顽固或者愚蠢，这在婢仆也是常有的事，要反复耐心地开导他们，不可苛求。即使他们有不对的地方，也应当以隐恶扬善之道宽厚处置，如果有一念不慈之心，就会违背我们做人的根本。我秉性不喜欢责罚他人，因此家里鞭打之类的体罚荒废已久，导致僮仆们习于懒惰。你要适当使用体罚，使他们振作起来。

简注

① 御人：管理仆人。

② 推心：以诚相待。

③ 厚廪：厚，丰厚。廪，本义指米仓，也代指粮食或者粮饷、薪水。厚廪即丰厚的薪酬。

④ 晓谕：明白地告诉，告知。

⑤ 隐恶扬善之道：传说大舜能够隐恶扬善，并以此为治政之道。《礼记·中庸》：子曰："舜其大知也与！舜好问而好察迩言，隐恶而扬善，执其两端，用其中于民，其斯以为舜乎！"（夫子说："舜帝真是有大智慧的人啊！他爱好学习求教并善于审察身边人的话语，能够包涵并隐忍别人的缺点而宣扬他们的长处，能够把握事情的好坏轻重，而选择适度的政策来引导民众，这正是他之所以成为他的原因啊！"）

⑥ 鞭朴：亦作"鞭扑"。用作刑具的鞭子和棍棒，亦指用鞭子或棍棒抽打的刑罚。

齐家之道，非刑即礼。刑与礼，其功不同。用刑则积惨刻①，用礼则积和厚②，一也。刑惩于已然之后，礼禁于未然之先③，二也。刑之所制者浅，礼之所服者深，三也。汝能动遵礼法，以身率物④，斯为上策。不得已而用刑，亦须深存恻隐之心⑤，明告其过，使之知改。切不可轻口骂詈⑥，亦不可使气怒人。虽遇鸡犬无知之物，亦等以慈心视之，勿用杖赶逐，勿抛砖击打，勿当客叱斥⑦。我家戒杀已久，此最美事，汝宜遵之。

今译

治理家庭的方法，不外乎刑罚或者礼教。二者的功用有所不同。其一，用体罚就会积累凶狠刻毒的念头，用礼教就会积累融洽深厚的情谊。其二，刑罚用于过失已经形成之后，礼仪禁忌则防患于未然之先。其三，刑罚的作用流于表面，而礼教却令人口服心服。你如果能一举一动都遵守礼法，以身作则，这就是高明的选择。如果不得已而动用刑罚，内心也要怀有同情悲悯之心，明白告诉别人他的过失在哪里，让他知道如何改过。切不可随便骂人，更不可意气用事，随便对人发怒。即使遇到鸡狗等低级的生灵，也应当以慈悲心来看待，不要用棍棒驱赶，不要扔砖头去击打它们，也不要在客人的面前大声叱骂它们。我家戒除杀戮的行为已经很久了，这是非常好的事，你要遵行之。

简注

① 惨刻：凶狠刻毒。

② 和厚：融洽深厚。

③ 刑惩于已然之后，礼禁于未然之先：化用自《史记·太史公自序》："夫礼禁未然之前，法施已然之后；法之所为用者易见，而礼之所为禁者难知。"

④ 以身率物：以身作则。率物：做众人的榜样。

⑤ 恻隐之心：见到遭受灾祸或不幸的人产生同情之心。恻，悲伤；隐，伤痛。

⑥ 骂詈：亦称"詈（音 lì）骂"，用恶语侮辱人。

⑦ 叱斥：喝斥，责骂。

人各有身，身各有家。佛氏出家之说，亦方便法门[①]也。家何尝累人，人自累耳。世人认定身家，私心太重，求望无穷，不特贫者有衣食之累，虽富者亦终日营营[②]，不得清闲自在，可惜也。须将此身此家放在天地间平等看去，不作私计，无为过求，贫则蔬食菜羹可以共饱，富则车马轻裘可以共敝[③]。近日陆氏义仓[④]之设，其法甚善，当仿而行之。田租所入，除食用外，凡有所余，不拘多寡，悉推之以应乡人之急。请行谊老成者主其事。陆氏不许子孙侵用，我则不然。家无私蓄，外以济农，内以自济，原无彼我。凡有所需，即取而用之，但不得过用亏本。仍禀主计者，应用悉凭裁夺，不得擅自私支。

今译

人各有自己的身体，身体各自有自己的家。佛教关于出家的说法，其实只是诱导其领悟佛教真义的方法。其实家何曾拖累人，只是人自己给自己增加负担罢了。世人纠缠于身和家，私心太重，奢求和欲望没有穷尽，这样的话，不但穷人被衣食日用所拖累，即便富人也成天追名逐利，不得清闲自在，太可惜了。我们应将这个身这个家放在天地间平等来看，不只是从自己的角度来考虑，不要过分索取，贫穷的时候则粗食菜饭可以分给其他穷人，富裕的时候则车马轻裘可以共同享用。近日陆家设立义仓赈灾，这种办法很好，我们家应当仿效建立——收缴的田租，除了自己食用外，凡有所剩余，不问多还是少，都全部纳入义仓来助人所困，救人之急。可以聘请一位年高有德行者主持这件事。陆家义仓不准许子孙们侵夺使用，我却不主张这样。我们家里设有另外为自己存储粮食，义仓既可以对外来济助其他农人，也可以对内用于济度自己，本就不分彼此。只要是有需要的人，尽管来拿了去用好了，只是不能透支使用，以致损耗了元气。这些都向主管的人报告，完全听凭主管决定如何使用，不准擅自支取私用。

简注

① 方便法门：方便，是指善巧、权宜，是一种能随时设教、随机应变的智慧。法门，宗教用语，原指修行者入道的门径，今泛指修德、治学或作事的途径。

② 营营：追求奔逐。

③ 车马轻裘可以共敝：《论语·公冶长》：“子路曰：愿车马衣轻裘，与朋友共，敝之而无憾。”（子路说：我愿把车马、皮衣与朋友共同享用，用坏

了也不介意。）

④ 义仓：古代为备荒而设置的粮仓。

| 实践要点 |

阅读了凡文字，须进得去，出得来，不仅要知其所然，也要知其所以然，更要因之而知道自己所应然。经历如上三个层次，既得求知之法，又得实践之要，知行合一，学问乃成。

我们先看其所然。

本章较为简短，仅有四段，然亦层次井然，逻辑严密，寄意嘱托，颇多兴味。一段是谈治家之本在修身，治家亦即修身，点明以德治家主题；二段谈修身御人之术，以家仆为例，与其说御人管人，不如说宽之恕之，也是修身以齐家之道；三段谈刑礼齐家之术，先礼后兵，恩威并施，然应心存恻隐，戒杀惜生；四段谈由私入公，积德行善，施舍家财，周济乡邻。

齐家的根本在修身，修身以善待他人，治家应重礼慎刑，克己厚人，然齐家更应济世，广结善缘。壹是归于修身，而境界逐次开朗，居然大同，可谓涵故纳新，以小文贯通修齐治平之旨，颇值揣摩和体味。

再看其所以然。

本章虽然仍属于传统家训之范畴，属于“一家”之言，然而也连接了整个传统文化资源，又兼了凡个人思想意识，因而有两个理解要点，提示如下：

其一，对刑礼观念的借用。古人刑礼观念，始于《诗经》，但刑礼之辨却源于孔子：

刑于寡妻，至于兄弟，以御于家邦。(《诗经·大雅·思齐》)

子曰：道之以政，齐之以刑，民免而无耻；道之以德，齐之以礼，有耻且格。(《论语·为政》)

“刑于寡妻”的“刑”，汉代郑玄《〈毛诗传〉笺》解释为礼法，此处作动词，指文王以礼法对待其妻。文王以礼相待正妻，对待兄弟也一样，并以此来治理家族邦国。此处提出来的“刑”却不是我们习以为常的“刑罚”之“刑”，而是指礼法。虽为同一个字，不同理解和阐释，可能导向完全相反的结果。

孔子对刑礼治政作用和效果的比对，可谓开启了刑礼论辩的一个传统。关于刑礼关系，古人多有论述，比如所谓“刑惩于已然之后，礼禁于未然之先”(《礼记·礼察》)“礼不下庶人，刑不上大夫。”(《礼记·曲礼》) 等等，此不赘述。唐朝大诗人白居易将刑、礼、道并论，曲尽情理，十分透辟，兹录如下，以供参考：

夫刑者可以禁人之恶，不能防人之情；礼者可以防人之情，不能率人之性；道者可以率人之性，又不能禁人之恶。循环表里，迭相为用。故王者观理乱之深浅，顺刑礼之后先，当其惩恶抑淫，致人于劝惧，莫先于刑；划邪窒欲，致人于耻格，莫尚于礼。反和复朴，致人于敦厚，莫大于道。是以衰乱之代，则弛礼而张刑；平定之时，则省刑而宏礼；清净之日，则杀礼而任道。亦如祁寒之节，则疏水而附火；徂暑之候，则远火而狎水。顺岁候者，适水火之用，达时变者，得刑礼之宜，适其用，达其宜，则天下之理毕矣，王者之化成矣。(白居易《刑礼道》)

本文治家亦有刑礼之说。然孔子本意，实则为国家治理应推崇德治礼制，而轻政令刑罚，是大的治政纲领。了凡用以治家，杀鸡而用牛刀，似乎也同样适用，可见古代之家国一体同构的政治传统，治家也就成了治政的缩影。

其二，对传统家庭观念的超越。虽然其文之说辞无非修身齐家之旧训，但如果读者稍加留意，就会发现其中亦有新变：第四段援佛入儒，实则破解传统之家庭范畴，不执著于身家财物，而欲开放义仓赈济他人，与传统之家庭观念已有所不同。此亦了凡先生融通三教、合为一体之功，也可见其时代思潮之深刻影响。

最后看我们所应然。

了凡学而博闻强识，思而融会贯通，其学说影响遍布，育人无数。然其人其书去今已远，如果只是因循其说，恐怕很难与现实接轨。因此，需要真正深入理解并灵活转化，才可接入实践，学以致用。这要求我们一是要有深厚的文化根基，二是要细察其因缘转化，思想转化；三是要密切关注现实，把所学融入现实，并实现对现实的超越。

比如在本章中，了凡对家的认知。了凡对家庭的重新阐释，虽然比较简单、隐微，仍然体现了对传统家庭观念的超越。社会的发展深刻影响着家庭的观念，家庭因此也是社会发展的缩影。了凡自己的做法恰恰是我们可以效法的榜样，即掌握传统修身和齐家的精神和原则，融入新的精神资源，面对时代变化和新的要求，做出适当的调整。

我们生活在一个日新月异、文化多元的时代，在这样的一个时代，如何来理解家庭，如何建构个人与家庭以及家庭成员之间的关系？走出家庭的个人应该是什么样子？虽然传统的力量还在，亲情与责任还在，但是手机问题、虚拟社交、公共伦理等问题已经非常突出，成为对所有人的逼问，是时代交给每一个人的课题，我们不得不谨慎对待。

怎么来解决？我们应当回到第一步，认真审视自身和这个时代，并从文化传统中获取足够的智慧和资源。兹谨引述钱穆先生在其《国史大纲》的序言为说：

> 一、当信任何一国之国民，尤其是自称知识在水平线以上之国民，对其本国以往历史，应该略有所知。
>
> 二、所谓对其本国已往历史略有所知者，尤必附随一种对其本国已往历史之温情与敬意。
>
> 三、所谓对其本国已往历史有一种温情与敬意者，至少不会对本国已往历史抱一种偏激的虚无主义，即视本国已往历史为无一点有价值，亦无一处足以使彼满意。亦至少不会感到现在我们是站在已往历史最高之顶点。而将我们当身种种罪恶与弱点，一切诿卸于古人。
>
> 四、当信每一个国家必待其国民备具上列诸条件者比数渐多，其国家乃再有向前发展之希望。

这也是面向古人文化著作的态度，也应该是我们每个人获取文化自信，增长生存智慧的必由之路。

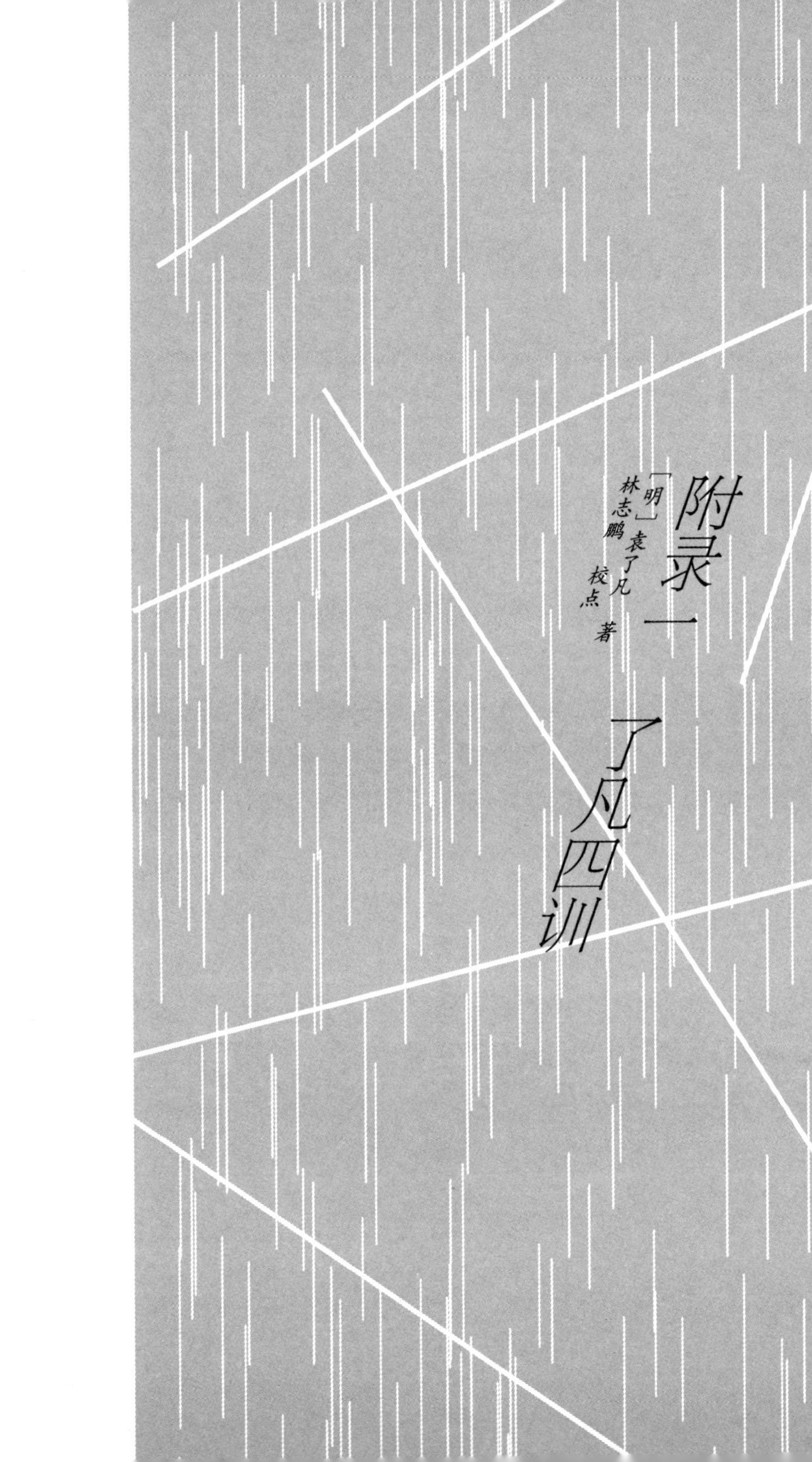

附录一　了凡四训

［明］袁了凡　著

林志鹏　校点

立命之学

余童年丧父，老母命弃举业而学医，谓可以养生，可以济人。且习一艺以成名，尔父夙心也。

后予在慈云寺遇一老者，修髯伟貌，飘飘若仙，予敬而礼之。语予曰：“子仕路中人也，明年即进学矣，何不读书？”予告以故。曰：“吾姓孔，云南人也，得邵子《皇极》术正传，数该传汝，故万里相寻，有何处可栖止乎？”予引之归家，告母曰：“此高士也，多奇方。”母曰：“善待之。”试其数，纤悉皆验。予遂起读书之念，谋之表兄沈称，称言：“郁海谷先生在沈友夫家开馆，我送汝寄学甚便。”予遂礼郁为师。

孔为予起数：县考童生，当十四名，府考七十一名，提学考第九名。明年赴考，三处名数皆合。复为卜终身休咎，言：某年考第几名，某年当补廪，某年当贡，贡后某年当选四川一大尹，在任二年半即宜告归。五十三岁八月十四日丑时，当终于正寝，惜无子。予备录而谨识之。

自此以后，凡遇考校，其名次先后，皆不出孔公所悬定者。独算予食廪米九十一石五斗当出贡，及食米七十余石，屠宗师即批准补贡，予窃疑之。后果为署印杨公所驳，直至丁卯年，殷秋溟宗师见予场中备卷，叹曰：“五策，即五篇奏议也，岂可使博洽淹贯之儒老于窗下乎！”遂依县申文准贡。连前食米计之，实九十一石五斗也。予因此益信进退有命，迟速有时，澹然无求矣。

贡入燕都，留京一年，终日静坐，不阅文字。己巳归，游南雍，未入监，先访云谷会禅师于栖霞山中，对坐一室，凡三昼夜不瞑目。

云谷问曰："凡人所以不得作圣者，只为妄念相缠耳。汝坐三日，不见起一妄念。"予曰："吾为孔先生算定，荣辱死生，皆有定数，即要妄想，亦无可妄想。"云谷笑曰："我待汝为豪杰，原来只是凡夫。"予问其故。曰："人未能无心，终为阴阳所缚，安得无数？但惟凡人有数，极善之人，数固拘他不定；极恶之人，数亦拘他不定。汝二十年来被他算定，不曾转动一毫，岂不是凡夫？"

予问曰："然则数可逃乎？"曰："命自我作，福自己求。《诗》《书》所称，的为明训。我教典中说：'求功名得功名，求富贵得富贵，求男女得男女，求长寿得长寿。'夫妄语乃释家大戒，诸佛菩萨，岂诳语欺人？"

予进曰："孟子言：'求则得之，求在我者也。'道德仁义，可以力求，功名富贵，如何求得？"云谷曰："孟子之言不错，汝自错解了。汝不见六祖说：'一切福田，不离方寸；从心而觅，感无不通。'求在我，不独得道德仁义，亦得功名富贵，内外双得，是求有益于得者也。若不反躬内省，而徒向外驰求，则求之有道矣，得之有命矣，内外双失，故无益。"

因问："孔公算汝终身若何？"予以实告。后问曰："汝自揣应得科第否？应生子否？"予追省良久，曰："不应也。科第中人，类有福相，予福薄，又不能积功累行，以基厚福，兼不耐烦剧，不能容人，时或以才智盖人，直心直行，轻言妄谈，凡此皆薄福之相也，岂宜科第哉？地之秽者多生物，水之清者常无鱼，予好洁，宜无子者一；和气能育万物，予善怒，宜无子者二；爱为生生之本，忍为不育之根，予矜惜名节，常不能舍己救人，宜无子者三；多言耗气，宜无子者四；善饮铄精，宜无子者五；好彻夜长坐，而不知葆元毓神，宜无子者六。其余过恶尚多，不能悉数。"

云谷曰："岂惟科第哉！世间享千金之产者，定是千金人物；享百金之产者，定是百金人物；应饿死者，定是饿死人物。天不过因材而笃，几曾加纤毫意思？即如生子，有百世之德者，定有百世子孙保之；有十世之德者，定有十世子孙保之；有三世二世之德者，定有三世二世子孙保之；其斩焉无后者，德至薄也。汝今既知非，将向来不登科第及不生子之相，尽情改刷，务要积德，务要包荒，务要和爱，务要惜精养神。从前种种，譬如昨日死；从后种种，譬如今日生。此义理再生之身也。夫血肉之身，尚然有数；义理之身，岂不能格天？《太甲》曰：'天作孽，犹可违；自作孽，不可逭。'《诗》云：'永言配命，自求多福。'孔先生算汝不登科第、不生子者，此天作之孽也，犹可得而违也。汝今充广德性，力行善事，多积阴德，此自己所作之福也，安得而不受享乎？《易》为君子谋，趋吉避凶。若言天命有常，吉何可趋，凶何可避？开章第一义，便说：'积善之家，必有余庆。'汝信得及否？"

予信其言，拜而受教。因将往日之罪，佛前尽情发露。为疏一通，先求登科，誓行善事三千条，以报天地祖宗之德。云谷出功过格示予，令所行之事，逐日札记，善则记数，恶则退除。且教持准提咒，以期必验。语予曰："符箓家有云：'不会书符，被鬼神笑。'此有秘传，只是不动念也。执笔书符，先把万缘放下，一尘不起。从此念头不动处下一点，谓之混沌开基。由此而一笔挥成，更无思虑，此符便灵。凡祈天立命，都要从无思无念处感格。孟子论立命之道，而先曰：'夭寿不贰。'夫夭与寿，至贰者也。当其不动念时，孰为夭，孰为寿？细分之，丰歉不贰，然后可立贫富之命；穷通不贰，然后可立贵贱之命；夭寿不贰，然后可立死生之命。人生世间，惟死生为重，曰夭寿，则一切顺逆皆该之矣。至修身以俟之，乃积德祈天之事。曰修，则身有过恶，皆当治而去之；曰俟，则一毫觊觎，一毫将迎，皆当斩绝矣。到此地位，纤尘不动，求即无求，不离有欲之中，直造先天之境，即此便是实学。汝未能无心，但持准提咒，无记无数，不令间断，持得纯熟，于持中不持，于不持中持。到得念头不动，则灵验矣。”

予初号“学海”，取百川学海而至于海之义也。是日改号“了凡”，盖悟立命之说，而欲不落凡夫窠臼也。从此而后，终日兢兢，便觉与前不同。前日只是悠悠放任，到此自有战兢惕厉景象，在暗室屋漏之中，常恐得罪天地鬼神，遇人憎我毁我，自能恬然容受。

明年礼部考科举，孔先生算该第三，忽考第一，其言不验，而秋闱中式矣。然行义未纯，检身多误，或见义而行之不勇，或救人而心常自疑，或身勉为善而口有过言，或醒时操持而醉后放逸，以过折功，日常虚度。自己巳岁发愿，直至己卯岁，历十余年，而三千善行始完。时方从李渐庵入关，未及回向。庚辰南还，始请性空、慧空诸上人，就东塔禅堂回向。遂起求子道场，亦许行三千善事，辛巳生男天启。

予行一事，随以笔记，汝母不能书，每行一事，辄用鹅毛管，印一朱圈于历日之上。或施食贫人，或买放鱼虾，一日有多至十余圈者。至癸未八月，三千之数已满，复请性空辈就家庭回向。九月十三日，起求中进士道场，许行善事一万条，丙戌登第，授宝坻知县。

予置空格一册，名曰“治心编”。晨起坐堂，家人携付门役，置案桌上，所行善恶，纤毫必记。夜则设桌于庭，效赵阅道焚香告帝。汝母见近行不多，辄颦蹙曰：“我前在家，相助为善，故三千之数得完。今许一万，衙中无义可行，何时得圆满乎？”

夜间偶梦见一神人，予言善事难完之故。神曰：“只减粮一节，万行俱完矣。”盖宝坻之田，每亩贰分叁厘柒毫，予为区处，减至壹分肆厘陆毫。委有此事，心颇疑惑。明日，适幻余禅师自五台来，予即以梦告之，且问此事宜信否。禅师曰：“善心真切，即一行可当万善，况合县减粮，万民受福乎？”吾即捐俸银，令其就五台山斋僧一万而回向之。

孔公算予五十三岁有厄，予未尝祈寿，是岁竟无恙，今六十九岁矣。书曰：“天难谌，命靡常。”又云：“惟命不于常。”皆非诳语。吾于是而知，凡称祸福无不自己求之者，乃圣贤之言，若谓祸福惟天所命，则世俗之论矣。

尔之命，未知若何。即命当荣显，常作落寞想；即命当顺利，常作拂逆想；即现颇足食，常作贫窭想；即人相爱敬，常作恐惧想；即家世望重，常作卑下想；即学问颇优，常作浅陋想。远思扬祖之德，近思盖父之愆，上思报国之恩，下思造家之福；外思济人之急，内思闲己之邪。务要日日知非，日日改过，凡一日不知非，即一日安于自是；一日无过可改，即一日无步可进。天下聪明俊秀不少，所以德不加修、业不加广者，只为“因循”二字，便耽搁一生。云谷禅师所授立命之说，乃至精至邃、至真至正之理，其熟玩而勉行之，毋自旷也。

改过之法

春秋诸大夫，见人言动，亿而谈其祸福，靡不验者，《左》《国》诸记可观也。大都吉凶之兆，萌乎心而动乎四体，其过于厚者常获福，过于薄者常近祸。俗眼多膜，容谓有未定而不可测者。至诚合天，福之将至，观其善而必先知之矣；祸之将至，观其不善而必先知之矣。春秋时去圣人未远，其言多中，宜也。

今欲获福而远祸，未论行善，先须改过。但改过者，第一要发耻心。思古之圣贤，与我同为丈夫，彼何以百世可师？我何以一身瓦裂？耽染尘情，私行不义，谓人不知，傲然无愧，将日沦于禽兽而不自知矣。世之可羞可愧者，莫大乎此。孟子曰："耻之于人大矣。"以其得之则圣贤，失之则禽兽耳。此改过之要机也。

第二要发畏心。天地在上，鬼神难欺，我虽过在隐微，而天地鬼神实鉴临之，重则降之百殃，轻则损其现福，我何可以不惧？不惟是也。闲居之地，指视昭然，我虽掩之甚密，文之甚巧，而肺肝毕露，终难自欺，被人觑破，不值一文矣，乌得不懔懔？不惟是也。一息尚存，弥天之恶，犹可悔改，古人有一生作恶，而临死悔悟，发一善念遂谓善终者，谓一念猛厉，足以涤百年之恶也。譬如千年幽谷，一灯才照，则千年之暗俱除。故过不论久近，惟以改为贵。但尘世无常，肉身易殒，一息不属，欲改无由矣。明则千百年负此恶名，虽有孝子慈孙不能涤；幽则沉沦狱报，不胜其苦，乌得不畏？

第三要发勇心，人不改过，多是因循退缩，我须奋然振作，如毒蛇啮指，速与斩除，无丝毫凝滞，此风雷之所以为益也。

具是三心，则有过斯改，如春冰遇日，何患不消乎？然人之过，有从事上改者，有从理上改者，有从心上改者，工夫不同，效验亦异。如前日杀生，今戒不杀，前日怒詈，今戒不怒，此就其事而改之者也。强制于外，其难百倍，且病根终在，东灭西生，非究竟廓然之道也。

善改过者，未禁其事，先明其理。如过在杀生，即思曰，上帝好生，物皆恋命，杀彼养己，岂能自安？且彼之杀也，既受屠割，复入鼎镬，种种痛苦，彻入骨髓，己之养也，珍膏罗列，食过即空，疏食菜羹，尽可充腹，何必戕彼之生，损己之福哉？

又思血气之属，皆含灵知，既有灵知，皆我一体，纵不能躬修至德，声名洋溢，以使之尊我亲我，岂可日戕物命，以使之仇我恨我于无穷也？一思及此，将有对食伤心，不能下咽者矣。

如前日好怒，必思曰，人有不及，情所宜矜，悖理相干，于我何与？本无可怒者。又思天下无自是之豪杰，亦无尤人之学问，行有不得，皆己之德未修，感未至也，我悉以自反，则谤毁之来，皆磨炼玉成之地，我将欢然受赐，何怒之有？

又闻谤而不怒，虽谗焰熏天，如举火焚空，终将自息；闻谤而怒，虽巧心力辨，如春蚕作茧，自取缠绵。怒不惟无益，且有害也。其余种种过恶，皆当据理思之，此理既明，过将自止。

何谓从心而改？过有千端，惟心所造，我心不动，过安从生？学者于好色、好名、好货、好怒种种诸过，不必逐类寻求，但当一心为善，正念时时现前，邪念自然污染不上。如太阳当空，魍魉潜消，此精一之真传也。过由心造，亦由心改，如斩毒树，直断其根，奚必枝枝而伐，叶叶而摘哉？大抵最上者治心，当下清净，才动即觉，觉之即无；苟未能然，须明理以遣之；又未能然，须随事以禁之。以上士而兼行下功，未为失策，执下而昧上，则拙矣。

顾发愿改过，明须良朋提醒，幽须鬼神证明，一心忏悔，昼夜不懈，经一七、二七，以至一月、二月、三月，必有效验。或觉心神恬旷，或觉智慧顿开，或处冗沓而触念皆通，或遇怨仇而回嗔作喜，或梦吐黑物，或梦往圣先贤提携接引，或梦飞步太虚，或梦幢幡宝盖。种种胜事，皆过消罪灭之象也，然不得执此自高，画而不进。理无穷尽，改过岂有尽时？

昔蘧伯玉当二十岁时，已觉前日之非而尽改之矣；至二十一岁，乃知前之所改未尽也；及二十二岁，则回视二十一岁，犹在梦中。岁复一岁，递递改之，行年五十，而犹知四十九年之非，古人改过之学如此。我辈身为凡流，过恶猬积，而回思往事，常若不见其有过者，心粗而眼翳也。

然人之过恶深重者，亦有效验。或心神昏塞，转头即忘，或无事而常烦恼，或见君子而赧然消沮，或闻正论而不乐，或施惠而人反怨，或夜梦颠倒，甚则妄言失志：皆作业之相也。苟一类此，即须奋发，舍旧图新，幸勿自误。

积善之方

《易》曰：“积善之家，必有余庆。”昔颜氏将以女妻叔梁纥，而历叙其祖宗积德之长，逆知其子孙必有兴者，岂漫说哉？孔子称舜之大孝，而曰“宗庙飨之，子孙保之”，论至精矣。试以往事征之。

杨少师荣，建宁人。世以济渡为生，久雨溪涨，横流冲毁民居，溺死者顺流而下，他舟皆捞取货物，独少师曾祖及祖，惟救人，而货物一无所取，乡人嗤其愚。逮少师父生，家渐裕，有神人化为道者，语之曰：“汝祖父有阴功，子孙当贵显，宜葬某地。”遂依其所指而窆之，即今白兔坟也。后生少师，弱冠登第，位至三公，加曾祖、祖、父，如其官。子孙贵盛，至今尚多贤者。

鄞人杨自惩，初为县吏，存心仁厚，守法公平。时县宰严肃，偶挞一囚，血流满前，而怒犹未息，杨跪而宽解之。宰曰：怎奈此人越法悖理，不由人不怒。自惩叩首曰：“‘上失其道，民散久矣，如得其情，哀矜勿喜。’喜且不可，而况怒乎？”宰为之霁颜。

家甚贫，馈遗一无所取，遇囚人乏粮，常多方以济之。一日，有新囚数人待哺，家又缺米；给囚则家人无食，自顾则囚人堪悯；与其妇商之。妇曰：“囚从何来？”曰：“自杭而来。沿路忍饥，菜色可掬。”因撤己之米，煮粥以食囚。后生二子，长曰守陈，次曰守址，为南北吏部侍郎，长孙为刑部侍郎，次孙为四川廉宪，又俱为名臣；今楚亭德政，亦其裔也。

昔正统间，邓茂七倡乱于福建，士民从贼者甚众。朝廷起鄞县张都宪楷南征，以计擒贼，后委布政司谢都事，搜杀东路贼党。谢求贼中党附册籍，凡不附贼者，密授以白布小旗，约兵至日，插旗门首，戒军兵无妄杀，全活万人。后谢之子迁，中状元，为宰辅；孙丕，复中探花。

莆田林氏，先世有老母好善，常作粉团施人，求取即与之，无倦色。一仙化为道人，每旦索食六七团。母日日与之，终三年如一日，乃知其诚也。因谓之曰：吾食汝三年粉团，何以报汝？府后有一地，葬之，子孙官爵，有一升麻子之数。其子依所点葬之，初世即有九人登第，累代簪缨甚盛，福建有“无林不开榜”之谣。

冯琢庵太史之父，为邑庠生。隆冬早起赴学，路遇一人，倒卧雪中，扪之，半僵矣。遂解己绵裘衣之，且扶归救苏。梦神告之曰：“汝救人一命，出至诚心，吾遣韩琦为汝子。”及生琢庵，遂名琦。

台州应尚书，壮年习业于山中。夜鬼啸集，往往惊人，公不惧也。一夕闻鬼云：“某妇以夫久客不归，翁姑逼其嫁人。明夜当缢死于此，吾得代矣。”公潜卖田，得银四两。即伪作其夫之书，寄银还家；其父母见书，以手迹不类疑之。既而曰：“书可假，银不可假；想儿无恙。”妇遂不嫁。其子后归，夫妇相保如初。

公又闻鬼语曰：“我当得代，奈此秀才坏吾事。”旁一鬼曰：“尔何不祸之?”曰：“上帝以此人心好，命作阴德尚书矣，吾何得而祸之?”应公因此益自努励，善日加修，德日加厚；遇岁饥，辄捐谷以赈之；遇亲戚有急，辄委曲维持；遇有横逆，辄反躬自责，怡然顺受；子孙登科第者，今累累也。

常熟徐凤竹栻，其父素富，偶遇年荒，先捐租以为同邑之倡，又分谷以赈贫乏，夜闻鬼唱于门曰：“千不诓，万不诓；徐家秀才，做到了举人郎。”相续而呼，连夜不断。是岁，凤竹果举于乡，其父因而益积德，孳孳不怠，修桥修路，斋僧接众，凡有利益，无不尽心。后又闻鬼唱于门曰："千不诓，万不诓；徐家举人，直做到都堂。"凤竹官终两浙巡抚。

嘉兴屠康僖公，初为刑部主事，宿狱中，细询诸囚情状，得无辜者若干人，公不自以为功，密疏其事，以白堂官。后朝审，堂官摘其语，以讯诸囚，无不服者，释冤抑十余人。一时辇下咸颂尚书之明。公复禀曰："辇毂之下，尚多冤民，四海之广，兆民之众，岂无枉者？宜五年差一减刑官，核实而平反之。"尚书为奏，允其议。时公亦差减刑之列，梦一神告之曰："汝命无子，今减刑之议，深合天心，上帝赐汝三子，皆衣紫腰金。"是夕夫人有娠，后生应埙、应坤、应埈，皆显官。

嘉兴包凭，字信之，其父为池阳太守，生七子，凭最少。赘平湖袁氏，与吾父往来甚厚，博学高才，累举不第，留心二氏之学。一日东游泖湖，偶至一村寺中，见观音像，淋漓露立，即解橐中得十金，授主僧，令修屋宇。僧告以功大银少，不能竣事；复取松布四疋，检箧中衣七件与之。内纻褶，系新置，其仆请已之，凭曰："但得圣像无恙，吾虽裸裎何伤？"僧垂泪曰："舍银及衣布，犹非难事。只此一点心，如何易得！"后功完，拉老父同游，宿寺中。公梦伽蓝来谢曰："汝子当享世禄矣。"后子汴、孙柽芳，皆登第，作显官。

嘉善支立之父，为刑房吏，有囚无辜陷重辟，意哀之，欲求其生。囚语其妻曰："支公嘉意，愧无以报，明日延之下乡，汝以身事之，彼或肯用意，则我可生也。"其妻泣而听命。及至，妻自出劝酒，具告以夫意。支不听，卒为尽力平反之。囚出狱，夫妻登门叩谢曰："公如此厚德，晚世所稀，今无子，吾有弱女，送为箕帚妾，此则礼之可通者。"支为备礼而纳之，生立，弱冠中魁，官至翰林孔目。立生高，高生禄，皆贡为学博。禄生大纶，登第。

凡此十条，所行不同，同归于善而已。若复精而言之，则善有真有假，有端有曲，有阴有阳，有是有非，有偏有正，有半有满，有大有小，有难有易，皆当深辨。为善而不穷理，则自谓行善，岂知造业，枉费苦心，招殃愈烈，可惧也。

何谓真假？昔有儒生数辈谒中峰和尚，问曰："佛氏论善恶报应，如影随形。今某人善而子孙不兴，某人恶而家门隆盛，佛说无稽矣。"中峰云："凡情未涤，正眼未开，认善为恶，指恶为善，往往有之。不憾己之是非颠倒，而反怨天之报应有差乎？"众云："善恶何至相反？"中峰令试言其状。一人谓詈人殴人是恶，敬人礼人是善。中峰云："未必然也。"一人谓贪财妄取是恶，廉洁有守是善。中峰云："未必然也。"众人屡言其状，中峰皆谓不然，因请问。中峰告之曰："有益于人是善，有益于己是恶。有益于人，则殴人詈人皆善也；有益于己，则敬人礼人皆恶也。是故人之行善，利人者公，公则为真；利己者私，私则为假。又根心者真，袭迹者假；又无为而为者真，有为而为者假。"皆当自考。

何谓端曲？今人见谨愿之士，类称为善而取之，其次则取有守廉洁者，至于言高而行不逮者，则以为恶而弃之，人情大抵然也。然自圣人观之，则狂者行不掩言，最所深取，其次则狷者有所不为，至于谨愿之士，虽一乡皆好之，而必以为德之贼矣。是世人之善恶，分明与圣人相反，推此一端，则种种取舍，无有不谬。天地鬼神之福善祸淫，皆与圣人同是非，而不与世俗同取舍。凡欲积善，决不可徇世人之耳目，惟从心源隐微处，默默洗涤，默默检点。若纯是济世之心则为端，苟有一毫媚世之心即为曲；纯是爱人之心则为端，有一毫愤世之心即为曲；纯是敬人之心则为端，有一毫玩世之心即为曲。皆当细辨。

何谓阴阳？凡为善而人知之，则为阳善；为善而人不知，则为阴德。阴德天报之，阳善享世名，名亦福也。名者，造物所忌，世之享盛名而实不副者，多有奇祸；人之无他肠而横被恶名者，子孙往往骤发。阴阳之际微矣哉！

何谓是非？鲁国之法，鲁人有赎人臣妾于诸侯者，皆受金于府，子贡赎人而不受金，孔子闻而恶之曰："赐失之矣。夫圣人之举事，可以移风易俗，而教道可施于百姓，非独适己之行也。今鲁国富者寡而贫者众，受金则为不廉，何以相赎乎？自今以后，不复赎人于诸侯矣。"子路拯人于溺，其人谢之以牛，子路受之，孔子喜曰："自今鲁国多拯人于溺矣。"自俗眼观之，子贡之不受金为优，子路之受牛为劣，孔子则取由而黜赐焉。乃知人之为善，不论现行而论流弊，不论一时而论永久，不论一身而论天下。现行虽善，而其流足以害人，则似善而实非也；现行虽不善，而其流足以济人，则非善而实是也。然此就一节言之耳，他如非义之义，非礼之礼，非信之信，非慈之慈，皆当抉择。

何谓偏正？昔吕文懿公初辞相位，归故里，海内仰之，如泰山北斗。有一乡人醉而詈之，吕公不动，谓其仆曰："醉者，勿与较也。"闭门谢之。逾年，其人犯死刑入狱。吕始悔之曰："使当时稍与计较，送公家责治，可以小惩而大戒，我当时只欲存心于厚，不谓养成其恶，陷人于有过之地。"此以善心而行恶事者也。又有以恶心而行善事者。如某家大富，值岁荒民穷，白昼攫粟于市，告之县，县不理，穷民愈肆，遂私执而困辱之，众始定。不然，几乱矣。然此公之心本卫家财，非以行善也，而一方之民获安，其惠普矣。故善者为正，恶者为偏，人皆知之矣。其以善心而行恶事者，此正中偏也，以恶心而行善事者，此偏中正也，不可不知也。

何谓半满?《易》曰："善不积，不足以成名，恶不积，不足以灭身。"《书》曰："商罪贯盈。"如贮物于器，勤而积之，则满，懈而不积，则不满，此一说也。

昔有某氏女入寺，欲施而无财，止有钱二文，捐而与之，主席者亲为忏悔。及后入宫富贵，携数千金复入寺施之，主僧惟令其徒回向而已。因问曰："我前施钱二文，汝亲为忏悔，今施数千金，而汝不回向，何也?"曰："前者物虽薄，而施心甚真，非老僧亲忏不足报德。今物虽厚，而施心不若前日之切，令人代忏足矣。"此千金为半，而二文为满也。钟离授丹于吕仙，点铁为金，可以济世。吕问曰："终变否?"曰："五百年后当复本质。"吕曰："如此则害五百年后人矣，吾不愿为也。"曰："修仙要积三千功行，汝此一言，三千功行已满矣。"此又一说也。

又为善而心不著善，则随所成就，皆得圆满。心著于善，则终身勤励，止于半善而已。譬如以财济人，内不见己，外不见人，中不见所施之物，是谓三轮体空，是谓一心清净，则斗粟可以种无涯之德，一文可以消千劫之罪。倘此心未忘，虽施黄金万镒，福不满也。此又一说也。

何谓大小？明明德于天下为大，明明德于一身为小。昔卫仲达为馆职，被摄至冥司，吏呈善恶二录，比至，则恶录盈庭，其善录仅如箸而已。索秤称之，则盈庭者反轻，而如箸者反重。仲达曰："某年未四十，安得过恶如是多乎?"曰："一念不正即是，不待犯也。"因问小轴中所书何事。曰："朝廷尝大兴工役，修三山石桥，君上疏谏之，此疏稿也。"仲达曰："某虽言之，朝廷不从，于事何益，而能有如是之力?"官曰："朝廷虽不从，君之一念，已在万民，向使听从，善力更大矣。"故志在天下国家，则善虽少而大，苟在一身，虽多亦小。

何谓难易？先儒谓克己须从难克处克将去。夫子告樊迟为仁，亦曰“先难”。必如江西舒翁，舍二年仅得之束脩，代偿官银而全人夫妇，与邯郸张翁，舍十年所积之钱，代完赎银而活人妻子，皆所谓难舍处能舍也。如镇江靳翁，虽年老无子，不忍以幼女为妾而还之邻，此难忍处能忍也，故天之降福亦厚。凡有财有势者，其作福皆易，易而不为，是为自暴。贫贱作福皆难，难而能为，斯可贵耳。

随缘济众，其类至繁，约言其纲，大略有十。窃谓种德之事，第一与人为善，第二爱敬存心，第三成人之美，第四劝人为善，第五救人危急，第六兴建大利，第七舍财作福，第八护持正法，第九敬重尊长，第十爱惜物命。

何谓与人为善？昔舜在河滨，见渔者皆争取深潭厚泽，而老弱则渔于急流浅滩之中，恻然哀之。往而渔焉，见争者皆匿其过而不谈，见有让者，则揄扬而取法之。期年，皆以深潭厚泽相让矣。其耕稼与陶皆然。夫以舜之睿明，岂不能出一言教众人哉？乃不以言教而以身转之，此良工苦心也。我辈处末世，勿以己之长而盖人，勿以己之善而形人，勿以己之多能而困人。收敛才智，若无若虚，见人过失，且涵容而掩覆之，一则令其可改，一则令其有所顾忌而不敢纵。见人有微长可取，小善可录，翻然舍己而从之，且为艳称而广述之。凡日用间发一言，行一事，全不为自身起念，全是为物立则，此大人天下为公之度量。

何谓爱敬存心？君子与小人，就形迹上观，节义、廉洁、文章、政事、善行，君子能之，小人亦或能之，常易相混。惟一点存心处，则善恶悬绝，判如黑白之相反。故孟子曰：“君子之所以异于人者，以其存心也。”君子所存之心，曰仁曰礼，仁礼又是何物？仁者爱人，有礼者敬人，谓常存爱人敬人之心耳。人有亲疏，有贵贱，有智、愚、贤、不肖，万品不齐，皆我同胞，皆我一体，孰非当爱当敬者？爱敬众人，即是爱敬圣贤；循物无违，而能通众人之志，即是能通圣贤之志。何者？圣贤之志，本欲斯世斯人各得其所。我合爱合敬，而安一世之人，即是为圣贤而安之也。况古之圣贤，因人物而起慈悲，因慈悲而成正觉。《大学》云"明明德于天下"，舍天下则我亦无明明德处矣。

何谓成人之美？玉之在石，抵掷则瓦砾，追琢则圭璋，故凡见人行一善事，或其人志可取而资可进，皆须诱掖而成就之。或为之奖借，或为之维持，或为之白其诬而分其谤，务使之成立而后已。大抵人各恶其非类，乡人之善者少，不善者多。故见一善事，争非而甚毁之。善人在俗，亦难自立。且豪杰铮铮，不甚修形迹，多易指摘，故善事常易败，而善人常得谤，常不能自完。惟仁人长者，能匡直而辅翼之，在一乡可以回一乡之元气，在一国可以陪一国之命脉，其功德最大。

何谓劝人为善？生为人类，孰无良心？世路役役，最易没溺。凡与人相处，当方便提撕，开其迷惑。譬犹长夜大梦，而令之一觉，譬犹久陷烦恼，而拔之清凉，为惠最普。韩愈云："一时劝人以口，百世劝人以书。"较之与人为善，虽有形迹，然对症发药，时有奇效，不可废也。失言失人，当反吾智。

何谓救人危急？患难颠沛，人所时有。偶一遇之，当如痌瘝之在身，速为解救。或以一言伸其屈抑，或以多方济其颠连。崔子曰："惠不在大，赴人之急可也。"盖仁人之言哉！

何谓兴建大利？小而一乡之内，大而一邑之中，凡有利益，最宜兴建。或开渠导水，或筑堤防患，或修桥梁以便行旅，或施茶饭以济饥渴，随缘劝导，协力兴修，勿避嫌疑，勿辞劳怨。

何谓舍财作福？释门万行，以布施为先。所谓布施者，只是舍之一字耳。达者内舍六根，外舍六尘，一切缘会，一切功德，无不舍者。苟未能然，先从财上布施。世人以衣食为命，故财为最重，我从而舍之，内以破我之悭，外以济人之急，始而勉强，终则泰然，最可以荡涤私情，祛除执吝。

何谓护持正法？法者，万世生灵之眼目也。不有正法，何以参赞天地，何以财成民物，何以脱尘解缚，何以经世出世？故凡见圣贤庙貌、经书典籍，皆当敬重而修饰之。至于举扬正法，上报天恩，尤宜勉励。

何谓敬重尊长？家之父兄，国之君长，与凡年高、德高、位高、职高者，皆当加意奉侍。在家而奉侍父母，使深爱婉容，柔声下气，习以成性，便是和气格天之本。出而事君，行一事，毋谓君不知而自恣也；刑一人，毋谓君不见而作威也。事君如天，古人格论，此等处最关阴德，试看忠孝之家，子孙未有不绵远而昌盛者。

何谓爱惜物命？凡人之所以为人者，惟此恻隐之心而已，求仁者求此，积德者积此。《周礼》“孟春之月，牺牲毋用牝，”孟子谓“君子远庖厨”，所以全我恻隐之心也。故前辈有四不食之戒，谓闻杀不食、见杀不食、自养者不食、专为我杀者不食。夫见其生，不忍见其死，闻其生，不忍食其肉，闻杀见杀，与自养而杀者，苟有仁心，必不忍食。学者未能断肉，且当从此戒之。渐渐增进，慈心愈长，防范愈周，不特杀生当戒，蠢动含灵，皆为物命。求丝煮茧，锄地杀虫，念衣食之由来，皆杀彼以自活，故暴殄之孽，当于杀生等。至于手所误伤，足所误践者，不知其几，皆当委曲防之。古诗云：“爱鼠常留饭，怜蛾不点灯。”何其仁也！

善行无穷，不能殚述，由此十事而推广之，则万德可备矣。

谦德之效

《易》曰："天道亏盈而益谦，地道变盈而流谦，鬼神害盈而福谦，人道恶盈而好谦。"是故《谦》之一卦，六爻俱吉。《书》曰："满招损，谦受益，时乃天道。"盖言为谦谦能为受福之地耳。予屡同诸公应试，每见寒士将达，必有一段谦光可掬。

辛未计偕，我嘉善同袍凡十人，惟丁敬宇宾年最少，众意忽之。予告费锦坡曰："此兄今年必第。"费曰："何以见之？"予曰："惟谦受福。兄看十人中，有恂恂款款，不敢先人，如敬宇者乎？有恭敬顺承，小心谦畏，如敬宇者乎？有受侮不答，闻谤不辩，如敬宇者乎？人能如此，即天地鬼神犹将佑之，岂有不发者？"及开榜，丁果中式。

丁丑在京，与冯开之同处，见其虚己敛容，大变其幼年之习。李霁岩直谅益友，时面攻其非，但见其平怀顺受，未尝有一言相报。予告之曰："福有福始，祸有祸先，此心果谦，天必相之，兄今年决第矣。"已而果然。

赵裕峰光远，山东冠县人，童年举于乡，久不第。其父为嘉善三尹，从之官，慕钱明吾而执文见之，明吾悉抹其文，赵不惟不怒，且心服而速改焉。明年遂登第。

壬辰岁，予入觐，接夏建所，见其人气虚意下，谦光逼人，归而告友人曰："凡天将发斯人也，未发其福，先发其慧，此慧一发，则浮者自实，肆者自敛。建所温良若此，天启之矣。"及开榜，果中式。

江阴张畏岩，积学工文，有声艺林。甲午南京乡试，寓一寺中，揭晓无名，大骂试官，以为迷目。时有一道者，在傍微哂，张遽移怒，谓："汝何为笑我？"道者曰："相公之文必不佳。"张益怒曰："汝又不见我文，乌知不佳？"曰："闻作文章心气和平，今听骂詈试观之词，则胸中不平甚矣，文安得工？"张不觉屈服，因就而请教焉。道者曰："命若该中，即文字不工亦中；命苟不该中，文虽工无益也。须自家做个转变，始得。"张曰："命既不中，须安意听之，如何转变？"道者曰："造命者天，立命者我。力行善事，广积阴德，而又加意谦谨以承休命，何福不可求哉？"张曰："我贫儒也，安得钱来行善事积阴功乎？"道者曰："善事阴功，皆由心造，常存此心，功德无量。且如谦虚一节，并不费钱，你如何不自反而骂试官乎？"张由此感悟，折节自持。旧处一馆，有服役童子甚顽，时加责治。后三年，馆于其家，不但不敢责詈，即气亦不敢诃于其面。丁酉梦至一室，其房甚高，有桌座在中亦高。适启其柜，得试录一册，中多缺行。问傍人曰："此今科试录，奈何多缺其名？"傍人曰："科第阴间三年一考较，须积德无咎者方有名。如前所缺，皆系旧该中式，因新有薄行而去之者也。"指后一行云："汝三年来持身颇慎，或当补此，珍重自爱。"是科果中一百五名，正梦中所指也。

由此观之，举头三尺，决有神明，趋吉避凶，断然由我。须使我存心制行，毫不得罪于天地鬼神，而虚心屈己，使天地鬼神时时怜我，方才有受福之基。古语云："有志于功名者，必得功名；有志于富贵者，必得富贵。"人之有志，如树之有根，乃三军不可夺者。立定此志，须念念谦虚，尘尘方便，自然感动天地，而造福由我。今之求登科第者，初未尝有真志，不过一时意兴耳，兴到则求，兴阑则止。孟子曰："王之好乐甚，齐其庶几乎？"予于举业亦云。

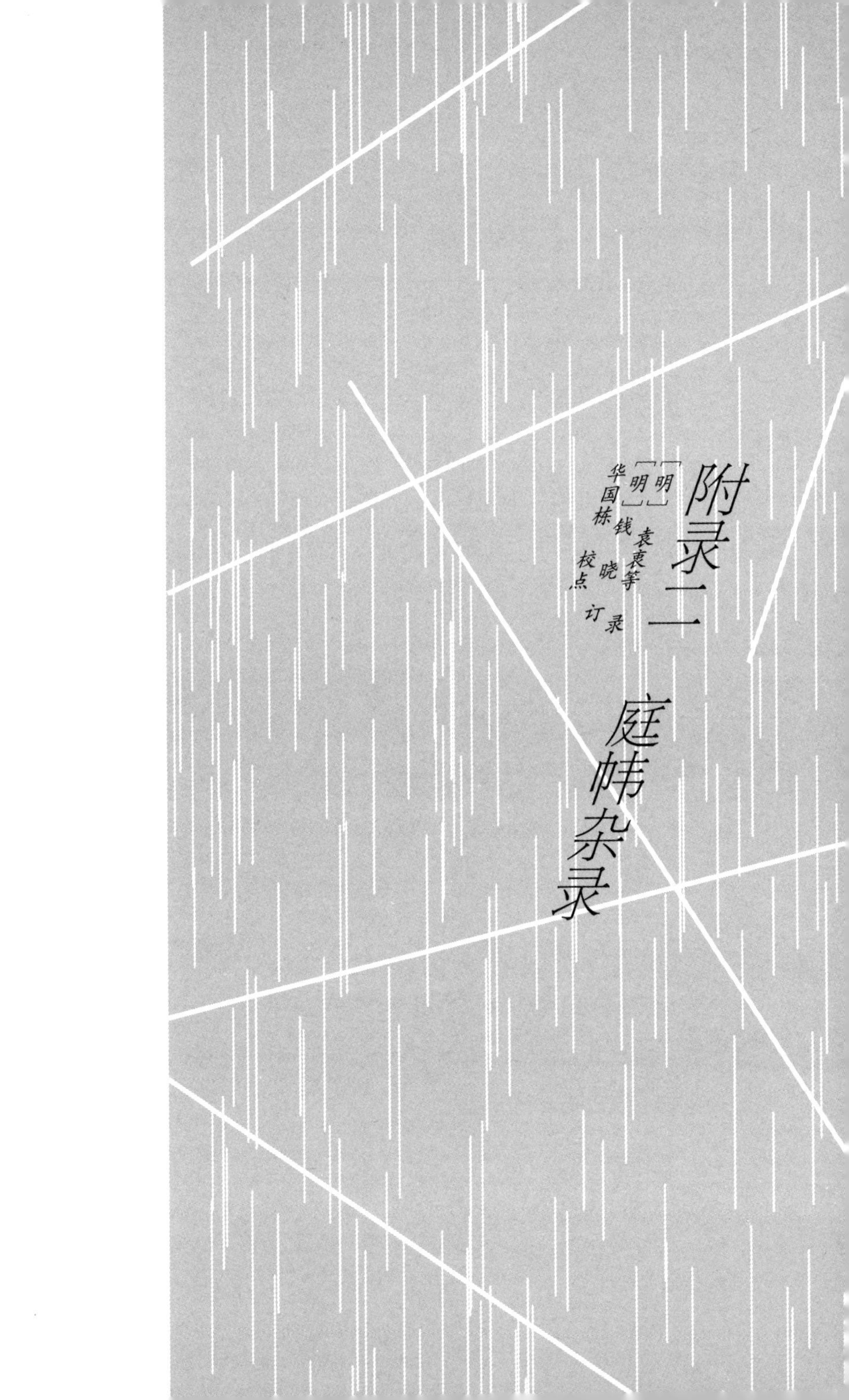

附录二　庭帏杂录

〔明〕袁衷等　录

〔明〕钱晓　订

华国栋　校点

序

余小子生也晚，不获事吾祖参坡先生暨吾祖母李孺人。阅吾父及吾诸伯叔所述《庭帏杂录》，未尝不哑然惊、惕然惧，而悚然思奋也。

开辟生人，至夥矣，独称朱均为不肖，何哉？以尧舜至德，不能相肖耳。故为众人之子孙易，为贤人之子孙难。《记》称“文王无忧”，岂前有所承，后有所托，而可以无忧哉？殆谓文王宜忧而不忧耳。盖前有贤父，毫发不类便堕家声；后有圣子，身范稍亏便难作则。况曰，父作之在文王，必有所绍之者；曰，子述之在文王，必有所开之者。惟文王能尽道，所以无忧也。不然，蔡叔以文王为父、蔡仲为子，而宁能免于忧哉？

今吾祖何如人？吾伯叔何如人？吾父又何如人？而为子孙者，可泄泄已乎？

闻诸吾父，谓吾祖之学，无所不窥而特寓意于医，借以警世觉人。察脉而知其心之多欲也，则告以淡泊清虚；察脉而知其心之多忿也，则告以涵泳宽裕；察脉而知其心之荡且浮也，则告以凝静收敛。引经据传，切理当情，闻者莫不有省。虽家庭指示，片语微词，皆可书而诵也。

伯氏春谷先生先录其言，以备观省，已而诸伯叔竞效而录之，共二十余卷，经倭乱存者无几。吾父虑其尽逸也，遂辑其存者，厘为上下二卷，付之梓人。

吾王父母心术之微，不尽在是也；行谊之大，亦不尽在是也。然善观人者，尝其一脔可以知全鼎之味矣。

勉承父命，谨题其端，以自勖云。

万历丁酉季秋吉旦，孙男袁天启拜手谨书

上　卷

问："尧让天下于许由，经传不载，岂后人附会欤？"父参坡曰："按《左传》，许，太岳之后，古者申吕、许甫，皆四岳之后。《书》云：'咨，四岳。朕在位七十载，汝能庸命巽朕位？'让由之举，或即此乎？"

宋韩琦为谏官三年，所存谏稿，欲敛而焚之，以效古人谨密之义。然恐无以见人主从谏之美，乃集主上所信从及足以表主上之德者，七十余章，曰《谏垣存稿》。自序于其首，大略曰："谏主于理，而以至诚将之。"前辈之忠厚如此，今乃有以进言要名者，良可悼也。

有王某者，善风鉴，江湖奇士也。来访父，坐定，闻门外履声橐橐，王倾耳曰："有三品官来。"及至，则表兄沈科也。王谛观之，曰："肉胜骨，须肉稍去则发矣。"科不怿，即起入内见吾母。是冬科患病，大肉尽脱。吾与三弟调理之，将愈，父谓曰："此病但平其胃火，火去则脾胃自调，必愈；若滋其肾水，水旺则邪火自退，亦愈。然胃火去则善食，必肥，不若肾水旺则骨坚，而可应王生之言也。"

因书一方，授予，使付科如法修服。后果精神日旺，而浮肉不生。明年举乡荐，甲辰登第，终苑马卿。

传称"孔子家儿不知骂，曾子家儿不知怒"，生而善教也。

汝祖生平不喜责人，每僮仆有过当刑，辄与汝祖母私约："我执杖往，汝来劝止，我体其意。"终身未尝以怒责仆，亦未尝骂仆。

汝曹识之。

汝曾祖菊泉先生尝语我云："吾家世不干禄仕，所以历代无显名。然忠信孝友，则世守之，第令子孙不失家法，足矣。即读书，亦但欲明理义，识古人趣向。若富贵，则天也。"

问："吾祖凿半亩池水，冬夏不涸。邻池常涸，何也？"

曰："池中置牛骨则不涸。出《西都志》。"

沈科问："六艺，御为卑，今凡上用之物皆称'御'，官称'御史'，何也？"

曰："吴临川云，君之在车，与御者最相亲近，故君所亲近之人谓之御，君所亲用之物亦谓之御。"

钱南士问："何以谓之市井？"

曰："古者，一井之地，二十亩，为庐舍。因为市以交易，故云。"

袁裳问："俗以每月初五、十四、二十三日为月忌，凡事皆避之，何所取义？"

曰："阴阳书以是三日为九良星直日，故不用，其义亦不明。河图九数，趋三避五。初一日起，一居坎；至初五日，五居中；十四日、二十三日，五皆居中。五为君象，故民庶不可用。"

凡言语、文字，与夫作事、应酬，皆须有涵蓄，方有味。说话到五七分便止，留有余不尽之意，令人默会；作事亦须得五七分势便止。若到十分，如张弓然，过满则折矣。

钱昞问："寒食禁火，相传为介子推而设，果尔止该行于晋地，何四方皆然也？"

曰："予尝读《丹阳集》，云：龙是木之位，春属东方，心为大火。惧火盛，故禁火。是以有龙禁之忌，未必为子推设也。"

袁襄问：“《月令》言‘孟冬腊先祖’，郑玄注云‘腊即周礼所谓蜡祭也’。然则腊、蜡同乎？”

曰：“尝观《玉烛宝典》云‘腊祭先祖，蜡祭百神’，则腊与蜡异。蜡祭因飨农以终岁勤，勤而息之；腊，猎也，猎取禽兽祭先祖，重本始也。二祭寓意不同，所以腊于庙，蜡于郊。”

子华子曰：“人之性，其犹水然，水之源至洁而无秽，其所以湛之者，久则不能无易也。是故，方圆曲折湛于所遇，而形易矣；青黄亦白湛于所受，而色易矣；砰訇淙射湛于所阂，而响易矣；洄伏悠容湛于所容，而态易矣；咸淡芳奥湛于所染，而味易矣。此五易者，非水性也，而水之流则然。孔子曰：‘性相近也，习相远也。’尔辈慎习。”

沈科初授南京行人司副，归别吾父。

吾父谓之曰：“前辈谓仕路乃毒蛇聚会之场，余谓其言稍过，然君子缘是可以自修，其毒未形也。吾谨避之，质直好义，以服其心；察言观色，虑以下之，以平其忿。其毒既形，吾顺受之，彼以毒来，吾以慈受可也。

《记》称：‘吊丧不能赙，不问其所费；问疾不能馈，不问其所欲；见人不能馆，不问其所舍。’此言最尽物情。故张横渠谓‘物我两尽，自《曲礼》入’，非虚言也。汝辈处世，宜一一据此推广，如见讼不能解，不问其所由；见灾不能恤，不问其所苦；见穷不能赈，不问其所乏。”

问：“天下事皆重根本而轻枝叶。《记》称：‘天下有道，则行有枝叶；无道，则词有枝叶。’岂行贵枝叶乎？”

父曰：“枝叶从根本而出，邦有道，则人务实，故精神畅于践履；无道，则人尚虚，故精神畅于词说。”

予与二弟□□□侍吾母，□□□□予辈不自知其非己出也。

新衣初试，旋或污毁，吾母夜缝而密浣之，不使吾父知也。

正食既饱，复索杂食，吾母量授而撙节之，不拂亦不恣也。

坐立言笑，必教以正。

吾辈幼而知礼，先母没，期年吾父继娶吾母来时，先母灵座尚在，吾母朝夕上膳，必亲必敬。当岁时佳节，父或他出，吾母即率吾二人躬行奠礼。尝洒泪告曰："汝母不幸早世，汝辈不及养，所可尽人子之心者，惟此祭耳。"

为吾子孙者，幸勿忘此语。

以上男衷衷录

宋儒教人，专以读书为学。其失也俗。

近世王伯安，尽扫宋儒之陋，而教人专求之言语、文字之外。其失也虚。

观"子路曰：'何必读书然后为学'"，则孔门亦尝以读书为学。但须识得本领工夫，始不错耳。

孟子曰："学问之道无他，求其放心而已矣。"求放心是本领，学问是枝叶。

作文、句法、字法，要当皆有源流。诚不可不熟玩古书。然不可蹈袭，亦不可刻意摹拟，须要说理精到，有千古不可磨灭之见；亦须有关风化，不为徒作，乃可言文。若规规摹拟，则自家生意索然矣。

近世操觚习艺者，往往务为艰词晦语，或二字三字为句，以自矜高古；甚或使人不可句读，而味其理趣，则漠然如嚼蜡耳。此文章之一大阸也。尔辈切不可效之！

文字最可观人。如正人君子，其文必平正通达；如奸邪小人，其文必艰涩崎岖。

士之品有三。志于道德者为上，志于功名者次之，志于富贵者为下。近世人家生子，禀赋稍异，父母师友即以富贵期之。其子幸而有成，富贵之外，不复知功名为何物，况道德乎！吾祖生吾父，岐嶷秀颖，吾父生吾，亦不愚，然皆不习举业，而授以五经古义。生汝兄弟，始教汝习举业，亦非徒以富贵望汝也。伊周勋业、孔孟文章，皆男子当事，位之得不得在天，德之修不修在我。毋弃其在我者，毋强其在天者。

欲洁身者必去垢，欲愈疾者必求医。昔曹子建文字好人讥弹，应时改定，岂独文艺当尔哉？进德修业皆当如此。

晏元献公尝言："韩退之扶持圣教、划除异端，则诚有功；若其祖述《坟》《典》，宪章《骚》《雅》，上传三古，下笼百世，横行阔视于缀述之场者，子厚一人而已。"盖深取柳而抑韩也。

尔辈试虚心观之，二公之学识相去颇远，当知晏公之言不虚耳。

唐人余知古与欧阳生书，讥韩愈之陋曰："其作《原道》则崔豹《答牛生书》，作《讳辩》则张诚《论旧名》也，作《毛颖传》则袁淑《太兰王九锡》也，作《送穷文》则杨子云《逐贫赋》也。"当时盖甚轻之，惜今人读书不多，不知韩之蹈袭耳。

当理之言，人未必信；修洁之行，物或相猜。是以至宝多疑，荆山有泪。

读书贵博亦贵精。苏文《管仲论》近世刊本，皆作“彼管仲者，何以死哉”。及得宋刻，则“何”字乃“可”字，与上文“可以死”正相应。

许浑诗“湘潭云尽暮山出”，此世本也。及观刘巨济收浑手书，则“山”字乃“烟”字也。

潘荣史断引“少仕伪朝”，责李密《陈情》之谬。尝见释氏书引此文，“伪朝”作“荒朝”，盖密之初文也。“伪朝”字乃晋人改之入史耳。

孔明《出师表》，今世所传，皆本《三国志》。查《文选》所载，则“先帝之灵”下，尚有“若无兴德之言”六字。必如是，而其义始完也。

自杜牧有“西子下姑苏，一舫逐鸱夷”之句，世皆传范蠡载西施以逃。及观《修文御览》，引《吴越春秋》逸篇云：“吴亡后，浮西施于江，令随鸱夷以终。”盖当时子胥死，盛以鸱夷浮之江。今沉西施于江，所以谢子胥也。范蠡去越，亦号鸱夷子，杜牧遂误以胥为蠡耳。《墨子》曰：“吴起之裂，其功也；西施之沉，其美也。”岂非明证哉！

作诗，以真情说真境，方为作者。周濂溪《和费令游山》诗云：“是处尘劳皆可息，清时终不忍辞官。”此由衷之语，何其温柔敦厚也！若婴情魏阙，托兴青山，徒令人可厌耳。

杨升庵尝评韩退之赠张曙诗云：“‘久钦江总文才妙，自叹虞翻骨相屯。’以忠直自比，而以奸邪待人，岂圣贤谦己恕人之意。此乃韩公生平病处，而宋人多学之，谓之占地步；心术先坏矣，何地步之有！”此论最当。今之人抑又甚焉，阴含讥讽，如讪如詈，此小人之尤者，不可效也。

问：“《史记》‘庾死狱中’，何以谓之‘庾’？”

曰：“按《说文》‘束缚捽抴为臾’，臾、庾古通用也。”

郁九章来访，坐谈伍员之“员”，宜作“运”。

父曰：“岂惟如此！澹台灭明之‘澹’，《管子》《淮南子》皆音‘潭’。”

郁曰：“澹与淡同乎？”

〔曰：〕“淡去声，澹音潭。《文选》澹、淡连用，本二字非一字也。钟繇，字符常，取‘咎繇陈谟，彰厥有常’之义。今多呼繇为由，亦误也。”

郁曰：“此更有何证？”

曰：“晋《世说》载，庾公谓钟会曰：‘何以久望卿遥遥不至？’谓举其父讳以嘲之。此明证矣。又，五代王朴，朴，平豆反，而今人皆呼为朴。似此之类，不可枚举。”

宋儒谓《易》经，彖象卦爻皆取义于物。彖者，犀之名，状如犀而小角，善知吉凶，交广有之，土人名曰“猪神”，犀形独角，知几知微，是则彖者，取于几也。象，大荒之兽，人希见生象，按其图以想其形，名之曰像，是则象者，取于像也。

孔颖达曰：“卦者，挂也。挂之于壁也。盖悬物之杙也。”近世杨慎非之，谓：“卦者圭也。古者造律制量，六十四黍为一圭，则六十四象总名为卦。”亦自有理。

应劭曰：“圭者，自然之形，阴阳之始；则卦者，亦自然之形，阴阳之始。其为字从卜，为义从圭，为声亦为义，古文圭亦音卦。本经云，爻者，交疏之窗也。其字象窗形，今之象眼窗也。一窗之孔六十四，六窗之孔凡三百八十四也。是则爻者，义所旁通也。”

坤顺乾而育物，阳资阴也。月远日而生明，阴避阳也。

鱼生流水者，皆鳞白；鱼生止水者，皆鳞黑。

予夜读《君陈》篇。

父问曰：“君陈是何人？”

对曰：“不知。”

曰：“是周公之子，伯禽之弟，王伯厚言之甚详，且《坊记》注有明文可证也。”

比邻沈氏，世仇予家。

吾母初来，吾弟兄尚幼。吾家有桃一株，生出墙外，沈辄锯之。予兄弟见之，奔告吾母。

母曰：“是宜然！吾家之桃，岂可僭彼家之地！”

沈亦有枣，生过予墙。枣初生，母呼吾弟兄，戒曰：“邻家之枣，慎勿扑取一枚！”并诫诸仆为守护。

及枣熟，请沈女使至家而摘之，以盒送还。

吾家有羊，走入彼园，彼即扑死。

明日彼有羊窜过墙来，群仆大喜，亦欲扑之，以偿昨憾。

母曰：“不可！”命送还之。

沈某病，吾父往诊之，贻之药。

父出，母复遣人告群邻曰：“疾病相恤，邻里之义。沈负病，家贫，各出银五分以助之。”得银一两三钱五分。独助米一石。

由是，沈遂忘仇感义，至今两家姻戚往还。

古语云：“天下无不可化之人。”谅哉！

有富室娶亲，乘巨舫自南来，经吾门，风雨大作，舟触吾家船坊，倒焉。

邻里共捽其舟人，欲偿所费。

吾母闻之，问曰：“媳妇在舟否？”

曰："在舟中。"

因遣人谢诸邻曰："人家娶妇，期于吉庆，在路若赔钱，舅姑以为不吉矣。况吾坊年久，积朽将颓，彼舟大风急，非力所及，幸宽之！"

众从命。

吾母爱吾兄弟，逾于己出。未寒思衣，未饥思食，亲友有馈果馔，必留以相饲。既娶妇，依然呴育，无异龆龀也。

吾妇感其殷勤，泣语予曰："即亲生之母，何以逾此！"

妻家或有馈，虽甚微尠，不敢私尝，必以奉母。

一日，偶得鳜，妇亲烹，命小僮胡松持奉。

松私食之。

少顷，妇见姑，问曰："鳜堪食否？"

姑愕然良久，曰："亦堪食！"

妇疑，退而鞫松，则知其窃食状。

复走谒姑曰："鳜不送至而曰'堪食'，何也？"

吾母笑曰："汝问鳜，则必献；吾不食，则松必窃。吾不欲以口腹之故见人过也。"

其厚德如此。

以上男袁褎录

下　卷

王虚中《解书法》：“词之内不可减，减之则为凿，凿则失本意；词之外不可增，增之则为赘，赘则坏本意。”

此至要之言。然得其词者浅，得其意者深。汝辈读书，勿专守着词语，须逆其志于词之内，会其神于词之外，庶有益耳。

仲尼题吴季子墓，止曰“有吴延陵季子之墓”，益者谓胜碑碣千言。

张子韶祭洪忠宣，止曰“维某年月日，具官某，谨以清酌之奠昭告于某官之灵，呜呼哀哉，伏惟尚飨”，景卢深美其情，悲怆乃过于词。可见文不如质，实能胜华。

此可为作文之法。

象纬术数，君子通之，而不欲以是成名；诗词赋命，君子学之，而不欲以是哗世。

何也？有本焉，故也。

六朝颜之推，家法最正，相传最远。作《颜氏家训》，谆谆欲子孙崇正教，尊学问。

宋吕蒙正，晨起辄拜天，祝曰：“愿敬信三宝者，生于吾家！”不特其子公著为贤宰相，历代诸孙，如居仁、祖谦辈，皆闻人贤士，此所当法也。

吾目中见毁佛、辟教，及拆僧房、僭寺基者，其子孙皆不振，或有奇祸。碌碌者姑不论。崑山魏祭酒崇儒辟释，其居官，毁六祖遗钵；居乡，又拆寺兴书院。毕竟绝嗣，继之者亦绝。聂双江为苏州太守，以兴儒教辟异端为己任，劝僧蓄发归农。一时诸名公如陆粲、顾存仁辈，皆佃寺基。闻聂公无嗣，即有嗣当亦不振也。吾友沈一之，孝弟忠信，古貌古心，醇然儒者也。然亦辟佛，近又拆庵为家庙。闻陆秀卿在岳州，亦专毁淫祠而间及寺宇。论沈陆之醇肠硕行，虽百世子孙保之可也；论其毁法轻教，宁能无报乎？尔曹识之，吾不及见也。

问作诗之法，曰："以性情为境，以无邪为法，以人伦物理为用，以温柔敦厚为教，以凝神为入门，以超悟为究竟。"

诗起于三百篇。学诗者，皆沿其下，稍忘其本始。

起非分之思，开无谓之口，行无益之事，不如其已！

自小学久废，《尔雅》《说文》无留心者。士人行文，多所谬误，虽正史不免焉。

按：《说文》："率鸟者，系生鸟以来之，名圝。"圝音由。故圝猎人有鹿，唐吕温乃作《由鹿赋》，以"圝"为"由"，误也。蜀人谓老为"皤"，取"皤皤黄发"义。

有贼王小皤作乱，《宋史》乃作"王小波"，当改正。

可爱之物，勿以求人；易犯之愆，勿以禁人；难行之事，勿以令人。

终日戴天，不知其高；终日履地，不知其厚；故草不谢荣于雨露，子不谢生于父母。有识者，须反本而图报，勿贸贸焉已也。

语云："斛满，人概之；人满，神概之。"此良言也。

智周万物，守之以愚；学高天下，持之以朴；德服人群，莅之以虚。不待其满，而常自概之。虽鬼神无如吾何矣。

"呢喃燕子语梁间，底事来惊梦里闲。说与旁人浑不解，杖藜携酒看芝山。"此刘季孙诗也。季孙时以殿直监饶州酒，王荆公以提刑至饶，见是诗，大称赏之。适郡学生持状，请差官摄州学事，公判监酒殿直，一郡大惊。由是知名。

“青衫白发旧参军，旋粜黄粱置酒樽。但得有钱留客醉，也胜骑马傍人门。”此庐秉诗也，荆公见而称之，立荐于朝，不数年，登卿贰。《石林珊瑚诗话》侈载其事。

今之上官有惜才如荆公者乎？即著书满车，谁肯顾者？此英雄所以长摈，世道所以日衰也！

见精，始能为造道之言；养盛，始能为有德之言。其见卑而言高，与养薄而徒事造语者，皆典谟、风雅之罪人也。

黄苏皆好禅。谈者谓子瞻是士夫禅，鲁直是祖师禅。盖优黄而劣苏也。

人皆知二公终身以诗文为事，然二公岂浅浅者哉？子瞻无论其立朝大节，即阳羡买房焚券一细事，亦足砭污起懦。鲁直与人书，论学论文，一切引归根本，未尝以区区文章为足恃者。《余冬序录》尝类其语。

如云：“学问文章当求配古人，不可以贤于流俗自足。孝弟忠信是此物根本，养得醇厚，使根深蒂固，然后枝叶茂耳。”

又云：“读书须一言一句，自求己身，方见古人用心处。如欲进道，须谢外慕，乃得全功。”

又云：“‘置心一处，无事不办’，读书先令心不驰走，庶言下有理会。”

又云：“学问以自见其性为难。诚见其性，坐则伏于几，立则垂于绅，饮则形于尊彝，食则形于笾豆，升车则鸾和与之言，奏乐则钟鼓为之说。故无适而不当。至于世俗之学，君子有所不暇。”

又云：“学问须从治心养性中来，济以玩古之功。三月聚粮，可至千里，但勿欲速成耳。”

此等处，皆汝辈所当服膺也。

顾子声、王天宥、刘光浦在坐，设酒相款。

刘称吾父："大节凛然，细行不苟，世之完德君子也。"

父曰："岂敢当！尝自默默检点，有十过未除，正赖诸君之力，共刷除之。"

王问："何者为十？"

父曰："外缘役役，内志悠悠，常使此日闲过，一也。闻人之过，口不敢言，而心常尤之，或遇其人，而不能救正，二也。见人之贤，岂不爱慕？思之而不能与齐，辄复放过，三也。偶有横逆，自反不切，不能感动人，四也。爱惜名节，不能包荒，五也。（原文缺六）终日闲邪，而心不能无妄思，七也。有过辄悔，如不欲生，自谓永不复作矣，而日复一日，不觉不知，旋复忽犯，八也。布施而不能空其所有，忍辱而不能遣之于心，九也。极慕清净而不能断酒肉，十也。"

顾曰："谨受教！"且顾余兄弟曰："汝曹识之，此尊翁实心寡过也。"

夏雨初霁，槐阴送凉。父命吾兄弟赋诗。余诗先成，父击节称赏。

时有惠葛者，父命范裁缝制服赐余，而吾母不知也。及衣成，服以入谢，母询知其故，谓余曰："二兄未服，汝何得先？且以语言文字而遽享上服，将置二兄于何地？"

褫衣藏之，各制一衣赐二兄，然后服。

吾父不问家人生业，凡薪菜交易，皆吾母司之。

秤银既平，必稍加毫厘。余问其故，母曰："细人生理至微，不可亏之。每次多银一厘，一年不过分外多使银五六钱。吾旋节他费补之，内不损己，外不亏人，吾行此数十年矣！儿曹世守之，勿变也！"

余幼颇聪慧，母欲教习举子业。

父不听，曰："此儿福薄，不能享世禄。寿且不永，不如教习六德六艺，作个好人。医可济人，最能重德，俟稍长，当遣习医。"

余十四岁，五经诵遍，即遣游文衡山先生之门，学字学诗。既毕姻，授以古医经，令如经史，潜心玩之。且嘱余曰："医有八事须知。"

余请问，父曰："志欲大而心欲小，学欲博而业欲专，识欲高而气欲下，量欲宏而守欲洁。发慈悲恻隐之心，拯救大地含灵之苦，立此大志矣。而于用药之际，兢兢以人命为重，不敢妄投一剂，不敢轻试一方，此所谓小心也。上察气运于天，下察草木于地，中察情性于人学，极其博矣。而业在是，则习在是，如承蜩，如贯虱，毫无外慕，所谓专也。穷理养心，如空中朗月，无所不照，见其微而知其著，察其迹而知其因，识诚高矣。而又虚怀降气，不弃贫贱，不嫌臭秽，若恫瘝乃身，而耐心救之，所谓气之下也。遇同侪相处，己有能则告之，人有善则学之，勿存形迹，勿分尔我，量极宏矣。而病家方苦，须深心体恤，相酬之物，富者资为药本，贫者断不可受，于合室皱眉之日，岂忍受以自肥？戒之戒之！"

表弟沈称病，心神恍惚，多惊悸不宁，求药于余。

既授之，父偶见，命取半天河水煎之。半天河水者，乃竹篱头空树中水也。

称问："水不同乎？"

父曰："不同！《衍义》会辨之，未悉也。半天河水在上，天泽水也，故治心病；腊雪水，大寒水也，故解一切热毒；井华水，清冷澄澈水也，故通九窍，明目去酒后热痢；东流水者，顺下之水也，故下药用之；倒流水者，回旋流止之水也，故吐药用之；地浆水者，掘地作坎，以水搅浑，得土气之水也，故能解诸毒；甘烂水者，以木盆盛水，杓扬千遍，泡起作珠数千颗，此乃搅揉气发之水也，故治霍乱，入膀胱，止奔豚也。”

以上男袁裳录

古人慎言，不但非礼勿言也，《中庸》所谓“庸言”，乃孝弟忠信之言，而亦谨之。是故万言万中，不如一默。

童子涉世未深，良心未丧，常存此心，便是作圣之本。

癸卯除夕家宴，母问父曰：“今夜者，今岁尽日也。人生世间万事，皆有尽日，每思及此，辄有凄然遗世之想。”

父曰：“诚然！禅家以身没之日为腊月三十日，亦喻其有尽也。须未至腊月三十日而预为整顿，庶免临期忙乱耳。”

母问：“如何整顿？”

父曰：“始乎收心，终乎见性。”

予初讲《孟子》，起对曰：“是学问之道也。”

父颔之。

余幼学作文。父书“八戒”于稿簿之前，曰：“毋剿袭，毋雷同，毋以浅见而窥，毋以满志而发，毋以作文之心而妄想俗事，毋以鄙秽之念而轻测真诠，毋自是而恶人言，毋倦勤而怠己力。”

“韩退之《符读书城南》诗，专教子取富贵，识者陋之。吾今教尔曹正心诚意，能之乎？”

予应曰：“能！”

问：“心若何而正？”

对曰："无邪即正。"

问："意若何而诚？"

曰："无伪即诚。"

叱曰："此口头虚话！何可对大人！须实思，其何以正，何以诚，始得！"

余瞿然有省。

诗文有主有从。文以载道，诗以道性情，道即性情，所谓主也；其文词，从也。但使主人尊重，即无仆从，可以遗世独立，而蕴藉有余。今之作文者，类有从无主，鞶帨徒饰，而实意索然，文果如斯而已哉！

野葛虽毒，不食则不能伤生；情欲虽危，不染则无由累己。

问："何得不染？"

曰："但使真心不昧，则欲念自消。偶起即觉，觉之即无。如此而已。"

古人有言畸人、硕士，身不容于时，名不显于世，郁其积而不得施，终于沦落，而万分一不获自见者，岂天遗之乎？时已过矣，世已易矣，乃一旦其后之人勃兴焉，此必然之理，屡屡有征者也。吾家积德，不试者数世矣，子孙其有兴焉者乎！

父自外归，辄掩一室而坐，虽至亲不得见之。予辈从户隙私窥，但见香烟袅绕，衣冠俨然，素须飘飘，如植如塑而已。

父与予讲太极图，吾母从旁听之。

父指图曰："此一圈，从伏羲一画圈将转来，以形容无极太极的道理。"

母笑曰："这个道理亦圈不住，只此一圈，亦是妄。"

父告予曰："太极图汝母已讲竟。"遂掩卷而起。

父每接人，辄温然如春。

然察之，微有不同：接俗人则正色缄口，诺诺无违；接尊长则敛智黜华，意念常下；接后辈则随方寄诲，诚意可掬；唯接同志之友，则或高谈雄辩，耸听四筵，或婉语微词，频惊独坐，闻之者未始不爽然失、帖然服也。

毋以饮食伤脾胃，毋以床笫耗元阳，毋以言语损现在之福，毋以天地造子孙之殃，毋以学术误天下后世。

丙午六月，父患微疾，命移榻于中堂，告诸兄曰："吾祖吾父皆预知死期，皆沐浴更衣，肃然坐逝，皆不死于妇人之手。我今欲长逝矣！"

遂闭户谢客，日惟焚香静坐。至七月初四日，亲友毕集，诸兄咸在，呼予携纸笔进前，书曰："附赘乾坤七十年，飘然今喜谢尘缘。须知灵运终成佛，焉识王乔不是仙。身外幸无轩冕累，世间漫有性真传。云山千古成长往，哪管儿孙俗与贤。"

投笔而逝。

遗书二万余卷，父临没，命检其重者，分赐侄辈，余悉收藏付余。

母指遗书泣告曰："吾不及事汝祖，然见汝父博极群书，犹手不释卷，汝若受书而不能读，则为罪人矣！"

予因取遗籍恣观之，虽不能尽解，而涉猎广记，则自早岁然矣。

吾母当吾父存日，宾客填门，应酬不暇，而吾不见其忙。及父没，衡门悄然，形影相吊，而吾不见其逸。

以上男衷表录

潘用商与吾父友善，其子恕无子，余幼鞠于其家。

父没，母收回。告曰："一家有一家气习，潘虽良善，其诗书礼义之习，不若吾家多矣。吾早收汝，随诸兄学习，或有可成。”

予随四兄夜诵，吾母必执女工相伴，或至夜分，吾二人寝乃寝。

吾父不刻吾祖文集，以吾祖所重不在文也。及书房雨漏，先集朽不可整，始悔之。吾父亡，吾母命诸兄先刻《一螺集》，曰“毋贻后悔”。

遇四时佳节，吾母前数日造酒以祭，未祭不敢私尝一滴也。

临祭，一牲一菜皆洁诚专设。既祭，然后分而享之。

尝语予曰：“汝父年七十，每祭未尝不哭，以不逮养也。汝幼而无父，欲养无由，可不尽诚于祀典哉？”

每遇时物，虽微必献。未献，吾辈不敢先尝。

四兄善夜坐，尝至四鼓。余至更余辄睡，然善早起。四兄睡时母始睡，及吾起母又起矣，终夜不得安枕。

鞠育之苦，所不忍言。

二兄移居东墅，予与四兄从之学。

家僮名阿多者送吾二人至馆，及归见路旁蚕豆初熟，采之盈襭。

母见曰：“农家待此以食，汝何得私取之！”命付米一升偿其直。

四兄闻而问母曰：“娘虽付米，阿多必不偿人。”

母曰：“必如此，然后吾心始安。”

四兄补邑弟子。母语余曰：“汝兄弟二人，譬犹一体，兄读书有成，而弟不逮，岂惟弟有愧色？即兄之心，当亦歉然也。愿汝常念此，努力进修，读书未熟，虽倦不敢息，作文未工，虽钝不敢限，百倍加工，何远不到？”

乙卯，四兄进浙场，文极工，本房取首卷。偶以《中庸》义太凌驾，不得中式。后代巡行文给赏，母语余曰：“文可中而不中，是谓之命；徜文犹未工，虽命非命也。尔勉之，第勤修其在己者，得不得勿计也。”

三兄早世，吾母哭之。哀告余曰：“汝父原说其不寿，今果然。”

因收七侄、八侄教育之，如吾兄弟。

幼时茹苦忍辛，盖无一日乐也。

余与二侄同入泮，母曰：“今日服衣巾，便是孔门弟子，纤毫有玷，便遗愧儒门。”

以是余兢兢自守，不敢失坠。

吾祖怡杏翁，置房于亭桥西浒间。父遗命授余。

母告曰：“房之西，王鸾之屋也。当时鸾初造楼，而邑丞倪玑严行火巷之例，法应毁。汝父怜之，毁己之房以代彼。但就倪批一官帖，以明疆界而已。汝体父此意，则一切邻居皆当爱恤，皆当屈己伸人。尝记汝父有言，‘君子为人，毋为人所容。宁人负我，我毋负人。倘万分一为人所容，又万分一我或负人，岂惟有愧父兄，实亦惭负天地，不可为人矣！”

吾母暇则纺纱，日有常课。吾妻陆氏，劝其少息。曰：“古人有‘一日不作一日不食’之戒，我辈何人，可无事而食？”

故行年八十，而服业不休。

远亲旧戚，每来相访，吾母必殷勤接纳，去则周之。贫者必程其所送之礼，加数倍相酬；远者给以舟行路费，委曲周济，惟恐不逮。

有胡氏、徐氏二姑，乃陶庄远亲，久已无服，其来尤数，待之尤厚，久留不厌也。

刘光浦先生尝语四兄及余曰：“众人皆趋势，汝家独怜贫。吾与汝父相交四十余年，每遇佳节，则穷亲满座，此至美之风俗也！汝家后必有闻人，其在尔辈乎！”

九月将寒，四嫂欲买绵，为纯帛之服以御寒。母曰：“不可。三斤绵用银一两五钱，莫若止以银五钱买绵一斤，汝夫及汝冬衣，皆以枲为骨，以绵覆之，足以御冬。余银一两，买旧碎之衣，浣濯补缀，便可给贫者数人之用。恤穷济众，是第一件好事。恨无力不能广施，但随事节省，尽可行仁。”

母平日念佛，行住坐卧，皆不辍。问其故，曰：“吾以收心也。尝闻汝父有言，人心如火，火必丽木，心必丽事，故曰，必有事焉。一提佛号，万妄俱息，终日持之，终日心常敛也。”

四兄登科，报至吾母，了无喜色。但语予曰：“汝祖汝父，读尽天下书，汝兄今始成名，汝辈更须努力。”

以上男袁衮录

跋

《庭帏杂录》者，吾内兄袁衷等录父参坡公并母李氏之言也。

参坡初娶王氏，生子二，曰衷，曰襄。衷五岁，襄四岁，王氏没，继娶李氏，生子三，曰裳，曰表，曰衮。衮十岁，参坡公亡，又二十七年，李氏弃世。故衷襄所录，父言居多，而衮幼，不及事父，独佩母言自淑耳。

参坡博学惇行，世罕其俦；李氏贤淑有识，磊磊有丈夫气。观兹录，可以想见其人矣。

钱晓识

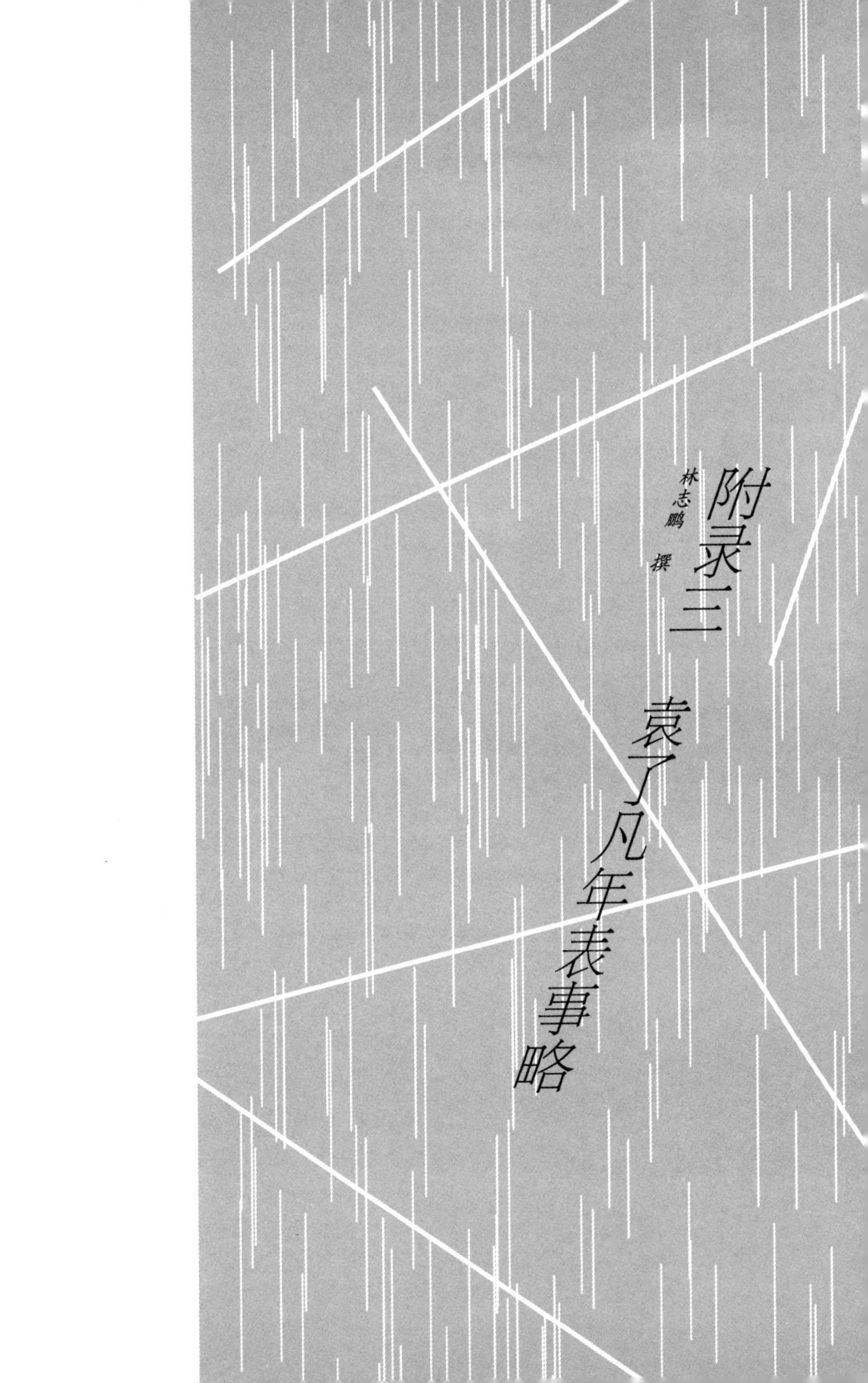

附录三 袁了凡年表事略

林志鹏 撰

嘉靖十二年癸巳 1533　　　　　1 岁

十二月十一日，生于浙江省嘉善县。

嘉靖二十五年丙午 1546　　　　14 岁

1. 七月初四，父袁仁去世。

2. 暂时放弃举业而学医。

嘉靖二十八年己酉 1549　　　　17 岁

遇孔先生，重拾举业之学。

嘉靖二十九年庚戌 1550　　　　18 岁

1. 进学（县考童生第 14 名、府考 71 名、提学考第 9 名）。

2. 拜唐顺之为师，伴其“自杭往越”，请教举业文章，深受其影响。

嘉靖三十年辛亥 1551　　　　19 岁

七月，听时任浙江提学薛应旂论为文之道。

嘉靖三十一年壬子 1552　　　　20 岁

首次乡试失利。

嘉靖三十二年癸丑 1553　　　　21 岁

春，造访罢官归家之薛应旂，请教作文之道。

嘉靖三十四年乙卯 1555　　　　23 岁

1. 第二次乡试，“本房取首卷，以《中庸》义太凌驾，不得中试”。

2. 获奖于有司（“代巡行文给赏”）。

3. 所著《四书便蒙》《书经详节》刻行。

嘉靖三十七年戊午 1558　　　　26 岁

第三次乡试失利。

嘉靖四十年辛酉 1561　　　　29 岁

第四次乡试失利。

嘉靖四十三年甲子 1564　　　　32 岁

第五次乡试失利。

嘉靖四十四年乙丑 1565　　　　33 岁

与周梦秀（继实）、蔡天真（复之）等共结文社，砥砺道德，修习克己工夫。

嘉靖四十五年丙寅 1566　　　　34 岁

与丁宾一同拜入王畿之门。

隆庆元年丁卯 1567　　　　35 岁

以贡生入北京国子监学习。

隆庆二年戊辰 1568　　　　36 岁

1. 应贡在京。

2. 终日静坐，不阅文字。

隆庆三年己巳 1569　　　　37 岁

1. 南归，拜访栖霞山云谷禅师，悟立命之学。

2. 许愿行善事三千条，以求登科。

3. 改号“了凡”。

4. 游学南雍（南京国子监）。

隆庆四年庚午 1570　　　　38 岁

1. 参加南京礼部考试，得第一名（监元）。

2. 第六次乡试（应天府乡试），中举。

3. 冯梦祯中举。

隆庆五年辛未 1571　　　　　　39 岁

1. 首次参加会试失利。

2. 丁宾进士及第。

3. 与钱明吾修业于东塔禅堂。明吾“终日潜思，埋头经史”，了凡则“潇洒自任，或焚香静坐，或闲检梵册，并不留心举业”，然“每至会课日”“文辄觉少进”。

隆庆六年壬申 1572　　　　　　40 岁

游学金沙，与于绍城兄弟往来。

万历元年癸酉 1573　　　　　　41 岁

1. 母李氏去世。

2. “谐幻余禅师习静于武塘塔院”。“因与幻余私议，谓释迦虽往，法藏犹存，特以梵筴重大，流传未广，诚得易以书板，梓而行之，是处处流通，人人诵习，孰邪孰正，人自能辩之，而正法将大振矣。”此即《嘉兴藏》(又称“径山藏”“方册藏”）刊刻的最早动议。

万历二年甲戌 1574　　　　　　42 岁

第二次会试失利。

万历四年丙子 1576　　　　　　44 岁

与冯梦祯“谐上公车”，修业于北京护国寺。

万历五年丁丑 1577　　　　　　45 岁

1. 第三次会试，原本考中“会元”(会试第一名），但因“御夷”一策触考官忌而落第。

2. 冯梦祯高中会元。

3. 以举业之学而逐渐名重四方。

4. 著《举业彀率》，为士子所推重。

万历七年己卯 1579　　　　47 岁

1. 完成三千件善事。

2. 从李世达（渐庵）入关，未及回向。

万历八年庚辰 1580　　　　48 岁

1. 第四次会试失利。

2. 请性空、慧空诸上人回向。

3. 再许愿行三千善事，志在求子。

4. 得陆龟蒙遗址于分湖之滨，卜筑居之。

万历九年辛巳 1581　　　　49 岁

生子天启（袁俨）。

万历十一年癸未 1583　　　　51 岁

1. 第五次会试失利。

2. 八月，圆满完成三千善事。

3. 起求中进士愿，再许愿行善事一万条。

4. 紫柏真可寄居于了凡汾湖之宅，了凡与之商议《方册藏》刊刻事宜。

万历十二年甲申 1584　　　　52 岁

“遇密藏师兄与嘉禾之楞严，相与筹划（刻藏事宜），颇有次第，即命余草募缘文，而请益于吾师五台先生。厥后具区、洞观、健垒、宇泰诸兄弟相竭力谋之，事遂大集。”

万历十四年丙戌 1586　　　　54岁

1. 第六次参加会试。

2. 进士及第。王锡爵为主试，杨起元分校礼闱。

3. 吴县叶重第同榜进士。

4. 以礼部办事进士身份，协助赵用贤清算苏松钱粮，上《苏州府赋役议》，不用。

万历十六年戊子 1588　　　　56岁

1. 授顺天府通州宝坻知县。

2. 六月初九，到任伊始，发布《祭城隍文》。

万历十七年己丑 1589　　　　57岁

1. 秋，大雨导致本县狱墙倒塌，但囚犯相戒守法，无一人逃逸。

2. 秋，幻余禅师至宝坻官舍，请求了凡作刻藏发愿文。

万历十八年庚寅 1590　　　　58岁

1. 收养叶重第之子叶绍袁（叶重第任玉田知县）。

2.《宝坻劝农书》付梓，杨起元为其作序。

3.《静坐要诀》付梓，保府州守马瑞河深服其说，执贽称弟子。

4. 夏，《祈嗣真诠》付梓。

万历二十年壬辰 1592　　　　60岁

1. 升任兵部职方司主事。

2. 朝鲜被倭乱，遣使来朝请援，了凡上书兵部尚书石星，力言战不如守。

3. 十月，朝廷以李如松为东征提督，派兵援朝。

4. 经略宋应昌奏请了凡“赞画军前，兼督朝鲜兵政”。

5. 与刘黄裳等浮海渡鸭绿江，调护诸师。

万历二十一年癸巳 1593　　　　61岁

1. 正月，明军在朝鲜取得“平壤大捷”。

2. 李如松遭遇倭寇埋伏，兵败碧蹄馆。

3. “以亲兵千余破倭将清正于咸境，三战斩馘二百二十五级，俘其先锋将叶实”。

4. 参劾李如松部下“割平民首级记功”，李如松等亦上疏弹劾了凡。

5. 朝中有拾遗弹劾了凡任宝坻县令时“纵民逋税”，遂遭削籍。

6. 五月，返乡，居于吴江赵田。

万历二十二年甲午 1594　　　　62岁

1. 隐居著述，四方求学者甚众。

2. 作《训儿俗说》授子天启。

万历二十四年丙申 1596　　　　64岁

1. 受嘉善知县章士雅之邀，主笔重修《嘉善县志》。

2. 秋，作《圆通精舍募田碑记》。

万历二十五年丁酉 1597　　　　65岁

1. 春，拜访杨起元于官邸，读其《四书近义》并为之作序。

2. 子天启入泮，随即“应试浙闱”。

3. 十月，为子天启举行冠礼。

4. 袁氏兄弟所编《庭帏杂录》付梓。

万历二十八年庚子 1600　　　　68岁

作“立命之学”(即《立命篇》)。

万历二十九年辛丑 1601　　　　69岁

1. 作《游艺塾文规》(内含“科第全凭阴德”“谦虚利中”“立命之学”三

篇），"了凡四训"基本内容已备，但未有"四训"之名。

2. 十二月，周汝登作"立命文序"，以为了凡《立命篇》"于人大有利益""更引附古德语三条授客梓行。古德语者，一、葛繁事实；一、中峰善恶论；一、龙溪子祸福说"。付梓后名为《袁先生省身录》。

万历三十年壬寅 1602　　　　70 岁

1.《游艺塾文规》付梓。

2. 冯梦祯作《寿了凡先生七十序》。

3. 作《紫柏可上人六十》诗，有"我已七旬君六十，莫留燕市滞浮名"之语。

万历三十一年癸卯 1603　　　　71 岁

1. 官方发布政令，令各提学官将《四书删正》《书经删正》"原板尽行烧毁，其刊刻鬻卖书贾一并治罪"。

2. 紫柏真可被难，圆寂狱中。

万历三十二年甲辰 1604　　　　72 岁

卧病林皋，仍然评析会试墨卷，撰《游艺塾续文规》。

万历三十三年乙巳 1605　　　　73 岁

1. 冯梦祯去世，作《祭冯开之文》。

2. 建阳余氏梓《了凡杂著》。

万历三十四年丙午 1606　　　　74 岁

七月，辞世。

万历三十五年丁未 1607

春，《立命篇》刻行，晏然居士作"立命篇叙"。《立命篇》内含"袁了凡先生立命篇""科第全凭阴德""谦虚利中"三篇（与《游艺塾文规》中所载“科第全凭阴德”“谦虚利中”“立命之学”相同)。

天启元年辛酉 1621

朝廷“追叙征倭功”，赠了凡“尚宝司少卿”。

天启五年乙丑 1625

子袁俨、养子叶绍袁进士及第。(后袁俨卒于高要知县任上，生有五子。)

崇祯十五年壬午 1642

了凡(袁黄)、袁俨父子同入吴江贤祠受享。

少成若天性，习惯如自然。

与善人居，如入芝兰之室，久而自芳也；与恶人居，如入鲍鱼之肆，久而自臭也。

凡与二人同处，切不可向一人谈一人之短；人有短，当面谈。

能包容，人有犯者，不相较量，亦不复记忆。

谋事难成则永久；忧患顺受则少安。

为父兄者，通情于子弟，而不责子弟之同于己；

为子弟者，仰承于父兄，而不望父兄唯己之听。

君子寡欲，则不役于物，可以直道而行。

不爱其亲而爱他人者，谓之悖德；不敬其亲而敬他人者，谓之悖礼。

全本全注全译

[南宋] 袁采 著

赖区平 译注

中国四大家训

叁

上海古籍出版社

目录

写在前面的话 / 刘海滨 001

导读 001

卷一 睦亲 001

1.1 性不可以强合 003

1.2 人必贵于反思 006

1.3 父子贵慈孝 008

1.4 处家贵宽容 011

1.5 父兄不可辨曲直 013

1.6 人贵善处忍 015

1.7 亲戚不可失欢 018

1.8 家长尤当奉承 021

1.9 顺适老人意 022
1.10 孝行贵诚笃 023
1.11 人不可不孝 025
1.12 父母不可妄憎爱 029
1.13 子弟须使有业 031
1.14 子弟不可废学 033
1.15 教子当在幼 035
1.16 父母爱子贵均 037
1.17 父母常念子贫 038
1.18 子孙当爱惜 039
1.19 父母多爱幼子 040
1.20 祖父母多爱长孙 042
1.21 舅姑当奉承 043
1.22 同居贵怀公心 045
1.23 同居长幼贵和 047
1.24 兄弟贫富不齐 049
1.25 分析财产贵公当 050

1.26 同居不必私藏金宝 052
1.27 分业不必计较 054
1.28 兄弟当分宜早定 056
1.29 众事宜各尽心 058
1.30 同居相处贵宽 059
1.31 友爱弟侄 060
1.32 和兄弟教子善 062
1.33 背后之言不可听 063
1.34 同居不可相讥议 065
1.35 妇女之言寡恩义 067
1.36 婢仆之言多间斗 069
1.37 亲戚不宜频假贷 071
1.38 亲旧贫者随力周济 073
1.39 子弟常宜关防 075
1.40 子弟贪缪勿使仕宦 078
1.41 家业兴替系子弟 080
1.42 养子长幼异宜 081

1.43 子多不可轻与人 083
1.44 养异姓子有碍 084
1.45 立嗣择昭穆相顺 086
1.46 庶孽遗腹宜早辨 088
1.47 三代不可借人用 089
1.48 收养义子当绝争端 090
1.49 孤女财产随嫁分给 092
1.50 孤女宜早议亲 093
1.51 再娶宜择贤妇 094
1.52 妇人不预外事之可怜 096
1.53 寡妇治生难托人 098
1.54 男女不可幼议婚 100
1.55 议亲贵人物相当 101
1.56 嫁娶择配应适当 102
1.57 媒妁之言不可尽信 104
1.58 因亲结亲尤当尽礼 106
1.59 女子可怜宜加爱 108

1.60 妇人年老尤难处 110
1.61 收养亲戚当虑后患 112
1.62 分给财产务均平 114
1.63 遗嘱公平维后患 116
1.64 遗嘱之文宜预为 117

卷二 处己 119

2.1 人之智识有高下 121
2.2 处富贵不宜骄傲 122
2.3 礼不可因人轻重 124
2.4 操守与穷达自两途 126
2.5 世事更变皆天理 128
2.6 人生劳逸常相若 130
2.7 贫富定分任自然 132
2.8 忧患顺受则少安 134
2.9 谋事难成则永久 136
2.10 性有所偏在救失 137

2.11 人行有长短 139
2.12 人不可怀慢伪妒疑之心 140
2.13 人贵忠信笃敬 142
2.14 厚于责己而薄于责人 144
2.15 处事当无愧心 146
2.16 为恶祷神为无益 148
2.17 公平正直人之当然 149
2.18 悔心为善之几 151
2.19 恶事可戒而不可为 152
2.20 善恶报应难穷诘 153
2.21 人能忍事则无争心 154
2.22 小人当敬远 155
2.23 老成之言更事多 157
2.24 君子有过必思改 158
2.25 言语贵简寡 160
2.26 小人为恶不必谏 161
2.27 觉人不善知自警 163

2.28 不肖子弟有不必谏者 165
2.29 正己可以正人 167
2.30 浮言不足恤 169
2.31 谀巽之言多奸诈 171
2.32 凡事不为己甚 173
2.33 言语虑后则少怨尤 175
2.34 与人言语贵和颜 177
2.35 老人当敬重优容 179
2.36 与人交游贵和易 180
2.37 才行高人自服 181
2.38 小人作恶必天诛 182
2.39 君子小人有二等 184
2.40 居官居家本一理 185
2.41 小人难责以忠信 187
2.42 戒货假药 190
2.43 言貌重则有威 193
2.44 衣服不可侈异 194

2.45 居乡曲务平淡 195
2.46 妇女衣饰务洁净 196
2.47 礼义制欲之大闲 197
2.48 见得思义则无过 199
2.49 人为情惑则忘返 200
2.50 子弟当谨交游 201
2.51 家成于忧惧破于怠忽 203
2.52 兴废有定理 204
2.53 用度宜量入为出 206
2.54 起家守成宜为悠久计 208
2.55 节用有常理 209
2.56 事贵预谋后则时失 211
2.57 居官居家本一理 213
2.58 子弟当习儒业 214
2.59 荒怠淫逸之患 217
2.60 周急贵乎当理 218
2.61 不可轻受人恩 220

2.62 受人恩惠当记省 222
2.63 人情厚薄勿深较 223
2.64 报怨以直乃公心 225
2.65 讼不可长 227
2.66 暴吏害民必天诛 229
2.67 民俗淳顽当求其实 231
2.68 官有科付之弊 234

卷三 治家 239

3.1 宅舍关防贵周密 241
3.2 山居须置庄佃 243
3.3 夜间防盗宜警急 244
3.4 防盗宜巡逻 245
3.5 夜间逐盗宜详审 246
3.6 富家少蓄金帛免招盗 247
3.7 防盗宜多端 248
3.8 刻剥招盗之由 249

3.9 失物不可猜疑 250
3.10 睦邻里以防不虞 252
3.11 火起多从厨灶 254
3.12 焙物宿火宜儆戒 255
3.13 田家致火之由 256
3.14 致火不一类 257
3.15 小儿不可带金宝 258
3.16 小儿不可独游街市 259
3.17 小儿不可临深 260
3.18 亲宾不宜多强酒 261
3.19 婢仆奸盗宜深防 263
3.20 严内外之限 264
3.21 婢妾常宜防闲 265
3.22 侍婢不可不谨出入 266
3.23 婢妾不可供给 267
3.24 暮年不宜置宠妾 268
3.25 婢妾不可不谨防 269

3.26 美妾不可蓄 270
3.27 赌博非闺门所宜有 272
3.28 仆厮当取勤朴 273
3.29 轻诈之仆不可蓄 274
3.30 待奴仆当宽恕 275
3.31 奴仆不可深委任 277
3.32 顽很婢仆宜善遣 279
3.33 婢仆不可自鞭挞 280
3.34 教治婢仆有时 282
3.35 婢仆横逆宜详审 283
3.36 婢仆疾病当防备 285
3.37 婢仆当令饱暖 286
3.38 凡物各宜得所 288
3.39 人物之性皆贪生 289
3.40 求乳母令食失恩 291
3.41 雇女使年满当送还 293
3.42 婢仆得土人最善 294

3.43 雇婢仆要牙保分明 296

3.44 买婢妾当询来历 297

3.45 买婢妾当审可否 298

3.46 狡狯子弟不可用 299

3.47 淳谨干人可付托 301

3.48 存恤佃客 304

3.49 佃仆不宜私假借 306

3.50 外人不宜入宅舍 307

3.51 溉田陂塘宜修治 308

3.52 修治陂塘其利博 310

3.53 桑木因时种植 312

3.54 邻里贵和同 314

3.55 田产界至宜分明 315

3.56 分析阄书宜详具 318

3.57 寄产避役多后患 320

3.58 冒户避役起争之端 321

3.59 析户宜早印阄书 322

3.60 田产宜早印契割产 323
3.61 邻近田产宜增价买 325
3.62 违法田产不可置 326
3.63 交易宜著法绝后患 327
3.64 富家置产当存仁心 328
3.65 假贷取息贵得中 330
3.66 兼并用术非悠久计 332
3.67 钱谷不可多借人 333
3.68 债不可轻举 334
3.69 赋税宜预办 335
3.70 赋税早纳为上 337
3.71 造桥修路宜助财力 339
3.72 营运先存心近厚 340
3.73 起造宜以渐经营 343

附录 序跋提要 347

《袁氏世范》序 349

《袁氏世范》后序 350
重刊《袁氏世范》序 351
《袁氏世范》跋语（一） 352
《袁氏世范》跋语（二） 353
《袁氏世范》跋语（三） 354
《四库全书总目提要·袁氏世范》 355

写在前面的话

一、今天我们为什么学家训

学习家训最直接的目的，自然是为了培养下一代。年青一代的父母，越来越认识到家庭教育的重要性，并且在当前的语境中，以传统文化为内容的家庭教育可以在很大程度上弥补学校教育的缺陷。这个问题由来已久，自从传统教育让位于西式学校教育（这个转变距今大约已有一百年）以来，很多有识之士认识到，以培养完满人格为目的、德育为核心的传统教育，被以知识技能教育为主的学校教育取代，因而不但在教育领域产生了诸多问题，并且是很多社会问题的根源。在呼吁改革学校教育的同时，很多文化精英选择了加强家庭教育来做弥补，比如被称为“史上最强老爸”的梁启超自己开展以传统德育为主的家庭教育配合西式学校，成就了“一门三院士，九子皆才俊”的佳话（可参阅上海古籍出版社《我们今天怎样做父亲：梁启超谈家庭教育》一书）。

其实，学习家训不单单是孩子的事，首先是父母提升自我，丰富家庭生活乃至改变人生的机会。中国文化是以修身为本的。所谓修身，就是通过自我修养身心，改变个人的生活方式、生命状态，体验更丰富美好的人生。以此为基础，营建家庭氛围，培养下一代，此之谓齐家。由此向外推扩，改变社会环境乃至人类生态，此之谓治国平天下。所谓修身为本，修身既是一切事业的基础和出发点，也是一切事业的最终目的，换言之，个人通过从家庭到天下，做各种事业来修养自身；传统文化就是以这样的逻辑架构，整体呈现，并代代相传。

文化的传承，通常是在精英和民众两个层面上进行，前者通过经典研学和师弟传习而薪火相传，后者沉淀为社会价值观念、化为乡风民俗而代代相承。这两个层面是如何发生联系的，上层是怎样向下层渗透的呢？中华文化悠久的家训传统，无疑在其中起到了重要作用。士子学人（文化精英）将经典的基本精神、个人习得的实践经验转化为家训家规教育家族子弟，而其中有些家训，由于家族的兴旺发达和名人代出，具有很好的示范效应，而得以向外传播，飞入寻常百姓家，进而为人们代代传诵，其本身也具有经典的意味了。得以传世的家训，其著作者本身就是文化精英的代表人物，这使得家训一方面融入了经典的精神，一方面为了使年幼或文化根基不厚的子弟能够理解，并在日常生活中实行，家训通常将经典的语言转化为日常话语，也更注重实践的方便易行。从这个意义上说，家训是经典的通俗版本，换言之，家训是我们重新亲近经典的桥梁。

对于从小接受现代教育（某种模式的西式教育）的国人，经典通常显得艰深和难以接近（其中的原因，下文再作分析），而从家训入手，就亲切得多。家训不仅理论话语较少，更通俗易懂，还常结合身边的或历史上的事例

启发劝导子弟，特别注重从培养良好的生活礼仪习惯做起，从身边的小事做起，这使得传统文化注重实践的本质凸显出来（当然经典也是在在处处都强调实践的，只是现代教育模式使得经典的实践本质很容易被遮蔽）。因此，现代人学习传统文化，从家训入手，不失为一个可靠而方便的途径。

本书即是基于以上需求，为有意尝试以传统文化为内容的家庭教育、希望与儿女共同学习成长的朋友量身定做的。为此精选了历史上最有代表性的四部家训，希望能提供切合实用的引导和帮助。

二、为什么是这四部家训

中国家训的历史源远流长，凡有读书人的家族，不论阶层高低，都有自己历代相沿的家训和家族文化。此前，我们从历代家训名著名篇中选编了一套“中华家训导读译注丛书”（上海古籍出版社 2019 至 2020 年出版，共 13 种），较为完整地呈现了传统家训的代表性著作。

考虑到普通家庭便捷学习的需要，又从这套书中择取了四部家训，堪称精华中的精华，冠以“中国四大家训”之名。选择的标准，一是作者亲撰，后人整理编纂而成的不收。二是自成系统，论说详明全面，用现在的话就是专著，而非单篇。三是在历史上具有重要地位，即有经典性。四是对现代生活的适用性强，即其精神保持高度的活力，形式方面做适度的转化就可应用于现代生活。综合以上因素，下面四部家训当之无愧。

第一部，是号称家训之祖的《颜氏家训》。《颜氏家训》为历代所尊崇，不仅因为成书早，还在于其有宗旨有系统，其写作方法为后来的家训所仿效，更重要的是书中凝聚作者颜之推一生的生命体验、价值理念和实践方法，为后世树立了家训的典范。

第二部，是北宋名臣司马光的《温公家范》。司马温公在今人眼里的形象是一位严正的儒者和著名历史学家，其家训也很好地体现了这两方面的特色：全书以儒家德教和礼制为宗旨和框架，同时广泛采择历史上的相关事例加以详细而生动的说明。这种写法，与《颜氏家训》相比，组织更严整，内容也相对集中，因此也多为后世家训所仿效。

第三部是《袁氏世范》，作者是南宋的袁采。袁采生活的年代大致与儒家集大成者朱熹同时，经过南北宋几代大儒的发展和整合，儒学迎来了第二个高峰，对后世产生极其深远的影响。《袁氏世范》可以看做是儒家精神和礼俗在家族教育领域的集中体现。

最后一部来到了明代晚期，选取的是民间知名度很高的袁了凡亲手编订的《训儿俗说》。袁了凡的声名主要来自一部广泛流传的《了凡四训》，《了凡四训》是后人根据袁了凡相关文章编辑而成，其“改造命运”的观念和方法，不仅得到曾国藩等大家赏识，近现代高僧如印光大师、弘一法师等人也颇为推崇。这种儒佛两界共尊的情况也反映了袁了凡修身工夫特点和明清以来三教合流的时代特征。如果说《颜氏家训》是规模阔大，兼采佛道，《训儿俗说》的特色就是融合儒佛，在不离儒家修身和礼教矩矱的同时，融入了少量佛教的事例和言语，在实践方面，如盐溶水，不仅将心性修养工夫与日常生活和礼仪融为一体（这正是王阳明心学的特色，而袁了凡恰是王阳明的再传弟子），也将儒佛修证体验融合无间。加之《训儿俗说》相对体量较小，列举的方面较为简明，时代上也距今更近，因而更贴近现代生活，便于现代人学习应用。

三、家训怎样读、怎么学

首先说说现代人读古书的障碍，概括说来，其难点有二：首先是由于文

言文接触太少，不熟悉繁体字等原因，造成语言文字方面的障碍。不过通过查字典、借助注释等办法，这个困难还是相对容易解决的。更大的障碍来自第二个难点，即由于文化的断层，教育目标、教育方式的重大转变，使得现代人对古典教育、对传统文化产生了根本性的隔阂，这种隔阂会反过来导致对语词的理解偏差或意义遮蔽。

试举一例。《论语》开篇第一章：

> 子曰：学而时习之，不亦说（“说”，通“悦”）乎？有朋自远方来，不亦乐乎？人不知而不愠，不亦君子乎？

字面意思很简单，翻译也不困难。但是，如何理解句子的真实含义，对于现代人却是一个考验。比如第一句，“学而时习之”，很容易想当然地把这里的“学”等同于现代教育的“学习知识”，那么“习”就成了“复习功课”的意思，全句就理解为学习了新知识、新课程，要经常复习它—— 一直到现在，中小学在教这篇课文时，基本还是这么解释的。但是这里有个疑问：我们每天复习功课，真的会很快乐吗？

对古典教育和传统文化有所理解的人，很容易看到，这里发生了根本性的理解偏差。古人学习的目的跟现代教育不一样，其根本目的是培养一个人的德行，成就一个人格完满、生命充盈的人，所以《论语》通篇都在讲“学”，却主要不是传授知识，而是在讲做人的道理、成就君子的方法。学习了这些道理和方法，不是为了记忆和考试，而是为了在生活实践中去运用、在运用时去体验，体验到了、内化为生命的一部分才是真正的获得，真正的“得”即生命的充盈，这样才能开显出智慧，才能在生活中运用无穷（所

以孟子说：学贵“自得”，自得才能“居之安”“资之深”，才能“取之左右逢其源”）。如此这般的“学习”，即是走出一条提升道德和生命境界的道路，到达一定生命境界高度的人就称之为君子、圣贤。养成这样的生命境界，是一切学问和事业的根本（因此《大学》说“自天子以至于庶人，壹是皆以修身为本”），这样的修身之学也就是中国文化的根本。

所以，“学而时习之”的“习”，是实践、实习的意思，这句话是说，通过跟从老师或读经典，懂得了做人的道理、成为君子的方法，就要在生活实践中不断（时时）运用和体会，这样不断地实践就会使生命逐渐充实，由于生命的充实，自然会由内心生发喜悦，这种喜悦是生命本身产生的，不是外部给予的，因此说“不亦说乎”。

接下来，“有朋自远方来，不亦乐乎”，是指志同道合的朋友在一起共学，互相交流切磋，生命的喜悦会因生命间的互动和感应，得到加强并洋溢于外，称之为“乐”。

如果明白了学习是为了完满生命、自我成长，那么自然就明白了为什么会“人不知而不愠”。因为学习并不是为了获得好成绩、找到好工作，或者得到别人的夸奖；由生命本身生发的快乐既然不是外部给予的，当然也是别人夺不走的，那么别人不理解你、不知道你，不会影响到你的快乐，自然也就不会感到郁闷（“人不知而不愠”）了。

以上的这种理解并非新创。从南朝皇侃的《论语义疏》到宋朱熹的《论语集注》（朱熹《集注》一直到清朝都是最权威和最流行的注本），这种解释一直占主流地位。那么问题来了，为什么当代那么多专家学者对此视而不见呢？程树德曾一语道破：“今人以求知识为学，古人则以修身为学。”（见程先生撰于1940年代的《论语集释》）之所以很多人会误解这三句话，是由于

对古典教育、传统文化的根本宗旨不了解，或者不认同，导致在理解和解释的时候先入为主，自觉或不自觉地用了现代观念去“曲解”古人。因此，若使经典和传统文化在今天重新发挥作用，首先需要站在古人的角度理解经典本身的主旨，为此，在诠释经典时，就需要在经典本身的义理与现代观念之间，有一个对照的意识，站在读者的角度考虑哪些地方容易产生上述的理解偏差，有针对性地作出解释和引导。

基于以上认识，本书尝试从以下几个方面加以引导。首先，在每种书前冠以导读，对作者和成书背景做概括介绍，重点说明如何以实践为中心读这本书。

再者，在注释和白话翻译时尽量站在读者的立场，思考可能发生的遮蔽和误解，加以解释和引导。

第三，本书在形式上有一个新颖之处，在每个段落或章节下增设“实践要点”环节，它的作用有三：一是说明段落或章节的主旨。尽量避免读者仅作知识性的理解，引导读者往生活实践方面体会和领悟。

二是进一步扫除遮蔽和误解，防止偏差。观念上的遮蔽和误解，往往先入为主比较顽固，仅仅靠“简注”和“译文”还是容易被忽略，或许读者因此又产生了新的疑惑，需要进一步解释和消除。比如，对于家训中的主要内容——忠孝——现代人往往从“权利平等”的角度出发，想当然地认为提倡忠孝就是等级压迫。从经典的本义来说，忠、孝在各自的语境中都包含一对关系，即君臣关系（可以涵盖上下级关系），父子关系；并且对关系的双方都有要求，孔子说“君君、臣臣，父父、子子”，是说君要有君的样子，臣要有臣的样子，父要有父的样子，子要有子的样子，对双方都有要求，而不是仅仅对臣和子有要求。更重要的是，这个要求是“反求诸己”的，就是各

自要求自己，而不是要求对方，比如做君主的应该时时反观内省是不是做到了仁（爱民），做大臣的反观内省是不是做到了忠；做父亲的反观内省是不是做到了慈，做儿子的反观内省是不是做到了孝。(《礼记·礼运》:“何谓人义？父慈、子孝，兄良、弟悌，夫义、妇听，长惠、幼顺，君仁、臣忠。”)如果只是要求对方做到，自己却不做，就完全背离了本义。如果我们不了解“一对关系”和“自我要求”这两点，就会发生误解。

再比如古人讲“夫妇有别”，现代人很容易理解成男女不平等。这里的“别”，是从男女的生理、心理差别出发，进而在社会分工和责任承担方面有所区别。不是从权利的角度说，更不是人格的不平等。古人以乾坤二卦象征男女，乾卦的特质是刚健有为，坤卦的特征是宁顺贞静，乾德主动，坤德顺乾德而动；二者又是互补的关系，乾坤和谐，天地交感，才能生成万物。对应到夫妇关系上，做丈夫需要有担当精神，把握方向，但须动之以义，做出符合正义、顺应道理的选择，这样妻子才能顺之而动（“夫义妇听”），如果丈夫行为不合正义，怎能要求妻子盲目顺从呢？同时，坤德不仅仅是柔顺，还有“直方”的特点(《易经·坤·象》:“六二之动，直以方也。”)，做妻子也有正直端方、勇于承担的一面。在传统家庭中，如果丈夫比较昏暗懦弱，妻子或母亲往往默默支撑起整个家庭。总之，夫妇有别，也需要把握住“一对关系”和“自我要求”两个要点来理解。

除了以上所说首先需要理解经典的本义，把握传统文化的根本精神，同时也需要看到，经典和文化的本义在具体的历史环境中可能发生偏离甚至扭曲。当一种文化或价值观转化为社会规范或民俗习惯，如果这期间缺少文化精英的引领和示范作用，社会规范和道德话语权很容易被权力所掌控，这时往往表现为，在一对关系中，强势的一方对自己缺少约束，而是单方面要求

另一方，这时就背离了经典和文化本义，相应的历史阶段就进入了文化衰敝期。比如在清末，文化精神衰落，礼教丧失了其内在的精神（孔子的感叹“礼云礼云，玉帛云乎哉？乐云乐云，钟鼓云乎哉？”就是强调礼乐有其内在的精神，这个才是根本），成为僵化和束缚人性的东西。五四时期的很大一部分人正是看到这种情况（比如鲁迅说“吃人的礼教”），而站到了批判传统的立场上。要知道，五四所批判的现象正是传统文化精神衰敝的结果，而非传统文化精神的正常表现；当代人如果不了解这一点，只是沿袭前代人一些有具体语境的话语，其结果必然是道听途说、以讹传讹。而我们现在要做的，首先是正本清源，了解经典的本义和文化的基本精神，在此基础上学习和运用其实践方法。

三是提示家训中的道理和方法如何在现代生活实践中应用。其中关键的地方是，由于古今社会条件发生了变化，如何在现代生活中保持家训的精神和原则，而在具体运用时加以调适。一个突出的例子是女子的自我修养，即所谓“女德”，随着一些有争议的社会事件的出现，现在这个词有点被污名化了。前面讲到，传统的道德讲究“反求诸己”，女德本来也是女子对道德修养的自我要求，并且与男子一方的自我要求（不妨称为“男德”）相配合，而不应是社会（或男方）强加给女子的束缚。在家训的解读时，首先需要依据上述经典和文化本义，对内容加以分析，如果家训本身存在僵化和偏差，应该予以辨明。其次随着社会环境的变化，具体实践的方式方法也会发生变化。比如现代女子走出家庭，大多数女性与男性一样承担社会职业，那么再完全照搬原来针对限于家庭角色的女子设置的条目，就不太适用了。具体如何调适，涉及具体内容时会有相应的解说和建议，但基本原则与“男德”是一样的，即把握“女德”和“女礼”的精神，调适德的运用和礼的条目。此

即古人一面说“天不变道亦不变”（董仲舒语），一面说礼应该随时“损益”（见《论语·为政》）的意思。当然，如何调适的问题比较重大，“实践要点”中也只能提出编注者的个人意见，或者提供一个思路供读者参考。

综上所述，本书的全部体例设置都围绕“实践”，有总括介绍、有具体分析，反复致意，不厌其详，其目的端在于针对根深蒂固的“现代习惯”，不断提醒，回到经典的本义和中华文化的根本。从这个意义上说，认真读懂本书并切实按照其中的内容和方法尝试去做，不仅是改善家庭教育的途径，设若读者诸君以此为入口，得入传统文化的门墙，实见“宗庙之美，百官之富”，则幸甚至哉！幸甚至哉！

刘海滨

2022年3月7日，壬寅年二月初五

导 读

一

袁采（生卒年未详，或说 1140 ～ 1195，或说 1140 ～ 1192 年以后），字君载，南宋两浙东路（今浙江）衢州府人。宋高宗绍兴年间在杭州太学读书，宋孝宗隆兴元年（1163）取得进士身份。此后历任萍乡县主簿（掌管文书簿籍），乐清县、政和县、婺源县知县（掌管一县的政事），监登闻鼓院（掌管接受文武官员与士民上书）。他的弟弟袁伟、儿子袁景清，在宋宁宗开禧元年（1205）登同科进士。袁采为官“以廉明刚直称，谕民绳吏，皆有科条”。祝禹圭称其“廉而近公，公而过刚，勤而苦节”，当时人认为是实录。杨万里也曾称赞袁采为“三衢儒先，州里称贤，励操坚正，顾行清苦，三作壮县，皆腾最声”。

袁采为官之外，也以学术知名，而其学术与现实紧密相关。袁采留心地方政府和社会事务，以古鉴今，撰写了一些具有现实意义的著作，包括《乐清志》十卷、《袁氏世范》三卷、《欷歔子》一卷及《政和杂志》《县令小录》《阅史三要》《经权中兴策》《千虑鄙说》《经界捷法》《信安志》，今仅存《袁氏世范》和诗文五篇。

二

《袁氏世范》作于袁采任乐清知县时，宋孝宗淳熙五年（1178）成稿，宋光宗绍熙元年（1190）刻行于世。此书本名《俗训》，但是给此书作序的刘镇认为，此书不仅可以施于乐清一县，而且可以"达诸四海"；不仅可以行之一时，而且可以"垂诸后世"，因此建议将书名改为"世范"。于是，这本书就以《袁氏世范》为名著称于世，成为和颜之推（531～约597）《颜氏家训》并称的中国古代两大家训。

当代美国汉学家包弼德先生在其名作《斯文：唐宋思想的转型》中，更从唐宋转型的大视野，将《颜氏家训》与《袁氏世范》作了一个比较，认为这两本书分别标志了唐以前的门阀时代和宋以后的新儒家（即理学）时代，体现了士或士大夫（他们是政治和文化精英）的身份及其价值观的转变：士人从作为初唐以前的世家大族成员，转而为宋代的文官家族成员、地方精英；而士人追求的价值和职责，则从注重文化之学，转变为更强调伦理关怀，"袁采心中理想的士是一个伦理的人，而不是颜之推意义上的一个有文化的人"。这个比较，对我们深入理解《袁氏世范》有重要帮助。袁采的这种观念与其所在时代的理学理想也是相应的，理学集大成者朱熹（1130～1200）和袁采是同时代人。

三

袁采在绍熙元年的刻本后序中提到几类体裁的著作：第一类是理学家的

“语录”，志在将自己的自得之学跟天下人分享，但是因为其中议论精微，一般人很难解悟；第二类是坊间的“小说、诗话之流”，这些作品重在表达个人感受，对社会教化没有什么裨益。另外还有第三类专门戒示子孙的“家训”，但其中所谈的内容不够全面、详细，流传也不广。因此，作者有志写作一种作品，不但有益于社会教化、内容全面而具体，而且表达通俗易懂，即兼顾通俗性、系统性和教化意义三者（同时也体现出对传统文化尤其是儒家经典教义的传承和开展），这就是读者眼前的这部《袁氏世范》。

当然，值得补充的是，“语录”体著作（例如《传习录》）相对于典雅的文言著作，已经有追求通俗的趋向，而理学家本人也写作乡约、家训，如经过朱子修订的《增损吕氏乡约》，而王阳明、王心斋也写过家训类文章；又如，“小说、诗话之流”也有寓教于乐的各种形式，而且，文艺作品本身并不汲汲于直接教化，正是由此，才可能造就将艺术性与教化意义很好结合起来的文艺作品；后世“家训”的范围逐渐扩大、流传也逐渐广泛，而袁采本人的《袁氏世范》也被归入家训类著作。

包弼德先生也比较了《颜氏家训》和《袁氏世范》的写作风格和内容，指出“颜之推博学而词采繁复的文体与袁采更为直接和简练的风格形成对照”(“袁采的著作既不是方言的，也不是口语的。他引用过去的典籍，特别是《论语》，并用一种易懂的风格来写作”，比有的著作如李元弼指导地方行政的《作邑自箴》“更富有文学性”)；“他们谈话的话题进一步表现出这种差异。颜之推除家族的礼仪和社会习俗之外，还谈论修学、文学写作、文献学、音韵学、道教、佛教，以及多种多样的艺术，袁采则分门别类地讨论了如何睦亲、处己和治家”。虽然“两人都由中国的传统文献和儒家经典所培养”，但他们都不特别反对佛教与道教，实际上颜之推两者都写到了，虽说他只是接受了佛教，而不是道教。

《袁氏世范》共三卷，分别讲述睦亲、处己、治家三大内容。用今天的话来说，就是讲了如何与家人或亲人和睦共处，如何修养自身，如何管理好家庭经济财物（包含有关防火、防盗、支付给雇佣者钱财、管理和买卖田产、家产继承等方面的内容），分属于家庭生活的三个层面。值得注意的是，《袁氏世范》三部分的顺序：先讲和睦家庭，再讲立身处己，最后讲治家理财。这种顺序安排体现了作者的用意：如果说治家理财是外在的基础需求，立身处己是内在的根本条件，那么家庭和睦则是首要之务。更值得注意的是，卷一“睦亲”的第一章主要讲的是“性不可以强合”，家庭和睦的“要术”，却仍然不是向外求，而是回到各人自身，从每个人自身的性情出发，发现人的性情各各有别，不可强求一致，从而学会理解、学会包容、学会沟通。也就是说，“家庭和睦”的诀窍仍在于“自我修养”，与家人和睦相处的诀窍在于自己身心的和谐。

四

本书是对《袁氏世范》的现代注解，除了本篇导读，还包括原文、注释、白话译文、实践要点以及附录几个部分。以下主要就《袁氏世范》一书在当下教育实践中如何运用，或如何与现代教育贯通，提出几点建议：

1. 体会“家庭人伦关系”的首要位置。《袁氏世范》中极其重视人与人之间的人伦关系（伦理）的经营，这是士人之为士人最基本的要求，也是人之为人的本质所在。而家庭成员间的人伦关系（包括父母与子女的关系、兄弟关系、夫妇关系等）是最基本的、首要的人伦关系。作者的时代离我们已经有近千年之远，但这种思想即使在今天仍然没有失去其重要意义。明确抓住这点，就抓住了《袁氏世范》的根基。关心亲人是首要的，这与儒家“万物一体”“四海之内皆兄弟”的仁爱或博爱思想并不冲突。儒家讲究“爱有等差”，意谓先从爱亲人开始，以此为根基，再依次向外推扩，最终达致与天地万物为一体的境界。

2. 处理好家庭中的三种基本关系。家庭生活中包括家庭人伦关系、自我关系、人与经济财物的关系三个方面，三者缺一不可。我们固然不可因为钱财而有损亲人之间的和睦关系，但也不能以维护亲人为借口而忽视物质生活的经营和满足。作者极其重视将家族亲人之间的财物关系（从分家产到遗产继承）处理得清楚分明，这通常构成亲族之间（如兄弟姐妹、伯叔侄子之间）和睦的良好铺垫，也避免了作者不希望看到的家产纠纷和争讼。

3. 学会健康而积极的宽容或包容。家庭本是一个温馨的小团体，但人的性情各有不同，虽有血缘之亲也难以强合，家人日常生活在一块，相互之间尤其难免摩擦，因此作者殷切地提醒我们，对待家人要尽量包容。更重要的是，包容不是消极的忍受（这会不断地积累不满和怨恨，最终可怕地爆发出来），而是积极健康的体谅和体贴，体谅各人性情的不同（性情各别），体贴各人性情的偏差（人无完人）。这其实也是对人之有限性的体会。学会健康地包容，就学会与家人相处，也学会与自己相处，因为自我内心的不满和怨恨没有积累，也就能更好地调整心情，面对自己和家人。

4. 恰当对待书中留有古代等级身份痕迹的文字。人作为人总有一些不变的东西，但古今不同，时代变了，有些思想观念也要重新看待。今天的社会普遍提倡男女平等、一夫一妻，而作者作为南宋时代的士人，自然会在书中涉及古代家庭中有关婢女、仆人、侧室等的等级身份关系。在遇到这些文段时，我们应该怎么对待呢？其实，这也是我们读古书时常要面对的问题。

对此，笔者认为有几点值得注意：

首先，古代富贵人家会有仆人奴婢等，今天自然没有这种现象。但是我们不当拘泥于某个时代的特殊现象，而应该透过现象看本质。虽然内容改变了，但其中仍有一些处理事情的方式和结构并没有改变，因此应该超越具体的特殊内容，而看到更广阔的共通道理。这是我们今天读古人的书尤其要注意的地方，不要因为有些社会现象变化或进步了，就漠视古人处理这些现象时所展示出的智慧。阅读这本书也一样，由此才能放下后知之明的傲慢和偏见，真正吸收古人的智慧。这应该成为阅读古书的准则。

其次，应具理解之同情。作者在谈及有关婢女、仆人、侧室等事情时，往往是要约束那些有权势之人，并从这些弱势群体的角度来看问题，表现出人道之同情。对此，我们也应该有理解之同情。

最后，作者谈及这类事情时，其最基本的考虑，除了对行为本身的伦理性质（是非好坏）作出判断、防止奸淫等罪恶外，还往往处于避免将来产生祸患，尤其是避免纷争诉讼和家业破败。前一方面是一种伦理原则，后一方面则是从后果上来考虑，并且不是重在追求“最大多数人的最大幸福”，而是重在尽量避免坏的后果。除开其中的等级身份关系，这两点在今天依旧没有过时，对我们处理家庭事务等仍有启示。

5. 对照性阅读。《颜氏家训》和《袁氏世范》具体而系统地展示了中国历史上具有重要意义的唐宋转型前后的两个时代（门阀时代和新儒家时代），如果能将《袁氏世范》与《颜氏家训》对比起来阅读，将会对《袁氏世范》有更深入的理解，会有很多意想不到的收获。

五

本书点校所用底本为“中华再造善本丛书”据中国国家图书馆藏宋刻本

影印的《袁氏世范》(以下称宋刻本),并参考“知不足斋丛书”刻本(以下称知不足斋本)、“文渊阁四库全书”本(以下称四库本)。《袁氏世范》原无章节标题,后人在宋刻本每章页眉上增加识语,知不足斋本则将其列为正式标题,今依据知不足斋本增加每章标题,同时补充序号(如“1.2”指第一卷第二章)。但知不足斋本偶尔有标题不恰当,本书根据原文主旨加以修订。此外,参考坊间已有的校注本,包括刘枫主编:《中国古典名著精华:袁氏世范》(阳光出版社,2016年),李勤璞校注:《袁氏世范》(上海人民出版社,2017年);并参考了李勤璞先生的论文《权力与温情:南宋知县袁采的生涯和政治》(《大连大学学报》2016年第5期),其中对袁采的生平和著作情况作了细致考证。本书注解部分,还参考了《汉语大词典》《辞海》等工具书。

本书附录了七篇提要序跋,前面两篇《序》《后序》,为宋刻本原有;重刊本《序》和三篇跋语,原载于知不足斋本卷首和卷末;最后一篇是《四库全书总目提要》中关于《袁氏世范》的提要。

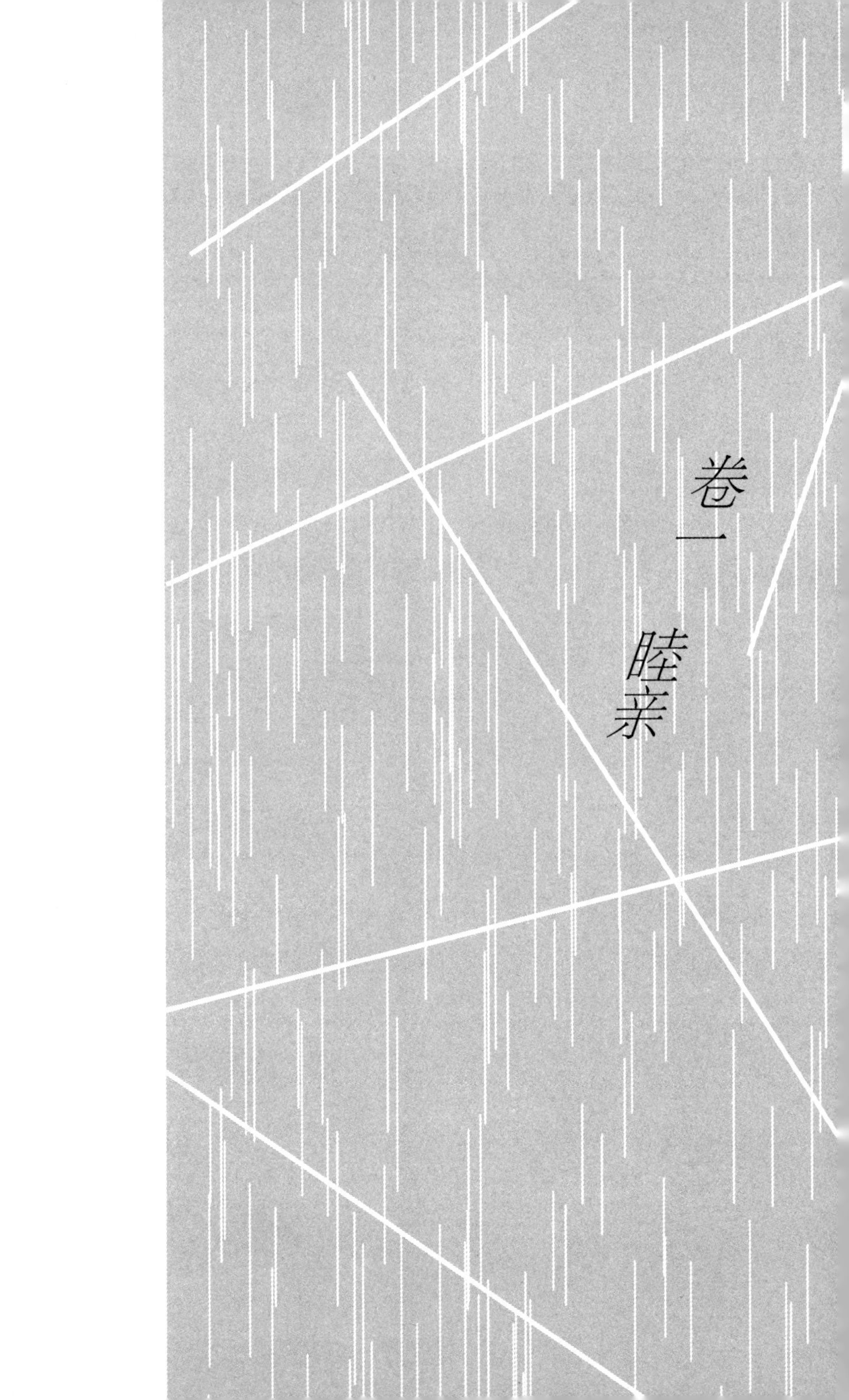

卷一　睦亲

1.1 性不可以强合

人之至亲，莫过于父子兄弟。而父子兄弟有不和者，父子或因于责善，兄弟或因于争财。有不因责善、争财而不和者，世人见其不和，或就其中分别是非而莫明其由。

盖人之性，或宽缓、或褊急①，或刚暴、或柔懦，或严重、或轻薄，或持检、或放纵，或喜闲静、或喜纷拏，或所见者小、或所见者大，所禀自是不同。父必欲子之性合于己，子之性未必然；兄必欲弟之性合于己，弟之性未必然。其性不可得而合，则其言行亦不可得而合。此父子兄弟不和之根源也。况凡临事之际，一以为是、一以为非，一以为当先、一以为当后，一以为宜急、一以为宜缓，其不齐如此。若互欲同于己，必致于争论。争论不胜，至于再三，至于十数，则不和之情自兹而启，或至于终身失欢。

若悉悟此理，为父兄者，通情②于子弟，而不责子弟之同于己；为子弟者，仰承③于父兄，而不望父兄惟己之听，则处事之际，必相和协，无乖争之患。孔子曰："事父母几④谏，见志不从，又敬不违，劳⑤而不怨。"此圣人教人和家之要术也，宜熟思之。

今译

每个人最亲的，莫过于父子兄弟。然而，父子兄弟之间却有不和睦的。其原因或是因为父亲勉强儿子改过为为善，或是因为兄弟之间相互争夺财产。有的父子兄弟之间并不因为劝勉为善、争夺财产而导致不和，世人见到他们不和，就从中分辨是非曲直，但却始终搞不明白不和的缘由。

人的性情，有的宽容和缓，有的脾气急躁；有的刚猛暴戾，有的柔顺软弱；有的严肃厚重，有的轻佻浮薄；有的矜持检点，有的放任不拘；有的喜欢闲适安静，有的喜欢纷繁热闹；有的见识短小，有的见识广博，禀性气质各各不同。父亲一定要子女的性情跟自己相合，而子女的性情却未必如此；兄长一定要弟弟的性情跟自己相合，而弟弟的性情却未必如此。性情不相合，那么他们的言行也不可能相合。这就是父子兄弟不和睦的根源。何况大凡在面临事情的时候，一个认为对，另一个认为错；一个认为应该在先，另一个认为应该在后；一个认为应该急些，另一个认为应该缓些，两方的观点是如此不同。如果相互都想要对方和自己想的一样，必定会导致争吵辩论。争吵辩论不分胜负，至于三番五次，甚至十几次，那么不和的情感就从此开启，甚或导致终生不相亲和。

如果大家都领悟到这个道理，那么做父亲、兄长的，就跟子女、弟弟沟通情感和想法，而不苛责子女、弟弟要跟自己保持一致；做子女、弟弟的，就会尽量依照父亲、兄长的意见行事，而不奢望父亲、兄长一定要听从自己，那么处理事情之时，必定会相互和睦协调，而没有乖违相争的患害。孔子说："侍奉父母，若父母有过，应婉转劝止，看到自己的心意没有被父母听从，还应照常恭敬，不要违逆，虽然心中忧愁，也不对父母怨恨。"这是圣人教给人们家庭和睦的关键方法，应该好好思量。

简注

① 褊（biǎn）急：度量狭小，性情急躁。

② 通情：互相沟通情况或情感。

③ 仰承：此指按对方意见办事。

④ 几（jī）：几微，轻微，婉转。

⑤ 劳：忧愁。

实践要点

这是开卷第一章，用意极深。如我们在导读中所说，《袁氏世范》共三卷，先讲和睦家庭，再讲立身处己，最后讲治家理财。而从这第一章来看，家庭和睦的“要术”，却仍然不是向外求，而是回到各人自身，从每个人自身的性情出发，发现人的性情各各有别，不可强求一致，从而学会理解、学会包容、学会沟通。也就是说，“家庭和睦”的诀窍仍在于“自我修养”。

此章可与后面2.10章对照来读。那里也说到人的性情各有所偏，应该善于救其偏失。确实，每个人应当严格要求自己，力求“变化气质”，矫正自己性情的偏颇。但是对于他人，尤其是亲人，却不能以这种方式过分苛责，更不能强求家人务必跟自己保持一致。“其性不可得而合，则其言行亦不可得而合。”强求一致，正是“父子兄弟不和之根源”。明白了这一点，与家人相处时自己就会换一种心态，不是埋怨或苛责，而是理解和包容，很多事情也就能够释然。有时候，强求性情一致，看起来是为了纠正家人的不良性情，实则不过是成全自己的任性和强横。当然，这也不是说要对家人不闻不问，该劝说阻止时还是要劝说阻止，但即使这样，也还是出于理解和包容的心态，而不是怨恨，更不是以暴力解决。

1.2 人必贵于反思

人之父子，或不思各尽其道，而互相责备者，尤启不和之渐也。若各能反思，则无事矣。为父者曰：“吾今日为人之父，盖前日尝为人之子矣。凡吾前日事亲之道，每事尽善，则为子者得于见闻，不待教诏而知效[①]。倘吾前日事亲之道有所未善，将以责其子，得不有愧于心？”为子者曰：“吾今日为人之子，则他日亦当为人之父。今吾父之抚育我者如此，畀付[②]我者如此，亦云厚矣。他日吾之待其子，不异于吾之父，则可俯仰无愧。若或不及，非惟有负于其子，亦何颜以见其父？”然世之善为人子者，常善为人父；不能孝其亲者，常欲虐其子。此无他，贤者能自反，则无往而不善；不贤者不能自反，为人子则多怨，为人父则多暴。然则自反之说，惟贤者可以语此。

| 今译 |

父子之间，有的彼此都不想着各尽其职，而互相求全责备，这尤其是导致父子渐渐不和的重要原因。如果能各自反思，就没什么事了。做父亲的说：“我如今是做人的父亲，以前也曾做人的儿子。大凡我以前侍奉父母，事事能尽心尽力，那么做子女的看到听到了，不用等到别人教导就知道效仿。如果我以前侍奉父母做得不够好，如今却要求自己的子女要做好，难道不会觉得有愧于心吗?”做儿子的说:“我如今做人的儿子，将来也要做人的父亲。如今我的父亲这样抚养我长大、给予我所需，可称得上是厚爱了。将来我待我的子女，跟我父亲待我没什么差别，那就可以无愧于天地。如果有所不及，那不仅有负于子女，而且还有何颜面见我的父亲呢?”然而世上的好儿子，也常常是好父亲;不能孝顺父母的，也常常虐待自己的子女。这没有别的，只是因为贤者能自我反省，所以无论做父母还是做子女都能做好;而不贤者不能自我反省，所以做儿子就多怨恨，做父亲就多暴戾。这样来看，自反的道理，只有贤者才可以对他说(明白)。

简注

① 效:效仿，模仿。

② 畀(bì)付:付与，给予。

实践要点

家人之间日常多接触，而日常生活很琐碎，一不留心，就容易产生摩擦，相互怨恨。在此，“自反”就变得非常重要。每个人在家庭里，都有不同的角色，或者作为子女，或者作为父母。如果父母与子女在相互责备对方做得不好时，能够静下来，想想自己做得是否够好，曾经或将来自己处于对方的角色，又能不能做好，这样就能减少很多怨恨和暴戾。

“自反”能形成一种良性的循环。人都是有缺陷的，当你习惯于自我反省，你会发现并关注到自己的种种不足，从而急于改善和提升自己，而不会紧盯着别人的过错，也就会变得“躬自厚而薄责于人”;这样渐渐地，即使有些事经过自反发现自己的确没做错，而对方确实做得不好，你也能学会包容。

1.3 父子贵慈孝

慈父固多败子，子孝而父或不察。盖中人之性，遇强则避，遇弱则肆。父严而子知所畏，则不敢为非；父宽则子玩易[①]，而恣其所行矣。子之不肖，父多优容；子之愿悫[②]，父或责备之无已。惟贤智之人，即无此患。至于兄友而弟或不恭，弟恭而兄或不友[③]；夫正而妇或不顺，妇顺而夫或不正，亦由此强即彼弱，此弱即彼强，积渐而致之。为人父者，能以他人之不肖子喻[④]己子；为人子者，能以他人之不贤父喻己父，则父慈而子愈孝，子孝而父益慈，无偏胜之患矣。至于兄弟、夫妇，亦各能以他人之不及者喻之，则何患不友、恭、正、顺者哉！

| 今译 |

慈祥的父亲固然多有败坏的子女，但也可能子女孝顺，而父亲却不察觉的。这是因为常人的性情，遇到比自己强硬的就会退避，遇到比自己软弱的就会放肆。父亲严厉，子女知道有所畏惧，就不敢胡作非为；父亲宽缓，子女就会轻视忽略，行事放纵。同样，子女不正派，父亲常常会纵容；子女忠厚朴实，父亲却可能责备个不停。只有贤良智慧的人，才不会有这个问题。至于兄长友爱而弟弟却可能不恭敬，弟弟恭敬而兄长可能不友爱；丈夫端正而妻子却可能不柔顺，妻子柔顺而丈夫可能不端正，这些也是因为此强则彼弱，此弱则彼强，渐渐积累导致如此。做人父亲的，能够以他人的不肖子来跟自己的子女比较；做子女的，能够以他人不贤良的父亲来跟自己的父亲对比，那就会父亲慈爱而子女也越来越孝顺，子女孝顺而父亲也越来越慈爱，不用担心有所偏颇了。至于兄弟、夫妇之间，如果也能各以他人做得不好的方面来作比较，那哪里还要担心做不到友爱、恭敬、端正、柔顺呢！

简注

① 玩易：玩忽，轻视，忽略。

② 愿悫（què）：朴实，诚实。

③ 兄或不友："或"字原无，据知不足斋本及上下文义补。

④ 喻：比方，比较，对比。

实践要点

常言道，慈父多败子，而另一种情况也可能出现，即子女孝顺，父亲却还常常斥责。作者还是从性情气质的角度来考察：人伦关系中的两方，常常是一个柔弱另一个就强硬，父子之间如此，兄弟、夫妇之间也类似。家庭生活容易习以为常，有时对方对你越好，你越觉得这是理所当然，并且总是认为对方做得还不够好；当对方稍有一点做得不好，你就立刻给人脸色，斥责起来。而你自己却从来没有想过应该怎样善待对方，如果对方偶尔提示你也该做好时，你又会说对方在苛求。正是在这个意义上，"人善被人欺"，善良的人容易吃亏，有美德者常被占便宜，慈爱和孝顺、友爱和恭敬、端正和柔顺这些善良美德显得是柔弱的。在此，作者给出了一个解决之道：如果拿别人家没做好的方面来跟自己的亲人对比，你就会发现自己原来有个好父亲、好母亲，或其实自己有个好儿子、好女儿，兄弟、夫妇的情况也一样。

另一个方法，则是作者在上一章讲到的“自反”：如果我们进一步发现别人家的父母很好，子女却不孝顺，反过来，其实自己的父母做得不错，自己却没有尽到为人子女的职责，那我们的心态就会更加平和，就会发现对方其实有诸多优点，这样双方的关系就走向缓和。其他的情况也类似。宋儒程明道曾说：“天地生物，各无不足之理。常思天下君臣、父子、兄弟、夫妇，有多少不尽分处。”每个人先想想自己不尽职分之处，这是发现对方身上的好的第一步。

1.4 处家贵宽容

自古人伦，贤否相杂。或父子不能皆贤，或兄弟不能皆令，或夫流荡，或妻悍暴，少有一家之中无此患者，虽圣贤亦无如之何。如身有疮痍疣赘[①]，虽甚可恶，不可决去，惟当宽怀处之。能知此理，则胸中泰然矣。古人所以谓父子、兄弟、夫妇之间人所难言者如此。

今译

自古以来的人伦关系中，贤良和不肖相混杂。或是父与子不能都做到贤良，或是兄与弟不能都做到美好，或是丈夫下流放荡，或是妻子彪悍暴戾，很少有家庭没有这种患害的，即使圣贤也无可奈何。这就像身上有创伤赘疣，虽然挺可恶，但也不能够决然除去，只应该宽心待之。能知道这个道理，就会胸中坦然。古人所谓父子、兄弟、夫妇之间难以言说的，就是这样。

简注

① 疮痍（chuāng yí）：创伤。疣赘（yóu zhuì）：皮肤上生的瘊子，比喻多余、无用的东西。

实践要点

家庭人伦关系中，有些是属于天伦而无法选择的，如父母子女、兄弟姐妹，有些是已经选择而不当轻易离异的（天作之合），如夫妇。所以古人说父子一体，兄弟一体，夫妇一体。但其中总有家人不能尽其职分。无论如何，结合在一起就意味着责任，自己应该先尽自己的职分。孟子曾说："中也养不中，才也养不才，故人乐有贤父兄也。如中也弃不中，才也弃不才，则贤不肖之相去，其间不能以寸。"这是说，品德好的人教养熏陶那品德差的人，有才能的人教养熏陶那没才能的人，所以人们都希望有个好父兄。如果品德好的人遗弃那品德差的人，有才能的人遗弃那没才能的人，那么所谓好与所谓不好，他们中间的距离也就相近得不能用分寸来计量了。

《尚书》和《孟子》还记载了这样一个故事：帝舜的父母和弟弟性情恶劣，总是对舜使坏心眼，打发舜去修缮谷仓，等到舜爬到屋顶，就抽去梯子，舜的父亲还放火焚烧那谷仓；又打发舜挖一口井，然后又用土去填塞井眼（幸亏舜每次都得以逃生）。但即使这样，舜也仍旧只是要求自己事事依理而行，从来没有斥责过父母和弟弟，甚至没有直接纠正过他们的过失。后来，顽固的父母终于被感化了。明代大儒王阳明被贬到贵州龙场时，苗民有祭祀舜的弟弟象的，王阳明说这表明蛮横的弟弟最终也为哥哥所感化，成为善人，所以人们才供奉他。为此，王阳明还专门写了一篇《象祠记》。诚然，并不是每个人都能像舜那样，但是面对"少有一家之中无此患者"，最好的办法还是从自身做起，坦然处之，不埋怨也不放弃，这样，即使最终不能感化家人，我们也善待了对方，并成全了自己。

1.5　父兄不可辨曲直

子之于父，弟之于兄，犹卒伍之于将帅，胥吏[①]之于官曹[②]，奴婢之于雇主，不可相视如朋辈，事事欲论曲直。若父兄言行之失，显然不可掩，子弟止可和言几谏。若以曲理而加之子弟，尤当顺受，而不当辨。为父兄者又当自省。

| 今译 |

儿子之于父亲，弟弟之于兄长，就像军队里的兵卒之于将帅，官府中的小吏之于官长，奴婢之于雇主一样，不可像朋友平辈那样看待，事事想要争个是非曲直。如果父兄言行有失，明显得不可掩盖，为人子弟的只可和颜悦色地委婉相劝。如果父兄把歪曲道理加在自己身上，为人子弟的尤其应该和顺承受，而不应该分辩争论。为人父兄的，又应当自我反省才行。

| 简注 |

① 胥吏：古代掌理案卷、文书的小吏。

② 官曹：官吏办事处所。此指办事的官长。

| 实践要点 |

古时父子、兄弟之间注重尊卑上下之别，相对而言，子、弟处于在下和被动的一面。今天人们注重人格的平等，人与人之间没有贵贱等级之别。这是有必要慎重对待的。当然，平等并不意味着抹杀一切差别，长幼先后之别、抚恤养育之恩仍然存在，这并没有古今中外之别。在这个意义上，父母、兄长的确为尊。古人也说："门内之治恩掩义，门外之治义斩恩。"家庭的确是一个特殊的场域，总体上，家人之间注重恩情胜过于讲道理。我们也可以在这个意义上，同情地理解作者的意思。

此外，即使在古代，也并不主张愚孝。所以《孝经·谏争章》说："昔者，天子有争臣七人，虽无道，不失天下。诸侯有争臣五人，虽无道，不失其国。大夫有争臣三人，虽无道，不失其家。士有争友，则身不离于令名。父有争子，则身不陷于不义。故当不义，则子不可以不争于父，臣不可以不争于君，故当不义则争之，从父之令，又焉得为孝乎？"在重要和关键的情况下，如果不顾事实地一味顺承，而不据理力争，从而使父母陷于不义，这才是真正的不孝。所以我们要在顺承和是非之间有所平衡。家人之间虽重恩情，但也不可罔顾义理。

1.6 人贵善处忍[①]

人言居家久和者，本于能忍。然知忍而不知处忍之道，其失尤多。盖忍或有藏蓄之意。人之犯我，藏蓄而不发，不过一再而已。积之既多，其发也如洪流之决，不可遏矣。不若随而解之，不置胸次，曰“此其不思尔”，曰“此其无知尔”，曰“此其失误尔”，曰“此其所见者小尔”，曰“此其利害宁几何”，不使之入于吾心，虽日犯我者十数，亦不至形于言而见于色。然后见忍之功效为甚大，此所谓善处忍者。

| 今译 |

人们说处家能长久和睦的，是由于能忍。然而知道忍却不知道忍的方法，那么过失就会更多。因为忍或许有包藏蓄积的意思。别人冒犯我，包藏蓄积而不发露出来，不过一次两次而已。蓄积得多了，就会像洪水决堤一样不可遏制地发露出来。因此，不如在被冒犯时当下就化解它，不要放在心上，对自己说“这不过是对方没有深思熟虑而已”，或说“这不过是对方无知而已”，或说“这不过是对方无意的失误而已”，或说“这不过是对方见识短小而已”，或说“这对我又有多大的利害关系呢”，总之不要让这事进入我的内心，即使一天冒犯我十几次，我也不至于表露出怨言或不满之色。由此才见出忍的功效极其大，这就是所谓善于忍的人。

简注

① 善处忍：善，知不足斋本作“能”，今据本章正文和主旨更改。本章明确说居家不可仅限于“能忍”，而贵在有忍的适当方法，也就是“善处忍”。这点很重要。

实践要点

俗话说“忍一时风平浪静，退一步海阔天空”。家人不同于外人，因此在处理家庭矛盾时，比较强调“忍”。古时候同居共财，有时候数世同堂，一个家庭可有不少人，这样家人之间的关系就更加复杂，也就更强调“忍”。但要知道，“忍”是一把双刃剑，运用得好自然有积极效果，用得不好将会带来更坏的后果。“忍”本身表明有需要忍的东西，诸如不满、抱怨、愤怒，对这些消极情绪的隐忍，可能在短时间内解决问题，所谓息事宁人；但是家人之间，并不像陌生人的买卖那样可以一次性解决，而是总有说不清的关联，消极情绪隐忍在心中没有消除，积蓄得越来越多，总会有矛盾爆发的一刻。本章作者在“忍、处忍”前面加一个“善”字，可谓点睛之笔：关键不在于能够忍，而在善于忍。就像《孟子》所说：“仁人之于弟也，不藏怒焉，不宿怨焉，亲爱之而已。”仁人对于弟弟（亲人），有所愤怒，不藏在心中；有所抱怨，不留在胸中，只是亲他爱他而已。

因此，有必要区分两种不同的忍：一种是消极的忍，其实质是积蓄不良情绪以待爆发，从长远来看，总会带来负面效果；另一种则是积极、健康的忍，也就是作者说的“善处忍”，指以合适方式在当下释放、消除不良情绪，而不可积藏。后一意义上的“忍”实质就是消极情绪净化剂，它让人变得越来越强大，不会轻易为外界所扰动；它甚至还可能让人产生包容、仁爱之心，当我们明白家人的冒犯是由于其过失、不思、无知或见识短浅等时，我们不但不会抱怨不满，反而希望通过适当的方式来让家人变得更好。当然，这并不是居高临下的怜悯，而是出自人类本性的一种亲爱恻隐之心，其中有对家人的人格尊重和真爱。

1.7 亲戚不可失欢

骨肉之失欢，有本于至微而终至不可解者。止由失欢之后，各自负气，不肯先下尔。朝夕群居，不能无相失。相失之后，有一人能先下气，与之话言，则彼此酬复，遂如平时矣。宜深思之。

| 今译 |

家庭骨肉之间失和，有起于细微小事，却最终导致不可化解的。这只是由于失和之后，各自赌气，不肯先放下身段跟对方和解。家人朝夕群居住在一块，不可能相互之间没有差失摩擦。有了差失摩擦之后，如果有一人能先下气和解，跟对方说话通气，那就会彼此应答对话，就好像平时一样了。对此应该好好思量。

| 实践要点 |

本章谈了两种常见的家庭经验：一种是常见的家庭问题，另一种是常见的解决问题之道。家人之间同在一个屋檐下，低头不见抬头见，难免有摩擦矛盾。家人失和，相信是一种常见的经验。这些摩擦一开始常常无足轻重，而且前后相因、纠缠不清，难以辨别谁对谁错，甚至根本也不必要分辨是非。解决的办法，其实并不一定要隆重地赔礼道歉，而不过是有个人放下身段，有事没事找个来由搭个讪，这样总是会得到对方的回应（并且开始总是简单答复），一来二去，不和之气早已消失殆尽，双方早已不知不觉和好如初。对方也早已气消，哪怕气还未消，此方不经意的一句话，也会像一股暖气流经对方（其实，通话本身就是通气），扫除对方身上的不和之气。

《红楼梦》里有一段精彩的宝黛闹口角又和好的故事。“话说林黛玉与宝玉角口后，也自后悔，但又无去就他之理，因此日夜闷闷，如有所失。”这是说黛玉气消了，但又不好意思主动理会宝玉。这时宝玉正好来了。黛玉却赌气说：“不许开门！”丫鬟没有听。宝玉进来后说：“你们把极小的事倒说大了。好好的为什么不来？我便死了，魂也要一日来一百遭。妹妹可大好了？”显然就要来套近乎了。进来后发现黛玉在床上哭。“宝玉因便挨在床沿上坐了，一面笑道：‘我知道妹妹不恼我。但只是我不来，叫旁人看着，倒像是咱们又拌了嘴的似的。若等他们来劝咱们，那时节岂不咱们倒觉生分了？不如这会子，你要打要骂，凭着你怎么样，千万别不理我。’说着，又把‘好妹妹’叫了几万声。”两个人还在闹着，最后居然把宝玉给弄得“自叹自泣，因此自己也有所感，不觉滚下泪来”。黛玉就哭着给他拿了手帕擦眼泪。宝玉停止哭，又拉着黛玉的手，笑着说要去老太太那。这一幕刚好被准备来劝和的王熙凤撞见，笑着说：“老太太在那里抱怨天抱怨地，只叫我来瞧瞧你们好了没有。我说不用瞧，过不了三天，他们自己就好了。老太太骂我，说我懒。我来了，果然应了我的话了。也没见你们两个人有些什么可拌的，三日好了，两日恼了，越大越成了孩子了！有这会子拉着手哭的，昨儿为什么又成了乌眼鸡呢！还不跟我走，到老太太跟前，叫老人家也放些心。”凤姐儿说得很喜感。其实，在跟家人闹矛盾的时候，最好的办法就是“越大越成了孩子”，说些无心之言，这样相互之间就不知不觉通气了。宝玉、黛玉是表兄妹，但早已亲近胜如家人。当然，黛玉确实比较难“伺候”，因此体贴的宝玉就要多担待些了。家人之间不和也一样，总有一方先放下身段，多担待些。

1.8 家长尤当奉承

兴盛之家，长幼多和协，盖所求皆遂，无所争也。破荡之家，妻孥未尝有过，而家长每多责骂者，衣食不给，触事不谐，积忿无所发，惟可施于妻孥之前而已。妻孥能知此，则尤当奉承。

| 今译 |

兴旺的家庭，长幼之间多和睦相处，因为所求的都能得到满足，无需去争。破败的家庭，妻子儿女未曾有过失，但家长却每每多加责骂，这是因为衣食不能满足，遇事不能顺遂，怨愤积蓄起来无处发作，只能发泄到妻子儿女身上。妻子儿女能够理解到这些，就尤其应当顺承他。

| 实践要点 |

古时候是父权制的家庭，在这里也得到表露：父亲作为家长可以把气发泄在妻子儿女身上，而被发泄者则要忍受。这在今天显然是不可接受的，否则将可能导致家庭暴力。这一点必须明确。当然，在此之外，如果更体贴地理解这段话，也可以另有启发。家家有本难念的经。尤其是在外打拼撑持家庭的人，确实会更加艰难和辛苦，回到家也无法开心释怀，并容易动气，这时，家人如果体贴理解到在外打拼者的无奈和艰辛，不妨默默地做一些事，例如给他倒一杯水，并且不要介意那些并不严重的无理回应，久而久之，对方总能体会到，这样，“家和万事兴”，家庭境况总会好起来。

1.9 顺适老人意

年高之人，作事有如婴孺，喜得钱财微利，喜受饮食、果食小惠，喜与孩童玩狎。为子弟者，能知此而顺适其意，则尽其欢矣。

| 今译 |

年纪大的人，做事情就像婴孩一样，喜欢得到小财小利，喜欢收受饮食、水果之类小恩惠，喜欢跟小孩玩耍。为人子弟的，能够知道这些而顺随其意，就能使长者尽其欢心了。

| 实践要点 |

老人行事像小孩，这应该是人类的一种普遍习性。因此表现得贪小利、好小恩惠、喜欢跟小孩玩等。例如年轻人尤其是少女容易害羞，市场上买菜的不少大妈则喜欢大声砍价；老人也喜欢收藏不紧要的用具财物，即使有些根本用不到，也特别珍惜；有时也会看到有些老人捡垃圾，而这并不必是因为经济紧张。如果理解了这些，我们就知道如何善待老人：老人其实就像小孩子一样容易满足，只要自己稍加尽心，就容易得其欢心。同时，如果意识到这是人类的一种普遍心理习性并且每一个安然度过一生的人都会成为一位长者、老人，而不是某个人的独特怪癖，那么，我们对于老人的某些行为也不必过于纠结。毕竟，哪怕对于孩子，大人也不会无端责怪他们出于无知的、不是故意的行为。

1.10 孝行贵诚笃

人之孝行，根于诚笃，虽繁文末节不至，亦可以动天地、感鬼神。尝见世人有事亲不务诚笃，乃以声音笑貌缪为恭敬者，其不为天地鬼神所诛，则幸矣，况望其世世笃孝，而门户昌隆者乎！苟能知此，则自此而往，应[①]与物接，皆不可不诚。有识君子，试以诚与不诚者较其久远，效验孰多。

| 今译 |

为人子女的孝行，只要是发自真诚深切的内心，那么即使在繁文末节上没有做得完美，也可以惊天地动鬼神。曾见到有的人侍奉父母不追求真诚深切，却错以表面的声音笑貌为恭敬，这样做如果不为天地鬼神所诛灭就算幸运了，更别想期望世世代代子孙孝顺而且家族昌盛兴隆了！如果能知道这一点，则从此以后，侍奉父母凡事都不可不诚心。有识之君子不妨从长远来看，诚心与不诚心哪个的成效更多。

| 简注 |

① 应，四库本作“凡”，文义更顺。

| 实践要点 |

古人非常重视“诚”。诚在人就是内心的真实无妄，“诚于中，形于外”

(《大学》)。它有非常大的力量，所谓精诚所至，金石为开。《中庸》说：“唯天下至诚为能化。”“至诚之道，可以前知。”“至诚如神。诚者自成也，而道自道也。诚者物之终始，不诚无物。是故君子诚之为贵。”如果不诚，做过的事也是虚假的，做了也像没做过一样。与上一章谈到的相关，年长的父母虽然看起来喜好财利，但那只是喜好小财小利，因此在这方面哪怕出力很少就可以满足，但如果只是表现在声音笑貌上，或购买各种丰美的物品，就以为是孝顺，那就错了。《孟子》说：“悦亲有道，反身不诚，不悦于亲矣……至诚而不动者，未之有也。不诚，未有能动者也。”与表面的声色和外面的财物相比，唯有内心的真诚最能感动双亲，使双亲欢悦。《荀子》也说：“天地为大矣，不诚则不能化万物；圣人为知矣，不诚则不能化万民；父子为亲矣，不诚则疏。”如果不真诚，哪怕最亲近的父子，也容易疏远。

1.11 人不可不孝

人当婴孺之时，爱恋父母至切。父母于其子婴孺之时，爱念尤厚，抚育无所不至。盖由气血初分，相去未远，而婴孺之声音笑貌自能取爱于人，亦造物者设为自然之理，使之生生不穷。虽飞走微物亦然。方其子初脱胎卵之际，乳饮哺啄，必极其爱。有伤其子，则护之不顾其身。然人于既长之后，分稍严而情稍疏，父母方求尽其慈，子方求尽其孝。飞走之属稍长，则母子不相识认。此人之所以异于飞走也。然父母于其子幼之时，爱念抚育，有不可以言尽者。子虽终身承颜致养，极尽孝道，终不能报其少小爱念抚育之恩，况孝道有不尽者！凡人之不能尽孝道者，请观人之抚育婴孺，其情爱如何，终当自悟。亦犹天地生育之道，所以及人者至广至大，而人之回报天地者何在？有对虚空焚香跪拜，或召羽流斋醮[①]上帝，则以为能报天地，果足以报其万分之一乎？况又有怨咨[②]乎天地者！皆不能反思之罪也。

| 今译 |

人在婴幼之时，喜爱眷恋父母至为深切。父母在其孩子处于婴幼之时，关爱挂念尤其深厚，抚育长养无微不至。这是由于父母与孩子气血刚分开，相去不远，而婴孩的声音笑貌自然能招人疼爱，这也是老天设置的自然之理，使万物能够生生不穷。即使飞禽走兽微末之物也是如此。在它们的孩子刚从胎卵中出来时，哺乳喂食必定关爱至极。如果有伤害其孩子的，它们就会奋不顾身地保护孩子。但是，人在慢慢长大后，父子之间更讲究名分，情分则变得疏远，因此父母才力求尽到慈心，子女才力求尽到孝心。禽兽稍稍长大后，则更是母子之间不相认识了。这就是人之所以跟禽兽有别的地方。但是父母在其子女幼小时的关爱养育，再多的言语也无法说尽。子女哪怕终身承顺抚养父母，竭尽孝道，也无法报答父母在其幼小时的关爱养育之恩，何况不能竭尽孝道的人呢！凡是不能尽孝道的人，请看一下人在抚育婴孩时，那种情爱是多么真挚深切，终会自己醒悟。这也像天地对人的生育长养之道，是如此地至广至大，而人对天地的回报又在哪里呢？有的人对着虚空焚香跪拜，或请道士之类设坛祷神，以为这就能报答天地，这样做果真足以报答万分之一吗？何况又有（因为没有得其所欲）怨恨嗟叹天地的呢！这些都是不能自我反省之罪。

丨 简注 丨

① 羽流：指道人、道士。斋醮：请僧道设斋坛，祈祷神佛。

② 怨咨：怨恨嗟叹。

丨 实践要点 丨

父母对子女的爱是最自然真挚的，尤其在子女初生的一段时间中。孔子责怪不仁的弟子宰我（予）时说："子生三年，然后免于父母之怀……予也有三年之爱于其父母乎？"仅仅这最初三年的爱，就足以令子女后来对父母的爱失色：做子女的何曾有如此真挚深切、三年如一日地爱过父母呢？

这种父母对子女的爱，并不只是人类才有，动物也如此。我们也许还记得屠格涅夫讲的麻雀故事：“我”打猎回来，猎狗发现一只从树巢上掉下来的小麻雀。“我的狗慢慢地逼近它。忽然，从附近一棵树上扑下一只黑胸脯的老麻雀，像一颗石子似的落在狗的嘴脸眼前——它全身倒竖着羽毛，惊惶万状，发出绝望、凄惨的吱吱喳喳叫声，两次向露出牙齿、大张着的狗嘴边跳扑前去。它是猛扑下来救护的，它以自己的躯体掩护着自己的幼儿……可是，由于恐怖，它整个小小的躯体都在颤抖，它那小小的叫声变得粗暴嘶哑了，它吓呆了，它在牺牲自己了！在它看来，狗该是个多么庞大的怪物啊！然而，它还是不愿站定在自己高高的、安全的树枝上……一种比它的意志更强大的力量，使它从那儿扑下身来。”为了保护孩子，老麻雀绝望地猛扑下来挑战一只庞然大物般的猎狗——这真是如本章所说的：“有伤其子，则护之不顾其身。”——老麻雀身上其实同时充满了本能的恐惧和本能的爱，但是爱却战胜了恐惧。这种爱的力量也战胜了猎狗：“我的特列左尔站住了，向后退下来……看来，它也承认了这种力量。”也战胜了猎人：“我赶紧叫开受窘的狗——于是，我怀着极恭敬的心情，走开了。是啊，请不要见笑。我崇敬那只小小的、英勇的鸟儿，我崇敬它那爱的冲动。爱，我想，比死和死的恐惧更加强大。只有依靠它，依靠这种爱，生命才能维持下去，发展下去。”

但是，如果说人和动物都有这种爱，那么二者之间还有什么差别呢？有人会说人类有理性，而动物没有。这并不错。但是古人们还给出了一种回答：人类不仅有跟动物一样的本能一般的爱，而且有那种自觉的爱。动物长大后，就母子不相识了；人类在子女长大后，却仍然保持一种自觉的爱，并且这同样是自然而然的天赋之爱，只不过多了一份人性的努力和文明的光辉。正如孟子所说，恻隐之心、羞恶之心、辞让之心、是非之心乃人人所固有，但并不可有恃无恐，而仍需要努力，“思则得之，不思则不得”，需要扩充，“苟能充之，足以保四海；苟不充之，不足以事父母”。当代哲学家张祥龙先生在《家与孝：从中西间视野看》一书中，基于人类学和生物学的研究，同样认为人与动物有这种本质区别，并从哲学的角度对“孝”作出一种深刻的现象学分析。这值得我们撇开古人关于尊卑观念的某些时代因素，重新思考“孝”的普遍意义。

且听一下《诗经》中古老的吟唱：“哀哀父母，生我劬劳……父兮生我，母兮鞠我。拊我畜我，长我育我。顾我复我，出入腹我。欲报之德，昊天罔极。”

1.12 父母不可妄憎爱

人之有子，多于婴孺之时，爱忘其丑，恣其所求，恣其所为。无故叫号，不知禁止，而以罪保母；陵轹同辈，不知戒约，而以咎他人。或言其不然，则曰："小，未可责。"日渐月渍，养成其恶，此父母曲爱之过也。及其年齿渐长，爱心渐疏，微有疵失，遂成憎怒，摭其小疵，以为大恶。如遇亲故，装饰巧辞，历历陈数，断然以大不孝之名加之，而其子实无他罪，此父母妄憎之过也。爱憎之私，多先于母氏，其父若不知此理，则徇其母氏之说，牢不可解。为父者须详察此，子幼必待以严，子壮无薄其爱。

今译

有孩子的人，大多在孩子婴幼时就溺爱，而忽视其丑恶的一面，放纵孩子的要求和作为。孩子无故嚎叫时，不知道去禁止，反而怪罪保姆；孩子欺凌同辈时，不知道去告诫约束，反而责怪他人。如果有人告诉他这样不对，他就说："孩子还小，未可责怪。"日复一日，养成其恶，这就是父母曲加溺爱的过错了。等到孩子年龄渐渐大，父母的爱心也渐渐疏薄，孩子略有过失，父母就憎恶发怒，挑出孩子的小错，当成是大恶。如果遇到亲戚故旧，就修饰言辞，一五一十地数落，断然以大不孝之罪名加在孩子头上。但他的孩子其实并没别的罪。这就是父母妄加憎恨的过错了。爱憎有所偏私，大多从母亲开始，父亲如果不知道这个道理，就会曲从母亲一方的说法，牢固得不可解开。做父亲的需要细察这个，孩子幼小时必须严格教育，孩子长大后不要减少对他的爱。

实践要点

为人父母总容易有这样的倾向：孩子幼小时多加溺爱放纵，哪怕孩子对别人和自己都傲慢不尊，也不严加约束；孩子长大后则容易求全责备，哪怕孩子已经表现不错，也不以为然。尤其是前者，一如《大学》所引当时的俗谚："人莫知其子之恶，莫知其苗之硕。"为此，作者给出相应的解药：孩子幼小时自己必须严格对待，孩子长大后不要减少了自己的爱。这是一种世事洞明的老练智慧，足以为鉴。

1.13　子弟须使有业

人之有子，须使有业。贫贱而有业，则不至于饥寒；富贵而有业，则不至于为非。凡富贵之子弟，耽酒色，好博弈，异衣服，饰舆马，与群小为伍，以至破家者，非其本心之不肖，由无业以度日，遂起为非之心。小人赞其为非，则有餔啜[①]钱财之利，常乘间而翼成之。子弟痛宜省悟。

今译

有孩子的人，需要让孩子有一份职业。处于贫穷下层而有职业，就不至于忍饥受冻；处于富贵上层而有职业，就不至于胡作非为。富贵人家的子弟，凡是沉迷酒色，嗜好赌博下棋，爱穿奇装异服，装饰车马，跟不务正业的群小为伍，以至于破家的，并不是由于他们本来就心很坏，而是由于没有职业，虚度时日，就起了胡作非为之心。那些小人帮助其胡作非为，则会得到饮食钱财之利，因此常趁机而助成其过错。子弟们对此应当痛自反省悔悟。

简注

① 餔啜 (bū chuò)：饮食，语见《孟子·离娄上》：“孟子谓乐正子曰：‘子之从于子敖来，徒餔啜也。我不意子学古之道，而以餔啜也。’”朱子注：“餔，食也。啜，饮也。”

| 实践要点 |

本章所说，道理极其平实，又极其重要。整天无所事事的人，容易滋生事端。这确实跟人的品性好坏、乃至家庭经济状况的好坏，没有必然关系。不管品性和家产如何，只要没事做了，人的心思无可用，精力无处使，就很容易往坏的方向去。古今皆然。今天世界各国重视提高就业率，不仅是出于经济考虑，而且因为若出现大批失业者，将更容易造成社会乱象。那些富贵人家的子弟，因为不担心生存压力，时间也多，如果没有一份正经事来管束住，就更容易胡作非为。所以，一份正经职业可以让人的心思、精力有地方使，既历练了自己，也造福了社会。

1.14 子弟不可废学

大抵富贵之家教子弟读书，固欲其取科第，及深究圣贤言行之精微。然命有穷达，性有昏明，不可责其必到，尤不可因其不到而使之废学。盖子弟知书，自有所谓无用之用者存焉。史传载故事，文集妙词章，与夫阴阳、卜筮、方技、小说[①]，亦有可喜之谈。篇卷浩博，非岁月可竟。子弟朝夕于其间，自有资益，不暇他务。又必有朋旧业儒者，相与往还谈论，何至“饱食终日，无所用心”[②]，而与小人为非也？

| 今译 |

一般来说，富贵家庭教子弟读书，固然希望子弟通过科举考取功名，以及深究经典中圣贤言行的精微之义。但是，命有穷厄和通达，性有昏暗和明敏，因此不可要求子弟一定要考取功名、悟出精义，尤其不可因为子弟不能做到这些就让他放弃学习。因为子弟能够读书，就自有所谓“无用之用”。（除了圣贤经典之外）历史传记记载的故事，文集中的妙词好文，以及阴阳、卜筮、方技、小说这一类学问，也都有令人高兴的内容，而且篇幅浩大，不是一年半载可以读完。子弟们每天浸润在其中，自有益处，也没闲暇去干别的事。而且必定有学习儒家经典的故旧朋友，相互交往讨论，又哪里至于饱食终日，无所用心，而与小人胡作非为呢？

简注

① 阴阳、卜筮、方技、小说："九流十家"中的四家，其中的"小说"是指琐屑偏颇的言论。班固《汉书·艺文志》说："诸子十家，其可观者九家而已。"十家包括儒家、道家、阴阳家、法家、名家、墨家、纵横家、杂家、农家、小说家，其中"小说家"被认为不可观，除去它，就成为"九流"。

② 饱食终日，无所用心：孔子之言，语出《论语·阳货》。

实践要点

本章所谈也非常中理。唐宋以来，读书参加科举以入仕做官，逐渐成为士人获取功名、光宗耀祖的重要途径。今天，人们的价值观已经不同，读书做官并不是实现人生价值的唯一途径。因此，本章对于今人尤其有针砭作用。关键在于如何理解"读书"的意义。父母总是望子成龙，希望孩子能够考上名牌大学，甚至只要排名前几的名校。但结果并不一定如愿。如果不能考上名校，就认为读书学习没有意义了，乃至持读书无用论的观点，这就误会了"读书学习"本身的意义了。读书不一定要作为求取功名地位的"工具"，甚至不一定要完全把握书中的精微道理。也就是说，读书学习本身是一种积极的生活方式，这种生活本身就有其意义。

而且，读书也可以充分利用好时间，让人没空闲胡作非为（所读的书自然不能是有害的），孔子说"饱食终日，无所用心，难矣哉！不有博弈者乎，为之犹贤乎已"，也是这个道理：下棋、看闲书，也比无所事事好。并且，通过读书，还可以和书友讨论交流，如陶渊明所说"奇文共欣赏，疑义相与析"，这本身也营造了有益的生活氛围。

1.15 教子当在幼

人有数子，饮食、衣服之爱不可不均一；长幼尊卑之分，不可不严谨；贤否是非之迹，不可不分别。幼而示之以均一，则长无争财之患；幼而教之以严谨，则长无悖慢之患；幼而有所分别，则长无为恶之患。

今人之于子，喜者其爱厚，而恶者其爱薄。初不均平，何以保其他日无争！少或犯长，而长或陵少，初不训责，何以保其他日不悖！贤者或见恶，而不肖者或见爱，初不允当，何以保其他日不为恶！

今译

人有几个孩子的，在饮食、衣服方面的关爱，不可不平均齐一；长幼尊卑的分别，不可不严格谨慎；贤德与不肖、是与非的迹象，不可不加以辨别。幼小时对他们显示平均齐一，长大后就不会有争财产之患；幼小时教他们要严肃谨慎，长大后就不会有悖逆傲慢之患；幼小时教他们辨别是非，长大后就不会有作恶作歹之患。

今人对于孩子，喜欢的就爱得多，憎恶的就爱得少，一开始就不平均，如何能保证孩子日后不相争呢！年少的可能冒犯年长的，年长的可能欺凌年少的，如果一开始就不训斥责备，如何能保证孩子日后不悖逆呢！贤德之人可能被憎恶，而不肖者却可能受人喜爱，一开始就不公允妥当，如何能保证孩子日后不作恶呢!

丨 实践要点 丨

本章主要强调：教孩子要趁早，年纪小容易接受，年纪大了就容易排斥。并且，还指出教孩子要以身作则。这后一方面极其重要。《大学》说："尧舜帅天下以仁，而民从之；桀纣帅天下以暴，而民从之；其所令反其所好，而民不从。是故君子有诸己而后求诸人，无诸己而后非诸人。"教育孩子也类似，孩子不仅听父母怎么说，而且看父母怎么做：如果自己不能做到平均，却要求孩子日后不要相争，这怎么可能呢？下章接着展开说这一点。

1.16 父母爱子贵均

人之兄弟不和而至于破家者，或由于父母憎爱之偏。衣服饮食，言语动静，必厚于所爱而薄于所憎。见爱者意气日横，见憎者心不能平。积久之后，遂成深仇。所谓爱之，适所以害之也。苟父母均其所爱，兄弟自相和睦，可以两全，岂不甚善！

| 今译 |

兄弟之间不和而至于家庭破裂的，有的是由于父母爱憎有偏私。在衣服饮食、言语动静方面，一定厚待所疼爱的孩子，而薄待所憎恶的孩子。被疼爱的孩子意气日益骄横，被憎恶的孩子心里愤愤不平。积累长久之后，就酿成了深仇大怨。所谓爱孩子，恰好是害了孩子。如果父母能平均爱心，那么兄弟自然相互和睦，可以两全其美，这岂不是很好吗?

| 实践要点 |

父母爱憎的偏私，会深刻影响兄弟姐妹之间如何相互对待。本章将其缘由简明深刻地点出来。值得为人父母深思。

1.17　父母常念子贫

父母见诸子中有独贫者，往往念之，常加怜恤，饮食衣服之分或有所偏私，子之富者或有所献，则转以与之。此乃父母均一之心。而子之富者或以为怨，此殆未之思也。若使我贫，父母必移此心于我矣。

| 今译 |

父母见几个孩子中有独独贫困的，往往挂念他，经常加以体恤照顾，分配饮食衣服或许有所偏私，较富有的孩子如果送给父母什么东西，父母则转而拿给贫困的孩子。这是父母平均齐一的心思使然。而较富有的孩子或以此生怨，这实在是没有深思啊。应该想到，如果贫困的是我，那么父母也必定会将体恤照顾的心思移到我这边来的。

| 实践要点 |

本章的关键在于，从父母表面上有所偏私的行为中，看出实质上并非如此，而仍是出于平均齐一之心思。父母的本心，总是希望每个孩子都过得好，因此总会倾向于关照较贫困的孩子。细细想来，真是可怜天下父母心。作者的心思，也可谓曲尽人情。

1.18　子孙当爱惜

人之子孙，虽见其作事多拂己意，亦不可深憎之。大抵所爱之子孙未必孝，或早夭，而暮年依托及身后葬、祭，多是所憎之子孙。其他骨肉皆然。请以他人已验之事观之。

| 今译 |

人对于子孙，即使看见其做事经常拂逆自己的心意，也不可以过于憎恶。一般而言，所疼爱的子孙未必孝顺，又或者早早夭亡，而自己年老时依托的，以及身后葬祭的，多是所憎恶的子孙。其他亲戚骨肉的情况也类似。请看一看别人家已经应验的例子。

| 实践要点 |

本章可谓很现实的考虑。人生在世确实不可能完美，凡事不可做得太过，也是为自己留一条后路。

1.19 父母多爱幼子

同母之子，而长者或为父母所憎，幼者或为父母所爱，此理殆不可晓。窃尝细思其由，盖人生一二岁，举动笑语自得人怜，虽他人犹爱之，况父母乎！才三四岁至五六岁，恣性啼号，多端乖劣，或损动器用，冒犯危险，凡举动言语皆人之所恶。又多痴顽，不受训戒，故虽父母亦深恶之。方其长者可恶之时，正值幼者可爱之日，父母移其爱长者之心而更爱幼者。其憎爱之心，从此而分，遂成迤逦。最幼者当可恶之时，下无可爱之者，父母爱无所移，遂终爱之。其势或如此。为人子者，当知父母爱之所在，长者宜少让，幼者宜自抑。为父母者又须觉悟稍稍回转，不可任意而行，使长者怀怨而幼者纵欲，以致破家[①]。

| 今译 |

都是同一个母亲生的，而有些大的孩子为父母所憎恶，小的孩子则为父母所疼爱，这个道理真是不可理解。我私下曾细想其缘由，大概人生一二岁时，言笑举动自然惹人怜爱，即使是其他人也都怜爱，何况父母呢！才三四岁到五六岁，纵情地啼哭嚎叫，做出多种乖劣行径，或者破坏器具用品，触碰危险的物事，诸般举动言语都为人所厌恶。又多痴愚顽固，不听教训告诫，所以即使是父母也深深厌恶他。大的孩子令人厌恶之时，正是小的孩子招人怜爱之时，父母便将爱大的孩子的心思转移到小的身上更加爱护。爱憎的心思，就由此而分别，以致逐渐拉开距离。最小的孩子正值可恶之时，下面没有可以怜爱的了，父母的爱无可转移，于是终归还是爱这最小的孩子。其趋势或是如此。为人子女的，应当知道父母爱之所在，大的应该稍微让着点，小的应该自我抑制些。做父母的又需要觉悟到这个道理，心思稍稍回转些，不可任意而行，使得大的孩子怀怨在心，而小的孩子又为所欲为，乃至家庭破裂。

| 简注 |

① 以致破家：知不足斋本此下有“可也”二字。

| 实践要点 |

本章对“父母更爱幼子”这个现象做了一番可谓现象学式的细致分析，十分生动贴切。正是因为大的孩子越来越放肆，而最小的孩子下面没有可怜爱的了，所以显得更爱幼子，其实这是很无奈的结果，父母本心其实是希望孩子个个都和顺有礼。由此，作者的意图还是归结为：如果明白了父母之所以更爱幼子的一番心思，大的孩子和小的孩子都应该收敛些，而为人父母也要稍稍克制偏爱的心理，不要做得过分。作者的用心值得体会。

1.20 祖父母多爱长孙

父母于长子多不之爱，而祖父母于长孙多极其爱。此理亦不可晓。岂亦由爱少子而迁及之耶？

今译

父母对于长子多不喜爱，而祖父母对于长孙却多疼爱有加。这个道理也不可理解。难道也是由疼爱幼子而迁移到长孙身上吗？

实践要点

本章接着上章，谈到“祖父母更爱长孙”这个现象。其推测虽然简单，但也很合情理。

1.21 舅姑当奉承

凡人之子，性行不相远，而有后母者，独不为父所喜。父无正室①而有宠婢者亦然。此固父之昵于私爱，然为子者要当一意承顺，则天理久而自协。凡人之妇，性行不相远，而有小姑者，独不为舅姑所喜。此固舅姑之爱偏，然为儿妇者要当一意承顺，则尊长久而自悟。或父或舅姑②终于不察，则为子为妇无可奈何，加敬之外，任之而已。

| 今译 |

大凡人的孩子，性情品行相差不远，那些后来有了继母的孩子，独独不为父亲所喜爱。父亲没有正房而有宠爱的婢妾的，情况也是如此。这固然是由于父亲更亲昵于所偏爱的孩子，但为人子的总该一心一意承顺父母，则长久以后，父子间之天理人伦自然会和谐。大凡人的媳妇，性情品行相差不远，那些有小姑的，独独不为公婆所喜爱。这固然是公婆之爱有所偏私，但做媳妇的总该一心一意承顺公婆，则长久以后，公婆作为尊长自然会醒悟。如果父亲或公婆最终还是不能明察，那么为人子、为人媳妇的也无可奈何，在恭敬之外，只好任随他们了。

| 简注 |

① 正室：正房，嫡妻。

② 舅姑：丈夫之父母，俗称公婆。

实践要点

这里主要指出两种自古以来就不容易协调处理好的家庭关系：一种是有继母的家庭，父亲和前妻孩子之间的关系；一是公婆和媳妇之间的关系。在此，作者着重对晚辈谈到三点：

第一，正常情况下，做晚辈的总应该承顺长辈，这是基本的人伦要求；

第二，只要自己坚持做好，相信长辈总会看清事实或幡然醒悟；

第三，如果长辈还是没有改观，做孩子、做媳妇的，也只能无可奈何，保持基本的恭敬，其他就任随他们了。

在今天看来，这固然只是更多提到对晚辈的要求，实则做长辈的也应该自我约束、多做反省。当然，无论如何，人与人的相处不应该以怨报怨，何况是家人呢。

1.22 同居贵怀公心

兄弟子侄[①]同居至于不和，本非大有所争。由其中有一人设心不公，为己稍重，虽是毫末，必独取于众；或众有所分，在己必欲多得。其他心不能平，遂启争端，破荡家产，驯小得而致大患。若知此理，各怀公心，取于私则皆取于私，取于公则皆取于公。众有所分，虽果实之属，直不数十金[②]，亦必均平，则亦何争之有！

今译

兄弟子侄同居一家而至于不相和睦，本不是有什么大的争端。只因其中有一个人存心不公正，利己之心重了些，哪怕只是一点点，也必定独独从大家中拿取，或者大家有所分配，自己一定想要多得。这样，其他人的心就会不平，于是开启争端，离析耗尽家产。昧于贪小利，而导致大患。如果知道这个道理，各各怀着公心，从各人那拿取就都从各人那拿取，公摊就都公摊。大家有所分配，哪怕是果实之类，值不了几十文钱，也必定平均分，那么又怎么会相争呢！

简注

① 子侄：儿子与侄子辈的统称。

② 数十金：金，知不足斋本作“文”。

丨 实践要点 丨

家人同居，贵在有公心。人的私心稍微偏重一些，就容易导致争端。作者对这个导致争端的过程，剖析得极其细腻，可谓丝丝入扣。

1.23　同居长幼贵和

兄弟子侄同居，长者或恃长陵轹卑幼，专用其财，自取温饱，因而成私；簿书[①]出入，不令幼者预知。幼者至不免饥寒，必启争端。或长者处事至公，幼者不能承顺，盗取其财，以为不肖之资，尤不能和。若长者总持大纲，幼者分干细务，长必幼谋，幼必长听，各尽公心，自然无争。

| 今译 |

兄弟子侄同居，有的年长者会自恃其长而欺凌卑幼者，专横地用卑幼者的财物，让自己取得温饱，由此而成私；记录一家财物的簿册出纳情况，不让幼者预先知道。致使幼者不能免于饥寒，这样必定要开启争端。又有的长者处事公正，而幼者不能顺从，盗取长者的财物，用来做不正派之事，这样尤其不能和睦。如果长者总揽把持大纲，幼者分做细务小事，长者为幼者出谋划策，幼者听从长者，各尽公心，就自然不会相争。

| 简注 |

① 簿书：记录财物出纳的簿册。

| 实践要点 |

兄弟子侄同居，为尊长的或会傲慢专横，为幼小的或会不顺从，同居接触摩擦就多，长久下来必定不和睦。对此，作者还是像上章那样强调，无论长幼都应当各尽本心、各怀公心，这样就不会相争。

1.24 兄弟贫富不齐

兄弟子侄贫富厚薄不同，富者既怀独善[①]之心，又多骄傲；贫者不生自勉之心，又多妒嫉，此所以不和。若富者时分惠其余，不恤其不知恩；贫者知自有定分，不望其必分惠，则亦何争之有！

｜ 今译 ｜

兄弟子侄间贫富有差别，富者既想着只顾自己，又多骄傲；贫者没有生出自强之心，又多嫉妒，这就是不相和睦的原因。如果富者不时给他人分享惠利，不担心他人不知恩图报；贫者知道自己有注定的命分，不奢望富者必定分享惠利，这样又怎么会相争呢！

｜ 简注 ｜

① 独善："独善其身"之省略语，这里指只为自己、只顾自己。

｜ 实践要点 ｜

兄弟子侄之间贫富不同，就会容易有比较心，进而生出嫉妒之心，最终就有了争心。对此，作者提出，贫富双方各自退让一步，各自为对方多着想一点。这样就会免于相争。

1.25 分析财产贵公当

朝廷立法，于分析一事，非不委曲详悉。然有果是窃众营私，却于典卖契[①]中称“系妻财置到”，或诡名[②]置产，官中不能尽行根究。又有果是起于贫寒，不因父祖资产，自能奋立，营置财业；或虽有祖众财产，不因于众，别自殖立私产，其同宗之人必求分析。至于经县、经州、经所在官府，累十数年，各至破荡而后已。若富者能反思，果是因众成私，不分与贫者，于心岂无所慊？果是自置财产，分与贫者，明则为高义，幽则为阴德，又岂不胜如连年争讼，妨废家务，及资备裹粮，与嘱托吏胥，贿赂官员之徒费耶？贫者亦宜自思，彼实窃众，亦由辛苦营运[③]以至增置，岂可悉分有之？况实彼之私财，而吾欲受之，宁不自愧！苟能知此，则所分虽微，必无争讼之费也。

| 今译 |

国家立法，对于分家产这一事并非不是周全详尽，但仍有人明明是从大家里窃取、图谋私利，却在财产典卖契约中称“是妻子陪嫁的私财”，或捏造假名购置产业，官府不能全部彻底追究。又有的人果真是从贫寒中起家，不依靠父亲祖父的资产，自己能奋斗立业，经营置办产业；有的虽然有祖上共有财产，不依靠家众，另外自己挣钱建立私产，而同宗的人却一定要求分割其财产。以至于闹到县、州等各级官府打了几十年官司，各个都耗尽家财才罢手。如果富者能够反想一下，果真是依靠家众而获得私财，不分些给贫者，难道不会于心有愧吗？果真是自己置办的财产，分些给贫者，在明里则是高尚正义之举，在暗里则是积阴德，又岂不是胜过连年争讼，妨碍荒废家业，以及徒然花费很多钱财来准备粮食、嘱托小吏、贿赂官员吗？贫者也应该自己想想，他的确从集体家产中窃取，也是因为辛苦经营才增置了家产，怎么可以将其家产全都分割呢？何况确实是他的私财，而我却想要接受它，难道自己不会羞愧吗？如果能这样，那么即使分到很少，也必定不会有争讼的耗费了。

简注

① 典卖契：证明典卖的契约文书。典卖：旧指活卖。即出卖时约定期限，到期可备价赎回。与此相对的是“绝卖”：将不动产的所有权卖给别人，永远不得赎回。

② 诡名：捏造假名；化名。

③ 营运：经营，这里是经商、做生意。

实践要点

家产分割，自古至今都是生活中常见的事，而其中因为涉及亲近的家人和较大的利益，所以常常不容易处理好。作者在这里强调要公正。值得注意的是，这里说的公正，不是表面形式意义上的公正，而是考虑到更深层的情理公正。

1.26 同居不必私藏金宝

人有兄弟子侄同居，而私财独厚，虑有分析之患者，则买金银之属而深藏之，此为大愚。若以百千金银计之，用以买产，岁收必十千。十余年后，所谓百千者，我已取之，其分与者皆其息也，况百千又有息焉！用以典质[①]营运，三年而其息一倍，则所谓百千者我已取之，其分与者皆其息也，况又三年再倍，不知其多少，何为而藏之箧笥[②]，不假此收息以利众也？余见世人有将私财假于众，使之营家而止取其本者，其家富厚，均及兄弟子侄，绵绵不绝，此善处心之报也。亦有窃盗众财，或寄妻家，或寄内外姻亲之家，终为其人用过，不敢取索，及取索而不得者多矣；亦有作妻家、姻亲之家置产，为其人所掩有者多矣；亦有作妻名置产，身死而妻改嫁，举以自随者亦多矣。凡百君子，幸详鉴此，止须存心。

丨 今译 丨

人有兄弟子侄同居一家，而自己私财独独殷实，担心被分割的，于是就购买金银之类而深藏起来，这真是很愚笨。如果以十万金银来算，用来买产业，一年必定收益一万。十余年后，所谓的十万金银，我已经取得，那分割出去的都是利息而已，何况那十万还会产生利息呢！如果用来抵押做生意，三年就有一倍的利息，则所谓的十万金银，我已经取得，那分割出去的都是利息而已，何况再过三年又会翻一倍，赚的不知有多少，何必藏在箱子里，不凭借这来收利息，以有利于家众呢？我见到世人有将其私财借给家众，使其经营家业而只取其本钱的，他自己家富有殷实，又推及兄弟子侄，绵绵不绝，这是存心善良的回报。也有盗窃家众的财物，或寄存在妻子的娘家，或寄存在内外姻亲的家里，最终被那家的人挪用，自己不敢索取或索取不回来的，这种情况也很多。也有作为妻子的娘家或有姻亲的亲戚家的产业来置办，结果被那家的人所占有的，这种情况也很多。也有以妻子的名义置办产业，自己死后而妻子改嫁，把产业也带走的，这种情况也很多。诸位君子，希望好好引以为鉴，要放在心上。

简注

① 典质：以物为抵押换钱，可在限期内赎回。

② 箧笥：藏物的竹器。

实践要点

本章也同上章一样，涉及分家产的问题。有的人担心自己私财被分割，就用各种方式私藏起来。最后并没有什么益处，甚或可能引出新的问题，以致连私财都失掉了。作者指出，与其这样私藏，不如拿来做生意，或借给家中其他人做生意，这样还可以有更多收益。总之，在财富面前，私心有偏重，就可能失去财富，公心多一些，反而可能增加收益。

1.27 分业不必计较

兄弟同居，甲者富厚，常虑为乙所扰。十数年间，或甲破坏，而乙乃增进；或甲亡而其子不能自立，乙反为甲所扰者有矣。兄弟分析，有幸应分人典卖，而己欲执赎，则将所分田产丘丘段段[①]平分，或以两旁分与应分人，而己分处中，往往应分人未卖而己分先卖，反为应分人执邻取赎者多矣。有诸父俱亡，作诸子均分，而无兄弟者分后独昌，多兄弟者分后浸微者；有多兄弟之人不愿作诸子均分，而兄弟各自昌盛，胜于独据全分者；有以兄弟累众而己累独少，力求分析，而分后浸微，反不若累众之人昌盛如故者；有以分析不平，屡经官求再分，而分到财产随即破坏，反不若被论之人昌盛如故者。世人若知智术不胜天理，必不起争讼之心。

| 今译 |

兄弟同居一家，甲更富有殷实，常常担心为乙所烦扰。十几年间，或者甲破败了，而乙却产业增加了；或者甲亡故而其孩子不能自立，乙反而为甲所烦扰的。兄弟分割家产，有希望兄弟典卖产业，而自己想要拿着契约去赎回的，于是将所要分的田产每块都均分，或将田两边分给兄弟，而自己分得中间的部分，最后往往兄弟没有卖田产，而自己分得的先卖掉，反为兄弟赎回的。有诸叔伯都亡故，家产按照诸儿辈均分，而没兄弟的人分得后独独家业昌隆，多兄弟的人分得后却逐渐衰微的；有多兄弟的人不愿按照诸儿辈均分而兄弟仍各各家业昌盛，胜过没兄弟之人独自据有一大份遗产的；有认为兄弟拖家带口而自己拖累少，力求分割家产，而分割后自己逐渐衰微，反而不如拖家带口之人一如既往地昌盛的；有认为家产分割不公平，屡屡通过官司寻求再次分割，而分到财产后随即破荡耗掉，反而不如被告之人一如既往地昌盛的。世人如果知道人的智力巧术不能胜过天理，就必定不会起争讼的心思了。

简注

① 丘：丈量土地面积的单位，指用田塍隔开的水田。段段：片片。丘丘段段：这里指一块一块的田地。

实践要点

兄弟无论同居还是分家，年岁久了之后，总会显出有贫有富的差别。但是，兄弟虽分家，依然有手足情。相互之间，产生计较争执，无非还是出于前面所说的私心而已。

1.28 兄弟当分宜早定[①]

兄弟义居[②]，固世之美事。然其间有一人早亡，诸父与子侄其爱稍疏，其心未必均齐。为长而欺瞒其幼者有之，为幼而悖慢其长者有之。顾见义居而交争者，其相疾有甚于路人。前日之美事，乃甚不美矣。故兄弟当分，宜早有所定。兄弟相爱，虽异居异财，亦不害为孝义。一有交争，则孝义何在？

| 今译 |

兄弟世代同居，固然是世间之美事。但是其中如有一人早亡，诸叔伯与子侄之间的亲爱稍稍疏远，内心未必能保持平均齐一。长者欺凌瞒骗幼者的也有，幼者悖逆怠慢长者的也有。看到世代同居而相争的，相互忌恨胜过于路人，此前之美事，反而变得甚为不美了。所以兄弟应该分家的，应该早早确定。兄弟相爱，即使居所财产分开，也不妨碍有孝义。相反，如果不及时分家，一旦相争起来，那又有什么孝义可谈呢？

| 简注 |

① 兄弟当分宜早定：知不足斋本原标题作“兄弟贵相爱”。本章主旨在于兄弟当分家时，宜早有所定，这样并不会损害兄弟相爱之情谊。

② 义居：古时指孝义之家世代同居。

| 实践要点 |

本章作者提出一个非常合乎情理而又务实有效的建议。兄弟世代同居，数世同堂，固然是美事。但人多事杂摩擦多，想要保持融洽势必越来越困难，有时事情反而适得其反。因此，作者建议：兄弟该分家时就分家。诚如其所说："兄弟相爱，虽异居异财，亦不害为孝义。"异居异财，仍然可以相互关爱、相互帮助，这样未必不是更好的选择。

1.29 众事宜各尽心

兄弟子侄有同门异户而居者，于众事宜各尽心，不可令小儿、婢仆有扰于众。虽是细微，皆起争之渐。且众之庭宇，一人勤于扫洒，一人全不之顾，勤扫洒者已不能平，况不之顾者又纵其小儿婢仆，常常狼籍，且不容他人禁止，则怒詈失欢多起于此。

今译

兄弟子侄有同门不同户而居住在一块的，对于诸事应该各自尽心，不可让小孩、婢仆烦扰家众。哪怕是细微小事，都可能引发争端。且如大家的庭院，一人勤力打扫，一人却全然不顾，勤力打扫者心已不能平，何况那全然不顾者又放纵自己的小孩婢仆，常常弄得满地狼藉，而且还不容许别人禁止，愤怒詈骂失和的情况大多就由此而起。

实践要点

兄弟同住在一个大院的不同户里，因而有重叠的生活场所，也就容易有些摩擦争端，虽是小事，也要注意。

1.30 同居相处贵宽

同居之人有不贤者，非理以相扰，若间或一再，尚可与辩。至于百无一是，且朝夕以此相临，极为难处。同乡及同官亦或有此。当宽其怀抱，以无可奈何处之。

| 今译 |

同居一家的人，有不贤良者无理来烦扰，如果一次两次，还可以跟他据理而辩。如果他全无是处，而且老是以此相待，那真是极其难以相处。同乡或同官之间，也有这种情况。对此应当放宽心胸，把这当作无可奈何的事来处理。

| 实践要点 |

同居、同乡或同事之间，都有共同的生活场所或工作环境。其中如果有不贤良之人常来扰乱，会让自己非常难处。人生不如意事十之八九，有时候要认真对待，有时候则真的要放宽胸怀，不要太放在心上。

1.31 友爱弟侄

父之兄弟谓之伯父、叔父，其妻谓之伯母、叔母，服制[①]减于父母一等者，盖谓其抚字教育有父母之道，与亲父母不相远。而兄弟之子谓之犹子[②]，亦谓其奉承报孝，有子之道，与亲子不相远。故幼而无父母者，苟有伯叔父母，则不至无所养；老而无子孙者，苟有犹子，则不至于无所归。此圣王制礼立法之本意。今人或不然，自爱其子，而不顾兄弟之子；又有因其无父母，欲兼其财，百端以扰害之，何以责其犹子之孝？故犹子亦视其伯叔父母如仇雠矣！

| 今译 |

父亲的兄弟，叫做伯父、叔父，伯父叔父的妻子，叫做伯母、叔母。给他们服丧，服制比父母减一等，这是因为他们对自己的抚养教育有父母之道，与亲父母相差不远。而兄弟的孩子叫做“犹子”，也是说他们奉承孝顺自己，有子之道，与亲生子相差不远。所以幼小而无父母的，如果有伯叔父母，就不至于没人抚养；年老而无子孙的，如果有犹子，就不至于老无所依。这是圣王制礼立法的本意。今人有的则不这样，只爱自己的孩子，而不照顾兄弟的孩子；又有因其父母亡故，想要兼并其财产，多端烦扰伤害犹子的，自己这样做，又怎能要求犹子来孝顺自己呢？所以犹子也将其伯叔父母看成像仇敌一样了！

简注

① 服制：古时的丧服制度，以亲疏为差等，有斩衰、齐衰、大功、小功、缌麻五种名称，统称“五服”。按《仪礼·丧服》，子为父斩衰三年，父在，为母齐衰杖期，父卒，为母齐衰三年（宋代时为母服齐衰三年）；为伯叔父母服期一年，不执杖，亦称“不杖期”。所以说伯叔父母的服制比父母减一等。

② 犹子：指兄弟之子，侄子。语出《礼记·檀弓上》：“丧服，兄弟之子，犹子也，盖引而进之也。”本指丧服而言，谓为己之子服期一年，兄弟之子亦服期一年。后因称兄弟之子为犹子。

实践要点

古时候将兄弟的孩子，也叫做“犹子”。作者由这个名称，引出一个耐人寻味的道理。兄弟的孩子和自己之间，在某种意义上可谓是一种次父子的关系。兄弟的孩子，在某个意义上就像自己的孩子，也应多加关爱照顾。这既避免兄弟的孩子幼无所养，也避免将来的自己老无所依。

1.32 和兄弟教子善

人有数子，无所不爱，而于兄弟则相视如仇雠。往往其子因父之意，遂不礼于伯父、叔父者，殊不知己之兄弟即父之诸子，己之诸子即他日之兄弟。我于兄弟不和，则己之诸子更相视效，能禁其不乖戾否？子不礼于伯叔父，则不孝于父，亦其渐也。故欲吾之诸子和同，须以吾之处兄弟者示之；欲吾子之孝于己，须以其善事伯叔父者先之。

| 今译 |

人有几个孩子，个个都爱，而对于兄弟则相视如仇敌。往往其孩子由于父亲之意，就对伯父、叔父不礼貌，殊不知自己的兄弟就是父亲的众子，自己的众子就是日后的兄弟。我和兄弟不相和睦，那么我的众子转相效仿，能禁止他们不乖戾吗？孩子对伯父叔父不礼貌，那渐渐也会对父亲不孝顺。所以想要我自己的众子和睦同心，需要以我对待自己兄弟的样子作为示范。想要我的孩子对自己孝顺，需要先让他们善待伯父叔父。

| 实践要点 |

本章点出现实生活中并非罕见的一个现象：有的人深爱自己的几个孩子，却并不友爱自己的兄弟。作者从榜样教化的立场指出其中的弊病，最终给出一个善意的建议：想要自己的几个孩子和睦同心，那么自己和兄弟之间就要先示范同心；想要自己的孩子孝顺自己，就要先让他们孝顺伯父叔父。

1.33 背后之言不可听

凡人之家，有子弟及妇女好传递言语，则虽圣贤同居，亦不能不争。且人之作事不能皆是，不能皆合他人之意，宁免其背后评议？背后之言，人不传递，则彼不闻知，宁有忿争？惟此言彼闻，有积成怨恨；况两递其言，又从而增易之，两家之怨至于牢不可解。惟高明之人有言不听，则此辈自不能离间其所亲。

| 今译 |

大凡人的家庭里有子弟及妇女喜欢传言议论的，哪怕是圣贤同居一家，也不可能没有纷争。而且人做事不可能都正确，不可能都合他人的心意，怎么能避免他人背后评议呢？背后的言语，他人不传递，则被谈论的人听不到，怎么会有忿怒相争？只是因为这边谈论，那边又听到，就会积聚而成怨恨。何况言语在传递过程中又会增添改换，以至于两家的怨恨牢不可解。唯独高明之人有闲话也不听，那么这些人自然不能离间其所亲爱的人。

| 实践要点 |

此下几章聚焦家庭中的言语。本章先讲家庭之间的传言议论。有些家庭的子弟和妇女喜欢嚼舌，品头论足，流言蜚语，添油加醋，家庭之间的怨隙就由此而生。而想要禁止别人嚼舌，是很难的，所以作者建议：别人爱说，就说去吧。只要自己行得正，不管别人怎么说，自己都不去听，那就不会遭到离间，也不会产生怨恨。这里解决问题的思路，还是从自己做起。

1.34　同居不可相讥议

同居之人或相往来，须扬声曳履，使人知之，不可默造。虑其适议及我，则彼此愧惭，进退不可。况其间有不晓事之人，好伏于幽暗之处，以伺人之言语。此生事兴争之端，岂可久与同居！然人之居处，不可谓僻静无人，而辄讥议人，必虑或有闻之者。俗谓："墙壁有耳。"又曰："日不可说人，夜不可说鬼。"

丨　今译　丨

同居之人或有相互往来的，需要提高声调、拖着鞋子以让人知道，不可无声无息就到了人家那里。担心人家刚好议论到我，那就彼此惭愧，进退不可了。更别说其间有不懂事的人，喜欢伏藏在幽暗之处，偷听别人的言语。此乃惹是非起争斗的开端，怎能与之长久同居呢！当然，反过来看，人在平时居处时，不可以为僻静没人，就动辄讥讽议论他人，一定要想着或许会有听到的人。正如俗话所说："隔墙有耳。"又说："白天不可谈论人，夜里不可谈论鬼。"

丨　实践要点　丨

本章接着谈论同居之人的言语问题。有人认为中国古代不注重个人隐私问题。实际上，古人也很注重这个问题，并且将其视为礼节规范的基本问题，从小就加以培养。《礼记·曲礼》有很多类似“小学生行为守则”的记载，其中就说到：“将上堂，声必扬。户外有二屦，言闻则入，言不闻则不入。”本章也是基于这种精神而谈到，人人都有自己的隐私，要学会尊重。哪怕对方恰好在议论自己，自己也不应该偷听，以免相互惭愧。同时，作者又反过来提及，别人固然不能偷听，而自己也不应私下随意讥讽议论别人。

1.35 妇女之言寡恩义

人家不和，多因妇女以言激怒其夫及同辈。盖妇女所见不广不远，不公不平；又其所谓舅姑、伯叔、妯娌皆假合，强为之称呼，非自然天属，故轻于割恩，易于修怨。非丈夫有远识，则为其役而不自觉，一家之中乖变生矣。于是有亲兄弟子侄，隔屋连墙，至死不相往来者；有无子而不肯以犹子为后，有多子而不以与其兄弟者；有不恤兄弟之贫，养亲必欲如一，宁弃亲而不顾者；有不恤兄弟之贫，葬亲必欲均费，宁留丧而不葬者。其事多端，不可概述。亦尝见有远识之人，知妇女之不可谏诲，而外与兄弟相爱，常不失欢，私救其所急，私赒其所乏，不使妇女知之。彼兄弟之贫者，虽深怨其妇女，而重爱其兄弟，至于当分析之际，不敢以贫故，而贪爱其兄弟之财产者。盖由见识高远之人，不听妇女之言，而先施之厚，因以得兄弟之心也。

| 今译 |

人的家庭不相和睦，多是由于妇女以言语激怒其丈夫及同辈。因为妇女的见识不广远，不公正；而且其所谓公婆、伯叔、妯娌都是假借丈夫而合成，勉强对其称呼，并非自然天性相连。所以轻易就会断恩、结怨。若非丈夫有远见，就会为其所牵引役使而不自觉，一家之中就生出乖戾事变来了。

于是有亲兄弟子侄，隔壁邻舍，却到死都不相往来的；有没儿子而不肯以侄子为后的，有儿子多却不肯过继给其兄弟的；有不体恤兄弟的贫困，赡养父母一定要平分，否则宁愿抛弃双亲而不顾惜的；有不体恤兄弟的贫困，为父母办理丧葬一定要平摊费用，否则宁愿留丧而不下葬的。这类事情多种多样，不可概述。我也曾见有远识的人，知道妇女不可规劝教诲，在外跟兄弟相亲爱而不失和，私下给兄弟救急，私下接济兄弟之所缺乏，而不让妇女知道。那贫困的兄弟，虽非常怨恨其媳妇，然而敬重亲爱自己的兄弟，以至于在应当分家产时，不敢因为贫困的缘故而贪恋兄弟的财产。这是由于见识高远之人不听妇人之言，而先厚施恩惠，因此而得到兄弟的心。

丨 实践要点 丨

本章集中谈论家庭妇女的言语问题。古时，有的妇女喜欢嚼舌，而且对家庭成员也用言语相激，这是家庭不和、兄弟不睦的重要根源之一。作者细细列举其中的各种不良后果，并指出：如果妇人多言语少见识，有远见的人不应听从，而应该私下多周济兄弟。古时候，妇女受教育机会少，视野见识都受限制；今天，女性有受教育的机会，视野见识自然不同，甚至有高过男性的。但无论男女，都要避免对家庭成员恶语相加。遇到这类见识短浅的言语，也不应当听从。

1.36 婢仆之言多间斗

妇女之易生言语者，又多出于婢妾之间斗。婢妾愚贱，尤无见识，以言他人之短失为忠于主母[①]。若妇女有见识，能一切勿听，则虚佞之言不复敢进。若听之信之，从而爱之，则必再言之，又言之，使主母与人遂成深仇，为婢妾者方洋洋得志。非特婢妾为然，奴隶亦多如此。若主翁听信，则房族、亲戚、故旧皆大失欢，而善良之仆佃，皆翻致诛责矣。

今译

妇女有容易生出言语搬弄是非的，又多是出于婢妾之离间争斗。婢妾愚笨卑贱，尤其没有见识，把说他人的短处过失当作是忠于女主人。如果妇女有见识，能一切不听，婢妾就不敢再进呈虚假巧佞之言。如果听信了，进而喜爱他们，则婢妾必定一而再、再而三地说这类话，使得女主人与人结成深仇，做婢妾的才洋洋得意。不只是婢妾这样，奴隶也多是如此。若主人听信了，就会与同房同族、内亲外戚和故旧朋友大相失和，而善良的仆人佃农，都反而招致主人的责备了。

简注

① 主母：婢妾、仆役对女主人之称。

| 实践要点 |

本章聚焦婢仆的言语问题。其思路是接着上章，进一步探讨妇女喜欢搬弄是非的一个重要原因，正在于家庭中的婢妾仆人喜欢搬弄是非。

1.37　亲戚不宜频假贷

房族、亲戚、邻居，其贫者才有所阙，必请假焉。虽米、盐、酒、醋计钱不多，然朝夕频频，令人厌烦。如假借衣服、器用，既为损污，又因以质钱[①]。借之者历历在心，日望其偿；其借者非惟不偿，又行行常自若，且语人曰："我未尝有纤毫假贷于他。"此言一达，岂不招怨怒？

今译

同房同族、内亲外戚、左邻右舍中的贫困者，稍有所缺，必定会请求借用。虽然米、盐、酒、醋价钱不高，然早晚频频来借，让人厌烦。如借用衣服、器具，既已被弄脏损坏，又拿去典当换钱。出借的人心里老惦记着，天天巴望着对方偿还；借到的人不但不偿还，还常常泰然自若，而且跟人说："我未曾跟他借贷过一丁点东西。"这个话一旦到了出借的人这里，难道不会招致抱怨愤怒？

简注

① 质钱：典钱，典当东西以换取钱。

实践要点

此下两章谈论亲戚邻里故旧之间借钱借物、周济救助的问题。本章讨论亲戚邻里之间，因频繁借用钱物而导致的问题。作者并未明确给出建议，但是从其谈论的语气姿态来看，确实认为不应该频繁地跟亲戚邻里发生借贷的关系。

1.38 亲旧贫者随力周济

应亲戚故旧有所假贷，不若随力给与之。言借，则我望其还，不免有所索。索之既频，而负偿冤主反怒曰："我欲偿之，以其不当频索，则姑已之。"方其不索，则又曰："彼不下气问我，我何为而强还之？"故索亦不偿，不索亦不偿，终于交怨而后已。盖贫人之假贷，初无肯偿之意；纵有肯偿之意，亦由何得偿？或假贷作经营，又多以命穷计绌而折阅[①]。方其始借之时，礼甚恭，言甚逊，其感恩之心可指日以为誓。至他日责偿之时，恨不以兵刃相加。凡亲戚故旧，因财成怨者多矣。俗谓："不孝怨父母，欠债怨财主。"不若念其贫，随吾力之厚薄，举以与之。则我无责偿之念，彼亦无怨于我。

| 今译 |

碰到亲戚故旧要借贷财物，不如尽力赠予他。说借，那么我希望他还，不免会去要。要的次数多了，而负债的人反而发怒说："我本来想还给他，但他不该频频来索取的，那么我也姑且留着不给他吧。"如果对方不索取，负债的人又会说："他又不来问我，我为什么硬要还给他？"因此，索取也不偿还，不索取也不偿还，直到最后结下怨恨。因为贫困之人的借贷，本无愿意偿还的意思，纵使有愿意偿还的意思，又怎么有能力偿还呢？或有借贷来做生意的，又多因运气不好、计谋拙劣而减价出售商品（以致亏本）。在他初来借贷时，礼节甚为恭敬，语言甚为谦逊，其感恩的心之真诚可以对天发誓。等到日后要求偿还时，他就恨不得跟你动刀动枪。大凡亲戚故旧由于钱财而构怨的，这种情况多的是。俗话说："不孝顺的人反而会怨父母，欠债的人反而会怨债主。"不如顾念到他的贫困，随自己力之大小，拿出来赠予他。这样我没有责求偿还的念想，他也不会有怨于我。

简注

① 折阅：指商品减价销售。

实践要点

本章接着上章，进一步给出积极而现实的解决方案：与其出借钱物给亲戚故旧，不如适时地随力救济他们。这样看似有所损失，实则会减少更多麻烦，包括物质上和心理上的麻烦。

1.39 子弟常宜关防

子孙有过，为父祖者多不自知，贵宦尤甚。盖子孙有过，多掩蔽父祖之耳目。外人知之，窃笑而已，不使其父祖知之。至于乡曲贵宦，人之进见有时，称道盛德之不暇，岂敢言其子孙之非！况又自以子孙为贤，而以人言为诬。故子孙有弥天之过，而父祖不知也。间有家训稍严，而母氏犹有庇其子之恶，不使其父知之。富家之子孙不肖，不过耽酒、好色、赌博、近小人，破家之事而已。贵宦之子孙不止此也。其居乡也，强索人之酒食，强贷人之钱财，强借人之物而不还，强买人之物而不偿；亲近群小，则使之假势以陵人；侵害善良，则多致饰词以妄讼；乡人有曲理犯法事，认为己事，名曰“担当”；乡人有争论，则伪作父祖之简，干恳州县，求以曲为直；差夫借船，放税免罪，以其所得为酒色之娱。殆非一端也。其随侍也，私令市买①买物，私令吏人②买物，私托场务③买物，皆不偿其直；吏人补名，吏人免罪，吏人有优润，皆必责其报；典买婢妾，限以低价，而使他人填赔④；或同院子⑤游狎，或干场务放税。其他妄有求觅，亦非一端，不恤误其父祖陷于刑辟也。凡为人父祖者，宜知此事，常关防⑥，更常询访，或庶几焉。

今译

子孙有过失，做父亲祖父的多不知道，做显贵官员的尤其如此。大抵子孙有过失，多是掩蔽父亲祖父的耳目不让他们知道。外人虽知道，不过窃笑而已，也不让其父亲祖父知道。至于乡里的贵官显宦，别人有时进见，称道贵官之盛德都来不及，哪里敢说起子孙的不是呢！况且这些贵官又自以子孙为贤良，而以别人的话为污蔑，因此子孙有弥天之大过失而父亲祖父却不知道。间或有家规稍微严格的，而仍然有母亲庇护其孩子的罪恶，不让其父亲知道。富家的子孙不肖，不过是好酒、好色、好赌、亲近群小，破败家产而已。贵官显宦的子孙则不止这样。他们平时在家乡，强迫索取别人的酒食，强迫借贷别人的钱财，强迫借取别人的东西而不还，强迫购买别人的东西而不给钱；亲近群小，就会让他们仗势欺人；侵犯伤害善良之人，就会多方修饰言辞来妄兴官司；乡人有歪曲道理、触犯法律之事，就冒认为自己的事，把这称作“担当”；乡人有争论的，就伪造父亲祖父的信件，干求州县长官，颠倒是非黑白；派遣差役，借用民船，免除税款，免除罪犯，以其所得钱财来作酒色之娱乐。这些不是一两件事。他们随从侍奉父亲祖父各地在任，就私下让市买购买物品，私下让小吏购买物品，私下托场务机构人员购买物品，而不给钱；小吏要补名，小吏要免罪，小吏有盈余，都必定责求其报偿；典买婢妾，以低价限制，而使他人代为付钱；或和仆役到处游玩亲昵，或干涉场务机构之事，免除税款。其他妄有所求之事，也不是一件两件，毫不担忧误使其父亲祖父陷于牢狱刑罚。凡是为人父亲祖父的，应当知道这种事，常常警惕防备着，更常常征询查访，这样或许就勉强不会让子孙铸成大错。

简注

① 市买：管理市场买卖的人。

② 吏人：指官府中的胥吏或差役。

③ 场务：五代、宋时盐铁等专卖管理机构。生产和专卖盐铁的机构为场，税收机构为务。这里指在这些机构工作的人员。

④ 填赔：即赔偿。底本原作“填陪”，今据知不足斋本而改。

⑤ 院子：这里指仆役。旧时称仆役为“院子”。

⑥ 关防：防备，防守，警备。

实践要点

本章讨论对子孙过失的防范。对于子孙来说，富与贵是一把双刃剑，既可以有助于培养子孙，也可能成为子孙堕落的助缘。其中，权贵的负面力量会更大。用今天的话来说，“官二代”经历的考验诱惑要比“富二代”更大：富人子孙如果不肖，不过是酒色赌博，破败家产而已；权贵子孙如果不肖，则可能让父亲祖父身陷囹圄，不得翻身。这里提出的问题，值得深思。

1.40 子弟贪缪勿使仕宦

子弟有愚缪贪污者，自不可使之仕宦。古人谓：“治狱多阴德，子孙当有兴者。”谓利人而人不知所自，则得福。今其愚缪，必以狱讼事悉委胥辈，改易事情，庇恶陷善，岂不与阴德相反！古人又谓：“我多阴谋，道家所忌。”谓害人而人不知所自，则得祸。今其贪污，必与胥辈同谋，货鬻[①]公事，以曲为直，人受其冤，无所告诉，岂不谓之阴谋！士大夫试历数乡曲三十年前宦族，今能自存者仅有几家？皆前事所致也。有远识者必信此言。

| 今译 |

子弟中有愚笨贪利的，自然不能让他入仕做官。古人说：“治理狱讼案件多积阴德，后世子孙当会有兴起昌盛的。”说的是做利他人之事而他人不知是谁做的，则自己会得福佑。现在子弟如果愚笨，必定会将狱讼之事全都委托给胥吏下属，致使歪曲事实，庇护恶人，陷害忠良，这岂不是跟“阴德”相反了！古人又说：“我多积阴谋诡计，此乃天道之所忌。”说的是损害他人而他人不知是谁做的，则自己会得祸害。现在子弟如果贪利，必定会跟胥吏下属同谋合污，假公济私，颠倒是非，他人遭受其冤屈而无处可诉讼，这岂不叫做“阴谋”！士大夫尝试考察一下乡里几个三十年前的官宦人家，能存到现在的还剩下几家？这些都是之前做的阴谋之事所导致的。有远见的人必定相信这里说的话。

简注

① 货鬻（yù）：出卖，出售。货鬻公事：指假公济私、徇私枉法。

实践要点

本章接着上章，进一步谈到子弟为官的问题。做父亲、祖父的，自然希望为子弟谋个好前程、好工作。尤其在古时候，出仕为官是正途。但工作也要视人性情而定，如果子弟愚笨贪婪，做官可能反而害了他们。作者殷切的告诫，可谓苦口婆心。

1.41 家业兴替系子弟

同居父兄子弟，善恶贤否相半。若顽很[①]刻薄、不惜家业之人先死，则其家兴盛，未易量也；若慈善、长厚、勤谨之人先死，则其家不可救矣。谚云："莫言家未成，成家子未生；莫言家未破，破家子未大。"亦此意也。

今译

同居一家的父兄子弟，善良的和邪恶的、贤能的和不肖的相参半。如果凶恶刻薄、不爱惜家业的人先死，那么其家庭兴隆昌盛前途不可量；如果仁慈、善良、忠厚、勤奋、谨慎的人先死，那么其家庭就不可救药了。谚语说："莫说家庭没兴盛，只是让家庭兴盛的孩子还没出生而已；莫说家庭没破败，只是败家子还没长大而已。"也是这个意思。

简注

① 顽很：凶恶而暴戾。

实践要点

本章讨论家业继承的兴衰问题。无论是"成家子"和"败家子"，都是从长远来看。言下之意，其中的关键，在于对性情才智的教育培养。

1.42　养子长幼异宜

贫者养他人之子，当于幼时。盖贫者无田宅可养，暮年惟望其子反哺，不可不自其幼时，衣食抚养，以结其心。富者养他人之子，当于既长之时。今世之富人养他人之子，多以为讳，故欲及其无知之时抚养，或养所出至微之人。长而不肖，恐其破家，方议逐去，致有争讼。若取于既长之时，其贤否可以粗见，苟能温淳守己，必能事所养如所生，且不致破家，亦不致兴讼也。

| 今译 |

贫困者领养他人的儿子，应当在他还幼小时。因为贫困者没有田地、住宅可以养老，暮年唯有盼望儿子能够反哺赡养，这就不可不从他幼小时就供他吃穿抚养他，以交结他的心。富人领养他人的儿子，应该在他已经长大后。现在世间富人领养他人的儿子，大多都以为讳，所以想在他幼小无知的时候领养，或领养那些至为微贱家庭的儿子。等到长大了却不肖，担心他破败家业，才商议要逐出他，以致出现争讼之事。如果在他已经长大后领取过来，他是贤良还是不肖可以大概看出，如果能温厚淳朴、安分守己，必定能将养父母当作亲生父母来侍奉，而且不致破败家业，也不致兴起诉讼之事。

丨 实践要点 丨

此下几章多讨论跟孩子领养和送养的问题。本章论及，不同的人家，领养孩子的长幼时机有所不同：贫困者应该领养幼子，富人应该领养较大的孩子。其中的分析非常辩证而又合乎现实，可谓具体问题具体分析的典范，值得深深体味。

1.43 子多不可轻与人

多子固为人之患，不可以多子之故轻以与人。须俟其稍长，见其温淳守己，举以与人，两家获福。如在襁褓，即以与人，万一不肖，既破他家，必求归宗，往往兴讼，又破我家，则两家受其祸矣。

今译

儿子众多固然是人之所忧患，但也不能因为儿子多的缘故，而轻易送给别人。需要等他稍大一点，看他温厚淳朴、安分守己，再把他送给别人，这样两家都受福。如果还在襁褓之中，就将他送给别人，万一他长大了不肖，既已破败了别人的家业，必定希求认祖归宗，往往会兴起争讼之事，又来破败我的家业，这样两家就都受其祸害了。

实践要点

本章讨论送养孩子的问题。孩子多的家庭，生活不容易，但也不能轻易送人，不然有可能给两家人造成祸患。其中所谈，也体现出作者深厚的阅历见闻。

1.44 养异姓子有碍

养异姓之子，非惟祖先神灵不歆其祀①，数世之后，必与同姓通婚姻者，律禁甚严，人多冒之，至启争讼。设或人不之告，官不之治，岂可不思理之所在？江西养子，不去其所生之姓，而以所养之姓冠于其上，若复姓者，虽于经律无见，亦知恶其无别如此。

| 今译 |

领养异姓的儿子，不仅祖先神灵不享用他的祭祀品，几代之后，必定还可能跟本来同姓之人通婚姻。关于禁止同姓通婚的法律禁令非常严厉，世人多触犯，以至于兴起争讼之事。假使别人不告发，官府不惩治，又怎么不想想天理所在？江西养子，不将养子生父的姓去掉，而是将养父的姓加在其上面，就好像是复姓一样，虽然法律没有这样规定，也知道这是厌恶领养异姓子而不加区别的现象。

| 简注 |

① 祖先神灵不歆其祀：指祖先神灵不会享用异姓之人的祭祀品。按《春秋左传》僖公十年载："神不歆非类，民不祀非族。"僖公三十一年载："鬼神非其族类，不歆其祀。"只有同一族类、同一血脉的后代子孙，祖先神灵才会享用其祭品。

实践要点

本章讨论养异姓子的问题。作者从两个角度来考察这个问题：一是祖先祭祀，领养异姓子有悖于祭祀的原理；二是同姓不婚的人伦和法律规范，领养异姓子有可能触犯这条法令。当然，今天的社会，对这两方面的顾虑已经比较少。但是传统考虑问题的思路方式，仍然值得重视。

1.45 立嗣择昭穆相顺

同姓之子，昭穆①不顺，亦不可以为后。鸿雁微物，犹不乱行，人乃不然！至于叔拜侄，于理安乎？况启争端！设不得已，养弟养侄孙以奉祭祀，惟当抚之如子，以其财产与之。受所养者，奉所养如父，如古人为嫂制服，如今世为祖承重②之意，而昭穆不乱，亦无害也。

| 今译 |

同姓之子，如果昭穆辈分不顺，也不可以作为后代。鸿雁这种微小的生命，都不打乱排行，人却能够这样乱了辈分排行吗！以至于出现叔父拜侄子的情况，这于理能安吗？何况还由此而起争端！假使迫不得已，那就抚养弟弟，养侄子、孙子来供奉祭祀，只是应当像儿子一样抚养他，把财产传给他。接受养育的人也像父亲一样侍奉养育自己的人，就像古人为嫂子制定的丧服服制一样，就像现在世上为祖先继承香火的意思，而昭穆辈分不乱，这也无妨。

| 简注 |

① 昭穆：古代宗法制度宗庙中神主的排列次序，始祖居中，以下父子（祖、父）递为昭穆，左为昭，右为穆。这里指宗族内的辈分次序。

② 承重：指承受宗庙与丧祭的重任。封建宗法制度，其人及父俱为嫡

长，而父先死，则祖父母丧亡时，其人称承重孙。如祖父及父均先死，在曾祖父母丧亡时，称承重曾孙。遇有这类丧事都称承重。

| 实践要点 |

本章接着上章，讨论立嗣和承重的问题。作者坚持立嗣不能乱了辈分，避免出现叔父拜侄子这样的荒谬情形。小小的动物都讲究辈分秩序，人怎么能不如动物呢？

1.46 庶孽遗腹宜早辨

别宅子[①]、遗腹子宜及早收养教训，免致身后论讼。或已习为愚下之人，方欲归宗，尤难处也。女亦然，或与杂滥之人通私，或婢妾因他事逐去，皆不可不于生前早有辨明。恐身后有求归宗，而暗昧不明，子孙被其害者。

丨 今译 丨

私生子、遗腹子应该趁早收养教导，免得导致身后诉讼。若是已经变成愚顽低下之人，才想要认祖归宗，这尤其难以处理。女性也一样，或是跟繁杂人等私通，或是婢妾因为别的事被逐出家门，都不可不在生前早早辨析明白，恐怕其在自己身后又寻求认祖归宗，而真相暗昧不明，以致子孙受其祸害。

丨 简注 丨

① 别宅子：不与父亲及其亲属同居、同户籍的儿子，类似今天说的“私生子”。

丨 实践要点 丨

本章讨论遗腹子等有关后代的特殊情况，其背后涉及的是家产分配和祖先祭祀的问题。

1.47　三代不可借人用

世有养孤遗子者，及长，使为僧、道，乃从其姓，用其三代；有族人出家，而借用有荫人三代。此虽无甚利害，然有还俗求归宗者，官以文书为验，则不可断以为非。此不可不防微也。

| 今译 |

世上有抚养无父母的孤儿的，等到长大，让他做和尚、道士，就随从自己的姓氏，用自己的三代世系。有同族人出家而借用有荫人三代的，这虽然没什么大的利害关系，但是有的人要还俗归宗，官府根据文书来查验，就不能断定这样做不对。这也不可不防微杜渐。

| 实践要点 |

本章讨论三代世系不可借给别人用的问题，指出应当考虑长远、防微杜渐，以免因做好事而带来麻烦。

1.48 收养义子当绝争端

贤德之人见族人及外亲子弟之贫，多收于其家，衣食教抚如己子。而薄俗乃有贪其财产，于其身后，强欲承重，以为“某人尝以我为嗣矣”。故高义之事，使人病于难行。惟当于平昔别其居处，明其名称。若己嗣未立，或他人之子弟，年居己子之长，尤不可不明嫌疑于平昔也。娶妻而有前夫之子，接脚夫[①]而有前妻之子，欲抚养不欲抚养，尤不可不早定，以息他日之争。同入门及不同入门，同居及不同居，当质之于众，明之于官，以绝争端。若义子有劳于家，亦宜早有所酬；义兄弟有劳有恩，亦宜割财产与之，不可拘文而尽废恩义也。

| 今译 |

贤良有德之人看到族人以及外亲子弟贫困的，常常收养在家里，给予衣食教养像对待自己的孩子一样。而风俗轻薄，以致有收养的义子贪其财产，在其身后，硬要继承香火和家产，认为“某人曾以我为嗣子”。所以高尚正义之事，让人担心难以施行。唯有在平日分开义子的住处，明辨其名分。如果自己的后嗣没有立，或义子比自己的孩子年长，尤其不可不在平日里明辨其中的模糊疑惑。娶妻如果有前夫之子，接脚夫如果有前妻之子，想抚养或不想抚养，尤其不可不早确定，以平息日后的争端。一同入门以及不一同入门，同居以及不同居，都应该当众辨别，向官府说明，以断绝争端。如果收养的义子有功劳于家业，也应该趁早给予报酬；义兄弟有功劳有恩情，也应该分割财产给他，不可拘泥于成法而全废了恩义。

简注

① 接脚夫：旧指夫死后妇女在家再招之夫。

实践要点

本章讨论收养义子的问题，其中依旧体现出作者虑事周到、细心指点的风格。“高义之事使人病于难行”，由此可见，做事不应当只注重动机，还要虑及现实的可行方法。

1.49 孤女财产随嫁分给

孤女[①]有分，必随力厚嫁，合得田产，必依条分给。若吝于目前，必致嫁后有所陈诉。

今译

孤女如果分有家产，一定要在其出嫁时按照家力拿出丰厚嫁妆，应得的田产，也要依据条款分给她。如果眼下吝惜不给，必定导致出嫁后有所申诉争讼。

简注

① 孤女：少年丧父或父母双亡的女子。

实践要点

本章讨论孤女分财的问题。作者的建议，固然是为避免争讼，减少家庭和社会麻烦，但同时非常合乎人情。

1.50 孤女宜早议亲

寡妇再嫁，或有孤女，年未及嫁。如内外亲姻有高义者，宁若与之议亲，使鞠养于舅姑之家，俟其长而成亲。若随母而归义父之家，则嫌疑之间，多不自明。

丨 今译 丨

寡妇再出嫁，可能有孤女年幼未及出嫁。族内族外的亲戚中如果有高尚正义之人，不如给她议定婚事，让舅姑家里抚养她，等到她长大了就成亲。如果随母亲到义父家里，那么嫌忌猜疑之间，往往难以明辨。

丨 实践要点 丨

本章继续讨论孤女的问题。其中的思路仍然是，处理事情应当顾及后果，尽量避免不好的事情发生。

1.51　再娶宜择贤妇

中年以后丧妻，乃人之大不幸。幼子稚女，无与之抚存；饮食衣服，凡闺门之事，无与之料理，则难于不娶。娶在室[①]之人，则少艾[②]之心，非中年以后之人所能御。娶寡居之人，或是不能安其室者，亦不易制。兼有前夫之子，不能忘情，或有亲生之子，岂免二心！故中年再娶为尤难。然妇人贤淑自守、和睦如一者，不为无人，特难值耳。

| 今译 |

中年以后妻子丧亡，乃是人生之大不幸。幼小的儿女没有人抚养，饮食衣服这些家庭之事没有人来料理，这就很难不续娶。如果娶未婚女子，那么少女之心不是中年以后的男人所能驾驭的。如果娶寡妇，又恐或不能安于新的家室，也不容易管束。况且寡妇还有前夫之子，不能忘怀于心，如果有了亲生之子，岂能免于二心！所以中年再娶尤其难办。当然，妇人德性佳美、贞正自守、和睦专一的，并非没有，只是很难遇到罢了。

| 简注 |

① 在室：女子已订婚而未嫁，或已嫁而被休回娘家，称“在室”。后亦泛指女子未婚。

② 少艾：指年少美好的女子。

| 实践要点 |

本章讨论男性续娶的问题。中年以后失去妻子，是现实生活中的一个大不幸。当然，解决这个问题，不应仓促随意，而应当审慎地选择对象。

1.52　妇人不预外事之可怜[1]

妇人不预外事[2]者，盖谓夫与子既贤，外事自不必预。若夫与子不肖，掩蔽妇人之耳目，何所不至？今人多有游荡、赌博，至于鬻田园[3]，甚至于鬻其所居，妻犹不觉。然则夫之不贤，而欲求预外事，何益也！子之鬻产必同其母，而伪书契字者有之。重息以假贷，而兼并之人不惮于论讼，贷茶、盐以转贷，而官司责其必偿，为母者终不能制。然则子之不贤，而欲求预外事何益也！此乃妇人之大不幸，为之奈何！苟为夫能念其妻之可怜，为子能念其母之可怜，顿然[4]悔悟，岂不甚善！

| 今译 |

妇人不参与家庭外面之事，那是说丈夫和儿子已是贤良，外事自然不必参与。如果丈夫和儿子不像话，蒙骗遮蔽妇人的耳目，哪有什么坏事做不出呢？如今的人多有游荡、赌博，以至于卖掉田地和园圃，甚至把房子都卖掉，而妻子还没发觉的。这样来看，丈夫不贤良，而妇人想要参与外事，又有何益呢！儿子出卖家产必须征得母亲同意，但却有伪造契约签字的。儿子去借高利贷，而那些兼并田地产业的人，也不怕争讼；借入茶、盐进而转借出去，而官府责求其一定要偿还，做母亲的最终也不能制止。这样来看，儿子不肖，而妇人想要参与外事，又有何益呢！这是妇人之大不幸，令人无可奈何！如果做丈夫的能顾念妻子之可怜，做儿子的能顾念母亲之可怜，立刻悔悟，岂不甚好！

简注

① 妇人不预外事之可怜：知不足斋本原标题作“妇人不必预外事”。按本章主旨并非在于妇人不必参与外事，而是说遇到丈夫、儿子不像话，而妇人无法参与外事，实为可怜。

② 外事：世事；家庭或个人以外的事。

③ 田园：田地和园圃。

④ 顿然：立刻，当即。

实践要点

本章讨论妇人参与家庭以外之事的问题。俗语说“男主外，女主内”，今天的社会，男女逐渐变得没有明确的内外分工，但是还有很多问题尚未能解决好，甚至给女性增加了更多压力，例如很多女性常常既参加工作又要照管家庭，生活反而变得更加艰辛。本章作者实际并没有说妇人一定不要参与家庭外面的事，只是认为在当时的社会环境下，妇人在外面难以发挥很大的作用，其中表露出来的对妇人不幸的哀怜，尤其令人动情。下章则说到那些能营生、打理家业的贤妇人。

1.53 寡妇治生难托人

妇人有以其夫蠢懦，而能自理家务，计算钱谷出入，人不能欺者；有夫不肖，而能与其子同理家务，不致破家荡产者；有夫死子幼，而能教养其子，敦睦内外姻亲，料理家务，至于兴隆者：皆贤妇人也。而夫死子幼，居家营生，最为难事。托之宗族，宗族未必贤；托之亲戚，亲戚未必贤；贤者又不肯预人家事。惟妇人自识书算，而所托之人衣食自给，稍识公义，则庶几焉。不然，鲜不破家。

| 今译 |

妇人有因为其丈夫蠢笨柔弱，而能自己打理家业，计算钱财粮食出入，别人不能欺负的；有丈夫不肖，而能和儿子一块打理家业，不致破家荡产的；有丈夫死去、儿子年幼，而能教导、抚养儿子，与内亲外戚关系和睦，打理家业，以至家庭兴隆的：这些都是贤能的妇人。其中，丈夫死去、儿子年幼，而妇人自己处家谋生，是最为困难的事。把家业托付给宗族，宗族之人未必贤良；托付给亲戚，亲戚也未必贤良；贤良之人又未必肯参与别人的家事。只有妇人自己识字会算，而所托付之人衣食能自给自足，并稍能识得公义，那还差不多。否则的话，少有不破败家业的。

| 实践要点 |

本章接着上章，讨论妇人打理家业的问题。作者在这里的姿态更加积极，比较正面地肯定善于料理家业的“贤妇人”。

1.54 男女不可幼议婚

人之男女，不可于幼小之时便议婚姻。大抵女欲得托，男欲得偶，若论目前，悔必在后。盖富贵盛衰，更迭不常；男女之贤否，须年长乃可见。若早议婚姻，事无变易固为甚善，或昔富而今贫，或昔贵而今贱，或所议之婿流荡不肖，或所议之女很戾不检，从其前约则难保家，背其前约则为薄义，而争讼由之以兴，可不戒哉！

| 今译 |

世人家里的男孩女孩，不可以在幼小时就议婚事。大致说来，女子希望能找到托付终身的，男子希望得到合适的配偶，如果只谈论眼下的，日后必定后悔。因为富贵盛衰是会频频改换的；男女是贤还是不肖，得年长了才能看出。如果过早议婚，事态没变固然挺好，倘若昔日富有而如今贫困，昔日高贵而如今卑贱，或所议定的女婿浪荡而不肖，或所议定的女子凶暴乖戾而不检点。这时，如果遵循从前的约定，则难以保家；如果背弃从前的约定，则为缺乏情义，而争讼也因此而兴起，对此怎可不警戒呢！

| 实践要点 |

本章讨论男女幼小议婚的问题。今天的人容易想象古时候人们“指腹为婚”的情形。这种现象确实有，但如此处所见，有见识的人并不赞同“娃娃亲”。在此，作者主要从信义和争讼等角度，来给出适当的反驳。

1.55 议亲贵人物相当

男女议亲，不可贪其阀阅[①]之高，资产之厚。苟人物不相当，则子女终身抱恨，况又不和而生他事者乎！

今译

男女议婚事，不可贪其家世显赫、资产丰厚。如果两个人自身不匹配，将会导致子女终身抱恨，何况又有因不和而滋生其他事端的呢！

简注

① 阀阅：泛指门第、家世。

实践要点

本章讨论婚嫁双方的匹配问题。今天的人对于古人的处理方式，很容易基于等级观念贴上“门当户对”的标签，而表示轻蔑。但实际上，如作者在这里所说的，其中所考虑的仍是很实在的、贴近人情的问题，这对于今天仍有一定的启发。

1.56 嫁娶择配应适当[①]

有男虽欲择妇，有女虽欲择婿，又须自量我家子女如何。如我子愚痴庸下，若娶美妇，岂特不和，或有他事；如我女丑拙很妒，若嫁美婿，万一不和，卒为其弃出者有之。凡嫁娶因非偶而不和者，父母不审之罪也。

| 今译 |

虽然家中有男子想要择取媳妇，或家中有女子想要择取夫婿，但也需要自己度量一下自家的孩子品性资质怎样。如果自家儿子愚笨痴顽、平庸低下，要是娶了美妇，岂止会不和，恐或滋生其他事端；如果自己女儿丑陋笨拙、凶暴妒忌，要是嫁给美婿，万一不和，最终可能会为其所弃休。凡是嫁娶因不相配而不和的，都是父母不察的罪过。

| 简注 |

① 嫁娶择配应适当：知不足斋本标题原作“嫁娶当父母择配偶”。按此章主旨不在于嫁娶择配要听父母之命，而是嫁娶择配偶应该两两相合。具体请参本章下面的“实践要点”。

| 实践要点 |

本章讨论婚嫁双方配对要适当的问题。值得注意的是，这并不是一般说的富贵权势意义上的“门当户对”，而是在性情、资质乃至长相方面的相匹配。媳妇、女婿固然要追求好的，但也要考虑自家孩子的品性资质。这是一条很中肯的建议。作者谈及的反面例子，即使在今天的生活中也存在，值得注意。

1.57 媒妁之言不可尽信[①]

古人谓“周人恶媒”，以其言语反复，给女家则曰：“男富。”给男家则曰：“女美。”近世尤甚。给女家则曰：“男家不求备礼，且助出嫁遣之资。”给男家则厚许其所迁之贿，且虚指数目。若轻信其言而成婚，则责恨见欺，夫妻反目，至于仳离者有之。大抵嫁娶固不可无媒，而媒者之言不可尽信如此。宜谨察于始。

今译

古人说“心思周密的人厌恶媒人”，因为媒人言语反复不定。跟女方家则说：“男方富有。”跟男方家则说：“女方漂亮。”近世尤其过分。跟女方家则说：“男方家不求礼数周到，而且会帮着置办嫁妆。”跟男方家则许诺给予丰厚的嫁妆，而且虚报数目。如果轻信媒人的话而成婚，就会责怪怨恨被欺骗，闹得夫妻反目，以至离异的都有。大致而言，嫁娶固然不可没有媒人，但媒人的话也不可这样全信。应当一开始就谨慎细察。

简注

① 媒妁之言不可尽信：知不足斋本原标题作“媒妁之言不可信”，今据本章原文及主旨而改。

实践要点

今天谈起古时候的婚嫁，常常提及“父母之命，媒妁之言”之类话。但从本章也可见，古人虽然认为婚嫁要有媒人，但是媒妁之言应当谨慎对待，不可轻信。

1.58 因亲结亲尤当尽礼

人之议亲，多要因亲及亲，以示不相忘，此最风俗好处。然其间妇女无远识，多因相熟而相简，至于相忽，遂至于相争而不和，反不若素不相识而骤议亲者。故凡因亲议亲，最不可托熟阙其礼文，又不可忘其本意，极于责备，则两家周致，无他患矣。故有侄女嫁于姑家，独为姑氏所恶；甥女嫁于舅家，独为舅妻所恶；姨女嫁于姨家，独为姨氏所恶，皆由玩易于其初，礼薄而怨生，又有不审于其初之过者。

| 今译 |

世人议婚事，多要亲上结亲，以表示不相忘，这是风俗最好之处。但是其中妇女没有远见，多因为互相熟悉而礼数简单，甚至于忽视的；以至于最后相争而不和睦，反而不如两家素不相识而骤然议婚事的。因此，凡是亲上结亲，最不可假托相熟而缺了礼数，又不可忘了其本意，而过分求全责备，这样，两家之间礼数周到，就不会有什么祸患。因此，有的侄女嫁到姑姑家，却独独为姑姑所厌恶；有的外甥女嫁到舅舅家，却独独为舅娘所厌恶；有的姨母的女儿嫁到姨家，却独独为姨母所厌恶，都是由于在最初狎玩轻忽，礼数简薄而怨气生出，又有不审察其最初之过错的。

实践要点

古时候有与姑妈或舅舅家结成亲家的风俗。例如《红楼梦》里，林黛玉的母亲，就是贾宝玉的姑妈，宝玉想要娶黛玉，黛玉想嫁给宝玉，这并不是违背风俗。作者在此强调，“亲上加亲”的风俗虽然好，但也要注意，不可因此而忽视必要的礼数。在这方面，两家人的交往，跟两个人的交往，有相似之处。不能因为相互亲近，就忘了分寸和尺度而轻忽怠慢。所以古人追求礼乐相济，既要相互关爱，又要相互尊敬。

1.59 女子可怜宜加爱

嫁女须随家力，不可勉强。然或财产宽余，亦不可视为他人，不以分给。今世固有生男不得力而依托女家，及身后葬祭皆由女子者，岂可谓生女不如男也！大抵女子之心最为可怜，母家富而夫家贫，则欲得母家之财以与夫家；夫家富而母家贫，则欲得夫家之财以与母家。为父母及夫者，宜怜而稍从之。及其有男女嫁娶之后，男家富而女家贫，则欲得男家之财以与女家；女家富而男家贫，则欲得女家之财以与男家。为男女者，亦宜怜而稍从之。若或割贫益富，此为非宜，不从可也。

| 今译 |

女儿出嫁需要根据家力给嫁妆，不可勉强。但是如果家境宽裕，也不可视女儿为外人而不分给。如今世上确实有生男不得力而依托女家的，以及身后葬祭皆由女子承当的，怎么可以说生女不如男呢！大致女子之心最为可怜，母家富有而夫家贫困，就想要母家的财物来给夫家；夫家富有而母家贫困，就想要夫家的财物来给母家。做父母和丈夫的，应加怜爱而稍稍听从她。等到她有儿子娶妻、女儿出嫁之后，男家富有而女家贫困，就想要男家的财物来给女家；女家富有而男家贫困，就想要女家的财物来给男家。做儿子、女儿的，也应加怜爱而稍稍听从她。但如果她掠夺贫家来增益富家，这就不应该了，不必听从。

实践要点

本章对当时社会生活中女子困境的揭示，令人动容。作者在讨论中还发出对“生女不如男”的质疑和反驳，尤为难得。

1.60 妇人年老尤难处

人言“光景百年，七十者稀”，为其倏忽易过。而命穷之人，晚景最不易过。大率五十岁前，过二十年如十年；五十岁后，过十年不啻[①]二十年。而妇人之享高年者，尤为难过。大率妇人依人而立，其未嫁之前，有好祖不如有好父，有好父不如有好兄弟，有好兄弟不如有好侄；其既嫁之后，有好翁不如有好夫，有好夫不如有好子，有好子不如有好孙。故妇人多有少壮享富贵，而暮年无聊者，盖由此也。凡其亲戚，所宜矜念。

| 今译 |

世人说“人生有百年光景，活到七十已少见”，因为人生匆匆易逝。而命运穷苦的人晚年最不容易过。大致五十岁以前，过二十年就像过十年一样快；五十岁以后，过十年就如同过二十年一样慢。而妇人之享有高寿的，则尤其难以度过。大致妇人依靠他人而立身，在她未出嫁前，有好祖父不如有好父亲，有好父亲不如有好兄弟，有好兄弟不如有好侄子；在她出嫁后，有好公公不如有好丈夫，有好丈夫不如有好儿子，有好儿子不如有好孙子。所以妇人多有少年、壮年时安享富贵，而晚年却老无所依的，就因为这个。她的内亲外戚，都应该加以矜怜顾念。

简注

① 不啻：无异于，如同。

实践要点

本章接着讨论到年老妇女的艰难困境。在古代，女性受到很多不公平的限制，那是比较明显和公开的。今天，女性受到的限制，则很多是隐性的。甚至在公平、平等的名义下，承受更沉重的压力。这些问题都值得深思并寻求解决之道。

1.61　收养亲戚当虑后患

人之姑姨、姊妹及亲戚妇人，年老而子孙不肖，不能供养者，不可不收养。然又须关防，恐其身故之后，其不肖子孙却妄经官司，称其人因饥寒而死，或称其人有遗下囊箧①之物。官中受其牒②，必为追证，不免有扰。须于生前令白之于众，质之于官，称身外无馀物，则免他患。大抵要为高义之事，须令无后患。

今译

世人之姑姑、姨母、姐妹及亲戚中的妇人，如果年老而子孙不肖，不能供养的，不可不收养她们。但是又需要防备，担心在她过世之后，其不肖子孙却妄起官司，声称她是因为饥寒而死的，或声称她袋子箱子里还遗留有财物。官府接到文书，必定追查求证，这就不免有所烦扰。为免如此，需要在其生前就让她公之于众人，向官府说明，声明自己身无余物，这就可以免除其他祸患。大致要做高尚正义之事，需要让事情没有后患。

简注

① 囊箧：袋子与箱子。

② 牒：文书，证件。

| 实践要点 |

本章讨论收养亲戚的问题，可谓综合了前面讨论的收养问题和亲戚交往问题。最后说的“大抵要为高义之事，须令无后患”，与前面所言“高义之事使人病于难行”，也有呼应，值得重视。

1.62　分给财产务均平

父、祖高年，怠于管干，多将财产均给子孙。若父、祖出于公心，初无偏曲，子孙各能戮力，不事游荡，则均给之后，既无争讼，必至兴隆。若父、祖缘有过房[①]之子，缘有前母后母之子，缘有子亡而不爱其孙，又有虽是一等子孙，自有憎爱，凡衣食财物所及，必有厚薄，致令子孙力求均给，其父、祖又于其中暗有轻重，安得不起他日争端！若父、祖缘其子孙内有不肖之人，虑其侵害他房，不得已而均给者，止可逐时均给财谷，不可均给田产。若均给田产，彼以为己分所有，必邀求尊长立契典卖，典卖既尽，窥觑他房，从而婪取，必至兴讼，使贤子贤孙被其扰害，同于破荡，不可不思。大抵人之子孙，或十数人皆能守己，其中有一不肖，则十数人皆受其害，至于破家者有之。国家法令百端，终不能禁；父、祖智谋百端，终不能防。欲保延家祚[②]者，览他家之已往，思我家之未来，可不修德熟虑，以为长久之计耶？

｜　今译　｜

父亲、祖父年事高，怠于管理家业，多是将财产平均分给子孙。如果父亲、祖父出于公心，原无偏私，子孙各个能尽力，不去游荡，那么平均给予之后，既已没有争讼，必定能家门兴隆。如果父亲、祖父因为有过房的儿子，因为有前妻、后母的儿子，因为有儿子早亡而不爱其孙子，又有虽然一样都是子孙，自己却有所私憎、偏爱，凡是给予衣食财物这些东西，总是有所厚有所薄，以致让子孙竭力要求平均给予，其父亲、祖父又暗中操作，轻重不等，这样一来，又怎能保证来日不起争端呢！如果父亲、祖父因为其子孙中有不肖者，忧虑其侵害他房之子，又不得已要平均给予的，只可随时平均给予钱财谷物，不可平均给予田地和产业。如果平均给予田地和产业，那不肖子孙就认为是自己分内所有，必定要求尊长立契约去典卖，典卖完了，又觊觎他房的田地产业，从而贪婪夺取，如此必定导致兴起争讼，使得贤良子孙遭受其烦扰祸害，跟家产破荡没什么分别，这不可不思量啊！大致世人的子孙，哪怕十来个人都能安分守己，如果其中有一个人不肖，那么那十来个人都会受其害，以至于破家荡产的都有。国家有各种各样的法律，终究不能禁止；父亲、祖父用尽智谋，也终究不能预防。想要保持延续家运的，看到别人家的往事，思量自己家的未来，怎能不行善积德、深思熟虑以作长久之计呢？

简注

① 过房：无子而以兄弟或同宗之子为后嗣。

② 家祚：家运。

实践要点

本章讨论分财产的问题。其中的关键自然是“平均”。但作者进一步提醒不能只看表面形式，而要考虑更多的问题。例如有的情况下，“止可逐时均给财谷，不可均给田产”。其中的讨论极富启发。

1.63 遗嘱公平维后患

遗嘱之文，皆贤明之人为身后之虑，然亦须公平，乃可以保家。如劫[①]于悍妻黠妾，因于后妻爱子，中有偏曲厚薄，或妄立嗣，或妄逐子，不近人情之事，不可胜数，皆所以兴讼破家也。

| 今译 |

遗嘱文字都是贤明之人为身后考虑而写成。但是也需要公平，才可以保家。如果为凶悍、狡猾的妻妾所胁制，或由于有后妻、有爱子，而在遗嘱中有所偏私、厚薄不均，或妄自立后嗣，或妄自驱逐儿子，诸如此类不近人情的事，不可胜数，这些都是兴起诉讼、破败家业的根由。

| 简注 |

① 劫：威逼，胁制。

| 实践要点 |

此下两章讨论遗嘱问题。本章强调立遗嘱要公平地分配家产，尤其是顶住“悍妻黠妾”的压力，以及对“后妻爱子”的偏爱，谨防后患。

1.64 遗嘱之文宜预为

父、祖有虑子孙争讼者，常欲预为遗嘱之文，而不知风烛[1]不常，因循不决，至于疾病危笃，虽心中尚了然，而口不能言，手不能动，饮恨而死者多矣。况有神识昏乱者乎！

今译

父亲、祖父有担心子孙兴起诉讼的，常常打算预先立遗嘱，却不知风烛残年，生死无常，仍然犹豫不决，等到病危之时，虽心里还明白，但已经口不能说，手不能动，饮恨而死的，这种情况实在多见。何况还有那时已精神昏乱、不省人事的呢！

简注

① 风烛：风中之烛易灭，后遂以“风烛”喻临近死亡的人或行将消灭的事物。

实践要点

本章讨论立遗嘱的时间问题。人到晚年，生命不常，病危之时，无法言动，甚至精神昏聩，那时已来不及立遗嘱，唯有抱恨而亡，甚至连恨都没机会了。想到这里，就知道遗嘱文字应当预先写好。作者的告诫可谓殷切。

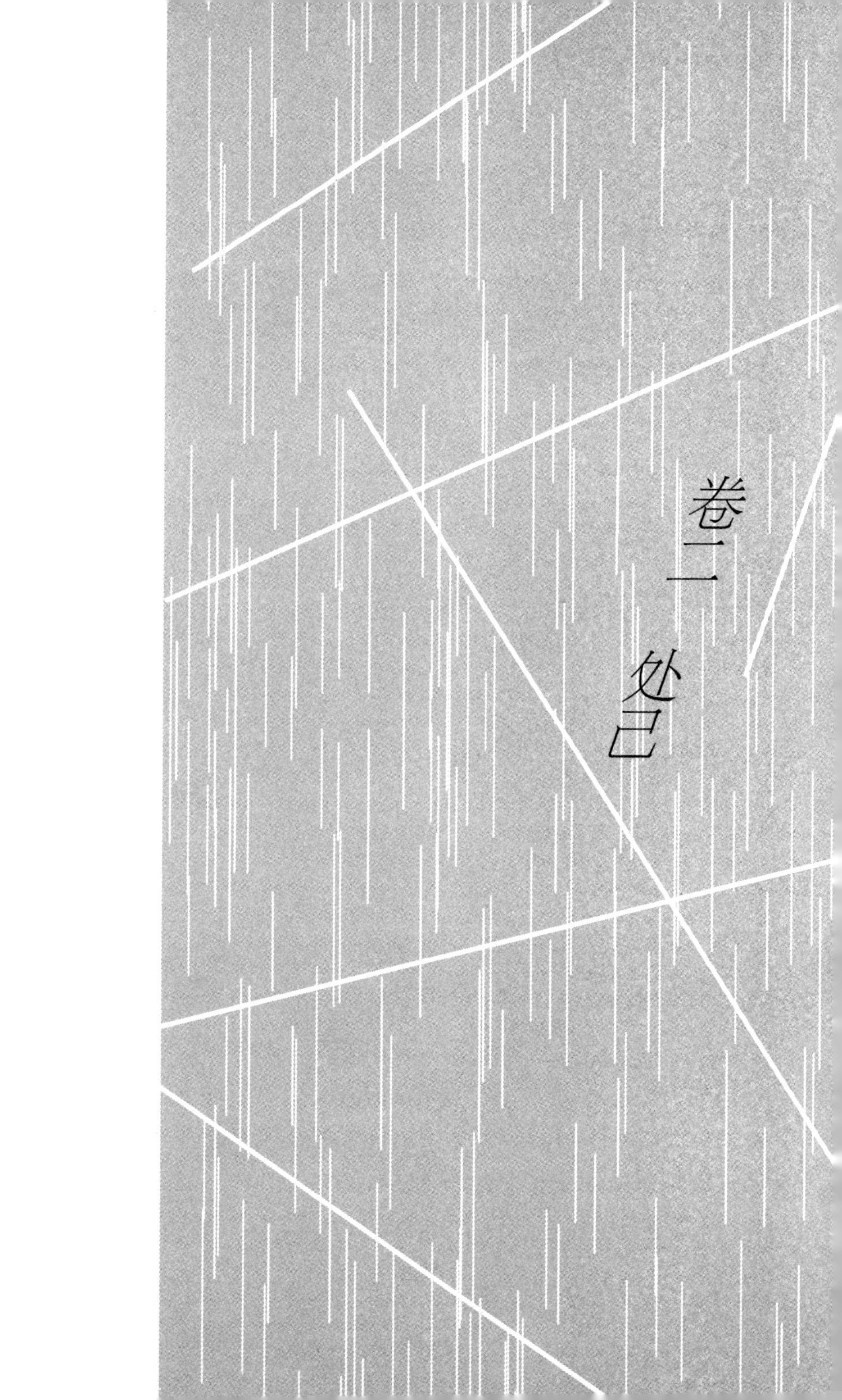
卷二 处己

2.1 人之智识有高下

人之智识固有高下，又有高下殊绝者。高之见下，如登高望远，无不尽见；下之视高，如在墙外，欲窥墙里。若高下相去差近，犹可与语；若相去远甚，不如勿告，徒费舌颊尔。譬如弈棋，若高低止较三五着，尚可对弈；国手与未识筹局之人对弈，果何如哉？

今译

人的智慧见识固然有高下，而且有高下相差悬殊的。见识高远的看那见识低下的，就如同登高望远，一切都看在眼底；见识低下的看那见识高远的，就如同在高墙之外想要窥探高墙里面。如果高下相差不远还可聊到一块；如果相差太远，不如不要跟他理论，那是白费口舌。就像下棋一样，如果高低相差三步着棋，还可以对弈，若是国手跟不识布局的人对弈，那怎么能进行下去呢？

实践要点

此是第二卷首章，讨论人的智慧见识有高下，甚至相差悬殊的。其中的重点在于：“若相去远甚，不如勿告，徒费口颊尔。”最后国手和生手对弈的比喻，非常形象地表达出作者的看法。

2.2 处富贵不宜骄傲

富贵乃命分偶然，岂宜以此骄傲乡曲！若本自贫窭，身致富厚；本自寒素，身致通显，此虽人之所谓贤，亦不可以此取尤[①]于乡曲。若因父祖之遗资而坐享肥浓，因父祖之保任[②]而驯致通显，此何以异于常人？其间有欲以此骄傲乡曲，不亦羞而可怜哉！

｜ 今译 ｜

富贵乃是命分偶然之事，怎能以此在乡里骄纵傲慢呢！如果本是贫困，靠自己发家致富，本是家世低微，靠自己获得显贵名位，这虽然是世人所说的“贤能”，但也不可以此而在家乡招致怨恨。如果因为父祖的遗产而坐享财富，因为父亲祖父的举荐而逐渐获得显贵名位，这跟寻常人又有什么差别呢？如果其中有谁想要以此而在家乡骄纵傲慢，难道不是可羞又可怜吗！

｜ 简注 ｜

① 尤：怨恨。取尤：招致怨恨。

② 保任：保荐，推荐。在此特指向朝廷推荐人才而负担保的责任。

｜ 实践要点 ｜

《论语·颜渊》载：“司马牛忧曰：‘人皆有兄弟，我独亡！’子夏曰：

‘商闻之矣：死生有命，富贵在天。君子敬而无失，与人恭而有礼；四海之内，皆兄弟也。君子何患乎无兄弟也？’”其中表达了富贵在于天命的观念，意在让人不必介怀无法操控的东西，而要关注自己能改变的东西，所谓“敬而无失，与人恭而有礼”。《论语·学而》则载：“子贡问曰：‘贫而无谄，富而无骄，何如？’子曰：‘可也。未若贫而乐道、富而好礼者也。’”其中表达了贫穷而不谄媚，更好的则是能乐道；富贵而不骄傲，更好的则是能好礼。本章的大旨都出自《论语》，差别在于作者用更形象的语言、具体的事例展现出道理，读来别有一番味道。

2.3 礼不可因人轻重

世有无知之人，不能一概礼待乡曲，而因人之富贵贫贱，设为高下等级。见有资财有官职者，则礼恭而心敬。资财愈多，官职愈高，则恭敬又加焉。至视贫者、贱者，则礼傲而心慢，曾不少顾恤①。殊不知彼之富贵，非我之荣；彼之贫贱，非我之辱，何用高下分别如此！长厚②有识君子必不然也。

| 今译 |

世上有些无知的人，对乡人不能一概都以礼相待，而是因人的富贵贫贱设置高下等级。看到有财富、有官职的人，就彬彬有礼、内心起敬。财富越多，官职越高，就越加恭敬。至于看到贫困、微贱的人，则高傲无礼、内心怠慢，从来不稍加顾念怜悯。殊不知他人的富贵，并非我的光荣；他人的贫贱，并非我的耻辱，何必这样分别高下呢！恭谨宽厚、卓有见识的君子必定不会这样做。

| 简注 |

① 顾恤：顾念怜悯。

② 长厚：恭谨宽厚。

| 实践要点 |

作者强调，行礼在于自己，对乡人当一概以礼相待，不可“因人之富贵贫贱设为高下等级”。这种观念非常深刻，今天的人恐怕都难以达到。人之为人本身就是值得尊重的，这正是一概以礼相待的前提。

2.4 操守与穷达自两途[①]

操履[②]与升沉自是两途。不可谓操履之正，自宜荣贵；操履不正，自宜困厄[③]。若如此，则孔、颜应为宰辅[④]，而古今宰辅达官不复小人矣。盖操履自是吾人当行之事，不可以此责效[⑤]于外物。责效不效，则操履必怠，而所守或变，遂为小人之归矣。今世间多有愚蠢而享富厚、智慧而居贫寒者，皆自有一定之分，不可致诘[⑥]。若知此理，安而处之，岂不省事。

今译

品行操守和仕途升沉自然是两回事。不可以说操守正派，自然应当荣华显贵；操守不正派，自然应当困苦危难。果真如此，那么孔子、颜子就应该做宰相，而古今的宰相高官都不会有小人了。因为操守自然是我们应当做的事，不可以此来求取外物作为成效。否则的话，求取成效不得，操守就必定懈怠，而所持守的东西或许会改变，于是就沦为小人了。如今世间多有天资愚笨而享有富贵、聪明智慧而处境贫寒的人，都是各自有一定的命分，不可推究。如果知道这个道理，安然处之，岂不是省了很多麻烦吗？

简注

① 操守与穷达自两途：知不足斋本原标题作“穷达自两途”，不够准

确，今据本章主旨而修改。

② 操履：操守。

③ 困厄：困苦危难。

④ 宰辅：辅政的大臣。一般指宰相。

⑤ 责效：求取成效，取得成效。

⑥ 致诘：究问；推究。

实践要点

本章跟上章所言有一脉相承之处。这里区分了品行操守和仕途升沉，认为二者自然是两回事。人应当品行端正，有道德操守，这是人之为人本身应该做的，也是我们能掌控的，就像《孟子·告子上》所说："求则得之，舍则失之。"而仕途升沉，则跟贫富差异一样，并不是个人能完全掌控的，是外在的东西。因此，不能将二者捆绑起来。知道这个道理，则可以宠辱不惊。

2.5 世事更变皆天理

世事多更变，乃天理如此。今世人往往见目前稍稍乐盛，以为此生无足虑，不旋踵[①]而破坏者多矣。大抵天序十年一换甲[②]，则世事一变。今不须广论久远，只以乡曲十年前、二十年前比论目前，其成败兴衰何尝有定势！世人无远识，凡见他人兴进，及有如意事，则怀妒；见他人衰退，及有不如意事，则讥笑。同居及同乡人最多此患。若知事无定势，则自虑之不暇，何暇妒人笑人哉！

| 今译 |

世事多所变更，这是天理如此。如今世人往往看见目前稍稍喜乐昌盛，以为此生再没有什么可忧虑的，没想到转眼间就破败衰落了，这种现象多的是。大概天道十年换一轮“甲”，则世事就有一次变化。如今不需要大谈久远的事，就以乡里十年前、二十年前来跟目前比较谈论一下，其中的成败兴衰何曾有确定的态势呢！世人没有远见卓识，一见到别人兴盛和有如意之事，就心怀妒忌，一见到别人衰退和有不如意之事，就讥讽嘲笑。同住和同乡的人最多这种祸患。如果知道世事没有确定的态势，那就会自虑不暇，怎么还会有空暇去妒忌别人、嘲笑别人呢！

| 简注 |

① 不旋踵：亦作“不还踵”。来不及转身。喻时间极短。

② 天序十年一换甲：古时以天干地支纪年，天干有“甲、乙、丙、丁、戊、己、庚、辛、壬、癸”十个，每十年轮一次，所以说天道十年换一轮“甲”。

丨 实践要点 丨

“世事多更变，乃天理如此。”今朝富贵，明日落魄；今朝落魄，明日高升，这样的事并不少见。人如果意识到这个道理，就可以少几分狂傲和妒忌，多几分谦逊、坦然和忧患意识。

2.6 人生劳逸常相若

应高年享富贵之人，必须少壮之时尝尽艰难，受尽辛苦，不曾有自少壮享富贵安逸至老者。早年登科[①]及早年受奏补[②]之人，必于中年龃龉不如意，却于暮年方得荣达；或仕宦无龃龉，必其生事窘薄，忧饥寒，虑婚嫁。若早年宦达，不历艰难辛苦，及承父祖生事之厚，更无不如意者，多不获高寿。造物乘除[③]之理，类多如此。其间亦有始终享富贵者，乃是有大福之人，亦千万人中，间[④]有之，非可常也。今人往往机心巧谋，皆欲不受辛苦，即享富贵至终身，盖不知此理；而又非理计较，欲其子孙自少小安然享大富贵，尤其蔽惑也，终于人力不能胜天。

| 今译 |

享有长寿、富贵的人，必须是在年轻力壮时备尝艰难、历尽辛苦的，未曾有过从年轻时就享受富贵安逸一直到老的人。早年科举中榜和早年接受奏荫官职的人，必定在中年时仕途不顺达、不如意，却在老年时才位高显达；或有仕途顺达的，必定生计窘迫，担忧饥寒，操心儿女婚嫁。如果早年仕途亨通，不用经历艰难辛苦，以及继承父亲祖父的丰厚产业，并无不如意事的人，那多半不会享有高寿。天地间造物消长盛衰的道理多是如此。其间也有一生从始到终享有富贵的，这乃是有大福分的人，也只是千万人里间或有这样的人，并不是常有的事。如今世人往往花尽心机、巧为谋划，都想要不经受辛苦就终身享有富贵，这是因为不知道这个道理，并且还不合理地计较打算，想要子孙从小就安享富贵，这真是尤其受蒙蔽迷惑，最终只会是人力不能胜天。

丨 简注 丨

① 登科：科举时代应考人被录取。

② 奏补：犹奏荫。宋代父亲祖父为高官，可以上奏请求授予儿孙官职，称为“奏荫”。

③ 乘除：比喻人事的消长盛衰。

④ 间（jiàn）：间或、偶尔。

丨 实践要点 丨

人们总是厌恶艰辛劳苦，但实际上人生总是与此相伴而行，享受富贵高寿的人常常经历过大艰辛。“终身享受富贵”的大福之人非常罕见，也并不值得效仿。父母培养孩子，如果把“孩子从小到大不受辛苦而安享富贵”作为目标，这是非常迷惑的做法，一定会出问题。本章所言富有深意，值得深思。

2.7 贫富定分任自然

富贵自有定分。造物者既设为一定之分，又设为不测之机，役使天下之人朝夕奔趋，老死而不觉。不如是，则人生天地间全然无事，而造化之术穷矣[①]。然奔趋而得者不过一二，奔趋而不得者盖千万人。世人终以一二者之故，至于劳心费力，老死无成者多矣。不知他人奔趋而得，亦其定分中所有者。若定分中所有，虽不奔趋，迟以岁月，亦终必得。故世有高见远识，超出造化机关之外，任其自去自来者，其胸中平夷，无忧喜，无怨尤，所谓奔趋及相倾之事，未尝萌于意间，则亦何争之有！前辈谓："死生贫富，生来注定；君子赢得为君子，小人枉了做小人。"此言甚切，人自不知耳！

| 今译 |

富贵自有确定的命分。造物者既设置了一定的命分，又设置了不测的机运，役使天下的人每天从早到晚奔忙趋求，到老死都不觉醒。不这样，那么人生在天地之间就全然无事可做，而造化之术就有尽头了。但是奔忙趋求而得其所愿的不过一二人，奔忙趋求而不得所愿的则有千万人。世人终究因为这一二人的缘故，就奔忙趋求以至于劳神费力，直到老死都一无所成的多的是了。殊不知别人奔忙趋求而得其所愿，那也是别人命分中注定该有的。如

果命分注定该有，即使不奔忙趋求，早晚也会得到。故世上有远见卓识超出造化机运关窍之外，任其自来自去的人，他的胸中平和，不喜不惧，不怨不尤，所谓奔忙趋求以及互相倾轧的事，从不曾萌生心头，那又怎么会相争呢！前辈有言："死生贫富，乃是生来注定；君子能胜过、超越这些，所以成为君子，小人枉然去奔忙趋求，所以成为小人。"这话极其切要，只是世人不觉悟而已！

简注

① 穷矣："矣"字底本原无，据知不足斋本补。

实践要点

本章接续前面几章的话题，更详细地说明"富贵自有定分"的道理。

2.8 忧患顺受则少安

人生世间，自有知识以来，即有忧患不如意事。小儿叫号，皆其意有不平。自幼至少，至壮，至老，如意之事常少，不如意之事常多。虽大富贵之人，天下之所仰羡以为神仙，而其不如意处各自有之，与贫贱人无异，特所忧虑之事异尔。故谓之缺陷世界，以人生世间无足心满意者。能达此理而顺受之，则可少安。

| 今译 |

人生在世间，自从有觉识以来，就有忧患担心、不如意的事。小孩子哭闹，都是其内心有所不平。从幼小到青年，到壮年，到老年，如意的事常常很少，不如意的事常常很多。哪怕大富大贵的人，天下景仰羡慕认为就像神仙一样，但他们也各自有不如意的地方，跟贫贱的人没什么差别，只是他们所忧虑的事不同而已。所以说这是个“缺陷世界”，因为人生在世间没有能完全心满意足的。能够见到这个道理而坦然接受，就可以稍微安心些。

| 实践要点 |

北宋诗人苏东坡有一句著名的诗：“人生识字忧患始。”在作者看来，人都是有限的人，世界也是一个“缺陷世界”，人生不如意之事常十八九。这是事实，是实实在在的道理。作者最后说：“能达此理而顺受之，则可少安。”明白这个道理之后，做事就会少一些计较和奔忙，多一份坦然和平常心。

2.9　谋事难成则永久

凡人谋事，虽日用至微者，亦须龃龉而难成。或几成而败，既败而复成，然后其成也永久平宁，无复后患。若偶然易成，后必有不如意者。造物微机不可测度如此，静思之则见此理，可以宽怀。

| 今译 |

大凡一个人谋划事情，即使是平常日用至为微小的事，也总是不顺遂、难成功。或有接近成功却转而失败，已经失败而后又做成功了的，这样之后其成功才会长久安稳，没有后患。如果是偶然轻易就成功，之后必定有不如意的情况。造物之机窍就是这样不可测度，静下来想想就知道这个道理，也可以宽心一些。

| 实践要点 |

本章总结了一个值得思考的现象。确实有些事情历尽艰辛、反反复复才成功，而成功之后则长久安稳。这也告诉我们，不要因为艰辛或反复而失去信心，也许这正是老天在历练我们，因此要愈挫愈勇，再接再厉。

2.10 性有所偏在救失

人之德性出于天资者，各有所偏。君子知其有所偏，故以其所习为而补之，则为全德之人。常人不自知其偏，以其所偏而直情径行[①]，故多失。《书》言九德[②]，所谓“宽、柔、愿、乱、扰、直、简、刚、强”者，天资也；所谓“栗、立、恭、敬、毅、温、廉、塞、义”者，习为也。此圣贤之所以为圣贤也。后世有以性急而佩韦、性缓而佩弦[③]者，亦近此类。虽然，己之所谓偏者，苦不自觉，须询之他人乃知。

今译

人的德性出于天资的，各有所偏颇。君子知道德性有所偏颇，所以通过努力练习来补偏救弊，这样就可成为德性全面发展的人。常人不能知道自己的偏颇，而任着自己有所偏颇的性情径直去做，所以多有偏失。《尚书》说“九德”，其中所谓“宽弘、柔和、诚实、能干、驯顺、正直、简大、刚断、强劲”，是指天生的资质；所谓“庄严、能立事、恭恪、谨敬、果毅、温和、廉正、塞实、合道义”，是指后天的努力练习。这正是圣贤之所以为圣贤的原因。后世有因为性情急躁而佩戴柔韧的韦皮、性情缓滞而佩戴绷紧的弓弦的，也与此类似。虽然如此，自身的性情偏颇，苦于不能自觉，所以还需要询问他人才能知道。

简注

① 直情径行：任着自己的性情径直去做。

② 九德：贤人所具备的九种品德。语出《尚书·皋陶谟》："亦行有九德，亦言其人有德……宽而栗，柔而立，愿而恭，乱而敬，扰而毅，直而温，简而廉，刚而塞，强而义。"

③ 佩韦：韦皮性柔韧，性急者佩之以自警戒。佩弦：佩带弓弦。弓弦常紧绷，故性缓者佩以自警。《韩非子·观行》："西门豹之性急，故佩韦以自缓；董安于之性缓，故佩弦以自急。"

实践要点

本章呼应本书开篇第一章，可以对照来读。人的性情各有所偏，重在矫正纠偏。作者援引《尚书》"九德"的例子来说明，非常形象。

2.11 人行有长短

人之性行，虽有所短，必有所长。与人交游，若常见其短，而不见其长，则时日不可同处；若常念其长，而不顾其短，虽终身与之交游可也。

今译

人的性情品行虽然有所短，但也必定有所长。跟人交往，如果常常看到其短处，而看不到其长处，就会连一时一天都难以共处；如果常常想到其长处，而不顾及其短处，那么即使终身跟他交往都可以。

实践要点

《论语·里仁》说："子曰：'见贤思齐焉，见不贤而内自省也。'"作者在这里着重发挥"见贤思齐"的一面。人的性情品行各有长短，与人交往若能常常见到对方的长处，就可以长久交往。《论语·公冶长》又说："晏平仲善与人交，久而敬之。"所谓"善与人交"，能常常见到对方的长处，也算是其中一个体现吧。

2.12　人不可怀慢伪妒疑之心

处己接物，而常怀慢心、伪心、妒心、疑心者，皆自取轻辱于人，盛德君子所不为也。慢心之人，自不如人，而好轻薄人。见敌己以下之人，及有求于我者，面前既不加礼，背后又窃讥笑。若能回省其身，则愧汗浃背矣。伪心之人，言语委曲，若甚相厚，而中心乃大不然。一时之间人所信慕，用之再三则踪迹露见，为人所唾去矣。妒心之人，常欲我之高出于人，故闻有称道人之美者，则忿然不平，以为不然；闻人有不如人者，则欣然笑快。此何加损于人？祇厚怨耳！疑心之人，人之出言未尝有心，而反复思绎曰："此讥我何事？此笑我何事？"则与人缔怨，常萌于此。贤者闻人讥笑，若不闻焉。此岂不省事！

｜　今译　｜

自处和待人接物，却常常怀着怠慢之心、虚伪之心、妒忌之心、猜疑之心的，都是自取轻视羞辱于别人，有盛德的君子是不会这样做的。有怠慢心的人自己不如别人，却好轻薄别人。看见不如自己的人以及有求于自己的人，当面既已不加礼敬，背后又窃笑讥讽。如果能反省自身，就会羞愧得汗流浃背了。有虚伪心的人言语隐晦曲折，好像挺忠厚，但内心却大为不然。一时之间别人会信任钦慕，来回多几次之后就会心迹暴露，为人所唾弃。有妒忌心的人常常想要自己高过别人，所以听到有谁称道别人的好，就会愤然不平，不以为然；听到别人有不如人的情况，就会欣然快慰。实则这对别人又有什么损伤，只不过加深别人对自己的怨恨而已！有猜疑心的人，别人出言并不是有心，而自己却反复思量咀嚼，说："这是讥讽我哪个事？这是嘲笑我哪个事？"所以跟人结怨，常常由此而萌生。贤者听到人讥讽嘲笑，就好像没听到一样，这岂不是省事？

实践要点

本章着重分析待人接物时，如果怀有怠慢、虚伪、妒忌、猜疑这类心思，只会自取其辱，并一一作具体说明。诚如作者所言，有见识的贤者，自然不会这样做。

2.13 人贵忠信笃敬

“言忠信，行笃敬”[①]，乃圣人教人取重于乡曲之术。盖财物交加，不损人而益己；患难之际，不妨人而利己，所谓忠也。有所许诺，纤毫必偿；有所期约，时刻不易，所谓信也。处事近厚，处心诚实，所谓笃也。礼貌卑下，言辞谦恭，所谓敬也。若能行此，非惟取重于乡曲，则亦无入而不自得。然“敬”之一事于己无损，世人颇能行之，而矫饰假伪，其中心则轻薄，是能敬而不能笃者，君子指为谀佞，乡人久亦不归重也。

丨 今译 丨

“言语忠诚信实，行事笃厚恭敬”，这乃是圣人教人在乡里获得尊重的方法。在财物经手之时，不损害人而让自己获益，患难之际，不妨碍人而让自己得利，这就叫做忠诚。做出了许诺，哪怕一丝一毫也要满足，定下了期限，哪怕一时半刻也不变更，这就叫做信实。处事忠厚，居心诚实，这就叫做笃厚。礼貌卑下，言辞谦恭，这就叫做恭敬。如果能这样做，不仅在家乡取得敬重，而且无论在什么处境都能安然自得。但“敬”这一事对自己无所损害，世人颇能做到，但却只是矫饰虚伪，内心实则轻薄，这是能恭敬而不能笃厚。君子把这叫做奉承谄媚，同乡人久了之后也不会推重他们。

简注

① 言忠信，行笃敬：孔子之语，出自《论语 · 卫灵公》。

实践要点

儒家思想非常重视“敬”。《论语 · 卫灵公》载：“子张问行。子曰：‘言忠信，行笃敬，虽蛮貊之邦行矣；言不忠信，行不笃敬，虽州里行乎哉？立，则见其参于前也；在舆，则见其倚于衡也。夫然后行。’子张书诸绅。”作者引用孔子“言忠信，行笃敬”这个话，将其视为“圣人教人取重于乡曲之术”，认为由此就可以在任何处境下都能坦然自得。作者最后补充，“恭敬”不是做做样子，日久见人心，实实在在地恭敬，才能得到乡人持久的尊重。

2.14 厚于责己而薄于责人

忠信、笃敬，先存其在己者，然后望其在人者。如在己者未尽，而以责人，人亦以此责我矣。今世之人，能自省其忠信笃敬者盖寡，能责人以忠信笃敬者皆然也。虽然，在我者既尽，在人者亦不必深责。今有人能尽其在我者，固善矣，乃欲责人之似己，一或不满吾意，则疾之已甚[①]，亦非有容德者，只益贻怨于人耳！

| 今译 |

忠诚信实、笃厚恭敬，先要自己做到这些，然后才能期望别人也做到。如果自己不能做到，却来责求别人，那么别人也会以此责求我。如今世人能反省自己是否做到忠诚信实、笃厚恭敬的大概很少，而责求别人做到忠诚信实、笃厚恭敬的则比比皆是。虽然如此，即使自己做到了，也不必过于责求别人。如今有人自己做到了固然好，却想要责求别人像自己一样，一有不能满足自己的意，就痛恨太甚，这也不是有包容之德性的人，只会越来越招致别人的怨恨而已！

| 简注 |

① 疾之已甚：痛恨得太厉害。语出《论语 · 泰伯》："子曰：'好勇疾贫，乱也。人而不仁，疾之已甚，乱也。"

实践要点

本章可以和前面 1.2 章对照来读。1.2 章讨论“自反”的作用，本章则强调多反省，少苛责别人。宋代大儒吕祖谦性情急躁，动不动就责骂人，有一天读到《论语》的一句话“躬自厚而薄责于人”（多责备自己，少责备别人），痛定思痛，猛然自省改过。从此性情和缓下来，不再轻易苛责别人。这真是一个勇于改过的人，也是一个真正会读书的人。“在我者既尽，在人者亦不必深责”，今天有谁能够读到这个而能勇于自省改过的呢？

2.15 处事当无愧心

今人有为不善之事，幸其人之不见不闻，安然自肆，无所畏忌。殊不知人之耳目可掩，神之聪明不可掩。凡吾之处事，心以为可，心以为是，人虽不知，神已知之矣；吾之处事，心以为不可，心以为非，人虽不知，神已知之矣。吾心即神，神即祸福，心不可欺，神亦不可欺。《诗》曰："神之格思，不可度思，矧可射思。"[①] 释者以谓："吾心以为神之至也，尚不可得而窥测，况不信其神之在左右，而以厌射之心处之，则亦何所不至哉！"

| 今译 |

如今有人做了坏事，侥幸别人没看到没听到，坦然放纵恣肆，无所顾忌。殊不知人的耳目可遮掩，神灵的耳目却不可遮掩。但凡自己做事，心里认为可以、认为正确，即使别人不知道，神灵也已经知道了；自己做事，心里认为不可、认为不正确，即使别人不知道，神灵也已经知道了。我的心就是神灵，神灵就意味着祸福，心不可欺骗，神灵也不可欺骗。《诗经》说："神灵的到来，不可以测度，又怎可厌倦而不敬畏呢！"解释者认为这是说："我的心认为神灵的到来，尚不可以窥测到，何况不相信神灵就在身边左右，而以厌倦之心来对待，这样又有什么做不出来呢！"

简注

① 神之格思，不可度思，矧可射思：这几句诗出自《诗经·大雅·抑》。

实践要点

本章主要讲做事应该问心无愧，仰不愧于天，俯不怍于地。作恶虽然可以掩人耳目，但是神的耳目却掩不住。古人崇尚易简之道，如《孟子》所说："夫道若大路然，岂难知哉？人病不求耳。"本章所讲也是些平常道理，贵在真心追求，实心去做。

2.16 为恶祷神为无益

人为善事而未遂，祷之于神，求其阴助，虽未见效，言之亦无愧。至于为恶事而未遂，亦祷之于神，求其阴助，岂非欺罔！如谋为盗贼而祷之于神，争讼无理而祷之于神，使神果从其言而幸中，此乃贻怒于神，开其祸端耳。

| 今译 |

人做善事但没做成，向神灵祈祷，祈求其暗中相助，即使没有见效，说出来也无所愧疚。至于做恶事但没做成，也向神灵祈祷，祈求其暗中相助，这岂不是欺天骗神吗！例如谋划做盗贼而向神灵祈祷，不合道理地争讼而向神灵祈祷，假使神灵果真听从这些话，而侥幸让事情做成了，这也会激怒神灵，开启了祸端。

| 实践要点 |

向苍天神灵祈祷，本来体现了内心的谦虚和虔诚。但是如果作恶而向神灵祈祷，这就像盗贼向主人请求偷盗其财产一样，是欺天罔人的背理之事。

算卦跟祈祷也是一个道理。很多人喜欢《周易》算卦，但是古人早已告诫："《易》为君子谋。"只有做问心无愧的君子之事，算卦才可能准，《易》才可能为你出谋划策。如果做坏事，那即使算出卦来，也是不准的。

2.17 公平正直人之当然

凡人行己公平正直，可用此以事神，而不可恃此以慢神；可用此以事人，而不可恃此以傲人。虽孔子亦以“敬鬼神、事大夫、畏大人”[①]为言，况下此者哉！彼有行己不当理者，中有所慊，动辄知畏，犹能避远灾祸，以保其身。至于君子而偶罹于灾祸者，多由自负以召致之耳。

| 今译 |

大凡一个人行事公平正直，可以此侍奉神灵，而不可仗着这个而怠慢神灵；可以此而侍奉人，而不可仗着这个傲慢待人。即使是孔子，也说“敬重鬼神、侍奉大夫、敬畏大人”这些话，何况不如孔子的人呢！那些行事不当理的人，心中有所愧疚，动辄知道畏惧，还能够躲避灾祸，以保全其身。至于有的君子偶然遭遇灾祸，多是由于自负自大而招致这些灾祸的。

| 简注 |

① 敬鬼神、事大夫、畏大人：三者都出自《论语》。《论语·雍也》：“樊迟问知。子曰：‘务民之义，敬鬼神而远之，可谓知矣。’”《论语·卫灵公》：“子贡问为仁。子曰：‘工欲善其事，必先利其器。居是邦也，事其大夫之贤者，友其士之仁者。’”《论语·季氏》：“孔子曰：‘君子有三畏：畏天命，畏大人，畏圣人之言。小人不知天命而不畏也，狎大人，侮圣人

之言。'"

| 实践要点 |

本章所言可以与前面2.4章对照来读。操守践履和公平正直一样，都是人之为人理所当然该做的事，是无条件的，所以是可贵的。前面说："操履自是吾人当行之事，不可以此责效于外物。"这里则说：不可因为行事公平正直，就以此而怠慢神灵、傲慢待人，觉得自己道德高尚，比别人更高一等。

2.18 悔心为善之几

人之处事能常悔往事之非，常悔前言之失，常悔往年之未有知识，其贤德之进，所谓长日加益而人不自知也。古人谓“行年六十而知五十九之非”者，可不勉哉！

今译

人做事能常常追悔以前行事的不是，常常追悔以前出言的失误，常常追悔以前没有智慧见识，那么其贤能德性之长进，即所谓的每天都有长进而自己都没察觉到。古人说“年到六十岁而知晓五十九岁时的过失”，怎能不努力呢！

实践要点

《论语·公冶长》载孔子说：“已矣乎！吾未见能见其过而内自讼者也。”孔子说：算了吧，我还没见过能够看见自己的过错而在心里自己责备自己的人！《庄子·则阳》里说：“蘧伯玉行年六十而六十化，未尝不始于是之而卒诎之以非也，未知今之所谓是之非五十九年非也。”很多事情，往往今年还认为自己是对的，明天就觉得自己做错了。人如果能保持自讼、悔过的心，就能明白自己的局限，也会保持谦虚，这样也就更有进步的空间了。

但是，悔也具有两面性，有悔心是好的，但贵在悔后就改，不能陷在后悔中而不能自拔，否则又会生出别的弊病。就像王阳明在《传习录》中所说：“悔悟是去病之药，以改之为贵。若留滞于中，则又因药发病。”

2.19 恶事可戒而不可为

凡人为不善事而不成，正不须怨天尤人，此乃天之所爱，终无后患。如见他人为不善事常称意者，不须多羡。此乃天之所弃，待其积恶深厚，从而殄灭之。不在其身，则在其子孙。姑少待之，当自见也。

| 今译 |

大凡人做坏事而未做成，正可不必怨天尤人。这乃是上天爱惜，最终不会有后患。如果见到他人做坏事而常常称心如意，不需多加羡慕。这乃是上天所唾弃的，等到其恶行积累得深厚了，就会灭绝他们。不在他们自己身上应验，就会在他们的子孙身上应验。姑且稍稍等待，终当自然可见。

| 实践要点 |

这里说的话看似矛盾，其实非常深刻。古人早就说："多行不义必自毙。"虽然类似于讲因果报应，但道理确实有：作恶多端，总会暴露出来，总会引起天怒人怨，最终也就会因此而身败名裂。

2.20 善恶报应难穷诘

人有所为不善，身遭刑戮，而其子孙昌盛者，人多怪之，以为天理有误。殊不知此人之家，其积善多，积恶少。少不胜多，故其为恶之人身受其报，不妨福祚延及后人。若作恶多而享寿富安乐，必其前人之遗泽将竭，天不爱惜，恣其恶深，使之大坏也。

| 今译 |

有的人做了坏事，自身遭到刑罚杀戮，而其子孙却昌隆兴盛起来。世人多觉得奇怪，以为天理搞错了。殊不知此人之家，积善多，积恶少。少比不过多，所以那作恶的人自身受报应，却不妨碍福分延续到后人。如果作恶多而享有长寿、财富、安乐，那必定是前辈人留下的德泽将要尽了，天不爱惜，任其恶行加深，最终使其大大地破败衰坏。

| 实践要点 |

本章接续前章，讲积善、积恶的后果问题。不一定要用因果报应来说，其中总有一定的道理在。

2.21 人能忍事则无争心

人能忍事，易以习熟，终至于人以非理相加，不可忍者，亦处之如常；不能忍事，亦易以习熟，终至于睚眦之怨[①]，深不足较者，亦至交詈争讼，期于取胜而后已，不知其所失甚多。人能有定见，不为客气[②]所使，则身心岂不大安宁！

今译

人能够忍事，容易做到习惯，以至于哪怕别人不讲道理地相待，不可忍受的情况，也都能像平常那样处置；不能够忍事，也容易做到习惯，以至于哪怕极小的怨恨，极其不足计较的情况，也会相互詈骂、争讼，一定要赢了才罢手，殊不知这样其所失已很多。人能够有确定的见解，不被一时的意气所役使，那么身心岂不会非常安宁！

简注

① 睚眦：瞋目怒视；瞪眼看人。睚眦之怨：指极小的怨恨。

② 客气：一时的意气；偏激的情绪。

实践要点

本章应当与前面 1.6 章对照来读。人能忍事，是非常难得的。但要注意，不仅要能忍，而且要有忍的恰当方式，也就是要“善处忍”，不要因为忍而生出其他弊病来。

2.22 小人当敬远

人之平居，欲近君子而远小人者，君子之言多长厚端谨[①]，此言先入于吾心，及吾之临事，自然出于长厚端谨矣；小人之言多刻薄浮华，此言先入于吾心，及吾之临事，自然出于刻薄浮华矣。且如朝夕闻人尚气、好凌人之言，吾亦将尚气、好凌人而不觉矣；朝夕闻人游荡、不事绳检之言，吾亦将游荡、不事绳检而不觉矣。如此非一端，非大有定力，必不免渐染之患也。

| 今译 |

人平日里想要接近君子而远离小人的，应该知道，君子的言语多恭谨宽厚、端正谨饬，这样的言语先进入我的心，等到我应对事情，自然也出于恭谨宽厚、端正谨饬；小人的言语多刻薄浮华，这样的言语先进入我的心，等到我应对事情，自然也出于刻薄浮华。就如一天到晚听别人崇尚意气、喜欢欺凌人的言语，我也将崇尚意气、喜欢欺凌人而不自觉；一天到晚听别人游手闲荡、不守规矩的言语，我也将游手闲荡、不守规矩而不自觉。诸如此类不是一两件，若不是有很强的定力，必定不免渐被熏染的祸患。

| 简注 |

① 长厚：恭谨宽厚。端谨：端正谨饬。

| 实践要点 |

人平时的交往，应当近君子而远小人。这个道理也是平常的，但却是重要的。如诸葛亮著名的《出师表》中就说："亲贤臣，远小人，此先汉所以兴隆也；亲小人，远贤臣，此后汉所以倾颓也。"

2.23 老成之言更事多

老成之人，言有迂阔，而更事为多；后生虽天资聪明，而见识终有不及。后生例以老成为迂阔，凡其身试见效之言，欲以训后生者，后生厌听而毁诋者多矣。及后生年齿渐长，历事渐多，方悟老成之言可以佩服，然已在险阻艰难备尝之后矣。

| 今译 |

老成之人，言语有时迂阔，而经历事情较多；年轻后生虽然天资聪明，但见识终究有所不及。后生一贯以老成之人为迂阔，大凡老成之人亲身试验并见效、想要以此教训后生的言语，后生却厌烦去听并加以诋毁，这样的情况多的是。等到后生年龄渐渐增长，经历事情渐渐增多，才发觉老成之人的言语值得钦佩服从，但这已是在历尽险阻、备尝艰辛之后了。

| 实践要点 |

老成人的老成之言，听起来迂阔，但实际上却是深有道理的。俗语有言：不听老人言，吃亏在眼前。但后生晚辈却总是要备尝艰辛之后才理解，也许又应了“吃一堑，长一智”这另一个道理吧。

2.24 君子有过必思改

圣贤犹不能无过，况人非圣贤，安得每事尽善？人有过失，非其父兄，孰肯诲责？非其契爱[①]，孰肯谏谕[②]？泛然相识，不过背后窃议之耳。君子惟恐有过，密访人之有言，求谢而思改；小人闻人之有言，则好为强辨，至绝往来，或起争讼者有矣。

今译

圣贤都不能没有过失，何况人非圣贤，怎能事事都做得尽善尽美呢？人有过失，若不是自己的父兄，谁肯教诲责备自己呢？若不是跟自己友好亲爱的人，谁肯劝谏讽喻自己呢？泛泛相识的人，不过在背后窃窃议论而已。君子唯恐自己有过失，暗地里打听到别人指出自己的过失，要去拜谢对方，并想方设法改过；小人听到别人说自己的过失，则喜欢牵强分辨，乃至和对方绝交，甚或兴起争讼的都有。

简注

① 契爱：友好；亲爱。

② 谏谕：亦作“谏喻”。劝谏讽喻；劝谏晓喻。

实践要点

本章可与前面2.18章讨论的后悔的问题合看。俗话说：“人非圣贤，孰能无过。”明代心学家如王阳明及其后学，甚至认为圣之所以为圣，不在于其无过，而在于其最能认清并最勇于改正自己的过错。中国传统非常看重改过，如孔子所言：“改之为贵。”《论语・子张》也记载子贡说：“君子之过也，如日月之食焉：过也，人皆见之；更也，人皆仰之。”子路是孔门中勇者的代表。但子路的勇敢不仅体现为不怕困难，而且体现为勇于改过。所以《孟子》说：“子路，人告之以有过则喜。禹闻善言则拜。大舜有大焉，善与人同。舍己从人，乐取于人以为善。”听过别人说自己的过错而能欢喜的人，一定是能大有作为的人，因为他一定会改进自己，而别人也乐意劝告他。因此，别人每一次劝告和责备，都成为他进步的一个契机。

2.25 言语贵简寡

言语简寡，在我，可以少悔；在人，可以少怨。

| 今译 |

言语简洁短少，在自己，可以少后悔；在别人，可以少怨恨。

| 实践要点 |

儒家文化不推崇花言巧语的人，相对而言则更偏爱木讷寡言的人。《论语》既说："巧言令色，鲜矣仁。""巧言、令色、足恭，左丘明耻之，丘亦耻之。""巧言乱德，小不忍则乱大谋。"又说："刚毅木讷，近仁。""先行，其言而后从之。""仁者其言也讱。"讱就是迟钝、缓慢谨慎的意思。孟子听到别人说他"好辩"，就反复感慨地说："予岂好辩哉？予不得已也。"(《孟子·滕文公下》）这是儒家对于言语的态度。

2.26 小人为恶不必谏

人之出言举事，能思虑循省[①]，而不幸有失，则在可谏可议之域。至于恣其性情，而妄言妄行，或明知其非而故为之者，是人必挟其凶暴强悍，以排人之议己。善处乡曲者，如见似此之人，非惟不敢谏诲，亦不敢置于言议之间，所以远侮辱也。尝见人不忍平昔所厚之人有失，而私纳忠言，反为人所怒，曰："我与汝至相厚，汝亦谤我耶！"孟子曰："不仁者，可与言哉？"[②]

| 今译 |

一个人出言行事能思虑省察，而不幸有过失，则在可以劝谏可以议论的范围。至于那些放纵性情，胡乱出言行事，或明知不对还故意去做的，这种人必定仗着自己的凶暴强悍来拒斥别人议论自己。善于跟乡人相处的，见到类似这样的人，不但不敢劝谏教诲，而且也不敢议论谈说，这是为了远离侮辱。曾经看到有人不忍平日交情深厚的人有过失，而私下献出忠言，反而把别人激怒，说："我与你彼此交情深厚，你也来毁谤我吗！"孟子说："不仁之人，怎么可以和他交谈呢？"

| 简注 |

① 循省：检查；省察。

② 不仁者，可与言哉：语出《孟子·离娄上》。

实践要点

本章可以与前面2.1章对照来读。人的性情资质相差悬殊，有的小人或是顽固不化，或是无法理喻，总之无法改变对方的言行。在这种情况下，是不必也无法劝谏的。同时，这也可以远离小人的侮辱。

2.27 觉人不善知自警

不善人虽人所共恶，然亦有益于人。大抵见不善人则警惧，不至自为不善；不见不善人则放肆，或至自为不善而不觉。故家无不善人，则孝友之行不彰；乡无不善人，则诚厚之迹不著。譬如磨石，彼自销损耳，刀斧资之以为利。老子云“不善人，乃善人之资”①，谓此尔。若见不善人而与之同恶相济，及与之争为长雄，则有损而已，夫何益？

| 今译 |

不善之人虽然是人所共同厌恶的，但也有益于人。大抵看见不善之人就会警惕畏惧，不至于自己做坏事；看不见不善之人就会放肆，甚或至于做坏事而不察觉。所以家中没有不善之人，那么孝顺父母、友爱兄弟的行为就不会彰显；乡里没有不善之人，那么诚实忠厚的行迹就不会显著。就好像磨石，它自己消耗减损而已，刀斧资借它而得以变得锋利。老子说“不善之人，乃是善人的资借”，就是说这个。如果看见不善之人，却和他共同为恶，和他争相称雄，则会有损于己，哪里有什么益处呢？

| 简注 |

① 不善人，乃善人之资：语出《老子》第 27 章，原文作：“不善人者，善人之资。”

| 实践要点 |

本章可以和前面 2.11 章对照来读。《论语·里仁》载："子曰：'见贤思齐焉，见不贤而内自省也。'" 2.11 章重在"见贤思齐"，强调要见到别人的长处，而不要只盯着别人的短处；本章则重在"见不贤而内自省也"，指出不善之人在消极意义上也有益处，可以让人见到而警惕自省，也可以衬托出善人的善。

2.28 不肖子弟有不必谏者①

乡曲有不肖子弟，耽酒好色，博弈游荡，亲近小人，豢养驰逐，轻于破荡家产，至为乞丐窃盗者，此其家门厄数如此，或其父祖稔恶②至此，未闻有因谏诲而改者。虽其至亲，亦当处之无可奈何，不必譊譊③，徒厚其怨。

今译

乡里有不肖子弟，嗜好酒色，赌博游荡，亲近小人，斗鸡竞马，轻的破家荡产，甚至于做乞丐小偷盗贼，这是其家门厄运命数如此，或是其父亲祖父罪恶深重以至于此，未曾听过有因劝谏教诲而改正的。即使是其至亲，也应当以无可奈何处之，不必争辩，徒然加深其怨恨。

简注

① 不肖子弟有不必谏者：知不足斋本原标题作“门户当寒生不肖子”，含义不明确，今据原文主旨而改。按此章与 2.26 章“小人为恶不必谏”类似，指有的不肖子弟即使劝谏教诲也不会悔改，因此不必费口舌。

② 稔（rěn）恶：丑恶，罪恶深重。

③ 譊譊（náo）：争辩，论辩。

实践要点

本章可以和前面 2.1 章、2.26 章对照来读。前面讲对于有些顽固不化或无法理喻的小人，不必徒劳无益地劝告；本章则讲对于有些从不悔改的不肖子弟，即使是至亲，也不必徒劳争辩。这可谓一般性的建议。再对比于前面数章都讲到的悔过、改过的君子，有些不肖子弟、小人死不悔改，真的只能无可奈何。

2.29 正己可以正人

勉人为善，谏人为恶，固是美事，先须自省。若我之平昔自不能为人，岂惟人不见听，亦反为人所薄。且如己之立朝可称，乃可诲人以立朝之方；己之临政有效，乃可诲人以临政之术；己之才学为人所尊，乃可诲人以进修之要；己之性行为人所重，乃可诲人以操履之详；己能身致富厚，乃可诲人以治家之法；己能处父母之侧而谐和无间，乃可诲人以至孝之行。苟惟不然，岂不反为所笑！

| 今译 |

勉励他人为善，劝谏他人不要为恶，固然是一桩美事，但也要先自省。如果我平日本自不能为了他人，那岂止他人不会听从，还反会被他人轻薄。就如自己在朝为官值得称道，才可以教诲他人以在朝为官的方法；自己处理政务有效用，才可以教诲他人以处理政务的诀窍；自己的才识学问为人所尊尚，才可以教诲他人以进学修道的要法；自己品性操行为人所敬重，才可以教诲他人以操守的详情；自己能靠自身发家致富，才可以教诲人以治家致富的法门；自己能跟父母一块生活而和谐无间，才可以教诲人以孝顺的行为。如果不是这样，岂不是反被人笑话！

| 实践要点 |

本章可以和前面 1.15 章对照来读。1.15 章讲趁早教育孩子，但教育也要以身作则；本章则讲勉励别人为善、讽谏别人不要作恶固然好，但也要先自己反省。有的人自己没做好，却喜欢管别人。这当然也是为别人好，但未必奏效，反而可能被嘲笑，而且其中也常常会夹杂控制他人的心理。

2.30 浮言不足恤

人之出言至善，而或有议之者；人有举事至当，而或有非之者。盖众心难一，众口难齐如此。君子之出言举事，苟揆之吾心，稽之古训，询之贤者，于理无碍，则纷纷之言皆不足恤，亦不必辨。自古圣贤，当代[①]宰辅，一时守令，皆不能免，况居乡曲，同为编氓，尤其所无畏，或轻议己，亦何怪焉！大抵指是为非，必妒忌之人，及素有仇怨者。此曹何足以定公论？正当勿恤勿辨也。

| 今译 |

有的人出言说话至为善好，却或有议论他的；有的人行事至为得当，却或有非议他的。众人之心、众人之口就是这样难以齐一。君子出言行事，如果在己心中揆度，考核古训，询问贤者，于道理都没有妨碍，那么群言纷纷都不足为恤，也不必分辨。自古圣贤，过往宰相，一时守令，都不免为人所非议，何况住在同乡，同为编户之民，更是无所畏惧，或有轻易非议自己的，又何足怪呢！大抵把是说成非的，必定是妒忌之人和素来有仇怨的人。这些人何足以确定公论？正应该不要顾恤、不要争辩。

| 简注 |

① 当代：在此指过去那个时代。

实践要点

本章主要讨论说话做事只要恰当，就不要管别人的议论。圣人孔子都有人诽谤贬低，何况别人呢。本章也接续前章关于“不必争辩”的话题，前面是说不必为了别人而徒劳争辩，本章则说不必由于别人的非议而为自己辩护。我们知道，意大利诗人但丁《神曲》有著名的话：“走自己的路，让别人说去吧。”本章作者则意味深长地说：“君子之出言举事，苟揆之吾心，稽之古训，询之贤者，于理无碍，则纷纷之言皆不足恤，亦不必辩。”这几句讲得非常精彩。言行的标准不在别人的议论，而在于合理，在于合乎自己的内心、合乎经典中的古老智慧、合乎圣贤的高见。

2.31　谀巽之言多奸诈

人有善诵我之美，使我喜闻而不觉其谀者，小人之最奸黠者也。彼其面谀我而我喜，及其退与他人语，未必不窃笑我为他所愚也。人有善揣人意之所向，先发其端，导而迎之，使人喜其言与己暗合者，亦小人之最奸黠者也。彼其揣我意而果合，及其退与他人语，又未必不窃笑我为他所料也。此虽大贤亦甘受其侮而不悟，奈何！

今译

有的人善于颂扬我的好，让我喜欢听而不察觉其阿谀奉承，这乃是最奸猾的小人。他当面谄媚我，让我感到欢喜，等到背后跟别人谈论，未必不会窃笑我为他所愚弄。有的人善于揣测别人的心意所向，先做个开端，引导而迎合别人，使别人欢喜其言跟自己暗合，这也是最奸猾的小人。他揣测我的心意，果然合上了，等到背后跟别人谈论，未必不会窃笑我为他所料中。这些即使是大贤也甘愿受其侮辱而不醒悟，又能怎么办呢！

实践要点

本章讨论那些阿谀奉承、巧言令色的人。这是孔子特别厌恶的一类人，深深地以之为耻："巧言、令色、足恭，左丘明耻之，丘亦耻之。"

(《论语 · 公冶长》) 阿谀奉承的话，的确容易让人欢喜，让人失去理智。有些奸黠小人更是当面奉承，背后嘲笑，窃窃自喜地自以为很高明，而被奉承者则很愚笨，轻而易举地就被自己愚弄。这可以说是小人中的小人。

2.32 凡事不为已甚

人有詈人而人不答者，人必有所容也，不可以为人之畏我，而更求以辱之。为之不已，人或起而我应，恐口噤而不能出言矣。人有讼人而人不校者，人必有所处也，不可以为人之畏我，而更求以攻之。为之不已，人或出而我辨，恐理亏而不能逃罪矣。

| 今译 |

有的人詈骂别人，而别人却不回应。这必定是别人有所包容，不可以认为是别人畏惧我，从而愈加寻求羞辱别人。若是不休止地这样做，别人或许就起而回应我，恐怕那时自己就要闭口不说话了。有的人诉讼别人，而别人却不计较。这必定是别人有所处置，不可以认为是别人畏惧我，从而愈加寻求攻击别人。若是不休止地这样做，别人或许就站出来跟我分辨，恐怕那时自己理亏而无法躲避罪罚了。

| 实践要点 |

中、西方的传统文化都提倡无过不及的中庸、中道精神。在西方，例如古希腊哲人亚里士多德就如此。凡事要有个度，不要做得不充分，也不要做得太过分。哪怕是合乎正义的事，也要有个度，才能更好地实现正义；否则就可能适得其反，事与愿违。孔子说：“好勇疾贫，乱也。人而不仁，疾之已甚，乱也。”(《论语 · 泰伯》) 痛恨不仁不义的坏人，本是好事，但也要把握分寸，最好能让坏人有悔过自新的自觉和机会，否则如果过度了，可能导致坏人恼羞成怒，更加肆无忌惮地起而作乱。所以孟子说：“仲尼不为已甚者。”(《孟子 · 离娄下》) 孔子之为孔子，在于他能持守中道，避免做过分的事。

2.33 言语虑后则少怨尤

亲戚故旧，人情厚密之时，不可尽以密私之事语之，恐一旦失欢，则前日所言，皆他人所凭以为争讼之资。至有失欢之时，不可尽以切实之语加之，恐忿气既平之后，或与之通好结亲，则前言可愧。大抵忿怒之际，最不可指其隐讳之事，而暴其父祖之恶。吾之一时怒气所激，必欲指其切实而言之，不知彼之怨恨，深入骨髓，古人谓“伤人之言，深于矛戟”是也。俗亦谓：“打人莫打膝，道人莫道实。”

| 今译 |

跟亲戚故旧交情深厚密切的时候，不可把私密的事全都相告，恐怕一旦失和，那么前日所说的，都成为别人所依凭来争讼的资借。至于跟亲戚故旧失和的时候，也不可把实在的话全都说出来，恐怕愤怒平息之后，或会与之往来交好、结为姻亲，那么前日说的话就可羞愧了。大抵在愤怒之时，最不可指出对方隐私讳言的事，暴露对方父亲祖父的恶行。我为一时怒气所激发，必定想指出那切实的隐私来说，殊不知对方因此对我恨之入骨，这就是古人说的“伤害别人的言语，比矛戟伤得还深”。俗话也说：“打人不要打要害处的膝盖，说人不要说讳言的实话。”

| 实践要点 |

本章讨论说话应该考虑后果。细细琢磨，其中蕴含的精神，也跟上章讲的“凡事不要过分”的道理，有一脉相通之处。上章说责骂人、诉讼人，要得饶人处且饶人，不要过分；本章则指出，跟亲朋好友的关系无论是非常亲密还是很不和睦，都不要因为情绪的影响而管不住口，说出一些平常不会说的话。人在情绪激动的时候，容易做过分的事、讲过分的话，等到情绪平静时，就会有所后悔羞愧。本章所说，曲尽人情，值得体味。

2.34 与人言语贵和颜

亲戚故旧，因言语而失欢者，未必其言语之伤人，多是颜色辞气暴厉，能激人之怒。且如谏人之短，语虽切直，而能温颜下气，纵不见听，亦未必怒；若平常言语，无伤人处，而词色俱厉，纵不见怒，亦须怀疑。古人谓“怒于室者色于市”①，方其有怒，与他人言，必不卑逊。他人不知所自，安得不怪？故盛怒之际，与人言话，尤当自警。前辈有言：“诫酒后语，忌食时嗔，忍难耐事，顺自强人。”常能持此，最得便宜。

今译

亲戚故旧，因为言语而失和的，未必是言语有多么伤人，而多半是说话时的脸色辞气粗暴乖戾，把人激怒了。且如劝谏别人的短处，哪怕言语恳切率直，只要能和颜下气，纵使别人不听从，也未必会发怒；而如果是寻常的言语，并无伤人之处，而言词和神态都很严厉，那么别人纵使不发怒，也会怀疑嘀咕。古人说“生家中人的气，却以怒色对待市人”，在其有怒气时，跟别人说话，必定不会卑逊谦让。别人不知其怒气的由来，又怎能不觉得奇怪？所以盛怒之时，跟人说话尤其要自加警醒。前辈说：“警惕酒后说话，禁忌吃饭时嗔怒，忍受难以忍受的事，顺从那自强之人。”常常能持守此言，最能够顺当。

简注

① 怒于室者色于市：生家中人的气，却以怒色对待市人。指迁怒于人。《左传·昭公十九年》："彼何罪？谚所谓'室于怒，市于色'者，楚之谓矣。舍前之忿可也。"又《战国策·韩策》："语曰：'怒于室者色于市。'今公叔怨齐，无奈何也，必周君而深怨我矣。"

实践要点

本章重点在于指出：跟人交谈，不仅要考虑说什么，而且要考虑怎么说的问题。也就是，不仅要重视讲话的内容，而且要重视讲话的方式，包括讲话的语气、神色、态度乃至时机、场合等等。这一看法非常有现实意义。有的人只顾着说出正确道理，但很多时候，对方不是因为自己说得对不对而愤怒或欣慰，而是由于自己说话的神色语气而接受或拒绝。

2.35　老人当敬重优容①

高年之人，乡曲所当敬者，以其近于亲也。然乡曲有年高而德薄者，谓刑罚不加于己，轻詈辱人，不知愧耻。君子所当优容而不较也。

今译

老年人是乡人所应当敬重的，因为他们已变得接近于亲人。但是乡里也有年老而德薄的人，自谓刑罚不会加在自己身上，就轻易詈骂侮辱别人，不知羞耻。这是君子所应当包容而不计较的。

简注

① 老人当敬重优容：知不足斋本原标题作“老人当敬重”，今据原文主旨而增订。

实践要点

本章讨论对乡里老人的态度。有的老人和蔼可亲，人人敬重；有小部分老人则为老不尊，或倚老卖老，对这样的老人，只要不是做得太过分，也不妨多加包容，不跟其计较。这是一种值得赞赏的态度。

2.36 与人交游贵和易

与人交游，无问高下，须常和易，不可妄自尊大，修饰边幅[①]。若言行崖异[②]，则人岂复相近！然又不可太亵狎[③]。樽酒会聚之际，固当歌笑尽欢，恐嘲讥中触人讳忌，则忿争兴焉。

| 今译 |

跟人交往，不管对方身份地位高低，需当常常宽和平易，不能够妄自尊大，讲究仪容小节。如果言行乖异，那又有谁愿意亲近自己呢？但是也不可以太轻慢随意。聚会喝酒的时候，固然要欢笑尽兴，也小心不要在嘲讽讥笑中触碰到别人的忌讳，否则忿怒争端就会兴起。

| 简注 |

① 修饰边幅：边幅，布帛的边缘，比喻仪容、衣着。修整布帛边缘，使无不齐。比喻讲究衣饰仪容或形式小节。

② 崖异：乖异。指人性情、言行不合常理。

③ 亵狎：轻慢，不庄重。

| 实践要点 |

本章讲跟人交往的态度，指出言行举止要宽和平易，但又不能太轻慢随意。这也可谓无过不及的中庸、中道精神的体现。

2.37　才行高人自服

行高人自重，不必其貌之高；才高人自服，不必其言之高。

丨 今译 丨

品行高洁，别人自然敬重，不一定要容貌高傲；才华高超，别人自然佩服，不一定要高谈阔论。

丨 实践要点 丨

品行、才华之高，胜过样貌、言谈之高。

2.38 小人作恶必天诛

居乡曲间，或有贵显之家，以州县观望而凌人者；又有高资之家，以贿赂公行而凌人者。方其得势之时，州县不能谁何，鬼神犹或避之，况贫穷之人，岂可与之较？屋宅坟墓之所邻，山林田园之所接，必横加残害，使归于己而后已。衣食所资，器用之微，凡可其意者，必夺而有之。如此之人，惟当逊而避之，逮其稔恶之深，天诛之加，则其家之子孙自能为其父祖破坏，以与乡人复仇也。乡曲更有健讼之人，把持短长，妄有论讼，以致追扰，州县不敢治其罪。又有恃其父兄子弟之众，结集凶恶，强夺人所有之物，不称意则群聚殴打，又复贿赂州县，多不竟其罪。如此之人，亦不必求以穷治，逮其稔恶之深，天诛之加，则无故而自罹于宪网，有计谋所不及救者。大抵作恶而幸免于罪者，必于他时无故而受其报，所谓“天网恢恢，疏而不漏”①也。

| 今译 |

住在乡里，或有高官显贵之家，凭借州县官府权势而欺凌人的；又有财富丰厚之家，通过公开行贿赂而欺凌人的。在其得势的时候，州县都拿他没辙，甚或鬼神都躲避他们，何况贫穷的人，怎么有能力跟他们较量？那些相毗邻的住宅、坟墓，相接近的山林、田地、果园，他们必定要蛮横地蚕食侵犯，直到占为己有才罢休。所须资用的衣服饮食，微不足道的器用设备，但凡合他们心意的，必定夺取过来。这样的人，只应当逊让避开他们，等到他们恶贯满盈，老天加以惩罚，那他们的子孙自然能破败父亲祖父的家业，以此来替乡人复仇。乡里还有喜欢闹事打官司的人，把持着是非短长，妄加评论争讼，以致穷追不舍地侵扰，州县官府都不敢治他们的罪。又有些人依仗父兄子弟人多势众，聚集作恶，豪取强夺。如果不称其意，就群聚打人，并且又贿赂州县官府，最后多半不能彻底惩罚他们。这样的人，也不必想着彻底惩治他们，等到他们恶贯满盈，老天加以惩罚，他们总会无故而自陷法网，什么计策都救不了。大致来看，为非作歹而幸免惩罚的人，必定在将来无故受到报应。这就是所谓“天网恢恢，疏而不漏”的意思。

| 简注 |

① 天网恢恢，疏而不漏：语出《老子》第 73 章，原文作：“天网恢恢，疏而不失。”天道如大网，虽稀疏却无有漏失。比喻作恶者逃不出上天的惩罚。

| 实践要点 |

本章所说在前面也有相近的意思。那些作恶的小人，不断积累罪恶，总有一天要作茧自缚，受到应有的惩罚。

2.39 君子小人有二等

乡曲士夫，有挟术以待人，近之不可，远之则难者，所谓君子中之小人，不可不防，虑其信义有失，为我之累也。农、工、商贾、仆隶之流，有天资忠厚，可任以事，可委以财者，所谓小人中之君子，不可不知，宜稍抚之以恩，不复虑其诈欺也。

| 今译 |

乡里有的绅士，挟持心术来对待人，既不能亲近他，又难以疏远他。这就是所谓“君子中的小人”，不可不防备，小心他的信用和道义有所失而连累了自己。农人、工人、商人、仆人这些，有的天资忠厚老实，可以承担事务、委托财物，这就是所谓“小人中的君子”，不可不知晓，应该稍稍用恩义加以抚恤，不要担心他们会欺骗自己。

| 实践要点 |

本章分别出两种人：一是君子中的小人，对这种人不可不防；二是小人中的君子，对这种人要有所抚恤。

2.40 居官居家本一理

士大夫居家，能思居官[①]之时，则不至干请把持，而挠时政；居官，能思居家之时，则不至狠愎暴恣，而贻人怨。不能回思者皆是也。故见任官每每称寄居官[②]之可恶，寄居官亦多谈见任官之不韪，并与其善者而掩之也。

| 今译 |

士大夫居家时，能够反省居官时的作为，就不至于请托、把控而干扰时政；居官时，能够反省居家时的作为，就不至于凶狠残暴、恣意横行而招人怨恨。不能反省回思的人则都不免于此。所以现任官员每每称说卸任返乡官员的可恶，卸任官员也常常谈论现任官员的过失，而将对方的好都一并掩盖了。

| 简注 |

① 居官：担任官职，为官。

② 寄居官：指本为朝廷官员，而今返里家居的人。亦称“寄居官员”。

| 实践要点 |

居家和居官各有偏重，但又有相通的道理。居官的工作，体现为管理不同的民众家庭。官员赋闲在家作为民众，如果能想到自己做官员时追求自主、厌恶被干涉，就不会去把控或干扰时政了；而官员在做官时，如果能想到自己赋闲在家作为民众时，希望官员公正廉明、为民爱民，就不会残暴待民、恣意妄为而招人怨恨。其实，在任何事情上，这种换位思考的方式都值得提倡。

2.41 小人难责以忠信

"忠信"二字，君子不守者少，小人不守者多。且如小人以物市于人，敝恶之物，饰为新奇；假伪之物，饰为真实。如绢帛之用胶糊，米麦之增湿润，肉食之灌以水，药材之易以他物。巧其言词，止于求售，误人食用，有不恤也。其不忠也类如此。负人财物，久而不尝，人苟索之，期以一月，如期索之，不售①；又期以一月，如期索之，又不售；至于十数期，而不售如初。工匠制器，要其定资，责其所制之器，期以一月，如期索之，不得；又期以一月，如期索之，又不得；至于十数期而不得如初。其不信也类如此。其他不可悉数。小人朝夕行之，略不之怪。为君子者往往忿懥，直欲深治之，至于殴打论讼。若君子自省其身，不为不忠不信之事，而怜小人之无知，及其间有不得已，而为自便之计至于如此，可以少置之度外也。

| 今译 |

"忠信"这两个字，君子不持守的为少，小人不持守的为多。就如小人拿物品到市场上卖，蔽坏的物品就装饰得很新奇；虚假的物品，就装饰得很真实。例如绢帛用胶糊过，米麦粮食增加湿润度，肉类食品灌水，药材用别的东西代替。花言巧语，只求出售，而不会担心别人吃用了会出问题。这些人的不忠，就类似这样。跟别人借财物，久久不还，别人来索求，就约定一个月后归还，到期之后去索求，不能兑现；又约定一个月后归还，到期之后再去索求，又不能兑现。以至于十几次约定，都像第一次一样不能兑现。工匠制造器具，付了定金，要求所制造的器具，约定一个月后给，到期之后去拿，却拿不到；又约定一个月后拿，到期之后再去拿，又拿不到。以至于十几次约定，都像第一次一样不能拿到。这些人的不讲信用，就类似这样。其他的情况无法一一列举。小人一天从早到晚这样做，完全不觉得奇怪。做君子的往往很愤怒，直想着好好惩治他们，以至于闹到殴打人、打官司。如果君子能自己省察，不要做不忠不信的事，而又哀怜小人的无知，以及其中不得已而图方便以至于做出这样的事，那么对这些小人之事也就可以稍稍置之度外。

丨 简注 丨

① 不售：不能实现。

丨 实践要点 丨

本章可以和前面 1.2 章、2.14 章对照阅读。那两章都讲究多反省自己，2.14 章还说：“虽然，在我者既尽，在人者亦不必深责。”也就是有诸己不必求诸人，自己有好的品性，不必苛求别人也一定要有。中国文化向来有“严于律己，宽于待人”的传统。即使是严格要求修身的儒家，包括宋明理学家，也首先是要求严格“修己”，而对他人则更多是“正己而不求诸人”、“君子求诸己，小人求诸人”，不过分苛责他人。《论语 · 卫灵公》载：“子曰：‘躬自厚而薄责于人，则远怨矣。’”也是这个意思。本章最后，作者还具体指出，小人不讲究忠信，有两个原因：一是“无知”；二是“不得已而图方便”，例如家境困难。如果考虑到这些，君子对小人的责备之心就可以少些。

2.42 戒货假药

张安国舍人[①]知抚州日，闻有卖假药者，出牓戒约曰："陶隐居[②]、孙真人因《本草》《千金方》济物利生，多积阴德，名在列仙。自此以来，行医货药，诚心救人，获福报者甚众。不论方册所载，只如近时此验尤多，有只卖一真药便家资巨万；或自身安荣，享高寿；或子孙及第，改换门户。如影随形，无有差错。又曾眼见货卖假药者，其初积得些小家业，自谓得计，不知冥冥之中，自家合得禄料[③]都被减克，或自身多有横祸，或子孙非理破荡，致有遭天火、被雷震者。盖缘赎药之人多是疾病急切，将钱告求卖药之家，孝子顺孙只望一服见效，却被假药误赚，非惟无益，反致损伤。寻常误杀一飞禽走兽，犹有因果，况万物之中，人命最重，无辜被祸，其痛何穷！"词多更不尽载。舍人此言，岂止为假药者言之？有识之人自宜触类。

| 今译 |

张安国舍人做抚州知州的时候，听到当地有卖假药的，就出了一张公告告诫约束说："陶隐居、孙真人因为其著作《本草经集注》和《千金要方》《千金翼方》救济众生，多积累阴德，由此而名在列仙中。从此以来，行医卖药，诚心救人，最后获得福报的人非常多。且不说书册中所记载的，就比如近时应验的就尤其多，有只卖一种真药就家财万贯的；或者自身安享荣华和长寿；或者子孙中举，改门换户，这些就像如影随形一样，绝没有差错。又曾亲眼看到卖假药的，开始确实积累了一些家业，自以为计策得当，殊不知冥冥之中，自己本来应得的钱财都被削减了，或者自己多遭遇横祸，或者子孙不合理地破家荡产，乃至有遭受天火、被雷劈的。这是因为买药的人多是病急、病重，拿钱请求卖药的人家，孝子孝孙只希望药一吃就见效，却反倒被假药所误，不仅没用，反而导致损伤，加重病情。平常即使误杀一只动物都会有因果报应，何况万物之中人命关天，最为重要，无辜遭受祸害，其中的痛苦哪有穷尽呢？”文字很多不再尽录。张舍人这话何止是给卖假药的人说的？有识之士自然应该触类旁通。

简注

① 舍人：本为官名，宋元以来俗称显贵子弟为舍人。

② 陶隐居：即陶弘景（456—536），字通明，号华阳居士，丹阳秣陵（今江苏南京）人，早年出仕，后辞官赴句曲山（茅山）隐居，寻访仙药，人称“山中宰相”，著有《陶隐居集》《本草经集注》。孙真人：即孙思邈，京兆华原（今陕西省铜川市耀州区）人，唐代医药学家、道士，被后人尊称为“药王”，著有《千金要方》和《千金翼方》。

③ 禄料：犹料钱。唐宋间官吏除岁禄、月俸外的一种食料津贴。多折钱发给。清代也沿用。

实践要点

本章紧接着上章来讲，虽然小人不忠不信有各种原因，君子也不要过分苛责，但这也不是纵容。如果因为不忠不信而做出伤天害理的大坏事，伤害到大众的身体乃至性命，那是不可容忍的。可见，上章所说的包容小人的不忠不信，只是针对小事而言。凡事都有个度，小人的不忠不信即使情有可原，也不可过度；君子的包容虽然难得，也不可走到纵容的地步。本章以张舍人发榜文告诫卖假药的例子，生动地阐明了这两个方面。

2.43 言貌重则有威

市井街巷，茶坊酒肆，皆小人杂处之地。吾辈或有经由，须当严重其辞貌，则远轻侮之患。或有狂醉之人，宜即回避，不必与之较可也。

| 今译 |

大街小巷、茶馆酒馆，都是小人杂处的地方。我们有时或者会经过，应当言辞容貌庄重些，这样就可以远离轻视侮辱之患。如或遇到轻狂酒醉的人，应该马上回避，不必跟他计较。

| 实践要点 |

本章将画面切换到一些特殊场景。孔子说："君子不重则不威。"(《论语·学而》)。在一些小人杂处的地方，自己言语状貌应当自重，这样就会有威严，也可以避免小人的轻忽侮辱。

2.44 衣服不可侈异

衣服举止异众，不可游于市，必为小人所侮。

今译

穿衣打扮、言行举止与众不同，不可以在街市游走，否则必定会为小人所羞辱。

实践要点

本章接着上章来谈。上章从正面来说君子在市井之地要自重，本章则从反面来说，如果穿衣举止与众不同，就不要游走于市井之地，否则必定会被小人羞辱。

2.45 居乡曲务平淡

居于乡曲，舆马衣服不可鲜华。盖乡曲亲故，居贫者多，在我者揭然异众，贫者羞涩，必不敢相近，我亦何安之有！此说不可与口尚浮臭者言。

| 今译 |

住在乡里，车马衣服不可以光鲜华丽。因为乡里的亲戚故旧贫困的居多，如果我公然与众不同，贫困的人感到羞愧，必定不敢相亲近，而我自己又于心何安？不过这话不能跟乳臭未干、自以为是的人说。

| 实践要点 |

本章接着上章，进一步讲到在乡里居住，衣服车马不要光鲜华丽，与众不同。否则，虽然不会像在市井之地被小人羞恶，但乡人也不敢亲近了。

2.46 妇女衣饰务洁净

妇女衣饰，惟务洁净，尤不可异众。且如十数人同处，而一人衣饰独异，众所指目，其行坐能自安否？

今译

妇女的衣着打扮只要追求整洁干净，尤其不可与众不同。就如十几个人共处，独有一人衣着打扮很独特，众人都眼盯着看，那这个人坐立还能够自安吗？

实践要点

本章接着前面几章，再讲到妇女的衣着打扮，尤其不可与众不同。

2.47 礼义制欲之大闲

饮食，人之所欲，而不可无也，非理求之，则为饕[①]为馋；男女，人之所欲，而不可无也，非理狎之，则为奸为滥；财物，人之所欲，而不可无也，非理得之，则为盗为赃。人惟纵欲，则争端起而狱讼兴。圣王虑其如此，故制为礼，以节人之饮食男女；制为义，以限人之取与。君子于是三者，虽知可欲而不敢轻形于言，况敢妄萌于心？小人反是。

| 今译 |

饮食，是每个人的自然欲望，不可以没有，但如果不合理地追求，那就是贪吃嘴馋了；男女之情，是每个人的自然欲望，不可以没有，但如果不合理地亲近，那就是奸淫放纵了；财物，是每个人的自然欲望，不可以没有，但如果不合理地获取，那就是偷盗贪赃了。人因为放纵欲望，所以引起争端、打起官司。圣王担心人民这样，所以制定礼数，以节制人的饮食男女之欲，制定道义，以限制人的求取和给予。君子对于饮食、男女、财物这三者，虽然知道那是可欲求的，但也不敢轻率说出自己的欲望，又怎么敢胡乱地心中萌生呢？小人则相反。

| 简注 |

① 饕：即饕餮（tāo tiè），传说中的一种凶恶贪食的野兽，古代铜器上

面常用它的头部形状做装饰。这里比喻贪吃的人。

| 实践要点 |

本章讨论欲望及其限制的问题。饮食、男女、财物，是人的本能欲望，不可或缺。但是要合理、有节度地追求，也就是要讲求礼义。礼义，正是对欲望的恰当限制。

2.48 见得思义则无过

圣人云："不见可欲，使心不乱。"[①]此最省事之要术。盖人见美食而必咽，见美色而必凝视，见钱财而必起欲得之心，苟非有定力者，皆不免此。惟能杜其端源，见之而不顾，则无妄想；无妄想，则无过举矣。

| 今译 |

圣人说：不要见到可欲求的东西，使心不乱。这是最省事的要诀。人见到美食就必定会咽口水，见到美色就必定会盯着看，见到钱财就必定会起贪得之心，如果不是有定力的人，都不免这样。唯有在发端根源上杜绝，对它们视而不见，就不会有妄想。没有妄想，就不会有过失的举动了。

| 简注 |

① 不见可欲，使心不乱：语出《老子》第3章。指不要让民众见到可欲求的、会产生贪欲的东西，使民众的心不紊乱。

| 实践要点 |

本章可以和上章对照阅读。上章是从积极方面对欲望作出合理的节制，本章则从消极方面切断欲望产生的根源。现实生活中，常常是两种方式都运用。当然要注意的是，后一种方式，也不能走到极端，还是要以礼义为根据。

2.49 人为情惑则忘返

子弟有耽于情欲，迷而忘返，至于破家而不悔者，盖始于试为之，由其中无所见，不能识破，遂至于不可回。

今译

有的家中子弟沉溺于情欲，迷恋忘返，以至于破败家业都不后悔。这是始于尝试做那样的事，由于内心一无所见，不能识破，才走到不可挽回的地步。

实践要点

本章谈到一个生活中常见的现象。有的子弟为情欲所困，陷入其中而不能自拔。关键还在于从小培养良好的性情和健康的心智，识破情欲的牢笼。

2.50 子弟当谨交游

世人有虑子弟血气未定，而酒色博弈之事得以昏乱其心，寻至于失德破家，则拘之于家，严其出入，绝其交游，致其无所见闻，朴野蠢鄙，不近人情。殊不知此非良策，禁防一驰，情窦顿开[①]，如火燎原，不可扑灭。况拘之于家，无所用心，却密为不肖之事，与出外何异？不若时其出入，谨其交游，虽不肖之事，习闻既熟，自能识破，必知愧而不为。纵试为之，亦不至于朴野蠢鄙，全为小人之所摇荡也。

丨 今译 丨

世人有担心家中子弟年少，血气未定，酒色赌博之事会搞得他们内心昏乱，以至于丧失德性、破败家业，于是把他们关在家里，严格控制他们出门，禁绝他们跟人交往，导致他们没什么见识，朴实粗野、蠢笨粗鄙，处事不近人情。殊不知这并非好办法，禁令防备一旦松懈，情窦初开，那就会如星火燎原，扑都扑不灭。何况把他们关在家里，整天无所用心，却私下里做不肖之事，这跟外出又有什么分别呢！不如让他们适时出外，慎重地跟人交往，即使是不肖之事，听久熟悉了，自然能识破其中道理，必定知道羞愧而不肯去做。纵使尝试去做，也不至于朴实粗野、蠢笨粗鄙，完全被小人所左右。

| 简注 |

① 顿开：底本原作“头开”，据知不足斋本改。

| 实践要点 |

一般家庭抚养子弟，要么让他们跑到外面学坏了性子，要么把他们关在家里关出了问题。前者非常明显不合理，后者的问题则更加隐蔽，本章作者就着重讨论后面这种现象，并最后给出建议：让家中子弟适时出外，谨慎交游，既保有健康的性情，又打开视野、增长见识。

2.51　家成于忧惧破于怠忽

起家之人，生财富庶，乃日夜忧惧，虑不免于饥寒。破家之子，生事日消，乃轩昂自恣，谓不复可虑。所谓“吉人凶其吉，凶人吉其凶”，此其效验，常见于已壮未老、已老未死之前。识者当自默喻。

今译

创业发家的人，生意兴旺发达，还日夜担忧恐惧，顾虑着不免饥寒冻饿。破败家业的孩子，产业日渐衰落，却高傲放纵，声言再没什么可顾虑的。所谓“吉人以吉为凶，凶人以凶为吉”，他们各自的结果效验，常常在壮年未老、年老未死之前就见到。有识之人应当自己默默琢磨透这个道理。

实践要点

此下几章讲维持家业的问题。《孟子》曾说：“生于忧患，而死于安乐。”修身和齐家，都是一样的道理。真正明白了这个，就会收敛自己，而不敢骄傲放纵了。

2.52 兴废有定理

起家之人，见所作事无不如意，以为智术巧妙如此。不知其命分偶然，志气洋洋，贪多图得。又自以为独能久远，不可破坏。岂不为造物者所窃笑！盖其破坏之人或已生于其家，曰“子”曰“孙”，朝夕环立于侧者，皆他日为父祖破坏生事之人，恨其父祖目不及见耳。前辈有建第宅，宴工匠于东庑[①]，曰：“此造宅之人。”宴子弟于西庑，曰：“此卖宅之人。”后果如其言。近世士大夫有言：“目所可见者，谩尔[②]经营；目所不及见者，不须置之谋虑。”此有识君子，知非人力所及，其胸中宽泰，与蔽迷之人如何？

| 今译 |

创业发家的人看到所做的事全都顺心如意，就以为是自己的智慧方法多么高超巧妙，而不知道那只是命分中偶然如此，因此洋洋得意，贪多务得，又自以为唯独自己的事业能够长久不衰，这难道不会被造物者所暗中讥笑吗！那破败家业的人或许已生在家里，叫做“子”或者“孙”，从早到晚环绕着站在旁边的人，都是日后给父亲祖父破败家业生起事端的人，只恨父亲祖父不能亲眼见到而已。有个前辈建造了一栋屋宅，在东边廊屋宴请工匠，说：“这些是建造屋宅的人。”在西边廊屋宴请家中子弟，说：“这些是出卖屋宅的人。”后来果然如其所言。近世士大夫有一段言论：“能亲眼看到的，就随意筹划营治；亲眼所见不到的，就不须谋划操心。”此乃有见识的君子，智慧非人力所能达到，其心胸宽阔泰然，蒙蔽迷惑的人与之相比，差得有多远呢？

简注

① 东庑（wǔ）：正房东边的廊屋。古代以东为上首，位尊。

② 谩尔：犹言聊复尔尔，指随意貌。谩，通“漫”。

实践要点

本章接着上章，讨论以怎样的姿态来对待家业兴旺，认为不当“志气洋洋，贪多图得”。其中所说的宴请故事，令人叹息，也启人深思。

2.53 用度宜量入为出

起家之人易于增进成立者，盖服食、器用及吉凶百费，规模浅狭，尚循其旧，故日入之数多于已出，此所以常有余。富家之子易于倾覆破荡者，盖服食、器用及吉凶百费，规模广大，尚循其旧。又分其财产，立数门户，则费用增倍于前日。子弟有能省悟，远谋损节犹虑不及；况有不之悟者，何以支梧[①]乎？古人谓“由俭入奢易，由奢入俭难”，盖谓此尔。大贵人之家，尤难于保成。方其致位通显，虽在闲冷，其俸给亦厚，其馈遗亦多。其使令之人满前，皆州郡廪给[②]。其服食、器用虽极于华侈，而其费不出于家财。逮其身后，无前日之俸给、馈遗、使令之人，其日用百费，非出家财不可。况又析一家为数家，而用度仍旧，岂不至于破荡！此亦势使之然。为子弟者各宜量节。

| 今译 |

创业发家的人容易增进收益、建立事业，这是因为衣服、饮食、器用以及红白喜事等日用花销规模浅小，还依照从前贫困时那样，每天的收入多于每天的支出，所以经常有盈余。富人家的孩子容易破家荡产，这是因为衣服、饮食、器用以及红白喜事等日用花销规模广大，还依照从前富有时那样。又分析家产成立几个门户，于是费用比之前还增多几倍。子弟有能反省醒悟的，做长远谋划，都恐怕来不及；何况还有不觉悟的人，又凭借什么来支撑下去呢？古人说“从节俭到奢侈容易，从奢侈到节俭困难”，大概说的就是这个。大为显贵之家尤其难以维持。在其位高显贵的时候，即使是做冷门闲职的，俸禄也优厚，礼物馈赠也很多。供其使唤的人环绕跟前，都是郡官府的公职人员。其衣服、饮食、器用哪怕极端奢侈，也不要自家出费用。等到自己亡故后，再没有从前那样的俸禄、馈赠、使唤的人，日用花销非用家财不可。何况又把一个大家分为几个家，但用度还像从前一样，怎么能不倾家荡产呢？这也是趋势使然。为人子弟各自应该量入为出、节制用度。

简注

① 支梧：支持、支撑。

② 廪给：俸禄；薪给。这里指州郡官府的公职人员。

实践要点

本章接着上两章，讨论两代之间家庭支出对家业造成的不同影响。就如北宋著名政治家和史学家司马光说：“由俭入奢易，由奢入俭难。”家业初创时，家庭收入路径多样，而花销的规模还小，但同时常常已渐渐形成奢侈的生活方式；等到门户做大、子弟众多，收入减少，而花销却不断增加，这时如果不节俭，尾大不掉，家庭就容易走向破败。为人子弟应该明白这个道理。

2.54 起家守成宜为悠久计

人之居世，有不思父祖起家艰难，思与之延其祭祀；又不思子孙无所凭藉，则无以脱于饥寒。多生男女，视如路人，耽于酒色，博弈游荡，破坏[①]家产，以取一时之快，此皆家门不幸。如此，冒干刑宪，彼亦不恤，岂教诲、劝谕、责骂之所能回！置之无可奈何而已。

| 今译 |

有的人活在世上，不念父亲祖父兴家立业的艰难，想着要延续其祭祀，又不念子孙没有凭借则无法摆脱饥寒冻饿。因此生了很多男孩女孩，像路人一样看待他们；沉溺于酒色、赌博和游玩、浪荡之中，破家荡产，以求取一时的快乐，这些都是家门不幸。像这样，即使触犯刑罚法律，他们也不忧虑，又怎么可能通过教诲、劝告、责骂来让他们回头呢！对此唯有无可奈何而已。

| 简注 |

① 破坏：底本无此二字，据知不足斋本补。

| 实践要点 |

本章接着上章来家业维持的问题。有的人家子弟不顾念祖上创立家业的艰难、子孙后代的生活依靠，就会难以做到像上一章所讲的那样量入为出、节俭用度，而是享乐游荡，走到破家荡产的地步。

2.55 节用有常理

人有财物，虑为人所窃，则必缄縢扃鐍[1]，封识之甚严；虑费用之无度而致耗散，则必算计较量，支用之甚节。然有甚严而有失者，盖百日之严，无一日之疏，则无失；百日严而一日不严，则一日之失与百日不严同也。有甚节而终至于匮乏者，盖百事节而无一事之费，则不至于匮乏；百事节而一事不节，则一事之费与百事不节同也。所谓百事者，自饮食衣服、屋宅园馆、舆马仆御、器用玩好，盖非一端。丰俭随其财力，则不谓之费；不量财力而为之，或虽财力可办，而过于侈靡，近于不急，皆妄费也。年少主家事者，宜深知之。

| 今译 |

人拥有财物，担心被人偷窃，就紧锁箱柜，用绳索捆绑起来，贴上封条、写上标志，非常严密；担心日用花销没有节度而导致财物耗散，就精打细算，支出用度非常节俭。但是也有非常严密却仍有所丢失的，因为严防一百天，没有一天疏忽，就不会有丢失；严防一百天，却有一天疏忽，那么因一天疏忽而有丢失，跟因一百天都疏忽而丢失，结果是一样的。也有人非常节俭，但最后还是家财匮乏的，因为一百件事都节俭，没有一件事浪费，就不会匮乏；如果一百件事节俭，却有一件事不节俭，那么一件事不节俭的浪费，跟一百件事都不节俭是一样的。所谓一百件事，就是饮食、衣服、房屋、园林馆舍、车马、仆人差役、器具、兴趣玩好等等，并非只有一种。在这些事情上，或丰厚或节俭都按自家财力来做，就不叫浪费；不按自家财力来做，或是虽然财力充足却过于奢侈浪费，早早做不紧要的事，都是胡乱花费。年少而主持家事的人，应该深深知晓这一点。

简注

① 缄縢扃鐍：语出《庄子·胠箧》："将为胠箧、探囊、发匮之盗而为守备，则必摄缄、縢，固扃、鐍，此世俗之所谓知也。然而巨盗至，则负匮、揭箧、担囊而趋，唯恐缄、縢、扃、鐍之不固也。然则乡之所谓知者，不乃为大盗积者也？"缄、縢：绳子；扃、鐍：箱柜上加锁的关钮。将紧锁的箱柜用绳索捆绑起来以防盗贼。后比喻固守政策。

实践要点

本章接着前面几章，进一步讨论节俭的方式。其中指出两种有问题的节俭：一是"有甚严而有失者"，二是"有甚节而终至于匮乏者"。个中缘由值得深思。

2.56 事贵预谋后则时失

中产之家，凡事不可不早虑。有男而为之营生，教之生业，皆早虑也。至于养女，亦当早为储蓄衣衾、妆奁[①]之具，及至遣嫁，乃不费力。若置而不问，但称临时，此有何术？不过临时鬻田庐，及不恤女子之羞见人也。至于家有老人，而送终之具不为素办，亦称临时，亦无他术，亦是临时鬻田庐，及不恤后事之不如仪也。今人有生一女而种杉万根者，待女长，则鬻杉以为嫁资，此其女必不至失时也。有于少壮之年置寿衣、寿器、寿茔[②]者，此其人必不至三日五日无衣无棺可敛，三年五年无地可葬也。

| 今译 |

中产家庭，做什么事都不可不趁早考虑。家里有男孩，给他找一份生计，教他生财兴业的方法，这些都要趁早考虑。至于家里有女孩，也要趁早为她备好衣服被子、梳妆用具，等到让她出嫁时，才不用费力。如果对这些事置之不理，只说临时再做，这实际上又有什么办法呢？不过是临时变卖田地房屋，或者不顾惜女儿因嫁妆少而羞于见人。至于家里有老人，而送终的物资不提前置办，也说临时再做，也没有别的办法，也只是临时变卖田地房屋，或者不顾惜丧事办得不合礼仪。如今的人有生一个女儿就种万棵杉树的，等到女儿长大，就卖掉杉树做嫁妆，这样其女儿必定不会迟迟嫁不出去；有在年少健壮时置办寿衣、寿器、坟墓的，这样的人必定不会去世后三五天都没有寿衣棺材可用、三五年都没有地方可以埋葬。

| 简注 |

① 妆奁（lián）：女子梳妆用的镜匣。也指嫁妆。

② 寿茔（yíng）：生时所作的坟墓。

| 实践要点 |

本章可以与 1.64 章对照阅读。《中庸》说："凡事豫则立，不豫则废。"前面那章讲到遗嘱应当预先立好，本章则特别谈到中产之家行事要预先做考虑，无论是教家里儿子学好营生的技艺、为女儿准备嫁妆、为老人准备好送终之具，都要趁早准备。

2.57 居官居家本一理

居官当如居家，必有顾藉；居家当如居官，必有纲纪。

| 今译 |

为官应当像在家一样，必须要有所顾惜、顾忌；居家应当像为官一样，必须要有纲纪、法度。

| 实践要点 |

本章当和前面 2.40 章对照来读。这两章都讨论到，居官和居家有相通的道理。

2.58　子弟当习儒业

士大夫之子弟，苟无世禄可守，无常产可依，而欲为仰事俯育[①]之计，莫如为儒[②]。其才质之美，能习进士业者，上可以取科第、致富贵，次可以开门教授，以受束脩之奉。其不能习进士业者，上可以事笔札，代笺简之役，次可以习点读，为童蒙之师。如不能为儒，则巫医、僧道、农圃、商贾、伎术，凡可以养生而不至于辱先者，皆可为也。子弟之流荡，至于为乞丐、盗窃，此最辱先之甚。然世之不能为儒者，乃不肯为巫医、僧道、农圃、商贾、伎术等事，而甘心为乞与、盗窃者，深可诛也。凡强颜于贵人之前，而求其所谓应副；折腰于富人之前，而托名于假贷；游食于寺观而人指为穿云子，皆乞丐之流也。居官而掩蔽众目，盗财入己；居乡而欺凌愚弱，夺其所有；私贩官中所禁茶、盐、酒、酤之属，皆窃盗之流也。世人有为之而不自愧者，何哉！

| 今译 |

士大夫家的子弟，如果没有世袭俸禄可以守着，没有固定产业可以依赖，还想望能够侍奉父母、养育妻儿，那不如做个儒生。其中，才华资质比较好、可以学习进士举业的人，最好的是可以考取科举、获得富贵，其次也可以开门授徒，接受学生的学费来供养家庭；那些不能学习进士举业的人，最好的是可以做秘书、代人写文书，其次也可以学习标点句读，做孩童的老师。如果做不了读书人，那么巫医、僧人道士、农夫园丁、商人、技术工匠，凡是可以维持生计又不至于有辱先人的工作，都可以去做。子弟游手好闲，以至于做乞丐、盗贼，这是最有辱先人的事。但是世上做不了读书人的人，又不肯做医生、僧人道士、农夫园丁、商人、技术工匠等职业，而情愿去做乞丐、盗贼，这是应该痛加谴责的。凡是在权贵面前强颜欢笑，以求取照顾周济；在富人面前卑躬屈膝，托名为借贷钱物；在寺庙道观里不劳而食，而被人称为“穿云子”，这些人都是乞丐一类的人。为官却掩人耳目，中饱私囊；住在乡里就欺凌愚笨弱势的人，夺取他们的财物；私自贩卖国家禁卖的茶、盐、酒等物品，这些人都是盗贼一类的人。世人却有这么做而不惭愧的，真不明白是为什么啊！

简注

① 仰事俯育：同“仰事俯畜”。语出《孟子·梁惠王上》：“是故明君制民之产，必使仰足以事父母，俯足以畜妻子。”后因以“仰事俯畜”谓对上侍奉父母，对下养育妻儿。亦泛指维持全家生活。

② 儒：儒生，通儒家经书的人、读书人。

实践要点

本章作者建议，那些没有继承高官禄位或固定家业的子弟，比较好的职业选择就是做儒生或读书人，这样上能考取功名，中能开门授徒，下能执笔写录、做儿童教师；如果做不了读书人，其他职业也可以选择，总之都能维持生计，上养父母，下养妻儿。而乞丐、盗贼则万万不能做。最后，作者还谈到两种特别的“乞丐”和“盗贼”，读来真令人深思。今天对于职业的选择，已跟古代有所不同，读书不是唯一的选择。但是，无论做什么职业，做一个有道德、有修养的人，仍然是共同的要求和期待。

2.59 荒怠淫逸之患

凡人生而无业，及有业而喜于安逸，不肯尽力者，家富则习为下流，家贫则必为乞丐。凡人生而饮酒无算，食肉无度，好淫滥，习博弈者，家富则致于破荡，家贫则必为盗窃。

今译

凡是人活在世上却没有正当职业，或者虽有职业却喜欢安逸、不肯尽力做事，那么如果家庭富有，他就会变成劣等之人；如果家庭贫困，他就会变成乞丐。凡是人活在世上却沉溺于酒、肉、色、赌的人，如果家庭富有，他就会倾家荡产；如果家庭贫困，他就会成为盗贼。

实践要点

本章接着上章，进一步讨论有些人沦为“乞丐、盗贼”（以及与之相类似的卑贱之人、破家之子）的缘由和过程。无论贫富，如果安逸或放纵，总会落得不好的下场，令人警醒。

2.60 周急贵乎当理

人有患难不能济，困苦无所诉，贫乏不自存，而其人朴讷怀愧，不能自言于人者，吾虽无余，亦当随力周助。此人纵不能报，亦必知恩。若其人本非窘乏，而以干谒[①]为业，挟持[②]便佞之术，遍谒贵人富人之门，过州干州，过县干县，有所得则以为己能，无所得则以为怨仇，在今日则无感德之心，在他日则无报德之事。正可以不恤不顾待之，岂可割吾之不敢用，以资人之不当用？

| 今译 |

有的人遭遇祸患困难无法克服，困顿苦楚无处诉说，贫穷得无法维持生活，而这人又朴实木讷、心怀愧疚，不敢开口求人。这种情况下，我虽然也没有多余资财，也还是要尽力周济帮助他。这个人纵使不能回报，也必定会感恩。如果其人本来不是窘迫贫困，而是专门干谒求财，凭借花言巧语、逢迎巴结的方法，到处求见富贵人家，无论在州郡还是县城，都这样去求见，得到所求就认为是自己有能力，得不到就跟别人结下仇怨；在当下没有感恩之心，在将来也不会报答别人的恩德。对这种人，正应该不加顾念怜悯，怎么能够把我不敢轻用的资财，拿去帮助不当使用这些资财的人呢？

简注

① 干谒：对人有所求而请见。底本原作“作谒”，今据知不足斋本改。

② 挟持：依仗、保持。底本作“挟挥”，今据知不足斋本改。

实践要点

本章讨论救助他人的原则，主要涉及两种情况：其一，如果对方确实有困难，其本人又羞于开口求人，那自己应当尽力相助；其二，如果对方并非困窘，只是花言巧语，到处巴结请托，那就不必顾念。

2.61 不可轻受人恩

居乡及在旅，不可轻受人之恩。方吾未达之时，受人之恩，常在吾怀，每见其人，常怀敬畏。而其人亦以有恩在我，常有德色①。及我荣达之后，遍报则有所不及，不报则为亏义。故虽一饭一缣②，亦不可轻受。前辈见人仕宦而广求知己，戒之曰："受恩多则难以立朝。"宜详味此。

今译

居住乡里以及客居他乡，不能够轻易接受别人的恩德。在我还没发达时，接受别人的恩德，心里常常想着，每次见到对方，常常心怀敬畏。而对方也因为对我有恩德，而常常表现出一副有恩德于我的神色来。等到我发达富贵之后，一一报答就会力所不及，不报答则在义上有所亏欠。所以即使是一口饭、一匹布，也不可轻易接受。前辈看到有人做官而广泛地寻求知己，就告诫他说："受人恩德多，就会难以在朝堂上立身。"应当细细地品味这个话。

简注

① 德色：自以为对人有恩德而表现出来的神色。

② 缣（jiān）：双丝的细绢。

实践要点

本章可以和上章对照来读。上章谈到有一种人特别喜欢请托求见，巴结逢迎；本章则指出，除非迫不得已，不要轻易接受别人的恩惠。其中的考虑，可谓曲尽人情。

2.62 受人恩惠当记省

今人受人恩惠多不记省，而有所惠于人，虽微物亦历历在心。古人言："施人勿念，受施勿忘。"诚为难事。

| 今译 |

如今的人接受别人的恩惠，大多记不住，而自己施恩于人，哪怕是微小之物也记得一清二楚。古人说："施惠于人不要惦记着，受人恩惠不要忘记了。"这确实是难做到的事。

| 实践要点 |

本章接着上章来讲。恩惠不当轻易接受，但如果接受了，就要知恩图报。作者以对比的方式指出，有些人则相反，施予恩惠就印象深刻，接受恩惠就轻易忘记。这种现象值得反思。

2.63　人情厚薄勿深较

人有居贫困时，不为乡人所顾；及其荣达，则视乡人如仇雠。殊不知乡人不厚于我，我以为憾；我不厚于乡人，乡人他日亦独不记耶？但于其平时薄我者，勿与之厚，亦不必致怨。若其平时不与我相识，苟我可以济助之者，亦不可不为也。

| 今译 |

有的人贫困之时，不被乡人所照顾；等到他发达富贵之后，就把乡人看成像仇敌一样。殊不知乡人不厚待我，我觉得气恨；我不厚待乡人，难道乡人将来就不会记得吗？只须对那些平时薄待我的人，不要厚待他们，也不必跟他们结怨。如果有的乡人平时跟我本不相识，那么要是我可以救济帮助他们，也不能够不帮。

| 实践要点 |

本章接着前面两章，讨论与此相对的另外一种情况。接受恩惠应当记得回报，但受到乡里人的薄待，则不必太过计较。自己富贵发达之后，遇到应当救助的乡人，还是要去救助。这样的人心胸开阔，常常可以做出大事。

这里可以看看《史记》所载淮阴侯韩信的故事，其中讲到他富贵之后对待三种人的方式。韩信小时候家里穷，曾在亭长家吃了几个月闲饭，最后被亭长的妻子设法赶走了；后来韩信在城下钓鱼，有位漂洗丝绵的大娘看到他很饥饿，就拿出饭给他吃，一连几十天都这样；淮阴城有少年侮辱韩信，说他是胆小鬼，并让韩信经受了胯下之辱。后来韩信做了诸侯王，回到老家，就召见那位大娘，赐给他千金；又赐给亭长百钱，并直接说："您是小人，做好事有始无终。"又召见那位当年侮辱过自己的年轻人，让他做了中尉，并跟将士们说："这是一位壮士。在侮辱我的时候，我难道不能杀死他吗？杀掉他就不能成就功名，所以我忍受一时的侮辱而成就今日的一番功业。"

2.64　报怨以直乃公心

圣人言“以直报怨”[1]，最是中道，可以通行。大抵以怨报怨，固不足道；而士大夫欲邀长厚之名者，或因宿仇纵奸邪而不治，皆矫饰不近人情。圣人之所谓“直”者，其人贤，不以仇而废之；其人不肖，不以仇而庇之。是非去取，各当其实。以此报怨，必不至递相酬复，无已时也。

今译

圣人说：“用正直之道对待跟自己有怨恨的人。”这是最合乎中道的做法，可以通行天下。大致来说，用怨恨来对待怨恨，固然不足为道，但是士大夫想要获取恭谨宽厚之名声的，或许会积蓄仇怨而不揭发、纵容奸邪之人而不惩治，这都是矫饰虚伪、不近人情的做法。圣人所说的“直”，是指那人贤能，就不因仇怨而不举荐他；那人不肖，也不因仇怨而庇护他。是与非、去与取，各各合乎实情。以这样的方式来对待怨恨，必定不至于无休止地转相报复。

简注

① 以直报怨：孔子之言，语出《论语·宪问》：“或曰：‘以德报怨，何如？’子曰：‘何以报德？以直报怨，以德报德。’”指用正直之道对待跟自己有怨恨的人。

丨 实践要点 丨

本章发挥孔子“以直报怨”的名言，以之为可以普遍通行的中道。孔子不赞成“以德报怨”的回报方式，这样就无法有分别地回应德和怨了；当然孔子也不会赞同“以怨报怨”，所谓冤冤相报何时了；孔子是追求“以直报怨，以德报德”，这样德和怨就能各自得到应有的回应。作者解释了“直”的内涵，并特别点出一种不良现象：有的士大夫为了博得宽厚的好名声，最终纵容邪恶。这其实是虚伪的表现，不足为道。

2.65 讼不可长

居乡，不得已而后与人争，又大不得已而后与人讼。彼稍服其不然则已之，不必费用财物，交结胥吏，求以快意，穷治其仇。至于争讼财产，本无理而强求得理，官吏贪谬，或可如志，宁不有愧于神明？仇者不伏，更相诉讼，所费财物，十数倍于其所直。况遇贤明有司，安得以无理为有理耶？大抵人之所讼，互有短长，各言其长而掩其短，有司不明，则牵连不决，或决而不尽其情。胥吏得以受赇而弄法，蔽者之所以破家也。

| 今译 |

居住在乡里，只有不得已之时才跟人相争，非常不得已之时才跟人诉讼。对方稍稍认清自家的不对，就停止争讼，不必耗费财物，贿赂小官，以求爽快，彻底查办别人的罪责。至于争讼财产，自己本来没道理却强求有道理，官吏贪婪，或许可以得志，但这样难道不会觉得有愧于神明吗？仇家不服气，转相诉讼，以致所耗费的财物，比所争的财产都要多十几倍。何况遇到贤明的官员，怎能容你没道理却强求有道理呢？大致来说，人们的诉讼互相都有有道理和理亏之处，各自只说有道理之处而掩盖自己理亏之处，官员没弄清楚，就牵连不断没有个了结，或者虽然了结却不尽合实情。于是小官吏得以从中受贿、舞文弄法，头脑糊涂的人就是由此而破家荡产的。

实践要点

本章可与 2.32 章对照来读。那里讲到责骂人、诉讼人要适可而止，不可过分纠缠不休。本章也讲到诉讼是不得已而为之的事情，不可长久不决，并给出更详细的分析。

2.66 暴吏害民必天诛

官有贪暴，吏有横刻，贤豪之人不忍乡曲众被其恶，故出力而讼之。然贪暴之官，必有所恃，或以其有亲党在要路，或以其为州郡所深喜，故常难动摇。横刻之吏，亦有所恃，或以其为见任官之所喜，或以其结州曹吏之有素，故常无忌惮。及至人户有所诉，则官求势要之书以请托[①]，吏以官库之钱而行赂，毁去簿历，改易案牍。人户虽健讼，亦未便轻胜。兼论诉官吏之人，又只欲劫持官府，使之独畏己，初无为众除害之心。常见论诉州县官吏之人，恃为官吏所畏，拖延税赋不纳。人户有折变[②]，己独不受折变；人户有科敷[③]，己独不伏科敷。睨立庭下，抗对长官；端坐司房，骂辱胥辈；冒占官产，不肯输租；欺凌善弱，强欲断治；请托公事，必欲以曲为直；或与胥吏通同为奸，把持官员，使之听其所为，以残害乡民。如此之官吏，如此之奸民，假以岁月，纵免人祸，必自为天所诛也。

| 今译 |

官员中有贪婪残暴的，小吏中有蛮横惨刻的，贤明豪杰之人不忍心乡曲小民遭受他们的恶行，所以出力起诉他们。但是贪婪残暴的官员必定有其靠山，或是有亲戚朋党身居高位，或是为州郡长官所深深喜爱，所以经常难以动摇。蛮横惨刻的小吏，也有靠山，或是为现任官员所喜爱，或是跟州郡的属吏素有结交，所以常常无所忌惮。等到民户有所诉讼，那么官员就会求取高官的书信来走门路，小吏用官府的钱财来行贿，毁掉记录，篡改文档。民户即使善于打官司，也未必能轻易胜利。而且起诉官吏的人又只是想要劫持官府，让官府唯独畏忌自己，本无为民众除害的心。常常见到起诉州县官吏的人，倚仗着为官吏所畏忌，就拖延税赋不缴纳。民户有改征他物，他自己独独不用改征他物；民户有摊派，他自己独独不用承担摊派。傲视着站立在公堂之下，对抗长官；端坐在刑房，辱骂胥吏小辈；冒领霸占官府田产，不肯输纳租税；欺凌善良弱小之人，强迫欲求判决处治；在公事上走门路，一定想要以曲为直；或是和胥吏一同狼狈为奸，把控挟持官员，让他听凭自己为所欲为，以此来残害乡里小民。像这样的官吏，这样的奸民，假以时日，纵使免除人祸，也必定要遭天谴。

简注

① 请托：以私事相嘱托；走门路，通关节。

② 折变：宋代指所征实物以等价改征他物。

③ 科敷：犹科派，指摊派力役、赋税或索取钱财。

实践要点

本章可与上章对照来读。上章从民众的角度提出，民众不可陷在打官司中，长久不决只会对自己不利；本章则从官吏和奸民的双重角度指出，贪婪残暴的官员，蛮横惨刻的小吏，以及谋取私利的奸民，都是不可取的，都会遭到应得的惩罚。

2.67 民俗淳顽当求其实

士大夫相见，往往多言某县民淳，某县民顽。及询其所以然，乃谓见任官赃污狼籍，乡民吞声饮气而不敢言，则为淳；乡民列其恶，诉之州郡监司，则为顽。此其得顽之名，岂不枉哉？

今人多指奉化县为顽，问之奉化人，则曰："所讼之官皆有入己赃，何谓奉化为顽？"如黄岩等处人言皆然，此正圣人所谓"斯民也，三代之所以直道而行也"①，何顽之有？

今具其所以为顽之目：应纳税赋而不纳，及应供科配②而不供，则为顽；若官中因事广科，从而隐瞒，其民户不肯供纳，则不为顽。官吏断事，出于至公，又合法意，乃任私忿，求以翻异，则为顽；官吏受财，断直为曲，事有冤抑，次第陈诉，则不为顽。官员清正，断事自己，豪横之民无所行赂，无所措谋，则与胥吏表里撰合语言，妆点事务，妄兴论讼，则为顽；若官员与吏为徒，百般诡计，掩人耳目，受接贿赂，偷盗官钱，人户有能出力，为众论诉，则不为顽。

| 今译 |

士大夫相见，往往多谈论某县的民众淳朴，某县的民众顽劣。等到询问为什么淳朴、顽劣，则说现任官员贪污、名声不好，而乡里民众吞声忍气，不敢声言，就叫淳朴；乡里民众条列官员的恶行向州郡监察机构起诉，就叫做顽劣。民众因为这样而得到顽劣的名声，岂不是很冤枉？

如今的人多指奉化县的民众为顽劣，向奉化人打听探问，则说："我们所起诉的官员自己都有收受赃款，怎么能说奉化人为顽劣？"诸如黄岩等地方的人也这么说，这正是圣人所说的"夏商周三代的老百姓都是这样做的，所以三代能够按照正道来行动"，哪里有什么顽劣呢？

现在不妨详细列举真正是顽劣的那些行径：应当纳税却不缴纳，以及应该提供临时加税却不提供，就叫做顽劣；但如果官府因事广增摊派赋税，又隐瞒所得，其民户不肯提供缴纳，则不叫做顽劣。官吏判断案件，出于至公之心，又合乎法律本意，民众却听任私忿，想要翻案，就叫做顽劣；但如果官吏收受财物，颠倒是非，事情有冤屈，因此民众一级级上诉，则不叫做顽劣。官员清廉公正，自主判断案件，豪强顽劣的民众无法行贿，无法使计谋，于是伙同胥吏一表一里杜撰言语，修饰事务，妄自兴起诉讼，就叫做顽劣；但如果官员与胥吏同流合污，千方百计掩人耳目，接受贿赂，偷窃官府钱财，民户能够出力为大众而起诉官吏，则不叫做顽劣。

简注

① 斯民也，三代之所以直道而行也：孔子之言，语出《论语·卫灵公》："曰：'吾之于人也，谁毁谁誉？如有所誉者，其有所试矣。斯民也，三代之所以直道而行也。'"孔子说："我对于别人，诋毁过谁？赞美过谁？如果有所赞美的，那是经过一定考验的。夏商周三代的老百姓都是这样做的，所以三代能够按照正道来行动。"

② 科配：指官府摊派正项赋税外的临时加税。

| 实践要点 |

本章指出，对民风民俗的评定应该采取合适的标准，而不能只从士大夫的偏私角度来看待。其中形象地辨析了有关民风是否“顽劣”——用今天的话说，即是否为“刁民”——的两种不同现象：其一是为了自私利益而罔顾公家利益，采取违法的行径而谋取私利，这是真正的顽劣；其二是抵制官府的不正当措施，勇于揭发官吏的违法行径，奋勇抗争以谋取大众的正当利益，这样则不能叫做顽劣。即使在今天，也有这两种人，应当加以分别。

2.68 官有科付之弊

县、道[①]有非理横科，及预借[②]官物者，必相率而次第陈讼。盖两税[③]自有常额，足以充上供[④]、州用县用；役钱[⑤]亦有常额，足以供解发支雇。县官正己以率下，则民间无隐负不输，官中无侵盗妄用，未敢以为有余，亦何不足之有！

惟作县之人不自检己，吃者、着者、日用者，般挈往来，送遗结托，置造器用，储蓄囊箧，及其他百色之须，取给于手分[⑥]、乡司[⑦]。为手分、乡司者，岂有将己财奉县官，不过就薄历之中，恣为欺弊；或揽人户税物而不纳；或将到库之钱而他用；或伪作过军、过客券旁，及修葺廨舍，而公求支破；或阳为解发而中途截拨[⑧]。其弊百端，不可悉举。县官既素受其污唊，往往知而不问；况又有懵然不晓财赋之利病；及晓之者，又与之通同作弊。一年之间，虽至小邑，亏失数千缗[⑨]，殆不觉也。于是有横科预借之患，及有拖欠州郡之数。及将任满，请托关节以求脱去，而州郡遂将积欠勒令后政补偿。夫前政以一年财赋不足一年支解，为后政者岂能以一年财赋补足数年财赋？故于前政预借钱物，多不认理，或别设巧计，阴夺民财，以求补足旧欠，其祸可胜言哉！

大凡居官莅事，不可不仔细，猾吏奸民尤当深察。若轻信吏人，则彼受乡民遗赂，百端撰造，以曲为直，从而断决，岂不枉哉！间有子弟为官懵然不晓事理者，又有与吏同贪，虽知其是否而妄决者，乡民冤抑莫伸。仕官多无后者以此。盍亦思上之所以责任我者何意？而下之所以赴愬于我者，正望我以伸其冤抑，我其可以不公其心哉！凡为官吏当以公心为主，非特在己无愧，而子孙亦职有利矣！

今译

县道中有蛮横无理滥征赋税和向民间预先借支官家财物的，民众必定依次相继起诉。因为两税本来有恒定的额度，足以供给中央和地方州县的用度；代替劳役的税钱也有恒定的额度，足以供给差役的起解发送和雇用。县官端正自己来率领下属，则民间没有隐情不输入官府，官府中没有侵犯偷盗胡乱使用，不敢说一定有剩余，但又哪里会有不足呢！

只因县官自己不检点，吃穿日用都从官府里拿，或馈赠送人、结交请托，置办器用，储存袋子箱子，以及其他各色需求，都从官府差役、管事者中拿取。做官府差役、管事者的，难道会拿私财来侍奉县官？不过在官府文档中任意欺瞒作弊；或是收取民户的税物而不向上面缴纳；或是将进到府库的钱财挪作他用；或是伪造犒劳军士、来客的票券，以及修葺官署，以此来套取公家钱财；或是表面上是起解发送，而中途又截留调拨。凡此种种，有诸多弊端，无法一一列举。县官既已素来收受贿赂，往往知道却不过问，何况又有懵然不懂财富利病的。而那些懂得的，又与下属一同狼狈为奸。一年之间，即使是小地方，也会亏失数千串铜钱，也没人发觉。于是就有蛮横无理滥征捐税和向民间预先借支赋税的祸患，以及拖欠州郡的数额。等到任期将满，就走门路通关节，以求脱去责任，于是州郡就将积累欠下来的数额勒令继任县官补偿。前任县官以一年的财赋都不足以提供一年的支出，继任县官又怎能以一年的财赋来补足数年的财赋呢？所以对于前任县官向民间预先借支的赋税多不认，或是另外设巧计暗中夺取民众财产，以求补足过去欠下的数额，其中的祸患真是多得不可胜数！

大凡做官办事，不可不仔细，对于那些奸猾的小吏、民户尤其要深察。如果轻信小吏，那只要他们收受乡民的贿赂，就会进行各种捏造，颠倒是非，官员以此来判断案件，岂不造成冤枉！间或有子弟做官懵然不懂事理的，又有跟小吏同流合污，虽知道是非而妄加判决的，乡民冤屈无法得到伸张。出仕官员多因此而没有后代。为什么不想想主上之所以责求任用我，用意何在？而下民之所以来我这里奔走求告，正是希望我来伸张他们的冤屈，我怎么能够不以公心判决呢！凡做官吏的，应当以公心为主，不仅自己于心无愧，子孙后代也会受益。

简注

① 县、道：汉制，邑有少数民族杂居者称道，无者称县。

② 预借：指官府向民间预先借支各种赋税。

③ 两税：夏税和秋税的合称。

④ 上供：唐宋时所征赋税中，从地方向中央输送的部分。

⑤ 役钱：代替劳役的税钱。宋制，凡应服劳役者可输钱免役。

⑥ 手分：宋时州县雇募的一种差役。

⑦ 乡司：旧时一乡中管理杂事的人，略同于社长、里正等。

⑧ 截拨：截留调拨。

⑨ 缗：古代计量单位。钱十缗，即十串铜钱，一般每串一千文。

| 实践要点 |

本章主要讨论官府滥征捐税、预支赋税的蛮横行径，以及由此导致的一连串弊端。并在最后呼吁官吏当以“公心”为主。作者所言可谓苦口婆心，曲尽人情。

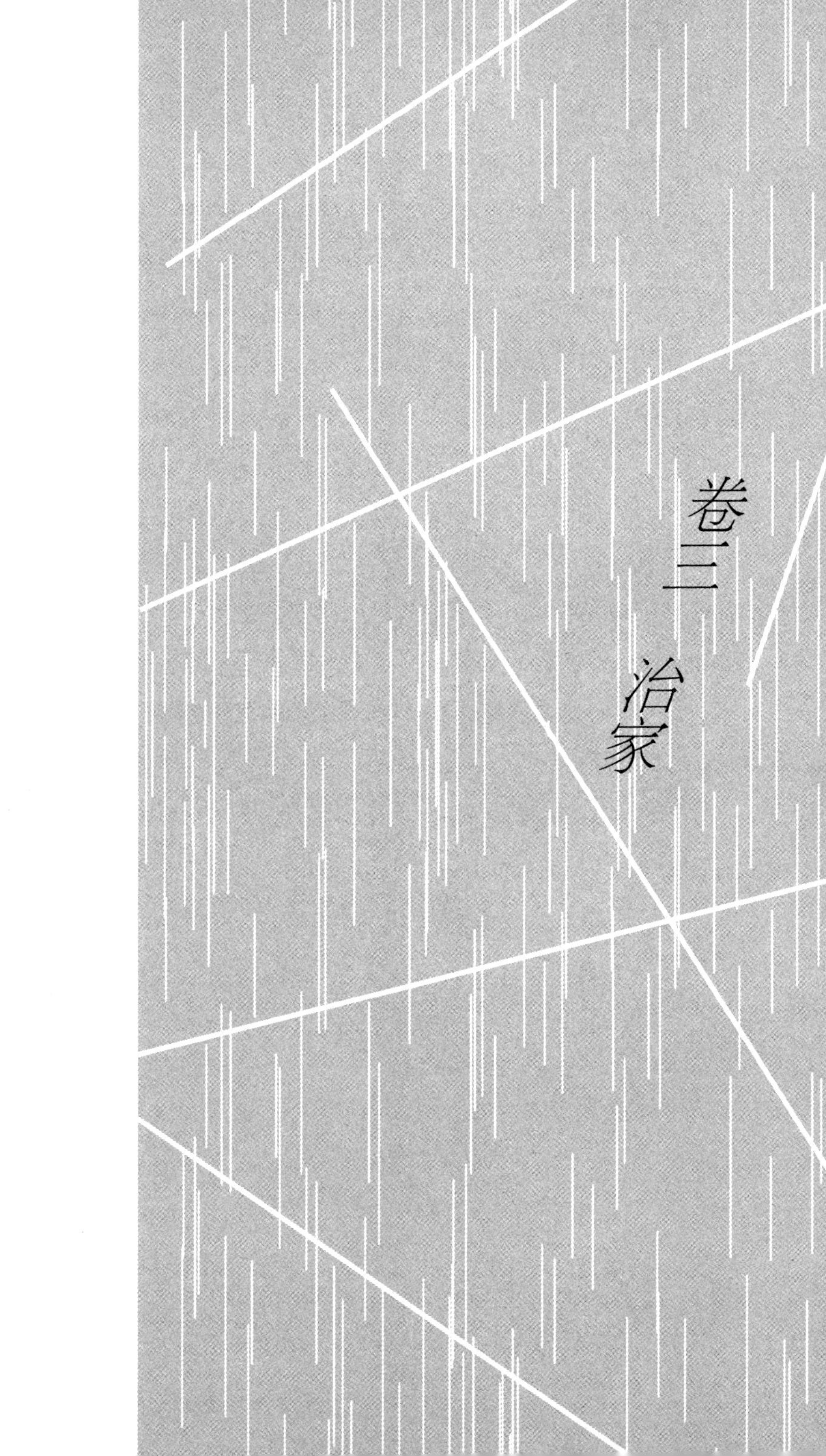

卷三　治家

3.1　宅舍关防贵周密

人之居家，须令垣墙高厚，藩篱周密，窗壁门关坚牢。随损随修，如有水窦①之类，亦须常设格子，务令新固，不可轻忽。虽窃盗之巧者，穴墙剪篱，穿壁决关，俄顷可办，比之颓墙败篱、腐壁敝门以启盗者，有间矣。且免奴婢奔窜，及不肖子弟夜出之患。如外有窃盗，内有奔窜及子弟生事，纵官司为之受理，岂不重费财力？

| 今译 |

人之居家，需要让屋墙高厚一些，篱笆围栏周密一些，窗户、壁门关得严实牢固一些。损坏后即时修理，如果有水出入的孔道，也需要常设置格子，务必是新做而坚固的，不可轻忽。这样，即使是灵巧的盗贼，穿墙破壁，剪开篱笆，打开关口，一会儿工夫就能搞定，但比起破败的墙壁、篱笆，腐坏的门窗而把盗贼招引来，还是有所不同的。而且也避免奴婢奔逃和不肖子弟夜晚偷偷溜出的祸患。如果外面有盗贼进来，里面有奴婢奔逃和子弟溜出惹事，纵然官府受理，难道不也很浪费财力吗？

| 简注 |

① 水窦：水道；水之出入孔道。

实践要点

本章是卷三“治家”的首章，自此以下十章，都聚焦在家庭安全、防范强盗的问题上。作者首先从防范盗贼说起，也可谓颇有深意。要治家，首先需能维持家业，确保安全，才能进一步扩展家业，兴旺发达。

3.2　山居须置庄佃

居止或在山谷村野僻静之地，须于周围要害去处置立庄屋，招诱丁多之人居之。或有火烛、窃盗，可以即相救应。

| 今译 |

有的人家居住在偏僻安静的山谷荒野，需要在周边要害的地方设置田庄屋舍，招引人丁多的人家来居住。这样，如果发生火烛、偷盗等意外，就可以及时相互救助。

| 实践要点 |

本章考虑住房选址及周边邻居的问题。哪怕屋舍建在偏远的地方，也要设法使周边有邻居住，这样发生意外也有个照应。此处考虑可谓周到。

3.3 夜间防盗宜警急

凡夜犬吠，盗未必至，亦是盗来探试，不可以为他而不警。夜间遇物有声，亦不可以为鼠而不警。

| 今译 |

大凡夜里狗叫，即使盗贼未必来，那也是盗贼来试探，不可以为是别的情况而不加警惕。夜间遇到东西有声响，也不可以为是老鼠而不加警惕。

| 实践要点 |

本章继续考虑夜间的家庭安全防范问题，提出在夜里要保持足够的警惕，以防盗贼。

3.4 防盗宜巡逻

屋之周围须令有路，可以往来，夜间遣人十数遍巡之。善虑事者，居于城郭，无甚隙地，亦为夹墙[①]，使逻者往来其间。若屋之内，则子弟及奴婢更迭巡警。

| 今译 |

屋舍的周围需要有小路，可以往来，夜里派人巡逻十来遍。善于谋事的人，居住在城里，屋舍间没什么空隙，也设置夹墙，让巡逻的人在其中来回走。至于屋舍里面，就让子弟和奴婢轮流巡逻警戒。

| 简注 |

① 夹墙：两座距离很近、中间有狭窄道路的墙壁。

| 实践要点 |

本章从房屋之间的间隔问题来考虑安全防范问题。房屋之间最好有道路或墙壁，这样有利于防止盗贼。

3.5　夜间逐盗宜详审

夜间觉有盗，便须直言“有盗”，徐起逐之，盗必且窜。不可乘暗击之，恐盗之急，以刃伤我，及误击自家之人。若持烛见盗，击之，犹庶几。若获盗而已受拘执，自当准法，无过殴伤。

| 今译 |

夜里发觉有盗贼，就要直接说“有盗贼”，慢慢起来追他，盗贼必定要逃窜。不可以趁黑攻击他，以免盗贼急了，用小刀伤到我，也免得自己在黑暗中误伤了自家的人。如果拿着火烛看到盗贼从而攻击他，那还差不多。如果擒住盗贼并且已被捆绑起来，自当送到官府依法处置，不要过分打伤他。

| 实践要点 |

本章进一步讨论夜间发觉盗贼之后，如何处理防范以保安全。作者指出要直接喊“有盗贼”，但同时又要避免与盗贼正面冲突，以免误伤自家人。并且在抓住盗贼之后，要依法处置。这些都是值得借鉴的处理方式。

3.6 富家少蓄金帛免招盗

多蓄之家，盗所觊觎，而其人又多置什物，喜于矜耀，尤盗之所垂涎也。富厚之家若多储钱谷，少置什物，少蓄金宝丝帛，纵被盗亦不多失。前辈有戒其家："自冬夏衣之外，藏帛以备不虞，不过百匹。"此亦高人之见，岂可与世俗言？

今译

多储存财宝的家庭，盗贼容易盯上，若是这家人又多置办各种物品器具，喜欢炫耀，就尤其为盗贼所垂涎。富有的家庭如果多储存钱币、谷米，少置办各种物品器具，少储存金银财宝、丝帛绸缎，那即使被偷盗了，也不会丢失很多。前辈中有这样告诫自己家的："除了冬天、夏天的衣服之外，储藏丝帛以备不时之需，最多不超过百匹。"这也是高见，跟世俗之人怎么能谈得了呢？

实践要点

本章从自身方面指出防盗的要点。喜欢"显摆、炫富"的人家，经常更容易被盗贼盯上。古语言："祸福无门，唯人所召。"很多不测之祸，其实都是由于自身的行动所造成的。如果自己表现得谦逊、平常一些，也就不会招来盗贼。

3.7 防盗宜多端

劫盗有中夜炬火露刃，排门而入人家者，此尤不可不防。须于诸处往来路口，委人为耳目。或有异常，则可以先知。仍预置便门，遇有警急，老幼妇女且从便门走避。又须子弟及仆者平时常备器械，为御敌之计。可敌则敌，不可敌则避，切不可令盗得我之人，执以为质，则邻保及捕盗之人不敢前。

| 今译 |

强盗有半夜拿着火炬、露着刀刃、推门而进入人家里抢劫，这尤其不可不防备，需要在各处往来的路口派人去望风，如果有异常情况就可以事先知道。还要预先设置便门，遇到有危急情况，老幼妇女就从便门逃走躲避。又需要子弟和仆人平时常备好一些器械，以作防御敌人之用。可以抵挡就抵挡，不能抵挡就逃避，切记不可让强盗得到我们的人，如果捉住作为人质，那邻居和抓捕强盗的人就不敢上前了。

| 实践要点 |

本章设想如果真的遇到强盗劫匪，应该从多方防备，给自己和家人留下退避的后路和防御的器械。“可以抵挡就抵挡，不能抵挡就逃避”，最关键的是，不要被抓到人质。今天来看，这也正是生命第一、正当防卫的体现。

3.8 刻剥招盗之由

劫盗虽小人之雄，亦自有识见。如富人平时不刻剥[①]，又能乐施，又能种种方便，当兵火扰攘之际，犹得保全，至不忍焚掠污辱者多。盗所快意于劫杀之者，多是积恶之人。富家各宜自省。

今译

强盗虽然是小人中的奸雄，也自有一些见识。如果富人平时不侵夺剥削别人，又能乐于施惠，又能给众人各种方便，那即使在兵火战乱之时都能够得到保全，众人多半不忍焚烧、劫掠、侮辱这样的人家。强盗所恣意去抢劫、杀掠的，多是积累恶行的人。富有的人家应该各自反省。

简注

① 刻剥：侵夺剥削。

实践要点

本章从长远来看，如果富人平时乐善好施，也会减少被抢劫侮辱的概率。所谓“盗亦有道”，强盗确实是作恶，但他们抢劫的对象，通常是那些为富不仁的人。这体现出强盗还保有最基本的人性。这个道理，在今天也是值得警醒的。

3.9　失物不可猜疑

家居或有失物，不可不急寻。急寻，则人或投之僻处，可以复收，则无事矣。不急，则转而出外，愈不可见。又不可妄猜疑人，猜疑之当，则人或自疑，恐生他虞；猜疑不当，则正窃者反自得意。况疑心一生，则所疑之人，揣其行坐辞色，皆若窃物，而实未尝有所窃也。或已形于言，或妄有所执治，而所失之物偶见，或正窃者方获，则悔将若何！

| 今译 |

家居如果有物件失窃了，不可不紧急寻找。紧急寻找，那么小偷或许会把它扔到荒僻的地方，可以找回来，那就没事了。不紧急去寻找，那么小偷转而将它带到外面，更加不可得见。但又不能够胡乱猜疑别人，如果猜疑对了，那么对方或许会自疑，恐怕会生出别的可忧虑之事；如果猜疑不对，那真正的小偷反而得意了。况且疑心一生，那么揣测所怀疑之人的言行、举止、神色，都像是偷东西的小偷，但实际则并没有偷。或是已说出猜疑的话来，或是胡乱捉拿整治人，这时失窃的东西意外发现了，或真正的小偷刚好抓获了，那该怎么后悔呢？

| 实践要点 |

本章指出对待失窃应该持怎样的态度。重要的是两步：第一，赶紧去寻找失物；第二，不要胡乱猜疑是谁偷的，否则，就可能会落得让朋友伤心、让小偷得意，最后又让自己后悔的下场。

《韩非子》中讲过一个故事。宋国有个富人，因为天下雨，致使他家的墙坍塌了。他的儿子说："不把墙修筑好，必定会招致盗贼。"他邻居的父亲也这么说。到了晚上，果然财物严重失窃。富人家里觉得自己的儿子非常聪明，同时又怀疑是其邻居的父亲偷的。这个"智子疑邻"的故事，生动描绘出那些没有证据而胡乱猜疑之人的愚昧而又不自知其愚昧的丑态。

3.10 睦邻里以防不虞

居宅不可无邻家，虑有火烛，无人救应。宅之四围如无溪流，当为池井，虑有火烛，无水救应。又须平时抚恤邻里有恩义。有士大夫平时多以官势残虐邻里，一日为仇人刃其家，火其屋宅。邻里更相戒曰："若救火，火熄之后，非惟无功，彼更讼我以为盗取他家财物，则狱讼未知了期！若不救火，不过杖一百而已。"邻里甘受杖而坐视其大厦为煨烬，生生之具无遗，此其平时暴虐之效也！

| 今译 |

屋舍不可以没有邻居，担心有火烛之灾，没有人相互救助照应。屋舍的四周如果没有溪流，应该挖个池塘或井，担心有火烛之灾，没有水来救火。还需要平时照顾邻里，对其有恩义。有一个士大夫平时多以官位权势残害虐待邻里，有一天为仇家入屋伤人、放火烧屋。邻里人家相互告诫说："如果救火，火熄灭之后，不但没有功劳，他家还会起诉我们，认为是我们盗取他家的财物，那牢狱诉讼不知何时是个了期！如果不救火，那不过打一百杖而已。"邻里甘愿挨板子而坐看他家的大屋烧成灰烬，过日子、做生意的物资都没有剩余，这是那个士大夫平时残害虐待他人的结果啊！

实践要点

本章可以说承上启下的一章，连结了以上数章的“防范强盗”和下面数章的“防范火灾”这两个主题。仇人强盗入室抢劫、杀人放火，通常是相连的灾祸。防盗、防火，自古至今都是人们保障生命和财产安全的两大基本措施。

俗话说，远亲不如近邻。有的时候，确实如此。由此就得出，应该善待邻居、和睦邻里。对富贵人家来说，尤其要这样。如果平时仗势欺凌乡里，那么遇到抢劫纵火之类不测灾祸，邻居都可能不会来帮忙救火，导致人财两空、家破人亡。这正是自己平日所为种下的恶果。古人历来重视与邻里建立和睦共处的关系。中国最早的成文乡约，也就是宋代的《吕氏乡约》，其中提炼出乡里交往的四大要点：“德业相劝，过失相规，礼俗相交，患难相恤。”最后一点“患难相恤”，可谓最基本的一点，值得我们重视。

3.11 火起多从厨灶

火之所起，多从厨灶。盖厨屋多时不扫，则埃墨[①]易得引火。或灶中有留火，而灶前有积薪接连，亦引火之端也。夜间最当巡视。

| 今译 |

火灾的起因，多从厨房炉灶而来。因为厨房长久不打扫，烟灰就容易引起火；或是炉灶中有残留的火，而炉灶前面还堆积连接着柴草，这也是引起火灾的一个发端。夜里最应当巡视一下厨房、炉灶。

| 简注 |

① 埃墨：烟灰。

| 实践要点 |

古时候火灾，其中原因之一是厨房炉灶引火，今天的火灾则除了因火致火外，更要防备用电起火。生命第一，在用电时注意安全，多留个心眼，防微杜渐，总是有利无害的。

3.12　焙物宿火宜儆戒

烘焙物色[1]过夜，多致遗火。人家房户[2]多有覆盖宿火[3]，而以衣笼罩其上，皆能致火，须常戒约。

丨 今译 丨

烘焙物品过夜，多半会导致失火。一般人家房户多有覆盖隔夜未熄的火，用衣服罩在上面，都能够导致失火，需要常常告诫约束家人。

丨 简注 丨

① 物色：用品，物品。

② 房户：底本原无“户”字，今据知不足斋本增加。

③ 宿火：隔夜未熄的火；预先留下的火种。

丨 实践要点 丨

烘焙物品过夜经常引起火灾。在今天也类似。即使白天睡觉时使用某些电器设备，或打开某些电器后，出去很久不回来，稍有不慎，都可能导致失火。这些生活中的点滴小事，在某个意义上又是人命关天的大事，都是需要小心对待的。

3.13　田家致火之由

蚕家屋宇低隘，于炙簇之际，不可不防火。

农家储积粪壤，多为茅屋，或投死灰于其间，须防内有余烬未灭，能致火烛。

| 今译 |

养蚕人家的屋舍低矮狭窄，在聚集炙烤的时候，不可不防火。农家多用茅屋来储存粪壤，如果把死灰投到里面，需要谨防死灰里面有没有未灭的余烬，以免导致火灾。

| 实践要点 |

本章具体指出养蚕人家、耕田农家特别需要注意以防火灾的地方。

3.14 致火不一类

茅屋须常防火；大风须常防火；积油物、积石灰须常防火。此类甚多，切须询究。

今译

茅屋需要常常防火；大风时需要常常防火；积存油物、积存石灰，需要常常防火。这类情况非常多，切记需要查考究问。

实践要点

本章进一步指出其他可能导致火灾的细微之处。

3.15　小儿不可带金宝

富人有爱其小儿者，以金银宝珠之属饰其身。小人有贪者，于僻静处坏其性命而取其物。虽闻于官而寘于法，何益?

今译

有的富人宠爱自己的小孩子，用金银珠宝之类饰品来打扮他。有的贪婪小人会在僻静的地方，伤害小孩子的性命，以夺取他身上的饰品。这样即使把小人抓到官府、落入法网，又有什么益处呢?

实践要点

以下三章讲的是看管小孩的问题，分别着重点出保护小孩安全的三个方面。本章讲到，小孩子穿金戴银，容易被贪婪小人盯上眼，由此引发不测之祸。这是古今相通的道理，应该好好重视。

3.16 小儿不可独游街市

市邑小儿，非有壮夫携负，不可令游街巷，虑有诱略之人也。

| 今译 |

市镇人家的小孩子，如果不是有成年人带着，不可以让他在街巷里游玩，担心有诱惑拐骗小孩的人。

| 实践要点 |

小孩子如果没有大人陪同，不可到街巷里游玩，以防被诱拐。现代的城市甚至乡镇，常常已经形成陌生人社会，更是可能发生这种事。为人父母，爱子心切，应该谨记此点。

3.17　小儿不可临深

人之家居，井必有干，池必有栏；深溪急流之处、峭险高危之地、机关触动之物，必有禁防，不可令小儿狎而临之。脱有疏虞，归怨于人何及！

｜ 今译 ｜

人们家居，井、池塘必须要有护栏。水深、水急的溪流河水，峻峭、高耸、危险的地方，有机关怕触动的物件，必须要设置各种禁防，不可以让小孩子靠近狎玩。否则一旦有所疏忽失误，归怨别人也来不及了！

｜ 实践要点 ｜

小孩子不可让他们去河边水深、高耸危险等地方玩耍，以防不测。这也是为人父母要加以重视的。

3.18　亲宾不宜多强酒

亲宾相访，不可多虐以酒。或被酒夜卧，须令人照管。往时括苍有困客以酒，且虑其不告而去，于是卧于空舍而钥其门。酒渴索浆不得，则取花瓶水饮之。次日启关而客死矣。其家讼于官。郡守汪怀忠究其一时舍中所有之物，云“有花瓶，浸旱莲花”。试以旱莲花浸瓶中，取罪当死者试之，验，乃释之。又有置水于案而不掩覆，屋有伏蛇遗毒于水，客饮而死者。凡事不可不谨如此。

| 今译 |

亲戚客人来访，不可以过多用酒来灌他。如果醉酒后在夜里睡觉，需要派人照管。以前括苍县有户人家用酒把客人困住，又担心客人不辞而别，于是让他睡在一间空屋子里，并且反锁上门。客人酒醒口渴找不到水，就取花瓶里的水来喝。第二天开门一看，客人死了。客人的家人就到官府起诉。郡守汪怀忠究问当时屋中有什么东西，回答说“有花瓶，浸泡着旱莲花”。于是尝试以旱莲花泡在花瓶中，让有罪要执行死刑的人来喝，应验了，这才释放出被告。还有户人家把水放在几案上而没有覆盖住，屋舍有蛇爬过在水里留下毒，客人喝了而致死。凡事就是这样不可以不谨慎啊。

实践要点

酒醉误事，应当防止喝醉；对待来访的亲朋好友，更是如此。这里的关键在于，自己酒醉误事，这是一般的情况；但如果亲朋好友酒醉误事，那么即使自己没喝醉，也脱不了干系。这对亲友和自己都不是好事，为人为己，都应该慎重对待。

3.19 婢仆奸盗宜深防

清晨早起，昏晚早睡，可以杜绝仆婢奸盗等事。

今译

清晨早起，夜晚早睡，就可以杜绝仆人奴婢奸淫、偷盗等事情发生。

实践要点

从本章以下二十多章，主要谈及仆人、奴婢，尤其涉及与仆人奴婢相关的奸淫、偷盗之事。本章指出，奸淫偷盗之事，经常发生在夜晚。如果持家严谨，早睡早起，也就消除了发生这种事的基本条件。

正如本书导读中已指出的，古代富贵人家会有仆人奴婢，今天自然没有这种现象。但是我们不当拘泥于某个时代的特殊现象，而应该透过现象看本质，超越具体内容而看到更广阔的共通道理。虽然内容改变了，但有些方式和结构并没有改变。这是我们今天读古人的书尤其要注意的地方，不要因为有些社会现象变化或进步了，就漠视古人处理这些现象时所展示出的智慧。阅读这本书也一样，由此才能放下后知之明的傲慢和偏见，真正吸收古人的智慧。这应该成为阅读古书的准则。

3.20　严内外之限

司马温公[①]《居家杂仪》："令仆子非有警急修葺，不得入中门；妇女婢妾无故不得出中门。只令铃下[②]小童通传内外。"治家之法，此过半矣。

｜ 今译 ｜

司马温公的《居家杂仪》里说："让家中的仆人不是有紧急需办理的事，就不可以进入中门去内室；妇女、婢妾无故不可以走出中门去到外室。只让守门的小童通传内外室的信息就可以。"治理家庭的方法，这里说的已超过一半。

｜ 简注 ｜

① 司马温公：即司马光（1019—1086），字君实，号迂叟，陕州夏县（今山西夏县）涑水乡人，卒赠太师、温国公，故又称司马温公。北宋政治家、史学家、文学家。《居家杂仪》是司马光所写的一本家礼家规著作。

② 铃下：指侍卫、门卒或仆役。

｜ 实践要点 ｜

本章通过引用前贤司马温公《居家杂仪》的看法，来说明家里的事务也应分别内外、各司其职，以防发生苟且之事。

3.21 婢妾常宜防闲①

婢妾与主翁亲近，或多挟此私通仆辈，有子则以主翁藉口。畜愚贱之裔，至破家者多矣。凡婢妾不可不谨其始，亦不可不防其终。

今译

婢妾跟主人相亲近，或多会依仗这个而跟仆人通奸，有了孩子之后就以主人为借口，说这是主人的孩子。畜养愚贱之人的后裔，以致家庭破败的情况多见。凡是对于婢妾不可以不在一开始就谨慎，也不可以不在最后禁防。

简注

① 防闲：闲，原误作“闭”。防闲，意为防范和禁阻。

实践要点

本章谈及婢妾依仗与主人亲近，而将与仆人通奸生的孩子说成是主人的孩子，由此导致的家庭悲剧。今天没有家中养婢妾、仆人的现象，但是其中所说“慎始”的道理，还是值得重视。

3.22 侍婢不可不谨出入

人有婢妾不禁出入，至与外人私通有妊，不正其罪而遽逐去者，往往有于主翁身故之后，自言是主翁遗腹子，以求归宗。旋至兴讼。世俗所宜警此，免累后人。

丨 今译 丨

有的人有婢妾却不禁防其出入，以至其跟外人通奸而怀上了孩子，却不惩治婢妾的罪而立即逐去她。因而往往在主人故去之后，就声称孩子是主人的遗腹子，要求归宗。很快就导致打起了官司。世人应该对此有所警惕，以免连累后人。

丨 实践要点 丨

本章所谈也是治家需要防备的情况。这不仅引起财产纷争，还可能因为归宗而将外人之子当作本宗之子。而如果最终甚至由这个孩子当家传家，那么事情就更严重了。

3.23 婢妾不可供给

人有以正室妒忌，而于别宅置婢妾者；有供给娼女，而绝其与人往来者。其关防非不密，监守非不谨。然所委监守之人得其犒遗，反与外人为耳目以通往来，而主翁不知，至养其所生子为嗣者。又有妇人临蓐，主翁不在，则弃其所生之女，而取他人之子为己子者。主翁从而收养，不知非其己子。庸俗愚暗，大抵类此。

今译

有的人因为嫡妻妒忌，而在别的屋宅安置婢妾；也有的人用别的屋宅供给娼妓，而断绝她跟别人往来。防范并非不严密，监守并非不谨慎，但是所委派去监守的人得到婢妾、娼妓的犒赏赠送，反而跟外人通风往来，而主人却一概不知，以致把他们通奸所生的孩子作为后代来抚养。还有的妇人临产时，主人不在身边，就丢弃自己所生的女孩，而取别人的儿子作为自己的亲生子的。主人就从而抚养那孩子，却不知道那并非自己的亲生子。世人的庸俗愚笨，大概都类似这样。

实践要点

本章谈论在外面供养婢妾或娼妓的现象，这在当今世俗也存在类似情况，应该加以禁止。那些这样做的人自以为隐藏得稳稳妥妥，自鸣得意，殊不知祸患正包藏在其中，而自己反而被蒙在鼓里，这真是可悲的事。

3.24 暮年不宜置宠妾

妇人多妒[①]，有正室者少蓄婢妾，蓄婢妾者多无正室。夫蓄婢妾者，内有子弟，外有仆隶，皆当关防。制以主母犹有他事，况无所统辖！以一人之耳目临之，岂难欺蔽哉？暮年尤非所宜，使有意外之事，当如之何？

丨 今译 丨

妇人多妒忌，因此有嫡妻的很少蓄养婢妾，蓄养婢妾的多半没有嫡妻。蓄养婢妾的人家，在内有子弟，在外有仆人，都应当防范。以女主人来把控都还会出事，何况没有女主人来管理呢！以自己一人之耳目来面对他们，欺骗隐瞒怎么会有什么困难？上了年纪尤其不应该蓄养婢妾，万一出了意外，应该怎么办呢？

丨 简注 丨

① 妒：底本原作“知”，据知不足斋本改。

丨 实践要点 丨

本章尤其提到上年纪之后不应蓄养婢妾，否则很可能导致误认外人作子的事情发生。

3.25 婢妾不可不谨防

夫蓄婢妾之家，有僻室而人所不到，有便门而可以通外，或溷厕[①]与厨灶相近，而使膳夫掌庖，或夜饮在于内室，而使仆子供役[②]，其弊有不可防者。盖此曹深谋，而主不之猜，此曹迭为耳目，而主又何由知觉？

今译

蓄养婢妾的人家，有人所不到的偏僻屋舍，有可以跟外面接通的便门，或是厕所跟厨房炉灶相近而让男厨师掌管厨房，或是夜里在内室喝酒而让男仆人当差使唤，其中有防也防不了的弊端。因为这些人深加谋划而主人不加猜疑，这些人相互通风报信，主人又能从哪里发现内幕呢？

简注

① 溷（hùn）厕：厕所。

② 供役：底本作“供过”，据知不足斋本改。

实践要点

本章谈及防止可能导致婢妾奸淫的其他具体情况。对此，可参考 3.21 所谈及的理由。

3.26 美妾不可蓄

夫置婢妾，教之歌舞，或使侑樽以为宾客之欢，切不可蓄姿貌黠慧过人者，虑有恶客起觊觎之心。彼见美丽，必欲得之。“逐兽则不见泰山”，苟势可以临我，则无所不至。绿珠之事[①]，在古可鉴，近世亦多有之，不欲指言其名。

| 今译 |

招纳婢妾，令其学会唱歌跳舞，或者令其给客人倒酒以助兴，切记不可蓄养才貌聪慧过人的，担心有可恶的客人生出非分之想。他看到婢妾漂亮，必定想要得到她。所谓“沉迷于追逐野兽，就会泰山近在眼前都看不见”，如果他势力在我之上，就会什么手段都用得出。古时绿珠的故事可以作为镜子借鉴，近世也多有这种现象，这里不想指名道姓说出来。

| 简注 |

① 绿珠之事：绿珠是西晋的富豪官员石崇的宠妾，“美而艳，善吹笛”。石崇因事被免官，当时赵王伦专权，石崇的外甥欧阳建跟赵王伦有过节。一向暗慕绿珠的孙秀，见石崇失势，就派人去索取绿珠。石崇不肯，孙秀就劝赵王伦杀掉石崇、欧阳建。石崇他们知道后，打算反击。孙秀就矫诏抓住石崇把他杀掉。绿珠在石崇被抓之前跳楼自杀。事见《晋书·石崇传》。

实践要点

本章重点谈及不可蓄养美貌狡黠的婢妾，否则可能导致不测之祸。或许人们会由此联想到“红颜祸水”，但应该看到，本章的重点不在于怪罪女子，而是劝谏蓄养婢妾的男主人。

3.27 赌博非闺门所宜有

士大夫之家，有夜间男女群聚呼卢，至于达旦，岂无托故而起者？试静思之。

| 今译 |

有的士大夫家，夜里男女群聚赌博，一直玩到第二天早上，怎么会没有托故而生事的呢？试着静下来想想吧。

| 实践要点 |

本章谈及家庭闺门要禁止群聚赌博之事，不仅是因为这事本身不好，而且由此还可能引出一系列的祸患。赌博确实是诸多祸患的根源，在家门外赌博，通常导致各种犯罪；在家族内聚赌，则导致放纵奸淫苟且之事。

3.28 仆断当取勤朴

人家有仆，当取其朴直谨愿、勤于任事，不必责其应对进退之快人意。人之子弟不知温饱所自来者，不求自己德业之出众，而独欲[①]仆者峭黠之出众。费财以养无用之人，固未甚害；生事为非，皆此辈导之也。

| 今译 |

家里有仆人，应当挑选那些质朴、正直、诚实，勤力做事的，不必苛求他们应对进退让人快活。有的人家子弟不知道温饱的来源，不追求自己德业出众，却独独想要仆人机巧伶俐出众。浪费钱财来养些无用之人，固然不是很有害处，可怕的是子弟惹是生非都是这些人所引诱的。

| 简注 |

① 欲：底本作“与”，据知不足斋本改。

| 实践要点 |

本章谈及蓄养仆人的标准：宁愿选择老实质朴的，也不要那些巧言令色的。其实，这也是与人交往、选择朋友的准则。作者最后指出，养无用之人，浪费钱财事小，带坏子弟事大，这确实值得人们警醒。

3.29 轻诈之仆不可蓄

仆者而有市井浮浪子弟之态，异巾美服，言语矫诈，不可蓄也。蓄仆之久而骤然如此，闺阃之事，必有可疑。

丨 今译 丨

有的人作为仆人却有轻浮浪荡的市井子弟之态，穿戴奇异的头巾、华丽的衣服，言语矫饰诈伪，这样的仆人不可以蓄养。如果仆人蓄养很久，突然之间变得这样，那么必定是闺门之内发生了可疑之事。

丨 实践要点 丨

本章继续谈论选择仆人的标准，不可蓄养那些轻浮矫饰之人为仆人，这与上章的思路也是相通的。

3.30 待奴仆当宽恕

奴仆小人就役于人者，天资多愚，作事乖舛背违，不曾有便当省力之处。如顿放什物必以斜为正，如裁截物色必以长为短，若此之类，殆非一端。又性多忘，嘱之以事，全不记忆；又性多执，所见不是，自以为是；又性多狠，轻于应对，不识分守。所以雇主于使令之际，常多叱咄。其为不改，其言愈辩，雇主愈不能平，于是棰楚加之，或失手而至于死亡者有矣。

凡为家长者，于使令之际有不如意，当云小人天资之愚如此，宜宽以处之，多其教诲，省其嗔怒可也。如此，则仆者可以免罪，主者胸中亦大安乐，省事多矣。

至于婢妾，其愚尤甚。妇人既多褊急很愎，暴忍残刻，又不知古今道理，其所以责备婢妾者又非丈夫之比。为家长者，宜于平昔常以待奴仆之理谕之，其间必自有晓然者。

| 今译 |

奴仆小人，是听人使唤的，天资多愚笨，做事错谬百出，违背主人的心意，没有让人省力的地方。例如放置物件一定要把斜的当作正的，又如裁取物品一定要把长的当作短的，诸如此类，不是一件两件。又天性多忘事，嘱托事情，全不记得；又天性多固执，所见道理并不对，却自以为是；又天性多凶狠，轻易应对，不识自己的本分。所以雇主在使唤时，经常多斥责。奴仆不改，言辞更加机巧，雇主就更加不平，于是加以鞭打，乃至失手把人打死的都有。

凡是做家长的，在使唤时有不如意之处，应当说小人天资就这么愚笨，应该宽厚处置，多点教诲，省点怒骂就行。这样，仆人可以减免罪罚，主人胸中也很安乐，就省事多了。

至于婢妾，更是愚笨。妇人既多是急躁固执、凶暴残忍，又不知道古今道理，对婢妾的责备更不是男人可比的。做家长的应当在平时常常把对待奴仆的道理教给她们，其中必定自会有晓然明白事理的。

实践要点

本章谈及对待仆人的准则："宽以处之"。如果说生气是拿别人的错误来惩罚自己，那么宽恕则既给犯错者一个改过自新的机会，也给自己营造一个安乐的心境。正如作者所说："如此，则仆者可以免罪，主者胸中亦大安乐，省事多矣。"其实，这也是待人的基本准则。如果对待仆人是这样，那对待朋友、亲人更是要包容了。

3.31　奴仆不可深委任

人之居家，凡有作为及安顿什物，以至田园、仓库、厨、厕等事，皆自为之区处，然后三令五申以责付奴仆，犹惧其遗忘，不如吾志。今有人一切不为之区处，凡事无大小听奴仆自为谋，不合己意，则怒骂、鞭挞继之。彼愚人，止能出力以奉吾令而已，岂能善谋，一一暗合吾意？若不知此，自见多事。且如工匠执役，必使一不执役者为之区处，谓之“都料匠”[①]。盖人凡有执为，则不暇他见，须令一不执为者，旁观而为之区处，则不烦扰，而功增倍矣。

｜　今译　｜

人们居家，凡是要动工做事和安置物件，以至田园、仓库、厨房、厕所等事情，自己亲自谋划安排，然后三令五申地责令交付给奴仆，都还怕他遗忘了，跟我的本意有偏差。如今有的人一切事情都不谋划安排，凡事无论大小都听凭奴仆自己谋划，不合自己的意，就愤怒责骂，继而又拿绳棍打人。他们是笨人，只能出力听我的命令而已，怎么能善于谋划，一一都暗合我的心意呢？如果不知道这个，只是自己多找麻烦而已。就如工匠做事，必定让一个不做事的来谋划安排，叫做“总工匠”。因为人凡是有事情做，就没空闲顾及其他，需要让一个不做事的来旁观，谋划安排整个事情，就不会烦扰，而功效也会倍增。

简注

① 都料匠：古代称营造师，总工匠。

实践要点

本章也可以说是上章“宽以处之”思路的延伸。奴仆由于环境教育所限，见识一般较为短浅，如果犯错，应当尽量宽恕；如果做事，也不能委以过重的任务。否则通常很难做得合自己的心意。最好的办法是，委任一些人专做具体的事，另外再派一个人总领谋划，这样整个事情就可以高效完成，而无须烦扰。

3.32 顽很婢仆宜善遣

婢仆有顽很、全不中使令者，宜善遣之，不可留，留则生事。主或过于殴伤，此辈或挟怨为恶，有不容言者。婢仆有奸盗及逃亡者，宜送之于官，依法治之，不可私自鞭挞，亦恐有意外之事。或逃亡非其本情，或所窃止于饮食微物，宜念其平日有劳，只略惩之，仍前留备使令可也。

今译

有的婢女仆人凶恶而暴戾、完全不听使唤，应当好生遣返他们，不可留下来，留下来就会出事。主人要是过于打伤他们，这些人或许会心怀怨恨而作恶，结果不堪设想。有的婢女仆人会做奸淫、偷盗和逃跑之事，应当送到官府，依法惩治，不可私自打人，否则也恐怕会发生意外。如果逃亡不是其本心，或是所偷的只是吃喝微末之物，这时应当顾念他们平日有苦劳，因而只是略微惩罚一下，仍旧可以留下来使唤。

实践要点

本章指出，对有不同性情缺点的奴婢仆人，应该以不同的方式加以处置。有的性情暴戾，不容易管教，应该好生打发他们，不能留下；有的如果只是偶然犯错，并非出自本心，那么可以略加惩罚，仍旧留下他们。古代法令讲究“原心定罪、原情定罪”，待人接物也讲究“原心”而有区别地对待。这也是古人智慧的一种体现。

3.33 婢仆不可自鞭挞

婢仆有小过，不可亲自鞭挞，盖一时怒气所激，鞭挞之数必不记。徒且费力，婢仆未必知畏。惟徐徐责问，令他人执而挞之，视其过之轻重而定其数。虽不过怒，自然有威，婢妾亦自然畏惮矣。

寿昌胡氏彦特之家，子弟不得自打仆隶，妇女不得自打婢妾。有过则告之家长，家长为之行遣。子弟擅打婢妾，则挞子弟。此贤者之家法也。

| 今译 |

婢女仆人有小过失，不可以亲自鞭打。因为一时怒气上来，必定不记得打了多少鞭，徒然浪费力气，婢女仆人未必会怕。唯有慢慢地责问，让他人拿鞭子来打，视其过失的轻重而确定鞭打的数目。这样即使不过于发怒，自然有威严，婢妾也自然会畏忌。

寿昌胡氏彦特的家，子弟不得亲自打奴仆，妇女不得亲自打婢妾。下人有过失就禀告家长，家长来处置发落。子弟擅自打婢妾，则要鞭打子弟。这是贤人的家法。

| 实践要点 |

责罚之事，不要亲力亲为。这样即使不发怒，也能树立威严，并让受罚的人畏忌。有时候做事太“直接”，反而会适得其反。古人在教育孩子的时候，也强调要“易子而教”。如果父母亲自教孩子，那就很容易闹冲突，也是类似的道理。这些都可以视为古人讲究“间接、委婉”智慧的一种体现。

3.34 教治婢仆有时

婢仆有过，既以鞭挞，而呼唤使令，辞色如常，则无他事。盖小人受杖，方内怀怨，而主人怒不之释，恐有轻生而自残者。

今译

婢女仆人有过失，鞭打之后，使唤他们，言辞神色像平常一样，就不会生出别的事。因为小人受到杖打，心中正怀怨恨，而主人却还不放下怒气，恐怕婢女仆人会因此轻生而自残。

实践要点

本章继续谈论责罚下人的方式，可谓体贴细密、曲尽人情。即使在今天，也有类似的情况。有的孩子容易受挫自闭，在他们犯错时，无论是父母还是老师，都应该顾及孩子的感受，适当劝责，循循善诱，千万不可过分责骂，以免酿成更大的悲剧。

3.35 婢仆横逆宜详审

婢仆有无故而自经者，若其身温可救，不可解其缚，须急抱其身，令稍高，则所缢处必稍宽。仍更令一人，以指于其缢处渐渐宽之。觉其气渐往来，乃可解下。仍急令人吸其鼻中，使气相接，乃可以苏。或不晓此理，而先解其系处，其身力重，其缢处愈急，只一嘘气，便不可救。此不可不预知也。如身已冷，不可救，或救而不苏，当留本处，不可移动。叫集邻保，以事闻官。仍令得力之人日夜同与守视，恐有犬鼠之属残其尸也。

自刃不殊，宜以物掩其伤处。或已绝，亦当如前说。人家有井，于甃[①]处宜为缺级，令可以上下。或有坠井投井者，可以令人救应。或不及，亦当如前说。溺水，投水，而水深不可援者，宜以竹篙及木板能浮之物，投与之。溺者有所执，则身浮可以救应。或不及，亦当如前说。夜睡魇死及卒死者，不可移动，并当如前说。

| 今译 |

有的婢女仆人无故而上吊轻生，如果其体温还可以救，不能够解开绳子，就需要赶紧将其身体抱得稍微高点，那么所勒住的地方必定会稍稍宽松些。然后再让一人用手指在其勒住的地方令其渐渐更宽松些。感觉其气渐渐往来了，才可解下绳子。还要赶紧让人吸其鼻子，让气相接通，才可以苏醒过来。要是不晓得这个道理，而先解开系住的绳子，其身体力重，而勒住的地方更加紧，只一吐气就再不能救过来了。这不可不预先知道。如果身体已经冷了，不可救了，或救而不能苏醒，应当留在原来的地方，不可以移动。然后呼叫聚集邻居，把事情上报给官府。然后让得力的人日夜一块守着看视，以免有狗或老鼠之类伤到尸体。

用刀刃自杀也没有差别，应当用东西掩盖伤口。或是已经断气，也应当像前面说的那样处理。有井的人家，应当在井壁处做可以上下的缺级。这样要是有坠井、投井的人，就可以让人去救应。如果来不及救，也应当像前面说的那样处理。溺水、投水，而水深不能够救援的，应当把竹篙和木板这种能浮在水面的东西投给对方。溺水的人有东西可以抓住，身体浮着就可以救应。要是来不及，也应当像前面说的那样处理。夜里睡觉魇死或猝死的，不可以移动，都应当像前面说的那样处理。

| 简注 |

① 甃（zhòu）：砖砌的井壁。

| 实践要点 |

本章谈及婢女仆人发生上吊等轻生事故，人命关天，应该慎重处理。如果还能救，要讲究方法，恰当救治；如果救不过来，也要慎重保护现场，及时上报官府。关键的一点，在于及时、公开地处理。

3.36 婢仆疾病当防备

婢仆无亲属而病者，当令出外就邻家医治，仍经邻保录其词说，却以闻官。或有死亡，则无他虑。

| 今译 |

有的婢女仆人没有亲属而又生病，应当让他们出去外面到邻家去治疗，并且让邻居记录其言辞，上报给官府。这样倘或有死亡之事，就不会有别的忧虑。

| 实践要点 |

本章继续谈及，遇到婢女仆人生病之事，也应妥善处理。

3.37 婢仆当令饱暖

婢仆欲其出力办事，其所以御饥寒之具，为家长者不可不留意，衣须令其温，食须令其饱。士大夫有云：蓄婢不厌多，教之纺绩，则足以衣其身；蓄仆不厌多，教以耕种，则足以饱其腹。大抵小民有力，足以办衣食。而力无所施，则不能以自活，故求就役于人。为富家者能推恻隐之心，蓄养婢仆，乃以其力还养其身，其德至大矣。而此辈既得温饱，虽苦役之，彼亦甘心焉。

| 今译 |

想要婢女仆人出力办事，那么他们用以抵御饥寒的衣食物资，做家长的就不可以不留意。衣服要足够温暖，饮食要能够饱足。士大夫有说：蓄养婢女不怕多，教他们纺织，就足以穿得暖；蓄养仆人不怕多，教他们耕种，就足以吃得饱。大致而言，小民有力气，足以安顿衣食；但力气无处可用，就不能够自求生存，所以寻求接受别人的役使。富有的人若能够推广恻隐之心，蓄养婢女仆人，以他们自己的力气来养活他们自己的生命，那其德性就是至大了。而那些人既已获得温饱，那么即使被劳苦役使，他们也甘心情愿。

| 实践要点 |

作者在本章希望富人家能“推恻隐之心”来蓄养下人，让他们能养活自己，那就是大恩大德了。古代婢女仆人为人所役使，经常面临遭受压迫欺凌的可能性。作者在古代的社会环境下，能体贴弱势群体，曲尽其情，虽然无法改变下人被压迫的命运，但也已经难能可贵了。

3.38　凡物各宜得所

婢仆宿卧去处，皆为检点，令冬时无风寒之患。以至牛、马、猪、羊、猫、狗、鸡、鸭之属，遇冬寒时，各为区处牢圈栖息之处。此皆仁人之用心，见物我为一理也。

今译

婢女仆人睡觉的地方，都要查看，使得在冬天没有风寒的忧患。以至牛、马、猪、羊、猫、狗、鸡、鸭这些动物在冬天寒冷时，都各给它们安顿好栖息之地。这些都是仁人的用心，看见万物跟我都是同一个道理。

实践要点

本章接着上章，谈及安顿婢女仆人，免受风寒之患。进而推及家畜动物，对它们也要有基本的照顾。这在某种意义上，确实体现了仁人以天地万物为一体的心态，表明了古人希望万物各得其所的理想。每个人、每个物在天地之间都有属于自己的位置，力所能及地安顿好身边的每个人、每个物，这正是仁人的真实用心。

3.39 人物之性皆贪生

飞禽走兽之与人，形性虽殊，而喜聚恶散，贪生畏死，其情则与人同。故离群[①]则向人悲鸣，临庖则向人哀号。为人者既忍而不之顾，反怒其鸣号者有矣。胡不反己以思之：物之有望于人，犹人之有望于天也。物之鸣号有诉于人，而人不之恤，则人之处患难、死亡、困苦之际，乃欲仰首叫号、求天之恤耶？

大抵人居病患不能支持之时，及处囹圄不能脱去之时，未尝不反复究省平日所为：某者为恶，某者为不是。其所以改悔自新者，指天誓日可表。至病患平宁[②]及脱去罪戾，则不复记省，造罪作恶无异往日。余前所言，若令于经历患难之人，必以为然，犹恐痛定之后不复记省。彼不知患难者，安知不以吾言为迂？

今译

飞禽走兽跟人，形状、本性虽然不同，但是喜欢聚集、厌恶离散，贪爱生命、害怕死亡之情，则跟人相同。所以动物失散离群就向着人悲鸣，面临被杀掉送进厨房，就向着人哀号哭泣。作为人，有的不仅忍心不顾，反倒愤怒其悲鸣哀号。为什么不回到自身反思一下：物对人怀抱希望，就像人对天怀抱希望。物向着人鸣叫哭诉，人却不顾念，而人在面临患难、死亡、困苦的境地时，却想抬头呼叫求天可怜吗！

大凡人在生病处患无法坚持下去时，以及身处囹圄无法脱身时，未尝不反复地追究省察平日里的所作所为：某个事做得邪恶，某个事做得不对。那时悔过自新的决心，真可以对天发誓。等到病痛祸患平息安宁，以及脱去罪罚之后，就不再记得了，仍像往常一样作恶造孽。我前面说的话，如果跟经历过患难的人说，必定认为是对的，但恐怕他们痛定之后也不再记得。而那些不知道患难的人，又怎知他们不认为我所说的是迂腐之言呢？

简注

① 离群：底本作“离情”，据知不足斋本改。

② 平宁：底本作“不宁”，据知不足斋本改。

实践要点

本章接续上章，进一步推及人和动物都有“喜聚恶散，贪生畏死”之情，这本身只要不过度，都是无可厚非的欲求。任何人都应该顾念别人的这些基本欲求，尽量加以体恤。作者最后的感慨：“余前所言，若言于经历患难之人，必以为然，犹恐痛定之后不复记省。彼不知患难者，安知不以吾言为迂？”真可谓肺腑之言。

3.40 求乳母令食失恩

有子而不自乳，使他人乳之，前辈已言其非矣。况其间求乳母于未产之前者，使不举己子而乳我子；有子方婴孩，使舍之而乳我子，其己子呱呱而泣，至于饿死者。有因仕宦他处，逼勒牙家[①]诱赚良人之妻，使舍其夫与子而乳我子，因挟以归乡，使其一家离散，生前不复相见者。士夫递相庇护，国家法令有不能禁，彼独不畏于天哉！

| 今译 |

自己有孩子却不自己哺乳，而让别人代为哺乳，前辈已经说过这不对了。何况其间寻求那些还没生产的乳母来哺乳我的孩子而非她自己的孩子；或是其孩子还是婴儿，就让她丢下其孩子而来哺乳我的孩子，她自己的孩子呱呱而泣，至于饿死的都有。也有的人因在外面做官，逼迫勒令中介诱取良人的妻子，让她丢下丈夫和孩子而哺乳我的孩子，因而挟持她回老家，让她一家离散，生前不能再相见。士大夫相互包庇，国家法令也不能禁止，难道他们就独独不怕天吗！

| 简注 |

① 牙家：犹牙人，旧时指居于买卖双方之间，从中撮合，以获取佣金的人。

实践要点

本章谈及请乳母来给自家孩子喂奶这种事是不对的，用今天的话来说，这是不人道的。作者由此进而谈及当时乳母的不幸境况，并对士大夫的不良行为发出了质问。

3.41 雇女使年满当送还

以人之妻为婢，年满而送还其夫；以人之女为婢，年满而送还其父母；以他乡之人为婢，年满而送归其乡。此风俗最近厚者，浙东士大夫多行之。有不还其夫而擅嫁他人，有不还其父母而擅与嫁人，皆兴讼之端。况有不恤其离亲戚、去乡土，役之终身，无夫无子，死为无依之鬼，岂不甚可怜哉！

| 今译 |

以别人的妻子作为婢女，年限满后送还给其丈夫；以别人的女儿为婢女，年限满后送还给其父母；以他乡的人作为婢女，年限满后送还回乡。这是风俗中最近于厚道的，浙东士大夫多有照这个来做的。有的不送还给其丈夫而擅自将其嫁给他人，有的不送还给其父母而擅自将她嫁人，这些都是兴起诉讼的端由。何况有不顾念其别离亲戚、远去故乡，而终生奴役她们，让她们无丈夫无孩子，死后成为无依无靠的鬼，岂不是非常可怜吗！

| 实践要点 |

本章与此上数章类似，提倡要宽厚地对待婢女下人，“此风俗最近厚者”。可以看到，作者在书中对于婢女、仆人、乳母这一类社会中的“弱势群体”，往往体现出悲天悯人、周全照顾的情怀。

3.42　婢仆得土人最善

蓄奴婢惟本土人最善。盖或有患病，则可责[①]其亲属为之扶持；或有非理自残，既有亲属明其事因，公私又有质证。或有婢妾无夫、子、兄弟可依，仆隶无家可归，念其有劳不可不养者，当令预经邻保自言，并陈于官。或预与之择其配，婢使之嫁，仆使之娶，皆可绝他日意外之患也。

今译

蓄养奴婢只有本土人是最好的。因为要是患病，就可以责令其亲属扶持照顾；或是有不合理地自残的，既有亲属彰明事情的原委，公私又有对质证明。或是有婢妾没有丈夫、儿子、兄弟可以依靠，奴仆无家可归，顾念其有苦劳不可以不养的，应当让他们预先自己向邻居和官府陈述。或是预先给他们选择配偶，婢女让其嫁人，男仆让其娶妻，凡此都可以断绝将来意外的祸患。

简注

① 责：底本作“贵”，据知不足斋本改。

实践要点

本章谈及蓄养婢女最好挑那些本地人。正如本书导读中所指出的，作者给出一种建议时，其最基本的考虑，除了对行为本身的伦理性质（对错好坏）进行判断，还往往出于避免将来产生祸患，尤其是避免纷争诉讼和家业破败。前一方面是一种伦理原则，后一方面则是从后果上来考虑，并且不是重在追求“最大多数人的最大幸福”，而是重在尽量避免坏的后果。这两点都是值得借鉴的。

3.43 雇婢仆要牙保分明

雇婢仆须要牙保分明。牙保，又不可令我家人为之也。

今译

雇用婢女仆人需要中介处理分明。并且中介也不可以让我自己的家人来做。

实践要点

此下三章谈及雇用或买婢仆要注意的事项。处理事情，最基本的是要清楚明白、有凭有据。这也是为了避免将来产生不必要的纠纷。

3.44　买婢妾当询来历

买婢妾既已成契，不可不细询其所自来。恐有良人子女，为人所诱略。果然，则即告之官，不可以婢妾还与引来之人，虑残其性命也。

今译

买婢妾既已达成契约，不可以不仔细询问她的出身来源。恐怕有良人子女，被别人所诱惑拐骗。果真是这样，就要马上上报官府，不可以将婢妾又还给引来的人，担心他们会残害她的性命。

实践要点

本章接着上章，谈及买婢妾要将其来历询问得清楚明白。但这不仅是出于自身考虑，而且也考虑到婢妾，以免其受到残害。

3.45 买婢妾当审可否

买婢妾须问其应典卖不应典卖。如不应典卖则不可成契。或果穷乏无所倚依，须令经官自陈，下保审会，方可成契。或其不能自陈，令引来之人于契中称说，少与雇钱，待其有亲人识认，即以与之也。

丨 今译 丨

买婢妾需要询问她应不应该典卖。如果不应该典卖的，就不可以达成契约。或是确实穷困无所依赖，需要让其自己到官府作陈述，通过审核，方可达成契约。要是其不能自己陈述，就让引来的人在契约中陈述说，稍稍给她一些雇用的钱，等到其有亲人来认，就交给亲人。

丨 实践要点 丨

本章接着谈及买婢妾时是否应当典卖的问题，其中也要做到清楚分明，以免后患。

3.46 狡狯子弟不可用

族人、邻里、亲戚有狡狯子弟，能恃强凌人，损彼益此，富家多用之以为爪牙，且得目前快意。此曹内既奸巧，外常柔顺，子弟责骂狎玩，常能容忍，为子弟者亦爱之。他日家长既殁之后，诱子弟为非者，皆此等人也。

大抵为家长者必自老练，又其智略能驾驭此曹，故得其力。至于子弟，须贤明如其父兄，则可无虑；中材之人，鲜不为其鼓惑，以致败家。唐史有言："妖禽孽狐当昼则伏息自如，得夜乃佯狂自恣[①]。"正谓此曹。若平昔延接淳厚刚正之人，虽言语多拂人意，而子弟与之久处，则有身后之益，所谓"快意之事常有损，拂意之事常有益"，凡事皆然，宜广思之。

今译

族人、邻里、亲戚中有的狡诈子弟，会恃强凌弱，损人利己，富人家多利用他们作为爪牙，还可以在目前恣意妄为。这些人内心奸猾机巧，外面又常常表现柔顺，富家子弟责骂玩弄他们，他们也常常能容忍，那些子弟也喜爱他们。将来家长亡故之后，诱惑子弟胡作非为的，都是这等人。

大抵做家长的自己必定很老练，而且其智慧谋略能够驾驭这些人，所以能得到他们的助力。至于子弟，需要像其父兄那样贤明，才可以不用担心；

如果只是中等人才，很少不被他们鼓动诱惑，以致家庭破败的。唐史有言："妖邪的禽兽狐狸，在白天就会伏藏歇息，到夜里才猖狂放纵起来。"说的就是这些人。如果平日里邀请交结淳厚刚正的人，虽然言语多违逆人的心意，但子弟跟他们相处久了，则有身后的益处，所谓"让人心意快活的事经常有损害，违逆人心意的事经常有益处"，凡事都是这样，应当多加思量。

简注

① 佯狂自恣：底本作"为之祥"，据知不足斋本改。

实践要点

本章提醒富家子弟，千万不要结交那些狡诈奸巧的子弟。这些人能同时招富人和富人自家子弟的喜欢，在一开始也可能给富人家带来"益处"，但是他们却正可能是日后导致富家破败的祸根。作者最后提及的一个话"快意之事常有损，拂意之事常有益"，真是饱含人生智慧，发人深省。

3.47 淳谨干人可付托

干人[①]有管库者，须常谨其簿书，审其见存。干人有管谷米者，须严其簿书，谨其管钥，兼择谨畏之人，使之看守。干人有贷财本兴贩[②]者，须择其淳厚，爱惜家累[③]，方可付托。

盖中产之家，日费之计犹难支梧；况受佣于人，其饥寒之计，岂能周足？中人之性，目见可欲，其心必乱；况下愚之人，见酒食声色之美，安得不动其心？向来财不满其意而充其欲，故内则与骨肉同饥寒，外则见所见如不见。今其财物盈溢于目前，若日日严谨，此心姑寝。主者事势稍宽，则亦何惮而不为？其始也，移用甚微，其心以为可偿，犹未经虑。久而主不之觉，则日增焉，月盈焉。积而至于一岁，移用已多，其心虽惴惴，无可奈何，则求以掩覆。至二年三年，侵欺已大彰露，不可掩覆。主人欲峻治之，已近噬脐[④]。故凡委托干人，所宜警[⑤]此。

今译

给家里办事的差役有管理仓库的，需要经常小心他的账簿记录，审察仓库的现存情况；办事的差役有掌管谷米的，需要严格把控他的账簿记录，小心他掌管的钥匙，并且挑选谨慎恭敬的人，让他来看守；办事的差役有委托他们借贷本钱做生意的，需要挑选淳厚老实的人，爱惜家中财产的，才可以托付。

一般中产家庭，日常消费都难以支撑，何况受人雇用，生计怎么能够周全充足呢？中人之性，眼睛看见可欲之物，心里必定发乱，何况下愚之人，看见美妙的酒食声色，怎么会不动心呢？一向以来财富都不能满足他的心意和欲望，所以在内就跟亲人骨肉一块忍受饥寒，在外就看见财物就像看不见一样。现在财物充满在眼前，如果天天严格谨守，他的贪心姑且会暂时熄灭。主人的威势若稍稍宽松，那他又有什么可害怕而不敢做的呢？开始时，挪用很少，他心里认为可以偿还，还没有经过考虑。时间一久而主人没发觉，就会挪用得一天天、一月月多起来，积累到一年，已经挪用很多，他的心也惴惴不安又无可奈何，就希求掩盖真相。到了两年、三年，侵夺欺瞒已经很明显，无法掩盖。主人想要严厉惩治，但已经几乎后悔莫及了。所以凡是委托差役办事，应当警惕这样的事。

简注

① 干人：宋朝民户中的富豪和官户家中的一种办事的差役。

② 财本：本钱。兴贩：经商；贩卖。

③ 家累：家中的财产。

④ 噬脐：亦作“噬齐”，自啮腹脐。比喻后悔不及。

⑤ 警：底本作“紧”，据知不足斋本改。

实践要点

本章与上章相对，上章从反面指出，用人不要用那些狡诈奸巧的子弟，本章则从正面指出，用人要用那些谨慎恭敬、淳厚老实的人。其中所说，都非常中理。

3.48 存恤佃客

国家以农为重，盖以衣食之源在此。然人家耕种出于佃人之力，可不以佃人为重！遇其有生育、婚嫁、营造、死亡，当厚赒之。耕耘之际，有所假贷，少收其息。水旱之年，察其所亏，早为除减。不可有非理之需；不可有非时之役；不可令子弟及干人私有所扰；不可因其仇者告语，增其岁入之租；不可强其称贷，使厚供息；不可见其自有田园，辄起贪图之意。视之爱之，不啻如骨肉，则我衣食之源，悉藉其力，俯仰可以无愧怍矣。

今译

国家以农业为重心，因为衣食的根源在这里。但是一般人家的耕种是出于佃农之力，因此怎可不以佃农为重呢！遇到其有生育、婚嫁、建造、死亡之事，应当厚加周济。耕耘的时节，要是佃农有所借贷，就少收其利息。水灾旱灾的年份，掂量佃农的亏损，趁早给他减除租税。不可以对其有不合理的需求；不可以有不合时节的使役；不可以让子弟和办事的差役私下搅扰他们；不可以因为他们仇家的话，而增加其每年的租税；不可以强迫他们借贷，让他们提供丰厚的利息；不可以看到他们有自己的田地园圃，就起了贪图霸占的心思。看待他们怜爱他们就像自己的骨肉一样，那么我的衣食来源，全都凭借他们的力，仰天俯地也可以心无愧怍。

实践要点

本章谈及要厚待佃农。民众以食为天，而衣食都出自农业，国家也以农为重，农业耕作又主要是请佃农来做。这些贫苦的佃农可以说是国家命脉的基本支撑，应该加以善待。

3.49 佃仆不宜私假借

佃仆[①]妇女等，有于人家妇女、小儿处称“莫令家长知”，而欲重息以生借钱谷，及欲借质物[②]以济急者，皆是有心脱漏，必无还意。而妇女、小儿不令家长知，则不敢取索，终为所负。为家长者，宜常以此喻其家人知也。

丨 今译 丨

有的佃仆妇女等，在人家的妇女、小孩那里声称“不要让家长知道”，而想要以很高的利息来借钱财、谷米，以及借抵押物来救急。这都是有心想漏掉，必定没有偿还的意愿。而妇女、小孩没有让家长知道，就不敢去索取，最终被背弃。做家长的应当常常让家人明白这个道理。

丨 简注 丨

① 佃仆：旧时官僚大姓隶属下租田耕种并供役使的佃户。

② 质物：用作抵押的东西。

丨 实践要点 丨

本章讲到有些佃仆妇女等，善于哄骗人家的妇女小孩，以求借得钱财。做家长的应该让家人明白这个道理，以免上当受骗。这种小人也是古今都有，欺骗弱小，背弃信义。应该认清他们的真面目。

3.50 外人不宜入宅舍

尼姑、道婆、媒婆、牙婆①，及妇人以买卖、针灸为名者，皆不可令入人家。凡脱漏妇女财物，及引诱妇女为不美之事，皆此曹也。

今译

对于尼姑、道婆、媒婆、牙婆和那些声称做买卖、针灸的妇女，都不可以让他们进入家里。凡是赚取妇女财物以及引诱妇女做坏事，都是这些人干的。

简注

① 牙婆：旧称以介绍人口买卖为业的妇女。

实践要点

本章提到警惕当时那些打着各种名号而存心不良的人。今天也有一些走江湖行骗、上门兜售不正规产品，甚至意图拐卖诱骗儿童的人，都打着各种旗号，对这些人也应当保持足够的警惕。

3.51 溉田陂塘宜修治

池塘、陂湖、河埭[①]蓄水以溉田者，须于每年冬月[②]水涸之际，浚之使深，筑之使固。遇天时亢旱，虽不至于大稔，亦不至于全损。今人往往于亢旱之际，常思修治，至收刈之后，则忘之矣。谚所谓“三月思种桑，六月思筑塘”，盖伤人之无远虑如此。

今译

那些蓄水来灌溉田地的池塘、陂湖、河坝，需要在每年十一月水干的时候，疏通以求加深，筑堤以求牢固。遇到天旱的时节，虽然不会大丰收，也不至于全面损失。如今的人往往在干旱的时候，常常想着修理，等到收割之后，就忘了。谚语说：“三月份就要思量种桑，六月份就要思量筑塘。”那是在叹息世人是如此缺乏长远的考虑。

简注

① 埭（dài）：土坝。

② 冬月：指农历十一月。

实践要点

此下两章谈论修筑塘湖堤坝的事。本章指出，要预先修筑蓄水灌溉的塘湖堤坝，这样才能确保耕作有收获。《论语》中孔子说：“人无远虑，必有近忧。”人们常常缺乏长远的考虑，这样总是会误事。

3.52 修治陂塘其利博

池塘、陂湖、河埭有众享其溉田之利者，田多之家当相与率倡，令田主出食，佃人出力，遇冬时修筑，令多蓄水。及用水之际，远近高下，分水必均。非止利己，又且利人，其利岂不博哉！今人当修筑之际，靳[①]出食力，及用水之际，奋臂交争，有以锄耰[②]相殴至死者，纵不死亦至坐狱被刑，岂不可伤！然至此者，皆田主悭吝之罪也。

今译

池塘、陂湖、河坝，有大家都享受其灌溉田地的便利的，那些田地多的人家应当一块倡导，让田主出饭食，佃农出力气，到了冬天就修理筑堤，多储蓄水。等到用水的时候，远近高下的地方，分到的水必定会平均。不止利己，而且利人，利益岂不是很大吗！如今的人在修理筑堤的时候，吝惜出饭食、力气，等到用水的时候，相互争夺，甚至有用锄头农具相互殴打而打死人的，纵使不死也要坐牢受刑，岂不是很可悲！但走到这一步，都是田主吝啬的罪过。

简注

① 靳：吝惜，不肯给予。

② 耰：古代弄碎土块、平整土地的农具。

实践要点

本章接着上章，进一步罗列修筑塘湖堤坝的各种便利。这类事情要合众人之力才能更好完成，能顺利说服大家一起出力，真是不容易的事。而一旦成功了，则结果必然是利人利己。

3.53 桑木因时种植

桑、果、竹、木之属，春时种植甚非难事，十年二十年之间即享其利。今人往往于荒山闲地，任其弃废。至于兄弟析产，或因一根荄之微，忿争失欢。比邻山地，偶有竹木在两界之间，则兴讼连年。宁不思使向来天不产此，则将何所争？若以争讼所费，佣工植木，则一二十年之间，所谓“材木不可胜用”①也。其间有以果木逼于邻家，实利有及于其童稚，则怒而伐去之者，尤无所见也。

今译

桑树、果树、竹子、木材之类，春天种植完全不是难事，十年二十年之间就可以享受其收益。如今的人往往对于荒山闲地，任其废弃不用。至于兄弟分家产，有的会因小小的一棵草木的根荄，而争到失和。邻近山地，偶然有竹木长在两块地界限之间，就连年打官司。为什么不想想如果上天不产此物，那还要争什么呢？如果把争讼的费用，用来雇用人工种植树木，那么一二十年之间，就有所谓“材木多得用都用不完”的效果。其中，有的人因为种植的果木靠近邻家，果实便利让邻家小孩都享受到，于是愤怒地砍掉果树的，这尤其是没见识的人。

简注

① 材木不可胜用：材木多得用都用不完。语出《孟子·梁惠王上》：

“不违农时，谷不可胜食也；数罟不入洿池，鱼鳖不可胜食也；斧斤以时入山林，材木不可胜用也。谷与鱼鳖不可胜食，材木不可胜用，是使民养生丧死无憾也。养生丧死无憾，王道之始也。”

实践要点

桑木果树之类，春天空闲之时，种在荒山闲地之中，本非难事，很快就可享受其利。但有些没见识的人就是不愿意做这些事，反而为了小小草木的利益而跟兄弟争讼失和，甚至宁愿砍掉果树也不愿让邻家小孩吃到果子。人们有时就是会做出这种荒诞的事，真是可叹。

3.54 邻里贵和同

人有小儿，须常戒约，莫令与邻里损折果木之属。养牛羊须常看守，莫令与邻里踏践山地六种之属。人养鸡鸭须常照管，莫令与邻里损啄菜茹六种之属。有产业之家，又须各自勤谨，坟墓山林，欲聚录长茂荫映，须高其围墙，令人不得逾越。园圃种植菜茹六种及有时果去处，严其篱围，不通人往来，则亦不至临时责怪他人也。

今译

家里有小儿，需要常常告诫约束，不要让他损折了邻里的果木植物。养牛羊需要常常看守好，不要让它们践踏了邻里的田地庄稼。家里养鸡鸭，需要常常照管，不要让它们啄伤了蔬菜庄稼。有产业的家庭，又要各自勤奋谨慎，坟墓山林想要聚集树丛茂密成荫，需要筑高围墙，让人不能够越过。园圃种植蔬菜庄稼以及有时令果实的地方，篱笆围栏要严密，人无法往来，也就不至于临时责怪他人了。

实践要点

本章讲到邻里相处要注意的一些具体事项，主要是做好防范措施，不要损害邻里的财产。

3.55 田产界至宜分明

人有田园山地，界至不可不分明。异居分析之初，置产典买之际，尤不可不仔细。人之争讼，多由此始。且如田亩有因地势不平，分一丘①为两丘者；有欲便顺，并两丘为一丘者；有以屋基山地为田，又有以田为屋基园地者；有改移街路、水圳者，官中虽有经界图籍，坏烂不存者多矣。况又从而改易，不经官司、邻保验证，岂不大启争端？

人之田亩有在上丘者，若常修田畔，莫令倾倒；人之屋基园地，若及时筑叠垣墙，才损即修；人之山林，若分明挑掘沟堑②，才损即修，有何争讼？惟其卤莽，田畔倾倒，修治失时；屋基园地只用篱围，年深坏烂，因而侵占；山林或用分水，犹可辩明，间有以木以石以坎为界，年深不存，及以坑为界，而外又有坑相似者，未尝不启纷纷不决之讼也。

至于分析止凭阄书，典买止凭契书，或有卤莽，该载不明，公私皆不能决，可不戒哉？间有典买山地，幸其界至有疑，故令元契称说不明，因而包占者。此小人之用心，遇明官司，自正其罪矣。

| 今译 |

人们有田地、园圃、山地的，边界一定要分明。分居、分家产和置办、买卖家产的时候，尤其要仔细。人相互之间的争讼，多是由此开始。就如有的田亩因地势不平坦，所以把一丘作为两丘来算；有的想要方便而合并两丘作为一丘；有的把屋基山地作为田地，还有把田地作为屋基园地的；有的则改动街巷、道路、水圳，官府中虽然有经界图籍，但很多会坏烂没保存下来。何况还有私下改动，没经过官府、邻居证明的，这岂不是会很容易导致争端吗？

人们的田亩有的在上丘，如果经常修理田畔，不要让它们倒塌；人们的屋基园地如果及时筑墙，刚损坏了就马上修理；人们的山林如果清楚分明地挖掘沟坑，刚损坏了就马上修理，这样又怎么会有争讼呢？只有鲁莽草率，田畔倒塌，不及时修理；屋基园地只用篱笆围住，年久坏烂，因而被侵占；山林要是用分水，还可以辨别清楚，间或有用树木、石头、坎穴作为边界的，年久之后不存在了，以及用坎穴作为边界，但此外又有相似的坎穴的，很多争讼不决的官司就是由此导致的。

至于分家产、典买家产，只凭借契约文书，或有鲁莽草率，记载得不清楚的，这样在公堂和私下都不能了结，怎能不以此为戒呢？间或有人典买山地，侥幸边界有疑问不清之处，故意让原始的契约说得不清不楚，因而有所侵占。这是小人的用心，遇到贤明的官员，自然会惩治他们的罪。

| 简注 |

① 一丘：指田一区。丘，丈量土地面积的单位。

② 沟堑：壕沟；洼坑。

丨 实践要点 丨

此下十章主要谈论处理田产的事，其中所谈的大都是古今相通的朴实道理，值得借鉴。本章谈论田产的边界一定要清楚分明，不要鲁莽草率，以防止纠纷。

3.56 分析阄书宜详具

分析之家置造阄书[1]，有各人止录己分所得田产者，有一本互见他分者。止录己分多是内有私曲，不欲显暴，故常多争讼。若互见他分，厚薄肥瘠可以毕见，在官在私易为折断。此外，或有宣劳于众，众分弃与田产；或有一分独薄，众分弃与田产；或有因妻财、因仕宦置到，来历明白；或有因营运置到，而众不愿分者，并宜于阄书后开具。仍须断约，不在开具之数则为漏阄，虽分析后，许应分人别求均分。可以杜绝隐瞒之弊，不至连年争讼不决。

| 今译 |

分家产的家庭设立契约，有的是各人只记录自己所分得的田产，有的是一本之中互见他人所分的田产。只记录自己所分田产的，多是内部有私意，不想要暴露出来，所以常常很多争讼。如果一本之中互见他人所分的田产，那么田地的厚薄肥瘠可以完全体现出来，在官府在私下都容易判断。此外，或有为众人效劳的，众人把田产分赠给他；或有人分到的一分独独贫瘠，众人把田产分赠给他；或有因是妻子的财产、因做官而有的财产，来历清楚明白；或有因做生意而有的财产，而众人不愿意分的，都应当在契约后面开列写明。而且还有约定，不在开列的条目上的则做一个漏阄作为附录，即使是分家产之后发现，也允许应分人再求取平均分配。这样就可以杜绝隐瞒的弊端，不至于连年争讼得没完没了。

简注

① 阄书：旧时分家的一种契约文书。

实践要点

本章谈及分家产的契约，要详细列具，将大家所分得的田产等等具体情况都清楚列出来。这也是为了避免以后造成争讼。行事要清楚分明，这是作者经常强调的。

3.57 寄产避役多后患

人有求避役者，虽私分财产甚均，而阄书砧基[①]则装在一分之内，令一人认役，其他物力低小不须充应。而其子孙，有欲执书契而掩有之者，遂兴诉讼。官司欲断从实，则于文有碍；欲以文断，而情则不然。此皆俗曹初无远见，规避于目前，而贻争于身后，可不鉴此？

| 今译 |

有的人希求躲避劳役，虽然私下分财产很平均，但契约里说的土地四至却装在一分之内，让一个人认领以服劳役，其他物力小的不须充数服劳役。而那个人的子孙有想要拿着书契而霸占那些财产的，于是就兴起诉讼。官司想要按事实来断案，就会与契约文书有冲突；想要按照契约文书来决断，而人情又并非如此。这都是世俗之人一开始就没有远见，只想着规避眼前的损失，而在身后遗留下争端，怎能不以此为鉴呢？

| 简注 |

① 砧（zhēn）基：土地的四至，也就是土地四边的界限。

| 实践要点 |

本章仍然强调分家产时，公开对外的契约说明需要清楚分明，以免给后代造成纷争。作者特别提醒不要贪小便宜而目光短浅。

3.58　冒户避役起争之端

人有已分财产，而欲避免差役，则冒同宗有官之人为一户籍者，皆他日争讼之端由也。

｜ 今译 ｜

有的人已经分得财产，又想逃避劳役，就冒同宗有官职的人合为一个户籍，这都是引起将来争讼的端由啊。

｜ 实践要点 ｜

本章所说与上章类似，也是从避免纠纷方面来强调，分家产时要立清楚分明的契约。

3.59　析户宜早印阄书

县道贪污，遇有析户印阄，则厚有所需。人户惮于所费，皆匿而不印，私自割析。经年既深，贫富不同，恩义顿疏，或至争讼。一以为已分失去阄书，一以为分财未尽，未立阄书。官中从文则碍情，从情则碍文，故多久而不决之患。凡析户之家宜即印阄书，以杜后患。

| 今译 |

有的县道官员贪污，遇到有分家的来印契约，就要求很高的费用。民户怕费用高，都隐瞒不印，私自分家产。年岁久了之后，分家产的人贫富不同，恩义一下子疏远，或至于争讼打官司的地步。一方认为已经分家产，只是丢失了契约，一方认为家产没分完，没有立契约。官府遵照文书来判就碍于人情，遵照人情来判又碍于文书，所以多有很久都决不了案的祸患。凡是分家的人家，应当立即印好契约，以杜绝后患。

| 实践要点 |

本章谈及另外一种因官员贪污而不印契约，最终导致争讼的情况。分家产，一定要清楚分明，立定契约，杜绝将来纠纷。

3.60　田产宜早印契割产

人户交易，当先凭牙家索取阄书砧基，指出丘段围号，就问见佃人，有无界至交加，典卖重叠。次问其所亲，有无应分人出外未回，及在卑幼未经分析。或系弃产，必问其初应与不应受弃。或寡妇卑子执凭交易，必问其初曾与不曾勘会[①]。如系转典卖，则必问其元契已未投印，有无诸般违碍，方可立契。

如有寡妇幼子应押契人，必令人亲见其押字。如价贯、年月、四至、亩角，必即书填。应债负货[②]，物不可用，必支见钱。取钱必有处所，担钱人必有姓名。已成契后，必即投印，虑有交易在后而投印在前者。已印契后，必即离业，虑有交易在后而管业在前者。已离业后必即割税，虑因循不割税而为人告论以致拘没者。

官中条令，惟交易一事最为详备，盖欲以杜争端也。而人户不悉，乃至违法交易，及不印契、不离业、不割税，以至重叠交易，词讼连年不决者，岂非人户自速其辜哉？

| 今译 |

民户相互做田地买卖交易，应当先依靠中介索取契约中说的土地四至，指出丘丘段段的界限，到现场去问佃农，有没有界限重叠、重复典卖的情况。接着问清对方的亲戚，有没有应分人在外未归，以及身份卑微、年龄幼小而没有分到田产。如果是放弃田产，一定要问清楚当初应不应该接受弃权。或是寡妇、庶子拿着凭据来交易，一定要问清对方当初是否去审核议定过田产。如果是辗转典卖，就一定要问清原始契约有没有投印，有没有各种违规或妨碍，然后才可以立契约。

如果有寡妇、幼子应押契人，一定要让别人在场亲眼看到其押字。像价格、年月、四至、亩角这些信息，一定要当即填上。应该还的借贷、负债，物不可用，一定要支现金。取钱的地方、担钱人的姓名一定要写上。已完成契约后，一定要立即去投印，担心有人会先去投印再做交易来骗人的。已印出契约后，一定要立即离业，担心有先去管业再做交易来骗人的。已经离业之后，一定要立即交割税务，担心有拖着不交割税务而被人告上官府以致田地被没收的。

官府条令，唯有买卖交易这个事规定得最为详细完备，就是因为想要杜绝争端。但是民户不了解，乃至违法交易，以及不印契约、不离业、不交割税务，以至于重叠交易，连年打官司不能了结的，这岂不是民户自找苦吃吗?

| 简注 |

① 勘会：审核议定。

② 货：李勤璞校注本认为当作“贷”，可从。

| 实践要点 |

本章谈及买卖田产，需要询问清楚来历，合法、规范、及时地订立契约，以杜绝争端。

3.61　邻近田产宜增价买

凡邻近利害欲得之产，宜稍增其价，不可恃其有亲有邻，及以典至买，及无人敢买，而扼损其价。万一他人买之，则悔且无及，而争讼由之以兴也。

今译

凡是邻近的、利害相关的、自己想要得到的田产，应当稍稍提高价格来买，不可以依仗着与其有亲戚、邻居的关系，以及对方典卖，以及没人敢买，就压低价格。万一被别人买去，就后悔无及，并且争讼也由此而兴起。

实践要点

本章谈到购买邻近田产，不要压价，相反更要稍稍提高价格，以免被人买去，后悔莫及，或引起争讼。其中也体现了与邻里相处应该厚道的道理。

3.62 违法田产不可置

凡田产有交关违条者，虽其价廉，不可与之交易。他时事发到官，则所费或十倍。然富人多要买此产，自谓将来拼钱与人打官方。此其僻不可救，然自遗患与患及子孙者甚多。

| 今译 |

凡是田产有违反法律条令的，即使价格低廉，也不可以跟其买卖交易。将来事发上报到官府，那么所花费或许有十倍之多。但是富人多是要买这样的田产，自以为将来拼钱跟人打官司。其本人的邪僻不可救药，但是由此而给自己和子孙后代留下祸患的，就非常多了。

| 实践要点 |

此下两章分别从正反两面谈论田产交易与法律法规的问题。本章从反面指出，田产交易一定不能违背法规，否则难免会给自己和后代留下后患。

3.63　交易宜著法绝后患

凡交易必须项项合条，即无后患。不可凭恃人情契密，不为之防，或有失欢，则皆成争端。如交易取钱未尽，及赎产不曾取契之类，宜即理会去着，或即闻官以绝将来词诉。切戒！切戒！

今译

凡是买卖交易必须每一项都合乎法律条令，就不会有后患。不可依赖着人情关系亲密而不为之防范，或有失和的情况，就都成了争端。如果交易取钱还没有完，以及赎回田产而未曾取回契约之类，应当立即处理，或立即上报官府以杜绝将来起诉。切记要防备！切记要防备！

实践要点

本章接着上章，从正面指出田产交易一定要合乎法规，这样才能杜绝后患。

3.64　富家置产当存仁心

贫富无定势，田宅无定主，有钱则买，无钱则卖。买产之家当知此理，不可苦害卖产之人。盖人之卖产，或以阙食，或以负债，或以疾病、死亡、婚嫁、争讼，已有百千之费，则鬻百千之产。若买产之家即还其直，虽转手无留，且可以了其出产欲用之一事。而为富不仁之人，知其欲用之急，则阳距而阴钩之，以重扼其价。既成契，则姑还其直之什一二，约以数日而尽偿。至数日而问焉，则辞以未办。又屡问之，或以数缗授之，或以米谷及他物高估而补偿之。出产之家必大窘乏，所得零微，随即耗散，向之所拟以办其事者不复办矣。而往还取索，夫力之费又居其中。彼富家方自窃喜，以为善谋。不知天道好还，有及其身而获报者，有不在其身而在其子孙者，富家多不之悟，岂不迷哉？

| 今译 |

贫穷富贵没有一成不变的定势，田地屋宅没有一成不变的主人，有钱就买，没钱就卖。买家产的人家应当知道这个道理，不可以苦苦逼害出卖家产的人。因为人们出卖家产，或是因为缺衣少食，或是因为负债，或是因为疾病、死亡、婚嫁、争讼，自己要出百千的花费，就出卖百千的家产。如果买家产的人家立即兑现给钱，那么即使转手卖给别人，还可以了结对方卖家产想要用钱的事情。而那些为富不仁的人，知道对方急着用钱，就表面拒绝而暗里做手脚，把价格重重地压低。已经成契约之后，就姑且兑现十分之一二的价格，约定几天之后结清其余的钱。等到几天之后去问，就推辞说还没凑足钱。又屡次问，就或是拿几缗钱给对方，或是用米谷以及其他物品，高估其价值，来代替偿还。出卖家产的人家必定非常窘迫困乏，所得到的零碎钱物随即就用光，本来打算做的事再也做不了。而往返索取钱财，其间还要花费人力。那些富人家正在窃喜，认为自己善于计谋，殊不知天道轮回，有在自己身上得到报应的，有不在自己身上而在子孙身上得到报应的，富人家多不醒悟，这岂不是很迷惑吗？

实践要点

本章指出，购买家产不要倚强凌弱、仗势欺人，不要耍各种手段来诱骗、强迫他人出卖家产。

3.65 假贷取息贵得中

假贷钱谷，责令还息，正是贫富相资不可阙者。汉时有钱一千贯者，比千户侯，谓其一岁可得息钱二百千，比之今时未及二分。今若以中制论之，质库[①]月息自二分至四分，贷钱月息自三分至五分，贷谷以一熟论，自三分至五分，取之亦不为虐，还者亦可无词。而典质之家，至有月息什而取一者。江西有借钱约一年偿还，而作合子立约者，谓借一贯文约还两贯文；衢之开化借一秤禾而取两秤；浙西上户借一石米而收一石八斗，皆不仁之甚。然父祖以是而取于人，子孙亦复以是而偿于人，所谓天道好还，于此可见。

丨 今译 丨

把钱财谷米借贷给人，责令偿还利息，正是贫富相互凭借不可缺少的。汉代时有一千贯钱的，可以跟千户侯相比，因为其一年可以获得利息二百千钱，这个利率跟今天比还不到二分。现在如果以中等规格来论，当铺月息从二分到四分，借钱月息从三分到五分，借谷以一熟来论，从三分到五分，这样来收息也不叫做虐待，还息的人也无话可说。而典当之家甚至有月息取十分之一的。江西有借钱约定一年偿还而立契约的，说借一贯文约定还两贯文；衢州的开化县借一秤禾，偿还时要取两秤；浙西上户借一石米，要收一石八斗米，这些都是非常不人道的行径。但是父亲祖父以此而向别人索取，子孙最终也要以此而偿还给别人。所谓“天道轮回”，由此可见。

| 简注 |

① 质库：指古代经营抵押放款收息的商铺。又称为当铺、解库、解典铺、解典库等。

| 实践要点 |

本章倡导借贷钱财粮食，收取利息应该适中，决不可过分，不可贪得无厌。

3.66 兼并用术非悠久计

兼并之家见有产之家子弟昏愚不肖，及有缓急，多是将钱强以借与，或始借之时设酒食以媚悦其意，或既借之后历数年不索取，待其息多，又设酒食招诱，使之结转并息为本，别更生息，又诱勒其将田产折还。法禁虽严，多是幸免。惟天网不漏。谚云“富儿更替做”，盖谓迭相酬报也。

| 今译 |

兼并田地的家庭，看到有田产之家的子弟昏聩愚笨不肖，以及有急用的时候，多是强迫借钱给别人，或开始借钱时设置酒食让对方开心，或是已借钱后经过几年都不索还，待到利息多了之后，再设酒食来招引诱惑，让对方把利息也转为本钱，另外再生利息，有诱惑勒令对方将田产折还给自己。法律禁令虽然严格，但他们多是幸免于法网。唯有天网才真正是疏而不漏。谚语说“富人孩子轮流做”，大概就是说相互轮流回报吧。

| 实践要点 |

本章强调不要耍下三滥手段兼并别人家的田产，这本身是违法的行为。

值得注意的是，作者在此上三章一直强调“天道好报”（恶有恶报）、“富人孩子轮流做”这样的道理。这里应该看到作者的良苦用心和对弱者的真切同情。

3.67 钱谷不可多借人

有轻于举债者，不可借与，必是无籍之人，已怀负赖之意。凡借人钱谷，少则易偿，多则易负。故借谷至百石，借钱至百贯，虽力可还，亦不肯还，宁以所还之资，为争讼之费者，多矣。

| 今译 |

轻易就借债的人，不可以借给他，这必定是靠不住的人，已经怀着背弃抵赖的心思。凡是借人钱财谷米，借得少就容易偿还，借得多就容易背弃。所以借谷借到一百石，借钱借到一百贯，即使有偿还之力，也不肯偿还，而宁愿以所要偿还的资财作为争讼的费用，这样的人多的是!

| 实践要点 |

此下两章分别谈论出借和借债需要注意的问题。本章谈到借人钱财粮食的两个方面：其一，不要把钱财粮食借给那些轻易借债的人，因为这些都是不靠谱的人；其二，不要过多借给人钱财粮食，因为借得少就容易偿还，借得多就容易背弃。

3.68 债不可轻举

凡人之敢于举债者，必谓他日之宽余，可以偿也。不知今日之无宽余，他日何为而有宽余？譬如百里之路，分为两日行，则两日皆办。若欲以今日之路使明日并行，虽劳苦而不可至。凡无远识之人，求目前宽余，而挪积在后者，无不破家也。切宜鉴此。

| 今译 |

凡是敢于借债的人，必定说将来宽松富余之后可以偿还。不知现在没有宽松富余，将来又凭什么有宽松富余呢？就像一百里的路，分两天来走，那两天就可以完成。如果想要把今天的路放到明天来一块走，那么即使劳苦也走不到。凡是没有远见的人，寻求眼前的宽松富余，而把压力都腾挪积累在后面的，无不会家庭破亡。切记应当以此为鉴。

| 实践要点 |

本章接着上章，谈到自己不能轻易举债。作者尤其指出："凡是没有远见的人，寻求眼前的宽松富余，而把压力都腾挪积累在后面的，无不会家庭破亡。"这个道理在今天仍然值得引以为戒。

3.69 赋税宜预办

凡有家产，必有税赋。须是先截留输纳之资，却将赢余分给日用。岁入或薄，只得省用，不可侵支输纳之资。临时为官中所迫，则举债认息，或托揽户[①]兑纳，而高价算还，是皆可以耗家。大抵曰贫曰俭，自是贤德，又是美称，切不可以此为愧。若能知此，则无破家之患矣。

今译

凡是有家产，就必定有税赋，需要先留足要缴纳的资财，再将剩余的分配在日用中。年收入或微薄些，那只得节省用度，不可以占用了缴纳赋税的资财。临时被官府所催迫，就会借债交利息，或是委托揽户缴纳然后高价偿还，这些做法都可以耗费家财。大抵说贫约、说节俭，自然是贤良的美德，又是美称，切记不可以认为这是可羞愧的。如果能知道这个，就不会有家庭破亡的祸患了。

简注

① 揽户：又称揽纳人、揽子，宋代包揽赋税输纳之各类人户的总称。

实践要点

此下两章谈论缴纳赋税的问题。本章谈论提前预备需交的赋税。在去除这部分费用后，再合理地安排分配日常用度，哪怕节俭一点也没关系，这样就可以避免将来临时借高利贷乃至家庭破败。

3.70 赋税早纳为上

纳税虽有省限[①]，须先纳为安。如纳苗米，若不趁晴早纳，必欲拖后，或值雨雪连日，将如之何？然州郡多有不体量民事，如纳秋米，初时既要干圆，加量又重；后来纵纳湿恶，加量又轻；又后来则折为低价。如纳税绢，初时必欲至厚实者；后来见纳数之少，则放行轻疏；又后来则折为低价。人户及揽子多是较量前后轻重，不肯搀先[②]送纳，致被县道追扰。惟乡曲贤者自求省事，不以毫末之较遂愆期也。

今译

纳税虽然有限期，需要先缴纳为安。例如缴纳苗米，要是不趁天晴早缴纳，一定想要拖到后面，或是遇到连日雨雪，该怎么办呢？但是州郡多有不体量民事，例如缴纳秋米，开始时要求既要干圆，加量又重。后来就宽纵缴纳湿的、品相不好的米，加量又轻，再后来就折为低价。例如缴纳税绢，开始一定要最厚实的，后来看到缴纳数量少，就放行可缴纳轻的、疏的绢，再后来就折为低价。民户和揽户多是计较前后轻重的不同，不肯抢先缴纳，以致被县道官府所追讨侵扰。只有乡里的贤者自己追求省事，所以不计较微小差别而延期。

简注

① 省限：官府的限期。

② 搀先：抢先，抢前。

实践要点

本章接着上章的思路，谈及要提前缴纳赋税。当时缴税是缴纳实物，例如粮食、绢布。提前缴税，可以避免因为天气等原因而遭受损失。同时，作为父母官的作者，也提到当时地方政府不体贴民众的情况。

3.71　造桥修路宜助财力

乡人有纠率钱物以造桥、修路及打造渡船者，宜随力助之，不可谓舍财不见获福而不为。且如造路既成，吾之晨出暮归，仆马无疏虞，及乘舆马过桥渡而不至惴惴者，皆所获之福也。

今译

乡人中有倡导纠集钱物来造桥、修路和打造渡船的，应当随力相助，不可以认为失掉钱财又不能见到获得福分，因而不去做。就如修路完成后，我早出晚归，仆人驾马不会有失误，还有乘马过桥渡河也不至于惴惴不安，这都是所获得的福分啊。

实践要点

本章倡导民众应当力所能及地支持造桥、修路、造渡船这样的公共事业，这种事是利人利己的。今天也一样，富贵人家有了能力，更应尽量支持家乡的公共事业，总会获得福分的。

3.72 营运先存心近厚

人之经营财利偶获厚息，以致富盛者，必其命运亨通，造物者阴赐致此。其间有见他人获息之多，致富之速，则欲以人事强夺天理。如贩米而加以水，卖盐而杂以灰，卖漆而和以油，卖药而易以他物，如此等类不胜其多。目下多得赢余，其心便自欣然。而不知造物者随即以他事取去，终于贫乏。况又因假坏真，以亏本者多矣，所谓人不胜天。

大抵转贩经营，须是先存心地，凡物货必真，又须敬惜。如欲以此奉神明，又须不敢贪求厚利，任天理如何，虽目下所得之薄，必无后患。至于买扑坊场[①]之人尤当如此，造酒必极醇厚清洁[②]，则私酤之家自然难售。其间或有私酤，必审止绝之术，不可挟此打破人家朝夕存念，止欲趁办官课[③]，养育孥累，不可妄求厚积及计会司案，拖赖官钱。若命运亨通，则自能富厚，不然，亦不致破荡。请以应开坊之人观之。

| 今译 |

人们经营生意，偶获丰厚的利润，以致富有昌盛的，必定是其命运亨通，老天爷暗中赐福。其间有看到别人多获利润，快速致富，就想着以人事来强夺天理。例如卖米而加水，卖盐而掺杂灰，卖漆而掺和了油，买药而用其他物品代替，诸如此类多得不可胜数。眼下赢利很多，心里就觉欣喜，殊不知老天爷随即通过别的事情来夺走钱财，最终变得贫困。何况又因为假的物品破坏真的，由此而亏本，这种情况也很多，这就是所谓人不能胜天。

大致而言，经营生意，需要先心地善良，所有货物一定要真，又要谨敬爱惜。如果要以此侍奉神明，又要不敢贪求丰厚的利润，依循天理来做，虽然眼下利润薄，但必定没有后患。至于包税、专卖的人尤其应当这样，造酒一定要极其醇厚清洁，那么私自卖酒的人家自然难以卖出。其间或有私自秘密酿酒的，一定审慎考虑停止的方法，不可仗着这个而打破人家的朝夕存念，只要缴纳税务，养育家人，不可以妄求丰厚的积累以及计会司案，拖欠官府的钱财。如果命运亨通，自然能够致富，不然，也不至于破家荡产。请看看那些有权开办官设专卖市场的人吧。

简注

① 买扑：宋元的一种包税制度。宋初对酒、醋、陂塘、墟市、渡口等的税收，由官府核计应征数额，招商承包。包商（买扑人）缴保证金于官，取得征税之权。后由承包商自行申报税额，以出价最高者取得包税权。元时的包税范围更加扩大。坊场：官设专卖的市场。

② 清洁：底本作“精洁”，据知不足斋本改。

③ 趁办：缴纳。官课：官府的税收。

实践要点

本章谈到，经营生意固然是为了获得利润，但前提是必须做到基本的诚信、善良、厚道，这样生意也才能长久。如果命运亨通，总有一天会飞黄腾达，至少也不会破家荡产。如果昧着良心，即使赚到大把的黑心钱，总难免亏本破产，这叫做人不能胜天。这个道理在今天尤其显得重要，那些不讲诚信、暗中做手脚的企业，一旦被爆出诚信、质量问题，就很容易被公众抛弃，此后经营一蹶不振。即使一时能撑下去，最后也总会被更讲诚信、追求质量的同行给超越。

3.73 起造宜以渐经营

起造屋宇，最人家至难事。年齿长壮，世事谙历，于起造一事犹多不悉；况未更事，其不因此破家者几希。

盖起造之时，必先与匠者谋，匠者惟恐主人惮费而不为，则必小其规模，节其费用。主人以为力可以办，锐意为之。匠者则渐增广其规模，至数倍其费，而屋犹未及半。主人势不可中辍，则举债鬻产。匠者方喜兴作之未艾，工镪[①]之益增。

余尝劝人起造屋宇，须十数年经营，以渐为之，则屋成而家富自若。盖先议基址，或平高就下，或增卑为高，或筑墙穿池，逐年为之，期以十余年而后成。次议规模之高广，材木之若干，细至椽桷、篱壁、竹木之属，必籍其数，逐年买取，随即斫削，期以十余年而毕备。次议瓦石之多少，皆预以余力积渐而储之。虽就雇之费，亦不取办于仓卒。故屋成而家富自若也。

| 今译 |

建造房屋，最是家庭难事。年纪大些，经历世事，对建房一事还多不了解；何况还未更事的人，很少不因此而破家荡产的。

大致在开始建房时，必定先跟工匠商量，工匠唯恐主人怕花费多而不做，就一定会缩小规模，节省费用。主人认为财力可以满足，就锐意去做。工匠就渐渐扩大规模，以至费用增加好几倍，而房屋还没建成一半。主人势必不能中断工程，就举债、出卖家产。工匠却正在欢喜工事还没完结，工钱日益增多。

我曾经劝人，建造房屋需要十几年来经营，慢慢来做，那么房屋建成而家里还一样富有。大致是先议定房屋的基址，或是铲平高处而跟低处一样高，或是把低处增高，或是筑墙壁、穿池水，逐年来做，约定十来年做完。接着议定房屋规模大小，材木要多少，小至椽、桷、篱笆、墙壁、竹子、木头之类，都要记录数目，逐年来买到，随即就加工砍削，约定十来年全部完工。再接着议定瓦片、石头的数量多少，都预先用余力慢慢积累储存。即使是雇工的费用，也不仓促间凑齐。所以房屋建成之后，家里还是那么富有。

简注

① 镪（qiǎng）：钱串，引申为成串的钱。后多指银子或银锭。

实践要点

本章谈及建造房屋，并认为这属于家庭中最艰难的事，真是古今同然，令人感叹。作者结合当时的社会情况给出自己的建议：建房屋要慢慢来，甚至要预留十几年的时间来经营。今天乡镇还有自己建房或请人建房的，作者的建议还有参考的可能性；而城市里则基本上是购买商品房，作者的建议就不管用了。但是除去具体的内容，作者给出建议的思路仍然值得借鉴。这就是，决定做一些费时或费钱费力的重大事情时，要从一开始就作长远打算，把主动权牢牢掌握在自己手中，游刃有余，而不要心力不济，尤其不要被别人牵着鼻子走。例如建房本来是自己的主意，却因考虑不周，最终被工匠牵着鼻子走，最终弄得举债累累、出卖家产。这尤其不可不加防止。

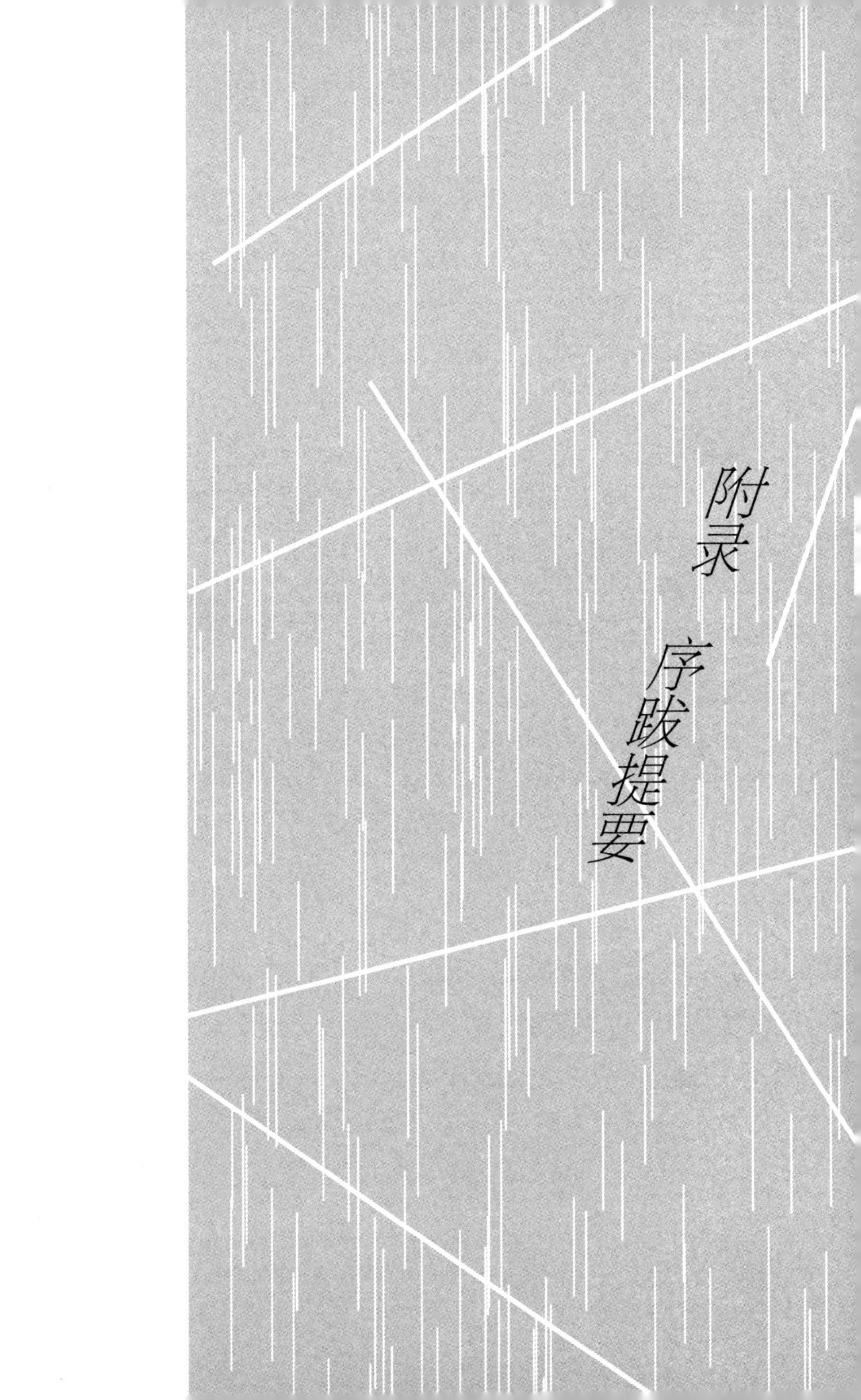

附录 序跋提要

《袁氏世范》序

思所以为善，又思所以使人为善者，君子之用心也。三衢袁公君载，德足而行成，学博而文富。以论思献纳之姿，屈试一邑，学道爱人之政，武城弦歌，不是过矣。一日出所为书若干卷示镇曰：“是可以厚人伦而美习俗，吾将版行于兹邑，子其为我是正而为之序！”镇熟读详味者数月，一曰“睦亲”，二曰“处己”，三曰“治家”，皆数十条目。其言则精确而详尽，其意则敦厚而委曲，习而行之，诚可以为孝悌，为忠恕，为善良，而有士君子之行矣。然是书也，岂唯可以施之乐清，达诸四海可也；岂唯可以行之一时，垂诸后世可也。噫！公为一邑而切切焉欲以为己者为人如此，则他日致君泽民，其思所以兼善天下之心，盖可知矣。镇于公为太学同舍生，今又蒙赖于桑梓，荷意不鄙，乃敢冠以骫骳之文，而欲目是书曰《世范》，可乎？

君载讳采。

淳熙戊戌中元日，承议郎新权通判隆兴军府事刘镇序。

同年郑公景元贻书谓余曰：“昔温国公尝有意于是，止以《家范》名其书，不曰‘世’也。若欲为一世之范模，则有箕子之书。在今，恐名之者未必人不以为谄，而受之者或以为僭，宜从其旧目。”此真确论，正契余心，敢不敬从！且刊其言于左，使见之者知其不为府判刘公之云云，而私变其说也。

采谨书。

《袁氏世范》后序

近世老师宿儒多以其言集为“语录”，传示学者，盖欲以所自得者，与天下共之也。然皆议论精微，学者所造未至，虽勤诵深思犹不开悟，况中人以下乎！至于小说、诗话之流，特贤于已，非有裨于名教。亦有作为家训戒示子孙，或不该详，传焉未广。采朴鄙，好论世俗事，而性多忘，人有能诵其前言，而已或不记忆。续以所言私笔之，久而成编。假而录之者颇多，不能遍应，乃锓木以传。

昔子思论中庸之道，其始也，夫妇之愚皆可与知，夫妇之不肖皆可能行；极其至妙，则虽圣人亦不能知、不能行，而察乎天地。今若以“察乎天地”者而语诸人，前辈之语录固已连篇累牍。姑以夫妇之所与知能行者语诸世俗，使田夫野老、幽闺妇女皆晓然于心目间。人或好恶不同，互是迭非，必有一二契其心者，庶几息争省刑，欲还醇厚。圣人复起，不吾废也。

初，余目是书为《俗训》，府判同舍刘公更曰《世范》，似过其实。三请易之，不听，遂强从其所云。

绍熙改元长至，三衢梧坡袁采书于徽州婺源琴堂。

重刊《袁氏世范》序

苏老泉《族谱亭记》，义主于“积之有本末，施之有次第”。顾通篇专举乡之望人以为戒，其词隐，其旨远，读之者或未能得其微意之所存焉。若兹《世范》一书，则凡以“睦亲”、以“处己”、以“治家”者，靡不明白切要，使人易知易从，“俗训”云乎哉？即以达之四海，垂之后世，无不可已。

吴门袁子又恺新修家谱，于汝南文献搜罗大备矣，近获陶斋、谢湖两先生珍藏《世范》，附梓于后，正如夏鼎商彝，灿陈几席，令人不作三代以下想。微特袁氏所当世宝，抑亦举世有心人亟奉为典型者也。

此书曾刊于陶南村《说郛》、钟瑞先《唐宋丛书》中，类多讹缺。今属宋雕善本，雠校精审，沈晦数百年，乃得又恺重登梨枣，顿还旧观，是诚作者之厚幸也夫！

乾隆五十三年戊申立冬日，震泽杨复吉撰。

《袁氏世范》跋语（一）

有明正德庚辰六月朔，偶得《世范》三卷。其目曰“睦亲”“处己”“治家”，皆吾人日用常行之道，实万世之范也。读其自序，以为过实，谦德之盛如此，吾家其世宝之。

袁表识。

《袁氏世范》跋语（二）

《袁氏世范》，马端临《书考》定为一卷，此本次列三卷，后附《诗鉴》一集，且刻画精工，信为善本，岂《书考》有所误耶？观书中皆修齐切要之言，诚余家所当“世范”者也。是宜珍藏之。

正德庚辰六月八日，袁褧书。

《袁氏世范》跋语（三）

宋三衢袁君采著《袁氏世范》，见《唐宋丛书》及《眉公秘笈》，陈榕门先生复采入《训俗遗规》，然皆非足本。乙巳春，予于书肆检阅旧编，得此宋本书，分三卷，后附方景明《诗鉴》一卷。有予从祖陶斋公、谢湖公二跋，称其校刻精善，洵为世宝。是吾家故物也，楚弓楚得，若有冥贻。谨读数过，其言约而赅，淡而旨，殆昌黎所谓"其为道易明，而其为教易行"者耶！予方刻载家谱，鲍丈以文见而赏之，复梓入丛书，附《颜氏家训》后，以广其传。是作书者幸甚，而予之购得此书亦幸甚。

乾隆庚戌孟冬，古吴袁廷梼跋。

《四库全书总目提要·袁氏世范》

宋袁采撰。案《衢州府志》，采字君载，信安人，登进士第。三宰剧邑，以廉明刚直称。仕至监登闻鼓院。陈振孙《书录解题》称采尝宰乐清，修县志十卷；王圻《续文献通考》又称其令政和时，著有《政和杂志》《县令小录》。今皆不传。是编即其在乐清时所作，分睦亲、处己、治家三门，题曰《训俗》。府判刘镇为之序，始更名《世范》。其书于立身处世之道，反覆详尽，所以砥砺末俗者，极为笃挚。虽家塾训蒙之书，意求通俗，词句不免于鄙浅，然大要明白切要，使览者易知易从，固不失为《颜氏家训》之亚也。明陈继儒尝刻之《秘笈》中，字句讹脱特甚。今以《永乐大典》所载宋本互相校勘，补遗正误，仍从《文献通考》所载，勒为三卷云。